国家科学技术学术著作出版基金资助出版

蛋白质分析与数学

——生物、医学与医药卫生中的定量化研究

（上册）

沈世镒　胡　刚　王　奎　高建召　张　拓　著

科学出版社

北　京

内 容 简 介

自生物信息学诞生以来, 生物、医学与医药的研究已开始进入定量化的阶段. 大量生物信息数据的测定为此提供了基础与条件. 本书运用多种数学理论与方法, 对其中的问题进行研究, 寻找其中的规律、特征与应用.

本书分上、下两册, 由六部分共 25 章和 3 个附录组成. 其中第一部分内容是预备知识与蛋白质一级结构分析, 对一些不同学科的知识进行综合性的介绍, 同时把蛋白质一级结构数据库看做蛋白质语言的文库, 由此对它作相应的语法与语义分析.

第二、四部分内容是对蛋白质作空间结构分析, 把蛋白质空间结构分为三维结构与空间形态结构两部分内容. 其中前者是按共价键连接关系所产生的空间结构, 而后者是蛋白质的空间形态特征. 因此讨论它们的目标相同, 但采用的数学理论、方法与模型不同.

第三部分内容是蛋白质结构中的动力学分析, 其中包括分子动力学与信息动力学, 动力学问题是研究蛋白质结构与功能的关键, 利用这些讨论可对蛋白质分析中的许多重要问题有更深入的了解.

第五部分内容是应用部分. 在此对一些重要的蛋白质作具体的结构与功能分析, 并对一些应用热点与难点问题进行讨论.

第六部分内容是附录. 对全书所涉及的记号、公式作统一的表达, 并对一些重要概念与结论作概要说明. 本书涉及大量生物信息数据, 其中许多计算结果与彩色图像在光盘(见下册)中给出, 也可登陆 www.sciencep.com 的下载区下载.

本书可供从事相关领域的专业人员与研究生学习与参考, 尤其适用于有志从事数学与生命科学相结合的相关人员使用.

图书在版编目(CIP)数据

蛋白质分析与数学：生物、医学与医药卫生中的定量化研究.
上册/沈世镒等著. —北京: 科学出版社, 2014.6

ISBN 978-7-03-040840-2

Ⅰ. ①蛋　Ⅱ. ①沈…　Ⅲ. ①蛋白质-结构分析-生物数学-研究　Ⅳ. ①Q510.1

中国版本图书馆 CIP 数据核字 (2014) 第 116773 号

责任编辑: 李　欣　赵彦超/责任校对: 刘小梅
责任印制: 钱玉芬/封面设计: 陈　敬

科学出版社 出版
北京东黄城根北街 16 号
邮政编码: 100717
http://www.sciencep.com

北京通州皇家印刷厂 印刷
科学出版社发行　各地新华书店经销

*

2014 年 6 月第　一　版　开本: 720×1000　1/16
2014 年 6 月第一次印刷　印张: 34
字数: 665 000
定价: 198.00 元
(如有印装质量问题, 我社负责调换)

前　　言

定量化研究是一个十分普遍的概念, 且针对某种事物特性作较精确的量化表达与研究. 随着科学技术的进步, 尤其是大数据及云计算技术的发展, 定量化研究的过程正在向各个不同的领域拓展. 本书对生命科学中所作的定量化研究是指: 在分子与原子水平上, 对不同的生物分子在形成过程、结构与功能关系, 不同分子 (或生物体) 之间的相互作用及它们的动力学特性等问题作更精确的量化研究.

蛋白质是重要的生物大分子, 它具有较系统的数据测定与记录, 也有丰富的结构与功能分析, 因此我们把它作定量化研究的实例进行分析.

由于近几十年来生物、医学与医药学科的迅速发展, 以及生物信息学的诞生, 这种定量化研究才得以深入. 自 20 世纪 70 年代以来, 多种不同类型的生物大分子结构在分子与原子水平上被测定、记录与分析. 在近三四十年中, 生物信息的数据量一直保持以每两三年翻一番的速度在爆炸式增长, 由此奠定了生物信息学的发展基础. 尤其是在近十年发展起来的第二、三代测序技术, 对核酸序列数据测量的数量与价格比每年以千百倍的比例在增长, 这种测量技术的惊人发展不仅是当代科学技术的巨大进步, 也必然会导致对生命科学研究面貌的改变, 其中最直接的影响是对生物、医学与医药领域, 许多问题可作更深入的研究与精确分析.

由于生命现象的复杂性, 其定量化研究仍然十分困难, 其中存在许多奥秘与疑难问题, 甚至还会有许多不为人们所了解的未知因素, 这方面的典型问题很多, 生命科学中的定量化研究现在仅仅是开始, 这必将为科学的研究与发展带来巨大的机遇与挑战.

在生物大分子的定量化研究中, 最大难点是其中的动力学问题. 量子力学与量子化学是微观动力学的基础, 它们涉及原子与分子组合中的许多基本关系问题, 并由此产生更复杂的分子动力学 (包括溶液的分子动力学与统计力学) 问题, 这些都是我们考虑问题的基础与出发点. 由于生物大分子的规模都很大, 大量原子与分子相互作用的动力学因素很多. 如何对这些规模巨大的生物大分子的结构、功能与动力学问题进行描述与分析, 寻找其中的规律是定量化研究的关键.

生物信息数据库为我们提供了大量观察与记录的数据, 这样就为推动这种定量化的研究提供了可能性. 利用生物信息数据库来寻找生物大分子中所存在的规则, 并提出其中的问题, 我们称这种动力学的分析法为信息动力学. 由信息动力学得到的这些规律大部分是统计分析的规律, 对其中的许多问题还不能得到完全确定的解答, 这使生命科学的研究出现更多新的难题, 这些问题最终还要归结到一些更深层次的理论与应用问题.

由此可见, 对生命科学的定量化研究需要多学科的综合研究, 不同学科都已为此做了许多贡献, 但都存在许多新的问题与挑战. 本书的目的是希望对蛋白质结构 (一级结构与空间结构) 的分析提供一些数学理论、方法与工具, 并力图与生物、医学及医药中的问题结合, 使其中的一些问题可以得到更深入的讨论.

本书由六部分共 25 章和 3 个附录组成, 其中前四部分分别对蛋白质一级结构、三维结构、空间形态特征与动力学特性等问题进行一般讨论, 采用多种数学理论与方法寻找其特征与规律. 第五部分是在前四部分内容讨论与分析的基础上, 结合一些重要的蛋白质或一些重要应用与热点问题进行分析讨论, 其中涉及免疫系统、神经科学、酶学与流行病传播过程中的一些定量化研究问题. 也对一些热点问题, 如生态的多样性、生物能源、基因组学中的一些问题提出讨论. 这些问题都是人们关心的问题, 我们对其中可能存在的问题或未来的发展提出一些设想或猜想.

第六部分是附录, 是对前五部分内容的补充与说明. 由于本书涉及多学科领域, 故所涉及的记号、概念与公式比较复杂, 在附录中作统一说明. 附录 B 是对本书各章节的主要内容、重要概念与结果作概要性的介绍与说明. 附录 C 是对附加光盘中的数据结构等内容的说明. 有关数学与其他学科的一些补充知识分别在有关章节中穿插补充介绍. 读者通过阅读附录可对本书的概貌有一个总体了解.

本书附光盘 (见下册) 一张, 无论是一些原始数据还是在计算过程中出现的数据, 它们的规模都比较大, 我们只能在光盘中给出. 另外, 许多彩色图像可以加深读者对有关内容与结果的理解, 我们也在光盘中给出. 即使附了光盘, 仍然不能容纳这些数据与图像文件, 因此只能用压缩文件的方式给出. 读者在阅读光盘文件时要解压与存储, 才能阅读. 同时光盘中的内容也可登陆 www.sciencep.com 的下载区下载.

本书是由沈世镒执笔, 胡刚、王奎、高建召与张拓协助完成, 其中第二、三代测序技术与蛋白质三维结构预测部分的内容由张拓撰写. 部分内容与结果在笔者的一些有关参考文献中给出过, 一些新的问题、模型与结果在这里首次给出, 其中一些问题与观点涉及其他学科是探索性的问题. 由于这些问题的复杂性与笔者水平所限, 不足之处在所难免. 本书所提出的观点、理论、方法与结果供有关研究人员参考与讨论, 也欢迎读者提出意见或指出不足及错误之处.

本书的 23.4 节中有关 HIV 数据是由国家疾病预防控制中心邵一鸣、何翔与冯毅等先生提供, 依据他们提供的数据所构造的比对拓扑网络结构图是我们与他们合作的结果, 在此第一次正式公开, 特此说明.

本书中涉及的有关蛋白质、病毒、病菌与流行病分析中的一些结论是我们理论推导与分析的结果, 可为实际工作提供思路与参考, 但不能直接使用. 如果其中的有些结论能够得到实验的证实, 那将可能为生命科学的发展带来重要影响.

　　关于生物能源的讨论是我们对人类未来能源发展方向与出路的探讨与猜想,我们还讨论了它们实现的可行性问题与其中的一些发展模式.但要真正实现这个猜想与这些发展模式还有很长的路程要走.但我们相信,这种可能性是存在的,也可能是必然的.

　　本书得到国家自然科学基金项目 (20836005) 与国家科学技术学术著作出版基金 2013 年度出版项目的支持.

　　感谢郭锡娟女士对沈世镒先生的生活与健康给予精心照顾,使本书能够完成.

　　本书各章的结构关系与研究层次、内容如下图所示.

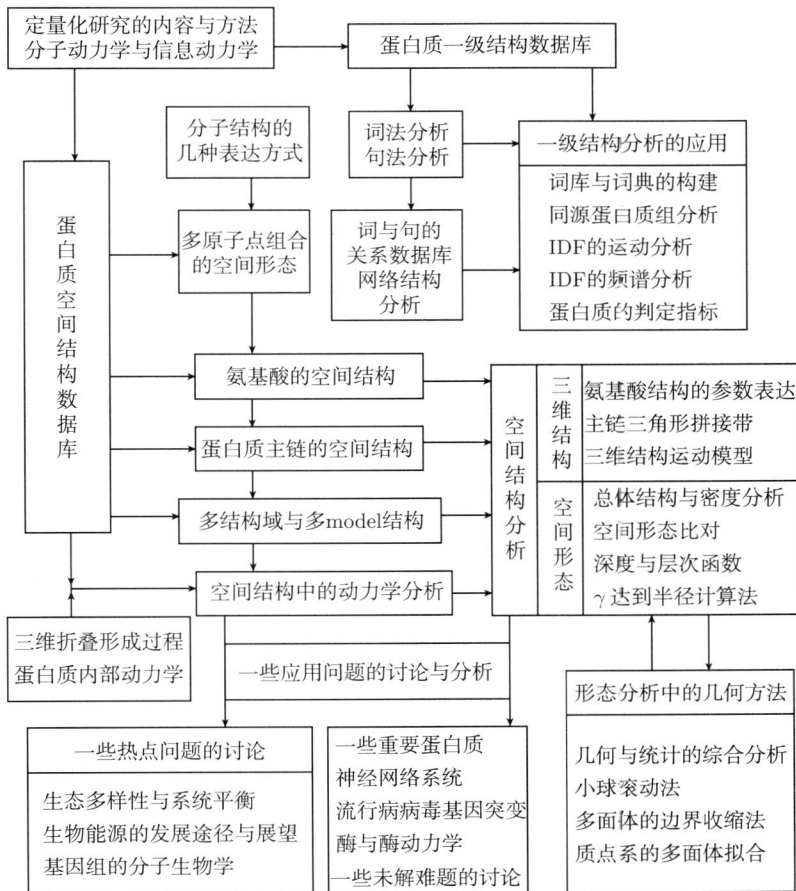

有关内容的结构关系图

作　者

2013 年 9 月

目　录

第一部分　概　　论

第 1 章　生物信息学与信息动力学 ·············· 3

1.1　生物信息学与定量化研究 ·················· 3

　　1.1.1　定量化的研究目标、内容与途径 ·········· 3

　　1.1.2　不同学科的作用与贡献 ··············· 5

　　1.1.3　生物信息学概论 ·················· 7

　　1.1.4　生物信息学的近期发展与未来动向 ········· 10

1.2　第二、三代测序技术 ··················· 13

　　1.2.1　第一代核酸序列测量技术的发展原理 ········ 13

　　1.2.2　第二代测序技术的原理与特征 ··········· 15

　　1.2.3　第二代测序平台 ·················· 16

　　1.2.4　第二代测序的应用 ················· 18

　　1.2.5　测序技术的临床应用及展望 ············ 20

1.3　信息动力学概述 ····················· 22

　　1.3.1　ID 的目的与意义 ·················· 22

　　1.3.2　ID 与物理学、生物学的关系 ············ 24

　　1.3.3　对数据库的说明 ·················· 28

1.4　ID 的基本原理与方法 ·················· 31

　　1.4.1　ID 的基本方法之一：信息统计法 ·········· 31

　　1.4.2　几种重要类型的 IDF ················ 33

　　1.4.3　由 IDF 产生的词法分析 ·············· 35

　　1.4.4　ID 的基本方法之二：组合分析法 ·········· 39

　　1.4.5　点线图的基本知识 ················· 43

1.5　语义分析概要 ······················ 46

　　1.5.1　词与词法分析要点 ················· 46

　　1.5.2　词与句的关系数据库 ················ 48

　　1.5.3　由关系数据库做有关语法问题的讨论 ········ 50

　　1.5.4　词与句的网络结构 ················· 52

　　1.5.5　PIDF 的因子分解理论 ··············· 53

　　　　1.5.6　PIDF 的运动分析与其他类型的分析 ···················56
第 2 章　蛋白质一级结构数据库的 ID 的计算与分析 ···············59
　　2.1　蛋白质一级结构数据库的 ID 计算 ······················59
　　　　2.1.1　蛋白质结构分析概论 ···························59
　　　　2.1.2　SP′06 数据库的一般性质 ·······················61
　　　　2.1.3　ID 的计算结果与初步分析 ·····················65
　　2.2　词法与句法分析 ·····························72
　　　　2.2.1　词法分析 ·································72
　　　　2.2.2　词库 $\mathcal{D}$ 的极小化与极大化网络结构 ·············78
　　　　2.2.3　词与句的关系数据库 ························81
　　2.3　相似蛋白质组的网络结构分析 ··················84
　　　　2.3.1　对相似蛋白质组的搜索计算 ··················84
　　　　2.3.2　相似蛋白质组的布尔网络结构 ·················89
　　　　2.3.3　利用相似蛋白质组做人造蛋白质的构造设计 ·········91
　　　　2.3.4　一些重要的小肽、寡肽与小蛋白 ···············95
　　2.4　蛋白质的 IDF 与 PIDF 分析 ·······················102
　　　　2.4.1　计算结果与初步分析 ·······················102
　　　　2.4.2　计算结果的初步统计分析 ····················104
　　　　2.4.3　协方差矩阵与相关矩阵的计算结果 ·············106
第 3 章　分子生物的参数控制系统与 IDF 的控制问题 ············107
　　3.1　分子生物的参数控制系统 ·······················107
　　　　3.1.1　一些基本概念 ····························107
　　　　3.1.2　对因子分解理论的补充说明 ··················108
　　　　3.1.3　生物参数控制系统的数学模型 ················110
　　　　3.1.4　分子运动的动力学非线性控制系统 ············112
　　3.2　数据阵列 PIDF 的运动分析 ······················113
　　　　3.2.1　PIDF 运动分析的内容与意义 ················113
　　　　3.2.2　数据阵列 $\mathcal{K}_s$ 的运动方程 ···················115
　　　　3.2.3　所有 $\mathcal{K}_s$ 数据阵列的运动区域 ···············119
　　　　3.2.4　驱动因子的运动分析 ·····················123
　　3.3　蛋白质的判定问题 ····························123
　　　　3.3.1　训练集与检测集 ························123
　　　　3.3.2　判定方法与它的依据 ·····················125
　　　　3.3.3　蛋白质判定的计算结果与分析 ···············126
　　　　3.3.4　若干问题的分析与讨论 ···················127

3.4　蛋白质 M-PIDF 的频谱分析 ·· 129

　　3.4.1　频谱分析概论 ··· 129

　　3.4.2　M-PIDF 的 Fourier 变换 ··· 131

　　3.4.3　不同长度蛋白质的频谱结构分析 ····································· 133

　　3.4.4　蛋白质数据库的频谱分析 ··· 136

第 4 章　预备知识 ·· 141

4.1　分子的空间结构表示 ·· 141

　　4.1.1　分子结构的描述与表达 ··· 141

　　4.1.2　有关数学工具的说明 ··· 142

　　4.1.3　分子官能团的组合与分解 ··· 144

4.2　空间结构的稳定性分析 ·· 145

　　4.2.1　分子官能团的稳定性的定义 ··· 145

　　4.2.2　不稳定质点系的描述与参数类型 ····································· 148

　　4.2.3　分子空间结构的综合分析 ··· 149

4.3　分子结构的点线图表示 ·· 149

　　4.3.1　分子点线图的定义 ··· 149

　　4.3.2　分子点线图的分解与组合 ··· 153

　　4.3.3　几种典型稳定的分子官能团的图表示 ································· 156

　　4.3.4　点线图的一些子图结构 ··· 159

　　4.3.5　点线图的组合与分解 ··· 162

4.4　活动坐标系理论 ·· 165

　　4.4.1　活动坐标系的定义与性质 ··· 165

　　4.4.2　活动坐标系的构造 ··· 166

　　4.4.3　分子点线图的其他坐标参数 ··· 168

　　4.4.4　活动坐标系中的旋转变换理论 ······································· 169

第 5 章　四原子与多原子空间结构的几何模型 ····································· 171

5.1　四原子点的空间几何结构 ·· 171

　　5.1.1　空间四原子点的结构表示与它们的参数系 ····························· 171

　　5.1.2　基本参数系的相互关系 ··· 173

　　5.1.3　四原子点的位相分析 ··· 176

　　5.1.4　四原子点参数的稳定性问题 ··· 177

5.2　多原子点结构分析的几何理论 ·· 178

　　5.2.1　有关记号与类型 ··· 178

　　5.2.2　五原子点的参数系 ··· 179

　　5.2.3　若干特殊四原子或五原子点 ··· 180

　　　5.2.4　一般多原子点的参数系 ···183
　5.3　四原子点分子在溶液中的随机运动 ···184
　　　5.3.1　随机运动的基本特征 ···184
　　　5.3.2　四原子点在溶液中的随机运动模型与参数分析 ·······················185
　　　5.3.3　关于转动角度取值范围的讨论 ···187
　　　5.3.4　扭角取值范围移动后的效果讨论 ···188

第二部分　蛋白质的三维结构分析

第 6 章　氨基酸的一般性质与它的分子官能团 ···195
　6.1　氨基酸概论 ···195
　　　6.1.1　氨基酸的化学成分与性质 ···195
　　　6.1.2　氨基酸的相互连接 ···200
　　　6.1.3　遗传密码子 ···202
　6.2　氨基酸的分子成分与结构特征分析 ···204
　　　6.2.1　氨基酸的分子结构模型 ···204
　　　6.2.2　氨基酸侧链中的非氢原子骨架图 ···206
　　　6.2.3　氨基酸侧链中非氢原子的层次函数表示 ·····································208
　6.3　氨基酸空间结构的分解与分析 ···211
　　　6.3.1　氨基酸中所有原子的表示 ···211
　　　6.3.2　氨基酸中存在基团的构造与类型 ···213
　　　6.3.3　氨基酸中的原子结构全图 ···215
　6.4　氨基酸中 42 种基本基团的结构计算 ···216
　　　6.4.1　基本基团的结构类型 ···216
　　　6.4.2　对丙氨酸的结构分析与计算 ···218
　　　6.4.3　对其他氨基酸花盆结构的计算与分析 ·······································219
　　　6.4.4　甘氨酸中的原子结构 ···220
　　　6.4.5　脯氨酸的原子结构 ···222
第 7 章　氨基酸中具有稳定空间结构基团的计算与分析 ···································225
　7.1　重要基团的计算结果 ···225
　　　7.1.1　对氨基酸不变部分原子结构的计算与分析 ·································225
　　　7.1.2　具有中心点基团的计算 ···227
　　　7.1.3　具有环形环的侧链结构 ···229
　　　7.1.4　氨基酸侧链中有关基团镜像的讨论 ···232
　　　7.1.5　在活动坐标系下的计算 ···232
　7.2　氨基酸与氨基酸侧链的运动与变化模型 ···234

　　　　7.2.1　氨基酸的全着色图 · 234

　　　　7.2.2　氨基酸侧链的参数表达 · 237

　　　　7.2.3　扭角分布的计算结果 · 238

　　　　7.2.4　扭角取值分布曲线类型的讨论 · 239

　　7.3　扭角在不同层次与活动坐标系中的取值分布 · · · · · · · · · · · · · · · · · · · 241

　　　　7.3.1　扭角在不同层次中的运动与变化 · 241

　　　　7.3.2　关于镜像的分布计算与分析 · 243

　　　　7.3.3　氨基酸侧链的珠链模型 · 246

　　　　7.3.4　氨基酸侧链第 2 层非氢原子点的类型与分析 · · · · · · · · · · · · · · · 247

　　　　7.3.5　氨基酸侧链第 2 层非氢原子点的运动状况在活动坐标下的表示 250

　　　　7.3.6　计算结果与分析 · 252

　　　　7.3.7　氨基酸其他层次原子的扭角类型与计算 · · · · · · · · · · · · · · · · · · · 256

　　7.4　氨基酸侧链参数表达的因子分解 · 260

　　　　7.4.1　氨基酸侧链参数表达的基本数据与它们的特征数计算 · · · · · · · 260

　　　　7.4.2　参数表达的主因子分析 · 263

　　　　7.4.3　因子分解的计算结果与分析 · 265

　　7.5　氨基酸空间结构分析中的其他问题 · 268

　　　　7.5.1　氨基酸中氢原子位置的预测 · 268

　　　　7.5.2　氨基酸空间结构分析小结 · 270

　　　　7.5.3　氨基酸梢点的空间运动计算与分析 · 272

第 8 章　蛋白质主链的三角形拼接带 · 276

　　8.1　概论 · 276

　　　　8.1.1　蛋白质三维结构概述 · 276

　　　　8.1.2　主链三角形拼接带的类型与参数 · 277

　　　　8.1.3　三角形拼接带的有关性质 · 280

　　　　8.1.4　计算结果与分析 · 281

　　8.2　对大、小三角形拼接带的结构分析 · 283

　　　　8.2.1　小三角形拼接带的基本特征 · 283

　　　　8.2.2　扭角分布与氨基酸的关系分析 · 285

　　　　8.2.3　大、小三角形拼接带的关系分析 · 289

　　8.3　三角形拼接带的其他性质 · 292

　　　　8.3.1　三角形拼接带上下边的性质 · 292

　　　　8.3.2　三角形拼接带的扭角转动 · 293

　　　　8.3.3　三角形拼接带的平面展开 · 295

　　　　8.3.4　计算公式与计算结果 · 296

8.3.5　蛋白质主链小三角形拼接带的参数表达与因子分解 · · · · · · · · · · · · · · 297

第 9 章　主链的中位点曲线分析 · 299

9.1　中位点曲线的定义与性质 · 299

9.1.1　中位点曲线的定义记号与一般性质 · · · · · · · · · · · · · · · · · · 299

9.1.2　中位点曲线的有关参数的性质 · 300

9.1.3　计算模型与结果 · 303

9.1.4　初步统计分析结果 · 304

9.2　利用中位点曲线对蛋白质二级结构关系的讨论 · · · · · · · · · · · · · · · 306

9.2.1　蛋白质空间结构中的一些特殊结构 · · · · · · · · · · · · · · · · · · 306

9.2.2　中位点曲线在二级结构分析中的应用 · · · · · · · · · · · · · · · · · 307

9.2.3　实例分析 · 310

9.2.4　对血红蛋白的分析 · 314

9.3　中位点曲线的特征分析 · 319

9.3.1　中位点曲线的平面展开图的特征分析 · · · · · · · · · · · · · · · · · 319

9.3.2　蛋白质中位点曲线的一些重要指标 · · · · · · · · · · · · · · · · · · 322

9.3.3　对蛋白质总体指标的计算结果与说明 · · · · · · · · · · · · · · · · · 324

9.4　对计算结果的分析与说明 · 327

9.4.1　对 α 螺旋结构的分析与判定 · 327

9.4.2　对一些不同类型蛋白质实例的分析 · · · · · · · · · · · · · · · · · · 329

第 10 章　部分原子的空间结构分析 · 331

10.1　二氨基酸序列中部分原子的空间结构 · 331

10.1.1　部分已知结论的回顾 · 331

10.1.2　关于 A, C, O, H′, N′, A′ 六原子点的特性讨论 · · · · · · · · · · · 333

10.1.3　部分原子点位置的预测 · 335

10.1.4　二氨基酸序列双底座原子集合空间结构的讨论 · · · · · · · · · · · 337

10.1.5　对三氨基酸序列中部分原子的计算 · · · · · · · · · · · · · · · · · · 339

10.1.6　出现脯氨酸的情形 · 340

10.2　蛋白质中位点曲线的参数系数与蛋白质的判定算法之二 · · · · · · · · · 342

10.2.1　由二肽或三氨基酸序列对中位点曲线转角扭角的计算 · · · · · · · 342

10.2.2　二氨基酸序列的折叠系数分析 · 344

10.2.3　蛋白质折叠系数的定义与计算 · 347

10.2.4　蛋白质的判定条件之二与判定结果 · · · · · · · · · · · · · · · · · · 348

10.3　多氨基酸序列侧链的运动 · 350

10.3.1　多氨基酸序列主链与侧链的关系图 · · · · · · · · · · · · · · · · · · 350

10.3.2　主要计算结果与初步统计分析 · 352

　　　10.3.3　两组六原子点的结构分析 ··353

　　　10.3.4　计算结果与分析 ··355

　10.4　侧链在活动坐标系中的运动分析 ··359

　　　10.4.1　二肽与三氨基酸序列的活动坐标系 ······························359

　　　10.4.2　B 与 Γ 原子的运动坐标 ···361

　　　10.4.3　B 原子点与梢点 Γ 在不同二肽与三肽的不同类型 ·············364

第 11 章　结构域与侧链的修饰 ···371

　11.1　概论 ··371

　　　11.1.1　部分重复序列与结构域的构造问题 ······························371

　　　11.1.2　侧链修饰的研究 ··375

　　　11.1.3　重复序列在蛋白质数据库中的表达 ······························376

　11.2　在 α 螺旋中侧链的修饰 ··377

　　　11.2.1　α 螺旋的结构模型 ···377

　　　11.2.2　计算结果 ···379

　　　11.2.3　计算结果的分析 ··383

　11.3　β 折叠与其他特殊结构的讨论分析 ··388

　　　11.3.1　β 折叠的结构分析 ··388

　　　11.3.2　关于 Ω 结构的讨论 ···392

　　　11.3.3　蛋白质局部三维结构的综合讨论 ······························393

　11.4　结构域与 Model 的结构特征问题 ··394

　　　11.4.1　结构域的类型与特征 ···395

　　　11.4.2　血红蛋白的结构域 ··395

　　　11.4.3　蛋白质中的 Model 结构 ···397

　　　11.4.4　蛋白质三维结构的预测与 CASP 比赛 ···························399

第三部分　蛋白质结构的动力学分析

第 12 章　有关分子动力学的基础知识 ···407

　12.1　有关统计力学的一些基本知识 ···407

　　　12.1.1　统计力学中的一些基本概念与公式 ······························407

　　　12.1.2　原子与分子在溶液中的随机运动 ······························409

　　　12.1.3　原子与分子之间的相互作用 ···411

　　　12.1.4　原子与分子之间的一些能量参数 ······························412

　12.2　化学反应的基本知识 ···415

　　　12.2.1　原子与分子的特征与化学反应的基本方程 ·····················415

　　　12.2.2　化学反应的基本类型 ···416

　　　　12.2.3　化学反应的基本规律 ····································· 418

　　　　12.2.4　化学反应中的能量分析 ································· 419

　　　　12.2.5　化学反应中的动力学指标、平衡系数与反应速率 ········· 420

　　12.3　几种重要的生物分子官能团与它们的化学反应 ·············· 424

　　　　12.3.1　一些重要的分子官能团 ····························· 424

　　　　12.3.2　几种重要的化学反应的类型与方程式 ················· 426

　　　　12.3.3　化学反应的动力学特征分析 ························· 428

　　　　12.3.4　催化反应简介 ····································· 430

　　12.4　水与溶液的分子动力学特征 ···························· 432

　　　　12.4.1　水分子的形态特征 ································· 432

　　　　12.4.2　水分子与其他分子官能团的相互作用 ················· 433

　　　　12.4.3　水与溶液分子的动力学 ····························· 435

　　　　12.4.4　与溶液有关的动力学指标 ··························· 436

第 13 章　蛋白质三维结构中的动力学问题 ························· 439

　　13.1　蛋白质空间结构形成过程中动力学的几个基本观点 ·········· 439

　　　　13.1.1　关于蛋白质空间结构形成过程的讨论 ················· 439

　　　　13.1.2　自由能与结合能 ··································· 441

　　　　13.1.3　动力学模型中的基本特征 ··························· 443

　　　　13.1.4　运动方程的可计算性与收敛性问题 ··················· 446

　　13.2　关于自由能的讨论 ·································· 447

　　　　13.2.1　有关自由能定义的讨论 ····························· 447

　　　　13.2.2　用负 KL-互熵作分子内部自由能定义的合理性问题 ······· 449

　　　　13.2.3　KL-互熵的可计算性问题 ····························· 449

　　　　13.2.4　KL-互熵的近似计算 ································· 452

　　13.3　KL-互熵的估计与计算 ······························ 453

　　　　13.3.1　简化计算的考虑依据 ······························· 453

　　　　13.3.2　计算结果与初步讨论分析 ··························· 454

　　　　13.3.3　蛋白质判定条件之三 ······························· 456

　　　　13.3.4　蛋白质的 KL-互熵与 PIDF 的关系讨论 ················· 458

第 14 章　蛋白质的分子动力学特征分析 ························· 461

　　14.1　蛋白质分子动力学的特性要点 ·························· 461

　　　　14.1.1　蛋白质空间结构中的结合能 ························· 461

　　　　14.1.2　蛋白质的活性特征分析 ····························· 462

　　　　14.1.3　蛋白质三维折叠速率与瞬时速率的因素分析 ··········· 465

　　　　14.1.4　蛋白质空间结构内部的结合能 ······················· 466

14.2　化学键的动力学特性 ··467
　　14.2.1　化学键的一些基本特征 ···467
　　14.2.2　蛋白质中化学键的类型分析 ···469
　　14.2.3　其他非固定共价键的讨论 ···472
　　14.2.4　非固定化学键的动力学 ···475
14.3　氢键与范德华力的动力学特性 ··476
　　14.3.1　氢键的形成条件与特征 ···477
　　14.3.2　蛋白质中可能产生氢键的类型分析 ·····································478
　　14.3.3　范德华力的动力学分析 ···478
14.4　氨基酸与蛋白质中极性问题的讨论 ··480
　　14.4.1　极性的一般理论 ···480
　　14.4.2　氨基酸与蛋白质中部分原子的极性讨论 ·································482
第 15 章　对氢键、离子键与共价键的搜索、计算与讨论 ······························484
15.1　搜索计算方法与结果 ··484
　　15.1.1　对不同类型键的搜索与判别 ···484
　　15.1.2　搜索与计算结果 ···485
　　15.1.3　计算结果的初步分析 ···486
15.2　对化学键与氢键的进一步分析 ··488
　　15.2.1　对二硫键与离子键的分析 ···489
　　15.2.2　关于非固定共价键的分析 ···492
　　15.2.3　对氢键的补充分析 ···495
15.3　氨基酸的动力学倾向性因子与分子聚合团的分析 ······························496
　　15.3.1　氨基酸的动力学倾向性因子分析 ·······································496
　　15.3.2　双氨基酸的动力学倾向性因子 ···498
　　15.3.3　分子聚合团的定义与计算 ···501

参考文献 ···507
索引 ···518

第一部分　概　　论

第 1 章　生物信息学与信息动力学

在前言中, 我们已经对**定量化**研究的目标与本书的主要内容作了简单的说明, 在本章中再围绕其中的有关内容作进一步的补充与讨论.

1.1　生物信息学与定量化研究

探讨生命科学中的定量化研究问题是本书的主要目的. 主要的研究方法与手段是**生物学**、**生物信息学**以及其他有关的学科, 其中包括**动力学**中的一系列问题, 近年来对这些问题的研究虽有许多重大的发展, 但仍然存在许多理论与难解问题需要解决.

1.1.1　定量化的研究目标、内容与途径

前言中已经说明, 本书所讨论的定量化研究主要是指**生物大分子**(如 DNA 与 RNA 的核苷酸序列, 蛋白质、肽链的氨基酸序列等) 在它们的形成过程、结构、功能与相互作用等关系问题, 对其中的这些问题作更精确的、有定量化指标的描述与研究.

由于生物学的研究进展、生物信息学诞生与发展、多学科的介入等因素, 这种定量化的研究有可能更深入地进行. 国际上把这种研究看做生命科学的最新发展, 并向生物、医学与医药等应用领域拓展.

1. 从蛋白质的结构分析看定量化研究的特征

蛋白质是重要的生物大分子, 具有较系统的数据测定与记录, 也有丰富的结构与功能分析. 因此在本书中, 我们把它当作定量化研究的实例进行分析, 由此也可以看到定量化研究的特征与存在的问题. 从以下例子可以看到定性化与定量化研究的区别.

(1) **蛋白质的定义与判定**. 按生物学界的定义: **蛋白质是由核酸序列转译, 并具有一定的空间形态结构与功能的氨基酸序列**. 这是一种定性化的描述. 定量化的研究就是讨论能否给出一些**定量化指标**, 这就是一个氨基酸序列, 要满足什么样的结构条件才有可能形成具有空间折叠结构, 并产生生物功能的蛋白质.

这种定量化的指标如何确定, 它们能否成为蛋白质的基本度量与判定指标, 如何在**基因识别**, 或其他**蛋白质设计**、**构造**或**改造**等研究中应用.

(2) **生命语言的解读**. 生物信息数据库是对多种不同类型生物大分子的大量观察、测量与记录的结果, 因此是**生命语言的记录与汇合**. 对这些语言能否解读, 如何解读, 每一种数据库都可看做一种特定的语言, 它们是否存在各自的**词法与语法关系**, 这些关系如何表达, 这与人类自然语言有哪些异同.

(3) 尤其是在生物、医学中存在多种重要语言之间的**应答关系**的表达. 如**免疫机制**、**酶的催化过程**、**配体与受体**的相互作用、**基因组与蛋白质**之间的转换关系等. 这是生命科学中的基本关系, 能否用生命现象中的语言关系来表达.

(4) **生物大分子的多级结构研究**. 无论是核酸序列还是蛋白质序列, 它们都存在一、二、三、四级的多级结构, 不同的结构之间的相互关系, 不同的结构如何产生, 形态与功能的关系如何 (如何形成功能效果), 其中的动力学因素又是什么.

在蛋白质结构数据库中, 有许多比较完整的多级结构数据, 也有许多功能的说明. 这正是我们选择蛋白质作定量化分析的理由.

这些问题都是解读生命语言的重要内容, 因此使生命科学的研究变得十分复杂与困难. 对这些问题虽有许多研究与成果, 但从定量化的角度来看, 仍有许多未解决的问题. 在深入到定量化的研究中必然会存在许多新的困难, 这个研究过程必然是一个逐步深入的研究过程, 现在还只能算是刚刚开始的起步阶段.

2. 蛋白质结构与功能分析中的定量化研究

蛋白质是一个由数百到数十万个原子所组成的生物大分子, 对它们的研究存在一系列定量化的问题, 因此可以成为定量化研究的切入点.

(1) **蛋白质一级结构分析**. 蛋白质一级结构是由氨基酸序列组成的数据库, 如果把它的数据库看成蛋白质语言的文库, 那么就存在对该文库的语法分析与语义解读问题.

(2) **空间质点系的描述**. 蛋白质是由几十到几十万 (最多可达几千万) 个原子组成的生物大分子, 因此是一个十分复杂与不规则的空间质点系. 这里, 首先要讨论它们的结构特征问题, 在生物学中称为**空间结构**.

在空间结构中又可分**三维结构**与**空间形态**结构. 其中三维结构是指由共价键连接的空间结构, 而对空间形态又可分**总体结构特征**、**内部与表面**等结构特征.

在三维结构中又分**二级结构**、**超二级结构**等类型. 在蛋白质空间结构的研究中又分**形成过程**与**最后的形态特征**问题. 在生物学中有多种模型讨论, 如**自由能的最小化收敛性理论**、**熔球态模型**、**一级结构**与**空间结构**的关系问题, 如 Alignment 的一级结构确定空间结构理论的讨论.

(3) **结构与功能的关系**. 各种不同类型的蛋白质执行不同的生物功能, 这些功能与蛋白质的空间结构密切相关, 如何分析它们之间的相互关系是蛋白质研究中的重要问题. 在生物学的研究中已经确定, 不同蛋白质都有各自的**活性特征**与**活性中**

心, 这些活性特征与活性中心都有各自的几何与动力学的特征, 如何用定量化的指标来描述与表达这些特征是定量化研究中的关键问题.

(4) 在不同的蛋白质之间及蛋白质与其他分子或原子之间, 它们是如何发生相互作用的, 其中包括它们之间的**空间形态匹配**, 在形态匹配的条件下所产生的**动力相互作用**. 这些特性在生物、医学、医药与卫生等领域中都有重要意义, 如何讨论它们在生物、医学、医药中的特殊问题作具体分析与研究, 为临床医学、药物设计提供分析的理论依据.

(5) 它们的核心问题是其中的动力学问题, 这些动力学问题包括蛋白质与氨基酸中各原子发生什么样相互作用的特征与条件, 以及它们在溶液中发生碰撞、做随机运动与在分子、原子间所产生相互作用的动力学问题.

这些问题都十分复杂, 但它们都是在定量化研究中不可避免的问题, 对它们的深入研究在理论与应用中都有十分重要的意义. 我们只能逐步深入地开展讨论.

3. 蛋白质与基因组关系中的定量化研究

由于基因组 (尤其是真核生物基因组) 中的问题更加复杂, 所以在本书中没有太多的讨论. 但有些问题必然涉及基因组的问题, 如流行病传播在分子、原子水平上的定量化分析问题. 基因组在蛋白质编码时出现的动力学问题与疑难问题等, 这些问题与基因组密切相关, 因此在本书的部分章节中会作初步讨论, 并由此提出了一系列疑难问题, 这些问题是解读生命现象奥秘问题中的重要一环.

1.1.2 不同学科的作用与贡献

由于生命科学的重要性与复杂性, 各重要学科都介入其中. 它们发挥各自的特点, 并作出各自的贡献.

1. 生物学与生物信息学

(1) 生物、医学中的研究与进展始终是定量化研究的根本. 近几十年来, 在酶、免疫蛋白、跨膜蛋白、神经信号等一系列蛋白质研究中取得许多重要进展, 对它们的结构与功能都有很深入的了解, 这些都是我们开展更深入的定量化研究的依据.

(2) 生物信息学为生命科学定量化研究提供了大量观察与测量的数据, 在近三四十年来, 生物信息数据一直以每两三年翻一番的速度在增长. 尤其是近十年来发展的**第二代测序技术**, 它对核苷酸序列测量的速度以每年翻几十倍的速度增长, 测量成本也以每年翻几十倍的速度下降. 这种大量数据的获得, 为我们开展定量化研究提供了强大与丰富的原始资料.

(1) 多学科的综合介入是近代生命科学发展的重要特征. 化学与生物化学的密切关系是不言而喻的, 生物化学是化学的发展与延续, 但生物化学有其特殊的研究对象、内容与方法.

(2) **物理学的贡献**. 物理学的介入为生物大分子提供了多种测量方法 (X 射线衍射、磁共振与三维电镜重构等), 使大批生物数据被测定, 是生物信息学产生与发展的物理基础.

物理学中的动力学研究是各种生命现象研究的理论基础. 从微观的**量子力学**、**量子化学**到溶液中的**统计力学**、**热力学**及其他分子动力学都是其中的重要内容.

近年来, 大批物理学家介入生命科学的研究, 为生命现象提出了一系列的**尺度指标**理论, 如文献 [56], [149] 等, 尺度指标的概念就是定量化的概念, 随着物理学的介入必将推动生命科学向更深入的定量化方向发展.

(3) 数学的介入是定量化研究的重要特征. 无论是哪门学科, 在从定性化到定量化的研究过程中, 数学都是一门不可缺少的学科, 定量化的概念就是利用数学对其中的各种特征与变化给出精确的数学表达与计算.

面对如此复杂的生命现象, 以及如此庞大的生物信息数据, 数学的介入正在发挥重要作用. 大部分的数学理论与方法几乎都能得到应用, 随着研究的深化, 数学的作用会更加重要, 而且也会推动新的数学理论、新的课题产生、发展与应用.

2. 计算机科学的介入

(1) 生物信息学的产生与计算机科学、计算机技术的介入密不可分, 大规模的生物信息数据库、网络、软件与算法的产生就是生物学与计算机结合的产物. 随着生物信息学的发展, 它与计算机科学的关系必将更加密切.

(2) 从**第二、三代测序技术**看, 这些测序技术改进的关键是拼接算法的改进, 采用大规模并行计算的方法, 使第二、三代测序的速度与成本比每年有千百倍的增长.

(3) **大数据量与云计算技术**的作用. 大数据量与云计算技术是信息技术的最新发展, 数据量的单位 (计算规模与存储量) 已从 M, G 发展到 T, P, E 等数量级. 利用强大的计算机储存、网络传输与分析能力, 对各种不同类型的信息数据作大规模的整合与综合分析是这些技术的主要特征.

随着生物信息技术个性化、产业化与市场化的发展, 未来生物、医疗、卫生等信息数据肯定是未来大数据量、云计算技术的重要用户, 它们的结合必然会推动这些领域向更高层次发展.

3. 分子动力学与信息动力学

生物信息学、分子动力学与信息动力学是定量化研究中的关键理论与技术. 生物信息学收集了大量生物信息的数据, 并以网络、软件等方式给以分析处理.

在这些分析研究中, 结构与功能密不可分, 其中存在大量动力学的问题, 包括分子动力学与信息动力学. 分子动力学的内容十分广泛, 是大家所熟悉的, 而信息动力学是以观察结果来分析其中的动力学规则, 在文献 [232] 中提出, 在下面还有说明与讨论. 这些不同类型的动力学问题可以从多种不同角度来分析生命现象中的动力学特征, 这也是本书所要讨论的目标.

由于生命现象的复杂性, 对它们的定量化研究仅仅是开始. 这些讨论可以探讨定量化研究中的方法, 也可以发现其中存在的一系列未解与疑难问题, 这些问题的出现正说明定量化研究的困难程度. 从这些未解问题还可以看到, 生物信息学还有很大的发展空间, 目前虽已测定了大量分子结构的信息, 但仍然不足, 尤其是针对这些疑难问题中的数据还很缺乏, 有的甚至还处于空白状态.

另外, 更重要的是还有一系列的理论问题需要解决, 目前理论研究分析的水平大大滞后于生物大分子的测量的发展水平. 除了结构与功能中的一些常规动力学问题外, 还可能存在许多更深层次的理论问题. 尤其是在不同生物大分子之间、不同细胞器之间的综合作用问题, 这些问题的研究应在定量化研究中不断深入展开, 目前对这些问题会如何发展甚至是无法预料的. 尤其是量子力学与量子化学的介入, 它们是分子动力学的基础, 在分子生物大分子的结构与功能中如何体现量子效应, 并由此来解决生命科学中的一系列疑难问题, 可能是其中的关键问题.

1.1.3 生物信息学概论

生物信息学的英文名称是 Bioinformatics, 这是一门生物学与信息处理技术密切结合的新兴学科, 也是与物理、化学、数学密切相关的多学科综合性学科. 生物信息学的发展已有 40 多年的历史, 自 1992 年开始到 2002 年完成的**人类基因组计划**把生物信息学的研究推向高潮, 目前它的研究已进入**后基因组**的研究阶段, **第二、三代测序技术**是近十年内生物信息学的最新发展.

生物信息学的研究内容十分复杂, 它不仅涉及多学科的综合, 也有自己的独特内容与意义, 我们先就它的研究范畴、发展历史、主要内容与最新发展作一简单介绍.

1. 生物信息学的研究范畴

生物信息学的研究范围是指在**分子与原子水平上**, 通过现代化的测量手段, 对多种不同类型生物大分子的构造进行测量, 由此形成海量的数据库. 通过这些数据库, 结合这些生命体所特有的结构与功能作它们的关系分析, 讨论它们的相互关系与演变过程. 这是对生命现象中规律的探索, 也与医学、医药卫生等应用领域密切相关, 因此我们把生物信息学作为生命科学定量化研究的一个重点.

生物信息学数据库主要包括**核酸与蛋白质结构序列**(其中又分**一级结构**与**空间结构**) 两大基本类型, 也有其他生物大分子的结构数据库. 其中核酸序列包括 DNA 序列 (或基因组序列) 与 RNA 序列, 生物克隆技术的实现, 证明了每一生命过程的全部信息存储在这个**基因组序列**中. 而 RNA 与蛋白质序列则是实现各种不同类型生物与生命过程中的基本单元.

无论是核酸序列还是蛋白质序列, 它们都是由各自的基本分子单元 (**核苷酸与氨基酸**等) 所组成, 由这些基本分子单元的排列所构成序列是它们的**一级结构**. 对这些序列中包含各原子的空间位置进行测定与记录的数据称为它们的**空间结构数据库**.

从生物信息数据库来分析各种不同类型生物体的功能, 是生物信息学研究的基本目标, 其中还包括形态的形成过程、形态与功能的关系等问题. 从它们的空间结构可以得到生物体的更多信息. 因为空间结构的测量比一级结构的测量要困难与复杂得多, 所以由生物序列的一级结构来预测它们的空间结构是生物信息学研究中的重要内容.

2. 生物信息学发展过程的简介

核酸与蛋白质是两类重要生物大分子, 它们的结构可以从根本上反映许多生物的功能. 因此对它们的观测与测量就成为一个重要问题. 早在 20 世纪 50 年代, 在生物学界就已开始对蛋白质与 DNA 序列进行测量, 到 20 世纪 70 年代, 测序工作大量展开, 在近三四十年内, 各种不同类型的生物信息数据几乎以每两三年翻一番的速度在增长. 从 20 世纪 90 年代开始到 2002 年完成的人类基因组计划, 使生物信息学迅速成为一个发展的热门学科.

随着海量生物信息数据的测定, 对这些数据的分析就成为重要问题, 由此出现大量的数据分析软件与算法, 其中最重要的算法有: 序列比对算法、基因预测与拼接算法、蛋白质结构与功能分析算法、数据与图像表达算法等.

大量生物信息数据的测定与数据分析软件是由许多生物信息研究中心研究产生得到, 这些研究中心都建立各自的网站. 这些网站分别公布各自的数据测量结果与研究成果, 因此大量生物信息网站的出现也是生物信息学发展的一个重要特色.

在人类基因组计划完成后, 生物信息学的发展进入了后基因组时代, 后基因组的研究包括更多数据的测定, 尤其是**第二、三代的测序技术与应用**、**组学** (**基因组与蛋白质组**)与**系统生物学**等, 对这些问题后面会陆续介绍.

3. 生物信息学的主要内容

经典生物信息学由以下内容组成.

(1) 大规模数据库的建立, 如基因组数据库、蛋白质一级结构数据库与蛋白质空间结构数据库等. 除了这些基本数据库, 由于分析的需要还产生各种不同类型的衍生数据库, 重要的数据库达数十种之多.

(2) 为了对这些生物信息数据库中数据进行分析, 有大量分析与计算的软件包产生, 除了分析与计算, 还有许多图形与图像显示的软件包. 为了这些软件包的开发, 大量数学理论与工具被应用, 对这些软件包的合理性都必须有相应的理论与技术的说明.

(3) 为了使这些大规模数据库与分析计算的软件包供大家了解与使用, 并展示各个研究结构的研究特点与成果, 各大研究中心都有各自的网站. 因此, 网络工具的发展也是生物信息学的一个主要内容与特色.

(4) 在生物信息学中, 除了以上数据库、软件包与网络技术外, 还有许多专业化的内容, 如专门针对**艾滋病、肿瘤、特种药物**等内容的数据与网站. 也有专门针对生物信息学研究内容 (如**论文索引**等) 数据库与网站. 另外, 在物理、化学等学科中已积累了大量原子与分子的许多数据与资料, 这些是分子动力学的基本数据, 也是信息动力学中的数据.

(5) 在生物信息数据库、软件包与网站中, 除了一些是商业机构专有的以外, 有许多是公开并可以免费使用的, 这是发展生物信息学的一个十分有利条件. 对这些数据库、软件包与网站都有专门著作介绍 (如文献 [12], [16], [17], [42], [215], [245], [261] 等), 其中文献 [261] 是生物信息学与高性能计算方法的综合讨论, 有不少问题值得关注.

4. 生物信息学的主要特征

生物信息学的研究内容很多, 概括其主要特征如下.

(1) 生物信息学的主要特征是数据量的爆炸式增长. 近三四十年来, 生物信息数据以每两三年翻一番的速度在增长. 近十多年来由于第二代测序技术的发展, 对核酸序列测量的**数量/价格比**每年有千百倍的增长.

(2) 随着生物信息数据爆炸式的增长, 提出了大量的数据分析问题. 相应的软件包、算法、网络技术迅速发展, 许多高等院校、医疗机构、研究中心与企业部门都拥有各自研究成果、数据中心、网络网站, 尤其是一批国家级的研究、网络与数据中心正在发挥重要作用.

(3) 生物信息学的另一特点是多学科的介入. 面对如此大量、复杂的数据结构与生命现象, 多种不同的学科都投入其中. 在 1.1.1 节中我们就介绍了不同学科 (如化学、物理学、数学与计算机科学) 在定量化研究中的作用, 这也是在生物信息学研究中的作用.

(4) 我们已经说明, 对生命科学的定量化研究还处在刚刚起步的阶段, 对生物信息学的研究也是如此, 它们都有巨大的发展潜力与发展空间. 同样地, 在生命科学、生物信息学的研究中存在许多奥秘、难解与未知的问题, 迫切需要我们去解决.

生物信息学是生物、医学与医药卫生领域中发展起来的新兴学科, 因此它的研究内容与生命科学密切相关, 它的最终目标是要解决这些学科中的理论与应用问题, 其核心问题是进一步深化与实现这些学科的精确化与定量化的研究.

1.1.4 生物信息学的近期发展与未来动向

生物信息学后期发展的内容很多, 这主要是指人类基因组测序完成后所产生的新研究领域与问题, 因此又称为**后基因组学**或直接称为**组学**.

1. 组学的发展

所谓组学包括**基因组学**与**蛋白质组学**等, 近十多年来, 对 RNA 的研究活跃, RNA 不仅是 DNA 与蛋白质之间的桥梁, 它本身也有许多特殊的功能 (如酶的催化功能、基因的复制功能等), 更有学者把 RNA 看成地球生命的起源. 组学的基本观点是单一的生物大分子虽有各自的结构与功能, 但生物体内的许多功能都是在许多生物大分子的协同下完成.

(1) 组学的研究基础仍然是对各种不同类型生物信息数据的测定. 基因组数据继续被大量测定. 据 ERGO 公布的结果, 到 2007 年 5 月, 已经完成或正在测量的基因组有 667 种, 其中包括细菌: 510 种, 已全部完成的有 302 种; 古细菌: 36 种, 已全部完成的有 31 种; 真核生物: 121 种, 已全部完成的有 32 种. 因此, 已全部完成测序的基因组共有 365 种. 有一大批真核生物基因组正在测定中.

(2) 近十年来, 基因组的测序出现了第二、三代测序技术, 对基因组测量的效率 (测量速度与成本比) 有千万倍的增长, 因此对完成基因组测量的数目就不能作如此简单的统计, 对基因与基因组的分析进入个性化与动态化的研究阶段.

(3) 随着对基因组研究的深入, 基因的概念也在变化. 传统的观点是: 在真核生物的基因组中, DNA 序列分**编码区**与**非编码区**, 在编码区中的 DNA 片段又分**内含子**与**外显子**, 当不同片段的外显子连接编码后产生基因. 在组学的观点中, 基因的编码并非那么简单, 同一外显子可以参与多个基因的编码, 同一基因中可能包含同一外显子的多次编码, 因此它们的编码过程是一个复杂的网络关系过程.

(4) 对蛋白质组学的研究也以同样的方式在发展. 一种生物功能是在多种不同的蛋白质共同参与下实现的, 同一蛋白质也可能参与多种生物功能的反应, 如人体的免疫过程、酶的催化反应都是在这种情况下实现的. 酶与细胞固化的技术证实了这种理论, 如细胞的固化时保留了细胞内的所有蛋白质, 是它们共同去实现某种生物功能, 实验证明, 这种蛋白质组集体参与的反应也能取得更好的效果.

(5) 在这种观点的指导下, 蛋白质组的研究目标就是构建蛋白质相互作用的网络, 对某种生物功能有哪些蛋白质参与, 它们出现的先后次序与所起作用又是什么. 同一种蛋白质可在哪些功能上发挥作用, 其中哪些结构在起关键性的作用. 对这些研究已有多种蛋白质相互作用的网络数据库出现, 如 MIPS, PIPS, STRING 与

KEGG 等网络数据库, 分别参见文献 [94], [121],[148], [168] 等.

2. 系统生物学

系统生物学的讨论范围更广, 但对它的含义也有多种解释. 比较这些说法, 对系统分子生物学可归纳成两种意义上的解释.

一种说法是在生物意义上的解释, 这就是生物体内各种不同类型的因素作系统的研究. 例如, 在细胞体内, 涉及各种不同的生物大分子细胞器, 以及它们所包含的各种生物分子的功能与相互作用关系的综合研究, 这些研究对生物、医学与医药的基础与应用无疑是十分重要的.

另一种说法是对已建立的且十分庞大的生物信息数据库的综合研究. 在 1.1.3 节后基因组的研究问题中, 我们介绍了其中的一些重要问题与热点问题. 无论在基因组、蛋白质组的研究中, 还是在基因与蛋白质的综合研究中, 都涉及数据库的综合研究不同类型数据之间的网络结构问题, 可把这些问题作为目前系统生物学研究的核心问题.

按美国科学院院士、人类基因组计划发起人之一、系统生物学创始人 Leroy Hood 教授[72] 的定义, 系统生物学是以生物体所有成分 (蛋白质、DNA、RNA 等) 相互关系为对象, 通过大规模动力学分析, 用数学方法抽象出生物系统的设计原理和运行规律. 按 Leroy Hood 教授的定义, 目前系统生物学的重点是在第二种解释意义上的研究.

由于后基因组计划与蛋白质组计划都具有对大规模生物信息数据库作综合研究的特点, 所以可以把后基因组计划、蛋白质组计划与系统生物学并列起来, 成为推动生命科学发展的三个最新课题, 我们把它们概称为系统生物学.

近几年, 生物工程的发展与第二、三代测序技术的实现, 使系统科学的研究更加具体化. 细胞固化的技术是把细胞内不同部分内容保持活性, 其他部分的内容死化, 再观察它们的功能. 第二、三代测序技术可以实现对基因组中不同类型的基因进行动态、模块化的观察与分析. 例如, 考察不同类型的生物体在不同的发展阶段、不同类型基因数量与结构的变化.

3. 组学的综合研究

无论是基因组、蛋白质组还是系统生物学, 它们的共同特点是对大量的同类或不同类的生物大分子作综合分析. 目前所拥有的理论成果积累、工具与技术手段, 对各种不同类型疾病的发病机制与治疗手段为组学的研究提供思路与成效.

4. 与其他学科最新的研究成果相结合

由于其他学科发展的最新成果, 生物信息学与这些成果的结合也将推动它的发展. 最突出的例子是与科学计算的结合.

(1) 科学计算的主要优势是具有大规模的超级计算机、高强度的并行计算方法与网络及算法软件开发能力, 这是从事科学计算人员的优势. 在以往的生物信息学中, 科学计算已经发挥了重要作用, 它们是生物信息学的重要组成部分, 这种优势在今后的发展中会更加显见.

(2) 第二代测序技术在生物信息学发展中具有里程碑性的意义, 其中的一个关键技术是在基因组拼接计算中采用大规模并行的结果. 由此可见, 科学计算在未来生物信息学发展中必然会发挥更大的作用.

(3) 在蛋白质空间结构的研究中, 问题可以归结为大规模、不规则空间质点系的计算问题. 对这些问题在科学计算中正在形成系统的理论和方法 (大规模不规则空间质点系的计算问题), 如果这些理论和方法与生物信息学结合必然会产生巨大的作用.

(4) 在真核生物的基因组中, 除了 DNA 序列外, 还存在 DNA 序列与组蛋白的混合结构、DNA 序列的高级结构 (同样可分一、二、三、四级结构) 与细胞分裂时的动态结构等问题. 因此人们对基因组的了解还远远没有达到清楚、明了的程度.

(5) 在化学、物理学与数学中同样存在这些问题, 如物理学中生物大分子的**尺度指标理论**, 量子力学在生物分子中的应用等问题, 数学中的**Alignment** 理论. 这些学科推动生物信息学的发展, 同样地, 生物信息学为这些学科提出了许多新的问题, 进而推动这些学科的发展.

例如, 在 Alignment 理论中, 文献 [163] 中提出的**Alignment空间理论**就是一种与数学基础中的**欧几里得**空间有本质区别的理论. 对 Alignment 空间结构的研究是个数学难题, 它的任何研究进展对生物学、数学、计算机与通信技术都有非常重要的意义.

5. 生物信息学的研究意义与存在问题

由于上述生物信息学的目标与内容, 它在生物、医学与医药卫生等学科领域中的意义是不言而喻的. 事实上, 由于生物信息学的发展, 大量基因以及它们在生命体内的功能与作用被确定, 许多基因或蛋白质结构的变异与人体疾病的关联关系被发现, 这些发现对疾病的防治与治疗有决定性的意义. 另外关于蛋白质空间结构的研究, 为药物设计提供思考方向与理论依据. 因此, 生物信息学已是近代生物、医学、医药卫生研究与应用中不可缺少的工具, 著名的 Blast 软件包的日访问量已达十万人次以上. 由此可见生物信息学已得到广泛的发展与应用.

但在另一方面, 生命的现象是十分复杂的, 各种不同类型的生命体千差万别, 即使是同一种生命体, 它们的结构与形态也不全相同, 它们在不同的环境、组合方式与形成阶段中的形态与功能也会不同. 因此到目前为止, 一些重大的生物信息学问题仍然没有得到解决, 如蛋白质的空间结构预测问题, 真核生物基因的预测问题等,许多问题仍处在似是而非的状态, 而且随着问题研究的深入, 这种未解的问题会变得更加复杂与突出. 究其原因还是有许多生命中的基本规律没有被发现, 也缺少一些更为有效的理论与方法去解决.

目前, 生物信息学存在的最大问题是理论研究与分析水平落后于测量技术的进展, 在生物学、生物工程、医学与医药卫生等研究和其中应用领域中还存在许多疑难问题无法得到解答.

(1) 一些重大的理论问题仍然无法突破. 例如, 蛋白质的空间结构预测问题, 真核生物基因组的识别问题等. 由此说明, 在生物信息学的研究领域还有一些根本性的原理没有得到解决 (其中包括数学、物理、化学、生物中的一系列问题).

(2) 生物信息学的未来发展前途虽十分广阔与巨大, 但是与工业和市场化的要求还有距离. 例如, 在医学与医药领域, 生物信息学在医疗、药物设计中已有许多重要应用, 在对一些病例的分析与加快药物设计的进程中发挥作用, 但大部分成果还没有能进入临床使用阶段.

(3) 第二、三代测序技术为生物工程、基因工程与蛋白质工程提出的许多新的问题, 这些问题急需生物信息在理论上得到说明与提高.

1.2 第二、三代测序技术

生物测序的类型有多种, 主要是核酸序列 (其中包括基因、基因组) 与蛋白质一级结构序列与空间结构数据的测量. 第二代测序技术是近十多年发展起来的对核酸序列的最新测量技术, 有着非常广泛的应用, 是生物信息学的最新发展.

1.2.1 第一代核酸序列测量技术的发展原理

第一代测序兴起于 20 世纪 70 年代, 由于核酸序列与蛋白质结构数据的测量与分析, 产生了生物信息学这一新兴学科.

1. 对第一代核酸序列测量技术的发展情况

第一代测序的方法主要有**双脱氧链终止法**(chainterminating inhibitor) 和**化学降解法** (chemical degradation).

(1) 双脱氧链终止法, 又称**桑格法**(Sanger method). 由英国生物学家和化学家桑格在 1977 年提出, 该方法的核心是使用了双脱氧核苷酸 (ddNTP): 由于缺少 3′-OH 基团, ddNTP 在 DNA 合成反应中不能形成磷酸二酯键, 因此被用来终止 DNA 链的延伸. 同时, 由于这些 ddNTP 上连接有放射性同位素, 通过凝胶电泳和放射自显影后, 可以根据电泳带的位置确定待测分子的 DNA 序列.

(2) 化学降解法则由 Maxam 和 Gilbert 于同年提出, 利用特定的化学试剂标记碱基后用化学方法打断待测序列, 再通过电泳方法读出序列.

(3) 桑格法操作简便, 因此被广泛使用. 在此基础上衍生出了荧光自动测序技术 (用荧光标记取代放射性同位素标记、用荧光信号接收器和计算机信号分析系统取代放射性自显影) 和基于毛细管电泳技术的高度自动化测序仪.

第一个人类基因组图谱就是通过第一代测序完成的.

2. 第一代核酸序列测量的关键技术

由此可知, 在第一代基因组测序中有 2 个关键技术, 其一是利用不同的核苷酸 (a, c, g, t 4 种) 对 X 射线衍射反应不同而给以区别与识别. 其二是在基因组的测量中, 并不是一下子对整个基因组同时进行测定, 而是用切割酶把基因组切割成许多小片段, 先对这些小片段的核苷酸序列进行测定.

每个小片段的长度为 200~300bp, 如人类基因组 DNA 序列的总长度是 30 亿 bp, 因此切割的片段数是 $3 \times 10^9/200 = 1.5 \times 10^7$(1500 万) 片, 虽然每个染色体的长度不等, 但它们的切割的片段数都在百万数量级.

被测定的 DNA 小段需要进行连接, 对一条基因组的许多小段是无法连接的 (无法确定这些小段该如何连接). 这时对同一基因组测定出多条 DNA 序列, 对它们同样分成许多小段, 并进行测序. 由于对 DNA 序列作切割时的位点是随机的, 那么对相邻的小段就会发生重叠, 且重叠部分的核苷酸序列是相同的, 利用这种关系就可实现基因组的拼接, 其拼接过程如图 1.1.1 所示.

图 1.1.1　基因组切割拼接关系示意图

对图 1.1.1 说明如下.

(1) 图 1.1.1 是由同一基因组产生的 2 条 DNA 序列, 把这 2 条序列切割成许多小片段, 分别记

$$a_0, a_1, \cdots, a_n, \quad b_0, b_1, \cdots, b_m$$

是这 2 条 DNA 序列的切割点, 这些切割点在一定范围条件下随机产生.

(2) 如果记 $\delta_i = (a_{i-1}, a_i)$ 是 DNA1 序列中被切割的小片段, 那么 δ_i, δ_{i+1} 是 DNA1 序列中相连接的小片段. 同样地, 记 $\delta'_j = (b_{j-1}, b_j)$ 是 DNA2 序列中被切割的小片段, 那么 δ'_j, δ'_{j+1} 是 DNA2 序列中相连接的小片段.

(3) 如果 δ_i, δ_{i+1} 是 DNA1 序列中相连接的小片段, 那么在 DNA2 中一定存在一个 δ'_j 的小片段, 使关系式

$$a_{i-1} < b_{j-1} < a_i < b_j < a_{i+1} < b_{j+1} \tag{1.2.1}$$

成立, 当 $i = 1, j = 2$ 时, 如图 1.1.1 所示. 这时 $(b_{j-1}, a_i), (b_j, a_{i+1})$ 分别是片段 δ_i, δ_{i+1} 与 δ'_j 的公共部分, 它们的数据应当相同. 因此, 通过小片段 δ'_j 可以判定片段 δ_i, δ_{i+1} 的连接性.

(4) 因为切割的小片段数量很多, 对同一基因组在录取它们的 DNA 序列数据时存在误差, 所以需要多条 DNA 序列: DNA1, DNA2, $\cdots$, DNAh, 才能实现正确的拼接.

因此, 基因组的拼接是一个十分复杂的计算任务, 同时也可为大规模平行计算提供可能性, 其中算法的改进是实现第二、三代测序技术的关键.

1.2.2 第二代测序技术的原理与特征

1. 基本原理

(1) 第二代测序指相对于第一代桑格测序法的新一代测序技术. 从原理上讲, 第二代测序技术与第一代测序技术很相似: 以待测 DNA 片段的一条链为模板, 在合成互补链的过程中, 依次顺序地测定 DNA 片段上的每一个碱基. 不同的是, 第一代测序每次只能测定少量的 (一个到几十个)DNA 片段, 而第二代测序将测序流程高度并行化, 可以同时进行上百万个测序反应. 这是测序史上的一个革命性进步, 它使得大基因组的高通量快速测序成为可能.

(2) 测序步骤. 第二代测序的实验流程大体包括以下三步: 样品处理、文库制备 (library preparation) 和上机测序. 具体说来, 在获得样品后, 首先, 需要对样品的质量进行检测, 确保浓度、体积、纯度等符合测序实验的要求. 其次, 根据实验目的和样品来源作相应的预处理, 基因组 DNA 需要通过物理手段或是化学手段打断成小片段; Total RNA 需要富集 mRNA, microRNA, 或是去除 rRNA. mRNA 需要片段化处理并且反转录成 cDNA. 再次, 是文库制备, 以 Illumina Truseq 为例, 利用特定的酶对 DNA 片段做末端修复 (end repair), 然后在 3′ 端加上 dATP 并进一步在 DNA 片段的两头分别连接上一段接头序列 (adapter sequence), 再经过提纯和 PCR 扩增, 得到用于上机测序的 DNA 文库. 最后, 将 DNA 文库装载到测序仪上并完成测序.

2. 主要优点

相较第一代测序, 第二代测序有以下三个优点.

(1) 速度快、通量高. 第二代测序能够产生大量的测序数据, 且数据量逐年增加. 2007 年, 一次测序大约可以得到 1GB 的数据; 而到了 2011 年, 获得的数据量已接近 1TB(=1024GB). 四年的时间里, 测序通量提高了约 1000 倍. 目前, 研究人员已经可以在不到一周的时间里, 以每个基因组 5000 美元的花费, 在一次测序中同时测出 5 个人的基因组. 作为对比, 人类基因组计划耗时 10 年, 花费接近 30 亿美元.

(2) 可控的规模和解析度. 使用第二代测序能够获得大量的序列, 但有时过多的数据会造成浪费, 如对一些细菌或病毒的小基因组测序, 或者对基因组特定区域的测序. 这时, 我们可以根据具体的实验需要来调整测序的规模: 一次测序产生的总数据量是一定的, 通过适当增加样品的数量来达到节约成本的目的. 具体的做法是将多个样品混合起来同时进行测序, 为了在测序后能将不同的样品分开, 在制作文库的过程中, 每个样品都被加上了一个唯一的标签 (barcode), 这个标签实际上也是一段 DNA 序列 (6~8 个碱基), 测序时分别测出待测样品和标签的序列, 然后根据标签来确定序列来自于哪个样品.

此外, 与第一代测序只能得到一个读长序列 (read) 不同, 第二代测序能够产生若干的读长序列, 这是因为样品 DNA 被随机地打断为小片段, 而每个小片段都会被测序并产生一个读长序列. 这就引出了 "覆盖率" (coverage) 的概念: 样品 DNA 每个位点所对应的读长序列数量的平均值. 例如, 30 倍的覆盖率的含义是: 平均有 30 个读长序列覆盖待测样品的每个位点. 我们可以依照实际需要来调节测序的解析度. 既可以将测序的范围缩小聚焦到某一个基因甚至某一个位点上, 做深度测序 (deep sequencing) 来得到非常高的覆盖率, 如 1000 倍; 也可以将视线放大到整个基因组, 这种情况下通常会选择相对低一些的覆盖率, 如 3~5 倍. 前者的一个具体应用是寻找导致癌症的体细胞突变 (somatic mutations), 通常这些突变只存在于一小部分细胞中, 要在混合种类的细胞中找到这些突变, 就必须做深度测序; 后者的一个具体应用是研究人类基因组遗传多态性的千人基因组计划 (1000 genomes project).

(3) 测量范围更广、灵敏度高. 第二代测序的一类主要应用就是定量分析, 其中的一个经典应用是基因表达谱分析 (gene expression profiling). 第二代测序测定基因表达谱的原理是统计来自不同 mRNA 的读长序列的数量, 数量越高就说明样品中的某个 mRNA 分子越多, 其相应基因的表达量也就越高; 反之如果读长序列的数量很低甚至为零, 则表明相应的基因表达量较低或没有表达. 作为对比, 传统的基因芯片 (DNA microarray) 技术采用与荧光标记的靶基因杂交的方法, 通过读取荧光信号的强度来检测基因的表达量. 其灵敏度受限于检测仪能够检测到的信号强度和灵敏极限, 而且芯片的信号是有范围的, 基因表达量太低则无法与背景信号区分, 太高则造成信号饱和. 而第二代测序提供的是离散的数字化结果, 可以检测出最少 1 个读长序列, 最高没有上限的表达量, 因此有着更高的灵敏度.

1.2.3　第二代测序平台

由于基因组测序的重要意义与市场前景, 美国有多家公司研制开发第二代测序平台, 后经吞并、重组或整合, 现在主要有三家公司, 分别是 Roche 454 Life Sciences

公司、Illumina 公司和 Life Technologies 公司 (前身是 Applied Biosystems Inc, ABI).

1. Roche 454 测序平台

(1) 454 Life Sciences 是最早推出商业化第二代测序平台的公司, 采用焦磷酸测序原理: 以单链的待测 DNA 片段为模板, 每次反应加入一种 dNTP 进行合成反应. 如果这种 dNTP 能与待测序列配对, 则会在合成后释放焦磷酸基团, 而这个焦磷酸在酶的作用下, 将荧光素氧化成氧化荧光素, 并发出荧光信号, 信号由 CCD 照相机捕捉并记录, 再经过计算机分析转换为测序的碱基信息.

(2) 454 测序平台的最大特点是读长较长, 最长支持 1000bp, 要明显优于其他两个测序平台, 特别适用于未知序列基因组的从头测序 (de-novo assembly). 454 测序在获取较长读长的同时还可以保持较高的准确度, 当读长超过 400bp 时, 其准确性仍能达到 99% 以上, 主要的错误来自于无法准确测量同聚物 (homopolymer) 的长度. 例如, 测序中出现多个连续的 T, 测序反应中会一次加上多个 T, 而加入 T 的数目只能从荧光信号的强度来推测, 因此有可能带来碱基插入或缺失的误差, 同聚物越长, 产生误差的可能性越大.

2. Illumina 测序平台

(1) Illumina 测序平台基于 Solexa 技术. 与 454 测序平台一样, 也采用边合成边测序 (sequencing by synthesis) 的方式, 并且也使用光学检测荧光信号的手段. 不同的是, Solexa 技术直接在 dNTP 上连接荧光基团, 另外通过可逆阻断 (reversible terminator) 技术保证了每次合成反应只添加一个 dNTP, 因此不会出现同聚物影响准确性的问题. 相应地, Solexa 的主要错误来源不是插入或缺失, 而是核苷酸的替换.

(2) Illumina 测序平台的优点在于高通量、低错误率、低成本、应用范围广; 缺点在于读长较短 (250bp), 这是因为荧光信号会随着读长的增加而减弱, 测序准确度也随之降低.

(3) 早期的 Illumina 测序平台是 Genome Analyzer(GA). 现阶段的测序平台包括 GAIIx, HiSeq 和 MiSeq. GAIIx 是 GA 的改进机型. HiSeq 是更新一代的用于大型测序的主力机型, 分为 HiSeq1000 和 HiSeq2000 两个型号. 前者装载一个 flowcell, 后者能承载两个 flowcell, 因此有两倍的测序通量. 根据测序长度的不同, HiSeq 的测序时间为 2~11 天. 2013 年年初, Illumina 对 HiSeq 机型进行了升级, 升级后的机器变为 HiSeq1500 和 HiSeq2500, 较升级前的机器增加了快速测序 (rapid run) 功能, 测序时间缩短为 7~40 小时, 代价是通量略为降低, 得到的数据量约为正常测序的 75%. MiSeq 则是用于小型测序的机型, 虽然没有 HiSeq 的通量高, 但操作更简便、时间花费短 (1~2 天)、读长比 HiSeq 长、随机整合的分析软件还可以直接完成后续的数据分析, 特别适用规模不大和需要在短时间内拿到结果的测序.

3. Life Technologies 测序平台

(1) Life Technologies 早期的机型是 SOLiD, 全称为 Sequencing by Oligo Ligation Detection. 与 454 和 Solexa 的合成测序不同, SOLiD 是通过连接反应进行测序的. 其基本原理是以四色荧光标记的寡核苷酸进行多次连接合成, 取代传统的聚合酶连接反应 (PCR). 使用 SOLiD 技术, 目标序列的所有碱基都被读取了两遍, 因此 SOLiD 最大的优势就是它的高准确率, 并且由于 SOLiD 系统不使用 PCR 反应合成 DNA, 因此避免了 PCR 带来的 GC 误差, 对于高 GC 含量的样品, SOLiD 较其他平台有着更大的优势.

(2) Life Technologies 的最新测序仪是 Ion Proton 和 Ion Torrent, 分别是与 HiSeq 和 MiSeq 相对应的大型和小型测序仪. 这两种机型的测序原理与前面提到的几种机型截然不同: 通过检测酸碱度变化来测序. 当 DNA 聚合酶把核苷酸聚合到延伸中的 DNA 链上时, 反应会释放出一个氢离子, 反应池中的 pH 发生改变, 位于反应池下的离子感应器把接收到的化学信号直接转化为数字信号, 从而读出 DNA 序列.

1.2.4   第二代测序的应用

第二代测序有着非常广泛的应用, 下面列举五个常见的应用.

1. 全基因组测序

使用桑格法做全基因组测序 (whole genome sequencing) 一直都是一项浩大的工程. 先不说花了十年时间由大批研究人员合作完成的复杂庞大的人类基因组, 即便是想要获得某些病毒的小基因组, 也需要花费大量的时间和资源. 随着第二代测序的出现及其技术的逐渐成熟, 测序的流程被大幅简化, 测序的成本也显著降低, 全基因组测序已经可以由一个实验员在几天之内完成.

根据测序目的的不同, 全基因组测序又可分为从头测序 (de-novo sequencing) 和重测序 (resequencing). 前者用于基因组未被测序过的生物, 在测序完成后需要对基因组进行组装 (assembly); 后者是对序列已知的基因组做测序, 目的一般是研究遗传多态性和寻找突变.

2. 目标区域测序 (targeted sequencing)

目前全基因组测序还是比较昂贵的. 很多时候我们并不需要整个基因组的全部信息, 可能只对其中的某个基因或是某些区域感兴趣, 这时我们可以对这些特定的区域进行测序. 如果是较少较小的区域, 可以采用扩增子测序 (amplicon sequencing); 如果是较多较长的区域, 就需要对目标区域做富集 (target enrichment) 再测序.

2009 年有一例目标区域测序应用到临床的经典病例. 一个男孩因为不明原因的疾病危及生命, 各种检查和治疗方案都没有效果, 于是医生对男孩的外显子进行了测序 (whole exon sequencing), 发现是一个基因上的缺陷 (突变) 导致了疾病, 最终通过脐带血干细胞移植救了这男孩的命.

3. 转录组及表达谱分析 (RNA seq)

基因表达谱记录了细胞在特定条件下表达的所有基因, 是研究组织或器官行使功能的分子基础. 以往研究基因表达谱的主要手段是基因芯片技术, 该项技术有一定的局限性.

(1) 需要依赖已知的基因序列来设计探针, 对于未知的序列就无能为力了.

(2) 探针的数量有限, 能检测到的信号是有范围的.

(3) 需要在几张芯片上重复实验来消除系统误差, 这无形中增加了成本.

相比之下, 第二代测序已知和未知的序列都能够测出, 精度和灵敏度更高, 测量值没有上限. 此外, 第二代测序还能够产生更多的信息, 在研究基因表达谱的同时还可以用来发现高表达基因上的突变. 现阶段使用基因芯片和第二代测序研究表达谱的价格相差不多, 但第二代测序的速度和精度仍在提升, 价格却在下降, 因此越来越多的人开始使用第二代测序技术. 相信在不久的将来, 第二代测序技术会逐步取代基因芯片.

4. 非编码 RNA 测序

第二代测序还可以用来研究非编码 RNA(non-coding RNA) 的表达. 这些非编码 RNA 不用来合成蛋白质, 却参与了许多重要的生物发育过程. 比如, 有一类非编码 RNA, 称为小分子 RNA(micro RNA), 通常只有大约 22 个碱基, 这类小分子 RNA 可以绑定到特定的 mRNA 上, 使其降解或者阻断蛋白质合成.

5. 染色质免疫沉淀测序与染色体构型 (chromosome conformation capture)

(1) 染色质免疫沉淀 (chromatin immunoprecipitation) 技术主要用于分析蛋白质与 DNA 的交互作用. 之前的研究通常利用芯片技术, 即染色质免疫沉淀测序 (ChIP-chip). 和基因芯片技术类似, ChIP-chip 需要根据已知的序列设计探针, 因此有一定的局限性. 而把 ChIP 技术和第二代测序相结合的 ChIP-seq 可以在基因组水平上检测某种蛋白质所结合的 DNA 序列, 从而精确绘制任意蛋白质在全基因组上的结合位点.

(2) 人类的基因组包含 30 亿个碱基, 如果把全部的碱基沿直线排列大约有 1m, 但实际上 DNA 会缠绕收紧成很紧密的结构, 打包后形成的染色体只占很小的体积 (直径不到 10μm), 这意味着 DNA 序列在染色体中盘缠的数目达 $10^5 \sim 10^6$ 圈. DNA 也有空间结构, 结构决定功能. 某些在序列上相距很远的片段, 在空间上距离却很靠近, 这些临近的片段可能与特定的功能有关. 比如, 增强子 (enhancer, 通常是一段 DNA 序列) 一般在空间上与相关的基因比较近, 可以调控该基因表达. 现在的生物技术对细胞和染色体也有许多研究, 对此在下面还有相关讨论.

(3) 第二代测序的一个应用就是研究染色体在空间上的构型, 即哪些 DNA 片段之间的空间距离较近. 2002 年, 哈佛大学的 Dekker 提出了用于分析染色体构型的分子生物技术 Chromosome Conformation Capture(简称为 3C 技术). 2010 年他们对 3C 技术又进行了改进和推广, 用于研究基因组水平的染色体构型, 命名为 Hi-C 技术. 此外还有一些其他研究染色体构型的方法, 如 4C(Circularized Chromosome Conformation Capture)、5C(Carbon-Copy Chromosome Conformation Capture)、6C(Combined Chromosome Conformation Capture ChIP cloning) 技术等. 有关结果可以参见 2012 年的一篇对染色体构型现有方法回顾综述的论文[172].

1.2.5　测序技术的临床应用及展望

1. 第二代测序技术的临床化问题

第二代测序技术还没有进入临床化阶段, 因此还有很多工作要做, 提高理论分析的水平仍是个关键问题, 另外, 这不仅是技术上的问题, 还涉及医学伦理、医疗保险等一系列问题, 这已不单是一个费用成本问题. 基因组测量与分析是关系到人类健康与生存的根本性大事, 其中涉及伦理、道德、技术标准、市场监督与法律等一系列问题, 其中任何一个环节出现问题都会带来灾害性的后果. 目前一些医院与院校所建立的**精确药物研究所**(precision medicine institute) 就是为实现将来的临床应用做准备.

精确药物研究的概念就是药物与疾病要有更进一步的针对性. 在某种意义上来讲, 也是一种定量化的研究. 由此可见, 生物、医学与医药的精确化, 定量化研究是使这些生物高新科学、技术向临床化 (实用化、普及化) 使用的必要途径.

在 2012 年基因组测序技术的市场价值约为 20.2 亿美元, 其中 2/3 用于科学研究; 22% 为商业用途; 只有 11% 是用于医疗卫生领域. 据估计, 这一数字将会在五年内翻一番, 于 2017 年增长到 42.7 亿美元, 而用于医疗卫生的比例将会进一步提高到 39%. 随着生物技术的进步, 测序成本将会进一步降低, 而测序技术将会有更多更广的应用前景.

2. 第三代测序技术的兴起

第二代的测序技术虽然取得许多重大发展, 但是在对生命科学研究与观察中仍然存在一些问题.

(1) 要测序, 需要先从细胞中提取核酸样品. 无论是第一代测序还是第二代测序, 都需要收集到一定量的核酸 (这个量通常称为起始量), 才能够保证后续测序的质量. 一个细胞中的核酸量远远小于这一起始量, 因此一定要从多个细胞中提取, 因此所测序的序列实际上是很多个核酸分子混合平均后的结果.

(2) 此外, 前两代测序都需要通过 PCR 来扩增以便获得可被仪器检测出的信号强度. 但是, PCR 技术比较难扩增 GC 含量高的模板序列, 因此会给测序带来误差.

第三代测序解决了这些问题, 完全不需要 PCR 扩增, 实现了对单个核酸分子序列的测定, 因此也被称为单分子测序 (single molecule sequencing). 目前最新的第三代测序仪是由 Pacific Biosciences 公司推出的 PACBIO RS II.

(3) 第三代测序相较前两代测序有很多优势, 如测序成本低、测序速度快, 实现了 DNA 聚合酶内在的反应速度, 速度可以达到每秒 10 个碱基. 读长较长, 可以测几千个碱基, 可以直接对 RNA 分子和甲基化的 DNA 分子进行测序.

除了实现单分子测序外, 测序长度也相当长, 而且还在不断快速增长. 平均每半年测序长度翻一番, 目前已达到 20kb 以上. 这种长序列测序技术特别适用于从头组装未知基因组 (denovo assembly), 也适用于发现基因结构性变化 (structural variation), 如长插入或删除突变 (indel detection).

3. 第三代测序技术存在的问题

目前第三代测序技术还不成熟, 主要存在以下问题.

(1) 与前两代测序技术相比, 测序的差错率偏高 (或准确率偏低). 准确率大概为 85%, 比 Illumina 第二代测序要低了快 15%. 目前可以通过反复测序来提高准确度.

如使用 Illumina MiSeq 对样本再测序, 用测得的小片段序列对三代测序得到的长序列结果进行修正, 进而得到高准确度的长序列结果. 另一种方法使用一种称为 circular consensus sequencing 的技术, 将待测样本片段的两端环化, 接着反复对待测序列进行正向反向来回测序, 再把结果做整合以达到高准确度, 这样做测序长度受一些影响, 在 1kb 左右.

(2) 第三代测序存在的另一个问题是通量相对较低, 测序周期偏长, 因此目前的主要应用是对中小基因组的测序, 如植物 (重复区域较多, 需要长序列测序)、微生物等. 使用第三代测序重新测定并组装人类基因组目前还不可行, 测序的时间就需要花一个月以上, 花费也较高.

(3) 总的来说, 第三代测序的优点和缺点都非常明显. 依照第三代测序这几年间的发展趋势来估计, 再过一两年应该会更成熟, 到时会有非常广泛的应用.

4. 理论研究的进展仍然是第二、三代测序技术发展的关键

我们已经说明, 第二、三代测序技术极大地加快了基因组的处理速度并降低了

测量成本, 在很短的时间里每人都可了解到自己的基因组, 但如何从这些数据中获得正确而有用的信息仍然是一个难题. 在利用基因组分析病变时, 不同的细胞、人体的不同年龄、不同的病变情况都会带来不同的基因突变, 如果从这些数据中提取有效的信息仍然是第二、三代测序技术向临床化方向发展的关键.

有关第二代测序的论文见文献 [13], [123], [169], [170], [179] 等.

1.3　信息动力学概述

信息动力学 (information dynamic, ID) 这个名词在 20 世纪 80 年代就已出现 (见文献 [93], [222] 等), 对此概念是从哲学、物理学与人工智能的角度来讨论. 在文献 [163], 文献 [232] 中, 我们把 ID 看做由观察结果来分析与总结其中的动力学规则, 因此与文献 [93], [222] 的讨论目的和内容完全不同.

1.3.1　ID 的目的与意义

在文献 [163], [232] 中, 我们已经对 ID 有详细的说明, 现在再做简单介绍.

1. 什么是 ID

动力学的问题很多, 物理学中常把它分成两大类, 即所谓因果关系中的正问题与反问题. 正问题就是由已知规律去研究它们所产生的效果, 而反问题则是由观察现象去寻找它的规律. ID 是由观察结果来寻找其中的规律, 因此是因果关系中的反问题. 为了区别起见, 我们把物理、化学中的一些动力学分支 (如分析力学、分子动力学、量子力学、量子化学与统计力学等) 称为常规动力学, 因为这些动力学的规律都已基本确定 (也有一些难解问题), 所以其中大部分都是动力学中的正问题.

常规动力学与 ID 这两类动力学问题实际上是相互交叉、密不可分的. 当有些现象不能被已有的规则所解释时, 就需要通过观察去发现其中存在的新规律. 由于客观世界的复杂性, 人们经常见到以下一些反问题.

(1) 有许多现象的成因是无法知道 (或暂时无法知道), 但是可以观察到它们的表现结果, 并由此总结并利用这些规律. 例如, 在英语单词构造中, 大部分词的形成与演变过程是无法知道的, 但一旦知道这些词的结构规律, 就可在英语的一系列信息处理中得到应用.

(2) 常规动力学在现代科学与技术中的重要意义与作用是毋庸置疑的, 它们也是分子生物学中动力学的基础. 但常规动力学在生物大分子的研究与计算中遇到困难. 其主要原因之一就是生物分子的规模巨大, 一个蛋白质所含的原子数一般都有数千个原子组成, 最大可达到数十万个, DNA 序列中的分子结构规模更为庞大. 对如此庞大与复杂的原子结构, 如何分析它们所产生的综合性效果是十分困难的.

(3) 对生物大分子的研究的另一个困难问题是在原子与分子之间的作用力类型很多, 它们的强度差别很大, 它们在不同生物结构与功能的层次上发挥作用, 因此就会出现精确度与复杂度之间的矛盾, 尤其是在原子数量规模较大时就无法调和这种矛盾.

(4) 按量子力学与量子化学的观点, 微观粒子同时具有粒子性与波动性的特征. 按波动性的观点, 粒子的运动与相互作用都是在一定的概率分布意义下进行, 所以它们的动力学本身就具有随机性. 这种随机性又在长期的生物进化与不同环境的作用下得到体现, 所以它们最终所形成的结果就不能全部在常规力学的框架下解决.

(5) 从目前生物信息学的研究情形来看, 这些研究虽已取得巨大的成果与进展, 但仍有许多根本性的难题无法得到解决, 在生命科学的领域研究中仍然是谜团重重. 产生这种现象的根本原因还是存在一些更深层次的动力学问题没有得到说明.

由此可见, 利用 ID 对生物信息数据库作观察与分析, 从中提出与发现其中存在的动力学规则与问题, 这就是本书要作 ID 研究的目的. 为此目的, 首先就需要对 ID 的内容、方法与意义进行说明, 同时也要探讨与寻找它在生物信息学中理论基础的应用.

2. ID 的基础与特点

ID 的针对范围可以很广, 各种不同类型的数据库 (如语言、社会分析、经济与金融保险等) 都存在 ID 的问题.

(1) 在本书中, 我们的主要目标是针对生物信息学, 尤其是对蛋白质结构数据库的分析. 由于生物信息学的发展, 大量分子生物数据被测定, 各种不同类型的重要生物数据库有数十种之多, 它们不仅规模庞大, 而且在不断加速. 这些数据库不仅内容丰富, 与人类生存中的各种问题关系密切, 其中大部分数据库都可公开获得与使用. 因此在它所研究的问题中不仅具有高度的理论与实际意义, 而且有强大的数据来源.

(2) 由于大量生物数据的测定, 各种不同类型的数据库形成了特定的生命语言文库, 在这些文库中, 我们无法全部知道它们结构的成因, 但从这些数据库的分析中我们可以总结出它所特有的规律, 并由此发现与提出问题, 这也是 ID 的特点之一.

(3) 在本书中, 我们对 ID 的一个重要定位是: 发现与提出问题. 因为生命系统十分复杂, 大量数据的出现使我们观察到更深入、全面与精确的生命现象, 这样就会寻找到它们的许多规律与特征, 也可发现许多新的问题.

(4) 促进多学科的综合发展是 ID 的又一特点. 因为 ID 是动力学的组成部分, 在复杂的生命现象中, 任何单一的学科都不可能独立解答其中的许多难题, 只有多学科的综合研究才有可能深入讨论其中的重要难题与奥秘问题.

生物信息学本身就是多学科综合发展的学科, 与生物学、计算机与网络技术、数学密切相关, 但这些还远远不够. 生命科学中难题与奥秘问题必然会涉及更高层次的数学、物理、化学与生物化学中的理论问题, 对这些问题我们会逐步展开讨论.

为了对各种不同类型生物分子的结构与相互作用作更精确的定量化描述与计算, 在此过程中, 数学理论的应用与发展尤其重要, 从各种不同类型分子结构模型的建立到对它们作定量化计算都离不开数学工具的使用, 大部分数学理论都可在该领域中得到应用, 也可为数学提出许多新的问题, 由此可形成新的数学理论.

ID 的最终目标是为解决生命科学中的奥秘与应用问题服务, 除了对一些基本理论问题的探索, 还需要针对生物、医学与医药卫生领域中存在的各种应用问题来进行研究.

3. ID 的研究内容

本书所讨论的 ID 是一个新概念, 具有新的目标与内容, 有很强的数学要求, 与其他各大领域 (如生物、物理与化学) 中的一系列研究成果关系密切, 且要在数据库观察结果下作综合分析, 它的主要研究内容如下.

(1) 引入 ID 的基本概念, 讨论它的意义与出发点, 尤其是要确定它在动力学研究中的地位与合理性, 并针对生物信息数据库, 确定它在生命科学研究中的意义.

(2) 构建 ID 的基本理论与方法. 在本书中, 我们提出的基本方法有: 信息统计法、组合分析法、几何计算与其他数学方法. 应用这些理论与方法, 对各种不同类型的生物信息数据库构作分析与计算, 由此形成较为系统的理论与方法, 具有它所特有的内容与结果.

(3) 除了探讨生命科学中的奥秘问题外, 还要讨论生物、医学与医药卫生领域中的应用问题, 使 ID 成为这些领域研究中的有机组成部分, 这也是 ID 研究中的重要组成部分.

1.3.2　ID 与物理学、生物学的关系

如果要把信息作为一个动力学问题来研究, 那么必须了解它的物理意义及它在物理学中的地位与作用. 为此先讨论Shannon **熵与热力学中的熵** (以下简称为**热力熵或熵**) 的关系.

1. Shannon 熵与熵的异同点

在物理学中, 作为分子动力学中的一个基本概念是热力学中的熵, 它是由 Clausius 在 1864 年引进的. 到 1948 年信息论的创始人 C.E. Shannon 引进熵之后, 人们开始关注 Shannon 熵与熵的关系. 人们看到, 它们的表达形式完全一致, 但应用的对象不同, 因此人们首先要考虑它们在本质上的异同点.

(1) 在信息论中, 把 Shannon 熵是一种对事物不肯定性的度量, 由此又可产生其他许多度量, 如条件熵、交互信息、互熵、信道容量与数据压缩率等, 它们构成一个完整的信息度量的体系, 这些信息的度量已成为通信理论与技术的基础. 而熵则是在热力学系统中, 由热力学第二定律所产生的参与能量变化与平衡态差异的一种度量、能量与熵存在交换关系, 这种交换关系在化学反应中得到具体的体现.

(2) 它们的量纲不同, Shannon 熵的基本度量单位是比特 (bit), 它是二进制数据的度量单位. 而熵的度量单位是J/K(焦 (耳)/开 (尔文)), 是一种关于能量的度量.

(3) 在哲学上对它们的区别作出了界定, 如著名科学家 N. Wiener 对信息给出了: **信息就是信息, 它不是物质, 也不是能量**的论述. 这个论述是正确的, 但不能由此说明信息与能量之间不存在相互转换关系.

Shannon 熵与熵在本质上的一致性已为近代科学界与哲学界所确认, 它们都是事物复杂性的度量, 对此问题的许多讨论, 我们不一一说明. 需要说明的一点是除了 Shannon 熵与热力熵外, 还有计算机科学中的 Kolmogcrov 复杂度 [39, 107]、分形数学中的 Hausdorff 维数与金融投资中的倍率 (doubling rate)[39,233,234] 等概念, 它们的等价性已被证明, 且都是事物复杂性度量的不同形式, 因此在本质上是一致的.

2.信息与能量的相互转化问题

近年来, 信息与能量的相互转化问题受到关注与讨论, 如文献 [56] 结合生命科学, 将信息与能量的相互转化问题做了详细的讨论. 另外, 信息与能量的相互转化问题在物理学中得到进一步的说明, 如下所述.

(1) 从热力学角度来看. 热力学第二定律告诉我们, 一个孤立系统, 它的熵总是增加的, 但在一个非孤立系统中 (或孤立系统中的一个子系统中), 它们的熵是有可能减少的, 这种熵的减少是以消耗系统外 (或子系统外) 的能量为代价才能实现.

(2) 太阳能在地球上的使用与分配问题. 太阳能照射到地球之后, 它的能量一部分被反射掉, 另一部分则留在地球上. 留在地球上的这部分太阳能, 一部分被非生命物质所吸收, 由此产生地形、地貌与气象的一系列变化, 这是一个熵的增加过程. 另一部分则被生命物质所吸收, 由此产生一系列生命过程的发展与变化, 如叶绿体的光合作用就是一种由光能将碳、水等化学分子转化为生物分子的过程.

生命过程的发生与发展是一种无序向有序的发展过程, 它将无序的分子运动组织成有序的生命过程, 使分子运动的状态趋向规律性, 这是一个熵减过程, 这种变化过程需要吸收能量, 是一种由能量向信息转化的过程.

(3) 吉布斯 (Gibbs) 自由能公式 $G = H - TS$ 给出了分子结合能 H 与熵的相互转换与制约关系. 由此说明在熵与能量之间存在转化关系.

(4) 在**麦克斯韦–玻耳兹曼分布**中 (见本书式 (12.1.1) 定义), 气体分子运动的动能的分布与能量密切相关, 但它们不是一种简单的比例关系, 它们的相互关系中不仅有温度的参与, 而且还是一种需要通过指数或对数函数表示的超越函数关系. 溶液中分子的自由运动与碰撞使生物分子产生形态结构与活性功能, 这也是从无序到有序的转换生化反应. 在此转换过程中, 不仅有结合能与自由能变换的相互关系, 而且还有酶的参与, 酶在特定的条件下具有储存或输出能量, 起催化反应的作用.

信息就是效率与财富的格言是信息向能量转化的一种通俗语言, 也说明这种转化具有普遍意义.

3.ID 的生物学意义

由以上的讨论可以看到, 利用信息的度量是可以对动力学中的问题进行讨论的, 这种动力学问题在生物学中有其特殊的意义.

(1) **信息与能量可相互转化**的观点是我们建立 ID 的基础与依据, 尤其是在生命科学领域具有重要意义. 在生物信息数据库中, 各种不同类型数据结构的特征与差异正是生命有序性的特征表现, 它们是在能量的作用下长期积累与演变结果的表现.

(2) 在生物信息数据库的结构分析中可以看到, 不同的生物分子单元 (如氨基酸、核苷酸) 在生命的组合过程中, 可以从信息与统计分析来确定它们之间的组合特征, 如这些生物分子单元在组合时具有**排斥性**、**吸引性**或**独立性**等一系列性质与特征.

另外, 并不是所有氨基酸序列的排列都可形成蛋白质 (可形成蛋白质的氨基酸序列只是极少部分), 同样地, 也不是所有核酸序列的排列都可形成基因或基因组 (可形成基因或基因组的也只是极少部分), 它们也都有其固有的性质与特征. 对这些性质形成的原因并不很清楚, 但可以从信息统计的方法观察到. 总结这些性质与特征, 并寻找其中的动力学规则, 这是 ID 的基本目标之一.

(3) 各种不同类型的分子生物结构的形成是由许多因素造成的, 如原子、分子之间相互作用的随机性, 这种随机性除了量子力学的效应, 还与生命过程的长期演变和外部时空及环境等因素的影响有关. 因此, 我们现在所观察到的生命世界是原子与分子在生命体系中长期演变下的综合结果.

(4) 从量子力学与量子化学的观点来看, 原子、分子之间的相互作用本身就是一种概率场的相互作用, 因此它们相互作用的本身就具有随机性. 这种随机性的特征只有在大量数据的观察中才能得到.

在生命科学中, 原子和分子之间的相互作用随机性的取向结果有其特殊的意义, 其主要特点是由生命物质的参与, 这种生命物质在一定的条件下, 有能力把无序的原子与分子运动组织起来成为有序的生命物质, 具有新陈代谢等功能. 因此在这种随机现象中存在大量的动力学规则, 它要比统计力学复杂得多.

在生命科学中, 原子、分子之间的相互作用除了有它们的运动关系与生命物质的参与之外, 还与时空、环境等因素的影响有关, 并经历了生命的长期演变过程. 生命现象的发生至今已有 30 多亿年的演变历史, 因此, 我们现在所观察到的生命世界是原子与分子在生命体系中长期演变下的综合结果.

由此可见, ID 在生命科学的研究中有其特殊的生物学与物理学意义, Shannon 熵与熵的定义与出发点与研究对象虽然不同, 但在表达方式与内在含义上是一致的, 是生命科学研究中所不可缺少的一个重要组成部分. ID 也正是利用信息度量函数及其他数学方法所建立起来的动力学理论.

4. ID 的主要研究方法

ID 的基本方法是: 信息统计法、组合分析法、几何计算与其他数学理论与方法, 对这些方法我们在下面有详细说明.

ID 的研究基础是生物信息学中各种不同类型的数据库, 对此我们在下面中还有专门论述. 另外, 多种物理与化学数据表也是 ID 的基础, 因为这些数据实际上也是人们对原子与分子结构特性长期观察与测量所积累的结果.

5. ID 所存在的问题与注意事项

在利用 ID 做研究时所存在的问题如下.

(1) 由于生物信息数据库在测定过程中与测定人的选择有关, 因此存在数据测定的人为的倾向性, 这可能为 ID 的研究带来片面性.

(2) 随着时间的推移, 大量新的生物信息的数据不断被测定, 使它的内容更加丰富, 因此由 ID 所得到的一些性质与结果也需要不断地更新.

(3) 由于生物信息数据的种类繁多、规模巨大, 在对这些数据的测量与记录时出现不同类型的误差在所难免, 这为 ID 的计算与分析带来一定的困难. 因此在对生物信息数据库进行分析与计算时需要进行预处理, 删除一些具有明显误差的数据.

同时还需要对计算结果进行分析, 以确定其结果是否合理, 对一些不合理的结果需要寻找其中的原因, 并给予修正. 这些预处理与后处理的过程是很烦琐的, 但是必须考虑与进行.

(4) 本书所涉及的一系列计算问题都可在家用计算机上运算实现, 随着数据库规模的扩大, 计算机的性能也在增加, 因此基本上可适应本书的计算要求. 但对一些超大型的计算问题还需要超级计算机来完成.

(5) 由 ID 所得到的结论最终要在生物学的意义下得到解释, 有的还要得到生物实验的证实, 这些结论可为生物、医学、医药卫生中的应用做参考.

1.3.3　对数据库的说明

数据库是 ID 研究的基础, 对它的有关结构与特征说明如下.

1. 数据库的类型与它们的结构特征

我们已经知道, 生物信息数据库有两大类型, 即一级结构与空间结构数据库. 与人类的自然语言文库比较, 对文库中的基本字母分普通字母、符号与标点符号等类型, 对字母与符号的组合可分排列式与图形组合式的类型, 因此可有以下四种不同的类型.

(1) 就标点符号而言, 它们分带多种标点符号的数据库 (如普通的英语文库)、只带句号的数据库 (如蛋白质一级结构数据库)、一些特殊基因组数据库与没有任何标点符号的数据库.

在蛋白质一级结构数据库中, 我们把一个蛋白质的一级结构序列看做一个句. 它们在蛋白质一级结构数据库中, 除了 20 种常用的氨基酸的符号外, 还要增加一个句号. 一些特殊基因组数据库, 如线粒体基因组、HIV 病毒基因组等, 某些基因组中的 CDS 序列等, 它们也可构成一个带句号的数据库.

一些特别长的基因组数据库, 如人的 1~23 对染色体中 DNA 数据, 这些基因组数据规模较大, 在做它们的整体分析时可看成没有任何标点符号的数据序列.

(2) 除了按标点符号分类外, 对数据库的分类型还可按其中符号的排列方式分类. 如带图形结构的数据库, 这种数据库不仅由符号的组合, 而且不同的符号还有形态结构. 如汉语文库, 如把它的笔画看做它的基本符号, 那么它的每个字是由若干笔画以方块图形的组合给以表达, 这种方块字具有形态的特征, 但在这些方块字之间没有形态结构的组合.

在蛋白质空间结构数据库中, 不仅每个单元 (氨基酸) 具有形态结构, 而且在不同单元之间还有形态结构, 显然蛋白质空间结构数据库比汉语文库要复杂得多.

(3) 对不同的数据库还有不同的结构层次, 如分字母 (或符号)、词、词组、句与文等, 它们的组合方式也各不相同, 我们不再一一说明.

(4) 在本书中, 我们所讨论的生物信息数据库主要是蛋白质一级结构数据库 (如 Swiss-Prot 数据库等) 与蛋白质空间结构数据库 (如 PDB, PDB-Select 数据库等), 另外还有 DNA 数据库 (如 GenBank[22] 等). 我们把这些不同类型的生物信息数据库看做生命的语言与文字, 并采用 ID 的理论与方法来解读这些语言.

2. 数据库的基本要素与记号

各种不同类型的数据库都具有各自的基本要素, 我们先分析这些基本要素, 并给以统一的表达.

(1) **字与字母表**. 数据库中可能使用的基本符号称为**字** (**或字母**), 所有字母的集合为**字母表**, 不同类型数据库具有各自的字母表. 对字母可以组合或分解, 例如, 汉字可以分解成笔画的组合, 因此数据库的字母表也可以变化设定的.

(2) 一般数据库记为 Ω, 它的字母表用一有限集合 $V = \bar{V}_q = \{1, 2, \cdots, q\}$ 表示, 其中 q 是该字母表中可能使用字母的总数. 如蛋白质一级结构数据库与核酸序列的字母表分别为

$$\begin{cases} V_{20} = \{1, 2, \cdots, 20\} = \{A, R, N, D, C, Q, E, G, H, I, L, K, M, F, P, S, T, W, Y, V\}, \\ V_4 \ = \{1, 2, 3, 4\} = \{a, c, g, t \ 或 \ u\}, \end{cases} \quad (1.3.1)$$

在蛋白质空间结构数据库中, 不仅可把氨基酸作为它的基本字母, 而且还可把氨基酸中的一些基本分子官能团作为它们的基本符号, 不同的氨基酸可由这些基本分子官能团组合而成.

另外, 在序列比对 (alignment) 时经常使用序列的插入符号 "-", 因此有时记 $V_{21} = \{0, V_{20}\}$ 或 $\{V_{20}, 21\}$, $V_5 = \{0, V_4\}$ 或 $\{V_4, 5\}$.

(3) 若干相连的字母构成**字母串**, 在数据库中具有特殊结构与含义的字母串为**词**, 词的连接构成**句**. 字母串与词的连接方式可以不同, 最简单的是线性连接, 较复杂的是按一定的规则构成空间的组合.

(4) 字符串又称为**向量**, 它的记号用 $b^{(\ell)} = (b_1, b_2, \cdots, b_\ell)$, $b_j \in V$ 表示, 其中 V 为字母表, ℓ 是该字符串 (或向量) 的长度, 又称为阶. 全体 $b^{(\ell)}$ 的集合称为**向量空间**或**多阶字母表**, 并记为 $V^{(\ell)}$.

具有特殊结构的字母串, 称为**局部词**, 在英语文库中, 局部词的概念相当于词根或词根的组合.

(5) 一般数据库都处在不断更新过程中. 即使是人类自然语言, 它的词汇与文库 (尤其是网页的规模与内容) 处在不断变动中. 各种不同类型的生物信息数据库也处在不断地变动中, 除了新测量的数据在不断增加外, 新、旧物种也在不断交替变化.

重要的生物信息数据库一般每三个月更新 1 次 (现在是随时更新或每周更新), 它们的规模以两三年内翻一番的速度在增长. 以蛋白质一级结构的 Swiss-Prot 数据库为例, 不同年份的数据库我们简写为 SP′02, SP′06, SP′08, 其中所包含的蛋白质与氨基酸数如表 1.3.1 所示.

表 1.3.1　SP 数据库中蛋白质与氨基酸的数目变化表

数据库	蛋白质数	氨基酸总数	数据库	蛋白质数	氨基酸总数	数据库	蛋白质数	氨基酸总数
SP′02	107618	39575581	SP′06	250296	91694534	SP′08	349480	124922335

3. 频数与频率分布

记 $\Omega = \{a_1, a_2, \cdots, a_{n_0}\}$ 是一个在字母表 V 上取值的数据库, 其中 n_0 是该数

据库的总长度, $a_i \in V$. 对固定的向量 $b^{(\ell)}$, 分别记数据库中出现的频数与频率为 $\nu(b^{(\ell)})$ 与 $p(b^{(\ell)})$, 其中 $\nu(b^{(\ell)})$ 是 Ω 中所包含这个向量的总数 (即频数), 它的计算公式为

$$\nu(b^{(\ell)}) = \| \{i : a_i^{(\ell)} = b^{(\ell)}, \quad i = 0, 1, \cdots, n_0 - \ell\} \|, \tag{1.3.2}$$

其中 $a_i^{(\ell)} = (a_{i+1}, a_{i+2}, \cdots, a_{i+\ell})$. 而 $p(b^{(\ell)}) = \nu(b^{(\ell)})/(n_0 - \ell)$ 是向量 $b^{(\ell)}$ 在 Ω 中的频率.

当 ℓ 固定时, 称 $P^{(\ell)}(\Omega) = \{p(b^{(\ell)}), b^{(\ell)} \in V^{(\ell)}\}$ 为该数据库 Ω 的 ℓ 阶**频率分布**. 这时对任何 $b^{(\ell)} \in V^{(\ell)}$, 总有 $p(b^{(\ell)}) \geqslant 0$ 成立, 且 $\displaystyle\sum_{b^{(\ell)} \in V^{(\ell)}} p(b^{(\ell)}) = 1$.

4. 频数与频率分布的变化与更新

由于数据库的变化, 所以不同版本的数据库的频数与频率分布也在不断变化, 表 1.3.2 给出了不同版本 SP 数据库中 1 阶氨基酸频数与频率分布的统计结果.

表 1.3.2　不同版本 SP 数据库中 1 阶氨基酸的频数与频率(百分比)分布表

	A	R	N	D	C	Q	E	G	H	I
$\nu_0(b)$	3019905	2055518	1711746	2072726	643349	1556060	2555563	2714269	890922	2308453
$p_0(b)$	7.653	5.209	4.338	5.253	1.630	3.943	6.476	6.878	2.258	5.850
$\nu_1(b)$	7170165	4906987	3740895	4860557	1359682	3578699	6051611	6335747	2077630	5365660
$p_1(b)$	7.908	5.412	4.126	5.361	1.500	3.947	6.674	6.987	2.291	5.918
$\nu_2(b)$	10104120	6853398	5062981	6744683	1802158	4944228	8381483	8776975	2862309	7379866
$p_2(b)$	8.0883	5.4861	4.0529	5.3991	1.4426	3.9578	6.7094	7.0259	2.2913	5.9076
	L	K	M	F	P	S	T	W	Y	V
$\nu_0(b)$	3772580	2351734	934820	1616615	1933863	2788037	2196221	477824	1244411	2616181
$p_0(b)$	9.560	5.960	2.369	4.097	4.901	7.065	5.566	1.211	3.154	6.630
$\nu_1(b)$	8747197	5348661	2167251	3586740	4387298	6175253	4910590	1028325	2744016	6130131
$p_1(b)$	9.647	5.899	2.390	3.956	4.839	6.810	5.416	1.134	3.026	6.761
$\nu_2(b)$	12094490	7336369	3013623	4872486	6005245	8380878	6717070	1383880	3696498	8509595
$p_2(b)$	9.6816	5.8727	2.4124	3.9004	4.8072	6.7089	5.3770	1.1078	2.9590	6.8119

其中 $\nu_0(b), p_0(b), \nu_1(b), p_1(b)$ 与 $\nu_2(b), p_2(b)$ 分别是氨基酸 b 在 SP′02, SP′06 与 SP′08 数据库中出现的频数与频率. 我们同样可以定义数据库 Ω 中其他高阶向量的频数与频率分布, 当数据库给定后这些分布表即可确定.

5. 数据库中不同函数的统计特征数

数据库中不同函数的**统计特征数**是指该函数的均值、方差、标准差、相对标准差与协方差矩阵、相关矩阵等统计量. 当一个数据库 Ω 给定后, 它的字符串 $b^{(\ell)} = (b_1, b_2, \cdots, b_\ell)$ 的频率分布 $p(b^{(\ell)})$ 确定, 如果 $f(b^{(\ell)})$ 是一个字符串上的函

数, 那么它的统计特征数有

$$
\begin{cases}
\text{函数 } f \text{ 的均值} = \mu(f) = \sum_{b^{(\ell)} \in V^{(\ell)}} p(b^{(\ell)}) f(b^{(\ell)}), \\
\text{函数 } f \text{ 的方差} = \sigma^2(f) = \sum_{b^{(\ell)} \in V^{(\ell)}} p(b^{(\ell)})[f(b^{(\ell)}) - \mu(f)]^2, \\
\text{函数 } f \text{ 的标准差} = \sigma(f) = [\sigma^2(f)]^{1/2}, \\
\text{函数 } f \text{ 的相对标准差} = w(f) = \dfrac{\sigma(f)}{|\mu(f)|}.
\end{cases}
\tag{1.3.3}
$$

其他协方差矩阵与相关矩阵等统计量在统计学中都有相应的定义, 我们又称函数 f 在数据库中的**相对标准差**为它的**稳定系数**.

以上字母、字母表、向量、向量的频数与频率 (或概率) 分布、统计特征数等都是数据库结构中的**基本要素**. 这些基本要素与表达方式对所有的数据库都可适用.

1.4　ID 的基本原理与方法

在 1.3 节中我们已经说明, ID 的理论意义、研究对象与目标. 为此目标, 还要具体给出它的计算方法、原理与应用.

1.4.1　ID 的基本方法之一: 信息统计法

信息统计法是 ID 中的基本方法之一, 贯穿本书的始终, 涉及它的内容其要点如下.

1. 信息动力函数的来源与定义

信息动力函数(information dynamic function, IDF) 是对数据库中不同类型组合结构的度量化函数, 该定义在数据库中有普遍意义, 在此主要针对蛋白质一级结构数据库进行定义、讨论与计算.

(1) 对一个固定的一级结构数据库, 我们首先可以计算确定各字母向量 (或字母串) 在该数据库中出现的频数与频率, 由此产生这些字母串的频数与频率分布, 它们的定义与计算公式已在式 (1.3.2) 中给出.

(2) 利用信息论中的 Kullback-Leibler 互熵 (或其他信息量), 构造它们的 IDF 与不同类型 IDF 表, 对 IDF 的定义与意义在下面中还有详细讨论.

(3) Kullback-Leibler 互熵又称为 Kullback-Leibler 散度 (以下简记为 KL- 熵), 它是信息论中的一种基本度量参见文献 [39], [233], [234] 等的定义), 我们利用 KL-互熵密度函数来构建 IDF.

(4) KL-互熵的特点是反映不同概率分布之间的**差异度**, 因此它不仅在一级结构数据库中十分有用, 而且还可在空间结构分析与分子动力学的研究中发挥作用. KL-互熵与吉布斯 (Gibbs) 的自由能有密切关系.

2.KL-互熵密度与 IDF

在信息论中, KL-互熵是人们所熟悉的, 但对 KL-互熵密度函数 (或简称**互熵密度函数**) 及它的动力学特征人们并不熟悉, 在文献 [163] [232] 与本书中, 我们首先提出并讨论 KL-互熵密度的动力学的关系, 并给出了较系统的定义与分析.

(1) 在 1.2 节中我们已经给出数据库的基本要素. 对一个给定的数据库 $\Omega = \{a_1, a_2, \cdots, a_{n_0}\}$ 可以得到向量 $b^{(\ell)}$ 在该数据库中的频数与频率: $\nu(b^{(\ell)}), p(b^{(\ell)})$.

对一固定长度 ℓ, 记 P, Q 是向量空间 $V^{(\ell)}$ 上的两个概率分布, 那么它们的互熵密度函数定义为

$$k(P, Q; b^{(\ell)}) = \log \frac{p(b^{(\ell)})}{q(b^{(\ell)})}, \quad b^{(\ell)} \in V^{(\ell)}. \tag{1.4.1}$$

$k(P, Q; b^{(\ell)})$ 反映了概率分布 P 与 Q 在 $b^{(\ell)}$ 点上的差异度. 那么我们称式 (1.4.1) 中的函数为 ℓ 阶 (P, Q) 型的 IDF, 或简称 (ℓ, P, Q) 型 IDF.

除特别声明外, 在本书中所有的对数都是取以 2 为底. 由此产生 Shannon 熵的度量单位为比特 (bit). Shannon 熵与 KL-互熵是两种不同的信息度量, 它们的异同点在信息论著作中 (如 [232] 等文献) 都有详细讨论.

(2) 在 IDF 的定义中, 要求概率分布 Q 关于 P 绝对连续 (也就是当 $q(b^{(\ell)}) = 0$ 时, 必有 $p(b^{(\ell)}) = 0$ 成立). 另外, 如果 $p(b^{(\ell)}) = 0, q(b^{(\ell)}) > 0$, 那么由式 (1.4.1) 定义的 $k(P, Q; b^{(\ell)}) = -\infty$, 这意味着 $b^{(\ell)}$ 在我们所讨论的蛋白质结构数据库中没有发生, 但这并不能说明它在所有的蛋白质结构中都没有发生, 因此我们可以取 $p(b^{(\ell)}) = 0.4/n_0$, 这时 $k(P, Q; b^{(\ell)})$ 的取值是一个较大的负数.

(3) 对于不同的概率分布 P, Q 与 ℓ 的选择, 就可产生多种不同类型的 IDF. 这些不同类型的 IDF 反映了数据库 Ω 中各向量的分布结构关系.

3.IDF 的特征数

IDF 的特征数是指它的均值、方差与标准差, 它们的一般定义公式已在式 (1.3.3) 中给出, 对此分别记为

$$\begin{cases} \mu(P, Q; \ell) = \sum_{b^{(\ell)} \in V^{(\ell)}} p(b^{(\ell)}) k(P, Q; b^{(\ell)}), \\ \sigma^2(P, Q; \ell) = \sum_{b^{(\ell)} \in V^{(\ell)}} p(b^{(\ell)}) [k(P, Q; b^{(\ell)}) - \mu(P, Q; \ell)]^2, \\ \sigma(P, Q; \ell) = \sqrt{\sigma^2(P, Q; \ell)}, \end{cases} \tag{1.4.2}$$

其中 $\mu(P, Q; \ell)$ 就是 KL-互熵 KL$(P|Q)$, 因此总有 $\mu(P, Q; \ell) \geqslant 0$ 成立, 而且等号成立的充分与必要条件是 $P \equiv Q$.

4. IDF 的其他性质

在信息论中, 对 KL-互熵与 IDF 有许多性质, 其中一些性质也适用于 $\mu(P, Q; \ell)$-型 IDF.

(1) 一些不等式成立. 式 (1.4.2) 中定义的 $\mu(P, Q; \ell)$ 有不等式

$$
\begin{cases}
\mu(P, Q; \ell) \leqslant \displaystyle\sum_{b^{(\ell)} \in V^{(\ell)}} |k(P, Q; b^{(\ell)})| p(b^{(\ell)}) \leqslant \mu(P, Q; \ell) + 2/e, \\
\mu(P, Q; \ell) \leqslant \displaystyle\sum_{b^{(\ell)} \in V^{(\ell)}} |k(P, Q; b^{(\ell)})| p(b^{(\ell)}) \leqslant \mu(P, Q; \ell) + \Gamma \sqrt{\mu(P, Q; \ell)}
\end{cases}
\tag{1.4.3}
$$

成立, 其中 Γ 是一固定的常数. 式 (1.4.3) 中 2 个不等式的证明在文献 [146] 中给出.

(2) 有关条件 IDF 的性质有

$$
k(P, Q; b_1^{(\ell_1)} | b_2^{(\ell_2)}) = k(P, Q; b^{(\ell)}) - k(P, Q; b_2^{(\ell_2)})
\tag{1.4.4}
$$

成立, 其中 $b^{(\ell)} = (b_1^{(\ell_1)}, b_2^{(\ell_2)})$.

1.4.2 几种重要类型的 IDF

在式 (1.4.1) 的互熵密度函数的定义中, 一般取 $p(b^{(\ell)})$ 为 Ω 数据库的 ℓ 阶向量的频率分布, 那么当 $q(b^{(\ell)})$ 取各种不同类型的分布函数时, 就可产生各种不同类型的 IDF.

1. 比例型的 IDF

如 $q_0(b^{(\ell)})$ 在 $V^{(\ell)}$ 上取均匀分布, 也就是对任何 $b^{(\ell)} \in \| V \|^{-\ell}$, 总有 $q_0(b^{(\ell)}) = \|V\|^{-\ell}$ 成立, 那么记

$$
k_0(b^{(\ell)}) = \log \frac{p(b^{(\ell)})}{q_0(b^{(\ell)})} = \ell \log \| V \| + \log p(b^{(\ell)}),
\tag{1.4.5}
$$

我们称为比例型的 IDF, 或简称 0-型 IDF 函数.

比例型的 IDF 反映了向量 $b^{(\ell)}$ 在数据库 Ω 中所占的比例状况, 这时 $k_0(b^{(\ell)})$ 取零或大于、小于零分别表示向量 $b^{(\ell)}$ 在数据库 Ω 中所占的比例等于、高于或低于平均水平.

2.结合型的 IDF

如取 $q_1(b^{(\ell)})$ 为 1 阶频率分布的乘积分布, 这就是取 $q_1(b^{(\ell)}) = p(b_1)p(b_2)\cdots p(b_\ell)$, 其中 $p(b), b \in V$ 为数据库 Ω 在集合 V 上的频率分布. 由此得到

$$k_1(b^{(\ell)}) = \log \frac{p(b^{(\ell)})}{q_1(b^{(\ell)})} = \log p(b^{(\ell)}) - \sum_{i=1}^{\ell} \log p(b_i). \tag{1.4.6}$$

我们称之为结合型的 IDF, 或简称 1-型函数.

结合型的 IDF 反映了向量 $b^{(\ell)}$ 的各分量在数据库 Ω 中相互结合力的状况, 这时

$$k_1(b^{(\ell)}) \begin{cases} > 0, & \text{表示向量} b^{(\ell)} \text{中各分量在数据库} \Omega \text{中所处于相互吸引状态,} \\ = 0, & \text{表示向量} b^{(\ell)} \text{中各分量在数据库} \Omega \text{中所处于相互独立状态,} \\ < 0, & \text{表示向量} b^{(\ell)} \text{中各分量在数据库} \Omega \text{中所处于相互排斥状态.} \end{cases} \tag{1.4.7}$$

3.次序型的 IDF

这就是取 $q_2(b^{(\ell)})$ 为 $p(b^{(\ell)})$ 的置换分布, 也就是将向量 $b^{(\ell)} = (b_1, b_2, \cdots, b_\ell)$ 中的分量进行次序交换, 得到的新向量记为 $\sigma(b^{(\ell)}) = (b_{\sigma(1)}, b_{\sigma(2)}, \cdots, b_{\sigma(\ell)})$, 其中 σ 是对向量 $b^{(\ell)}$ 的一种交换方式, 那么定义

$$q_2(b^{(\ell)}) = \frac{1}{\ell! - 1} \sum_{\sigma \in \Sigma_0} p[\sigma(b^{(\ell)})], \tag{1.4.8}$$

其中 $\ell!$ 是对向量 $b^{(\ell)}$ 的所有不同交换方式的个数, 那么定义

$$k_2(b^{(\ell)}) = \log \frac{p(b^{(\ell)})}{q_2(b^{(\ell)})} \tag{1.4.9}$$

为次序型的 IDF, 或简称 2-型函数. 称由式 (1.4.8) 所给出的 Q_2 概率分布为 P 的平均置换分布.

次序型的 IDF 反映了向量 $b^{(\ell)}$ 在数据库 Ω 中排列次序的结构状况, 如果 $k_2(b^{(\ell)}) > 0$ 就意味着当向量 $b^{(\ell)}$ 中的分量有明显的排列次序性, 当排列次序发生改变时, 它们在数据库中出现的频数就会降低.

4.IDF 表

由此可见, 在 IDF 的式 (1.4.5)~ 式 (1.4.9) 的定义中, 对这些 IDF 可统记为

$$k_\tau(b^{(\ell)}) = \log \frac{p(b^{(\ell)})}{q_\tau(b^{(\ell)})}, \quad \ell = 1, 2, \cdots, \quad \tau = 0, 1, 2, \tag{1.4.10}$$

其中 $q_\tau(b^{(\ell)})$ 分别在式 (1.4.5), 式 (1.4.7) 与式 (1.4.8) 中定义.

这时当参数 (ℓ, τ) 取不同值时, 就可产生不同类型的 IDF, 其中参数 ℓ 为该 IDF 的阶, $\tau = 0, 1, 2$ 为 IDF 的型.

以上这些不同类型的 IDF 从不同角度反映向量 $b^{(\ell)}$ 在数据库中的统计特征.

当一个数据库 Ω 给定后, 我们就可计算它的 $\ell = 1, 2, \cdots$ 阶字母串的频数与频率表, 并可计算 (ℓ, τ) 各类型的 IDF, 由此产生数据库 Ω 的 IDF 表.

$$\boldsymbol{K}_{\ell, \tau} = \{k_\tau(b^{(\ell)}), b^{(\ell)} \in V^{(\ell)}\}, \quad \ell = 1, 2, \cdots, \quad \tau = 0, 1, 2. \tag{1.4.11}$$

显然, 当数据库 Ω 给定时, 它的 IDF 表唯一确定.

5. 其他类型的 IDF

另外, 除了这些 (ℓ, τ)-型 IDF 外, 还可构造其他类型的 IDF, 如下所示.

(1) **混合型的IDF**. 它的定义为

$$k_{\alpha_0, \alpha_1, \alpha_2}(b^{(\ell)}) = \sum_{\tau=0}^{2} \alpha_\tau k_\tau(b^{(\ell)}), \quad \ell = 1, 2, \cdots, \tag{1.4.12}$$

其中 $\alpha_\tau \geqslant 0$, $\alpha_0 + \alpha_1 + \alpha_2 = 1$ 是混合型 IDF 的比例系数.

(2) 另外还可利用**交互信息**、**条件交互信息**产生交互信息、条件交互信息型的 IDF. 对条件交互信息的一些定义在一般信息论的著作 (如文献 [39], [233], [234] 等) 中都有论述.

如果向量 $b^{(\ell)} = (b^{(\ell_1)}, b^{(\ell_2)})$, $\ell = \ell_1 + \ell_2$ 可以分解成 2 个子向量, 那么称

$$k(P, Q; b^{(\ell_1)} | b^{(\ell_2)}) = \log \frac{p(b^{(\ell_1)} | b^{(\ell_2)})}{q(b^{(\ell_1)} | b^{(\ell_2)})} \tag{1.4.13}$$

为 $b^{(\ell_1)}$ 关于 $b^{(\ell_2)}$ 的 P, Q-型的条件 IDF(简称**条件IDF**), 其中

$$p(b^{(\ell_1)} | b^{(\ell_2)}) = p(b^{(\ell)})/p(b^{(\ell_2)}), \quad q(b^{(\ell_1)} | b^{(\ell_2)}) = q(b^{(\ell)})/q(b^{(\ell_2)}).$$

1.4.3 由 IDF 产生的词法分析

在英语文库中, **句**是由**词**构成, 英语文库中的词除了有标点符号切割外, 这些词都有一些特殊的结构, 如它们在文库中出现的频率都比较高、词的字母之间有较大的相关性与前后次序的排列要求. 依据这些要求, 我们就可以利用 IDF 去搜索蛋白质一级结构数据库中可能形成的词.

1. 局部词的产生

记 Ω 是一个固定的数据库, 称其中具有特殊结构的字母串为局部词, 利用 IDF 可以对它们作定量化的定义.

局部词的定义. 对一个固定的数据库 Ω, 称 $b^{(\ell)}$ 是该数据库的一个 (ℓ, τ)-型, 在阈值 $\gamma = \gamma_{\ell, \tau}$ 下的局部词 (简称 (ℓ, τ, γ)-型局部词), 如果关系式

$$k_{\tau}(b^{\ell}) > \theta_{\ell, \tau} = \mu_{\ell, \tau} + \gamma_{\ell, \tau} \sigma_{\ell, \tau} \tag{1.4.14}$$

成立, 其中 $\gamma_{\ell, \tau}$ 是一个适当的正数, 我们称为局部词库选择参数, 而称 $\theta_{\ell, \tau} = \mu_{\ell, \tau} + \gamma_{\ell, \tau} \sigma_{\ell, \tau}$ 为局部词判定的阈值.

为了简单起见, 以下分别记

$$\begin{cases} \Gamma = \{\gamma_{\ell, \tau} : \ell = 1, 2, 3, \cdots, \tau = 0, 1, 2, \cdots\}, \\ \Theta = \{\theta_{\ell, \tau} = \mu_{\ell, \tau} + \gamma_{\ell, \tau} \sigma_{\ell, \tau} : \ell = 1, 2, 3, \cdots, \tau = 0, 1, 2, \cdots\} \end{cases} \tag{1.4.15}$$

为产生局部词的阈值参数系, 其中 $\gamma_{\ell, \tau}$ 是适当选择的参数.

2. 局部词词库

如果我们适当选择式 (1.4.15) 中的参数 Γ 或 Θ 后, 那么就可产生全体数据库 Ω 中的全体 (ℓ, τ, γ) 型局部词, 记 $\boldsymbol{B}_{\ell, \tau, \gamma_{\ell, \tau}}$ 为满足式 (1.4.14) 的全体 $b^{(\ell)} \in V^{(\ell)}$ 向量, 并称

$$\mathcal{B}(\Omega, \Gamma) = \bigcup_{(\ell, \tau, \gamma) \in \Gamma} \boldsymbol{B}_{\ell, \tau, \gamma_{\ell, \tau}} \tag{1.4.16}$$

为一个**局部词词库**, 其中 Γ 是由式 (1.4.15) 定义的参数系.

由此可见, 局部词词库 $\mathcal{B}(\Gamma)$ 规模大小与参数系 Γ 大小的选择有关.

按 IDF 的计算法, 对局部词库递推可作延伸计算, 由此产生更高阶的局部词. 在词库中, 一个局部词可能是另一个局部词中的一段, 那么称这 2 个局部词具有包含关系, 分析局部词词库中不同局部词之间的包含关系就是成分分析. 典型的成分分析就是 2 个局部词之间存在前后缀.

3. 局部词的词法与语法分析

如果 Ω 是一个带句号的数据库, $\mathcal{B}(\Omega)$ 是它的一个局部词词库, 那么就可建立它们的词法与语法关系分析.

(1) 所谓**词法分析**就是对词库 $\mathcal{B}(\Omega)$ 中不同词之间的相互关系分析. 其中最重要的关系是相互之间的包含关系, 且 $\boldsymbol{b}, \boldsymbol{b}' \in \mathcal{B}$, 且 $\boldsymbol{b}$ 是 $\boldsymbol{b}'$ 的一个子向量 (其中的一段), 那么称 $\boldsymbol{b}$ 词被 $\boldsymbol{b}'$ 词包含, 并记为 $\boldsymbol{b} < \boldsymbol{b}'$.

其中最重要的包含关系是**前缀与后缀关系**. 一般来讲, 不同词之间的关系需用网络结构关系来描述.

(2) 所谓语法关系就是**词与句的结构关系**分析. 这就是在数据库 Ω 的某个句 A 可能包含词库 $\mathcal{B}$ 中的哪些词, 或 $\mathcal{B}$ 中的某个词 b 被数据库 Ω 中哪些句所包含, 我们称这种关系为词与句的结构关系.

(3) 在一般情形下, 词与句的结构关系需采用**关系数据库**来表示, 关系数据库的类型很多, 如下所述.

(3-1) 句与词的关系数据库. 这就是某个句 A 包含词库 $\mathcal{B}$ 中的哪些词. 这时记 $\mathcal{B}(A)$ 是句 A 中包含词库 $\mathcal{B}$ 中的所有的词.

(3-2) 词与句的关系数据库. 这就是某个词库 $\mathcal{B}$ 中的一个词被 Ω 中的哪些句所包含. 这时记 $\Omega(b)$ 是数据库 Ω 中所有包含词 $\underline{b}$ 的句.

(3-3) 对 $\mathcal{B}(A)$, $A \in \Omega$ 与 $\Omega(b)$ 的这些关系数据库也有多种不同类型的表达, 一种比较简单的表示就是句 A 与词 b 之间的简单包含关系. 另一种比较复杂的表示关系是句 A 与词 b 之间更复杂的包含关系, 这就是词 b 在句 A 中出现的次数及每次出现时的位置等信息.

利用词与句的关系数据库可做许多应用分析, 如构建同源蛋白质组与词组之间的网络结构分析等, 对其中的有关计算与分析我们在第 2 章中结合蛋白质一级结构数据库做详细讨论.

4. 蛋白质的几种 IDF 定义

在 IDF 的定义中, 除了 (ℓ, τ) 的不同类型外, 还有其他的几种多种类型.

(1) 因为 (ℓ, τ) 型的 IDF 只对数据库长度较短的向量段定义, 所以称为词或氨基酸段的 IDF(Word IDF 或 Amino acid IDF, WIDF 或 AIDF). AIDF 的类型一般只有 10 种, $\ell = 1, \tau = 0, \ell = 1, 2, 3, \tau = 0, 1, 2$.

(2) **句或蛋白质的IDF**(Sentence-IDF 或 Protein IDF, PIDF).

仍记 $\Omega = \{A_1, A_2, \cdots, A_m\}$ 是一个带句号数据库, 其中 $A_s = (a_{s,1}, a_{s,2}, \cdots, a_{s,n_s})$ 是数据库中的一个句, 它的每个分量在字母表 V 中取值, 不同类型的数据库有各自的字母表.

我们也可把数据库 Ω 中不同的句连接起来看做一个序列:

$$\Omega = \{A_1, 21, A_2, 21, \cdots, 21, A_m, 21\} = (a_1, a_2, \cdots, a_{n_0}), \tag{1.4.17}$$

其中 21 为句号 ".", 因此 $n_0 = \sum_{s=1}^{m} n_s + m$ 是 Ω 序列的总长度.

在 A_s 序列中, 局部向量仍记为 $a_{s,i}^{(\ell)} = (a_{s,i+1}, a_{s,i+2}, \cdots, a_{s,i+\ell})$, 当这个向量中不包含句号时就可产生不同类型的 AIDF, 记为

$$k_s(i, \ell, \tau) = k_\tau(a_{s,i}^{(\ell)}), \quad (\ell, \tau)\text{取不同的值}, \quad i = 1, 2, \cdots, n_s - \ell, \tag{1.4.18}$$

其中 $k_\tau(a_{s,i}^{(\ell)})$ 是向量 $a_{s,i}^{(\ell)}$ 的 (ℓ, τ)-型 IDF(见式 (1.4.5), 式 (1.4.6), 式 (1.4.9) 的定义).

定义 1.4.1　当 $i = 1, 2, \cdots, n_s - \ell$ 变化时, 由式 (1.4.18) 所定义的函数是一个 10 维向量函数, 我们称这个函数为蛋白质 A_s 的一个 PIDF.

由此可见, PIDF 是一个多维的向量函数. 这就是当 i 固定时, (ℓ, τ) 可取不同的值, 如果取 $\tau = 0, 1, 2$, $\ell = 1, 2, 3, 4$ 时, 可产生 10 种不同的值 (当 $\ell = 1$ 时, 只取 $\tau = 0$), 因此式 (1.4.18) 中的 PIDF 是一个 10 维的向量函数.

除了利用 AIDF 来定义 PIDF 外, 我们还可利用词库 $\mathcal{B}$ 的覆盖来定义 PIDF. 如果 $\mathcal{B}$ 是由 Ω 确定的一局部词词库, 这时取

$$k_s(i, \ell, 3) = \begin{cases} \ell, & \text{如果} a_{s,i}^{(\ell)} \in \mathcal{B}, \\ 0, & \text{否则}. \end{cases} \tag{1.4.19}$$

在式 (1.4.19) 中我们只取 $\ell = 2, 3, 4$ 这 3 种情形.

定义 1.4.2　称式 (1.4.19) 所给出的这个函数是蛋白质 A_s 关于词库 $\mathcal{B}$ 的**覆盖率**函数. 覆盖率函数也是一种 PIDF 的指标函数.

由此可见, PIDF 指标可由定义 1.4.1 或式 (1.4.19) 定义的指标产生, 它们是由多个指标 (10 个或 13 个) 确定的函数阵列, 除了这 13 个指标外, 还可定义其他类型的指标, 如果再增加一个蛋白质长度指标就有 11 或 14 个指标.

(3) 对每个蛋白质 A_s, 由式 (1.4.18) 与式 (1.4.19) 可以得到它的 PIDF, 我们记为 $\mathcal{K}_s = \mathcal{K}(A_s)$, 这是一个 $(n_s - 3) \times h$ 的多重阵列, 其中 h 是不同类型 IDF 的个数与各行的编号数, 因此 $h = 11$ 或 14, 而 n_s 为蛋白质 A_s 的长度.

我们记该阵列为

$$\mathcal{K}_s = (k_{i,h'})_{i=1,2,\cdots,n_s', h'=1,2,\cdots,h}, \tag{1.4.20}$$

其中 $n_s' = n_s - 3$, 而 h' 是式 (1.4.18) 与式 (1.4.19) 中给出的 IDF 指标.

(4) 记 $\mathcal{K}_M(\Omega) = \{\mathcal{K}_s, s = 1, 2, \cdots, m\}$. 称 $\mathcal{K}_M(\Omega)$ 为数据库 Ω 的动态的 PIDF(move-PIDF, M-PIDF). 这是一个 $n_0' \times h = (n_0 - 3m) \times h$ 的多重数据阵列.

(5) 如果对每个阵列 $\mathcal{K}_s$ 中的每个列向量作平均值, 那么可得到一个 h 维的向量

$$\bar{\mu}_s = (\mu_{s,1}, \mu_{s,2}, \cdots, \mu_{s,h}), \tag{1.4.21}$$

其中 $\mu_{s,h'} = \dfrac{1}{n_s - 3} \sum_{i=1}^{n_s - 3} k_s(i, h')$.

如果我们把每个 $\bar{\mu}_s$ 看做一个行向量, 那么对所有的 $s = 1, 2, \cdots, m$ 可以构成一个阵列:

$$\mathcal{K}_S(\Omega) = (\bar{\mu}_s, S = 1, 2, \cdots, m) = (\mu_{s,h'})_{s=1,2,\cdots,m; h'=1,2,\cdots,h}. \tag{1.4.22}$$

我们称为数据库 Ω 的一个静态的 PIDF(Static-PIDF, S-PIDF).

$\mathcal{K}_M(\varOmega), \mathcal{K}_S(\varOmega)$ 与 $\mathcal{K}_s = \mathcal{K}(A_s)$ 都是数据库 $\varOmega$ 中不同类型的 PIDF 阵列, 我们统记为 $\mathcal{K}$.

5. 蛋白质的判定问题

对 $\mathcal{K}$ 中的不同阵列, 我们都可把它们看做对某个随机系统的观察结果, 由此建立它们的随机模型, 并在此基础上给出它们的统计分析.

在本书讨论中的一个结论, 是可以利用蛋白质一级结构数据库的随机模型来做一个氨基酸序列能否形成蛋白质的判定条件. 并利用蛋白质一级结构的 PIDF 作该蛋白质的频谱分析. 对这些问题我们在第 2 章中详细讨论.

1.4.4 ID 的基本方法之二: 组合分析法

在 1.4.3 节的信息统计分析法中, 对 IDF 的计算只能限制在较为低阶的局部词进行. 但当向量的长度 ℓ 增加时, IDF 表 $\boldsymbol{K}_{\ell,\tau}$ 的规模与计算量都以指数速度增长, 因此对稍大的 ℓ 阶就无法计算与存储.

此外, 数据库本身的规模有限, 如 SP′06 数据库中氨基酸的总数不超过 $100000000 = 10^8$ AA, 因此在计算氨基酸向量的频数与频率时, 当向量长度 ℓ 适当增加时, 信息统计的方法就不再有效.

组合分析法可直接利用数据库的组合结构, 直接搜索与确定数据库中高阶的词或句.

1. 组合分析法概论

组合分析法就是利用**组合**、**图论**的方法继续讨论数据库 $\varOmega$ 的语义结构分析与计算, 组合分析法也是密码分析中的重要工具 (见文献 [242], [243], [231] 等). 因为对生物信息数据库的分析与密码分析有许多相似处, 它们都是对**黑匣子**的解读, 本书采用并推广这些方法. 所涉及的内容除了一般的组合图论方法外, 还有德布鲁恩--古德 (de Bruijn-Good) 图理论、线性与非线性复杂度的计算等理论与方法.

对一个固定的数据库 $\varOmega = (a_1, a_2, \cdots, a_n)$, 称

$$a_i^{(\ell)} = (a_{i+1}, a_{i+2}, \cdots, a_{i+\ell}), \quad i + \ell \leqslant n \tag{1.4.23}$$

为 $\varOmega$ 的一个局部序列 (或子向量), 并称 $i+1$ 是局部序列的起点, ℓ 是它的长度. 对局部序列可做它的移动 (i 的变化)、延长与缩短 (ℓ 的放大与缩小).

组合分析法的主要目的是确定该数据库中的全体**核心词**, 核心词的定义如下.

定义 1.4.3 (1) 记 $c^{(\ell)} = (c_1, c_2, \cdots, c_\ell)$ 是一个不包含句号向量, 它在数据库中出现而且只出现 1 次, 而且它的右收缩向量 $c_-^{(\ell-1)} = (c_1, c_2, \cdots, c_{\ell-1})$ 在数据库中必出现多次, 那么称 $c^{(\ell)}$ 是一个右核心词.

(2) 对左核心词类似定义, 如果 $c^{(\ell)}$ 不包含句号, 在数据库中出现而且只出现 1 次, 而且它的左收缩向量 $c_+^{(\ell-1)} = (c_2, c_3, \cdots, c_\ell)$ 在数据库中必出现多次, 那么称 $c^{(\ell)}$ 是一个左核心词.

(3) 一个不包含句号向量, 同时是左核心词与右核心词, 那么称此向量为核心词.

因此核心词的概念是数据库中的**标签**.

对固定的数据库 Ω, 它的核心词不是唯一的, 称它的全体核心词为核心词词库.

图论是组合分析中的重要工具, 对点线图的定义与性质在一般图论书籍中都可找到, 如文献 [245] 等. 在本书中, 对图论的应用多处出现, 在本节中主要用它来做蛋白质一级结构的词法分析. 另外, 还可用它来对分子结构进行表达, 对其中涉及一些特殊问题在 4.3 节中详细说明.

2. 核心词的性质

核心词的定义我们已在定义 1.4.3 中给出, 现在讨论它的性质. 它有以下基本性质.

(1) 记 $a_i^{(\ell)} = (a_{i+1}, \cdots, a_{i+\ell})$ 是数据库 Ω 中的一个局部向量, 如果该向量在该数据库中只出现 1 次, 那么它在数据库中的任何左、右延长在该数据中一定出现, 而且只出现 1 次.

(2) 在数据库 Ω 中, 所有不同的核心词都互不包含. 因此, 两个不同的核心词不能具有相同的起始点, 也不能具有相同的终点. 这时不同的核心词只可能交叉或分离.

(3) 如果 i 是数据库中任意一个位点, 由此产生一系列局部向量: $a_i^{(\ell)}, \ell = 1, 2, \cdots$, 那么必有以下情况之一发生.

存在一个 $\ell_0 > 0$, 使 $a_i^{(\ell_0)}$ 是数据库 Ω 中的一个核心词.

存在一个 $\ell_0 > 0$, 使 $a_i^{(\ell_0-1)}$ 在数据库 Ω 中多次 (2 次或 2 次以上) 出现, 且 $a_{i+\ell_0}$ 是数据库 Ω 中的一个标点符号.

(4) 如果 i 是数据库中任意一个位点, 由此产生一系列局部向量:

$$a_{i-\ell}^{(\ell)} = (a_{i-\ell+1}, a_{i-\ell+2}, \cdots, a_i), \quad \ell = 1, 2, \cdots,$$

我们称为以 i 为终点的倒向序列. 对倒向序列, 性质 (3) 中的两种情形同样成立.

(5) 在蛋白质数据库中, 对每个蛋白质 $A_s = (a_{s,1}, a_{s,2}, \cdots, a_{s,n_s})$ 总可分解成一组片段:

$$(0 = i_0, \ell_0 = i_1), (i_1, \ell_1), \cdots, (i_h, \ell_h), (i_{h+1}, \ell_{h+1} = n_s - i_h), \tag{1.4.24}$$

它们满足以下条件:

(5-1) $a_{s,0}, a_{s,n_s+1}$ 分别是分割蛋白质 A_s 的前后 2 个句号, 而 $a_{i_h'}^{(\ell_{h'})}$, $h' = 1, 2, \cdots, h$ 都是数据库 Ω 中的核心词.

(5-2) 式 (1.4.24) 中的数据序列满足以下关系式:

$$0 = i_0 \leqslant i_1 < i_2 < \cdots < i_h \leqslant i_{h+1} \leqslant n_s + 1,$$
$$i_0 + \ell_0 < i_1 + \ell_1 < \cdots < i_h + \ell_h \leqslant n_s, \tag{1.4.25}$$

称式 (1.4.25) 中的各数据位点为该蛋白质的核心词分解, 而分别称 (i_0, i_1) 与 $(i_{h+1}, n_s + 1)$ 为该蛋白质分解的首尾部分.

由此得到, 核心词在一个句 (或蛋白质) 中的分布结构如图 1.4.1 所示.

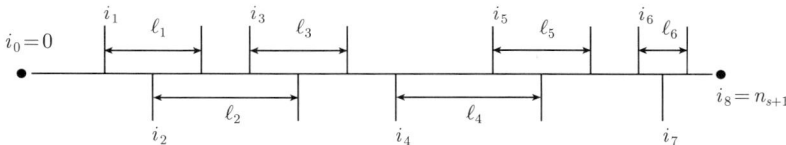

图 1.4.1　蛋白质一级结构中核心词的分布图

在图 1.4.1 中 $(i_h + 1, i_h + \ell_h)$, $h = 1, 2, \cdots, 6$ 是 6 个核心词, 它们可以相互交叉, 也可以相互分离, 但核心词的起始与终止位置满足关系式.(1.4.25).

i_0, i_8 是分割该蛋白质的句号, $(i_0, i_1), (i_7, i_8)$ 是该蛋白质核心词分解的首尾部分, 它们可能是核心词, 也可能不是, 它们的长度可能是零, 也可能不是.

3. 核心词词库

对固定的数据库 Ω, 记它的全体核心词集合为 $\mathcal{C}(\Omega)$, 我们称为核心词词库. 显然, 核心词词库唯一确定. 记 ℓ_0, ℓ_1 分别是 $\mathcal{C}(\Omega)$ 中阶数最小与最大的值, 那么记

$$\mathcal{C}(\Omega) = \mathcal{C}_{\ell_0}(\Omega) + \mathcal{C}_{\ell_0+1}(\Omega) + \cdots + \mathcal{C}_{\ell_1}(\Omega) \tag{1.4.26}$$

为词库 $\mathcal{C}(\Omega)$ 的一个分解, 其中 $\mathcal{C}_\ell(\Omega), \ell_0 \leqslant \ell \leqslant \ell_1$ 是数据库 Ω 中全体 ℓ 阶的核心词.

核心词词库有多种排列方式, 如下所示.

(1) 如对字母表 V 作次序编号, 那么对核心词词库就可按词典式 (如英语词典) 的方式排列.

(2) 如式 (1.4.26) 所示, 先按核心词的长短大小排列, 再按词典式的方式排列.

(3) 按核心词在数据库中出现位置的次序方式排列. 因为每个核心词在数据库中只出现一次, 所以它们可先按蛋白质的次序排列, 在同一蛋白质中, 再按式 (1.4.26) 的关系排列.

4. 核心词库递推计算法

核心词库计算问题是要从数据库 Ω 中找出它所有的核心词. 因为一般数据库的数据量十分巨大, 因此如果没有合适的计算方法是不可能完成的. 核心词库递推计算法与密码学中复杂度的递推计算法相似, 但情况更加复杂. 它的递推计算步骤如下.

步骤 1.4.1　对固定的数据库 Ω, 对每个 $i = 1, 2, \cdots, n$ 计算局部向量 $a_i^{(\ell)}$ 在 ω 中出现的次数, 由此得到一个 ℓ_i, 使 $a_i^{(\ell_i)}$ 在 ω 中只出现 1 次, 而 $a_i^{(\ell_i-1)}$ 在 ω 中出现多次. 这时 $a_i^{(\ell_i)}$ 一定是一个右核心词.

按步骤 1.4.1 可以找到全体右核心词, 但它的计算复杂度为 $O(n^2)$, 当 n 较大时, 该算法的计算量仍很大, 因此需要改进.

步骤 1.4.2　对步骤 1.4.1 改进如下. 对数据库 Ω 与向量 $b^{(\ell)} \in V^{(\ell)}$ 引进以下记号.

(1) 记 $N = \{1, 2, \cdots, n\}$ 为数据库 Ω 的全体位点集合, 为其中 n 是数据库 Ω 的总长度. 核心词库递推计算法在集合 N 上进行.

(2) 对固定的 $b^{(\ell)}$, 记

$$N(b^{(\ell)}) = \{i \in N : a_i^{(\ell)} = b^{(\ell)}\} \tag{1.4.27}$$

为数据库 Ω 中全体与 $b^{(\ell)}$ 相重合的片段与位置, 其中 $a_i^{(\ell)}$ 在式 (1.4.23) 中定义. $N(b^{(\ell)})$ 显然是 $N = \{1, 2, \cdots, n\}$ 的子集合.

(3) 记 $n(b^{(\ell)}) = \parallel N(b^{(\ell)}) \parallel$ 为集合 $N(b^{(\ell)})$ 中的元素个数.

(4) 对固定的 $b^{(\ell)}$, 记

$$\begin{cases} M_1^{(\ell)} = \{N(b^{(\ell)}) : n(b^{(\ell)}) = 1, b^{(\ell)} \in V^{(\ell)}\}, \\ M_2^{(\ell)} = \{N(b^{(\ell)}) : n(b^{(\ell)}) > 1, b^{(\ell)} \in V^{(\ell)}\}. \end{cases} \tag{1.4.28}$$

显然, $M_1^{(\ell)}, M_2^{(\ell)}$ 都是 $V^{(\ell)}$ 的子集合.

步骤 1.4.3　取 ℓ_0 作为递推计算的初始长度. 计算全体 $N(b^{(\ell_0)}), n(b^{(\ell_0)}), b^{(\ell_0)} \in V^{(\ell_0)}$. 对 ℓ_0 的一般要求是全体 $n(b^{(\ell_0-1)}) > 1$, 而全体 $n(b^{(\ell_0)}) > 0$.

步骤 1.4.4　取 $\ell = \ell_0, \ell_0 + 1, \ell_0 + 2, \cdots$ 的向量长度, 按以下步骤作递推计算.

(1) 如果 $n(b^{(\ell-1)}) > 1$, 而 $n(b^{(\ell)}) = 1$, 这时 $a_i^{(\ell)} = b^{(\ell)}$ 就是该数据库中的一个核心词, 其中 $N(b^{(\ell)}) = \{i\}$ 就是该核心词所在的位点.

(2) 如果 $n(b^{(\ell)}) > 1$, 那么计算全体 $N(b^{(\ell)}, b), n(b^{(\ell)}, b), b \in V$. 如果有一个 $b_1 \in V$ 使 $n(b^{(\ell)}, b_1) = 1$, 那么 $a_i^{(\ell+1)} = (a_i^{(\ell)}, b_1)$ 就是该数据库中的一个核心词, 其中 $N(b^{(\ell)}, b_1) = \{i\}$.

(3) 如果有一个 $b_2 \in V$ 使 $n(b^{(\ell)}, b_2) > 1$, 那么重复步骤 1.4.4(2) 的计算, 并由此继续类推.

(4) 如果有一个 $b_0 \in V$ 使 $n(b^{(\ell)}, b_0) = 0$, 那么 $(b^{(\ell)}, b_C)$ 就永远不可能成为该数据库中的核心词.

步骤 1.4.5 由步骤 1.4.4, 在 $\ell = \ell_0, \ell_0 + 1, \ell_0 + 2, \cdots$ 的延伸过程中, 有下面结论.

(1) 如果 $n(b^{(\ell)}) = 1$, 那么 $a_i^{(\ell)} = (a_i^{(\ell)})$ 就是该数据库中的一个核心词, 就停止 $b^{(\ell)}$ 向量的延伸搜索计算.

(2) 如果 $n(b^{(\ell)}) = 0$, 那么 $b^{(\ell)}$ 的任何延伸计算都不可能成为该数据库中的一个核心词, 就停止它的延伸搜索计算.

(3) 如果 $n(b^{(\ell)}) > 1$, 那么重复步骤 1.4.4(2) 的计算, 并由此继续类推, 直到 $n(b^{(\ell)}) = 0, 1$ 为止.

由步骤 1.4.2～ 步骤 1.4.5 可以得到数据库 Ω 中的全体右核心词, 我们记为 $\mathcal{C}_+$.

对数据库 Ω 中的左核心词类似计算, 由此得到的全体左核心词库, 记为 $\mathcal{C}_-$. $\mathcal{C}_+$ 与 $\mathcal{C}_-$ 的公共部分就是核心词词库.

1.4.5 点线图的基本知识

图论是组合分析中的重要工具, 对点线图的定义与性质在一般图论书籍中都可以找到, 如文献 [245] 等. 在本节中将对有关名词与记号作简单的介绍.

1. 图的一般定义与记号

点线图的一般记号为 $G = \{E, V\}$, 其中 $E = \{1, 2, \cdots, q\}$ 为图中的全体点, 而 V 是一个 E 中的点偶集合, 我们称 V 中的元为弧. 对 E 中的点偶, 如与它们的前后次序无关则为**无向图**, 否则为**有向图**.

如果 E 是一个有限集合, 那么称该图是一个**有限图**, 如无特别声明, 本书讨论的图都是有限图.

(1) 在无向图中, 如果点 e 是弧 (点偶) v 中的一个点, 那么称点 e 是弧 v 的一个**端点**, 或称弧 v 是点 e 的**连接弧**, 一个点 e 如果是无向图 G 中是 q 条弧的端点, 那么称点 e 在无向图 G 中的**阶**是 q.

(2) 在有向图中, 端点又分弧的**前** (或首) 端与后 (或尾) 端, 而在点点连接弧中又分点的**出弧**或**入弧**, 或**先导**与**后继**等名称. 一个点 e 如果在有向图 G 中是 p 条弧的起点, 是 q 条弧的终点, 那么称点 e 在有向图 G 中的**阶**为 (p, q).

(3) **路**. 若干相连的弧为路, 在无向图中, 如果两条弧有共同的端点, 那么称它们相连. 在有向图中, 如果一条弧的后端与另一条弧的前端相重, 那么称它们**相连**.

在图中, 如从一点出发, 经若干相连弧的连接, 可以到达另一点, 那么称这两点是**连通**的 (或**可达**的), 其中经过的弧的数目为该路的**路长**或这两点**连通点的距离**.

在有向图中, 两个连通点又分起点与终点, 在无向图中, 两连通点中任意一点都可作起点或终点, 那么另一点就是终点或起点. 如果图中的任何两点都是连通的, 那么称这个图是**连通点线图**.

(4) **回路**. 起点与终点相同的路为回路. 经过图中所有点的路为**全点路**, 而经过图中所有弧的路为**全弧路**. 一条路, 如经过的点都不相同, 那么这条路被称为**点的初等路**, 如经过的弧都不相同, 那么这条路被称为**弧的初等路**. 点初等路又称为**圈**.

显然, 点初等路一定是弧初等路. 反之则不然. 点初等路又称**干路**, 它可以伸展成一条直路. 弧初等路又称**一笔路**, 它可以由一笔路经过所有的弧而不重复.

(5) 如果 V 是 E 的所有点偶集合, 那么称 G 是**全图**. 对不同的图又有**子图**与**图的扩张**等关系. 对子图又有**交**、**并**、**差**、**补**与**环和**、**分割**等运算. 如果图 G' 中的点是图 G 的弧, 而图 G' 中的弧是图 G 中相连的弧, 那么称 G' 是 G 的**倍图**.

2. 树图与反树图

树图与树网图是一种特殊的图, 它有以下类型.

(1) 不含任何回路的无向连通图为**无向树图**. 任何无向树图可以选择任何一个点为根, 并由此产生一个树, 这时该图中的任何点都可到达此根.

(2) 不含任何回路的无向图为**树丛图**, 无向树丛图 G 总可分解成若干子无向树图 $G_1, G_2, \cdots, G_m$ 之并, 这就是 $G_1, G_2, \cdots, G_m$ 都是 G 的无向连通子树图, 它们的点与弧互不相交, 且 $G_1, G_2, \cdots, G_m$ 之并就是图 G.

(3) 不含任何回路的有向图为**有向树图**. 有向树图至少有一个点没有入弧, 也至少有一个点没有出弧, 否则该图必有回路.

(4) 一个没有回路的有向图, 如果存在一个点, 该点没有入弧, 而且从该点出发可到达图中的任何点, 而且连通的路径唯一确定, 那么称该图是一个**树图**. 这时称没有入弧的点为该树图的**根**, 没有出弧的点为该图的**梢点**.

(5) 同样地, 对一个没有回路的有向图, 如果所有的点都可到达一个没有出弧的点, 而且连通的路径唯一确定, 那么称该图是一个**反树图**. 这时称没有出弧的点为该图的**根**, 没有入弧的点为**梢点**.

由此可知, 在有向图中的树图与反树图的定义是完全对称的, 因此它们的性质只当入弧与出弧的名词互换后, 各结论就对应地成立. 另外称同时具有入弧与出弧的点为**节点**, 由根可到达图中某点 (或由某点到达根) 的路长为该点的节 (或阶) 数.

(6) 在没有回路的有向图 $G = \{E, V\}$ 中, 无论是树图或反树图中都可推广成具有多个根的树图或反树图, 如果记 $e_1, e_2, \cdots, e_m$ 是 G 图中全体没有入 (或出) 弧的点, 那么称这些点是该树图 (或反树图) 的全体根, 这时 E 中的任何点 e 必存在一个 e_i 的点, 使 e_i 可以达到 e 点 (或 e 可以达到 e_i 点), 这时称有向图 G 是一个

树丛图 (或反树丛图).

(7) 如果 $e_1, e_2, \cdots, e_m$ 是树图 (或反树图) 的全体根, 那么记 $E(e_i)$ 是 E 中与 e_i 连通的点, 那么 $G(e_i) = \{E(e_i), V(e_i)\}$ 是 G 的一个子图, 它们满足条件: $\bigcup\limits_{i=1}^{m} E_{m'} = E$, $\bigcup\limits_{i=1}^{m} V_{m'} = V$. 这时称 $G(e_i)$, $i = 1, 2, \cdots, m$ 是图 G 的一个分解.

与 (2) 中无向图的比较, 在无向图的分解 $G_1, G_2, \cdots, G_m$ 中, 各子图中的点与弧都不相交, 而在有向图的分解中, 各子图中的点与弧都可能相交. 因此一般的有向树图呈网络结构 (图 1.4.2).

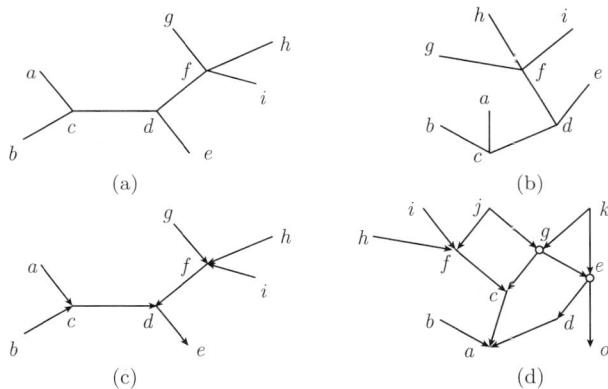

图 1.4.2 树图与树网图的结构示意图

说明 图 1.4.2 由图 (a)∼ 图 (d) 4 个子图组成, 对它们说明如下.

(1) 图 (a) 是一个无向、无回路的连通图, 因此它是一个无向树图, 该图中 a, b, e, g, h, i 为端点, c, d, f 为节点.

(2) 图 (b) 是由图 (a) 产生的一个无向图, 取 c 点为根, 这时该图的最大节 (或阶) 数为 3.

(3) 图 (c) 是一个由图 (a) 产生的有向反树图, 这时取 e 点为根, 其他所有的点都可到达 e 点, 这时 a, b, g, h, i 为梢点, c, d, f 为节点.

(4) 图 (d) 是一个一般的有向树图, 其中 a, o 是该图的两个根, 因此它可分解成两个子图 $G_a = \{E_a, V_a\}$, $G_o = \{E_o, V_o\}$, 其中

$$\begin{cases} E_o = \{j, g, k, e, o\}, \quad V = o = \{jg, ge, ke, eo\}, \\ E_a = \{a, b, c, d, e, f, g, h, i, j, k\}, \\ V_a = \{ba, ca, da, fc, hf, if, jf, jg, gc, kg, he, ge, ed\}, \end{cases}$$

注意图 (d) 中无回路, 不同子图间成网络结构.

3. 干树图

一些特殊的树图是**干树**, 它们的相关定义如下.

(1) 在有向树图中, 如果根与节点有且只有两条出弧, 那么称该有向树为二叉树. 在无向树图中, 除了梢点之外的其他的点中, 有一个点 s 是两条弧的端点, 其余的点都是有且只有三条弧为它的端点, 那么称该无向树为二叉树.

在无向二叉树中, 如取只有两条弧为端点的点 e_0 为根, 其余弧的方向都指向 (或反指向) 根, 那么称该无向二叉树就变为有向二叉反树 (或有向二叉树). 二叉树又称系统树. 二叉树与系统树的关系见文献 [245] 的介绍.

(2) 只有一个根与一个梢点的有向树图为**干树图**, 如果干树的根只有入弧, 没有出弧, 那么称这干树为**反干树**.

(3) 在有向树图的定义中, 如果除去没有回路的条件, 那么称该图为有向树网图. 在有向树网图中仍保留根与梢点的定义, 这时图中的每个点到根的路可能有几条, 我们称其中长度最短的路径为该点在该图中的**层次函数**.

除了干树图外, 还有**干枝树图**、**系统树**与**拓扑距离结构图**等, 在下面还将定义、讨论与分析.

4. 德布鲁恩–古德图的定义与序列或数据库的复杂度理论

德布鲁恩–古德图 (de Bruijn-Good) 是一种重要的图, 它的有关性质与复杂度 (线性与非线性复杂度) 理论是密码分析中的重要理论与工具, 与生物序列的组合分析研究中有许多问题相似, 因此可以借用. 对它们的介绍可在文献 [243] 和 [245] 中找到, 我们不再重复.

1.5 语义分析概要

蛋白质一级结构数据库的**语义分析**包括词与词法分析、词与句的关系分析、句与句法分析这三部分内容. 在蛋白质结构数据库中还包括一些特殊的内容, 如特殊词与句分析, 同样蛋白质的结构分析等.

1.5.1   词与词法分析要点

词与词法分析包括**词的类型与产生**、**词库与词典**的构建、**不同词的结构关系分析**. 单纯的词法分析比较简单, 作词与句的综合分析比较复杂, 但有意义.

1. 词库与词典

在 1.4 节中, 已经给出了局部词与核心词定义与它们的搜索算法, 由此可以得到它们的词库, 其中核心词词库是唯一确定的, 而局部词词库的规模大小是可以选择的.

如果把词库中的词给以含义的说明, 那么词库就变成词典. 在人类自然语言中, 词典的类型很多, 可按它们的规模大小、语种 (包括不同语种之间的翻译)、专业等来分类. 在生物信息学中, 构建不同生物信息数据库中的词库与词典是解读生命语言的一个重要目标.

对词库作含义的说明可从以下几个方面进行.

(1) 从词库产生的过程来说明. 尤其是局部词词库, 每个词典产生都是由它的 AIDF 决定, 这些 AIDF 说明该词在数据库中的作用.

(2) 一些特殊的词与词组, 如标点符号是否存在, 如何识别与判定; 具有周期性的序列, 在生物信息数据库中大量存在, 如何说明这种周期性序列的含义.

(3) 利用词与句的关系数据库可以确定由词 (或词组) 所产生的同源句. 由这些同源句的含义也可说明这些词 (或词组) 的含义.

(4) 对一些特殊的词, 作它们的生物功能的说明, 在生物学与医学中有一些重要的小肽数据库也是词典重要组成部分.

2. 词与词的关系分析

词的关系是指它们的包含关系. 两个词 D, D', 如果 D 是 D' 的一个段, 那么称 D' 包含 D. 这时记 $D \leqslant D'$. $D < D'$ 是指 $D \leqslant D'$, 且 $D \neq D'$. 在词的包含关系中, 最典型的表达方式是前、后缀关系或同时具有前后缀的结构关系.

利用这种包含关系可以构建词库中不同词之间的网络结构图. 对一个固定的词库 $\mathcal{D}$ 可以构建它的**网络结构图** $\mathcal{G} = \{\mathcal{D}, \mathcal{L}\}$, 其中 $\mathcal{L}$ 是词库 $\mathcal{D}$ 中的点偶集合, 如果 $(D, D') \in \mathcal{L}$, 那么它们满足条件 $D, D' \in \mathcal{D}$, 而且 $D < D'$, 而且不存在 $D'' \in \mathcal{D}$, 使 $D < D'' < D'$ 成立.

3. 词库的网络结构关系分析

如果 $\mathcal{D}$ 是一个固定的词库, 那么对不同的词之间可以建立它们的网络结构关系.

(1) **极小词与极大词**. 如果 $D_0 \in \mathcal{D}$, 而且它不包含 $\mathcal{D}$ 中其他任何词, 那么称 D_0 是 $\mathcal{D}$ 中的极小词.

如果 $D_1 \in \mathcal{D}$, 而且它不被 $\mathcal{D}$ 中的其他任何词所包含. 那么称 D_1 是 $\mathcal{D}$ 中的极大词.

记 $\mathcal{D}$ 中的全体极小词集合为 $\mathcal{D}_0$, 而全体极大词的集合为 $\mathcal{D}_1$.

如果 $D_1 \in \mathcal{D}$, 而且它不被 $\mathcal{D}$ 中的其他任何词所包含. 那么称 D_1 是 $\mathcal{D}$ 中的极大词.

(2) **由极小词或极大词所产生的子树图**. 如果 D_0 是 $\mathcal{D}$ 中的一个极小词, 那么记 $\mathcal{D}(D_0) = \{D : D > D_0\}$ 是 $\mathcal{D}$ 中以 D_0 为根的一个子集合, 这时称 $\mathcal{G}(D_0) =$

$\{\mathcal{D}(D_0), \mathcal{L}(D_0)\}$ 是一个由 D_0 所产生的**子树图**.

如果 D_1 是 $\mathcal{D}$ 中的一个极大词, 那么记 $\mathcal{D}(D_1) = \{D : D < D_1\}$ 是 $\mathcal{D}$ 中以 D_1 为根的一个子集合, 这时称 $\mathcal{G}(D_1) = \{\mathcal{D}(D_1), \mathcal{L}(D_1)\}$ 是一个由 D_1 所产生的**子反树图**.

(3) 这时 $\mathcal{G}(D_0), D_0 \in \mathcal{D}_0$ 与 $\mathcal{G}(D_1), D_1 \in \mathcal{D}_1$ 分别是词库网络结构图 $\mathcal{G}$ 关于全体极小词与全体极大词的子图的分解. 它们又是词库网络图 $\mathcal{G}(\mathcal{D})$ 的不同表达形式.

1.5.2　词与句的关系数据库

建立词与句的关系数据库是实现数据库语义分析的重要内容, 当数据库 Ω 与词库 $\mathcal{D}$ 给定时, 词与句的关系数据库构建如下.

1. 词与句的一些基本记号

我们以蛋白质一级结构数据库为例, 为构筑词与句关系数据库, 先介绍它们的有关基本记号.

(1) 记 $\Omega = \mathcal{A} = \{A_1, A_2, \cdots, A_m\}$ 是一个带句号的数据库, 其中 $A_s = (a_{s,1}, a_{s,2}, \cdots, a_{s,n_s})$ 是不同的句, m 是该数据库中句的总数, n_s 是句 A_s 的长度. 记 $\mathcal{D}$ 是一个词库, $D = b^{(\ell)} = (b_1, b_2, \cdots, b_\ell)$ 是 $\mathcal{D}$ 中的一个词. 如果 D 是句 A_s 中的一个片段, 那么称句 A_s 包含词 D, 这时存在一个 $0 \leqslant i \leqslant n_s - \ell$, 使

$$a_{s,j}^{(\ell)} = (a_{s,j+1}, a_{s,j+2}, \cdots, a_{s,j+\ell}) = D = b^{(\ell)}, \tag{1.5.1}$$

由此记为 $D < A_s$.

(2) 式 (1.5.1) 定义了句与词的简单包含关系, 一个句中可能包含多个词 D, 它们在该句的不同位置, 以下记

$$J_s(D) = \{j_1, j_2, \cdots, j_{\tau_{s,D}}\} \tag{1.5.2}$$

是一个下标的集合, 对 $J_s(D)$ 中的每个 $j = j_{\tau'}$ 满足关系式 (1.5.1).

(3) 因此 $J_s(D)$ 是词 D 在句 A_s 中的全部位点, 如果句 A_s 不包含词 D, 那么 $J_s(D)$ 是一个空集. 集合 $J_s(D)$ 为我们提供了句 A_s 与词 D 关系的更多信息, 它可以确定词 D 在句 A_s 中的数量与位置. 我们称为词 D 与句 A_s 的关系数据.

2. 关系数据库的一般类型

利用 $J_s(D)$ 的定义, 我们可以建立关系数据库的一般类型如下.

$$\mathcal{J}_0(\mathcal{D}) = \{J_s(D), \ D \in \mathcal{D}, \ s = 1, 2, \cdots, m\}. \tag{1.5.3}$$

我们可以把 $\mathcal{J}_0(\mathcal{D})$ 看做一个 $m \times t$ 的阵列, t 是词库 $\mathcal{D}$ 中词的个数. 在该阵列中, 每个元 $J_s(\mathcal{D})$ 是一个集合, 该集合可大可小, 如在蛋白质一级结构数据库中, $J_s(\mathcal{D})$ 可能是一个空集, 也可能多达数百或数千个点. 因此 $\mathcal{J}_0(\mathcal{D})$ 是一个由集合组成的数据阵列.

该阵列的主要优点是可以由每个词 D 确定包含它的所有的句, 并确定该词在各句中的位置, 也可以由每个句 A_s 确定包含它的所有的词, 并确定这些词在该句中的位置. 该阵列的主要缺点是规模太大、太复杂. 因此对阵列 $\mathcal{J}(\mathcal{D})$ 可以建立多种简易式如下两种.

(1) 记 $\mu_s(\mathcal{D}) = \| J_s(\mathcal{D}) \|$, 记 $\nu_s(\mathcal{D}) = \begin{cases} 1, & \text{如果}\,\mu_s(\mathcal{D}) > 0, \\ 0, & \text{否则}, \end{cases}$ 由此定义

$$\begin{cases} \mathcal{J}_1(\mathcal{D}) = \{\nu_s(\mathcal{D}), & D \in \mathcal{D}, s = 1, 2, \cdots, m\}, \\ \mathcal{J}_2(\mathcal{D}) = \{\mu_s(\mathcal{D}), & D \in \mathcal{D}, s = 1, 2, \cdots, m\}, \end{cases} \tag{1.5.4}$$

这时 $\mathcal{J}_1(\mathcal{D})$, $\mathcal{J}_2(\mathcal{D})$ 都是 $m \times t$ 阵列, 它们显然大大简化了 $\mathcal{J}_0(\mathcal{D})$ 阵列, 但也丢失了 $\mathcal{J}_0(\mathcal{D})$ 中的许多信息.

(2) 为了简化 $\mathcal{J}_0(\mathcal{D})$ 阵列, 但也不丢失 $\mathcal{J}_0(\mathcal{D})$ 中的信息, 我们注意到在阵列 $\mathcal{J}_0(\mathcal{D})$ 中有大量的空集存在, 因此在阵列 $\mathcal{J}_0(\mathcal{D})$ 中删除全部空集.

对式 (1.5.2) 所定义的集合 $J_s(\mathcal{D})$ 改写为 $J_s'(\mathcal{D}) = \{D, j_1, j_2, \cdots, j_{\tau_{s,D}}\}$, 这时记

$$\mathcal{J}_3(\mathcal{D}) = \{J_s'(\mathcal{D}), \ D \in \mathcal{D}, s = 1, 2, \cdots, m, \tau_{s,D} > 0\}. \tag{1.5.5}$$

这时 $\mathcal{J}_3(\mathcal{D})$ 的规模要比 $\mathcal{J}_0(\mathcal{D})$ 的规模小得多, 它也没有丢失 $\mathcal{J}_0(\mathcal{D})$ 中的信息, 但在作词与句的关系搜索时要复杂些.

我们统称 $\mathcal{J}_0(\mathcal{D}), \mathcal{J}_1(\mathcal{D}), \mathcal{J}_2(\mathcal{D}), \mathcal{J}_3(\mathcal{D})$ 为数据库 Ω 与词库 $\mathcal{D}$ 的关系数据库 (以下简称**词与句的关系数据库**或**关系数据库**).

利用关系数据库 $\mathcal{J}_0(\mathcal{D}), \mathcal{J}_1(\mathcal{D}), \mathcal{J}_2(\mathcal{D}), \mathcal{J}_3(\mathcal{D})$ 可以得到词与句的一系列表达式与结构分析.

3. 词与句的相互表达关系

利用关系数据库 $\mathcal{J}_0(\mathcal{D}), \mathcal{J}_1(\mathcal{D}), \mathcal{J}_2(\mathcal{D}), \mathcal{J}_3(\mathcal{D})$ 可以得到词与句的一系列表达式与结构分析.

(1) 如果 D 是词库 $\mathcal{D}$ 中的一个词, 那么记 $\mathcal{A}(\mathcal{D})$ 为数据库 Ω 中包含 D 的所有的句. 这时

$$\mathcal{A}(\mathcal{D}) = \{s \in \mathcal{M}, \nu_s(\mathcal{D}) = 1\}. \tag{1.5.6}$$

并称 $\mathcal{A}(\mathcal{D})$ 是由 D 产生的句组.

(2) 如果 A_s 是数据库 Ω 中的一个句, 那么记 $\mathcal{D}(A_s)$ 为词库 $\mathcal{D}$ 中被句 A_s 所包含的词. 这时

$$\mathcal{D}(s) = \mathcal{D}(A_s) = \{D \in \mathcal{D}, \ \nu_s(D) = 1\}. \tag{1.5.7}$$

并称 $\mathcal{D}(A)$ 是在 A 中的词组. 对词组 $\mathcal{D}(A)$ 又可分可重复的与不可重复的、有序或无序的等类型.

(3) 对 $\mathcal{A}(\mathcal{D})$ 与 $\mathcal{D}(A)$ 都可以推广到词组与句组的情形. 这时记 $\boldsymbol{D} = \{D_1, D_2, \cdots, D_h\}$ 是一个词组, 而 $\boldsymbol{A} = \{A_1, A_2, \cdots, A_h\}$ 是一个句词组, 那么定义

$$\begin{cases} \mathcal{A}(\boldsymbol{D}) = \{s \in M, \quad \nu_s(D_1) = \nu_s(D_2) = \cdots = \nu_s(D_h) = 1\}, \\ \mathcal{D}(\boldsymbol{A}) = \{D \in \mathcal{D}, \quad \nu_1(D) = \nu_2(D) = \cdots = \nu_h(D) = 1\}. \end{cases} \tag{1.5.8}$$

这时显然有关系式

$$\mathcal{A}(\boldsymbol{D}) = \bigcap_{h'=1}^{h} \mathcal{A}(D_{h'}), \quad \mathcal{D}(\boldsymbol{A}) = \bigcap_{h'=1}^{h} \mathcal{D}(A_{h'}) \tag{1.5.9}$$

成立.

4. 关于核心词库的表达

如果 $\mathcal{D}$ 是一个核心词库, 那么它有以下两种特殊的表达.

(1) 如果 D 是一个核心词, 那么只有一个 $A_s \in \Omega$, 使 $D < A_s$. 这时记 $s = s(D), D \in \mathcal{D}$ 是一个单值函数, 使 $D < A_s$ 成立. 因此 $\mathcal{A}(\mathcal{D})$ 是一个单点集合.

我们有时记 $(s, j)(D)$ 为核心词与数据库 Ω 的关系, 其中 s 使 $D < A_s$ 成立, 而 j 是 D 在 A_s 中的起始位点. 显然, 对固定的核心词 D, 参数 $(s, j)(D)$ 是唯一确定的.

(2) 在 $\mathcal{D}(A)$ 的表达中, $\mathcal{D}(A)$ 仍然可以是一个多点集合.

1.5.3 由关系数据库做有关语法问题的讨论

在人类自然语言中, 有关语法的结构是比较清楚的. 但在生物信息数据库中要对它进行说明就很困难, 我们只有通过关系数据库及它们的生物含义来做说明.

1. 同义词、同构词的定义

在人类自然语言中, 各种不同类型的语言都有各自的**同义词**与**同构词**, 在生物信息数据库中, 这些概念只有通过词与句的关系数据库来说明, 它们的定义如下.

定义 1.5.1 (1) 两个不同的词 D, D', 如果由它们所产生的蛋白质组 $\mathcal{A}(\mathcal{D})$, $\mathcal{A}(\mathcal{D}')$ 相同, 那么称这两个词是**同义词**. 这个蛋白质组是一个相似蛋白质组.

(2) 同一个词 D, 如果它有较大的长度, 而且被不同的蛋白质 $A_s, A_{s'}$ 所包含, 那么称这个词是**同构异义词**. 这样的词可能产生同源蛋白质, 也可能产生非同源蛋白质.

如果这个词在不同的蛋白质中具有不同的形态或功能, 那么称这个词是**同构异态词**与**同构异效词**.

(3) 两个不同的词词 D, D', 如果它们的一级结构不同, 但具有相似的空间形态结构, 那么就称它为**异构同态词**. 除了同构异态词外, 还可利用功能来定义**异构同效词**, 这就是它们的一级结构不同, 但具有相同的生物功能.

同构异态词、同构异效词、异构同态词与异构同效词涉及蛋白质的空间结构与功能等问题.

在生物学中, 经常把一级结构序列相同比例较高的序列称为**相似蛋白质**, 而把来自同一祖先 (或同类生物体) 的蛋白质称为**同源蛋白**, 同源蛋白一般都有很好的相似性. 在本书中我们采用相似蛋白的名称, 如果能确定它们来自同一祖先 (或同类生物体, 如下面提到的**天花粉**蛋白或**胰岛素**蛋白), 那么它们就是同源蛋白.

2. 同义词的类型分析

在同义词的定义中, 2 个不同的同义词 D, D' 可以产生多种不同的类型, 如下所述.

(1) D, D' 相互独立, 这就是它们之间不存在包含关系.

(2) 同义词 D, D' 之间存在包含关系, 如 $D < D'$ 由此产生一个同义词组 $\boldsymbol{D} = \{D_1, D_2, \cdots, D_h\}$. 在词组 $\boldsymbol{D}$ 的各词之间存在不同类型的包含关系.

(3) 在存在包含关系的同义词组 $\boldsymbol{D}$ 中, 称不被其他词包含的词为极大同义词, 而不包含其他词的为极小同义词.

在生物信息数据库中, 同义词有可能大量存在, 有的可以达到数百或数千个之多, 利用极大与极小同义词的概念可做适当的简化.

有关同义词、同构异态、异构同态、同构异效与异构同效词的概念都可推广到**词组**的情形, 对此不再重复.

3. 相似句

如果 $\boldsymbol{D}$ 是一个词或词组, 记 $A(\boldsymbol{D})$ 为包含 $\boldsymbol{D}$ 的全体句. 那么称 $A(\boldsymbol{D})$ 为由 $\boldsymbol{D}$ 产生的相似句. 在相似句中, 一般取 $\boldsymbol{D}$ 是一个阶数较大的词, 或由几个词所构成的词组. 在英语中, 相似句就是一些固定的句型; 在生物学中, 相似句就是相似蛋白, 这就是同一类型的蛋白质在不同生物体内的结构, 它们有若干词相同.

相似蛋白的另一种来源是在同一蛋白质中, 不同结构域或 Model 的肽链往往会形成长度较大的序列, 由此形成一些特殊的词. 由此可见, 利用词与蛋白质的关系数据库是对词库中的词做生物意义解读, 也是词典构造的重要途径.

对一个固定的相似蛋白质组, 它的极小同义词与极大同义词都可能不是唯一的, 同样可以定义它的极小同义词组与极大同义词组, 这些词组有可能不是唯一的.

1.5.4　词与句的网络结构

在 1.5.1 节中我们已给出不同词组包含关系的定义, 由词组的包含关系可以确定相似句集合的包含关系.

1. 句的包含关系

如果记 $\mathcal{A} = \{s_1, s_2, \cdots, s_h\}$ 是一个句的集合, 其中 $s_{h'}$ 表示数据库 Ω 中的句 $A_{s_{h'}}$. 如果记 $\mathcal{A}, \mathcal{A}'$ 是两个句的集合, 而且 $\mathcal{A}$ 是 $\mathcal{A}'$ 的一个子集合, 那么记 $\mathcal{A} \subset \mathcal{A}'$ 或 $\mathcal{A} < \mathcal{A}'$.

如果 D, D' 是两个词组, 而且有 $D < D'$ 的关系, 那么由它们所产生的相似句集合必有 $\mathcal{A}(D) > \mathcal{A}(D')$ 成立. 我们称这种包含关系是反向包含关系或反向网络结构关系.

2. 词组的运算关系

在不同的词组之间, 除了有包含关系的定义外, 还有多种运算关系, 如**余**、**交**、**并**与**差的运算**, 我们分别记为 $D^c = D_0 - D$, $D \vee D'$, $D \wedge D'$ 与差 $D' - D$ 运算, 其中 D, D', D'' 都是 D_0 的子集合.

这些运算不仅在代数集合中都有定义, 我们不再介绍, 而且对这些运算还满足结合律与分配律的关系:

$$\begin{cases} D \vee (D' \vee D'') = (D \vee D') \vee D'', \\ D \wedge (D' \wedge D'') = (D \wedge D') \wedge D'', \\ D \wedge (D' \vee D'') = (D \wedge D') \vee (D \wedge D''). \end{cases} \tag{1.5.10}$$

在集合与子集合之间的这些运算性质是集合论中的基本性质. 这种结构关系在数学中被称为**布尔代数理论**. 利用这个理论可以确定不同词或词组之间的相互关系, 进而可以确定由不同词或词组所产生的相似蛋白质之间的相互关系. 由此形成词与句内部与相互之间的网络结构. 因此布尔代数理论是描述相似蛋白质相互关系的重要工具.

3. 蛋白质组的包含关系与运算

因为蛋白质组是数据库 Ω 中关于句的子集合, 所以它们同样存在包含关系与余、交、并、差的运算. 因为词组与相似句具有反向的包含关系, 所以有以下基本关系成立.

$$\begin{cases} \mathcal{A}(\boldsymbol{D} \vee \boldsymbol{D}') = \mathcal{A}(\boldsymbol{D}) \wedge \mathcal{A}(\boldsymbol{D}'), \\ \mathcal{A}(\boldsymbol{D} \wedge \boldsymbol{D}') = \mathcal{A}(\boldsymbol{D}) \vee \mathcal{A}(\boldsymbol{D}') \end{cases} \tag{1.5.11}$$

成立.

4. 有关相似句的分类

在相似句的定义中, 它不考虑每个词在句中的数量与位置, 因此这是最简单的相似句定义. 如果把词组中每个词在句中出现的数量与前后位置都考虑在内, 那么相应相似句定义与要求就复杂得多. 对此问题我们在以后的数据库分析中讨论.

1.5.5 PIDF 的因子分解理论

在 1.4 节中, 我们已经给出了 PIDF 与数据阵列 $\mathcal{K}_s$ 的定义, 现在要对这些数据进行分析.

1. 一些记号的回顾

我们仍记 $\Omega = \{A_1, A_2, \cdots, A_m\}$ 是一个带句号数据库, 在 1.4 节中对 PIDF 的一些指标函数给出了定义, 对此简单回顾如下.

(1) 记 $a_{s,i}^{(\ell)} = (a_{s,i+1}, a_{s,i+2}, \cdots, a_{s,i+\ell})$ 为蛋白质 A_s 中的局部向量, 并由此产生 PIDF

$$k_s(i, \ell, \tau) = k_\tau(a_{s,i}^{(\ell)}), \quad \tau = 0, 1, 2, 3; \ i = 1, 2, \cdots, n_s - \ell, s = 1, 2, \cdots, m. \tag{1.5.12}$$

(2) 对每个固定的蛋白质 A_s, 它的 PIDF 是一个 $(n_s - 3) \times h$ 的数据阵列 $\mathcal{K}_s$, 其中 $h = 11$ 或 14, 各列的含义在式 (1.5.13) 中给定.

(3) 如果将所有的数据阵列 $\mathcal{K}_s, s = 1, 2, \cdots, m$ 合并成一个数据阵列, 我们记此阵列为 $\mathcal{K}_M$, 这是一个 $n_0 \times h$ 的数据阵列, 其中 $n_0 = \sum_{s=1}^{m} (n_s - 3)$.

(4) 如果对每个数据阵列 $\mathcal{K}_s$ 的列计算它们的平均值, 由此得到它的列平均值向量 $\bar{\mu}_s = (\mu_{s,1}, \mu_{s,2}, \cdots, \mu_{s,h})$. 由此记所有的列平均值向量 $\bar{\mu}_s, s = 1, 2, \cdots, m$ 为 $\mathcal{K}_S$. 这是一个 $m \times h$ 的数据阵列.

定义 1.5.2 由此我们得到 3 种不同的数据阵列 $\mathcal{K}_s, \mathcal{K}_M, \mathcal{K}_S$, 可分别称它们为蛋白质 A_s 的 PIDF、数据库 Ω 的动态 PIDF(Move-PIDF, M-PIDF) 与静态的 PIDF(Static-PIDF, S-PIDF). 对这 3 种数据阵列我们统记为

$$\mathcal{K} = (k_{i,j})_{i=1,2,\cdots,n, j=1,2,\cdots,h}. \tag{1.5.13}$$

2. 数据阵列的特征数计算

为了对各 $\mathcal{K}$ 数据阵列做统计分析, 先讨论对它们做的**因子分解**.

(1) 因子分解的目的与意义. 如果把 $\mathcal{K}$ 看成一个 $n \times h$ 的数据阵列, 其中 h 是我们所观察参数, 而 n 是对这些参数的观察次数. 因此对它们的统计分析实际上是对随机参数向量 $\bar{\xi} = (\xi_1, \xi_2, \cdots, \xi_h)$ 作 n 次观察的数据结果的统计分析.

(2) 对数据阵列 $\mathcal{K}$ 的统计分析首先是计算它的特征数, 特征数主要有 $\mathcal{K}$ 的列平均值、协方差矩阵与相关矩阵, 它们的记号与计算公式分别为

$$
\begin{cases}
\bar{\mu} = (\mu_1, \mu_2, \cdots, \mu_h) = \dfrac{1}{n} \sum_{i=1}^{n} \bar{k}_i, \\[2mm]
\Sigma = \left(\sigma_{j,j'}^2 \right)_{j,j'=1,2,\cdots,h}, \\[2mm]
\tilde{\rho} = \left(\rho_{j,j'} \right)_{j,j'=1,2,\cdots,h},
\end{cases}
\tag{1.5.14}
$$

其中

$$
\begin{cases}
\bar{k}_i = (k_{i,1}, k_{i,2}, \cdots, k_{i,h}), \\[2mm]
\sigma_{j,j'}^2 = \dfrac{1}{n} \sum_{i=1}^{n} (k_{i,j} - \mu_j)(k_{i,j'} - \mu_{j'}), \\[2mm]
\rho_{j,j'} = \dfrac{\sigma_{j,j'}}{\sqrt{[\sigma_{j,j}\sigma_{j',j'}]}}.
\end{cases}
\tag{1.5.15}
$$

(3) 当阵列 $\mathcal{K}$ 分别为 $\mathcal{K}_M(\Omega), \mathcal{K}_S(\Omega), \mathcal{K}_s$ 时相应的列平均值、列协方差矩阵与相关矩阵分别记为

$$
\begin{pmatrix}
\text{列平均值} & \bar{\mu}_M & \bar{\mu}_S & \bar{\mu}_s \\
\text{列协方差矩阵} & \Sigma_M & \Sigma_S & \Sigma_s \\
\text{列相关矩阵} & \tilde{\rho}_M & \tilde{\rho}_S & \tilde{\rho}_s
\end{pmatrix}
\tag{1.5.16}
$$

(4) 在式 (1.5.16) 中的 $\bar{\mu}_S, \Sigma_S, \tilde{\rho}_S$ 可以采用式 (1.5.15) 中的平均值, 也可采用加权平均值, 权系数为 $\dfrac{n_s - 3}{n_0 - 3m}$.

3. 数据阵列的因子分解

由数据阵列 $\mathcal{K}$ 的特征数可以知道, $\mathcal{K}$ 的不同列具有相关性, 因子分解的目的是要对该数据阵列作正交变换, 消除它们的相关性. 有关计算步骤如下.

(1) 由协方差矩阵 Σ 计算它的**特征根与特征向量**

$$
\begin{cases}
\bar{\lambda} = (\lambda_1, \lambda_2, \cdots, \lambda_h), \\[2mm]
\boldsymbol{c}_j = (c_{j,1}, c_{j,2}, \cdots, c_{j,h}), \quad j = 1, 2, \cdots, h,
\end{cases}
\tag{1.5.17}
$$

其中 c_j 是特征根 λ_j 所对应的特征向量. 称矩阵

$$C = \begin{pmatrix} c_1 \\ \vdots \\ c_h \end{pmatrix} \tag{1.5.18}$$

为协方差矩阵 Σ 的特征矩阵, 它的行向量就是该协方差矩阵的特征向量.

(2) 由特征根与特征向量的定义可知, 对任何 $j = 1, 2, \cdots, h$, 总有 $c_j \Sigma = \lambda_j c_j$ 成立, 且 C 是一个**正交矩阵**, 这就是有 $\langle c_j, c_{j'} \rangle = \begin{cases} 1, & \text{如果 } j = j', \\ 0, & \text{否则}. \end{cases}$

(3) 记 $\lambda_0 = \sum\limits_{j=1}^{h} \lambda_j$ 为所有特征根的和值, 记 $\lambda'_j = \lambda_j / \lambda_0$ 为特征根 λ_j 的**贡献率**, 而记 $\lambda''_{j'} = \sum\limits_{j=1}^{j'} \lambda'_j$, $j' = 1, 2, \cdots, h$ 为前 h'' 个特征根的**累计贡献率**.

(4) 称以上计算过程为**因子分解的计算过程**. 对于特征根向量 $\bar{\lambda}$ 可以按它们所在列的次序排列, 也可按它们的贡献率大小的次序由大到小排列. 称贡献率最大的几个特征根为该因子分解中的**主因子**.

4. **数据阵列的正交变换**

在式 (1.5.18) 中, 对阵列 $\mathcal{K}$ 已经得到了它的正交变换矩阵 C, 由此得到数据阵列

$$\mathcal{V} = C \otimes \mathcal{K} = (v_{i,j})_{i=\overline{1,n}, j=\overline{1,h}}, \tag{1.5.19}$$

这时 $\mathcal{V}$ 是一个 $n \times h$ 的阵列, 它的各列相互正交, 而且满足条件

$$\sum_{i=1}^{n} v_{i,j} v_{i,j'} = \begin{cases} \lambda_j, & \text{如果} j = j', \\ 0, & \text{否则}. \end{cases} \tag{1.5.20}$$

这是因为有

$$\frac{1}{n} \sum_{i=1}^{n} v_{i,j} v_{i,j'} = \frac{1}{n} \sum_{i=1}^{n} \sum_{\tau=1}^{h} k_{i,\tau} c_{j,\tau} \sum_{\tau'=1}^{h} k_{i,\tau'} c_{\tau',j'} = \sum_{\tau=1}^{h} \sum_{\tau'=1}^{h} c_{\tau,j} c_{\tau',j'} \frac{1}{n'} \sum_{i=1}^{n'} k_{i,\tau} k_{i,\tau'}$$

$$= \sum_{\tau=1}^{h} \sum_{\tau'=1}^{h} c_{\tau,j} c_{\tau',j'} \sigma_{\tau,\tau'} = \sum_{\tau=1}^{h} c_{\tau,j} \lambda_{s,j'} c_\tau = \begin{cases} 1, & \text{如果} j = j', \\ 0, & \text{否则} \end{cases}$$

成立.

定义 1.5.3   称由以上计算过程所得到的数据阵列 $\mathcal{V}$ 为阵列 $\mathcal{K}$ 的因子分解, 称其中方差最大的列 (也就是特征根最大的列) 为**因子分解中的主因子**, 这时数据阵列 $\mathcal{V}$ 的主要波动性集中在这些主因子上, $\mathcal{V}$ 阵列中其他列的数据接近常数.

利用式 (1.5.19) 的逆变换式, 由这些主成分数据列可以在很小的误差范围内确定阵列 $\mathcal{K}$ 中的各数据.

1.5.6　PIDF 的运动分析与其他类型的分析

在 1.5.5 节中我们已经给出了 PIDF 的统计分析, 并由此得到数据阵列 $\mathcal{K}$ 的主因子分解, 因此数据阵列 $\mathcal{K}$ 的 M-PIDF 可以归结为若干主因子的运动结果, 这样我们就可建立它们的运动分析.

1. PIDF 的运动分析

在蛋白质一级结构数据库中, 主因子数一般不会很大, 当主因子数取 3 或 4 时, 它们的累计贡献率可在 95 % 以上, 因此阵列 $\mathcal{V}$ 变为三或四维空间中的一个运动方程. 如主因子数为 3 时, 它的运动方程为

$$\mathcal{V}' = \{\boldsymbol{v}'_1, \boldsymbol{v}'_2, \cdots, \boldsymbol{v}'_{n'}\}. \tag{1.5.21}$$

对它的运动问题有以下分析.

(1) 数据阵列 $\mathcal{V}$ 的列协方差矩阵是一个对角线矩阵, 它的列平均值向量记为

$$\bar{\mu}_v = (\mu_{v,1}, \mu_{v,2}, \cdots, \mu_{v,h}) = \frac{1}{n} \sum_{i=1}^{n} \bar{v}_i. \tag{1.5.22}$$

(2) 线性回归问题. 这就是在三维空间中寻找一条直线:

$$L: \quad (\alpha_1 i, \alpha_2 i, \cdots, \alpha_{h_0} i), \quad i = 1, 2, \cdots, n' \tag{1.5.23}$$

使阵列 $\mathcal{V}$ 绕直线 (1.5.23) 的运动在最小二乘意义下为最优解. 为了简单起见, 取回归系数

$$\bar{\alpha} = (\alpha_1, \alpha_2, \cdots, \alpha_{h_0}) = \bar{\mu}_v = (\mu_{v,1}, \mu_{v,2}, \cdots, \mu_{v,h_0}). \tag{1.5.24}$$

(3) 运动区域问题. 这就是阵列 $\mathcal{V}$ 绕直线 L 运动的偏离范围. 在蛋白质一级结构数据库中, 向量 $\boldsymbol{v}_i$ 与 L 的偏离距离一般可控制在 $\lambda_0 \sqrt{i}$ 内. 我们记阵列 $\mathcal{V}$ 的运动区域为 Σ, 该区域可用一个旋转抛物体来表示.

(4) 分离半径. 考虑两个不同的蛋白质 $A_s, A_{s'}$, 它们的运动区域分别是两个旋转抛物体 $\Sigma(A_s), \Sigma(A_{s'})$. 因为它们的中心轴是两条不同的直线, 所以这两个旋转抛物体一定会在某一点位 $i_{s,s'}$ 上分离, 我们称这 $i_{s,s'}$ 为这两个蛋白质 A_s 与 $A_{s'}$ 运动区域的分离点位.

这些数据都反映了不同句的 M-PIDF 的运动特征.

2. 词的切割问题

我们已经说明, 对给定的数据库 Ω 可以产生几种不同类型的词, 对局部词与核心词我们已给出了它们的确切定义, 但如何产生切割词还没有说明. 在这里我们给出产生切割词的两种办法.

(1) 利用核心词产生切割词. 如果 $\Omega = (a_1, a_2, \cdots, a_{n_0})$ 是该数据库的序列, $\mathcal{C}(\Omega)$ 是该数据库的全体核心词, 如果将这些核心词的起点与句号按大小次序排列, 那么就可得到集合

$$N_1 = \{i_0 = 0, i_1, i_2, \cdots, i_{m+k-1}, i_{m+k} = n_0\}, \tag{1.5.25}$$

其中 $i_j, j > 0$ 是核心词的起点或句号, m, h 分别是 Ω 句的数目与核心词库 $\mathcal{C}(\Omega)$ 中词的数目, 我们称 N_1 为 Ω 的一个切割点集. 这样我们就可把 Ω 切割成一系列片段:

$$a_{i_j'}^{(\ell_j)} = (a_{i_j'+1}, a_{i_j'+2}, \cdots, a_{i_{j+1}'}), \quad j = 0, 1, 2, \cdots, m+k, \tag{1.5.26}$$

其中 $\ell_j = i_{j+1}' - i_j', i_j' = \begin{cases} i_j + 1, & \text{如果} i_j \text{不是句号}, \\ i_j, & \text{否则}. \end{cases}$ 这些片段所产生的就是切割词.

(2) 利用 M-PIDF 产生切割词. 这就是在式 (1.5.19) 的 M-PIDF 中, 对 $\boldsymbol{v}_i = (v_{i,1}, v_{i,2}, v_{i,3})$ 确定一个阈值向量 $\bar{\theta} = (\theta_1, \theta_2, \theta_3)$, 如果 $v_{i,\tau} < \theta_\tau, \tau = 1, 2, 3$ 成立, 那么 i 就是 Ω 的一个切割点, 由此产生切割点集 N_2. 仿 N_1 的情形, 可把 Ω 切割成一系列片段, 由此产生切割词.

(3) 在利用 M-PIDF 产生切割词时, 对阈值可有多种选择, 如取一个 θ 值, 如果 $v_{i,1}^2 + v_{i,2}^2 + v_{i,3}^2 < \theta$ 成立, 那么 i 就是 Ω 的一个切割点, 由此产生切割点集 N_2 与切割词.

无论采用 N_1 或 N_2 作切割点, 所产生的切割词 $a_{i_j'}^{(\ell_j)}$ 有可能重复, 删除重复的向量后的集合就是切割词词库.

3. 关于切割词的讨论

切割词的主要优点是它们互不重叠, 与英语中的词与句的关系相似, 因此有特殊的意义. 采用何种方式切割、切割词的生物意义等问题还有待进一步讨论.

4. 其他问题

利用 M-PIDF 还可以作其他的结构分析, 如频谱分析或随机分析等.

(1) 频谱分析. 如果对数据阵列 $Z(A_s)$ 作它的多重 Fourier 变换或其他类型的正交变换, 那么就可得到各种不同类型句的 M-PIDF 的频谱分析.

由频谱分析可以得到每个句 (蛋白质) 的主谱线, 并由此可以讨论蛋白质一级结构的特征与分类等问题.

(2) 随机分析. 如果把数据阵列 $Z(A_s)$ 看做在一个多重空间中的随机运动, 那么就可得到它的一系列随机模型与相应的随机分析. 随机分析的类型很多, 如 HMM 模型 (隐 Markov 模型) 等. 这就是对于任意一个由氨基酸排列的序列, 它们可以成为蛋白质的一种定量化的指标. 构造 PIDF 的另外两个目的是希望能对蛋白质中的词进行分割, 以及对每一种不同的蛋白质确定它的谱线, 并利用这些谱线来实现它们的分类.

对这些问题我们在以后的各章中还要详细讨论.

第 2 章　蛋白质一级结构数据库的 ID 的计算与分析

在第 1 章中, 已对蛋白质一级结构数据库的 ID 理论给出了一个概要性的介绍, 本章中我们对 Swiss-Prot 数据库作它的 ID 计算与分析.

2.1　蛋白质一级结构数据库的 ID 计算

在生物学中, 蛋白质与肽链是两个经常出现的名词, 它们都是蛋白质, 没有根本的区别. 生物学中一般把长度小于 50 个氨基酸的蛋白质又称为肽链. 因此我们把蛋白质与肽链等价使用. 在本书中, 经常出现的一个名称是**氨基酸序列**, 这是一个由氨基酸排列的序列, 蛋白质一定是氨基酸序列, 反之不然. 氨基酸序列可能是蛋白质中的局部序列, 在形成蛋白质形成过程中的中间过渡状态的序列、结构域或 Model 中的序列统称为氨基酸序列.

2.1.1　蛋白质结构分析概论

为了对蛋白质结构数据库作 ID 的研究分析, 我们先对其中的一些基本概念与内容作一简单介绍.

1. 蛋白质一级结构与空间结构数据库

有关蛋白质结构的数据库类型很多, 是 ID 的研究基础, 但从结构形式来看主要分一级结构与空间结构两大类型.

(1) 一级结构数据库. 蛋白质一级结构数据库是以氨基酸为单位排列的数据库, 这些数据库除了一级结构序列信息外以及其他有关注释的信息, 如蛋白质的来源、分类、功能等. 其中最典型的, 如 PIR(protein information resource) 数据库, 在网站: http://www-nbrf.edu/pir 与文献 [21] 中给出.

Swiss-Prot 数据库 (http://www.expasy.org/aprot/aprot-top.html). 该数据库每周都更新, 我们用 SP′xy 表示, 其中 xy 是年度的简写, 如 SP′06 就表示 2006 年版的 Swiss-Prot 数据库, 该数据库收录的蛋白质 (或氨基酸片段) 已达到 250296 条, 其中含氨基酸 91694534 个. 本书将以 SP′06 数据库为例作重点讨论.

(2) 蛋白质空间结构数据库. 蛋白质空间结构数据库的主要特点是给出了蛋白质中每个原子的空间位置, 同时还给出了该蛋白质的一些其他信息 (如来源、分类、编号、功能、一级结构与二级结构等). 它的主要类型如下所述.

PDB(the protein data bank) 数据库 (http://www.rcsb.org/pdb/)[24] 最早每三个月更新一次, 现在每周更新一次, 因此 PDB 数据库就需要说明它的年、月、日信息.

CSD(the cambridge structural database, http://www.ccdc.cam.ac.uk/prods/csd.html), 数据库 NRL-3D(http://www.ncifrcf.gov/NRL-3D/) 等, 见文献 [82] 等.

(3) 其他类型的数据库. 其他类型的蛋白质数据库很多, 据不完全统计, 较为著名的有 120 种, 类型也有很多, 如下所述.

与基因相结合的蛋白质数据库 (如 TREMBL, GenPept[139] 数据库)、由原始数据库派生出来的一些数据库, 如 PIR 中的相似蛋白质数据库 (PIR-ASDB, PIR-ALN 数据库)、蛋白质二级结构数据库与结构分类数据 (如 DSSP 数据库[88] 是在 PDB 数据库基础上建立起来的蛋白质二级结构数据库、SCOP(structural classification of proteins) 数据库[119] 是蛋白质的结构域 (domains) 数据库, 并把蛋白质的结构用 7 个层次进行分类所给出的数据库.

PDB-Select 数据库[70] 是 PDB 数据库中删除相似蛋白质 (或氨基酸片段) 后所得到的数据库, 它的特点是该数据库中不同蛋白质具有较多的独立性. 因此该数据库中的蛋白质比较有代表性, 比较适用于本书的计算与分析.

(4) 较为专用的数据库, 如蛋白质功能数据库、分类数据库、酶数据库等, 对此就不一一列举.

2. 与蛋白质结构数据关联的软件包

围绕蛋白质空间结构数据库, 有多种软件包可以使用, 十分有用. 主要类型如下.

(1) 图形软件包. 它们的类型也有多种, 如有网上可以免费使用下载的软件包 (如 Rasmol, Pymol 等), 也有价格昂贵的商业软件包, 其分析与显示功能十分强大 (如 Insight 等). 这些软件包一般都可表达蛋白质的各种不同类型的空间结构形态, 并具有空间旋转、数字与名称标记 (如氨基酸的名称、不同原子的距离等), 还有不同颜色的标记等功能.

(2) 数据处理的软件包. 它们可实现对数据库中数据信息进行数据挖掘、统计学习等处理计算 (如 R.R, Weka, Matlab 等).

使用这些软件包可为我们增加对数据库分析的工具, 但有许多问题还需要直接分析计算.

3. 蛋白质结构分析概论

蛋白质是实现生命功能的基本单元, 对它的研究涉及多个层次与类型, 其中许多问题都十分复杂, 我们先对它做一概要说明, 在以后各章中将陆续展开介绍与讨论.

(1) 在蛋白质的结构系列中, 主要分一级结构与空间结构两大类型. 对一级结构研究的重点是一级结构的序列比对问题, 基因组的编码问题、利用 ID 的理论与方法可对一级结构数据库作 ID 的一系列分析.

(2) 蛋白质空间结构又分多层次的研究, 如二级结构、超二级结构、三维结构与空间形态分析、四级结构与蛋白质组学等层次, 其中每个又分多个子问题或一些专题问题讨论, 这些问题构成在蛋白质不同结构层次中的系列问题.

(3) 除了这些结构问题外, 还存在结构、功能与其中的动力学问题研究. 除了一般性的理论研究外, 还有对一些特殊蛋白质的分析, 如血红蛋白、免疫球蛋白、跨膜蛋白、酶蛋白等, 它们都有各自的特征. 这些蛋白质的性质与生物、医学与医药卫生领域密切相关, 对它们的研究在近几十年中有很多的发展与成果.

(4) 基因组与蛋白质的关系问题. 按生物学中的定义, 蛋白质是由基因序列翻译的氨基酸序列, 它们具有固定的空间结构与生物功能. 由此可见, 基因与蛋白质的关系也是十分密切. 如再作进一步的考虑, 其中存在的问题很多. 例如, 基因组中基因的编码问题、基因组与蛋白质混合结构与 DNA 序列空间结构问题、从基因转译到蛋白质的过程中的一系列问题等.

(5) 在蛋白质的研究中, 各种不同类型的问题最后都与它们的动力学因素有关, 这就是在讨论蛋白质的结构与功能时, 各种不同类型的原子与分子在起什么样的作用, 这些原子与分子具有什么样的动力学因素, 这些因素在结构、功能中起什么样的作用.

2.1.2 SP′06 数据库的一般性质

因为本书的目的之一是说明 ID 的基本方法, 所以在本书中只对 SP′06 数据库进行分析研究, 如无特别说明, 蛋白质一级结构数据库都是指 SP′06 数据库.

1.SP′06 数据库具有以下特点

(1) 该数据库包含 $m = 250296$ 条蛋白质 (或氨基酸片段), 氨基酸总数为 $n_0' = 91694534$ 个. 因此, 如果我们把 SP′06 数据库记为 Ω, 那么可把 Ω 看成一个长度为 $n_0 = n_0' + m = 250296 + 91694534 = 91944830$ 的序列, 该序列在 V_{21} 中取值, 其中 $\{1, 2, \cdots, 20\}$ 是 20 种氨基酸, 21 是句号.

(2) 在 SP′06 数据库中, 不同的蛋白质 (或氨基酸片段) 是有明显区分的, 因此我们把区割符号看做句号, 那么 SP′06 数据库就是一个苛句号的文库, 该文库含 $m = 250296$ 个句.

(3) 在这 250296 条蛋白质 (或氨基酸片段) 中, 它们的长度互不相同, 它们的长度统计表如表 2.1.1 所示.

表 2.1.1　蛋白质 (或氨基酸片段) 长度分布表

0+	2	3	4	5	6	7	8	9	10	11
	1	8	21	36	23	53	115	140	200	140
0+	12	13~20	21~30	31~40	41~50	51~60	61~70	71~80	81~90	91~100
	134	921	1227	2008	1647	2166	3648	3972	4575	4467
100+	1~10	11~20	21~30	31~40	41~50	51~60	61~70	71~80	81~90	91~100
	5003	4967	5669	5276	6705	6052	4835	4921	4923	5218
200+	1~10	11~20	21~30	31~40	41~50	51~60	61~70	71~80	81~90	91~100
	5995	5531	4903	4670	4816	4827	4515	4106	3938	4329
300+	1~10	11~20	21~30	31~40	41~50	51~60	61~70	71~80	81~90	91~100
	4161	4849	4131	4505	4388	4418	4150	4936	3493	3402
400+	1~10	11~20	21~30	31~40	41~50	51~60	61~70	71~80	81~90	91~100
	2888	3274	3613	3265	3015	2882	3104	2788	2313	2795
500+	1~10	11~20	21~30	31~40	41~50	51~60	61~70	71~80	81~90	91~100
	2865	2394	1828	1586	1785	1662	1492	1392	1232	1335
600+	1~10	11~20	21~30	31~40	41~50	51~60	61~70	71~80	81~90	91~100
	1417	1204	1201	1200	1058	822	917	781	750	839
700+	1~10	11~20	21~30	31~40	41~50	51~60	61~70	71~80	81~90	91~100
	811	693	698	654	580	645	527	558	469	542
800+	1~10	11~20	21~30	31~40	41~50	51~60	61~70	71~80	81~90	91~100
	607	423	442	448	442	526	485	559	515	383
900+	1~10	11~20	21~30	31~40	41~50	51~60	61~70	71~80	81~90	91~190
	399	364	345	362	372	410	332	292	261	2200
1000+	91~190	191~290	291~390	391~490	491~590	591~690	691~790	791~890	891~990	991~1090
	1447	1155	946	832	429	302	242	236	194	118
2000+	91~190	191~290	291~390	391~490	491~590	591~690	691~790	791~890	891~990	991~1090
	168	172	116	80	67	35	53	49	26	64
3000+	91~190	191~290	291~390	391~490	491~590	591~690	691~790	791~890	891~990	991~1090
	44	19	29	60	17	25	17	12	14	8
4000+	91~190	191~290	291~390	391~490	491~590	591~690	691~790	791~890	891~990	991~1090
	8	3	11	8	11	15	4	5	6	11
5000+	91~190	191~290	291~390	391~490	491~590	591~690	691~790	791~890	891-990	> 990
	9	8	4	3	1	2	1	0	1	34

　　其中最短的蛋白质 (小肽) 的长度为 2, 最长的蛋白质的长度为 34351, 它们的平均长度是 366.344 AA. 长度小于 7 的蛋白质有 89 个, 如表 2.1.2 所示.

　　其中每个蛋白质都有确切的生物学含义, 如 GW, GEP, GHK, IKD, QHP, QHP, QHP, QHP, GFA 就是一些专门的小肽. SP′06 数据库中长度为 2~12 的小肽有 870 个, 在光盘 DTA1/2/2-1/2-1-2.TXT 文件中给出.

表 2.1.2 SP′06 数据库中的低阶蛋白质表

GW	GEP	GHK	IKD	QHP	QHP	QHP	QHP	GFA	GFAD
MGHP	MAKA	VGSE	YLRF	YMRF	FFKA	FLRF	FLRF	FLRN	FMRF
FMRF	FMRF	FMRF	FYRI	ILME	GFGD	GSWD	LWSG	LWKT	TKPR
YSFGL	ACSAG	MTTDD	MAHSS	QKWAP	EDRTY	EQDRR	IALTV	ADLTR	HPVEI
FVHPM	FITVH	RYIRF	LPLRF	ADAKS	GFFFP	DILRG	FYLPT	RYLPT	RYLPT
YIYTQ	VDFFA	IEFFA	IEFFT	VGFFT	MNTQL	AAAPF	KNDEE	FPPWL	FPPWE
FPPWM	FPPWF	FPPWL	IFFEV	WIGRW	XSGDS	MERQVL	XKEYND	GSPMFV	GAPMFV
DVGKFK	EDLPEK	PGLGFY	FVPIWM	GNFFRF	AFSSWG	QVHHQK	IAYKPE	RARPRF	PIDPGV
NPTNLH	MAHDLP	LPPWIG	KPPWRL	KPEWRL	KPWERE	DPWDWV	XNTAEI	MKTNPL	

2. SP′06 数据库的频数分布

现在记 V_{20} 为 20 种常见的自然氨基酸集合, 同样地, 记 $V_{20}^{(\ell)}$ 为在 V_{20} 中取值, 长度为 ℓ 的向量集合, 记 $n(b^{(\ell)})$ 为向量 $b^{(\ell)}$ 在 Ω 中出现的频数. 那么 $p(b^{(\ell)}) = n(b^{(\ell)})/n_0(\ell)$ 就是 $b^{(\ell)}$ 在 Ω 中出现的频率, 其中 $n_0(\ell) = n_0 - 2(\ell - 1)(m - 1)$.

关于 1 阶向量 ($\ell = 1$) 的频数与频率分布我们在表 1.3.2 中已经给出, 2 阶向量 ($\ell = 2$) 的频率分布如表 2.1.3 所示.

表 2.1.3 由 2 个模块组成, 其中第 1 模块是 1 阶氨基酸的频率分布, 第 2 模块是 2 阶氨基酸的频率分布. 同样可得到它的 3 阶与 4 阶的频数与频率分布表, 它们在光盘 DATA1/2/2-1/2-1-1.TXT 文件中给出.

3. 蛋白质一级结构的起始与终止子的统计分析

在 SP′06 数据库中, 我们除了要对字母的组合向量 $b^{(\ell)}$ 进行频数与频率的统计外, 还要对每个蛋白质的 N 端氨基酸、C 端氨基酸与中间数据规律进行分析, 其中起始子是指每个蛋白质的头几个字符, 终止子是指每个蛋白质最后几个字符, 而中间数据是指每个蛋白质不在头、尾的字符. 对 SP′06 数据库中蛋白质 N 端氨基酸、C 端氨基酸, 中间数据的频数分布如表 2.1.4 所示.

其中 n_0, p_0 分别是蛋白质起始子的频数与频率的分布, n_1, p_1 分别是蛋白质终止子的频数与频率的分布, n_2, p_2 分别是蛋白质中间数据的频数与频率的分布.

由表 2.1.4 对蛋白质起始子、终止子与中间数据的频数分布的统计结果有以下四点分析.

(1) 在起始子的频数分布中, 甲硫氨酸 (M) 占 91.3 %, 因此把 M 作为蛋白质的起始子是当之无愧的, 但 M 作为甲硫氨酸仍在蛋白质的其他位置中出现.

(2) 在起始子的频数分布中, 除了 M 之外, 其他氨基酸的比例为 0.047 %~2.033%, 其中丙氨酸 (A), 甘氨酸 (G), 丝氨酸 (S) 三种氨基酸为起始子的比例占 4.392 %. 从表 2.1.2 可以看到, 在 SP′06 数据库的小肽中, 不以 M 为起始子的比例很高.

(3) 终止子与中间数据的频数与频率分布中, 每个氨基酸都没有特别的表现, 这就是在终止子与中间数据的频数与频率分布中, 每个氨基酸都没有出现特别高或低

表 2.1.3　1, 2 阶氨基酸片段的频率 (百分比) 分布表

	A 7.91	R 5.41	N 4.13	D 5.36	C 1.50	Q 3.95	E 6.67	G 6.99	H 2.29	I 5.92	L 9.65	K 5.90	M 2.39	F 3.96	P 4.84	S 6.81	T 5.42	W 1.13	Y 3.03	V 6.761
A	0.799	0.431	0.279	0.407	0.110	0.312	0.523	0.583	0.165	0.453	0.806	0.438	0.183	0.297	0.345	0.509	0.416	0.080	0.209	0.562
R	0.410	0.377	0.215	0.290	0.079	0.225	0.375	0.354	0.133	0.318	0.526	0.323	0.119	0.221	0.247	0.340	0.263	0.063	0.176	0.357
N	0.289	0.199	0.205	0.205	0.064	0.161	0.248	0.286	0.092	0.282	0.388	0.252	0.089	0.174	0.233	0.280	0.214	0.050	0.142	0.273
D	0.409	0.269	0.208	0.301	0.076	0.176	0.386	0.374	0.111	0.355	0.537	0.299	0.114	0.236	0.266	0.339	0.265	0.069	0.187	0.385
C	0.098	0.085	0.061	0.079	0.037	0.060	0.085	0.127	0.042	0.079	0.142	0.079	0.027	0.061	0.083	0.114	0.078	0.020	0.048	0.094
Q	0.329	0.235	0.160	0.184	0.056	0.232	0.267	0.249	0.096	0.227	0.396	0.238	0.092	0.141	0.192	0.233	0.201	0.047	0.114	0.259
E	0.544	0.385	0.302	0.372	0.085	0.277	0.584	0.407	0.143	0.423	0.637	0.479	0.156	0.234	0.242	0.361	0.339	0.071	0.186	0.449
G	0.536	0.387	0.266	0.364	0.104	0.261	0.427	0.564	0.166	0.430	0.633	0.439	0.160	0.293	0.287	0.485	0.385	0.086	0.227	0.487
H	0.159	0.131	0.088	0.103	0.043	0.096	0.120	0.166	0.075	0.137	0.237	0.109	0.046	0.104	0.144	0.157	0.122	0.028	0.082	0.144
I	0.467	0.302	0.271	0.351	0.096	0.215	0.393	0.397	0.136	0.371	0.547	0.354	0.116	0.230	0.292	0.412	0.340	0.059	0.179	0.389
L	0.804	0.546	0.398	0.522	0.142	0.400	0.637	0.645	0.226	0.519	0.969	0.579	0.197	0.371	0.494	0.689	0.533	0.100	0.261	0.615
K	0.452	0.328	0.277	0.325	0.075	0.232	0.459	0.360	0.124	0.372	0.535	0.459	0.126	0.195	0.265	0.357	0.322	0.058	0.186	0.388
M	0.220	0.125	0.106	0.131	0.030	0.090	0.158	0.161	0.053	0.133	0.218	0.155	0.064	0.085	0.113	0.170	0.138	0.021	0.061	0.159
F	0.276	0.194	0.169	0.350	0.069	0.145	0.241	0.290	0.096	0.239	0.393	0.209	0.081	0.179	0.173	0.308	0.222	0.051	0.132	0.256
P	0.382	0.234	0.183	0.260	0.065	0.193	0.364	0.372	0.112	0.239	0.435	0.245	0.091	0.191	0.300	0.356	0.266	0.057	0.147	0.347
S	0.487	0.356	0.275	0.350	0.109	0.269	0.401	0.512	0.158	0.380	0.660	0.371	0.138	0.283	0.352	0.604	0.379	0.080	0.203	0.441
T	0.427	0.258	0.210	0.275	0.086	0.194	0.321	0.410	0.123	0.323	0.543	0.276	0.111	0.218	0.312	0.379	0.327	0.065	0.156	0.402
W	0.078	0.066	0.055	0.061	0.018	0.052	0.064	0.077	0.028	0.068	0.121	0.068	0.029	0.048	0.043	0.073	0.059	0.019	0.038	0.071
Y	0.203	0.171	0.134	0.171	0.053	0.128	0.185	0.223	0.074	0.175	0.292	0.163	0.061	0.140	0.139	0.206	0.164	0.039	0.112	0.194
V	0.553	0.351	0.273	0.385	0.106	0.238	0.454	0.443	0.144	0.412	0.658	0.387	0.146	0.262	0.327	0.456	0.398	0.073	0.190	0.504

的结果, 中间数据的频率分布与表 1.3.2 大体相同.

(4) 表 2.1.4 的数据并不十分可靠, 主要是测量中的问题, 在测量过程中并不能保证每个蛋白质都是从头到尾地完整测量, 因此表 2.1.4 中起始子、终止子的数据只能作为参考.

表 2.1.4 起始子、终止子与中间数据的频数与频率(百分比)分布表

	A	R	N	D	C	Q	E	G	H	I
$n_0(b)$	5085	453	484	716	401	545	617	2719	213	531
$p_0(b)$	2.033	0.181	0.194	0.286	0.160	0.218	0.247	1.087	0.085	0.212
$n_1(b)$	17652	15789	10094	11047	4175	9604	18291	15228	5151	13828
$p_1(b)$	7.059	6.314	4.037	4.418	1.670	3.841	7.315	6.090	2.060	5.530
$n_2(b)$	7165372	4906740	3740554	4859998	1359347	3578303	6051202	6333292	2077525	5365324
$p_2(b)$	7.924	5.426	4.137	5.375	1.503	3.957	6.692	7.004	2.297	5.933
	L	K	M	F	P	S	T	W	Y	V
$n_0(b)$	693	569	228362	405	1524	3249	1330	118	291	1795
$p_0(b)$	0.277	0.228	91.308	0.162	0.609	1.299	0.532	0.047	0.116	0.718
$n_1(b)$	24776	21834	4918	9655	11489	18348	12744	3011	7937	14487
$p_1(b)$	9.908	8.732	1.967	3.861	4.595	7.337	5.096	1.204	3.174	5.793
$n_2(b)$	8746859	5348304	1938935	3586506	4386056	6172294	4909477	1028257	2743863	6128531
$p_2(b)$	9.673	5.915	2.144	3.966	4.850	6.826	5.429	1.137	3.034	6.777

2.1.3 ID 的计算结果与初步分析

在 1.4 节中我们已经给出一般数据库的 ID 研究与计算方法, 对 SP′06 数据库的有关计算结果如下.

1.ID 的计算结果

ID 的计算包括数据库的频数 (或频率) 分布、氨基酸的 IDF(AIDF)、局部词与核心词的搜索与计算, 这些结果在光盘 DATA1/2/2-1 文件夹中给出, 对其中的文件说明如下.

(1) 2-1-1.TXT, 2-1-2.TTX 文件分别给出了 SP′06 数据库中小蛋白 (12 阶以下) 与 4 肽链的频数分布表, 由频数分布表即可得到它的频率分布表.

(2) 2-1-3.TXT 文件给出了 (ℓ, τ), $\ell = 1, 2, 3, 4$, $\tau = 0, 1, 2$ 型 IDF 表, 因此该表有 10 个模块组成, 其中的 IDF 记为

$$k_\tau(b^{(\ell)}): \quad b^{(\ell)} \in V_{20}^{(\ell)}, \quad \ell = 1, 2, 3, 4, \quad \tau = 0, 1, 2. \tag{2.1.1}$$

对这 10 种不同类型的 IDF 在 DATA1/2/2-1/2-1-3.TTX 文件中给出, 它们的均值、方差与标准差的计算结果如表 2.1.5 所示.

表 2.1.5   10 种不同类型 IDF 的特征数计算表

(ℓ, τ)	(1,0)	(2,0)	(3,0)	(4,0)	(2,1)	(3,1)	(4,1)	(2,2)	(3,2)	(4,2)
均值	0.1473	0.3038	0.4699	0.6643	0.0062	0.0221	0.0667	0.0050	0.0102	0.0387
方差	0.3443	0.7216	1.1388	1.6275	0.0183	0.0675	0.2201	0.0144	0.0298	0.1225
标准差	0.5868	0.8495	1.0671	1.2758	0.1353	0.2598	0.4691	0.1198	0.1726	0.3501

从表 2.1.5 可以看到, IDF 的均值都不太大 (尤其是在 $\tau = 1, 2$ 时), 但方差与标准差较大, 这说明在 SP′06 数据库中, 各字符串的 IDF 有较大的波动性, 因此这些字符串在数据库中有较明显的差异性.

(3) 局部词的词库. 局部词库定义已在式 (1.4.16) 中定义, 其中 $\gamma_{\ell, \tau}$ 为阈值的参数矩阵, 而称 $\theta_{\ell, \tau} = \mu_{\ell, \tau} + \gamma_{\ell, \tau}\sigma_{\ell, \tau}$ 为阈值矩阵.

阈值的参数矩阵中的各参数 $\gamma_{\ell, \tau}$ 的取值可适当选择, 它们的大小选择关系到局部词词库规模的设计, 而局部词词库规模的设计与将来对数据库的词法、语法与网络结构分析有关. 因为我们对蛋白质中的语法结构一无所知, 所以无法确定它们的取值, 只能在蛋白质结构分析中逐步调整. index 词法分析蛋白质一级结构的局部词.

如果选择适当的参数向量 $\gamma_{\ell, \tau}$, 所得到的阈值与词汇量如表 2.1.6 所示.

表 2.1.6   2,3,4 阶局部词选择的阈值与词汇量设计表

(ℓ, τ)	(2,0)	(3,0)	(4,0)	(2,1)	(3,1)	(4,1)	(2,2)	(3,2)	(4,2)
参数 γ	0.8	1.2	1.5	2.2	3.2	5.5	3.2	3.8	6.0
阈值 θ	0.9834	1.7504	1.5779	0.3038	0.8537	2.6469	0.1922	0.5509	2.1265
词汇量分布	34	170	916	9	57	171	3	11	81

由此得到 $\ell = 2, 3, 4$ 阶局部词库数目分别为 46, 238, 1168, 此词库表如表 2.1.7 所示.

表 2.1.7   SP′06 数据库中 2,3 阶局部词库的词库表

AA	AE	AG	AL	AS	AV	RR	RL	DL	CC	QQ	EA	EE	EL	GA	GG	GL	HC	HH	HP
IL	LA	LR	LD	LE	LG	LI	LL	LK	LS	LT	LV	KL	KK	PE	PP	PW	SG	SL	SS
TL	WM	WW	VA	VL	VV														
AAA	AAR	AAE	AAG	AAI	AAL	AAK	AAS	AAV	ARL	ADL	AEA	AEE	AEL	AGA	AGG	AGL	AGV	AIA	AIL
ALA	ALR	ALE	ALG	ALL	ALK	ALS	ALV	AKA	ASA	ASG	ASL	ASS	ATL	AWW	AVA	AVL	AVV	RAA	RAL
RRR	RCC	REL	RLA	RLL	NNN	NPE	DAL	DLL	CRD	CRC	CNC	CDC	CCR	CCC	CCQ	CCG	CCH	CCF	CCP
CCS	CCW	CCY	CQC	CGC	CGK	CHC	CSC	CTC	CWC	CYC	CVC	QQQ	QQH	QLL	EAA	EAL	EAV	ERL	EEA
EEE	EEL	EIL	ELA	ELE	ELL	ELK	EKL	ETW	EWY	EVL	GAA	GAG	GAL	GGA	GGG	GGL	GGS	GLA	GLG
GLL	GLS	GLV	GKT	GSG	GSL	GSS	GVL	HCC	HCH	HHH	HHP	HPD	HPE	HPH	HPW	HPY	HYC	IAA	ILA
ILL	LAA	LAR	LAD	LAE	LAG	LAL	LAK	LAS	LAV	LRA	LRE	LRL	LDA	LDE	LDL	LEA	LER	LEE	LEL
LEK	LGA	LGG	LGI	LGL	LGV	LIL	LLA	LLR	LLD	LLQ	LLE	LLG	LLI	LLL	LLK	LLP	LLS	LLT	LLV
LKA	LKE	LKL	LKK	LPL	LSA	LSE	LSG	LSL	LSK	LSS	LTA	LTG	LTL	LVA	LVE	LVG	LVL	LVS	LVV

续表

KAL	KEL	KLL	KKL	KKK	MHY	FHP	PEW	PLL	PPP	PWG	SAA	SAL	SCC	SGG	SGL	SGS	SLA	SLG	SLL
SLS	SPE	SSL	SSS	SWW	SVL	TAA	TAL	TLA	TLL	TPE	TTT	TWN	WRW	WNF	WDW	WCC	WHH	WHW	WIW
WWN	WWW	WWY	WYF	WYW	YEC	YWW	VAA	VAL	VAV	VLA	VLE	VLG	VLL	VLS	VLV	VVA	VVL		

利用交互信息与条件交互信息的计算, 可以进一步计算更高阶的局部词, 2~14 阶的局部词在光盘 DATA1/2/2-1/2-1-4.TXT 文件中给出.

(4) 核心词的词库. 核心的定义已在定义 1.4.3 中给出, 对给定的数据库, 由算法步骤 1.4.1~ 步骤 1.4.5 可以搜索确定它的全部核心词. 对 SP′06 数据库的全部核心词在光盘 DATA1/2/2-1/2-1-5.CXT 文件中给出.

2. 对计算结果的初步分析

对光盘 DATA1/2/2-1 文件夹中各文件的初步分析如下.

(1) 关于局部词的有关信息. 在局部词词库中, 我们可对各阶词给出它们各种不同类型的信息, 其中 IDF 是它们的一个重要指标, 对 2,3 阶局部词的 IDF 与类型我们列表 2.1.8 说明如下.

表 2.1.8 46 个 2 阶词的基本信息表

1	2	3	4	5	6	7	8	9
AA	729778	0.7981	1.677	0.354	0.0000	0,1	73.720	78.777
AG	530561	0.5802	1.221	0.077	0.1216	0	70.512	75.666
AS	464763	0.5082	1.027	−0.081	0.0652	0	68.758	73.923
RR	345912	0.3783	0.715	0.365	0.0000	1	56.782	60.226
DL	489010	0.5348	1.103	0.054	0.0401	0	70.593	76.275
QQ	211909	0.2317	−0.106	0.576	0.0000	1	38.330	41.460
EE	533252	0.5831	1.223	0.390	0.0000	0,1	64.491	69.138
GA	487869	0.5335	1.099	−0.045	−0.1216	0	68.445	73.815
GL	577304	0.6313	1.341	−0.090	−0.0272	0	75.628	80.965
HH	68557	0.0750	−1.735	0.517	0.0000	1	18.890	20.568
IL	498436	0.5451	1.130	−0.061	0.0772	0	70.471	75.321
LR	497693	0.5443	1.126	0.064	0.0544	0	70.846	75.896
LE	580842	0.6352	1.350	−0.014	0.0006	0	73.454	78.887
LI	472437	0.5166	1.053	−0.138	−0.0772	0	70.158	74.934
LK	530707	0.5804	1.212	0.025	0.1133	0	72.750	77.580
LT	485145	0.5305	1.092	0.028	−0.0276	0	72.055	77.045
KL	489276	0.5351	1.098	−0.088	−0.1133	0	71.673	76.435
PE	331195	0.3622	0.542	0.172	0.5893	2	58.793	63.779
PW	51971	0.0568	−2.133	0.055	0.4186	2	16.733	18.259
SL	602179	0.6585	1.401	0.007	−0.0606	0	74.193	79.393
TL	494959	0.5413	1.119	0.056	0.0276	0	71.908	77.084
WW	17151	0.0188	−3.741	0.540	0.0000	1	6.104	6.710

续表

1	2	3	4	5	6	7	8	9
VL	598735	0.6548	1.395	0.012	0.0958	0	77.330	82.603
AE	477067	0.5217	1.065	−0.013	−0.0575	0	68.724	73.798
AL	733614	0.8023	1.688	0.079	0.0032	0	80.395	85.703
AV	511650	0.5595	1.169	0.072	0.0233	0	72.328	77.241
RL	479294	0.5241	1.072	0.010	−0.0544	0	70.062	75.036
CC	34407	0.0376	−2.745	0.729	0.0000	1	9.928	10.009
EA	496456	0.5429	1.122	0.044	0.0575	0	69.434	74.570
EL	580869	0.6352	1.350	−0.015	−0.0006	0	74.502	79.917
GG	513892	0.5620	1.175	0.209	0.0000	0	67.043	72.336
HC	38824	0.0425	−2.553	0.310	0.0190	1	12.366	13.398
HP	131096	0.1434	−0.795	0.378	0.3669	1,2	33.828	36.721
LA	732263	0.8008	1.685	0.076	−0.0032	0	79.993	85.220
LD	475864	0.5204	1.063	0.014	−0.0401	0	69.180	74.639
LG	588089	0.6431	1.368	−0.063	0.0272	0	75.778	81.093
LL	883203	0.9658	1.955	0.059	0.0000	0	81.037	86.101
LS	627916	0.6867	1.462	0.068	0.0606	0	75.858	81.074
LV	560198	0.6126	1.299	−0.084	−0.0958	0	75.984	81.012
KK	424411	0.4641	0.877	0.400	0.0000	1	61.396	64.336
PP	273122	0.2987	0.264	0.358	0.0000	1	41.275	44.803
SG	466373	0.5100	1.035	0.107	0.0800	0	68.970	74.167
SS	551726	0.6033	1.273	0.382	0.0000	0,1	63.188	68.049
WM	26115	0.0286	−3.123	0.083	0.4356	2	9.085	9.985
VA	503795	0.5509	1.145	0.049	−0.0233	0	71.649	76.833
VV	458748	0.5017	1.012	0.141	0.0000	0	68.714	73.583

表 2.1.8 中第 1 行 1, 2, · · · , 9 所对应的列分别是: 该 2 阶词的名称、在数据库 Ω 中出现的频数与频率 (百分比)、0,1,2 型的信息动力函数值、词的类型、在数据库 Ω 各蛋白质中的出现率 (百分比) 与在数据库 Ω 的长度大于 100 的蛋白质中出现率 (百分比).

由此可见, LL 在数据库 Ω 的大部分蛋白质中都会出现. 出现率较高的词有 AL, LA, GL, LG, LL, LS, SL, LV, VL, 它们都在 75.0% 以上, 而且这 9 个 2 阶词中都含亮氨酸 (L).

表 2.1.9 中第 1 行中的 1, 2, 3, 4 , 5, 6 的定义与表 2.1.8 相同, 其中频率为千分比, 7 为该 3 阶词的类型, 当 $k_\tau(a,b,c) > \theta_{3,\tau}$ 时, 该 3 阶词 abc 就为 τ 型词, 其中 $\tau = 0, 1, 2$, 而 $\theta_{3,0} = 1.7504$, $\theta_{3,1} = 0.8537$, $\theta_{3,2} = 0.5509$. 所谓部分 3 阶局部词是指不包含任何 2 阶局部词的 3 阶局部词.

表 2.1.9   部分 3 阶局部词的 IDF 与类型信息表

1	2	3	4	5	6	7
AIA	42183	0.4613	1.89	0.33	0.071	1
NNN	15166	0.1658	0.42	1.25	0.000	2
CRC	2141	0.0234	−2.41	0.95	0.012	2
CDC	2257	0.0247	−3.33	1.05	0.348	2
CGC	2840	0.0311	−2.02	0.97	0.072	2
CSC	3743	0.0409	−1.62	1.41	0.141	2
CWC	644	0.0070	−4.16	1.46	0.213	2
CVC	2602	0.0285	−2.13	0.91	0.234	2
EWY	3712	0.0406	−1.61	0.84	0.854	3
HYC	1763	0.0193	−2.69	0.90	0.353	2
MHY	3354	0.0367	−1.76	1.16	0.884	2,3
TWN	4162	0.0455	−1.45	0.86	0.646	2,3
WNF	3716	0.0406	−1.61	1.14	0.699	2,3
WHW	567	0.0062	−4.33	1.07	0.323	2
WYF	3250	0.0355	−1.80	1.04	0.996	2
YEC	4584	0.0501	−3.01	0.74	0.648	3
AKA	39098	0.4276	1.78	0.22	0.027	1
CRD	6017	0.0658	−0.91	0.61	0.555	3
CNC	1622	0.0177	−2.84	0.91	0.235	2
CQC	1513	0.0165	−2.91	0.90	0.064	2
CGK	11595	0.1268	0.03	1.05	1.030	2,3
CTC	2331	0.0255	−2.29	1.07	0.262	2
CYC	1435	0.0157	−2.98	1.21	0.186	2
ETW	5163	0.0565	−1.14	0.47	0.554	3
GKT	32764	0.3583	1.53	0.69	0.636	3
LPL	41214	0.4507	1.86	0.01	−0.052	1
TTT	28511	0.3118	1.33	0.98	0.000	2
WRW	1215	0.0133	−3.22	0.95	0.252	2
WDW	1139	0.0125	−3.32	0.86	0.116	2
WIW	2125	0.0232	−2.42	1.62	0.893	2
WYW	898	0.0098	−3.66	1.35	0.241	2

(2) 有关局部词词库的信息. 在光盘 DATA1/2/2-1/2-1-4.TXT 文件中给出了一个 2~14 阶局部词的词库表 $\mathcal{D} = \mathcal{D}(\mathrm{SP'06})$, 它的总词汇量是 6352 个, 不同阶下的词数分布如表 2.1.10 所示.

表 2.1.10   局部词词库 $\mathcal{D}(\mathrm{SP'06})$ 的阶数与词数分布表

阶数	2	3	4	5	6	7	8	9	10	11	12	13	14
词数	46	238	1168	989	708	650	474	416	380	356	334	311	282

说明   该词库只能算是一个简易局部词词库, 它的总词汇量及不同阶中的词

汇数还可依据将来生物、医学中的需要来调整.

(3) **核心词词库**. 在 1.4.4 节中已经说明, 当数据库 Ω 给定时, 它的核心词词库 $\mathcal{C}(\Omega)$ 完全确定. 对 SP'06 数据库的核心词词库在光盘 DATA1/2/2-1/2-1-5.CXT 文件中给出.

(4) 由该文件可以看到, SP'06 数据库中核心词的总数有 29833744 个, 这个数目不仅规模大, 而且大大多于 SP'06 数据库中蛋白质的总数 (约 250000 条), 因此一个蛋白质可能包含多个核心词 (每个蛋白质平均约含 120 个核心词).

对该核心词词库中的核心词先按阶数, 由短到长排列, 对长度相同的词再按氨基酸一字符的顺序, 按字典方式排列. 核心词中最小的阶数是 4, 4 阶核心词有 14 个, 它们是

CWDW, CWWH, QWCM, QWCW, HMWC, HWMW, MWCC, MWCW, PCMW, WCQW, WCFM, WHMW, WWCM, WWMH.

如果将核心词与小肽作比较, 它们的结构并不一致, 这说明了 SP'06 数据库中的小肽在其他蛋白质中有可能多处出现, 也有可能大量出现.

对于高阶核心词, 一般由若干个向量经多次循环构成. 例如, SP'06 数据库中最长的核心词是一个 3095 阶的向量, 它是一个长度为 114 的向量:

YYPNAGLIMNYCRNPDAVAAPYCYTRDPGVRWEYCNLTQCSDAEGTAVAPPTVTPVPSLEAPSEQAPTE
QRPGVQECYHGNGQSYRGTYSTTVTGRTCQAWSSMTPHSHSRTPE

经 27 次循环, 再加上一段尾部肽链: YYPNAGLIMNYCRNPDA 得到它的整个蛋白质序列.

对 2-1-5.TXT 文件中不同阶数的核心词数目统计结果如表 2.1.11 所示.

表 2.1.11　　不同阶的核心词数目统计表

长度	4	5	6	7	8	9	10	11	12	13
数目	14	143057	8806478	17940184	2194226	219815	98994	70327	53558	41912
长度	14	15	16	17	18	19	20	21	22	23
数目	32594	27354	22849	18478	16216	13654	11714	9943	8828	7830
长度	24	25	26	27	28	29	30	31	32	33
数目	6938	6119	5543	4859	4465	3875	3568	3266	3001	2742
长度	34	35	36	37	38	39	40	41	42	43
数目	2512	2237	2232	2109	1827	1690	1610	1506	1365	1317
长度	44	45	46	47	58	49	50	51	52	53
数目	1265	1095	1105	1063	954	907	933	900	834	742
长度	54	55~60	61~70	71~80	81~90	91~100	101~110	111~120	121~130	131~140
数目	750	3213	4748	3557	2261	1699	1300	1041	803	684
长度	141~150	151~160	161~170	171~180	181~190	191~200	201~220	221~230	231~2256	>2256
数目	487	392	229	168	245	214	163	169	1102	1

由表 2.1.11 可以看到, 对于低阶核心词, 数量变化迅速, 其中 5 阶核心词有 143057 个. 6,7,8 阶核心词分别有 8806478, 17940184, 2194226 个, 它们分别占全部核心词的 29.5 %, 60.1 %, 7.4 %. 这三种核心词占全部核心词的 97 %.

3. 蛋白质一级结构数据库中核心词的性质

在 1.4 节中我们已经给出核心词的若干一般性质, 因为蛋白质一级结构数据库是一个带句号的数据库, 它的核心词有以下补充性质.

定理 2.1.1 在蛋白质一级结构数据库 Ω 中, 一个蛋白质 A 不被另一个蛋白质 A' 包含的充分与必要条件是有一个核心词 C 被 A 包含.

这时称一个氨基酸序列 B 被另一个氨基酸序列 B' 包含, 是指: B 是 B' 中的一段.

证明 该定理的证明是显然的. 因为如果有核心词 C 被 A 包含, 所以不可能有另一个蛋白质 A' 包含 A, 否则 A' 包含 C, 这与 C 是核心词的定义矛盾. 定理的充分性得证.

反之, 如果 A 不被 Ω 中的其他任何蛋白质序列 A' 包含, 那么向量 A 在 Ω 中出现, 而且只出现 1 次, 这时对向量 A 进行收缩, 得到向量 C, 使 A 包含 C, 而且对任何 C 的收缩 C' 在 Ω 中至少出现 2 次, 这时 C 为 A 所包含的核心词, 这与核心词的定义矛盾. 定理的必要性得证.

定理 2.1.2 在蛋白质一级结构数据库 Ω 中, 如果蛋白质 $A_s = (a_{s,1}, a_{s,2}, \cdots, a_{s,n_s})$ 包含有核心词, 那么它的全体核心词可记为 $\bar{C}_s = \{C_{s,1}, C_{s,2}, \cdots, C_{s,h_s}\}, h_s \geqslant 1$, 其中

$$C_{s,h} = (a_{s,i_{s,h}}, a_{s,i_{s,h}+1}, \cdots, a_{s,j_{s,h}}), \quad h = 1, 2, \cdots, h_s, \qquad (2.1.2)$$

而且 $(i_{s,h}, j_{s,h})$, $h = 1, 2, \cdots, h_s$ 满足条件:

(1) 有 $1 \leqslant i_{s,1} < i_{s,2} < i_{s,3} < \cdots < i_{s,h_s} < n_s$ 成立.

(2) 对每个 $h = 1, 2, \cdots, h_s$, 总有 $i_{s,h} < j_{s,h}, j_{s,h-1} < j_{s,h}$ 成立.

证明 我们分以下五点证明.

(1) 记蛋白质 A_s 中的全体核心词为 $C_{s,1}, C_{s,2}, \cdots, C_{s,h_s}$, 因为 A_s 中至少包含一个核心词, 所以有 $h_s \geqslant 1$ 成立.

(2) 由核心词的定义, 对该组核心词中的每个词总可写成式 (2.1.2) 的形式, 且总有 $i_{s,h} < j_{s,h}$ 成立.

(3) 在核心词组 (2.1.2) 中, 我们称 $i_{s,h}$ 为 $C_{s,h}$ 的起始位点, $j_{s,h}$ 为 $C_{s,h}$ 的终止位点. 对其中不同的核心词, 它们的起始位点 (或终止位点) 都不相同.

因为如果有一对 $h \neq h' \in \{1, 2, \cdots, h_s\}$, 使 $i_{s,h} = i_{s,h'}$ 成立, 那么必有 $j_{s,h} = j_{s,h'}$ 或 $j_{s,h} < j_{s,h'}$ 或 $j_{s,h} > j_{s,h'}$ 成立, 由 C_h 与 $C_{h'}$ 是不同核心词的要求, 这三种

情形都不可能发生, 因此 $i_{s,h} = i_{s,h'}$ 不可能成立. 同理可证 $j_{s,h} = j_{s,h'}$ 也不可能成立.

(4) 由于核心词组 $\bar{C}_s$ 中各词的起始位点都不相同, 那么对该词组中各词的排列次序按它们的起始位点的大小次序排列, 由此得到定理中的命题 (1) 成立.

(5) 定理中命题 (2) 的不等式 $j_{s,h-1} < j_{s,h}$ 由核心词的定义即得, 如果该不等式不成立, 那么就有 $j_{s,h-1} \geqslant j_{s,h}$ 成立, 由此得到 $i_{s,h-1} < i_{s,h} < j_{s,h} \leqslant j_{s,h-1}$, 这就是核心词 C_h 被 C_{h-1} 包含, 由核心词的性质知道, 这是不可能的. 由此定理得证.

2.2　词法与句法分析

在 2.1 节中, 我们利用 ID 给出了由 SP′06 数据库所产生的局部词词库与核心词词库, 并在光盘 DATA1/2/2-1 文件夹中给出, 对这些词库可作它们的词法与句法的分析.

2.2.1　词法分析

在 1.4 节中已给出了词法分析的一般内容, 这些分析方法对一般词库都能适用, 我们现在以局部词词库 $\mathcal{D}$ 为例作它的词法分析.

1. 词法分析要点

(1) 确定每个词的类型, 相应的 IDF 的取值及它们在不同类型蛋白质中的分布状况等性质. 最重要的是对它的生物意义作出说明, 但在本书中我们还没有实现这个目标.

(2) 在一般词库中, 不同的词有长、短之分, 不同词的相互关系是词法分析中的重要部分. 一般情形可以通过极大与极小化网络结构图 (见 1.4 节的定义与讨论) 来讨论, 特殊情形是一些重要词的前后缀关系. 该分析的目的是减少在词法与句法分析中的复杂性, 并寻找其中有意义的规律.

(3) 对一些特殊词的讨论与分析, 如单字母的游程分析与多字母的周期性分析等, 并确定它们的生物意义.

(4) 关于标点符号的讨论, 在一般词库中我们基本上否定了由氨基酸所组成的标点符号, 但在词法与句法的综合分析中我们说明了在蛋白质一级结构数据库中, 插入标点符号的可能性.

2. 游程序列的分析

在 1.4 节的定义中, 我们已经给出了周期序列的定义, 这种结构在英语文库中并不多见, 但在生物信息数据库 (如蛋白质一级结构数据库、DNA 数据库等) 大量存在, 因此需要作特别研究.

我们把周期为 1 序列称为游程序列, 在表 2.2.1 的讨论中, 已经看到, 对若干氨基酸, 如 A, R, N 等, 它们自身有很高的亲和度, 因此我们可以设想, 单一字符的向量可能会形成长度较大的氨基酸片段. 在 SP′06 数据库中, 不同氨基酸的游程、游程数及最大游程长度都是不相同的, 对它们的统计计算结果如下.

表 2.2.1　SP′06 各氨基酸的游程分布表

游程	A	R	N	D	C	Q	E	G	H	I
1	5867470	4300140	3416606	4368430	1305534	3216398	5101467	5413876	1964600	4745657
2	553312	284102	161024	234387	31768	164993	423922	405740	58827	302553
3	64654	23730	9412	15065	1075	12590	38864	40226	2830	16127
4	9182	3311	1098	1856	99	2007	5148	4578	360	874
5	2137	563	285	490	23	823	1457	1254	156	64
6	744	232	127	179	13	424	533	621	105	8
7	332	133	78	91	3	265	299	294	87	3
8	158	18	58	53	1	177	217	151	44	0
9	140	5	24	20	0	111	120	86	39	0
10	75	2	24	17	0	95	75	66	26	0
11	61	1	11	9	1	69	61	35	20	0
12	41	0	14	10	0	49	42	22	13	1
13	30	0	5	6	0	39	32	25	8	0
14	30	1	5	1	0	29	21	19	2	0
15	15	0	5	2	0	26	17	5	0	0
16	12	0	5	1	0	23	5	10	0	0
17	3	0	3	2	0	19	9	4	0	0
18	4	0	2	2	0	15	6	5	0	0
19	3	0	1	0	0	14	2	1	0	0
20	3	0	2	0	0	14	3	4	0	0
21∼24	1	0	9	3	0	34	7	4	0	0
25∼50	0	0	12	4	0	40	7	0	0	0
51	0	0	0	0	0	1	0	0	0	0

游程	L	K	M	F	P	S	T	W	Y	V
1	7141761	4611855	2067123	3297233	3909960	5200904	4375987	1004663	2566534	5291473
2	715759	358589	54260	149652	206777	422948	245882	16619	94721	388815
3	65463	26040	1699	6222	20367	45206	19940	263	3422	30870
4	8242	2989	108	434	4010	7211	2562	2	168	2496
5	1606	672	11	38	1294	1669	562	0	12	135
6	501	212	2	5	557	624	125		1	25
7	247	64	4	0	332	296	70		0	4
8	96	68	0	2	174	185	58		0	0

游程	L	K	M	F	P	S	T	W	Y	V
9	51	16	0	2	79	108	20		0	2
10	21	3	0	2	65	64	14		0	0
11	8	0	0	0	37	40	9		0	0
12	0	0	0	0	24	30	7		1	0
13	0	1	0	0	9	18	7		0	0
14	0	0	0	0	3	14	2		0	0
15	1	0	0	0	7	7	0		0	0
16	0	0	0	0	0	9	2		0	0
17	0	0	0	0	4	8	1		0	0
18	0	0	0	0	2	3	1		0	0
19	1	0	0	0	2	6	0		0	0
20	0	0	0	0	2	4	0		0	0
21~24	0	0	0	0	0	11	0		0	0
25~50	0	0	0	0	0	14	0		0	0
51	0	0	0	0	0	0	0		0	0

对表 2.2.1 我们说明如下.

(1) 表 2.2.1 由两部分组成, 其中第一部分是短游程 (游程长度在 1~5) 的游程数统计表, 第二部分是游程长度大于或等于 6 的游程数统计表.

表 2.2.1 中第 1 列为游程长度, 第 1 行为氨基酸的一字符, 如第 1 列为 8 第 1 行为 A, 它们所对应的数为 158, 那么表示 SP′06 数据库中存在 158 个结构为 XAAAAAAAAY 的字符串, 其中 X, Y ≠ A. 称 X, Y 为游程 AAAAA 的两端.

对于游程长度大于 28 的氨基酸与数目可表示如下.

(29,Q,2), (29,G,1), (30,N,2), (30,Q,3), (30,E,2), (31,N,1)

(31,Q,2), (32,N,2), (32,Q,1), (32,E,1), (33,D,1), (33,Q,3)

(35,Q,1), (35,S,2), (37,Q,3), (38,Q,2), (39,Q,3), (40,Q,2)

(41,Q,2), (42,N,1), (42,S,3), (43,Q,1), (44,D,1), (45,D,1)

(50,N,1), (50,P,1), (51,Q,1), (52,S,1)

其中 x, y, z 分别表示游程长度、氨基酸、游程数目, 我们称为游程状态.

(2) 由表 2.2.1 可以得到 SP′06 数据库中各氨基酸的最大游程表如表 2.2.2 所示.

表 2.2.2　SP′06 数据库中各氨基酸一字符的最大游程表

A	R	N	D	C	Q	E	G	H	I	L	K	M	F	P	S	T	W	Y	V
24	14	50	49	11	51	33	27	14	12	19	13	7	10	50	42	18	4	12	9

从表 2.2.2 中可以看到不同氨基酸的最大游程有很大的区别, 如 N, D, Q, P, S 的最大游程在 40 AA 以上, 我们称为具有长游程的氨基酸, 而 W, M, V 的最大游

程在 10 AA 以下, 我们称为具有短游程的氨基酸.

具有游程的氨基酸都有可能产生 2 阶词, 如 AA, RR, NN, DD, CC, QQ, EE, GG, HH, LL, KK, PP, SS, WW, VV 都是 2 阶词. 具有中、长游程的氨基酸就可产生较高阶的局部词, 如 AAA, AAAA, AAAAA, LLL, LLLL, LLLLL 等.

(3) 从 IDF 的角度来看, 具有短游程的氨基酸的 1 型 IDF 具有突变性, 如 W 氨基酸, 双 W 与 3 游程的 W 氨基酸片段的 1 型信息动力函数有凝聚性, 而 4 游程的 W 氨基酸片段, 具有排斥性, 这时

$$
\begin{cases}
k_1(W, W) = \log \dfrac{p(W, W)}{p(W)p(W)} = 0.5663 > 0, \\[2mm]
k_1(W, W, W) = \log \dfrac{p(W, W, W)}{p(W, W)p(W)} = 0.5075 > 0, \\[2mm]
k_1(W, W, W, W) = \log \dfrac{p(W, W, W, W)}{p(W, W, W)p(W)} = -0.8316 < 0.
\end{cases}
$$

对游程较长的氨基酸, 一般具有高阶独立性, 这时

$$
k_1(c_1, c_2, \cdots, c_{\ell+1}) - k_1(c_1, c_2, \cdots, c_\ell) = i(c^{(\ell)}; c_{\ell+1}) \sim 0,
$$

其中

$$
i(c^{(\ell)}; c_{\ell+1}) = \log \frac{p(c_1, c_2, \cdots, c_{\ell+1})}{p(c_1, c_2, \cdots, c_\ell)p(c_{\ell+\_})}
$$

为向量 $c^{(\ell)}$ 与氨基酸 $c_{\ell+1}$ 之间的交互信息密度.

(4) 从 SP'06 数据库的计算中可以看到, 对不同氨基酸的游程序列, 当游程长度达到一定长度后, 它们的转移情况有很大的倾向性, 如氨基酸 A, 当它的游程长度达到 12 之后, 它的状态向 A, G, S, V 转移的可能性很大, 在 85 % 以上. 这一特点与英语词库结构有些相似, 如在英语词中, qu 的后面, 一般只出现 a, e, i, o 这 4 个元音字母.

(5) 从不同氨基酸具有较长游程的事实中可以看到, 蛋白质一级结构序列的词汇结构与普通的英语、汉语的词汇结构有很大不同. 在英语、汉语的词汇中, 同一字母的最大游程一般只有 2, 而蛋白质一级结构序列字母的最大游程可达到 51 的是谷氨酰胺 (Q).

3. 周期性分析

周期序列或准周期序列 (在周期序列的部分周期中, 有个别氨基酸发生突变) 在蛋白质数据库中大量存在, 而且以不同的形式出现, 它们可分为以下四种类型.

(1) 有的蛋白质往往有几个结构域 (实际上是由几条氨基酸序列) 组成, 这些氨基酸序列相似性很高或相同, 由此形成周期或准周期性的序列, 这种周期序列往往周期长 (可达数百个氨基酸), 但周期数较小 (几个到几十个).

在同一蛋白质的单一序列中也有不同类型的周期性序列, 如周期短但周期数大, 或周期长但周期数较小等不同类型. 对这些不同的类型我们讨论如下.

(2) 对周期为 2 的非游程氨基酸序列我们可以作全面的统计计算, 对每个不同的二肽, 它们的最大周期数如表 2.2.3 所示.

表 2.2.3 中对角线上的元是游程氨基酸序列, 它们的游程长度在表 2.2.4 中给出. 另外从表中可以看到, 有的二氨基酸序列的最大周期数很大, 如 DS 或 SD, 它们的周期数达 108 个, 但也有的二氨基酸序列的最大周期数很小, 如 AW, RC 等, 它们的周期数只有 2 个, 其中 C, I, L, K, F, W, Y, V 与其他任何氨基酸组合成的二氨基酸序列的最大周期数较小.

表 2.2.3　SP′06 中周期为 2 的非游程氨基酸序列的最大周期数表

	A	R	N	D	C	Q	E	G	H	I	L	K	M	F	P	S	T	W	Y	V
A	*	5	4	16	3	34	7	8	5	3	5	4	3	3	11	8	6	2	3	5
R	5	*	3	10	2	4	18	10	3	2	3	3	2	3	6	11	3	2	3	5
N	4	3	*	4	2	4	4	7	8	3	4	8	10	3	6	8	8	2	3	3
D	15	9	5	*	3	4	12	4	13	3	3	6	7	3	4	108	9	2	3	6
C	2	2	2	2	*	2	2	3	2	2	2	2	2	2	7	3	2	2	2	6
Q	38	4	5	5	2	*	4	10	9	2	4	4	4	2	34	6	5	2	4	3
E	7	17	4	11	2	5	*	6	3	3	4	8	2	3	30	8	4	2	2	3
G	8	11	6	4	4	9	7	*	15	4	7	7	4	3	13	24	43	3	6	7
H	5	3	7	13	2	9	4	15	*	2	3	5	2	2	8	8	5	2	2	3
I	3	2	3	3	2	3	3	4	2	*	3	3	2	3	3	3	3	2	4	3
L	5	4	4	3	3	3	3	7	3	3	*	3	3	4	6	5	3	3	3	4
K	4	3	8	5	2	4	7	7	6	3	4	*	3	3	10	5	4	2	3	3
M	3	2	10	6	2	5	3	3	2	3	3	2	*	2	4	3	3	2	2	3
F	3	3	3	2	2	3	3	3	3	4	2	2	2	*	3	2	2	2	2	3
P	10	6	6	4	6	35	30	12	8	3	5	9	4	2	*	13	65	2	2	7
S	7	10	8	108	3	6	8	24	8	3	5	5	3	3	13	*	8	2	3	3
T	5	4	8	9	2	4	5	43	6	3	3	2	2	2	64	8	*	2	3	3
W	3	2	2	2	2	2	3	2	2	3	2	2	2	2	2	3	2	*	2	3
Y	3	2	3	3	2	4	6	2	4	3	3	2	2	3	3	2	2	2	*	2
V	4	5	3	5	3	3	3	4	3	3	4	2	3	2	7	3	4	2	3	*

其中周期数大于 20 的非游程二氨基酸序列与它们的最大周期数分别为 DS: 108, QD:108.

(3) 对周期为 3 的非游程氨基酸序列我们可以作全面的统计计算, 但为了表示简单, 我们只给出最大周期数大于 5 的氨基酸序列, 它们如表 2.2.5 所示.

(4) 用类似方法, 我们同样可对周期为 $4, 5, \cdots$ 的非游程氨基酸序列我们可以作它们在 SP′06 数据库中的最大周期数计算, 由于它们的计算规模巨大, 我们就不再进行.

表 2.2.4 　SP′06 中非游程双氨基酸的最大周期数表

| AQ,QA: 34 | DS,SD:108 | QP,PQ: 34 | EP,PE: 30 | GS,SG: 24 | GT,TG: 43 | PT,TP:65 |

表 2.2.5 　SP′06 中部分非游程 3 氨基酸序列的最大周期数表

AQQ: 6	AQP: 6	AEE: 6	AVL: 6	RGD: 6	NKN: 6	QQA:6	QQH: 6	QHQ: 6	QPA: 6
QPV: 6	QSV: 6	EAE: 6	EEA: 6	EGD: 6	EGE: 6	EKG: 6	EKI: 6	GNG: 6	GDR: 6
GDE: 6	GEE: 6	GEK: 6	GGR: 6	GGN: 6	GGQ: 6	GKK: 6	GSP: 6	GYG: 6	HQQ: 6
HGG: 6	KGE: 6	KGG: 6	KGK: 6	KKA: 6	KKG: 6	KKH: 6	KKS: 6	MNN: 6	PAQ: 6
SPG: 6	SPK: 6	SVQ: 6	VQP: 6	VQS: 6	AHP: 7	RGG: 7	RMD: 7	NNK: 7	NNY: 7
NPD: 7	DRG: 7	DRM: 7	DEG: 7	DKG: 7	DKK: 7	CGP: 7	QAQ: 7	QGG: 7	QPI: 7
QPM: 7	QPP: 7	ERP: 7	GRG: 7	GDK: 7	GQG: 7	GGH: 7	GGK: 7	GHG: 7	GKG: 7
GPC: 7	HPA: 7	IQP: 7	IEK: 7	KNN: 7	KDK: 7	KIE: 7	KKD: 7	MDR: 7	MQP: 7
PAH: 7	PDN: 7	PCG: 7	PQP: 7	PER: 7	PGS: 7	PIQ: 7	PMQ: 7	PPQ: 7	TSG: 7
YNN: 7	RDS: 8	RPE: 8	NYN: 8	DNP: 8	DSR: 8	EKK: 8	GTS: 8	KEK: 8	KGD: 8
KKE: 8	SRD: 8	SGT: 8	NDD: 9	NMP: 9	DND: 9	GGM: 9	GMG: 9	GPG: 9	MGG: 9
MPN: 9	PNM: 9	PGP: 9	DDN:10	QQP:10	QPQ:10	ETP:10	GGP:10	GPP:10	PQQ:10
PET:10	PGG:10	PPG:10	PTT:10	TAA:10	TPT:10	AAQ:11	AAT:11	AQA:11	ATA:11
ATP:11	QAA:11	PAT:11	TPA:11	TPE:11	TTP:11	QQG:12	NNP:26	NPN:26	DSS:34
DSY:15	QGQ:12	GQQ:12	GSS:28	PNN:26	PGV:12	SDS:35	SGS:28	SSD:35	SYD:15
YDS:16	VPG:12								

从表 2.2.4 与表 2.2.5 可以看到, 在低阶情况, 周期数大的氨基酸序列不一定是局部词, 如在局部词词库 $\mathcal{D}$ 的 33 个非游程双氨基酸周期序列中, 它们的最大周期数如表 2.2.6 所示.

由此可见, 局部词与周期数大的氨基酸序列不一定一致, 周期数大的氨基酸序列比较集中在某些蛋白质中大量循环出现, 而局部词是在整个数据库中具有特殊的信息统计意义下出现.

(5) 周期长的序列常在长核心词中出现, 它们往往由同一个词循环组成, 不同循环段之间可能有若干氨基酸连接, 我们把这种序列也称为准周期序列. 例如, 在 SP′06 数据库中, 最长核心词的长度为 3096 AA, 对于较长的核心词一般都有若干片段的循环结构组成. 例如, 一个长度为 2256 的核心词, 它的位置在蛋白质 ID: MUC2-HUMAN, Reviewed; 5179 AA 中. 该核心词由氨基酸片段 TPTTTPITTTT TVTPTPTPTGTQTPTTTPITTTTTVTPTPTGTQ 重复 49 次再加后缀 TP 组成.

对周期与游程序列结构的生物意义是可以分析在什么样的蛋白质中会出现这种序列, 它们对蛋白质会带来什么样的空间结构与功能的影响等分析.

4. 关于长、短词的分析

如果一个词库 $\mathcal{D}$ 已经给定, 那么对其中的长、短词的分析具有特别的意义, 所涉及的问题如下.

(1) 根据以上的讨论, 我们已初步确定在蛋白质一级结构中不存在相当于英语标点符号的氨基酸序列, 因此在下面内容中对于短词分析的重点是它们所组合构成的复合词, 以及这些复合词组合的网络结构.

(2) 对于长词的分析我们关心的问题是: 由这些长词所产生的相似句, 且在这些相似句中的极大与极小同义词, 以及由此所产生的网络结构.

对这些问题在以下各节中还有专门讨论.

表 2.2.6　SP′06 中非游程双氨基酸周期序列的最大周期数表

周期序列	AE	AG	AL	AS	AV	RL	DL	EA	EL	GA	GL	HC	HP	IL	LA	LR	LD
最大周期	7	8	5	8	5	5	3	4	4	8	7	2	8	3	5	4	3
周期序列	LE	LG	LI	LK	LS	LT	LV	KL	PE	PW	SG	SL	TL	WM	VA	VL	
最大周期	3	7	3	3	5	3	4	4	30	2	25	5	3	2	4	4	

2.2.2　词库 $\mathcal{D}$ 的极小化与极大化网络结构

词库中的极大与极小词的定义及由它们所产生的网络结构已在 1.5 节中给出, 我们现在以局部词词库 $\mathcal{D}$ 中 2~6 阶词为例说明它们的极小化网络结构.

1. 局部词词库中的网络结构图

$\mathcal{G}(\mathcal{D})$ 图的极小化网络结构数据分布如表 2.2.7 所示.

由词库 $\mathcal{D}$ 所产生的极小化网络结构图的定义已在 1.5 节中给出, 并还给出了词的层次数的定义, 在 $\mathcal{G}(\mathcal{D})$ 图的极小化网络中不同阶数与层次的词数分布如表 2.2.7 所示.

表 2.2.7　$\mathcal{G}(\mathcal{D})$ 图的极小化网络结构数据分布表

类型	第 1 层	第 2 层	第 3 层	第 4 层	第 5 层	L_1	L_2	L_3	L_4
2 阶词	46								
3 阶词	31	207				316			
4 阶词	135	156	877			1390	200		
5 阶词	40	32	35	882		1469	40	42	
6 阶词	7	7	11	73	610	974	90	13	10

说明　(1) 表 2.2.7 中第 1 层就是极小词, 词库中 3 阶词中的极小词数是 31 个, 第 2 层词数是 207 个.

(2) 表中 $L_{h'}$ 为 $j - i = h'$ 时弧的数目, 其中 j 在第 1 列中是词的阶数. 如 6 阶词与 5 阶词所产生的弧是 $\| L_{6-5} \| = 974$ 条, 6 阶词与 3 阶词所产生的弧是 $\| L_{6-3} \| = 13$ 条.

(3) $\mathcal{G}(\mathcal{D})$ 图的极小化与极大化网络结构分别如图 2.2.1 所示.

对图 2.2.1 说明如下. 图 (a) 与图 (b) 分别是词的极小化与极大化网络结构图, 其中 $\boldsymbol{D}(j, i), j > i$ 就是 j 阶词在第 i 层中的集合, 其词数如表 2.2.7 所示. 不同阶的词在相同层次我们用细虚线表示.

图 2.2.1 中粗黑线的向量表示不同阶的词包含关系, 所产生的弧的数目如表 2.2.7 所示.

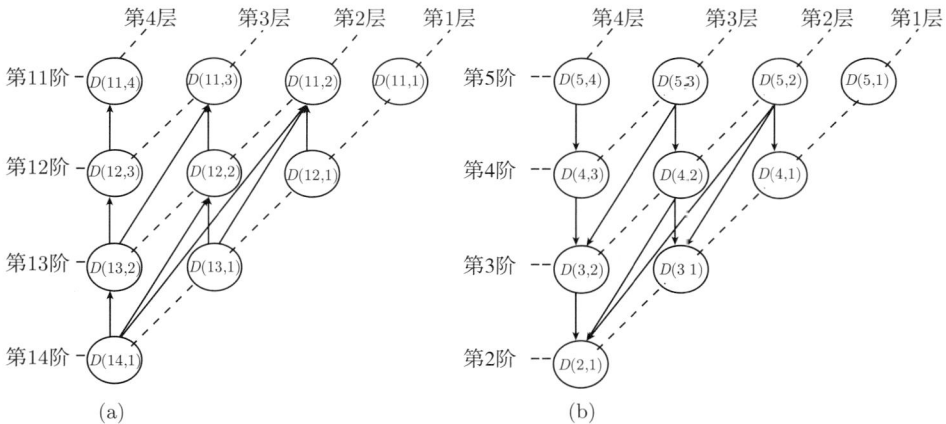

图 2.2.1　$\mathcal{G}(\mathcal{D})$ 图的极大与极小化网络结构示意图

2. 网络结构图中的数据表

有关图 2.2.1 和图 2.2.2 的极小与极大网络结构中的数据表在光盘 DATA1/2/2-2/2-2-1.TXT 文件中给出. 我们对此表做概要说明.

(1) 如表 2.2.1 所示, 在 $\mathcal{D}$ 词库中, 46 个 2 阶词都是极小词, 而且每一个 2 阶词总被某一个高阶词所包含. 在光盘 DATA1/2/2-1/2-1-4.TXT 文件给出的 $\mathcal{D}$ 词库中, 282 个 14 阶词都是极大词, 而且每一个极大词总包含某一个低阶词. 2~14 阶词中的极小词与极大词数分别如表 2.2.8 所示.

(2) 在极小化网络中不同阶与层的词数分布. 在 $\mathcal{D}$ 词库中, 所有的极小词都是极小化网络中第 1 层的词. 而第 τ 层的词就是在 $\mathcal{D}$ 词库中, 除去所有第 $1, 2, \cdots, \tau - 1$ 层的词后, 所得到的集合 $\mathcal{D}'$ 中的全体极小词. 以此递推可以得到 $\mathcal{D}$ 极小化网络中,不同阶与层中的词. 如果我们把 $\mathcal{D}$ 中的全体 2～ 6 阶词构造它的极小化网络, 得到不同阶与层的词数分布数如表 2.2.9 所示.

表 2.2.8　　$\mathcal{D}$ 中极小与极大词的分布表

阶数	2	3	4	5	6	7	8	9	10	11	12	13	14	总数
极小词数	46	31	135	40	7	90	41	16	0	10	0	1	0	417
极大词数	0	2	175	149	106	59	6	18	16	11	15	182		847

表 2.2.9　　极小极小化网络中不同阶与层的词数分布表

阶数	2	3	4	5	6	总数	阶数	2	3	4	5	6	总数
第 1 层	46	31	135	40	7	259	第 2 层		207	156	32	7	402
第 3 层			877	35	11	923	第 4 层				882	73	955
第 5 层					610	610	总数	46	238	1168	989	608	3139

3. 在极小化网络中, 不同阶中的词成弧的数目分布

在 1.5 节中, 我们已经给出了关于词库 $\mathcal{D}$ 的极小化网络图中有关弧的定义, 在不同的阶与层中, 不同的词成弧的数目如表 2.2.10 所示.

表 2.2.10　　极小化网络中不同阶词的成弧数表

	3 阶	4 阶	5 阶	6 阶	总数		3 阶	4 阶	5 阶	6 阶	总数
2 阶	316	200	42	10	568	3 阶		1390	40	13	1443
4 阶			1496	90	1586	5 阶				974	974

表 2.2.8～ 表 2.2.10 中所确定的词或弧我们在光盘 DATA1/2/2-2/2-2-1.TXT, 2-2-2.TXT 文件中给出.

4. 由短词组合所构成复合词

长、短词的组合分析也是词法与词典网络结构分析的组成部分. 我们把词库中长度为 2～7 的词称为短词, 对游程型的局部词已有详细讨论, 在此我们只讨论词库 $\mathcal{D}$ 多种不同的非游程低阶词组合成 $\mathcal{D}$ 中高阶词的情形, 对 $\mathcal{D}$ 的搜索结果在光盘 DATA1/2/2-2/2-2-2.TXT 文件中给出, 对此文件说明如下.

(1) 在局部词词库 $\mathcal{D}$ 中的 46 个 2 阶局部词中, 有 13 个是游程型的短词, 它们是 AA, RR, CC, QQ, EE, GG, HH, LL, KK, PP, SS, WW, VV, 我们只讨论另外的 33 个非游程型的 2 阶局部词, 它们是
AE, AG, AL, AS, AV, RL, DL, EA, EL, GA, GL,HC,HP, IL, LA, LR, LD, LE, LG,LI, LK, LS, LT, LV, KL,PE,PW, SG, SL, TL, WM, VA, VL.
非游程型的 3 阶局部词有 224 个.

(2) 把这些非游程型的 2, 3 阶词与其他非游程型的不同阶词作前缀或后缀, 所组成的复合词数如表 2.2.11 所示.

表 **2.2.11** 极小化网络中不同阶词的成弧数表

	2 阶后	3 阶后	4 阶后	5 阶后		2 阶后	3 阶后
2 阶前	309	225	76	52	4 阶前	163	59
3 阶前	234	70	35	35	5 阶前	65	38

这些复合词在光盘 DATA1/2/2-2/2-2-2.TXT 文件中给出, 在该文件中 (X, Y) 表示两种不同的局部词组合成高阶局部词.

2.2.3 词与句的关系数据库

词与句的关系数据库定义已在 1.5 节中给出, 对给定的蛋白质一级结构数据库 SP′06 与局部词词库 $\mathcal{D}$ 关系数据库的搜索与计算结果在光盘 DATA1/2/2-2/2-2-3.CTX, 2-2-4.CTX 文件中给出, 对此文件说明如下.

1. 对文件 2-2-3.CTX 的说明

(1) 该文件是一个含 36259964 行, 但列数不等的数据阵列. 其中每个行表示 $\mathcal{D}$ 中的词在数据库 Ω 中出现的记录, 因此 $\mathcal{D}$ 中的词在 Ω 中夫出现 36259964 次.

(2) 在 SP′06 数据库中共包含 250295 个蛋白质, 对不同的蛋白质都用一个三维向量: $(i, i, i) = (88801, 88801, 88801)$ 给以区隔.

(3) 除了蛋白质的分隔行外, 该文件的第 1 列是 $\mathcal{D}$ 中的词出现在某蛋白质 A_s 中的起始位点, 为了避免数据的重复, 我们将第 1 列中的 1, 2, · · · , 20 用 88801, 88802, · · · , 88820 来表示.

(4) 文件中的其他各列则是氨基酸一字符的编号. 例如, 该文件的第 4 行为 88804, 11, 20, 11, 11, 它表示在第 1 个蛋白质从第 4 个位点开始出现 $\mathcal{D}$ 中的 4 阶词 LVLL .

2. 对文件 2-2-4.CTX 的说明

文件 2-2-4.CTX 是文件 2-2-3.CTX 的极小化表示. 如果文件 2-2-3.CTX 中的词能分解成几个极小词, 那么它们都用极小词来表示. 如在第 4 行的 88804, 11, 20, 11, 11 中, LV, VL, LL 都是 $\mathcal{D}$ 中的词 (极小词), 那么被改写成 $\left\{ \begin{array}{ll} 88804 & 11, 20 \\ 88805 & 20, 11 \\ 88806 & 11, 11 \end{array} \right.$.

3. 关于句与局部词的关系数据库

利用 2-2-3.CTX, 2-2-4.CTX 这两个文件的反解就可得到词与句的结构关系, 如对 GA 的搜索在 SP′06 数据库中共出现 492686 次, 我们就可确定它在每个蛋白质中出现的次数与位置.

例如, 在编号为 104K-THEAN 的蛋白质中, 该蛋白质长度为 893 AA, 它包含词库 $\mathcal{D}$ 中的词及这些词在该蛋白质中的起始位点如表 2.1.12 所示.

表 2.2.12 中英文大写字母串是词库 $\mathcal{D}$ 中的词, 其中的数字是 104K-THEAN 蛋白质包含该词在该蛋白质中的起始位点.

4. 关于核心词词库与句的关系数据库

因为每个核心词在蛋白质一级结构数据库中出现而且只出现 1 次, 所以每个核心词只对应一个蛋白质. 因此我们只要把这个蛋白质及该核心词在该蛋白质中的位置表达出来就可以. 例如, 14 个 4 阶与前 6 个 5 阶核心词及它们所对应的蛋白质, 以及这 20 个词在它所确定的蛋白质中的位点如表 2.2.13 所示.

表 2.2.12　　104K-THEAN 蛋白质含词库 $\mathcal{D}$ 中的词及这些词的起始位点表

4,LV	4,LVL	4,LVLL	5,VL	5,VLL	6,LL	10,IL	16,IL
17,LG	17,LGA	18,GA	21,EL	22,LV	45,SS	46,SG	57,AG
57,AGV	75,VV	86,EE	107,VELL	108,EL	108,ELL	108,ELLE	109,LL
109,LLE	110,LE	114,DL	115,LI	119,LK	119,LKE	129,PE	134,LA
134,LAR	134,LARL	135,ARL	136,RL	138,QQ	140,LR	142,QQ	151,SL
154,LS	167,SS	176,VV	198,KAL	199,AL	214,GL	215,LK	215,LKL
215,LKLL	216,KL	216,KLL	216,KLLL	217,LL	217,LLL	217,LLLL	218,LL
218,LLL	219,LL	237,QLL	238,LL	238,LLD	239,LD	252,VA	257,KL
258,LX	262,AE	266,HP	269,IL	270,LD	282,LG	305,VV	315,SS
331,KK	337,LR	337,LRL	338,RL	339,LD	339,LDL	340,DL	345,PP
366,DL	367,LE	367,LEE	367,LEEK	368,EE	371,IEEL	372,EE	372,EEL
373,EL	381,EL	382,LD	391,DL	394,VV	397,LT	402,LE	423,EVL
424,VL	430,GL	431,LE	435,LV	445,GA	448,RL	449,LV	452,LR
486,KK	486,KKL	487,KL	488,LI	490,KK	493,KK	493,KKK	494,KK
494,KKL	495,KL	500,EE	500,EEE	500,EEED	501,EE	508,GG	510,PP
514,PE	516,PP	523,SS	523,SSS	523,SSSE	524,SS	555,KK	575,PE
579,KK	587,PE	611,PE	613,SL	614,LD	623,PE	642,RR	644,PE
668,KEKL	669,EKL	670,KL	676,LD	679,AA	679,AAK	687,TL	689,PP
691,VL	708,AE	718,EE	728,IL	729,LT	729,LTEE	731,EE	745,PE
746,EE	765,HP	770,KK	772,RR	772,RRR	773,RR	777,GL	777,GLA
777,GLAL	778,LA	778,LAL	778,LALS	779,AL	779,ALS	780,LS	784,DL
785,LE	788,EA	789,AG	792,IL	793,LR	811,DL	812,LT	822,GA
823,AE	829,VV	836,EA	843,HP	850,LS	854,RR	854,RRR	854,RRRR
855,RR	855,RRR	856,RR	861,KK	863,SS	866,SS	885,LV	885,LVS
885,LVSL	887,SL	888,LI	892,IL				

表 2.2.13   由核心词所确定的蛋白质及该词在蛋白质中的起始位点表

CWDW: MANBA-RAT, 543	CWWH: ZF106-HUMAN, 1818	HMWC: ADA2B-AMBHO, 72	HWMW: GLGB-MAIZE, 412
MWCC: NODZ-AZOCA, 141	MWCW: NIA-PHYIN, 420	PCMW: UL16-VZVD, 260	QWCM: THIC-PSYCK, 385
QWCW: VAC7-YEAST, 967	WCFM: ODP1-PSEAE, 223	WCQW: YB9H-YEAST, 140	WHMW: ENP3-HUMAN, 206
WWCM: PADI3-SHEEP,662	WWMH: MDAB-HAEIN, 72	AACCK: VO22-FOWPV, 398	AACHW: C5ARL-HUMAN,308
AACMP: PIR7A-ORYSA,109	AACNM: CA050-MOUSE, 111	AACQW: NODU-BRAJA, 538	AACWC: PG12A-MOUSE,183

表 2.2.13 由 20 个单元组成, 如果把每个单元用 $X:Y,Z$ 来表示, 那么 X 为核心词, Y 为蛋白质在 SP′06 中的编号, Z 为该核心词在该蛋白质中的起始位点.

由表 2.2.13 可以看到, 表中的核心词可成为它所对应蛋白质的一个**标签**. 一个蛋白质可能有多个标签, 其中哪些标签是该蛋白质的主要特征性质, 这些性质是值得做进一步研究的.

5. 词与句的覆盖率分析

词与句的**覆盖率**是反映词与句关系的一个重要特性. 覆盖率定义如下.

如果 $\mathcal{D}$ 是一个词库, 我们记 $\mathcal{D} = \bigcup_{\tau=2}^{14} \mathcal{D}(\tau)$, 其中 $\mathcal{D}(\tau)$ 是 $\mathcal{D}$ 中的全体 τ 阶词. 以下记 $\gamma_{s,\tau} = \dfrac{\tau \cdot k_{s,\tau}}{n_s}$ 为 τ 阶词对 s 蛋白质的覆盖率, 其中 $k_{s,\tau}$ 是 A_s 蛋白质包含 $\mathcal{D}(\tau)$ 中词的数目 (如果一个词在该蛋白质中重复出现, 那么 $k_{s,\tau}$ 应重复计算). 这时称 $\Gamma_s = \sum_{\tau=2}^{14} \gamma_{s,\tau}$ 为词库 $\mathcal{D}$ 对 s 蛋白质的总覆盖率.

如果采用不同的词库对 $\Omega = \mathcal{A}$ 中不同蛋白质的覆盖率的计算结果如表 2.2.14 所示.

表 2.2.14   不同词库对不同蛋白质的总覆盖率(百分比)计算表

覆盖率		0	0~10	10~20	20~30	30~40	40~50	50~60	60~70	70~80	80~90	90~100	>100
局部词	频数	309	1087	10499	56579	92565	54456	20513	7250	2625	995	710	2707
	频率	0.12	0.43	4.19	22.60	36.98	21.76	8.20	2.90	1.05	0.40	0.28	1.08
极小词	频数	309	1806	67357	155828	22074	2520	357	25	16	3	0	0
	频率	0.12	0.72	26.91	62.26	8.82	1.01	0.14	0.01	0.01	0.00	0.00	0.00
极大词	频数	56064	193573	543	91	11	4	5	3	1	0	0	0
	频率	22.40	77.34	0.22	0.04	0.00	0.00	0.00	0.00	0.00	0.00	0.00	0.00

对表 2.2.14 我们说明如下. 表中第 1 行是总覆盖率的 (百分比) 的取值范围, 如 10~20 就是蛋白质的覆盖率为 10%~20%. 第 2, 3 行是全体局部词在总覆盖率的取值范围中取值的蛋白质的频数与频率. 如 10~20 所对应的列中, 全体局部词的覆盖率为 10%~20% 内的蛋白质数是 10499 条, 占 SP′06 中蛋白质的 4.19%. 表中的第 4, 5 行与 6, 7 行分别是全体极小与极大词库的覆盖率. 对表 2.2.14 的计算结

果分析如下.

(1) 在 SP′06 数据库中有 309 条蛋白质不包含任何词库 $\mathcal{D}$ 中的词, 这些蛋白质的序列长度一般在 50 AA 以下.

(2) 有 2707 条蛋白质对局部词的覆盖率超过 100%, 在这些蛋白质中所含的局部词的总长度超过该蛋白质的长度, 这就是说, 在这些蛋白质中所包含的局部词有重叠现象.

例 2.2.1　覆盖率最高的蛋白质是 FIBH-BOMMO, 它的长度为 5263AA, 它的覆盖率达 616.9%. 该蛋白质的主要特点是二肽 AG 的大量循环, 而 GA, GAG, GAGA, GAGAG, GAGAGA, GAGAGAG 都是局部词, 因此它们大量重复覆盖这个蛋白质, 由此造成很高的覆盖率.

例 2.2.2　覆盖率较高的蛋白质有 CYB-ADDNA, 长度为 379 AA, 覆盖率达 402.6%. 该蛋白质的主要特点是它含有多个高阶 (14 阶) 局部词, 而且这些高阶局部词还包含多个低阶局部词, 因此有大量的局部词重叠覆盖这个蛋白质.

该蛋白质的另一个特点是它有大量相似蛋白质, 这可使一些高阶氨基酸序列能成为局部词.

(3) 极小词与极大词对各蛋白质的总覆盖率较低, 它们都在 80% 以下, 其中总覆盖率在 10% 以下的蛋白质占 99.74%. 因此极大词在蛋白质中很少出现, 如果出现就会产生相似蛋白质, 这样利用极大词就可搜索它的相似蛋白质组.

2.3　相似蛋白质组的网络结构分析

由词与句的关系数据库就可对 SP′06 数据库作进一步的词法与相似蛋白质的网络结构分析.

2.3.1　对相似蛋白质组的搜索计算

如上所记, Ω 为 SP′06 蛋白质数据库, 由它产生的词库记为 $\mathcal{D}^{\tau'}$, $\tau' = 0, 1, 2, 3$, 它们分别对应的词库是局部词、极小、极大词与核心词词库, 利用这些词库就可进行相似蛋白质组的搜索, 依据词库的不同类型, 由此产生的相似蛋白质组也不相同.

1. 利用高阶极大词作直接搜索

例如, 在 $\mathcal{D}^2$ 中, 全体 14 阶词有 282 个, 其中的每一个词都可在 Ω 中搜索到一组相似蛋白质组, 各相似蛋白质数如表 2.3.1 所示.

表 2.3.1 中给出的数是每个词所对应的相似蛋白质数, 如 1 号 14 阶词为 AAVA AESSTGTWTT, 它在 SP′06 数据库中有 428 个蛋白质包含这个词, 我们就称这 428

个蛋白质为由 1 号 14 阶词所确定 (或产生) 的相似蛋白质.

表 2.3.1 由 282 个 14 阶词所产生的相似蛋白质数目表

420	317	528	370	279	291	205	243	322	1305	214	310	211	369	395	196	243	204	391 331 895
182	1140	432	250	342	196	359	309	320	307	525	406	328	305	352	202	255	230	272 337 192
256	228	228	213	524	525	242	619	582	1106	208	228	228	213	417	226	229	213	185 196 1538
1339	294	369	367	337	198	987	1441	402	279	291	218	1233	1491	205	218	202	404	1104 361 424
256	247	223	418	256	395	227	1501	205	348	358	210	239	320	506	363	1444	395	359 237 187
360	195	231	407	410	268	385	208	226	229	213	408	366	186	807	378	675	246	270 340 1086
239	333	283	243	203	185	192	1311	239	277	425	210	193	298	616	298	538	505	250 271 241
456	255	247	223	198	288	397	1509	251	274	253	780	468	246	350	244	445	970	392 892 505
240	275	425	1442	980	434	185	205	984	344	330	242	200	214	1339	254	242	404	223 220 256
248	222	278	193	298	986	317	306	219	385	1225	195	832	233	524	619	1466	1296	249 220 1303
357	1514	251	272	369	200	1101	270	229	377	296	330	1336	556	345	335	204	993	775 189 396
278	380	897	192	305	300	234	1304	393	233	215	395	397	193	257	1239	1499	197	1108 241 390
233	1100	227	206	402	394	196	1445	414	458	233	228	212	403	1441	438	445	448	228 228 214
197	975	890	283	1500	368	406	404	423										

例 2.3.1 由 $\mathcal{D}$ 词库的 14 阶 61 号词 C =CEEMIKRAVFAREL 对 SP′06 数据库进行搜索, 可得到 187 个相似蛋白质, 它们的编号如下.

```
107204 157660 157668 157669 157670 157671 157672 157673 157675 157676 157679 157680 157682
157683 157691 157695 157696 157699 157701 157702 157704 157709 157712 157713 157714 157718
157719 157724 157732 157737 157739 157741 157744 157747 157748 157750 157752 157760 157763
157765 157766 157770 157772 157774 157779 157788 157790 157793 157797 157800 157801 157802
157804 157809 157810 157822 157823 157825 157828 157830 157837 157838 157839 157840 157841
157843 157849 157850 157854 157856 157857 157875 157877 157878 157879 157880 157881 157882
157883 157895 157901 157902 157909 157910 157917 157920 157923 157925 157927 157928 157934
157935 157936 157941 157942 157943 157944 157945 157946 157947 157948 157949 157950 157951
157952 157953 157954 157955 157956 157957 157958 157959 157960 157961 157962 157963 157964
157970 157972 157982 157984 157988 157993 157995 157999 158000 153001 158002 158003 158004
158013 158016 158029 158030 158033 158034 158037 158038 158042 153044 158045 158047 158052
158058 158059 158061 158063 158069 158070 158071 158075 158077 153078 158109 158110 158119
158121 158122 158126 158127 158128 158130 158131 158133 158134 153135 158137 158139 158142
158143 158145 158146 158155 158156 158158 158159 158177 158181 153182 158183 158186 158187
158195 158198 158199 158201 158202
```

显然, 这是一个相似蛋白质组. 对这 187 个相似蛋白质进行多重比对, 可找出它们的最大公共稳定区域. 如果对其中的 36 条序列进行比对, 它们都含序列: C′= QAETGEIKGHYLNATAGT CEEMIKRAVFAREL GVPIVMHDYLTGGFTANTSL, 其中包含我们的搜索词 C, 而且由 C 在 C′ 中的任何延伸都是同义词. 另外, 在这个相似蛋白质中还有其他的公共稳定区域, 如AVAAESSTGTWT, LDRYKGRCY 等, 因此这是一个由词组产生的相似蛋白质组.

利用这搜索可以发现相似性很高的蛋白质组, 如 YRF13-YEAST 蛋白质与 YRF16-YEAST 蛋白质, 它们的一级结构完全相同.

2. 利用中、高阶核心词的收缩作相似蛋白质组的搜索

除了利用局部词词库 $\mathcal{D}$ 作相似蛋白质的搜索外, 还可利用核心词来搜索相似蛋白质, 这可以得到一些相似性很高, 但数量较少的相似蛋白质.

例 2.3.2　我们在核心词词库中选择一个 52 阶的核心词: $\mathbf{D}$ = LWVVSAKAS AGYANGFGNKRLPFYQTYTAGGIGSLRGFAYGSIGPNAIYAEH , 如果我们对它前后作 4 个氨基酸的收缩, 那么就可得到一个长度为 48 的氨基酸序列, 在 SP′06 数据库中包含这个氨基酸序列的蛋白质分别是 D151-HAEIN, D152-HAEIN, D153-HAEIN, 它们的长度分别是 797, 795 与 793 AA.

3. 由相似蛋白质组产生的同义词

利用核心词可在 SP′06 数据库中搜索, 得到的相似蛋白质组可产生一系列同义词. 在这些同义词中, 又可产生极小与极大化的同义词.

例 2.3.3　在例 2.3.2 中, 利用核心词 $\mathbf{D}$ 的收缩, 得到的相似蛋白质组为 $\mathbf{A}$, 比较这个相似蛋白质组可以得到以下结论.

(1) 该相似蛋白质组的极小化同义词是 D_0 = RLPFYQ. 这就是在 SP′06 数据库中, 包含这个氨基酸序列的蛋白质仍然是该蛋白质组为 $\mathbf{A}$, 而对该氨基酸序列前后的任何收缩所产生的蛋白质组就不再是 $\mathbf{A}$.

(2) 该相似蛋白质组的极大同义词是

FFENYDNSKSDTSSNYKRTTYGSNVTLGFPVNENNSYYVGLGHTYNKISN FALEYNRNLYIQSMKFKGNGIKTNDFDFSFGWNYNSLNRGYFPTKGVKASLG GRVTIPGSDNKYYKLSADVQGFYPLDRDHLWVVSAKASAGYANGFGNKRLPF YQTYTAGGIGSLRGFAYGSIGPNAIYAEYGNG

这就是在 SP′06 数据库中, 包含氨基酸序列 D_1 的蛋白质仍然是该蛋白质组 $\mathbf{A}$, 而对该氨基酸序列前后的任何延伸就不再是该蛋白质组 $\mathbf{A}$.

(3) 显然氨基酸序列 D_1 包含氨基酸序列 D_0, 那么由氨基酸序列 D_0 在氨基酸序列 D_1 中的任何延伸都是同义词, 因为它们在 SP′06 数据库中所产生的相似蛋白质组都是 $\mathbf{A}$.

4. 举例说明相似蛋白质组的网络结构图

例 2.3.4　如我们用一个 17 阶的核心词 $\mathbf{D}'$ = NPESKVFYLKMKGDYYR , 记它的一个左向收缩词为 $\mathbf{D}'$, 它是一个 16 阶词, 我们用它来搜索数据库 Ω, 可以得到 16 个相似蛋白质, 它们在 Ω 中的 ID 编号与长度分别为

```
14331-MAIZE,261    14332-MAIZE,261    14332-ORYSA,262    14335-ORYSA,262
1433B-CHICK,244    1433B-HORVU,262    1433B-XENTR,244    1433Z-DROME,248
1433Z-MOUSE,245    1433Z-RAT, 245     1433Z-SHEEP,245    1433Z-XENLA,245
```

1433Z-XENTR,245 1433-XENLA, 235 143BA-XENLA,244 143BB-XENLA,244

我们对这一相似蛋白质组的网络结构特征说明如下.

(1) 由光盘 DATA0/2/SP'06.TXT 文件中可以得到它们的一级结构序列. 该相似蛋白质组的网络结构如图 2.3.1 所示.

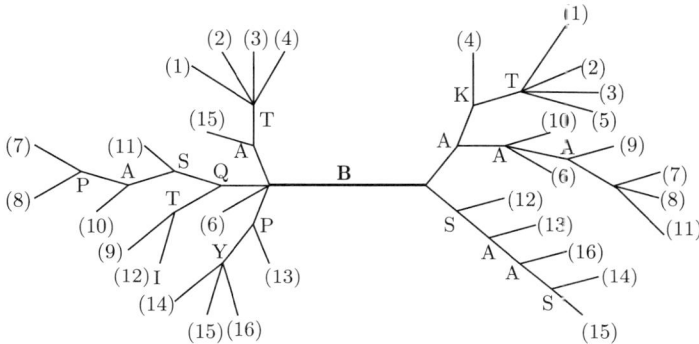

图 2.3.1 由核心词收缩所产生的网络结构图

(2) 图 2.3.1 中的粗黑线 **B** = **D**′ 是 16 阶词, 各蛋白质都包含这个词, 它在各蛋白质中的起始位点不全相同, 在 122 点左右.

(3) 图 2.3.1 中英文字母为氨基酸的单字符, 它们表示相似蛋白质的分叉点, 小括号中的数字表示蛋白质的编号, 按例 2.3.4 中各蛋白质的次序排列.

(4) 图 2.3.1 中的细线段表示不同的氨基酸片段, 它们的长度各不相同, 不同线段汇合后 (或前) 的片段对应蛋白质的稳定区域.

(5) 仿照例 2.3.3 的讨论, 可以产生该相似蛋白质组的极大与极小同义词词组, 我们不再重复.

例 2.3.5 一个长度为 29 的核心词:**D** = GREFSLRRGD RLLLFPFLSP QKD-PEIYTE, 它所在的蛋白质与起始位点分别为 CAML-MOUSE, 373. 如果取它的长度为 7 的片段 **D**′ 在数据库中进行搜索, 当该片段沿核心词滑动时可产生不同类型的相似蛋白质组, 这些相似蛋白质在 Ω 数据库中的 ID 编号与片段 **D**′ 在各蛋白质中的起始位点如表 2.3.2 所示.

表 2.3.2 一些肽链的名称与位置

片段 **D**′	相似蛋白质数	蛋白质名称	起始位点	蛋白质名称	起始位点	蛋白质名称	起始位点	蛋白质名称	起始位点
RGDRLLL	4	(A)	379	(B)	379	(A)	380	(C)	380
GDRLLLF	4	(A)	380	(B)	380	(A)	381	(C)	381
LLLFPFL	4	(A)	383	(B)	383	(A)	384	(C)	384
LLFPFLS	4	(A)	384	(B)	384	(A)	385	(C)	385
LFPFLSP	4	(A)	385	(B)	385	(A)	386	(C)	386

续表

片段 $\mathbf{D}'$	相似蛋白质数	蛋白质名称	起始位点	蛋白质名称	起始位点	蛋白质名称	起始位点	蛋白质名称	起始位点
FSLRRGD	3	(A)	375	(A)	376	(C)	376		
PQKDPEI	3	(A)	391	(A)	392	(C)	392		
SLRRGDR	3	(A)	376	(A)	377	(C)	377		

其中第 2 列为相似蛋白质数, 蛋白质名称 (A),(B),(C) 分别是 (A), CAML-HOMAN, CAML-RAT. 由此可见, 由核心词的不同收缩方式可以产生不同的相似蛋白质组. 如果我们把表中第 1 列的词记为 $\mathbf{D}'_1, \mathbf{D}'_2, \cdots, \mathbf{D}'_8$, 那么其中的前 5 个与最后的 3 个构成两组同义词, 由它们所产生的相似蛋白质组分别相同.

5. 利用极小词的词组作相似蛋白质组的搜索

在以上的讨论中, 我们已经给出了由高阶极大词或由核心词的收缩来搜索相似蛋白质组. 如果采用极小词来搜索相似蛋白质组规模十分庞大, 这为继续分析带来困难, 因此需要改用极小词组来搜索相似蛋白质组. 有关计算步骤如下.

记 $\mathbf{D} = \{D_1, D_2, \cdots, D_{h_0}\}$ 是一个极小词组, 其中不同编号的词可以重复, 但前后次序必须固定. 称 A_s 包含该词组, 如果满足以下条件.

条件 2.3.1 A_s 包含该词组中的每一个词. 也就是对每一个 $h = 1, 2, \cdots, h_0$, 都有 $D_h < A_s$ 成立.

条件 2.3.2 $D_1, D_2, \cdots, D_h$ 在 A_s 中出现的排列次序不变, 而且互不重叠.

条件 2.3.3 记 i_h 为 D_h 出现的起始位点, 这时 $i_1 < i_2 < \cdots < i_{h_0}$, 而且在 $i_h + 1$ 到 i_{h+1} 之间没有 $\mathbf{D}$ 中的任何词.

条件 2.3.4 如果记 τ_h 为 D_h 词的阶数, 这时有 $i_h + \tau_h < i_{h+1}$ 成立, 对此我们还要求 $i_{h+1} - i_h - \tau_h$ 的值不能太大.

例 2.3.6 如我们取 $\mathbf{D} = \{\text{RL, AA, LR}\}$ 是一个由三个 2 阶词组成的词组, 我们由此搜索它的相似蛋白质组, 得到的计算结果如下.

(1) 在条件 2.3.1 ~ 条件 2.3.3 的限制下, 在数据库 Ω 中, 由词组 $\mathbf{D}$ 产生的相似蛋白质有 4016860 条次 (这就是词组 $\mathbf{D}$ 在同一蛋白质中有可能多次出现, 我们给以重复计算).

(2) 在条件 2.3.1 ~ 条件 2.3.4 的限制下, 如果对条件 2.3.4 我们作 $i_2 - i_1$, $i_3 - i_2 \leqslant 20, 15, 10, 2$ 的限制, 那么在数据库 Ω 中, 由词组 $\mathbf{D}$ 产生的相似蛋白质分别有 9385, 5162, 2170, 53 条次.

(3) 在条件 2.3.1 ~ 条件 2.3.4 的限制下, 如果我们要求 $i_2 - i_1 = i_3 - i_2 = 2$ 的限制, 那么这 53 条相似蛋白质是

10467	13539	15040	19810	20172	20173	21670	23292	25721	28074	28075	28076	28077
28118	28124	28125	46093	46094	46095	48500	48501	48502	48503	48504	56667	69916

84437　87331　92379　96104　101161　103788　116157　117030　117082　117561　123175　130708　132859
182715　186681　189933　195443　195444　195445　211113　211114　216384　223169　224445　241703　243612
246633

上面所述的各数据是蛋白质在 Ω 数据库中的序号, 我们可以从光盘 DATA0/2/ SP′06.TXT 文件中得到这些蛋白质的 ID 编号及这些相似蛋白质的性质.

例 2.3.6 的计算可以推广到一般词组的情形, 这样就可由一般的词组来确定它的相似蛋白质组, 有关的编程与计算并不十分困难.

2.3.2 相似蛋白质组的布尔网络结构

利用 2.3.1 节的由词组产生相似蛋白质组的方法及有关词组结构的网络理论, 就可得到相似蛋白质组的网络结构的搜索与分析.

1. 关于极小词组序列的定义

关于词组结构的布尔网络及由此产生的相似蛋白质组的网络结构理论我们在 2.3.1 节中给出, 我们现在再针对数据库 Ω, 并结合条件 2.3.1∼ 条件 2.3.4 作进一步的讨论.

记 $\mathbf{D} = \{D_1, D_2, \cdots, D_{h_0}\}$ 是一个极小词组序列, 这就是其中的每个 D_j 都是极小词, 同编号的词可以重复, 但前后次序必须固定.

条件 2.3.5 $J = \{j_1, j_2, \cdots, j_h\}$ 是 $H_0 = \{1, 2, \cdots, h_0\}$ 中的一个子集, 它们互不相重, 而且按大小次序排列. 因此有 $1 \leqslant j_1 < j_2 < \cdots < j_h \leqslant h_0$ 成立.

如果 J 是一个满足条件 2.3.5 的集合, 那么它对应 $\mathbf{D}$ 的一个子列为

$$\mathbf{D}(J) = \mathbf{D}(j_1, j_2, \cdots, j_h) = \{D_{j_1}, D_{j_2}, \cdots, D_{j_h}\}. \tag{2.3.1}$$

2. 由词组产生的布尔代数

对固定的词组 $\mathbf{D}$, 记满足条件 2.3.5 的全体集合为 $\mathcal{J}_{h_0}$, 这时 $\mathcal{J}_{h_0}$ 构成一个布尔代数. 这就是 $\mathcal{J}_{h_0}$ 满足以下性质.

(1) 对集合 $\mathcal{J}_{h_0}$ 同样可以定义它的半序关系, 这就是对任何 $J, J' \in \mathcal{J}_{h_0}$, 如果 J 是 J' 的一个子集, 那么称 J 是 J' 的一个子列, 这时记 $J \leqslant J'$.

对集合 $\mathcal{J}_{h_0}$ 中的半序关系显然具有自反性、等价性与递推性.

(2) 在集合 $\mathcal{J}_{h_0}$ 中的元 J, J', 同样可以定义它们的余、交、并与差的运算, 我们分别记为 $J^c, J \wedge J', J \vee J', J - J'$.

(3) 布尔代数中关于余、交、并与差运算的规律对集合 $\mathcal{J}_{h_0}$ 中的余、交、并与差运算同样成立, 如交与并的分配率: $J \wedge (J' \vee J'') = (J \wedge J') \vee (J \wedge J'')$ 等.

3. 相似蛋白质组的布尔网络结构

当词组 $\mathbf{D}$ 与布尔代数 $\mathcal{J}_{h_0}$ 给定时, 对每个 $J \in \mathcal{J}_{h_0}$, 记 $\mathcal{A}[D(J)]$ 是 Ω 中由集

合 $\mathbf{D}(J)$ 在满足条件 2.3.1~ 条件 2.3.3 下所确定的全体蛋白质, 称为由词组 $\mathbf{D}(J)$ 确定的相似蛋白质组.

当 J 在 $\mathcal{J}_{h_0}$ 中变化时, 得到一组关于相似蛋白质组的集合:

$$\tilde{\mathcal{A}}(D) = \{\mathcal{A}[D(J)] : J \in \mathcal{J}_{h_0}\}. \tag{2.3.2}$$

这就是由词组 $\mathbf{D}$ 产生的相似蛋白质组的布尔网络结构.

4. 关于相似蛋白质组的布尔网络结构的实例计算

依据以上定义, 我们构造一个相似蛋白质组的布尔网络结构的计算实例如下.

例 2.3.7 仿例 2.3.6, 如我们取 $\mathbf{D} = \{$ WYF, RIHT, YEC, APAP $\}$ 是一个由四个极小词组成的词组, 我们由此搜索它的相似蛋白质组的布尔网络结构, 得到的计算结果如下.

(1) 记该词组为 $\mathbf{D} = \{D_1, D_2, D_3, D_4\}$, 它的子集, 除了 $\mathbf{D}$ 自己与空集外, 分别还有

$$\begin{cases} D(j) = \{D_j\}, & j = 1, 2, 3, 4, \\ D(j, j') = \{D_j, D_{j'}\}, & 1 \leqslant j < j' \leqslant 4, \\ D(j, j', j'') = \{D_j, D_{j'}, D_{j''}\}, & 1 \leqslant j < j' < j'' \leqslant 4. \end{cases} \tag{2.3.3}$$

因此, 它的子集共有 $2^4 = 16$ 个. 对这 16 个子集我们又可表示成 $\mathcal{J}_4$ 的形式, 它是

$$\{j\}, j = 1, 2, 3, 4, \quad \{j, j'\}, 1 \leqslant j < j' \leqslant 4, \quad \{j, j', j''\}, 1 \leqslant j < j' < j'' \leqslant 4. \tag{2.3.4}$$

(2) $\mathcal{J}_4$ 显然是一个布尔代数. 对每个 $J \in \mathcal{J}_4$ 时, 所对应的 $D(J)$ 与 $\mathcal{A}[D(J)]$ 所包含的蛋白质数如表 2.3.3 所示.

表 2.3.3 包含 $\mathbf{D}$ 中不同词组的蛋白质数计算表

J	ϕ	1	2	3	4	1,2	1,3	1,4
$|\mathcal{A}[D(J)]|$	250296	3245	1863	4576	3756	1	10	28

J	2,3	2,4	3,4	1,2,3	1,2,4	1,3,4	2,3,4	1,2,3,4
$|\mathcal{A}[D(J)]|$	771	1	31	0	0	0	0	0

(3) 除了集合 $\mathcal{A}[D(J)]$ 的数量关系外, 我们还可以得到集合 $\mathcal{A}[D(J)]$ 中所包含的蛋白质, 如在 $\mathcal{A}[D(1,3)]$ 中所包含的 10 个蛋白质的编号为 23283, 72320, 204436, 204436, 204436, 204436, 204436, 204437, 204437, 244109.

(4) 在利用词组搜索得到相似蛋白质组的布尔网络结构后, 我们还可对每个相似蛋白质组做同义词词组的极小化与极大化分析, 它们的计算过程与例 2.3.3 相似.

图 2.3.2 实际上给出了两个相似蛋白质组的网络结构图, 其中第 1 个相似蛋白质组是由 **A**, **B**, **D** 这三个词所产生的相似蛋白质组, 而第 2 个相似蛋白质组是由 **A**, **C**, **D** 这三个词所产生. 这两个相似蛋白质组的合并就是由 **A**, **D** 这两个词所产生的相似蛋白质组. 在每个相似蛋白质组中还有交叉, 由此形成相似蛋白质组的网络结构.

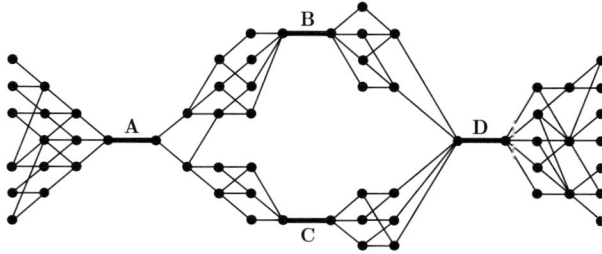

图 2.3.2 相似蛋白质的一般网络结构图

2.3.3 利用相似蛋白质组做人造蛋白质的构造设计

在数据库中所得到的蛋白质都是从生物体中观测到的, 也有部分是从 DNA 基因转译得到, 通过观察与测量所得到的蛋白质虽然以几何级数的速度在增加, 但它们毕竟有限, 而且必须在自然界存在. 我们的问题是: 能否用人工的方法设计与构造新的蛋白质及如何设计与构造. 我们的思路与观点是利用 2.3.1 节和 2.3.2 节中相似蛋白质的网络结构来设计与构造其他可能存在的蛋白质. 因为还不知道这些蛋白质来自哪个生物体, 所以称为**人造蛋白质**.

1. 人造蛋白质构造的设计思路如下

(1) 由词组 $\mathbf{D} = \{D_1, D_2, \cdots, D_h\}$ 出发, 我们记 $\mathcal{A}(\mathbf{D})$ 是由数据库 Ω 中由 **D** 生成的一组相似蛋白质, 它们是从生物体中观测到, 我们以此为基础构造人造蛋白质.

(2) 对相似蛋白质组 $\mathcal{A}(\mathbf{D})$ 进行比对, 并对词组 **D** 在同义意义下作极大化, 得到极大化的词组 $\mathbf{D}' = \{D_1', D_2', \cdots, D_{h'}'\}$, 这时 $\mathcal{A}(\mathbf{D}) = \mathcal{A}(\mathbf{D}')$.

(3) 对每个蛋白质 $A_s \in \mathcal{A}(\mathbf{D}')$, 我们把它分解成两个部分, 即词组 $\mathbf{D}'$ 的部分与 $\mathbf{E}_s = A_s - \mathbf{D}'$ 部分. 这时 $\mathbf{E}_s$ 也有若干片段组成, 记为 $\mathbf{E} = \{E_{s,0}, E_{s,1}, \cdots, E_{s,h'}\}$. 这时

$$A_s = (E_{s,0}, D_1', E_{s,1}, D_2', \cdots, D_{h'-1}', E_{s,h'}, D_{h'}'). \tag{2.3.5}$$

(4) 如果 A_t 也是 $\mathcal{A}(\mathbf{D}')$ 中的一个蛋白质, 按式 (2.3.5) 的分解式, 它可记为

$$A_t = (E_{t,0}, D_1', E_{t,1}, D_2', \cdots, D_{h'-1}', E_{t,h'}, D_{h'}'). \tag{2.3.6}$$

(5) 如果我们对 A_s, A_t 中的 $\mathbf{D}'$ 部分保持不变, 而对 $\mathbf{E}_s, \mathbf{E}_t$ 中的各片段作选择性的交换, 由此得到一批新的蛋白质

$$A_{\bar{\gamma}} = (E_{\gamma_0,0}, D_1', E_{\gamma_1,1}, D_2', \cdots, D_{h'-1}', E_{\gamma_{h'},h'}, D_{h'}'), \tag{2.3.7}$$

其中 $\bar{\gamma} = (\gamma_0, \gamma_1, \cdots, \gamma_{h'})$, 而每个 γ_j 取 s 或 t.

我们又称这种置换是相似蛋白质的剪切置换, 由式 (2.3.7) 得到的氨基酸序列 $A_{\bar{\gamma}}$ 就有可能成为新的人造蛋白质, 它们仍然是 $\mathcal{A}(\mathbf{D})$ 的相似蛋白质.

2. 有关问题的讨论

(1) 对以上新蛋白质设计的依据是: 既然 $E_{s,h}$ 与 $E_{t,h}$ 都有可能在 D_{h-1}' 与 D_h' 之间存在, 那么它们就可作适当的选择.

(2) 如果记 $\mathcal{A}(\mathbf{D})$ 中的相似蛋白质数为 m, 那么由式 (2.3.7) 所设计的新蛋白质数可能有 $(m)^{h'}$ 条, 因此只有在 m, h' 的取值比较小时才能在实验室中全部实现它们的构造.

(3) 对不同的 s 与相同的 h, 其中有些 $E_{s,h}$ 有可能相同, 因此所设计的新蛋白质数有可能减少.

(4) 我们又称这种人造蛋白质构造的设计为相似蛋白质的预测.

3. 实例计算与分析

以下我们以天花粉蛋白与胰岛素为例来说明设计构造人造蛋白质的可能性.

例 2.3.8　天花粉蛋白可从我国中草药中提取的一种药物蛋白, 早期是一种引产药物 (见文献 [246],[227] 等), 近年来发现对癌症与艾滋病有抑制作用, 因此受到重视.

(1) 在 SP'06 数据库中, 只记录有两个相似蛋白质, 它们的名称 (ID 编号) 与一级结构分别为

```
RISA-CHLPN:

MIRFLVFSLLILTLFLTAPAVEGDVSFRLSGATSSSYGVFISNLRKALPYERKLYDIPLLRSTLP
GSQRYALIHLTNYADETISVAIDVTNVYVMGYRAGDTSYFFNEASATEAAKYVFKDAKRKVTLPY
SGNYERLQIAAGKIRENIPLGLPALDSAITTLFYYNANSAASALMVLIQSTSEAARYKFIEQQIG
KRVDKTFLPSLAIISLENSWSALSKQIQIASTNNGQFETPVVLINAQNQRVTITNVDAGVVTSNI
ALLLNRNNMAAIDDDVPMAQSFGCGSYAI

RISA-CHLTR:

MIRFLVLSLLILTLFLTTPAVEGDVSFRLSGATSSSYGVFISNLRKALPNERKLYDIPLLRSSLP
GSQRYALIHLTNYADETISVAIDVTNVYIMGYRAGDTSYFFNEASATEAAKYVFKDAMRKVTLPY
SGNYERLQTAAGKIRENIPLGLPALDSAITTLFYYNANSAASALMVLIQSTSEAARYKFIEQQIG
```

KRVDKTFLPSLAIISLENSWSALSKQIQIASTNNGQFESPVVLINAQNQRVTITNVDAGVVTSNI

ALLLNRNNMAAMDDDVPMTQSFGCGSYAI

(2) 记这两个蛋白质序列分别为 A, B, 它们的全长为 $n = 289$, 这两个序列有很好的相似性, 有 10 个片段完全相同, 它们分别是

(i) MIRFLVFSLLILTLFLT; (ii) PAVEGDVSFRLSGATSSSYGVFISNLRKALP; (iii) ERKLYDIPLLRS; (iv) LPGSQRYALIHLTNYADETISVAIDVTNVY; (v) MGY RAGDTSYFFNEASATEAAKYVFKDA; (vi) RKVTLPYSGNYERLQ; (vii) AAGKI RENIPLGLPALDSAITTLFYYNANSAASALMVLIQSTSEAARYKFIEQQIGKRVD KTFLPSLAIISLENSWSALSKQIQIASTNNGQFE; (viii) PVVLINAQNQRVTTNVD AGVVTSNIALLLNRNNMAA; (ix) DDDVPM; (x) QSFGCGSYAI.

(3) 在这 10 段序列中, 每两个段之间都有一个氨基酸, 在不同蛋白质中互不相同, 这两个蛋白质可用图 2.3.3 的形式来表示.

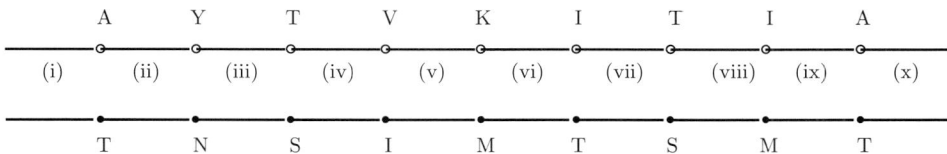

图 2.3.3　蛋白质 RISA-CHLPN 和 RISA-CHLTR 一级结构关系图

其中 (i),(ii), · · · , (x) 在 (2) 中给定, 而大写英文字母是不同段之间的氨基酸, 是这两个相似蛋白质中剪切位点.

(4) 相似蛋白质的剪切预测就是把这些剪切位点的氨基酸进行交换, 交换后所产生的蛋白质都是原蛋白质的相似蛋白质. 因为在这两个蛋白质中有 9 个剪切位点, 所以可以预测它们的相似蛋白质可能有 $2^9 = 512$ 个.

(5) 在例 2.3.8 的天花粉蛋白 RISA-CHLPN 和 RISA-CHLTR, 中, 长度为 6 的核心词分别有

A: RFLVFS, PYERKL, YERKLY, TLPGSQ, TNVYVM, NVYVMG, VYVMGY, YVMGYR, VMGYRA, NGQFET, GQFETP, FETPVV, NMAAID, MAAIDD, AAIDDD, DVPMAQ, VPMAQS, PMAQSF, MAQSFG, AQSFGC.

B: IRFLVL, TLFLTT, LPNERK, YIMGYR, VFKDAM, FKDAME, KDAMRK, NNMAAM, NMAAMD, MAAMDD, VPMTQS, PMTQSF, MTQSFG, TQSFGC.

例 2.3.9　动物胰岛素的网络结构分析与人造胰岛素的设计与构造.

(1) 在 SP′06 中记录了 21 种**动物胰岛素**, 利用关键词对它们作一级结构序列的比对, 确定它们的公共一致区域 (关键词部分) 与稳定区域, 比对后的结果如下所示.

```
      1          25           53                        89        110
      |    A     |     B     |         C              |    D     |
 1    ---------------------|FVNQHLCGSHLVEALYLVCGERGFFYTPK|A-------------------------------|GIVEQCCASTCSLYQLENYCN
 2    ---------------------|FVNQHLCGSHLVEALYLVCGERGFFYTPK|A-------------------------------|GIVEQCCTSICSLYQLENYCN
 3    ---------------------|FVNQHLCGSHLVEALYLVCGERGFFYTPK|A-------------------------------|GIVEQCCAGVCSLYQLENYCN
 4    ---------------------|FVNQHLCGSHLVEALYLVCGERGFFYTPK|T-------------------------------|GIVEQCCGVCSLYQLENYCN
 5    ---------------------|FVNQHLCGSHLVEALYLVCGERGFFYTPK|A-------------------------------|GIVEQCCTSICSLYQLENYCN
 6    ----------------|FVNQHLCGSHLVEALYLVCGERGFFYTPK|AXXEAEDPQVGEVELGGGPGLGGLQPLALAGPQQXX|GIVEQCCTGICSLYQLENYCN
 7    MALWTRLRPLLLALLALWPPPPARA|FVNQHLCGSHLVEALYLVCGERGFFYTPK|ARREVEGPQVGALELAGGPGAGGLEGPPQKR-----|GIVEQCCASVCSLYQLENYCN
 8    MALWMRLLPLLALLALWAPAPTRA|FVNQHLCGSHLVEALYLVCGERGFFYTPK|ARREVEDLQVRDVELAGAPGAGGLEGALQKR|GIVEQCCTSICSLYQLENYCN
 9    MALWMRLLPLLALLALWGPDVPA|FVNQHLCGSHLVEALYLVCGERGFFYTPK|TRREADPQVGQVELGGGPGAGSLQPLALEGSLQKR|GIVEQCCTSICSLYQLENYCN
10    MTLWMRLLPLLTLLVLWEPNPAQA|FVNQHLCGSHLVEALYLVCGERGFFYTPK|SRRGVEDPQVAQLELGGGPGADDLQTLALEVAQQKR|GIVDQCCTSICSLYQLENYCN
11    MAPWTRLLPLLALLSLWIPAPTRA|FVNQHLCGSHLVEALYLVCGERGFFYTPK|ARREAEDLQGKDAELGEAPGAGGLQPSALEAPLQKR|GIVEQCCASVCSLYQLEHYCN
12    MALWMRLLPLLALLALWGPDPAAA|FVNQHLCGSHLVEALYLVCGERGFFYTPK|TRREAEDLQVGQVELGGGPGAGSLQPLALEGSLQKR|GIVEQCCTSICSLYQLENYCN
13    MALWMRLLPLLALLALWGPDPAAA|FVNQHLCGSHLVEALYLVCGERGFFYTPK|TRREAEDLQVGQVELGGGPGAGSLQPLALEGSLQKR|GIVEQCCTSICSLYQLENYCN
14    MALWMRLLPLLALLALWGPDPAPA|FVNQHLCGSHLVEALYLVCGERGFFYTPK|TRREAEDPQVGQVELGGGPGAGSLQPLALEGSLQKR|GIVEQCCTSICSLYQLENYCN
15    MALWMRLLPLLVLLALWGPDPASA|FVNQHLCGSHLVEALYLVCGERGFFYTPK|TRREAEDLQVGQVELGGGPGAGSLQPLALEGSLQKR|GIVEQCCTSICSLYQLENYCN
16    MALWTRLLPLLALLALWAPAPAQA|FVNQHLCGSHLVEALYLVCGERGFFYTPK|ARREAENPQAGAVELGGGLGGLQALALEGPPQKR--|GIVEQCCTSICSLYQLENYCN
17    MALWTRLLPLLALLALWGPDPAQA|FVNQHLCGSHLVEALYLVCGERGFFYTPK|TRREAEDLQVGQVELGGGPGAGSLQPLALEGSLQKR|GIVEQCCTSICSLYQLENYCN
18    MALWMRLLPLLAFLILWEPSPAHA|FVNQHLCGSHLVEALYLVCGERGFFYTPK|FRRGVDDPQMPQLELGGSPGAGDLRALALEVARQKR|GIVEQCCTGICSLYQLENYCN
19    MASLAALLPLLLALLVLCRLDPAQA|FVNQHLCGSHLVEALYLVCGERGFFYTPK|TRREVGQAGALGQSPSALEALQKR|GIVEQCCTSICSLYQLENYCN
20    MALWTRLVPLLALLALWAPAPAHA|FVNQHLCGSHLVEALYLVCGERGFFYTPK|ARREVEGPQVGALELAGGPGAGGLEGPPQKRGIVEQ|CCAGVCSLYQLENYCN
21    MALWTRLLPLLALLALLGPDPAQA|FVNQHLCGSHLVEALYLVCGERGFFYTPK|SRREVEEQQGGQVELGGGPGAGLPQPLALEMALQKR|GIVEQCCTSICSLYQLENYCN
```

这 21 种动物胰岛素名称如下所示.

1 INS_BALBO　Rev;　51 AA.	2 INS_BALPH　Rev;　51 AA.	3 INS_CAPHI　Rev;　51 AA.
4 INS_ELEMA　Rev;　51 AA.	5 INS_PHYCA　Rev;　51 AA.	6 INS_HORSE　Rev;　86 AA.
7 INS_BOVIN　Rev; 105 AA.	8 INS_CANFA　Rev; 110 AA.	9 INS_CERAE　Rev; 110 AA.
10 INS_CRILO　Rev; 110 AA.	11 INS_FELCA　Rev; 110 AA.	12 INS_GADCA　Rev;　51 AA.
13 INS_HUMAN　Rev; 110 AA.	14 INS_MACFA　Rev; 110 AA.	15 INS_PANTR　Rev; 110 AA.
16 INS_PIG　　Rev; 108 AA.	17 INS_PONPY　Rev; 110 AA.	18 INS_PSAOB　Rev; 110 AA.
19 INS_RABIT　Rev; 110 AA.	20 INS_SHEEP　Rev; 105 AA.	21 INS_SPETR　Rev; 110 AA.

(2) 对这 21 种动物胰岛素的一级结构的多重序列比对结果分解成四个区域, 即 A 链: A 信号肽区域[1,24]; B 链: 公共一致区域 (关键词部分)[25,53]; C 链: 多氨基酸片段区域; D 链: 稳定区域.

(3) 对牛、羊、猪、人、黑猩猩、狗、小鼠、大鼠、兔子这 9 种生物构造它们的网络结构图, 如图 2.3.4 所示.

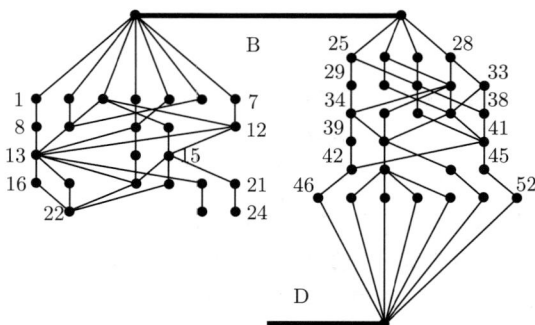

图 2.3.4　9 种不同生物胰岛素的网络结构图

(4) 对图 2.3.4 说明如下.

(i) 图 2.3.4 中的粗黑线 B, D 分别表示两个关键词, 它们分别是

FVNQHLCGSHLVEALYLVCGERGFFYTPK, GIVEQCCASVCSLYQLENYCN.

(ii) 图 2.3.4 中的粗黑点 $1, 2, \cdots, 52$ 分别表示氨基酸片段, 它们分别是

```
1:PAR    8:LWPPP  13:PLLALLA  16:TRLR   22:MALW  |  25:SRREVE  29:EPQV  34:G]  39:AEL   42:GGGLG  46:-G-LQ
2:PAH    9:LWAPA  14:PLLvLLA  17:TRLV   23:MALL  |  26:ARREAE  30:NPQA  35:R]  40:VEL   43:GGGPG  47:--DLQ
3:PAQ   10:LWGPD  15:PLLALLv  18:MRLL   24:MASL  |  27:TRREAE  31:DPQV  36:P]  41:LEL   44:AGAPG  48:AGSLQ
4:PAA   11:LWEPK  19:MRFL                        |  28:ARREVE  32:DLQV  37:GA  45:AGGPG           49:AGGLQ
5:PTS   12:LCRLD  20:VHFI                        |            33:GPQV  38:E]                       50:AGGLQ
6:PTR           21:AALL                          |                                               51:EGGLQ
7:PTQ                                            |                                               52:-----
```

(iii) 图 2.3.4 中细线与黑点连接构成路径, 每条路径上的氨基酸由各黑点的氨基酸连接而成.

(iv) 图 2.3.4 中左边各路径是各蛋白质的句头, 右边各路径是各蛋白质的连接句.

(5) 由网络图中各种不同类型的路径组合就可产生其他可能生成的人造胰岛素, 它的总路径数有 210 条, 因此我们可以设计构造 210 种人造胰岛素.

2.3.4 一些重要的小肽、寡肽与小蛋白

上面我们已经说明, 从化学与数学角度来看, 氨基酸序列与蛋白质无本质的区别. 为了叙述方便, 我们把氨基酸的线性排列称为氨基酸序列, 而把已具有空间折叠与功能的氨基酸序列称为蛋白质.

1. 氨基酸序列的分类概述

对氨基酸序列的研究是蛋白质研究中的重要组成部分. 迄今已有大批具有生物与生理功能的氨基酸序列被发现, 并已形成专门的氨基酸序列数据库 (见文献 [160] 介绍). 因此, 重要氨基酸序列的数据库就是蛋白质词典的组成部分. 氨基酸序列的类型很多, 大体可分以下 4 类.

(1) 按大小 (所含氨基酸数目) 分类. 这种分类方法也不统一, 如文献 [160] 中把氨基酸数目在 15 个以下的称为寡肽, 而把所含氨基酸数目为 15~50 个称为多肽, 把所含氨基酸数目在 50 个以上称为蛋白质. 也有的文献把所含氨基酸数目在 15 个以下的称为**小肽**, 所含氨基酸数目为 15~50 个内的称为**寡肽**, 所含氨基酸数目为 50~150 的称为多肽, 当长度超过一定的数目 (如 150 个氨基酸) 后就是蛋白质. 在本书中我们采用第 2 种分类法, 而把含的氨基酸少于 150 称为小蛋白.

(2) 按形态分类. 如**线性肽**(氨基酸按一定次序排列, 但首尾不相连)、复合线性肽 (多条相互连接的线性肽)、**环形肽**(首尾相连线性肽)、多环结构等, 在线性肽的形状中又分螺旋状、折叠状与转角状等.

(3) 氨基酸序列的起始与终止分子的修饰. 在氨基酸序列生成过程中可以看到, 每两个氨基酸连接时分别在它的前后丢失一个 H 原子与一个 OH 分子, 因此在氨基酸序列的起始与终止氨基酸上较中间的氨基酸残基分别多一个 H 原子与一个 OH 分子. 如果把这个 H 原子与 OH 分子用其他同价键分子官能团取代, 那么就可产生氨基酸序列的起始与终止分子的修饰. 经分子的修饰后的氨基酸序列会产生不同的生化功能.

(4) 按氨基酸序列的功能分类, 如常见的**肽类激素**、**神经肽**、**抗生素**、**毒素**等.

迄今, 已有大批具有生物与生理功能的氨基酸序列被发现、分离与阐明, 其中大部分氨基酸序列都可化学合成, 氨基酸序列与蛋白质的分解与合成在本质上是相同的.

小肽、寡肽与小蛋白, 它们局部词、核心词 (或收缩后的核心词) 的重叠关系很小. 因此较难用 ID 的方法来进行研究与识别. 我们把它们作为单独的词库数据给以列出, 因为它们在数据库中都有明确的生物意义, 所以这个词库就可形成一个特殊的蛋白质词典.

2. 重要的小肽、寡肽、小蛋白

(1) 二肽, 如 Asp-Phe(DF), 称为天冬甜素, 是一种人造甜味素. 肽京都酚 (二肽): H-TYR-Arg-OH(YR), 这是一种神经活性肽.

(2) 三肽 Arg-Gly-Asp (RGD): 这是细胞与细胞间、细胞与基质间相互作用与识别的一种普遍模式, 一些含有 RGD 序列的氨基酸序列可以有效抑制细胞外蛋白质与细胞受体的结合.

(3) 有机体需要高度复杂的化学信号传导系统来协调自身在各水平的活动, 细胞间的通信主要依靠激素和神经递质来传递信息. 激素包括肽、蛋白质与氨基酸, 它们通过与不同的受体结合而发生作用. 它们的有关类型, 如释放素与抑制素、垂体激素、神经垂体激素、胃肠激素与胰岛素等, 它们的一级结构可由氨基酸的三字符或一字符表示, 一些脊椎动物的激素如下.

促甲状腺素释放因子 (三肽): Glu-His-Pro-NH_2(EHP).

促性腺素释放素 (十肽): Glu-His-Trp-Ser-Tyr-Gly-Leu-Arg-Pro-Gly-NH_2(EHW SYGLRPG).

脑下垂体素 (九肽)、缓激素 (九肽).

(4) 神经肽. 肽在中枢神经系统中有重要作用, 在生物的睡眠、学习、记忆、攻击、食欲、饮水、疼痛、性行为与运动等行为中发挥作用. 它们的类型有如下 6 种.

(i) 阿片肽, 起镇痛与麻醉作用, 目前临床使用的主要是合成或半合成的吗啡类物, 近年来也发现动物脑体内也可提取得到, 如甲硫氨酸脑啡肽与亮氨酸脑啡肽等, 它们是两个 5 氨基酸序列:

H-Tyr-Gly-Gly-Phe-Met-OH(YGGFM),

H-Tyr-Gly-Gly-Phe-Leu-OH (YGGFL).

(ii) 速激肽, 这是具有相同 C 端的氨基酸序列族, 它们共同的 C 端的氨基酸序列是 -Phe-Xaa-Gly-Leu-Met-NH$_2$, 它们与治疗某些疼痛与神经紊乱疾病有关.

(iii) 神经活性肽: 除了肽京都酚 (YR) 外, 还有如直肠肽 (五肽): H-Arg-Tyr-Leu-Pro-Thr-OH(RYLPT) 等.

(iv) 肽类抗生素的类型很多, 一般为小肽与寡肽, 且含非蛋白型的氨基酸, 一些氨基酸具有 D 型结构, 并呈环状.

(v) 肽类毒素. 如蘑菇毒素. α-金环蛇毒素是一 74 氨基酸序列, 芋螺毒素是多肽神经毒素, 含氨基酸为 9~29 个, 其中半胱氨酸占 22 %~50 %.

(vi) 胰岛素. 它的一级结构我们已在例 2.3.9 中给出. 它由 A,B 两条氨基酸序列组成, 它们的长度分别为 21 与 30, 它们的一级结构分别为 A: GIVEQCCASVC-SLYQLENYCN, B: FVNQHLCGHLVEALYLVCGRGFFYTPKA. 胰岛素的空间结构依靠 3 个二硫键保持稳定, 第 1 个二硫键是由 A 链的第 6 个与第 11 个氨基酸构成, 第 2 个二硫键是由 A, B 链的第 7 个氨基酸构成, 第 3 个二硫键是由 A 链的第 20 个与 B 链的第 19 个氨基酸构成.

光盘 DATA0/2/寡肽表.xls 文件中给出了在 SP′06 数据库中的 429 种长度小于 10 的寡肽, 其中包括它们的名称、编号、功能与一级结构.

3. 重要的小肽、寡肽、小蛋白在 SP′06 数据库与词库口的分布

在上面我们给出了几种重要的小肽、寡肽与小蛋白, 如

DF, YR, EHP, RGD, EHWSYGLRPG, YGGFM, YGGFMRYLPT
GIVEQCCASVCSLYQLENYCN, FVNQHLCGHLVEALYLVCGRGFFYTPKA .

我们分析它们在 SP′06 数据库与词库中的结构分布. 为了简单起见, 对这些小肽、寡肽与小蛋白用编号 1~9 代替. 有关计算与分析结果如表 2.3.4 所示.

表 2.3.4　几种重要小肽、寡肽在 SP′06 数据库与词库出现的频数表

编号	1	2	3	4	5	6	7	8	9
在 SP′06 中的频数	215791	162250	8319	15452	0	86	33	2	0
在局部词词库中的频数	67	123	66	0	0	0	0	0	0
在核心词词库中的频数	450361	299461	54	27455	0	27	29	0	0

由此可见, 这几种重要小肽在 SP′06 数据库、局部词词库与核心词词库中出现的情况并不相同, 有的可登录出现, 有的则不出现.

4. 一些具有特殊分布类型的蛋白质

在不同蛋白质中, 所含氨基酸残基的比例和蛋白质的性质与类型有密切关系.

如角蛋白与精蛋白, 前者富含 Cys 残基 (达 2%~16 %), 因此有较多的二硫键结构, 具有不溶性与抗拉性, 形成纤维状的蛋白质, 存在于毛、发、蹄、爪、角和羽毛中. 精蛋白是富含 Arg 残基 (达 80%~85 %), 存在于动物的精子中.

在表 2.3.4 中, 我们给出了几种具有特殊分布类型的蛋白质, 在这些蛋白质 (或蛋白质族) 中, 有一种或几种氨基酸的频率分布大大高于 SP 数据库中各氨基酸的频率平均分布. 在表 2.3.5 中给出几种具有特殊分布类型的蛋白质中, 它们的长度在 50 AA 以上, 但绝大部分 (90.0% 以上) 氨基酸只集中在几个 (3~5 个) 氨基酸上.

表 2.3.5　　具有特殊分布类型的蛋白质

1	2	3	4	5	6	7	8
1	131	G:72.5	L:12.2	Y: 6.8	K: 4.5	R:2.2	98.4
3	61	P:32.7	G:26.2	Y:13.1	A:11.4	S:6.5	90.1
5	62	G:33.8	Y:29.0	L:12.9	A: 8.0	S:8.0	91.9
7	267	P:45.6	T:22.8	K:11.2	S: 6.7	Y:6.3	92.8
9	349	G:70.2	A: 9.4	F: 4.5	L: 4.3	I:2.5	91.1
11	90	K:37.7	A:33.3	P:13.3	S: 4.4	R:3.3	92.2
13	74	K:37.8	A:31.0	P:13.5	R: 4.0	S:4.0	90.5
15	54	K:38.8	R:35.1	G:25.9	O: 0.0	O:0.0	100.0
17	81	G:43.2	Y:23.4	S: 9.8	F: 7.4	C:6.1	90.1
19	278	G:31.6	C:30.5	S:19.7	K: 6.1	V:3.9	92.0
21	79	G:41.7	Y:26.5	C:11.3	L: 6.3	S:6.3	92.4
23	182	C:30.7	G:28.0	S:20.3	V: 6.0	K:5.4	90.6
25	53	A:39.6	E:32.0	Q:11.3	R: 9.4	L:7.5	100.0
27	55	C:40.0	G:27.2	P:16.3	S: 5.4	Y:3.6	92.7
29	91	R:26.3	K:24.1	S:21.9	A:12.0	P:6.5	91.2
31	371	P:37.7	K:18.0	V:18.0	Y:10.2	E:8.3	92.4
33	676	P:60.8	G:17.4	A: 9.1	R: 4.8	S:1.4	93.7
35	115	S:66.0	G:29.5	N: 1.7	Q: 1.7	T:0.8	100.0
1	2	3	4	5	6	7	8
2	790	A:49.7	T:23.5	P: 9.2	F: 6.4	L:4.6	93.6
4	54	R:40.7	S:18.5	T:12.9	Y:12.9	G:9.2	94.4
6	743	P:38.0	Y:19.3	S:18.5	V: 7.9	K:7.6	91.6
8	5263	G:45.8	A:30.2	S:12.0	Y: 5.2	V:1.8	95.3
10	80	K:37.5	A:31.2	P:13.7	S: 5.0	R:3.7	91.2
12	87	K:39.0	A:28.7	P:13.7	V: 5.7	S:4.6	91.9
14	60	R:65.0	S:16.6	Y:11.6	G: 3.3	A:1.6	98.3
16	84	R:36.9	C:22.6	K:19.0	P: 9.5	S:5.9	94.0
18	83	G:31.3	C:20.4	Y:19.2	S:14.4	R:6.0	91.5
20	288	G:31.2	C:29.8	S:21.8	K: 6.2	P:3.1	92.3
22	82	G:37.8	Y:21.9	S:14.6	C:10.9	L:6.1	91.4
24	486	G:55.3	S:22.2	C: 7.0	Y: 5.1	Q:3.0	92.8
26	74	C:36.4	G:27.0	P:22.9	S: 5.4	A:1.3	93.2

续表

1	2	3	4	5	6	7	8
28	56	C:37.5	G:28.5	P:19.6	Y: 7.1	A:1.7	94.6
30	296	P:47.6	G:18.5	Q:16.2	R: 6.7	T:3.3	92.5
32	61	P:42.6	G:21.3	Q:14.7	K: 6.5	R:4.9	90.1
34	106	R:57.5	S:16.9	A:9.4	K:5.6	G:4.7	94.3
36	81	S:40.7	R:33.3	K:12.3	G: 3.7	D:2.4	92.5

对表 2.3.5 我们作如下说明.

(1) 第 1 列是该组蛋白质的编号, 它们在 SP′06 数据库户的 ID 编号分别为

1 ACN2-ACAGO   2 ANP-NOTCO   3 ANXA7-BOVIN 4 BVCP-NPVAC   5 CUO64-LOCMI 6 EXTN2-ARATH
7 EXTN-MAIZE   8 FIBH-BOMMO   9 GRP1-ARATH   10 H161-TRYCR   11 H162-TRYCR   12 H1C6-TRYCR
13 H1C8-TRYCR   14 HSP1-AEPRU 15 HSP3-MURBR 16 HSPC-ELECI   17 KR193-HUMAN 18 KR193-HUMAN
19 KRA51-HUMAN 20 KRA54-HUMAN 21 KRA61-RABIT 22 KRA61-SHEEP 23 KRUC-SHEEP   24 LORI-MOUSE
25 MAR3-LEIMA   26 MS84B-DROME 27 MS84C-DROME 28 MS87F-DROME 29 PHI1-MYTED   30 PMP3-MOUSE

(2) 第 2 列是该蛋白质的长度, 第 3~7 列是该蛋白质所含比例最多的 5 种氨基酸的一字符与它的比例 (按比例大小顺序排列), 第 8 列是该蛋白质所含的这 5 种氨基酸的比例总和, 它们都在 90.0% 以上.

(3) 0:0.00 表示该蛋白质不再含其他氨基酸, 如在 HSP3-MURBR 蛋白质中, 第 6,7 列数据为: 0:0.00, 这表示该蛋白质只含 K,R,G 这三种氨基酸.

(4) 因为这些蛋白质具有特殊分布, 所以都是具有特殊功能的蛋白质. 例如, 编号为 7,8,18~24, 36 的为角蛋白与丝蛋白; 编号为 11~14, 36 的为组蛋白; 编号为 15, 16, 27, 28, 29, 30, 35 的为精蛋白; 编号为 31~34 的为富含脯氨酸的蛋白质.

(5) 表中所列的蛋白质只是相似蛋白质中的一个代表, 如编号为 14 的 HSP1-AEPRU 蛋白质, 它的相似蛋白质还有如表 2.3.6 所示.

表 2.3.6 HSP1-AEPRU 的相似蛋白质

```
HSP1-ALLMI:56 HSP1-ALOSE:51 HSP1-ANTBE:62 HSP1-ANTFL:62 HSP1-ANTGO:62 HSP1-ANTHA:62 HSP1-ANTLA:61
HSP1-ANTLE:62 HSP1-ANTME:62 HSP1-ANTMI:62 HSP1-ANTNA:62 HSP1-ANTST:62 HSP1-ANTSW:62 HSP1-BETPE:61
HSP1-BOVIN:50 HSP1-CAEFU:60 HSP1-CAPHI:50 HSP1-CAVPO:47 HSP1-CHABE:45 HSP1-CHICK:61 HSP1-CHRPI:58
HSP1-COLBA:50 HSP1-COLGU:50 HSP1-COTJA:56 HSP1-CYNVA:46 HSP1-DASAL:61 HSP1-DASBY:62 HSP1-DASCR:62
HSP1-DASGE:61 HSP1-DASHA:60 HSP1-DASMA:61 HSP1-DASRO:62 HSP1-DASSP:61 HSP1-DASVI:61 HSP1-DENDO:61
HSP1-DENGO:60 HSP1-DESRO:47 HSP1-DIDMA:57 HSP1-DORVA:61 HSP1-DORVE:61 HSP1-DROAU:63 HSP1-EPTBN:45
HSP1-EPTBR:47 HSP1-EPTFU:47 HSP1-EQUAS:49 HSP1-GORGO:50 HSP1-HIPCO:48 HSP1-HORSE:49 HSP1-HUMAN:50
HSP1-HYLLA:50 HSP1-HYPMS:63 HSP1-ISOMA:66 HSP1-LAGFA:61 HSP1-LAGHI:64 HSP1-MACAG:60 HSP1-MACEU:61
HSP1-MACGI:60 HSP1-MACMU:57 HSP1-MACPA:60 HSP1-MACRG:61 HSP1-MACRU:59 HSP1-MONDO:57 HSP1-MONRE:47
HSP1-MORME:47 HSP1-MOUSE:50
```

它们都是不同鱼类的精蛋白, 其中的数字是该蛋白质的长度, 这些蛋白质含有 R, S, Y, G, A 这五种氨基酸的总比例都超过 90.0 %, 尤其是精氨酸 R 的含量比例超过 60.0 %.

5. 游程与周期序列所对应的蛋白质

在 2.3 节中我们给出了在 SP′06 数据库中所存在游程与周期序列的结构特征,它们所对应的蛋白质在表 2.3.7 中给出.

表 2.3.7 中 ID 编号是蛋白质在 SP′06 数据库中的 ID 编号, 表中如果出现重复的氨基酸, 那么它表示在不同的蛋白质中存在该氨基酸的最大游程.

表 2.3.7 中如在非游程三氨基酸序列中出现 XYZ, 那么表示在其他蛋白质 (或同一蛋白质) 中可同时出现具有相同最大周期数的 YZX, ZXY. 与表 2.3.3 相似, 由表 2.3.7~ 表 2.3.9 所给出的蛋白质实际上是一类相似蛋白质, 这些相似蛋白质可以

表 2.3.7　不同氨基酸在 SP′06 中的最大游程长度与它们所对应的蛋白质

一字符	最大游程长度	ID 编号	一字符	最大游程长度	ID 编号	一字符	最大游程长度	ID 编号
A	24	FBSH-MOUSE	R	14	ZYX-MOUSE	N	50	PI3K2-DICDI
D	49	VHS3-YEAST	C	11	CSP-DROME	Q	51	SPC97-DICDI
E	33	GARP-PLAFF	G	27	NONA-DROVI	H	14	NR4A3-HUMAN
I	12	KI3L1-RAT	L	19	YJZ3-YEAST	K	13	TTC12-MACFA
M	7	AMD2-XENLA	M	7	CAC1D-HUMAN	M	7	CAC1D-RAT
M	7	F802-SCHMA	F	10	ASP-PLAFS	F	10	YG2C-YEAST
P	50	YPRO-OWEFU	S	42	WSC1-SCHPO	T	18	1A1C-DIACA
W	4	ENT-ENTCO	W	4	MARH4-HUMAN	Y	12	YKD0-YEAST
V	9	SSO1-YEAST	V	9	CWC22-USTMA	V	9	CWC-USTMA

表 2.3.8　周期为 2, 最大周期数大于 20 所对应的蛋白质

非游程二肽	最大周期数	蛋白质名称	非游程二肽	最大周期数	蛋白质名称	非游程二肽	最大周期数	蛋白质名称
AQ, QA	34	TCRG1-MOUSE	DS, SD	108	CLFA-STAA8	QP, PQ	34	TEGU-HHV11
EP, PE	30	PARC-TRYBB	GS, SG	24	PGSG-RAT	GT, TG	43	PER-ACEME
PT, TP	65	VTP3-TTV1V						

表 2.3.9　周期为 3, 最大周期数大于 8 所对应的蛋白质

非游程三肽	周期数	蛋白质编号	非游程三肽	周期数	蛋白质编号	非游程三肽	周期数	蛋白质编号
NDD	9	TRUB-PSYAR	GGM	9	CH601-PROMM	GPG	9	YDH3-SHV2C
PGP	9	STP-SHV2C	DDN	9	TRUB-PSYAR	QQP	9	TRAD2-ECOLI
ETP	9	HOBOT-DROME	PTT	10	GUND-CLOCL	TAA	10	ANP3-PAGBO
AAQ	10	SIM-DROME	ATP	10	ICP34-HHV1F	TPE	10	HOBOT-DROME
QQG	12	CRU3-BRANA	PGV	12	ELN-CHICK	NMP	13	FIP1-DEBHA
DSY	15	CWC22-YARLI	NNP	23	SSP2-PLAYO	GSS	27	SER1-GALME
DSS	29	DSPP-MOUSE						

包含类似的周期序列或准周期序列, 但这些蛋白质的功能比较复杂, 我们不再一一解读.

6. 具有长周期序列所对应的蛋白质的分析

在表 2.3.7～ 表 2.3.9 中, 我们只给出了周期为 1, 2, 3, 但周期数较大的这些周期序列, 在 SP′06 中实际上还存在周期较大, 而且具有一定周期数的周期序列, 我们对此分析与搜索如下.

例 2.3.10　在 SP′06 数据库中, 我们利用一个 22 阶的词 YPNAGLIMNY CRNPDAVAAP YC, 对数据库进行搜索, 结果在 APOA-HUMAN 中重复出现 32 次, 蛋白质总长度为 4548 AA. 该蛋白质的一级结构如下.

```
                10        20        30        40        50              60    67  70        80        90       100       110   114
MEHKEVVLLLLLFLKSAAPEQSHVVQDCYHGDGQSYRGTYSTTVTGRTCQ       AWSSMTPHQHNRTTEN                                                        1
YPNAGLIMNYCRNPDAVAAPYCYTRDPGVRWEYCNLTQCSDAEGTAVAPP       TVTPVPSLEAPSEQAPTEQRPGVQECYHGNGQSYFGTYSTTVTGRTCQAWSSMTPHSHSRTPEY    2
YPNAGLIMNYCRNPDAVAAPYCYTRDPGVRWEYCNLTQCSDAEGTAVAPP       TVTPVPSLEAPSEQAPTEQRPGVQECYHGNGQSYFGTYSTTVTGRTCQAWSSMTPHSHSRTPEY    3
YPNAGLIMNYCRNPDAVAAPYCYVTPVPSLEAPSEQAPTEQRPGVQECYH       GNGQSYRGTYSTTVTGRTCQAWSSMTPHSHSRTPEY                                4
YPNAGLIMNYCRNPDAVAAPYCYTRDPGVRWEYCNLTQCSDAEGTAVAPP       TVTPVPSLEAPSEQAPTEQRPGVQECYHGNGQSYFGYSTTVTGRTCQAWSSMTPHSHSRTPEY     5
YPNAGLIMNYCRNPDAVAAPYCYTRDPGVRWEYCNLTQCSDAEGTAVAPP       TVTPVPSLEAPSEQAPTEQRPGVQECYHGNGQSYFGTYSTTVTGRTCQAWSSMTPHSHSRTPEY    6
YPNAGLIMNYCRNPDAVAAPYCYTRDPGVRWEYCNLTQCSDAEGTAVAPP       TVTPVPSLEAPSEQAPTEQRPGVQECYHGNGQSYFGTYSTTVTGRTCQAWSSMTPHSHSRTPEY    7
YPNAGLIMNYCRNPDAVAAPYCYTRDPGVRWEYCNLTQCSDAEGTAVAPP       TVTPVPSLEAPSEQAPTEQRPGVQECYHGNGQSYFGTYSTTVTGRTCQAWSSMTPHSHSRTPEY    8
YPNAGLIMNYCRNPDAVAAPYCYTRDPGVRWEYCNLTQCSDAEGTAVAPP       TVTPVPSLEAPSEQAPTEQRPGVQECYHGNGQSYFGTYSTTVTGRTCQAWSSMTPHSHSRTPEY    9
YPNAGLIMNYCRNPDAVAAPYCYTRDPGVRWEYCNLTQCSDAEGTAVAPP       TVTPVPSLEAPSEQAPTEQRPGVQECYHGNGQSYFGTYSTTVTGRTCQAWSSMTPHSHSRTPEY    10
YPNAGLIMNYCRNPDAVAAPYCYTRDPGVRWEYCNLTQCSDAEGTAVAPP       TVTPVPSLEAPSEQAPTEQRPGVQECYHGNGQSYFGTYSTTVTGRTCQAWSSMTPHSHSRTPEY    11
YPNAGLIMNYCRNPDAVAAPYCYTRDPGVRWEYCNLTQCSDAEGTAVAPP       TVTPVPSLEAPSEQAPTEQRPGVQECYHGNGQSYFGTYSTTVTGRTCQAWSSMTPHSHSRTPEY    12
YPNAGLIMNYCRNPDAVAAPYCYTRDPGVRWEYCNLTQCSDAEGTAVAPP       TVTPVPSLEAPSEQAPTEQRPGVQECYHGNGQSYFGTYSTTVTGRTCQAWSSMTPHSHSRTPEY    13
YPNAGLIMNYCRNPDAVAAPYCYTRDPGVRWEYCNLTQCSDAEGTAVAPP       TVTPVPSLEAPSEQAPTEQRPGVQECYHGNGQSYFGTYSTTVTGRTCQAWSSMTPHSHSRTPEY    14
YPNAGLIMNYCRNPDAVAAPYCYTRDPGVRWEYCNLTQCSDAEGTAVAPP       TVTPVPSLEAPSEQAPTEQRPGVQECYHGNGQSYFGTYSTTVTGRTCQAWSSMTPHSHSRTPEY    15
YPNAGLIMNYCRNPDAVAAPYCYTRDPGVRWEYCNLTQCSDAEGTAVAPP       TVTPVPSLEAPSEQAPTEQRPGVQECYHGNGQSYFGTYSTTVTGRTCQAWSSMTPHSHSRTPEY    16
YPNAGLIMNYCRNPDAVAAPYCYTRDPGVRWEYCNLTQCSDAEGTAVAPP       TVTPVPSLEAPSEQAPTEQRPGVQECYHGNGQSYFGTYSTTVTGRTCQAWSSMTPHSHSRTPEY    17
YPNAGLIMNYCRNPDAVAAPYCYTRDPGVRWEYCNLTQCSDAEGTAVAPP       TVTPVPSLEAPSEQAPTEQRPGVQECYHGNGQSYFGTYSTTVTGRTCQAWSSMTPHSHSRTPEY    18
YPNAGLIMNYCRNPDAVAAPYCYTRDPGVRWEYCNLTQCSDAEGTAVAPP       TVTPVPSLEAPSEQAPTEQRPGVQECYHGNGQSYFGTYSTTVTGRTCQAWSSMTPHSHSRTPEY    19
YPNAGLIMNYCRNPDAVAAPYCYTRDPGVRWEYCNLTQCSDAEGTAVAPP       TVTPVPSLEAPSEQAPTEQRPGVQECYHGNGQSYFGTYSTTVTGRTCQAWSSMTPHSHSRTPEY    20
YPNAGLIMNYCRNPDAVAAPYCYTRDPGVRWEYCNLTQCSDAEGTAVAPP       TVTPVPSLEAPSEQAPTEQRPGVQECYHGNGQSYFGTYSTTVTGRTCQAWSSMTPHSHSRTPEY    21
YPNAGLIMNYCRNPDAVAAPYCYTRDPGVRWEYCNLTQCSDAEGTAVAPP       TVTPVPSLEAPSEQAPTEQRPGVQECYHGNGQSYFGTYSTTVTGRTCQAWSSMTPHSHSRTPEY    22
YPNAGLIMNYCRNPDAVAAPYCYTRDPGVRWEYCNLTQCSDAEGTAVAPP       TVTPVPSLEAPSEQAPTEQRPGVQECYHGNGQSYFGTYSTTVTGRTCQAWSSMTPHSHSRTPEY    23
YPNAGLIMNYCRNPDAVAAPYCYTRDPGVRWEYCNLTQCSDAEGTAVAPP       TVTPVPSLEAPSEQAPTEQRPGVQECYHGNGQSYFGTYSTTVTGRTCQAWSSMTPHSHSRTPEY    24
YPNAGLIMNYCRNPDAVAAPYCYTRDPGVRWEYCNLTQCSDAEGTAVAPP       TVTPVPSLEAPSEQAPTEQRPGVQECYHGNGQSYFGTYSTTVTGRTCQAWSSMTPHSHSRTPEY    25
YPNAGLIMNYCRNPDAVAAPYCYTRDPGVRWEYCNLTQCSDAEGTAVAPP       TVTPVPSLEAPSEQAPTEQRPGVQECYHGNGQSYFGTYSTTVTGRTCQAWSSMTPHSHSRTPEY    26
YPNAGLIMNYCRNPDAVAAPYCYTRDPGVRWEYCNLTQCSDAEGTAVAPP       TVTPVPSLEAPSEQAPTEQRPGVQECYHGNGQSYFGTYSTTVTGRTCQAWSSMTPHSHSRTPEY    27
YPNAGLIMNYCRNPDAVAAPYCYTRDPGVRWEYCNLTQCSDAEGTAVAPP       TVTPVPSLEAPSEQAPTEQRPGVQECYHGNGQSYFGTYSTTVTGRTCQAWSSMTPHSHSRTPEY    28
YPNAGLIMNYCRNPDAVAAPYCYTRDPGVRWEYCNLTQCSDAEGTAVAPP       TVTPVPSLEAPSEQAPTEQRPGVQECYHGNGQSYFGTYSTTVTGRTCQAWSSMTPHSHSRTPEY    29
YPNAGLIMNYCRNPDAVAAPYCYTRDPGVRWEYCNLTQCSDAEGTAVAPP       TVTPVPSLEAPSEQAPTEQRPGVQECYHGNGQSYFGTYSTTVTGRTCQAWSSMTPHSHSRTPEY    30
YPNAGLIMNYCRNPDAVAAPYCYTRDPGVRWEYCNLTQCSDAEGTAVAPP       TVTPVPSLEAPSEQAPTEQRPGVQECYHGNGQSYFGTYSTTVTGRTCQAWSSMTPHSHSRTPEY    31
YPNAGLIMNYCRNPDAVAAPYCYTRDPGVRWEYCNLTQCSDAEGTAVAPP       TVTPVPSLEAPSEQAPTEQRPGVQECYHGNGQSYFGTYSTTVTGRTCQAWSSMTPHSHSRTPEY    32
YPNAGLIKNYCRNPDDVAAPYCYTRDPSVRWEYCNLTQCSDAEGTAVAPP       TITPIPSLEAPSEQAPTEQRPGVQECYHGNGQSYQGTYFITVTGRTCQAWSSMTPHSHSRTPAY    33
YPNAGLIKNYCRNPDPVAAPYCYTTDPSVRWEYCNLTRCSDAEWTAFVPP       NVILAPSLEAFFEQALTEETPGVQDCYYHYGQSYRGTYSTTVTGRTCQAWSSMTPHQHSRTPEN    34
YPNAGLTRNYCRNPDAEIRPWCYTMDPSVRWEYCNLTQCLVTESSVLATL       TVVPDPSTEASSEEAPTEQSPGVQDCYHGDGQSYRGSFSTTVTGRTCQSWSSMTPHWHQRTTEY    35
YPNGGLTRNYCRNPDAEISPWCYTMDPNVRWEYCNLTQCPVTESSVLATS       TAVSEQAPTEQSPTVQDCYHGDGQSYRGSFSTTVTGRTCQSWSSMTPHWHQRTTEY            36
YPNGGLTRNYCRNPDAEIRPWCYTMDPSVRWEYCNLTQCPVMESTLLTTP       TVVPVPSTELPSEEAPTENSTGVQDCYRGDGQSYRGTLSTTITGRTCQSWSSMTPHWHRRIPLY    37
YPNGGLTRNYCRNPDAEIRPWCYTMDPSVRWEYCNLTRCPVTESSVLTTP       TVAPVPSTEAPSEAPPEKSPVVQDCYHGDGRSYRGISSTTVTGRTCQSWSSMTPHWHQRTPEN    38
YPNAGLTENYCRNPDSGKQPWCYTTDPCVRWEYCNLTQCSETESGVLETP       TVVPVPSMEAHSEAAPTEQTPVVRQCYHGNGQSYRGTFSTTVTGRTCQSWSSMTPHRHQRTPEN    39
YPNDGLTMNYCRNPDADTGPWCFTMDPSIRWEYCNLTRCSDTEGTVVAAP       TVIQVPSLGPPSEQDCMFGNGKGYRGKATTVTGTPCQEWAAQEPHRHSTFIPGTNKWAGLEKN    40
YCRNPDGDINGPWCYTMNPRKLFDYCDIPLCASSSFDCGKPQVEPKKCPG       SIVGGCVAHPHSWPWQVSLRTRFGKHFCGGTLISPEWVLTAAHCLKKSSRPSSYKVILGAHQEV   41
NLESHVQEIEVSRLFLEPTQADIALLKLSRPAVITDKVMPACLPSPDYMV       TARTECYITGWGETQGTFGTGLLKEAQLLVIENEVCNHYKYICAEHLARGTDSCQGDSGGPLVC   42
FEKDKYILQGVTSWGLGCARPNKPGVYARVSRFVTWIEGMMRNN
```

上表中第 1 行与最后 3 行分别是该蛋白质的起始序列与结尾序列, 中间包含 39 个结构相似的氨基酸片段, 每个氨基酸片段长度为 115 AA, 其中 1,2, 5～31 片段完全相同. 由此我们分析如下.

(1) 如果把 5~31 这 27 个完全相同的片段排列成一行, 那么它是一个总长度为 $115 \times 27 = 3105$ 的周期序列, 周期长度为 115, 而周期数是 27. 我们记为 $A = (B_1, B_2, \cdots, B_{27})$, 其中所有的 B_i 都相同, 我们记为 B, 这个向量必是 SP′06 数据库中的一个局部词, 它的 IDF 一定满足局部词的条件, 但不在词库 $\mathcal{D}$ 中 (因为该词库的最高阶是 14).

(2) 如果记序列 $A' = (A, Y)$, 其中 Y 是酪氨酸的一字符, 这时 A' 是 SP′06 数据库中的一个核心词.

(3) 其他具有长核心词的蛋白质也有类似情形, 如 MUC2-HUMAN 蛋白质, 长度 5179, 周期长度: 46, 周期数: 49, 每个周期为

TPTTTPITTTTTVTPTPTGTQTPTTTPITTTTTVTPTPTGTQ

又如 ANC1-CAEEL 蛋白质, 长度 8545, 它具有 3 个长度为 310 的片段, 它们完全相同, 但并不相连. 这个片段为

DDEKRADELKNDVGNAVKNVEDVVSKYQNQPQPLDVAKDDANKLKATVEQLTKLAESSDKIDPQVAKDIK

DSKTKAKELLQALEKAIPQEDAIRREQAEINDRL

NNLEKELTKVDEFKPEDALPIVDQLAANTNTLKTATDSNNEKAVAPSSLISHDDLVVGLPEKVFQLQHAI

DDKKQALNKAAAVNEIAPKLQLVSQQLQSVPQEV

PASLDEQKQLLEDVENQKHNLENLLANLPENDPTADELRQKSQWDLSRLKDLLKQLGSAVGDKLAALAAF

NAARKNAEDALLDITREDGGDDNKSPDELIDD

7. 大型蛋白质

在光盘 DATA0/2/大蛋白质编码与功能.TXT 与大蛋白质序列结构.xls 文件中给出了在 SP′06 数据库中 74 种长度大于 5000 的大型蛋白质, 以及它们的名称、编号、功能与一级结构. 由它们的一级结构可以看到这些蛋白质所包含的周期结构特征文件. 从这些文件中我们可以看到它们包含一些**长周期序列**, 对它们的结构与功能特征分析是十分有意义的.

2.4　蛋白质的 IDF 与 PIDF 分析

在 1.4 节与 2.2 节中, 我们已给出了 AIDF 与 PIDF 的有关定义与记号, 并对蛋白质一级结构数据库计算了它们的 IDF 表、局部词与核心词的词库, 并在此基础上即可计算蛋白质的 PIDF.

2.4.1　计算结果与初步分析

对蛋白质一级结构数据库 Ω 的 PIDF 的计算结果在光盘 DATA1/2/2-4 文件夹中给出, 对其中有关的计算分析说明如下.

1. M-PIDF 的数据阵列

蛋白质一级结构数据库 Ω 的定义记号已在式 (1.4.17) 中给出, 式 (1.4.18)~ 式 (1.4.22) 还给出了 (ℓ, τ)-型 IDF 与数据阵列 $\mathcal{K}_M(\Omega), \mathcal{K}_S(\Omega)$ 与 $\mathcal{K}_s = \mathcal{K}(A_s)$ 的定义, 由装修定义对大坝一级结构数据库 SP'06 的结果如下.

(1) 该数据库包含的蛋白质数是 $m = 250296$ 个, 包含的氨基酸数是 91694534 个, 因此 $n_0 = 91694534 + 250296 = 91944830$.

(2) 对每个蛋白质 A_s 所产生的 $\mathcal{K}_s$ 是一个 $(n_s - 3) \times 14$ (或 $(n_s - 3) \times 10$) 的数据阵列, 我们称 $\mathcal{K}_s$ 是蛋白质 A_s 的 PIDF(s-PIDF).

(3) 记 $\mathcal{K}_M = \{\mathcal{K}_s, s = 1, 2, \cdots, m\}$, 因此 $\mathcal{K}_M$ 是一个 $n_0' \times 14$ (或 $n_0' \times 10$) 的数据阵列, 其中 $n_0' = \sum_{s=1}^{m}(n_s - 3) = n_0 - 4m = 90943636$, 我们称为数据库 Ω 的动态 PIDF(M-PIDF).

(4) 对每个 $\mathcal{K}_s$ 记它的列平均值向量为 $\bar{\mu}_{s,k}$, 那么记 $\mathcal{K}_S = \{\bar{\mu}_{s,k}, s = 1, 2, \cdots, m\}$, 这时 $\mathcal{K}_S$ 是一个 $m \times 14$ 的数据阵列, 其中 $n_0' = \sum_{s=1}^{m}(n_s - 3) = n_0 - 4m = 90943636$, 我们称为数据库 Ω 的动态 PIDF(M-PIDF).

2. 关于计算过程的说明

由 PIDF 的定义可知, 只有在 $n_s \geqslant 4$ 时, PIDF 才有定义, 因此在 $n_s < 10$ 时, $\frac{n_s}{n_s - 3}$ 的比例误差太大, 因此当 $n_s < 10$ 时取数据阵列 $\mathcal{K}_s$ 为零阵列, 否则按式 (1.4.18)~ 式 (1.4.22) 的定义计算.

另外 $\bar{k}_{s,i}$ 是一个 14 维向量, 为了简单起见, 一般只对前 10 维分量进行计算与分析.

3. 数据阵列的计算结果

数据阵列 $\mathcal{K}_M, \mathcal{K}_s, \mathcal{K}_S$ 的统计计算结果如下.

(1) $\mathcal{K}_M$ 是一个功能大的数据阵列 (在 18G 以上), 即使在光盘上也无法给出它的压缩文件, 读者可依据蛋白质一级结构数据库 Ω(在光盘 DATA0 文件夹中给出) 与 $\mathcal{K}_M$ 的定义进行编程得到.

(2) $\mathcal{K}_s$ 是 $\mathcal{K}_M$ 中的子阵列, 在 $\mathcal{K}_M$ 中包含 $m = 250296$ 个 s-PIDF 子阵列, 每个子阵列是 $(m_s - 3) \times 14$ 的数据阵列. 因为 $\mathcal{K}_M$ 阵列的数据量太大, 我们没有给出.

(3) $\mathcal{K}_S$ 的数据阵列在光盘 DATA1/2/2-4/2-4-1.CTX 文件中给出, 该文件是一个 $m \times 15$ 的数据阵列, 其中第 15 列是蛋白质 A_s 的一级结构长度 (或长度的对数值), 前 14 列是 $\bar{\mu}_{s,k}$ 向量, 该向量的前 10 个分量是 (ℓ, τ)-型 IDF 的取值.

2.4.2　计算结果的初步统计分析

统计特征数是数据阵列的列的平均值、协方差与相关矩阵. 对 $\mathcal{K}_s, \mathcal{K}_S, \mathcal{K}_M$ 的计算结果如下.

1.s-PIDF 的均值向量

关于数据阵列 $\mathcal{K}_s$ 的列平均值计算公式为

$$\bar{\mu}_s = \frac{1}{n_s - 3} \sum_{i=1}^{n_s - 3} \bar{k}_{s,i}, \tag{2.4.1}$$

其中 n_s 是蛋白质 A_s 的长度, 这时 $\bar{\mu}_s$ 就是 $\mathcal{K}_s$ 中的行向量, 它的计算结果在文件 DATA1/2/2-4/2-4-1.CTX 中给出.

2.M-PIDF 与 S-PIDF 的均值向量

关于 $\mathcal{K}_M$ 的均值计算公式与结果如下.

$$\bar{\mu}_M = \frac{1}{n_0'} \sum_{i=1}^{n_0'} \bar{k}_{M,i} = \frac{1}{m} \sum_{s=1}^{m} \frac{n_s - 3}{n_0'} \sum_{i=n_{s-1}''}^{n_s''} \bar{k}_{M,i}, \tag{2.4.2}$$

其中 n_s 是蛋白质 A_s 的长度, $n_0' = \sum_{s=1}^{m} (n_s - 3)$, 而

$$\begin{cases} n_0'' = 0, \\ n_s'' = \sum_{s'=1}^{s} (n_{s'} - 3), \quad s > 0, \end{cases} \tag{2.4.3}$$

由此得到

$$\bar{\mu}_M = \frac{1}{m} \sum_{s=1}^{m} \frac{n_s'' - n_{s-1}''}{n_0'} \sum_{i=n_{s-1}''}^{n_s''} \bar{k}_{M,i} = \sum_{s=1}^{m} \frac{n_s - 3}{n_0'} \bar{\mu}_{S,s}, \tag{2.4.4}$$

其中 $n_s'' - n_{s-1}'' = n_s - 3$, 而且有 $\dfrac{1}{n_s - 3} \sum_{i=n_{s-1}''}^{n_s''} \bar{k}_{M,i} = (n_s - 3)\bar{k}_{S,s}$ 成立. 而 $\bar{\mu}_{S,s}$ 正是 $\mathcal{K}_s$ 的行向量.

因此数据阵列 $\mathcal{K}_M$ 的列平均值就是数据阵列 $\mathcal{K}_S$ 的列加权列平均值.

3.s-PIDF 的列协方差矩阵

关于 $\mathcal{K}_s$ 的列协方差矩阵均值计算公式与结果如下.

$$\sigma_{s,h',h''} = \frac{1}{n_s - 3} \sum_{i=1}^{n_s - 3} (k_{s,i,h'} - \mu_{s,i,h'})(k_{s,i,h''} - \mu_{s,i,h''}). \tag{2.4.5}$$

这是一个 14×14 (或 10×10) 的数据方阵.

对所有数据阵列 $\mathcal{K}_s$, $s=1, 2, \cdots, m$ 的列协方差矩阵的计算结果在光盘 DATA1/2/2-4/2-4-2.CTX 文件中给出. 该文件由 $m = 250295$ 个 14×14 (或 10×10) 的数据方阵组成.

4. M-PIDF 与 S-PIDF 的列协方差矩阵

M-PIDF 的列协方差矩阵计算公式如下

$$
\begin{aligned}
\sigma_{M,h',h''} &= \frac{1}{n_0'} \sum_{i=1}^{n_0'} (k_{M,i,h'} - \mu_{M,h'})(k_{M,i,h''} - \mu_{M,h''}) \\
&= \frac{1}{n_0'} \sum_{s=0}^{m} \sum_{i=n_s'+1}^{n_{s+1}'} (k_{M,i,h'} - \mu_{M,h'})(k_{M,i,h''} - \mu_{M,h''}) \\
&= \frac{1}{m} \sum_{s=0}^{m-1} \frac{n_s - 3}{n_0} \sum_{i=n_s''+1}^{n_{s+1}''} (k_{M,i,h'} - \mu_{s,h'} + \mu_{s,h'} - \mu_{M,h'}) \\
&\quad \cdot (k_{M,i,h''} - \mu_{s,h''} + \mu_{s,h''} - \mu_{M,h''}) \\
&= \frac{1}{m} \sum_{s=0}^{m} \frac{n_s - 3}{n_0} \sum_{i=n_s''+1}^{n_{s+1}''} [(k_{M,i,h'} - \mu_{s,h'})(k_{M,i,h''} - \mu_{s,h''}) \\
&\quad + (k_{M,i,h'} - \mu_{s,h'})(\mu_{s,h''} - \mu_{M,h''}) \\
&\quad + (\mu_{s,h'} - \mu_{M,h'})(k_{M,i,h''} - \mu_{s,h''}) + (\mu_{s,h'} - \mu_{M,h'})(\mu_{s,h''} - \mu_{M,h''})] \\
&= \frac{1}{m} \sum_{s=0}^{m} \frac{n_s - 3}{n_0} \sum_{i=n_s''+1}^{n_{s+1}''} [(k_{M,i,h'} - \mu_{s,h'})(k_{M,i,h''} - \mu_{s,h''}) \\
&\quad + (\mu_{s,h'} - \mu_{M,h'})(\mu_{s,h''} - \mu_{M,h''})] \\
&= \frac{1}{m} \sum_{s=1}^{m} \frac{n_s - 3}{n_0} \sigma_{s,h',h''} + \sigma_{S,h',h''},
\end{aligned}
\tag{2.4.6}
$$

其中 n_s'' 在式 (2.4.3) 中定义, 而 $\sigma_{S,h'h''}$ 是数据阵列 $\mathcal{K}_S$ 的列协方差矩阵.

由此可知, 协方差矩阵 $\sigma_{M,h'h''}$ 由 2 部分组成, 即 $\bar{\sigma}s, h', h''$ 与 $\sigma S, h', h''$ 组成, 其中

$$
\begin{cases}
\sigma_{S,h',h''} = \sum_{s=1}^{m} \frac{n_s - 3}{n_0} (\mu_{s,h'} - \mu_{M,h'})(\mu_{s,h''} - \mu_{M,h''}), \\
\bar{\sigma}_{s,h',h''} = \sum_{s=1}^{m} \frac{n_s - 3}{n_0} \sigma_{s,h',h''}.
\end{cases}
\tag{2.4.7}
$$

2.4.3 协方差矩阵与相关矩阵的计算结果

对于 $\mathcal{K}_M$ 的列平均值与不同数据阵列的协方差矩阵与相关矩阵的计算结果如下.

1. 协方差矩阵的计算结果 (表 2.4.1)

表 2.4.1　$\mathcal{K}_M(Om)$ 阵列的列协方差与相关矩阵表

1	2	3	4	5	6	7	8	9	10
0.12311	0.25713	0.00640	0.00499	0.42740	0.02211	−0.11877	0.52870	0.06727	−0.54655
0.30044	0.29618	−0.00085	−0.00548	0.30969	−0.00145	0.00377	0.32253	−0.00835	−0.04454
0.29618	0.53446	0.02038	0.00533	0.57843	0.01962	0.01947	0.60962	0.00839	0.13089
−0.00085	0.02038	0.01428	0.00643	0.02157	0.01712	0.00676	0.02298	0.01910	0.00936
−0.00548	0.00533	0.00643	0.01125	0.00518	0.00695	0.00776	0.00526	0.00718	0.00999
0.30969	0.57843	0.02157	0.00518	0.85684	0.07025	0.04977	0.91598	0.05839	0.31381
−0.00145	0.01962	0.01712	0.00695	0.07025	0.05127	0.02343	0.07664	0.06377	0.04820
0.00377	0.01947	0.00676	0.00776	0.04977	0.02343	0.03039	0.04928	0.02748	0.04640
0.32253	0.60962	0.02298	0.00526	0.91598	0.07664	0.04928	1.20820	0.19647	0.35405
−0.00835	0.00839	0.01910	0.00718	0.05839	0.06377	0.02748	0.19647	0.16279	0.11993
−0.04454	0.13089	0.00936	0.00999	0.31381	0.04820	0.04640	0.35405	0.11993	0.53739

表 2.4.1 是 $\mathcal{K}_M$ 的列平均值 $\bar{\mu}_M$ (表中第 2 行数据) 与协方差矩阵 Σ_M (第 3~12 行数据).

2. 相关矩阵的计算结果 (表 2.4.2)

表 2.4.2　$\mathcal{K}_M$ 数据阵列的列相关矩阵表

1.00000	0.73913	−0.01299	−0.09431	0.61037	−0.01166	0.03948	0.53533	−0.03777	−0.11084
0.73913	1.00000	0.23329	0.06878	0.85475	0.11853	0.15272	0.75863	0.02845	0.24423
−0.01299	0.23329	1.00000	0.50708	0.19503	0.63280	0.32463	0.17497	0.39611	0.10688
−0.09431	0.06878	0.50708	1.00000	0.05279	0.28940	0.41997	0.04510	0.16780	0.12849
0.61037	0.85475	0.19503	0.05279	1.00000	0.33514	0.30843	0.90025	0.15633	0.46246
−0.01166	0.11853	0.63280	0.28940	0.33514	1.00000	0.59363	0.30792	0.69803	0.29035
0.03948	0.15272	0.32463	0.41997	0.30843	0.59363	1.00000	0.25714	0.39071	0.36302
0.53533	0.75863	0.17497	0.04510	0.90025	0.30792	0.25714	1.00000	0.44300	0.43938
−0.03777	0.02845	0.39611	0.16780	0.15633	0.69803	0.39071	0.44300	1.00000	0.40547
−0.11084	0.24423	0.10688	0.12849	0.46246	0.29035	0.36302	0.43938	0.40547	1.00000

记表 2.4.2 的相关矩阵为 ρ_M. 由此矩阵可以看到, 有些列之间具有较大的相关性, 有些列之间的相关性很小. 其中相关系数大于 0.5 的列有 (1,2), (1,5), (1,8), (2,5), (2,8), (3,4), (3,6), (5,8), (6,7), (6,9). 同样地, 它们的交换列也有相同的相关系数.

第 3 章 分子生物的参数控制系统与 IDF 的 控制问题

生物控制论是生物学与**控制论**结合的一门交叉学科. 其中内容十分丰富与广泛, 如**生态系统中的控制问题**、**神经系统中的控制问题**、**基因组与蛋白质的调控问题**等, 这些控制问题涉及不同的学科、内容与方法. 在本章中我们只讨论**分子生物参数的控制系统**问题.

3.1 分子生物的参数控制系统

从本节的名称来看, 我们要讨论的对象是分子生物, 这些分子生物都有一定的结构与功能的属性, 这些属性可以通过一定的参数系给以表达, 在表达的参数系中, 分析它们的变化特征及不同参数系之间的相互表达与控制问题, 因此就称为**生物参数控制系统**或简称**参数控制系统**.

3.1.1 一些基本概念

为进一步说明参数控制系统的研究目标与内容, 我们先介绍其中的一些基本概念, 这些概念与内容在本书的以后各章中多次引用.

1. 基本概念与定义

对涉及参数控制系统中的一些基本概念与名词说明如下.

(1) **分子生物系统**. 这是指某种固定的生物分子 (大分子或一般分子), 它们具有一定的结构与功能, 而且在不同的环境条件下处在不断运动与变化中.

(2) **分子生物系统的参数表达**, 或简称**生物参数系统**、或**参数表达系统**. 为了对某个指固定的分子生物系统的运动与变化情形进行定量化的描述, 需要采用一组固定的参数系进行表达, 那么称该组参数是该分子生物的参数表达系统.

(3) **参数表达系统的运动方程**. 一个固定的分子生物系统, 如果它处在不同的运动或变化的状态, 那么它的表达参数也处在不同的运动与变化中, 这时称这些运动或变化的参数是该分子生物参数的运动方程, 这些运动方程通过一定的数据阵列来表示.

(4) **参数表达系统的统计分析**. 对一个运动或变化的参数中的各参数具有各自的变化特征, 如它们的平均值、协方差与标准差等. 在不同的参数之间也存在相互依赖的关系, 如协方差矩阵、相关矩阵等.

(5) **参数表达系统的控制问题**. 对同一个分子生物, 如果存在两种不同的参数表达系统, 这两种不同的参数系可以相互确定 (或基本确定), 那么称这两组参数存在相互控制的关系. 讨论不同参数系控制关系的目的是, 寻找最简单的参数表达方式, 以及分析与确定在此运动变化过程中的基本特征.

2. 基本记号

对以上参数控制系统中的这些基本概念与定义, 以定量化的记号方式表达如下.

(1) 记一个固定的分子生物系统为 A. 该记号是一个抽象的记号, 它可以是一种特定的生物分子或生物大分子, 如蛋白质或某种固定类型的蛋白质或氨基酸与其他生物分子.

(2) 对一个固定的分子系统 A, 记

$$\bar{\theta}(A) = \{\theta_1(A), \theta_2(A), \cdots, \theta_h(A)\} \tag{3.1.1}$$

是该系统的特征表达参数, 该参数系有以下特点.

(3) 参数系 $\bar{\theta}(A)$ 反映系统 A 的一些基本特征, 本章中我们主要讨论蛋白质一级结构的 PIDF, 在以后各章还要讨论讨论其他生物分子的空间结构特征, 其中 h 是一个适当的常数, 它的大小取决于系统 A 的复杂程度.

3. 参数系统的运动方程

参数系 $\bar{\theta}(A)$ 在不同情况下出现时, 这些参数可能取不同的值, 这时记

$$\Theta(A) = \{\bar{\theta}_i(A) = (\theta_{i,1}(A), \theta_{i,2}(A), \cdots, \theta_{i,h}(A)), i = 1, 2, \cdots, n\} \tag{3.1.2}$$

为该参数系在不同条件下所得到的不同观察结果 (或运动方程). 因此 $\Theta(A)$ 是一个 $n \times h$ 的数据阵列.

由此可把参数系 $\bar{\theta}(A)$ 看成一个随机的参数系, 因此可记为 $\bar{\theta}^*(A)$. 这时式 (3.1.2) 中的 $\Theta(A)$ 是该随机参数系的观察样本.

对一个固定的分子生物系统 A, 它的表达参数系可能不唯一, 如记 $\mathcal{V}(A)$ 是它的另一种表达参数系, 那么生物控制系统就是讨论这些参数系 (如 $\Theta(A), \mathcal{V}(A)$) 之间的相互关系问题.

3.1.2　对因子分解理论的补充说明

在 1.5.5 节中我们已经给出了对数据阵列 $\mathcal{K}$ 的因子分解理论, 它的讨论同样适用于参数系统 $\Theta(A)$ 的数据阵列.

1. 参数系的特征数计算

对数据阵列 $\Theta(A)$ 的特征数与 $\mathcal{K}$ 阵列相同, 其列平均值、列协方差矩阵与相应的相关矩阵为

$$
\begin{cases}
\bar{\mu}_\theta = (\mu_{\theta,1}, \mu_{\theta,2}, \cdots, \mu_{\theta,h}), \\
\Sigma_\theta = (\sigma_{\theta,s,t})_{s,t=1,2,\cdots,h}, \\
\tilde{\rho}_\theta = (\rho_{\theta,s,t})_{s,t=1,2,\cdots,h},
\end{cases}
\tag{3.1.3}
$$

其中 h 是数据阵列 Θ 列的数目, 而

$$
\begin{cases}
\mu_{\theta,j} = \dfrac{1}{n} \sum_{i=1}^n \theta_{i,j}, & j = 1, 2, \cdots, h, \\
\sigma_{\theta,j,j'} = \dfrac{1}{n} \sum_{i=1}^n (\theta_{i,j} - \mu_{\theta,j})(\theta_{i,j'} - \mu_{\theta,j'}), & j, j' = 1, 2, \cdots, h, \\
\rho_{\theta,j,j'} = \dfrac{\sigma_{\theta,j,j'}}{\sqrt{\sigma_{\theta,j,j}\sigma_{\theta,j',j'}}}, & j, j' = 1, 2, \cdots, h.
\end{cases}
\tag{3.1.4}
$$

2. 特征根与特征矩阵

由协方差矩阵 Σ_Θ 可以得到它的特征根、特征向量与特征矩阵

$$
\begin{cases}
\bar{\lambda}_\theta = (\lambda_{\theta,1}, \lambda_{\theta,2}, \cdots, \lambda_{\theta,h}), \\
\bar{c}_{\theta,j} = (c_{\theta,j,1}, c_{\theta,j,2}, \cdots, c_{\theta,j,h}), \\
C_\theta = [\bar{c}_{\theta,1}, \bar{c}_{\theta,2}, \cdots, \bar{c}_{\theta,h}]^{\mathrm{T}},
\end{cases}
\tag{3.1.5}
$$

其中 $[*]^{\mathrm{T}}$ 是行向量的转置, 由此构成一个矩阵.

由特征根、特征向量与特征矩阵产生数据阵列 $\Theta(A)$ 的因子分解, 最大的一个或几个特征根产生因子分解中的主因子.

3. 正交变换

特征矩阵的转置矩阵就是它的逆矩阵 $C(A)' = C(A)^{-1}$. 因此, 特征矩阵 $C(A)$ 是一个正交矩阵. 由此产生数据阵列

$$
\mathcal{V}(A) = \Theta(A) \otimes C(A), \quad \Theta(A) = \mathcal{V}(A) \otimes C'(A).
\tag{3.1.6}
$$

称数据阵列 $\mathcal{V}(A)$ 是 $\Theta(A)$ 的因子分解, 或控制参数系统、或线性控制系统.

其中数据阵列 $\mathcal{V}$ 的列协方差矩阵 $\Sigma_v = (\sigma_{v,j,j'})$ 是一个对角线矩阵, 对角线上的值就是特征根向量的值.

又称数据阵列 $\mathcal{V}$ 是数据阵列 Θ 的驱动因子, 主因子所对应的列就是 $\Theta(A)$ 的**主驱动因子**, 否则就是**次驱动因子**.

4. 参数控制系统理论的应用

对以上参数控制系统解理论有**线性与非线性控制理论**的区别, 它们在生物分子计算中有广泛的应用, 在本书中所涉及的计算有如以下类型.

(1) 关于蛋白质一级结构的 PIDF 计算, 这时由 PIDF 所产生的参数是蛋白质一级结构的参数表达, 利用因子分解理论可以简化表达参数的数目与结构.

(2) 在分子的空间形态结构中, 在一个固定分子中各原子空间位置的变化很复杂, 利用因子分解理论可以大大简化对这些分子的表达参数, 因此可以更深入研究它们的分子结构特征.

(3) 在分子动力学及其他空间形态结构的计算与分析中, 都有因子分解理论的应用, 对于这些问题在以后各章中会陆续讨论.

3.1.3　生物参数控制系统的数学模型

在一个分子系统结构中, 实际上涉及两组不同的参数系 Θ 与 $\mathcal{V}$, 对它们的关系可以用一个控制论的模型来描述, 对有关问题讨论如下.

1. 参数系 Θ 的作用

(1) 一个具有固定结构的生物分子 A, 它在相应的数据库中可能大量出现, 这时该系统由它的表达参数系为 $\bar{\theta}(A) = \{\theta_1, \theta_2, \cdots, \theta_h\}$ 确定该分子系统 A 的结构特征.

(2) 当同一分子系统 A 在相应数据库中大量出现时, 它的表达参数系 $\bar{\theta}(A)$ 中每个参数的取值在不断改变, 因此该参数系的观察结果是一个数据阵列 $\Theta(A)$, 或随机向量 $\bar{\theta}^*(A)$. 该随机向量中不同参数分量的变化情形是不同的, 其中有的参数变化很稳定, 也有的参数取值很不稳定, 而且在不同参数之间还可能存在相关性.

(3) 统计中因子分解理论可以帮助我们确定在随机参数系 $\bar{\theta}^*(A)$ 中哪些参数是确定分子 A 空间结构的主要因素, 也可确定这些因素之间具有独立性的特征.

2. 参数系 $\mathcal{V}$ 的作用

参数系 $\mathcal{V}$ 是参数系 Θ 的一个正交变换数据阵列, 它们之间满足关系式 (3.1.6), 这时数据阵列 $\mathcal{V}$ 具有以下性质.

(1) $\mathcal{V}$ 是一个列相互正交的数据阵列, 它们之间满足关系式 (3.1.6).

(2) 在数据阵列 $\mathcal{V}$ 中, 不同列的波动性不同, 称其中波动性较大的列为该数据系统主驱动因子 (简称主因子), 波动性较小的列为次驱动因子 (简称主因子), 次因子中列的取值接近于它们的平均值. 因此数据系统波动性的主要来源是它们的主因子、次因子对数据系统波动性的影响较小.

3.确定分子运动的动力学控制系统模型

由此讨论可知, 确定分子运动的动力学因素由三部分组成.

(1) 固定分子系统的空间结构或它的其他结构特征, 这种空间结构或特征在不同的条件下处在不断运动与变化状态.

(2) 固定分子的空间结构是由它的表达参数系确定, 当分子系统确定后, 它的表达参数系中的参数仍然会处在不断运动与变化中, 因此它的表达参数系是一个随机系统.

(3) 由因子分解理论知道, 一个随机的表达参数系受其他的一些参数变量控制, 我们称这些参数变量是该随机表达参数系的驱动因子. 由驱动因子到表达参数再到分子的结构特征形成一个分子的动力学控制系统. 该控制系统的结构可用图 3.1.1 表示.

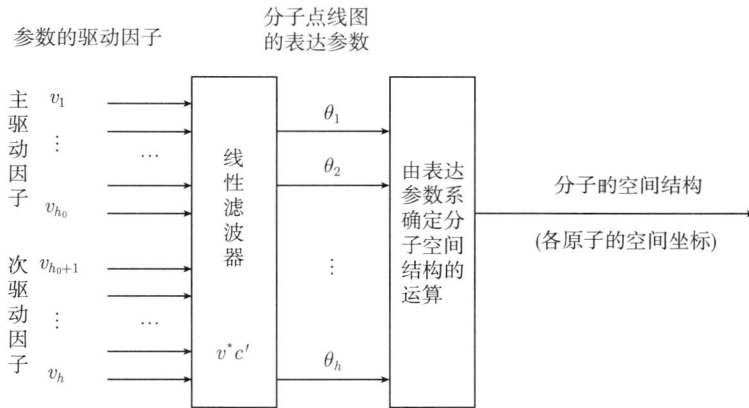

图 3.1.1 分子空间结构参数表达的因子控制关系图

4.对图 3.1.1 的说明

在图 3.1.1 中涉及的参数系有三种不同的类型, 涉及的运算算法有两部分内容, 对此说明与讨论如下.

(1) 对一个固定的分子系统, 图 3.1.1 中涉及的参数系分驱动因子参数 $\bar{v}^* = (v_1^*, v_2^*, \cdots, v_h^*)$, 系统特征的表达参数系 $\bar{\theta}^* = (\theta_1^*, \theta_2^*, \cdots, \theta_h^*)$.

(2) 表达参数系 $\bar{\theta}^*$ 与驱动因子参数 $\bar{v}^*$ 可以通过正交线性变换相互确定, 正交变换矩阵是特征矩阵 $C(A)$.

(3) 在驱动因子参数中, 各驱动因子随机变量相互独立. 对它们又可分为主驱动因子 $\bar{v}_0^* = (v_1^*, v_2^*, \cdots, v_{h_0}^*)$ 与次驱动因子 $\bar{v}_1^* = (v_{h_0+1}^*, v_{h_0+2}^*, \cdots, v_h^*)$ 两部分组成, 其中主驱动因子中的各随机变量具有较大的波动性, 而次驱动因子的波动性很小, 可以看做一个常数.

(4) 图 3.1.1 中的运算算法由两部分组成, 其中第一部分是由驱动因子参数 $\bar{v}^*$ 运算变为表达参数系, 它们的运算公式为 $\bar{\theta}^* = \bar{v}^* C'$, 其中 C 是因子分解中的特征矩阵. 这个变换运算在控制论中称为线性滤波运算. 第二部分运算是由表达参数系 $\bar{\theta}^*$ 确定该分子系统的运动特征. 在不同的系统中, 这个系统的状态与运算有不同的结构.

5. 对图 3.1.1 的讨论

图 3.1.1 实际上适用于许多不同类型的分子结构系统, 对各种不同类型的分子系统有它们各自的分子结构特征、表达参数系、驱动因子变量与各原子的空间坐标. 在这些复杂的空间结构中, 我们可以找到它们的最简单的表达形式, 这就是其中的驱动因子变量, 这些驱动因子变量不仅具有变化的独立性, 而且有相当一些变量取为常数. 这不仅可以简化对问题的讨论, 而且可以确定其中动力学的关键因素.

在蛋白质空间结构数据库中, 存在多种不同类型的分子结构, 如不同氨基酸侧链中的分子结构, 由蛋白质 (或氨基酸序列) 主链中部分原子所形成的分子等, 对这些分子的参数系统与控制论模型在下面还要讨论.

3.1.4　分子运动的动力学非线性控制系统

在图 3.1.1 的动力学控制系统模型中, 由驱动因子参数到表达参数系的运算过程是一个**线性滤波**的运算过程. 实际上在生物学还存在大量**非线性滤波**的运算.

1. 非线性控制系统的一些实例说明

(1) 在共价键、离子键或氢键的结合过程中, 它们的形成过程一般都是非线性的, 在这个过程中存在**势能陷阱**的特征. 这就是当两个原子接近到一定程度时, 使它们结合的能量就会迅速加大. 这种动力学的驱动过程显然是非线性的.

(2) 在神经网络系统中, 当神经元中的电荷积累到一定程度 (达到一定的阈值) 时, 该神经元才会出现兴奋激发状态, 否则只处在抑制状态. 这种变化过程是一种典型的非线性滤波过程. 这种反应过程在其他生物化学反应中大量存在.

2. 非线性控制系统中的阈值滤波模型

非线性控制系统的类型很多, 我们只列举一些简单模型给以说明.

最简单的非线性滤波是**阈值滤波**, 也就是当 $f(x)$ 是输入函数函数时, 它的输出函数为 $g(x) = g[f(x)] = \begin{cases} 1, & \text{当} f(x) \geqslant \tau_0 \text{时}, \\ 0, & \text{否则}. \end{cases}$

3. 非线性反馈系统

在非线性控制系统中, 一种重要的控制系统是有反馈的控制系统, 如图 3.1.1 所示, 如果驱动因子变量受系统的输出变量 (分子的空间结构或各原子的空间坐标位置) 的影响, 那么这个模型就是一个有反馈的控制系统.

这些模型在下面的结合蛋白质结构分析中还有详细讨论.

3.2 数据阵列 PIDF 的运动分析

我们现在将分子生物控制系统模型应用到 PIDF 数据阵列的运动分析中去.

3.2.1 PIDF 运动分析的内容与意义

蛋白质一级结构的 PIDF 运动分析包括对数据阵列 $\mathcal{K}_M, \mathcal{K}_S, \mathcal{K}_s$ 的运动分析, 对其中的有关内容与意义说明如下.

1. PIDF 运动分析中的参数表达

如果把蛋白质一级结构的 PIDF 数据看做蛋白质一级结构的运动特征, 那么就可得到不同蛋白质一级结构 PIDF 的运动情况.

(1) 按 1.4.1 节、1.4.2 节的计算公式所得到的数据阵列 $\mathcal{K}_M, \mathcal{K}_S, \mathcal{K}_s$ 分别表示不同类型蛋白质的运动情况. 其中 $\mathcal{K}_s$ 是单个蛋白质的 PIDF, $\mathcal{K}_S$ 是每个蛋白质的 PIDF 的列平均值, 而 $\mathcal{K}_M$ 是 SP′06 数据库中所有蛋白质的 PIDF.

(2) 这些不同的数据阵列的计算结果分别在光盘 DATA1/2/2-4/2-4-1.CTX, 2-4-2.CTX 文件与表 2.4.1, 表 2.4.2 中给出, 在此基础上, 就可对 SP′06 数据库 Ω 中的各蛋白质的 PIDF 作因子分解与运动特征分析.

2. M-PIDF 的阵列的特征根与特征矩阵

对 M-PIDF 阵列, 在表 2.4.1 中已给出了它的列平均值、协方差矩阵与相关矩阵, 由它的协方差矩阵可直接得到它的特征向量与特征矩阵, 计算结果如表 3.2.1 所示.

表 3.2.1　M-PIDF 的特征向量与特征矩阵

1	2	3	4	5	6	7	8	9	10
0.30044	0.53446	0.01428	0.01125	0.85684	0.05127	0.03039	1.20820	0.16279	0.53739
8.10399	14.41638	0.38518	0.30345	23.11217	1.38294	0.81973	32.58966	4.39105	14.49541
0.30044	0.29618	−0.00085	−0.00548	0.30969	−0.00145	0.00377	0.32253	−0.00835	−0.04454
0.29618	0.53446	0.02038	0.00533	0.57843	0.01962	0.01947	0.60962	0.00839	0.13089
−0.00085	0.02038	0.01428	0.00643	0.02157	0.01712	0.00676	0.02298	0.01910	0.00936
−0.00548	0.00533	0.00643	0.01125	0.00518	0.00695	0.00776	0.00526	0.00718	0.00999
0.30969	0.57843	0.02157	0.00518	0.85684	0.07025	0.04977	0.91598	0.05839	0.31381

1	2	3	4	5	6	7	8	9	10
−0.00145	0.01962	0.01712	0.00695	0.07025	0.05127	0.02343	0.07664	0.06377	0.04820
0.00377	0.01947	0.00676	0.00776	0.04977	0.02343	0.03039	0.04928	0.02748	0.04640
0.32253	0.60962	0.02298	0.00526	0.91598	0.07664	0.04928	1.20820	0.19647	0.35405
−0.00835	0.00839	0.01910	0.00718	0.05839	0.06377	0.02748	0.19647	0.16279	0.11993
−0.04454	0.13089	0.00936	0.00999	0.31381	0.04820	0.04640	0.35405	0.11993	0.53739
0.12311	0.25713	0.00640	0.00499	0.42740	0.02211	−0.11877	0.52870	0.06727	−0.54655
0.43930	0.67072	0.02237	0.00004	0.86557	0.05185	0.02628	1.04245	0.07367	0.0595

表 3.2.1 由三部分内容组成.

(1) 其中第 1 行是特征根排列的次序编号, 第 2,3 行是特征根的值与它们的贡献率. 所有特征根取值的总和是 3.70731.

(2) 第 4~12 行是特征矩阵, 其中每一行是特征向量, 因此它是一个正交矩阵.

(3) 第 13, 14 行分别是 $\mathcal{K}_M$ 与 $\mathcal{V}_M$ 的列平均值.

由表 3.2.1 可以看到, 数据阵列 $\mathcal{K}_M$ 特征根的取值比较分散, 因此主因子由 8,5,10,2 列组成, 它们的贡献率为 84.58 %.

3. 其他 PIDF 数据阵列的计算

除了 $\mathcal{K}_M$ 外, 也可对其他类似的数据阵列作因子分解计算. 如 S-PIDF 与所有的 s-PIDF 数据阵列, 由它们的协方差矩阵决定它们的特征根与特征矩阵.

这些 PIDF 由它们的特征向量确定主因子, 并由其特征矩阵对它们进行正交分解, 如

$$\mathcal{V}_M = \mathcal{K}_M \otimes C_M, \quad \mathcal{V}_S = \mathcal{K}_S \otimes C_S, \quad \mathcal{V}_s = \mathcal{K}_s \otimes C_s, \quad s = 1, 2, \cdots, m.$$

对它们的计算结果我们分别在光盘 DATA/DATA1/3/3-2 文件夹中给出, 对这些文件说明如下.

(1) 文件 3-2-1.CXT 是 SP′06 中各蛋白质 s-PIDF $\mathcal{K}_s, s = 1, 2 \cdots, m$ 前 10 列的协方差矩阵计算表, 因此它是一个 2602960×10 的数据阵列.

(2) 文件 3-2-2.CXT 是文件 3-2-1.CTX 中各协方差矩阵特征根计算结果, 其中每个协方差矩阵有 10 个特征根, 它们分两行给出, 其中第 1 行是特征根的取值, 按大小次序排列, 第 2 行是特征根所在列的位置. 因此该文件是一个 500290×10 的数据阵列.

(3) 文件 3-2-3.CXT 同样是文件 3-2-1.CTX 中各中各协方差矩阵特征根计算结果, 它们分两行给出, 其中第 1 行是特征根的取值, 按大小次序排列, 第 2 行是该特征根的贡献率. 该文件同样是一个 500290×10 的数据阵列.

(4) 文件 3-2-4.CXT 是不同蛋白质在因子分析中 3 主因子贡献率 (也就是文件 3-2-4.CTX 中前 3 个特征根取值的和).

由该文件可以看到, 每个 $\mathcal{K}_s$ 的前 3 个主因子特征值的贡献率为 75%~100%, 它们的分布情形如表 3.2.2 所示.

表 3.2.2 SP′06 数据库中不同蛋白质 3 个主因子的累计贡献率分布表

取值范围/%	78~85	86~90	91~95	96~100	其他	合计
频数	365	48708	200057	966	399	250495
比例/%	0.12	19.46	79.93	0.39	0.16	

由表 3.2.2 可以看到, 对大部分 (80.3 % 以上) 蛋白质. 3 主成分的贡献率都在 91 % 以上. 其中大部分的主因子是 8,5,2 列.

(5) 文件 3-2-5.CXT 是 $\mathcal{V}_s$ 数据阵列的列平均值, 因此该文件是一个 250295×11 的数据阵列, 其中第 11 列的蛋白质的长度.

3.2.2 数据阵列 $\mathcal{K}_s$ 的运动方程

我们可以把数据阵列 $\mathcal{K}_s$ 的变化看做一个在 R^{10} 空间中的运动, 该数据阵列的运动有以下特征.

1. 蛋白质一级结构的运动方程与它的特征

对固定的蛋白质 A_s, 它的运动方程可写为

$$\bar{K}_s(t) = \begin{cases} \bar{0}, & t = 0, \\ \sum_{t'=1}^{t} \bar{k}_{s,t}, & t > 0. \end{cases} \tag{3.2.1}$$

其中 $t = 1, 2, \cdots, n_s - 3$, 而

$$K_{s,h}(t) == (K_{s,1}(t), K_{s,2}(t), \cdots, K_{s,10}(t)), \quad \bar{k}_{s,t} = (k_{s\,t,1}, k_{s,t,2}, \cdots, k_{s,t,10})$$

都是 10 维向量. 该运动方程有以下特征:

(1) 如果记数据阵列 $\mathcal{K}_s$ 的列平均值向量为 $\bar{\mu}_s$, 记由该向量所确定的半直线为

$$L_s: \bar{r}_s(t) = \bar{\mu}_s \cdot t, \quad t = 0, 1, 2, \cdots \tag{3.2.2}$$

(2) 运动方程 $\bar{K}_s(t)$(见式 (3.2.1) 定义) 在半直线 L_s 附近运动, 而且满足以下条件

$$\bar{K}_s(t) = \bar{r}_s(t), \quad t = 0, n_s - 3, \tag{3.2.3}$$

(3) 运动方程 $\bar{K}_s(t)$ 与半直线 L_s 距离的计算公式为

$$d_s^2(t) = \| \bar{K}_s(t) - \bar{r}_s(t) \|^2 = \sum_{j=1}^{h} \left[\sum_{t'=0}^{t} (\bar{k}_{s,t'} - \bar{\mu}_s) \right]^2, \tag{3.2.4}$$

这时必有 $d_s(0) = d_s\left(\dfrac{n_s - 3}{2}\right) = 0$ 成立.

(4) 由此可见, 运动方程 $\bar{K}_s(t)$ 可以归结为在一个以半直线 L_s 为中心轴的旋转体内运动, 该旋转体的旋转曲线是一个圆弧曲线, 该曲线经过中心轴上的 $\bar{r}_s(0)$, $\bar{r}_s\left(\dfrac{n_s - 3}{2}\right)$ 点, 记该旋转曲线为 S_s, 由中心轴 L_s 与旋转曲线为 S_s 在 $\mathbf{R}^{10}$ 空间中旋转所产生的旋转体为 U_s, 我们称为数据阵列 $\mathcal{K}_s$ 的运动区域.

2. 关于运动区域 U_s 的讨论

(1) 当参数 t 变化时, 距离 $d_s(t)$ 也在变化, 我们记 t_s 为使 $d_s(t)$ 达到最大的自变量, 这就是使关系式

$$d_s = d_s(t_s) = \max\{d_s(t), \ t = 0, 1, \cdots, n_s - 3\} \tag{3.2.5}$$

成立.

(2) 对于不同的蛋白质 A_s, 关于 t_s 与 d_s 的取值不一定相同, 对数据库 SP'06 数据库中所有蛋白质的 t_s, d_s 的计算结果在光盘 DATA/DATA1/3/3-2-4.CTX 文件中给出. 该文件是一个 250296×7 的数据阵列, 其中 1~7 列的含义分别是蛋白质编号、长度、$\bar{K}_s(t)$ 与中心轴 L_s 的最大距离 d_s, 最大距离所在的位置 t_s(见式 (3.2.4) 定义), 最大距离与所在的位置蛋白质长度的比例 $d_s/(n_s - 3), t_s/(n_s - 3)$. 其中第 7 列的含义在下面中说明.

(3) 关于 $d_s/(n_s - 3)$ 与 $t_s/(n_s - 3)$ 的取值为 $(0,1)$, 如果把该区间作 200 等分, 那么 $d_{s'}/(n_s - 3), t_s/(n_s - 3)$ 在各小区间中取值的频数与频率如表 3.2.3 所示.

表 3.2.3　$d_s/(n_s - 3)$ 与 $t_s/(n_s - 3)$ 的取值分布表

0.00	0.00	0.01	0.01	0.02	0.02	0.03	0.04	0.04	0.04	0.05	0.05	0.06	0.06
597	0	0	3	9	28	33	56	68	116	190	197	244	206
0	0	0	0	2	9	27	77	153	249	510	776	1557	1479
0.24	0.00	0.00	0.00	0.00	0.01	0.01	0.02	0.03	0.05	0.08	0.08	0.10	0.08
0.00	0.00	0.00	0.00	0.00	0.00	0.01	0.03	0.06	0.10	0.21	0.31	0.63	0.60
0.07	0.07	0.08	0.09	0.09	0.09	0.10	0.10	0.11	0.11	0.12	0.12	0.13	0.13
309	332	354	463	500	480	686	539	627	647	679	940	686	758
2383	3060	3747	4446	5122	5664	7765	5080	6876	7048	7235	8812	5990	7544
0.12	0.13	0.14	0.19	0.20	0.19	0.27	0.22	0.25	0.26	0.27	0.38	0.27	0.30
0.96	1.23	1.51	1.79	2.06	2.28	3.13	2.05	2.77	2.84	2.91	3.55	2.41	3.04
0.14	0.14	0.15	0.16	0.16	0.16	0.17	0.17	0.18	0.19	0.19	0.19	0.20	0.20
995	718	973	993	1107	1055	1109	1272	1159	1112	1450	985	1244	1484
8931	5601	6976	6825	6532	6401	6311	5991	5684	5521	6150	4019	4669	5450

续表

0.40	0.29	0.39	0.40	0.44	0.42	0.44	0.51	0.46	0.44	0.58	0.39	0.50	0.59
3.60	2.26	2.81	2.75	2.63	2.58	2.54	2.41	2.29	2.22	2.48	1.62	1.88	2.20
0.21	0.21	0.22	0.22	0.23	0.23	0.24	0.24	0.25	0.25	0.26	0.26	0.27	0.28
1167	1351	1809	1078	1514	1423	1532	1401	1620	1861	1569	1249	1570	1509
3512	4257	4756	2904	3396	3219	3141	3005	2782	3095	2450	1891	2095	2013
0.47	0.54	0.72	0.43	0.61	0.57	0.61	0.56	0.65	0.74	0.63	0.50	0.63	0.60
1.41	1.71	1.92	1.17	1.37	1.30	1.27	1.21	1.12	1.25	0.99	0.76	0.84	0.81
0.31	0.32	0.32	0.33	0.33	0.34	0.34	0.35	0.35	0.36	0.36	0.37	0.38	0.38
1849	2045	1514	1886	1617	1819	1665	1910	1426	1961	1913	2039	2067	2300
1211	1355	933	1052	979	955	805	989	631	641	713	633	607	670
0.74	0.82	0.61	0.75	0.65	0.73	0.67	0.76	0.57	0.78	0.76	0.81	0.83	0.92
0.49	0.55	0.38	0.42	0.39	0.38	0.32	0.40	0.25	0.26	0.29	0.25	0.24	0.27
0.38	0.39	0.39	0.40	0.41	0.41	0.41	0.42	0.42	0.43	0.44	0.44	0.44	0.45
1809	1480	1818	1922	1712	1826	2064	1613	1937	1796	1748	2093	2064	1427
609	379	515	428	406	416	489	282	348	326	350	291	360	216
0.72	0.59	0.73	0.77	0.68	0.73	0.82	0.64	0.77	0.72	0.70	0.84	0.82	0.57
0.25	0.15	0.21	0.17	0.16	0.17	0.20	0.11	0.14	0.13	0.14	0.12	0.15	0.09
0.45	0.46	0.47	0.47	0.47	0.48	0.48	0.49	0.49	0.50	0.50	0.51	0.51	0.52
1885	1727	1783	1747	1710	1939	2238	1883	1573	2159	1924	2250	2017	1923
249	255	230	220	194	205	241	192	186	195	197	177	259	135
0.75	0.69	0.71	0.70	0.68	0.77	0.89	0.75	0.63	0.86	0.77	0.90	0.81	0.77
0.10	0.10	0.09	0.09	0.08	0.08	0.10	0.08	0.07	0.08	0.08	0.07	0.10	0.05
0.52	0.53	0.53	0.54	0.55	0.55	0.56	0.56	0.56	0.57	0.57	0.58	0.58	0.59
1930	1502	1930	1773	1884	1901	2062	1994	1822	1773	2304	1761	1928	1331
151	111	134	122	113	88	71	107	105	83	107	91	68	52
0.77	0.60	0.77	0.71	0.75	0.76	0.82	0.80	0.73	0.71	0.92	0.70	0.77	0.53
0.06	0.04	0.05	0.05	0.05	0.04	0.03	0.04	0.04	0.03	0.04	0.04	0.03	0.02
0.59	0.60	0.60	0.61	0.62	0.62	0.62	0.63	0.63	0.64	0.64	0.65	0.65	0.66
1951	1925	1659	1627	1780	1590	1781	1656	1754	2173	1927	1787	1432	1691
72	82	77	62	63	65	53	50	38	62	61	63	41	51
0.78	0.77	0.66	0.65	0.71	0.64	0.71	0.66	0.70	0.87	0.77	0.71	0.57	0.68
0.03	0.03	0.03	0.02	0.03	0.03	0.02	0.02	0.02	0.02	0.02	0.03	0.02	0.02
0.66	0.67	0.68	0.68	0.69	0.69	0.69	0.70	0.70	0.71	0.71	0.72	0.72	0.73
1838	1694	1650	1543	1598	1634	1639	2040	1573	1669	1175	1572	1496	1547

续表

51	57	51	46	40	44	36	47	28	31	28	32	32	27
0.73	0.68	0.66	0.62	0.64	0.65	0.66	0.82	0.63	0.67	0.47	0.63	0.60	0.62
0.02	0.02	0.02	0.02	0.02	0.02	0.01	0.02	0.01	0.01	0.01	0.01	0.01	0.01
0.73	0.74	0.75	0.75	0.75	0.76	0.76	0.77	0.77	0.78	0.78	0.79	0.79	0.80
1454	1361	1586	1680	1356	1457	1704	1361	1498	1055	1512	1243	1364	1465
23	24	29	19	23	21	26	25	20	9	11	24	14	10
0.58	0.54	0.63	0.67	0.54	0.58	0.68	0.54	0.60	0.42	0.60	0.50	0.55	0.59
0.01	0.01	0.01	0.01	0.01	0.01	0.01	0.01	0.01	0.00	0.00	0.01	0.01	0.00
0.81	0.81	0.81	0.82	0.82	0.83	0.83	0.84	0.84	0.85	0.85	0.86	0.87	0.87
1183	1237	1140	1088	959	1193	1060	768	1009	905	949	926	786	703
15	8	14	9	11	12	17	8	8	7	9	10	13	10
0.47	0.49	0.46	0.43	0.38	0.48	0.42	0.31	0.40	0.36	0.38	0.37	0.31	0.28
0.01	0.00	0.01	0.00	0.00	0.00	0.01	0.00	0.00	0.00	0.00	0.00	0.01	0.00
0.88	0.88	0.88	0.89	0.89	0.90	0.90	0.91	0.91	0.92	0.92	0.93	0.94	0.94
872	699	560	558	654	571	434	427	406	401	305	302	273	187
8	9	9	10	5	5	5	6	7	6	1	5	2	8
0.35	0.28	0.22	0.22	0.26	0.23	0.17	0.17	0.16	0.16	0.12	0.12	0.11	0.07
0.00	0.00	0.00	0.00	0.00	0.00	0.00	0.00	0.00	0.00	0.00	0.00	0.00	0.00
0.94	0.95	0.95	0.96	0.96	0.97	0.97	0.98	0.98	0.99	1.00			
129	93	96	74	44	24	8	4	1	0	0			
2	3	4	6	5	4	4	5	10	4	3			
0.05	0.04	0.04	0.03	0.02	0.01	0.00	0.00	0.00	0.00	0.00			
0.00	0.00	0.00	0.00	0.00	0.00	0.00	0.00	0.00	0.00	0.00			

表 3.2.3 中第 1 行比例范围, 第 2, 3 行分别是 $d_s/(n_s - 3)$ 与 $t_s/(n_s - 3)$ 在相应范围内出现的频数, 第 4, 5 行分别是 $d_s/(n_s - 3)$ 与 $t_s/(n_s - 3)$ 在相应范围内出现的频率.

(4) 由此得到 $d_s/(n_s - 3)$ 与 $t_s/(n_s - 3)$ 的取值分布在光盘 DATA2/3/3-2/3-2-1.BMP 图中给出, 其中红线是 $t_s/(n_s - 3)$ 在区间中取值频率分布曲线, 而黄线则是 $d_s/(n_s - 3)$ 在区间中取值频率分布曲线.

(5) 由图 3.2.1 可知, $d_s/(n_s - 3)$ 的取值分布在 $(n_s - 3)/2$ 附近处为最大, 而 $t_s/(n_s - 3)$ 在区间中取值频率分布较集中在区间 $(0, 1)$ 的前半部分 (约 $1/3$ 处).

(6) $\mathcal{K}_s$ 数据阵列的运动区域是一个**超旋转体**, 它的区域可用图 3.2.1 表示.

图 3.2.1 中粗黑线为旋转中心轴, 旋转体的旋转曲线可以有不同的类型, 我们大体可把它们分为**圆弧型与上**、**下葫芦型**等, 分别如图 3.2.1 中的 (a), (b), (c) 所示.

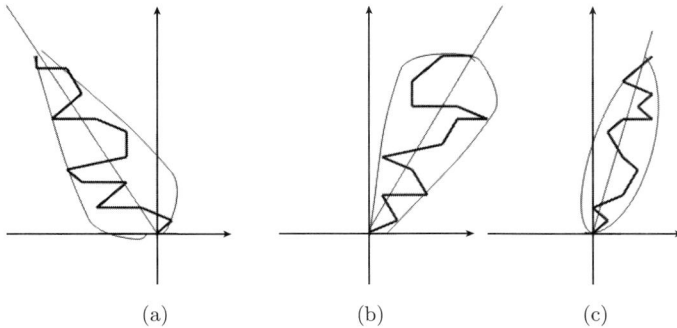

(a)   (b)   (c)

图 3.2.1 $\mathcal{K}_s$ 数据阵列的运动区域形态图

3.2.3   所有 $\mathcal{K}_s$ 数据阵列的运动区域

在 3.2.2 节中, 讨论了单个 $\mathcal{K}_s$ 的运动方程与区域, 我们现在讨论所有的 $\mathcal{K}_s$ 数据阵列的运动区域. 记这个运动区域为 U_M, 表示所有的 (或大部分) $\mathcal{K}_s$ 数据阵列都在这个区域中运动.

1. 运动区域 U_M 的主要特征

对运动区域 U_M 我们仍然采用 $\mathbf{R}^{10}$ 空间中的旋转体来表示, 它的主要特征如下.

(1) 该旋转体的中心轴方向应是 $\mathcal{K}_M$ 数据阵列的列平均值向量 $\bar{\mu}_M$, 因此它的中心轴是半直线

$$L_M : \bar{r}_t(t) = \bar{\mu}_M t, \quad t = 0, 1, 2, \cdots . \tag{3.2.6}$$

(2) 所有的旋转体 U_s 的中心轴 L_s 在中心轴 L_M 周围转动, 而每个 U_s 又是围绕中心轴 L_s 转动的旋转体, 因此 U_M 应是所有 $U_s, s = 1, 2, \cdots, m$ 的包络.

(3) 对每个蛋白质 A_s 的长度 n_s 各不相同, 其中最小的长度只有 3 AA, 而最长的长度达到 34347 AA, 因此我们首先要计算线段 L_s 达到与 L_M 的距离, 其中最大距离的计算公式是

$$d_{M,s} = d(\bar{\mu}_M, \bar{\mu}_s) n_s = n_s \left[\sum_{h=1}^{10} (\mu_{M,h} - \mu_{s,h})^2 \right]^{1/2} , \tag{3.2.7}$$

其中 $\bar{\mu}_s$ 是数据阵列 $\mathcal{K}_S$ 中的行向量.

(4) 对 $d_{M,s}, s = 1, 2, \cdots, m$ 的计算结果在光盘 DATA/DATA1/3/3-2-4.CTX 数据阵列的第 7 列中给出.

2.运动区域 U_M 的计算结果分析

在光盘 DATA/DATA1/3/3-2-4.CTX 数据阵列中已经给出了所有参数 $d_{M,s}, s = 1, 2, \cdots, m$ 的计算结果, 对此分析如下.

(1) 为计算所有 $U_s, s = 1, 2, \cdots, m$ 区域的包络, 我们先计算所有 $L_s, s = 1, 2, \cdots, m$ 顶点的包络.

(2) 现在对数据变量 (n_s, d_s)(也就是对 DATA/DATA1/3/3-2-4.CTX 文件中的第 2, 7 行数据) 作非线性拟合, 我们选择拟合曲线为抛物线曲线 $P_1 : d = \alpha + \beta\sqrt{n_s}$, 利用最小二乘估计得到拟合参数 $\alpha = -87.4, \beta = 11.39$, 所得到的平均拟合标准差为 $\sigma = 131.79$.

(3) 如果记 U_M 是所有 $U_s, s = 1, 2, \cdots, m$ 区域的包络, 那么 L_M 仍然是该包络的中心轴, 而对旋转抛物线 P_1 可作适当放大, 我们这里取抛物线 $P_2 : d = \beta'\sqrt{n_s}, \beta' = 20$.

(4) 旋转抛物线 P_1, P_2 的变化关系可在表 3.2.4 中看到.

表 3.2.4　P_1, P_2 曲线的函数取值表

(1)	(2)	(3)	(1)	(2)	(3)	(1)	(2)	(3)	(1)	(2)	(3)
0	−87.40	0.00	22	−33.98	93.81	44	−11.85	132.66	66	5.13	162.48
1	−76.01	20.00	23	−32.78	95.92	45	−10.99	134.16	67	5.83	163.71
2	−71.29	28.28	24	−31.60	97.98	46	−10.15	135.65	68	6.52	164.92
3	−67.67	34.64	25	−30.45	100.00	47	−9.31	137.11	69	7.21	166.13
4	−64.62	40.00	26	−29.32	101.98	48	−8.49	138.56	70	7.90	167.33
5	−61.93	44.72	27	−28.22	103.92	49	−7.67	140.00	71	8.57	168.52
6	−59.50	48.99	28	−27.13	105.83	50	−6.86	141.42	72	9.25	169.71
7	−57.26	52.92	29	−26.06	107.70	51	−6.06	142.83	73	9.92	170.88
8	−55.18	56.57	30	−25.01	109.54	52	−5.27	144.22	74	10.58	172.05
9	−53.23	60.00	31	−23.98	111.36	53	−4.48	145.60	75	11.24	173.21
10	−51.38	63.25	32	−22.97	113.14	54	−3.70	146.97	76	11.90	174.36
11	−49.62	66.3	33	−21.97	114.89	55	−2.93	148.32	77	12.55	175.50
12	−47.94	69.28	34	−20.99	116.62	56	−2.17	149.67	78	13.19	176.64
13	−46.33	72.11	35	−20.02	118.32	57	−1.41	151.00	79	13.84	177.76
14	−44.78	74.83	36	−19.06	120.00	58	−0.66	152.32	80	14.48	178.89
15	−43.29	77.46	37	−18.12	121.66	59	0.09	153.62	81	15.11	180.00
16	−41.84	80.00	38	−17.19	123.29	60	0.83	154.92	82	15.74	181.11
17	−40.44	82.46	39	−16.27	124.90	61	1.56	156.20	83	16.37	182.21
18	−39.08	84.85	40	−15.36	126.49	62	2.28	157.48	84	16.99	183.30
19	−37.75	87.18	41	−14.47	128.06	63	3.01	158.75	85	17.61	184.39
20	−36.46	89.44	42	−13.58	129.61	64	3.72	160.00	86	18.23	185.47
21	−35.20	91.65	43	−12.71	131.15	65	4.43	161.25	87	18.84	186.55

(1)	(2)	(3)	(1)	(2)	(3)	(1)	(2)	(3)	(1)	(2)	(3)
88	19.45	187.62	129	41.97	227.16	170	61.11	260.77	211	78.05	290.52
89	20.05	188.68	130	42.47	228.04	171	61.54	261.53	212	78.44	291.20
90	20.66	189.74	131	42.96	228.91	172	61.98	262.30	213	78.83	291.89
91	21.25	190.79	132	43.46	229.78	173	62.41	263.06	214	79.22	292.57
92	21.85	191.83	133	43.96	230.65	174	62.84	263.82	215	79.61	293.26
93	22.44	192.87	134	44.45	231.52	175	63.28	264.58	216	80.00	293.94
94	23.03	193.91	135	44.94	232.38	176	63.71	265.33	217	80.39	294.62
95	23.62	194.94	136	45.43	233.24	177	64.13	266.08	218	80.77	295.30
96	24.20	195.96	137	45.92	234.09	178	64.56	266.83	219	81.16	295.97
97	24.78	196.98	138	46.40	234.95	179	64.99	267.58	220	81.54	296.65
98	25.36	197.99	139	46.89	235.80	180	65.41	268.33	221	81.92	297.32
99	25.93	199.00	140	47.37	236.64	181	65.84	269.07	222	82.31	297.99
100	26.50	200.00	141	47.85	237.49	182	66.26	269.81	223	82.69	298.66
101	27.07	201.00	142	48.33	238.33	183	66.68	270.55	224	83.07	299.33
102	27.63	201.99	143	48.80	239.17	184	67.10	271.29	225	83.45	300.00
103	28.20	202.98	144	49.28	240.00	185	67.52	272.03	226	83.83	300.67
104	28.76	203.96	145	49.75	240.83	186	67.94	272.76	227	84.21	301.33
105	29.31	204.94	146	50.23	241.66	187	68.36	273.50	228	84.59	301.99
106	29.87	205.91	147	50.70	242.49	188	68.77	274.23	229	84.96	302.65
107	30.42	206.88	148	51.17	243.31	189	69.19	274.95	230	85.34	303.32
108	30.97	207.85	149	51.63	244.13	190	69.60	275.68	231	85.71	303.97
109	31.52	208.81	150	52.10	244.95	191	70.01	276.41	232	86.09	304.63
110	32.06	209.76	151	52.56	245.76	192	70.42	277.13	233	86.46	305.29
111	32.60	210.71	152	53.03	246.58	193	70.83	277.85	234	86.83	305.94
112	33.14	211.66	153	53.49	247.39	194	71.24	278.57	235	87.21	306.59
113	33.68	212.60	154	53.95	248.19	195	71.65	279.28	236	87.58	307.25
114	34.21	213.54	155	54.40	249.00	196	72.06	280.00	237	87.95	307.90
115	34.74	214.48	156	54.86	249.80	197	72.47	280.71	238	88.32	308.54
116	35.27	215.41	157	55.32	250.60	198	72.87	281.42	239	88.69	309.19
117	35.80	216.33	158	55.77	251.40	199	73.28	282.13	240	89.05	309.84
118	36.33	217.26	159	56.22	252.19	200	73.68	282.84	241	89.42	310.48
119	36.85	218.17	160	56.67	252.98	201	74.08	283.55	242	89.79	311.13
120	37.37	219.09	161	57.12	253.77	202	74.48	284.25	243	90.15	311.77
121	37.89	220.00	162	57.57	254.56	203	74.88	284.96	244	90.52	312.41
122	38.41	220.91	163	58.02	255.34	204	75.28	285.66	245	90.88	313.05
123	38.92	221.81	164	58.46	256.12	205	75.68	286.36	246	91.25	313.69
124	39.43	222.71	165	58.91	256.9	206	76.08	287.05	247	91.61	314.32
125	39.94	223.61	166	59.35	257.68	207	76.47	287.75	248	91.97	314.96
126	40.45	224.50	167	59.79	258.46	208	76.87	288.44	249	92.33	315.59
127	40.96	225.39	168	60.23	259.23	209	77.26	289.14	250	92.69	316.23
128	41.46	226.27	169	60.67	260.00	210	77.66	289.83	251	93.05	316.86

(1)	(2)	(3)	(1)	(2)	(3)	(1)	(2)	(3)	(1)	(2)	(3)
252	93.41	317.49	264	97.67	324.96	276	101.82	332.26	288	105.89	339.41
253	93.77	318.12	265	98.02	325.58	277	102.17	332.87	289	106.23	340.00
254	94.13	318.75	266	98.37	326.19	278	102.51	333.47	290	106.56	340.59
255	94.48	319.37	267	98.71	326.80	279	102.85	334.07	291	106.90	341.17
256	94.84	320.00	268	99.06	327.41	280	103.19	334.66	292	107.23	341.76
257	95.20	320.62	269	99.41	328.02	281	103.53	335.26	293	107.57	342.34
258	95.55	321.25	270	99.76	328.63	282	103.87	335.86	294	107.90	342.93
259	95.90	321.87	271	100.10	329.24	283	104.21	336.45	295	108.23	343.51
260	96.26	322.49	272	100.45	329.85	284	104.55	337.05	296	108.56	344.09
261	96.61	323.11	273	100.79	330.45	285	104.89	337.64	297	108.89	344.67
262	96.96	323.73	274	101.14	331.06	286	105.22	338.23	298	109.22	345.25
263	97.31	324.35	275	101.48	331.66	287	105.56	338.82	299	109.55	345.83

表 3.2.4 由 3 列组成, 其中第 1 列为自变量 t 的取值, 第 2,3 列分别是 $P_1(t), P_2(t)$ 函数的取值.

由表 3.2.4 可以看到, 函数 $P_2(t)$ 的取值大于函数 $P_1(t)$ 的取值, 而且函数 $P_2(t) - P_1(t)$ 的取值一般大于标准差 $\sigma = 131.79$ 的值. 因此抛物线 $P_2(t)$ 可作包络区域 U_M 的旋转曲线.

图 3.2.2 是运动区域示意图, 对它说明如下.

(1) 图 3.2.2 中粗黑直线为 U_M 区域的旋转中心轴, 图中的黑点是所有 $\mathcal{K}_s$ 阵列中心轴的顶点, 也就是全体点 $L_s(t), t = n_s - 3$, 其中 $s = 1, 2, \cdots, m$.

(2) 旋转体是抛物面. 抛物面分两种类型, 第一种是对所有 $L_s(n_s - 3), s = 1, 2, \cdots, m$ 点的拟合曲面 P_1, 图 3.2.2 中用虚线表示.

(3) 第二种是所有 $L_s(n_s - 3), s = 1, 2, \cdots, m$ 点的包络曲面 P_2, 图 3.2.2 中用细黑线表示. 这样就可保证绝大多数 $\mathcal{K}_s$ 的运动曲线在区域 U_M 内.

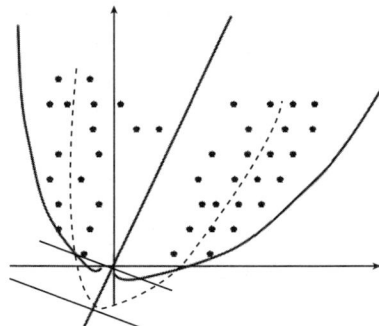

图 3.2.2　U_M 区域的形态图

3.2.4 驱动因子的运动分析

对数据阵列 $\mathcal{K}_M$, 我们已经计算了它的因子分解结果 $\mathcal{V}_M$, 利用这些结果可以简化对 $\mathcal{K}_s$ 运动的描述.

1. 数据阵列 $\mathcal{K}_M$ 与 $\mathcal{V}_M$ 的运动特征

对 $\mathcal{K}_M$ 数据阵列的运动特征已在表 2.4.1 与表 3.2.1 中给出, 表 2.4.1 给出了它的列平均值向量 $\bar{\mu}_{k,M}$ 与列协方差矩阵 $\Sigma_{k,M}$. 表 3.2.1 给出了协方差矩阵 $\Sigma_{k,M}$ 的特征根向量 $\bar{\lambda}_M$ 与特征矩阵 A_M.

由特征矩阵 A_M 可对数据阵列 $\mathcal{K}_M$ 作正交变换, 由此产生数据阵列 $\mathcal{V}_M = \mathcal{K}_M \otimes A'_M$, 该阵列有以下特征.

(1) 它的列平均值向量 $\bar{\mu}_{v,M} = \bar{\mu}_{k,M} \otimes A_M$ 在表 3.2.1 中给出.

(2) 在数据阵列 $\mathcal{V}_M$ 中, 不同的列相互正交, 各列的方差向量就是特征根向量 $\bar{\lambda}_M$, 它在表 3.2.1 中给出.

(3) 在 $\mathcal{V}_M$ 的特征根向量中, $\lambda_{M,8}, \lambda_{M,5}, \lambda_{M,10}, \lambda_{M,2}$ 这 4 个特征根的累计贡献率达到 84.85 %, 因此说明数据阵列 $\mathcal{V}_M$ 的主要波动区域在它的第 8,5,10,2 列上, 其他各列接近它们的平均值常数.

2. 数据阵列 $\mathcal{V}_M$ 的运动区域

由此可见, 对数据阵列 $\mathcal{V}_M$ 的运动区域可简化在 $\mathbf{R}^4$ 空间中的一旋转抛物体内, 该抛物体的中心轴是以 $(\mu_{v,2}, \mu_{v,5}, \mu_{v,8}, \mu_{v,10})$ 为方向的半直线, 抛物线的包络参数是

$$\alpha = \gamma(\lambda_{M,8} + \lambda_{M,2} + \lambda_{M,9} + \lambda_{M,5})^{1/2} = \gamma(4.06161)^{1/2} = 2.0\gamma, \tag{3.2.8}$$

其中 γ 是一个适当的常数, 一般取 $\gamma = 3, 4, 5, 6$ 等.

3.3 蛋白质的判定问题

蛋白质的判定问题是我们对蛋白质作定量化研究的主要问题之一, 一般的判定问题是对某事物 A 是否属于某种属性, 因此蛋白质的判定问题是指一个氨基酸序列, 在什么样的条件下可以成为蛋白质.

3.3.1 训练集与检测集

训练集与检测集是判定问题中的两类集合, 训练集用 (A_1, B_1) 表示, 它们分别都已有确定的是与否的属性, 并为人们所了解. 通过训练集来寻找它们的差别, 在检测集 (A_0, B_0) 中进行判定, 检测集也有确定的是与否的属性, 需要进行判定.

1.蛋白质判定中的条件

(1) 蛋白质一级结构数据库 $\Omega = (A_1, A_2, \cdots, A_m)$ 中给出了许多个长短不等的氨基酸序列, 但它们都已被证实是蛋白质的一级结构序列. 因此 (A_1, A_0) 中的蛋白质都可在 Ω 中选择.

(2) 所有的生物学或生物信息学都没有告诉我们, 哪些氨基酸序列不是蛋白质, 因此不是蛋白质的氨基酸序列我们只有在理论上来分析确定.

(3) 如果 $A^* = (a_1^*, a_2^*, \cdots, a_n^*)$ 是一个随机序列, 各 a_i^* 独立同分布, 而且在 V_{20} 集合中取均匀分布. 因此当 n 适当大 (如 $n = 200$) 时, A^* 可能出现的情形有 $20^{200} \sim 10^{260}$ 种, 这是一个天文数字, 实际存在的蛋白质只是其中的极少一部分. 因此由随机向量 A^* 所产生的氨基酸序列绝大部分不是蛋白质.

(4) 这时可把随机样本集合 $\Omega^* = (A_1^*, A_2^*, \cdots, A_{m^8}^*)$ 看成一个非 (或绝大多数不是) 蛋白质的集合. 因此 (B_1, B_0) 中的氨基酸序列都可在 Ω^* 中选择. 为了使随机样本集合 Ω^* 具有更多的代表性, 我们把随机样本序列 A_s^* 序列也取成长短不等序列, 如取 $n_s = 50, 100, 150, 200, 300, 400, 500$ 等不同类型.

2.刀切检验法

刀切(Jackknife)**检验**算法是统计学的一重要算法, 以下简称 JN-检验法, 它的基本步骤如下.

(1) 记 $\Omega = \{A_1, A_2, \cdots, A_m\}$ 是一个统一的集合, 其中每一个元素 A_s 都有固定的属性.

(2) 记 $\Omega_s = \{\Omega - A_s\}$ 是 Ω 的一个子集合, 这时把 Ω_s 作训练集, 由此训练集得到元素属性的一个判定算法, 利用这个判定算法对 A_s 的属性进行判定, 这个判定结果可能有对也有错.

(3) 当 $s = 1, 2, \cdots, m$ 进行变化时, 这时训练集与检测集 Ω_s 与 A_s 也在不断变化, 这样就可进行 m 次训练与判定, 并可得到判定正确与错误的比例.

3.蛋白质的判定

对氨基酸序列我们已经给出两类集合, 即 Ω 与 Ω^*, 其中 Ω 集合中的序列都是蛋白质一级结构序列, 而 Ω^* 中的序列极大部分都不是蛋白质一级结构的序列.

这时就可利用 JN-检验法对它们进行判定计算, 有关步骤如下.

(1) 把 Ω_s 作为训练集, A_s 与 Ω^* 作为检测集, $s = 1, 2, \cdots, m$ 不断变化, 统计它们的判断误差.

(2) 如果把 A_s 判定为非蛋白质就是第一类误差, 而把 Ω^* 中的序列判定为蛋白质的结果就是第二类误差. 当 s 不断变化出现的误差比例分别就是第一类与第二类误差的比例.

由于数据库 Ω 的样本量很大, 把 Ω_s 作为训练集与把 Ω 作为训练集没有差别, 所以这个检验法实际上是对 Ω 的正样本检验法.

3.3.2 判定方法与它的依据

蛋白质的判定的主要方法与依据是在 2.4 节与 3.2 节给出的 M-PIDF 运动区域理论, 有关结论如下.

1. M-PIDF 运动区域

在 3.2 节中已给出的 $\mathcal{K}_M$ 运动区域 U_M 的构造, 其中一个结论概述如下.

(1) 运动区域 U_M 是 $\mathbf{R}^{10}$ 空间中的一个抛物旋转体, 旋转的中心轴上以

$$\bar{\mu}_M = (0.14733, 0.30377, 0.00623, 0.00124, 0.46977, 0.02220, 0.00708,$$
$$0.66417, 0.06665, 0.03814)$$

为方向的半直线.

(2) 因此中心轴的半直线方程是 $L_M : \bar{y}(t) = \bar{\mu}_M \cdot t, \ t = 0, 1, 2, \cdots$.

(3) 运动区域 U_M 的旋转包络线是一条抛物线, 抛物线与中心轴的距离为 $d(t) = \beta\sqrt{t}$, 其中取 β 为抛物线的参数.

(4) 对 Ω_s 集合, 由它产生的 M-PIDF 数据阵列应是 $\mathcal{K}_{M-s}$, 相应的运动区域应是 U_{M-s}. 但由于 Ω 数据库中蛋白质的数量 m 很大, 因此删除其中任何一个蛋白质 s 对运动区域 U_{M-s} 的改变很小. 因此取 $U_{M-s} = U_M$.

2. 判定方法

记 $A = (a_1, a_2, \cdots, a_{n_a})$ 是一氨基酸序列 (可能在, 也可能不在 Ω 中), 对它作蛋白质判定的步骤如下.

(1) 对该氨基酸序列计算它的 PIDF 如下

$$\begin{cases} \bar{k}_i = (k_{i,1}, k_{i,2}, \cdots, k_{i,10}), & i = 0, 1, 2, \cdots, n_a - 3, \\ \bar{K}(t) = \sum_{i=0}^{t} \bar{k}_i, & t = 0, 1, \cdots, n_a - 3, \end{cases} \tag{3.3.1}$$

其中 $\bar{k}_0$ 是一个零向量.

(2) 对向量函数 $\bar{K}(t)$ 计算与中心轴的距离

$$d_{L,K}(t) = \| \bar{K}(t) - \bar{y}_M(t) \| = \left\{ \sum_{h,j=1}^{10} [K_h(t) - y_h(t)]^2 \right\}^{1/2}, \tag{3.3.2}$$

其中 $\Sigma_M = (\sigma_{M,j,j'})_{j,j'=1,2,\cdots,10}$ 是 $\mathcal{K}_M$ 的列协方差矩阵, 在表 2.4.1 中给出.

(3) 比较 $d_{L,K}(t)$ 与 $d(t) = \beta\sqrt{t+\alpha}$ 的距离, 如果有一个 $t = \tau_a, \tau_a + 1, \cdots, n_a$ 使 $d_{L,K}(t) > d(t)$, 就可判定氨基酸序列 A 不是蛋白质, 否则就是. 其中 τ_a 是一个与 n_a 有关的数, 一般取 $\tau_a = 0.7n_a$.

(4) 对抛物线参数可取不同的值, 如取 $\beta = 5, 10, 15, 20, 25, 30, 35, 40, \alpha = 10$ 等, 当参数 β 增加时就可把 Ω 集合中的蛋白质得到正确的判定. 因此第一类误差减小. 但这时有可能把 Ω^* 集合中的氨基酸序列判定为蛋白质, 因此使第二类误差增加.

因此如何选择抛物线的参数是蛋白质判定中的一个关键因素.

3.3.3　蛋白质判定的计算结果与分析

依据以上的判定方法, 可分别对 Ω 与 Ω^* 中的氨基酸序列作蛋白质的判定.

1. 对 Ω 中序列的判定

在 Ω 中包含 $m = 250296$ 条长短不同的蛋白质, 并由此产生 m 个 $\mathcal{K}_s$ 的数据阵列, 这样就可对每个 A_s 序列, 按式 (3.3.1) 与式 (3.3.2) 计算它们的 $d_{L,K,s}(t)$ 与 $d(t)$ 的值, 并由此确定 A_s 是否是蛋白质的判定, 分别在抛物线系数 $\beta = 5, 10, \cdots, 40$ 的条件下进行.

另外, 在 Ω 数据库中, 蛋白质的长短不同, 因此对它们的误差统计应在不同的长短下进行, 对此分以下情形. 在 Ω 中, 长度小于 10 AA 的蛋白质有 397 条, 对此不予讨论, 长度在 10~50AA 的序列是寡肽, 50~100 的是小蛋白质, 100~500 的是一般蛋白质, 500 AA 以上的是大蛋白质, 对它们在 Ω 数据库中出现的数目与出现第一类误差的百分比计算结果如表 3.3.1 所示.

表 3.3.1　　在不同抛物线系数取值时, 对第一类误差的频数计算结果表

蛋白质长度	频数	5	10	15	20	25	30	35	40
10~50	6277	2041	517	74	0	0	0	0	0
50~100	18828	10467	1881	380	44	2	0	0	0
100~500	173569	160788	52087	10143	2606	1401	565	32	20
500 以上	51225	51234	43349	16552	5172	1707	683	353	225
总数	249889	224530	97824	27149	7812	3110	1248	385	245

表 3.3.1 中第 1 行动数字是抛物线参数 β 的取值, 第 1 列是蛋白质的长度取值范围, 第 2 列是 Ω 数据库中在蛋白质的长度取值范围内的蛋白质数, 其他各数据分别是在抛物线参数 β 的取值下及在各蛋白质的长度取值范围内所出现第一类误差的数目.

例如, 在蛋白质长度为 10~50 AA 时, Ω 数据库中的蛋白质有 6277 条, 其中在 $\beta = 5, 10$ 时被判定错误的分别是 2041, 517 条.

表 3.3.2 是表 3.3.1 的频率 (%) 计算表. 例如, 在蛋白质长度为 10~50 AA 时,

在 $\beta = 5, 10$ 时被判定错误的频率分别是 $32.5155\%, 8.2364\%$.

表 3.3.2 在不同抛物线系数取值时, 对第一类误差频率表

蛋白质长度	5	10	15	20	25	30	35	40
$10\sim50$	32.5155	8.2364	1.1789	0.0000	0.0000	0.0000	0.0000	0.0000
$50\sim100$	55.5927	9.9904	2.0183	0.2337	0.0106	0.0000	0.0000	0.0000
$100\sim500$	92.6364	30.0094	5.8438	1.5014	0.8072	0.3255	0.0184	0.0115
500 以上	100.0176	84.6247	32.3124	10.0966	3.3324	1.3333	0.6891	0.4392
总数	89.8483	39.1494	10.8640	3.1301	1.2445	0.4994	0.1541	0.0980

2. 表 3.3.1 与表 3.3.2 的讨论

从表 3.3.1 与表 3.3.2 可以看到, 当抛物线系数 $\beta = 20$ 时, 对数据库 Ω 中长度在 9AA 以上的所有序列被判定是蛋白质的频率是 96.87%(第一类误差是 3.13%). 因此我们可以取抛物线

$$y(t) = \beta\sqrt{t + \alpha}, \quad \alpha = 10, \quad \beta = 20, \quad t = 0, 1, 2, \cdots \tag{3.3.3}$$

为所有数据阵列 $\mathcal{K}_s, s \in M$ 运动的一个包络旋转曲线, 绝大部分 $\mathcal{K}_s, s \in M$ 在此区域内运动. 记此运动区域为 U_M.

3. 对 Ω^* 中序列的判定

(1) Ω^* 是一个随机样本序列, 我们利用随机数生成法可产生两千万个在 V_{20} 中取值的随机数 (部分随机数在光盘 DATA0/rd.TXT 文件中给出).

(2) 由这两千万个在 V_{20} 中取值的随机数, 可产生 50000 条长度分别取 24, 54, 104, 504, 1004 AA 的氨基酸序列, 称此序列集合为 $\Omega^* = \{A_1^*, A_2^*, \cdots, A_{m^*}^*\}$, $m^* = 50000$, 并称为随机序列的一个样本库. 在此随机序列的一个样本库中, 每个 A_s^* 的长度记为 n_{s^*}.

(3) 对每个 A_s^* 我们同样可以计算它的 s-PIDF 数据阵列 $\mathcal{K}_s^*$, 并由此产生它的运动方程 $\bar{K}_s^*(t)$, $t = 0, 1, \cdots, n_s^*$ 及计算该运动方程 $\bar{K}_s^*(t)$ 与中心轴 L_M 的距离 $d_{L,K^*}(t)$,

(4) 比较 $d_{L,K^*}(t)$ 与运动区域 U_M 的关系, 如果有一个 $t > 0.7n_s$ 使 $d_{L,K^*}(t) < d(t) = 20\sqrt{t + 10}$ 就判定氨基酸序列 A_s^* 有可能是蛋白质, 否则就不是蛋白质.

(5) 经判定计算, 在这 50000 条长度不等的氨基酸序列集合 Ω^* 中, 没有一条可能是蛋白质.

3.3.4 若干问题的分析与讨论

在以上讨论中, 我们给出了一个蛋白质的判定区域 U_M, 对 Ω 中蛋白质的运动方程, 不能离开这个区域 (在运动长度达到该蛋白质总长度的 2/3 后), 而对 Ω^* 中

氨基酸序列的运动方程, 不能进入这个区域 (在运动长度达到该蛋白质总长度的三分之二后). 但还有一些问题需要做进一步的讨论与说明.

1. 对 Ω^* 数据库中序列的特征计算

在 Ω^* 数据库中, 共包含 50000 条序列, 每条序列的长度为 25~1005, 因此其中包含的氨基酸数约为 $n_0^* = 17000000$ 个, 因此它的 M-PIDF 数据阵列 $\mathcal{K}_M^*$ 是一个 $n_0^* \times 10$ 的数据阵列. 该数据阵列的列平均值与列协方差矩阵与相关矩阵的计算结果如表 3.3.3 所示.

表 3.3.3　数据阵列 $\mathcal{K}_M^*$ 的列特征数取值表

-0.17714	-0.35851	-0.00462	-0.00005	-0.54349	-0.01261	-0.19671	-0.76824	-0.06032	-1.34127
0.62196	0.61015	-0.01171	-0.00622	0.59882	-0.02241	0.01226	0.60179	-0.01961	-0.03672
0.61015	1.23229	0.00559	0.00955	1.20982	-0.01552	0.04210	1.21434	-0.01056	0.27837
-0.01171	0.00559	0.02289	0.00965	0.00558	0.02277	0.00881	0.00506	0.02228	0.00886
-0.00622	0.00955	0.00965	0.01933	0.00978	0.00974	0.01159	0.00968	0.00960	0.01280
0.59882	1.20982	0.00558	0.00978	1.82838	0.02086	0.08784	1.83223	0.02498	0.56176
-0.02241	-0.01552	0.02277	0.00974	0.02086	0.07655	0.03459	0.01569	0.07126	0.04348
0.01226	0.04210	0.00881	0.01159	0.08784	0.03459	0.05571	0.08588	0.03248	0.05315
0.60179	1.21434	0.00506	0.00968	1.83223	0.01569	0.08588	2.60737	0.18639	0.71357
-0.01961	-0.01056	0.02228	0.00960	0.02498	0.07126	0.03248	0.18639	0.24802	0.17826
-0.03672	0.27837	0.00886	0.01280	0.56176	0.04348	0.05315	0.71357	0.17826	0.75467
1.00000	0.69695	-0.09812	-0.05669	0.56155	-0.10272	0.06588	0.47257	-0.04994	-0.05360
0.69695	1.00000	0.03327	0.06187	0.80599	-0.05053	0.16069	0.67746	-0.01911	0.28866
-0.09812	0.03327	1.00000	0.45880	0.02728	0.54401	0.24659	0.02072	0.29574	0.06744
-0.05669	0.06187	0.45880	1.00000	0.05201	0.25313	0.35305	0.04310	0.13856	0.10595
0.56155	0.80599	0.02728	0.05201	1.00000	0.05577	0.27523	0.83916	0.03709	0.47823
-0.10272	-0.05053	0.54401	0.25313	0.05577	1.00000	0.52969	0.03512	0.51717	0.18090
0.06588	0.16069	0.24659	0.35305	0.27523	0.52969	1.00000	0.22533	0.27631	0.25920
0.47257	0.67746	0.02072	0.04310	0.83916	0.03512	0.22533	1.00000	0.23178	0.50869
-0.04994	-0.01911	0.29574	0.13856	0.03709	0.51717	0.27631	0.23178	1.00000	0.41203
-0.05360	0.28866	0.06744	0.10595	0.47823	0.18090	0.25920	0.50869	0.41203	1.00000

表 3.3.3 的第 1 列是 $\mathcal{K}_M^*$ 的列平均值, 第 2~11 行是列协方差矩阵, 12~21 行是列相关矩阵.

2. 对 Ω 与 Ω^* 数据库中序列 PIDF 运动方程的比较

从表 2.4.1 与表 3.3.3 可以看到, Ω 与 Ω^* 数据库中序列 PIDF 运动方程的特征区别, 但对它们的差别不易说明. 如果采用因子分解中主因子的运动状态就可以很容易看到它们的区别.

在光盘 DATA2/3/3-3/文件夹中我们分别给出了分别取自 Ω 与 Ω^* 数据库中的 2 条序列, 并计算它们的 PIDF 运动方程, 对这些图形说明如下.

(1) 在光盘 DATA2/3/3-3/文件中, 我们分别给出了分别取自 Ω 与 Ω^* 数据库中的两个氨基酸序列, 并计算它们的 PIDF 运动方程 $\mathcal{K}_s$ 与 $\mathcal{K}_{s^*}^*$.

(2) 对数据阵列 $\mathcal{K}_s$ 与 $\mathcal{K}_{s^*}^*$ 分别作它们的因子分解, 分别得到它们的 2 主因子

的变化函数 $v_1(t), V_2(t), v_1^*(t), V_2^*(t)$.

(3) 在光盘 DATA2/3/3-3/3-3-1.JPG 文件中, 给出的 4 条曲线就是 $v_1(t), V_2(t)$, $v_1^*(t), V_2^*(t)$ 的变化曲线, 它们分别用红、黄、绿、蓝 4 种颜色表示.

(4) 由 3-3-1.JPG 文件可以看到, $v_1(t), V_2(t)$ 与 $v_1^*(t), V_2^*(t)$ 曲线变化的区别, 文件 3-3-2.JPG, 3-3-3.JPG 文件是 3-3-1.JPG 文件的滑动滤波, 由此可以看到这 4 条曲线的区别. 因此我们就可用统计判别法来对它们进行区分.

3. 关于非蛋白质的讨论

事实上, 在生物信息学中没有给出非蛋白质的定义与数据, 我们采用随机序列的方法只能说明其中大部分序列都不是蛋白质, 因此把 Ω^* 作为非蛋白质集合是不太合理的. 由本章的讨论我们大体可以看到蛋白质序列 PIDF 运动的变化特征. 因此有一定的合理性, 以后我们还会得到其他的判定方法.

另外非蛋白质与非活性蛋白质是有区别的, 一个蛋白质如果其中的一个或几个氨基酸改变就会失去活性, 即使一级结构不变, 但在不同的环境下也会失去活性. 因此本章的讨论不涉及蛋白质的活性问题.

3.4 蛋白质 M-PIDF 的频谱分析

我们现在讨论蛋白质 M-PIDF 的频谱分析及它的有关理论, 它实际上就是一般多维函数的频谱分析理论.

3.4.1 频谱分析概论

频谱分析中正交基的选择有多种, 我们在此采用序列的**离散 Fourier 变换**, 有关记号与性质如下.

1. 序列的离散 Fourier 变换 (简记 DFT)

记 $f(t), t = 0, \pm 1, \pm 2, \cdots$ 是一个实数周期序列, 它的周期为 n, 那么 $f(t), t = 0, 1, 2, \cdots, n-1$ 是它的一个周期, 记

$$W_n = \mathrm{e}^{-\mathrm{i}2\pi/n} \tag{3.4.1}$$

为 Fourier 变换函数. 这时记

$$F(\lambda) = \frac{1}{n} \sum_{t=0}^{n-1} f(t) W_n^{t\lambda}, \quad \lambda = 0, 1, \cdots, n-1 \tag{3.4.2}$$

为向量函数 $f(t)$ 的离散 Fourier 变换, 其中 $N = \{0, 1, \cdots, n-1\}$. 由于

$$\sum_{\lambda=0}^{n-1} W_n^{\lambda t} = \begin{cases} n, & \text{当} t = 0, \text{或是} n \text{的整倍数时}, \\ 0, & \text{否则}. \end{cases} \tag{3.4.3}$$

由此得到式 (3.4.3) 的逆变换 (IDFT) 为

$$f(t) = \sum_{\lambda=0}^{n-1} F_\lambda W_n^{-\lambda t}, \quad t = 0, 1, \cdots, n-1. \tag{3.4.4}$$

对 DFT 与 IDFT 还有其他不同的表达形式, 如

$$\begin{cases} F(\lambda) = \dfrac{1}{\sqrt{n}} \sum_{t=0}^{n-1} f(t) W_n^{t\lambda}, & \lambda = 0, 1, \cdots, n-1, \\ f(t) = \dfrac{1}{\sqrt{n}} \sum_{\lambda=0}^{n-1} F(\lambda) W_n^{-\lambda t}, & t = 0, 1, \cdots, n-1 \end{cases} \tag{3.4.5}$$

等.

2. DFT 的性质

为了简单起见, 记 $f = f(t), g = g(t), x = x(t), y = y(t), z = z(t)$ 是以 t 为自变量的 n 周期函数, 记它们的 DFT 函数分别为 $F = F(\lambda), G = G(\lambda), X = X(\lambda), Y = Y(\lambda), Z = Z(\lambda)$, 其中自变量为 λ.

(1) 线性性. f, g 函数线性组合 $\alpha f + \beta g$ 的 DFT 为 $\alpha F + \beta G$, 其中 α, β 为常数.

(2) 平移性. 如构造函数:

$$g_j(t) = f(t + j), \quad j = 0, 1, \cdots, n-1, \tag{3.4.6}$$

那么 $g_j(t)$ 所对应的 DFT 为

$$G_j(\lambda) = W_n^{j\lambda} F(\lambda), \quad \lambda = 0, \pm 1, \pm 2, \cdots. \tag{3.4.7}$$

(3) 复共轭定理. 如果 n 是个偶数, 那么 $F\left(\dfrac{n}{2} + \lambda\right) = \overline{F\left(\dfrac{n}{2} - \lambda\right)}$, 其中 $\overline{F\left(\dfrac{n}{2} - \lambda\right)}$ 是 $F\left(\dfrac{n}{2} - \lambda\right)$ 的共轭复数.

(4) 卷积定理. 称

$$x(t) = \sum_{t'=0}^{n-1} f(t') g(t - t') \tag{3.4.8}$$

为 f, g 函数的卷积, 那么 $X(\lambda) = F(\lambda) G(\lambda)$.

(5) 互相关定理. 记

$$y(\tau) = \frac{1}{n} \sum_{t=0}^{n-1} f(t) g(t + \tau) \tag{3.4.9}$$

为 f, g 函数的互相关函数, 那么 $Y(\lambda) = \overline{F(\lambda)} G(\lambda)$.

当 $g = f$ 时, 互相关定理就变成自相关定理, 这时 $Y(\lambda) = |F(\lambda)|^2$, 且有巴什瓦等式成立:

$$\frac{1}{n} \sum_{t=0}^{n-1} |f(t)|^2 = \sum_{\lambda=0}^{n-1} |F(\lambda)|^2. \tag{3.4.10}$$

3. 功率、幅度与位相谱

因为在一般情况下, F 是一个复数, 所以我们就可把它记为 $F = R + \mathrm{i}I$, 其中 R, I 分别是 F 的实数与虚数部分, 因此称

$$P(\lambda) = |F(\lambda)|^2, \quad A(\lambda) = |F(\lambda)|, \quad \psi(\lambda) = \arctan\frac{I(\lambda)}{R(\lambda)} \tag{3.4.11}$$

在 $\lambda = 0, 1, \cdots, n-1$ 时的函数分别为它们的功率谱、幅度谱与位相谱.

3.4.2 M-PIDF 的 Fourier 变换

如果 $A_s = (a_{s,1}, a_{s,2}, \cdots, a_{s,n_s})$ 是一个蛋白质, 对它的 M-PIDF 的 Fourier 变换讨论如下.

1. M-PIDF 的相关矩阵函数

如上所记, 蛋白质 A_s 的 M-PIDF 是一个 $(n_s - 3) \times 10$ 的阵列 $\mathcal{K}_s$, 该阵列的列协方差矩阵为 Σ_s, 而 Σ_s 的特征矩阵为 C_s. 阵列 $\mathcal{K}_s$ 在矩阵 C_s 上的投影阵列为 $\mathcal{V}_s$.

$\mathcal{V}_s$ 仍然是一个 $(n_s - 3) \times 10$ 阵列, 但它的前 3(或 4) 个列是他们的主因子, 我们记 $\mathcal{V}_s^z$ 中的行向量为

$$\bar{v}_{s,t} = (v_{s,t,1}, v_{s,t,2}, v_{s,t,3}), \quad t = 0, 1, \cdots, n_s - 4. \tag{3.4.12}$$

(1) 为讨论 M-PIDF 的相关矩阵函数, 我们先对 $\mathcal{V}_s^z$ 阵列作扩张运算, 定义 $\mathcal{V}_s''$ 是一个无穷周期阵列, 记为

$$\bar{v}_{s,t} = (v_{s,t,1}, v_{s,t,2}, v_{s,t,3}), \quad t = 0, \pm 1, \pm 2, \cdots, \tag{3.4.13}$$

其中当 $t = 0, 1, \cdots, n_s - 4$ 时, 式 (3.4.13) 中的 $\bar{v}_{s,t}$ 向量就是式 (3.4.12) 中的 $\bar{v}_{s,t}$ 中的向量, 而其他的向量由关系式 $\bar{v}_{s,t} = \bar{v}_{s,t+n_s-4}$ 递推得到.

因此 $\mathcal{V}_s^z$ 阵列是无穷周期阵列 $\mathcal{V}_s''$ 中的一个周期, 它的周期长度为 $n_s - 3$.

(2) 记 $\bar{\mu}_s = (\mu_{s,1}, \mu_{s,2}, \mu_{s,3})$ 是 $\mathcal{V}_s^z$ 阵列的列平均值, 因此也是 $\mathcal{V}_s''$ 阵列的列平均值.

(3) 记

$$B_t(\tau) = (b_{t,h,h'}(\tau))_{h,h'=1,2,3}, \quad \tau = 0, \pm 1, \pm 2, \cdots \tag{3.4.14}$$

是阵列 $\mathcal{V}''_s$ 的相关矩阵, 其中

$$b_{t,h,h'}(\tau) = \sum_{t'=0}^{n_s-4} (v_{s,t+t',h} - \mu_{s,h})(v_{s,t+t'+\tau,h} - \mu_{s,h}). \tag{3.4.15}$$

2.M-PIDF 相关矩阵函数的性质

(1) 矩阵 $B_t(\tau)$ 的取值与 t 无关, 这就是对任何 $t, \tau = 0, \pm 1, \pm 2, \cdots$, 总有 $B_t(\tau) = B_0(\tau)$ 成立, 因此在下面中我们记 $B_t(\tau)$ 为 $B(\tau)$.

(2) 对 $B(\tau)$ 矩阵, 总有 $B(-\tau) = B^{\mathrm{T}}(\tau)$ 成立, 其中 $B^{\mathrm{T}}(\tau)$ 是 $B(\tau)$ 的转置矩阵.

(3) 对 $B(\tau)$ 矩阵, 总有 $B(\tau) = B(\tau + p(n_s - 3))$ 成立, 其中 p 是任何整数.

由此可知, M-PIDF 相关矩阵函数实际上是由 6 条函数曲线组成, 它们是

$$b_{h,h'}(\tau), \quad \tau = 0, \pm 1, \pm 2, \cdots, n_s - 4, \tag{3.4.16}$$

其中 $(h, h') = (1,1), (2,2), (3,3,), (1,2), (1,3), (2,3)$, 我们称前 3 条曲线为 M-PIDF 的自相关函数, 称后 3 条曲线为 M-PIDF 的互相关函数. 而

$$b_{2,1}(\tau) = b_{1,2}(-\tau), \quad b_{3,1}(\tau) = b_{1,2}(-\tau), \quad b_{3,2}(\tau) = b_{2,3}(-\tau). \tag{3.4.17}$$

3.M-PIDF 相关矩阵函数的 DFT 及其性质

利用式 (3.4.2) 我们就可对式 (3.4.16) 中的函数 $b_{h,h'}(\tau)$ 作它的离散 Fourier 变换, 记

$$f_{h,h'}(\lambda) = \frac{1}{2n_s - 5} \sum_{\tau=-n_s+3}^{n_s-3} b_{h,h'}(\tau) W_n^{\tau\lambda} \tag{3.4.18}$$

为函数 $b_{h,h'}(\tau)$ 的 DFT, 其中 $h, h' = 1, 2, 3$, $\lambda = 0, \pm 1, \pm 2, \cdots, \pm(n_s - 3)$. 如果我们记 $F(\lambda) = (f_{h,h'}(\lambda))_{h,h'=1,2,3}$ 是一个矩阵函数, 那么式 (3.4.18) 的 DFT 就为

$$F(\lambda) = \frac{1}{2n_s - 5} \sum_{\tau=-n_s+3}^{n_s-3} B(\tau) W_n^{\tau\lambda}, \quad \lambda = 0, \pm 1, \pm 2, \cdots, \pm(n_s - 3). \tag{3.4.19}$$

类似地, 得到式 (3.4.19) 的逆变换 (IDFT) 为

$$B(\tau) = \sum_{\lambda=-n_s+3}^{n_s-3} F_\lambda W_n^{-\lambda t}, \quad \tau = 0, \pm 1, \pm 2, \cdots, \pm(n_s - 3). \tag{3.4.20}$$

对 M-PIDF 相关矩阵函数的 DFT, 2.4.3 节中的各项性质全部成立, 但由于相关矩阵函数的特殊性, 有以下性质成立.

(1) 对 M-PIDF 的自相关函数, $b_{h,h}(\tau)$, $h = 1, 2, 3$ 的 DFT 可写为

$$f_{h,h}(\lambda) = \frac{2}{n_s - 3}\left[b_{h,h}(0)/2 + \sum_{\tau=1}^{n_s-3} b_{h,h}(\tau)\cos\left(\frac{\tau\lambda}{2n_s - 5}\right)\right]. \tag{3.4.21}$$

它们一定是实函数.

(2) 对 M-PIDF 的互相关函数, $b_{h,h'}(\tau)$, $h \neq h' = 1, 2, 3$ 的 DFT 一定是复函数, 因此我们可把它分解成实部与虚部函数 $f_{h,h'}(\tau) = f_{0,h,h'}(\tau) + \mathrm{i}f_{1,h,h'}(\tau)$, 其中 $f_{0,h,h'}(\tau), f_{1,h,h'}(\tau)$ 是两个实函数, 分别为

$$\begin{cases} f_{0,h,h'}(\lambda) = \dfrac{2}{n_s - 3}\left\{b_{h,h}(0)/2 + \displaystyle\sum_{\tau=1}^{n_s-3}[b_{h,h'}(\tau) + b_{h',h}(\tau)]\cos\left(\dfrac{\tau\lambda}{2n_s-5}\right)\right\}, \\ f_{1,h,h'}(\lambda) = \dfrac{2}{n_s - 3}\left\{\displaystyle\sum_{\tau=1}^{n_s-3}[b_{h,h'}(\tau) - b_{h',h}(\tau)]\sin\left(\dfrac{\tau\lambda}{2n_s-5}\right)\right\}. \end{cases} \tag{3.4.22}$$

(3) 由此可知, M-PIDF 相关矩阵函数的 DFT 由 9 条函数曲线组成, 它们是式 (3.4.21) 中的 $f_{h,h}(\lambda), h = 1, 2, 3$ 及式 (3.4.22) 中的 $f_{0,h,h'}(\lambda), f_{1,h,h'}(\lambda)$, 其中 $(h, h') = (1, 2), (1, 3), (2, 3)$, 而 $f_{0,h,h'}(\lambda), f_{1,h,h'}(\lambda)$ 满足关系式:

$$f_{0,h,h'}(\lambda) = f_{0,h',h}(\lambda), \quad f_{1,h,h'}(\lambda) = -f_{1,h'h}(\lambda). \tag{3.4.23}$$

3.4.3 不同长度蛋白质的频谱结构分析

为了考察蛋白质 M-PIDF 的频谱结构特征, 先选择几种不同长度的蛋白质作频谱结构特征分析, 如选择长度分别为 100~300 的两个蛋白质, 考察它们的相关函数与频谱结构特征, 有关的计算步骤与公式如 3.4.2 节所给的.

1. 关于蛋白质 14KD-RHOSH 的分析

该蛋白质的长度为 124 AA, 它的前 3 个主因子特征根、贡献率与累计贡献率分别为

$$\begin{pmatrix} 特征根取值 & 4.54821 & 0.39868 & 0.25822 \\ 贡献率 & 0.81478 & 0.07142 & 0.04626 \\ 累计贡献率 & 0.81478 & 0.88620 & 0.93246 \end{pmatrix}.$$

由这 3 个主因子列所产生的相关函数与它们的 DFT 在光盘 DATA2/3/3-4/ 文件夹中给出, 对这些文件说明如下.

(1) 光盘 DATA2/3/3-4/ 文件夹由两类文件组成, 即 *.TXT 与 *.JPG 文件. 其中 TXT 是数据文件, JPG 是相应的彩色图像文件. 它们的文件编号分别为 3-4-1A.TXT - 3-4-1F.TXT, 3-4-1A.JPG-3-4-1F.JPG.

(2) 在这 3-4-1A-3-4-1F 的文件中, 自变量是蛋白质中氨基酸的排列顺序, 函数值是相关函数或频谱函数取值的 10 倍.

(3) 在这些文件中, 前 3 个文件是 14KD-RHOSH 蛋白质 M-PIDF 3 个主因子列的相关函数数据与图, 它们都由 3 条函数曲线组成, 它们的相互关系由表 3.4.1 说明.

表 3.4.1 14KD-RHOSH 蛋白质的相关函数或频谱函数关系表

相关函数 数据文件名	相关函数 图像文件名	相关函数	频谱函数 数据文件名	频谱函数 图像文件名	频谱函数
3-4-1A.TXT	3-4-1A.pdf	$b_{1,j}$, j =1,2,3	3-4-1D.TXT	3-4-1D.pdf	$f_{1,j}$, j =1,2,3
3-4-1B.TXT	3-4-1B.pdf	$b_{2,j}$, j =1,2,3	3-4-1E.TXT	3-4-1E.pdf	$f_{2,j}$, j =1,2,3
3-4-1C.TXT	3-4-1C.pdf	$b_{3,j}$, j =1,2,3	3-4-1F.TXT	3-4-1F.pdf	$f_{3,j}$, j =1,2,3

其中 $b_{i,j}, f_{i,j}$ 分别是函数: $b_{i,j}(\tau), f_{i,j}(\tau), \tau = 0, 1, 2, \cdots, 100$.

(4) 3-4-2A.TXT-3-4-2F.TXT, 3-4-2A.pdf-3-4-2F.pdf 是 3-4-1A.TXT-3-4-1F.TXT, 3-4-1A.pdf-3-4-1F.pdf 这 12 个文件的简易 (或局部) 版.

2. 关于 AA3R-RABIT 蛋白质的分析

该蛋白质的长度为 319 AA, 它的前 3 个主因子特征根、贡献率与累计贡献率分别为

$$\begin{pmatrix} 特征根取值 & 4.36614 & 0.55313 & 0.23011 \\ 贡献率 & 0.78577 & 0.09955 & 0.04141 \\ 累计贡献率 & 0.78577 & 0.88532 & 0.92673 \end{pmatrix}.$$

这 3 个主因子列的相关函数与它们的 DFT 如光盘 DATA2/3/3-4-3A.TXT-3-4-3F.TXT 中的数据文件与它们的 3-4-3A.pdf-3-4-3F.pdf 图. 它们的含义与表 3.4.1 相同. 图 3-4-4A.TXT-3-4-4F.TXT, 3-4-4A.pdf - 3-4-4F.pdf 是它们的平均光滑滤波数据与图.

3. 蛋白质的谱线结构的定义

从光盘 DATA2/3/3-4/3-4-1A.pdf-3-4-1F.pdf, 3-4-2A.pdf-3-4-2F.pdf, 3-4-3A.pdf-3-4-3F.pdf, 2-7-4A.pdf-3-4-4F.pdf 的蛋白质的频谱结构图可以看到, 无论是自相关函数还是互相关函数, 它们的频谱图都具有明显的峰值. 关于峰值 (或谱线) 的定义如下.

定义 3.4.1 我们称 $(\tau_{h,h',p}, f_{h,h',p})$ 是蛋白质 M-PIDF 主因子相关函数的谱线, 如果它们满足以下条件.

(1) $(\tau_{h,h',p}, f_{h,h',p})$ 点是 $f_{h,h'}(\tau)$ 曲线的一个极大或极小值点.

(2) 函数 $f_{h,h'}(\tau)$ 在点 $\tau_{h,h',p}$ 两侧的变化率 (斜率) 较大, 这就是存在一个较小的数 δ, 使 $|f_{h,h'}(\tau) - f_{h,h'}(\tau \pm \delta)|$ 较大.

(3) 在 $(\tau_{h,h',p}, f_{h,h',p})$ 中, 我们称 $\tau_{h,h',p}$ 为第 p 条谱线的位点, 称 $f_{h,h',p}$ 为第 p 条谱线的强度. 对谱线的位点又可用 $2\pi\tau_{h,h',p}/(n_s - 3)$ 来表示, 这时谱线的位置为 $(0, 2\pi)$ 内取值.

4. 蛋白质的谱线结构分析

由定义 3.4.1 及蛋白质 M-PIDF 频谱结构图的特性, 我们就可作蛋白质的谱线结构分析, 有关计算与分析步骤如下.

(1) 选择阈值矩阵 $\Theta = (\theta_{h,h'})_{h,h'=1,2,3}$, 其中 $\theta_{h,h'} > 0$.

(2) 对频谱函数 $f_{h,h'}(\tau)$ 搜索它的谱线 $(\tau_{h,h',p}, f_{h,h',p})$ 需满足以下条件.

(i) 取 $f_{h,h',p} = f_{h,h'}(\tau_{h,h',p})$, 使 $|f_{h,h',p}| > \theta_{h,h'}$.

(ii) 当 $f_{h,h',p} > 0$ 时, 有 $f_{h,h',p} > f_{h,h'}(\tau_{h,h',p} \pm 1)$ 成立, 当 $f_{h,h',p} < 0$ 时, 有 $f_{h,h',p} < f_{h,h'}(\tau_{h,h',p} \pm 1)$ 成立.

(3) 对固定的 h, h' 在频谱函数 $f_{h,h'}(\tau)$ 中, 使条件 (i), (ii) 成立的点的个数记为 $p_{h,h'}$. 由此得到蛋白质的谱线结构为

$$(\tau'_{h,h',p}, f_{h,h',p}), \quad p = 1, 2, \cdots, p_{h,h'}, \quad h, h' = 1, 2, 3, \tag{3.4.24}$$

其中 $\tau'_{h,h',p} = \dfrac{2\pi\tau_{h,h',p}}{n_s - 3}$. 式 (3.4.24) 就是该蛋白质的谱线结构.

5. 计算结果

仍以 14KD-RHOSH 与 AA3R-RABIT 蛋白质为例, 计算它们的 M-PIDF 的谱线结构.

(1) 对 14KD-RHOSH 蛋白质, 如果选择阈值矩阵为

$$\theta_{h,h'} = \begin{cases} 10, & \text{如果 } h = h' = 2 \text{ 与 } h = h' = 3, \\ 5, & \text{否则}, \end{cases}$$

那么得到该蛋白质 M-PIDF 的 61 条谱线如表 3.4.2 所示.

其中 h, h' 是主因子的指标, τ 是谱线的位置, 它的变化为区间 $(0, \pi)$ 内, f 是谱线的强度.

(2) 对 AA3R-RABIT 蛋白质, 如果我们选择阈值矩阵 Θ 与 (1) 中的阈值矩阵相同, 那么得到该蛋白质 M-PIDF 的 60 条谱线如表 3.4.3 所示.

(3) 比较 14KD-RHOSH 与 AA3R-RABIT 蛋白质 M-PIDF 的谱线表, 我们会发现它们之间存在较大的差异, 如对第 1 主因子的谱线, 在 14KD-RHOSH 蛋白质

中少而弱 (只有 4 条, 最大强度为 8.4581), 而在 AA3R-RABIT 蛋白质中则为多而强 (有 10 条, 最大强度为 20.8578).

表 3.4.2　14KD-RHOSH 蛋白质 M-PIDF 的谱线表

h	h'	τ	f	h	h'	τ	f	h	h'	τ	f	h	h'	τ	f
1	1	0.0779	5.3599	1	1	0.1298	8.4581	1	1	2.0511	7.0296	1	1	2.2069	6.3382
1	2	0.1039	−5.8508	1	2	0.1298	−19.4180	1	2	1.9732	−7.4565	1	2	1.9992	−9.0595
1	2	2.0252	−6.0066	1	2	2.0511	5.6841	1	2	2.1809	−11.7543	1	2	2.2329	5.8817
1	3	0.0260	7.7661	1	3	0.0779	6.1741	1	3	0.1039	10.2379	1	3	2.1030	−10.5345
1	3	2.1550	−6.6920	1	3	2.1809	−7.7822	2	1	0.1039	6.1650	2	1	0.1298	−19.1454
2	1	1.9732	7.0931	2	1	2.0252	−5.4155	2	1	2.0511	10.2516	2	1	2.1809	7.5477
2	1	2.2069	10.7838	2	1	2.2329	−5.2600	2	2	0.1298	38.8695	2	2	1.9992	10.2240
2	2	2.0511	11.0148	2	2	2.1809	−10.1895	2	2	2.2069	20.7739	2	3	0.0260	7.6545
2	3	0.0519	−8.4313	2	3	0.1039	−13.8747	2	3	0.1558	8.7199	2	3	1.9992	−7.1847
2	3	2.0511	−7.2390	2	3	2.0771	9.7731	2	3	2.1809	−6.4573	2	3	2.2069	10.8260
3	1	0.0260	7.7661	3	1	0.0779	6.3476	3	1	0.1039	−9.6467	3	1	2.0252	9.7438
3	1	2.0771	7.4577	3	1	2.1550	−8.7984	3	2	0.0260	7.6545	3	2	0.0519	8.5278
3	2	0.1039	13.9012	3	2	0.1558	−8.7926	3	2	2.0771	−9.5577	3	2	2.1030	−6.9086
3	2	2.1290	−9.2408	3	2	2.1550	−6.1826	3	2	2.1809	−5.9612	3	2	2.2069	7.1562
3	3	0.0260	38.6011	3	3	0.0779	10.2456	3	3	2.0771	−20.0708	3	3	2.1030	31.9677
3	3	2.1550	21.6297												

3.4.4　蛋白质数据库的频谱分析

在 3.4.3 节中, 我们已对 14KD-RHOSH 与 AA3R-RABIT 蛋白质的 M-PIDF 在一定的阈值条件下给出了它们的谱线结构表, 在本节中将对 SP′06 数据库中的所有蛋白质, 以及它们在不同类型条件的谱线结构进行分析.

我们在 SP′06 数据库中, 选取 17000 条蛋白质作它们的谱线结构分析, 从这些分析中我们大体可以看到 SP′06 数据库中的所有蛋白质的谱线结构状况.

1. 谱线结构的确定

对于每条蛋白质的谱线我们仍按定义 3.4.1 确定, 但由于蛋白质的长度等因素变化很大, 对阈值矩阵 Θ 中的各元素 $\theta_{h,h'}$, $h, h' = 1, 2, 3$ 就不能按在 14KD-RHOSH 与 AA3R-RABIT 蛋白质计算时的情形取为常数, 我们作以下定义计算.

(1) 记

$$f_{s,h,h'}(\tau), \quad \tau = 1, 2, \cdots, n_s - 3, \quad h, h' = 1, 2, 3 \tag{3.4.25}$$

为数据库中第 s 个蛋白质的 M-PIDF 的频谱函数.

(2) 对固定的 s, h, h', 对变量 τ, 计算 $f_{s,h,h'}(\tau)$ 的均值、方差与标准差为 $\mu_{f,s,h,h'}$, $\sigma^2_{f,s,h,h'}$, $\sigma_{f,s,h,h'}$.

表 3.4.3 AA3R-RABIT 蛋白质 M-PIDF 的谱线表

h	h'	τ	f	h	h'	τ	f	h	h'	τ	f	h	h'	τ	f
1	1	0.0099	20.8578	1	1	0.1491	8.2869	1	1	0.1889	7.1154	1	1	0.3678	5.8630
1	1	0.4076	5.9303	1	1	1.9784	10.1337	1	1	2.0878	−7.9922	1	1	2.0977	15.2810
1	1	2.1176	6.6814	1	1	2.2369	7.7026	1	2	0.1491	−8.0961	1	2	0.1591	−6.3534
1	2	1.9784	9.3528	1	2	2.2369	−5.6501	1	3	0.0099	10.3739	1	3	0.1193	5.1099
1	3	0.1392	8.2355	1	3	0.1591	−5.4111	1	3	2.0182	−5.0162	1	3	2.0977	−9.6988
2	1	0.1491	−8.5923	2	1	0.1591	5.8596	2	1	0.2684	−5.0949	2	1	1.9685	−5.1057
2	1	1.9784	11.2720	2	1	2.2270	5.9014	2	2	0.1491	11.7645	2	2	0.2287	13.5018
2	2	0.2684	11.1357	2	2	1.8591	11.2624	2	3	0.0895	6.4777	2	3	0.0994	−6.7132
2	3	0.1193	−6.1475	2	3	0.1392	−5.3265	2	3	0.1491	7.4388	2	3	0.1591	7.3967
2	3	1.8591	−8.3061	2	3	1.9784	−5.9705	2	3	2.0082	5.5481	3	1	0.0099	10.3739
3	1	0.1392	−7.8898	3	1	0.1591	5.8128	3	1	1.9784	−8.0911	3	1	2.0082	6.1763
3	1	2.0480	5.6173	3	1	2.0878	7.1380	3	1	2.2369	5.8692	3	2	0.0895	6.2581
3	2	0.0994	7.0634	3	2	0.1193	6.3575	3	2	0.1392	5.1497	3	2	0.1491	8.2020
3	2	0.1591	−6.9224	3	2	1.8492	5.4038	3	2	1.8690	−5.3201	3	2	1.9784	−7.3280
3	2	2.0082	−6.9936	3	3	0.0696	12.5507	3	3	0.0895	11.0118	3	3	0.1491	13.1238

(3) 取谱线的判决函数为

$$\theta_{s,h,h'} = \mu_{f,s,h,h'} \pm \gamma \log(n_s - 3)\sigma_{f,s,h,h'}, \quad h,h' = 1,2,3, \tag{3.4.26}$$

其中 γ 是一适当的常数. 在该判决函数下, 按定义 3.4.1 就可确定每个蛋白质的谱线.

2. 谱函数的结构分析

我们在 SP′06 数据库中, 选取 17000 个蛋白质作它们的频谱函数与谱线结构分析, 关于频谱函数与结构特征如下.

(1) 在这些蛋白质中, 长度最大的蛋白质含 8545 个氨基酸, 长度最小的蛋白质只含 5 个氨基酸, 它们的分布状况如表 3.4.4 所示.

表 3.4.4 17000 个蛋白质的长度分布表

长度	< 20	50	100	200	300	400	500	600	700	800	1000	> 1000
频数	134	175	850	2748	2532	3809	3068	1488	632	385	495	640
频率/%	0.788	1.029	5.000	16.165	14.894	22.406	18.047	8.753	3.718	2.265	2.912	3.765

其中长度标记是一个区间标记, 如 100 就表示 50~100 的长度, 1000 就是 800~1000.

(2) 在各蛋白质中, 各相关函数的谱函数的平均值较为稳定, 而且大部分的平均值接近于零, 对它们的统计结果如表 3.4.5 所示.

表 3.4.5　　17000 个蛋白质 M-PIDF 的频谱函数平均值变化的特征值表

h, h'	1,1	1,2	1,3	2,1	2,2	2,3	3,1	3,2	3,3
均值	0.003523	−0.000052	−0.000009	0.000129	0.000614	−0.000001	0.000047	−0.000004	0.000271
方差	0.000127	0.000002	0.000001	0.000002	0.000009	0.000001	0.000001	0.000000	0.000003
标准差	0.011271	0.001494	0.000965	0.001407	0.002993	0.000743	0.000957	0.000698	0.001865

表 3.4.5 中第 1 行的 (h, h') 表示第 h 与 h' 主因子的自相关或互相关函数的频谱函数, 它们的平均值及其变化十分稳定, 而且稳定值接近零.

(3) 在这 17000 个蛋白质中, 在各蛋白质中, 各相关函数的谱函数标准差的变化不很稳定, 对它们的统计结果如表 3.4.6 所示.

表 3.4.6　　17000 个蛋白质 M-PIDF 的频谱函数的特征值表

h, h'	1,1	1,2	1,3	2,1	2,2	2,3	3,1	3,2	3,3
均值	8.327031	0.327228	0.112929	0.327902	0.136005	0.018859	0.112883	0.018828	0.025334
方差	116.907967	0.205555	0.019391	0.209376	0.053820	0.000659	0.018882	0.000617	0.001431
标准差	10.812399	0.453381	0.139253	0.457576	0.231992	0.025673	0.137413	0.024848	0.037833

由此可见, 各蛋白质的 M-PIDF 的自相关或互相关函数的频谱函数标准差的变化不是很稳定, 尤其是第 1 主因子的变化有较大的波动.

3. 谱线结构分析

如果取阈值数 $\gamma = 0.5$, 那么这 17000 个蛋白质所产生的谱线的结构有以下特征.

(1) 谱线的数目与蛋白质的长度按幂的比例增长, 如果我们对它们作线性拟合, 取 $y = \alpha x + \beta$, 那么在最小二乘的最优拟合参数为 $\alpha = 0.0619, \beta = 38.2581$, 拟合的均方误差为 253.873, 其中 x 为蛋白质的长度, y 为谱线的数目, 这个拟合误差是比较大的, 如果我们用幂函数来拟合可减少拟合误差.

(2) 由于 3 个主成分的相关函数有 9 种, 因此谱线的类型也有 9 种, 如表 3.4.7 所示.

表 3.4.7　　9 种不同类型谱线的分配数目与比例表

h, h'	1,1	1,2	1,3	2,1	2,2	2,3	3,1	3,2	3,3
频数	150112	144018	130511	133354	96081	102998	123751	103423	84041
频率	14.052	13.481	12.217	12.483	8.994	9.641	11.584	9.681	7.867

由表 3.4.7 可以看出, 对不同类型的谱线数目的分布还是比较均匀的. 这与我们所采用式 (3.4.26) 的判别阈值公式有关.

(3) 由于 3 主成分的相关函数的各类谱线数量的比例大体相同, 但强度的变化却很不同. 强度变化的特征数统计如表 3.4.8 所示.

表 3.4.8 9 种不同类型谱线的强度变化表

h, h'	1,1	1,2	1,3	2,1	2,2	2,3	3,1	3,2	3,3
均值	12.966	−0.182	−0.105	−0.099	1.179	0.017	−0.230	0.037	0.236
方差	55.037	6.151	2.256	6.291	1.451	0.362	2.173	0.368	0.409
标准差	7.419	2.480	1.502	2.508	1.204	0.602	1.474	0.606	0.640
最大值	192.793	30.632	14.663	31.064	31.036	6.060	13.514	5.848	6.909
最小值	−36.472	−29.178	−18.434	−26.348	−9.891	−6.976	−18.340	−7.048	−5.507

由此可以看到以下情形.

(i) 第 1,2 主因子的自相关函数谱线的平均强度明显高于第 3 主因子的自相关函数谱线与其他第 1, 2 主因子的任何互相关函数谱线的平均强度. 尤其是第 1 主因子自相关函数谱线的平均强度明显高于其他任何相关函数谱线的平均强度.

(ii) 所有谱线强度都有明显的波动, 但第 1 主因子自相关函数谱线的波动状况尤其明显.

4. 主频线分析

从以上的讨论可以看到, 在阈值矩阵 (3.4.26) 及参数 $\gamma = 0.5$ 的选择下, 每个蛋白质可产生数十条或上百条的谱线, 如果我们选择若干条 (如 5~20 条) 强度最大的谱线作为该蛋白质的典型谱线或**主频线**. 主频线包含以下参数, 即

(1) 主频线的类型, 它们由哪些类型的相关函数所产生, 我们用 (s, h, h', p) 来表示, 其中 s 为蛋白质的编号, h, h' 是主因子号, p 为该蛋白质主频线的编号.

(2) 主频线的位点与强度, 我们用 (τ, f) 来表示, 其中 τ 为该主频线在蛋白质中的频谱位置, 因此也可用 $\tau\pi/(n_s - 3)$ 来表示, f 是该主频线的强度.

(3) 由此可见一个蛋白质的主频线可用 6 个参数序列来表示

$$(s, h, h', p, \tau, f), \quad p = 1, 2, \cdots, p_s. \tag{3.4.27}$$

例如, 对 14KD-RHOSH 蛋白质我们选择它的 18 条主频线, AA3R-RABIT 蛋白质的 14 条主频线如表 3.4.9 所示.

由表 3.4.9 可以看到, 不同蛋白质主频线的结构与特征有较大的差别, 但其中也有一些特征可供分析, 对此我们不再详细讨论.

表 3.4.9　　14KD-RHOSH 与 AA3R-RABIT 蛋白质主频线结构表

h	h'	τ	f	h	h'	τ	f	h	h'	τ	f	h	h'	τ	f
3	3	0.0260	38.6011	3	3	0.0779	10.2456	3	2	0.1039	13.9012	2	3	0.1039	−13.8747
1	3	0.1039	10.2379	2	2	0.1298	38.8695	2	1	0.1298	−19.1454	2	2	1.9992	10.2240
2	2	2.0511	11.0148	2	1	2.0511	10.2516	2	1	2.2069	10.7838	3	3	2.0771	−20.0708
3	3	2.1030	31.9677	1	3	2.1030	−10.5345	3	3	2.1550	21.6297	1	2	2.1809	−11.7543
2	2	2.1809	−10.1895	2	3	2.2069	10.8260								
1	1	0.0099	20.8578	1	3	0.0099	10.3739	3	1	0.0099	10.3739	3	3	0.0696	12.5507
3	3	0.0895	11.0118	3	3	0.1491	13.1238	2	2	0.2287	13.5018	2	2	0.2684	11.1357
2	2	0.1491	11.7645	2	2	1.8591	11.2624	2	1	1.9784	11.2720	1	1	1.9784	10.1337
1	1	2.0977	15.2810												

第4章　预备知识

为讨论蛋白质的空间结构性质, 我们先介绍与此有关的一些预备知识.

4.1　分子的空间结构表示

各种不同类型的化学分子都具有特定空间结构, 这种空间结构与功能的关系密切而复杂, 因此对空间结构研究是了解分子功能的关键问题之一.

4.1.1　分子结构的描述与表达

生物大分子归根到底还是化学分子, 因此必然涉及化学分子的空间结构的描述与表达问题. 在化学与生物化学中, 已形成多种方法.

1.分子结构描述的基本方法

对分子结构有许多描述方法, 最基本的是**化学分子式**表示法和**图论**表示法.

(1) 化学分子式的表示法. 这是化学中最常用的表示方法, 它突出地表现了化学分子中**原子的成分**及不同原子之间存在**共价键关系**, 由此可以看到化学分子结构的最基本特征. 由化学分子式, 再利用其他的化学工具 (如化学用表等) 与知识, 还可得到这些化学分子的其他信息 (如键长、键角与键能等)

但这种方法的主要问题是对化学分子空间结构中的许多信息却无法表达, 例如, 有 4 个原子以共价键 $a-b-c-d$ 的方式连接, 它们的空间结构可能是不稳定的, 这种特征在化学分子式中无法表示.

(2) 图论表示法. 早在 19 世纪的化学中就知道利用**点线图**来表示化学分子, 以后的有关理论被列在**计量化学**中, 化学分子点线图的表示十分简单明了, 但有许多信息需要补充说明. 例如, 采用**点线着色图**来表示, 这样可以提供更多的分子结构信息. 对此我们在下面作进一步的讨论.

2.立体化学的理论与方法

为对化学分子作**立体化**的分析, 在化学中涉及多个学科分支, 如结构化学、立体化学与手性化学等.

(1) 在这些化学学科中, 为避免复杂的数学 (主要是立体几何) 理论与语言表达, 对分子的空间结构一般都采用**平面图形切割法**来描述, 这样就可直接看到这些分子经平面切割后的图形. 如在医学中, 对人体内部器官的观察时, 无论是 CT 还是磁共振, 都采用多平面切片的图像. 在化学中也采用多角度的平面投影方法, 如在立体化学中, 这种多角度的投影描述法有十多种之多.

(2) 这种方法的优点是可以直接看到这些图形的切片, 把这些平面图形拼接起来就是这个分子的立体图形. 但缺点是无法看到整个分子总体的立体结构.

(3) 在手性化学中, 手性的概念在数学的语言中就是正交变换中的**镜像**概念, 对此问题我们在下面会有详细说明.

(4) 其他表示法. 如在文献 [232] 中给出的采用高阶弧 (同时用 1,2,3 阶弧) 的立体图形表示. 另外在蛋白质空间结构特性软件中采用颜色、空间位置转动等方式表示.

3. 数据文件与图形软件

在生物信息学中, 对蛋白质大分子的形态已有许多测量的数据, 并形成它们的数据文件, 这些文件记录了蛋白质组中每个原子的空间位置 (坐标).

由这些数据文件, 可以产生这些蛋白质的空间立体图形的软件. 这种软件不仅具有明显的立体图形效果, 还可以作动态旋转, 从各个不同角度观察它们的形态, 并有其他多种结构特征的分析, 如二级结构图形的表达、不同结构域或功能区域的彩色表示等.

由此可见, 对分子的这种立体数据与空间几何表达对分子的空间结构可以有更全面的了解, 但在测量与图形表达 (动态与旋转式的) 过程更为复杂.

4.1.2 有关数学工具的说明

为了对生物大分子的空间结构作更深入的讨论, 还要使用多种不同的数学理论、方法与工具.

1. 图论方法的补充与推广

虽然化学分子的图论表示法早已应用, 但是有许多信息需要补充说明, 因此要把该理论作进一步的补充与推广.

(1) 图论表示法分**数学公式表达**与**点线图表示法** (以下简称图表示法) 两种方式, 这两种方式可以相互补充说明, 其中数学公式表达是将点线图用矩阵结构的形式来表示. 图表示法较分子式的表示法更为简单, 但会丢失一些信息, 如不能体现共价键中一价、二价与三价的区别等.

(2) 在图表示法中的许多技巧中, 它们不仅可以弥补这些不足, 而且还可以增加更多的信息. 如**着色图**可为图中的点与线提供更多的信息. 又如, 图中的弧不仅可有一阶弧 (有共价键产生的弧), 还可有二阶、三阶弧 (有 2 个或 3 个共价键连接所产生的弧), 这时的点线图就可产生立体性的效果.

(3) 图论中的其他一些理论, 如图的**合成与分解** 理论, 可为分子结构的描述提供更有力的分析工具. 另外, 一个大分子可能包含几千、几万甚至几十万个原子, 在文献 [232] 中提出用**超图**与**晶格**理论给予描述.

由此可见, 图论表示法是对化学分子描述的重要方法, 在下面有重点讨论. 超图与晶格理论在本书的第三部分再作重点介绍.

2. 分子的几何结构

既然化学分子都有空间结构的特征, 因此它们都有一定的几何结构, 其特点如下.

(1) 把一个化学分子看做一个**空间多面体**, 这时该分子中的每个原子都有固定的空间坐标, 在蛋白质结构数据库中, 对这些空间坐标都有确定的测量与记录.

(2) 由空间坐标来表示分子结构不是一个好的方法, 一则在蛋白质测量的数据中, 原始坐标系的选择并不统一. 在不同的坐标系下, 不同蛋白质中各原子的坐标会产生很大的差别.

(3) 从各蛋白质的空间坐标数据来看, 从中很难看到该分子的结构特征. 因此, 本书所采用的几何结构采用几何不变量来表示, 如两点之间的距离, 它们在任何直角坐标系中的取值都是固定不变的.

(4) 一个生物大分子一般由许多原子组成, 对这样的空间多面体十分复杂, 用图论与几何计算法可以把它分解成若干特定的几何图形, 再对这些基本图形进行重新组合与用不同的参数来描述表达. 因此本书的几何结构是图论与几何结构的综合运用.

(5) 为了对空间图形作定量化的描述, 这就需要对这些图形用一系列的参数给以表达, 这就是**几何结构的参数表示**. 这种参数表示要求几何图形与表达参数系相互唯一确定, 这就是当几何图形的空间形态确定后, 它的表达参数系也就完全确定, 反之如果表达参数系给定后, 它们所对应的空间几何图形也唯一确定.

另外, 在空间图形的参数表达时, 还要求表达参数系在的参数处于最小化状态, 这就是在表达参数系中缺少任何一个参数就会产生不同的几何图形.

3. 几何统计法

同一类型的分子, 可以在许多不同的场合下出现, 这时它们的表达参数并非一成不变, 因此要对这些参数的变化作统计分析. 从而, 这是几何结构与统计分析的综合运用.

在蛋白质空间结构研究中可以看到, 蛋白质的空间结构十分复杂, 它们的形态千变万化, 许多预测问题无法取得突破性的进展. 如对蛋白质的二级结构预测, 预测的正确率一直停留在 80% 左右, 对三维结构预测一直没有成功, 预测的相似度很低.

随着蛋白质空间结构研究的深入, 提出的新问题不断出现, 如蛋白质三维折叠的速率问题, 在药物设计中出现的许多新的结构等. 其中存在大量的结构分析问题. 因此需要我们作多学科的综合研究, 进一步寻找其中的规律.

4.1.3   分子官能团的组合与分解

在分子化学中, 称由共价键相互连接的若干原子具有固定功能的化合物为分子, 分子中的一些基本单位称为**分子官能团**.

1.分子官能团的基本特征如下

(1) 从分子官能团的定义可以看出, 它们并无固定大小, 在不同的情况下可以有不同的定义. 例如, 核酸是一种分子官能团, 但核酸又可分解成不同类型的核糖、碱基与磷酸, 它们的组合构成核苷酸. 同样地, 对核糖、碱基或磷酸还可分解成更小的分子官能团.

(2) 每一种分子官能团都有固定的原子组成, 不同原子之间由共价键连接. 原子类型 (不同原子的名称与数量) 与它们之间共价键连接方式的任何改变就会产生不同的分子官能团.

(3) 每一种分子官能团的原子与共价键可用点线图表示, 点线图中的点、弧、弧长、键角与由不同原子所产生的二面角都可用一定的参数表达, 称这些参数为官能团的表达参数.

(4) 同一类型的分子官能团可在许多不同情况下出现, 这时它们的原子结构与共价键的连接保持不变 (否则就是另一种分子官能团), 但它们的表达参数或空间形态会不断发生变化.

2.基本分子官能团

因为我们对分子官能团的大小并无确切的规定, 所以可能存在各种大小与类型不同的分子官能团.

(1) 称一些分子如只包含 2~5 个原子, 但具有固定功能特征的分子官能团为基本分子官能团.

(2) 对这些基本分子官能团可以确定它们的空间结构特征, 如各表达参数取值的不同情形或它们的特征数 (如均值、协方差、标准差、协方差矩阵与相关矩阵等).

(3) 同样地, 对这些基本分子官能团可以确定它们的动力学特征, 如它们的结合能、自由能、官能团本身可能产生的电荷、电位、电偶极矩、氢键的倾向性因子与范德华力、疏水性因子等. 对这些动力学特征下面还会专门讨论.

3. 分子官能团的组合与分解

不同分子官能团可能发生连接, 由此产生分子官能团的**组合与分解**.

(1) 分子官能团的连接是指不同分子官能团中的非氢原子形成新的共价键, 在此连接过程中可能有其他原子被置换出去, 因此分子官能团的组合与分解实际上是一种化学反应.

(2) 一个生物大分子是由大量基本分子官能团连接而成. 在此连接过程中, 除了连接所产生的共价键外, 在不同的分子官能团之间还可能产生其他化学键、氢键与范德华键, 这些键使生物大分子形成固定的空间结构与特有的生物功能.

因此, 分析基本分子官能团的结构、动力学特征与不同基本分子官能团的连接方式是我们研究生物大分子结构与功能的重要方法.

4.2 空间结构的稳定性分析

在分子官能团的描述中, 我们给出了它们的参数表达表示, 由于同一类型的分子官能团可以在许多不同情况下出现, 所以这些表达参数处在不断变化中. 对此情况, 我们先讨论它们的稳定性问题.

4.2.1 分子官能团的稳定性的定义

一个分子官能团的空间形态同样可以用一组参数表达. 同一类型的分子官能团是指具有相同的原子与相同的共价键, 它们可在各种不同的场合出现, 且一般都会发生变化. 因此存在稳定与不稳定的区别, 这需要我们进行描述.

1. 分子官能团的空间结构描述

记集合 A 是分子官能团中所有原子的空间位置, 它们一般用空间坐标确定, 由此形成该分子官能团的几何结构与形态. 另外, 该分子官能团的空间形态又可通过一参数系 $\Theta(A) = (\theta_1, \theta_2, \cdots, \theta_{h_0})$ 给以描述与表达. 该参数系与坐标系的选择无关, 只要参数系中各参数不变, 那么在不同的坐标系中通过**刚性运动** (刚性运动是指对所有的原子点的空间坐标同时做平移或旋转运动, 这时各原子之间的距离保持不变) 一定可以重合.

但同一类型的分子官能团, 它们可在各种不同的场合出现, 这时参数系 $\Theta(A)$ 中的参数就要发生变化. 如它们可在蛋白质结构数据库中的不同场合下出现, 这样就可对参数系 $\Theta(A)$ 中各参数的变化情形进行统计分析.

记参数系 $\Theta(A)$ 中各参数在所有场合下出现时的取值情形, 得到该参数系的一个数据阵列

$$\tilde{\Theta}(A) = (\theta_{i,j})_{i=1,2,\cdots,n, j=1,2,\cdots,h}, \tag{4.2.1}$$

其中 $j = 1, 2, \cdots, h$ 是不同类型的参数, $i = 1, 2, \cdots, n$ 表示这些参数在各种不同情形下产生的取值结果.

2. 表达参数的统计特征数

对数据阵列 $\tilde{\Theta}$ 的特征数, 可以计算如下

(1) 阵列的**列平均值**向量 $\bar{\mu}(A) = (\bar{\theta}_1, \bar{\theta}_2, \cdots, \bar{\theta}_{h_0})$, 其中 $\bar{\theta}_h = \dfrac{1}{n} \sum\limits_{i=1}^{n} \theta_{i,h}$.

(2) 阵列的**列协方差矩阵**与**列相关矩阵**

$$\Sigma(A) = (\sigma_{h,h'})_{h,h'=1,2,\cdots,h_0}, \quad \tilde{\rho}(A) = (\rho_{h,h'})_{h,h'=1,2,\cdots,h_0}, \tag{4.2.2}$$

其中 $\rho_{h,h'} = \dfrac{\sigma_{h,h'}}{\sqrt{\sigma_{h,h}\sigma_{h',h'}}}$, 而

$$\sigma_{h,h'} = \frac{1}{n} \sum_{i=1}^{n} (\theta_{i,h} - \bar{\mu}_h)(\theta_{i,h'} - \bar{\mu}_{h'}). \tag{4.2.3}$$

(3) 由阵列的列协方差矩阵 $\Sigma(A)$ 可以得到相应的**列方差**与**列标准差**向量

$$\bar{\sigma}^2(A) = (\sigma_{1,1}, \sigma_{2,2}, \cdots, \bar{\sigma}_{h_0,h_0}), \quad \bar{\sigma}(A) = (\sigma_1, \sigma_2, \cdots, \bar{\sigma}_{h_0}), \tag{4.2.4}$$

其中 $\sigma_{h,h}$ 的定义在式 (4.2.3) 中给出, 而 $\sigma_i = \sqrt{\sigma_{i,i}}$.

(4) 由此得到该数据阵列的**列相对标准差**向量 $\bar{w}(A) = (w_1, w_2, \cdots, w_{h_0})$ 其中 $w_h = \dfrac{\sigma_{\hat{h}}}{\mu_{\hat{h}}}$.

3. 参数的稳定性定义

由此得到分子官能团的稳定性的定义如下.

定义 4.2.1   (1) 称参数 θ 的变化是十分稳定的, 如果它的相对标准差 $w(\theta) < 0.02$, 称该参数是比较稳定的, 如果 $w(\theta) < 0.05$. 稳定与比较稳定的参数都称为稳定的参数, 否则就是不太稳定的或很不稳定的参数.

(2) 一个分子官能团 A, 如果它的形态由参数系 $\Theta(A)$ 完全确定, 而该参数系中的每个参数都是稳定的, 那么称该分子官能团是稳定的.

对稳定的分子官能团, 不论它在何种化合物 (或给定的数据库) 内出现, 经刚性运动, 它们总可重合 (或基本重合).

在一般情形下, 对一个较为复杂的分子, 在它的参数系 $\Theta(A)$ 中, 有的参数是稳定的, 也有的参数是不稳定的. 这时称该分子官能团是局部稳定.

4. 稳定结构的几种基本类型

在分子的空间结构中涉及各种不同类型的几何图形, 其中几种稳定的基本类型如下.

(1) 由分子结构理论与对数据库的实际计算可以确定, 具有共价键的两原子之间的线段长度 (键长) 是十分稳定的. 另外, 与同一原子共价键的键角也是稳定的. 这些结论在分子化学中早已阐明, 并对一些重要原子之间的共价键与键角有确定的数据表给出 (表 4.2.1 和表 4.2.2).

其中键长单位为 Å, 而 $-$, $=$, $\equiv$ 分别表示单键、双键与叁键.

表 4.2.1 一些共价键的键长表

共价键	键长	共价键	键长	共价键	键长	共价键	键长	共价键	键长	共价键	键长
C$-$H	1.12	C$-$C	1.47	C$-$N	1.54	C$-$O	1.45	N$-$H	1.02	C$=$C	1.28
C$=$N	1.33	C$=$O	1.20	O$-$H	0.97	C$\equiv$C	1.15	C$\equiv$N	1.21	C$-$S	1.81

表 4.2.2 一些共价键的键角表

键角	角度	键角	角度	键角	角度	键角	角度	键角	角度
COC	110~124	COH	100~109	CSC	92~109	CSH	96~100	HCS	109
CNH	112	CNC	109~111	CCC	110~114	CCH	1C7~116	HNH	102~110
CCO	111~122	CCN	115	HCH	102~110	HOH	105	OCO	180

表 4.2.2 中键角 XYZ 是指共价键 X-Y-Z 之间的夹角. 这些键角在不同的分子结构中略有改变, 而且当共价键 X-Y-Z 中出现 2 价或 3 价键时, 相应的键角也会改变.

(2) 当共价键 X-Y-Z 之间的键长与键角给定而且稳定时, 由三角余弦定理可知, 原子 XZ 之间的弧长也是稳定的.

定义 4.2.2 如果 $A = \{a, b, c, \cdots\}$ 是一组原子点, 其中 $b, c, \cdots$ 原子都与 a 原子成共价键, 那么称 A 是一有中心的原子组, a 原子是它们的**中心点**.

(3) 如果 A 是一有中心的原子组, 那么在该原子组中任何两点的距离都是稳定的. 如果记 h 是有中心的原子组 A 中的原子数, 那么在 $h = 2, 3$ 时, 距离都是稳定的原子组一定是稳定的 (经刚性运动一定可以重合). 在 $h > 3$ 时, 是无中心点的原子组一般是不是稳定的.

例如, $A = \{a, b, c, d\}$ 是一四原子点, 如果其中任何两点的距离都是稳定, 但该原子组不一定是稳定的. 这就是该分子官能团在不同情况下出现时, 经刚性运动不一定可以保证它们重合.

如果记 $A' = \{a', b', c', d'\}$ 是同一四原子分子官能团在其他情况下出现时的空间位置, 那么经刚性运动总可保证 a, b, c 与 a', b', c' 点重合, 但不能保证 d 与 d' 点的重合. 因为 d 点有可能在 a, b, c 这 3 点所确定的平面上边或下边, 这种现象称为

d 原子关于 a, b, c 这 3 点的**镜像**. 有中心的四原子点, 镜像的取值只取 ± 1 , 但是不稳定的.

镜像的概念在化学中称为**手性** , 它是分子化学中的一个重要特征, 有许多相关研究著作 (如文献 [214] 等).

(4) 在分子化学中, 除了有中心的原子组外, 还存在环状的原子组, 这就是若干原子由共价键连接, 形成一个或几个具有环状结构的原子组. 这种环状结构原子组往往具有多原子共面与结构稳定的特征. 它们在分子化学中有许多类型.

4.2.2　不稳定质点系的描述与参数类型

在一个由原子组成的空间质点系中, 不同原子之间除了少部分质点之间具有稳定性外, 其中大部分质点之间的空间结构关系是不稳定的, 对这些不稳定质点之间关系的描述是确定该空间质点系结构与形态的关键.

1. 不稳定的四原子点中的扭角

一个四原子点 a, b, c, d, 如果它们由共价键连接但没有中心点, 那么它们形成 $a - b - c - d$ 的共价键连接的分子, 其中 ab, bc, cd, ac, bd 的弧长是稳定的, 但 ad 的弧长一般是不稳定, 因此该分子的空间结构是不稳定的.

为确定该分子的空间形态, 在 ab, bc, cd, ac, bd 的弧长是稳定的条件下, 还需要引进 ad 的弧长参数 r 与 a, b, c, d 这 4 点的镜像 ϑ, 只有在弧长参数 r 与镜像 ϑ 确定时, 该四原子点的空间结构才完全确定.

为确定四原子点 a, b, c, d 的空间位置外, 除了参数 r, ϑ 外, 还可引进三角形 $\delta(a, b, c)$ 与三角形 $\delta(b, c, d)$ 的二面角参数 ψ, 因为 ψ 在 $(-\pi, \pi)$ 内取值, 因此 ψ 与 (r, ϑ) 参数相互确定. 我们称 ψ 为 4 原子点 $a - b - c - d$ 的**扭角**.

2. 不稳定的四原子点中的镜像

我们已经说明, 一个有中心的四原子点 a, b, c, d, 任何两点的距离都是稳定的, 但该四原子点的空间结构还不一定是稳定的, 只有在它们的镜像 ϑ 固定的条件下, 该四原子点的空间结构才稳定.

另外, 当一个有中心的四原子点 a, b, c, d, 它在溶液中做随机运动时, 它们的镜像 ϑ 一般是不可能发生变化的, 因此该四原子点的空间结构是稳定的 (一般情形下分子在溶液中做随机运动时, 它们的镜像值都不可能发生变化).

3. 研究扭角与镜像的意义

为研究复杂的生物大分子, 我们首先要确定其中哪些分子官能团处于稳定状态, 然后就要确定这些分子官能团是如何连接的, 如何对它们的连接过程进行描述. 扭角与镜像是这个描述过程中的基本参数, 由它们所组成的参数系可以大体确定该分子中各原子的空间位置, 因此扭角与镜像系在分子空间的结构研究中有重要意义.

因为扭角本身就具有镜像结构的特征, 但它还不能代替其他分子官能团中的镜像, 这些镜像只描述具有边长稳定但是镜像不稳定的分子官能团, 所以它们同样重要.

4.2.3 分子空间结构的综合分析

即使在一个不太复杂的化学分子中 (如在以共价键连接的 4 原子点: $a-b-c-d$ 中), 这些分子都由稳定的分子官能团与不稳定的连接参数所组成. 因此总是存在分子空间结构中的稳定与不稳定因素的综合分析问题, 该问题的分析要点如下.

(1) 确定所研究分子空间结构中具有稳定性的官能团, 与它们在连接过程中产生的不稳定参数. 最后以确切的数学模型表达出来.

(2) 确定这些不稳定参数在参与化学反应或空间结构组合中的变化特征. 更重要的是, 这些不稳定参数的变化对该分子的形态结构与在参与化学反应过程中的影响.

(3) 与 (2) 相关的问题是: 有关分子空间结构的组成中, 不同分子官能团与它们在分子空间结构中的位置及它们在参与该分子化学反应过程中的影响.

这些问题都是结构化学与立体化学中的问题. 在本书中, 我们所关心的问题是氨基酸与蛋白质中所涉及的分子结构问题.

4.3 分子结构的点线图表示

我们在 1.4.5 节与 4.2 节中都已说明, 对化学分子的描述有化学分子式、图论与几何结构的描述. 图论的方法包括点线图与超图, 有关点线图的一般概念我们已在 1.4.5 节中说明. 利用点线图来对分子结构进行描述早在 18 世纪就已提出, 如在 Gvrhardt, Koop, Brodic, Hvrmann, Crum Brown 等的论文或著作都有讨论 (见文献 [27] 等文献中介绍), 它们在化学研究中发挥重要作用. 超图是一种新的图论, 可把它作为生物大分子空间结构研究的重要工具.

4.3.1 分子点线图的定义

化学分子与点线图分别是化学与数学中的两个基本概念, 如果把它们作综合研究就产生**化学分子点线图**(简称**分子点线图**). 分子与点线图除了具有点线图的特性外, 还应反映分子结构的一些特殊信息.

1.分子点线图中的基本要素

1 阶**分子点线图**的记号为 $G_1 = \{E, V_1\}$, 其中 E 是一个点的集合, 而 V_1 是 E 中点偶的集合. 要使一般点线图变成分子点线图还需要增加以下基本要素.

(1) 对 E 中的每个点 e 都代表一个确定的原子, 我们用函数 $f(e), e \in E$ 表示点 e 所对应的原子名称, 所以称该函数为**点着色函数**.

(2) 对 V_1 中的每个点偶 $v = (a, b), a, b \in E$ 表示一个构成共价键的原子偶, 我们用函数 $g_1(v), v \in V_1$ 表示该共价键的原子偶名称或其他参数取值 (如共价键的价键数、弧长度等), 这时称 $g(v)$ 为该图的**弧着色函数**.

因为 V_1 中的元都是共价键组成的弧, 所以又称它们为 1 阶弧, 这时称 G_1 图为分子的**1 阶图或骨架图**.

(3) 由此可见, 分子点线图的一般记号为 $G_1 = \{E, V_1, (f, g_1)\}$, 其中 (f, g_1) 分别是点与弧的着色函数. 为了使分子点线图提供更多的信息, 我们把弧着色函数 g_1 不仅定义为构成共价键的原子偶, 而且还可给出该共价键的其他参数, 如价键的类型、键长与键能等.

(4) 对共价键还包括 2 价与 3 价键, 它们仍以点偶的形式出现, 但在弧着色函数 g_1 中注明它的价键数. 在化学分子式中用价键 = 或 ≡ 表示, 在本书的图表示中我们用黑线与黑线加粗的办法给以区别, 或在着色函数中说明.

(5) 对一固定的分子, 它的点线图 $G_1 = \{E, V_1\}$ 要求各点是相互连通的, 这就是对集合 E 中的任何两点 e, e', 总有 V_1 中的若干弧将它们连接. 否则就不是一个分子.

2. 分子点线图中关于弧的推广

由分子点线图的定义可以知道, 有关点线图的一切理论都可在分子点线图中给以表述, 如有关点与弧的名称、有向图与无向图的定义与性质、路与子图等定义与性质、图的矩阵表示等. 我们需要作特别说明的有以下三点.

(1) E 中的两个点 a, b, 如果可由两个 1 阶弧连接, 那么称点偶 (a, b) 是一个 2 阶弧, 依此类推, 可以定义点偶的 $3, 4, \cdots$ 阶弧. 记集合 E 中的全体 2 阶弧为 V_2, 这时称 $G_2 = \{E, V_1, V_2\}$ 为该分子的 2 阶点线图, 类似地, 记 $G_3 = \{E, V_1, V_2, V_3\}$ 为该分子的 3 阶点线图.

(2) 在化学的分子结构中, 分子 2 阶弧中的有关参数 (如弧长、键角等) 也是稳定的, 因此我们也可在 V_2 集合上可以给出它们的线着色函数 $g_2(v)$. 因为 $v : a - b - c$ 是一个 2 阶弧, 所以 $g_2(v)$ 的取值是 $a - b - c$ 的键角 $\phi(a, b, c)$. 同样地, 对 3 阶弧 $v : a - b - c - d$, 它的着色函数 $g_3(v)$ 的取值是 $a - b - c - d$ 的扭角 $\psi(a, b, c, d)$.

这时记 $G_3 = \{E, V_1, V_2, V_3, (f, g_1, g_2, g_3)\}$ 为该分子的 3 阶 (或 1,2,3 阶) 点线着色图.

(3) 在分子的 1,2 阶点线着色图中, 各着色函数的弧长度与键角参数都可在化学用表上找到. 而 3 阶弧中的有关参数 (如弧长、扭角) 是不稳定的, 因此对分子的 3 阶点线着色图的描述较复杂 (一般采用统计特征数 (均值与方差等) 或统计分布函数等描述).

3. 分子点线图中关于点与弧的推广

由于分子结构的复杂性, 利用以上点线图来作描述显然是远远不够的, 我们还要作其他的推广.

(1) 首先由原子共价键理论知道, 每个原子与其他原子形成共价键的条件与数目是由它的**外层不成对的电子数**确定, 一些元素外层的不成对电子数如表 4.3.1 所示.

表 4.3.1　一些元素的不成对电子数与作用半径表

(1)	(2)	(3)	(4)	(5)	(6)	(7)	(1)	(2)	(3)	(4)	(5)	(6)	(7)
H	2	1	0	2.08	0.37	1.0	O	8	2	2	1.40	0.66.0.50	1.4
N	8	3	1	1.71	0.70, 0.60, 0.55	1.5	C	8	4	0	2.60	0.77,0.67,0.60	1.7
S	8	2	2	1.84	1.04, 0.94	1.8	P	8	3	1	2.12	1.10,1.00,0.93	1.9

其中 (1) 为元素名, (2) 为外层充满时的电子数, (3) 为不成对的电子数, (4) 为成对电子对数, (5) 为原子半径, (6) 为共价键半径, (7) 为范德华半径. 其中共价键半径又分单、双与三价, 并以此次序排列.

因此在构造分子点线图时还必须考虑各**原子的外层不成对的电子数**.

(2) 在分子点线图 $G_1 = \{E, V_1, (f, g)\}$ 中对弧定义的推广. 除了点偶成弧的定义外, 还可存在以下两种推广.

其一是 V_1 中的弧可能出现 $(a, \pm e)$ 的类型, 这时 $a \in E$ 是一个原子, 而 $\pm e$ 是一个使 $f(a)$ 成为负、正离子的电子 (也就是当原子 $f(a)$ 俘获一个外来电子时形成一个负离子, 如果 $f(a)$ 失去一个它的外围电子时形成一个正离子). 称这样的弧为**离子弧**. 全体离子弧记为 V_{+e}, V_{-e} 它们的元分别是 (a, e) 或 $(a, -e)$, 这时的原子 $f(a), a \in E$ 是一个带 $\pm e$ 的离子.

其二是单点弧的定义, 这时在 G_1 图中可能出现 $a-, a =, a \equiv$ 这样的弧, 这表示在原子 $f(a), a \in E$ 的外层分别具有 1,2,3 个不成对的电子. 这样的弧只有一个端点, 我们称为**单点弧**, 全体单点弧的集合记为 V_0.

单点弧的物理意义是: 一条单点弧表示该点的原子存在一个外层不成对的电子, 该电子还未与其他原子的外层电子配对.

(3) 另外, 可在分子点线图 $G_1 = \{E, V_1, (f, g)\}$ 中定义点的阶. 一个点 a 的阶有两种定义, 其一是该点所对应原子 $f(a)$ 的外层不成对电子数 $\tau_0(a)$, 这个数一般是固定的, 可由 $f(a)$ 在元素周期表中确定. 其二是阶 $\tau_1(c)$ 是在图 G_- 中以 a 为端点弧的数目.

(4) 对每个固定的原子 $f(a)$, 它所带的正、负电荷数是相等的, 因此该原子的带电量为零. $\tau_0(a)$ 与 $\tau_1(a)$ 分别是该原子可以形成与实际形成的共价键数. 当 $\tau_0(a) = \tau_1(a)$ 时, 该原子处于稳定的平衡状态, 否则就是不平衡的激活状态. 这时存在两种不同的类型.

其一是 $\tau_0(a) < \tau_1(a)$, 这时原子 $f(a)$ 是一个带负或正电子的离子.

其二是 $\tau_0(a) > \tau_1(a)$, 这时原子 $f(a)$ 的外层存在不成对的电子, 因此点 a 存在 $\tau_0(a) - \tau_1(a)$ 条单点弧.

(5) 由此推广分子点线图为 $G_1 = \{E, V_{\pm e}, V_0, V_1, (f, g)\}$, 其中弧着色函数 g 除了原来的点偶原子及它们的共价键参数外, 还包括对这些弧的类型 (负、正离子弧与单点弧) 进行标记与原子名称的表达.

4. 分子点线图的定义

由以上讨论可以给出分子点线图的点与图的有关定义如下.

定义 4.3.1　(1) 在连通的点线图 $G_1 = \{E, V_0, V_{\pm e}, V_1, (f, g)\}$ 中, 如果 (f, g) 分别是点的原子着色函数与弧的着色函数, 那么称该图为广义的分子点线图.

(2) 对分子点线图中的点 $a \in E$, 如果关系式 $\tau_0(a) = \tau_1(a)$ 成立, 那么称该点 a 是**完备**的. 否则就是**不完备**的.

由此可见, 不完备的点可能是单点弧 a 一中的点, 或离子弧 $(a, \pm e)$ 中的原子点, 在完备图中它们都不存在.

定义 4.3.2　(1) 在分子点线图 $G_1 = \{E, V_0, V_1, (f, g)\}$ 中, 如果它的每个点都是完备的, 那么称该分子点线图完备的, 否则就是不完备的. 完备的分子点线图就是普通分子所产生的点线图, 这时 $V_0, V_{\pm e}$ 都是空集 (不存在单点弧与离子弧).

(2) 不完备的分子点线图有以下两种情形存在. 其一是存在单点弧, 其二是存在离子弧. 在同一分子中, 单点弧与带正、负电的离子有可能在多处同时存在.

5. 分子与分子官能团的点线图

对定义 4.3.1 与定义 4.3.2 作以下补充说明.

(1) 完备的点与分子的化学结构是比较稳定的, 也就是如果没有较强的外力或特定酶作用是不会发生变化的. 相反地, 不完备的分子具有较高的化学活性, 它们容易与其他分子或原子结合, 称分子图由完备到不完备的过程是该分子被**激活**的过程.

(2) 有些元素, 它们的原子本身就存在外层的不成对电子, 我们同样可把它们看做一个基团, 因此它们具有很高的化学活性.

(3) 对分子点线图 $G_1 = \{E, V_0, V_{\pm e}, V_1, (f, g)\}$ 同样可定义它的 $2, 3, \cdots$ 阶弧与相应的 $2, 3, \cdots$ 阶图, 我们分别记为

$$G_2 = \{E, V_0, V_{\pm e}, V_1, V_2, (f, g)\}, \quad G_3 = \{E, V_0, V_{\pm e}, V_1, V_2, V_3, (f, g)\}, \cdots, \quad (4.3.1)$$

其中 g 是 $V_0, V_{\pm e}, V_1, V_2, V_3$ 集合上的弧着色函数.

(4) 无论是 G_1, G_2, G_3 图, $V_0, V_{\pm e}$ 中的弧不能与其他弧发生连接, 这时该图所形成的路可作如下表示.

$$a_1 - a_2 - \overset{+e}{a_3} - a_4 - \overset{|}{a_5} - a_6 - a_7 - \overset{-e}{a_8} - a_9 \tag{4.3.2}$$

其中 $a_1 - a_2, a_2 - a_3, \cdots, a_8 - a_9 \in V_1$ 是共价键的弧, $\overset{+e}{a_3}, \overset{|}{a_5}, \overset{-e}{a_8}$ 分别是形成负离子、单点弧与正离子的弧. 显然, 式 (4.3.2) 的分子结构是不完备的.

定义 4.3.3 (1) 在分子点线图的一般表示为 $G^{(\ell)} = \{E, V_0, V_{\pm e}, V^{(\ell)}, (f, g)\}$, 其中 $V^{(\ell)}$ 是全体 $1, 2, \cdots, \ell$ 阶弧的集合.

(2) 在分子点线图的一般表示式 $G^{(\ell)} = \{E, V_0, V_{\pm e}, V^{(\ell)}, (f, g)\}$ 中, 如果 $V_0, V_{\pm e}$ 都是空集, 那么这时对任何原子 $f(a), a \in E$, 必有 $\tau_0(a) = \tau_1(a)$ 成立, 这时称分子点线图 G 完备的, 否则就是不完备的.

4.3.2 分子点线图的分解与组合

在图论中, 对图结构的分解与组合有一系列的讨论, 而且存在交、并、差的运算, 我们现在把它们推广到广义分子点线图的情形. 为了简单起见, 我们采用 $G = G^{(\ell)}, G_1, G_2, G'$ 等分子点线图的表示式. 另外, 在化学反应中, 离子中的电子有可能发生转移, 因此在此不讨论离子弧顶情形.

1. 分子点线图的子图

分子点线图子图的定义与一般点线图子图的定义相同, 但这时需要同时考虑单点弧的情形.

定义 4.3.4 称图 $G' = \{E', V_0', V', (f', g')\}$ 是分子点线图 $G = \{E, V_0, V, (f, g)\}$ 的一个子图, 如果它满足以下条件:

(1) 在图 G' 中, E', V' 必须分别是集合 $E, V^{(\ell)}$ 中的子集合.

(2) $E' \subset E, V' \subset V$, 而且对任何 $a \in E', v \in V'$ 总有 $f'(a) = f(a), g'(v) = g(v)$ 成立, 这就是它们的着色函数保持一致.

(3) G' 必须满足是分子点线图的条件, 如满足点与弧的关系定义, E' 中任何 2 点保持连通性等.

由定义 4.3.4 可见, 在 G 的子图中, 不要求单点弧的集合 V_0' 与 V_0 之间存在包含关系. 这是因为在分子图 G 的结构中, 如果 $a - b$ 是共价键, 那么它们在分解后可能产生 $a-, -b$ 这 2 个单点弧, 它们可以成为 $G(A)$ 图中子图的弧, 而不是 $G(A)$ 图中的单点弧.

2. 分子点线图的分解与组合

化学反应的本质是共价键的重组, 因此可通过分子点线图结构中子图的分解与组合来表示.

定义 4.3.5　如果用 G_1, G_2 是分子点线图 G 的子图, 满足条件:

(1) E_1 与 E_2 互不相交, 而且 $E_1 + E_2 = E$. 那么称 G_1, G_2 是分子 G 图的两个分解.

(2) 图 G 中的单点弧一定是图 G_1 或 G_2 中的单点弧或离子弧.

(3) 如果 $a \in E_1, b \in E_2$, 且 $(a, b) \in V$, 那么有 $a- \in V_{1,0}, b- \in V_{2,0}$, 它们分别是 G_1, G_2 中的单点弧.

这时称图 G_1, G_2 是图 G 的一个分解. 而 G 是 G_1, G_2 的合成.

如果图 G_1, G_2 是图 G 的一个分解, 那么有以下性质成立.

(1) 图 G_1, G_2 中的点互不连通. 这就是如果 $a \in E_1, b \in E_2$, 那么在 V_1, V_2 中都不存在弧 (a, b).

(2) 由子图的定义可知, G_1, G_2 图中的点互不连通. 这就是如果 $a \in E_1, b \in E_2$, 那么在 V_1, V_2 中都不存在弧 (a, b).

(3) 记 G_3 是 G 连接 E_1, E_2 所有的弧, 这就是

$$G_3 = V_3 = \{(a, b) : a \in E_1, b \in E_2, 且 (a, b) \in V\}. \tag{4.3.3}$$

这时 $V_3 \wedge V_1 = V_3 \wedge V_2 = \varnothing$.

定义 4.3.6　如果 G_1, G_2 是分子图 G 的两个子图的分解, 而 G_3 由式 (4.3.3) 给定, 这时称 G_3 是 G_1, G_2 在 G 中的一个连接弧的图.

点线图 G 的一个分解如图 4.3.1 所示.

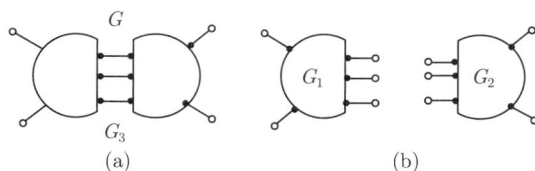

图 4.3.1　图 G 分解成 G_1, G_2, G_3 的示意图

图 4.3.1 由 (a), (b) 两图组成, 其中图 (a) 是分解前的图 G, G_3 是连接官能团 G_1, G_2 的共价键的图. 图 (b) 是分解前后的图, 其中 G_1, G_2 分解后分子官能团的图. 图 4.3.1 中的线段是图中的弧, 如果线段两端都是黑点, 那么这个线段表示共价键; 如果线段一端都是黑点另一端是白点, 那么这个线段表示单点弧.

3. 化学反应过程的图表示

如果 A, B 是化学反应中的反应物, A', B' 是化学反应中的产物, 这时化学反应的方程式是 $A + B \longrightarrow A' + B'$, 那么它们反应过程的图表示关系如下.

(1) 记分子 A, B, A', B' 所对应的图分别记为 $G_Z, Z = A, B, A', B'$. 对每个 G_Z 可以按定义 4.3.6 可以分别分解为 3 个子图 $G_{Z,\tau}, \tau = 1, 2, 3$. 每个子图记为

$$G_{Z,\tau} = \{E_{Z,\tau}, V_{Z,\tau,0}, V_{Z,\tau,1}, (f_{Z,\tau}, g_{Z,\tau})\}, \quad Z = A, B, A', B', \quad \tau = 1, 2, 3. \quad (4.3.4)$$

(2) 按化学反应的特点, 这些分子官能团的图满足关系式

$$E_{A,1} = E_{A',1}, \quad E_{A,2} = E_{B',1}, \quad E_{B,1} = E_{A',2}, \quad E_{B,2} = E_{B',2}. \quad (4.3.5)$$

这时 $G_{A,0}, G_{B,0}$ 中所有的弧消失, 而 $G_{A',0}, G_{B',0}$ 是新增的共价键, 但它们并不相同.

(3) 在此反应过程中, 如果 $G_A, G_B, G_{A'}, G_{B'}$ 都是完备的分子图, 那么这时 $V_{Z,0} = \phi, Z = A, B, A', B'$ 都是空集, 而且图 $G_{A,3}$ 与 $G_{3,3}$ 中的弧数相同, 这时 $G_{A,1}$ 与 $G_{B,2}$, $G_{A,2}$ 与 $G_{B,1}$ 中的单点弧重新结合, 使它们的外层电子都是配对的双电子.

化学反应的方程式 $A + B \longrightarrow A' + B'$ 反应过程中的图结构关系如图 4.3.2 所示.

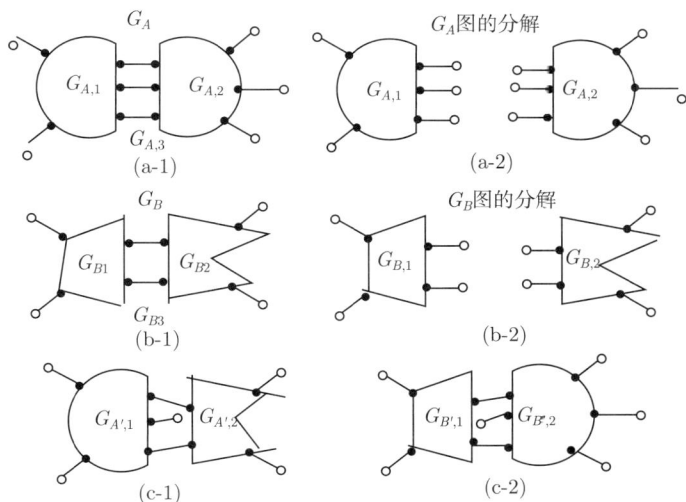

图 4.3.2 化学反应过程点线图表示的示意图

图 4.3.2 分上、中、下或 (a), (b), (c) 3 组图组成, 其中每组图又由左右两图组成, 对它们说明如下.

(i) 图 (a-1) 与图 (b-1) 分别是反应物 A, B 的分子, 对应的分子图分别为 G_A, G_B 它们分别包含 3 个与 2 个共价键, 而且各有 4 个单点弧.

(ii) 图 (a-2) 与图 (b-2) 分别是反应物 A, B 的分子在参与化学反应时发生时共价键的断裂, 各自分解成两个子图 $G_{A,1}, G_{A,2}$ 与 $G_{B,1}, G_{3,2}$. 其中断裂的共价键分别构成子图中的单点弧.

(iii) 图 (c-1) 与图 (c-2) 分别是化学反应后所产生的产物 A', B', 这时产物的点线图 $G_{A'}, G_{B'}$ 是子图 $G_{A,1}, G_{A,2}, G_{B,1}, G_{B,2}$ 的重新组合 (产生新的共价键的结合). 这时

$$G_{A'} = G_{A',1} + G_{A',2} = G_{A,1} + G_{B,2}, \quad G_{B'} = G_{B'1} + G_{B',2} = G_{A,2} + G_{B,1}. \quad (4.3.6)$$

(iv) 其中 $G_{A,3}$ 与 $G_{B,3}$ 分别是反应物 G_A 与 G_B 的连接弧的图, 也是参与化学反应的共价键的图.

如果 $G_A, G_B, G_{A'}, G_{B'}$ 都是完备的, 那么在图 (a-1), 图 (b-1), 图 (c-1), 图 (c-2) 这些图中的单点弧都不存在. 因此, 图 4.3.2 中的化学反应是不完备的反应, 这时单点弧的重新结合要比该图的结构形式复杂.

4.3.3   几种典型稳定的分子官能团的图表示

在 4.2 节中, 我们已给出分子官能团稳定与不稳定的定义, 现在给出它们的图表示.

1.有中心点的分子官能团的点线图表示

定义 4.2.2 已给出了有**中心点分子官能团**的定义, 为了简单起见, 我们以 C,N,P, O,S,H 原子为例讨论由它们为中心点所组成的点线图, 这些点的外层不成对的电子数分别是 4,3,3,2,2,1.

几种不同类型的有中心点基团的点线图如图 4.3.3 所示.

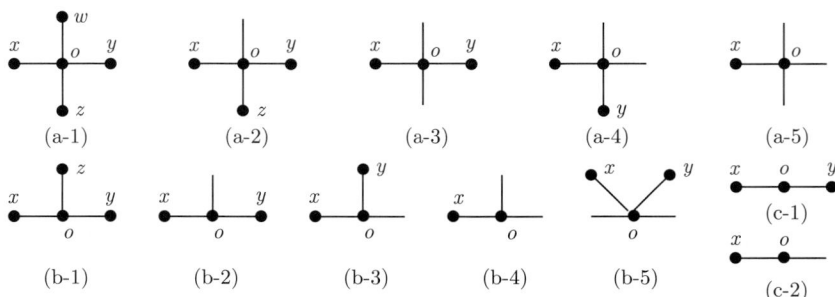

图 4.3.3   有中心点基团的点线图

对图 4.3.3 我们说明如下.

(1) 图 4.3.3 中的线段表示图中的弧, 黑点表示图中的原子点, 在线段两端都是黑点的弧是共价键, 只有一端是黑点的弧是单点弧.

(2) 图 4.3.3 中各英文小写字母表示原子点 (或黑点) 的编号, 其中 o 为中心点, x, y, z, w 是其他原子点, 它们在不同情况下对应各自的原子.

(3) 在图 (a-1)~ 图 (a-5) 与 (b-5) 中, 中心点 o 所对应钓原子 $f(o)$ 的外层不成对的电子数最多有 4 个, 这 6 个图中 $f(o)$ 的外层不成对的电子数分别是 0,1,2,2,3,2.

(4) 在图 (b-1)~ 图 (b-4) 中, 中心点 o 所对应的原子 $f(o)$ 的外层不成对的电子数最多有 3 个, 这 4 个图中 $f(o)$ 的外层不成对的电子数分别是 0,1,1,2. 而在图 (c-1), 图 (c-2) 中, $f(o)$ 的外层不成对的电子数最多有 2 个, 这 2 个图中 $f(o)$ 的外层不成对的电子数分别是 0,1.

2. 图 4.3.3 中基团的类型与特征

在图 4.3.3 中, 不论 o, x, y, z, w 取什么原子 (只要符合这些图的要求) 时, 它们的结构有以下特征.

(1) 在这些图中, 虽然有些图的表达方式不同, 但是它们是等价的. 如图 (a-3), 图 (a-4), 图 (b-5) 所示, 它们是等价的. 图 (b-2) 与图 (b-3) 也是等价的.

(2) 图 (a-1), 图 (b-1) 与图 (c-1) 的中心点 o 是完备的点, 其他图中的 o 点都是不完备的.

(3) 图中的共价键有可能是二价或三价键, 那么图的结构类型就要发生改变. 如在图 (a-1) 中, 如果 o, x 分别取 C, O 原子, 而且形成二价键 C=O, 那么 o, x 之间的共价键就要写成 $o = x$ 或 $o \equiv x$, 这时该图中其他的弧就要作相应的减少.

(4) 有的原子所产生的价键数可能有多种取值, 那么中心点 o 最多价键数就要发生相应的改变, 它们的点线图结构类型也要发生相应改变. 如磷原子 (P), 它的价键数可能是 3, 也可能是 5, 因此以它为中心的点线图可能是图 (b) 中的类型, 也可能是 5 阶点的类型. 5 阶点的类型在图 4.3.3 中并未给出.

(5) 在完备的图 (a-1), 图 (b-1) 与图 (c-1) 点线图中, 它们的边长总是稳定的, 图 (c-1) 所确定的基团总是稳定的, 图 (b-1) 所确定的基团一般有一个不稳定的镜像, 但当 x, y 所代表的原子相同时该基团是稳定的. 同样地, 图 (a-1) 所确定的基团一般有一个不稳定的镜像, 但当 x, y 或 w, z 所代表的原子相同时该基团是稳定的.

由此可见, 在点线图的分叉结构中, 如果一个节点有 2 个分叉, 而这 2 个分叉点上的原子相同, 那么称该节点的分叉是对称的, 否则就是不对称. 对称节点的镜像是稳定的, 而不对称节点有 1 个不稳定的镜像.

3. 有中心点分子官能团的几何图表示

图 (a-1), 图 (b-1) 与图 (c-1) 的点线图中所对应的基团的空间结构如图 4.3.4 所示.

对图 4.3.4 我们说明如下.

(1) 图中 C(碳) 是四价键原子, X 是三价键原子 (如 N, P 等), Y 是二价键原子 (如 O, S 等), H_i 表示氢原子, 是一价键原子.

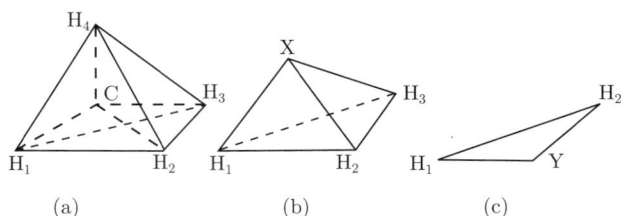

图 4.3.4　氨基酸中 8 种基本分子官能团的形态结构图

(2) 图中的粗黑线或粗黑虚线表示两原子 (氢原子与非氢原子) 所组成的共价键, 细黑线或细黑虚线表示 2 阶弧.

(3) 图 (a) 是由 1 个 C 原子与 4 个氢原子所组成的分子官能团, 其中 C 原子的位置是在由 4 个氢原子所组成的四面体中. 图 (b) 是由 4 个原子所组成的分子官能团, X 原子是三价键原子 (如 N, P 等) 与 3 个氢原子所组成一个四面体. 图 (c) 是由 3 个原子所组成的分子官能团, Y 原子是二价键原子 (如 O, S 等) 与 2 个氢原子组成 1 个三角形.

(4) 在基本分子官能团中除了图 4.3.4 的几种类型外, 还有两原子所组成的基本分子官能团, 如 $O = O$, 或 $O = S$ 等, 它们之间由二价键连接.

(5) 在图 4.3.4 的不同类型的基本分子官能团中, 我们称其中的非氢原子为该基本分子官能团的原子中心, 其他氢原子为它的共价键原子. 它们的点线图构造如图 4.3.5 所示.

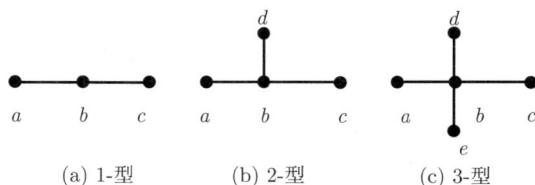

图 4.3.5　基团结构基本类型的点线图表示图

由图 4.3.5 可以看到, 在这 3 种类型中, 其他各点都与 b 点形成共价键, 因此 b 是这些基团的中心点. 另外, 在图 (c) 的 3 型结构中, b 点有 4 个共价键, 这时在 a, c, d, e 中有 1,2,3 个氢原子, 那么它们就分别构成 3-1, 3-2, 3-3, 3-4 型结构, 这时 3-4 型所对应的空间结构图形如图 4.3.4(a) 所示, 这时 H_1, H_2, H_3, H_4 应是 1 个正四面体, C 原子是这个正四面体的中心.

4. 有环状结构的基团

在化学与生物化学中, 有许多分子官能团具有环状结构, 它们也具有稳定性, 而且有多原子的共面性. 如下所述.

(1) 在核酸中, 5 个不同类型的碱基 (A, G, C, T, U 分别是腺嘌呤、鸟嘌呤、胞嘧啶、胸腺嘧啶和尿嘧啶).

(2) 在核酸中, 2 个不同类型的核糖 (核糖与脱氧核糖).

(3) 在氨基酸与蛋白质图也存在许多成环状且共面的基团. 例如, 苯基、组氨酸上的戊二烯环、色氨酸上由苯基与戊二烯组成的双环、脯氨酸中的环结构、在氨基酸序列中还有在双氨基酸连接过程中所形成的多原子所组成的共面结构.

对这种具有环状结构的基团, 因为它们的共价键比较复杂 (存在许多二价键), 所以采用化学分子式的表示比较确切. 对它们的共面性在下面中还有讨论.

4.3.4 点线图的一些子图结构

在确定分子结构中基团的定义、结构与对它们的表示方法后, 就可以讨论更复杂分子的空间结构表示.

1. 五原子点连接中的不同结构类型

为了简单起见, 我们先讨论以 a, b, c, d, e 这五原子点, 在它们的结构中可能出现不稳定的参数.

图 4.3.6 由 (a)∼(e) 5 个图组成, 对此说明如下.

(1) 图 (a) 是 a, b, c, d, e 这五原子点排成一列 (中间没有分叉点), 因此它们的空间结构有 2 个不稳定参数, 即三角形 $\delta(a, b, c)$ 与三角形 $\delta(t, c, d)$ 的扭角 ψ_1 与三角形 $\delta(b, c, d)$ 与三角形 $\delta(c, d, e)$ 的扭角 ψ_2.

(2) 图 (b) 是 a, b, c, d, e 这五原子点在点 b 处有 2 条分叉的弧, 因此它们的空间结构有 1 个不稳定的扭角参数 ψ, 即三角形 $\delta(a, b, c)$ 与三角形 $\delta(b, c, d)$ 的扭角. 另外, 还有一个四面体 $\Delta(a, b, c, e)$ 的镜像 ϑ.

(3) 图 (c) 与图 (e) 是 2 个等价的五原子图, 在 c 点处有 2 条分叉的弧, 因此它们的空间结构有 1 个不稳定的扭角参数, 与图 (b) 相同. 另外, 还有一个四面体 $\Delta(b, c, d, e)$ 的镜像 ϑ.

(4) 图 (d) 这五原子点在点 b 处有 3 条分叉的弧, 如果点 d, e 或 a, c 点上的原子相同, 那么 a, b, c, d, e 这五原子点是一稳定的四面体, 点 b 是它们的中心点. 这时如果点 d, e 与 a, c 点上的原子都不相同, 那么 a, b, c, d, e 这五原子点的空间结构仍是一以点 b 为中心点的四面体, 但有 1 个不稳定的镜像 ϑ.

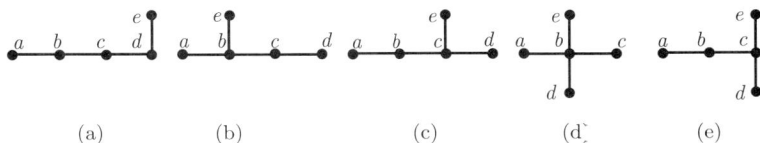

图 4.3.6 五原子点线图的类型图

2. 基本分子官能团的相互连接

图 4.3.6 实际上还给出了几种不同类型基本分子官能团的连接过程, 在点线图中的表示都比较简单, 它们的空间结构比较复杂, 图 4.3.7 是表示几种不同的基本分子官能团的连接过程.

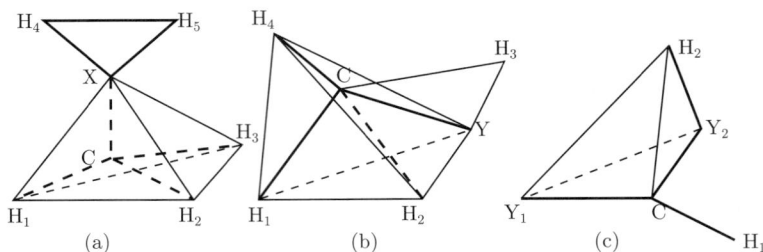

图 4.3.7　几种不同的基本分子官能团的连接图

对图 4.3.7 说明如下.

(1) 图 (a) 是图 4.3.4 (a) 中的 H_4 被非氢原子 X 取代, 这时 X 又与另外两个氢原子 H_4 与 H_5 形成共价键, 由此形成由两个非氢原子所组成的复合型的分子官能团. 这时 X 必须是一个三价键原子.

(2) 图 (b) 的情形与图 (a) 类似, 它是图 4.3.4 (a) 中的 H_3 被非氢原子 Y 取代, 这时 Y 又与另外一个氢原子 H 形成共价键, 由此形成由两个非氢原子所组成的复合型的分子官能团. 这时 Y 必须是一个二价键原子.

(3) 图 (c) 是图 4.3.4 (a) 中的三个氢原子被两个非氢原子取代, 其中一个非氢原子 Y_1 与 C 原子形成二阶共价键, 另一个非氢原子 Y_2 与 C 原子形成 1 阶共价键, 如果 Y_1, Y_2 都是一个二价键原子, 那么 Y_1 就不再带有共价键的氢原子, 而 Y_2 还另外有一个共价键的氢原子, 由此形成一个由三个非氢原子所组成的复合型的分子官能团.

3. 点线图的子干树图 (或干树图)

为讨论一般点线图中不稳定参数的计数问题, 我们先讨论它的分解过程中的子图类型问题. 图中点的阶与**干树图**的定义已在 1.4 节中定义, 在分子点线图中同样适用.

以下记 $T = \{E_T, V_T\} = \{a_1 - a_2 - \cdots - a_n\}$ 是一个无向干树图, 其中 $a_i - a_{i+1}$ 是共价键. 如果在共价键中定义原子的前后次序, 那么这个干树图就是有向干树图. 干树图有以下简单性质.

在无向干树图中, 所有点的阶为 1, 2, 这时称 1 阶的点是该图的**端点**, 称 2 阶的点为该图的**节点**. 在干树图中, 有而且只有两个端点, 其他的点都是节点.

在有向子干树图中, 有而且只有 1 个点有 1 条出弧而无入弧, 那么称该点为干树图的**根**, 而且有且只有 1 个点有 1 条入弧而无出弧, 那么称该点是干树图的**梢点**, 其余的点都有 1 条出弧与 1 条无入弧, 称这些点为干树图的节点. 干树图的结构形式为

$$T = \{a_1 - a_2 - \cdots - a_n\}, \quad T' = \{a_1 \to a_2 \to \cdots \to a_n\}, \tag{4.3.7}$$

其中 T 是无向干树图, a_1, a_n 是该图的**端点**, T' 是有向干树图, a_1, a_n 分别是该图的梢点与根, 又称是该图的起点与终点, 其余的点都是节点.

4. 点线图的干枝子图 (或干枝树图)

在子干树图的定义基础上我们再引进**子干枝子图**的定义, 为了简单起见, 我们只讨论无向图的情形.

定义 4.3.7(干枝树图的定义) 称 T 是一个干枝树图, 如果存在一干树图 $T' = \{a_1 - a_2 - \cdots - a_n\}$, 在该干树图的节点上可能长出分叉的枝, 但这些枝的长度不超过 1.

这时干枝树图 T' 是干枝树图 T 的字图, 称这些分叉枝为干枝树图中的枝, 每个枝没有节点, 只有一个端点. 这时称 T' 是 T 的主干树图.

定义 4.3.8(干枝树图的推广) 对一个干枝树图 T, 如果它枝上的端点或节点变成一个具有共面与稳定结构的环, 那么称所形成的图为广义一干枝树图.

在干枝树图 T 中, 产生它的主干树图 T' 可能不唯一, 但它们的长度都相同. 对于干树图、干枝树图与带环的干枝树图如图 4.3.8 所示.

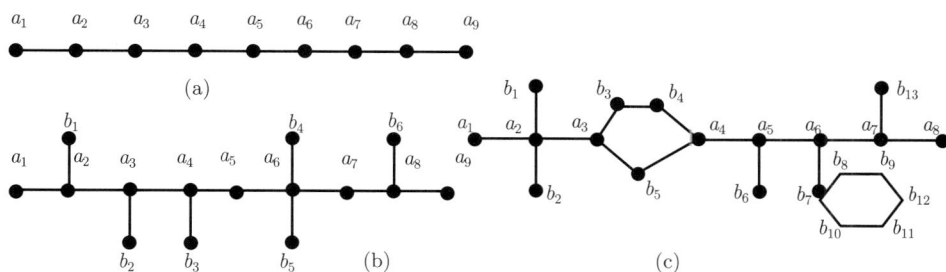

图 4.3.8 三种不同类型的干枝树图

图 4.3.8(a) 是干树图, (b) 是干枝树图, (c) 是带环的干枝树图. 图中的 a_i 点是主干树图中的点, b_j 点是分叉弧上的端点, 从图 (c) 可以看到, 环中的点可能是 a_i 的点, 也可能是 b_j 的点.

5. 干枝树图的类型

对一般的点线图 $G = \{E, V\}$ 可以产生许多不同类型的干枝树图, 有如下 3 种.

(1) **主干枝树图** (T_0). 这就是 T_0 中的 2 端点与 $G - T_0$ 图中的其他任何点相连 (形成共价键). 在带环的干枝树图中, 我们把环看作 1 梢点.

(2) **次干枝树图** (T_1). 这就是该干枝树图中有一个端点在其他干枝树图上, 另一端点不与 $G - T_0$ 图中的其他任何点相连 (形成共价键).

(3) 在次干枝树图中又可分为各种不同层次的干枝树图, 它们的定义如下.

定义 4.3.9(干枝树图的层次定义)   称主干枝树图为 0 层次的干枝树图. 一个干枝树图如果它的一端点与一 h 层次干枝树图有公共点, 那么称该干枝树图是第 h 层的干枝树图.

定理 4.3.1(主干枝的单一性定理)   如果 G 是一连通的 1 阶图, 它的主干枝子图可有多种选择, 如果当 G 的主干枝子图选择确定后再不可能产生其他的主干枝子图.

定理 4.3.1 的证明是显然的, 如果 G 的主干枝子图 T 选择确定后, 还有其他的主干枝子图 T' 存在, 那么 T 与 T' 中的点不可能连通, 这与 G 图的连通性矛盾.

4.3.5 点线图的组合与分解

为讨论一般点线图 G 中不稳定参数的计数问题, 必先讨论它的组合与分解.

1.点线图分解的基本定理

定义 4.3.10(无环图的定义)   称 G 是一个无环的干枝树图, 如果在 G 中的点在 2 个以上, 而且不存在不稳定的环结构, 这就是它还可能存在带环的干枝树图, 这里的环一定是边长稳定的基团.

定理 4.3.2(点线图分解的基本定理)   一个无环的点线图 G 总可分解称若干干枝子图的组合, 其中包括一个主干枝树图与其他若干次干枝子图, 在不同的干枝树图之间最多只有一个公共点, 该公共点一定是其中以干枝树图的端点.

证明   该定理分以下 3 个步骤证明.

步骤 4.3.1   由以下步骤产生主干枝树图.

(1) 对 $G = \{E, V\}$ 中的每个点 e 总可确定它的阶数 $g(e)$, 它就是 V 中以 e 为端点的弧的个数. 因为 G 是连通图, 所以必有 $g(e) \geqslant 1$.

(2) 因为 G 是无环图, 所以至少有 2 个点 e', e'', 使 $g(e') = g(e'') = 1$. 因为 G 是连通图, 所以必存在一组 $e_1, e_2, \cdots, e_n \in E$, 使它们互不相同, 而且有

$$T_0' = \{e' = e_{0,0} - e_{0,1} - \cdots - e_{0,n_0-1} - e_{0,n_0} = e''\} \tag{4.3.8}$$

构成一主干树图.

(3) 由主干树图 T_0' 构造主干枝树图如下.

$$T_0 = T_0' \cup \{e \in E : g(e) = 1, \text{ 而且有一个 } e^* \in T_0' \text{ 使 } e, e^* \text{ 成共价键}\}. \tag{4.3.9}$$

显然, T_0 是一主干枝树图, 而且在集合 $\{e \in E : g(e) = 1,$ 而且与 T_0' 连通$\}$ 中的点不可能与 e', e'' 形成共价键, 因此 e', e'' 还是 T_0 的端点.

(4) 记 T_0', T_0 中的全体点分别为 E_0', E_0, 对 E_0 中的点分以下几类.

$$\begin{cases} E_{0,1} = \{e', e''\}, \text{ 它们是 } T_0' \text{ 与 } T_0 \text{ 图的端点}; \\ E_{0,2} = \{e \in E_0, g(e) = 2\}, \text{ 这些点是 } T_0', T_0 \text{ 图中的节点, 而且没有分叉点}; \\ E_{0,3} = E_0 - E_0', \text{ 它们是 } T_0 \text{ 图中的梢点 (1 阶的点, 不在 } T_0' \text{ 上, 而且与 } T_0' \text{ 的} \\ \qquad \text{距离为 } 1; \\ E_{0,4} \text{ 是 } E_0' \text{ 图中的点, 其中每个点必与 } E_{0,3} \text{ 中的点相连}; \\ E_{0,5} = E_0 - E_{0,1} - E_{0,2} - E_{0,3} - E_{0,4}, \text{ 它们是 } T_0 \text{ 图中的节点, 而且由它分叉出来点} \\ \qquad \text{的阶数大于 } 1. \end{cases}$$
$$(4.3.10)$$

步骤 4.3.2 在构造主干枝树图 T_0 的基础上构造第 1 层的干枝树图, 它们可能有多条, 构造步骤如下.

(1) 记 $E_{1,0} = E_{0,5} = \{e_{1,0,1}, e_{1,0,2}, \cdots, e_{1,0,h_1}\}$, 它们是第 1 层的干枝树图的端点.

(2) 对 $E_{1,0}$ 中的每个点 $e_{1,0,h}$ 总是 T_0 的节点, 而且在 $E - E_0$ 中总有一个点 e, 使 $g(e) \geqslant 2$, 而且使 $e_{1,0,h}$ 与 $e = e_{1,1,h}$ 成共价键.

(3) 因为 $g(e_{1,1,h}) \geqslant 2$, 所以必有一 $e_{1,1,h} \neq e_{1,2,h} \in E - E_0$, 使 $e_{1,0,h} - e = e_{1,1,h} - e_{1,2,h}$ 成共价键的链.

(4) 如果 $g(e_{1,2,h}) = 1$, 那么 $T_{1,h}' = \{e_{1,0,h} - e_{1,1,h} - e_{1,2,h}\}$ 就是一第 1 层的一干树图. 如果 $g(e_{1,2,h}) > 1$, 那么延 $e_{1,0,h} - e_{1,1,h} - e_{1,2,h}$ 必可继续延伸, 得到一第 1 层的一干树图

$$T_{1,h}' = \{e_{1,0,h} - e_{1,1,h} - e_{1,2,h} - e_{1,3,h} - \cdots - e_{1,n_h,k}\}, \qquad (4.3.11)$$

其中 n_h 是该干树图的长度, 而

$$\begin{cases} e_{1,0,h} \in E_0' \text{ 是干树图 } T_{1,h}' \text{ 的端点}, \\ g(e_{1,i,h}) \geqslant 2, \ i = 1, 2, \cdots, n_h - 1 \text{ 是干树图 } T_{1,h}' \text{ 中的节点}, \\ g(e_{1,n_h,h} = 1 \text{ 是干树图 } T_{1,h}' \text{ 的另一端点}, \end{cases} \qquad (4.3.12)$$

其中 $g(e_{1,1}') = 1$

(5) 仿步骤 4.3.1(3), 由干树图 $T_{1,h}'$ 构造干枝树图 $T_{1,h}$. 对 $h = 1, 2, \cdots, h_1$, 我们就可得到全部第 1 层的全部 (h_1 条) 干枝树图.

步骤 4.3.3 仿步骤 4.3.2, 对每条第 1 层的干枝树图 $T_{1,h}$ 构造第 2 层的干枝树图. 以此类推, 就可把 G 分解成若干干枝树图的组合.

2. 定理及其证明的实例分析

结合以下实例对定理 4.3.2 作证明的实例分析.

(1) 图 4.3.9 共有 54 个点组成, 我们可先选择 1 与 11 作主干树图的 2 端点, 由此得到一主干树图:

$$T_0' = \{1-2-3-4-5-6-7-8-9-10-11\}.$$

(2) 由步骤 4.3.1(3), 可将主干树图 T_0' 扩张称主干枝树图 T_0, 该图除了原来 T_0' 外, 再增加点 $12, 13, 14, 15, 16, 17$, 它们都是 1 阶点, 而且与 T_0' 相连.

(3) 由步骤 4.3.1(4), 可将 E_0 中的点分解为集合:

$$E_{0,1} = \{1, 11\}, \quad E_{0,2} = \{3, 6, 9\}, \quad E_{0,3} = \{12, 13, 14, 15, 16, 17\}, \quad E_{0,4} = \{2, 4, 7, 10\}.$$

(4) 这时 $E_{1,0} = E_{0,4} = \{5, 8\}$, 由此就可产生 2 条 1 层的干树图:

$$\begin{cases} T_{1,1}' = \{5-18-19-21-23-24-28\}, \\ T_{1,2}' = \{8-43-44-45-46-48-49-50-51-52\}. \end{cases}$$

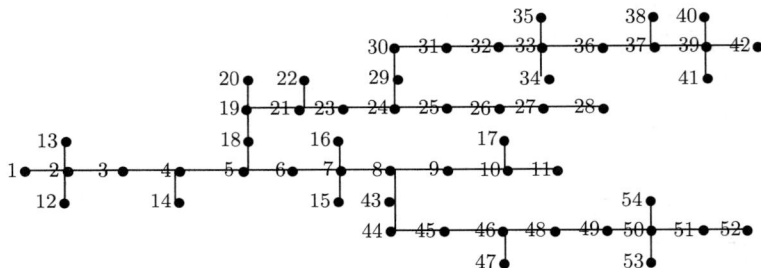

图 4.3.9　三种不同类型的干枝树图

(5) 由步骤 4.3.1(3), 可将主干树图 $T_{1,1}', T_{1,2}'$ 扩张为主干枝树图 $T_{1,1}, T_{1,2}$, 它们分别是

$$T_{1,1} = T_{1,1}' \cup \{20, 22\}, \quad T_{1,2} = T_{1,2}' \cup \{47, 53, 54\},$$

其中 $20, 22, 47, 53, 54$ 都是 1 阶点, 分别与 $T_{1,1}', T_{1,2}'$ 相连.

(6) 同样可以产生第 2 层的干枝树图

$$\begin{cases} T_{2,1}' = \{24-29-30-31-32-33-30-36-37-39-42\}, \\ T_{2,1} = T_{2,1}' \cup \{34, 35, 38, 40, 41\}, \end{cases}$$

其中 $34, 35, 38, 40, 41$ 是梢点, 与 $T_{2,1}', T_{1,2}'$ 相连.

由此将图 G 分解成 $T_0, T_{1,1}, T_{1,2}, T_{2,1}$ 这 4 条干枝树图的组合.

3. 补充说明

如果 G 是一个带环基团的图, 而且这个环是共面稳定的 (图 4.3.8(c)), 那么在每个环上可取 3 个点, 其中 2 个点是与干树图连接的点, 另一个是环上的点, 由此产生一个特殊的干枝树图.

如图 4.3.8(c) 中的第 1 个环, 我们用一个 $a_2 - \overset{\displaystyle b_3}{\underset{|}{a_3}} - a_4$ 来取代该图中的第 2 个环, 我们用一个 $a_6 - \overset{\displaystyle b_3}{\underset{|}{b_8}} - b_{12}$ 来取代. 因为这时由 a_3, b_3, c_4 点的空间位置可以确定第一个环中其他各点的位置, 对第 2 个环的情形相同, 由此构成一个特殊的干枝树图.

4.4 活动坐标系理论

在蛋白质空间结构数据库中, 各原子点的位置坐标都是在某个固定的坐标系下确定, 称这个坐标系为该蛋白质的**原始坐标系**, 并记为 $\mathcal{E}$. 为了对蛋白质的空间结构作进一步的分析, 我们常常选择蛋白质或氨基酸中的一些原子点的位置为基础, 由此产生新的坐标系, 并由此确定其他原子的位置, 称这种新的坐标系为**活动坐标系**.

4.4.1 活动坐标系的定义与性质

活动坐标系的理论在解析几何与线性代数理论中有详细讨论, 我们概述它的记号与性质.

1. 活动坐标系的定义与记号

记原始坐标系为 $\mathcal{E} = \{o, i, j, k\}$, 其中 o, i, j, k 分别为该坐标系的原点与三个基向量 (或 X, Y, Z 轴上的单位向量). 一个活动坐标系记为 $\mathcal{E}_u = \{o_u, i_u, j_u, k_u\}$, 这时坐标系 $\mathcal{E}_u$ 中的原点 o_u 可以任意选择, 而它的三个基向量 $\{i_u, j_u, k_u\}$ 必须满足以下条件:

(1) 长度为 1: $|i_u| = |j_u| = |k_u| = 1$.

(2) 相互正交: $\langle i_u, j_u \rangle = \langle i_u, k_u \rangle = \langle j_u, k_u \rangle = 0$.

(3) 右手法则: 三个基向量的混合积 $[i_u, j_u, k_u] > 0$.

显然, 在原始坐标系 $\mathcal{E}$ 中, 三个基向量 $\{i, j, k\}$ 也必须满足这三个条件.

2. 坐标变换

记 o_u 点及三基向量 i_u, j_u, k_u 在坐标系 $\mathcal{E}$ 中的坐标分别为 $o_u = x_{o_u} i + y_{o_u} j + $

$z_{o_u} \boldsymbol{k}$ 与

$$
\begin{cases}
\boldsymbol{i}_u = c_{u,1,1}\boldsymbol{i} + c_{u,1,2}\boldsymbol{j} + c_{u,1,3}\boldsymbol{k}, \\
\boldsymbol{j}_u = c_{u,2,1}\boldsymbol{i} + c_{u,2,2}\boldsymbol{j} + c_{u,2,3}\boldsymbol{k}, \\
\boldsymbol{k}_u = c_{u,3,1}\boldsymbol{i} + c_{u,3,2}\boldsymbol{j} + c_{u,3,3}\boldsymbol{k},
\end{cases} \tag{4.4.1}
$$

这时称 $\boldsymbol{r}_{o_u} = (x_{o_u}, y_{o_u}, z_{o_u})$ 为 o_u 点在 $\mathcal{E}$ 中的坐标, 而称矩阵

$$
\boldsymbol{C}_u = \begin{pmatrix}
c_{u,1,1} & c_{u,1,2} & c_{u,1,3} \\
c_{u,2,1} & c_{u,2,2} & c_{u,2,3} \\
c_{u,3,1} & c_{u,3,2} & c_{u,3,3}
\end{pmatrix}
$$

为坐标系 $\mathcal{E}_u$ 在 $\mathcal{E}$ 中的**坐标变换**. 称 $\boldsymbol{C}_u$ 为坐标系 $\mathcal{E}_u$ 在 $\mathcal{E}$ 中的坐标变换矩阵.

3. 坐标变换的性质

由线性代数理论知道, 坐标变换有以下的性质.

(1) 坐标变换矩阵 $\boldsymbol{C}_u$ 是一个正交矩阵, 这就得出它的转置矩阵就是它的逆矩阵 $\boldsymbol{C}_u^{\mathrm{T}} = \boldsymbol{C}_u^{-1}$. 这时

$$
\begin{cases}
\boldsymbol{i} = c_{u,1,1}\boldsymbol{i}_u + c_{u,2,1}\boldsymbol{j}_u + c_{u,3,1}\boldsymbol{k}_u, \\
\boldsymbol{j} = c_{u,1,2}\boldsymbol{i}_u + c_{u,2,2}\boldsymbol{j}_u + c_{u,3,2}\boldsymbol{k}_u, \\
\boldsymbol{k} = c_{u,1,3}\boldsymbol{i}_u + c_{u,2,3}\boldsymbol{j}_u + c_{u,3,3}\boldsymbol{k}_u.
\end{cases} \tag{4.4.2}
$$

(2) **坐标变换公式**. 如果记空间一点坐标为 $\boldsymbol{r} = (x, y, z)$, 而它在 $\mathcal{E}_u$ 坐标系下的坐标为 $\boldsymbol{r}_u = (x_u, y_u, z_u)$, 那么它们满足以下关系:

$$
\begin{aligned}
\boldsymbol{r} &= x\boldsymbol{i} + y\boldsymbol{j} + z\boldsymbol{k} = \overrightarrow{oo_u} + \boldsymbol{r}_u = x_{o_u}\boldsymbol{i} + y_{o_u}\boldsymbol{j} + z_{o_u}\boldsymbol{k} + x_u\boldsymbol{i}_u + y_u\boldsymbol{j}_u + z_u\boldsymbol{k}_u \\
&= x_{o_u}\boldsymbol{i} + y_{o_u}\boldsymbol{j} + z_{o_u}\boldsymbol{k} + x_u(c_{u,1,1}\boldsymbol{i} + c_{u,1,2}\boldsymbol{j} + c_{u,1,3}\boldsymbol{k}) \\
&\quad + y_u(c_{u,2,1}\boldsymbol{i} + c_{u,2,2}\boldsymbol{j} + c_{u,2,3}\boldsymbol{k}) + z_u(c_{u,3,1}\boldsymbol{i} + c_{u,3,2}\boldsymbol{j} + c_{u,3,3}\boldsymbol{k}) \\
&= x\boldsymbol{i} + y\boldsymbol{j} + z\boldsymbol{k},
\end{aligned} \tag{4.4.3}
$$

其中

$$
\begin{cases}
x = x_{o_u} + x_u c_{u,1,1} + y_u c_{u,2,1} + z_u c_{u,3,1}, \\
y = y_{o_u} + x_u c_{u,1,2} + y_u c_{u,2,2} + z_u c_{u,3,2}, \\
z = z_{o_u} + x_u c_{u,1,3} + y_u c_{u,2,3} + z_u c_{u,3,3},
\end{cases}
$$

或 $\boldsymbol{r} = \boldsymbol{r}_{o_u} + \boldsymbol{r}_u \boldsymbol{C}'$, 称式 (4.4.3) 是坐标系 $\mathcal{E}$ 与 $\mathcal{E}_u$ 之间的坐标变换公式.

4.4.2   活动坐标系的构造

在蛋白质空间结构数据库中, 各蛋白质所选择的坐标系并不统一, 因此首先要选择与构造适当的活动坐标系, 再计算各原子点的坐标, 使我们对它们的空间结构有较统一的了解.

1. 由空间 3 点所产生的活动坐标系

活动坐标系的选择有多种, 现在给出它的一般方法. 记 a, b, c 为空间任意不共线的 3 点, 它们的空间坐标分别记为

$$\boldsymbol{r}_\tau = (x_\tau, y_\tau, z_\tau), \quad \tau = a, b, c. \tag{4.4.4}$$

由此产生活动坐标系 $\mathcal{E}_u = \mathcal{E}(a, b, c)$ 的构造如下.

(1) 取 b 为该坐标系的原点 o_u, 由 b, c 确定的直线为 X_u 轴, 取 $\boldsymbol{i}_u = \overrightarrow{bc}/|\overrightarrow{bc}|$ 为 X_u 轴上的基向量.

(2) 取过 b 点, 而且与 bc 直线垂直的直线为 Y_u 轴, 取 Y_u 轴上的单位向量为 $\boldsymbol{j}_u$, 这时要求 $\boldsymbol{j}_u$ 的方向与 $\overrightarrow{ab}$ 保持一致. 也就是使 $\langle \overrightarrow{ab}, \boldsymbol{j}_u \rangle > 0$.

(3) 取 $\boldsymbol{k}_u = \boldsymbol{i}_u \times \boldsymbol{j}_u$, 且取过 b 点与 $\boldsymbol{k}_u$ 向量保持一致的直线为 Z_u 轴. 由此得到 $\mathcal{E}_u = \{o_u, \boldsymbol{i}_u, \boldsymbol{j}_u, \boldsymbol{k}_u\}$ 就是所求的活动坐标系.

2. 活动坐标系的计算公式

由 $\mathcal{E}_u = \mathcal{E}(a, b, c)$ 的构造定义即可得到它的原点与基的计算公式. 如果 a, b, c 这 3 点的空间坐标如式 (4.4.4) 所记, 那么有下面的结论.

(1) 因为原点就是 b 点, 所以 $o_u = (x_b, y_b, z_b)$.

(2) 由 $\boldsymbol{i}_u = \overrightarrow{bc}/|\overrightarrow{bc}|$, 得到 $\boldsymbol{i}_u = (x_c - x_b, y_c - y_b, z_c - z_b)/|\overrightarrow{bc}|$, 其中 $|\overrightarrow{bc}| = [(x_c - x_b)^2 + (y_c - y_b)^2 + (z_c - z_b)^2]^{1/2}$.

(3) $\boldsymbol{j}_u$ 是 a 点在 X_u 轴上的投影距向量. 记 a' 点是 a 点在 X_u 轴上的投影点, 它的坐标是

$$\boldsymbol{r}_{a'} = \overrightarrow{ba'} = (x_b + \langle \overrightarrow{ba}, \boldsymbol{i}_u \rangle, y_b, z_b), \tag{4.4.5}$$

其中 $\langle \overrightarrow{ba}, \boldsymbol{i}_u \rangle = [(x_a - x_b)(x_c - x_b) + (y_a - y_b)(y_c - y_b) + (z_a - z_b)(z_c - z_b)]/|\overrightarrow{bc}|$. 这时 $\boldsymbol{j}_u = (\overrightarrow{ba} - \overrightarrow{ba'})/|\overrightarrow{ba} - \overrightarrow{ba'}|$.

(4) $\boldsymbol{k}_u$ 向量的坐标是

$$\boldsymbol{k}_u = [(y_c - y_b)(z_a - z_b) - (z_c - z_b)(y_a - y_b), (z_c - z_b)(x_a - x_b) - (x_c - x_b)(z_a - z_b),$$
$$(x_c - x_b)(y_a - y_b) - (y_c - y_b)(x_a - x_b)]/(\alpha|bc|), \tag{4.4.6}$$

其中 $\alpha = \langle \overrightarrow{ba}, \boldsymbol{i}_u \rangle$.

3. $\mathcal{E}_u$ 的坐标变换公式

因此由 a, b, c 这 3 点的空间坐标就可得到活动坐标系 $\mathcal{E}_u = \mathcal{E}(a, b, c)$ 的 3 个基

向量与它的坐标变换公式

$$
\begin{pmatrix} c_{u,1,1} & c_{u,1,2} & c_{u,1,3} \\ c_{u,2,1} & c_{u,2,2} & c_{u,2,3} \\ c_{u,3,1} & c_{u,3,2} & c_{u,3,3} \end{pmatrix} \begin{pmatrix} (x_c - x_b)/|bc| & (y_c - y_b)/|bc| & (z_c - z_b)/|bc| \\ (x_a - x_b)/\alpha & (y_a - y_b)/\alpha & (z_a - z_b)/\alpha \\ \dfrac{y_{bc}z_{ab} - z_{bc}y_{ab}}{\alpha|bc|} & \dfrac{z_{bc}x_{ab} - x_{bc}z_{ab}}{\alpha|bc|} & \dfrac{x_{bc}z_{ab} - y_{bc}y_{ab}}{\alpha|bc|} \end{pmatrix},
$$

$$(4.4.7)$$

其中 $\boldsymbol{r}_{tc} = \boldsymbol{r}_c - \boldsymbol{r}_b, \boldsymbol{r}_{ab} = \boldsymbol{r}_b - \boldsymbol{r}_a$ 或

$$(x_{bc}, y_{bc}, z_{bc}) = (x_c - x_b, y_c - y_b, z_c - z_b), \quad (x_{ab}, y_{ab}, z_{ab}) = (x_a - x_b, y_a - y_b, z_a - z_b).$$

由此得到 a, b, c 这 3 点在活动坐标系 $\mathcal{E}_u$ 中的坐标分别为

$$(\langle \overrightarrow{ab}, \overrightarrow{bc} \rangle/|bc|, |\langle \overrightarrow{ab} - \langle \overrightarrow{ab}, \overrightarrow{bc} \rangle \overrightarrow{bc} \rangle|/|bc|^2|, 0), \quad (0,0,0), \quad (|bc|, 0, 0). \tag{4.4.8}$$

a, b, c 这 3 点所产生的活动坐标系 $\mathcal{E}_u = \mathcal{E}(a, b, c)$ 的结构如图 4.4.1 所示.

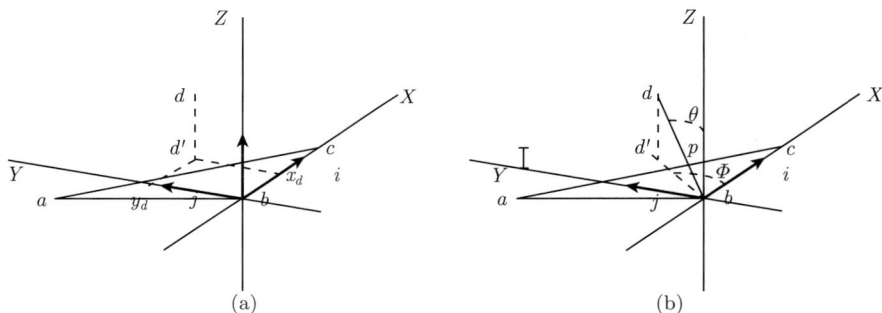

图 4.4.1 活动坐标系 $\mathcal{E}_u$ 的结构图

4.4.3 分子点线图的其他坐标参数

如果 d 是空间任意点, 在 $\mathcal{E} = \{o, \boldsymbol{i}, \boldsymbol{j}, \boldsymbol{k}\}$ 坐标系中, 它的坐标为 $\boldsymbol{r} = (x, y, z)$. 该坐标是 d 点在直角坐标系 $\mathcal{E}$ 中的直角坐标.

1. 极坐标的定义

在直角坐标系中除了采用直角坐标外还可采用极坐标表示. 对 $\mathcal{E}$ 中点 d 的极坐标的名称与计算公式如下.

(1) 矢径 ρ. 它是 d 点到坐标系 $\mathcal{E}$ 原点 o 的距离.

(2) 极角 φ. 如果 d' 是 d 点在 $\pi(a, b, c)$ (或 oxy 平面) 上的投影点, 那么 $\varphi = \angle(d'o, x)$, 其中 x 是 ox 轴上的点. 在 oxy 平面中, φ 实际上是 $\overrightarrow{od'}$ 与基向量 $\boldsymbol{i}$ 的夹角, 它的取值在 $(-\pi, \pi)$ 内, 当 $\overrightarrow{od'}$ 转向按 $\boldsymbol{i}$ 的逆时针方向旋转时 φ 取正值, 否则为负值.

(3) 幅角 θ. 它是 $= \overrightarrow{od}$ 向量与基向量 $\boldsymbol{k}$ 的夹角. 因此 θ 的取值是 $(0, \pi)$.

2. 极坐标的计算公式

由极坐标的定义即可得到它们的计算公式

$$
\begin{cases}
\rho = r = |od| = (x^2 + y^2 + z^2)^{1/2}, \\
\varphi = \overrightarrow{od'} \text{ 与 } \boldsymbol{i}_u \text{ 的夹角 } = \mathrm{Sgn}(y)\arccos\left(\dfrac{x}{\sqrt{x^2+y^2}}\right), \\
\theta = \overrightarrow{od} \text{ 与 } \boldsymbol{k}_u \text{ 的夹角 } = \arccos\left(\dfrac{z}{\sqrt{x^2+y^2+z^2}}\right).
\end{cases}
\tag{4.4.9}
$$

3. 极坐标的逆计算公式

在直角坐标系中, 直角坐标与极坐标相互唯一确定, 由极坐标确定直角坐标的计算公式如下.

$$
\begin{cases}
x = \rho \cdot \sin(\theta) \cdot \cos(\vartheta), \\
y = \rho \cdot \sin(\theta) \cdot \sin(\vartheta), \\
z = \rho \cdot \cos(\theta).
\end{cases}
\tag{4.4.10}
$$

因此, 在本书中我们把直角坐标与极坐标等价使用.

4.4.4 活动坐标系中的旋转变换理论

如果 $\mathcal{E}, \mathcal{E}' = \{o', \boldsymbol{i}', \boldsymbol{j}', \boldsymbol{k}'\}$ 是 2 个不同的直角坐标系, 如果它们具有相同的原点 $o = o'$ 与镜像, 那么称直角坐标系 $\mathcal{E}'$ 是 $\mathcal{E}$ 中的一个旋转. 现在讨论它们的坐标变换公式.

1. 坐标变换矩阵

它们的坐标变换矩阵已在式 (4.4.1) 中给出, 相应的记号可写为

$$
C = \begin{pmatrix}
c_{1,1} & c_{1,2} & c_{1,3} \\
c_{2,1} & c_{2,2} & c_{2,3} \\
c_{3,1} & c_{3,2} & c_{3,3}
\end{pmatrix}.
$$

2. 矩阵的旋转角与约束条件

如果记向量 $\boldsymbol{i}'$ 在坐标系 $\mathcal{E}$ 中的极角与幅角分别为 ϑ, θ, 我们称这 2 个角为坐标系 $\mathcal{E}'$ 在 $\mathcal{E}$ 中的旋转角. 这时坐标变换矩阵 C 应满足以下条件.

(1) 坐标系 $\mathcal{E}'$ 的 3 个基向量的长度为 1, 这时有

$$
c_{1,1}^2 + c_{1,2}^2 = c_{1,3}^2 = c_{2,1}^2 + c_{2,2}^2 + c_{2,3}^2 = c_{3,1}^2 + c_{3,2}^2 + c_{3,3}^2 = 1.
\tag{4.4.11}
$$

(2) 坐标系 $\mathcal{E}'$ 的 3 个基向量相互正交, 这时有

$$c_{1,1}c_{2,1}+c_{1,2}c_{2,2}+c_{1,3}c_{2,3}=c_{1,1}c_{3,1}+c_{1,2}c_{3,2}+c_{1,3}c_{3,3}=c_{2,1}c_{3,1}+c_{2,2}c_{3,2}+c_{2,3}c_{3,3}=0.$$
$$(4.4.12)$$

(3) 坐标系 $\mathcal{E}'$ 的 3 个基向量满足右手系的条件, 这时它们的混合积

$$[\boldsymbol{i}',\boldsymbol{j}',\boldsymbol{k}']=\langle\boldsymbol{i}'\times\boldsymbol{j}',\boldsymbol{k}'\rangle=|C|=\begin{vmatrix} c_{1,1} & c_{1,2} & c_{1,3} \\ c_{2,1} & c_{2,2} & c_{2,3} \\ c_{3,1} & c_{3,2} & c_{3,3} \end{vmatrix}=1. \qquad (4.4.13)$$

3. 旋转矩阵的表示

如果向量 $\boldsymbol{i}'$ 的极角与幅角分别为 ϑ, θ, 那么它在 $\mathcal{E}$ 中的坐标为

$$(c_{1,1},c_{1,2},c_{1,3})=(\sin\theta\cos\varphi,\sin\theta\sin\varphi,\cos\theta). \qquad (4.4.14)$$

将式 (4.4.14) 代入式 (4.4.11)∼ 式 (4.4.13), 即可解得坐标系 $\mathcal{E}'$ 关于 $\mathcal{E}$ 的坐标变换矩阵

$$C=\begin{pmatrix} \sin\theta\cos\varphi & \sin\theta\sin\varphi & \cos\theta \\ \cos\theta\cos\varphi & \cos\theta\sin\varphi & -\sin\theta \\ -\sin\varphi & \cos\varphi & 0 \end{pmatrix}. \qquad (4.4.15)$$

矩阵 (4.4.15) 即可验证关系式 (4.4.11)∼ 式 (4.4.13) 成立. 我们称坐标系 $\mathcal{E}'$ 关于 $\mathcal{E}$ 的坐标旋转变换矩阵.

第5章 四原子与多原子空间结构的几何模型

四原子点与多原子点的空间结构是生物化学中的基本结构, 对它的描述是一个典型的几何问题, 也是研究蛋白质空间结构的基础.

5.1 四原子点的空间几何结构

在此我们先研究四原子点空间结构几何表示及它的动力学特征.

5.1.1 空间四原子点的结构表示与它们的参数系

记 a, b, c, d (或 a_1, a_2, a_3, a_4) 为空间中任意四点, 它们由共价键连接, 由此构成一空间四面体, 我们记为 $\Delta = \Delta(a, b, c, d)$, 对它的空间结构类型与记号讨论如下.

1.四原子点的空间结构类型

因为 a, b, c, d 一般表示空间的 4 个原子, 它们由共价键连接, 所以它们可产生 2 种不同的结构类型, 如图 5.1.1(a), (b) 所示. 其中图 (a) 的共价键是 $a - \overset{\overset{\textstyle d}{|}}{b} - c$, 而图 (b) 的共价键是 $a - b - c - d$. 这 2 种不同类型的稳定性特征是不同的, 其中图 (a) 是一个具有稳定结构的四原子点, 而图 (b) 的空间结构是不稳定的.

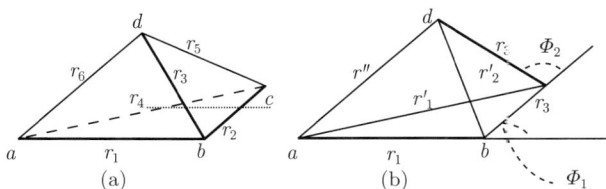

图 5.1.1 四原子点的空间形态示意图

2.四原子点的空间结构表示

结合图 5.1.1(a) 我们引进以下记号, 并对它们的结构进行说明.

(1) 以下记 a, b, c, d 四点的空间坐标分别为

$$\boldsymbol{r}_\tau^* = (x_\tau^*, y_\tau^*, z_\tau^*), \quad \tau = a, b, c, d. \tag{5.1.1}$$

(2) 由这四点中每两点所产生的向量分别记为

$$\boldsymbol{r}_\tau = (x_\tau, y_\tau, z_\tau), \quad \tau = 1, 2, 3, 4, 5, 6. \tag{5.1.2}$$

它们分别代表有向线段 $\overrightarrow{ab}, \overrightarrow{bc}, \overrightarrow{cd}, \overrightarrow{ac}, \overrightarrow{bd}, \overrightarrow{ad}$, 其中 $\overrightarrow{ab} = \boldsymbol{r}_b^* - \boldsymbol{r}_a^*$. 它们的长度分别记为

$$r_\tau = |\boldsymbol{r}_\tau| = (x_\tau^2 + y_\tau^2 + z_\tau^2)^{1/2}, \quad \tau = 1, 2, 3, 4, 5, 6. \tag{5.1.3}$$

定义 5.1.1 我们称 $\mathcal{P}_1 = \{r_1, r_2, r_3, r_4, r_5, r_6, \vartheta\}$ 为四原子点的第 1 类基本参数, 其中 $\vartheta = \pm 1$ 是该四原子点的**镜像值**. 它的定义为

$$\vartheta = \vartheta(a, b, c, d) = \mathrm{Sgn}[\boldsymbol{r}_1, \boldsymbol{r}_2, \boldsymbol{r}_3] = \mathrm{Sgn}\left(\begin{vmatrix} x_1 & y_1 & z_1 \\ x_2 & y_2 & z_2 \\ x_3 & y_3 & z_3 \end{vmatrix} \right), \tag{5.1.4}$$

其中 $\mathrm{Sgn}(u)$ 是 u 的符号函数, 而 $[\boldsymbol{r}_1, \boldsymbol{r}_2, \boldsymbol{r}_3] = \langle \boldsymbol{r}_1 \times \boldsymbol{r}_2, \boldsymbol{r}_3 \rangle$ 是 $\boldsymbol{r}_1, \boldsymbol{r}_2, \boldsymbol{r}_3$ 三个向量的混合积. 镜像当定义在化学中称为**手性**.

(3) 为了方便, 有时将图 5.1.1(a) 中的参数改写为 $\mathcal{P}_1 = \{r_1, r_2, r_3, r_1', r_2', r'', \vartheta\}$, 它们所对应的弧如图 5.1.1(b) 所示.

定理 5.1.1(四原子点参数系的基本定理一) 由几何理论可知, 以下性质成立:

(1) 两组四原子点, 如果它们的第 1 类基本参数全部相同, 那么其中一组四原子点经**刚性移动**必可与另一组四原子点重合. 所谓刚性移动就是指一质点系在空间移动, 其中所有的原子点距离与四原子点的镜像都保持不变.

(2) 两组四原子点, 如果它们的第 1 类基本参数中的 $r_1, \cdots, r_6$ 全部相同, 而镜像 ϑ 的取值相反, 那么其中一组四原子点经刚性移动必可成为另一组四原子点的镜像 (它们的底面三角形重合, 而两顶点关于底面对称).

定理 5.1.1 利用几何学中的正交变换理论即可证明, 刚性移动与镜像的概念是数学与物理学中的基本概念.

3. 四原子点的空间结构的其他重要参数

除了 $\mathcal{P}_1$ 中所给的参数外, 其他重要参数如下所述.

(1) **转角** ϕ_1, ϕ_2, 它们分别是向量 $\boldsymbol{r}_1$ 与 $\boldsymbol{r}_2$, 及 $\boldsymbol{r}_2$ 与 $\boldsymbol{r}_3$ 之间的夹角. 为了计算方便起见, 我们记向量 $\overrightarrow{ac}, \overrightarrow{cd}$ 的夹角为 ϕ_3, 转角 ϕ_1, ϕ_2, ϕ_3 的取值在区间 $(0, \pi)$ 中.

(2) 为了区别方便, 我们把转角分**内转角**与**外转角**, 这就是在三角形 $\delta(a, b, c)$ 中取 $\overrightarrow{ab}$ 的延长线为 $a \to b \to b'$, 这时称 $\angle(a, b, c)$ 为内转角, 而称 $\angle(b', b, c)$ 为外转角. 在本书中如无特别说明, 所说的转角都是外转角, 这时有 $\angle(a, b, c) = 180° - \angle(b', b, c)$ 成立, 它们的取值都在区间 $(0, \pi)$ 中.

(3) **扭角** ψ, 它是平面 $\delta(a,b,c)$ 与 $\delta(b,c,d)$ 之间的二面角, 该二面角有正负之分, 正负的取值按右手法则 (按式 (5.1.4)) 确定. 因此它的取值为 $(-\pi,\pi)$ 或 $(0,2\pi)$ 区间中.

定义 5.1.2 我们称 $\mathcal{P}_2 = \{r_1, r_2, r_3, \phi_1, \phi_2, \psi\}$ 为四原子点的第 2 类基本参数, 这时 ψ 在 $(-\pi,\pi)$ 中取值, 其中 $\mathrm{Sgn}(\psi) = \vartheta$ 为四面体的镜像值.

定理 5.1.2(四原子点参数系的基本定理二) 参数系 $\mathcal{P}_1$ 与 $\mathcal{P}_2$ 相互唯一确定, 因此在本书中我们等价使用.

下面将可以见到不同变量之间的计算公式.

4.扭角的定义与计算过程如下

(1) 两平面之间的二面角定义为由这两平面交线上的任意一点所引出的两条射线, 这两条射线分别在这两平面中, 而且与交线垂直, 那么这两射线的夹角就是这两平面之间的二面角. 如果两平面的交线是有向直线, 而且这两射线有确定的先后次序, 那么由右手螺旋法则确定这二面角的正负值. 因此二面角的取值在区间 $(-\pi,\pi)$ 内.

(2) 记 $\boldsymbol{b}_1, \boldsymbol{b}_2$ 分别是三角形 $\delta(a,b,c), \delta(b,c,d), \delta(a,b,d)$ 的法向量, 它们的计算公式为

$$\boldsymbol{b}_1 = \frac{\boldsymbol{r}_1 \times \boldsymbol{r}_2}{|\boldsymbol{r}_1 \times \boldsymbol{r}_2|}, \quad \boldsymbol{b}_2 = \frac{\boldsymbol{r}_2 \times \boldsymbol{r}_3}{|\boldsymbol{r}_2 \times \boldsymbol{r}_3|}, \quad \boldsymbol{b}_3 = \frac{\boldsymbol{r}_1 \times \boldsymbol{r}_5}{|\boldsymbol{r}_1 \times \boldsymbol{r}_5|}. \tag{5.1.5}$$

按向量积的定义可知, 它们都是确定的向量, 长度为 1, 分别与三角形 $\delta(a,b,c)$, $\delta(b,c,d)$ 所在的平面垂直, 而且按右手法则确定它们的指向.

(3) 由几何学的性质可知, 向量 $\boldsymbol{b}_1$ 与 $\boldsymbol{b}_2$ 的夹角等于三角形 $\delta(a,b,c)$ 与 $\delta(b,c,d)$ 的二面角, 因此有 $|\psi| = \arccos(\langle \boldsymbol{b}_1, \boldsymbol{b}_2 \rangle)$ 成立, 这时 $\psi = \vartheta(a,b,c,d)|\psi|$.

(4) 关于 ψ 角的取值范围, 除了区间 $(-\pi,\pi)$ 外, 还可取区间 $(0,2\pi)$, 它们的变换关系为

$$\psi' = \begin{cases} \psi, & \text{如果 } \psi \geqslant 0, \\ 2\pi + \psi, & \text{否则}, \end{cases}$$

在本书中, 对这两种取值等价使用.

(5) 我们同样可以定义向量 $\boldsymbol{b}_1$ 与 $\boldsymbol{b}_3$, 向量 $\boldsymbol{b}_2$ 与 $\boldsymbol{b}_3$ 的夹角, 它们分别是三角形 $\delta(a,b,c)$ 与 $\delta(a,b,d)$, 三角形 $\delta(b,c,d)$ 与 $\delta(a,b,d)$ 的二面角.

5.1.2 基本参数系的相互关系

在 5.1.1 节中我们给出了四原子点的空间坐标 $\boldsymbol{r}_a^*, \boldsymbol{r}_b^*, \boldsymbol{r}_c^*, \boldsymbol{r}_d^*$, 以及由此确定这两组基本参数 $\mathcal{P}_1, \mathcal{P}_2$, 现在讨论它们的相互计算关系. 这些参数中 (r_4, r_5) 与 (ϕ_1, ϕ_2) 的相互关系在 r_1, r_2, r_3 固定的条件下, 这两对参数可由余弦定理相互确定, 它们的

关系式为

$$
\begin{cases}
r_4^2 = r_1^2 + r_2^2 - 2r_1 r_2 \cos(\pi - \phi_1), \\
r_5^2 = r_2^2 + r_3^2 - 2r_2 r_3 \cos(\pi - \phi_2), \\
r_6^2 = r_3^2 + r_4^2 - 2r_3 r_4 \cos(\pi - \phi_3),
\end{cases}
\tag{5.1.6}
$$

因此在下面中, 我们把 (r_4, r_5) 与 (ϕ_1, ϕ_2) 等价地使用. 现在重点研究参数 r_6 与扭角 ψ 的相互关系.

对照图 5.1.2 讨论其中各变量的关系.

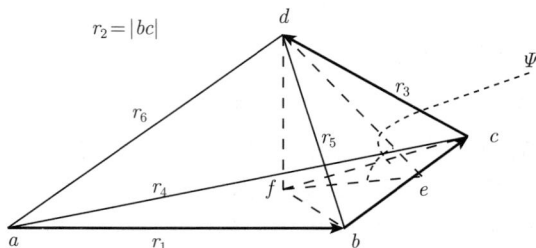

图 5.1.2 四面锥体空间形态示意图

1. 图 5.1.2 中的基本变量与问题

(1) 图 5.1.2 是 $a - b - c - d$ 由共价键连接的四点, 对它们用粗黑线连接, 它们的弧长记为 r_1, r_2, r_3, 记 $r_4 = |ac|, r_5 = |bd|, r_6 = |ad|$.

(2) 分别记 e, f 是 d 点到 bc 线与 $\delta(a, b, c)$ 平面的投影. 这时 $\angle(f, e, d) = \psi$ 是三角形 $\delta(a, b, c)$ 与 $\delta(b, c, d)$ 之间的二面角 (扭角).

(3) 现在要讨论的问题是在 a, b, c 这 3 点的坐标 $\boldsymbol{r}_\tau = (x_\tau, y_\tau, z_\tau) \tau = a, b, c$ 坐标、弧长 r_4, r_5 与扭角 ψ 确定的条件下确定 d 点的坐标 $\boldsymbol{d} = (x, y, z)$.

(4) 在 a, b, c, d 这 4 点中, 由不同两点构成向量的坐标记为 $\boldsymbol{r}_\tau = (x_\tau, y_\tau, z_\tau) \tau = a, b, c$ 等有关点的坐标、弧长 r_4, r_5 与扭角 ψ 确定的条件下确定 d 点的坐标 $\boldsymbol{d} = (x, y, z)$.

$$
\boldsymbol{r}_{\tau, \tau'} = (x_{\tau, \tau'}, y_{\tau, \tau'}, z_{\tau, \tau'}), \quad \tau, \tau' = a, b, c, d, \ \text{等}.
\tag{5.1.7}
$$

它们的弧长相应地记为 $r_{\tau, \tau'}, \tau, \tau' = a, b, c, d$ 等.

(5) 所谓基本参数系的相互关系问题就是在 $r_1, r_2, r_3, r_1', r_2'$ 与 ψ 固定的条件下研究参数 r_{ad} 与 ψ 的相互关系, 或坐标 $\boldsymbol{r}_\tau, \tau = a, b, c, d$ 之间的关系.

2. 辅助线与辅助参数的定义

(1) 记 λ 为 e 点在 bc 中的分割比例, 这时 $\boldsymbol{r}_{be} = \lambda \boldsymbol{r}_{bc}, \boldsymbol{r}_e = \boldsymbol{r}_b + \lambda \boldsymbol{r}_{bc}$.

(2) 由 f 点作 b, e, c 点的连线, 得到辅助线 fe, fb, fc.

(3) 记三角形 $\delta(a,b,c)$ 的法向量为 $\boldsymbol{b} = \boldsymbol{r}_{ab} \times \boldsymbol{r}_{bc}$, 记 $r = |df|$, 那么

$$\boldsymbol{r}_d = \boldsymbol{r}_f + \boldsymbol{r}_{fd} = \boldsymbol{r}_f + \frac{r}{|\boldsymbol{r}_{ab} \times \boldsymbol{r}_{bc}|} \boldsymbol{r}_{ab} \times \boldsymbol{r}_{bc}. \tag{5.1.8}$$

因为 $\boldsymbol{r}_{ab} \times \boldsymbol{r}_{bc}$ 是确定已知的向量, 所以当 $\boldsymbol{r}_f$ 与 r 确定后 d 点的空间坐标也就确定.

(4) 因为 f 点在 $\delta(a,b,c)$ 平面中, 所以有 $\langle \boldsymbol{r}_{ef}, \boldsymbol{b} \rangle = 0$ 成立, 而且 $\delta(d,f,e)$ 是一直角三角形, 它的一个锐角为 ψ.

3. 未知参数与它们的方程组

在以上的讨论中, 可以看到 $\boldsymbol{r}_f = (x_f, y_f, z_f)$ 与 r, λ 是 5 个未知参数, 并可构造它们的关系方程组如下.

(1) 由 $\langle \boldsymbol{r}_{ef}, \boldsymbol{b} \rangle = 0$ 可以得到

$$\begin{aligned} &\langle \boldsymbol{r}_f - \boldsymbol{r}_e, \boldsymbol{r}_{ab} \times \boldsymbol{r}_{bc} \rangle \\ &= \langle \boldsymbol{r}_f - \boldsymbol{r}_b + \lambda \boldsymbol{r}_{bc}, \boldsymbol{r}_{ab} \times \boldsymbol{r}_{bc} \rangle = \langle \boldsymbol{r}_f - \boldsymbol{r}_b, \boldsymbol{r}_{ab} \times \boldsymbol{r}_{bc} \rangle = 0. \end{aligned} \tag{5.1.9}$$

(2) 这里有 $r = r_{de} \sin(\psi)$, 其中 r_{de} 仍是一未知参数, 但存在方程组

$$r_5^2 - r_{be}^2 = r_3^2 - r_{ec}^2, \quad r_{be} + r_{ec} = r_2. \tag{5.1.10}$$

由此可以解出 r_{be}, r_{ec} 的值, 因此得到 $r_{de}^2 = r_5^2 - r_{be}^2 = r_3^2 - r_{ec}^2$, 并得到 r 的值.

(3) 在三角形 $\delta(d,f,e)$ 中, 有 $r_{fe} = r_{de} \cos(\psi)$, 另外有方程组

$$r_{bf}^2 = r_{be}^2 + r_{fe}^2, \quad r_{cf}^2 = r_{ec}^2 + r_{fe}^2, \tag{5.1.11}$$

其中 r_{ef}, r_{be}, r_{ec} 都是确定的常数.

(4) 由方程组 (5.1.9)~ 方程组 (5.1.11) 可以得到关于 $\boldsymbol{r}_f = (x_f, y_f, z_f)$ 与 r, λ 这 5 个未知参数的 5 个关系方程组, 由此确定这 5 个参数的解.

4. 关于未知参数求解的说明

在解这些未知参数时, 如果弧长 $r_1, \cdots, r_6$ 固定, 由于这些方程组是二阶方程, 所以涉及它们的最终解往往有多个解, 对于这些解答选择说明如下.

(1) 参数 λ 与 e 点的位置取向有关. 当 $0 < \lambda < 1$ 时 e 点的位置在 bc 线段中, 当 $\lambda < 0$ 时 e 点的位置在 cb 线段的延长线中, 当 $\lambda > 1$ 时 e 点的位置在 bc 线段的延长线中.

(2) f 点的位置在三角形 $\delta(a,b,c)$ 平面中, 在 r_{bf}, r_{cf} 固定的条件下它仍然有两个解, 它们分别在 bc 直线的两侧. 这时 f 点的位置与 ψ 角的取值有关, 当 $|\psi| < \pi/2$

时, f 点与 a 点的位置在 bc 线段的同一侧面, 否则在不同侧 (见定理 5.1.4 的说明与证明).

(3) 在四面体 $\Delta(a, b, c, d)$ 中, 当 a, b, c 三点与弧长 r_4, d_5, r_{ad} 固定时, d 仍然会有两个解, 这时 $a \to b \to c \to d$ 的镜像值应与 ψ 的镜像值保持一致.

5.1.3　四原子点的位相分析

在分子化学中, 对四原子点的形态结构除了镜像 (或手性) 外, 还有 E 型与 Z 型结构之分.

1. 四原子点 E,Z 型结构的定义

记 d' 为 d 点在平面 $\pi(a, b, c)$ 上的投影, 这时 a, b, c, d' 四点共面, 记 bc 为由 b, c 点确定的直线.

定义 5.1.3　对空间 a, b, c, d 4 点, 如果 a, d' 在直线 bc 的同一侧, 那么称 a, b, c, d 4 点是 E 型结构, 如果 a, d' 分别在 bc 直线的两侧, 那么称 a, b, c, d 4 点是 Z 型结构.

四原子点构象的 E 型与 Z 型结构形态如图 5.1.3 所示.

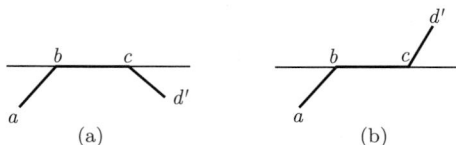

图 5.1.3　四原子点构象的 E,Z 型结构示意图

在图 5.1.3 的 (a), (b) 中, d' 是 d 点在 $\pi(a, b, c)$ 平面上的投影点, 在图 (a) 中, a, d' 点在 bc 直线的同一侧, 在图 (b) 中, a, d' 点在 bc 直线的不同侧, 它们分别构成 E,Z 型结构.

2. E 型与 Z 型结构的判定

我们利用几何计算对四原子点的 E 型与 Z 型构象进行判定. 记 π_1, π_2 分别为由 a, b, c 与 b, c, d 三点所确定的平面, 它们的法向量分别为 $\boldsymbol{b}_1, \boldsymbol{b}_2$, 其中向量的指向按右手系确定, 也就是它们的混合积 $[\boldsymbol{r}_1, \boldsymbol{r}_2, \boldsymbol{b}_1], [\boldsymbol{r}_2, \boldsymbol{r}_3, \boldsymbol{b}_2] > 0$. 利用法向量 $\boldsymbol{b}_1$ 与 $\boldsymbol{b}_2$ 的相互关系我们可以得到四原子点构象结构类型的判定关系.

定理 5.1.3　关于四原子点构象的 E,Z 型结构的判定关系如下: 如果 $\langle \boldsymbol{b}_1, \boldsymbol{b}_2 \rangle < 0$, 那么 a, b, c, d 四原子点的构象为 E 型结构, 如果 $\langle \boldsymbol{b}_1, \boldsymbol{b}_2 \rangle > 0$, 那么该四原子点的构象为 Z 型结构.

定理 5.1.4　当四原子点的扭角 ψ 在 $(-\pi, \pi)$ 内取值时, E,Z 型结构的判定关

系式为

$$
\begin{cases}
\text{如果 } |\psi| > \dfrac{\pi}{2}, \text{ 那么 } a,b,c,d \text{ 四原子点的构象为 Z 型结构,} \\
\text{如果 } |\psi| < \dfrac{\pi}{2}, \text{ 那么该四原子点的构象为 E 型结构,}
\end{cases}
\tag{5.1.12}
$$

其中 $0 \leqslant |\psi| \leqslant \pi$.

这两个定理的证明见文献 [163] 的定理 10.38 与定理 10.39.

3. 四原子点扭角的位相

如果我们记 $\vartheta' = \begin{cases} 1, & \text{四原子点的构象为 E 型结构,} \\ -1, & \text{如果 } a,b,c,d \text{ 四原子点的构象为 Z 型结构,} \end{cases}$ 那么镜像 ϑ 与 ϑ' 构成四原子点的**位相**. 当 (ϑ, ϑ') 取值为 $(1,1),(1,-1),(-1,1),(-1,-1)$ 时, 扭角 ψ 分别在平面直角坐标系中的 I, II, III, IV 象限的取值. 这时有

$$
\vartheta = \mathrm{Sgn}(\psi), \quad \vartheta' = \begin{cases} 1, & \text{如果 } |\psi| \leqslant \pi/2, \\ -1, & \text{否则} \end{cases}
\tag{5.1.13}
$$

成立.

5.1.4 四原子点参数的稳定性问题

如果 a,b,c,d 是固定的 4 个原子, 它们以共价键的方式连接形成一个固定的分子, 这种分子在蛋白质空间结构中大量出现, 因此它们的参数系 $\mathcal{P}_1$ 或 $\mathcal{P}_2$ 中的各参数是在不断变化的, 对这种变化需讨论它们的稳定性问题.

1. 稳定性的定义

参数稳定性的定义已在 1.3 节与 4.2 节中给出, 这就是当相对标准差 $w(\theta)$ 小于一定的值时就可称参数 θ 的变化是稳定的或十分稳定的.

在本书中取相对标准差 $w(\theta) < 0.05$ 时就称参数 θ 的变化是稳定的, 如果 $w(\theta) < 0.02$ 时就称参数 θ 的变化是十分稳定的.

2. 分子结构中的稳定性类型

在一个固定的分子中, 不同原子的距离具有以下稳定性特征.

(1) 如果 $a-b$ 这 2 个原子以共价键的方式连接, 那么它们的 1 阶弧 (共价键) 距离 $r = |ab|$ 的变化是十分稳定的, 这时的相对标准差一般都能满足 $w(\theta) < 0.02$ 的条件.

(2) 如果 $a-b-c$ 这 3 原子以共价键的方式连接, 那么它们的 2 阶弧 (有 2 条共价键连接的弧) 距离 $r' = |ac|$ 或键角 $\psi = \angle(a,b,c)$ 的变化是稳定的, 这时相对标准差一般都能满足 $w(\theta) < 0.05$ 的条件.

(3) 如果 $a - b - c - d$ 这 4 原子以共价键的方式连接, 那么它们的 3 阶弧 (有 3 条共价键连接的弧) 距离 $r'' = |ad|$ 或扭角 ψ (见 4.1.1 节的定义) 或镜像值 ϑ (见式 (5.1.4) 的定义) 的变化是不稳定的, 这时的相对标准差一般都比较大.

3. 对图 5.1.1 中分子结构中的稳定性讨论

在图 5.1.1 中, 四原子点的共价键的连接方式是不同的, 因此它们的稳定性特征是不同的.

(1) 在图 5.1.1(b) 中, 四原子点的共价键连接方式是 $a - b - c - d$, 因此它们的 1, 2 阶弧的距离与键角变化是稳定的, 但 3 阶弧、扭角与镜像值的变化都是不稳定的.

(2) 在图 5.1.1(a) 中, 四原子点的共价键连接方式是 $a - b - c, b - d$, 因此它们的 1, 2 阶弧的距离与键角变化是稳定的, 这里不存在 3 阶弧, 故所有的弧都是稳定的, 但其中的镜像可能有不同的取值, 一旦形成后不会在溶液分子运动碰撞发生改变, 因此在一定程度上看是稳定的.

5.2　多原子点结构分析的几何理论

在本节中我们主要讨论五原子结构的几何理论与计算问题.

5.2.1　有关记号与类型

1. 有关记号

记 a, b, c, d, e 为空间五点, 它们的空间坐标记号与式 (5.1.1) 类似, 其他记号定义如下.

(1) 它们的点线图结构与类型已在图 4.3.6 中给出. 由图 4.3.6 可以看到, 它们的结构类型只有 3 种, 即有 2 个扭角参数的、1 个扭角与 1 个镜像参数的、只有 1 个镜像.

(2) 其中任意两点 (如 a, b), 由它们所产生的线段、弧长与向量分别记为 $ab, |ab|, \vec{ab}$, 我们有时把 ab 也记为由 a, b 点所产生的直线. 这时记 $\vec{ab}$ 向量的空间坐标为

$$\vec{ab} = (x_{ab}, y_{ab}, z_{ab}) = (x_b - x_a, y_b - y_a, z_b - z_a). \tag{5.2.1}$$

(3) 对相连的两线段, 如 ab, bc 所夹的角仍记为 $\angle(a, b, c)$, 由它们所产生的三角形仍记为 $\delta(a, b, c)$, 由这三角形确定的平面记为 $\pi(a, b, c)$ 或 $\delta(a, b, c)$.

(4) 对具有公共边的四点, 如 a, b, c, d 四点所产生的四面体记为 $\Delta(a, b, c, d)$, 它的两个相连的三角形 $\delta(a, b, c)$ 与 $\delta(b, c, d)$ 之间的二面角记为 $\psi(a, b, c, d)$.

(5) 由这五点产生的多边形记为 $\Sigma(a, b, c, d, e)$, 其他多边形也用类似记号.

2. 空间五点的形态类型

按空间五点的结构类型与图 4.3.6 中给出的点线图, 它们的立体图形如图 5.2.1 所示.

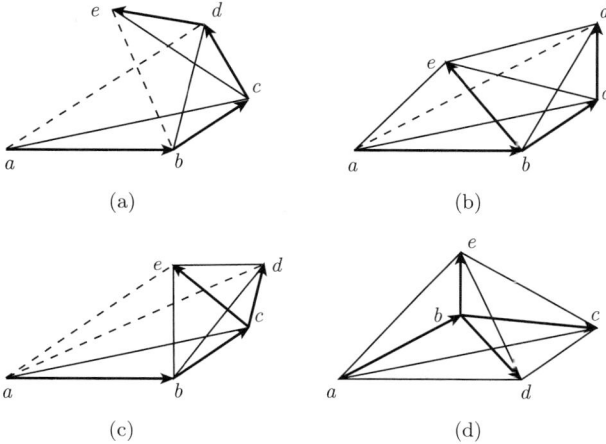

图 5.2.1 五原子点空间形态结构示意图 (I)

对图 5.2.1 说明如下.

(1) 图 5.2.1 由 (a)~(d) 4 个图组成, 它们分别与图 4.3.6 中的 (a)~(e) 5 个图对应, 其中图 (c) 与图 4.3.6 中的 (c), (e) 对应.

(2) 图 5.2.1 的线段分粗黑线、细黑线与虚线 3 种类型. 它们分别代表共价键的 1 阶弧、2 阶弧与 3 阶弧.

(3) 按图 4.3.6 的分类, 图 5.2.1 的结构类型也有 3 种类型, 即有 2 个扭角参数 (图 (a))、1 个扭角与 1 个镜像参数的 (图 (b), (c)) 与只有 1 个镜像的类型 (图 (d)).

对这 3 种五原子类型我们分别称为 5-I, 5-II 与 5-III 型五原子点, 它们具有不同的扭角与镜像数.

3. 非退化的空间质点系

定义 5.2.1 (1) 在一般的空间质点系中, 如果其中的任何四点都不共面, 那么称这空间质点系是非退化的质点系. 否则就是退化的质点系. 在本书中, 如无特别的声明, 所讨论的空间质点系都是非退化的质点系.

5.2.2 五原子点的参数系

对五原子点的参数系我们可用 $\mathcal{P}(a, b, c, d, e)$ 表示, 它由一组参数组成, 对不同的类型, 该组的参数类型不同.

1. 不同类型五原子点的参数表示

(1) 对 5-I 型的五原子点的参数类型由 4 条 1 阶弧 (r_1, r_2, r_3, r_4)、4 条 2 阶弧 (r'_1, r'_2, r'_3, r_4) 与 2 个扭角参数 (ψ_1, ψ_2) 组成,

(2) 对 5-II 型的五原子点的参数类型由 4 条 1 阶弧 (r_1, r_2, r_3, r_4)、5 条 2 阶弧 $(r'_1, r'_2, r'_3, r'_4, r'_5)$ 与 1 个扭角参数 (ψ), 1 个镜像参数 (ϑ) 组成.

(3) 对 5-III 型的五原子点的参数类型由 4 条 1 阶弧 (r_1, r_2, r_3, r_4)、6 条 2 阶弧 $(r'_1, r'_2, r'_3, r'_4, r'_5, r_6)$ 与 1 个镜像参数 (ϑ) 组成.

2. 五原子点的空间结构特征

对五原子点虽有图 5.2.1 的不同类型表示, 但它们有以下公共特性.

定理 5.2.1　　在任何非退化的空间 5 点 a, b, c, d, e 中, 总有其中的 3 点 $x, y, z \in \{a, b, c, d, e\}$, 由这 3 点所产生的平面 $\pi(x, y, z)$ 必将另外 2 点置于在该平面的同一侧.

定理 5.2.1 的证明是一个纯几何问题, 在文献 [232] 的定理 9.3.1 中给出, 并在图 9.3.1 中说明.

5.2.3　若干特殊四原子或五原子点

1. 正四面体有关参数的计算公式

一个四面体 $\Delta(a, b, c, d)$, 如果它的六条棱边的长度完全相同为 r, 那么称该四面体为正四面体, 它的形状如图 5.2.2(a) 所示.

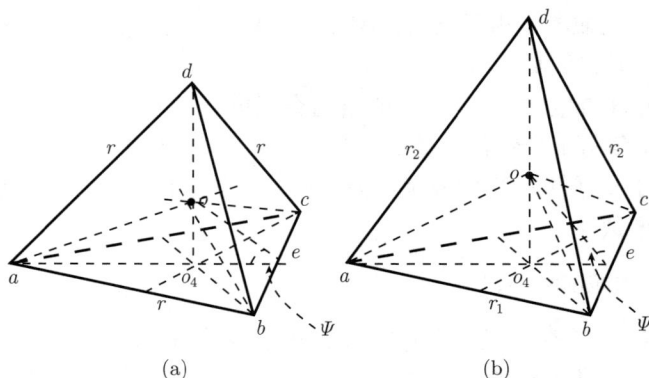

图 5.2.2　五原子点空间形态结构示意图 (II)

对正四面体的有关参数的计算公式如下.

(1) 该四面体的所有边界三角形都是正三角形, 它们的所有内角都相同为 $\phi = \dfrac{\pi}{3} = 60°$.

(2) 如果记 o_4 点是 d 点到三角形 $\delta(a,b,c)$ 的垂足, 那么 o_4 点一定是三角形 $\delta(a,b,c)$ 的中心点 (o_4 点到 a,b,c 三点的距离相同), 这时 o_4 是三角形 $\delta(a,b,c)$ 的三条高 (或中线, 或顶角平分线) 之交. o_4 点到 a,b,c 三点的距离相同都为 $r' = \dfrac{\sqrt{3}}{3}r$.

记 e 为 bc 线段的中点, 那么 $|be| = |ec| = r/2$, 而

$$|ae| = \frac{\sqrt{3}}{2}r, \quad |eo_4| = |ae|/3 = \frac{\sqrt{3}}{6}r.$$

(3) 如果记 o 点是四面体 $\Delta(a,b,c,d)$ 的中心点, 这就是 o 点到 a,b,c,d 四点的距离相同. 如果记 o_1, o_2, o_3, o_4 点分别是以 a,b,c,d 点为顶点, 到它们所对应的底三角形 $\delta(b,c,d), \delta(a,c,d), \delta(a,b,d), \delta(a,b,c)$ 的垂足, 那么 o 点就是 ao_1, bo_2, co_3, do_4 四线段的交点.

(4) 由直角三角形的勾股弦定理可得 $|do_4| = \dfrac{\sqrt{6}}{3}r$.

(5) 为求 $|ao|$ 与 $|oo_4|$, 解以下方程组:

$$\begin{cases} |ao| + |oo_4| = |do| + |oo_4| = |do_4| = \dfrac{\sqrt{6}}{3}r, \\[2mm] |ao|^2 - |oo_4|^2 = |ao_4|^2 = (r')^2 = \dfrac{1}{3}r^2. \end{cases} \tag{5.2.2}$$

由此得方程 $\begin{cases} |ao| = \dfrac{\sqrt{6}}{4}r, \\[2mm] |oo_4| = \dfrac{\sqrt{6}}{12}r. \end{cases}$

(6) 记 de 是 d,e 点的连线, 那么 $\angle(d,e,o_4) = \psi$ 是该四面体的扭角, 这时有

$$\tan(\psi) = \frac{|do_4|}{|eo_4|} = \frac{\dfrac{\sqrt{6}}{3}r}{\dfrac{\sqrt{3}}{6}r} = 2\sqrt{2}, \quad \psi = \arctan(2\sqrt{2}) \sim 70.53°. \tag{5.2.3}$$

2. 正四棱锥体的定义条件

正四棱锥体的形状如图 5.2.2(b) 所示, 它应满足以下条件.

(1) 正四棱锥体的底 $\delta(a,b,c)$ 是一个正三角形, 它的三条边的长度完全相同时, 记为 r_1. 该三角形的中心仍记为 o_4.

(2) do_4 是 $\pi(a,b,c)$ 平面的垂直线, 因此 d 点到 a,b,c 点的距离相同, 记为 r_2.

(3) 由 r_1 与 r_2 的关系可定义正四棱锥体的类型. 如果 $r_2 > r_1$, 那么称该正四棱锥体为长正四棱锥体; 如果 $r_2 < r_1$, 那么称该正四棱锥体为短正四棱锥体; 如果 $r_2 = r_1$, 那么称该正四棱锥体为正四面体.

由此可见, 在图 5.2.2(b) 中, 除了 o 点的定义与图 5.2.2(a) 不同外, 其余各线段与记号都与图 5.2.2(a) 相同.

3. 正四棱锥体中心的有关计算

记 o 是 do_4 上的一点, 它到 a, b, c, d 四点的距离都相等, 这时称 o 点为该正四棱锥体的中心点. 我们主要计算 o 点到 a, b, c, d 四点的距离.

(1) 关于三角形 $\delta(a, b, c)$ 中的有关线段、记号和计算公式与正四面体的相同, 只要将 r 改成 r_1 就可.

(2) do_4 的长度应是

$$|do_4|^2 = r_2^2 - |ao_4|^2 = r_2^2 - \frac{1}{3}r_1^2. \tag{5.2.4}$$

(3) 同样地, 为求 $|ao|$ 与 $|oo_4|$, 我们解以下方程组:

$$\begin{cases} |ao| + |oo_4| = |do| + |oo_4| = |do_4| = \left(r_2^2 - \frac{1}{3}r_1^2\right)^{1/2}, \\ |ao|^2 - |oo_4|^2 = |ao_4|^2 = (r')^2 = \frac{1}{3}r_1^2 \end{cases} \tag{5.2.5}$$

或

$$\begin{cases} |ao| + |oo_4| = |do| + |oo_4| = |do_4| = \left(r_2^2 - \frac{1}{3}r_1^2\right)^{1/2}, \\ |ao| - |oo_4| = \dfrac{\frac{1}{3}r_1^2}{\left(r_2^2 - \frac{1}{3}r_1^2\right)^{1/2}}. \end{cases} \tag{5.2.6}$$

由此得到

$$\begin{cases} |ao| = \dfrac{r_2^2}{2(r_2^2 - r_1^2/3)^{1/2}}, \\ |oo_4| = \dfrac{r_2^2 - 2r_1^2/3}{2(r_2^2 - r_1^2/3)^{1/2}}. \end{cases} \tag{5.2.7}$$

在正四棱锥体中心点的定义中, 也可要求 $|od|$ 与 $|oa|$(这时 $|oa| = |ob| = |oc|$) 不等, 如果给定它们长度的比例, 如果 $|od|/|oa| = \lambda$, 那么利用式 (5.2.4)∼ 式 (5.2.7) 同样可计算出 $|od|$ 与 $|oa|$ 与 r_1, r_2, λ 的计算公式. 我们不再详细论述.

在以上讨论中, 涉及解析几何、向量代数、正交变换等理论与计算公式, 它们都可在有关数学教材与用表中找到, 我们不一一介绍.

5.2.4 一般多原子点的参数系

一般多原子点的参数系可参考图 4.3.8 与图 4.3.9 的结构进行分析.

1. 干树图的参数系

一个干树图 $T_0 = \{a_1 - a_2 - \cdots - a_n\}$ (图 4.3.8(a)) 的参数系 $\mathcal{P}_{T_0}$ 包含以下参数序列.

(1) 一阶弧参数序列 $r_1, r_2, \cdots, r_{n-1}$, 其中 $r_i = |a_i a_{i+1}|$.

(2) 二阶弧参数序列 $r'_1, r'_2, \cdots, r'_{n-2}$, 其中 $r'_i = |a_i a_{i+2}|$.

(3) 扭角参数序列 $\psi_1, \psi_2, \cdots, \psi_{n-3}$, 其中 ψ_i 是四原子 $a_i - a_{i+1} - a_{i+2} - a_{i+3}$ 所产生的扭角.

2. 干枝树图的参数系

一个无环的干枝树图 T_1 如图 4.3.8(b) 所示, 它的参数系 $\mathcal{P}_{T_1}$ 可由以下参数表达.

(1) 该干枝树图 T_1 包含一个干树图 T_0, 如果该干树的长度为 n, 那么它包含参数

$$\mathcal{P}_{T_0} = \{r_1, r_2, \cdots, r_{n-1}, r'_1, r'_2, \cdots, r'_{n-2}, \psi_1, \psi_2, \cdots, \psi_{n-3}\}. \tag{5.2.8}$$

(2) 在干枝树 T_1 如图 4.3.8(b) 所示, 记它的干树图 T_0 中, 如果有 n' 个节点出现分叉, 那么每个分叉可能产生不同的镜像, 由此得到干枝树图 T_1 的参数系为

$$\mathcal{P}_{T_1} = \{\mathcal{P}_{T_0}, \vartheta_{i_1}, \vartheta_{i_2}, \cdots, \vartheta_{i_{n'}}\}, \tag{5.2.9}$$

其中 $i_1, i_2, \cdots, i_{n'}$ 是干树图 T_0 中存在分叉的节点编号.

(3) 对一个有环的干枝图 (图 4.3.8(c)), 如果这个环具有稳定的平面结构, 那么这个环中点的处理已在 4.3 节中说明 (图 4.3.8(c) 的处理过程), 因此可化作一个特殊的干枝树图.

3. 一般分子结构图的参数系

综上所述, 对一般分子结构图经以下处理, 可以确定它的参数系.

(1) 对有环的干枝结构图, 如果这个环具有稳定的平面结构, 那么可从这个环中选择一些点, 把它化作一个特殊的无环干枝树图.

(2) 一般无环分子结构的点线图, 由定理 4.3.2 可以知道, 它总可分解称若干枝子图 $T_j, j = 0, 1, 2, \cdots, h$ 的组合 (图 4.3.9). 其中 T_0 是主干枝图, 其他都是次干枝图.

(3) 这时对每个子干枝树图都可按式 (5.2.8) 确定它的参数系 $\mathcal{P}(T_j), j = 0, 1, 2, \cdots, h$, 那么这些参数系的总和就是该分子点线图的全部参数, 因此有

$$\mathcal{P}_{\bigcup_{j=1}^{h} T_j} = \bigcup_{j=1}^{h} \mathcal{P}(T_j) \tag{5.2.10}$$

成立.

(4) 每个次干枝图 $T_j, j > 0$ 在主干图中都有一个分叉点, 它的起点是在该分叉点的前 2 个原子, 并由此确定它的参数系.

例如, 在次干枝图 $T_3 = \{8 - 43 - 44 - 45 - \cdots - 52\}$ 中, 它的起点应是主干树图中的原子点 6, 因此计算它的参数系应计算干枝图 $T_3' = \{6 - 7 - T_3\}$ 的参数系. 干枝图 T_3' 的长度有 $n_3 = 12$, 其中包含 2 个分叉点, 因此它具有 $n_3 - 3 = 9$ 个扭角参数, 2 个镜像参数, 另外还有多个稳定的 1, 2 阶弧顶参数.

利用点线图参数的计数方法, 可以确定每个氨基酸及蛋白质中不稳定的参数数目.

5.3　四原子点分子在溶液中的随机运动

在蛋白质空间结构的计算中, 涉及许多生物大分子在溶液中的随机运动问题. 这些分子一般由许多原子组成, 故对它们的描述、计算与分析都很复杂, 因此需要逐步深入. 在本节中我们先对包含四原子点的分子进行计算与分析, 对它们的描述、计算与分析是 ID 中的一个组成部分.

5.3.1　随机运动的基本特征

在 5.1 节中已经说明, 四原子点分子结构有 $a-\overset{\displaystyle d}{\underset{\displaystyle |}{b}}-c$ 与 $a-b-c-d$ 两种不同的类型 (图 5.1.1) 的四原子点, 我们分别记为 Δ_1 与 Δ_2, 它们在溶液中的运动特征并不相同.

1. Δ_1 型的四原子点的运动描述

如果把四原子点 Δ_1 置于溶液 (如水) 中时, 那么该四原子点 Δ_1 受溶液中的分子碰撞而产生随机运动, 该运动有以下特点.

(1) 当溶液的温度适当时, 这种碰撞不会破坏四原子点的共价键结构, 因此它的形态基本保持不变, 始终保持一个稳定四面体的形态, 而且镜像也不会发生改变.

(2) 四面体 Δ_1 的中心点 (或质量中心) 在溶液中做三维的**布朗运动**, 或三维关于 Markov 随机运动. 对这种运动的特征在许多随机分析的著作中都有详细定义与说明 (如见文献 [244] 等).

(3) 除了四面体 Δ_1 的中心点在溶液中做三维的布朗运动外, 该四面体还有围绕中心点做**随机的旋转运动**. 对旋转运动的描述可按式 (4.4.15) 的旋转运动变换计算, 这时的活动坐标系可以固定在四原子点 Δ_1 上.

(4) 四面体 Δ_1 在做随机旋转运动时. 式 (4.4.15) 中的极角与幅角 ϑ, θ 做 2 维的布朗运动. 由此可知, 该四面体 Δ_1 在溶液中做随机运动, 可用一个 5 维布朗运动 $\bar{\xi}_1(t) = (\xi_{1,1}(t), \xi_{1,2}, \cdots, \xi_{1,5}(t))$ 来描述, 其中前 3 维随机变量是四原子 Δ_1 中心点的随机运动, 后 2 维随机变量是四原子 Δ_1 绕中心点旋转时由极角与幅角所产生的随机运动.

2.Δ_2 型四原子点的随机运动

当把四原子点 Δ_2 置于溶液中时, 它同样受溶液中的分子碰撞而产生运动, 当溶液的温度适当时, 这种碰撞同样不会破坏四原子点 Δ_2 中的共价键结构, 它产生的随机运动有以下特点.

(1) 四原子点 Δ_2 在溶液中运动时, 与 Δ_1 运动的主要区别是它的空间结构具有不稳定性, Δ_1 在溶液中是一个稳定的四面体, 因此具有稳定的结构中心. 因为四原子点 Δ_2 在溶液中运动时的空间结构并不稳定性, 所以它的结构中心 (或质量中心) 并不稳定. 虽然该中心在溶液中同样可做 3 维随机运动, 但它的运动特征要比 Δ_1 结构中心的 3 维的布朗运动复杂.

(2) 除了四面体 Δ_2 的中心点在溶液中作该四面体同样具有旋转的旋转运动. 因为 Δ_2 的结构并不稳定, 所以对它旋转运动更加复杂.

(3) 在考虑四面体 Δ_2 在溶液中做随机运动时, 除了中心点的随机与四面体的旋转运动外, 还存在 $a-b-c-d$ 之间扭角 ψ 的随机运动. 由此可见, 四面体 Δ_2 在溶液中的随机运动要比 Δ_1 复杂. 对此我们采用**有约束条件下的** Markov **随机运动**来描述.

(4) 所谓有约束条件下的 Markov 随机运动是指在由四原子 (或其他多原子点) 点组成的分子中, 不同原子之间共价键与键角基本保持不变的条件下, 它们之间的扭角 ψ 做 Markov 的随机运动. 对此我们在下面中还有详细讨论.

5.3.2 四原子点在溶液中的随机运动模型与参数分析

无论是 Δ_1 与 Δ_2 型的四原子点, 它们在溶液中都要做随机运动, 我们现在给出它们的运动模型与相应的参数表达与分析.

1.对 Δ_1 型四原子点的运动分析

我们已经说明, Δ_1 型的四原子点在溶液中做随机运动的参数, 对此作进一步的说明如下.

(1) 随机运动的参数我们选择 $(x_b, y_b, z_b, \varphi, \theta)$ 这 5 个变量, 其中 (x_b, y_b, z_b) 是 b 原子点的空间坐标, (φ, θ) 是活动坐标系 $\mathcal{E}(a, b, c, d)$ 发生旋转时的极角与幅角. 活动坐标系 $\mathcal{E}(a, b, c, d)$ 的选择可参考 4.4.2 节的定义.

b 点与 Δ_1 的中心点有用的区别, 但可大大简化计算过程.

(2) 对 Δ_1 在溶液中做随机运动的 5 参数可用随机向量 $\bar{\xi}_1^*(t) = (\xi_{1,1}^*(t), \xi_{1,2}^*, \cdots,$ $\xi_{1,5}^*(t))$ 来表示, 这是一个五维布朗运动.

(3) 在 $\bar{\xi}^*(t)$ 中各分量是相互独立的随机过程, 这就是

$$\tilde{\xi}_\tau^* = \{\xi_\tau^*(t), t \geqslant 0\}, \quad \tau = 1, 2, 3, 4, 5 \tag{5.3.1}$$

是相互独立的随机过程.

(4) 对每个 $\tilde{\xi}_\tau^*$ 是做正态、均匀 (与时间 t 无关) 与独立增量变化的随机运动, 这就是随机变量 $\Delta \xi_\tau^*(t) = \xi_\tau^*(t + \Delta_t) - \xi_\tau^*(t)$ 具有分布密度为

$$f_\tau(\xi_\tau, \Delta_t) = \frac{1}{\sqrt{2\pi}\sigma_\tau \Delta_t} \exp\left\{-\frac{\xi_\tau^2}{2\sigma_\tau^2 \Delta_t}\right\}, \quad \tau = 1, 2, 3, 4, 5, \tag{5.3.2}$$

其中 $\sigma_1 = \sigma_2 = \sigma_3$ 表示 b 点的三维布朗运动时各向均匀的, 而 σ_4, σ_5 是三角形 $\delta(a, b, c)$ 法向量极坐标的随机运动.

(5) 因为 $\xi_4^*(t) = \varphi^*(t), \xi_5^*(t) = \theta^*(t)$ 是极坐标的变量, 它们分别在 $(0, 2\pi)$ 与 $(0, \pi)$ 内取值, 所以式 (5.3.2) 中的分布密度函数只对这些区间内的值成立, 对区间边界点与区间外的值按 $\bmod 2\pi, \bmod \pi$ 的值计算.

2. 对 Δ_2 型的四原子点的运动模型与参数

四原子点 Δ_2 在溶液中的空间结构并不稳定, 因此对它的随机运动模型应作如下描述.

(1) 在 Δ_2 的空间结构中, 三角形 $\delta(a, b, c)$ 的结构是稳定的, 因此先分析它的随机运动. 我们先选择 b 原子点的空间坐标 $(x_b, y_b, z_b,)$ 这 3 个变量的随机运动, 由此产生 $(\xi_{2,1}^*(t), \xi_{2,2}^*, \xi_{2,5}^*(t))$ 的一个 3 维布朗运动.

(2) 由 (a, b, c) 3 点确定它的活动坐标系 $\mathcal{E}(a, b, c)$. 这时再确定三角形 $\delta(a, b, c)$ 在溶液中发生的旋转运动. 该旋转运动可以分解成向量 $\overrightarrow{bc}$ 在平面 $\pi(a, b, c)$ 上的转动角度 ϕ.

(3) 三角形 $\delta(a, b, c)$ 在溶液中发生的旋转运动除了向量 $\overrightarrow{bc}$ 在平面 $\pi(a, b, c)$ 上的转动角度 ϕ 外, 还有该平面发生的空间转动. 对此我们记 b 为三角形 $\delta(a, b, c)$ 的法向量, 该三角形所在平面的空间转动可由法向量 b 的夹角 ψ_0 来确定.

(4) 四原子点 Δ_2 在溶液中空间结构的运动参数还有四原子点 $a - b - c - d$ 的扭角 ψ, 它的取值在溶液中受其他分子的碰撞是不稳定的.

3. 对 Δ_2 型的四原子点的随机运动模型

(1) 四原子点 Δ_2 在溶液中的空间结构的运动可由 $(x_t, y_b, z_b, \phi, \psi_0, \psi)$ 这 6 个参数变量来表达. 因此可以通过一个随机过程

$$\bar{\xi}_2^*(t) = (\xi_{2,1}^*(t), \xi_{2,2}^*(t), \cdots, \xi_{2,6}^*(t)) = (x_b^*(t), y_b^*(t), z_b^*(t), \phi^*(t), \psi_0^*(t), \psi^*(t)) \quad (5.3.3)$$

来描述, 其中 $t \geqslant 0$ 或 $t = 0, 1, 2, \cdots$ 是时间参数.

(2) 对四原子点 Δ_1 在溶液中的空间结构的随机运动也可采用式 (5.3.3) 中的前 5 个参数变量来表达. 这个随机运动同样是一个 5 维布朗运动, 满足各分量的独立性、正态 (具有式 (5.3.2) 的分布密度)、均匀与独立增量变化及前 3 个分量具有各向均匀性的特性.

(3) 对四原子点 Δ_2 的运动较 Δ_1 复杂, 但它仍然是一个 Markov 型的随机徘徊运动, 但在 Δ_1 中布朗运动特性 (满足各分量的独立性、正态 (具有式 (5.3.2) 的分布密度)、均匀与独立增量变化及前 3 个分量具有各向均匀性的特性) 还需要作进一步的讨论.

5.3.3 关于转动角度取值范围的讨论

在以上转动角度的讨论中, 涉及的角度有如 $\theta, \phi, \varphi, \psi_0, \psi$ 等, 它们在溶液中做随机徘徊的运动, 因此就存在取值范围的考虑.

1. 两种不同取值范围的

在这些角的取值一般限制为 $(0, \pi)$ 与 $(-\pi, \pi)$ (或 $(0, 2\pi)$), 但这些角实际上是在圆周上运动, 对此作补充说明如下.

(1) φ, ψ_0, ψ 角在圆周上做随机徘徊运动, 它们的取值范围可在 $(-\infty, \infty)$, 但它们的实际位置只为 $(-\pi, \pi)$ (或 $(0, 2\pi)$). 而 θ, ϕ 角只取绝对值, 因此在取值为 $(0, \pi)$.

(2) 对 φ, ψ_0, ψ 角的取值一般限制为 $(-\pi, \pi)$ 或 $(0, 2\pi)$ 并不合理, 因为在圆周上的随机徘徊运动不受这个条件限制, 从数据分析来看, $-\pi$ 与 π, 或 0 与 2π 实际上是相同的角, 但它们的取值很不相同, 这样在计算时会出现较大的误差.

(3) 鉴于以上情况, 对扭角 ψ 的取值范围作以下处理. 如果记 $f_\alpha(x)$ 是扭角 ψ 的分布密度, 我们选择它的分布区间为 $(\alpha, \beta = \alpha + 2\pi)$, 其中 $f(\alpha) = f(\beta) = 0$, 且 $\int_\alpha^{\alpha+2\pi} f_\alpha(x)\mathrm{d}x = 1$, 而且 $f_\alpha(x)$ 在 α 与 $\alpha + 2\pi$ 两端附近的取值为零 (或接近零).

这时称区间 δ_α 为扭角 ψ 的取值区间, 称 α 是该参数分布的移动值, 对 φ, ψ_0 角也可作类似处理.

2. 扭角取值范围的确定

对一种固定类型的扭角, 如果得到它的一系列观察值 $\Psi = \{\psi_1, \psi_2, \cdots, \psi_n\}$, 我们称为观察样本, 由此确定它的分布区间.

(1) 在数据的原始样本 Ψ 中, 它的观察值一般在 $(0, 2\pi)$ 中取值, 它的分布密度 $f(x)$ 显然满足条件 $f(x) \geqslant 4$ 与 $\int_0^{2\pi} f(x)\mathrm{d}x = 1$.

(2) 如果 $f(0) = f(2\pi) = 0$, 那么取 $\alpha = 0, \delta_0 = (0, 2\pi)$ 就是该扭角 ψ 的取值区间范围.

(3) 如果 $f(0), f(2\pi) > 0$, 那么取 $\alpha < \pi$ 是区间 $(0, 2\pi)$ 中的一个点, 使 $f(\alpha) = 0$ 或 $f(\alpha)$ 接近于零, 而且是 $f(x)$ 的一个极小点, 那么取 $\delta = (\alpha, \alpha + 2\pi)$, 就是该扭角 ψ 的取值范围. 这时扭角 ψ 在区间 δ 上的分布密度为 $f_\alpha(x) = \begin{cases} f(x), & \alpha \leqslant x \leqslant 2\pi, \\ f(x - 2\pi), & x > 2\pi. \end{cases}$

3. 实例分析

由以上计算步骤, 我们对 PDB-Select 数据库中所有蛋白质主链中 N, A, C, N′, A′, C′ 原子所产生的扭角进行分析计算, 得到 ψ_1 是三角形 $\delta(\mathrm{N, A, C})$ 与 $\delta(\mathrm{A, C, N'})$ 之间的二面角, ψ_2 是三角形 $\delta(\mathrm{C, N', A'})$ 与 $\delta(\mathrm{N', A', C'})$ 之间的二面角. 它们的取值范围与分布密度如光盘 DATA2/5/5-3-1.BMP 图所示. 对该图说明如下.

(1) 该图由红、黄、绿三条曲线组成, 其中横坐标是角的取值范围, 我们采用角度表示, 角度的取值范围在区间 $(0°, 420°)$ 中, 而纵坐标是扭角的概率密度分布密度, 按 1:1000 的比例放大.

(2) 图中的红、黄曲线分别是扭角 ψ_1, ψ_2 在区间 $(0°, 360°)$ 中的概率分布, 而绿色曲线是扭角 ψ_1^* 经移动后的分布曲线.

(3) 对扭角 ψ_2^*(黄线) 而言, 它在区间 $(0, 360)$ 中的取值满足 $f(0) = f(360) = 0$ 的条件, 因此它的分布移动值 $\alpha = 0$, 这时 $\delta_0 = (0, 2\pi)$ 就是二面角 ψ_2 的取值区间范围.

(4) 对扭角 ψ_1 而言, 记它的原始分布密度为 $f(x)$, 它在 $(0, 360)$ 区间中的取值是 $f(0) = f(360) > 0$ 的情形, 这时在 $\alpha = 60°$ 时 $f(\alpha) = 0.00005 \sim 0°$, 因此取 ψ_1 角的移动值为 $\alpha = 60°$, 这时该扭角度取值区间为 $\delta_{40} = (60, 420)$.

(5) 按扭角 ψ_1 在移动区间中分布密度 $f_\alpha(x)$ 的定义, 它在 $(60, 360)$ 区间中应与 $f(x)$ (也就是红、绿线) 应该重叠, 为了观察方便, 我们对 $f_\alpha(x)$ 的取值稍作偏移, 而在区间 $(360, 420)$ 中 $f_\alpha(x) = f(x - 360)$ 的情形.

5.3.4　扭角取值范围移动后的效果讨论

如果记扭角 ψ 的原始分布密度为 $f(x)$, 它在 $(0, 360)$ 区间中的取值, 如 $f(0) = $

$f(360) > 0$，这时取它的移动分布密度为 $f_\alpha(x), x \in (\alpha, \alpha + 2\pi)$. 由于分布密度的取值范围发生了变化，各种不同类型的统计量也会发生变化，对此讨论如下.

1. 均值的变化

我们分别记分布密度 $f(x), f_\alpha(x)$ 的均值为

$$\mu = \int_0^{2\pi} x f(x) \mathrm{d}x, \mu_\alpha = \int_\alpha^{\alpha+2\pi} x f_\alpha(x) \mathrm{d}x,$$

这时它们应满足关系式

$$\mu_\alpha = \int_\alpha^{2\pi} x f(x) \mathrm{d}x + \int_{2\pi}^{\alpha+2\pi} x f_\alpha(x) \mathrm{d}x = \int_\alpha^{2\pi} x f(x) \mathrm{d}x + \int_0^\alpha (x + 2\pi) f(x) \mathrm{d}x$$

$$= \int_0^{2\pi} x f(x) \mathrm{d}x + 2\pi \int_0^\alpha f(x) \mathrm{d}x = \mu + 2\pi F(\alpha), \tag{5.3.4}$$

其中 $F(\alpha) = \int_0^\alpha f(x) \mathrm{d}x$. 因此 μ_α 的取值大于 μ 的值.

2. 方差的变化

同样地，对分布密度 $f(x), f_\alpha(x)$ 的方差记为

$$\begin{cases} \sigma^2 = \int_0^{2\pi} (x - \mu)^2 f(x) \mathrm{d}x, \\ \sigma_\alpha^2 = \int_\alpha^{\alpha+2\pi} (x - \mu_\alpha)^2 f_\alpha(x) \mathrm{d}x. \end{cases} \tag{5.3.5}$$

这时它们应满足关系式

$$\sigma_\alpha^2 = \left(\int_\alpha^{2\pi} + \int_{2\pi}^{\alpha+2\pi} \right) (x - \mu_\alpha)^2 f_\alpha(x) \mathrm{d}x$$

$$= \int_\alpha^{2\pi} [x - \mu - 2\pi F(\alpha)]^2 f(x) \mathrm{d}x + \int_0^\alpha [x - \mu + 2\pi(1 - F(\alpha))]^2 f(x) \mathrm{d}x$$

$$= \int_\alpha^{2\pi} \{ (x - \mu)^2 - 4\pi F(\alpha)(x - \mu) + [2\pi F(\alpha)]^2 \} f(x) \mathrm{d}x$$

$$+ \int_0^\alpha \{ (x - \mu)^2 + 4\pi^2 [1 - F(\alpha)]^2 + 4\pi(x - \mu)[1 - F(\alpha)] \} f(x) \mathrm{d}x$$

$$= \sigma^2 + 4\pi \left(\int_\alpha^{2\pi} [-F(\alpha)(x - \mu) + F^2(\alpha)] f(x) \mathrm{d}x + [1 - F(\alpha)]^2 F(\alpha) \right.$$

$$\left. + \int_0^\alpha \{ (x - \mu)[1 - F(\alpha)] \} f(x) \mathrm{d}x \right)$$

$$= \sigma^2 + 4\pi \left(-F(\alpha) \int_\alpha^{2\pi} [(x - \mu) \mathrm{d}x + F^2(\alpha)][1 - F(\alpha)] \right.$$

$$+[1-f(\alpha)]\int_0^\alpha\{(x-\mu)f(x)\mathrm{d}x+[1-F(\alpha)]^2\}F(\alpha)\Big)$$

$$=\sigma^2+4\pi\left\{F(\alpha)[2-\mu-F(\alpha)]+\int_0^\alpha(x-\mu)f(x)\mathrm{d}x\right\}. \tag{5.3.6}$$

3. 联合分布的变化

记 ψ_1,ψ_2 是两个不同的扭角随机变量, 它们在 $\Delta=(0,2\pi)\times(0,2\pi)$ 区域中的概率分布密度为 $f(x,y)$, 如果对它们做取值范围的移动, 它们在 $\Delta_{\alpha,\beta}=(\alpha,\alpha+2\pi)\times(\beta,\beta+2\pi)$ 区域中的概率分布密度为 $f_{\alpha,\beta}(x,y)$, 这时 $f_{\alpha,\beta}(x,y)$ 与 $f(x,y)$ 应满足以下关系,

$$f_{\alpha,\beta}(x,y)=\begin{cases}f(x,y), & (x,y)\in(\alpha,2\pi)\times(\beta,2\pi),\\ f(x-2\pi,y), & x>2\pi,y\in(\beta,2\pi),\\ f(x,y-2\pi), & x\in(\alpha,2\pi),y>2\pi,\\ f(x-2\pi,y-2\pi), & (x,y)\in(2\pi,\alpha+2\pi)\times(2\pi,\beta+2\pi).\end{cases} \tag{5.3.7}$$

4. 协方差的变化计算

记 ψ_1,ψ_2 它们在 $\Delta=(0,2\pi)\times(0,2\pi)$ 区域中的协方差为

$$\sigma^2(\psi_1,\psi_2)=\int_0^{2\pi}\int_0^{2\pi}(x-\mu_1)(y-\mu_2)f(x,y)\mathrm{d}x\mathrm{d}y. \tag{5.3.8}$$

而 ψ_1,ψ_2 它们在 $\Delta_{\alpha,\beta}=(\alpha,\alpha+2\pi)\times(\beta,\beta+2\pi)$ 区域中的协方差为

$$\sigma_{\alpha,\beta}^2(\psi_1,\psi_2)=\int_\alpha^{\alpha+2\pi}\int_\beta^{\beta+2\pi}(x-\mu_\alpha)(y-\mu_\beta)f_{\alpha,\beta}(x,y)\mathrm{d}x\mathrm{d}y, \tag{5.3.9}$$

其中 $\mu_1,\mu_\alpha,\mu_2,\mu_\beta$ 分别是记 ψ_1^*,ψ_2^* 在 $\delta=(0,2\pi)$ 与 $\delta_\alpha=(\alpha,\alpha+2\pi),\delta_\beta=(\beta,\beta+2\pi)$ 区间中的均值, 因此它们满足关系式

$$\mu_\alpha=\mu_1+2\pi F_1(\alpha), \quad \mu_\beta=\mu_2+2\pi F_2(\beta), \tag{5.3.10}$$

这里 $F_1(x)=P_r\{\psi_1\leqslant x\},F_2(y)=P_r\{\psi_2\leqslant y\}$ 分别是 ψ_1,ψ_2 的概率分布. 由此得到 $\sigma_{\alpha,\beta}^2$ 与 σ^2 的相互表达关系, 对此不再详细计算列出.

5. 实例的计算结果

对 PDB-Select 数据库中所有蛋白质主链中的 N, A, C, N′, A′, C′ 原子所产生的扭角 ψ_1 与扭角 ψ_2 的计算结果如下.

(1) 当扭角 ψ_1 在 $(0,2\pi)$ 中取值时, 它的均值为 3.7403, 而当它在 $(\pi/3,(2+1/3)\pi)$ 中取值时, 它的均值为 4.2778.

(2) 对扭角 ψ_1 在 $(0, 2\pi)$ 中取值时, 它的方差为 3.5634, 而当它在 $(\pi/3, (2 + 1/3)\pi)$ 中取值时的方差为 3.0315.

因此对扭角 ψ_1 当它的取值区间变化时, 它的均值变大, 而方差变小.

(3) 对扭角 ψ_2, 它的取值区间移动值为 0, 因此它的均值与方差都不变, 它们分别为 $4.5180, 0.9933$.

(4) 对扭角 ψ_1 与 ψ_2 的协方差在取值区间移动前与移动后的取值分别为 0.5087, 0.1870, 相关系数在取值区间移动前与移动后的取值分别为 $0.2702, 0.1078$. 由此可见, 它们的协方差与相关系数在取值区间移动前与移动后的取值都明显减小.

第二部分
蛋白质的三维结构分析

第6章　氨基酸的一般性质与它的分子官能团

6.1　氨基酸概论

氨基酸是蛋白质的基本单位, 常见的氨基酸有 20 种, 在少数蛋白质与其他细胞和组织中还有一些不常见的氨基酸 (约有 150 多种), 我们这里只讨论常见的氨基酸.

6.1.1　氨基酸的化学成分与性质

氨基酸的化学成分是指它所含的原子类型和数量, 它的空间结构是指这些原子在空间的排列位置, 这些氨基酸除了具有空间结构外还有各自的物化特性.

分子官能团的定义已在 4.1 节中给出, 不同的氨基酸可以分解成若干不同的分子官能团的组合.

1.氨基酸成分的不变部分与可变部分

氨基酸的化学成分由两部分组成, 即**不变部分**和**可变部分**, 它们分别用 L 与 R 表示. 不变部分是各氨基酸所共同具有的部分 (又称为氨基酸的**主链部分**), 它由**氨基**(NH$_2$)、**羧基** (COOH) 和碳原子基团 C$_\alpha$ － C 所组成, 因为 C$_\alpha$ 是一个特定的碳原子, 在本书中我们简记为 A. 氨基酸的可变部分由不同的元素组成 (又称为氨基酸的**侧链**).

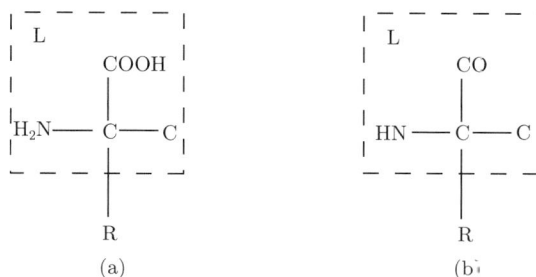

图 6.1.1　氨基酸与氨基酸残基中的可变与不变部分结构表示图

图 6.1.1 中由虚线所框的部分是氨基酸的不变部分 (也就是 L 部分), 虚线所框外的部分是氨基酸的可变部分 R. 图 6.1.1(a), (b) 分别表示氨基酸与氨基酸残基的一般结构, 可以看出, 氨基酸残基较氨基酸少一个氧与两个氢 (起始氨基酸少一个

氧与一个氢, 结束时的氨基酸残基少一个氢), 因此在氨基酸残基结合形成氨基酸序列时分解出一个水分子 H_2O.

在不变部分中脯氨酸是个例外, 它在氨基中少一个氢, 而与侧链 R 中的一个 C(CD) 原子组成共价键.

2. 氨基酸的名称、代码

常见的 20 种氨基酸的名称、记号、化学结构及物化特性分类在本书中会经常应用, 我们分别用表 6.1.1 给以表示.

(1) 20 种常见氨基酸的名称、记号与代号如表 6.1.1 所示.

表 6.1.1　　20 种常见氨基酸的名称与记号表

中文名称	英文名称	三字符	一字符	中文名称	英文名称	三字符	一字符	中文名称	英文名称	三字符	一字符
丙氨酸	alanine	Ala	A	甘氨酸	glycine	Gly	G	脯氨酸	proline	Pro	P
精氨酸	arginine	Arg	R	组氨酸	histidine	His	H	丝氨酸	serine	Ser	S
天冬酰胺	asparagine	Asn	N	异亮氨酸	isoleucine	Ile	I	苏氨酸	threonine	Thr	T
天冬氨酸	asparticacid	Asp	D	亮氨酸	leucine	Leu	L	色氨酸	tryptophane	Trp	W
半胱氨酸	cysteine	Cys	C	赖氨酸	lysine	Lys	K	酪氨酸	tyrosine	Tyr	Y
谷氨酰胺	asparagine	Gln	Q	甲硫氨酸	methironine	Met	M	缬氨酸	valine	Val	V
谷氨酸	glutaMine	Glu	E	苯丙氨酸	phenylalanine	Phe	F				

(2) 氨基酸中的一些特殊记号. 为了简单起见, 在本书中记主链中的 C_α 原子为 A, 记侧链中与 A 原子成共价键的碳原子为 B. 另外由于测量等原因, 在数据库中常记 Gln 和/或 Glu 为 Glx, 一字符为 Z; Asn 和/或 Asp 为 Asx, 一字符为 B; 对未测定的氨基酸记为 X.

3. 氨基酸的化学成分

20 种常见氨基酸所包含非氢原子的成分如表 6.1.2 所示.

说明　　(1) 由表 6.1.1 与表 6.1.2 可以知道, 对 20 种氨基酸有 5 种不同的名称, 即编号、一字符、三字符与中、英文名称, 在本书中对这 5 种不同的表示等价使用.

(2) 表 6.1.2 省略氢原子的记号, 非氢原子 N,A,C,O, 它们在各氨基酸中都存在, 取它们的编号分别是 1,2,3,4, 在此表中省略. 另外, 甘氨酸 (编号为 8) 的侧链无任何非氢原子, 也作省略.

(3) 各非氢原子的记号采用 PDB 数据库中的统一编号, 它用 XYZ 来表示, 其中 X 原子名, Y 为非氢原子的层次记号, Z 是同一层次中非氢原子的编号. 侧链中非氢原子的层次函数在 6.2.3 节中详细定义与说明.

表 6.1.2 PDB 数据库中各氨基酸所含非氢原子表

序号	一字符	氨基酸名称	氨	基	酸	所	含	的	非	氢	原	子
		非氢原子序号	5	6	7	8	9	10	11	12	13	14
1	A	丙氨酸	B									
2	R	精氨酸	B	CG	CD	NE	CZ	NH1	NH2			
3	N	天冬酰胺	B	CG	OD1	ND2						
4	D	天冬氨酸	B	CG	OD1	OD2						
5	C	半胱氨酸	B	SG								
6	Q	谷氨酰胺	B	CG	CD	OE1	NE2					
7	E	谷氨酸	B	CG	CD	OE1	OE2					
9	H	组氨酸	B	CG	ND1	CD2	CE1	NE2				
10	I	异亮氨酸	B	CG1	CG2	CD1						
11	L	亮氨酸	B	CG	CD1	CD2						
12	K	赖氨酸	B	CG	CD	CE	NZ					
13	M	甲硫氨酸	B	CG	SD	CE						
14	F	苯丙氨酸	B	CG	CD1	CD2	CE1	CE2	CZ			
15	P	脯氨酸	B	CG	CD							
16	S	丝氨酸	B	OG								
17	T	苏氨酸	B	OG1	CG2							
18	W	色氨酸	B	CG	CD1	CD2	NE1	CE2	CE3	CZ2	CZ3	CH
19	Y	酪氨酸	B	CG	CD1	CD2	CE1	CE2	CZ	OH		
20	V	缬氨酸	B	CG1	CG2							

4. 氨基酸中有关原子的一些特性指标

在蛋白质中所含的原子有氢 (H), 碳 (C), 氮 (N), 氧 (O), 硫 (S), 由此可以看到, 表中 ND1 表示 D 层 (或第 3 层) 中第 1 个非氢原子为 N. 对 H, C, N, O, S 原子, 它们的性能指标可以在元素周期表中得到, 我们简单列表 6.1.3 如下.

表 6.1.3 氢、碳、氮、氧、硫原子的性能指标表

原子	周期	族	序数	分区	质量	半径	电负性	原子	周期	族	序数	分区	质量	半径	电负性
H	1	1(IA)	1	s	1.00794	0.037	2.1	C	2	14(IVA)	6	p	12.0107	0.077	2.5
N	2	15(VA)	7	p	14.0067	0.070	3.0	O	2	16(VIA)	8	p	15.9994	0.066	3.5
S	3	16(VIA)	16	p	32.065	0.104	2.5								

其中半径单位为 Å, 原子质量单位为 u, $1u = 1.6605402 \times 10^{-17}$ kg, 电负性是指该原子吸引电子的能力, 电负性越大则吸引电子的能力越大. 除了以上指标之外, 还有氧化值指标、电离能指标、化学键与相互作用力、极性与极矩、空间构型等, 这些指标在一般物理或化学手册中都可找到.

5. 20 种常见氨基酸的物理与化学特性指标

氨基酸的物理与化学性能指标包括化学类型、相对分子质量、体积、频率、疏

水性、极性、带电性及比容度与离解度等, 对化学族类我们在图 6.1.2 中已经说明, 对其余指标综合成如表 6.1.4 所示.

表 6.1.4   20 种常见氨基酸的性能表

一字符	分类1	分类2	相对分子质量/D	体积/V	表面面积/S	比容/mL/g	pK_a ~	一字符	分类1	分类2	相对分子质量/D	体积/V	表面面积/S	比容/mL/g	pK_a ~
A	A	I	71.08	88.6	115	0.748	2.4,9.9	L	A	I	113.17	166.7	170	0.884	2.3,9.7
R	D	II	156.20	173.4	225	0.666	1.8,9.0	K	D	II	128.18	168.7	200	0.789	2.2,9.0
N	B	III	114.11	117.7	160	0.619	2.1,8.8	M	A	IV	131.21	162.9	185	0.745	2.1,9.3
D	C	III	115.09	111.1	150	0.579	2.0,9.9	F	A	V	147.18	189.9	210	0.774	2.2,9.2
C	B	IV	103.13	108.5	135	0.613	1.9,10.8	P	A	V	97.12	122.7	145	0.758	2.0,10.6
Q	B	III	128.14	143.9	180	0.674	2.2,9.1	S	B	IV	87.08	89.0	115	0.613	2.2,9.2
E	C	III	129.12	138.4	190	0.643	2.1,9.5	T	B	IV	101.11	116.1	140	0.689	2.1,9.1
G	B	I	57.06	60.1	75	0.632	2.4,9.8	W	A	V	186.21	227.8	255	0.734	2.4,9.4
H	D	II	137.15	153.2	195	0.670	1.8,9.3	Y	B	V	163.18	193.6	230	0.712	2.2,9.1
I	A	I	113.17	166.7	175	0.884	2.3,9.8	V	A	I	99.14	140.0	155	0.847	2.2,9.7

说明   对表 6.1.4 中各列记号说明如下.

(1) 表中 pK_a 表示分子官能团的可离解度 (详见文献 [118] 与本书 16.2 节的说明), 在 pK_a 所在的列中有 2 个数据, 它们分别是 $C_\alpha - COOH$ 与 $C_\alpha - NH_3^+$ 基团的 pK_a 值. 从表中看出, 这 2 个数据值基本相同, 但在不同的氨基酸中略有不同.

另外, 对各氨基酸侧链的 pK_a 值也有记录 (但不全), 它们是 C: 8.3, D:3.9, E: 4.1, R:12.5K: 10.8, H: 6.0, Y: 6.1. 因此不同氨基酸侧链的 pK_a 值有较大差别.

(2) 分类 1 中 A, B, C, D 分别表示非极性、极性不带电、极性带负电、极性带正电这四类. 分类 2 中 I, II, III, IV, V 分别表示脂肪羟基、含碱性基团、含酸性基团、含羟基或硫、芳基或环这五类.

(3) D, V, S 等记号分别是原子量、体积、面积等单位, 它们的单位定义如下.

$$相对分子质量单位: \quad D = 1.07 \times 10^{-24}g; \quad 体积单位: \quad V = Å^3,$$

$$面积单位: \quad SA = Å^2; \quad 比容单位: \quad \frac{mL}{g}.$$

(4) 关于氨基酸的频率统计采用不同的样本会有不同的结果, 其大小略有差异, 表中单位为百分比.

(5) 在近期的文献中, 关于疏水性指标有多种版本, 也有不作详细的量化的表示 (见文献 [248]), 只是把脂肪族 (I,L,V)、芳香族 (H,F,W,V), 另外还有丙氨酸 (A)、半胱氨酸 (C)、赖氨酸 (K) 与苏氨酸 (T) 确定为疏水性的氨基酸.

(6) 由此可见, 体积 (或相对分子质量) 最小的是甘氨酸 G, 最大的是色氨酸 W, 它们的体积 (或相对分子质量) 分别是 60.1, 227.8 Å³ (或 57.06 与 186.21). 如果把这些氨基酸看做具有球形结构 (实际上不是), 那么它们的球半径分别为 2.43Å 与 $3.78\,\text{Å}$(或 0.243 与 0.378 nm). 因此, 氨基酸与蛋白质都是在纳米 (nm) 这个数量级上的讨论.

(7) 在不同版本中各氨基酸在数据库中的频率有不同的取值, 详见表 4.2.2. 20 种不同氨基酸与部分二肽或三肽的空间结构形态图如光盘 DATA2/5 文件夹中各图所示.

6. 氨基酸的分子结构图

20 种常见氨基酸的分子结构图在多种生物化学著作中都有说明, 因为这些结构可能对将来理解生物信息语言会有帮助, 它们的分子结构式如图 6.1.2 所示.

对图 6.1.2 说明如下.

(1) 在有的文献中把氨基酸的羧基 COO^- 写成 COOH, 而把氨基 NH_2^+ 写成 NH_3, 其中 COO^- 与 NH_2^+ 分别是 COOH 失去 H^+ 与 NH_2^+ 得到 H^+ 的结果, 写成 NH_3, 因此 COO^- 与 NH_2^+ 分别是负、正离子.

(a) 脂肪羟基类

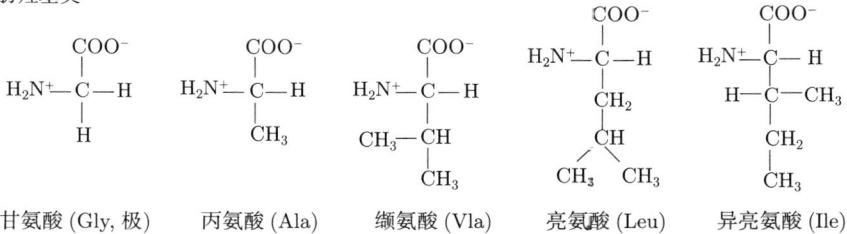

甘氨酸 (Gly, 极)　丙氨酸 (Ala)　缬氨酸 (Vla)　亮氨酸 (Leu)　异亮氨酸 (Ile)

(b) 含羟基和硫类

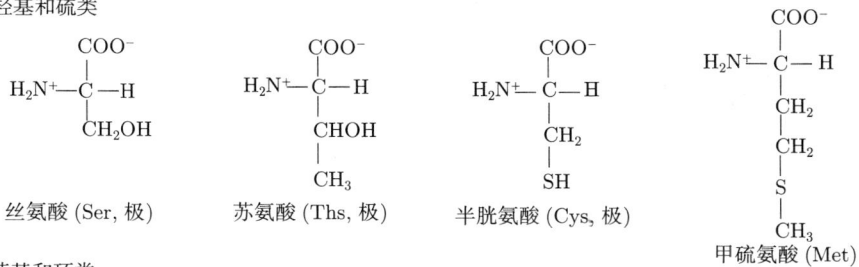

丝氨酸 (Ser, 极)　苏氨酸 (Ths, 极)　半胱氨酸 (Cys, 极)　甲硫氨酸 (Met)

(c) 含芳基和环类

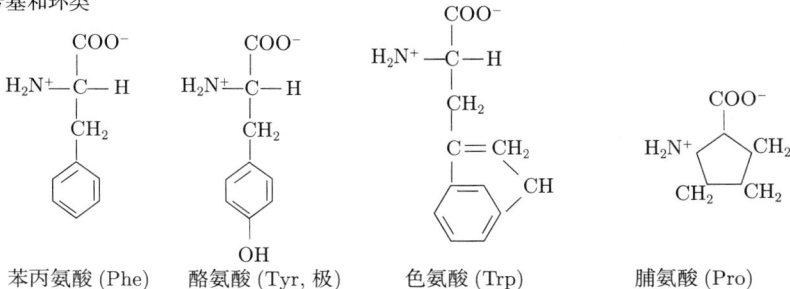

苯丙氨酸 (Phe)　酪氨酸 (Tyr, 极)　色氨酸 (Trp)　脯氨酸 (Pro)

(d) 含酸性基团类

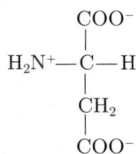 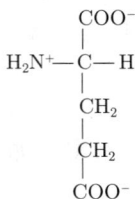 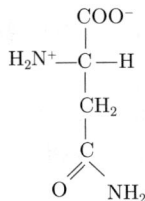 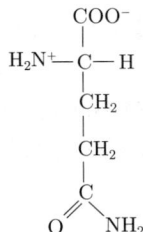

　　天冬氨酸 (Asp, 负)　　谷氨酸 (Asp, 负)　　天冬酰胺 (Asn, 极)　　谷氨酰胺 (Gln, 极)

(e) 含碱性基团类

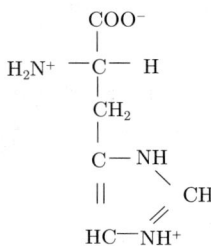 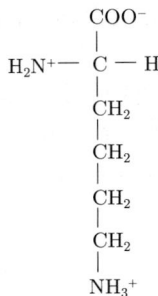 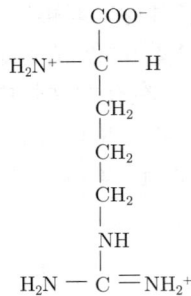

　　　组氨酸 (His, 正)　　　　　赖氨酸 (Lys, 正)　　　　　精氨酸 (Arg, 正)

图 6.1.2　20 种常用氨基酸的分子结构图

　　(2) 在组氨酸、赖氨酸与精氨酸中, 侧链的 N 原子多与一个 H^+ 结合, 因此是碱性分子. 天冬氨酸、谷氨酸、天冬酰胺、谷氨酰胺的 COOH 失去一个 H^+ 变成 COO^-, 因此是一个酸性分子.

　　(3) 对脂肪羟基、芳基和环类、羟基和硫类及极性分子在下面还有说明.

　　从图 6.1.2 中可以看到, 每个 C_α 原子有四个基团与之连接, 形成一个空间多面体, 而在 R 基团上可分别形成带正、负电, 芳香族与脂肪族等类型.

6.1.2　氨基酸的相互连接

　　不同的氨基酸可以相互连接, 由此形成氨基酸序列与蛋白质, 氨基酸序列可看成蛋白质组成部分. 因此, 有的氨基酸序列就是蛋白质, 也有的氨基酸序列是蛋白质序列中的一个片段, 也有的蛋白质是由多条氨基酸序列结合组成, 氨基酸序列不一定具有活性. 氨基酸的连接过程有以下特点.

1. 氨基酸的连接过程

　　不同氨基酸的连接是在它们的不变部分中进行, 在两个不同氨基酸中, 它们的氨基和羧基分别丢失 H 原子和 OH 原子, 从而使这两个氨基酸中的 O, N 原子产生共价键而形成结合力. 它们的反应过程如图 6.1.3 所示, 其中图 6.1.3(a) 是两个氨基酸的分子结构, 而图 6.1.3(b) 是两个氨基酸结合后所形成的二氨基酸序列. 各氨基酸在氨基酸序列中的剩余部分称为氨基酸的残基, 为了简单起见, 在讨论蛋白质结构时我们常常省略残基两字.

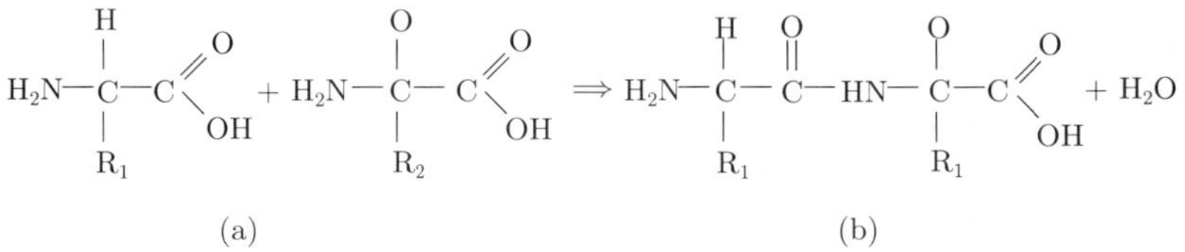

图 6.1.3　双氨基酸结合成氨基酸序列的结构变化图

在图 6.1.3 中, 图 (a) 双氨基酸在结合前的分子结构, 图 (b) 双氨基酸在结合成二氨基酸序列后的分子结构, 这时释放水分子 H_2O. 在蛋白质或多氨基酸序列结构中, 如果图 (b) 中的氨基是 NH_2, 那么该氨基酸就是蛋白质的起点, 如果图 (b) 中的羧基是 COOH, 那么该氨基酸就是蛋白质的终点.

2. 氨基酸序列结构的一般形式如图 6.1.4 表示

对图 6.1.4 我们作以下说明.

(1) 图 6.1.4 是氨基酸序列中非氢原子的结构关系图, 图中给出氨基酸序列主链与侧链的结构关系, 所有的氢原子都没有标记.

(2) 称水平直线上的 N_i, A_i, C_i, $i = 1, 2, \cdots$ 的原子是该氨基酸序列的主链, 在本书中有时把 O_i, H_i, $i = 1, 2, \cdots$, 原子也可以看做该氨基酸序列主链的组成部分.

(3) 在图 6.1.4 中, 称垂直直线上的 B_i–R_i, $i = 1, 2, \cdots$ 中的原子是该氨基酸序列的侧链. 对不同的氨基酸 R_i 有不同的结构.

(4) 当氨基酸结合在氨基酸序列中时, 失去了 H 与 OH 原子, 这样的氨基酸被称为氨基酸残基. 氨基酸与氨基酸残基这两个名词有时统一使用, 这就是在蛋白质或氨基酸序列的氨基酸就是氨基酸残基.

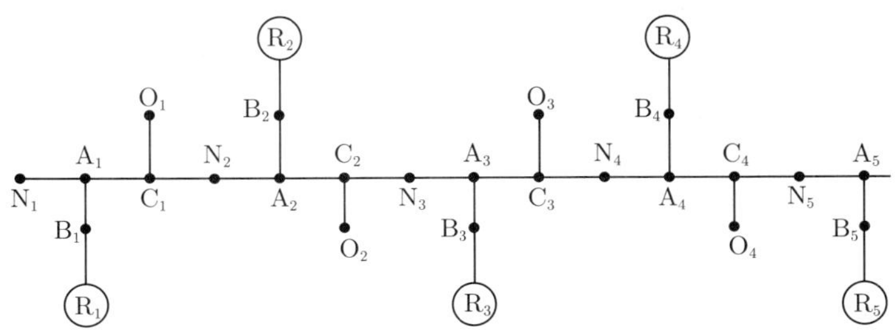

图 6.1.4　一般氨基酸序列主侧链的结构关系图

6.1.3　遗传密码子

遗传密码子是由核甘酸到蛋白质转化的编码过程, 它又称为三联体密码子, 这是由三个连续的碱基 (简称三联子) 编码成一个氨基酸. 它可由编码表 6.1.5 表达.

表 6.1.5　遗传密码表

	T	C	A	G	
T	苯丙氨酸 (F)	丝氨酸 (S)	酪氨酸 (Y)	半胱氨酸 (C)	T
	苯丙氨酸 (F)	丝氨酸 (S)	酪氨酸 (Y)	半胱氨酸 (C)	C
	亮氨酸 (L)	丝氨酸 (S)	终止子	终止子	A
	亮氨酸 (L)	丝氨酸 (S)	终止子	色氨酸 (W)	G
C	亮氨酸 (L)	脯氨酸 (P)	组氨酸 (H)	精氨酸 (R)	T
	亮氨酸 (L)	脯氨酸 (P)	组氨酸 (H)	精氨酸 (R)	C
	亮氨酸 (L)	脯氨酸 (P)	谷氨酰胺 (Q)	精氨酸 (R)	A
	亮氨酸 (L)	脯氨酸 (P)	谷氨酰胺 (Q)	精氨酸 (R)	G
A	异亮氨酸 (I)	苏氨酸 (T)	天冬酰胺 (N)	丝氨酸 (S)	T
	异亮氨酸 (I)	苏氨酸 (T)	天冬酰胺 (N)	丝氨酸 (S)	C
	异亮氨酸 (I)	苏氨酸 (T)	赖氨酸 (K)	精氨酸 (R)	A
	甲硫氨酸 (M) 起始子	苏氨酸 (T)	赖氨酸 (K)	精氨酸 (R)	G
A	缬氨酸 (V)	丙氨酸 (A)	天冬氨酸 (D)	甘氨酸 (G)	T
	缬氨酸 (V)	丙氨酸 (A)	天冬氨酸 (D)	甘氨酸 (G)	C
	缬氨酸 (V)	丙氨酸 (A)	谷氨酸 (E)	甘氨酸 (G)	A
	缬氨酸 (V)	丙氨酸 (A)	谷氨酸 (E)	甘氨酸 (G)	G

1. 遗传密码表

表 6.1.5 中 T(或 U), C, A, G 是 DNA(或 RNA) 中所含的四种核苷酸, 按表中的行列组合对应产生氨基酸, 小括号中的英文字母是氨基酸的一字符.

2. 遗传密码的通用性与随机性

遗传密码的通用性是指在不同生物体内, 由基因到蛋白质翻译过程中普遍适用的规则, 如果把 DNA 与蛋白质序列看做生物信息的两种不同的语言, 那么遗传密码是这两种不同语言的翻译规则.

遗传密码的随机性是指在不同生物体内, 从氨基酸到蛋白质及密码三联子的使用比例是互不相同的, 我们称这种结构为随机性, 在这种随机现象中有许多规律可以发现.

3. 遗传密码的一些特征性质

由遗传密码表可以看到, 碱基三联子组合的总数有 $4^3 = 64$ 个, 而常用的氨基酸只有 20 种, 因此这个编码过程存在多一对应, 这就是可能存在多个三联子编码成一个氨基酸的情形.

(1) 由表 6.1.5 可以看到, 从三联子到氨基酸的多一对应并不均衡, 有的氨基酸, 如精氨酸、亮氨酸、丝氨酸都有六个三联子的编码, 而甲硫氨酸与色氨酸只有一个三联子的编码, 其余的氨基酸分别有 2 ~ 4 个三联子编码而成.

(2) 由于 DNA 序列编码区域中各三联子出现的比例不同及不同氨基酸所对应的三联子数目不同, 会造成不同生物体内不同氨基酸出现的比例不同, 比较 SP′06 数据库中各氨基酸出现的频率与它们的密码子数目的关系如下.

精氨酸 (R)、亮氨酸 (L)、丝氨酸 (S) 是六个三联子的编码, 它们在 SP′06 中出现的频率 (百分比) 分别为 5.412, 9.647, 6.810.

缬氨酸 (V)、丙氨酸 (A)、甘氨酸 (G)、脯氨酸 (P)、苏氨酸 (T) 是四个三联子的编码, 它们在 SP′06 中出现的频率 (百分比) 分别为 6.761, 7.908, 6.987, 4.839, 5.416.

异亮氨酸 (I) 是三个三联子的编码, 它的频率 (百分比) 为 5.919.

酪氨酸 (Y)、组氨酸 (H)、赖氨酸 (K)、天冬氨酸 (D)、谷氨酸 (E)、苯丙氨酸 (F)、半胱氨酸 (C) 与谷氨酰胺 (Q)、天冬酰胺 (N) 是两个三联子的编码, 它的频率 (百分比) 分别为 3.026, 2.291, 5.899, 5.361, 6.674, 3.956, 1.500, 3.947, 4.126.

甲硫氨酸 (M) 与色氨酸 (W) 只有一个三联子的编码, 它们在 SP′06 中出现的频率 (百分比) 分别为 2.390, 1.134,

它们的平均值分别为 7.230, 6.220, 5.919, 4.087, 1.762. 这与三联子的数目排列次序相同.

(3) 不同的三联子对应相同的氨基酸, 那么称这些三联子为**同义密码子**. 同义密码子具有**容错性**, 这就是在三联密码子中发生基因突变时可能不改变氨基酸的编码结果.

4. 在生物学界对三联子中各核苷酸出现的状况也总结出一些规律

(1) 如果密码子的第 1, 2 位碱基分别是 A 和 T, 那么第 3 位将尽可能使用 G 或 C.

(2) 由于 G, C 之间可以形成三对氢键, 而 A, T 之间只能形成两对氢键, 因此如果三位都用 G, C, 则配对容易、分解难. 三位都用 A, T 则相反. 一般地, 高表达的基因要求翻译速度快, 密码子和反密码子配对快、分解也快. 密码子的第 1 位和第 2 位极少有选择的余地, 所以只能在第 3 位进行取舍.

(3) 对不同的生物体, 密码子的使用有不同的统计规律. 例如, 在人类基因组中, 密码子第 3 位取 A, T 的情况占 90%, 而第 3 位取 G, C 仅占 10%.

(4) 密码子中三个碱基所处的位置与它所编码的氨基酸性质存在着某种联系. 例如, 如果密码子的第 1 位是 T, 则该密码子编码的是芳香族氨基酸. 又如密码子的第 2 位与氨基酸的亲疏水性有关, 疏水性氨基酸的第 2 位碱基是 T, 亲水氨基酸第 2 位碱基是 A, 中性氨基酸第 2 位碱基是 G,C.

6.2　氨基酸的分子成分与结构特征分析

由图 6.1.2 可以看到, 20 种不同类型的氨基酸有不同的分子结构, 在组成这些分子的原子成分中, 又有许多共同与不同的特征, 对这些特征可用适当的数学模型表达出来.

6.2.1　氨基酸的分子结构模型

氨基酸的分子结构特征可从多个方面给以表达, 如原子组成的成分特征、空间结构的形态特征与相互作用的动力学特征等方面. 我们先介绍这些特征.

1.氨基酸中的原子组成成分

(1) 在 6.1 节中已经说明, 氨基酸中的原子组成分不变部分与可变部分, 其中不变部分有 N,A,C,2O,3H 这 8 个原子, 其中 O, 2H 在氨基酸连接成氨基酸序列时结合成水被分解出去, 由此形成氨基酸残基, 它的不变部分只有 N,A,C,O,H 这 5 个原子.

(2) 甘氨酸与脯氨酸是两种特殊的氨基酸, 其中甘氨酸的侧链不含非氢原子, 但多了一个与 A 原子构成共价键的氢原子. 而脯氨酸的不变部分中少一个 H 原子, 该原子被侧链中的一个 C 原子取代, 形成环状结构. 这两种氨基酸在蛋白质的空间结构中也有特殊之处, 因此需要专门研究.

(3) 氨基酸原子的组成又分氢原子与非氢原子, 其中非氢原子只含 N,C,O,S 这 4 种原子, 它们可在同一氨基酸中多次重复出现, 尤其是碳原子 C 出现的次数更多.

(4) 在氨基酸中, 除了非氢原子外, 还有多个氢原子存在, 这些氢原子在不变部分中与可变部分中都有存在.

2.氨基酸中的原子的结构类型

在氨基酸的这些原子中, 它们在蛋白质的结构中起不同的作用, 主要类型如下.

(1) 在蛋白质 (或氨基酸序列) 中, 由不同氨基酸原子不变部分中的 N,A,C 原子, 它们以共价键的形式依次连接, 并相互交替出现, 并形成一条带状的空间曲面, 该曲面由许多不同的三角形连接而成, 我们称为蛋白质 (或氨基酸序列) **主链的三角形拼接带**.

(2) 围绕蛋白质 (或氨基酸序列) 主链的三角形拼接, 有不变部分的 H, O 原子分别与主链上的 N, C 原子由共价键连接, 因此我们把不变部分中的 H, O 原子也看做蛋白质主链的组成部分 (脯氨酸是例外, 在它的不变部分中没有 H 原子).

(3) 除了氨基酸的不变部分外, 还有可变部分 (或侧链) 的原子结构. 其中甘氨酸的侧链只有一个 H 原子, 其他氨基酸都有侧链存在, 它们的长度与结构不同, 但都存在一个 C_β 原子, 该原子将氨基酸的不变部分与侧链连接, 我们记这个 C_β 原子为 B, 并看成侧链中的原子.

(4) 所有的氢原子都与某个非氢原子形成共价键, 因此某个非氢原子与它组成共价键的氢原子组成一个分子官能团, 我们称这样的分子官能团为氨基酸中带氢原子的基本分子官能团. 因此每个氨基酸必包含若干个这种带氢原子的基本分子官能团.

3. 氨基酸的形态的花盆、花枝与花朵模型

由以上讨论, 我们把各氨基酸的这种结构形象地归结为**花盆、花枝与花朵模型**(简称为**花盆模型**), 它由以下各部分组成.

(1) 每个氨基酸的不变部分中都包含一个三角形 $\delta(N,A,C)$, 我们称该三角形为花盆模型的**盆底**, 在不变部分中, 与该三角形作共价键连接的还有 H, O 原子, 我们称为盆底的**支架**.

(2) 除了甘氨酸外, 每个氨基酸都有一个四面体 $\Delta(N,A,C,B)$, 我们称该四面体为氨基酸**花盆**.

(3) 除了甘氨酸外, 每个氨基酸都在四面体 $\Delta(N,A,C,B)$ 的都出现一个侧链, 该侧链由氢与非氢原子组成, 并与 B 原子共价键连接, 我们称这些非氢原子是花盆模型中的**花枝**.

(4) 在氨基酸侧链中, 每个非氢原子都与若干氢原子组成一个基本分子官能团, 我们称这些基本分子官能团为**花枝**上的**花朵**.

由此可见, 氨基酸的花盆、花枝与花朵模型包含盆底、支架、花盆、花枝与花朵这五部分内容组成, 它可用图 6.2.1 给以描述.

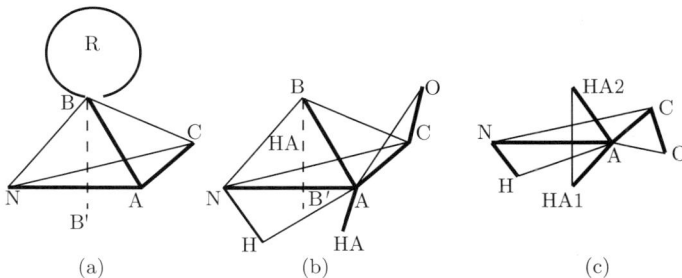

图 6.2.1   氨基酸花盆、花枝与花朵模型的一般结构形态图

其中图 6.2.1(a) 是花盆、花枝与花朵模型的一般形态结构图. 图 (b) 是花盆与

支架结构图, 它们由主链中的 N,A,C,H,O 原子与侧链中的 B 原子组成. 图 (c) 是甘氨酸的结构形态全图.

图 6.2.1 中的粗黑线段表示由共价键连接的原子点 (1 阶弧), 细黑线段是 2 阶弧 (由两个 1 阶弧连接的原子点), 虚线是投影线. B′ 点是 B 原子点在 $\pi(N,A,C)$ 平面中的投影点, 由计算分析可以知道, B′ 点在三角形 $\delta(N,A,C)$ 的外部, 它的具体位置我们在下面中还有计算讨论.

在图 (c) 的甘氨酸结构形态图中, HA1, HA2 是 2 个与 A 形成共价键的氢原子, 它们的结构形态具有对称性. 在图 (b) 是花盆与支架结构中, N,A,C,H,O 这些原子对与该氨基酸连接的前、后氨基酸中部分原子的空间位置有控制作用. 对这些问题在下面中还有计算与讨论.

6.2.2　氨基酸侧链中的非氢原子骨架图

在氨基酸的花盆、花枝与花朵模型中, 不同的原子通过共价键相互连接, 使这些氨基酸成为蛋白质的一个基本单元, 它们的组合连接过程已在图 6.1.3 与图 6.1.4 中说明.

1. 非氢原子骨架图的表示

所谓骨架图就是指它的 1 阶 (由共价键连接的) 点线图. 对每个氨基酸侧链中非氢原子的骨架图如图 6.2.2 所示, 从该图可以看到以下特征.

(1) 每个侧链骨架图都可看做一个树状结构, 或带环的树状结构, 这 20 种氨基酸实际上可分成四种类型, 即侧链骨架图为树状、带环的结构、甘氨酸与脯氨酸.

(2) 每个侧链骨架图都有一个根 C_0, 它就是不变部分中的 A 原子, 其他非氢原子点都可由若干条弧连接到达根. 我们称连接到达根的弧数就是该点在图中的层次.

(3) 20 种氨基酸侧链中非氢原子的骨架图如图 6.2.2 所示.

在图 6.2.2 中, 粗黑线为由共价连接的弧, 特粗黑线是具有两价键连接的弧 (N,D 中的 $C_2=O_{32}$,Q,E 中的 $C_3=O_{41}$). 其中 C_0 原子就是主链中的 A 原子, 其他各原子下标的第 1 位数是该原子在骨架图中的层次数, 下标的第 2 位数是该原子在骨架图的同一层次中的次序数. 如 C_{32} 表示碳原子 C 在该氨基酸非氢原子骨架图中的第 3 层中的第 2 个原子.

2. 甘氨酸与脯氨酸的特殊结构

甘氨酸与脯氨酸是两个较为特殊的氨基酸, 因此我们给以特别的说明.

(1) 甘氨酸是最小的氨基酸, 它的侧链不含非氢原子, 而只含一个氢原子. 这时甘氨酸有两个氢原子与 A 原子形成共价键, 我们分别记为 HA1, HA2, 对它们的结构形态如图 6.2.1(c) 所示.

(2) 脯氨酸也是一个特殊的氨基酸, 在它的不变部分中的 N 原子没有与之成共价键的氢原子 H, 该 N 原子与侧链中的 CD 原子成共价键, 因此 A → B → CG → CD → A 形成一环状结构.

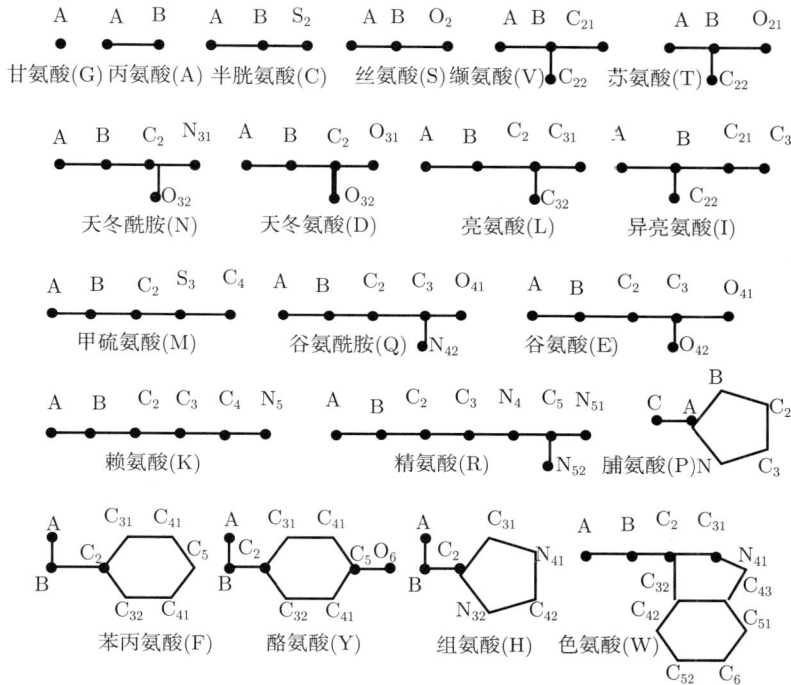

图 6.2.2 氨基酸侧链中非氢原子的骨架图

3. 同态异构图

如果氨基酸中的非氢原子的点线图相同, 但图中对应点的原子不同, 那么我们称这些氨基酸具有同态异构结构, 相应的图为同态异构图. 在这 20 种氨基酸中的同态异构图如下.

(1) 丝氨酸 (Ser) 与半胱氨酸 (Cys), 它们的第 2 层的原子分别是 S 与 O.

(2) 苏氨酸 (Thr) 与缬氨酸 (Val) 的第 2 层的原子分别是 (O,C) 与 (C,C).

(3) 天冬酰胺 (Asn), 天冬氨酸 (Asp) 与亮氨酸 (Leu), 它们的第 3 层的原子分别是 (O,N), (O,O) 与 (C,C).

(4) 谷氨酰胺 (Gln) 与谷氨酸 (Glu) 的第 4 层的原子分别是 (O,N) 与 (O,O).

4. 同态异构子图

如一个图 $\mathcal{G}(Z)$ 是另一个图 $\mathcal{G}(Z')$ 的子图, 而图 $\mathcal{G}(Z'')$ 与图 $\mathcal{G}(Z)$ 同态异构,

那么称图 $\mathcal{G}(Z'')$ 是 $\mathcal{G}(Z')$ 的同态异构子图.

同态异构子图有两种类型, 第 1 种类型就是图 $\mathcal{G}(Z')$ 的低阶点与弧都在子图 $\mathcal{G}(Z)$ 中, 第 2 种类型就是图 $\mathcal{G}(Z')$ 在这 20 种氨基酸中, 非氢原子结构的同态异构子图如下:

(1) 丝氨酸 (Ser) 与半胱氨酸 (Cys) 都是苏氨酸 (Thr)、缬氨酸 (Val) 的同态异构子图, 而苏氨酸 (Thr) 与缬氨酸 (Val) 都是异亮氨酸 (Ile) 的同态异构子图.

(2) 甲硫氨酸 (Met) 是赖氨酸 (Lys) 的同态异构子图, 而赖氨酸 (Lys) 又是精氨酸 (Arg) 的同态异构子图.

(3) 苯丙氨酸 (Phe) 是酪氨酸 (Thr) 的同态异构子图.

除此而外, 还有其他类型的同态异构子图结构, 我们就不一一列举.

5. 树状图与带环的图

在氨基酸的非氢原子结构图中有两种不同的类型, 这就是它们侧链的骨架图分带环的图与不带环的图, 不带环的图构成树状图. 在这 20 种氨基酸非氢原子结构图中, 带环的图有脯氨酸 (Pro)、苯丙氨酸 (Phe)、色氨酸 (Try)、组氨酸 (His) 与酪氨酸 (Tyr), 而其余的氨基酸都是树状图结构.

6.2.3　氨基酸侧链中非氢原子的层次函数表示

在氨基酸侧链非氢原子的点线图中, 每个原子都有它的固定位置, 我们可用层次函数来表示.

1. 非氢原子在氨基酸侧链中的层次函数

由图 6.2.2 可以看到, 每个氨基酸的侧链都是以 A 原子为起点, 其他原子与 A 原子的距离 (共价键的数目) 就是该原子的层次. 非氢原子的层次确定了该原子在氨基酸中的位置. 按此定义可以确定各非氢原子在氨基酸中的层次如下.

(1) 无论是树状或带环的图, 它们都有一个根 (或 0 层点), 它就是不变部分中的 A 原子, 我们在该图的记号中记为 C_0.

(2) 除了甘氨酸外, 其他各氨基酸侧链中的非氢原子都有 B, 它实际上也是一个碳原子, 而且通过它与侧链中其他非氢原子连接, 我们称它为侧链中的第 1 层非氢原子, 并把它记为 C_1. 表 6.2.1 给出各氨基酸侧链中, 在不同层次中的非氢原子数与原子名称.

(3) 每个非氢原子通过共价键都可与根连接, 连接该非氢原子与根的共价键数就是该原子的层次数. 在图 6.2.2 中, 我们用下标 $0,1,2,\cdots,6$ 来表示, 如果在同一层次中有多个非氢原子, 那么在下标的层次数后面再用 1,2,3 记号给以区别.

(4) 在 PDB 数据库中, 对 2,3,4,5,6 层的层次用 G,D,E,Z,H 字母来表示, 对同一层次中的多个非氢原子, 就在层次字母后面再加 1,2,3 等数字给以区别. 例如, 在图

6.2.2 中, C_{32} 就表示这个碳原子 C 是该图第 3 层中的第 2 个原子. 在 PDB 数据库中则用 CD2 来表示.

表 6.2.1 各氨基酸侧链中非氢原子名称与层次函数表

氨基酸名称	一字符	第2层原子名	第3层原子名	氨基酸名称	一字符	第2层原子名	第3层原子名	第4层原子名	第5层原子名	第6层原子名
半胱氨酸	C	S		甲硫氨酸	M	C	O	C		
丝氨酸	S	O		谷氨酰胺	Q	C	C	O,N		
缬氨酸	V	C,C		谷氨酸	E	C	C	O,O		
苏氨酸	T	O,C		赖氨酸	K	C	C	C	N	
异亮氨酸	I	C,C	C	精氨酸	R	C	C	N	C	N,N
天冬酰胺	N	C	O,N	苯丙氨酸	F	C	C,C	C,C	C	
天冬氨酸	D	C	O,O	酪氨酸	Y	C	C,C	C,C	C	C
亮氨酸	L	C	C,C	组氨酸	H	C	N,C	C,C		
脯氨酸	P	C	C	色氨酸	W	C	C,C	C,C,C	C,C	C

2. 非氢原子在各氨基酸中的层次函数表

依据非氢原子在各氨基酸中的层次函数的定义, 对各氨基酸中各非氢原子的**层次**如表 6.2.1 所示. 对表 6.2.1 说明如下.

(1) 甘氨酸的侧链没有非氢原子, 丙氨酸只有第 1 层的非氢原子 B, 另外表中各氨基酸侧链的第 1 层非氢原子都是 C 原子, 所以我们都不写入表中.

(2) 表中氨基酸侧链中非氢原子层次可用数字 2,3,4,5,6 或英文大写字母 G,D,E,Z,H 的表示, 在本小节**1**-(4) 中说明.

(3) 脯氨酸 (P) 的第 2 层与第 3 层中的 CG,CD 原子与主链中的 N 原子构成环状结构. 另外, 苯丙氨酸 (F) 与酪氨酸 (Y) 中的第 2,3,4,5 层中的 6 个原子构成环状结构, 色氨酸 (W) 中的第 2,3,4,5,6 层中的 9 个原子构成两个相连的 (具有一个公共边) 环.

3. 氨基酸的同态异构点线图及其表达参数系

按表 6.2.1 与图 6.2.2, 对各氨基酸中非氢原子结构的同态异构点线图 6.2.3 如下. 对图 6.2.3 我们说明如下.

(1) 该图共有 15 个子图组成, 其中图 (1) 是氨基酸不变部分的非氢原子 + B 原子图, 因此除了甘氨酸外其他 19 个氨基酸都具有的公共子图, 它也是丙氨酸的全体非氢原子点线图.

(2) 图中的数字代表原子点, 其中 1,2,3,4,5 分别为 N A,C,O,B 原子, 其余各点为氨基酸侧链中的点, 它们所代表的原子可对照图 6.2.2 确定. 因为 N,C,O 点在各氨基酸中都存在, 所以不再写入, 这时我们不把 C,O 原子作为侧链中的非氢原子点.

(2) 甘氨酸(G)

(4) 缬氨酸(V)　天冬酰胺(N)　苏氨酸(T)

(1)不变部分(丙氨酸(A))

(3)半胱氨酸(C)丝氨酸(S)

(5)天冬氨酸(D)亮氨酸(L)

(6) 异亮氨酸(I)谷氨酸(E)　(7) 甲硫氨酸(M)　(8) 谷氨酰胺(Q)　(9) 脯氨酸(P)

(10) 赖氨酸(K)　(11) 精氨酸(R)　(12) 苯丙氨酸(F)

(13) 酪氨酸(Y)　(14) 组氨酸(H)　(15)色氨酸(W)

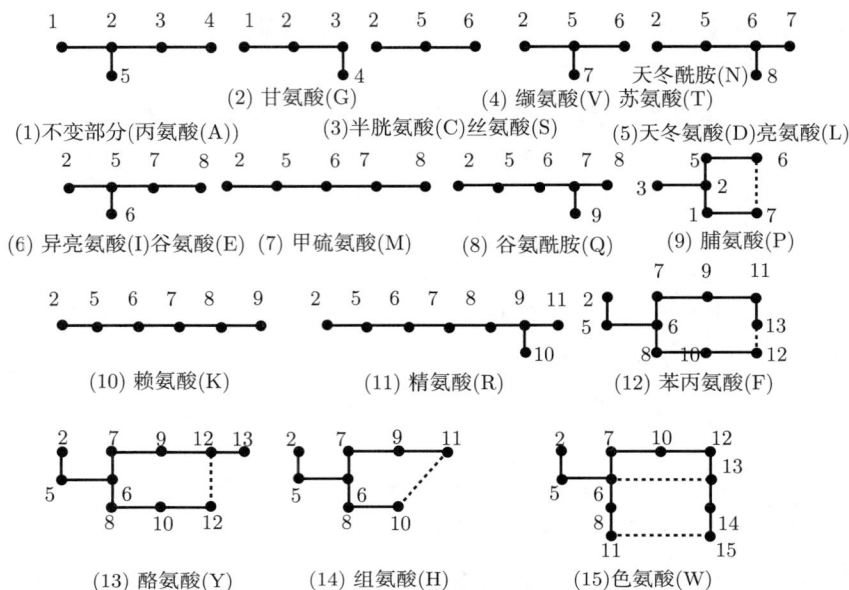

图 6.2.3　氨基酸中非氢原子同态异构点线图

(3) 图 (9), (12)~(15) 是 5 个带环的氨基酸, 它们分别是脯氨酸、苯丙氨酸、酪氨酸、组氨酸与色氨酸, 其中的虚线表示其中存在共价键连接.

(4) 图 (3), (5), (6) 是由 2 个或 3 个氨基酸组成的同态异构图, 这就是它们的点线图相同, 但点与弧的着色函数不同.

4. 氨基酸的参数表达

由图 6.2.3 可以得到各氨基酸的表达参数系, 对此列表 6.2.2 如下.

表 6.2.2　不同氨基酸主、侧链中非氢原子表达的参数系表

点线图编号	(1)	(2)	(3)	(4)	(5)	(6)	(7)	(8)	(9)	(10)	(11)	(12)	(13)	(14)	(15)
原子数	3	2	4	5	6	7	8	9	6	9	10	11	11	9	14
1,2 阶弧数	3	1	5	7	9	11	13	15	9	15	17	19	19	15	21
扭角数	0	0	1	2	3	5	5	2	6	6	8	5	8
镜像数	0	0	0	1	1	1	0	1	2	0	1	1	1	1	1
参数总数	3	1	6	9	12	15	18	21	13	21	24	29	29	27	30

对表 6.2.2 说明如下.

(1) 表 6.2.2 中的原子数是该氨基酸的全体非氢原子数 (不包括 C,O 原子).

(2) 如果侧链原子点的数目是 h, 那么 1,2 阶弧的总数是 $2h-3$, 扭角与镜像的总数是 $h-3$. 因为扭角的取值可以有正负的区别, 因此也包括镜像的指标, 而镜像只取 1, −1, 因此较扭角简单.

(3) 在各参数的计算中, 1,2 阶弧长度的参数变化是稳定的, 而扭角或镜像的变化一般是不稳定的. 氨基酸中不同分子官能团的镜像在它们生成时可能取不同的值, 但它们在溶液中运动时是不变稳定的.

6.3 氨基酸空间结构的分解与分析

为进一步分析氨基酸的空间结构, 我们还需分析其中的氢原子结构、基本分子官能团的类型与它们的组合.

6.3.1 氨基酸中所有原子的表示

在表 6.2.1 与图 6.2.2 的基础上, 还可对氨基酸中所有的原子作进一步的表示.

1. 氢原子的位置表

各氨基酸中所有原子 (非氢与氢原子) 及氢原子的共价键的关系可用表 6.3.1 表示.

2. 对表 6.3.1 的说明

(1) 表 6.3.1 中第 1 行是各氨基酸中各原子的排列次序, 其中 1,2,3,4,5,6 分别是 N, A, C, O, H, B 原子, 各氨基酸都相同 (在脯氨酸中 H 为 ND, 因此 HD1,HD2 也是 HN1,HN2, 在甘氨酸中 HA, B 分别为 HA1, HA2), 因此我们没有列入. 表 6.3.1 中最后一列是各氨基酸的总原子数.

(2) 表中第 0 列是氨基酸的一字符, 以后各列是原子的名称, 其中每个原子由两个英文大写字母组成, 如果第 1 个字母不是 H, 那么该原子不是氢原子, 否则就是氢原子.

(3) 在非氢原子中, 第 2 个字母是层次函数, 其中 A, B, G, D, E, Z, H, 分别是第 0, 1, 2, 3, 4, 5, 6 层次的记号. 第 3 个字母是数字, 它们分别表示在同一层次中非氢原子的编号.

(4) 对每个氢原子, 第 1 个字母都是 H, 第 2 个字母是层次函数, 其中 N, A, B 表示与 N, A, B 这 3 个原子成共价键的氢原子. 第 3,4 个字母是数字, 它们分别表示在同一层次中非氢原子的编号及与该非氢原子构成共价键的氢原子编号. 如在亮氨酸 (L) 行中, HD11, HD12, HD13, HD21, HD22,HD23, 分别是与 CD1, CD2 这 2 个非氢原子及与它们构成共价键氢原子 (各有 3 个氢原子) 的编号.

(5) 表中最后一列 (第 26 列) 是该氨基酸所含的原子数, 其中小括号中的数是非氢原子与氢原子数.

表 6.3.1　各氨基酸所有原子（氢与非氢原子）的关系位置表

0	7	8	9	10	11	12	13	14	15	16	17	18	19	20	21	22	23	24	25	26
A	HN	HA	HB1	HB2	HB3															11(5:6)
R	CG	CD	NE	CZ	NH1	NH2	HN	HA	HB1	HB2	HG1	HG2	HD1	HD2	HE	HH11	HH12	HH21	HH22	25(11:14)
N	CG	OD1	ND2	HN	HA	HB1	HB2	HD1	HD2											15(8:7)
D	CG	OD1	OD2	HN	HA	HB1	HB2													13(8:5)
C	SG	HN	HA	HB1	HB2	HG														12(6:6)
Q	CG	CD	OE1	NE2	HN	HA	HB1	HB2	HG1	HG2	HE1	HE2								18(9:9)
E	CG	CD	OE1	OE2	HN	HA	HB1	HB2	HG1	HG2										16(9:7)
H	CG	ND1	CD2	CE1	NE2	HN	HA	HB1	HB2	HD1	HD2	HE1	HE2							19(10:9)
I	CG1	CG2	CD1	HN	HA	HB	HG11	HG12	HG13	HG21	HG22	HD1	HD2	HD3						20(8:12)
L	CG	CD1	CD2	HN	HA	HB1	HB2	HG	HD11	HD12	HD13	HD21	HD22	HD23						20(8:12)
K	CG	CD	CE	NZ	HN	HA	HB1	HB2	HG1	HG2	HD1	HD2	HE1	HE2	HZ1	HZ2	HZ3+			23(9:14)
M	CG	SD	CE	HN	HA	HB1	HB2	HG1	HG2	HE1	HE2	HE3								18(8:10)
F	CG	CD1	CD2	CE1	CE2	CZ	HN	HA	HB1	HB2	HD1	HD2	HE1	HE2	HZ					21(11:10)
P	CG	HA	HB1	HB2	HG1	HG2	HD1	HD2												14(7:7)
S	OG	HN	HA	HB1	HB2	HG														12(6:6)
T	OG1	CG2	HN	HA	HB	HG11	HG21	HG22	HG23											15(7:8)
W	CG	CD1	CD2	NE1	CE2	CE3	CZ1	CZ2	CH	HN	HA	HB1	HB2	HD1	HE1	HE2	HZ1	HZ2	HH	25(14:11)
Y	CG	CD1	CD2	CE1	CE2	CZ	OH	HN	HA	HB1	HB2	HD1	HD2	HE1	HE2	HH				22(12:10)
V	CG1	CG2	HN	HA	HB	HG11	HG12	HG13	HG21	HG22	HG23									17(7:10)

我们称表 6.3.1 的原子表是氨基酸中各原子结构的标准排列模式. 在 PDB 数据库中一般也按此次序排列, 但由于测量与记录等种种原因, 实际给出氨基酸中各原子的数目与次序往往不满足该标准模式的条件.

6.3.2 氨基酸中存在基团的构造与类型

在氨基酸或蛋白质中, 一些非氢原子之间, 或非氢原子与氢原子之间形成结构稳定的分子官能团, 我们称为基团.

1. 不同基团的分类与特征

为研究蛋白质的空间结构, 我们首先要把氨基酸或蛋白质中存在的所有重要的基团罗列出来, 加以分类与编号, 并说明它们的形态特征.

不同基团的分类主要是依据它所包含的原子与不同原子间的共价键确定. 因此同一基团可在不同氨基酸的不同部位出现, 但它们都有稳定的空间结构.

(1) 这里所讨论的基团至少包含 3 个原子, 因此我们首先可按它们的形状分环形与非环形两大类, 对非环形的又可按所包含的原子数来分类, 即分 1,2,3 类.

(2) 对只含 3 个原子的 1 类基团的通式是 $a - b - c$, 且 a, b, c 的不同原子构成不同的类型.

(3) 含 4 个原子的 2 类基团的通式是 $a - \overset{d}{\underset{b}{|}} - c$, 或 $a - b - c - d$ 的不同原子构成不同的类型.

(4) 含 5 个原子的 3 类基团又可根据其中包含氢原子的数目把它们分成 3-0, 3-1, 3-2, 3-3 类. 这时包含的非氢原子分别是 5,4,3,2,1 个.

2. 基团编号与它们的信息指标

我们现在就可讨论 20 种氨基酸中可能存在的所有基团, 为了确定这些基团名称, 就先要对它们进行编号, 并给出它们的信息特征指标.

(1) 基团的编号首先是确定它的中心点在氨基酸中的层次, 如果它的中心点在氨基酸的不变部分, 那么它所在的层次编号为 0. 如果中心点的位置分别在氨基酸中 B, G, D, E, Z, H 层, 那么它的层次编号分别是 1,2,3,4,5,6 .

(2) 在同一层次中, 如果存在多个基团, 那么在同一层次的编号下, 这些基团再按次序排列. 如编号为 2~4 的基团就是在第 2 层次下的第 4 个基团.

(3) 基团的其他信息包括基团中所含的原子、原子数、所在的氨基酸、形态类型、中心点的原子名称与位置.

3. 所有基团一览表

对 20 种氨基酸中可能存在的所有基团与它们的信息一览表 6.3.2 如下.

表 6.3.2　所有基团信息一览表

1	2	3	4	5	6	1	2	3	4	5	6
0-1	N,A,C,2HA	G	3-2	5	A	2-8	B,CG,2CD,HG	L	3-1	5	CG
0-2	N,A,C,B,HA	除 G	3-1	5	A	2-9	B,CG,CD,2HG	RQKE	3-2	5	CG
0-3	2HN,N,A	起始	2	4	N	2-10	B,CG,SD,2HG	M	3-2	5	CG
0-4	H,N,A	所有	1	3	N	3-1	CG,CD1,3HD	L	2-3	5	CD1
0-5	A,C,O1,O2	终止	2	4	C	3-2	CG,CD2,3HD	LI	2-3	5	CD2
0-6	A,C,O	所有	1	3	C	3-3	CG,SD,CE	M	1	3	SD
1-1	A,B,3HB	A	2-3	5	B	3-4	CG,CD,NE1,OE2	Q	2	4	CD
1-2	A,B,CG,2HB	I_1 类	3-2	5	B	3-5	CG,CD,2OE	E	2	4	CD
1-3	A,B,OG,2HB	S	3-2	5	B	3-6	CG,CD,NE,2HD	R	3-2	5	CD
1-4	A,B,SG,2HB	C	3-2	5	B	3-7	CG,CD,CE,2HD	R	3-2	5	CD
1-5	A,B,2CG,HB	VI	3-1	5	B	4-1	SD,CE,3HE	M	2-3	5	CE
1-6	A,B,OG1,CG2,HB	T	3-1	5	B	4-2	CD,NE,CZ,HE	R	2	4	NE
2-1	B,CG1,3HG	VI	2-3	5	CG1	4-3	CD,CE,NZ,2HE	K	3-2	5	CE
2-2	B,CG2,3HG	VT	2-3	5	CG2	5-1	NE,CZ,2NH	R	2	4	CZ
2-3	B,CG2,CD,2HG	I	3-2	5	CG2	5-2	CE,NZ,3HZ	K	2-3	5	NZ
2-4	B,OG1,HG	T	1	3	OG1	6-1	CZ,NH1,2HH	R	2	4	NH1
2-5	B,CG,ND1	N	1	3	CG	6-2	CZ,NH2,3HH	R	2-3	5	NH2
2-6	B,CG,OD1	D	1	3	CG	6-3	CZ,CH,HH	Y	1	3	CH
2-7	B,CG,OD2	ND	1	3	OG						

对表 6.3.2 中的记号说明如下.

(1) 第 1 行中各数字所对应列的含义为: 1 是基团编号, 2 是基团中所含的原子, 3 是所在的氨基酸, 4 是基团的形态类型, 5 是基团的原子数, 6 是中心点的原子. 其中编号方式与结构分类已在上一小段中说明.

(2) 第 1 列中的数字表示基团的类型与编号, 用 x-y 表示, 其中 x 表示基团中心点在氨基酸中的 (x = 0 表示中心点在主链中), y 是编号.

(3) 第 3 列中的英文大写字母是氨基酸的一字符, 如有多个英文大写字母是该基团同时在这些氨基酸中.

同样在第 3 列中, "除 G" 是除了甘氨酸外的其他 19 种氨基酸, "所有" 是全部 20 种氨基酸, "起始" 蛋白质的第一个氨基酸, "终止" 是蛋白质最后一个氨基酸.

表中第 3 列的 I_1 类是: 与 B 原子有 2 个氢原子成共价键, 而且第 G 层非氢原子是 C, 它们是亮氨酸、脯氨酸、苯丙氨酸、色氨酸、酪氨酸、谷氨酸、精氨酸、赖氨酸、组氨酸、甲硫氨酸、天冬酰胺与天冬氨酸、谷氨酰胺 (共 13 个).

(4) 第 2 列中出现 HX, 2HX 或 3HX 表示氢原子出现的个数与位置, X 可取 A,B,G,D,E,Z,H(或 0,1,2,3,4,5,6) 等不同层次.

(5) 第 4 列表示不同分子官能团中原子组合的类型, 用 $u-v$ 表示, 其中 u 是基团中非氢原子的个数, v 是氢原子的个数. 如 3-2 表示在该分子官能团中包含 3

个非氢原子与 2 个氢原子, 它们都有共价键连接.

4. 带有环状结构的基团

在表 6.3.2 所给出的基团都是不带环的基团, 带环的基团与它们的结构如表 6.3.3 所示.

表 **6.3.3**　不同氨基酸中带环的基团的结构信息表

编号	氨基酸名称	所含原子	原子数
P-0	脯氨酸	N,A,C,B,CG,CD,HA,HB1,HB2,HG1,HG2,HD1,HD2	13
H-1	组氨酸	B,CG,CD1,ND2,NE1,CE2,HD1,HE1.HE2	9
F-1	苯丙氨酸	B,CG,CD1,CD2,CE1,CE2,CZ,HD1,HD2,HE1,HE2,HZ	12
W-1	色氨酸	B,CG,CD1,CD2,NE1,CE2,CE3,CZ1,CZ2,CH,HD1,HE1,HE2,HZ1,HZ2,HH	16
Y-1	酪氨酸	B,CG,CD1,CD2,CE1,CE2,CZ,OH,HD1,HD2,HE1,HE2	12

表 6.3.3 中官能团的编号用 X-y 表示, 其中 X 是氨基酸的一字符, y 是官能团起点原子的层次数. 除了这些在同一氨基酸中的基团外, 还存在跨氨基酸的基团, 对此我们在下面中讨论.

6.3.3　氨基酸中的原子结构全图

在图 6.2.2 的侧链非氢原子的骨架图与表 6.3.1 的基础上, 可以构筑各氨基酸侧链中所有原子的点线图, 它们如图 6.3.1 所示.

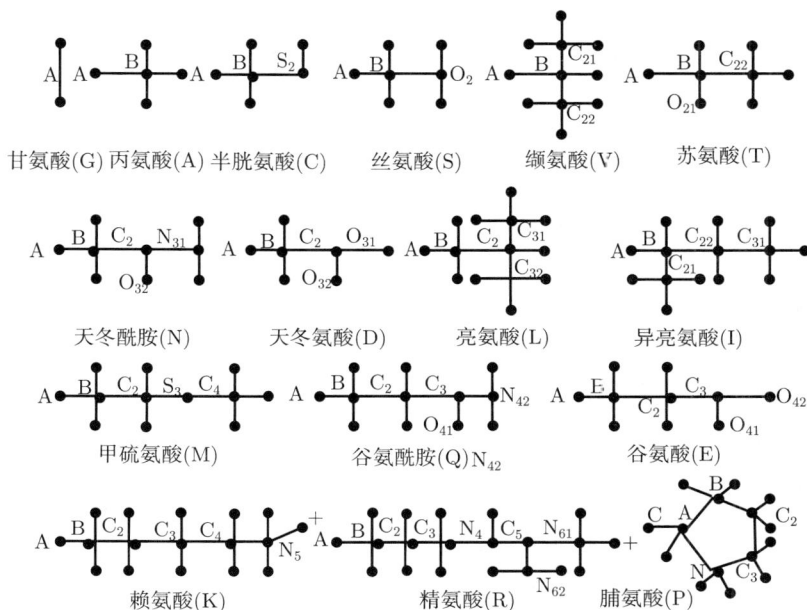

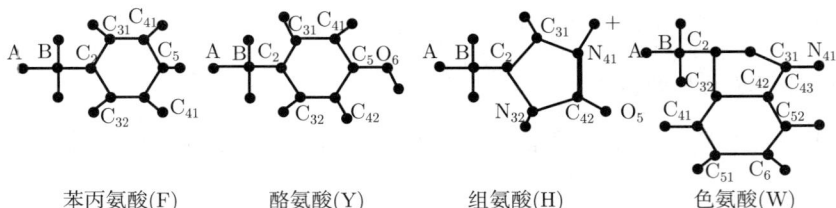

图 6.3.1　氨基酸侧链中所有原子点线图的组合结构关系图

对图 6.3.1 我们说明如下.

(1) 图 6.3.1 中的线段有三种类型, 即特粗黑线、粗黑线与细黑线, 其中特粗黑线与粗黑线的含义与类型与图 6.2.2 相同, 而细黑线则是非氢原子与氢原子所组成的共价键.

(2) 图中非氢原子的记号及对它们的层次编号与图 6.2.1 相同, 其中非氢原子旁边有小括号内部的数字则是该原子与其他原子组成共价键后所得到的电子数 (也就是带负电荷数). 对氢原子在与其他非氢原子组成共价键后失去一个电子, 我们用一个正电荷记号表示.

(3) 氢原子在与其他非氢原子组成共价键后形成基本分子官能团, 它们的组合结构关系如图 6.3.1 所示, 但这些基本分子官能团在组合时可在一定范围摆动与转动, 其中非氢原子骨架图也有在一定范围摆动与转动的问题, 但在图 6.3.1 中没有反映这些效果, 因此图 6.3.1 只是一种示意性的效果图.

6.4　氨基酸中 42 种基本基团的结构计算

称表 6.3.2 和表 6.3.3 所给出的 42 个基团为基本基团, 我们先对这些基本基团作分析计算.

6.4.1　基本基团的结构类型

在表 6.3.2 和表 6.3.3 所给出的 42 个基团中可以看到, 它们有 4 种基本类型, 即四面体 1、四面体 2、三角形与带环结构, 它们的形态已在图 6.2.1 (a)(b)(c)、图 6.2.2、图 6.3.1、图 6.3.2 中给出. 我们现在主要对表 6.3.2 中的 35 个基团 (不考虑蛋白质的起始与终止状态) 作进一步的分析.

1. 基本基团的结构分类表

在这 35 种基团中, 分 1, 2, 3-1,3-2,3-3 这 5 种同类型, 其中有些结构是相同的, 因此我们对表 6.3.2 可继续简化.

对表 6.4.1 中的记号说明如下.

表 6.4.1 所有基团与它们的信息一览表

类型	基团数	原子的个数与名称	基团中非氢原子数
1	8	(2C)O,(2C)N,2[(2C)O],CSC,HNC,COH,CCH	3,2
2	7	2[(2C)(2O)],(2C)NO,NC(2N),CNCH,(2H)NC,CN(2H)	4,3,2
3-1	4	N(3C)H,2[(4CH)],(2C)OCH	4
3-2	9	4[(3C)(2H)],(2C)O(2H),2[(2C)S(2H)],2[(2C)N(2H)]	3
3-3	8	5[(2C)(3H)],SC(3H),2[(NC)(3H)]	2
合计	36		

(1) 表 6.4.1 中英文大写字母为原子记号, N 为氮、H 为氢、O 为氧、S 为硫, A, B, C 都是碳, 这里统一写成 C. 这里不考虑这些基团 (或原子) 在氨基酸中的位置.

(2) 如在英文大写字母前加一个数 x, 并用小括号括住, 这表示该原子在该基团中出现 x 次, 如 (2C)(2O) 表示在该基团中出现 2 个碳原子与 2 个氧原子.

(3) 对基团加中括号, 再在中括号前加数字 y, 这表示具有同类型原子基团出现的次数, 如 5[(2C)(3H)] 表示出现 2 个碳原子与 3 个氢原子的基团在 20 种氨基酸的不同位置中共出现 5 次.

(4) 表 6.4.1 中 1 型基团表示该基团值包含 3 个原子, 2 型基团表示该基团值包含 4 个原子, 3-1,3-2,3-3 型基团表示该基团值包含 5 个原子, 它们分别包含 1,2,3 个氢原子. 对 1, 2 型基团也可按它们包含氢原子的个数分 1-0, 1-1, 2-0, 2-1, 2-2 等类型, 可直接从表中看到.

2. 对表 6.4.1 的说明

对表 6.4.1 把氨基酸中非环状的基团的形态简化成 23 种, 对这 23 种的基本形态实际上只有 5 种, 在这 5 种基本形态中由于原子的不同, 它们的一些边长略有不同. 例如

(1) 3-3 型只有 3 种类型, 它们都是正四面锥体, 它们的区别只是这些正四面锥体的顶点分别取 C, S, N 点, 它们与中心点 C 的距离长度略有差别.

(2) 3-2 型的特点是 2 个氢原子与非氢原子的三角形处于对称的状态, 它们的区别是由于非氢原子三角形中的原子不同而使这些三角形的边长略有不同.

(3) 3-1 型的特点是其中只有 1 个氢原子, 由于非氢原子的不同会是这些四面体结构有所不同, 但它们仍以 C 原子为中心点, 有趣的是 4CH 也是一种正四面锥体, 因此它与 3-3 型的正四面锥体相似, 区别是顶点时 H 原子, 因此这是一种较矮的正四面锥体.

(4) 对 1,2 型结构由于所取得原子不同由它们形成的三角形或四面体的边长略有不同. 这些结构有时也单独存在, 因此也是氨基酸结构分析的组成部分.

对这些基团队详细计算在下面还有讨论.

6.4.2　对丙氨酸的结构分析与计算

$$\text{N} - \overset{\overset{\textstyle B}{|}}{\text{A}} - \text{C} - \text{O}$$

丙氨酸中的非氢原子结构为 N — A — C — O, 它也是除了甘氨酸之外, 在其他 19 种氨基酸中所共有的分子结构形态, 因此对它的研究分析有普遍意义.

1. 丙氨酸的参数表达

丙氨酸包含 5 个非氢原子, 因此它可用 9 个参数给以表达, 它们是: $r_1, r_2, \cdots,$ r_3', ϑ, ψ, 其中 r_1, r_2, r_3, r_4 是一阶弧长, r_1', r_2', r_3' 是 2 阶弧度弧长, ϑ 是四面体 $\Delta(\text{N,A,} \text{C,B})$ 的镜像值, ψ 是四面体 $\Delta(\text{N,A,C,O})$ 的扭角.

2. 对丙氨酸 9 个参数的计算结果

对这 9 个参数在 PDB-Select 数据库中取值的计算结果在光盘 DATA1/6/6-4/6-4-1.CTX 文件中给出. 该文件是一个 60735×9 的数据阵列, 其中各列的数据分别是 9 个参数在数据库的不同蛋白质与不同位置上的取值. 由该文件可以得到各列数据的特征数 (均值、协方差与相关系数) 如下.

表 6.4.2　丙氨酸各参数的特征数计算表

参数名称	r_1	r_2	r_3	r_4	r_1'	r_2'	r_3'	ϑ	ψ
均值	1.4594	1.5252	1.2333	1.5250	2.4586	2.3995	2.4987	-1.0	1.1348
方差	0.00013	0.00014	0.00011	0.00022	0.00201	0.00043	0.00073	0.00000	3.01320
标准差	0.01116	0.01161	0.01061	0.01482	0.04478	0.02066	0.02701	0.00063	1.73586

它的列协方差矩阵与相关矩阵如表 6.4.3 所示.

表 6.4.3　丙氨酸各参数的列协方差矩阵与相关矩阵

0.000125	0.000012	0.000018	0.000012	0.000113	0.000031	0.000052	0.000000	0.000678
0.000012	0.000135	0.000001	0.000009	0.000096	0.000117	0.000135	0.000000	0.001208
0.000018	0.000001	0.000113	0.000012	0.000023	0.000079	0.000031	0.000000	-0.000107
0.000012	0.000009	0.000012	0.000220	0.000077	0.000019	0.000167	0.000000	-0.000128
0.000113	0.000096	0.000023	0.000077	0.002005	0.000111	0.000006	0.000000	0.017381
0.000031	0.000117	0.000079	0.000019	0.000111	0.000427	0.000171	0.000000	-0.000708
0.000052	0.000135	0.000031	0.000167	0.000006	0.000171	0.000730	0.000000	0.002244
0.000000	0.000000	0.000000	0.000000	0.000000	0.000000	0.000000	0.000000	0.000000
0.000678	0.001208	-0.000107	-0.000128	0.017381	-0.000708	0.002244	0.000000	3.013199
1.000000	0.088886	0.155406	0.071132	0.226892	0.133532	0.171014	0.000272	0.035006
0.088886	1.000000	0.011908	0.049616	0.184198	0.489311	0.431687	-0.000163	0.059946
0.155406	0.011908	1.000000	0.079270	0.048969	0.359321	0.106522	-0.000607	-0.005812
0.071132	0.049616	0.079270	1.000000	0.116113	0.062620	0.416347	-0.000001	-0.004970
0.226892	0.184198	0.048969	0.116113	1.000000	0.119439	0.004870	-0.000006	0.223608
0.133532	0.489311	0.359321	0.062620	0.119439	1.000000	0.307249	0.000774	-0.019747
0.171014	0.431687	0.106522	0.416347	0.004870	0.307249	1.000000	-0.000019	0.047859
0.000272	-0.000163	-0.000607	-0.000001	-0.000006	0.000774	-0.000019	1.000000	0.000001
0.035006	0.059946	-0.005812	-0.004970	0.223608	-0.019747	0.047859	0.000001	1.000000

表6.4.3有两个模块组成, 它们分别是丙氨酸9参数的列协方差矩阵与相关矩阵.

3. 对丙氨酸 9 个参数结构分析

由表 6.4.2 与表 6.4.3 可以看到, 除了 N-A-C-O 这 4 原子的扭角不稳定外, 其他参数的变化都是十分稳定的. 在相关系数中, 不同参数之间都有一定的相关性, 其中相关性最大的是 r_2 与 r_2', 它们之间的相关系数是 0.4893.

6.4.3   对其他氨基酸花盆结构的计算与分析

在 6.4.2 节中已经说明, 丙氨酸的 5 个非氢原子在其他氨基酸中 (除了甘氨酸之外) 普遍存在, 因此相应的计算在其他 19 种氨基酸中同样适用, 对它们的计算结果在光盘 DATA1/6/6-4/6-4-2.CTX 文件中给出. 该文件是一个 678414×9 的数据阵列, 其中各列的数据分别是 9 个参数在数据库的不同蛋白质与不同位置上的取值. 由该文件可以得到各列数据的特征数的取值与丙氨酸略有差别, 但十分接近对它们的计算结果列表 6.4.4 如下.

表 6.4.4   丙氨酸各参数的特征数计算表

参数名称	r_1	r_2	r_3	r_4	r_1'	r_2'	r_3'	ϑ	ψ
均值	1.4574	1.5301	1.2286	1.5347	2.4546	2.4074	2.5030	−1.0000	0.6386
方差	0.00015	0.00018	0.00015	0.00025	0.00255	0.00056	0.00119	0.00010	3.448629
标准差	0.01211	0.01346	0.01205	0.01564	0.05054	0.02366	0.03446	0.01022	1.857048

它的列协方差矩阵与相关矩阵如表 6.4.5 所示.

表 6.4.5   丙氨酸各参数的列协方差矩阵与相关矩阵

0.000147	0.000014	0.000033	0.000017	0.000143	0.000022	0.000048	0.000009	0.000693
0.000014	0.000181	−0.000009	0.000030	0.000102	0.000188	0.000165	−0.000014	0.000825
0.000033	−0.000009	0.000145	0.000006	0.000040	0.000067	0.000056	0.000029	−0.000137
0.000017	0.000030	0.000006	0.000245	0.000035	0.000036	0.000176	−0.000005	−0.000979
0.000143	0.000102	0.000040	0.000035	0.002554	0.000107	−0.000009	0.000016	0.021822
0.000022	0.000188	0.000067	0.000036	0.000107	0.000560	0.000215	−0.000014	−0.001581
0.000048	0.000165	0.000056	0.000176	−0.000009	0.000215	0.001187	0.000008	0.001429
0.000009	−0.000014	0.000029	−0.000005	0.000016	−0.000014	0.000008	0.000104	−0.000062
0.000693	0.000825	−0.000137	−0.000979	0.021822	−0.001581	0.001429	−0.000062	3.448629
1.000000	0.086416	0.222985	0.087568	0.234438	0.077441	0.115414	0.069921	0.030840
0.086416	1.000000	−0.054017	0.144901	0.149460	0.591791	0.355005	−0.101929	0.032999
0.222985	−0.054017	1.000000	0.031679	0.065318	0.236534	0.135433	0.234335	−0.006103
0.087568	0.144901	0.031679	1.000000	0.044229	0.097852	0.326326	−0.028888	−0.033716
0.234438	0.149460	0.065318	0.044229	1.000000	0.089744	−0.004984	0.030171	0.232525
0.077441	0.591791	0.236534	0.097852	0.089744	1.000000	0.263370	−0.055978	−0.035996
0.115414	0.355005	0.135433	0.326326	−0.004984	0.263370	1.000000	0.022504	0.022324
0.069921	−0.101929	0.234335	−0.028888	0.030171	−0.055978	0.022504	1.000000	−0.003243
0.030840	0.032999	−0.006103	−0.033716	0.232525	−0.035996	0.022324	−0.003243	1.000000

表 6.4.5 同样有 (上、下) 两个模块组成, 它们分别是 19 个不同氨基酸花盆结构中 9 参数的列协方差矩阵与相关矩阵.

从表 6.4.2~ 表 6.4.4 的比较可以看到, 它们的特征数据变化差别很小. 另外在丙氨酸中的四原子结构 $H - N - \overset{\overset{\displaystyle B}{|}}{A} - C$ 中, 60735 个镜像值全部是 -1, 而在 19 个氨基酸的四原子结构 $H - N - \overset{\overset{\displaystyle B}{|}}{A} - C$ 中, 678414 个镜像值中只有 16 个值取 1, 所占比例只有百万分子 18. 它们分别在精氨酸 (2 个)、天冬氨酸 (1 个)、谷氨酸 (1 个)、组氨酸 (2 个)、赖氨酸 (1 个)、丝氨酸 (2 个)、苏氨酸 (2 个)、缬氨酸 (3 个) 与谷氨酰胺 (2 个) 中.

6.4.4 甘氨酸中的原子结构

在 20 种氨基酸中, 甘氨酸与脯氨酸是两个较为特殊的氨基酸, 我们先对它们做专门研究.

1. 甘氨酸的原子距离结构计算

甘氨酸是一个特殊的氨基酸, 它由 7 个原子组成, 它们是 N,A,C,O,H,HA1,HA2, 它们的原子的结构关系如图 6.2.1 (c) 所示, 各弧的平均距离及它们的方差与标准差与表 6.4.4 大体相同, 如把氢原子考虑在内, 有关计算结果如表 6.4.6 所示.

表 6.4.6 甘氨酸中各原子的距离分布表

点偶名称	NA	NC	AC	NO	AO	CO	NH	AH	CH	OH
平均距离	1.476	2.475	1.520	3.224	2.389	1.231	1.002	2.111	2.899	3.555
方差	0.0004	0.0008	0.0001	0.1259	0.0002	0.0001	0.0019	0.0022	0.0587	0.4105
标准差	0.0186	0.0276	0.0107	0.3548	0.0130	0.0090	0.0430	0.0472	0.2422	0.6407

点偶名称	NHA1	NHA2	AHA1	AHA2	CHA1	CHA2	OHA1	OHA2	HHA1	HHA2	HA1HA2
平均距离	2.094	2.095	1.093	1.100	2.137	2.143	2.857	2.864	2.630	2.657	1.734
方差	0.0014	0.0015	0.0013	0.0014	0.0012	0.0012	0.0661	0.0612	0.0665	0.0684	0.0039
标准差	0.0368	0.0381	0.0361	0.0376	0.0342	0.0347	0.2571	0.2475	0.2579	0.2615	0.0620

2. 对甘氨酸的原子结构关系分析如下

(1) 在甘氨酸中, 它没有 B 原子, 这是它与其他氨基酸的主要不同点, 因此在甘氨酸的侧链中没有非氢原子, 但与 A 原子形成共价键的原子中, 除了 N, C 原子外, 还有两个 HA 原子, 我们分别记为 HA1 与 HA2.

(2) 在 HA1 与 HA2 原子中, 它们与 $\delta(N,A,C)$ 所形成的镜像一定相反, 因此与其他氨基酸比较, 我们可把 HA1 与 HA2 原子中镜像值取正的看做 HA 原子, 而把 HA1 与 HA2 原子中镜像值取负的看做 B 原子. 这样一来, 甘氨酸的原子结构模式就与其他氨基酸的结构模式相同, 但链长的关系不同.

由于数据库的记录原因, 在甘氨酸的原子结构记录中并没有确定对 HA1 与 HA2 原子镜像值的要求, 因此对单个 HA1 或 HA2 的镜像值是不稳定的. 因此在实际计算中要把 HA1 与 HA2 原子给以区分, 我们把 HA1 原子看做 HA 原子 (与三角形 $\delta(N,A,C)$ 的镜像为正) 另一个 HA2 看做与 B 原子所对应的原子 (与三角形 $\delta(N,A,C)$ 的镜像为负).

(3) 在甘氨酸中, 1 阶弧 (具有共价键的原子) 有 NA, AC, CO, HN, AHA1, AHA2, 它们的平均弧长与其他氨基酸类似, 而且键长关系十分稳定. 它的 2 阶弧 (有两共价键原子连接的点偶) 有 NC, AO, AH, NHA1, NHA2, CHA1, CHA2, 也与其他氨基酸也类似, 它们的键长变化也是稳定的.

由 3.2 节的稳定性理论可知, 三角形 $\delta(N,A,C)$ 与三角形 $\delta(A,HA1,HA2)$ 的组合是图 6.2.1(a) 型的组合, 因此四面体 $\Delta(N,A,C,HA1)$ 与四面体 $\Delta(N,A,C,HA2)$ 都是稳定结构, 这就是当三角形 $\delta(N,A,C)$ 固定时, HA1, HA2 点的位置确定.

(4) 在甘氨酸中, AHA1, AHA2 同时与 A 原子组成共价键, 从距离关系可以看到, 它们与 N,A,C,O,H 的距离都处在对称的位置, 这就是三角形 $\delta(HA1,Z,HA2)$ 接近于一个以 HA1HA2 为底边的等腰三角形其中 Z = N,A,C,O,H.

3. 甘氨酸中原子结构关系的弧度 (或角度) 表示

为了进一步分析甘氨酸中的原子结构关系, 我们对它们的角度关系分析如表 6.4.7 所示.

表 6.4.7 甘氨酸中有关分子官能团的角度关系表

角名称	ϕ_1	ϕ_2	ϕ_3	ϕ_4	ϕ_1'	ϕ_2'	ϕ_3'	ϕ_4'	ψ_1	ψ_2	ψ_1'	ψ_2'
平均值	1.895	2.169	2.167	1.570	108.58	124.3	124.1	89.98	3.119	2.998	178.71	171.75
标准差	0.020	0.019	0.020	0.014	1.13	1.16	1.17	0.78	2.832	1.602	104.96	91.78

对表 6.4.7 中的有关记号我们说明如下.

(1) 表中第 1 行是角的名称, 第 2 行是角的平均值, 第 3 行是角变化的标准差, 其中 ϕ, ϕ' 是转角的弧度与角度表示, ψ, ψ' 是扭角的弧度与角度表示.

(2) 表中 $\phi_1 = \angle(HA1,A,HA2)$, ϕ_2, ϕ_3, ϕ_4 分别是 AH0 线段与 NA, AC, b_3 线段的夹角, 其中 H0 点是 HA1HA2 线段的中点, b_3 是三角形 $\delta(N,A,C)$ 的法向量. ψ_1, ψ_2 分别是 $\delta(N,A,C)$ 与 $\delta(A,C,O)$, $\delta(N,A,C)$ 与 $\delta(H,N,A)$ 的二面角.

4. 甘氨酸中原子结构的关系的特点

由表 6.4.7 可以得到甘氨酸中原子结构的关系的特点如下.

(1) $\phi_1, \phi_2, \phi_3, \phi_4$ 的变化是十分稳定的, 而 ψ_1, ψ_2 的变化是不稳定的.

(2) $\phi_2 \sim \phi_3$ 说明线段 AH0 是 $\angle$(HA1, A, HA2) 的角平分线, $\phi_4 \sim 90°$, 这说明线段 AH0 与 b_3 向量垂直, 因此 N,A,C,H0 四点接近共面.

(3) ψ_1, ψ_2 的变化是不稳定的, 它们在三角形 δ(N,A,C) 的上下摆动. ψ_1, ψ_2 之间的变化可用 2 维正态分布 $N(\bar{\mu}, \Sigma)$ 来表示, 它的均值向量与协方差矩阵分别为

$$\bar{\mu} = (\mu_1, \mu_2) = (3.119, 2.998), \quad \Sigma = \left(\begin{array}{cc} 3.356 & 0.177 \\ 0.177 & 2.566 \end{array} \right).$$

由它们的协方差矩阵 σ 可得到它们的相关系数 $\rho = 0.0605$ 由此可以看到, ψ_1, ψ_2 这 2 个角的变化基本上是独立的.

(4) ψ_1, ψ_2 的变化, 我们还可给出它们的分布表 6.4.8 如下.

表 6.4.8　甘氨酸中 H,O 原子摆动角度百分比的分布表

角度范围	(6)	(7)	(8)	(9)	(10)	(16)	(17)	(18)	(19)	(20)
H 原子	18.026	18.175	6.571	0.926	0.329	14.994	11.275	9.394	10.036	10.275
O 原子	5.018	5.376	7.318	9.797	13.665	5.735	8.662	15.099	15.412	13.919

表 6.4.8 中 (i) 表示角度的取值在 $((i-1) \times 18°, i \times 18°)$ 内, 没有标号的 (i) 表示在此范围内无角度的取值. 由此可见, 三角形 δ(H,N,A) 与 δ(N,A,C) 及三角形 δ(A,C,O) 与 δ(N,A,C) 二面角的取值都集中在 $(90°, 180°)$ 与 $(270°, 360°)$ 范围内. 另外, H 与 O 原子在同一范围内的百分比分配也不相同, O 原子的分布比较均匀, 而 H 原子在 $(126°, 162°)$ 区域内取值很少.

甘氨酸中的这些原子结构特点在分子官能团的结构研究中有普遍意义, 也就是对任何 3-2 基团都有类似的特征.

6.4.5　脯氨酸的原子结构

与其他氨基酸比较, 脯氨酸也是一种特殊的氨基酸, 与甘氨酸一样我们要分析它的结构特征.

1.胼氨酸的原子结构特征

脯氨酸与其他氨基酸比较有以下特殊点.

(1) 在脯氨酸的不变部分中, 包含 N,A,C,B,O,HA 这 6 个原子, 但在其他 19 个氨基酸中还包含一个 H 原子, 这时在其他 19 个氨基酸中的共价键 H-N-A 在脯氨酸就变成 CD-N-A.

(2) 因为 CD 原子与 CG 等原子形成共价键, 因此 N-A-B-CG-CD-N 形成一个以共价键连接的环形结构, 这也是脯氨酸侧链上的 5 个非氢原子, 其中 N,A 是主链上的原子.

(3) 在脯氨酸中, 四面体 Δ(N,A,C,X) (X = B,O,HA) 的结构特征与其他 19 个氨基酸相同.

2. 脯氨酸的弧着色函数

脯氨酸的环形结构由 5 个非氢原子：N,A,B,CG,CD 组成, 其中 N 是主链上的原子, 它与 CD 又构成共价键. 对它的 1, 2, 3 阶弧的弧长平均值与标准差如表 6.4.9 所示.

表 6.4.9 脯氨酸中非氢原子的距离关系表

NA	AC	AB	CO	BCG	CDCG	NCD	CCG	NC	NB
1.453	1.533	1.543	1.219	1.493	1.519	1.498	3.352	2.472	2.360
0.014	0.010	0.012	0.010	0.024	0.018	0.014	0.186	0.031	0.022

AO	ACG	AD	BCD	NO	NCG	CB	OB	OCG
2.391	2.410	2.450	2.404	3.153	2.351	2.508	3.145	3.872
0.015	0.033	0.026	0.038	0.361	0.032	0.025	0.224	0.467

其中第 2 行是平均弧长, 第 3 行是弧长的标准差.

3. 对脯氨酸中非氢原子的结构关系有以下性质

如果把 N,A,C,B,CG,CD 这 6 个非氢原子进行分解, 那么它可分解成一个四面体 Δ(N,A,C,B) 与一个多面体 Σ(N,A,B,CG,CD). 它们有以下特征.

(1) 四面体 Δ(N,A,C,B) 与其他氨基酸相同, 是一个十分稳定的四面体结构, 它们的弧长与标准差在表 6.4.8 中给出, 与其他氨基酸没有差别.

(2) 多面体 Σ(N,A,B,CG,CD) 与 Δ(N,A,C,B) 之间有一个公共三角形 δ(N,A,B).

(3) 如果把多边形 Σ(N,A,B,CG,CD) 分解成 3 个三角形 δ(N,A,B), δ(N,B,CG) 与 δ(N,CG,CD), 那么它们具有 2 个 2 阶弧的公共边: NB, NCG. 由此产生两个二面角 ψ_1, ψ_2 的平均值, 方差与标准差分别为: 3.0638(或 175.54°), 0.0609, 0.2468(或 14.14°). 由此可见, 四面体 Δ(N,B,CG,CD) 中的两个三角形 δ(N,B,CG) 与 δ(N,CG, CD) 接近共面, 在同一平面的两侧有微量摆动.

(4) 在三角形 δ(N,A,B) 与三角形 δ(N,B,CG) 具有 2 阶弧的公共边 NB, 这两个三角形的二面角 ψ_1 的平均值, 方差与标准差分别为: 3.3581(或 192.42°), 0.1256, 0.3543 (或 20.30°). 由此可见, 四面体 Δ(N,A,B,CG) 中的两个三角形 δ(N,A,B) 与 δ(N,B,CG) 也接近共面, 但有稍大幅度的摆动.

4. 脯氨酸中的其他氢与非氢原子的结构分析

在脯氨酸中, 除了 N,A,B,C,CG,CD 这 6 个原子外还有其他的氢原子与 O 原子, 在本节中我们主要分析 H 与 O 原子在 π(N,A,C) 平面上的摆动与 CD 原子关于 π(N,A,B) 平面的摆动. 我们分别记不同三角形之间二面角摆动角度的平均值与标准差如表 6.4.10 所示.

表 6.4.10　脯氨酸中有关原子摆动角度的特征数表

角名称	ϕ_1	ϕ_2	ψ_1	ψ_2	ψ_3	ψ_4	ψ_5	ψ_6	ψ_7
平均值	110.623	113.424	228.741	301.910	302.773	300.097	168.236	157.140	166.837
标准差	1.112	1.837	93.421	2.400	1.934	1.938	6.957	7.893	7.206

其中 ϕ_1, ϕ_2 分别是角 $\angle(\mathrm{N,A,HA})$ 与 $\angle(\mathrm{C,A,HA})$, $\psi_1, \cdots, \psi_7$ 都是三角形对的二面角, 我们可以列表如下.

$$
\begin{pmatrix}
\psi_1 & \psi_2 & \psi_3 & \psi_4 & \psi_5 & \psi_6 & \psi_7 \\
\mathrm{A,C,O} & \mathrm{N,A,HA} & \mathrm{A,C,HA} & \mathrm{N,A,B} & \mathrm{N,B,CD} & \mathrm{N,B,CG} & \mathrm{N,B,CG} \\
\mathrm{N,A,C} & \mathrm{N,A,C} & \mathrm{N,A,C} & \mathrm{N,A,C} & \mathrm{N,A,B} & \mathrm{N,A,B} & \mathrm{N,B,CD}
\end{pmatrix},
$$

在该矩阵的每列中, 由第 2,3 行中 3 个点所组成三角形的二面角就是第 1 行的角. 由表 6.4.10 可以得到以下性质.

(1) 只有 ψ_1 的变化很不稳定, 而其他各角变化是十分稳定的, 其中角 ψ_5, ψ_6, ψ_7 的变化比较稳定.

(2) 因为 $\psi_1, \sim \psi_2$, 所以 HA 的位置与 N, C 点对称, ψ_4, ψ_5, ψ_6 的角度都大于 $180°$, 这说明 HA 与 B 点都在三角形 $\delta(\mathrm{N,B,CD})$ 的下面 (按右手法则).

(3) 角 ψ_5, ψ_6, ψ_7 的角度都接近 $180°$, 这说明 N, A, B, CG, CD 这 5 点接近共面, 但向内侧 (按右手法则的正向) 方向略有倾斜.

(4) 角 ψ_1 的变化很不稳定, 关于三角形 $\delta(\mathrm{N,A,C})$ 上下取值的比例为 47.255: 52.745, 它的角度取值分布比例如表 6.4.11 所示.

表 6.4.11　脯氨酸中 O 原子摆动角度百分比的分布表

角度范围	(6)	(7)	(8)	(9)	(10)	(16)	(17)	(18)	(19)	(20)
O 原子	5.074	7.563	12.491	14.760	12.857	4.294	5.904	11.198	13.711	12.149

表 6.4.11 中 (i) 表示角度的取值与表 6.4.8 相同. 由表 6.4.11 说明, O 原子在三角形 $\delta(\mathrm{N,A,C})$ 上下摆动角度的取值的比例与甘氨酸大体相同.

第7章 氨基酸中具有稳定空间结构基团的
计算与分析

对氨基酸的结构我们已从多种角度给以描述 (如分子结构图、点线图与空间结构几何形态图等), 现在对它们的结构参数作具体的计算与分析.

7.1 重要基团的计算结果

在表 6.3.2 和表 6.3.3 中已给出了在 20 种不同氨基酸中所可能出现的 42 个基团, 并给出了它们的空间结构形态与特征. 在 6.4 节中又对丙氨酸、甘氨酸与脯氨酸的结构特征作了专门计算与分析, 现在对其他基团进行计算与分析.

7.1.1 对氨基酸不变部分原子结构的计算与分析

氨基酸不变部分的原子包含 N,A,C,HA,O,H 这 6 个原子组成. 另外除了甘氨酸、B 原子在其他 19 个氨基酸中存在, 因此我们一起考虑. 对这 7 个原子的空间结构分析如下.

1. 基本参数的计算

在这 7 个原子中, N,A,C,O,B 是非氢原子, 对它们的表达参数变化已在光盘 DATA1/6/6-4/6-4-2.CTX 与表 6.4.4 与表 6.4.5 中给出, 因此我们只要讨论这 5 个非氢原子与氢原子 H,HA 的关系就可.

(1) 有关参数的记号. 在 5 个非亲原子 N,A,C,O,B 中它们的 9 参数 $r_1, \cdots, r'_3, \vartheta, \psi$ 的定义已在 6.4 节中给出, 为了方便, 记其中的 $\vartheta = \vartheta_1, \psi = \psi_1$.

(2) 与 H,HA 成一阶弧的分别是 H-N, A-HA, 它们的长度分别是 r_5, r_6. 与 H,HA 成二阶弧的有 H-N-A, N-A-HA, C-A-HA, 它们的长度分别是 r'_4, r'_5, r'_6.

(3) 在四原子点 H-N-A-C 中, 所产生的扭角记为 ψ_2. 在四原子点 N $-$ A $-$ C 中所产生的镜像值记 ϑ_2. 由此除了表 6.4.4 的 9 个参数外, 还要增加 $r_5, r_6, r'_4, r'_5, r'_6$ 与 ϑ_2, ψ_2 这 7 个参数.

2. 计算结果与分析

对这 7 个新增加参数在 PDB-Select 数据库的 3189 个蛋白质中计算它们的平

均值与标准差的结讨论如下.

(1) 在 PDB-Select 数据库中, 大部分氢原子都没有被测量与记录, 因此 N,A,C, HA,O,H 这 6 个原子得到完整记录的数据并不太多, 共有 7439 个, 对它们的计算结果在光盘 DATA1/7/7-1/7-1-1.CTX 文件中给出.

(2) 7-1-1.CTX 文件是一个 7439×7 的数据文件, 其中第 1 列这些原子所在的氨基酸编号, 2~8 列的数据分别是 $r_5, r_6, r'_4, r'_5, r'_6$ 与 ϑ_2, ψ_2 这 7 个参数的取值.

(3) 四原子点 N — $\overset{\text{B}}{\underset{|}{\text{A}}}$ — C 是氨基酸花盆结构模型中的花盆, 因此它的形态对氨基酸的总体形态有重要影响. 它是一个稳定的斜四面体, 绝大多数镜像值为 -1, 氨基酸侧链中的其他原子与它发生共价键的连接与延伸.

(4) 从理论上分析, 四原子点 N — $\overset{\text{HA}}{\underset{|}{\text{A}}}$ — C 的镜像值应与四原子点 N — $\overset{\text{B}}{\underset{|}{\text{A}}}$ — C 的镜像值相反为 $+1$, 但可能由于对氢原子 HA 的测量等原因, 它的镜像值取 1 的比例略低于四原子点 N — $\overset{\text{B}}{\underset{|}{\text{A}}}$ — C 的镜像值取 -1 的比例, 只有十万分之一的差别, 因此这个理论上相等的结论应该成立.

(5) 对 $r_5, r_6, r'_4, r'_5, r'_6$ 与 ϑ_2, ψ_2 这 7 个参数取值的特征数如表 7.1.1 所示.

表 7.1.1　部分氨基酸中 N,A,C,O,B,H,HA 原子 7 个参数特征数的计算表

参数名称 弧名称	r_5 NH	r_6 AHA	r'_4 AH	r'_5 NHA	r'_6 CHA	ϑ_2	ψ_2
弧长均值	0.8763	0.9905	2.0255	2.0050	2.0604	0.9526	-0.8879
标准差	0.0372	0.0282	0.0346	0.0291	0.0280	0.3039	0.6251

表 7.1.2 同样有两个模块 (左、右) 组成, 它们分别是部分氨基酸中 N,A,C,O,B, H,HA 原子参数的列协方差矩阵与相关矩阵.

表 7.1.2　部分氨基酸中 N,A,C,O,B,H,HA 原子参数的协方差与相关矩阵计算表

0.0014	0.0009	0.0009	0.0009	0.0008	0.0005	-0.00136
0.0009	0.0008	0.0007	0.0006	0.0006	0.0007	-0.00195
0.0009	0.0007	0.0012	0.0007	0.0006	0.0004	-0.00231
0.0009	0.0006	0.0007	0.0009	0.0006	0.0007	-0.00260
0.0008	0.0006	0.0006	0.0006	0.0008	0.0006	-0.00236
0.0005	0.0007	0.0004	0.0007	0.0006	0.0924	-0.05403
-0.0014	-0.0020	-0.0023	-0.0027	-0.0024	-0.0540	0.39073
1.000	0.895	0.683	0.789	0.778	0.041	-0.058
0.895	1.000	0.669	0.773	0.762	0.076	-0.111
0.683	0.669	1.000	0.702	0.563	0.040	-0.107

续表

0.789	0.773	0.702	1.000	0.773	0.078	−0.143
0.778	0.762	0.563	0.773	1.000	0.070	−0.135
0.041	0.077	0.040	0.078	0.070	1.000	−0.284
−0.058	−0.111	−0.107	−0.143	−0.135	−0.284	1.000

3. 扭角与镜像值的讨论

由光盘 DATA1/6/6-4/6-4-2.CTX, DATA1/7/7-1/7-1-1.CTX 与表 6.4.4, 表 6.4.5, 表 7.1.1, 表 7.1.2 可以看到, 在部分氨基酸的 N,A,C,O,B,H,HA 原子关系参数中, 1, 2 阶弧都是稳定的, 而镜像 ϑ_1, ϑ_2 与扭角 ψ_1, ψ_2 是不稳定的.

(1) 镜像 ϑ_1, ϑ_2 与扭角 ψ_1, ψ_2 的镜像分布由表 7.1.3 所示.

表 7.1.3　不同四面体的镜像比例分布表

四面体镜像值	ϑ_2	ϑ_4	ϑ_1	ϑ_3
正值的百分比	0.006	99.993	47.845	8.0387
负值的百分比	99.994	0.007	52.15	91.9613

由表 7.1.3 可以看到, B 原子点关于三角形 $\delta(N,A,C)$ 的镜像值绝大部分为 $-(99.994\%)$, HA 关于三角形 $\delta(N,A,C)$ 的镜像值绝大部分为 $+(99.993\%)$, O 的镜像值正负比例比较对称, (正、负各半), H 的镜像值大部分为 $-(88.187\%)$.

(2) ψ_1, ψ_2 取值如光盘 DATA1/7/7-1/7-1-2.CTX 文件所给, 这是一个 30701×4 的数据阵列, 其中每个扭角分别用弧度与角度表达.

(3) 扭角 ψ_1, ψ_2 取值的分布图如光盘 DATA2/7/7-1/7-1-1.BMP 文件所给. 该图中红线是 ψ_1 (N-A-C-O 4 原子点) 扭角的取值的分布图, 黄线是 ψ_2 (H-N-A-C 4 原子点) 扭角的取值的分布图.

(4) 由该图可以看到, 黄线是 ψ_2 角的取值比较集中, 红线是 ψ_1 角的取值比较分散, 它们都有 2 个峰值, 黄线的峰值差别较大, 红线的 2 个峰值大小接近相等, 但宽度大小有差别. 对这 2 条曲线在 $0, 2\pi$ 出的取值都接近零, 因此它们的一点系数 $\alpha = 0$.

7.1.2　具有中心点基团的计算

在表 6.3.3 和表 6.3.4, 表 7.1.1 中的 42 个基团中, 我们已对其中由 N,A,C,O,B,H, HA 所形成的一些基团作了计算与分析, 在另外的 37 个基团中有 6 个是带环基团, 我们先对其中不带环、有中心点的基团作计算分析.

1. 对 3-3 型基团的分析与计算

对 3 型基团, 它们的结构图形如图 6.2.1(c) 所示. 在表 7.1.1 中可以看到, 有 3

个 3-3 型的基团, 它们的结构分 C-C-3H, C-N-3H, S-C-3H , 其中 C-N-3H 是带正电荷的基团, 而 X-C-3H 中的 X 可取为 C 或 S, 它们的结构特征如下.

(1) X-C-3H 是一个双重正棱锥的空间结构, 如图 5.2.2(b) 所示, 图中 a, b, c 3 点是 3 个氢原子, H1, H2, H3, 它们构成一正三角形.

(2) 图中 o 点是 C 原子, 它与 H1, H2, H3 构成一正棱锥, 该正棱锥的 3 棱边长是 C-H 的共价键长, 约为 1.12(见表 4.2.1 所给), 它的 3 个顶角是 H-C-H 的键角, 约为 106°(表 7.1.3), 由此得到正三角形 δ(H1,H2,H3) 的边长为 1.789.

(3) 记 o 点到该正棱锥底面的投影点为 o', 它是正三角形 $\delta(a, b, c)$ 的中心点, 因此 $o'a = o'b = o'c = \sqrt{3}|ab|/3 = 1.033$. 由此得到该正棱锥 $\Delta(a, b, c, o)$ 的高 $|oo'| = \sqrt{|oa|^2 - |o'a|^2} = 0.433$.

(4) 在图 5.2.2(b) 中, d 点是在 $o'o$ 的延长线上, 当 d 点分别取 C,S 原子时, C-C, S-C 的共价键长分别是 1.47, 1.81(表 7.1.1 所给). 因此 do' 的长度分别是 $1.47 + 0.433 = 1.903, 1.81 + 0.433 = 2.243$, 由此得到 $da = db = dc = \sqrt{|do'|^2 + |o'a|^2}$, 这时它们的长度分别是: 2.165, 2.469.

对 C-N-3H 基团也可作类似计算, 但该基团涉及带正电荷等特殊性质, 是否可采用双重正棱锥模型还有待讨论.

2. 对 3-2 型基团的分析与计算

由表 6.3.2 可知, 3-2 型基团有 9 种, 分 5 种类型, 它们的结构只能是图 6.2.1 的某种类型, 而且还需满足以下条件.

(1) 在图 6.2.1 中, b 点必须是 C 原子, d, e 点都是 H 原子.

(2) 在 3-2 型基团的 5 种类型中, a, c 点中的至少有一个是 C 原子, 另一个可能是 C, N, O, S 原子, 因此这 5 种类型是由非氢原子所组成的 5 种不同三角形形成, 它们是 $\delta_1 = \delta$(C,C,C), $\delta_2 = \delta$(N,C,C), $\delta_3 = \delta$(O,C,C), $\delta_4 = \delta$(S,C,C), $\delta_5 = \delta$(C,C,N).

(3) 对这 5 种不同类型, 除了 δ_1 是一等腰三角形外, 在其他的 4 个三角形中, 除了其中有一边略有长短外 (表 7.1.3), 无其他差别.

(4) 对这 5 种不同类型, 它们的结构已在甘氨酸的结构分析中详细说明, 这就是 H1, H2 点相互对称, 而且与非氢原子所组成的三角形 $\delta_0 = \delta$(X,C,Y) 对称. 更具体的就是: δ(C,H1,H2) 是一等腰三角形、它的底边中点与三角形 $\delta_0 = \delta$(X,C,Y) 共面、而且相互垂直, H1, H2 点与 X, Y 点的距离相等.

3. 对 3-1 型基团的分析与计算

由表 6.3.2 可知, 3-1 型基团有 4 种, 分 3 种类型, 它们的结构只能是图 6.2.1 的某种类型, 而且还需满足以下条件.

(1) 在图 6.2.1 中, b 点必须是 C 原子, d, e 点都是 C 原子.

(2) 在 3-1 型基团的 3 种类型中, $a-b-c$ 是由 $N-C-H$, $O-C-H$, $C-C-H$ 组成, 我们统记为三角形 $\delta_0 = \delta(X,C,Y)$.

(3) 由 $d-b-e$ 点组成的三角形为 $\delta = \delta(C1,C,C2)$, 它们的结构与 3-2 型类似, 这就是: C1, C2 点相互对称, 而且与三角形 $\delta_0 = \delta(X,C,Y)$ 接近对称. 更具体的就是: $\delta(C,C1,C2)$ 是一等腰三角形, 它的底边中点与三角形 $\delta_0 = \delta(X,C,Y)$ 接近共面、相互垂直, C1, C2 点与 X, Y 点的距离接近相等.

(4) 当 $\delta_0 = \delta(X,C,Y)$ 中的 X,Y 是 C 原子时, 该基团与 3-3 型结构相似, 它是一个双重正棱锥的空间结构.

4. 对 1, 2 型基团的分析与计算

2 型基团的结构图形如图 6.3.1(b) 所示. 在表 7.1.1 中可以看到, 有 5 个不同类型的 2 型的基团, 它们的结构特征如下.

(1) 它的图形都是四面体, 中心点是 N 或 C 原子, $a-b-c$ 所形成的三角形分别记为 $\delta_1 = \delta(C,N,C)$, $\delta_2 = \delta(C,C,O)$, $\delta_3 = \delta(N,N,N)$, $\delta_4 = \delta(H,N,H)$.

(2) 在图 6.3.1-(b) 中, 对三角形 δ_1 所对应的 d 可取 O,H 原子, 在三角形 $\delta_2, \delta_3, \delta_4$ 中所对应的 d 分别是 O,C,C 原子.

(3) 由表 7.1.3 可以看到, C, N, O, H 这些原子的共价键长度与键角都是已知的, 因此 2 型基团中各四面体的边长都可确定.

1 型基团的结构图形如图 6.3.1(a) 所示. 在表 7.1.1 口可以看到, 有 8 个 7 类型的 1 型的基团, 它们都是由不同原子组成的三角形, 这些边长由表 7.1.3 都可得到, 因此它们的结构就可确定.

表 7.1.4 由共价键连接的三角形参数数据表

原子结构	r	r'	ϕ	r''	原子结构	r	r'	ϕ	r''	原子结构	r	r'	ϕ	r''
C-C-C	1.47	1.47	112	2.437	C-C-O	1.47	1.45	116	2.476	C-C-N	1.47	1.54	115	2.539
C-C-S	1.47	1.81	101	2.540	C-C-H	1.47	1.12	112	2.156	C-O-H	1.45	0.97	105	1.942
H-N-C	1.12	1.54	112	2.218	C-S-C	1.81	1.81	106	2.891					
N-C-N	1.54	1.54			H-N-H	1.02	1.02	106						

表 7.1.4 中 X-Y-Z 表示由共价键连接的三角形 $\delta(X,Y,Z)$, 其中 r, r' 分别是 X-Y, Y-Z 的共价键长, r'' 与 ϕ 分别是 XZ 的弧长与 X-Y-Z 的键角. δ_1 三角形是表中的前 4 个, 它们近似于等腰三角形.

7.1.3 具有环形环的侧链结构

所谓环形环就是指若干非氢原子在共价键的连接下, 组成一个封闭的环形结构, 所涉及的氨基酸有: 脯氨酸 (Pro)、苯丙氨酸 (Phe)、色氨酸 (Trp)、组氨酸 (His) 与酪氨酸 (Tyr) 五种氨基酸. 对脯氨酸的结构形态已在 3.4.5 节中计算, 现在对其他的 4 种氨基酸的环形结构进行讨论.

1. 苯丙氨酸中苯环的结构分析

苯丙氨酸残基共有 20 个原子, 其中非氢原子有 11 个, 它们包括主链与底座上的原子有 5 个: N, A, C, O, B, 苯环上的原子 6 个: CG, CD1, CD2, CE1, CE2, CZ. 因此对它的结构特征应分几个部分来研究. 在 PDB-Select 数据库中, 选择 3256 个记录完整的苯丙氨酸数据, 得到的计算结果如下.

(1) 先计算苯环上的 6 个原子: CG, CD1, CD2, CE1, CE2, CZ 与 B 原子的相互关系, 这 7 个点接近共面, 在我们的计算中, 三角形 $\delta_0 = \delta(\mathrm{CD1, CD2, CZ})$ 与它周边相邻的三角形

$$\delta_1 = \delta(\mathrm{CG, CD1, CD2}), \quad \delta_2 = \delta(\mathrm{CD1, CE1, CZ}), \quad \delta_3 = \delta(\mathrm{CD2, CE2, CZ})$$

所产生的二面角十分接近 180°. 四面体 $\Delta(\mathrm{B, CG, CD1, CD2})$ 的体积也十分接近于零.

(2) CG, CD1, CD2, CE1, CE2, CZ 与 B 这 7 个点的平均长度、方差与标准差分别如表 7.1.5 所示.

表 7.1.5　苯丙氨酸中有关原子的数据表

弧的名称	(CG,CD1)	(CG,CD1)	(CD1,CE1)	(CD2,CE2)	(CE1,CZ)	(CE2,CZ)
平均距离	1.38785	1.38758	1.39299	1.39295	1.38422	1.38431
方差	0.00021	0.00021	0.00022	0.00024	0.00023	0.00023
标准差	0.01443	0.01457	0.01493	0.01540	0.01510	0.01512
弧的名称	(B,CG)	(CD1,CD2)	(CD1,CZ)	(CD2,CZ)	(B,CD1)	(B,CD2)
平均距离	1.51204	2.39409	2.40454	2.40477	2.51723	2.51614
方差	0.00015	0.00071	0.00038	0.00036	0.00027	0.00024
标准差	0.01213	0.02665	0.01938	0.01899	0.01653	0.01534

(3) 由此可见, 苯环上的 CG, CD1, CD2, CE1, CE2, CZ 这 6 个点接近于一个正六边形, 而三角形 $\delta(\mathrm{B, CD1, CD2})$ 接近于一个以 B 为顶点的等腰三角形.

2. 酪氨酸中苯环及其连接点的结构分析

酪氨酸残基共有 21 个原子, 其中非氢原子有 12 个, 它们包括主链与底座上的原子 5 个: N, A, C, O, B, 苯环上的原子 6 个: CG, CD1, CD2, CE1, CE2, CZ, 另外在苯环顶端还有一个 OH 原子. 在 PDB-Select 数据库中, 我们选择 2674 个记录完整的酪氨酸数据, 得到的计算结果如下.

(1) 先计算苯环上的 6 个原子: CG, CD1, CD2, CE1, CE2, CZ 与 B 原子的相互关系, 这 7 个点接近共面, 它们的计算过程与共面理由与苯丙氨酸相同.

(2) CG, CD1, CD2, CE1, CE2, CZ 与 B 这 7 个点的平均长度、方差与标准差与表 7.1.5 十分接近, 我们不再列入. 由此可见, 酪氨酸中苯环上的 CG, CD1, CD2,

CE1, CE2, CZ 这 6 个点接近于一个正六边形, 而三角形 δ(B,CD1,CD2) 接近于一个以 B 为顶点的等腰三角形.

(3) 有关四面体 Δ(CE1, CE2, CZ, OH) 的有关变化数据如下:

$$\begin{pmatrix} 平均体积 & 方差 & 标准差 & 正镜像比例 & 负镜像比例 \\ 0.2184 & 3.6144 & 1.9012 & 0.4989 & 0.5011 \end{pmatrix}.$$

由此可见, 该四面体具有以下性质: CE1, CE2, CZ, OH 四点一般不共面, 平均体积为 0.2184, 体积有较大幅度的变化, 而且 OH 点在平面 π(CE1, CE2,CZ) 上、下 (镜像) 的比例大体相同.

3. 组氨酸中的环型结构分析

组氨酸中的非氢原子由 N, A, C, O, B, CG, ND1, CD2, CE1, NE2 这 10 个非氢原子点组成, 它们有以下特点.

(1) CG, ND1, CD2, CE1, NE2 这 5 个原子构成一咪唑基, 它们接近构成一正五边形, 且与 B 点接近共面.

(2) 三角形 δ(B,ND1,CD2) 接近一等腰三角形, 其中 (B,ND1) 边较 (B,CD2) 边稍短, 它们的平均长度、方差与标准差为

$$\begin{pmatrix} 弧的名称 & |B,ND1| & |B,CD2| \\ 平均长度 & 2.531 & 2.595 \\ 方差 & 0.00065 & 0.00069 \\ 标准差 & 0.02541 & 0.02636 \end{pmatrix}.$$

4. 色氨酸中的环型结构分析

色氨酸的侧链由两个环组成, 它的非氢原子由 N, A, C, O, B, CG, CD1, CD2, NE1, CE2, CE3, CZ2, CZ3, CH1 共 14 个原子组成, 对它们的结构分析如下.

(1) 色氨酸的侧链第 1 个环中的非氢原子由 CG, CD1, CD2, NE1, CE2 这 5 个原子构成一咪唑基, 而由 NE1, CE2, CE3, CZ2, CZ3, CH1 这 6 个原子构成一苯环, 这两个环有公共边 (CD2,CE2). 我们分析这两个环的结构.

(2) 由 CG, CD1, CD2, NE1, CE2 这 5 个原子构成一咪唑基, 仿组氨酸中咪唑基的讨论, 它们接近构成一正五边形, 且与 B 点接近共面, 且三角形 δ(B,CD1,CD2) 接近一等腰三角形, 其中 (B,ND1) 边较 (B,CD2) 边稍短

$$\begin{pmatrix} 弧的名称 & |BND1| & |BCD2| \\ 平均长度 & 2.556 & 2.634 \\ 方差 & 0.00067 & 0.00088 \\ 标准差 & 0.02580 & 0.02970 \end{pmatrix}.$$

(3) 由 CD2, CE3, CZ2, CH, CZ1, CE2 这 6 个原子构成苯环, 在酪氨酸中我们已经对苯环进行计算, 这 6 点接近共面, 而且接近构成一正六边形.

(4) 我们分别记咪唑基 Σ_1(CG, CD1, CD2, NE1, CE2) 与苯环 Σ_2(CD2, CE3, CZ2, CH, CZ1, CE2) 所在的平面为 π_1 与 π_2, 它们有一公共边 (CD2,CE2), 我们的计算结果是这两个平面接近共面, 也就是它们的二面角在 π(或 180°) 上下波动.

在这五种带环形侧链氨基酸中各多边形接近共面的详细计算如表 7.1.4 所示.

7.1.4　氨基酸侧链中有关基团镜像的讨论

镜像结构在化学反应中具有重要作用, 在蛋白质中存在许多不同类型的四原子点, 在本节中作专门分析.

在四原子点中如果具有不稳定的扭角 ψ, 因为该参数本身带正负号, 这些正负号的取值就是镜像值, 所以不再考虑. 在本节中主要考虑各边长稳定的四面体或多边形中的镜像问题.

称表 6.3.2 和表 6.3.3 所给出的 42 个基团中, 有部分基团可能具有不同的镜像结构, 我们对这些基本基团作分析计算.

如果不考虑具有不稳定的扭角中的镜像值, 那么在各边长稳定的四面体或多边形中产生不同镜像值的基团来源如下.

(1) 侧链具有分叉点的基团. 在图 6.2.2 与图 6.3.1 中, 我们可以看到缬氨酸、苏氨酸、亮氨酸、异亮氨酸、天冬氨酸、精氨酸与天冬酰胺、谷氨酰胺这 8 种氨基酸的侧链具有分叉点, 因此它们可能具有镜像问题. 其中缬氨酸、亮氨酸与天冬氨酸在分叉后的两个子图是对称的, 因此它们不应存在镜像问题, 但我们仍对它们作分析计算.

(2) 在各氨基酸的主干枝树图与次干枝树图中, 如果它们只有 1 个梢点, 那么该梢点的镜像由它的扭角的正负值确定, 如果它们有 2,3 个梢点, 那么这些梢点存在镜像问题. 它们是丙氨酸、丝氨酸、缬氨酸、苏氨酸、亮氨酸、异亮氨酸、天冬氨酸、甲硫氨酸、赖氨酸与精氨酸及天冬酰胺、谷氨酰胺这 12 种氨基酸.

(3) 在各带环的氨基酸中, 它们的 Δ(B,CG,XD1,YD2) (在脯氨酸、苯丙氨酸、酪氨酸与组氨酸中) 或 Δ(CG,CD,XE1,YE2) (在色氨酸中) 基团, 需要讨论它们镜像值的稳定性问题.

(4) 在带环的氨基酸中, 如果环中顶点的非氢原子只有 1 个共价的氢原子, 那么该氢原子一般都有不稳定的镜像值.

7.1.5　在活动坐标系下的计算

4.4 节已给出了活动坐标系的一般构造理论, 如果我们取 a, b, c 这 3 点为 N,A,C 这 3 个原子, 那么我们就可讨论 B, HA 等原子在该活动坐标系下的坐标计算.

1. 活动坐标系 $\mathcal{E}(\mathrm{N,A,C})$ 的构建

在 4.4 节中我们已给出了活动坐标系构造的一般理论, 如果我们取 a,b,c 这 3 点为 N,A,C 这 3 原子, 取 A 为原点、有向线段 AC 为 OX 轴、$\pi(\mathrm{N,A,C})$ 的法向量为 OZ 轴 (按右手法则确定). 那么我们就可讨论 B, HA 原子在活动坐标系 $\mathcal{E}(\mathrm{N,A,C})$ 下的坐标计算问题, 计算结果如表 7.1.6 所示.

表 7.1.6　N, A, C, B, HA 点在空间坐标系 $\mathcal{E}_u(\mathrm{A,C,N})$ 中的坐标数据表

参数名称	x_{N}	y_{N}	x_{C}	x_{B}	y_{B}	z_{B}	x_{HA}	y_{HA}	z_{HA}
平均值	-0.5117	-1.3728	1.5275	-0.5362	-0.7431	-1.2247	-0.3482	-0.4912	0.8858
标准差	0.0404	0.0234	0.0108	0.0399	0.0645	0.0473	0.0273	0.0330	0.0372

表 7.1.5 中的各参数是 N, A, C, B 点在空间坐标系 $\mathcal{E}_v$ 中的坐标数据, 由此可以得到这四点在坐标系 $\mathcal{E}_u$ 中的坐标平均值, 这里 $\boldsymbol{r}_{\mathrm{A}} = (0,0,0), \boldsymbol{r}_{\mathrm{C}} = (x_{\mathrm{C}}, 0, 0)$, 而

$$
\begin{pmatrix} \boldsymbol{r}_{\mathrm{N}} \\ \boldsymbol{r}_{\mathrm{A}} \\ \boldsymbol{r}_{\mathrm{C}} \\ \boldsymbol{r}_{\mathrm{B}} \\ \boldsymbol{r}_{\mathrm{HA}} \end{pmatrix} = \begin{pmatrix} x_{\mathrm{N}} & y_{\mathrm{N}} & 0 \\ 0 & 0 & 0 \\ x_{\mathrm{C}} & 0 & 0 \\ x_{\mathrm{B}} & y_{\mathrm{B}} & z_{\mathrm{B}} \\ x_{\mathrm{HA}} & y_{\mathrm{HA}} & z_{\mathrm{HA}} \end{pmatrix} \begin{pmatrix} -0.512 & -1.363 & 0 \\ 0 & 0 & 0 \\ 1.5275 & 0 & 0 \\ -0.5362 & -0.7431 & -1.2247 \\ -0.3482 & -0.4912 & 0.8858 \end{pmatrix}. \tag{7.1.1}
$$

2. B,HA 点的位置表达

在活动坐标系 $\mathcal{E}(\mathrm{N,A,C})$ 下, 对 B,HA 点的位置有十分清楚的表达, 有关计算与表达结果如图 7.1.1 所示.

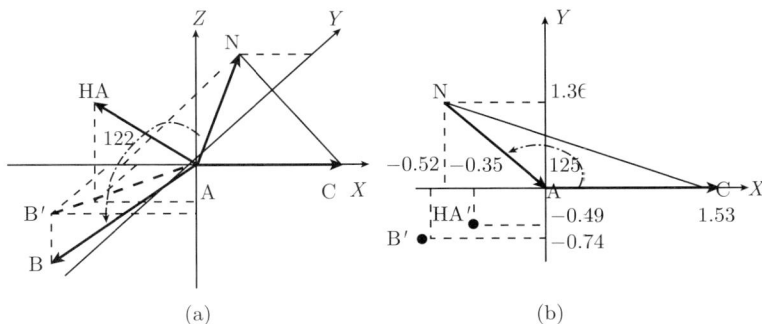

(a) (b)

图 7.1.1　四面体 $\Delta(\mathrm{N, A, C}, X), X = \mathrm{B, HA}$ 在 $\mathcal{E}_u$ 坐标系中的空间结构图

对图 7.1.1 我们说明如下.

(1) 图 7.1.1 由 (a), (b) 2 个子图组成, 其中图 (a) 是 B, HA 点在 $\mathcal{E}_u$ 坐标系中的空间结构图, 而图 (b) 是这 2 点在 $\mathcal{E}_u$ 坐标系的 XY 平面上的投影图.

(2) 从图 7.1.1(a) 可以看到, B, HA 点在 $\mathcal{E}_u$ 坐标系中的镜像相反, 其中 B 点的镜像绝大部分 (99.95%) 为负, 因此 HA 点的镜像绝大部分为正. 这时 $\overrightarrow{\mathrm{AB}}$ 与 $\boldsymbol{k}$ 向

量的夹角为 $122°$, $\overrightarrow{AB}$ 与 k 向量的夹角为 $180 - 122 = 58°$.

(3) 图 (b) 是一个平面图, 也就是 N,A,C,B,HA 这 5 点在 XY 平面 (由三角形 $\delta(N,A,C)$ 平面确定) 上的投影点, 它们分别是 N,A,C,B′,HA′ 点. 图中的参数说明这些点在该平面上的位置, 如 B 点的平面坐标为 $(-0.52, -0.74)$, 而 $\overrightarrow{AB'}$ 与 k 向量的夹角为 $-125°$.

(4) 由该图说明, 四面体 $\Delta(N,A,C,B)$ 与 $\Delta(N,A,C,HA)$ 都是斜四面体, 因为顶点 B, HA 向平面 $\pi(N,A,C)$ 的投影为 B′, HA′ 点都在三角形 $\delta(N,A,C)$ 的外侧.

(5) 由表 7.1.2 可知, B 与 HA 点 Z 坐标的取值正负符号相反, 这时绝大部分氨基酸的 B 点在 XY 平面的下侧 (按右手法则), 而 HA 点则在 XY 平面的上侧.

3. B,HA 点的位置表达的意义

由图 7.1.1 可以看到, 四面体 $\Delta(N,A,C,B)$ 是一个斜四面体, 因此在它的**花盆**、**花枝与花朵**的结构模型中, 花盆、花枝与花朵是朝盆底的侧面发展, 这样在蛋白质的形成过程中可以使侧链发挥更大的动力学作用, 也可以使我们看到, 在 α 螺旋等二级结构中, 主链中的 N,A,C 原子以螺旋式的形式旋转延伸, 而它们的侧链则围绕主链中原的螺旋结构, 在外围转动.

$\Delta(N,A,C,B)$ 的斜四面体结构如图 7.1.2 所示.

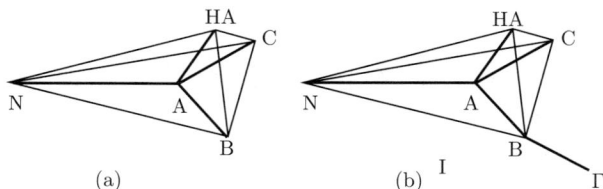

图 7.1.2　$\Delta(N,A,C,B)$, $\Delta(N,A,C,HA)$ 的四面体斜结构形态图

图 7.1.2(b) 中的 BΓ 表示侧链的运动方向.

7.2　氨基酸与氨基酸侧链的运动与变化模型

氨基酸与氨基酸侧链都是一些特殊的分子或多原子点结构, 因此可以运用第 6 章或 7.1 节中的一些结论来讨论形态结构.

7.2.1　氨基酸的全着色图

一般全点线图与全着色图的定义已在一般图论中 (见 4.3 节的讨论) 给出, 在本节中讨论氨基酸全着色图的具体表示.

1. 全着色图的定义

记 $V_{20} = \{A, R, N, D, C, Q, E, G, H, I, L, K, M, F, P, S, T, W, Y, V\}$, 或 $V_{20} = \{1,$

$2, \cdots, 20\}$ 是 20 种不同氨基酸, 如果 $a \in V_{20}$ 是一个固定的氨基酸, 那么我们先给出它们全着色图的定义.

(1) 对一个固定的氨基酸 a, 它的全色图记号为 $G_a = \{E_a, V_a, (f_a, g_a)\}$, 其中 E_a 是该氨基酸中的全体原子 (或全体非氢原子), V_a 是 E_a 中的全体点偶集合.

(2) 对任何 $e \in E_a$, 函数 $f_a(e)$ 表示点 e 所代表的原子与该原子在该氨基酸中的位置, 每个氨基酸所包含的原子及它们所在的位置如表 6.1.2 所示. 这里的原子与原子位置采用 PDB 数据库中的一般表示法, 对此已在表 6.1.2 中说明.

(3) 对任何 $v = (a, b) \in V_a$, 函数 $g_a(v)$ 表示点偶 (a, b) 的有关信息, 在本节中取函数 $g_z(v)$ 的值为点偶 (a, b) 在数据库中的平均距离与标准差.

为了简单起见, 在本节中只讨论各氨基酸中非氢原子的全着色图.

2. 全着色图的计算结果

利用 PDB-Select 数据库就可得到这 20 种氨基酸的全着色图, 对它们的计算结果说明如下.

(1) 对甘氨酸 (G) 与丙氨酸 (A) 的非氢原子着色全图实际上已在表 6.4.6 与表 7.1.4 中给出.

(2) 对其他 18 种氨基酸非氢原子的着色全图在光盘 DATA1/7/7-2/7-2-1.CTX 中给出. 在该文件中, 对每个氨基酸有 2 个模块, 其中一个模块是不同原子点的平均距离, 另一个模块则是不同原子点的距离的标准差.

(3) 例如, 对丙氨酸中各弧的全着色图如表 7.2.1 所示.

表 **7.2.1**　丙氨酸侧链中非氢原子距离与标准差的全着色图

	N	A	C	O	B	N	A	C	O	B
N	0.00000	1.45942	2.45856	3.26816	2.44758	0.00000	0.01116	0.04478	0.36561	0.02441
A	1.45942	0.00000	1.52518	2.39951	1.52499	0.01116	0.00000	0.01161	0.02066	0.01482
C	2.45856	1.52518	0.00000	1.23328	2.49869	0.04478	0.01161	0.00000	0.01061	0.02701
O	3.26816	2.39951	1.23328	0.00000	3.19966	0.36561	0.02066	0.01061	0.00000	0.16217
B	2.44758	1.52499	2.49869	3.19966	0.00000	0.02441	0.01482	0.02701	0.16217	0.00000

表 7.2.1 由两个模块组成, 左边模块是不同非氢原子之间的平均值, 右边模块是不同非氢原子之间变化的标准差. 在 7-2-1.CTX 文件中, 对其他氨基酸也有类似的计算结果.

3. 关于全着色全图的几点分析

在光盘 DATA1/7/7-2/7-2-1.CTX 文件我们可以看到这 20 种氨基酸中所有非氢原子点偶的弧长的平均值与它们的标准差, 由此确定这些参数的变化特征.

(1) 所有 1 阶弧 (即共价键) 长度的变化为 1.2~1.6, 其中 O=C 键为最短, 其次是 NC 键, 较长的是 CC 键. 同一类型的 1 阶弧长度变化的标准差一般不超过 0.02,

因此十分稳定.

(2) 所有 2 阶弧长度的变化为 2.2~2.6, 同一类型的 2 阶弧长度变化的标准差一般不超过 0.04, 也比较稳定.

(3) 3, 4, 5, 6 阶弧长度的变化大体按 3.0, 4.0, 5.0, 6.0 的数量级范围变化, 它们的标准差也会增长, 它们的线性拟合关系为 $\hat{\sigma}_i = 0.1772r_i - 0.3044$, 它们的拟合的均方误差为 $\dfrac{1}{n}\sum\limits_{i-1}^{n}(\sigma_i - 0.1772r_i - 0.3044)^2 \sim 0.02504$. 由此可见, 标准差与弧的阶数的关系大体按 0.18 的比例增长.

4. 从全着色图看氨基酸的大小类型分析

从全着色图看氨基酸的大小可分小、中、大这 3 种类型, 其中

(1) 小型氨基酸有 7 种: 甘氨酸 (G)、丙氨酸 (A)、丝氨酸 (S)、半胱氨酸 (C)、苏氨酸 (T)、缬氨酸 (V) 与脯氨酸 (P)、它们最多只有第 2 层的非氢原子, 这些第 2 层非氢原子与底座上的非氢原子的距离在 3.6 以下.

(2) 中型氨基酸也有 7 种: 异亮氨酸 (I), 天冬氨酸 (D), 亮氨酸 (L), 谷氨酸 (E) 与甲硫氨酸 (M), 还有天冬酰胺 (N) 与谷氨酰胺 (Q), 它们具有第 3 或 4 层的非氢原子, 这些非氢原子与底座上的非氢原子的平均距离为 4.0~5.6.

(3) 其余的 6 种氨基酸为大型氨基酸, 它们具有 5 或 6 层的非氢原子, 这些非氢原子与底座上的非氢原子的平均距离为 5.5~7.0.

相同第一种情形是无环的非氢原子点线图, 如果它的梢点存在共价的氢原子, 那么在该干树图中延长一个氢原子, 使该干树图增加 1 个长度.

例如, 在赖氨酸 (K) 中, 它的干枝树图为 A-B-CG-CD-CE-NZ(长度为 6), 因为 NZ 原子有共价的氢原子, 所以它的总长度为 7, 具有扭角 4. 又如在异亮氨酸中, 它的主干枝树图为 A-B-CG1-CD(长度为 4), 因为 CD 原子有共价的氢原子, 所以它的总长度为 5, 具有扭角 2. 它的次干枝树图为 B-CG2(长度为 2), 因为 CG2 原子有共价的氢原子, 所以它的总长度为 3, 具有扭角 1. 因此异亮氨酸的总扭角为 3.

(4) 产生扭角的第二种情形是有环的非氢原子点线图. 因为各环的起点都是 CG 原子, 所以由 CG-CD1-CD2 3 原子就可确定该环的空间结构, 因此它们的干树图长度为 4, 扭角参数为 1. 酪氨酸 (Y) 还有 OH-HH, 还需要 2 个扭角才能确定它们的空间位置, 我们把酪氨酸中的 CE1-CZ-OH-HH 看做 1 次干树图.

5. 氨基酸侧链的全着色图

在氨基酸的全着色图中除去 C,O 这 2 个原子及与它们有关的数据就是氨基酸侧链的全着色图.

7.2.2 氨基酸侧链的参数表达

一般分子空间结构的参数表达的定义已在 4.1 节中给出, 在本节中主要是给出各氨基酸侧链的分子结构进行参数表达的计算结果.

1. 参数表达的记号

记 $a \in V_{20}$ 是一个固定的氨基酸侧链, 它所包含的原子点记为 $a = \{a_1, a_2, \cdots, a_{h_a}\}$, 其中 h_a 是该侧链的原子数, 那么它的参数表达系记为 $\Theta_a = (\theta_{a,1}, \theta_{a,2}, \cdots, \theta_{a,m_a})$, 对其中的这些记号进一步说明如下.

(1) 侧链中的原子数与它的参数表达系中的参数数满足关系式 $m_a = 3h_a - 6$.

(2) 对参数系 Θ_a 中的参数我们一般采用

$$\Theta_a = \{r_i, r_2, \cdots, r_{h_a-1}, r'_i, r'_2, \cdots, r'_{h_a-2}, \psi_1, \psi_2, \cdots, \psi_{h_a-3}\}, \tag{7.2.1}$$

其中 $r_i = |a_i a_{i+1}|, r'_i = |a_i a_{i+2}|$ 是侧链中的全体 1, 1 阶弧顶弧长, ψ_i 是四原子点 $a_1, a_{i+1}, a_{i+2}, a_{i+3}$ 的扭角.

(3) 在四原子点的扭角中, 实际上已包含这四原子点的镜像, 因此在这个模型中对镜像不再另外讨论.

2. 不同氨基酸侧链参数的表达

由表 6.1.2 与式 (7.2.1) 的参数表达系公式可以得到不同氨基酸中所包含的原子数与表达参数数, 对此列表 7.2.2 如下.

表 7.2.2　20 种氨基酸侧链参数表达的参数数与参数长度 (或频数) 表

氨基酸一字符	A	R	N	D	C	Q	E	G	H	I
侧链原子数	3	9	6	6	4	7	7	2	8	6
表达参数数 A	3.0	21.6	12.3	12.3	5.1	18.4	18.4	1.0	21.5	12.3
出现的频数 B	60747	33774	32731	43138	11289	26929	45102	57450	16494	40303
氨基酸一字符	L	K	M	F	P	S	T	W	Y	V
侧链原子数	6	7	6	9	5	4	5	12	10	5
表达参数数 A	12.3	15.4	12.3	21.6	9.2	6.1	9.2	30.9	24.7	9.2
出现的频数 B	63639	42063	14255	29276	34348	45638	42469	10824	26769	52614

表 7.2.2 中第 3 行用 $A_1(a), A_2(a)$ 表示, 其中 $A_1(a)$ 为表达参数的总数, $A_2(a)$ 为扭角数. 对不同的氨基酸, 在 PDB-Select 数据库 Ω 中出现侧链中的原子不一定完整, 表 7.2.2 第 4 行中的 $B(a)$ 数是氨基酸 a 在数据库 Ω 中出现完整侧链的数.

3. 参数表达的计算结果

对 PDB-Select 数据库中各氨基酸的参数表达在光盘 DATA/DATA1/7/7-2 文件夹的多个文件中给出, 对这些文件说明如下.

(1) 文件 7-2-2.CTX 是对所有氨基酸 (除了甘氨酸) 中 N,A,C,O,B 原子参数的变化与计算结果, 这些参数是 NA, AC,CO,AB,NC,AO,NB, 线段的弧长、NACB 的镜像与 NACO 的扭角, 该文件是一个 678413×9 的数据阵列.

(2) 对 7-2-3.CTX 文件可分解成 20 个子阵列, 每个子阵列是一个 279936×30 的数据阵列, 该数据阵列是 20 个氨基酸的参数表达, 部分行是该文件的标题与参数的说明.

在 30 个列中, 第 1 列是氨基酸的编号, 第 2~21 列是弧长的参数, 第 22~30 列是扭角的参数.

在每个氨基酸中, 所包含的参数与参数的取值是不相同的, 它们在表 7.2.2 中给出, 这些数据见表 7.2.2 的说明, 其中最大的氨基酸是色氨酸, 它包含 30 个参数, 而甘氨酸只包含 1 个参数, 没有参数的列用 0.0 表示.

(3) 光盘 DATA1/7/7-2/7-2-4.CTX 文件是 7-2-3.CTX 文件的简化, 这里删除取值为 0.0 的列, 因此对该文件可分解成 20 个子阵列, 每个子阵列是一个 $B(a) \times A_1(a)$ 的数据阵列, 其中 $a = 1, 2, \cdots, 20$.

(4) 7-2-5.CTX 文件是 7-2-3.CTX 文件的简化, 这里只记录扭角的变化, 因为丙氨酸与甘氨酸没有扭角, 所以对该文件可分解成 18 个子阵列, 每个子阵列是一个 $B(a) \times A_1(a)$ 的数据阵列, 其中 $a \in V_{20} - \{1, 8\}$(不包括丙氨酸与甘氨酸的数据).

对数据文件 7-2-2.CTX, 7-2-3.CTX, 7-2-4.CTX, 7-2-5.CTX 的进一步分析在以后章节中讨论.

7.2.3　扭角分布的计算结果

在 7.1 节中已经说明, 对扭角的取值不一定限制为 $(0, 2\pi)$ (或 $(-\pi, \pi)$) 可以取值为 $(\alpha, \alpha + 2\pi)$, 这时称 α 为扭角的移动系数. 我们先计算它们的分布密度.

1. 扭角的分布密度函数表 (I)

对表 7.2.2 中的 68 个扭角可以计算它们的分布函数表, 这就是就是它们在 $0° \sim 360°$ 内的分布密度表与图. 由此得到 68 条分布曲线

$$f_i(j), \quad i = 1, 2, \cdots, 68, \quad j = 1, 2, \cdots, 360, \tag{7.2.2}$$

其中 $f_i(j)$ 为第 i (按表 7.2.2 的排序) 个扭角在角度 $(j - 1, j)$ 内的取值比例 (百分比或千分比). 该 68 条分布函数在光盘 DATA1/7/7-2/7-2-6.CTX, 7-2-7.CTX 文件给出. 对这些文件说明如下.

(1) 该文件是按式 (7.2.2) 定义的 68 个扭角变化的分布密度函数, 对这 68 个扭角在氨基酸的分布在表 7.2.2 中给出.

(2) 由此可见, 7-2-6.CTX 文件是一个 68×364 个数据阵列, 其中第 1 列是分别密度的编号 (按表 7.2.2 中的程序排列)、第 2 列是氨基酸的一字符变化、第 3 列

是扭角在氨基酸中的排列次序、第 4 列是参数分布密度取值的最大值、后 360 列是在各度范围内的密度取值 (千分比).

2. 扭角的分布密度函数表 (II)

由光盘文件 7-2-6.CTX 文件可以看出, 不同曲线的最大值取值的差别很大, 因此无法在图像中给以表示. 为此作以下处理.

(1) 对 7-2-6.CTX 数据文件中的 68 条曲线分 12 张图像给以表达, 它们的数据结构在 7-2-7.CTX 文件中给出.

(2) 7-2-7.CTX 文件是 2 个 68×364 数据阵列, 在这 2 个阵列中, 各列的含义与 7-2-6.CTX 相同, 但曲线的排列的次序不同, 在 7-2-7.CTX 文件中, 曲线的排列的次序大体按曲线最大值的大小, 由小到大的次序排列, 并分解在 12 个模块中.

(3) 在 7-2-7.CTX 文件的第 2 个数据阵列中, 前 7 个模块中, 分布密度的取值按千分比的比例放大, 后 5 个模块中的分布密度的取值按百分比的比例放大.

3. 扭角的分布密度函数图

(1) 在光盘 DATA2/7/7-2/文件夹中的 7-2-1.BMP-7-2-12.BMP 的 12 张图像中, 每张图像曲线的取值按 7-2-7.CTX 文件中的第 2 个模块中的数据确定. 其中每条曲线所对应的氨基酸与氨基酸中的扭角由 7-2-7.CTX 中的数据说明确定.

(2) 在光盘 DATA2/7/7-2 文件夹中的 *.BMP 文件中, 一般取 4~6 条曲线, 按曲线的排列次序分红、黄、绿、蓝、浅绿与粉红这 6 种颜色依次表达. 由此可以形象地看到各条曲线的变化情形.

7.2.4 扭角取值分布曲线类型的讨论

对光盘 DATA2/7/7-2 文件夹中 14 幅扭角取值分布图图像或光盘 DATA1/7/7-2/7-2-6.CTX, 7-2-7.CTX 的数据文件讨论如下.

1. 扭角分布曲线图的类型

对这 12 幅 68 条扭角取值分布曲线图大体可分为以下几种类型.

(1) 第 1 种类型是扭角分布的最大取值不十分大的曲线, 这种类型的曲线比较多, 在 7-2-1.BMP-7-2-7.BMP 图中的 39 条曲线都是这种类型. 我们称之为 I 型曲线.

(2) 第 2 种类型是扭角的取值集中在 $180°$ 左右, 在 $180°$ 左右取值的分布比例特别高 (在 $175° \sim 185°$ 中取值的比例在 98% 以上). 我们把这种类型称为 II 型曲线. II 型分布的曲线也比较多, 7-2-8.BMP, 7-2-11.BMP 中的 6 条曲线, 7-2-9.BMP 中的第 1,3 , 7-2-10.BMP 中的第 1,2,3,5,6, 6-2-10.BMP 中的第 2,3,5,6 7-2-12.BMP 中的第 1,3,4,5,6 条曲线都是这种类型.

(3) 第 3 种类型是扭角的取值集中, 但它们不是集中在 180° 左右, 如 7-2-9.BMP 中的第 2,4,5 条曲线, 7-2-10.BMP 中的第 4 条曲线, 都是这种类型, 我们把这种类型称为 III 型曲线. 它们的取值分布分别集中在 240°, 120°, 120° 与 240° 左右.

(4) 第 4 种类型是扭角的取值集中, 它们集中在 0° 与 360° 左右, 如 7-2-10.BMP 中的第 1 条曲线, 7-2-12.BMP 中的第 2 条曲线, 都是这种类型, 我们把这种类型称为 IV 型曲线.

2. I 型参数分布曲线的特征

对 I 型分布曲线又有 2 种不同的结构特征, 我们分别称它们为 I-0,I-1 型结构.

(1) I 型曲线的取值一般都比较平稳, 但也有 1-3 个不同的峰值, 其中 I-0 型曲线的峰值在 0° 与 360° 之间. I-0 型分布的曲线有如 7-2-1.BMP 中的 2,3,4,5 条曲线.

(2) I-1 型曲线的取值的峰值一般有 3 个, 它们的取值一般在 80°, 180° 与 300° 左右. 但每个峰值的高度、所占的比例或移动位置都不全相同.

(3) 如果把氨基酸的侧链分为根部或梢点部分, 那么 I 型的曲线一般都是根部扭角的取值分布曲线.

3. 对 II,IV 型分布曲线特征的讨论

当扭角 ψ 取 180° 或 360° 时对四原子点 a,b,c,d 处于共面状态, 但它们的结构情形不同.

(1) 当扭角 ψ 取 180° 时, 四原子点 a,b,c,d 处于共面状态, 这时 a,d 点在直线 bc 的不同侧面.

(2) 当扭角 ψ 取 360° 时, 四原子点 a,b,c,d 同样处于共面状态, 但这时 a,d 点在直线 bc 的同一侧面.

(3) 产生 II, IV 型曲线的扭角都是氨基酸中与梢点有关的扭角.

4. 扭角分布曲线图的移动系数

在 7-2-1.BMP 的 2,3,4,5 条曲线与 IV 型曲线中, 扭角的取值集中在 0° 或 360° 左右有较大比例的取值, 但 0° 与 360° 实际上是相同的角, 但它们取值的差别很大, 因此这种取值的差别会影响对这些角的统计效果, 因此对这些扭角的参数曲线须作一个适当的移动会克服这个缺陷.

对 7-2-1.BMP 中 2,3,4,5 的 4 条曲线取移动系数 $\alpha = 100°$, 对 IV 型曲线中的 2 条曲线, 取移动系数 $\alpha = 40°$, 相应的扭角的变化计算公式为

$$\psi' = \begin{cases} \psi, & \alpha \leqslant \psi \leqslant 360, \\ 360 + \psi, & 0 \leqslant \psi < \alpha, \end{cases} \tag{7.2.3}$$

其中 ψ, ψ' 分别是移动前后的扭角取值, 这时 ψ 在 $(0, 360)$ 内取值, 而 ψ' 在 $(\alpha, 380)$ 范围内取值.

对 7-2-1.BMP 的 2,3,4,5 这 4 条曲线与 IV 型中的这 2 条曲线中, 在分别作了 $\alpha = 100, 40$ 移动后的曲线图形分别在光盘 DATA2/7/7-2/7-2-20.BMP 文件与 7-2-21.BMP 文件中给出.

表 7.2.3 密度分布曲线图中的主要参数

4	2	4	10.81	1	2	1	21.97	33	12	1	22.47	27	10	1	40.12	17	6	4	315.35	25	9	4	444.71
8	3	2	7.79	2	2	2	25.05	38	13	2	24.83	29	10	3	50.17	28	10	2	292.86	26	9	5	484.96
11	4	2	11.85	7	3	1	22.61	41	14	2	21.55	47	15	2	61.60	66	19	7	303.04	43	14	4	438.58
16	6	3	7.20	10	4	1	23.30	49	17	1	25.57	67	20	1	39.63	32	11	3	333.16	44	14	5	520.80
20	7	3	7.12	13	5	1	23.21	51	18	1	23.10					68	20	2	333.50	45	14	6	465.94
23	9	2	10.79	14	6	1	26.55	60	19	1	21.18									63	19	4	428.56
3	2	3	17.67	15	6	2	22.80	34	12	2	29.29	6	2	6	298.87	5	2	5	350.83	55	18	5	459.07
39	13	3	13.40	18	7	1	23.75	35	12	3	31.22	9	3	3	288.29	12	4	3	349.18	56	18	6	461.47
48	16	1	19.33	19	7	2	22.79	36	12	4	32.86	24	9	3	187.64	21	7	4	359.27	58	18	8	497.88
52	18	2	16.81	22	9	1	22.19	37	13	1	29.11	42	14	3	192.99	50	17	2	367.30	59	18	9	476.53
40	14	1	20.77	30	11	1	26.01	46	15	1	32.17	53	18	3	171.29	54	18	4	432.19	64	19	5	501.55
61	19	2	20.51	31	11	2	27.33					62	19	3	177.71	57	18	7	431.73	65	19	6	449.51

表 7.2.3 分 12 个模块, 每个模块是光盘中 DATA2/7/7-2 文件夹中 7-2-1.BMP-7-2-12.BMP 这 12 张图像 (按自上而下、从左到右的出现排列) 的有关参数.

每个模块由 4~6 行, 4 列组成, 每一行是一条曲线中的参数, 1,2,3,4 列中的数据分别是: 扭角的总体编号、氨基酸的一字符编号、扭角在氨基酸中的编号与各条曲线中的最大值.

在第 8~12 个模块中, 曲线的最大值明显大于前 7 个模块中曲线的最大值, 因此在作图时按百分比放大 (前 7 个模块在作图时按千分比放大).

7.3 扭角在不同层次与活动坐标系中的取值分布

在 6.3 节中, 我们已经对各氨基酸侧链中的弧长与扭角的变化情形作了系统分析, 尤其是在对扭角的分析中可以看到它们的变化特征. 在蛋白质结构分析中, 扭角的变化仍然是重要与复杂的, 因此还可从不同角度进行分析.

7.3.1 扭角在不同层次中的运动与变化

表 7.2.1 已经给出了不同氨基酸侧链所包含的扭角数目, 其中部分扭角可以用镜像值给以表达, 由此可以对氨基酸的结构特征进行分类, 这就是按最多的扭角进行标记与分类.

1. 氨基酸侧链中不同扭角的表达

由表 6.2.2 可以确定各氨基酸侧链中的扭角数, 对此表达如下. 记 a 是一个固定的氨基酸, 那么由表 6.2.2 的确定的扭角数为

$$\begin{cases} a = \{1,2,3,4,5,6,7,8,9,10,11,12,13,14,15,16,17,18,19,20\}, \\ \{\tau_a, a \in V_{20}\} = \{0,6,3,3,1,4,4,0,5,3,3,4,3,6,2,1,2,9,7,2\}, \end{cases} \tag{7.3.1}$$

这里 τ_a 是氨基酸 a 中的扭角数. 它们的扭角记为

$$\bar{\psi}_a = (\psi_{a,1}, \psi_{a,2}, \cdots, \psi_{a,\tau_a}), \quad a = 1, 2, \cdots, 20. \tag{7.3.2}$$

例如, 精氨酸 (R) 的参数系为 $\bar{\psi}_2 = (\psi_{2,1}, \psi_{2,2}, \cdots, \psi_{2,6})$.

2. 利用扭角的分类

在式 (7.3.1) 中可以看到, 扭角的取值的类型分为 $0,1,2,3,4,5,6,7,9$ 因此可以把它分成 9 类, 它们由表 7.3.1 给出.

表 7.3.1 利用扭角对氨基酸的分类表

含扭角数	0	1	2	3	4	5	6	7	9
氨基酸的编号	1,8,	5,16	15,17,20	3,4,10,11,13	6,7,12	9	2,14	19	18
氨基酸一字符	A,G,	C,S	P, T, V	N,D, I, L, M	Q,E,K	H	R,F	y	W
含氨基酸数目	2	2	3	5	3	1	2	1	1

其中部分扭角可用镜像值表达, 这样就可对不同的氨基酸类别对它们的参数作统计计算与分析.

3. 不稳定参数系所对应的原子基团

各氨基酸所产生的扭角与镜像所对应的原子基团如表 7.3.2 所示.

表 7.3.2 不稳定参数系所对应的原子基团表

一字符	扭角数	侧链主干图 原子链	侧链次干图 原子链	镜像数	构成镜像 原子基团
R	6	A-B-CG-CD-NE-CZ-NH1-HH1	CZ-NH2-HH3	2	CZ-NH1-2H, CZ-NH2-2HH
N	2	A-B-CG-ND-HD		2	B-CG-OD-ND,CG-ND-2HD
D	1	A-B-CG-OD1		1	B-CG-2OD
C	1	A-B-SG-HG		0	
Q	3	A-B-CG-CD-NE2-HE1		2	B-CG-ON,CG-CD-2HD
E	2	A-B-CG-CD-OE1		1	CG-CD-2OE
H	2	A-B-CG-CD1-NE		4	(1)

续表

一字符	扭角数	侧链主干图原子链	侧链次干图原子链	镜像数	构成镜像原子基团
I	3	A-B-CG1-CD-HD1	B-CG2-HG3	1	A-B-2CG
L	1	A-B-CG-CD1-HD1	CG-CD2-HD4	1	B-CG-2CD
K	4	A-B-CG-CD-CE-NZ-HZ1		1	CE-NZ-2HZ
M	3	A-B-CG-SD-CE-HE1		0	
F	1	A-B-CG-CD1		6	(2)
S	0			1	B-OG-2HG
T	1	A-B-CG-HG1		0	
W	2	A-B-CG-CD-CE1		6	(3)
Y	3	A-B-CG-CD1	CZ-OH-HH	6	(4)
V	3	A-B-CG-CD1-HD1	CG-CD2-HD4	0	

表中 (1)~(4) 分别包含 4,6,6,6 个基团, 它们分别为

$$
\left\{
\begin{aligned}
&(1): \quad \Delta(B,CG,CD1,ND2),\ \Delta(CG,CD1,NE1,HD1),\ \Delta(CG,ND2,CE,HD2), \\
&\qquad\quad \Delta(ND2,NE1,CE2,HE), \\
&(2): \quad \Delta(B,CG,CD1,CD2),\ \Delta(CG,CD1,CE1,HD1),\ \Delta(CG,CD2,CE2,HD2), \\
&\qquad\quad \Delta(CD1,CE1,CZ,HE1),\ \Delta(CD2,CE2,CZ,HE2),\ \Delta(CE1,CE2,CZ,HZ), \\
&(3): \quad \Delta(B,CG,CD1,CD2),\ \Delta(CD1,CE1,CZ1,HE1),\ \Delta(CD2,CE2,NE3,HE3), \\
&\qquad\quad \Delta(CE1,CZ1,CH,HZ1),\ \Delta(CE2,CZ2,CH,HZ2),\ \Delta(CZ1,ZE2,CH,HH), \\
&(4): \quad \Delta(B,CG,CD1,CD2),\ \Delta(CG,CD1,CE1,HD1),\ \Delta(CG,CD2,CE2,HD2), \\
&\qquad\quad \Delta(CD1,CE1,CZ,HE1),\ \Delta(CD2,CE2,CZ,HE2),\ \Delta(CE1,CE2,CZ,OZ),
\end{aligned}
\right.
$$
$$(7.3.3)$$

7.3.2 关于镜像的分布计算与分析

由表 7.3.2 可以看到, 在各氨基酸中可能存在的镜像有 34 个, 它们在蛋白质的不同位置与不同氨基酸中出现, 这些镜像的取值并不一致, 对它们取值分布的计算与分析如下.

1.镜像的类型分析

在表 7.3.2 的 34 个不同镜像中, 它们虽可在不同的蛋白质与不同的氨基酸中出现, 但它们可分以下几种不同的类型.

(1) 在干枝树图的梢点出现. 它们是精氨酸 (R) 中的 $\Delta(CZ,NH1,HH1,HH2)$, $\Delta(CZ,NH2,HH3,HH4)$、天冬酰胺 (N) 中的 $\Delta(CG,ND,HD1,HD2)$、天冬氨酸 (D) 中的 $\Delta(B,CG,OD1,OD2)$、谷氨酰胺 (Q) 中的 $\Delta(CG,CD,HD1,HD2)$, 赖氨酸 (K) 中的 $\Delta(CE,NZ,HZ1,HZ2)$, 丝氨酸 (S) 中的 $\Delta(B,OG,HG1,HG2)$, 共 6 个.

(2) 在干枝树图的节点出现. 它们又分两种类型, 即不带氢原子的四原子点, 与带氢原子的五原子点. 其中不带氢原子的四原子点的是精氨酸 (R) 中的 $\Delta(CG,CD,$

NH1,NH2), 天冬胺酰 (N) 中的 Δ(B,CG,OD1,OD2) 共 2 个.

带氢原子的 5 原子点, 它们分别是异亮氨酸 (I) 中的 Σ(A,B,CG1,CG2,HB)、亮氨酸 (L) 中的 Σ(A,B,CG1,CG2,HB) 与缬氨酸 (V) 中的 Σ(A,B,CG1,CG2,HB) 共 3 个.

(3) 带环结构的氨基酸, 它们构成镜像的基团分如式 (7.3.3) 所示. 共 22 个. 它们又分两种类型, 即不带氢原子的分叉结构, 如组氨酸 (H) 中的 Δ(B,CG,CD1,ND2), 苯丙氨酸中的 Δ(B,CG,CD1,CD2)、色氨酸 (W) 中的 Δ(B,CG,CD1,CD2)、酪氨酸中的 Δ(B,CG,CD1,CD2) 与 Δ(CE1,CE2,CZ,OZ). 其他的 17 个构成镜像的基团都带有 1 个氢原子.

由此可见, 在 34 个带镜像基团中实际上分 5 种不同类型, 我们分别记为类型 1,2,3,4,5.

2. 对类型 1,2,4 基团镜像值的计算结果与分析

类型 1 基团是在干枝树图的梢点有 2 个原子, 类型 2 基团是不带氢原子的四原子分叉点, 类型 4 基团是带环氨基酸氢中非氢原子的四原子分叉点, 它们具有相似的结构类型与计算结果.

(1) 记它们的结构类型为 $\Delta(a,b,c,d)$, 其中 b 为中心点, $a-b, b-c, b-d$ 构成共价键, 而且在 b 点再无其他具有共价键的原子. 在各氨基酸中, a,b,c,d 四原子按 PDB-Select 数据库中所记录的次序排列.

(2) 在这 3 类基团的 $\Delta(a,b,c,d)$ 结构中, a,b,c,d 4 点接近共面, 但 d 点在三角形 $\delta(a,b,c)$ (或 b 点在三角形 $\delta(a,c,d)$) 所在平面的图下略有波动, 波动镜像值取 $+,-$ 的比例接近均匀分布 (各为 50% 的比例).

(3) 由此可见, 在这 3 类 (共 14 个) 基团的 $\Delta(a,b,c,d)$ 结构是稳定的, 由于 a,b,c,d 这 4 点接近共面, 虽然它们的镜像值波动, 而且取 $+,-$ 的比例接近均匀分布, 但仍可以不考虑它们的差别.

3. 对类型 3 基团镜像值的计算结果与分析

类型 3 基团是在干枝树图的节点有分叉, 而且还带 1 个氢原子, 这样的基团有 3 个, 它们具有相似的结构特征, 有关计算结果如下.

(1) 记它们的结构类型为 $\Sigma(a,b,c,d,e)$, 其中 b 为中心点, $a-b, b-c, b-d, b-e$ 构成共价键, 其中 e 是氢原子点, b 就一定是碳原子, 实际上 a,c,d 也是碳原子, 它们按 PDB-Select 数据库中所记录的次序排列.

(2) 在这 3 种基团中, 四原子点 $\Delta(a,b,c,d)$ 的镜像值全部为正, $\Delta(a,b,c,e)$ 的镜像值全部为负, $\Delta(a,b,d,e)$ 的镜像值全部为正.

(3) 由此可见, 这 3 种基团的 $\Sigma(a,b,c,d,e)$ 结构是稳定的, 它们构成一正棱锥

(图 5.2.2(b)), 其中 a, c, d 是该正棱锥的底 (图 5.2.2(b) 中的 a, b, c 点), b 是该正棱锥的中心点 (图 5.2.2(b) 中的 o 点), e 是该正棱锥的顶点 (图 5.2.2(b) 中的 d 点).

因此对这 3 种基团也不存在镜像问题 (它们的镜像值是固定的常数).

4. 对类型 5 基团镜像值的计算结果与分析

这类基团都是带环的基团, 而且在每个环的顶点上有 1 个氢原子的共价键, 这样的基团有 17 个, 对它们结构特征的计算分析如下.

(1) 对它们的结构类型仍可记为 $\Delta(a, b, c, d)$, 其中 b 为中心点, $a-b, b-c, b-d$ 构成共价键, 其中 d 为氢原子点, $a-b-c$ 环结构中的 2 条边.

(2) 由计算结果可以知道, a, b, c, d 4 点接近共面, 如果把 b 点作为四面体 $\Delta(a, b, c, d)$ 的顶点, 那么 d 对底面三角形 $\delta(a, b, c)$ 的高接近 0(在 0.01 以下).

(3) d 点关于底面三角形 $\delta(a, b, c)$ 的镜像值的比例比较对称, 在 1:1 左右. 但因 a, b, c, d 4 点接近共面, 这个镜像值的差别可以忽略不计.

5. 关于镜像值结构的分析小结

由以上讨论, 我们对表 7.3.2 中 34 个镜像值结构的计算结果与分析小结如下.

(1) 在这 34 个基团中可分 2 大类型, 即 4 原子点 $\Delta(a, b, c, d)$ 的类型与五原子的 $\Sigma(a, b, c, d, e)$ 结构类型, 其中 4 原子点的类型是 1,2,4,5 基团的类型 (共含 31 个), 而 5 原子的结构是 3 型基团 (3 个).

(2) 在 4 原子点 $\Delta(a, b, c, d)$ 的类型中, a, b, c, d 4 点接近共面, 因此它们是一个三角形的结构, 如果 b 是它们的中心点, 那么 b 是在该三角形 $\delta(a, c, d)$ 的内部. 这些三角形的结构都是稳定的, 而且它们的边长由这些原子的键长与键角确定.

(3) 在 5 原子点的结构中, $\Sigma(a, b, c, d, e)$ 是 1 个正棱锥, 它的底 a, b, c 是一正三角形, 中心点 d 是该正棱锥的顶点, a, b, c, d 都是碳原子, 它们构成 1 个正四面体 (各棱长相同). e 是氢原子, 在正棱锥高 $d'd$ 的投影线上.

除了表 7.3.2 与式 (7.3.3) 中 34 个基团外, 还有另外 2 类基团.

(4) 在节点上有 2 个氢原子的基团, 如果用五原子点 $\Sigma(a, b, c, d, e)$ 表示, 其中 $\delta_1 = \delta(a, b, c)$ 是由非氢原子所组成的三角形, b 是中心点 (碳原子), d, e 是氢原子, 三角形 $\delta_2 = \delta(b, d, e)$ 与 δ_1 相互垂直, d, e 点以三角形 δ_1 为镜像对称.

(5) 在梢点上有 3 个氢原子的基团, 如用五原子点 $\Sigma(a, b, c, d, e)$ 表示, b 是中心点 (碳原子), c, d, e 是 3 氢原子, 构成 1 个正三角形, 因此 $\Sigma(a, b, c, d, e)$ 是 1 个正棱锥, 以 c, d, e 为底, 与中心点 d 构成正长棱锥, e 是非氢原子, 在正棱锥高 $d'd$ 的投影线上.

由此可知, 这些基团实际上都不存在镜像问题 (表 7.3.2 中的镜像都为 0). 由此可见, 各氨基酸的形态主要是由它们主、次干图中的扭角确定.

7.3.3　氨基酸侧链的珠链模型

氨基酸的描述我们已经提出过花盆、花枝与花朵的结构模型, 为了更好地说明它们的数量关系, 我们再对它的侧链给出珠链模型.

1. 研究珠链模型的意义

利用干枝树图的定义与分解性质, 可以将各氨基酸的侧链分解成两干枝树图的组合, 并由此确定它们的扭角与镜像, 进而可以确定该氨基酸各原子点的空间位置. 这种表示法非常直观明了. 但这种表达方法对各氨基酸的空间形态还有不明确的地方, 主要原因是各基团都是空间多面体 (或多边形), 它们依附在干枝树图上是完全确定的, 氨基酸侧链的珠链模型可对这种结构.

2. 珠链模型的定义

(1) 称表 6.3.2 和表 6.3.3 所定义的基团为蛋白质侧链珠链模型中的珠, 因此它有 36 个, 分四面体 1、四面体 2、三角形与带环结构这 4 种不同的几何结构.

(2) 在各氨基酸中, 属于同一氨基酸的珠相互连接, 这些相互连接的弧称为链, 该链由该氨基酸全体原子 (包括氢原子) 的主干枝树图与次干枝树图产生. 因此不同氨基酸的链最多有 1 个分叉.

(3) 在同一氨基酸中无论是主干枝树图还是次干枝树图, 如果在它们的同一层次中有 1, 2, 3 个点, 那么取它们的中心点为该链中的点. 这就是说, 如果在同一层次中只有 1 个点, 那么该点就是该链中的点; 如果在同一层次中有 2 个点, 那么取这 2 点的中点为该链中的点; 如果在同一层次中有 3 个点, 那么这 3 点的中心点为该链中的点.

例如, 甲硫氨酸 (M), 它的干枝树图如图 6.3.1 所示, 它的 2,3,5 层都有 3 个原子, 它们分别为 (CG,HB1.HB2), (CD,HG1,HG2), (HE1,HE2,HE3), 因此我们取三角形 δ(CG,HB1.HB2), δ(SD,HG1,HG2), δ(HE1,HE2,HE3) 的中点分别为 G0,D0,Z0, 因此它的链为 A-B-G0-D0-CE-Z0. 该链将甲硫氨酸中的 3 个珠 1-2, 2-10, 4-1 串联在一起.

3. 珠链模型的计算

我们仍以甲硫氨酸 (M) 为例来说明, 它侧链珠链模型中各点的计算过程.

(1) N,A,C 是氨基酸不变部分的三原子, 由 0-1 基团可以确定 B 原子点的位置, 对此在 7.1.1 节中已经说明, 它的计算过程对所有氨基酸都适用.

(2) 甲硫氨酸侧链的干枝树图如图 6.3.1(M) 所示, 它可表示为 A-B-CG-SD-CE-HE1, 因此它有 4 个扭角 $\psi_1, \psi_2, \psi_3, \psi_4$. 它们分别是四原子点 N-A-B-CG, A-B-CG-SD, B-CG-SD-CE, CG-SD-CE-HE1 的扭角. 因此在 N,A,C,B 四原子的空间位置给

定的条件下, 由扭角 $\psi_1, \psi_2, \psi_3, \psi_4$ 作递推计算可以确定 CG, SD, CE, HE1 点的空间位置.

(3) 当四原子点 N-A-B-CG 的空间位置确定后, 它与 HB1, HB2 构成表 6.3.4 中的 1-2 基团, 因此 HB1, HB2 点的空间位置确定. 因此三角形 δ(CG,HB1,HB2) 的空间位置确定, 它的中位点 G0 的位置确定. 这时中位点 D0, Z0 的位置类似确定, 而在甲硫氨酸侧链的第 4 层只有 1 个点 CE, 因此 A-B-G0-D0-CE-Z0 链确定.

(4) 在珠链模型的计算过程中, 如果出现主干树图与次干树图的分叉, 当分叉后的子图不对称时, 或在环结构的顶点上只有 1 个共价的氢原子, 那么该分叉结构或该氢原子的位置由其镜像值确定.

7.3.4　氨基酸侧链第 2 层非氢原子点的类型与分析

除了甘氨酸与丙氨酸没有第 2 层非氢原子外, 其他 18 种氨基酸的侧链都有第 2 层非氢原子, 但它们的结构类型不同, 因此先对它们进行分析.

1. 第 2 层非氢原子的类型

除了甘氨酸与丙氨酸没有第 2 层非氢原子外的其他 18 种氨基酸侧链的第 2 层非氢原子的结构类型分析如下.

(1) 脯氨酸虽有第 2 层非氢原子, 但它具有特殊的结构, 在 7.1.3 节中已有专门讨论.

(2) 在其他的 17 种氨基酸中, 缬氨酸、苏氨酸与异亮氨酸这 3 种氨基酸在第 2 层有 2 个非氢原子, 其他 14 种氨基酸的侧链在第 2 层只有 1 个非氢原子, 而且可能取 CG, SG, OG 原子. 我们分别称这 2 类氨基酸为 G-2 类与 G-1 类.

(3) 在 G-2 类氨基酸中, 缬氨酸、苏氨酸与异亮氨酸这 3 种氨基酸的结构也不相同, 其中缬氨酸侧链的第 2 层非氢原子分别为 CG1,CG2, 而苏氨酸侧链的第 2 层非氢原子为 CG1,OG2, 异亮氨酸侧链的第 2 层非氢原子虽也是 CG1,CG2, 但在缬氨酸的 CG1,CG2 原子后面各有 3 个氢原子与它们成共价键, 而在异亮氨酸的 CG1 原子后面有 3 个氢原子与它成共价键, 而在 CG2 原子后面有 2 个氢原子它与 1 个 CD 原子与它成共价键. 因此我们把缬氨酸、苏氨酸与异亮氨酸这 3 种氨基酸的第 2 层非氢原子看做不对称与互不相同的氨基酸.

2. 对 G-1 类第 2 层非氢原子的扭角计算

这就是对这 14 种 G-1 类氨基酸侧链中的 N-A-B-CG 四原子计算它们的扭角分布, 也就是计算三角形 δ(N,A,B) 与三角形 δ(A,B,CG) 的二面角 ψ_G, 计算结果如表 7.3.3 所示.

表 7.3.3 中第 1 列是氨基酸的一字符, 第 2 列是该氨基酸在 PDB-Select 中出现的次数, 第 1 行中的 (i) 表示角度区间 $[(i-1) \cdot 18 - 180, i \cdot 18 - 180]$, 它所对应的

列是二面角 ψ_G 在该范围出现的频率. 如果整列都在 1.0% 以下未记录在内.

表 7.3.3 G-1 类氨基酸侧链中 CG 原子点的扭角 ψ_G 的取值分布表 (百分比)

		(1)	(2)	(3)	(4)	(5)	(6)	(7)	(8)	(13)	(14)	(15)	(19)	(20)
R	33987	16.71	3.45	1.25	1.17	2.59	13.66	31.83	5.98	1.55	5.38	2.04	1.06	11.52
N	32796	16.96	5.06	1.06	0.74	2.08	17.50	30.33	4.49	2.46	9.73	1.98	0.27	6.38
D	43199	18.80	4.74	0.91	0.62	1.76	16.71	28.87	3.09	2.99	11.51	1.59	0.30	7.10
C	11289	13.82	1.97	0.45	0.33	0.99	11.95	33.53	7.76	2.52	10.41	3.60	0.50	10.82
Q	27033	16.11	2.83	1.34	1.15	2.12	13.07	36.38	6.30	1.45	4.51	1.58	0.84	10.23
E	45316	15.47	3.59	1.58	1.37	2.36	13.21	33.04	6.32	1.72	4.80	1.85	1.04	10.93
H	16511	16.99	3.27	0.40	0.21	0.98	13.17	32.77	7.42	2.19	7.62	2.27	0.67	11.17
L	63701	12.71	3.24	1.73	1.77	4.24	14.06	39.34	6.62	0 29	0.71	0.32	0.51	13.93
K	42487	16.66	3.53	1.52	1.39	2.74	13.53	33.12	6.22	1.20	4.47	1.47	0.89	11.29
M	14319	14.71	2.64	1.19	0.87	1.78	14.92	38.85	5.29	1.12	4.73	1.40	0.68	10.52
F	29282	15.82	2.09	0.25	0.21	1.50	14.77	31.84	5.81	1.96	7.72	2.01	0.84	14.66
S	45641	8.97	1.39	0.43	0.31	0.78	4.97	18.95	4.39	6.55	28.40	9.14	1.37	10.82
W	10827	15.87	2.69	0.30	0.26	1.52	16.19	27.79	4.69	3.77	9.15	2.06	1.01	13.99
Y	26782	14.78	1.94	0.26	0.15	1.23	13.64	32.36	6.69	2.05	7.25	2.45	1.05	15.46

由表7.3.3可以看到二面角 ψ_G 在 $(-180°, 180°)$ 的各区间内的分布有以下特点.

(1) 二面角 ψ_G 比较集中在区域 I_1: $(-180°, -162°), (162, 180)$ 与区域 I_2: $(-90°, -36°)$ 范围内. 其中在 I_1 范围内的比例约 25%, 在 I_2 范围内的比例约 50%.

(2) 在区域 I_1 中的 ψ_g 角表示 CG 点接近与三角形 $\Delta(N,A,B)$ 共面, 而且 BCG 在三角形 $\Delta(N,A,B)$ 的外侧, 并在该平面两侧摆动. 在区域 I_2 中的 ψ_g 角表示 BCG 线段在三角形 $\Delta(N,A,B)$ 的负镜像的一侧, 三角形 $\Delta(N,A,B)$ 与三角形 $\Delta(A,B,XG)$ 的二面在 $-60°$ 左右.

(3) 除了丝氨酸 (S) 外, 其他各氨基酸在各区域中的取值比例比较一致, 而苏氨酸二面角的 ψ_G 角比较集中在区域 $(-72°, -36°)$ 与区域 $(36°, 90°)$ 内. 所占的比例约分别为 28% 与 44%.

丝氨酸的特殊性是在于它的第 2 层原子是 OG 原子, 氧原子在与其他原子组成共价键时经常有一些特殊性.

3. 对 G-2 类第 2 层非氢原子的扭角计算

因为 G-2 类氨基酸在第 2 层有 2 个非氢原子 CG1,XG2, 因此对它们的计算与分析较 G-1 类复杂. 该类氨基酸包含异亮氨酸 (I)、苏氨酸 (T) 与缬氨酸, 它们的 G1,G2 原子也不相同, 其中苏氨酸中的 G1 原子为 O 其他原子都为 C.

(1) 对四原子点 N-A-B-G0, N-A-B-G1, N-A-B-G2 扭角的计算, 其中 G0 是 G1, G2 的中点.

表 7.3.4 有 3 个模块组成, 它们分别是四原子点 N-A-B-G0, N-A-B-G1, N-A-B-

G2 的扭角分布. 在每个模块中, 第 1,2 列的含义与表 7.2.1 相同, 各模块第 1 行中的 (i) 表示角度区间它的含义与表 7.2.1 相同. 如果整列都在 1.0% 以下未记录在内.

表 7.3.4　G-2 类氨基酸侧链中 δ_1 与 δ_2 的扭角分布表 (百分比)

		(3)	(4)	(5)	(9)	(10)	(11)	(17)	(18)	
I	40319	29.69	43.61	1.98	0.33	7.04	5.65	3.57	5.04	
T	42470	12.84	28.50	2.12	1.89	25.42	17.35	4.20	2.63	
V	52616	23.28	45.82	2.32	0.52	9.19	7.73	3.29	3.41	
		(1)	(2)	(6)	(7)	(8)	(13)	(14)	(15)	(20)
I	40319	6.22	1.66	8.96	57.35	9.28	2.19	10.12	0.89	1.35
T	42470	4.91	0.71	2.84	32.33	8.37	9.54	31.35	4.12	1.77
V	52616	20.43	0.75	1.53	13.75	2.27	0.90	4.36	1.52	48.43
		(1)	(2)	(6)	(7)	(8)	(13)	(14)	(15)	(19)	(20)
I	40319	18.11	0.48	1.39	10.05	1.74	0.85	5.36	2.38	4.06	53.29
T	42470	20.25	1.26	3.65	30.70	10.68	0.88	4.99	1.57	1.17	21.36
V	52616	4.60	1.13	6.52	54.75	10.23	3.00	13.22	1.32	0.28	1.50

(2) 由表 7.3.4 可以看到, 无论是四原子点 N-A-B-G0, N-A-B-G1, N-A-B-G2, 还是异亮氨酸、苏氨酸、缬氨酸等氨基酸, 它们的角度分布都很不相同, 这说明它们在蛋白质中的结构特征有较大的区别.

(3) 由表 7.3.4 中, 我们注意到在角度分布 (i) 中, 当 $\delta = 1, 20$ 时, 它的角度取值为 $(-180, -162)$ 或 $(162, 180)$, 这说明 G 原子点在三角形 $\delta(N,A,B)$ 外, 并接近共面. 这种情形对 G0 原子点的比例很小, 对 G1, G2 原子点的比例较大, 尤其是在 V 的 G1 与 I,T 的 G2 中, 所占的比例较大 (为 50%～72%).

(4) 由表 7.3.4 中, 我们还注意到在 $i = 10, 11$ 时, 它的角度取值在 $(-18, 18)$ 内, 这说明 G 原子点在三角形 $\delta(N,A,B)$ 内, 并接近共面. 这种情形对 G0 原子点的比例较大 (为 12%～43%). 这意味着 G0 原子点又重新折回到三角形 $\delta(N,A,B)$ 上. 这种情形对 G1,G2 原子点同样存在, 但它们的折回程度没有那么大.

(5) 现在讨论三角形 $\delta_1 = \delta(N,A,B)$ 与三角形 $\delta_2 = \delta(B,CG1,XG2)$ 的关系问题. 这 2 个三角形的二面角的计算结果如表 7.3.5 所示.

表 7.3.5　G-2 类氨基酸侧链中 δ_1 与 δ_2 的二面角分布表 (百分比)

				(3)	(4)	(5)	(6)	(7)	(8)
I	40319	109.740	1.005	0.719	8.968	7.068	7.383	72.703	3.135
T	42470	100.970	1.011	0.669	7.761	20.606	26.408	43.759	0.775
V	52616	70.770	1.002	3.396	68.772	9.699	9.537	7.490	1.064

第 1,2 列的含义与表 7.3.3 相同, 第 3,4 列分别是该二面角的平均值与标准差, 第 1 行中的 (i) 表示角度区间为 (3): 36～54, (4): 54～72, (5): 72～90, (6): 90～108,

(7): 108~126, (8): 126~154,

7.3.5　氨基酸侧链第 2 层非氢原子点的运动状况在活动坐标下的表示

在表 7.2.3~ 表 7.2.5 中我们给出了各氨基酸侧链 G 层非氢原子点的运动情况, 对此运动我们采用 N-A-B-XG 四原子点的扭角来描述, 这种描述方法虽能完全确定 XG 的空间位置, 但却不能给出该原子点运动的直观描述, 因此需要我们用活动坐标来做进一步的说明.

1.关于 5 原子点的讨论

5.2 节已对 a, b, c, d 这 4 点的结构作了详细讨论, 它们的空间结构由参数组 $\mathcal{P}_1, \mathcal{P}_2$ 确定, 其中

$$\mathcal{P}_1 = \{r_{ab}, r_{bc}, r_{bd}, r_{ac}, r_{bd}, r_{ad}, \vartheta_d\}, \quad \mathcal{P}_2 = \{r_{ab}, r_{bc}, r_{bd}, r_{ac}, r_{bd}, \psi_d\},$$

其中 ϑ_d 是四原子点的镜像值, ψ_d 是三角形 $\delta(a, b, c)$ 与 $\delta(b, c, d)$ 的二面角. 这时在参数 $r_{ab}, r_{bc}, r_{bd}, r_{ac}, r_{bd}$ 给定的条件下, d 点的空间位置由扭角 ψ_d 完全确定. 这两参数组相互确定, 因此我们等价地使用.

我们现在讨论 a, b, c, d, e 这 5 原子的情形, 如果四面体 $\Delta(a, b, c, d)$ 固定, 而且弧长 $r = r_{de}, r' = r_{db}$ 固定, 那么 e 点的空间位置由扭角 ψ_e 完全确定, 其中 ψ_e 是三角形 $\delta(a, b, d)$ 与 $\delta(b, d, e)$ 的二面角. 我们现在所要讨论的问题是 e 与四面体 $\Delta(a, b, c, d)$ 的关系问题, 这就是为描述 e 点的空间位置, 除了扭角 ψ_e 外, 还可能用其他参数表达, 因此对这 5 原子点的讨论就是对 ψ_e 与其他参数关系的讨论.

2.活动坐标系的选择

我们现在讨论的 a, b, c, d, e 这 5 原子取氨基酸中的这 N,A,C,B,XG 5 原子, 其中 XG 在不同的氨基酸侧链中取不同的第 2 层非氢原子, 由此构作它的活动坐标系如下.

(1) 活动坐标系 $\mathcal{E}(N, A, C)$ 的定义我们已在 4.4 节中给出, 其中取 a, b, c 3 点为 N,A,C 3 原子点, 它们在该活动坐标系中的坐标分别为

$$\boldsymbol{r}_N = (-0.512, -1.363, 0), \quad \boldsymbol{r}_A = (0, 0, 0), \quad \boldsymbol{r}_C = (1.5275, 0, 0). \tag{7.3.4}$$

(2) B 原子点在该活动坐标系中的坐标为: $\boldsymbol{r}_B = (x_B, y_B, z_B) = (-0.5362, -0.7431, -1.2247)$, 如记 B′ 是 B 点在 $\pi(N, A, C)$ 平面上的投影点, 那么 $\boldsymbol{r}_{B'} = (x_B, y_B, 0) = (-0.5362, -0.7431, 0)$.

(3) 当四面体 $\Delta(N, A, C, B)$ 固定, 而且弧长 $r = BXG, r' = AXG$ 固定时 (称为约束条件 G), XG 点的空间位置由扭角 ψ_G 确定, 其中 ψ_G 是三角形 $\delta(N, A, B)$ 与 $\delta(A, B, XG)$ 的二面角.

(4) 分别记 B′, G′ 是 B,XG 点在 π(N,A,C) 平面上的投影点, 记 θ 为向量 $\overrightarrow{BXG}$ 与活动坐标系 $\mathcal{E}(N,A,C)$ 中的基向量 $\boldsymbol{k}$ 的夹角, 记 φ 为向量 $\overrightarrow{B'G'}$ 与基向量 $\boldsymbol{i}$ 的夹角. 那么在约束条件 G 下, 参数 θ,φ 的取值由 ψ_G 确定.

(5) 为了方便, 我们分别记 N,A,C,B,B′,XG,XG′ 在活动坐标系 $\mathcal{E}(N,A,C)$ 下的坐标为 $\boldsymbol{r}_a, \boldsymbol{r}_b, \boldsymbol{r}_c, \boldsymbol{r}_d, \boldsymbol{r}_{d'}, \boldsymbol{r}_e, \boldsymbol{r}_{e'}$, 其中 $\boldsymbol{r}_\tau = (x_\tau, y_\tau, z_\tau), \tau = a,b,c,d,d',e,e'$.

3. 计算公式

在约束条件 G 与活动坐标系 $\mathcal{E}(N,A,C)$ 下, N,A,C,B,B′ 都有固定的坐标, 而且弧长 $r = BXG, r' = AXG$ 在 X 取 C, O, S 原子时也有固定的值, 这时 $\boldsymbol{r}_e$ 的坐标确定, 它应满足方程式

$$
\begin{cases} |\boldsymbol{r}_e - \boldsymbol{r}_d| = r, \\ |\boldsymbol{r}_e - \boldsymbol{r}_b| = r', \end{cases}
\begin{cases} |\boldsymbol{r}_e - \boldsymbol{r}_a| = |ae|, \\ [\boldsymbol{r}_e - \boldsymbol{r}_a, \boldsymbol{r}_e - \boldsymbol{r}_b, \boldsymbol{r}_e - \boldsymbol{r}_b] = \mathrm{Sgn}(\psi_g), \end{cases}
\tag{7.3.5}
$$

其中第 4 式左边是 3 个向量的混合积, 第 3 式右边 $|ae|$ 是 NXG 线段的弧长, 在约束条件 G 下由参数 ψ_G 确定, 对此在 9.3 节中已有详细计算.

当 e 点的位置 $\boldsymbol{r}_e = (x_e, y_e, z_e)$ 确定后, θ,φ 角就可按公式 (7.3.6) 确定.

$$
\theta = \arccos\left(\frac{z_e - z_d}{|de|}\right), \quad \varphi = \arccos\left(\frac{x_e - x_d}{|\overrightarrow{a'e'}|}\right)
\tag{7.3.6}
$$

4. 方程 (7.3.5) 求解

为了简单起见, 我们记 $\boldsymbol{r}_b = (0,0,0), \boldsymbol{r}_a = (x_a, y_a, 0), \boldsymbol{r}_d = (X - d, y_d, z_d)$, 它们都是已知向量, 而 $\boldsymbol{r}_e = (x,y,z)$ 是待求变量. 这时方程 (7.3.5) 的前 3 个方程可简化为

$$
\begin{cases} x^2 + y^2 + z^2 = (r')^2, \\ 2(xx_d + yy_d + zz_d) = x_d^2 + y_d^2 + z_d^2 - r^2, \\ 2(xx_a + yy_a) = x_a^2 + y_a^2 - |ae|^2, \end{cases}
\tag{7.3.7}
$$

这里把 $|ae|$ 看成参数 ψ_G 的函数. 为了简单起见, 我们定义

$$
AB1 = (x_d^2 + y_d^2 + z_d^2 - r^2)/2 - zz_d, \quad AB2 = (x_a^2 + y_a^2 - |ae|^2)/2,
$$

并定义

$$
\Delta_0 = \begin{vmatrix} x_d & y_d \\ x_a & y_a \end{vmatrix}, \quad \Delta_1 = \begin{vmatrix} AB1 & y_d \\ AB2 & y_a \end{vmatrix}, \quad \Delta_2 = \begin{vmatrix} x_d & AB1 \\ x_a & AB2 \end{vmatrix}.
\tag{7.3.8}
$$

那么有 $x = \Delta_1/\Delta_0, y = \Delta_2/\Delta_0$ 成立, 它们都是 z 的函数. 将它们代入式 (7.2.7) 的第 1 式就可得到 (x,y,z) 的两组解, 在由式 (7.3.5) 的第 4 式确定其中的一组解.

7.3.6　计算结果与分析

在 7.3.5 节中我们给出了氨基酸侧链第 2 层非氢原子点 XG 的运动状况在活动坐标下的计算公式, 这样就可对它的运动状况作具体计算与分析. 但在这些计算公式中由于对各参数的敏感性, 在固定的式 (7.3.4) 等参数的条件下, 方程组 (7.3.7) 对许多 ψ 角的取值是无解的. 因此只能直接利用 PDB-Select 数据库进行计算.

1. 在 PDB-Select 数据库中的计算结果

在 PDB-Select 数据库中对所讨论的 18 种氨基酸的计算结果如光盘 DATA1/7/7-3/7-3-1.CTX-7-3-11.CTX 所给, 对这些数据文件说明如下.

(1) 光盘 DATA1/7/7-3/7-3-1.CTX-7-3-4.CTX 是 G-1 类氨基酸的数据文件, 其中 7-3-1.CTX 是 $a,b,c,d,e = $ N,A,C,B,XG 各点在活动坐标系 $\mathcal{E}(a,b,c)$ 中的坐标, 其中第 1,2,3,4,5,6,7,8,9 列分别是 $x_a, y_a, x_c, x_d, y_d, z_d, x_e, y_e, z_e$ 的坐标, 第 10,11,12 列分别是 $\overrightarrow{de}$ 向量的坐标, 因 $z_a = x_b = y_b = z_b = y_c, z_c = 0$ 我们没有列入.

(2) 在 7-3-2.CTX, 7-3-3.CTX, 7-3-4.CTX 文件的 1,2,3,4,5 列分别是 $r_1 = |NG|$, $r_2 = |CG|$, 扭角 ψ, 极角 θ, φ 的数据值. 6-3-2.CTX 文件按 PDB-Select 数据库中各氨基酸顺序排列, 7-3-3.CTX 文件按 PDB-Select 数据库中不同氨基酸中 ψ 大小 (由小到大) 顺序排列, 6-3-4.CTX 文件按 PDB-Select 数据库中所有氨基酸中 ψ 的大小 (由小到大) 顺序排列.

极角 θ, φ 的定义如图 7.3.1 所示.

(3) 光盘 DATA1/7/7-3/7-3-5.CTX, 7-3-7.CTX 是 G-2 类氨基酸的数据文件, 其中 7-3-5.CTX 是亮氨酸、苏氨酸与缬氨酸中 $a,b,c,d,e,f,g = $ N,A,C,B,XG1,YG2,G0 各点在活动坐标系 $\mathcal{E}(a,b,c)$ 中的坐标. 该表分 3 个模块, 它们分别是亮氨酸、苏氨酸与缬氨酸中 a,b,c,d,e,f,g 点在活动坐标系中的坐标.

每个模块由 15 列组成, 其中第 1,2,3,4,5,6 列分别是 x_a, y_a, x_c, x_d, y_d 的坐标, 第 7,8,9,10,11,12,13,14,15 列分别是 $x_e, y_e, z_e, x_f, y_f, z_f, x_g, y_g, z_g$ 的坐标, 同样因 $z_a = x_b = y_b = z_b = y_c, z_c = 0$ 我们没有列入.

(4) 7-3-7.CTX 文件是亮氨酸、苏氨酸与缬氨酸中 XG1,YG2,G0 点在活动坐标系 $\mathcal{E}(a,b,c)$ 中的弧长与极角. 该表同样分 3 个模块, 它们分别是亮氨酸、苏氨酸与缬氨酸中的弧长与极角, 每个模块由 15 列组成, 其中 1,2,3,4,5 列所代表的数据分别是: $r_1 = |NXG1|$, $r_2 = |CXG1|$, N-A-B-XG1 的扭角 ψ_1, 极角 θ_1, φ_1 的数据值. 而 6,7,8,9,10 列与 11, 12, 13, 14, 15 列所代表的数据分别是由 YG2, G0 点所产生的弧长、扭角与极角, 对它们的定义与前 5 列相同.

(5) 光盘 DATA1/7/7-3/7-3-8.CTX 是 7-3-7.CTX 简易版, 它的 1,2,3,6 列分别是 7-3-7.CTX 数据阵列中的第 3, 8, 13 与 16 列 (也就是 N → A → B → G, G = XG1,YG2,G0 的 3 扭角与平面 δ(N.A.B) 与平面 δ(B,XG1,yG2) 之间的夹角), 我们

分别记这 4 个平面角为 $\psi_1, \psi_2, \psi_3, \psi_0$.

6-3-8.CTX 的第 4 列是 $\psi_4 = (\psi_1 + \psi_2)/2 - \psi_3$, 第 5 列的数据是

$$\psi_5 = \begin{cases} \psi_4, & \text{如果 } |\psi_4| < 90, \\ 180 - \psi_4, & \text{否则}. \end{cases}$$

(6) 当 N, A, B, XG1 的位置确定之后, 由镜像值的讨论可知, A, B, XG1, YG2 4 点的位置接近共面, 因此 YG2 点的位置也就确定.

2. 对 G-1 类氨基酸计算结果的分析

对光盘 DATA1/7/7-3/7-3-1.CTX-7-3-4.CTX 中的各数据文件分析如下.

(1) (θ, φ) 角的分布状况如表 7.3.6 所示.

表 7.3.6　　G-1 类氨基酸侧链中 θ, φ 角的分布表 (千分比)

	0~18	18~36	36~54	54~72	72~90	90~108	108~126	126~144	144~162
90~108	0.25	4.68	0.88	0.01	2.00	13.96	0.38	0.02	0.00
108~126	0.00	0.99	1.45	0.02	1.00	8.73	0.58	0.02	0.01
126~144	0.00	0.03	1.38	0.66	0.65	12.50	1.37	0.02	0.00
144~162	0.00	0.00	0.03	4.93	231.16	297.23	1.43	0.00	0.00
162~180	0.00	0.00	0.00	0.01	0.04	0.03	0.00	0.00	0.00
270~288	1.09	21.50	0.71	0.06	9.67	39.00	0.23	0.01	0.00
288~306	0.63	69.28	1.32	0.37	106.88	50.89	0.04	0.00	0.00
306~424	0.00	26.93	6.74	3.83	71.43	1.63	0.00	0.00	0.00
324~342	0.00	0.02	0.46	0.49	0.11	0.00	0.00	0.00	0.00

其中第 1 行是 θ 角的取值范围, 第 1 列是 φ 角的取值范围. 由此可见, θ 角大于 126° 的比例很小, φ 角小于 90° 或大于 324° 的比例很小. 它们的形态如图 7.3.1 所示.

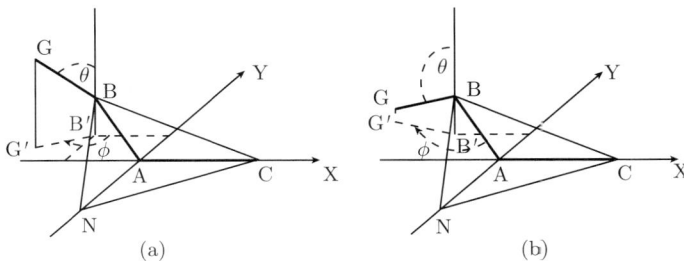

图 7.3.1　B,G 点在活动坐标系 $\mathcal{E}(N,A,C)$ 中的运动状态图

图是 N,A,C,B,XG 在活动标架 $\mathcal{E}(N,A,C)$ 下的结构图形, 其中图 (a) 是 $\theta < 90°$, $\varphi < 180°$ 时的结构形态, 图 (b) 是 $\theta > 90°$, $\varphi > 180°$ 时的结构形态. 当 $\theta > 90°$ 时, N-A-B-XG 呈倒挂状态.

(2) 由光盘 DATA1/7/7-3/7-3-3.CTX 文件可以看到 N-A-B-XG 的扭角 ψ 与向量 $\overline{BXG}$ 极角 θ, φ 的变化关系. 虽极角 θ, φ 由扭角 ψ 确定, 但在 PDB-Select 数据库中, 由于 N,A,C,B,XG 原子所在的蛋白质与氨基酸的不同及活动标架 $\mathcal{E}(N,A,C)$ 中有关参数的不同, 它们的变化也不易确定. 当扭角 ψ 由小变大时, 极角 θ 呈周期性的变化, 而极角 φ 呈 U 形的变化.

(3) 如果把 7-3-3.CTX 文件中的扭角 ψ 与极角 θ, φ 作分段平均, 这就是把该文件的 443070 行分成 18 段, 每段长为 24600 行, 再对 ψ, θ, φ 角作分段统计, 得到它们在每段中的平均值与标准差如表 7.3.7 所示.

表 7.3.7　G-1 类氨基酸侧链中 ψ, θ, φ 的分段统计表

(1)	-177.649	-172.507	-164.197	-123.125	-83.078	-75.699	-71.852	-68.910	-66.345
(2)	87.822	90.311	93.731	99.392	96.990	94.868	93.261	92.334	91.042
(3)	299.064	292.619	262.446	135.695	150.669	151.770	152.180	152.359	152.456
(4)	1.391	1.761	3.653	22.702	3.474	1.443	1.046	0.914	0.828
(5)	2.843	3.030	3.696	5.844	4.869	4.235	4.098	3.935	3.962
(6)	4.369	9.931	59.009	34.319	2.540	2.056	1.907	1.837	1.736
(1)	-63.624	-60.820	-57.346	-51.443	20.052	62.543	91.205	170.338	177.449
(2)	89.809	88.470	86.739	83.512	45.255	28.511	38.178	81.575	85.439
(3)	152.622	152.662	152.684	152.519	211.235	297.085	309.632	309.904	304.128
(4)	0.834	0.981	1.251	2.646	40.669	3.026	31.840	3.176	1.538
(5)	3.930	3.971	4.087	4.410	21.499	4.305	17.303	3.342	2.827
(6)	1.732	1.725	1.744	1.753	76.551	10.987	9.481	4.209	3.832

表 7.3.7 由 6 行 18 列组成, 其中第 (1),(2),(3) 行是 ψ, θ, φ 的分段平均值, 其中第 (4),(5),(6) 行是它们的分段标准差值.

(4) 由表 7.3.7 可以看到, 当 ψ 角由小到大排列时, ψ, θ, φ 角在各分段中的变化不全相同, 它们具有以下情况.

(i) 第 4, 14, 16 段上, ψ 变化的标准差较大, 它们分别为 22.7, 40.7, 31.8, 由此说明在这些段上 ψ 角的分布比较分散, 这时 θ, φ 角的标准差值也较大, 在第 3 段上 φ 角的分段标准差也较大. 在其他段上 ψ, θ, φ 的分段分段标准差值较小, 因此它们的分布比较集中.

(ii) 在第 14, 15, 16 段上, θ 角的平均值比较小, 它们分别是 45.3, 28.5, 38.2, 在其他段上, θ 角的平均值比较均匀, 一般在 $90°$ 左右摆动.

(iii) 当 ψ 角由小到大排列时, φ 角的大小呈 U 字形的变化, 当 ψ 角取 -177.6, 177.4 时, φ 角的取值为最大, 分别为 299.1, 304.1 当 ψ 角取 $-123.1 \sim -51.3$ 时, φ 角的取值为最小, 在 $152°$ 左右.

3. 对 G-2 类氨基酸计算结果的分析

对光盘 DATA1/7/7-3/7-3-7.CTX 与 7-3-8.CTX 文件中的计算结果分析如下.

(1) 对光盘 DATA1/7/7-3/7-3-7.CTX 中的 (θ, φ) 角的分布状况如表 7.3.8 所示.

表 7.3.8　G-2 类氨基酸侧链中 θ, φ 角的分布表 (千分比)

$\overrightarrow{BXG1}$	0~18	18~36	36~54	54~72	72~90	90~108	108~126	126~144
90~108	0.01	2.45	2.27	0.01	0.05	3.61	0.48	0.00
108~126	0.00	0.27	1.71	0.03	0.00	1.24	0.76	0.03
126~144	0.01	0.10	1.45	0.83	0.02	1.57	1.43	0.01
144~162	0.00	0.01	0.23	3.02	1.73	9.09	1.40	0.01
162~180	0.00	0.00	0.01	0.49	ǀ 152.85	268.45 ǀ	0.58	0.01
270~288	0.02	ǀ 21.19	4.03 ǀ	0.02	ǀ 9.11	83.88 ǀ	0.24	0.00
288~306	0.06	ǀ 72.99	7.95 ǀ	0.59	ǀ 169.15	59.87 ǀ	0.03	0.01
306~424	0.08	ǀ 63.48	13.54 ǀ	3.43	4.35	0.01	0.00	0.00
324~342	0.05	ǀ 13.04	8.72 ǀ	1.19	0.00	0.00	0.01	0.00
342~360	0.03	2.03	3.89	0.05	0.00	0.00	0.00	0.00
$\overrightarrow{BYG2}$	0~18	18~36	36~54	54~72	72~90	90~108	108~126	126~144
90~108	0.01	1.61	0.66	0.00	0.04	3.77	0.44	0.00
108~126	0.01	0.23	1.03	0.01	0.01	1.48	0.80	0.01
126~144	0.00	0.04	1.14	0.60	0.01	2.04	1.17	0.00
144~162	0.00	0.05	0.25	2.78	1.21	11.05	0.97	0.01
162~180	0.00	0.00	0.00	0.65	ǀ195.26	253.25 ǀ	0.26	0.00
270~288	0.05	9.11	0.47	0.01	ǀ 15.76	93.23 ǀ	0.21	0.00
288~306	0.18	ǀ41.37	0.84 ǀ	0.89	ǀ209.25	62.20 ǀ	0.01	0.01
306~424	0.08	ǀ46.70	1.67 ǀ	4.38	7.19	0.04	0.00	0.00
324~342	0.07	ǀ14.39	3.18 ǀ	1.33	0.01	0.00	0.00	0.00
342~360	0.04	2.42	3.21	0.04	0.00	0.00	0.00	0.00
$\overrightarrow{BG0}$	0~18	18~36	36~54	54~72	72~90	90~108	108~126	126~144
90~108	0.63	0.22	0.23	1.03	12.00	3.61	0.02	0.00
108~126	0.70	1.09	0.24	0.28	ǀ 220.69	246.13 ǀ	0.08	0.00
126~144	0.66	9.84	18.16	0.21	ǀ 107.09	56.23 ǀ	0.07	0.01
144~162	0.59	ǀ 7.03	178.36 ǀ	4.74	3.11	0.26	0.01	0.00
162~180	0.53	ǀ 0.73	22.51 ǀ	12.85	0.89	0.03	0.01	0.00
270~288	0.44	0.20	0.30	2.06	1.88	0.02	0.01	0.01
288~306	0.42	0.17	5.42	5.15	0.04	0.00	0.00	0.00
306~424	0.41	ǀ 1.23	54.39 ǀ	3.12	0.01	0.00	0.00	0.00
324~342	0.61	2.72	8.64	0.06	0.00	0.00	0.00	0.00
342~360	0.87	0.90	0.02	0.00	0.00	0.00	0.00	0.00

表 7.3.8 有 3 个模块组成, 它们分别是 G-2 类氨基酸中向量 $\overrightarrow{BXG1}, \overrightarrow{BYG2}, \overrightarrow{BG0}$ 的 θ, φ 角的分布表, 在各模块的第 1 行与第 1 列分别是 θ, φ 角的取值范围, 它们的含义与表 7.3.6 相同.

由表 7.3.8 可见, φ 角不为 $0 \sim 90, 180 \sim 270$ 内取值, 且 $\theta < 144$. 它们取值比

例较高的区域我们用竖线给以标记.

(2) 对光盘 DATA1/7/7-3/7-3-8.CTX 中 ψ_1, ψ_2, ψ_3 角的镜像取值分布如表 7.3.9 所示.

表 7.3.9　ψ_1, ψ_2, ψ_3 角的镜像取值分布表 (百分比)

+,+,+	+,+,−	+,−,+	+,−,−	−,+,+	−,+,−	−,−,+	−,−,−
2.013	0.000	10.126	30.990	7.726	28.375	0.000	20.739

表 7.3.9 中第 1 行是 ψ_1, ψ_2, ψ_3 角的 3 个镜像取值, 第 2 行是 3 个镜像取值比例 (百分比).

由此表可见, 当 ψ_1, ψ_2 角的镜像取值都为正 (或负) 时, ψ_3 角的镜像值必取正 (或负). 由表 7.3.9 可得到 ψ_1, ψ_2 与 ψ_1 角的镜像值分布表 (百分比) 如下.

$$\begin{pmatrix} +,+ & +,- & -,+ & -,- \\ 2.013 & 41.116 & 36.101 & 20.739 \end{pmatrix} \begin{pmatrix} + & - \\ 43.129 & 56.840 \end{pmatrix} \tag{7.3.9}$$

由式 (7.2.9) 可知, XG1, XG2 关于三角形 $\delta(N,A,B)$ 的镜像值并不对称. 由另外的计算可知, XG1, XG2 关于三角形 $\delta(A,B,G0)$ 的镜像值一定对称.

(3) 由光盘 DATA1/7/7-3/7-3-8.CTX 文件还可以看到 ψ_1, ψ_2, ψ_3 角的关系值, 也就是在 7-3-8.CTX 文件的第 4,5 列可以看到 $(\psi_1+\psi_2)/2-\psi_3$ 的取值集中在 -180, $0, 180$ 的附近.

(4) 由光盘 DATA1/7/7-3/7-3-8.CTX 文件还可以看到 ψ_0 角的取值分布如表 7.3.10 所示.

表 7.3.10　ψ_0 角的取值分布表 (百分比)

0∼18	18∼36	36∼54	54∼72	72∼90	90∼108	108∼126	126∼144	144∼162
0.01	24.79	11.95	0.91	14.43	18.96	0.74	7.95	20.22

由表 7.3.10 可见, ψ_0 角的取值较集中为 $(18,54),(72,108),(126,162)$.

由这些计算与分析我们大体可以了解 G-1 与 G-2 类这 2 类氨基酸的第 2 层非氢原子 XG 或 XG1, YG2 与 G0 的运动状况.

7.3.7　氨基酸其他层次原子的扭角类型与计算

在 7.1 节和 7.2 节中我们已经对各氨基酸在 1, 2 层次原子 (B 原子与 G 层原子) 的运动状况作了计算与分析, 现在讨论氨基酸在其他层次原子运动分析.

1. 具有第 3 层非氢原子氨基酸的结构类型

按表 7.3.2 可知, 含 3 层与 3 层以上的氨基酸有天冬酰胺 (N)、天冬氨酸 (D)、

组氨酸 (H)、亮氨酸 (L)、苯丙氨酸 (F)、脯氨酸 (P)、色氨酸 (W)、酪氨酸 (Y)、谷氨酰胺 (Q)、谷氨酸 (E)、异亮氨酸 (I)、赖氨酸 (K) 与精氨酸 (R), 它们又可分一些类型.

(1) 称这 13 种氨基酸为具有第 3 层非氢原子的氨基酸, 我们同样可把它们分成 D-1, D-2 两类, 其中 D-1 类的氨基酸是在第 3 层只含 1 个非氢原子, D-2 类的氨基酸在第 3 层含 2 个非氢原子. 它们在第 2 层都只含 1 个非氢原子 CG.

由此得到, D-1 类的氨基酸有谷氨酰胺、谷氨酸、异亮氨酸、赖氨酸与精氨酸, 它们的四原子点是 A → B → CG → CD. D-2 类的氨基酸有天冬酰胺、天冬氨酸、组氨酸、亮氨酸、苯丙氨酸、色氨酸、酪氨酸, 它们的四原子点分别是 A → B → CG → OD1 或 A → B → CG → OD2 或 A → B → CG → OD2.

(2) 在 D-1 类氨基酸中, 主干图 A → B → CG → CD 产生 2 个扭角 ψ_G, ψ_D. 对扭角 ψ_G 我们已作了详细计算与分析, 因此只要对 ψ_D 及 ψ_G, ψ_D 的关系进行分析就可.

(3) 在 D-2 类氨基酸中, 主干图 A → B → CG → (CD1 或 CD2, CD0) 所产生 4 个扭角 $\psi_G, \psi_{D1}, \psi_{D2}, \psi_{D0}$, 我们只要对 ψ_{D1}, ψ_{D2} 与 ψ_{D0} 进行计算分析就可.

2. 对 D-1 类氨基酸扭角的计算结果

D-1 类氨基酸是谷氨酰胺 (Q)、谷氨酸 (E)、异亮氨酸 (I)、赖氨酸 (K) 与精氨酸 (R), 由它们的主干图 A → B → CG → CD 所产生 2 个扭角 ψ_G, ψ_D 的计算结果在光盘 DATA1/7/7-3/7-3-10.CTX 文件给出.

该文件是 13 × 188567 阵列, 其中第 1 列是这些氨基酸的编号. 第 2、3 列分别是 ψ_G, ψ_D 的取值, 它们在 PDB-Select 数据库中至少出现 188567 次.

3. 对扭角计算结果的分析

对光盘 DATA1/7/7-3/7-3-10.CTX 文件所给对扭角计算结果的统计分析如下.

(1) 对扭角 ψ_G 与 ψ_D 列平均值分别为 $-48.20, 19.27$. 它们的协方差矩阵为

$$\Sigma = \begin{pmatrix} 9017.78 & -40.74 \\ -40.74 & 21580.78 \end{pmatrix}.$$

由此得到该阵列第 2、3 列数据的标准差分别是 $94.96, 146.90$, 而它们的相关系数是 -0.0029. 由此可见, 这 2 列数据变化的波动性很大, 而它们之间的变化接近独立.

(2) 扭角 ψ_G 与 ψ_D 取值的联合分布在光盘 DATA1/7/7-3/7-3-11.CTX 文件中给出. 该文件由 2 大部分组成, 第 1 部分是频数分布, 第 2 部分是频率分布. 其中每 1 部分又分为 6 个模块, 它们分别是总体分布、精氨酸、谷氨酰胺、谷氨酸、赖氨酸、异亮氨酸的联合分布. 其中 5 个氨基酸总体分布如表 7.3.11 所示.

表 7.3.11　5 个氨基酸总体分布 (百分比)

	1	2	3	4	5	6	7	8	13	14	15	16	17	18	19	20
1	3.57	0.57	0.18	0.07	0.14	0.26	0.05	0.00	0.36	1.82	0.55	0.11	0.08	0.14	0.91	5.22
2	0.51	0.17	0.08	0.06	0.06	0.12	0.08	0.02	0.09	0.40	0.19	0.06	0.04	0.07	0.24	0.78
3	0.13	0.06	0.04	0.03	0.04	0.06	0.08	0.03	0.05	0.15	0.08	0.05	0.03	0.05	0.08	0.16
4	0.11	0.06	0.03	0.03	0.03	0.06	0.09	0.03	0.06	0.13	0.08	0.06	0.05	0.06	0.06	0.10
5	0.32	0.14	0.05	0.03	0.04	0.10	0.18	0.06	0.08	0.19	0.11	0.07	0.05	0.10	0.17	0.31
6	3.00	0.53	0.12	0.06	0.13	0.48	1.19	0.31	0.08	0.37	0.30	0.12	0.09	0.20	1.01	4.32
7	8.90	1.27	0.29	0.16	0.30	1.59	5.62	1.33	0.02	0.32	0.75	0.38	0.10	0.24	2.05	15.09
8	1.34	0.38	0.15	0.11	0.19	0.45	1.40	0.42	0.00	0.05	0.20	0.12	0.04	0.06	0.31	1.64
13	0.45	0.12	0.03	0.02	0.06	0.08	0.02	0.00	0.00	0.03	0.08	0.03	0.02	0.04	0.13	0.53
14	1.67	0.24	0.05	0.03	0.15	0.19	0.07	0.01	0.00	0.01	0.11	0.07	0.04	0.07	0.40	2.80
15	0.44	0.10	0.02	0.02	0.04	0.15	0.07	0.00	0.00	0.00	0.02	0.04	0.02	0.03	0.11	0.49
16	0.05	0.02	0.01	0.01	0.01	0.01	0.01	0.00	0.00	0.01	0.02	0.01	0.01	0.02	0.02	0.05
17	0.02	0.01	0.01	0.00	0.01	0.01	0.01	0.00	0.00	0.01	0.01	0.01	0.00	0.01	0.02	0.02
18	0.04	0.01	0.01	0.01	0.01	0.01	0.01	0.00	0.00	0.01	0.02	0.01	0.01	0.01	0.02	0.03
19	0.16	0.05	0.02	0.02	0.02	0.02	0.02	0.00	0.00	0.01	0.07	0.07	0.03	0.03	0.08	0.18
20	2.41	0.36	0.08	0.05	0.10	0.09	0.00	0.00	0.18	1.37	0.42	0.11	0.07	0.13	0.54	3.06

其中第 1 行与第 1 列的 i 表示角度的取值为 $((i-1) \times 18 - 180, i \times 18 - 180)$ 内. 没有被列出的行列是取值的比例在 0.1% 以下的区域.

(3) ψ_G 角与 ψ_D 角取值的分布如表 7.3.12 所示.

表 7.3.12　ψ_G 角与 ψ_D 角取值的分布表 (百分比)

ψ_G 角	1	2	3	4	5	6	7	8	9	10
ALL	23.31	4.21	1.24	0.76	1.39	3.82	8.98	2.26	0.19	0.06
R	29.57	7.24	2.11	1.24	1.61	3.76	5.83	1.26	0.12	0.06
Q	23.84	3.83	1.03	0.66	1.74	5.02	10.78	3.43	0.22	0.06
E	24.82	4.38	1.10	0.80	1.89	5.48	8.90	2.43	0.17	0.06
K	29.19	5.28	1.81	0.99	1.46	3.59	7.90	1.85	0.28	0.07
I	10.73	0.82	0.28	0.19	0.38	1.54	11.49	2.54	0.17	0.04
ψ_G 角	11	12	13	14	15	16	17	18	19	20
ALL	0.06	0.11	0.94	5.02	3.10	1.33	0.71	1.27	6.22	34.95
R	0.04	0.10	0.80	3.79	2.07	1.13	0.92	1.61	6.31	30.35
Q	0.07	0.10	1.51	7.89	4.19	1.44	0.49	0.88	4.71	28.04
E	0.06	0.14	1.33	6.55	5.19	1.94	0.66	0.96	4.79	28.26
K	0.08	0.14	0.84	4.46	2.18	1.14	0.93	1.60	5.43	30.69
I	0.03	0.07	0.38	3.07	1.87	0.97	0.53	1.24	9.38	54.24
ψ_D 角	1	2	3	4	5	6	7	8	9	10
ALL	14.06	3.02	1.17	1.06	2.06	12.42	38.51	6.86	0.59	0.19
R	16.68	3.45	1.25	1.16	2.58	13.65	31.84	5.99	0.61	0.18
Q	16.07	2.83	1.33	1.16	2.12	13.07	36.40	6.28	0.60	0.22

续表

ψ_D角	1	2	3	4	5	6	7	8	9	10
E	15.46	3.58	1.58	1.37	2.36	13.21	33.03	6.31	0.86	0.32
K	16.74	3.45	1.51	1.37	2.70	13.44	33.30	6.14	0.61	0.17
I	6.62	1.80	0.25	0.29	0.66	9.22	56.03	9.22	0.27	0.06

ψ_D角	11	12	13	14	15	16	17	18	19	20
ALL	0.18	0.35	1.63	5.92	1.56	0.25	0.13	0.20	0.79	8.97
R	0.14	0.28	1.55	5.37	2.04	0.24	0.14	0.18	1.05	11.51
Q	0.23	0.43	1.45	4.51	1.58	0.28	0.11	0.18	0.84	10.23
E	0.29	0.56	1.72	4.79	1.85	0.30	0.13	0.25	1.04	10.92
K	0.16	0.30	1.21	4.49	1.47	0.26	0.15	0.25	0.87	11.32
I	0.09	0.16	2.14	9.83	0.93	0.18	0.11	0.13	0.18	1.79

表 7.3.12 由 2 个模块组成, 它们分别是 ψ_G 角与 ψ_D 角取值的分布, 在每个模块中又分总体分布与精氨酸、谷氨酰胺、谷氨酸、赖氨酸、异亮氨酸这 5 个氨基酸分布, 另外 ALL 这一行表示对这 5 种氨基酸的统一计算.

由此表可见, 总体分布与精氨酸、谷氨酰胺、谷氨酸、颍氨酸这 4 个氨基酸的分布十分接近, 而异亮氨酸的分布与其他分布有较大的差别, 这是因为异亮氨酸在节点 G 上存在分叉.

4. 对 D-2 类氨基酸扭角的计算结果

D-2 类氨基酸是天冬酰胺 (N)、天冬氨酸 (D)、组氨酸 (H)、亮氨酸 (L)、苯丙氨酸 (F)、脯氨酸 (P)、色氨酸 (W)、酪氨酸 (Y), 它们的主干图可选择 A → B → XG → YD1, 所产生 2 个扭角 ψ_G, ψ_{D1} 的计算结果和与在光盘 DATA1/7/7-3/7-3-10.CTX 文件相似.

利用该计算文件同样可得到它们统计计算分析如下.

(1) 对扭角 ψ_G 与 ψ_{D1} 取值数据变化的波动性很大, 而它们之间的变化接近独立. 但它们的列平均值与 D-1 类的平均值不同.

(2) 同样可对扭角 ψ_G 与 ψ_D 取值的联合分布与边际分布, 这些分布的类型与结果和光盘 DATA1/7/7-3/7-3-11.CTX 文件相似.

(3) 当 A, B, XG, YD1 的位置确定之后, 由镜像值的讨论可知, B, XG, YD1, ZD2 4 点的位置接近共面, 因此 YD2 点的位置也就确定.

对这些计算结果就不一一列举.

5. 对具有高层氨基酸扭角的计算问题

除了具有 G,D 层氨基酸外, 还含有更高层 (E,Z,H,HH 层) 的氨基酸, 对它们同样存在扭角的计算问题. 表 7.3.1 给出了利用扭角对氨基酸的分类表. 在表 7.3.1 中我们已经对只含 1,2 个扭角数对氨基酸进行计算, 除此之外还有含 3,4,6 个扭角数的氨基酸, 它们是 Q,H, I, L, M, Y, K, R 这 8 种氨基酸. 在这些氨基酸中除了含扭角 ψ_G, ψ_D 外, 还可能含 $\psi_E, \psi_Z, \psi_H, \psi_{HH}$ 这些扭角及次干图中的扭角. 对这些扭角的部分计算与分析结果如下.

(1) 具有第 4 层非氢原子点的第 2、3 类氨基酸有谷氨酰胺、赖氨酸、甲硫氨酸与精氨酸, 它们的四原子点分别是

$$B \to CG \to CD \to OE, \quad B \to CG \to CD \to CE,$$
$$B \to CG \to SD \to CE, \quad B \to CG \to CD \to NE.$$

(2) 在这些四原子点中涉及的扭角是 ψ_G, ψ_D, ψ_E, 同样由统计分析得到, 它们的取值变化是接近独立的, 而 ψ_E 的取值分布如表 7.3.13 所示.

7.3.13　二面角 ψ_E 角度变化的分布表

1	2	3	4	5	6	7	8	9	10
15250	3817	1964	1837	2453	7156	11946	8509	6532	6439
11.87	2.97	1.53	1.43	1.91	5.57	9.30	6.62	5.08	5.01

11	12	13	14	15	16	17	18	19	20
5973	5831	7241	10488	6706	2633	1873	2118	3895	15858
4.65	4.54	5.63	8.16	5.22	2.05	1.46	1.65	3.03	12.34

表 7.3.13 中第 1 行是角度的取值范围, 与表 7.2.11 的定义相同, 第 2、3 行是二面角 ψ_E 在变化范围内出现的频数与频率.

(3) 对具有 4,6 个扭角的氨基酸分别是赖氨酸与精氨酸, 它们除了具有扭角 ψ_G, ψ_D, ψ_E 外, 还分别含 $\psi_Z, \psi_H, \psi_{HH}$. 它们同样具有取值变化的独立性与各自的取值分布. 与 ψ_G 的计算分析类似, 对这些参数我们同样可以在活动坐标计算它们的摆动与转动.

7.4　氨基酸侧链参数表达的因子分解

在 1.4 节中已经给出了一般分子的参数表达与它们的因子分解理论要点, 在本节中将详细讨论氨基酸侧链参数表达的因子分解的计算与分析结果.

7.4.1　氨基酸侧链参数表达的基本数据与它们的特征数计算

对 PDB-Select 数据库中各氨基酸的参数表达在光盘 DATA1/7/7-2/7-2-3.CTX 文件中给出, 该文件由 20 个模块组成, 每个模块是一个 $B(a) \times A_1(a), a \in V_{20}$ 的数据阵列, 对它们作因子分解需进行以下一系列的计算.

1. 数据的预处理

为了对 20 种不同氨基酸作因子分解的讨论, 先对光盘 DATA1/7/7-2/7-2-3.CTX 文件中的数据进行预处理.

(1) 在 7-2-3.CTX 文件中, 为了对扭角度大小有直观的了解, 我们采用角度的来表示. 但在特征数的计算中, 为了减少弧长与角度在数量上的差别, 对角度换算成弧度.

(2) 在 7-2-3.CTX 文件中, 为了对扭角度大小的变化在 $(0, 360)$ 内, 但对有些曲线在 $0°, 360°$ 附近有较大的密度取值, 对这些曲线需要做平移变换, 对有关曲线的平移计算在 7.2 节中给出.

文件 7-2-3.CTX 中的数据经这些预处理后所得的数据在光盘 DATA1/7/7-4/7-4-1.CTX, 7-4-2.CTX 文件中给出. 该文件的数据格式与 7-2-3.CTX, 7-2-4.CTX 相同.

2. 特征数的计算公式

(1) 记这 20 个模块的数据阵列为

$$\Theta(a) = (\theta_{i,j})_{i=1,2,\cdots,B(a), j=1,2,\cdots,A_1(a)}, \quad a \in V_{20}. \tag{7.4.1}$$

这些数据在 7-2-3.CTX 文件中给出.

(2) 对式 (7.4.1) 中的数据阵列补充说明如下. 在这 20 个模块的数据阵列中距离了 68 个扭角的取值记录, 在这 68 个扭角中, 如果它们的分布密度函数是 II,III 性的曲线 (见 7-2-5.CTX 文件的标记) 时, 那么 7-2-3.CTX 文件中的数据 $\theta_{i,j}(a)$ 作式 (7.4.1) 的变换. 为了简单起见, 数据阵列 $\Theta(a)$ 作式 (7.4.1) 变换后的数据阵列仍记为 $\Theta(a)$.

(3) 在这 20 个模块中, 每个模块的特征数是它们的列平均值、列协方差矩阵与相应的相关矩阵. 对这些数据分别记为

$$
\begin{cases}
\bar{\mu}(a) = (\mu_1(a), \mu_2(a), \cdots, \mu_{A_1(a)}), \\
\Sigma(a) = (\sigma_{s,t})_{s,t=1,2,\cdots,A_1(a)}(a), \\
\tilde{\rho}(a) = (\rho_{s,t})_{s,t=1,2,\cdots,A_1(a)}(a),
\end{cases}
\tag{7.4.2}
$$

其中 $a = 1, 2, \cdots, 20$, 而

$$
\begin{cases}
\mu_t(a) = \dfrac{1}{B(a)} \displaystyle\sum_{i=1}^{B(a)} \theta_{i,t}(a), & t = 1, 2, \cdots, A_1(a), \\
\sigma_{s,t}(a) = \dfrac{1}{B(a)} \displaystyle\sum_{i=1}^{B(a)} [\theta_{i,s}(a) - \mu_s(a)][\theta_{i,t}(a) - \mu_t(a)], & s, t = 1, 2, \cdots, A_1(a), \\
\rho_{s,t} = \dfrac{\sigma_{s,t}}{\sqrt{\sigma_{s,s}\sigma_{t,t}}}, & s, t = 1, 2, \cdots, A_1(a),
\end{cases}
\tag{7.4.3}
$$

3. 特征数的计算结果

不同的氨基酸侧链, 由于它们所包含的参数数目不同, 因此它们的特征数目也不相同, 有关的计算结果在光盘 DATA1/7/7-4/7-4-3.CTX, 7-4-4.CTX 文件中.

(1) 文件 7-4-3.CTX 是 20 种氨基酸的特征数, 因此它由 20 个模块组成, 每个模块包括: 平均值向量 (30 维)、协方差矩形 (30 × 30 方阵) 与相关矩阵 (30 × 30 方阵). 当氨基酸的表达参数小于 30 的协方差矩形 y 与相关矩阵中的行、列取值为 0. 采用这种方式表示的优点对这 20 种氨基酸可作统一处理.

(2) 文件 7-4-4.CTX 是对文件 7-4-3.CTX 的简化, 它同样由 20 个模块组成, 每个模块中的特征数大小由式 (7.4.2) 中确定.

(3) 我们以异亮氨酸 (I) 为例说明 7-4-4.CTX 文件中的数据结构. 该氨基酸在 7-4-3.CTX 文件中的编号为 10, 对它的数据结构可如表 7.4.1 表示.

表 7.4.1 异亮氨酸 (I) 表达参数的特征数计算表

1.45886	1.54721	1.53198	2.51452	3.13941	2.48035	2.52470	1.52750	1.51975	4.43310	4.14409	3.89524
0.00012	0.00003	0.00002	0.00004	0.00008	0.00013	0.00006	0.00003	0.00002	0.00005	-0.00005	-0.00025
0.00003	0.00028	0.00002	0.00003	0.00053	0.00024	0.00027	0.00004	0.00006	-0.00279	-0.00006	-0.00003
0.00002	0.00002	0.00013	0.00017	0.00014	0.00003	0.00009	0.00004	0.00005	0.00180	-0.00002	-0.00036
0.00004	0.00003	0.00017	0.00115	0.00029	0.00003	0.00005	0.00026	0.00014	-0.00086	-0.00049	-0.00154
0.00008	0.00053	0.00014	0.00029	0.04509	0.00040	0.00082	0.00005	-0.00007	-0.03865	-0.00077	0.07431
0.00013	0.00024	0.00003	0.00003	0.00039	0.00098	0.00042	0.00010	0.00006	-0.01016	-0.00003	-0.00035
0.00006	0.00027	0.00009	0.00005	0.00081	0.00042	0.00092	0.00005	0.00013	-0.00810	-0.00034	-0.00254
0.00003	0.00004	0.00004	0.00026	0.00005	0.00010	0.00005	0.00024	0.00008	0.00118	-0.00003	-0.00017
0.00002	0.00006	0.00005	0.00014	-0.00007	0.00006	0.00013	0.00008	0.00061	-0.00152	-0.00009	0.00016
0.00005	-0.00279	0.00180	-0.00086	-0.03865	-0.01016	-0.00810	0.00118	-0.00152	2.13166	0.00648	-0.29575
-0.00005	-0.00006	-0.00002	-0.00049	-0.00077	-0.00003	-0.00034	-0.00003	-0.00009	0.00648	0.00159	0.00137
-0.00025	-0.00003	-0.00036	-0.00154	0.07431	-0.00035	-0.00254	-0.00017	0.00016	-0.29575	0.00137	0.82880
1.00000	0.13889	0.16965	0.11500	0.03292	0.36259	0.17049	0.19257	0.08492	0.00290	-0.12068	-0.02491
0.13889	1.00000	0.10530	0.05997	0.14997	0.45802	0.53879	0.14555	0.14939	-0.11423	-0.08292	-0.00165
0.16965	0.10530	1.00000	0.42999	0.05838	0.09404	0.26842	0.20835	0.18687	0.10642	-0.05210	-0.03436
0.11500	0.05997	0.42999	1.00000	0.03982	0.02746	0.04536	0.49581	0.16753	-0.01732	-0.36217	-0.04987
0.03292	0.14997	0.05838	0.03982	1.00000	0.05928	0.12690	0.01554	-0.01390	-0.12467	-0.09033	0.38443
0.36259	0.45802	0.09404	0.02746	0.05928	1.00000	0.44679	0.19625	0.08237	-0.22267	-0.02498	-0.01235
0.17049	0.53879	0.26842	0.04536	0.12690	0.44679	1.00000	0.10797	0.17185	-0.18330	-0.28111	-0.09215
0.19257	0.14555	0.20835	0.49581	0.01554	0.19625	0.10797	1.00000	0.20987	0.05152	-0.04501	-0.01166
0.08492	0.14939	0.18687	0.16753	-0.01390	0.08237	0.17185	0.20987	1.00000	-0.04204	-0.08783	0.00704
0.00290	-0.11423	0.10642	-0.01732	-0.12467	-0.22267	-0.18330	0.05152	-0.04204	1.00000	0.11122	-0.22250
-0.12068	-0.08292	-0.05210	-0.36217	-0.09033	-0.02498	-0.28111	-0.04501	-0.08783	0.11122	1.00000	0.03765
-0.02491	-0.00165	-0.03436	-0.04987	0.38443	-0.01235	-0.09215	-0.01166	0.00704	-0.22250	0.03765	1.00000

异亮氨酸侧链有 6 个非氢原子, 因此它包含 9 个弧长参数, 3 个扭角 (共 12 个参数), 它的第 1 行是 12 参数的平均值, 2~13 行是协方差矩阵 $\Sigma(10)$, 14~26 行是相关矩阵 $\tilde{\rho}(10)$.

4. 计算结果的分析

对表 7.4.1 的分析如下.

(1) 表中各弧长与扭角 ψ_2 的方差都很小, 这说明它们的变化都很稳定, 因此它们的互协方差也很小.

(2) 扭角 ψ_1 与 ψ_3 的方差都较大, 这说明它们的变化都不稳定, 具有一定的波动性, 是决定该氨基酸侧链形态的关键参数.

(3) 在不同的参数之间都有一定的相关性, 其中相关系数达到最大的是 r_2 与 r'_2, 这时 $\rho_{2,7} = 0.53879$, 其他参数之间也有大小不同的相关性.

7.4.2　参数表达的主因子分析

为了对各氨基酸的表达参数作因子分析, 需要对光盘 DATA1/7/7-4 文件夹中的有关文件进行一系列的计算.

1. 特征根与特征矩阵的计算公式

这就是对 7-4-3.CTX 或 7-4-4.CTX 文件中各协方差矩阵计算它们的特征根与特征矩阵. 我们记它们的特征根与特征矩阵为

$$\begin{cases} \bar{\lambda}(a) = (\lambda_1(a), \lambda_2(a), \cdots, \lambda_{A_1(a)}), \\ C(a) = (c_{s,t})_{s,t=1,2,\cdots,A_1(a)}(a), \end{cases} \tag{7.4.4}$$

其中 $C(a)$ 矩阵中的向量是特征向量, 它们满足以下关系式.

(1) $C(a)$ 是正交矩阵, 这就是

$$\sum_{k=1}^{A_1(a)} c_{s,k}c_{k,t} = \delta_{s,t} = \begin{cases} i, & \text{如果 } s = t, \\ 0, & \text{否则.} \end{cases} \tag{7.4.5}$$

(2) $C(a)$ 是可以化协方差矩阵 $\Sigma(a)$ 为对角线矩阵, 这就是

$$\sum_{k=1}^{A_1(a)} \sum_{k'=1}^{A_1(a)} c_{s,k}\sigma k, k'c_{k',t} = \begin{cases} \lambda_i, & \text{如果 } s = t, \\ 0, & \text{否则.} \end{cases} \tag{7.4.6}$$

2. 特征根与特征矩阵的计算结果

这就是由 7-4-3.CTX 与 7-4-4.CTX 文件中各协方差矩阵所产生的特征根与特征矩阵, 对它们的计算结果分别为光盘 DATA1/7/7-4 文件夹中给出.

(1) 文件 7-4-5.CTX 与 7-4-6.CTX 都是特征根与特征矩阵的数据, 在 7-4-5.CTX 文件中的向量长度统一取成 30, 因此该文件由 20 个该模块组成, 每个模块是 31×30 的数据阵列, 该阵列的第 1 行是特征根向量, 后 30 行是特征向量, 由此构成特征矩阵.

(2) 文件 7-4-6.CTX 是对文件 7-4-5.CTX 的简化, 它同样由 20 个该模块组成, 每个模块是 $(A_1(a) + 1) \times A_1(a)$ 的数据阵列, 每个阵列中的第 1 行是特征根向量, 后面对方阵是特征矩阵.

3. 特征根的因子贡献率

如果 $\bar{\lambda}(a) = (\lambda_1(a), \lambda_2(a), \cdots, \lambda_{30}(a))$ 是氨基酸 a 侧链参数系协方差矩阵的特征根向量, 因此定义如下.

(1) $\lambda_0(a)$ 为氨基酸 a 侧链参数系协方差矩阵的特征根向量值的总和, 每个 $\lambda'_s(a) = \lambda_s(a)/\lambda_0(a)$ 为特征根 $\lambda_s(a)$ 的贡献率.

(2) 如果有一组 $s_1(a), s_2(a), \cdots, s_{h(a)(a)}, a \in \{1, 2, \cdots, 30\}$, 满足条件

$$\lambda_{s_1(a)} \geqslant \lambda_{s_2(a)} \geqslant \cdots \geqslant \lambda_{s_{h(a)}}(a), \tag{7.4.7}$$

而且 $\sum\limits_{h'=1}^{h(a)} \lambda'_{h'}(a) > 99.0\%$, 那么称 $\lambda_{s_1(a)}, \lambda_{s_2(a)}, \cdots, \lambda_{s_{h(a)}}(a)$ 是氨基酸 a 侧链参数表达中的主因子, 其他的特征根为次因子.

(3) 不同氨基酸侧链参数系协方差矩阵的特征根的贡献率的技术结果如文件 7-4-7.CTX 所示. 该文件同样有 30 个模块组成, 每个模块有 4 行数据, 其中第 1 行有 2 个数据, 分别是氨基酸的编号与特征根取值的总和. 其中第 2,3,4 行各有 30 个数据, 分别是特征根的取值、贡献率与编号.

(4) 文件 7-4-8.CTX 是文件 7-4-7.CTX 的简化, 它在 7-4-7.CTX 中删除特征根取值为零点有关数据.

4. 特征根与主因子分析

由文件 7-4-8.CTX 或文件 7-4-7.CTX 可以得到各氨基酸参数表达的各主因子, 我们只要在 7-4-8.CTX 中删除特征根贡献率很小的有关数据, 对此列表 7.4.2 如下.

对表 7.4.2 说明如下.

(1) 表 7.4.2 共有 57 个主因子, 分 20 个模块表达, 每个模块用虚线分隔. 每个模块左上角的数字是氨基酸的一字符, 因此也是模块的编号.

(2) 每个模块第 1 行的数字分别是氨基酸的一字符、特征根的总和与主因子的总贡献率.

(3) 每个模块第 2,3,4 行的数字分别是主因子的特征根、每个特征根的贡献率与参数的编号.

因此表可以看出, 能成为 20 个氨基酸表达参数的主因子只有 57 个 (还可能再少些), 在这 57 个因子中还包括 4 个弧长的参数, 因此 68 个扭角参数并不能全部成为因子分解中的主因子.

表 7.4.2　不同氨基酸特征根的主因子与它们的贡献率计算表

```
    1      0.00094  100.0000  |    2       6.76143  99.81
 0.00009  0.00017  0.00068    |  1.77232  0.71656  2.35771  1.29817  0.60102  0.00348
 9.95782 17.83399 72.20819    | 26.21214 10.59775 34.87003 19.19962  8.88900  0.05147
    1       2        3        |   22       23       24       25       26       27
----------------------------------------------------------------------------------------
    3      4.34924  99.94     |    4       3.62564  99.88     |    5       2.36662  99.83
 1.68373  2.65929  0.00205    |  2.27208  1.34737  0.00182    |  2.36259
38.71315 61.14374  0.04704    | 62.66695 37.16219  0.05021    | 99.82985
    22      23       24       |   22       23       24        |   22
----------------------------------------------------------------------------------------
    6      5.84070  99.84             |    7      4.89297  99.84            |    8
 1.91362  1.12475  2.79007  0.00266   |  1.72458  1.18547  1.97318  0.00190 |  0.00124
32.76347 19.25719 47.76953  0.04562   | 35.24606 24.22807 40.32687  0.03879 | 100.00000
    22      23       24       25      |   22       23       24       25      |  1.00000
----------------------------------------------------------------------------------------
    9      4.78461  99.90     |   10      3.01157  98.59     |   11      2.22477  99.75
 1.94206  2.83574  0.00205    |  2.19707  0.00200  0.77057   |  0.42877  1.78794  0.00282
40.58967 59.26787  0.04279    | 72.95439  0.06640 25.58692   | 19.27274 80.36506  0.12668
    22      23       24       |   22       23       24        |   22       23       24
----------------------------------------------------------------------------------------
   12      5.14324  99.78             |   13      5.90946  99.75    |   14      5.26448  99.90
 1.79766  0.77786  1.03933  1.51481   |  1.74038  0.82343  3.33307  |  1.71478  3.54279  0.00194
34.95190 15.12401 20.20770 29.45252   | 29.45079 13.93418 56.40224  | 32.57269 67.29610  0.03682
    22      23       24       25      | 22.00000 23.00000 24.00000  |   22       23       24
----------------------------------------------------------------------------------------
   15     13.46648 |   16      |   17      4.03548  |   18      5.28924  99.91
13.18561  0.27684  |  3.10231  |  4.02875  0.00270  |  1.98245  3.29659  0.00260
97.91434  2.05579  | 99.91658  | 99.83321  0.06688  | 37.48083 62.32635  0.04916
    22      23      |   22      |   22       23      |   22       23       24
----------------------------------------------------------------------------------------
   19      5.26598  99.97     |   20      1.16895  99.70
 1.71389  3.54324  0.00227    |  1.16281  0.00265
32.54645 67.28542  0.04307    | 99.47470  0.22646
    22      23       24       |   22       23
```

7.4.3　因子分解的计算结果与分析

文件 7-4-5.CTX 已经给出了各氨基酸参数表达的特征矩阵, 由这些矩阵就可对 7-4-1.CTX 文件中的数据进行因子分解.

1. 因子分解的计算结果

记文件 7-4-5.CTX 给出的各特征矩阵为 $C(a)$, 7-2-3.CTX 文件中各氨基酸的数据阵列为 $\Theta(a)$, 这些阵列中的数据元分别记为

$$C(a) = (z_{a,i,j})_{i=1,2,\cdots,B(a),j=1,2,\cdots,30},$$

$$\Theta(a) = (\theta_{a,i,j})_{i=1,2,\cdots,B(a),j=1,2,\cdots,30}, \quad a \in V_{20}, \tag{7.4.8}$$

其中 $B(a)$ 的取值在表 7.2.2 中给出. 这时记 $\Theta(a)$ 中的行向量为

$$\bar{\theta}_{a,i} = (\theta_{a,i,1}, \theta_{a,i,2}, \cdots, \theta_{a,i,30}), \quad i = 1, 2, \cdots, B(a). \tag{7.4.9}$$

由此得到, 对数据阵列 $\Theta(a)$ 作正交变换后的新阵列为

$$Z(a) = (z_{a,i,j})_{i=1,2,\cdots,B(a),j=1,2,\cdots,30},$$

其中

$$z_{a,i,j} = \sum_{k=1}^{30} \theta_{a,i,k} c_{a,j,k}, \quad i = 1, 2, \cdots, B(a), \quad j = 1, 2, \cdots, 30. \tag{7.4.10}$$

对数据阵列 $Z(a)$ 的计算结果在光盘 DATA1/7/7-4/7-4-9.CTX 文件中给出.

2. 计算结果的分析

对数据阵列 $Z(a)$ 有以下性质.

(1) 如果我们分别记 $\Theta(a), Z(a)$ 数据阵列的列平均值为 $\bar{\mu}_\theta(a), \bar{\mu}_z(a)$, 那么它们满足关系式 $\bar{\mu}_z(a) = \mu_\theta(a)C(a)$, 或 $\bar{\mu}_\theta(a) = \bar{\mu}_z(a)C^{\mathrm{T}}(a)$, 其中 $C^{\mathrm{T}}(a)$ 是 $C(a)$ 转置矩阵.

(2) 如果分别记 $\Theta(a), Z(a)$ 数据阵列的列协方差矩阵为 $\Sigma_\theta(a), \Sigma_z(a)$, 那么它们满足关系式 $\Sigma_z(a) = C(a)\Sigma_\theta(a)C^{\mathrm{T}}(a)$ 或 $\Sigma_\theta(a) = C^{\mathrm{T}}(a)\Sigma_z(a)C(a)$.

(3) 因为协方差矩阵为 $\Sigma_z(a)$ 是一个对角线矩阵, 而且对角线上的取值是特征向量 $\bar{\lambda}(a)$, 所以数据阵列 $Z(a)$ 中的列协方差矩阵为 $\Sigma_z(a)$ 满足条件

$$\sigma_{a,s,t} = \begin{cases} \lambda_{a,s}, & \text{如果 } s = t, \\ 0, & \text{否则, 这时它们的列互不相关.} \end{cases} \tag{7.4.11}$$

(4) 由此可知, 形成数据阵列 $\Theta(a)$ 或 $Z(a)$ 中数据波动的主要因素是特征向量 $\bar{\lambda}(a)$ 中的主因子, 其中次因子几乎处于参数状态.

3. 数据阵列 $Z(a)$ 的列平均值向量

由数据阵列 $Z(a)$ 产生列平均值向量 $\bar{\mu}_z(a)$ 在 7-4-10.CTX 文件中给出, 其简化式在 7-4-11.CTX 文件中给出.

在 7-4-11.CTX 文件中, 每个氨基酸的平均值向量长度不同, 所以对每个平均值给出 2 个数据, 这就是数据阵列 $Z(a)$ 所在列与它的平均值. 另外在列数的标记上, 如果附加×号, 那么该列就是主因子.

4. 数据阵列 $Z(a)$ 的主因子分析

在表 7.4.2 的 57 个主因子中, 包含丙氨酸 (编号为 1) 的 3 个与甘氨酸 (编号为 8) 的 1 个主因子, 这 4 个主因子虽特征根的贡献率较大, 但它们的特征根 (方差) 都很小, 因此它们的取值都集中在它们的平均值附近, 因此我们只要考虑其他的 53 个主因子就可.

(1) 因此我们只要考虑其他的 53 个主因子即可, 先计算它们的最大与最小取值 (表 7.4.3).

表 7.4.3　53 个主因子的最大与最小取值计算表

1	2	1	395.030	-20.527	19	7	2	296.247	-82.228	37	13	3	286.849	-103.214
2	2	2	320.208	-43.616	20	7	3	609.538	110.372	38	14	1	394.100	20.578
3	2	3	368.875	-74.093	21	7	4	239.345	-65.962	39	14	2	342.059	-46.565
4	2	4	440.203	36.448	22	9	1	382.699	6.340	40	14	3	209.985	172.082
5	2	5	398.618	39.547	23	9	2	353.764	-25.674	41	15	1	507.524	0.248
6	2	6	310.979	24.307	24	9	3	189.287	150.235	42	15	2	274.309	-232.879
7	3	1	217.378	-249.207	25	10	1	383.245	12.010	43	16	1	359.745	0.160
8	3	2	578.801	100.118	26	10	2	274.604	181.275	44	17	1	359.837	0.131
9	3	3	240.690	89.267	27	10	3	361.989	-13.354	45	17	2	279.818	135.737
10	4	1	402.137	21.985	28	11	1	462.725	27.893	46	18	1	332.081	-42.839
11	4	2	450.207	67.766	29	11	2	278.191	-173.116	47	18	2	405.370	13.891
12	4	3	328.433	103.914	30	11	3	274.331	76.739	48	18	3	176.089	138.667
13	5	1	359.727	2.718	31	12	1	309.426	-127.065	49	19	1	397.430	23.349
14	6	1	337.383	-119.431	32	12	2	342.263	-69.347	50	19	2	340.183	-51.336
15	6	2	436.131	-11.956	33	12	3	425.449	-7.136	51	19	3	172.615	132.867
16	6	3	488.468	86.753	34	12	4	463.972	51.644	52	20	1	359.519	-0.064
17	6	4	197.156	-157.221	35	13	1	507.237	64.959	53	20	2	240.344	-6.851
18	7	1	216.055	-291.100	36	13	2	292.887	-95.552					

表 7.4.3 表示一个 53×5 的数据阵列, 它表示 53 个主因子的主要参数, 其中第 1,2,3 列分别是主因子的编号、所在氨基酸编号与该氨基酸内主因子编号, 其中第 4,5 列分别是主因子的最大与最小取值 (按 $180/\pi$ 的比例放大).

(2) 主因子取值的分布曲线. 在表 7.4.3 中, 所有个主因子的最大与最小取值分别为 $507.524, -291.100$, 这样就可在区间 $(-292, 508)$ 中作 400 等分, 由此就可得到这 53 个主因子的分布曲线, 对它们的计算结果在光盘 DATA1/7/7-4/7-4-12.CTX 文件中给出.

(3) 7-4-12.CTX 文件是一个 53×405 的数据阵列, 它表示 53 个主因子取值的分布函数, 该阵列的前 5 列分别是主因子的编号、所在氨基酸编号与该氨基酸内主因子编号、分布函数的最大与最小值所在的位置, 后 400 列在区间 $(-292, 508)$ 中 400 等分点的分布密度函数.

(4) 文件 7-4-12.CTX 的前 5 列数据如表 7.4.4 所示.

表 7.4.4　53 个主因子分布的最大取值与它们的位置计算表

1	2	1	56.74	149	15	6	2	44.77	149	28	11	1	42.11	149	41	15	1	80.45	149
2	2	2	74.37	148	16	6	3	40.47	150	29	11	2	86.00	146	42	15	2	49.95	145
3	2	3	49.27	148	17	6	4	99.76	147	30	11	3	86.52	147	43	16	1	46.29	147
4	2	4	42.18	148	18	7	1	45.66	146	31	12	1	62.13	148	44	17	1	46.27	147
5	2	5	93.23	150	19	7	2	50.04	147	32	12	2	67.16	148	45	17	2	99.94	149
6	2	6	99.97	148	20	7	3	44.36	151	33	12	3	56.91	148	46	18	1	47.52	149
7	3	1	48.77	147	21	7	4	99.94	148	34	12	4	60.52	149	47	18	2	37.99	148
8	3	2	61.54	150	22	9	1	55.15	149	35	13	1	53.61	150	48	18	3	100.00	148
9	3	3	99.98	148	23	9	2	44.00	149	36	13	2	51.43	147	49	19	1	44.61	149
10	4	1	59.38	149	24	9	3	100.00	148	37	13	3	46.77	148	50	19	2	58.33	147
11	4	2	63.43	149	25	10	1	76.88	149	38	14	1	49.65	149	51	19	3	100.00	148
12	4	3	99.98	148	26	10	2	99.98	149	39	14	2	57.68	147	52	20	1	72.98	148
13	5	1	55.15	149	27	10	3	58.99	148	40	14	3	100.00	148	53	20	2	99.76	148
14	6	1	67.91	148															

表 7.4.4 中各列的含义与文件 7-4-12.CTX 相同.

5. 主因子取值的分布曲线图

由数据文件 7-4-12.CTX 即可得到各主因子取值的分布曲线图.

(1) 53 条曲线分 9 张图表示, 每张图包含 6 条曲线 (第 9 张图包含 5 条曲线), 在光盘 DATA2/7/7-4 文件夹中用 *.BMP 图形文件表示.

(2) 由表 7.4.4 可以看到, 这 53 条曲线的峰值位置十分集中 (几乎相同), 这样在作图时无法区别. 因此在每张图中, 对每条曲线的峰值位置稍作偏移, 这样就可看到它们的区别. 因此在光盘 DATA2/7/7-4 文件夹中各 *.BMP 图中各曲线的峰值与它们真正的位置略有区别, 真正的峰值位置以表 7.4.4 为准.

7.5　氨基酸空间结构分析中的其他问题

在本章的前几节中我们已对氨基酸的空间结构作了详细分析, 但氨基酸的空间结构是复杂的, 我们还可从其他不同的角度来进行分析.

7.5.1　氨基酸中氢原子位置的预测

在各类蛋白质空间结构数据库中, 各氨基酸中绝大部分氢原子的位置往往被忽略而没有记录, 对其中的哪些氢原子的位置是可以用计算方向确定与补充的, 哪些是无法确定的. 这就是氨基酸中氢原子位置的预测问题.

1. 氢原子空间位置的预测问题

由表 6.1.1 可知, 在各个不同的氨基酸中, 均包含有氢与非氢原子, 表 6.1.1 不仅给出了各氨基酸中所存在的原子, 还给出了它们的排列方式. 但表 6.1.1 并没有给出这些原子的空间位置. 因此氢原子空间位置的预测问题是指: 在各氨基酸中, 有一部分原子的空间位置已知的条件下, 来确定 (预测) 其他原子 (主要是氢原子) 的空间位置.

2. 可测与不可测的氢原子类型

在同一氨基酸中, 如果它的所有非氢原子的空间位置确定 (它们在一般蛋白质结构数据库中给定), 那么在该氨基酸中有的氢原子是可预测的, 也有的说不可预测的, 它们的类型如下.

(1) 无论在主干枝与次干枝树图中, 与梢点形成共价键的各氢原子的空间位置是不可预测的.

(2) 由本章前几节的讨论可知, 在主干枝与次干枝树图中, 与节点形成共价键的各氢原子的空间位置都是可预测的.

(3) 在主干枝与次干枝树图中, 如果有 1 与梢点形成共价键氢原子的空间位置已知, 那么与该梢点形成共价键的其他氢原子的空间位置是可预测的.

3. 氢原子预测计算的几何模型

在可预测的氢原子中, 对它们预测计算的几何模型是不同的, 它们的类型如下.

(1) 在干枝树图的节点上有 2 个共价的氢原子. 它们的几何模型可用多面体 $\Sigma(a,b,c,d,e)$ 来描述, 其中 $a-b-c$ 是由非氢原子所组成的三角形, d,e 是 2 氢原子, 与 b 成共价键. 这时 $\delta(a,b,c)$ 与 $\delta(b,d,e)$ 是 2 个相互垂直的三角形, 如果记 b_0 是 ac 的中点, $\pi(bb_0)$ 是过 bb_0 线且与三角形 $\delta(a,b,c)$ 垂直的平面. 因为 $b-d, b-e$ 的共价键键长是已知的, 所以由 a,b,c 这 3 点的空间位置就可预测 d,e 点的空间位置.

(2) 在干枝树图的节点上有 1 个共价的氢原子. 它们的几何模型可用四面体 $\Delta(a,b,c,d)$ 来描述, 其中 $a-b-c$ 是由非氢原子所组成的三角形, d 是氢原子, 与 b 成共价键. 这时四面体 $\Delta(a,b,c,d,e)$ 接近共面. 因为 $b-d$ 的共价键键长是已知的, da, dc 是 2 阶弧, 它们的长度是稳定的, 所以由 a,b,c 这 3 点的空间位置就可预测 d 点的空间位置.

(3) 在干枝树图的节点上有 1 个共价的氢原子与 2 个分叉的共价非氢原子. 它们的几何模型可用多面体 $\Sigma(a,b,c,d,e)$ 来描述, 其中 $\Delta(a,b,c,d)$ 是由非氢原子所组成的四面体, $a-d, b-d, c-d, d-e$ 是共价键, e 是氢原子, 而 a,b,c,d 是碳原子. 这时 $\Delta(a,b,c,d)$ 是正四面体, $\Delta(a,b,c,e)$ 是正棱锥, e 点在正四面体 $\Delta(a,b,c,d)$

高 d_0d 的延长线上. 因为它们的共价键键长与 2 阶弧的弧长都是已知的, 所以由 a, b, c, d 3 点的空间位置就可预测 e 点的空间位置.

(4) 在有环形结构的氨基酸中, 组氨酸 (H)、苯丙氨酸 (F)、色氨酸 (W) 与酪氨酸 (Y) 的环结构中, 与各环结构顶点的共价氢原子与环共面, 因为它们的共价键键长与 2 阶弧的弧长都是已知的, 所以由环中各点的空间位置就可预测与各环结构顶点的共价氢原子点的空间位置.

在脯氨酸 (P) 中, 因为与环顶点有 2 个共价的氢原子, 对这些氢原子可按 (1) 中干枝树图的节点上有 2 个共价的氢原子的方向预测这 2 个氢原子的空间位置.

(5) 如在主干枝与次干枝树图中, 如果梢点有 1, 2 或 3 个共价键氢原子, 那么对其中的第 1 个非氢原子的空间位置是不可预测的. 如果这个氢原子的空间位置已知, 那么对其他的氢原子的空间位置是可预测的. 预测的几何模型可按 (3) 中的正棱锥模型预测, 在多面体 $\Sigma(a, b, c, d, e)$ 中, a, b, c 是氢原子, d 是碳原子, $\Delta(a, b, c, d)$ 是正棱锥, e 点上非氢原子, 在高 d_0d 的延长线上. 这时由 a, d, e 点的空间位置就可预测 b, c 点的空间位置.

由此可知, 在氨基酸中对相当多的一部分氢原子的空间位置是可计算与预测的, 对那些无法预测确定的氢原子的空间位置还需要用其他动力学的方法或随机分析法与确定, 有的软件 (如 PYMOL) 对 PDB 数据库具有自动预测、增补氢原子空间位置的功能.

7.5.2　氨基酸空间结构分析小结

通过以上各节的计算与分析, 我们对氨基酸空间形态的主要特征小结如下.

1. 关于氨基酸的结构模型

在本章中, 我们对氨基酸给出了多种空间结构的几何模型, 它们从各种不同的角度来描述氨基酸的空间结构特征.

(1) 氨基酸的点线图模型. 这时把每个氨基酸中的原子为点, 由共价键连接的点偶为弧. 另外, 对一般的点线图还给出了**主干枝树图**与**次干枝树图**模型的定义, 并给出了在氨基酸的点线图的分解理论 (图 6.2.2 与图 6.3.1).

(2) 在氨基酸形态的花盆、花枝与花朵的结构模型. 把每个氨基酸残基中不变部分中的 N, A, C 原子是**花盆的盆底**, 把每个氨基酸残基中不变部分中的 H, HA, O 原子称为**盆底的盆架**.

除了甘氨酸之外, 其他 19 种氨基酸都包含 N, A, C, B 这 4 个原子, 它们构成一个斜四面体, 我们称为氨基酸的**花盆**结构. 我们有时也把 N, A, C, B, O, H, HA 这 7 个原子看做花盆结构.

(3) 氨基酸侧链中的全体非氢原子构成该氨基酸的**花枝**结构, 它们可以用一个非氢原子的点线图表示, 它们由共价键连接形成树状或环状结构, 其中大部分的花枝与花盆是一个斜或倒挂式的形状结构 (也就是 $\Delta(N,A,C,B)$ 是一个斜四面体, 而大部分的花枝向该四面体的侧面或下面伸展). 它的 1,2,3 阶弧的点线图在图 7.1.5 中表示, 但这个表示并不标准, 因为该图中的花盆与花枝都是向上伸展, 但实际上是斜多边形的结构.

花朵是由各氨基酸侧链中由一个非氢原子与 1~3 个氢原子通过共价键连接所组成的基本分子官能团, 它们有多种类型, 每种类型的结构稳定, 它们处在不同氨基酸花枝的不同部位.

(4) 氨基酸侧链的**珠链模型**与**全着色图模型**. 这就是把氨基酸侧链中具有稳定结构的分子官能团称为**珠**, 这些珠以一定的共价键连接, 最后形成珠链模型. 全着色图模型是所有点与点偶的点线图, 并对这些点与弧给出了它们的意义说明.

2. 氨基酸空间结构中的参数描述

对每个氨基酸除了它们的几何模型外, 还要给出它们的空间结构特征, 这些结构特征除了它们的几何形态外, 还给出描述这些几何形态的参数类型与它们的数量特征. 当这些参数给定后, 该氨基酸的空间结构就完全 (或基本完全) 确定.

在氨基酸空间结构的参数系统中, 对不同类型的参数可以分为稳定与非稳定两大部分, 其中稳定部分是指这些分子官能团的几何结构与描述它们的参数在各种不同情形下出现时基本保持不变, 而不稳定部分是指这些参数在不同场合下出现时会发生变化.

3. 稳定参数的类型与描述

表 6.3.2 给出了各氨基酸中所存在的 36 个具有稳定结构与稳定参数的基团, 它们的形态分别是三角形、四面体与具有中心点的棱锥体, 对它们参数的计算已在 6.2 节中给出.

表 6.3.2 给出了各氨基酸中所存在的不稳定参数表, 对它们的计算与分析结果如下.

(1) 由计算得到, 在表 6.3.2 中所给出的各氨基酸的镜像都是稳定的, 而且在不同的氨基酸中都有各自的结构类型. 利用这些稳定性与各自的结构类型就可对其中部分原子 (尤其是氢原子) 的空间位置进行预测.

(2) 决定氨基酸空间形态的主要参数是各主、次干图中的扭角, 不同氨基酸所包含的扭角数在表 6.3.2 中给出, 它们是不稳定的, 而且在同一氨基酸中的变化基本上是相互独立的.

(3) 对 G,D 层中的非氢原子的扭角变化作了特殊计算与分析, 由此可以看到它们的分布特征与分布表, 以及它们在活动坐标系下的运动与变化.

4. 氨基酸侧链的参数表达与因子分解

这里的氨基酸侧链的参数是指从 N-A-B 开始的其他由共价键连接的其他非氢原子, 因此不同的氨基酸侧链所包含的非氢原子数是不同的, 它们的参数表达是指各侧链中其他 1, 2 阶弧的弧长与由共价键相连的 4 原子点之间的扭角. 不同氨基酸侧链所包含的非氢原子数表达的参数数在表 7.2.2 中给出, 其中最大的氨基酸是色氨酸. 它的侧链有 12 个非氢原子, 因此有 30 个参数 (其中有 9 个是扭角).

相同的氨基酸在蛋白质数据库中大量出现, 不同氨基酸在 PDB-Select 数据库中出现的次数也在表 7.2.2 中给出.

相同的氨基酸在蛋白质数据库中的不同位置 (不同蛋白质与蛋白质中的位置) 出现时, 相同参数的取值是不相同的, 对它们在数据库中出现时的其中及相关的统计分析与计算结果在光盘 DATA1/7/7-2 文件夹中给出.

在对各氨基酸的表达参数作统计分析时, 除了分析它们的稳定性外, 还可作它们的因子分解. 因子分解的主要特点是对各表达参数作特征根的正交变换, 使变换后的参数之间不具有相关性, 而且可以确定其中的主因子与次因子, 其中的主因子是影响参数变化的主要因素, 而次因子的波动性很小, 因此对参数变化的影响很小. 关于因子分解的一系列分析与计算结果在光盘 DATA1/7/7-4 文件夹中给出.

7.5.3　氨基酸梢点的空间运动计算与分析

各氨基酸侧链的非氢原子点线图的梢点已在图 7.2.2 中给出, 我们现在计算它们在活动坐标系中的运动状况.

1. 各氨基酸侧链梢点的确定

为了简单起见, 如果氨基酸侧链的非氢原子点线图中有 2 个梢点, 那么我们只计算它们中点的运动状况.

除了甘氨酸与丙氨酸外 (它们没有非氢原子的梢点), 其他 18 个氨基酸侧链的非氢原子点线图的梢点分别由表 7.5.1 所示.

表 7.5.1　不同氨基酸侧链的非氢原子梢点表

氨基酸	R	N	D	C	Q	E	H	I	L
梢点的原子	NH1,NH2 中点	ND1,OD2 中点	OD1,OD2 中点	SG	OE1,NE2 中点	OE1,NE2 中点	NE1,CE2 中点	CD	CD1,CD2 中点

氨基酸	K	M	F	P	S	T	W	Y	V
梢点的原子	NZ	CE	CZ	CG,CD 中点	OG	OG1,CG2 中点	CH	OH	OG1,CG2 中点

2. 各氨基酸侧链 B 原子与梢点的运动情况

18 种氨基酸侧链的 B 原子点与梢点在活动坐标系中旳运动计算结果在光盘 DATA1/7/7-5/7-5-2.CTX, 7-5-3.CTX 与 6-5-4.CTX 文件给出, 其中 7-5-2.CTX 文件是一个 596370×18 的数据阵列, 对该阵列说明如下.

(1) $888.0, 888.0, \cdots, 888.0x, y$ 是不同氨基酸的分隔行, 其中 x 是氨基酸的一字符, y 是该氨基酸在 PDB-Select 数据库中出现的次数.

(2) 该阵列中的其他行是 A,N,C,B 与梢点在活动坐标系 $\mathcal{E} = \mathcal{E}(N,A,C)$ 下的直角坐标与极坐标. 因为 A 是 $\mathcal{E}$ 在的原点, 所以它的直角坐标与极坐标都是 $(0,0,0)$, 因为 N 点在 $\mathcal{E}$ 的 X 轴上, 所以它的直角坐标与极坐标分别是 $(x_N, y_N, 0), (\rho_N, \varphi_N, 0)$, C 点在 $\mathcal{E}$ 的 XY 平面上, 所以它的直角坐标与极坐标分别是 $(x_C, 0, 0), (\rho_C, 0, 90, 0)$.

(3) 在 7-5-2.CTX 文件中, 删除全列为 0.0 或 90.0 的数据, 因此其他 18 列的数据分别是 x_N, x_N, x_C, B 与梢点的直角坐标, $\rho_N, \varphi_N, \rho_C$, B 与梢点的与极坐标.

(4) 7-5-3.CTX 文件是对 7-5-2.CTX 文件中各氨基酸序列数据的平均值与标准差, 其中 N,A,C,B 的坐标参数都十分稳定, 在不同氨基酸中每个梢点运动的参数有 6 个, 它们的平均值与标准差如表 7.5.2 所示.

表 7.5.2 18 种氨基酸侧链梢点的运动特征数

(1)	(2)	(3)	(4)	(5)	(6)	(1)	(2)	(3)	(4)	(5)	(6)
R −1.844	−3.217	−2.960	5.823	93.223	122.210	K −1.912	−3.486	−2.604	5.700	107.003	118.300
1.937	1.855	2.156	0.669	79.538	25.198	1.916	1.700	1.918	0.584	59.239	22.639
N −0.868	−1.897	−1.419	3.076	98.493	120.846	M −1.714	−2.741	−1.970	4.538	107.509	116.684
1.162	1.104	0.728	0.055	65.444	22.528	1.402	1.277	1.702	0.481	63.441	25.076
D −0.924	−1.790	−1.472	3.062	99.244	122.539	F −1.404	−2.896	−1.693	5.111	90.415	111.692
1.167	1.114	0.744	0.052	66.729	23.508	2.454	2.273	1.310	0.064	78.249	21.286
C −0.746	−1.629	−1.515	2.805	97.073	126.251	P 1.997	−0.635	−1.189	2.424	17.447	119.420
0.989	1.004	0.617	0.075	73.586	21.751	0.031	0.240	C.128	0.020	6.366	3.424
Q −1.394	−2.602	−1.962	4.135	110.158	118.366	S −0.578	−0.880	−1.762	2.424	93.509	144.063
1.184	0.959	1.552	0.446	47.633	23.722	0.761	0.848	C.606	0.048	92.120	26.063
E −1.331	−2.540	−2.127	4.156	109.936	121.113	T −0.993	−1.370	−1.349	2.530	119.793	123.891
1.318	0.945	1.438	0.418	46.729	22.260	0.967	0.795	0.391	0.035	53.933	15.131
H −0.981	−1.815	−1.420	3.553	53.766	113.913	W −2.201	−2.615	−1.676	5.723	49.219	108.130
1.581	1.347	1.483	0.408	106.693	25.940	2.212	2.723	2.466	0.347	114.910	27.270
I −0.686	−2.558	−2.078	3.711	104.407	125.089	Y −1.624	−3.533	−1.877	6.440	80.214	109.078
0.737	0.874	1.114	0.336	33.079	20.901	3.260	3.028	2.744	0.090	88.297	21.352
L −1.304	−2.392	−1.398	3.283	119.057	115.478	V −0.923	−1.314	−1.394	2.191	124.065	130.300
0.873	0.718	0.366	0.085	23.288	8.141	0.371	0.260	0.275	0.027	14.610	10.178

(5) 18 种氨基酸侧链梢点的摆动中, 极角的变化分布在光盘 DATA1/7/7-5/7-5-4.CTX 文件中给出. 对它们运动的特征数如表 7.5.2 所示.

表 7.5.2 中 (1)~(6) 列所代表的参数分别是梢点的直角坐标 x, y, z 与极坐标 ρ, φ, θ. 18 种氨基酸侧链梢点的 6 参数由 2 行组成, 第 1 行是平均值, 第 2 行是标准差.

3. 梢点极角运动状况的分析

6-5-4.CTX 文件是极角 (φ, θ) 在 $(-180, 180) \times (0, 180)$ 内的分布, 它以

$$((i-1) \cdot 18, i \cdot 18) \times (j-1) \cdot 18, j \cdot 18), \quad i = -10, -9, \cdots, 9, 10, \quad j = 1, 2, \cdots, 10$$

内的频数与频率分布. 它有以下特点.

(1) 绝大部分极角 θ 的取值大于 $90°$, 这说明它们的位置在坐标系 $\mathcal{E}(N, A, C)$ 的 XY 平面下方, 这与 B 原子的取值位置一致.

(2) 当极角 θ 在 $(162, 180)$ 时, φ 在 $(-180, 180)$ 内的分布比较均匀, 也就是在各个不同角度都有可能取值.

(3) 当极角 θ 在 $(108, 162)$ 时, φ 一般为 $(72, 180)$.

(4) 极角 (φ, θ) 的分布与均匀分布的 KL-互熵如表 7.5.3 所示.

表 7.5.3　18 种氨基酸侧链梢点分布的 KL-互熵值表

氨基酸一字符	R	N	D	C	Q	E	H	I	L
KL-互熵值	2.1570	4.0284	4.0444	4.2971	3.1705	3.1027	2.5781	4.1047	5.1370
氨基酸一字符	K	M	F	P	S	T	W	Y	V
KL-互熵值	2.4668	2.6018	4.1877	6.5056	3.6162	4.7979	2.6033	4.1362	5.0587

其中 KL-互熵值越小, 表示极角 (φ, θ) 的分布与均分布的差别越小, 而 KL-互熵值越大, 则极角 (φ, θ) 的分布与均匀分布的差别越大.

其中最大的 KL-互熵是脯氨酸 (P) 的 6.5056, 这时极角 (φ, θ) 的分布集中为 $(0, 36) \times (108, 126)$ 内. 而最小的 KL-互熵是精氨酸 (R) 的 2.1570, 这时极角 (φ, θ) 的分布就比较分散.

一般来讲, 当 K-L 互值大于 3.0 时, 极角 θ 的取值为 $(90, 180)$, 否则极角 θ 的取值可能小于 90, 这时该氨酸的梢点就在 XY 平面以下.

4. 氨基酸侧链运动的其他特征

在 PDB-Select 数据库中, 对所有 18 种氨基酸的运动参数在光盘 DATA1/7/7-5/7-5-2.CTX 文件给出. 由这些文件与表 7.1.1~ 表 7.1.6 可以看到各氨基酸的总体运动有以下特点.

(1) 在 18 种氨基酸中, 侧链长度较长的氨基酸是精氨酸、赖氨酸、苯丙氨酸、色氨酸、酪氨酸, 它们的长度变化分别在

$$(4.0, 7.5), \quad (4.5, 7.0), \quad (5.0, 5.3), \quad (5.0, 6.4), \quad (6.2, 6.7)$$

区间中, 其中苯丙氨酸和酪氨酸的变化范围较小.

(2) 侧链长度较短的氨基酸是半胱氨酸、脯氨酸、丝氨酸、苏氨酸、缬氨酸, 它们的长度变化分别在

$$(2.6, 3.0), \quad (2.3, 2.5), \quad (2.3, 2.6), \quad (2.4, 2.7), \quad (2.1, 2.3)$$

区间中, 它们的变化都很小.

(3) 由此可见, 在 18 种氨基酸中, 它们的总体形态呈短、中、长的圆柱形, 在氨基酸的底座上作上下、前后与左右摆动与伸缩, 对其中各节点的运动我们在第 8 章中作详细分析.

第8章 蛋白质主链的三角形拼接带

在第 6 章和第 7 章中, 我们已对氨基酸的空间结构作了讨论与计算, 在此基础上就可对蛋白质的三维结构进行研究.

8.1 概 论

对蛋白质三维结构的研究同样可以分解成几个部分来研究, 即主链与侧链等部分, 对此我们先讨论它的主链结构.

8.1.1 蛋白质三维结构概述

由图 8.1.1 与图 8.1.2 可以看到, 蛋白质的三维结构是由它的主链及侧链的结构组成, 其中主链部分是由 N,A,C,O,H,HA 这些原子交替组成, 它们通过共价键连接. 其中核心部分是由 N, A, C 这 3 个原子交替、共价键连接, 由此形成一个带状结构.

1.蛋白质主链与侧链的一般空间关系如图 8.1.1 所示

图 8.1.1 实际上是由 4 个氨基酸所组成, 但我们对此作了若干简化. 如在每个氨基酸残基上省略了 H, O 与 HA 原子, 而对每个氨基酸的侧链只用一个椭圆形符号表示. 图 8.1.1 由以下几部分组成.

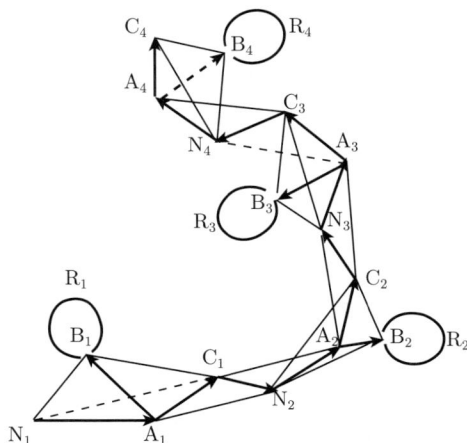

图 8.1.1　蛋白质主链与侧链的一般空间关系图

(1) 图 8.1.1 中包含一系列 N_1, A_1, C_1, N_2, A_2, C_2, $\cdots$, 它们构成蛋白质的主链, 我们用有向粗黑线连接.

(2) 除了甘氨酸外, 与每个 N_i, A_i, C_i, 都有一个 B_i 原子与它们连接, 它实际上是侧链中的 C_β 原子, 它是蛋白质主链与侧链的连接点. 甘氨酸没有侧链与 B 原子, 但可以用一个 HA2 原子替代.

(3) 与 B_i 原子连接的侧链 R_i, 我们用一个椭圆形符号表示, 对不同的氨基酸有不同的结构. 侧链 R_i 的分子结构图如图 6.2.3 和图 6.3.2 所示.

(4) 图中的有向粗黑线表示共价键, 这就是当两个原子用有向粗黑线连接时表示它们之间构成共价键, 黑线中的方向表示氨基酸在蛋白质中的排列方向.

2. 蛋白质的空间结构的基本特征

由图 8.1.1 可归纳出蛋白质的空间形态结构的基本特征如下.

(1) 蛋白质主链的形态是一个**三角形拼接带**. 这时我们把蛋白质主链看做由一系列三角形相互拼接的空间带状曲面.

(2) 氨基酸的底座、花盆、花枝与花朵结构都依附在这个主链三角形拼接带上, 其中的花盆底就是主链的三角形拼接带中的一个三角形, 并可随主链一起转动与扭动.

(3) 在三角形拼接带模型中, 除了主链与侧链结构外, O, H, HA 原子在蛋白质空间结构与动力学中有重要作用, 在下面的讨论中可以看到 A_i, C_i, O_i 的空间位置可以控制 H_{i+1}, N_{i+1}, A_{i+1} 的空间位置, H_i, N_i, A_i 的空间位置可以控制 O_{i-1}, N_{i-1}, A_{i-1} 的空间位置.

(4) 在本章中, 我们把蛋白质主链的三角形拼接看做构成蛋白质三维结构的主体, 是该蛋白质三维结构的基本特征, 而侧链及 O, H, HA 等原子则是沿主链结构所产生的补充与修饰, 它们也会影响蛋白质主链结构的走向. 为此先研究蛋白质主链三角形拼接带的几何理论.

8.1.2　主链三角形拼接带的类型与参数

在 8.1.1 节中我们已经指出, 蛋白质主链的三维结构可归结成一个三角形拼接带的模型, 而这些三角形拼接带有多种不同类型.

1. 三角形拼接带的类型与记号

我们把蛋白质主链的三角形拼接带归结为以下三种基本类型.

(1) 由 N,A,C 三原子随氨基酸的变化而交替排列所组成的链. 我们称这种三角形拼接带为蛋白质主链的**小三角形拼接带**.

(2) 由 $A_1, A_2, A_3, \cdots$ 原子所组成的链, 其中 A_i 是第 i 个氨基酸中的 C_α 原子. 我们称这种三角形拼接带为蛋白质主链的**大三角形拼接带**.

(3) 如果 $z_1, z_2, z_3, \cdots$ 是空间原子点的一个序列, 记 e_i 是线段 $z_i z_{i+1}$ 的中点, 那么称序列 $e_1, e_2, \cdots$ 是序列 $z_1, z_2, z_3, \cdots$ 的**中位点序列**.

当 $z_1, z_2, z_3, \cdots$ 分别是大或小三角形拼接带序列时, 那么称它们的中位点序列分别是大或小三角形拼接带的中位点序列. 我们一般只讨论**大三角形拼接带的中位点序列**.

对这几种类型的三角形拼接带分别记为

$$\begin{cases} \boldsymbol{L}_1 = \{(N_1, A_1, C_1), (N_2, A_2, C_2), \cdots, (N_n, A_n, C_n)\}, \\ \boldsymbol{L}_2 = \{A_1, A_2, A_3, \cdots, A_n\}, \\ \boldsymbol{L}_e = \{e_1, e_2, \cdots, e_{n-1}\}, \end{cases} \qquad (8.1.1)$$

其中 n 是蛋白质序列的长度, 也就是含氨基酸的个数, 而 $\boldsymbol{L}_e$ 是大三角形拼接带的中位点序列. 由中位点序列依次连接成的曲线为**中位点曲线**.

对这几种不同类型的三角形拼接带的平面展开图如图 8.1.2 所示.

其中图 8.1.2 (a), (b) 分别为小、大三角形拼接带的平面展开图, 图 (c) 为中位点曲线的平面展开示意图, 实际平面展开图的上下边是两条接近平行的折线 (而不是图 8.1.2 中的直线).

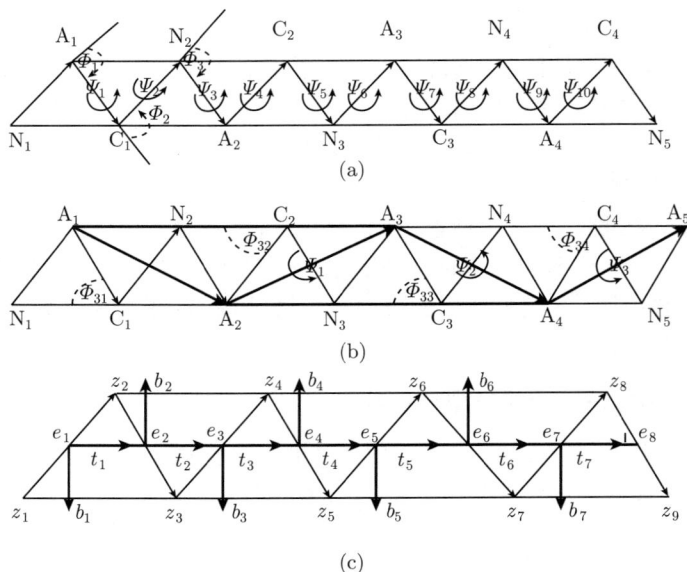

图 8.1.2　蛋白质主链三角形拼接带的平面展开示意图

2.三角形拼接带的参数系

为了计算方便, 把式 (8.1.1) 中的各序列, 统一记为

$$\boldsymbol{L} = \{Z_1, Z_2, Z_3, \cdots, Z_{n'-1}, Z_{n'}\}, \qquad (8.1.2)$$

其中 n' 在式 (8.1.1) 的各序列中分别为 $3n, n$ 或 $n-1$. 对式 (8.1.2) 定义的 L 序列中各点的坐标与参数定义如下.

(1) 记 $\delta_j = \delta(Z_j, Z_{j+1}, Z_{j+2})$ 是一个以 Z_j, Z_{j+1}, Z_{j+2} 为顶点的三角形, 因此我们又可把式 (8.1.2) 的序列看做一系列三角形

$$L = \{\delta_1, \delta_2, \cdots, \delta_{n'-2}\}, \tag{8.1.3}$$

的序列, 这时 L 形成一个三角形拼接带. 下面, 我们把式 (8.1.2) 与式 (8.1.3) 作等价的理解.

(2) 每个点 Z_j 的空间坐标记为 (x_j^*, y_j^*, z_j^*), 这些数据在蛋白质空间结构数据库中给出. 因此就可得到它们有关参数的计算.

(3) 记向量

$$\boldsymbol{r}_j = \overrightarrow{Z_j Z_{j+1}} = (x_j, y_j, z_j) = (x_{j+1}^*, y_{j+1}^*, z_{j+1}^*) - (x_j^*, y_j^*, z_j^*) \tag{8.1.4}$$

为三角形拼接带的相邻两点的有向线段. 它们的长度记为 $r_j = |Z_j Z_{j+1}|$.

(4) 向量 $\boldsymbol{r}_j$ 与向量 $\boldsymbol{r}_{j+1}$ 之间的夹角记为 ϕ_j, 它的变化为 $(0, \pi)$.

(5) 三角形 $\delta(Z_j, Z_{j+1}, Z_{j+2})$ 与三角形 $\delta(Z_{j+1}, Z_{j+2}, Z_{j+3})$ 的二面角的绝对值记为 ψ_j', 它的变化范围为 $(0, \pi)$.

(6) 四原子点 $Z_j, Z_{j+1}, Z_{j+2}, Z_{j+3}$ 的镜像值记为 ϑ_j, 它的定义与取值如式 (5.1.4) 所给. 为了简单起见, 以下记 $\psi_j = \vartheta_j \psi_j'$ 由此得到式 (8.1.2) 所给的空间质点系 L 的参数系为

$$\mathcal{P}_2(L) = \{r_j, \phi_{j'}, \psi_{j''} : j = 1, \cdots, n'-1, j' = 1, \cdots, n'-2, j'' = 1, \cdots, n'-3\}, \tag{8.1.5}$$

其中 $\psi_{j''}$ 角的取值范围是 $(-\pi, \pi)$ 或 $(0, 2\pi)$. 在本书中, 对这两种取值等价使用, 同时对弧度与角度也等价使用.

3. 三角形拼接带参数系的其他表示

与四原子点的参数系相似, 式 (8.1.5) 中的三角形拼接带参数系也有其他的等价表示, 如下所示.

(1) 如记 $r_{j'}' = |Z_j Z_{j+2}|, j' = 1, 2, \cdots, n'-2$, 那么当 $r_j, j = 1, 2, \cdots, n'-1$ 给定时, 参数组 $r_{j'}', j' = 1, 2, \cdots, n'-2$, 与 $\phi_{j'}, j' = 1, 2, \cdots, n'-2$ 相互确定. 因此我们把这两组参数等价使用.

(2) 如记 $r_{j''}'' = |Z_j Z_{j+3}|, j'' = 1, 2, \cdots, n'-3$, 由此可以得到参数系:

$$\mathcal{P}_1(L) = \{r_j, r_{j'}', r_{j''}'', \vartheta_{j''} : j = 1, \cdots, n'-1, j' = 1, \cdots, n'-2, j'' = 1, \cdots, n'-3\}. \tag{8.1.6}$$

定义 8.1.1   (1) 我们称 (8.1.5) 中的三类参数分别为三角形拼接带中的弧长、转角与扭角.

(2) 在式 (8.1.4) 与式 (8.1.6) 所定义的 r_j, r_j', r_j'' 分别是该三角形拼接带中的 1, 2, 3 阶弧的弧长, 它们所对应的向量就是主链点线图中的 1, 2, 3 阶弧. ϑ'' 是四面体 $\Delta(Z_{j''}, Z_{j''+1}, Z_{j''+2}, Z_{j''+3})$ 的镜像值.

8.1.3   三角形拼接带的有关性质

1. 有关参数系的基本性质

(1) 参数系 $\mathcal{P}_1$ 与 $\mathcal{P}_2$ 的关系性质

对一般四原子点 a, b, c, d 在弧长 $r_1, \cdots, r_5$ 固定条件下, 参数 r_6 与 ψ 的相互关系问题我们已在 6.1.2 节中详细讨论, 给出了它们相互关系的计算公式, 这些结果对蛋白质主链中各种不同类型的四原子点同样适用.

由此说明, 我们得到四原子点的基本参数 $\mathcal{P}_1$ 与 $\mathcal{P}_2$ 之间可以相互确定, 因此我们把这两类参数组等价使用.

(2) 参数系 $\mathcal{P}_1$ 与 $\mathcal{P}_2$ 的计算方法对大、小与中位点曲线三角形拼接带同样有效, 所区别的只是原子点 (或空间点) 的取法不同, 因此对不同三角形拼接带所得到参数系中的参数不同.

(3) 参数系 $\mathcal{P}_1$ 与 $\mathcal{P}_2$ 三角形拼接带的关系定理.

定理 8.1.1(关于三角形拼接带的参数系的基本定理)   记 $\boldsymbol{LL}'$ 是两个长度相等的空间质点系, 如果它们的参数系中的数据完全相同, 那么经过刚性运动, 这两个空间质点系一定可以完全重合.

定理 8.1.2   在三角形拼接带 $\boldsymbol{L}$ 中, 如果它的参数系 $\mathcal{P}(\boldsymbol{L})$ 给定, 且它的初始三角形 $\delta(Z_1, Z_2, Z_3)$ (或其中的任意一三角形 $\delta(Z_j, Z_{j+1}, Z_{j+2})$) 给定, 那么该三角形拼接带 $\boldsymbol{L}$ 中各点参数的坐标完全确定.

定理 8.1.1 和定理 8.1.2 由几何理论即可证明, 对刚性运动在力学与数学理论中都有说明, 我们不再详细补充.

2. 三角形拼接带的结构特征说明

首先对图 8.1.2(a) 的小三角形拼接带说明它们的结构.

(1) 在图 8.1.2(a) 中, $r_1, r_2, \cdots$ 是由有向线段 $\overrightarrow{N_1A_1}, \overrightarrow{A_1C_1}, \cdots$ 组成, 这些原子之间以共价键的方式连接, 因此结合能较强, 结构十分稳定.

(2) 向量 $r_1', r_2', \cdots$ 是由有向线段 $\overrightarrow{N_1C_1}, \overrightarrow{A_1N_2}, \cdots$ 组成, 这些原子之间通过二价共价键连接, 因此结构较为稳定, 与它等价的参数系 $\phi_1, \phi_2, \cdots$ 的变化也较稳定.

(3) 向量 $r_1', r_2', \cdots$ 在三角形拼接中具有上、下边的作用. 在实际的平面展开图中这些上、下边是接近平行的折线 (在图 8.1.2 中是 2 条直线, 它们实际上是许多小段折线组成).

对图 8.1.2(b) 中的大三角形拼接带, 因为它们是各氨基酸的连接, 所以它们的参数变化都不太稳定, 波动程度也不相同.

8.1.4　计算结果与分析

利用 PDB-Select 数据库, 我们对大、小与中位点曲线三角形拼接带中的有关参数的计算结果与分析如下.

1. 小三角形拼接带的参数

由 N,A,C 三原子交替所产生的原子点有 N,A,C,N′,A′, C′, 我们分别记 $r_1, r_2, r_3, r_4, r_5, r_6$ 是向量 $\overrightarrow{NA}, \overrightarrow{AC}, \overrightarrow{CN'}, \overrightarrow{NC}, \overrightarrow{AN'}, \overrightarrow{CA'}$ 的长度, 记 ψ_1 为平面 $\pi(N,A,C)$ 与 $\pi(A,C,N')$ 的扭角, ψ_2 为平面 $\pi(A,C,N')$ 与 $\pi(C,N',A')$ 的扭角, ψ_3 为平面 $\pi(C,N',A')$ 与 $\pi(N',A',C')$ 的扭角.

在 PDB-Select 数据库的 3189 个蛋白质中含 739030 个相连的氨基酸, 其中关于参数 $r_1, r_2, r_3, r_4, r_5, r_6, \psi_1, \psi_2, \psi_3$ 的平均值、方差与标准差的计算结果如表 8.1.1 所示.

表 8.1.1　不同氨基酸 N,A,C,N′,A′,C′ 四原子点的参数特征计算表

	r_1	r_2	r_3	r_4	r_5	r_6	ψ_1	ψ_2	ψ_3
均值 (μ)	1.46215	1.52468	1.33509	2.45624	2.43543	2.43633	3.52116	3.14716	4.15748
方差 (σ^2)	0.00018	0.00014	0.00021	0.00258	0.00070	0.00068	3.77901	0.03136	1.84675
标准差 (σ)	0.01325	0.01198	0.01455	0.05080	0.02651	0.02608	1.94397	0.17709	1.35895

从表 8.1.1 可以看到, 参数 $r_1, r_2, r_3, r_4, r_5, r_6$ 与 ψ_2 的取值是稳定的, 其中 ψ_2 的均值 $\mu = 3.14716 = 180.320°$, 这说明 A,C,N′,A′ 四点接近共面.

由此得到, 参数 ϕ_1, ϕ_2, ϕ_3 的取值也是十分稳定的, 对小三角形拼接带我们在 8.2 节中有专门研究.

2. 大三角形拼接带的参数

在主链所产生的四原子点中, 如果我们取 A_1, A_2, A_3, A_4 分别是相连的四个氨基酸中的 A 原子点, 记它们的边长为

$$r_1' = A_1A_2, \quad r_2' = A_2A_3, \quad r_3' = A_3A_4, \quad r_1'' = A_1A_3, \quad r_2'' = A_2A_4,$$

相应的扭角记为 Ψ, 那么它们的统计计算与结果如表 8.1.2 所示.

其中扭角 Ψ 是三角形 $\delta(A_1, A_2, A_3)$ 与 $\delta(A_2, A_3, A_4)$ 的夹角, 在 $[0, 2\pi]$ 取值.

由表 8.1.2 可以看到, 参数 r_1', r_2', r_3' 还是稳定的, 但 r_1'', r_2'' 与 ψ 的取值并不稳定, 其中 r_1'', r_2'' 的不稳定性与 ψ 的不稳定性直接有关. 因此 ψ 的取值变化是确定

蛋白质空间形态结构的关键. 对此问题我们在下面还有详细讨论.

表 8.1.2　不同氨基酸 A_1, A_2, A_3, A_4 四原子点的参数特征计算表

	r_1'	r_2'	r_3'	r_1''	r_2''	ψ
均值 (μ)	3.81009	3.81007	3.80852	6.02735	6.02492	2.56770
方差 (σ^2)	0.00301	0.00308	0.00520	0.39028	0.39149	2.68689
标准差 (σ)	0.05490	0.05552	0.07210	0.62473	0.62569	1.63917

3. ψ_1, ψ_2, ψ_3 与 Ψ 的位相分布

扭角 ψ 的取值为 $0° \sim 360°$, 因此它的取值分 4 个位相: $0 \sim 90, 90 \sim 180, 180 \sim 270, 270 \sim 360$, 小三角形拼接带中 3 扭角与大三角形拼接带中扭角在不同位相中取值的分布如表 8.1.3 所示.

表 8.1.3　大、小三角形拼接带中 4 扭角的位相分布表

位相	1	2	3	4	1+4	2+3	1+2	3+4
ψ_1	0.1625	0.3507	0.0926	0.3942	0.5567	0.4433	0.5132	0.4868
ψ_2	0.0014	0.5107	0.4863	0.0015	0.0029	0.9971	0.5121	0.4879
ψ_3	0.1155	0.0697	0.3156	0.4993	0.6148	0.3852	0.1852	0.8148
Ψ	0.3971	0.1937	0.2928	0.1164	0.5135	0.4865	0.5908	0.4092

从表 8.1.3 可以看到, ψ_1, ψ_2, ψ_3 与 Ψ 的位相分布情况, 我们对此说明如下.

(1) 表 8.1.3 中第 1 行的 1,2,3,4 分别表示平面直角坐标系的四个象限, 而 2+3 与 1+4 分别表示平面直角坐标系的左右半平面, 1+2 与 3+4 则分别表示平面直角坐标系的上下半平面.

(2) ψ_2 角的取值虽接近 π 值, 但绝大部分集中在左半平面, ψ_3 角则大部分集中在下半平面.

(3) Ψ 角的取值在上、下与左、右这些半平面中的取值比例是比较对称的, 这意味着在蛋白质的空间结构中, A_1, A_2, A_3, A_4 这四个原子点呈 L 型与 D 型, E 型与 Z 型的比例都是比较接近的.

由这些计算结果我们就可对三角形拼接带参数系中各参数对蛋白质主链或蛋白质的空间结构的形态所起的作用进行分析. 因为三角形拼接带的类型不同, 所以参数系中各参数所起的作用也不相同.

4. 大三角形拼接带中各参数的因素分析如下

(1) 在大三角形拼接带中, 由于 A, C N′, A′ 四点共面, 因此弧长 $r_j = |Z_j Z_{j+1}|$ 比较稳定, 因此参数 $r_1, r_2, \cdots, r_{n-1}$ 对蛋白质主链的空间结构形态影响不大.

(2) 角参数 $\phi_j = \angle(Z_j, Z_{j+1} Z_{j+2})$ 涉及三个氨基酸的空间结构, 因此它们的变化并不稳定, 它们对蛋白质主链的空间结构形态起一定的作用.

(3) 角参数 ψ_j 是三角形 $\delta(Z_j, Z_{j+1}, Z_{j+2})$ 与 $(Z_{j+1}, Z_{j+2} Z_{j+3})$ 的二面角, 涉及四个氨基酸的空间结构, 因此它们的变化很不稳定, 对蛋白质主链的空间结构形态起主要的作用.

由此得到, 决定大三角形拼接带形态的主要参数有 $2n'-5$ 个, 它们是

$$\mathcal{P}(\boldsymbol{L}_2) = \{\phi_1, \phi_2, \cdots, \phi_{n'-2}, \psi_1, \psi_2, \cdots, \psi_{n'-3}, \}. \tag{8.1.7}$$

对中位点曲线三角形拼接带中的各参数的变化特征在第 13 章中有专门讨论.

8.2 对大、小三角形拼接带的结构分析

在 8.1 节中我们已经给出了蛋白质主链大、小三角形拼接带的定义, 并对它们的结构作了初步分析, 我们在此基础上作进一步的分析.

8.2.1 小三角形拼接带的基本特征

对一个固定的蛋白质 $\mathrm{A} = \{a_1, a_2, \cdots, a_n\}$, 确定它主链结构的是参数系 $\mathcal{P}_1(\boldsymbol{L_1})$ 或 $\mathcal{P}_2(\boldsymbol{L_1})$, 表 8.1.1 给出了它们的变化.

1. 小三角形拼接带中的主要因素

(1) 在小三角形拼接带中, 由于共价键的弧长是十分稳定的, 参数 $r_1, r_2, \cdots$, r_{n-1} 的变化很小, 因此它们对蛋白质主链的空间结构的变化不起重要作用.

(2) 参数 $r'_1, r'_2, \cdots, r'_{n-2}$ 或转角 $\phi_1, \phi_2, \cdots, \phi_{n-2}$ 的变化是稳定的, 因此它们对蛋白质主链的空间结构的变化也不起重要作用.

(3) 在参数 $\{\psi_1, \psi_2, \cdots, \psi_{n'}\}, n' = 3n - 2$ 中, $\psi_{3j-1}, j = 1, 2, \cdots, n - 1$ 都是接近于 π 的角, 它们的变化也是稳定的, 因此它们对蛋白质主链的空间结构的变化不起主要作用.

由此得到, 决定小三角形拼接带形态的主要参数是

$$\mathcal{P}(\boldsymbol{L_1}) = \{(\psi_{3j-2}, \psi_{3j}), j = 1, 2, \cdots, n - 1\}, \tag{8.2.1}$$

因此该参数系的 $2n'-2$ 个参数是决定蛋白质形态的主要因素, 我们称 (ψ_{3j-2}, ψ_{3j}) 为二氨基酸序列中的扭角对.

对式 (8.2.1) 中的扭角在光盘 DATA1/8/8-2-1.CTX, 8-2-2.CTX 文件中给出, 其中文件 8-2-1.CTX 的二肽是按蛋白质中的次序排列, 而 8-2-2.CTX 文件中的二肽是按氨基酸的编码次序排列. 它们都是 730428×4 的数据阵列, 其中第 1 列与第 2 列分别是两个相连的氨基酸 a, b 的编号, 第 3 列与第 4 列分别是扭角 ψ, ψ' 的取值.

2. 关于扭角对的统计分析

利用光盘 DATA1/8/8-2/8-2-1.CTX 文件可对扭角 ψ, ψ' 的数据序列作它们的统计分析, 结果如下.

(1) 第 3 列与第 4 列的列平均值为 $(\mu_\psi, \mu_{\psi'}) = (0.7139, -1.3372) = (40.90°, -76.62°)$.

(2) 第 3 列与第 4 列的列协方差矩阵为

$$\Sigma_{\psi,\psi'} = \begin{pmatrix} \sigma_{1,1} & \sigma_{1,2} \\ \sigma_{2,1} & \sigma_{2,2} \end{pmatrix} = \begin{pmatrix} 2.4526 & -0.2135 \\ -0.2135 & 0.8308 \end{pmatrix}. \tag{8.2.2}$$

(3) 由此得到, 扭角 ψ, ψ' 的相关系数 $\rho_{\psi,\psi'} = \dfrac{\sigma_{1,2}}{(\sigma_{1,1}\sigma_{2,2})^{1/2}} = \dfrac{-0.2135}{(2.4526 \cdot 0.8308)^{1/2}} = -0.1496$.

由此可见, 在扭角 ψ, ψ' 之间有一定的相关性, 但不大. 我们称 $(\mu_\psi, \mu_{\psi'}, \Sigma_{\psi,\psi'}, \rho_{\psi,\psi'})$ 中的这 7 个数据为扭角 ψ, ψ' 的总体特征数据.

(4) 二面角 ψ, ψ' 的联合频率分布如表 8.2.1 所示.

表 8.2.1　二面角 ψ, ψ' 的联合频率(千分比)分布表

ψ	1	2	3	4	5	6	7	8	9	10
1	0.37	0.98	1.85	1.67	1.65	2.58	4.26	0.82	0.04	0.02
2	0.13	0.43	0.73	0.64	0.69	1.00	1.19	0.29	0.02	0.00
3	0.06	0.16	0.22	0.27	0.70	0.81	0.74	0.14	0.01	0.01
4	0.02	0.08	0.10	0.28	0.50	0.46	0.40	0.09	0.02	0.00
5	0.03	0.07	0.09	0.15	0.16	0.21	0.20	0.11	0.01	0.00
6	0.07	0.12	0.16	0.19	0.22	0.31	0.45	0.23	0.05	0.02
7	0.24	0.42	0.62	0.67	0.90	1.77	7.87	2.78	0.10	0.02
8	1.01	2.24	3.35	3.89	7.12	21.82	191.13	8.44	0.11	0.01
9	1.49	3.61	5.36	8.06	16.47	31.72	52.82	2.67	0.10	0.02
10	1.25	2.88	4.75	8.05	12.81	14.46	11.87	2.25	0.07	0.12
11	0.62	1.62	3.56	5.18	5.80	7.61	8.16	1.86	0.04	0.10
12	0.32	0.93	1.96	2.73	3.24	3.62	4.49	0.99	0.03	0.01
13	0.24	0.74	1.49	1.91	1.74	2.17	2.47	0.52	0.06	0.02
14	0.27	0.71	1.09	0.88	0.84	1.39	3.09	0.73	0.05	0.02
15	0.23	0.64	0.74	0.71	0.95	1.86	3.52	1.20	0.08	0.02
16	0.26	0.67	1.24	2.31	4.09	5.06	5.88	1.59	0.11	0.02
17	0.71	2.32	7.18	17.13	17.85	13.39	11.98	2.63	0.13	0.02
18	1.64	7.93	24.19	32.92	21.21	20.14	18.72	4.38	0.14	0.03
19	2.11	10.10	18.56	17.07	14.03	19.32	23.32	5.64	0.16	0.02
20	1.25	4.25	6.90	6.67	5.89	7.94	14.65	3.17	0.09	0.01
ψ'	11	12	13	14	15	16	17	18	19	20
1	0.01	0.01	0.12	0.24	0.20	0.13	0.07	0.05	0.06	0.10
2	0.01	0.00	0.05	0.13	0.09	0.08	0.03	0.02	0.02	0.03

续表

ψ'	11	12	13	14	15	16	17	18	19	20
3	0.00	0.01	0.04	0.06	0.07	0.03	0.01	0.02	0.01	0.02
4	0.01	0.00	0.02	0.03	0.02	0.03	0.01	0.01	0.01	0.02
5	0.01	0.01	0.02	0.03	0.03	0.01	0.01	0.01	0.01	0.01
6	0.01	0.02	0.04	0.05	0.03	0.01	0.01	0.01	0.02	0.04
7	0.01	0.02	0.08	0.07	0.08	0.05	0.02	0.02	0.04	0.05
8	0.01	0.03	0.22	0.40	0.34	0.25	0.12	0.08	0.12	0.17
9	0.01	0.02	0.45	1.27	1.53	0.83	0.33	0.16	0.19	0.25
10	0.09	0.03	0.94	3.27	2.91	1.85	0.66	0.24	0.16	0.26
11	0.12	0.04	1.35	3.30	2.82	1.43	0.39	0.17	0.10	0.16
12	0.01	0.05	0.59	1.36	1.11	0.50	0.13	0.06	0.05	0.06
13	0.00	0.01	0.27	1.07	1.20	0.30	0.08	0.04	0.03	0.06
14	0.01	0.02	0.11	0.28	0.19	0.08	0.03	0.03	0.04	0.06
15	0.01	0.03	0.10	0.22	0.15	0.05	0.05	0.04	0.04	0.08
16	0.02	0.02	0.26	0.65	0.25	0.13	0.08	0.05	0.06	0.09
17	0.02	0.05	1.11	1.87	1.08	0.78	0.29	0.10	0.10	0.17
18	0.03	0.08	1.32	2.84	3.35	2.41	0.41	0.21	0.29	0.43
19	0.02	0.06	1.03	1.89	1.32	0.66	0.36	0.31	0.38	0.51
20	0.02	0.03	0.62	1.06	0.68	0.42	0.25	0.18	0.17	0.28

其中 (i) 表示角度的取值为 $((i-11) \cdot 18°, (i-10) \cdot 18°)$. 由此可见, (ψ, ψ') 的取值有两个中心点: $(-45°, -63°)$ 与 $(-135°, -99°)$. 我们称表 8.2.1 中的频数与频率分布为二氨基酸序列的总体分布.

(5) 对单个二面角 ψ, ψ' 的频率分布如光盘 DATA2/8/8-2/8-2-1.JPG 文件图所给, 二面角 ψ, ψ' 的频率分布分别用红线与黄线表示. 因为 ψ 与 ψ' 的相关系数不大, 所有它们的联合分布接近它们的乘积分布. 我们注意到二面角 ψ' 的频率分布 (黄线表示) 有 2 个峰值, 这与表 8.2.1 联合频率分布表的 2 个峰值区域的结论一致.

8.2.2 扭角分布与氨基酸的关系分析

表 8.2.1 与光盘 DATA1/8/8-2/8-2-1.CTX 与 DATA2/8/8-2/8-2-1.JPG 文件所给的表与图是对所有二肽所产生的二面角 ψ, ψ' 的计算结果, 对不同的二肽有不同的结果.

1. 在不同二肽下产生的 ψ, ψ' 数据阵列与对它们的统计分析

如果记光盘 DATA1/8/8-2/8-2-2.CTX 文件的数据阵列为 $\mathcal{K}_{\psi, \psi'}$, 那么记 $\mathcal{K}_{\psi, \psi'}(a, b)$ 是第 1 列与第 2 列的氨基酸分别取 a, b 的行, 因此 $\mathcal{K}_{\psi, \psi'}(a, b)$ 是 $\mathcal{K}_{\psi, \psi'}$ 的一个子阵列, 它是一个 $\nu(a, b) \times 4$ 的数据阵列, $\nu(a, b)$ 为 (a, b) 双氨酸的频数. 对每个 $\mathcal{K}_{\psi, \psi'}(a, b)$ 阵列我们同样可作它们的统计计算与结果分析.

(1) 关于 $\mathcal{K}_{\psi, \psi'}(a, b)$ 阵列的统计特征计算

对每个 $\mathcal{K}_{\psi, \psi'}(a, b)$ 阵列我们同样可以计算其他列的均值、协方差与相关矩阵

计算, 它的计算结果我们在光盘 DATA1/8/8-2/8-2-3.CTX 文件中给出, 该表是一个 400×10 阵列, 其中每一行中的 10 个指标分别是: 前 3 个指标分别是氨基酸 a, b 的编号与频数、第 4 个与第 5 个指标分别是 $\mathcal{K}_{\psi, \psi'}(a, b)$ 阵列中第 3 列与第 4 列的平均值、第 6~10 个指标分别是 $\mathcal{K}_{\psi, \psi'}(a, b)$ 阵列中第 3 列与第 4 列的协方差与相关系数.

(2) 关于 $\mathcal{K}_{\psi, \psi'}(a, b)$ 阵列的分布计算. 对该阵列关于 (ψ, ψ') 角的分布计算如光盘 DATA1/8/8-2/8-2-4.CTX 文件中给出, 对表 8.2.1 我们说明如下.

表 8.2.1 是一个 400×803 数据阵列, 也就是有 400 个数据模块, 每个模块是不同二氨基酸序列 $(a, b), a, b \in V_{20}$ 下所产生的分布数据.

在固定二氨基酸序列 $(a, b), a, b \in V_{20}$ 的条件下, 803 个数据的取值分别为: 前 3 个数据分别是氨基酸 a, b 的编号与二氨基酸序列 (a, b) 在 PDB-Select 数据库中出现的频数、后 800 个数据由两个 20×20 的矩阵组成, 它们分别是 (ψ, ψ') 在

$$\Delta_{i, j} = [(i - 11)18°, (i - 10)18°] \times [(j - 11)18°, (j - 10)18°], \quad i, j = 1, 2, \cdots, 20$$

内出现的频数与频率.

2. 特征数的计算结果分析

在光盘 DATA1/8/8-2/8-2-3.CTX 文件中, 我们将不同二氨基酸序列 (a, b) 所产生的 7 个特征数据与式 (8.2.4) 中的总体特征数据比较, 发现在甘氨酸 (G) 的二氨基酸序列中的 7 个特征数据与总体特征数据有明显的差别, 它们的变化结果如表 8.2.2 所示.

表 8.2.2　二面角 ψ, ψ' 的频数与频率(千分比)分布表

1	2	3	4	5	6	7	8	9
AG	4770	0.633	0.161	2.082	0.315	0.315	2.824	0.130
RG	2384	0.885	0.186	2.027	0.132	0.132	2.828	0.055
NG	2854	0.705	0.477	1.429	−0.031	−0.031	2.465	−0.016
DG	3509	0.564	0.566	1.581	0.203	0.203	2.375	0.105
CG	978	0.954	−0.072	2.405	−0.441	−0.441	2.987	−0.164
QG	2074	0.690	0.261	1.940	0.365	0.365	2.663	0.161
EG	3120	0.824	0.363	1.992	0.668	0.668	2.546	0.297
HG	1321	0.801	0.173	2.019	−0.080	−0.080	2.692	−0.034
IG	2859	1.030	−0.296	2.069	−0.194	−0.194	3.109	−0.076
LG	4595	0.565	0.026	1.873	−0.267	−0.267	2.783	−0.117
KG	3082	0.886	0.248	2.030	0.349	0.349	2.798	0.147
MG	1041	0.620	−0.073	2.009	−0.074	−0.074	2.747	−0.032
FG	2213	0.973	−0.172	1.979	−0.313	−0.313	3.023	−0.128
PG	3063	1.655	0.372	1.898	0.766	0.766	2.631	0.343
SG	4374	0.991	0.425	2.475	0.218	0.218	2.865	0.082
TG	3575	0.749	0.230	2.375	−0.098	−0.098	3.019	−0.037

续表

1	2	3	4	5	6	7	8	9
WG	920	1.040	−0.347	2.373	−0.380	−0.380	2.775	−0.148
YG	2091	0.953	−0.040	2.043	−0.291	−0.291	2.998	−0.117
VG	3459	1.172	−0.307	2.040	−0.045	−0.045	3.215	−0.018
GA	4380	0.017	−1.428	2.858	−0.117	−0.117	0.448	−0.104
GV	4118	0.234	−1.680	3.048	−0.171	−0.171	0.287	−0.182
GR	2691	−0.059	−1.594	2.821	−0.125	−0.125	0.406	−0.117
GN	2451	−0.263	−1.477	3.506	0.089	0.089	0.746	0.055
GD	3363	−0.310	−1.430	3.385	0.028	0.028	0.458	0.023
GC	986	−0.102	−1.682	3.652	−0.105	−0 105	0.448	−0.082
GQ	1998	−0.041	−1.556	2.830	−0.072	−0 072	0.392	−0.068
GE	3155	−0.178	−1.498	2.958	−0.032	−0 032	0.382	−0.031
GG	4622	0.029	−0.041	3.171	0.012	0.012	3.058	0.004
GH	1298	−0.100	−1.612	2.990	−0.140	−0.140	0.529	−0.111
GI	3317	0.210	−1.652	3.117	−0.215	−0.215	0.275	−0.232
GL	4480	0.075	−1.524	2.754	−0.172	−0.172	0.293	−0.191
GK	3699	−0.024	−1.581	2.536	−0.050	−0.050	0.424	−0.049
GM	1120	0.038	−1.558	2.541	−0.222	−0.222	0.396	−0.221
GF	2442	0.114	−1.650	2.995	−0.107	−0.107	0.519	−0.086
GP	2103	0.124	−1.146	7.286	−0.037	−0.037	0.043	−0.066
GS	3895	−0.063	−1.607	3.664	−0.069	−0.069	0.593	−0.047
GT	3722	−0.026	−1.719	3.827	−0.084	−0.084	0.371	−0.070
GW	929	−0.035	−1.693	3.791	−0.014	−0.014	0.433	−0.011
GY	2240	0.059	−1.690	3.390	−0.112	−C.113	0.497	-0.087

0.714 −1.337 2.453 −0.214 −0.214 0.831 −0.150 0.714 −1.337 2.453 −0 214 −0.214 0.831 −0.150

表 8.2.2 中第 1 列所对应的列是二氨基酸序列的一字符, 第 2 列是该二氨基酸序列在数据库中的频数, 3~9 列分别是该二氨基酸序列所产生的 7 个特征数 (均值、标准差、协方差矩阵与相关系数), 最后一行是总体特征数. 由此发现它们的差异如下.

(1) 在 (a,b) 中, 如果 $b = \text{G}$, 那么 $\mu_{\psi'}$ 的值明显大于总体平均值 (表 8.2.2 中第 4 列的数据明显大于 −1.3372).

(2) 在 (a,b) 中, 如果 $b = \text{G}$, 那么 $\sigma_{2,2}$ 的值明显大于总体协方差中的值 (表中第 8 列的数据明显大于 0.8308).

(3) 在 (a,b) 中, 如果 $a = \text{G}$, 那么 μ_ψ 的值明显小于总体平均值 0.714.

(4) 在 (a,b) 中, 如果 $a = b = \text{G}$, 那么 $\mu_\psi, \mu_{\psi'}, \sigma_{1,1}, \sigma_{2,2}$ 与 $\rho_{\psi,\psi'}$ 的值都有明显的差别, 对它们的比较如表 8.2.3 所示.

由此可见, 当二氨基酸序列中出现甘氨酸时, ψ 明显变小, ψ' 明显变大, 它们的方差明显变大, 相关系数的绝对值明显变小.

表 8.2.3　二氨基酸序列 GG 与总体特征数的比较表

数据名称	μ_ψ	$\mu_{\psi'}$	$\sigma_{1,1}$	$\sigma_{2,2}$	$\rho_{\psi,\psi'}$
GG 的特征数	0.0287	-0.0414	3.1706	3.0575	0.0038
总体特征数	0.7139	-1.3372	2.4526	0.8308	-0.1496

3. 不同二肽之间 (ψ, ψ') 分布的差异度计算

从光盘 DATA1/8/8-2/8-2-4.CTX 的计算结果可以看到, (ψ, ψ') 分布的取值一般有 2~3 个峰值点, 其中有一个为主峰值, 但它们的取值与位置不全相同. 我们利用 Jensen-Shannon 熵来讨论在不同氨基酸之间 (ψ, ψ') 分布的差异度, 对此讨论如下.

(1) 如果 $P = (p_1, p_2, \cdots, p_m), Q = (q_1, q_2, \cdots, q_m)$ 是两个不同的概率分布, 那么它们的 Jensen-Shannon 熵定义为

$$K_{\mathrm{JS}}(P; Q) = \frac{1}{2} \sum_{i=1}^m \left(p_i \log_2 \frac{2p_i}{p_i + q_i} + q_i \log_2 \frac{2q_i}{p_i + q_i} \right). \tag{8.2.3}$$

这时 $D_{\mathrm{JS}}(P; Q) = [K_{\mathrm{JS}}(P\|Q)]^{1/2}$ 是一个概率分布上的度量函数, 也就是 $D_{\mathrm{JS}}(P; Q)$ 满足非负性 $(D_{\mathrm{JS}}(P; Q) \geqslant 0)$, 对称性 $(D_{\mathrm{JS}}(P; Q) = D_{\mathrm{JS}}(Q; P))$ 与三角形不等式 (也就是对任何概率分布 P, Q, R, 总有不等式 $D_{\mathrm{JS}}(P; R) + D_{\mathrm{JS}}(R; Q) \geqslant D_{\mathrm{JS}}(P; Q)$) 成立 (详见文献 [49]), 我们称 $K_{\mathrm{JS}}(P, Q)$ 为概率分布的 JS-熵, 而称 $D_{\mathrm{JS}}(P, Q)$ 为概率分布的 JS-距离.

(2) 如果 $(a, b), (c, d)$ 是两个不同的二肽, 由光盘 DATA1/8/8-2/8-2-4.CTX 的计算结果可以看到关于 ψ, ψ' 角的概率分布:

$$P(\tau) = \{p_1(\tau), p_2(\tau), \cdots, p_m(\tau)\}, \quad \tau = (a, b), (c, d), \tag{8.2.4}$$

那么就可计算它们的 JS-距离表. 我们在光盘 DATA1/8/8-2/8-2-5.CTX 中给出.

(3) 光盘 12/DATA1/8/8-2/8-2-5.CTX 的计算结果可以看到它是一个 400×400 的数据阵列, 它的行与列分别在 $a, b, c, d \in V_{20}$ 时 $K_{\mathrm{JS}}(P(a, b), P(c, d))$ 的取值. 这时当 $(ab, cd) = (\mathrm{RL}, \mathrm{LL})$ 时 $K_{\mathrm{JS}}(P(a, b), P(c, d)) = 0.01160$ 为最小值, 当 $(ab, cd) = (\mathrm{AL}, \mathrm{NP})$ 时 $K_{\mathrm{JS}}(P(a, b), P(c, d)) = 0.61746$ 为最大值.

(4) 由 JS-熵的定义可以得到 $0 \leqslant K_{\mathrm{JS}}(P, Q) \leqslant 1$ 成立, 而且 $K_{\mathrm{JS}}(P, Q) = 0$ 的充分与必要条件是 $P \equiv Q$ 成立, 而 $K_{\mathrm{JS}}(P, Q) = 1$ 的充分与必要条件是 P 与 Q 正交, 也就是有 $\langle P, Q \rangle = \sum_{i=1}^m p_i q_i = 0$ 成立.

关于 JS-熵的定义与性质还可以推广到一般测度函数, 因此我们可以定义频数分布的差别. 另外, JS-熵的定义还与 (ψ, ψ') 角的切割区间大小有关, 此类问题涉及信息度量中的一系列问题, 我们在此不一一讨论.

8.2.3 大、小三角形拼接带的关系分析

大、小三角形拼接带的关系如图 8.2.1 所示, 我们对它们的关系作如下说明与计算分析.

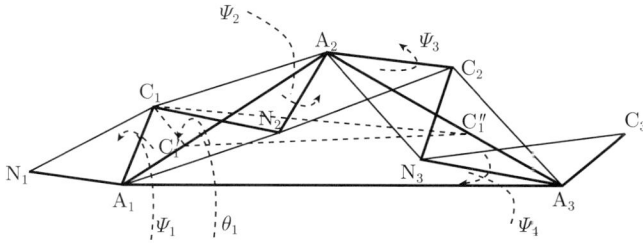

图 8.2.1 大、小三角形拼接带的关系图

1. 对图 8.2.1 的关系说明如下

(1) A_1, A_2, A_3 是一个大三角形拼接带中的一个单元, 我们用粗黑线表示.

(2) N_i, A_i, C_i, $i = 1,2,3$ 是 3 个小三角形拼接带中的 3 个单元, 其中的一阶弧我们用特粗黑线表示, 二阶弧我们用细黑线表示.

(3) 在小三角形拼接带中, 它们的 1、2 阶弧长度及 1 阶弧之间的夹角参数都是稳定的, 因此我们不作特别标记.

(4) 在小三角形拼接带中, A_1, C_1, N_2, A_2 四点与 A_2, C_2, N_3, A_3 四点接近共面, 其中不稳定参数是 $\psi_1, \psi_2, \psi_3, \psi_4$, 它们分别是三角形 $\delta(N_1, A_1, C_1)$ 与 $\delta(A_1, C_1, N_2)$, 三角形 $\delta(C_1, N_2, A_2)$ 与 $\delta(N_2, A_2, C_2)$, 三角形 $\delta(N_2, A_2, C_2)$ 与 $\delta(A_2, C_2, N_3)$, 三角形 $\delta(C_2, N_3, A_3)$ 与 $\delta(N_3, A_2, C_3)$ 的二面角 (扭角). 对这些角的运动情况我们在小三角形拼接带中已有详细讨论.

(5) 因为四面体 $\Delta_1 = \Delta(A_1, C_1, N_2, A_2)$ 与 $\Delta_2 = \Delta(A_2, C_2, N_3, A_3)$ 接近共面, 所以它们分别绕 A_1A_2 与 A_2A_3 直线旋转, 旋转的角度正分别是 Δ_1, Δ_2 与三角形 $\delta(A_1, A_2, A_3)$ 的二面角, 我们分别记为 θ_1, θ_2.

大、小三角形拼接带的关系实际上就是 $\psi_1, \psi_2, \psi_3, \psi_4$ 角与 θ_1, θ_2 的关系问题.

2. 在大、小三角形拼接带中 ψ_2, ψ_3 角与 θ_1, θ_2 的关系图

我们较难给出 ψ_2, ψ_3 角与 θ_1, θ_2 角的直接计算公式, 但可以通过以下过程说明由 ψ_2, ψ_3 角确定 θ_1, θ_2 角, 也可以加一些辅助线来确定它们的关系.

这时从 C_1 点向 A_1A_2 直线作一垂直线, 记它的垂足为 C_1' 点, 再由 C_1' 点在三角形 $\delta(A_1, A_2, A_1)$ 所在的平面内作 A_1A_2 的垂直线, 该垂直线与 A_2A_3 直线的交点记为 C_1'' 点, 这时 $\angle(C_1, C_1', C_1'')$ 就是所要讨论的 θ_1 角, 对 θ_2 角类似定义.

3. 有关参数记号的补充说明

为了讨论 ψ_2, ψ_3 角与 θ_1, θ_2 的关系, 需引进的参数与记号如表 8.2.4 所示.

表 8.2.4　　图 8.2.2 中的有关参数与记号

参数名称	弧长	弧长	弧长	弧长	弧长	弧长	弧长	弧长	弧长
参数记号	r_1	r_2	r_3	r_4	r_5	r_6	r_1'	r_2'	r_3'
参数含义	A_1C_1	C_1N_2	N_2A_2	A_2C_2	C_2N_3	N_3A_3	A_1N_2	C_1A_2	N_2C_2
参数名称	弧长	弧长	弧长	弧长	弧长	弧长	扭角	扭角	旋转角
参数记号	r_4'	r_5'	r_6'	r_7	r_7'	r_1''	ψ_1	ψ_2	θ_1
参数含义	A_2N_3	C_2A_3	N_2A_2	C_1C_1'	$C_1'C_1''$	C_1C_1''	另详	另详	另详

其中 ψ_2, ψ_3 与参数 θ_1 已在图 8.2.1 中说明. 该表中的参数可分以下几类.

(1) 已有确切定义并变化稳定的, 如 $r_1, r_2, \cdots, r_6$ 与 $r_1', r_2', \cdots, r_6'$. 对这类参数可以把它们看做常数.

(2) 有一些参数不在表 8.2.4 中, 但可由表中的这些类参数推导计算得到, 如小三角形拼接带中各三角形的内角, 我们也可以把它们看做常数.

(3) 另一类参数是不稳定的, 如 $r_7', r_1'', \psi_1, \psi_2, \theta_1, \theta_2$ 与 A_1A_2, A_2A_3, A_1A_3 等, 但这些不稳定参数都可由 ψ_1, ψ_2 确定 (或基本确定).

4. 参数 ψ_2, ψ_3 角与 θ_1, θ_2 的计算

我们已经说明较难给出 ψ_2, ψ_3 角与 θ_1, θ_2 角的直接计算公式, 但可以通过以下过程说明它们的确定关系.

(1) 如记 $b_1, b_2, b_3, b_4, b_5, b_6$ 分别是三角形 $\delta(C_1, N_2, A_2)$, $\delta(N_2, A_2, C_2)$, $\delta(A_2, C_2, N_3)$. $\delta(A_1, C_1, A_2)$ $\delta(A_2, C_2, A_3)$ 与 $\delta(A_1, A_2, A_3)$ 的法向量, 这时有

$$\left(\begin{array}{cc} \psi_2 = \arccos(\langle b_1, b_2 \rangle) & \psi_3 = \arccos(\langle b_3, b_2 \rangle) \\ \theta_1 = \arccos(\langle b_4, b_6 \rangle) & \theta_2 = \arccos(\langle b_5, b_6 \rangle) \end{array} \right), \qquad (8.2.5)$$

其中因四面体 $\Delta(A_1, C_1, N_2, A_2)$ 与 $\Delta(A_2, C_2, N_3, A_3)$ 中 4 点共面, 因此有 $b_1 = b_4, b_2 = b_5$, 这时 ψ_2 与 θ_1, ψ_3 与 θ_2 的区别只是法向量 b_2 与 b_6 的区别. 即使如此, 要推导它们的关系公式仍然是十分困难的.

(2) 另一种方法是利用公式 (8.2.6) 对 PDB-Select 数据库作实际计算, 由于图 8.2.2 中各边都不是完全固定的, 它们的变化都有一定的变化方差, 因此实际计算的结果也是十分复杂的. 计算结果在光盘 DATA1/8 文件夹中给出.

(3) 在光盘 DATA1/8/8-2 文件夹中, 除了 8-2-1.CTX-8-2-5.CTX 外, 其他的 6 个文件, 即 8-2-6.CTX, 8-2-8.CTX, 在这些文件中都是三氨基酸序列中有关扭角与弧长的参数表, 但排列的方向不同.

其中 8-2-6.CTX 文件是按蛋白质次序排列, 它是一个 241418×7 的数据阵列. 其中前 3 列是氨基酸的编号, 后 4 列是扭角 1, 2, 3, 4 的数据, 它们分别是 ψ_2, ψ_3 角与 θ_1, θ_2 角.

文件 8-2-8.CTX 是文件 8-2-6.CTX 的另一种表达, 它是按 3 氨基酸序列的顺序排列, 文件 8-2-9.CTX 是文件 8-2-6.CTX 中不同 3 氨基酸序列出现的个数.

5. 对计算结果的分析与讨论

由光盘 DATA1/8/8-2-6.CTX,8-2-7.CTX 的这些文件可以看到, 参数 ψ_2, ψ_3 角与 θ_1, θ_2 的关系是十分复杂的, 对这些计算结果的分析与讨论如下.

(1) 它们的平均值与标准差为 $\begin{pmatrix} 平均值 & 259.55 & 214.74 & 265.91 & 152.04 \\ 标准差 & 55.92 & 108.09 & 54.90 & 107.85 \end{pmatrix}$, 协方差矩阵与相关矩阵为

$$\Sigma = \begin{pmatrix} 3126.54 & 2749.80 & 2884.30 & -2945.84 \\ 2749.80 & 11683.17 & 1327.56 & -9326.48 \\ 2884.30 & 1327.56 & 3014.16 & -1413.15 \\ -2945.84 & -9326.48 & -1413.15 & 11630.74 \end{pmatrix},$$

$$\rho = \begin{pmatrix} 1.0000 & 0.4550 & 0.9396 & -0.4885 \\ 0.4550 & 1.0000 & 0.2237 & -0.8001 \\ 0.9396 & 0.2237 & 1.0000 & -0.2387 \\ -0.4885 & -0.8001 & -0.2387 & 1.0000 \end{pmatrix}. \tag{8.2.6}$$

(2) 由此表可以看出, ψ_2 与角 θ_1 的相关度较高 (达 0.94), ψ_3 与角 θ_2 的相关度也较高 (达 0.80).

(3) ψ_2, ψ_3 与 θ_1, θ_2 的分布曲线在光盘 DATA2/8/8-2/8-2-2.JPG 与 8-2-3.JPG 文件中给出, 对此文件说明如下.

(3-1) 该文件由红、黄、绿、蓝 4 条曲线组成, 它们分别是 $\psi_2, \psi_3, \theta_1, \theta_2$ 的分布曲线.

(3-2) 该文件是以度 (°) 为单位, 因此横轴上从 $0° \sim 360°$ 分 360 格, 纵轴是 $\psi_2, \psi_3, \theta_1, \theta_2$ 在每一小格中取值的比例 (千分比). 这些曲线的取值在该文件夹的 8-2-9.CTX 中给出.

(3-3) 由该图也可看出, ψ_2 与角 θ_1 的分布曲线比较接近, ψ_3 与角 θ_2 的分布曲线比较接近.

(4) 另外需要说明的一点是: 在光盘 DATA2/8/8-2/8-2-2.JPG 文件中, 扭角 ψ_3 的曲线就是式 (8.2.1) 中 $\psi_1 = \psi_{3j-2}$ 的曲线. 但 (ψ_1, ψ_2) 与 $(\psi_3\psi_2)$ 的联合概率分

布不完全相同, 它们角度的对应位置错开一个. 对 (ψ_1, ψ_2) 的联合概率分布已在光盘 DATA1/8/8-2-1.JPG 文件与表 8.2.1 中给出.

8.3　三角形拼接带的其他性质

在 8.2 节中我们已把蛋白质主链的空间结构归结成一个三角形拼接带, 因为三角形拼接带是一个空间曲面. 在微分几何理论中知道, 对空间曲面的研究要比空间曲线困难得多, 所以对三角形拼接带的结构还要作进一步的简化.

8.3.1　三角形拼接带上下边的性质

对一个具有空间结构的蛋白质, 由 7.1 节的讨论可以产生几种不同类型的主链三角形拼接带, 这些三角形拼接带可以由式 (8.1.5) 与式 (8.1.6) 的参数系 $\mathcal{P}_2, \mathcal{P}_1$ 给予确定, 对这些参数系除了在 8.1 节中已讨论的相互关系性质外, 还有其他的一些性质可作更深入的讨论.

1. 上、下边总长度的极限性质

在式 (8.1.2) 与式 (8.1.3) 所表示的三角形拼接带 $\boldsymbol{L}$ 中, 我们称每个三角形 $\delta_j = \delta(Z_j, Z_{j+1}, Z_{j+2})$ 中的线段 $Z_j Z_{j+1}$ 与 $Z_{j+1} Z_{j+2}$ 为该三角形的腰, 而称 $Z_j Z_{j+2}$ 为该三角形的底边. 这时

$$\begin{cases} \boldsymbol{L}_1 = \{Z_1, Z_3, Z_5, \cdots, Z_{2n' \pm 1}\}, \\ \boldsymbol{L}_2 = \{Z_2, Z_4, Z_6, \cdots, Z_{2n'}\} \end{cases} \tag{8.3.1}$$

分别为该三角形拼接带 $\boldsymbol{L}$ 的上、下边, 其中 n' 是 $n/2$ 的整数部分, 因此在 $\boldsymbol{L}_1$ 中, 当 n 取奇数时 ± 1 取 $+1$, 当 n 取偶数时 ± 1 取 -1. 该三角形拼接带 $\boldsymbol{L}$ 的上、下边有以下性质.

(1) 三角形拼接带上下边的总长度性质. 如果记 $\ell_\tau, \tau = 1, 2$ 分别是曲线 $\boldsymbol{L}_\tau$ 的总长度, 这时

$$\ell_\tau(n'') = \sum_{j=1}^{n''} |Z_{2j+\tau-2}, Z_{2j+\tau}|, \quad \tau = 1, 2, \tag{8.3.2}$$

其中, n'' 是约等于 n' 的适当长度 (考虑 n 的奇偶性), 那么由大数定律可以得到

$$\ell_1(n'') \sim \ell_2(n'') \sim n' \mu(\boldsymbol{L}) \tag{8.3.3}$$

成立, 其中 $\mu(\boldsymbol{L})$ 是三角形拼接带底边的平均值.

(2) 如果利用中心极限定理, 那么式 (9.3.2) 中的 $\ell_\tau(n'')$ 还可以得到更精确的计算, 这时有

$$P_r\{|\ell_\tau(n'') - n' \mu(\boldsymbol{L})| < \gamma \sqrt{n'} \sigma(\boldsymbol{L})\} \sim 2\Phi(\gamma) - 1 \tag{8.3.4}$$

成立, 其中 $\sigma(L)$ 是三角形拼接带底边的标准差.

(3) 因为三角形拼接带 L 可以有多种不同的类型, 因此 $\mu(L)$ 与 $\sigma(L)$ 有不同的取值, 依据表 8.1.1 与表 8.1.2, 它们的取值如表 8.3.1 所示.

表 8.3.1　不同的类型三角形拼接带底边均值与标准差的取值表

类型	小三角形拼接带	大三角形拼接带	小三角形拼接带中位点曲线	大三角形拼接带中位点曲线
均值 $\mu(L)$	2.4426	6.0274	1.2213	5.0089
标准差 $\sigma(L)$	0.0498	0.6247	0.0249	1.1856

表 8.3.1 中各三角形拼接带的均值与标准差由表 8.1.1 中 r_4, r_5, r_6 与表 8.1.2 中 r_1'' 的均值与标准差确定, 有关计算公式我们不再列出.

2. 上、下边的距离性质

三角形拼接带的上、下边除了总长度比较接近外, 其他性质还有:

(1) 三角形拼接带的上、下边的距离比较稳定, 它们就是三角形 δ_i 中的高. 对不同类型的三角形拼接带上、下边的取值我们可以由表 8.1.1 和表 8.1.2 中各边长计算得到.

(2) 三角形拼接带的上、下边不一定保持平行 (一般是异面线段), 但它们的距离保持稳定, 它们的上下边距离的平均值与标准差分别为

$$\begin{pmatrix} & 小三角形 & 大三角形 & 中位点曲线 \\ 平均值 & 0.793 & 2.241 & 0.866 \\ 标准差 & 0.0098 & 0.495 & 0.379 \end{pmatrix}.$$

由此可见, 中位点曲线三角形拼接带的上、下边平均距离较小, 比小三角形拼接带的上、下边平均距离稍大, 但它的波动性较大.

8.3.2　三角形拼接带的扭角转动

在蛋白质主、侧链的三维结构分析中, 我们给出了它们所存在的可变参数, 这些参数是由许多扭角组成. 这些扭角在不断地运动与变化. 由此确定该蛋白质的三维结构, 因此需要研究这些扭角的变化对蛋白质三维结构所带来的影响.

1. 对蛋白质的总体描述

记 $\mathbf{A}$ 是一个固定的蛋白质, 对它的总体描述如下.

$$\mathbf{A} = \{(a_1, L_1, R_1), (a_2, L_2, R_2), \cdots, (a_n, L_n, R_n)\}, \tag{8.3.5}$$

其中 $\mathbf{A} = (a_1, a_2, \cdots, a_n)$ 是蛋白质的一级结构, L_i 是氨基酸中的不变部分, R_i 是氨基酸中的侧链.

氨基酸不变部分 L_i 中的 N_i, A_i, C_i 组成小三角形拼接带

$$\boldsymbol{L}_1 = \{(N_1, A_i, C_1), (N_2, A_2, C_2), \cdots, (N_n, A_n, C_n)\}, \tag{8.3.6}$$

决定该小三角形拼接带的扭角序列是

$$\Psi_0 = \{(\psi_1, \psi_2), (\psi_3, \psi_4), \cdots, (\psi_{2n-3}, \psi_{2n-2})\}. \tag{8.3.7}$$

对不同的侧链 R_i 有它各自的点线图与不稳定的扭角, 每个侧链 R_i 的角参数记为

$$\Psi_i = \{\psi_{i,1}, \psi_{i,2}, \cdots, \psi_{i,h_i}\}, \quad i = 1, 2, \cdots, n, \tag{8.3.8}$$

其中 h_i 是氨基酸 a_i 侧链中的扭角数.

由此就可以确定对蛋白质三维结构的总体描述, 我们称 $\tilde{\Psi} = \{\Psi_0, \Psi_1, \cdots, \Psi_n\}$ 为该蛋白质 (或氨基酸序列) 的**所有扭角的参数系统**.

2. 扭角转动对蛋白质总体结构的影响

任何侧链 R_i 上的扭角转动, 对蛋白质三维结构的总体结构不会产生根本性的影响, 所以我们只考虑主链 $\boldsymbol{L}_1$ 上的扭角转动问题. 现在以 $\psi_{2i_0-1}, \psi_{2i_0}$ 为例说明它的转动对蛋白质三维结构的影响.

(1) 扭角 ψ_{2i_0-1} 是三角形 $\delta(C_{i_0}, N_{i_0+1}, A_{i_0+1})$ 与三角形 $\delta(N_{i_0+1}, A_{i_0+1}, C_{i_0+1})$ 之间的二面角, 因此线段 $N_{i_0+1} A_{i_0+1}$ 将蛋白质 $\boldsymbol{A}$ 分解成 3 部分:

$$\begin{cases} \boldsymbol{A}_{i_0-1} = \{(a_i, L_i, R_i), \ i < i_0\}, \\ \boldsymbol{A}_{i_0} = \{(a_i, L_i, R_i), \ i = i_0\}, \\ \boldsymbol{A}_{i_0+1} = \{(a_i, L_i, R_i), \ i > i_0\}. \end{cases} \tag{8.3.9}$$

(2) 对扭角 ψ_{2i_0} 也有类似分解, 这时取

$$\begin{cases} \boldsymbol{A}_{i_0-1} = \{(a_i, L_i, R_i), \ i < i_0\}, \\ \boldsymbol{A}_{i_0} = \{(a_i, L_i, R_i), \ i = i_0, i_0+1\}, \\ \boldsymbol{A}_{i_0+1} = \{(a_i, L_i, R_i), \ i > i_0+1\}. \end{cases} \tag{8.3.10}$$

(3) 当扭角 ψ_{2i_0-1} 发生变化时, 只有 $\boldsymbol{A}_{i_0}$ 内部的三维结构发生变化, 而 $\boldsymbol{A}_{i_0-1}$ 与 $\boldsymbol{A}_{i_0+1}$ 的内部结构 (所有稳定与不稳定参数) 一律不变, 但它们的相对位置发生变化.

3. 对蛋白质的总体结构运动的描述

当一个氨基酸序列置于适当温度的溶液中时, 由于受溶液中分子运动的碰撞, 那么它的所有扭角系统 $\tilde{\Psi}$ 中的扭角都在发生变化, 这种变化的波动性都比较大, 对其他的稳定性参数 (如键长与键角) 也有一定的变化影响, 但波动性都很小.

当一个氨基酸序列逐步形成蛋白质时, 参数系 $\tilde{\Psi}$ 在溶液中的运动变化逐步缩小, 最后收敛形成蛋白质.

8.3.3 三角形拼接带的平面展开

所谓三角形拼接带 L_Z 的平面展开是指 Ψ_0 中的扭角都取 π(或 $180°$), 而参数系 $\mathcal{P}_1$ 中的其他参数都保持不变. 这时 L_Z 中的所有三角形共面.

研究三角形拼接带平面展开的意义是可以把它作为蛋白质在未形成折叠前的起始状态, 并可简化其中的某些参数关系.

1. 三角形拼接带平面展开后的记号

如果记 L_Z 是在式 (8.1.2) 中定义的三角形拼接带, 它的参数系为 $\mathcal{P}_1$ 或 $\mathcal{P}_2$. 如果转动 $\mathcal{P}_1$ 中所有的扭角都取 π(或 $180°$) 值, 那么 L_Z 就变成一共面的三角形拼接带, 记为

$$L' = \{Z_1', Z_2', \cdots, Z_n'\} = \{\delta_1', \delta_2', \cdots, \delta_{n-2}'\}, \qquad (8.3.11)$$

其中 $\delta_i' = \delta(Z_i', Z_{i+1}', Z_{i+2}')$.

记它的上、下边曲线为 L_1', L_2', 它们的定义与式 (9.3.1) 相同, 同样地, 记 $\ell_\tau'(n''), \tau = 1, 2$ 是 L' 上、下边曲线的长度与式 (8.3.2) 的定义相同. 显然有 $\ell_\tau'(n'') = \ell_\tau(n''), \tau = 1, 2$ 成立, 因此式 (8.3.3) 与式 (8.3.4) 的关系式对 $\ell_\tau'(n''), \tau = 1, 2$ 同样成立.

L' 的平面展开图如图 8.3.1 所示.

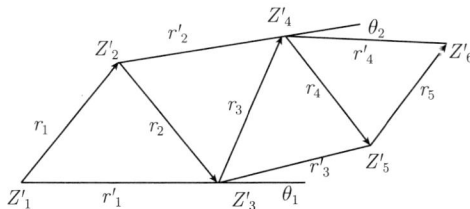

图 8.3.1 三角形拼接带的平面展开图

2. 三角形拼接带平面展开后转角的变化

因为在三角形拼接带经平面展开后, 所有的点与所有不同点的弧都在同一平面中, 这样就可定义不同转角的正、负值如下.

记 ϕ_i' 是向量 $\overrightarrow{Z_i'z_{i+1}'}$ 与向量 $\overrightarrow{Z_{i+1}'z_{i+2}'}$ 的转角, 如果从向量 $\overrightarrow{Z_i'z_{i+1}'}$ 转动到 $\overrightarrow{Z_{i+1}'z_{i+2}'}$ 是逆时针方向, 那么转角 ϕ_i' 取正值, 否则为负值.

显然有 $|\phi_i'| = \phi_i$ 成立. 而且在大、小三角形拼接带中, ϕ_i' 与 ϕ_{i+1}' 总是一正、一负交替取值 (图 8.3.1). 但在中位点曲线中这个规律不再成立, 对此在第 9 章中再详细讨论.

3. 三角形拼接带的平面展开的其他参数

在三角形拼接带的平面展开图形中, 除了弧长与转角的基本参数外, 还有其他参数, 如高 $h_i = |Z'_{i+1} Z''_{i+1}|$, 其中 Z''_{i+1} 是 Z'_{i+1} 在直线 $Z'_i Z'_{i+2}$ 上的投影点. 它的计算公式为 $h_i = r'_i \sin(\phi''_i)$, 这里 $r' = |Z'_i Z'_{i+1}| = |z_i z_{i+1}|$, 角 ϕ''_i 是转角 ϕ_i 的内角, 因此有 $\phi''_i = 180° - \phi_i$.

8.3.4　计算公式与计算结果

针对以上的讨论, 它们的计算结果如下.

1. 关于三角形拼接带的平面展开图 L' 的计算

关于 L' 的计算我们只要确定其中各点 $Z'_1, Z'_2, \cdots, Z'_n$ 的位置即可, 有关计算步骤如下.

(1) 在原始三角形拼接带 $L = \{Z_1, Z_2, \cdots, Z_n\}$ 中, 记 $r_i = |Z_i Z_{i+1}|$, $r'_i = |Z_i Z_{i+2}|$ 都是已知数据, 而且在转动时保持不变.

(2) 取 $(Z'_1, Z'_2, Z'_3) = (Z_1, Z_2, Z_3)$ 为初始状态, 为了简单起见, 它们所在的平面为展开平面, 其中 Z'_i 点的坐标为 (x_i, y_i). 这时取 $(x_1, y_1) = (0, 0)$ 为坐标原点, $(x_3, y_3) = (r'_1, 0)$ 是 X 轴上的点.

(3) (x_2, y_2) 点的位置有以下方程组

$$\begin{cases} (x_2 - x_1)^2 + (y_2 - y_1)^2 = x_2^2 + x_1^2 - 2x_1 x_2 + y_2^2 + y_1^2 - 2y_1 y_2 = x_2^2 + y_2^2 = r_1^2, \\ (x_2 - x_3)^2 + (y_2 - y_3)^2 = x_2^2 + x_3^2 - 2x_3 x_2 + y_2^2 + y_3^2 - 2y_3 y_2 \\ \qquad\qquad\qquad = x_2^2 + x_3^2 - 2x_2 x_3 + y_2^2 = r_2^2, \end{cases}$$
$$(8.3.12)$$

由此解得

$$\begin{cases} x_2 = ((r'_1)^2 + r_1^2 - r_2^2)/(2r'_1), \\ y_2 = \pm(r_1^2 - x_2^2)^{1/2}. \end{cases} \tag{8.3.13}$$

这时 (x_2, y_2) 有两个解, 我们取 $y_2 > 0$ 的解.

(4) 一般情形, 如果 $(x_i, y_i), (x_{i+1}, y_{i+1})$ 点的坐标位置已知, 那么 (x_{i+2}, y_{i+2}) 点满足以下方程组

$$\begin{cases} (x_{i+2} - x_{i+1})^2 + (y_{i+2} - y_{i+1})^2 = x_{i+2}^2 + x_{i+1}^2 - 2x_{i+1} x_{i+2} + y_{i+2}^2 + y_{i+1}^2 - 2y_{i+1} y_{i+2} = r_{i+1}^2, \\ (x_{i+2} - x_i)^2 + (y_{i+2} - y_i)^2 = x_{i+2}^2 + x_i^2 - 2x_i x_{i+2} + y_{i+2}^2 + y_i^2 - 2y_i y_{i+2} = (r'_i)^2, \end{cases}$$
$$(8.3.14)$$

由此解得 (x_{i+2}, y_{i+2}) 的解, 同样 (x_{i+2}, y_{i+2}) 有两个解, 我们取与 (x_i, y_i) 不在同一侧的解, 也就是取使 $(x_{i+2} - x_i)^2 + (y_{i+2} - y_i)^2$ 为最大值的解.

2. 主要参数

在三角形拼接带的平面展开图 L' 确定后, 就可计算折线 L'_1 与 L'_2 中的有关参数, 它们有:

(1) 蛋白质的基本参数: 编号与长度 n_s(含氨基酸的数目).

(2) 在三角形拼接带在平面展开时的弧长 $r_i = |Z_i Z_{i+1}|, i = 1, 2, \cdots, n_s - 1, r'_i = |Z_i Z_{i+2}|, i = 1, 2, \cdots, n_s - 2$.

(3) 三角形拼接带在平面展开时上、下边在转动时的转角 θ_i 与高 h_i, 它们在式 (8.3.8) 中定义.

3. 关于计算结果的说明

在对 PDB-Select 数据库各蛋白质大三角形拼接带的各参数的实际计算中, 我们发现存在以下问题.

(1) 在蛋白质大三角形拼接带中, AA′ 距离的相对标准差为 0.142 是属于不太稳定的参数.

(2) 在 PDB-Select 数据库中, AA′ 距离存在许多特殊的值, 如 |AA′| > 5.0 或 |AA′| < 0.5, 这些情况是不正常的, 可能是由测量与记录误差所造成. 如果删除这些不正常的数据, 那么 AA′ 的距离参数是比较稳定的.

因为曲面的计算是比较复杂的, 由于这些因素的存在, 我们很难对 PDB - Select 数据库中各蛋白质大三角形拼接带的平面展开给出详细的计算, 因而可对它的中位点曲线进行计算.

8.3.5 蛋白质主链小三角形拼接带的参数表达与因子分解

为了简单起见, 我们只讨论 4 氨基酸序列主链中小三角形拼接带的参数表达与因子分解问题. 对此问题涉及一系列的记号与统计计算.

1. 参数表达的记号

记 $a, b, c, d \in V_{20}$ 是 4 个相连的氨基酸, 主链小三角形拼接带上的 12 个原子记为

$$N_a - A_a - C_a - N_b - A_b - C_b - N_c - A_c - C_c - N_d - A_d - C_d,$$

它们都由共价键连接, 对这 12 个原子的表达参数有 30 个, 它们分别如下所示.

(1) 11 个 1 阶弧顶弧长 $r_1, r_2, \cdots, r_{11}$, 它们分别是线段 $N_a A_a, A_a C_a, \cdots, A_d C_d$ 的长度.

(2) 10 个 2 阶弧顶弧长 $r'_1, r'_2, \cdots, r'_{10}$, 它们分别是线段 $N_a C_a, A_a N_b, \cdots, N_d C_d$ 的长度.

(3) 9 个扭角的角度 $\psi_1, \psi_2, \cdots, \psi_9$, 它们分别是四原子点 (N_a, A_a, C_a, N_b), $\cdots$, (C_c, N_d, A_d, C_d) 中的扭角.

2. 表达参数的变化计算

对所有的 4 氨基酸序列的这 30 个参数在 PDB-Select 数据库中变化的计算结果在光盘 DATA1/8/8-4/8-4-1.CTX 与 8-4-2.CTX 文件中给出.

(1) 8-4-1.CTX 文件是一个 $n_0 \times 34$ 的数据阵列, 其中 $n_0 = 729765$. 该文件是按 4 氨基酸序列在蛋白质中的次序排列, 34 列中前 4 列是氨基酸的编号, 后 30 列是 30 个参数在不同情况下的取值. 对不同蛋白质我们用 88.8888, 88.8888, $\cdots$, 88.8888 的行给以分隔.

(2) 8-4-2.CTX 文件是一个 $n_0 \times 34$ 的数据阵列, 该文件是按 4 氨基酸序列中氨基酸的编号次序排列, 34 列中各参数的含义与 8-4-1.CTX 文件相同.

(3) 对 8-4-1.CTX 与 8-4-2.CTX 文件中表达参数的数据阵列分别记为

$$\Theta_1 = (\theta_{1,i,j})_{i=1,2,\cdots,n_0, j=1,2,\cdots,34}, \quad \Theta_2 = (\theta_{2,i,j})_{i=1,2,\cdots,n_0, j=1,2,\cdots,34}. \tag{8.3.15}$$

3. 表达参数的统计计算

对 8-4-1.CTX 或 8-4-2.CTX 文件中的参数可作以下统计计算.

(1) 特征数的计算, 即计算 30 列参数的列平均值、协方差矩阵与相关矩阵, 计算结果在光盘 DATA1/8/8-4/8-4-3.CTX 文件中给出. 列平均值、协方差矩阵与相关矩阵分别记为

$$\begin{cases} \bar{\mu} = (\mu_1, \mu_2, \cdots, \mu_{30}), \\ \Sigma = (\sigma_{s,t})_{s,t=1,2,\cdots,30}, \\ \tilde{\rho} = (\rho_{s,t})_{s,t=1,2,\cdots,30}. \end{cases} \tag{8.3.16}$$

(2) 特征根向量与特征矩阵的计算, 即由 8-4-3.CTX 中的协方差矩阵计算它的特征根向量与特征矩阵. 计算结果在光盘 DATA1/8/8-4/8-4-4.CTX 文件中给出. 相应的特征根向量与特征矩阵记为

$$\begin{cases} \bar{\lambda} = (\lambda_1, \lambda_2, \cdots, \lambda_{30}), \\ C = (c_{s,t})_{s,t=1,2,\cdots,30}. \end{cases} \tag{8.3.17}$$

第9章 主链的中位点曲线分析

在式 (8.1.1) 中我们已经给出了蛋白质主链中位点曲线的定义, 该曲线将蛋白质主链三角形拼接带的曲面结构化为一个曲线结构. 因利用这种曲线结构可更确切地观察到蛋白质的三维结构特征, 故有它的特殊意义. 在本章中我们重点讨论该曲线的结构问题.

9.1 中位点曲线的定义与性质

为了简单起见, 记蛋白质主链的三角形拼接带为 $\boldsymbol{L}_Z = \{Z_1, Z_2, \cdots, Z_{n+1}\}$, 其中 Z 为 A 原子, 因此它的中位点是 2 个相邻 A 原子之间的中点, 中位点序列记为 $\boldsymbol{L}_e = \{e_1, e_2, \cdots, e_n\}$.

9.1.1 中位点曲线的定义记号与一般性质

由中位点曲线的定义, 对每个数据库中固定的蛋白质都可以得到它的三角形拼接带 $\boldsymbol{L}_Z$ 与它的中位点序列为 $\boldsymbol{L}_e$ 它们的相互关系.

1. $\boldsymbol{L}_Z$ 与 $\boldsymbol{L}_e$ 的坐标关系

如果记 $\boldsymbol{L}_Z$ 中点 Z_i 的坐标为 $r_{Z,i}^*$, 那么由中位点的定义可知, e_i 点的坐标为

$$r_i^* = \frac{1}{2}(r_{Z,i}^* + r_{Z,i+1}^*), \quad i = 1, 2, \cdots n. \tag{9.1.1}$$

反之, 如果 $\boldsymbol{L}_e$ 中点 e_i 的坐标 $r_{e,i}^*$ 确定, 那么 $\boldsymbol{L}_Z$ 中点 Z_i 的坐标 $r_{Z,i}^*$ 可按以下递推法确定.

(1) 记 Z_1 点的坐标为 $r_{Z,1}^*$, 为递推的初始条件.

(2) 当 Z_i 点的坐标 $r_{Z,i}^*$ 与 e_i 点的坐标 $r_{e,i}^*$ 已知时, 就可递推确定当 Z_{i+1} 点的坐标:

$$r_{Z,i+1}^* = r_{Z,i}^* + 2(r_{e,i}^* - r_{Z,i}^*) = 2r_{e,i}^* - r_{Z,i}^*. \tag{9.1.2}$$

这样由 Z_1 点与点列 $\boldsymbol{L}_e$ 可按递推法全部确定 $\boldsymbol{L}_Z$ 中各点的坐标.

也可以用坐标点来标记三角形拼接带, 这时 $\boldsymbol{L}_Z$ 与 $\boldsymbol{L}_e$ 可记为

$$\begin{cases} \boldsymbol{L}_Z = \{r_{Z,1}^*, r_{Z,1}^*, \cdots, r_{Z,n+1}^*\}, \\ \boldsymbol{L}_e = \{r_{e,1}^*, r_{e,1}^*, \cdots, r_{e,n}^*\}. \end{cases} \tag{9.1.3}$$

2. 三角形拼接带 L_Z 与 L_e 的参数系

在 7.1 节中我们已经给出由三角形拼接带的坐标系 L 确定它们的参数系 $\mathcal{P}$, 当三角形拼接带 L 为 L_Z 或 L_e 时, 它们的参数系分别记为 $\mathcal{P}_Z$ 或 $\mathcal{P}_e$. 这时它们的参数系可分别表示为

$$\mathcal{P}_\tau = \{r_{\tau,j}, \phi_{\tau,j'}, \psi_{\tau,j''}\} = \{r_{\tau,j}, r'_{\tau,j'}, r''_{j''}, \vartheta_{j''}\}, \tag{9.1.4}$$

其中 $\tau = Z, e$, $j \in \{1, \cdots, n'-1\}$, $j' \in \{1, \cdots, n'-2\}$, $j'' \in \{1, \cdots, n'-3\}$, 而 $\psi_{\tau,j''}$ 取正、负值, 因此也包含 $\vartheta_{\tau,j''}$ 的信息.

有关各参数在式 (8.1.5) 与式 (8.1.6) 中定义. 由于 L_Z 与 $\{Z_1, L_e\}$ 可以相互确定, 所以式 (9.1.1) 中的各参数都可由 L_Z 或 $\{Z_1, L_e\}$ 中各点的坐标向量确定, 反之亦然.

3. 中位点曲线 L_e 的弧长性质

由中位点曲线 L_e 的定义可以知道它的弧长有以下性质.

(1) 因为 e_i 是 $Z_i Z_{i+1}$ 线段的中点, 由相似三角形的理论可知有 $|e_i e_{i+1}| = \frac{1}{2}|Z_i Z_{i+2}|$ 成立.

(2) 由三角形拼接带上下边的关系性质可知, 中位点曲线的长度总和是三角形拼接带的上、下边除了总长度和的一半, 这就是关系式

$$\sum_{i=1}^{n-2} |e_i e_{i+1}| \sim \frac{1}{2}\left[\sum_{i=1}^{n'}(|Z_{2i-1}Z_{2i+1}| + |Z_{2i}Z_{2i+2}|)\right], \tag{9.1.5}$$

其中 $n' = \lfloor n/2 \rfloor - 1$.

(3) 由此可见, 三角形拼接带的中位点曲线总长度的极限性质与上、下边长总长度的极限性质一致, 而且保持一定的平行性.

9.1.2   中位点曲线的有关参数的性质

三角形拼接带中的各参数与中位点曲线中有关参数的关系问题可归结为五原子点 A_1, A_2, A_3, A_4, A_5 中的参数:

$$\mathcal{P}_A = \{r_1, r_2, r_3, r_4, r'_1, r'_2, r'_3, r''_1, r''_2, \vartheta_1, \vartheta_2\} \sim \{r_1, r_2, r_3, r_4, \phi_1, \phi_2, \phi_3, \psi_1, \psi_2\} \tag{9.1.6}$$

与它们的中位点曲线点 e_1, e_2, e_3, e_4 的参数

$$\mathcal{P}_e = \{r_1^e, r_2^e, r_3^e, r_1^{e'}, r_2^{e'}, r^{e''}, \vartheta^e\} \sim \{r_1^e, r_2^e, r_3^e, \phi_1^e, \phi_2^e, \psi^e\} \tag{9.1.7}$$

的关系问题, 其中 ψ_1, ψ_2 是带正负号的, 因此可以省略 ϑ_1, ϑ_2 记号. 对于式 (9.1.2) 与式 (9.1.3) 中弧长的关系问题我们在上面已经说明, 因此我们只讨论转角与扭角的关系问题 (图 9.1.1).

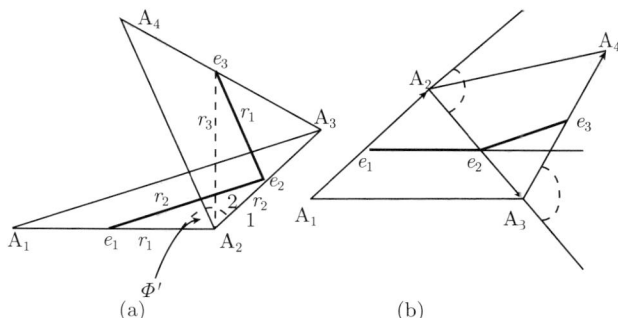

图 9.1.1 中位点曲线转角计算示意图

1. 各点共面时的参数关系

为了简单起见, 我们先讨论 A_1, A_2, A_3, A_4 四原子点共面时, 转角 $\phi^e = \phi_1^e$ 与 $r_1, r_2, r_3, \phi_1, \phi_2, \psi = \psi_1$ 角的关系, ϕ_1, ϕ_2, ψ_1 与 ϕ_1^e 角的定义在式 (9.1.6) 与式 (9.1.7) 中给出.

参考图 9.1.1(b), 由中位点曲线的定义及余弦定理可以得到

$$\phi^e = \angle(\overrightarrow{e_1,e_2}, \overrightarrow{e_2,e_3}) = \angle(\overrightarrow{A_1,A_3}, \overrightarrow{A_2,A_4}) = \angle(A_4, A_2, A_3) - \angle(A_2, A_3, A_1)$$
$$= \arccos\left[\frac{r_2^2 + (r_2')^2 - r_3^2}{2r_2 r_2'}\right] - \arccos\left[\frac{r_2^2 + (r_1')^2 - r_1^2}{2r_2 r_1'}\right]. \tag{9.1.8}$$

ϕ^e 是个有向角, 当 $e_1 e_2$ 的延长线从逆时针方向转向 $e_2 e_3$ 时, ψ 取正, 否则取负.

2. 不共面时的参数关系

当 A_1, A_2, A_3, A_4 四点不共面时, 对转角 ϕ^e 与 $r_1, r_2, r_3, \phi_1, \phi_2, \psi$ 角的关系我们实际上已在式 (10.3.8) 中得到, 这时

$$\phi^e = \angle(\overrightarrow{e_1,e_2}, \overrightarrow{e_2,e_3}) = \angle(\overrightarrow{A_1,A_3}, \overrightarrow{A_2,A_4}) = \pi - \angle(\overrightarrow{A_2,A_3}, \overrightarrow{A_3,A_4}), \tag{9.1.9}$$

而 $\angle(\overrightarrow{A_1,A_3}, \overrightarrow{A_3,A_4})$ 的计算公式已在 5.1.1 节与式 (5.1.8) 中定义.

3. 关于中位点曲线扭角的计算

这就是由五原子点 A_1, A_2, A_3, A_4, A_5 的参数系列 $\mathcal{P}_A$ 来计算参数 ψ^e 的问题. 这个计算公式的推导比较复杂, 它的推导过程如下.

(1) 为了简单起见, 记 e_1, e_2, e_3, e_4 四点确定的向量为 $\boldsymbol{r}_\tau^e = \overrightarrow{e_\tau e_{\tau+1}}$, 它们所对应的长度分别为 $r_\tau^e = |e_\tau e_{\tau+1}|$, $\tau = 1, 2, 3$.

这时 $\boldsymbol{r}_{\tau'}^e$ 与 $\boldsymbol{r}_{\tau'+1}^e$ 的夹角 $\phi_{\tau'}, \tau' = 1, 2$ 的计算式已在本节中给出.

(2) 记三角形 $\delta(e_{\tau'}, e_{\tau'+1}, e_{\tau'+2})$ 的法向量为 $\boldsymbol{b}_{\tau'}^e$, $\tau' = 1, 2$, 它们的计算公式由法向量的一般计算公式得到

$$\boldsymbol{b}_{\tau'}^e = \frac{\boldsymbol{r}_{\tau'}^e \times \boldsymbol{r}_{\tau'+1}^e}{|\boldsymbol{r}_{\tau'}^e \times \boldsymbol{r}_{\tau'+1}^e|} = \frac{\boldsymbol{r}_{\tau'}^e \times \boldsymbol{r}_{\tau'+1}^e}{r_{\tau'}^e r_{\tau'+1}^e \sin \phi_{\tau'}^e}, \quad \tau' = 1, 2. \tag{9.1.10}$$

(3) 由此得到 e_1, e_2, e_3, e_4 四点扭角 ψ^e 的计算公式为

$$|\psi^e| = \arccos[\langle \boldsymbol{b}_1^e, \boldsymbol{b}_2^e \rangle], \tag{9.1.11}$$

而 ψ^e 正负的取值由 e_1, e_2, e_3, e_4 四点的镜像所确定.

(4) 在向量的计算公式中有

$$\langle \boldsymbol{a} \times \boldsymbol{b}, \boldsymbol{c} \times \boldsymbol{d} \rangle = (\boldsymbol{a}\boldsymbol{c})(\boldsymbol{b}\boldsymbol{d}) - (\boldsymbol{a}\boldsymbol{d})(\boldsymbol{b}\boldsymbol{c}) \tag{9.1.12}$$

成立. 现将式 (9.1.10) 代入式 (9.1.11) 的右边, 并利用式 (9.1.12) 可以得到

$$\arccos |\psi^e| = \frac{(\boldsymbol{r}_1^e \times \boldsymbol{r}_2^e)(\boldsymbol{r}_2^e \times \boldsymbol{r}_3^e)}{r_1^e (r_2^e)^2 r_3^e \sin \phi_1^e \sin \phi_2^e} = \frac{(\boldsymbol{r}_1^e \boldsymbol{r}_2^e)(\boldsymbol{r}_2^e \boldsymbol{r}_3^e) - (\boldsymbol{r}_1^e \boldsymbol{r}_3^e)(\boldsymbol{r}_2^e \boldsymbol{r}_2^e)}{r_1^e (r_2^e)^2 r_3^e \sin \phi_1^e \sin \phi_2^e}. \tag{9.1.13}$$

因为 $\boldsymbol{r}_\tau^e = (\boldsymbol{r}_\tau + \boldsymbol{r}_{\tau+1})/2$, $\tau = 1, 2, 3$, 将它代入式 (9.1.13) 后, 它的分子部分为

$$\begin{aligned}
F &= \frac{1}{4}[\langle (\boldsymbol{r}_1 + \boldsymbol{r}_2), (\boldsymbol{r}_2 + \boldsymbol{r}_3) \rangle \langle (\boldsymbol{r}_2 + \boldsymbol{r}_3), (\boldsymbol{r}_3 + \boldsymbol{r}_4) \rangle \\
&\quad - \langle (\boldsymbol{r}_1 + \boldsymbol{r}_2), (\boldsymbol{r}_3 + \boldsymbol{r}_4) \rangle \langle (\boldsymbol{r}_2 + \boldsymbol{r}_3), (\boldsymbol{r}_2 + \boldsymbol{r}_3) \rangle] \\
&= \frac{1}{4}[\langle (\boldsymbol{r}_1 + \boldsymbol{r}_2 + \boldsymbol{r}_3 + \boldsymbol{r}_4), (\boldsymbol{r}_2 + \boldsymbol{r}_3) \rangle - \langle (\boldsymbol{r}_1 + \boldsymbol{r}_2), (\boldsymbol{r}_3 + \boldsymbol{r}_4) \rangle (\boldsymbol{r}_2 + \boldsymbol{r}_3)^2] \\
&= \frac{1}{4}[\langle (\boldsymbol{r}_1 + \boldsymbol{r}_4), (\boldsymbol{r}_2 + \boldsymbol{r}_3) \rangle (\boldsymbol{r}_2 + \boldsymbol{r}_3)^2 - \langle (\boldsymbol{r}_1 + \boldsymbol{r}_2), (\boldsymbol{r}_3 + \boldsymbol{r}_4) \rangle (\boldsymbol{r}_2 + \boldsymbol{r}_3)^2] \\
&= \frac{1}{4}(\boldsymbol{r}_2 + \boldsymbol{r}_3)^2[\langle (\boldsymbol{r}_1 + \boldsymbol{r}_4), (\boldsymbol{r}_2 + \boldsymbol{r}_3) \rangle - \langle (\boldsymbol{r}_1 + \boldsymbol{r}_2), (\boldsymbol{r}_3 + \boldsymbol{r}_4) \rangle] \\
&= \frac{1}{4}[(\boldsymbol{r}_2 + \boldsymbol{r}_3)^2 \langle (\boldsymbol{r}_1 - \boldsymbol{r}_3), (\boldsymbol{r}_2 - \boldsymbol{r}_4) \rangle] = (\boldsymbol{r}_2^e)^2 \langle (\boldsymbol{r}_1 - \boldsymbol{r}_3), (\boldsymbol{r}_2 - \boldsymbol{r}_4) \rangle, \quad (9.1.14)
\end{aligned}$$

所以有

$$\arccos |\psi^e| = \frac{\langle (\boldsymbol{r}_1 - \boldsymbol{r}_3), (\boldsymbol{r}_2 - \boldsymbol{r}_4) \rangle}{r_1^e r_3^e \sin \phi_1^e \sin \phi_2^e} \tag{9.1.15}$$

成立. 由此得到扭角 ψ^e 与参数系 $\mathcal{P}_A$ 的关系表示式.

4. 关于转角问题的讨论

在 8.3.2 节与 8.3.3 节中, 我们讨论三角形拼接带的扭角转动问题与三角形拼接带的平面展开问题, 其中涉及转角的方向问题. 就一般空间结构而言, 转角是没有方向的 (都取正值), 但在平面展开的图形中转角是有方向的.

中位点曲线 L_e 已在式 (9.1.1) 中定义, 它的平面展开曲线 (见 8.3.3 节定义) 记为

$$L'_e = \{e'_1, e'_2, \cdots, e'_{n-1}\}, \tag{9.1.16}$$

其中每个 e'_j 点的坐标为 $r'_j = (x'_j, y'_j, z'_j)$, 记

$$\overrightarrow{e'_j e'_{j+1}} = r_j = r'_{j+1} - r'_j = (x_j, y_j, z_j) \tag{9.1.17}$$

是 L'_e 中相邻两点所确定的向量.

记 L'_e 所在的平面为 π, 它的法向量记为 b

$$b = (b_1, b_2, b_3) = \frac{r_j \times r_{j+1}}{|r_j \times r_{j+1}|}. \tag{9.1.18}$$

这时转角方向的定义为: 从向量 b 的相反方向来看, 从 r_j 到 r_{j+1} 的逆时针转动方向为正, 否则为负. 因此, 转角 ψ_j 正负方向的定义由混合积

$$[r_j, r_{j+1}, b] = \langle r_j \times r_{j+1}, b \rangle = \begin{vmatrix} x_j & y_j & z_j \\ x_{j+1} & y_{j+1} & z_{j+1} \\ b_1 & b_2 & b_3 \end{vmatrix} \tag{9.1.19}$$

的正负值确定. 由此可以得到, 对转角可有 2 种类型, 即只取正值的转角, 我们称为 **转角 1**, 另一种类型是可取正、负的转角, 我们称为 **转角 2**, 转角 2 的绝对值就是转角 1.

9.1.3 计算模型与结果

我们仍然对 PDB-Select 数据库中的所有蛋白质中由 A 原子所产生的中位点曲线作计算与分析, 有关记号与计算结果如下.

1. 中位点曲线的一些记号

蛋白质中位点曲线的定义与记号我们已在 9.1.1 节中给出. 对一个固定的蛋白质, 我们记 A 原子所产生的三角形拼接带为 $L_A = \{A_1, A_2, \cdots, A_n\}$, 其中 n 为该蛋白质的长度. 它的中位点序列为 $L_e = \{e_1, e_2, \cdots, e_{n-1}\}$, 它们的坐标由式 (8.1.1) 给定. 记 L_e 参数系为

$$\begin{cases} \mathcal{P}_{e,1} = \{r_{e,j}, r'_{e,j'}, r''_{e,j''}, j = 1, 2, \cdots, n-2, j' = 1, 2, \cdots, n-3, j'' = 1, 2, \cdots, n-4\}, \\ \mathcal{P}_{e,2} = \{r_{e,j}, \phi_{e,j'}, \psi_{e,j''}, j = 1, 2, \cdots, n-2, j' = 1, 2, \cdots, n-3, j'' = 1, 2, \cdots, n-4\}, \end{cases} \tag{9.1.20}$$

这两类参数系与式 (8.1.5) 和式 (8.1.6) 中的定义相同.

如果利用 N,A,C,O,H(或脯氨酸中的 CD) 这五原子的预测法还可得到参数

$$\{r_{e,0}, \cdots, r_{e,n-1}, r'_{e,0}, \cdots, r'_{e,n-2}, r''_{e,0}, \cdots, r''_{e,n-3}, \phi_{e,0}, \cdots, \phi_{e,n-2}, \psi_{e,0}, \cdots, \psi_{e,n-3}\}. \tag{9.1.21}$$

因此中位点曲线的参数系可由式 (9.1.20) 与式 (9.1.21) 确定, 对这些参数的计算结果如下.

2. 计算的基本结果

中位点曲线参数计算的基本结果在光盘 DATA1/9/9-1/9-1-1.CTX, 9-1-2.CTX 与 9-1-3.CTX 文件中给出, 对此结果说明如下.

(1) 9-1-1.CTX 文件是一个 721313×8 的数据阵列, 它是 PDB-Select 数据库中所有蛋白质主链中位点曲线的转角与扭角参数表. 表中每个蛋白质用 888.000, 888.000, 888.000, 888.000, 888.000 进行行分隔, 其中 1,2,3,4,5 列是 5 个氨基酸的数字编号, 6,7,8 分别是由该 5 氨基酸序列所产生的转角 1、转角 2 与扭角.

(2) 9-1-2.CTX 文件是 9-1-1.CTX 文件的另一种表达, 它按氨基酸 2 与氨基酸 3 的编号次序排列, 因此它是一个 $(721313 - 3190) \times 8$ 的数据阵列 (其中不包括蛋白质的分隔行), 表中 6,7,8 列的含义与 9-1-1.CTX 文件相同.

(3) 9-1-3.CTX 文件是 9-1-2.CTX 文件中具有相同氨基酸 2 与氨基酸 3 的二氨基酸序列的个数表, 因此它是一个 20×20 的数据阵列.

3. 其他的计算结果

利用光盘 DATA1/9/9-1 文件夹中的计算的基本计算结果可以得到其他有关中位点曲线参数的一系列计算与分析的结果, 对这些结果在光盘 DATA1/9 的其他文件夹与分析表中给出.

9.1.4　初步统计分析结果

由光盘 DATA1/9/9-1/9-1-1.CTX, 9-1-2.CTX 等文件可作以下初步的统计分析.

1. 总体特征数的计算与分析

所谓总体特征数是指 PDB-Select 数据库中所有蛋白质, 不分氨基酸类型的转角与扭角的特征数, 计算结果如表 9.1.1 所示.

表 9.1.1　中位点曲线的总体特征数计算表

	转角 1/rad	转角 2/rad	扭角/rad	转角 1/(°)	转角 2/(°)	扭角/(°)
均值	0.8411	0.0046	0.2172	48.1919	0.2617	12.4431
标准差	0.4771	0.9669	1.4419	27.3360	55.3982	82.6165
最大值	2.5837	2.5837	3.1416	148.0360	148.0360	180.0000
最小值	0.0008	-2.4362	-3.1416	0.0480	-139.5850	-180.0000

表 9.1.1 中转角 2 是指带正、负号的转角, 转角 1 是转角 2 的绝对值. 转角 1、转角 2 与扭角的协方差矩阵与相关矩阵是

$$
\Sigma = \begin{pmatrix} 747.2555 & 6.3721 & 825.3840 \\ 6.3721 & 3068.9578 & 9.5061 \\ 825.3840 & 9.5061 & 6825.4785 \end{pmatrix}, \quad \rho = \begin{pmatrix} 1.0000 & 0.0042 & 0.3655 \\ 0.0042 & 1.0000 & 0.0021 \\ 0.3655 & 0.0021 & 1.0000 \end{pmatrix}.
$$

(9.1.22)

由表 9.1.1 可见, 转角 1 与转角 2, 转角 2 与扭角的相关系数很小, 但不能由此说明这些变量相互独立. 这种情况说明利用相关系数作统计分析时的点, 只有当两个随机变量 ϕ_1^*, ϕ_2^* 的联合分布是正态分布时, 它们相互独立的充要条件是相关性为零. 因此只有利用交互信息 $I(\phi_1^*, \phi_2^*)$ 才能真正反映它们的相关性. 这是因为 $\phi_1^* = |\phi_2^*|$, 所以有 $I(\phi_1^*, \phi_2^*) = H(\phi_1^*)$, 其中 $H(\phi_1^*)$ 是 Shannon 熵, 对它的计算涉及信息论中的一些问题, 对此不再详细讨论.

2. 转角与扭角的分布计算

从表 9.2.1 可以看出, 中位点曲线中各参数的变化都不稳定, 如对它们作更深入的分析与计算, 利用光盘 DATA2/9/9-1/9-1-1.JPG 图与光盘 DATA2/9/9-1/9-1-5.CTX 的数据文件就可得到转角与扭角的分布情况. 对此说明如下.

(1) 光盘 DATA2/9/9-1/9-1-1.JPG 是转角 1、转角 2 与扭角的分布曲线图, 它们分别用红、黄、绿 3 种颜色表示.

(2) 在该图中, 横轴是度数, 共 360°, 每一格为 1°, 纵轴分别是转角 1、转角 2 与扭角在每一格中的分布率 (千分比).

(3) 光盘 DATA1/9/9-1/9-1-5.CTX 文件是转角 1、转角 2 与扭角在每一格中的分布率 (千分比) 的取值表.

3. 对光盘 DATA2/9/9-1/9-1-1.JPG 图的分析与说明

(1) 由光盘 DATA2/9/9-1/9-1-1.JPG 图可以看到, 转角 1 的分布集中为 0° ~ 90°, 最高峰是在 80° 左右. 对转角 1 在不同区域中的取值在蛋白质三维结构中有不同的意义, 对此在下面还有讨论.

(2) 转角 2 的分布集中在 −180° ~ 0° 与 0° ~ 180° 内的分布比较对称. 这说明各蛋白质在平面展开时转角取顺时针与逆时针方向都有可能, 而且角度分布也较对称. 2 个区域中的最高峰分别在 −80° 与 80° 左右.

(3) 扭角的分布比较分散, 但最高峰是在 60° 左右. 这 3 条曲线的数据文件在光盘 DATA2/9/9-1/9-1-10.CTX 中给出.

9.2　利用中位点曲线对蛋白质二级结构关系的讨论

在 8.1 节中我们已经给出了中位点曲线的定义, 它的主要特点是把蛋白质主链的三维结构用一条曲线来给予描述, 因此更加清楚与直观. 我们现在对它们作计算与分析.

9.2.1　蛋白质空间结构中的一些特殊结构

为了解与分析蛋白质的空间结构, 就必须了解在蛋白质内部可能存在的一些**特殊结构**.

1. 特殊结构的定义与特征

在生物学中经常可以看到, 蛋白质空间结构中存在的一些特殊结构. 最常见的就是以 α **螺旋与** β **折叠**为代表的二级结构与超二级结构. 实际上, 在蛋白质内部存在许多特殊结构, 就 α 螺旋与 β 折叠而言, 它们也存在许多不同的类型, 因此我们先就蛋白质的一些空间特殊结构进行讨论.

(1) 蛋白质内部存在的一些特殊结构主要是指: 在其中的部分原子之间存在比较紧密的空间结构, 而且以一定的键能结构相互连接.

部分原子之间的紧密空间结构关系是指这些原子相互之间的距离十分接近, 它们距离接近的原因是在这些原子之间存在一定的键 (如共价键或氢键等) 相互连接. 因此我们又称这些特殊结构为蛋白质内部所存在的**分子聚合团**.

(2) α 螺旋与 β 折叠结构是重要的分子聚合团, 这些结构有多种不同的类型, 但在这些结构的原子之间存在许多氢键, 因此比较稳定.

α 螺旋结构的形态较有规则, 它的形态可用一个周期性的螺旋结构来描述, 周期数从一个到多个可以不等, 按它们的旋转方向又分顺时针与逆时针方向, 一个周期的基本参数由表 9.2.1 给出.

表 9.2.1　α 螺旋结构中单周期的基本参数表

参数名称	氨基酸数	螺距	相邻残基距离	直径长度	氢键长度	偶极矩
参数值	3.6 个	5.4 Å	1.5 Å	6.0 Å	2.8 Å	0.5~0.7 单位

表 9.2.1 中的参数值都是平均数, α 螺旋结构是一个极性片段, 每个周期由 2 条与中心轴平行的偶极矩组成, 它们的电荷分别是 0.84 与 0.40 极距单位.

(3) 形成 β 折叠结构的特点是在一个小片段中, 有比较多的扭角的绝对值 $|\psi| > 90°$, 这时按图 5.1.3 与定理 5.1.5 可以知道, 这时的中位点曲线呈 Z 字形结构, 多个 Z 字形结构的连接就是 β 折叠结构.

形成 β 折叠结构的另一特点是经常由数条具有折叠形的氨基酸序列平行结合而成, 但这并不影响单一的片段也可成为 β 折叠结构.

(4) 除了 α 螺旋与 β 折叠结构外, 其他的分子聚合团类型还有多种. 如在蛋白质内部可能产生的共价键 (如二硫键等)、Ω 形结构等, 它们一旦形成也是比较稳定的.

对分子聚合团的一般理论在以后章节中会陆续展开, 在本节中我们重点讨论中位点曲线与二级结构的问题.

2. 蛋白质二级结构的预测问题

该预测问题就是指由蛋白质的一级结构来判定它们的二级结构特征, 主要讨论的问题如下.

(1) 二级结构比例预测. 这就是由蛋白质的一级结构来判定它们的二级结构在该蛋白质中各所占的比例.

(2) 二级结构状态预测. 这就是由蛋白质的一级结构来判定其中的每个氨基酸所处的二级结构状态.

(3) 对二级结构预测问题, 较常用的方法是利用蛋白质空间结构数据库中对已知的二级结构标记, 在利用它们的统计特征来作预测. 对二级结构的比例预测, 预测误差在 10 % 左右 (对 α 螺旋的预测误差在 9 % 左右, 对 β 折叠的预测误差在 11 % 左右). 对二级结构状态的预测, 预测误差在 20 % 左右.

随着数据库规模的不断扩大, 这种预测误差在不断下降, 但始终无法取得根本性的突破.

3. 利用中位点曲线对二级结构的定义与判定问题

在实际计算中, 对蛋白质中存在的二级结构还是十分复杂的, 为使预测问题有一个确切的依据, 首先要对其中不同片段的二级结构有一个确切的定义, 我们希望利用中位点曲线来实现这个目标.

9.2.2　中位点曲线在二级结构分析中的应用

我们现在利用中位点曲线对蛋白质的二级结构进行分析, 尤其是要讨论 α 螺旋与 β 折叠的中位线结构特征.

1. 中位点曲线对二级结构的分析

记 $\boldsymbol{L}_e = \{e_1, e_2, \cdots, e_n\}$ 为某蛋白质主链 A 原子的中位点曲线, 它的参数系为

$$\{r_i, \phi_{i'}, \psi_{i''}, i = 1, 2, \cdots, n-1, \ i' = 1, 2, \cdots, n-2, \ i'' = 1, 2, \cdots, n-3\} \quad (9.2.1)$$

其中 ϕ 是外转角. 它们与二级结构的关系分析如下.

(1) 对弧长 $r_i = |e_i e_{I+1}|$ 在各种不同类型中的变化不大, 它们的均值在 3.0 左右, 标准差在 0.5 左右, 因此它的相对标准差在 0.17 左右, 这个参数并不稳定, 但也无大幅度的变化, 所以与二级结构的取向影响不大.

(2) 转角参数 ϕ_i 在蛋白质空间结构中有重要作用, 对它的取值大体可分为 3 个区域, 即小于容 50° 的区域、在 $[50°, 90°]$ 的区域与大于 90° 的区域.

在 $\phi_i < 50°$ 区域, 不同氨基酸的连接处于平直状态, 因此不可能形成二级结构. 在 $\phi_i > 90°$ 区域, 不同氨基酸的连接处于拐点的变化状态, 由此形成 γ 折叠结构. 因此 $[50°, 90°]$ 是产生二级结构的区域.

γ 折叠也是蛋白质三维结构中的重要特征, 蛋白质的三维结构在 γ 折叠处发生反向折叠, 使蛋白质形成一定的空间形态. 但这种折叠发生比例很小, 而且在几种氨基酸上较容易发生.

(3) 转角 ϕ 在 $[50°, 90°]$ 的区域是易产生二级结构的区域, 其中又分 $(50°, 70°)$, $(70°, 90°)$ 2 个部分, 其中前一部分是易产生 β 折叠的区域, 而后一区域是易产生 α 螺旋的区域.

对产生 α 螺旋区域的分析比较简单, 如果有若干相连位点的转角 ϕ 为 $(70°, 90°)$, 这样的片段很可能是 α 螺旋结构. 如果有几个相连的转角 ϕ 取值在 80° 左右, 那么它们的内角取值在 100° 左右, 这正满足 α 螺旋结构旋转一周的周期是 3.6 个氨基酸的要求. 当扭角 ψ 取正值时, 该 α 螺旋为上行 (右手系) 结构, 否则为下行 (左手系) 结构, 这时螺距在 3.1 Å左右.

(4) 对 β 折叠结构的判定比较复杂. 若干相连的位点的转角 ϕ 在 $(50°, 70°)$ 外, 还要求在这个片段中有较多的扭角 ψ 的绝对值 $|\psi_{i'}|$ 的取值在 90° 以上.

在 β 折叠结构的分析中, 除了一些单链形成 β 折叠结构外, 还可能由多条链产生, 如图 11.3.1, 图 11.3.2, 图 11.3.5 所示, 对它们的结构以后还会讨论.

2. 二级结构发生的动力学因素

从现有的生物学理论看, 发生 α 螺旋或 β 折叠结构的动力学因素都是氢键在起作用, 这就是某氨基酸主链上的 N, H 原子与另一氨基酸主链上的 O 原子产生氢键而形成的结构, 当这种氢键较多而且连续地产生, 就会积累较多的结合能, 使这些氨基酸中的原子形成分子聚合团, 由此形成较为稳定的空间结构. 对它们的动力学因素分析如下.

(1) α 螺旋与 β 折叠产生氢键的方向不同, 在 α 螺旋结构中, 每个氨基酸都与相隔 3 个氨基酸发生氢键, 这就是在第 $i(i = 1, 2, \cdots)$ 个氨基酸中的 N_i-H_i 原子与第 $i + 3$ 个氨基酸中的 O_{i+3} 原子形成共价键. 由此产生一系列的氢键而形成 α 螺旋.

(2) 在 β 折叠中, 如果第 $i + 1, i + 2, \cdots, i + \tau$ 个氨基酸中的 N-H 原子与第

$i+h, i+h+1, \cdots, i+h+\tau$ (或 $i+h+\tau, i+h+\tau-1, \cdots, i+h$) 个氨基酸中的 O 原子形成共价键, 那么由此形成顺向 (或反向) 的 β 折叠结构, 其中 h, τ 是 2 个适当的正整数.

(3) 氢键 $H \cdots O$ 的键长为 2.7~3.1 Å内, 它们正是 α 螺旋结构中的螺距, 也是 β 折叠中形成氢键的距离.

(4) 两个氨基酸中 A 原子中位点 e 与 O, N′ 的平均距离分别为 1.7571, 0.6346, 标准差分别为 0.0756, 0.0710, 其中 O 为第 1 个氨基酸不变部分中的氧原子, N′ 为第 2 个氨基酸不变部分中的氮原子. 这些距离是十分稳定的.

由此得到, 在 β 折叠中, 两个片段之间的距离不会超过 $3.1 + 1.1 + 1.8 + 0.7 = 6.7$. 这也是我们判定 β 折叠的依据, 在同一蛋白质中, 当两个片段中的中位点距离都小于 6.7 时, 而且相对应的 N,O 原子距离在 3.1 Å左右, 那么这两个片段形成 β 折叠结构.

(5) 我们已经说明, 在 β 折叠的讨论中, 单链也可能产生 β 折叠, 如果中位点曲线的扭角 $|\psi| > 90°$, 那么产生这个角度 4 个中位点呈 Z 形结构, 这也是我们判定单链构成 β 折叠的依据. 单链的 β 折叠不要求产生氢键连接的要求, 因此是不稳定的结构.

3. 对 α 螺旋中原子结构关系的说明

在蛋白质二级结构的描述中, 实际上涉及蛋白质主链的三种不同类型的三角形拼接带 (大、小与中位点三角形拼接带) 的相互关系问题, 这三种不同类型的三角形拼接带在二级结构的形成中起不同的作用. 图 9.2.1 是在 α 螺旋结构中, 把这三种不同类型的三角形拼接带综合起来后的空间形态, 参考图 9.2.1 我们说明这三种不同类型的三角形拼接带的作用.

对图 9.2.1, 我们说明如下.

(1) 图 9.2.1 是一个具有 α 螺旋结构的 6 个氨基酸序列, 其中 N_j, A_j, C_j, O_j, H_j 分别是第 j 个氨基酸主链上的 N, A, C, O, H 原子. 曰此产生的三角形拼接带如下.

(2) 小三角形拼接带中的 1 阶弧用细实线表示, 它们的 2 阶弧用细虚线表示, A_j 与 A_{j+1} 的连线用虚线表示, $A_j A_{j+1}$ 的中点记为 e_j 由 e_1, e_2, e_3, e_4, e_5 所产生的 1 阶弧我们用粗黑实线表示, 2 阶弧用粗黑虚线表示, 由此产生大、小三角形拼接带的中位点曲线.

(3) 第 2 个氨基酸中的 N-H 原子与第 5 个氨基酸中的 O 原子组成氢键. 这时中位点 e_2, e_3, e_4, e_5 构成 α 螺旋结构中的一个周期.

(4) 由此可以看到, 氨基酸的侧链在二级结构中不直接参与氢键的结合, 但对二级结构的形成有重要影响, 对此问题我们在以后还有讨论.

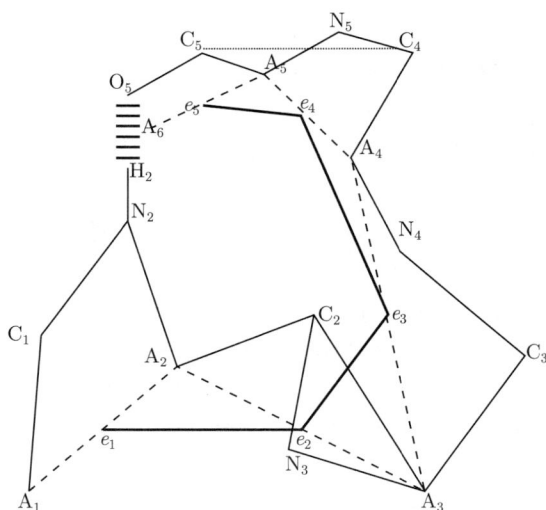

图 9.2.1　α 螺旋中三种不同类型的三角形拼接带的作图

9.2.3　实例分析

我们在这里列举 1A32-85 蛋白, 1A3K-137 蛋白与某血红蛋白作主链中位点曲线的结构实例进行分析.

1. 对 1A32-85, 1A3K-137 蛋白的转角与扭角分析

1A32-85(半乳糖凝集素 22-TAN-981A3K) 与 1A3K-137(核糖体蛋白 S15) 蛋白分别是 2 种典型的 α 螺旋与 β 折叠结构的蛋白质, 它们分别由 85 个与 137 个氨基酸组成, 对它们的分析如下.

(1) 它们的一级结构如表 9.2.2 所示.

表 9.2.2　1A32-85 蛋白与 1A3K-137 蛋白的一级结构

A132:	ALTQERKREIIEQFKVHENDTGSPEVQIAILTEQINNLNEHLRVHKKDHHSRRGLLKMVGKRRRLLAYLRN
	KDVARYREIVEKLGLRR
A13K:	LIVPYNLPLPGGVVPRMLITILGTVKPNANRIALDFQRGNDVAFHFNPRFNENNRRVIVCNTKLDNNWGREE
	RQSVFPFESGKPFKIQVLVEPDHFKVAVNDAHLLQYNHRVKKLNEISKLGISGDIDLTSASYTMI

(2) 它们的中位点曲线中的转角与扭角 ϕ, ψ 如表 9.2.3 所示.

表 9.2.3 由 2 个模块组成, 它们分别是 1A32-85 与 1A3K-137 蛋白的中位点曲线数据, 每个模块由 4 列组成, 其中第 1 列数据编号, 第 2, 3 列分别是中位点曲线中的内转角与扭角 ϕ, ψ, 第 4 列是二级结构标记, 其中 H 为 α 螺旋结构, S 为 β 折叠结构, o 为不能确定的结构. 当内转角在 $100°$ 左右时为 α 螺旋结构.

表 9.2.3 1A32-85 与 1A3K-137 蛋白中位点曲线的转角与扭角 ϕ,ψ 计算表

1	2	3	4	1	2	3	4	1	2	3	4	1	2	3	4
1	108.91	-7.86	o	22	115.56	65.30	o	43	90.85	99.98	H	64	95.94	67.77	H
2	80.48	63.76	o	23	101.07	63.38	H	44	81.58	87.35	o	65	120.92	64.98	H
3	83.96	60.49	H	24	99.36	64.17	H	45	117.35	-154.18	o	66	85.20	66.56	H
4	109.06	62.80	H	25	111.38	61.89	H	46	136.98	83.02	o	67	86.34	63.69	H
5	101.68	62.65	H	26	109.47	65.72	H	47	130.59	71.75	o	68	113.99	57.39	H
6	86.92	67.47	H	27	100.34	63.03	H	48	102.68	79.70	o	69	102.52	27.94	H
7	79.46	68.27	H	28	104.14	66.55	H	49	99.25	80.38	H	70	82.85	-150.20	H
8	127.41	60.56	H	29	114.81	68.16	H	50	120.99	63.60	H	71	105.99	14.67	H
9	79.26	59.69	H	30	107.49	63.32	H	51	100.28	68.36	H	72	93.82	64.74	o
10	92.66	57.96	H	31	100.39	63.40	H	52	91.12	67.98	H	73	94.45	62.26	H
11	79.49	83.84	H	32	104.76	62.99	H	53	94.80	68.51	H	74	118.73	63.41	H
12	139.47	2.30	H	33	113.17	62.78	H	54	125.69	65.82	H	75	106.79	63.67	H
13	128.13	-61.23	o	34	103.95	63.51	H	55	88.26	66.14	H	76	94.66	64.50	H
14	110.25	13.58	o	35	100.83	64.98	H	56	89.16	63.54	H	77	99.74	63.37	H
15	91.31	66.47	o	36	109.94	67.90	H	57	108.14	66.18	H	78	120.75	64.40	H
16	88.54	89.40	o	37	112.97	65.13	H	58	112.39	65.75	H	79	98.67	65.12	H
17	91.59	156.57	o	38	100.76	68.01	H	59	89.41	70.41	H	80	95.04	61.46	H
18	90.69	134.29	o	39	101.77	74.60	H	60	89.00	66.09	H	81	109.02	-37.96	H
19	96.17	110.25	o	40	119.85	65.77	H	61	124.60	64.99	H	82	103.82	-154.55	H
20	80.50	-36.19	o	41	105.87	53.39	H	62	91.61	62.24	H	83	0.00	0.00	H
21	105.82	-6.77	o	42	91.02	140.30	H	63	90.22	67.46	H				

1	2	3	4	1	2	3	4	1	2	3	4	1	2	3	4
1	102.70	-28.99	o	29	95.93	-142.03	o	57	126.79	-171.32	S	85	105.16	-152.24	S
2	99.31	19.08	o	30	93.82	-60.97	o	58	125.92	-72.53	S	86	104.20	145.43	S
3	93.92	95.59	o	31	99.79	70.46	o	59	135.25	21.58	S	87	101.78	-134.18	S
4	90.32	178.54	o	32	104.94	-74.02	S	60	152.40	-127.69	S	88	99.87	-168.15	S
5	90.17	-123.60	S	33	111.81	131.58	S	61	162.62	-72.87	S	89	99.67	-60.95	S
6	91.11	-178.04	S	34	116.74	-71.62	S	62	170.63	-176.83	o	90	95.84	101.29	S
7	91.09	-122.11	S	35	131.91	56.84	S	63	114.75	-39.29	o	91	97.58	-26.33	S
8	93.06	-76.33	S	36	153.41	-40.17	S	64	76.18	6.95	o	92	85.64	20.49	o
9	91.38	-31.97	o	37	124.82	-50.69	S	65	118.09	-3.96	o	93	92.31	-77.16	o
10	88.28	-90.80	o	38	79.96	29.04	S	66	132.26	-96.66	o	94	101.39	-88.99	o
11	119.22	-43.48	o	39	105.43	-22.47	o	67	120.60	-137.15	o	95	124.22	-149.52	S
12	121.93	147.69	o	40	143.50	166.30	o	68	126.80	-72.38	o	96	122.11	18.12	S
13	134.11	-11.97	o	41	146.80	-31.82	S	69	156.37	179.77	o	97	117.93	-40.57	S
14	107.68	70.69	o	42	122.94	-127.84	S	70	161.11	-95.72	o	98	115.07	-77.08	S
15	92.42	42.02	o	43	113.44	-136.94	S	71	154.08	127.23	S	99	118.27	-38.96	S
16	91.62	144.60	o	44	116.81	-59.16	S	72	148.84	156.49	S	100	96.03	8.69	S
17	92.80	-137.96	S	45	111.53	28.40	S	73	149.26	31.02	S	101	86.63	6.89	o
18	94.07	155.41	S	46	103.93	-92.76	S	74	106.52	36.80	o	102	109.70	20.98	o
19	95.03	-143.67	S	47	98.15	126.03	S	75	93.47	-16.22	o	103	132.39	90.91	S
20	95.64	-61.59	S	48	95.02	-24.32	S	76	90.51	79.27	o	104	129.20	-122.25	S
21	92.81	18.72	o	49	82.11	119.02	S	77	89.98	3.66	o	105	134.09	-129.49	S
22	90.33	-113.23	S	50	96.52	36.28	o	78	90.01	-170.56	o	106	145.30	-138.07	S
23	89.19	-110.45	S	51	80.05	-52.03	o	79	90.06	-39.51	o	107	134.98	-121.58	S
24	87.37	-127.08	S	52	126.00	0.66	o	80	87.13	42.91	o	108	142.31	79.09	S
25	89.88	-35.64	S	53	97.08	-5.20	o	81	93.87	14.59	o	109	159.85	71.57	S
26	90.67	18.06	o	54	87.58	-27.08	o	82	87.68	-52.19	o	110	106.11	-59.38	o
27	119.68	15.02	o	55	97.22	45.05	o	83	95.09	80.42	o	111	94.06	-23.27	o
28	114.88	-22.10	o	56	112.36	-103.92	o	84	99.29	-129.55	S	112	86.46	130.58	o

1	2	3	4	1	2	3	4	1	2	3	4	1	2	3	4
113	94.23	133.66	o	119	102.30	-116.61	o	125	109.06	-15.95	S	131	90.44	15.17	S
114	77.25	74.86	o	120	98.72	-153.40	S	126	89.71	-93.07	o	132	89.77	21.61	S
115	88.34	93.72	H	121	100.19	-56.25	S	127	89.82	35.65	S	133	92.57	22.11	S
116	91.04	113.61	H	122	95.66	153.42	S	128	93.53	49.16	S	134	97.06	51.69	S
117	94.63	122.34	H	123	98.47	17.68	S	129	83.13	-177.26	S	135	180.00	0.00	S
118	95.49	-90.69	o	124	122.54	17.20	S	130	99.97	31.83	S	136	0.00	0.00	S

(3) 这 2 个蛋白质的空间结构图形如图 9.2.2 所示. 其中图 9.2.2(a), (b) 分别是 1A32-85 与 1A3K-137 蛋白质的空间结构图形, 它们明显具有 α 螺旋结构与 β 折叠结构的特征.

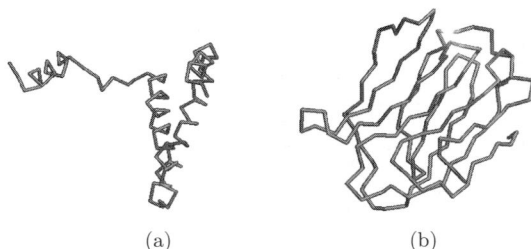

(a)　　　　　　　　　　　　　　(b)

图 9.2.2　　1A32-85 与 1A3K-137 蛋白质的空间结构图形

2. 对 1A32-85, 1A3K-137 蛋白中原子距离的关系分析

在同一蛋白质中, 我们计算不同中位点 e_i, e_j 之间的距离, 并由此搜索 $|e_i e_j| \leqslant 6.0$, $i+2 < j$ 的所有的点, 搜索结果如表 9.2.4 所示.

表 9.2.4 由 2 个模块组成, 它们分别是 1A32-85 与 1A3K-137 蛋白的中位点曲线数据, 每个模块由 6 列组成, 其中第 1, 2 列数据分别是 e_i, e_j 中 i, j 的编号, 第 3 列是 $j - i$ 的距离, 第 4, 5 列数据分别是 e_i, e_j 所对应的氨基酸一字符, 第 6 列数据是 $|e_i e_j|$ 的距离. 表 9.2.4 中第 1 行是列的标号.

3. 对表 9.2.4 1A32-85 与 1A3K-137 的分析

由表 9.2.4 可以看到, 蛋白质 1A32-85 与 1A3K-137 的中位点曲线存在明显的差异, 对此分析如下.

(1) 在 1A32-85 中, 中位点距离比较接近的 $|e_i e_j| < 6.0$ 的 $j - i$ 一般取 3 或 4(表 9.2.4 的第 3 列数据), 这正是 α 螺旋的一个周期. 由此可以看到, 该蛋白质有 3 个 α 螺旋, 它们的中位点对应位置为 1~13, 20~44, 47~84.

(2) 在蛋白质 1A3K-137 中, 中位点距离比较接近的 $|e_i e_j| < 6.0$ 的 $j - i$ 一般都比较大 (表 9.2.4 的第 3 列数据), 当 i, j 的排列顺序比较连续时, 这些中位点曲线的片段就形成相互平行的结构, 这正是 β 折叠的特征.

(3) 在表 9.2.4 的第 2 个模块中, 我们还可看到 β 折叠的其他多种特征性质. 例如, 当 i 由小到大时, 当 j 的排列次序可由小到大时, 也可由大到小, 这时它们所对应的 β 折叠就是顺向与反向的 β 折叠. 又如对同一个 i, 往往有多个 j 满足 $|e_i e_j| < 6.0$ 的条件, 由此可见, 在构成 β 折叠的平行的原子片段中是一个立体的、相互缠绕 (不一定是平面平行) 的折叠结构.

表 9.2.4　1A32-85 与 1A3K-137 蛋白质中位点距离的搜索表

1	2	3	4	5	6	1	2	3	4	5	6	1	2	3	4	5	6	1	2	3	4	5	6
1	4	3	L	E	5.919	24	28	4	E	A	5.933	40	43	3	H	V	4.765	63	66	3	R	A	4.730
1	5	4	L	R	5.409	25	28	3	V	A	4.677	40	44	4	H	H	5.352	64	67	3	L	Y	4.756
2	5	3	T	R	4.696	25	29	4	V	I	5.976	41	44	3	L	H	4.313	65	68	3	L	L	4.769
2	6	4	T	K	5.800	26	29	3	Q	I	4.900	47	50	3	D	S	5.309	66	69	3	A	R	4.968
3	6	3	Q	K	4.616	27	30	3	I	L	4.722	48	51	3	H	R	5.876	67	70	3	Y	N	4.864
3	7	4	Q	R	5.828	28	31	3	A	T	4.746	49	52	3	H	R	5.716	67	71	4	Y	K	5.977
4	7	3	E	R	4.715	29	32	3	I	E	4.834	50	53	3	S	G	4.915	68	71	3	L	K	4.819
4	8	4	E	E	5.891	30	33	3	L	Q	4.642	51	54	3	R	L	4.976	68	72	4	L	D	5.230
5	8	3	R	E	4.698	30	34	4	L	I	5.849	52	55	3	R	L	4.918	68	75	7	L	R	5.746
6	9	3	K	I	4.792	31	34	3	T	I	4.665	53	56	3	G	K	4.911	69	72	3	R	D	5.073
7	10	3	R	I	4.971	31	35	4	T	N	5.899	54	57	3	L	M	4.826	72	75	3	D	R	4.796
8	11	3	E	E	4.830	32	35	3	E	N	4.691	55	58	3	L	V	4.789	73	76	3	V	Y	4.735
8	12	4	E	Q	5.808	32	36	4	E	N	5.928	56	59	3	K	G	4.719	74	77	3	A	R	4.921
9	12	3	I	Q	4.769	33	36	3	Q	N	4.718	56	60	4	K	K	5.995	75	78	3	R	E	4.959
9	13	4	I	F	5.978	33	37	4	Q	L	5.935	57	60	3	M	K	4.775	76	79	3	Y	I	4.927
10	13	3	I	F	4.877	34	37	3	I	L	4.784	58	61	3	V	R	4.793	77	80	3	R	V	4.738
20	25	5	T	V	5.993	35	38	3	N	N	4.820	59	62	3	G	R	4.885	78	81	3	E	E	4.732
21	25	4	G	V	5.949	36	39	3	N	E	4.742	60	63	3	K	R	4.741	79	82	3	I	K	4.850
22	25	3	S	V	4.828	37	40	3	L	H	4.636	61	64	3	R	L	4.689	80	83	3	V	L	4.879
23	26	3	P	Q	4.767	37	41	4	L	L	5.986	61	65	4	R	L	5.864	80	84	4	V	G	5.101
23	27	4	P	I	5.971	38	41	3	N	L	4.716	62	65	3	R	L	4.682	81	84	3	E	G	5.771
24	27	3	E	I	4.656	39	42	3	E	R	5.074	62	66	4	R	A	5.964						
3	123	120	V	I	4.974	12	116	104	G	N	4.929	18	89	71	L	V	4.812	22	128	106	L	D	5.950
3	124	121	V	S	5.727	12	117	105	G	E	5.265	18	90	72	L	L	5.963	22	129	107	L	L	4.610
4	122	118	P	G	5.195	12	118	106	G	I	4.719	18	133	115	L	S	5.383	22	130	108	L	T	4.780
4	123	119	P	I	4.658	13	115	102	V	L	5.364	18	134	116	L	Y	4.638	23	83	60	G	K	5.375
5	121	116	Y	L	5.654	14	91	77	V	V	5.353	19	87	68	I	I	5.523	23	84	61	G	P	4.554
5	122	117	Y	G	4.808	14	92	78	V	E	5.938	19	88	69	I	Q	4.814	23	127	104	G	I	5.048
6	120	114	N	K	5.267	15	90	75	P	L	5.726	19	132	113	I	A	5.420	23	128	105	G	D	4.862
6	121	115	N	L	4.832	15	91	76	P	V	4.573	19	133	114	I	S	4.580	23	129	106	G	L	5.429
6	122	116	N	G	5.825	15	92	77	P	V	5.628	19	134	115	I	Y	5.865	24	81	57	T	S	5.596
7	119	112	L	S	5.837	16	90	74	R	L	5.284	20	86	66	T	K	5.324	24	82	58	T	G	4.772
7	120	113	L	K	4.771	16	91	75	R	V	5.695	20	87	67	T	I	4.827	24	83	59	T	K	4.532
8	119	111	P	S	4.419	16	135	119	R	T	5.652	20	131	111	T	S	5.328	24	84	60	T	P	5.328
8	120	112	P	K	5.284	16	136	120	R	M	4.858	20	132	112	T	A	4.912	24	126	102	T	D	5.935
9	12	3	L	G	5.832	17	89	72	M	V	5.691	21	85	64	I	F	5.646	24	127	103	T	I	4.830
9	119	110	L	S	5.671	17	90	73	M	L	4.888	21	86	65	I	K	4.855	25	81	56	V	S	4.383
11	116	105	G	N	5.022	17	134	117	M	Y	5.179	21	130	109	I	T	5.333	25	82	57	V	G	5.084
11	117	106	G	E	5.948	17	135	118	M	T	4.672	21	131	110	I	S	4.691	25	126	101	V	D	4.707
11	118	107	G	I	5.482	17	136	119	M	M	5.348	22	84	62	L	P	5.552	25	127	102	V	I	5.137
12	115	103	G	L	4.580	18	88	70	L	Q	5.189	22	85	63	L	F	5.110	26	81	55	K	S	4.217

续表

1	2	3	4	5	6	1	2	3	4	5	6	1	2	3	4	5	6	1	2	3	4	5	6
26	82	56	K	G	5.850	36	42	6	F	V	4.522	48	58	10	P	I	5.335	87	100	13	I	V	5.925
27	81	54	P	S	5.327	36	43	7	F	A	5.266	49	55	6	R	R	5.832	88	97	9	Q	K	5.533
30	48	18	N	P	5.776	36	118	82	F	I	5.892	49	56	7	R	R	4.916	88	98	10	Q	V	4.949
30	49	19	N	R	4.668	36	119	83	F	S	5.663	50	54	4	F	N	5.718	89	96	7	V	F	5.075
30	50	20	N	F	5.766	36	120	84	F	K	4.719	50	55	5	F	R	4.886	89	97	8	V	K	4.760
30	125	95	N	G	5.859	36	121	85	F	L	5.600	50	56	6	F	R	5.606	90	96	6	L	F	4.817
31	47	16	R	N	5.323	37	40	3	Q	N	5.361	51	54	3	N	N	4.308	91	94	3	V	D	5.962
31	48	17	R	P	5.029	37	41	4	Q	D	4.705	51	55	4	N	R	4.799	91	95	4	V	H	4.973
31	124	93	R	S	5.619	37	42	5	Q	V	4.954	52	55	3	E	R	5.773	91	96	5	V	F	5.393
31	125	94	R	G	4.628	37	117	80	Q	E	5.481	57	73	16	V	R	5.244	92	95	3	E	H	5.841
32	46	14	I	F	5.464	37	118	81	Q	I	4.943	57	74	17	V	Q	5.049	94	108	14	D	Y	5.465
32	47	15	I	N	5.005	37	119	82	Q	S	5.595	58	72	14	I	E	5.643	94	109	15	D	N	4.636
32	123	91	I	I	5.748	38	41	3	R	D	5.591	58	73	15	I	R	4.809	95	107	12	H	Q	4.710
32	124	92	I	S	4.604	41	62	21	D	T	5.358	59	71	12	V	E	5.165	95	108	13	H	Y	4.569
32	125	93	I	G	5.809	41	63	22	D	K	4.923	59	72	13	V	R	4.795	95	109	14	H	N	5.271
33	45	12	A	H	5.212	42	62	20	V	T	4.878	59	73	14	V	R	5.974	96	106	10	F	L	5.627
33	46	13	A	F	4.892	43	61	18	A	N	5.479	60	71	11	C	E	4.922	96	107	11	F	Q	4.720
33	122	89	A	G	5.506	43	62	19	A	T	5.708	61	68	7	N	W	5.527	97	105	8	K	L	5.639
33	123	90	A	I	5.008	44	60	16	F	C	5.177	62	67	5	T	N	5.418	97	106	9	K	L	4.746
34	44	10	L	F	5.541	44	61	17	F	N	4.793	62	68	6	T	W	4.799	97	107	10	K	Q	5.809
34	45	11	L	H	4.923	45	59	14	H	V	5.503	63	66	3	K	N	4.802	98	103	5	V	A	5.578
34	121	37	L	L	5.010	45	60	15	H	C	4.904	63	67	4	K	R	4.591	98	104	6	V	H	4.455
34	122	38	L	G	4.761	46	58	12	F	I	5.357	63	68	5	K	W	5.580	98	105	7	V	L	5.018
35	42	7	D	V	5.519	46	59	13	F	V	4.790	64	67	3	L	N	5.931	99	102	3	A	D	4.667
35	43	8	D	A	5.368	47	57	10	N	V	5.513	85	100	15	F	V	5.298	99	103	4	A	A	4.621
35	44	9	D	F	4.923	47	58	11	N	I	4.438	86	99	13	K	A	5.588	99	104	5	A	H	4.847
35	120	85	D	K	5.443	47	59	12	N	V	5.934	86	100	14	K	V	4.718	114	117	3	K	E	5.252
35	121	86	D	L	4.644	48	56	8	P	R	5.528	87	98	11	I	V	5.409						
36	41	5	F	D	5.689	48	57	9	P	V	4.616	87	99	12	I	A	4.852						

9.2.4　对血红蛋白的分析

在生物医学界血红蛋白是分析与研究较多的一种蛋白质, 因此在本书中也作重点讨论.

1. 血红蛋白的概况

血红蛋白的类型很多, 如不同生物体的血红蛋白, 处于不同状态下 (如结合氧与脱氧的血红蛋白、结合一氧化碳等) 的血红蛋白, 与其他分子 (如与 DNA、RNA 绑定) 的血红蛋白, 即使在同一生物 (如人) 中, 血红蛋白还可能出现多种变异与突变, 对这些问题我们在以后还有专门研究. 在本节中我们只对氧传输蛋白 (Oxygen Transport) 和血红蛋白主链中位点曲线作结构分析, 它在 PDB 数据库中的编号为 06-MAY-92, 1BAB 进行分析.

(1) 血红蛋白由 4 条氨基酸序列组成, 它们的长度分别是 143, 146, 143, 146, 而它们一级结构序列如表 9.2.5 所示.

表 9.2.5　氧传输蛋白 4 条氨基酸序列的一级结构

1	10	20	30	40	50	60	70

```
A: BMELSPADKT NVKAAWGKVG AHAGEYGAEA LERMFLSFPT TKTYFPHFDL SHGSAQVKGH GKKVADALTN
C: BMELSPADKT NVKAAWGKVG AHAGEYGAEA LERMFLSFPT TKTYFPHFDL SHGSAQVKGH GKKVADALTN
B: VHLTPEEKSA VTALWGKVNV DEVGGEALGR LLVVYPWTQR FFESFGDLST PDAVMGNPKV KAHGKKVLGA
D: VHLTPEEKSA VTALWGKVNV DEVGGEALGR LLVVYPWTQR FFESFGDLST PDAVMGNPKV KAHGKKVLGA
```

1	80	90	100	110	120	130	140

```
A: AVAHVDDMPN ALSALSDLHA HKLRVDPVNF KLLSHCLLVT LAAHLPAEFT PAVHASLDKF LASVSTVLTS     KYR
C: AVAHVDDMPN ALSALSDLHA HKLRVDPVNF KLLSHCLLVT LAAHLPAEFT PAVHASLDKF LASVSTVLTS     KYR
B: FSDGLAHLDN LKGTFATLSE LHCDKLHVDP ENFRLLGNVL VCVLAHHFGK EFTPPVQAAY QKVVAGVANA LAHKYH
D: FSDGLAHLDN LKGTFATLSE LHCDKLHVDP ENFRLLGNVL VCVLAHHFGK EFTPPVQAAY QKVVAGVANA LAHKYH
```

(2) 由表 9.2.5 可以看到, A 与 C 链, B 与 D 链有很高的相似率, 它们的相似度都是 100 %.

(3) 该蛋白质中位点曲线的 r_i, ϕ_i, ψ_i 参数序列表 (表 9.2.6).

表 9.2.6　氧传输蛋白 4 条氨基酸序列的中位点曲线参数

(A1)	(C1)	(A2)	(C2)	(A3)	(C3)	(B1)	(D1)	(B2)	(D2)	(B3)	(D3)
3.19	3.17	11.72	14.29	62.65	−7.22	3.00	2.83	14.65	16.90	14.98	5.82
3.25	3.33	47.59	50.16	−64.59	30.94	3.33	3.33	30.40	19.33	33.90	−15.75
2.75	2.63	78.71	78.75	−15.26	65.10	3.14	3.18	40.66	41.36	−19.45	58.68
2.66	2.78	79.08	76.60	99.04	41.32	2.51	2.51	84.38	80.86	−61.48	20.65
2.84	2.59	79.36	79.61	−8.26	−97.33	2.50	2.58	80.74	83.20	169.39	87.41
2.71	2.78	78.25	79.99	−98.73	−7.84	2.81	2.71	79.25	76.96	−58.66	1.75
2.69	2.61	80.44	78.68	38.02	89.58	2.65	2.80	76.66	79.37	−73.18	−110.75
2.73	2.73	78.72	80.11	77.04	18.21	2.78	2.52	78.79	77.83	−8.09	60.69
2.72	2.80	79.19	77.04	−64.85	−120.23	2.73	2.79	78.55	78.33	120.96	63.34
2.63	2.62	76.16	79.11	−47.75	37.16	2.66	2.76	77.50	76.35	−65.30	−146.70
3.02	3.06	76.16	75.02	67.31	77.41	2.93	2.72	73.04	75.11	−49.66	33.48
2.69	2.71	79.68	82.30	54.30	36.34	2.74	2.76	79.58	77.52	84.19	74.22
2.71	2.69	76.06	73.62	−102.53	−141.03	2.77	2.78	77.61	75.52	23.59	54.34
2.66	2.78	76.90	79.52	6.12	67.48	2.44	2.63	73.98	72.16	−79.79	−135.71
2.81	2.71	76.43	78.22	79.06	67.39	2.65	2.63	77.24	79.95	0.19	47.61
2.52	2.36	28.61	31.60	−6.45	−28.87	2.83	2.78	39.78	37.09	52.50	35.75
3.01	2.98	78.25	76.09	−66.42	−29.28	3.30	3.32	25.79	21.84	29.52	20.89
2.79	2.89	68.53	66.42	−69.27	52.36	2.87	2.78	9.04	10.42	−5.94	−8.49
2.85	2.78	47.54	47.47	139.98	11.78	2.85	2.73	70.83	71.51	−74.56	−71.22
2.68	2.73	80.31	79.73	−71.85	−81.80	2.73	2.87	82.16	80.20	−85.19	−55.97
2.78	2.71	78.69	79.75	−77.22	−35.77	2.84	2.82	73.56	74.57	−114.82	−173.72
2.60	2.65	82.39	80.84	−87.91	142.42	2.74	2.83	79.14	80.12	−103.21	−66.81
2.87	2.81	75.08	76.58	−153.72	−48.76	2.70	2.69	79.25	78.06	−83.30	−77.45
2.64	2.63	78.72	81.25	−72.88	−74.56	2.76	2.80	77.81	80.27	−76.75	−59.82
2.89	2.73	78.06	79.71	−70.73	45.80	2.87	2.75	76.56	73.74	−136.92	176.76
2.73	2.82	78.30	77.26	−158.98	63.32	2.84	2.89	78.27	77.56	−82.55	−62.27
2.58	2.63	84.33	78.87	−87.26	−76.33	2.77	2.79	79.39	77.70	−75.25	−71.89
2.71	2.84	77.08	78.04	−76.76	−37.65	2.84	2.81	78.28	77.78	−6.64	46.11
2.80	2.71	78.71	79.50	−42.13	109.00	2.62	2.64	76.51	79.95	102.33	66.77

续表

(A1)	(C1)	(A2)	(C2)	(A3)	(C3)	(B1)	(D1)	(B2)	(D2)	(B3)	(D3)
2.72	2.60	76.42	80.86	141.95	−7.47	2.82	2.75	80.78	81.81	−92.03	−79.36
2.83	2.83	76.09	75.19	−42.98	−89.90	2.64	2.64	76.40	79.26	−23.53	−52.53
2.66	2.72	79.97	77.34	−82.36	4.56	3.00	3.00	77.08	72.68	56.95	148.91
2.89	2.96	76.40	74.97	−27.85	101.90	2.86	2.90	77.16	78.43	76.83	−15.33
2.78	2.79	76.31	76.00	158.90	9.61	2.92	2.91	3.16	4.30	−3.55	4.11
3.05	2.97	7.43	8.06	−1.02	−3.29	2.79	2.78	71.32	69.44	−16.18	65.64
2.76	2.74	70.77	69.18	101.85	55.15	2.58	2.76	71.36	70.30	72.30	31.07
2.60	2.56	73.86	73.04	−43.91	72.74	2.58	2.56	70.32	69.42	−31.05	−108.12
2.57	2.74	70.19	70.46	−51.63	−151.90	2.60	2.70	57.82	60.11	−34.59	58.93
2.77	2.66	63.66	63.42	63.86	66.05	2.65	2.68	76.67	75.53	72.62	82.91
2.66	2.71	75.62	77.84	19.66	84.22	2.91	2.87	67.02	68.28	70.85	132.62
2.84	2.85	72.76	71.33	−113.71	85.38	2.99	3.11	35.06	37.37	−46.50	80.08
2.96	2.95	30.56	30.57	36.99	−27.32	2.67	2.62	76.24	75.98	−18.28	162.33
2.62	2.67	77.58	76.85	130.45	−42.79	2.71	2.63	65.12	68.75	64.30	74.93
2.81	2.69	50.18	48.87	81.79	42.56	2.70	2.72	30.70	36.59	30.84	34.92
3.41	3.39	35.00	33.19	9.64	26.38	3.46	3.54	58.14	57.02	−1.89	−30.35
2.85	2.91	7.74	6.96	−7.75	−7.89	3.23	3.12	20.12	14.76	19.68	18.48
2.86	2.87	34.39	32.68	−24.04	−28.48	2.81	2.76	41.25	41.07	−35.45	−18.78
3.30	3.36	49.88	48.80	−70.51	−48.79	2.75	2.72	61.90	60.20	−40.75	−58.22
3.07	3.03	77.66	79.00	−66.18	−79.97	3.50	3.51	41.10	42.29	−38.99	−26.06
2.72	2.80	10.55	10.54	−1.70	−4.93	2.69	2.53	79.96	81.46	−84.17	−113.59
3.18	2.97	28.68	26.69	20.07	−1.56	2.72	2.86	76.93	80.31	−18.55	16.89
2.74	2.63	75.48	76.20	108.59	−45.60	2.64	2.47	78.66	81.84	109.60	92.77
2.70	2.52	81.47	82.15	−5.82	150.90	2.95	2.99	75.48	74.58	−7.38	5.11
2.71	2.81	77.47	78.81	−90.29	−56.17	2.74	2.73	78.26	77.46	−105.70	−115.97
2.76	2.66	81.12	80.64	−3.53	−72.05	2.84	2.90	38.84	38.38	27.66	30.95
2.67	2.76	80.73	77.86	105.11	48.79	3.00	3.19	24.90	19.97	6.64	3.94
2.63	2.74	75.70	74.57	−40.24	61.76	2.76	2.66	75.45	76.94	−27.02	−31.61
2.72	2.74	79.67	79.54	−70.62	−75.34	2.75	2.76	81.82	80.46	133.77	142.33
2.78	2.60	73.95	77.26	55.35	−42.60	2.66	2.54	79.60	78.59	−62.64	−65.40
2.65	2.70	82.72	81.54	59.03	123.82	2.79	2.83	79.07	80.72	−58.72	−57.38
2.75	2.73	75.19	77.39	−87.17	−19.17	2.89	2.66	77.36	79.82	63.66	118.31
2.66	2.70	79.13	75.81	−15.66	−81.39	2.74	2.62	77.48	77.41	43.81	−12.52
2.73	2.77	78.66	79.93	84.98	14.43	2.68	2.89	79.22	79.57	−96.53	−83.38
2.68	2.69	78.94	79.30	21.44	92.93	2.74	2.68	77.86	78.33	1.23	−28.16
2.69	2.70	82.20	80.26	−123.26	−60.87	2.74	2.83	76.62	80.36	83.93	129.03
2.66	2.68	80.60	79.07	48.02	−53.66	2.83	2.84	77.46	81.98	30.52	−32.48
2.66	2.78	79.90	78.40	73.18	76.67	2.79	2.59	76.39	78.08	−135.55	−77.72
2.74	2.62	77.77	79.72	−94.21	33.07	2.52	2.72	84.43	82.48	55.36	55.63
2.73	2.72	78.85	78.01	−16.67	−106.06	2.66	2.77	81.13	75.99	77.60	55.70
2.84	2.74	79.82	83.56	74.38	3.14	2.62	2.70	78.95	76.38	154.83	−77.36
2.81	2.73	25.25	26.76	−1.90	26.19	2.78	2.77	75.71	74.74	94.70	−24.79
2.64	2.62	79.68	76.33	−79.35	−62.11	2.82	2.92	77.99	75.67	74.43	92.10
2.87	2.84	74.10	76.17	−77.28	−60.99	2.64	2.65	74.24	76.89	65.38	−16.10
3.03	3.02	25.59	20.26	39.20	19.17	2.56	2.48	81.17	81.11	−166.55	−79.45
2.70	2.80	74.70	70.86	13.93	12.90	2.67	2.68	75.18	78.26	55.38	42.24
2.63	2.73	80.89	82.30	−83.40	−127.04	3.00	3.03	24.62	25.02	6.17	5.13
2.82	2.31	77.19	72.72	−31.77	49.35	2.63	2.50	77.42	74.25	−83.83	−75.63
2.61	2.72	78.64	80.96	116.01	78.69	2.73	2.72	74.19	77.28	−16.44	−77.42

续表

(A1)	(C1)	(A2)	(C2)	(A3)	(C3)	(B1)	(D1)	(B2)	(D2)	(B3)	(D3)
3.02	3.07	42.78	44.23	-24.50	-23.68	3.13	3.09	25.81	25.97	31.38	20.88
2.81	2.63	78.51	80.52	-81.62	-54.71	2.79	2.59	74.91	71.65	-41.19	49.05
2.67	2.66	75.98	78.63	-94.17	82.76	2.75	2.98	82.76	81.53	-78.68	-135.91
2.89	2.73	76.38	78.72	-133.86	27.03	2.71	2.83	75.68	77.69	35.03	21.37
2.55	2.70	81.52	76.89	-83.23	-98.35	2.78	2.61	78.12	80.81	82.92	82.76
2.66	2.66	78.50	79.14	-74.89	4.44	2.99	3.08	44.05	42.87	-38.44	0.41
2.72	2.83	78.62	78.07	-121.09	93.67	2.91	2.96	78.12	75.64	-37.44	-80.55
2.88	2.78	73.91	75.13	-98.12	3.59	2.68	2.78	81.15	83.29	129.95	-5.53
2.93	2.85	73.83	75.74	-70.39	-125.63	2.66	2.44	78.05	77.11	-30.97	109.88
3.08	3.14	68.52	67.06	-66.29	0.17	2.70	2.79	83.57	80.52	-86.69	-60.76
3.13	3.18	72.23	74.31	-50.68	89.70	2.68	2.77	76.22	74.48	11.89	-59.61
2.80	2.79	6.22	11.31	-6.13	10.73	2.74	2.83	79.09	79.00	95.46	74.95
2.81	2.73	6.51	10.80	6.54	-20.66	2.77	2.65	75.57	79.82	-38.30	48.74
3.07	3.19	42.51	38.23	-43.42	75.46	2.95	3.02	73.89	72.54	-85.40	-77.43
3.06	3.06	37.21	36.64	28.95	-53.39	2.80	2.92	71.66	72.67	9.10	-60.11
2.76	2.69	68.10	68.86	86.17	-108.66	3.19	3.18	70.11	72.24	105.70	23.07
2.70	2.66	71.33	70.96	115.74	-71.83	2.79	2.82	26.44	22.54	35.50	-41.05
2.78	2.80	68.47	70.99	119.03	-43.60	2.81	2.79	10.75	11.74	9.55	-18.25
2.61	2.67	78.81	79.34	93.95	141.35	3.25	3.22	30.49	32.22	26.15	-57.93
2.80	2.73	75.76	75.05	86.64	-50.89	3.01	3.04	30.84	32.82	-1.77	40.01
2.72	2.80	80.18	80.64	104.79	-73.45	2.69	2.64	70.04	68.20	-76.54	54.38
2.77	2.76	76.33	76.90	101.53	45.94	2.55	2.61	73.47	76.29	168.06	-90.55
2.69	2.63	79.58	78.88	98.30	63.21	2.60	2.48	78.75	76.80	-75.01	4.15
2.74	2.83	77.22	80.76	96.85	-87.41	2.73	2.67	80.72	81.29	-49.27	86.26
2.70	2.61	81.28	79.05	109.66	-19.28	2.66	2.62	76.79	77.67	100.45	11.18
2.65	2.79	77.28	79.99	97.80	91.02	2.75	2.71	79.21	78.23	6.37	-118.37
2.81	2.67	79.75	80.46	95.12	16.70	2.83	2.80	74.15	76.30	-99.09	56.51
2.72	2.75	79.15	77.44	96.92	-117.28	2.71	2.69	81.03	79.80	29.55	69.48
2.73	2.79	79.60	79.17	101.58	38.10	2.78	2.79	81.22	79.82	82.31	-173.67
2.75	2.72	77.56	79.99	96.58	78.43	2.63	2.69	81.29	78.15	112.61	57.68
2.70	2.54	77.28	77.98	96.68	-56.24	2.71	2.74	78.93	79.76	133.32	78.77
2.78	2.86	77.74	75.82	94.39	-67.42	2.73	2.69	79.46	78.40	73.01	70.42
2.99	3.02	68.97	68.19	78.49	52.23	2.76	2.78	78.01	79.37	80.81	170.77
3.07	2.93	16.08	14.42	-1.25	-0.70	2.72	2.73	78.73	78.64	140.16	69.40
2.84	2.68	76.22	76.60	-68.96	-76.00	2.72	2.70	81.94	81.21	88.15	81.28
2.78	2.92	76.46	74.71	36.53	-52.57	2.62	2.72	77.70	76.74	80.79	97.43
2.96	2.83	56.09	50.91	51.37	121.00	2.73	2.65	77.18	79.74	92.53	130.22
2.73	2.83	19.37	20.53	-17.50	-23.53	2.98	2.95	73.67	73.61	105.67	64.51
3.37	3.33	47.36	44.69	-44.04	-46.64	2.81	2.85	9.13	7.51	8.38	7.32
2.82	2.70	80.44	79.50	-83.82	-71.71	3.13	3.09	79.50	78.71	-97.32	-78.68
2.76	2.75	79.46	81.40	-81.68	-48.77	2.66	2.73	69.71	70.41	-2.17	-58.40
2.60	2.74	81.45	76.39	-137.73	81.45	2.76	2.91	66.36	62.43	69.44	107.03
2.74	2.68	78.82	80.21	-89.14	25.62	2.75	2.81	18.27	17.53	3.74	10.00
2.72	2.76	76.18	75.78	-78.31	-105.08	3.42	3.49	47.50	47.80	-46.65	-64.74
2.88	2.81	77.78	78.42	-86.12	14.87	2.75	2.60	80.16	82.00	-76.00	-62.15
2.64	2.67	78.83	77.31	-146.12	81.81	2.77	2.83	76.00	77.68	-51.63	-69.10
2.73	2.72	81.04	82.59	-80.18	35.24	2.72	2.68	80.48	79.39	166.23	68.29
2.63	2.64	77.47	75.71	-74.32	-150.99	2.75	2.69	75.36	74.83	-69.52	39.76
2.82	2.82	80.04	79.03	-131.28	63.43	2.72	2.89	79.77	78.45	-55.24	-75.45

续表

(A1)	(C1)	(A2)	(C2)	(A3)	(C3)	(B1)	(D1)	(B2)	(D2)	(B3)	(D3)
2.61	2.64	76.03	77.06	−105.38	72.58	2.75	2.59	80.54	80.79	140.83	−48.57
2.78	2.70	77.62	78.24	−76.78	159.37	2.67	2.66	78.78	79.14	−37.94	120.16
2.81	2.77	79.29	78.92	−63.61	82.15	2.60	2.61	80.21	79.38	−82.58	−25.41
2.61	2.68	80.56	80.22	179.34	78.25	2.81	2.67	77.61	75.80	−12.36	−81.65
2.70	2.74	81.05	79.89	−67.94	77.82	2.72	2.90	77.63	77.59	113.76	12.72
2.72	2.72	77.10	79.98	−74.80	157.91	2.74	2.69	78.63	77.11	−46.25	95.89
2.81	2.72	76.43	76.62	−29.20	72.38	2.65	2.78	78.73	80.64	−65.81	−55.37
2.74	2.82	80.20	78.55	148.68	80.03	2.68	2.61	79.59	79.66	62.30	−61.49
2.88	2.79	50.65	50.25	−48.54	22.18	2.78	2.82	76.73	78.90	50.50	73.59
2.81	2.75	76.80	75.06	−51.20	−112.56	2.66	2.60	79.95	79.94	−112.95	43.79
2.88	2.87	45.10	43.92	80.42	42.51	2.85	2.81	77.43	77.97	6.45	−102.96
2.73	2.77	82.23	83.24	149.27	−56.37	2.60	2.74	80.07	80.67	80.74	−2.25
7.44	7.53	9.60	9.37	12.71	−9.06	2.75	2.54	78.81	75.89	48.12	86.15
8.40	8.69	69.87	74.80	99.33	−85.16	2.83	2.98	52.94	53.53	−116.52	−8.16
2.93	3.02	76.04	70.88	46.70	−71.41						
2.80	2.72	35.42	36.67	35.10	0.00						
3.13	3.12	59.62	0.00	37.92	0.00						
17.83	0.00	0.28	0.00	−0.09	0.00						
18.20	0.00	50.45	0.00	179.50	0.00						

表 9.2.6 中 (A1),(B1),(C1),(D1),(A2),(B2),(C2),(D2),(A3),(B3),(C3),(D3) 分别表示 A,B,C,D 链中位点曲线中的弧长、转角、扭角的取值.

2.血红蛋白的结构状况分析

(1) 由于该蛋白质中 A, B, C, D 四条链是独立出现, 所以 r, ϕ, ψ 序列中的最后 2, 3, 4 个数据是没有意义的, 因此我们不予列入.

(2) 由表 9.2.5 可以看到, 转角在 $72° \sim 90°$ 的比例如式 (9.2.2) 所示.

$$
\begin{pmatrix}
\text{A} & \text{B} & \text{C} & \text{D} \\
141 & 146 & 141 & 146 \\
103 & 103 & 104 & 103 \\
73.05 & 70.55 & 73.76 & 72.03
\end{pmatrix}. \tag{9.2.2}
$$

式 (9.2.2) 中的 1, 2, 3, 4 行分别是氨基酸序列名称、氨基酸序列长度、转角在 $72° \sim 90°$ 的数目、转角在 $72° \sim 90°$ 的比例. 由表 9.2.5 可以看出, 这 A, B, C, D 四条氨基酸序列都是以 α 螺旋或 β 折叠结构为主. 在一些文献, 把 A, C 结构域为 β 折叠结构域, 而把 B, D 结构域为 α 螺旋结构域 (但按第 9 章的判定法, 它们似乎都应是 α 螺旋结构).

3.血红蛋白的结构形态图形

氧传输蛋白 4 条氨基酸序列的中位点曲线的形态如光盘 DATA2/9/9-2/9-2-1.JPG, 9-2-2.JPG 所给, 其中图 9-2-1.JPG 是四条氨基酸序列的综合图形, 其中浅蓝、蓝、浅绿与红色部分分别表示 A, B, C, D 四条链, 9-2-2.JPG 是 A 链的图形 (有一定的比例放大). 光盘 DATA2/9/9-2/9-2-1.ENT, 9-2-2.ENT 是它们的数据文件 (按一定的比例缩小).

(1) 从这些图形可以看到, 这四条链都具有明显的 α 螺旋结构, 而且分布在蛋白质的前、后、左、右, 这与一般生物学的分析一致.

(2) 从这 4 条氨基酸序列来看, 每条氨基酸序列不存明显的 β 折叠结构. 但在不同氨基酸序列之间有可能存在 β 折叠结构. 在这 4 条氨基酸序列中, 不同氨基酸序列之间相应中位点十分接近的点如表 9.2.7 所示.

表 9.2.7 氧传输蛋白 4 条氨基酸序列不同中位点距离十分接近的数据表

(1)	(2)	(3)	(4)	(5)	(1)	(2)	(3)	(4)	(5)	(1)	(2)	(3)	(4)	(5)	(1)	(2)	(3)	(4)	(5)
1	2	31	124	4.945	2	3	28	144	5.885	2	3	35	144	5.689	2	3	109	144	5.996
1	2	34	128	5.969	2	3	28	145	5.885	2	3	35	145	5.689	2	3	109	145	5.996
1	2	35	128	4.245	2	3	28	146	5.885	2	3	35	146	5.689	2	3	109	146	5.996
1	2	107	112	5.123	2	3	31	142	2.482	2	3	105	142	5.149	3	4	37	92	5.048
1	2	110	115	5.914	2	3	31	143	2.482	2	3	105	143	5.149	3	4	31	124	4.502
1	2	110	116	4.805	2	3	31	144	2.482	2	3	105	144	5.149	3	4	35	128	4.301
1	2	111	115	4.869	2	3	31	145	2.482	2	3	105	145	5.149	3	4	107	112	5.114
1	2	111	116	5.022	2	3	31	146	2.482	2	3	105	146	5.149	3	4	110	115	5.973
1	2	111	119	4.498	2	3	32	142	5.418	2	3	106	142	4.450	3	4	110	116	4.622
1	2	114	116	5.797	2	3	32	143	5.418	2	3	106	143	4.450	3	4	111	115	4.944
1	4	37	146	5.662	2	3	32	144	5.418	2	3	106	144	4.450	3	4	111	116	4.859
1	4	38	99	5.947	2	3	32	145	5.418	2	3	106	145	4.450	3	4	111	119	4.055
1	4	41	97	4.843	2	3	32	146	5.418	2	3	106	146	4.450	3	4	114	116	5.588
2	3	28	142	5.885	2	3	35	142	5.689	2	3	109	142	5.996					
2	3	28	143	5.885	2	3	35	143	5.689	2	3	109	143	5.996					

表 9.2.7 中 (1), (2) 所在的列是氨基酸序列的编号, (3), (4) 所在的列是对应 (1), (2) 列所在氨基酸序列中中位点的编号, (5) 所在的列是两中位点的距离.

(3) 由表 9.2.6 可以看到, 在不同氨基酸序列中有的中位点的距离十分接近, 这些点的编号可以分布在各氨基酸序列的不同部位, 如果它们的排列具有连贯性, 那么这种结构就是 β 折叠结构, 如果它们的编号具有重复性. 这种结构是蛋白质结构中的分子聚合团.

9.3 中位点曲线的特征分析

在 8.1 节中我们已给出了对蛋白质主链中位点曲线的定义、主要参数的计算结果与初步的统计分析, 我们在此基础上再作进一步的讨论分析.

9.3.1 中位点曲线的平面展开图的特征分析

为了说明蛋白质三维结构的复杂性, 我们先观察各蛋白质中位点曲线平面展开图的结构特征.

1.蛋白质中位点曲线的平面展开图如图 9.3.1 所示

对图 9.3.1 我们说明如下.

(1) 图中粗黑线为中位点曲线的平面展开拟合曲线, 细线为实际的中位点曲线的平面展开线.

(2) 图 9.3.1(a) 为直线型中位展开线, 图 (b) 为平稳波动型中位展开线, 图 (c) 为单纯弯曲型中位展开线, 图 (d) 为波动弯曲型中位展开线, 图 (e) 为单纯螺旋型中位展开线, 图 (f) 为波动螺旋型中位展开线.

(3) 在蛋白质的三维结构中, 实际波动情况要比图 9.3.1 复杂得多, 图 9.3.1 实际上只对几个转角进行描述, 当蛋白质的长度稍长时, 它的总转角与波动情况要复杂得多.

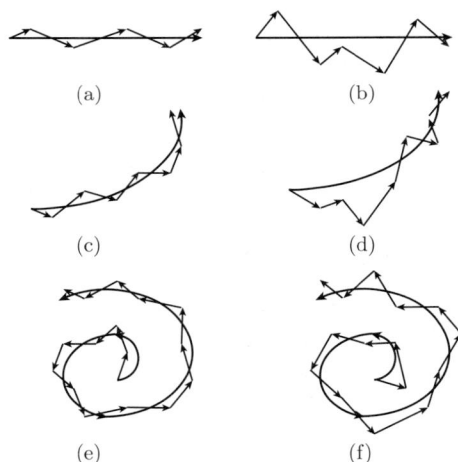

图 9.3.1   三角形拼接带中位点曲线的平面展开折线类型图

2.平面展开图的实际情况

在图 9.3.1 中给出了几种中位点曲线平面展开折线类型图, 但实际情况要复杂得多, 主要原因转角 2(见式 (9.1.19) 的定义) 在平面展开时有正、负之分, 因此它的累计曲线

$$\Phi_{s,2,i} = \sum_{i'=1}^{i} \phi_{s,2,i}, \quad i = 1, 2, \cdots, n'_s \tag{9.3.1}$$

的变化可能会有很大波动.

例如, 对 86 号蛋白质 (在 PDB 数据库中的编号为 4AAH:B) 的 $\phi_j, \Phi_j, j = 1, 2, \cdots, 65$ 的取值变化进行分析, 它们的取值如表 9.3.1 所示.

表 9.3.1　　86 号蛋白质的 ϕ_j 与 Φ_j 函数的变化表

1	2	3	4	5	6	7	8	9	10	11
43.2	51.1	-53.3	-7.6	-19.7	-71.3	-47.6	-79.5	-55.1	25.2	-28.8
43.2	94.3	41.0	33.4	13.7	-57.6	-105.2	-184.7	-239.7	-214.6	-243.4

12	13	14	15	16	17	18	19	20	21	22
-7.7	34.4	-33.9	-52.9	77.9	-39.1	33.5	-28.3	-72.0	-18.7	-45.5
-251.1	-216.7	-250.6	-303.4	-225.6	-264.6	-231.2	-259.4	-331.4	-350.1	-395.6

23	24	25	26	27	28	29	30	33	34	35
75.5	44.3	47.9	75.7	-29.0	-20.8	19.1	-19.4	-77.1	80.1	76.8
-320.1	-275.8	-227.9	-152.2	-181.2	-202.0	-182.9	-202.3	-269.4	-189.3	-112.6

36	37	38	39	40	41	42	43	44	45	46
-77.2	-55.6	76.4	76.8	-79.4	77.2	78.8	-76.4	-77.8	77.6	75.6
-189.7	-245.3	-169.0	-92.1	-171.6	-94.4	-15.6	-92.0	-169.8	-92.2	-16.6

47	50	51	52	53	54	55	56	57	58	59
-80.5	79.7	-83.9	77.1	76.8	-74.5	-76.5	76.6	68.4	-78.9	74.2
-97.1	138.2	54.3	131.4	208.2	133.6	57.1	133.7	202.1	123.2	197.4

60	61	62	63	64	31	32	48	49	65	
-32.2	-50.1	-21.0	-2.0	-15.1	30.6	-20.7	76.1	79.5	-66.1	
165.2	115.1	94.2	92.2	77.1	-171.7	-192.4	-21.0	58.5	10.9	

对表 9.3.1 中的数据我们说明如下.

(1) 表 9.3.1 中第 1 行数据是该蛋白质中位点的编号, 第 2 行数据是该蛋白质的 ϕ_j 角变化值, 第 2 行数据是 Φ_j 函数的取值.

(2) 该蛋白质的一、二级结构是

```
            1          2          3          4          5          6
123456789  0123456789 0123456789 0123456789 0123456789 0123456789 0123456789
YDGQNCKEP  GNCWENKPGY PEKIAGSKYD PKHDPVELNK QEESIKAMDA RNAKRIANAK SSGNFVFDVK
ooooooooo  oooooooooo oooooooooo oooHHHHHHH HHHHHHHHHH HHHHHHHHHH HHHooooooo
```

其中第 1 行是该蛋白质中氨基酸排列的编号.

(3) 由此可以看到, 该蛋白质的三维结构是: 先按逆时针方向转动 94°, 再连续按顺时针方向共转动 490°(约一圈半), 再连续按顺时针方向共转动 410°(一圈多), 最后又连续按顺时针方向共转动 120°, 在这些转动的趋势下, 中间都有一些波动, 但总的转动角度只有 10.0°, 最大波动幅度.

(4) 当 ψ_j 的取值在 80° 左右变化时, 这些片段成 α 螺旋结构, 而且与它们的方向无关. 它的总转动角度虽然较小, 但不能构成直线型的结构, 而是在不同的圈中做来回 (顺时针与逆时针) 方向转动.

3. 平面展开图的实际情况

86 号蛋白质的 ϕ_j 与 Φ_j 函数曲线变化图如图 9.3.2 所示.

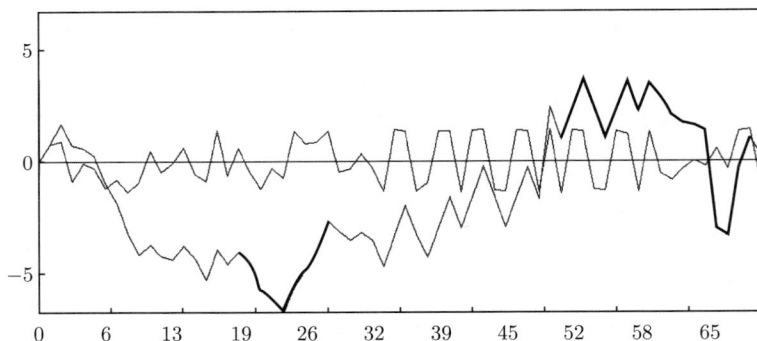

图 9.3.2　表 9.3.1 的 ϕ_j 与 Φ_j 函数曲线变化图

对图 9.3.2 我们说明如下.

(1) 图 9.3.2 中细黑线与粗黑线分别是表 9.3.1 中 ϕ_j 与 Φ_j 函数的变化图, 该表的横轴是氨基酸的编号, 纵轴上表 9.3.1 中 ϕ_j 与 Φ_j 的弧度取值.

(2) 转角 ϕ_j 的取值比较平稳, 最大与最小值分别为 $79.7°, -83.9°$(合为 1.391rad 与 -1.464rad), 而且处于正、负波动状态.

(3) 转角 Φ_j 的取值的波动性就较大, 最大与最小值分别为 $208.2°, -395.6°$(合为 3.634 弧度与 -6.904 弧度), 最大与最小值的差为 $208.2 + 395.6 = 603.8°$(10.538 弧度, 接近 2 圈), 最后 $\Phi_{64} = 10.9°$(合为 0.190 弧度).

由表 9.3.1 与图 9.3.2 的蛋白质说明, 蛋白质转角实际转动的过程要比图 9.3.1 复杂得多, 表 9.3.2 的蛋白质中, 虽然最后累计总转动角度只有 $10.9°$, 但是中间有最小到最大的转动角度达 $603.8°$(接近 2 圈). 因此有必要对蛋白质中位点曲线的一些重要指标进行计算与分析.

9.3.2　蛋白质中位点曲线的一些重要指标

利用光盘 DATA1/9/9-1 文件夹中的数据文件, 可以计算蛋白质中位点曲线中其他的一些重要指标.

1. 转角与扭角的累计函数

仿表 9.3.1, 对光盘 DATA1/9/9-1/9-1-1.CTX 文件中的每个蛋白质中的转角 1、转角 2 与扭角计算它们的累计函数, 由此得到

$$
\begin{cases}
\Phi_{s,1,i} = \sum_{i'=1}^{i} \phi_{s,1,i'}, & i = 1,2,\cdots,n_s', \\
\Phi_{s,2,i} = \sum_{i'=1}^{i} \phi_{s,2,i'}, & i = 1,2,\cdots,n_s', \\
\Psi_{s,i} = \sum_{i'=1}^{i} \psi_{s,i'}, & i = 1,2,\cdots,n_s',
\end{cases} \tag{9.3.2}
$$

其中 $\phi_{s,1,i'}, \phi_{s,2,i'}$ 分别是第 s 个蛋白质中的第 i' 个转角 1 与转角 2, $\psi_{s,i'}$ 是第 s 个蛋白质中的第 i' 个扭角, 它们正是 8-1-1.CTX 文件中的第 6, 7, 8 列数据. 其中 $n_s' = n_s - 4$, 而 n_s 第 s 个蛋白质中的长度.

由此产生 3 个数据集合

$$
\begin{cases}
\tilde{\Phi}_{s,\tau} = \{\, \Phi_{s,\tau,i},\ \tau = 1,\ i = 1,2,\cdots,n_s' \,\}, \\
\tilde{\Psi}_s = \{\, \Psi_{s,i},\ i = 1,2,\cdots,n_s' \,\},
\end{cases} \tag{9.3.3}
$$

其中 $s = 1,2,\cdots,m = 3190$. 由 9-1-1.CTX 文件, 按式 (9.3 2), 式 (9.3.3) 所得到的计算结果在光盘 DATA1/9/9-3/9-3-11.CTX 文件中给出, 该文件是一个 721313×3 的数据阵列. 我们可以把 9-3-11.CTX 文件看成 9-1-1.CTX 文件的补充.

2. 由转角与扭角的累计函数得到的一些指标

由 9-3-11.CTX 文件可以得到由转角与扭角的累计函数得到的一些指标, 它们是:

(1) 转角 1、转角 2 与扭角度总累计数 $\Phi_{s,1,n_s'}$, $\Phi_{s,2,n_s'}$ 与 $\Psi_{s,n_s'}$.

(2) 转角 1 累计函数中的最大、最小值它们的差可分别由下式表示

$$
\left(
\begin{array}{ll}
\Phi_{s,2,M} = \max\{\, \Phi_{s,1,i},\ i = 1,2,\cdots,n_s' \,\} & \Phi_{s,2,m} = \min\{\, \Phi_{s,1,i},\ i = 1,2,\cdots,n_s' \,\} \\
\Psi_{s,M} = \max\{\, \Psi_{s,i},\ i = 1,2,\cdots,n_s' \,\} & \Psi_{s,m} = \min\{\, \Psi_{s,i},\ i = 1,2,\cdots,n_s' \,\} \\
\phi_{s,2} = \Phi_{s,2,M} - \Phi_{s,2,m} & \Psi_s = \Psi_{s,M} - \Psi_{s,m}
\end{array}
\right). \tag{9.3.4}
$$

(3) 由此对每个蛋白质可以得到以下 11 个指标: 蛋白质的编号与长度、转角 1、转角 2 与扭角度总累计值 $\Phi_{s,1,n_s'}$, $\Phi_{s,2,n_s'}$ 与 $\Phi_{s,n_s'}$ 及式 (9.3.4) 中转角 2 与扭角累计函数中的最大与最小值及它们的差.

(4) 对这些计算结果在光盘 DATA1/9/9-3/9-3-12.CTX 文件中给出, 该文件是一个 3190×11 的数据阵列. 由于该文件的数据都是各蛋白质有关角度的总累计值, 所以我们采用**圈数**为计量单位 (1 圈为 $360°$).

3. 累计函数的平均指标

由于在文件 9-3-12.CTX 中各蛋白质的长度不同, 该文件的数据又是各蛋白质

有关角度的总累计值, 因此它们的大小与蛋白质的长度有关. 如果把 9-3-12.CTX 文件中各蛋白质有关角度的总累计值除以它的长度, 由此得到各蛋白质有关角度的总累计的平均值. 对此数据在文件 9-3-14.CTX 给出, 该文件仍是一个 3190×11 的数据阵列, 但它的计量单位采用角度值.

4. 由转角 1 所产生的一些分布指标

由于转角 1 在蛋白质二级结构中有重要作用, 所以我们对它作单独分析计算, 得到的有关计算结果文件如下.

(1) 对文件 9-1-1.CTX 中各蛋白质转角 1 的分布指标计算, 对它的分布类型的指标可分别取为 $0 \sim 30, 30 \sim 70, 70 \sim 90, 90 \sim 180$ 这 4 个区域内的分布值. 计算结果在 9-3-13.CTX 文件中给出, 该文件是一个 3190×8 的数据阵列. 其中 1, 2 列仍是蛋白质编号与长度, 3~8 列分别是每个蛋白质转角 1 在这 4 个区间中的分布比例 (千分比).

(2) 对文件 9-1-2.CTX 中各二肽中转角 1 的分布指标的计算结果在 9-3-22.CTX 文件中给出, 对它的分布类型与文件 9-3-13.CTX 相同, 因此该文件是一个 3190×9 的数据阵列. 其中 1, 2, 3 列分别是 2 氨基酸的编号与在数据库中出现的数目, 后 6 列的含义 8-3-13.CTX 文件相同.

(3) 对文件 9-1-2.CTX 中各二肽还可计算转角 1、转角 2 与扭角之间的特征数, 其中包括它们的平均值、标准差、协方差矩阵与相关矩阵. 计算结果在 9-3-21.CTX 文件中给出, 因此该文件是一个 400×12 的数据阵列. 其中各列的含义在该文件的前几行标注说明.

9.3.3 对蛋白质总体指标的计算结果与说明

光盘 DATA1/9/9-3 文件夹中的各文件给出了各蛋白质或多氨基酸序列的特征性指标, 由此可以得到对 PDB-Select 数据库的总体指标, 使我们对这些指标有一个全面的了解.

1. 对 9-3-12.CTX 与 9-3-14.CTX 文件中各角分布情况分析

转角 1 可以从多个不同的角度分析它的分布情况, 有关分析数据如下.

(1) 由 9-3-12.CTX 文件可以分析在 PDB-Delect 数据库的 3189 个蛋白质中, 各种不同类型角的总累计值的最大与最小值的结果.

表 9.3.2 中角的类型 (1)~(9) 正是 9-3-12.CTX 文件中的 9 种不同类型, 取值的单位是圈.

由此可以得到不同类型角的总累计值的分布情况, 如对转角 1 的分布情况如表 9.3.3 所示.

表 9.3.2 各种不同类型角的总累计值的最大与最小取值表

角的类型	(1)	(2)	(3)	(4)	(5)	(6)	(7)	(8)	(9)
最大值	115.32	23.72	82.53	23.94	4.87	28.36	82.61	0.50	82.35
最小值	2.47	−20.36	−40.76	0.0	−28.36	0.0	0.0	−40.76	0.0
最大与最小差	112.85	44.08	123.29	23.94	33.23	28.36	82.61	41.26	82.35

表 9.3.3 转角 1 总累计值的分布(百分比)情况表

角的范围	0∼15	15∼30	30∼45	45∼60	60∼75	75∼90	90∼105	105∼120
频数	732	1128	681	387	166	69	19	8
频率	22.957	35.36	21.35	12.13	5.206	2.16	0.60	0.25

表 9.3.3 中角的范围的取值单位是角度.

(2) 由 9-3-14.CTX 文件可以分析在 PDB-Delect 数据库的 3189 个蛋白质中, 各种不同类型角的总累计平均值的最大与最小值的结果.

表 9.3.4 中角的类型 (1)∼(9) 正是 9-3-12.CTX 文件中的 9 种不同类型, 取值的单位是角度.

表 9.3.4 各种不同类型角的总累计平均值的最大与最小取值表

角的类型	(1)	(2)	(3)	(4)	(5)	(6)	(7)	(8)	(9)
最大值	78.85	78.85	67.40	78.85	6.80	77.47	67.40	2.80	66.51
最小值	3.44	−76.21	−55.70	0.0	−76.22	0.0	0.0	−53.16	0.0
最大与最小差	75.41	155.07	123.10	78.85	83.01	77.47	67.40	60.96	66.51

表 9.3.4 有 3 个模块组成, 它们分别是文件 9-3-12.CTX 中 9 个指标的列可以计算它们的平均值与标准差、协方差矩阵与相关矩阵.

2. 对不同类型角的总累计平均值的分布情况

同样可以得到不同类型角的总累计平均值的分布情况, 如对转角 1 的分布情况如表 9.3.5 所示.

表 9.3.5 转角 1 总累计平均值的分布情况表

角的范围	0∼10	10∼20	20∼30	30∼40	40∼50	50∼60	60∼70	70∼80
频数	1	6	114	706	1028	897	351	57
频率	0.031	0.188	4.514	22.13	32.23	28.12	11.00	1.787

表 9.3.6 中角的范围的取值单位是角度.

表 9.3.6 转角 2 总累计平均值的分布情况表

角的范围	(1)	(2)	(3)	(4)	(5)	(6)	(7)	(8)
频数	2	2	47	1512	1555	61	4	7
频率	0.627	0.627	1.473	47.40	48.75	1.912	0.125	0.219

表 9.3.6 中角度范围 (i) 是 $(20° \times (i-1), 20° \times xi)$. 由此可见, 转角 2 总累计平均值的分布集中 (96.144 %) 为 $(-20°, 20°)$.

3. 对转角 1 分布情况的综合分析

利用 9-3-11.CTX - 9-3-14 文件中, 对转角 1 分布情况的作综合分析如下.

在光盘 DATA2/9/9-3/9-3-1.JPG 图与 9-3-10.CTX 文件中, 已给出了转角 1 分布情况, 但对它们的分布太细, 我们在此作简略计算结果如表 9.3.7 所示.

表 9.3.7　转角 1 取值的分布情况表 (I)

角的范围	(1)	(2)	(3)	(4)	(5)	(6)	(7)	(8)	(9)	(10)
频数	151057	128275	105894	68622	264050	193	18	12	1	0
频率	21.035	17.863	14.746	9.556	36.770	0.027	0.003	0.002	0.000	0.000

表 9.3.7 中角度范围 (i) 是 $(18° \times (i-1), 18° \times i), i = 1, 2, \cdots, 10.$

表 9.3.8　转角 1 取值的分布情况表 (II)

角的范围	0~30	30~50	50~70	70~90	90~120	120~180
频数	238405	128812	74137	276544	208	16
频率	33.198	17.937	10.324	38.509	0.029	0.002
频数	1491	707	407	224	65	26
频率	46.740	22.163	12.759	7.022	2.038	0.815

表 9.3.8 由 2 个模块组成, 第一个模块由四氨基酸序列产生的转角 1, 第二个模块是由蛋白质的总累计转角 1 的平均值的分布表.

表 9.3.9 中比例范围是指 PDB-Select 数据库中所有五肽 (或四肽) 所产生的中位点曲线转角 1 取值为 $70° \sim 90°$ 内, 频数是转角 1 在取值范围内的数目, 频率是频数除以总数 (总数有 717077~3190 = 713887 个).

表 9.3.9　蛋白质中位点曲线中转角 1 的频数与频率(百分比)分布表

比例范围	> 45	> 55	> 65	> 75	> 85	> 95
频数	1076	508	316	146	38	17
频率	33.730	15.925	9.906	4.577	1.191	0.533

表 9.3.10 有 3 个模块组成, 它们分别是文件 9-3-11.CTX 中 9 个指标的列可以计算它们的平均值与标准差、协方差矩阵与相关矩阵.

表 9.3.10　蛋白质中位点曲线 9 个参数变化的特征值计算表

47.645	0.262	12.295	4.782	−4.467	9.249	16.350	−4.278	20.629
9.708	8.140	17.188	5.311	4.929	5.399	12.900	6.381	10.553
94.251	2.353	152.126	11.720	−9.268	20.988	110.290	40.805	69.485
2.353	66.257	4.008	34.960	31.233	3.726	2.915	0.839	2.077
152.126	4.008	295.437	19.873	−15.706	35.578	210.286	83.888	126.398
11.720	34.960	19.873	28.205	11.672	16.532	14.562	4.740	9.822
−9.268	31.233	−15.706	11.672	24.294	−12.621	−11.477	−3.865	−7.612
20.988	3.726	35.578	16.532	−12.621	29.154	26.039	8.605	17.434
110.290	2.915	210.286	14.562	−11.477	26.039	166.413	47.879	118.534
40.805	0.839	83.888	4.740	−3.865	8.605	47.879	40.711	7.168
69.485	2.077	126.398	9.822	−7.612	17.434	118.534	7.168	111.367
1.000	0.030	0.912	0.227	−0.194	0.400	0.881	0.659	0.678
0.030	1.000	0.029	0.809	0.778	0.085	0.028	0.016	0.024
0.912	0.029	1.000	0.218	−0.185	0.383	0.948	0.765	0.697
0.227	0.809	0.218	1.000	0.446	0.577	0.213	0.140	0.175
−0.194	0.778	−0.185	0.446	1.000	−0.474	−0.181	−0.123	−0.146
0.400	0.085	0.383	0.577	−0.474	1.000	0.374	0.250	0.306
0.881	0.028	0.948	0.213	−0.181	0.374	1.000	0.582	0.871
0.659	0.016	0.765	0.140	−0.123	0.250	0.582	1.000	0.106
0.678	0.024	0.697	0.175	−0.146	0.306	0.871	0.106	1.000

9.4　对计算结果的分析与说明

由光盘 DATA1/9 文件夹中各文件与表 9.3.2~表 9.3.10 可以得到关于蛋白质的许多三维结构的性质, 对此讨论如下.

9.4.1　对 α 螺旋结构的分析与判定

利用以上计算结果, 对 α 螺旋结构有多种分析与判定方法.

1. 利用转角 1 的分布值来判定 α 螺旋结构

表 8.3.8 给出的蛋白质大部分是 α 螺旋结构型的蛋白质, 因为它们的 4 氨基酸序列转角 1 在 $70° \sim 90°$ 的比例在 45% 以上, 尤其是比例在 95% 以上的 17 条蛋白质, 它们的转角 1 几乎都为 $70° \sim 90°$ 内 (表 9.4.1).

其中 (1) 是蛋白质编号, (2) 是蛋白质长度, (3) 是该蛋白质转角 1 在 $70° \sim 90°$ 内变化的百分比. 由此判定, 这些蛋白质一定是 α 螺旋结构型的蛋白质.

2. 利用总转角 1 的平均值来判定 α 螺旋结构

表 9.3.7 的第 2 模块给出了总转角 1 平均值的分布情况表, 如果一个蛋白质总转角 1 平均值比较大时, 可以判定该蛋白质一定是 α 螺旋结构型的蛋白质. 对

9-3-14.CTX 文件的搜索, 有 57 个蛋白质, 总转角 1 的平均值 > 70°, 对这些蛋白质列表 9.4.2 如下.

表 9.4.1   转角 1 在 70° ∼ 90° 内变化的蛋白质表

(1)	(2)	(3)	(1)	(2)	(3)	(1)	(2)	(3)	(1)	(2)	(3)
671	57	96.000	1375	55	96.078	1386	55	100.000	2598	63	100.000
1124	52	97.917	1383	54	100.000	1636	62	100.000	2599	68	96.875
1279	50	97.826	1384	60	98.214	1782	52	95.833	2600	79	98.667
1373	79	100.000	1385	60	98.214	2035	59	100.000	2601	66	96.774
1374	70	96.970									

表 9.4.2   转角 1 在 70° ∼ 90° 内变化的蛋白质表

(1)	(2)	(3)	(4)	(5)	(1)	(2)	(3)	(4)	(5)
7	106	70.79	22.19	53.37	952	57	70.70	69.50	59.65
16	118	70.72	11.93	55.19	1012	124	74.04	25.32	55.43
58	151	70.02	11.58	56.05	1098	94	70.16	25.67	49.99
122	70	71.87	26.26	50.31	1124	52	77.81	7.62	63.17
139	160	70.92	7.53	51.25	1146	190	72.27	21.43	57.93
182	142	73.04	6.71	55.14	1279	50	78.09	37.16	63.31
228	141	70.47	9.71	54.50	1343	65	76.01	18.89	61.36
241	160	70.72	11.93	51.44	1373	79	78.52	77.47	65.35
667	54	76.27	74.93	62.43	1374	70	77.56	76.89	65.02
671	57	73.45	41.77	58.34	1375	55	76.64	23.14	59.53
723	200	72.88	8.15	64.76	1383	54	78.85	77.35	65.55
796	102	72.04	24.44	56.01	1384	60	78.71	77.25	66.30
854	91	72.10	27.88	49.16	1385	60	78.15	77.21	66.51
921	128	70.51	19.24	61.83	1386	55	78.59	77.09	65.46
(1)	(2)	(3)	(4)	(5)	(1)	(2)	(3)	(4)	(5)
1504	225	70.67	11.75	54.13	2329	103	73.07	11.31	52.17
1505	60	75.73	38.67	58.20	2364	56	70.36	48.39	52.59
1523	249	70.74	14.61	58.90	2445	106	73.17	26.77	55.23
1524	235	71.03	11.79	58.07	2598	63	78.48	22.25	64.85
1533	99	72.47	25.94	64.24	2599	68	77.26	46.61	64.65
1636	62	78.44	15.00	64.87	2600	79	78.53	64.99	65.92
1645	112	72.30	6.63	59.43	2601	66	77.62	44.01	65.11
1683	61	72.75	23.28	57.36	2673	136	72.14	9.45	56.69
1782	52	77.81	45.70	65.14	2836	228	70.01	8.56	53.20
2035	59	72.81	38.26	60.93	2903	102	71.75	19.26	54.74
2085	142	70.40	7.65	55.82	2951	56	74.67	33.62	58.29
2105	126	74.50	10.02	61.91	3016	107	75.22	51.84	60.49
2225	160	70.20	8.98	51.06	3026	68	74.32	40.04	61.90
2318	73	74.71	6.10	65.55	3119	142	70.80	20.23	59.66

其中 (1), (2), (3), (4) (5) 列的含义分别是蛋白质的编号、长度、转角 1 的平均值、转角 2 的最大与最小之差的平均值与扭角最大与最小之差的平均值. 表 9.4.2 中的这些蛋白质具有十分明显的 α 螺旋结构特征.

9.4.2 对一些不同类型蛋白质实例的分析

除了对转角 1 的分析之外, 还可对蛋白质的其他角的参数作结构分析, 我们现在对转角 2 与扭角的不同类型结构分析.

1. 由转角 2 与扭角产生的不同类型

在光盘 DATA1/9/9-3/9-3-12.CTX 文件中, 我们选择以下几种不同类型的蛋白质, 作它们的结构特征分析, 所取的蛋白质列表 9.4.3 如下.

表 9.4.3 几种不同类型的蛋白质数据表

(1)	(2)	(3)	(4)	(5)	(6)	(7)	(8)	(9)	(10)	(11)
18	159	29.585	3.592	24.784	3.746	-2.089	5.835	25.529	-0.389	25.919
27	220	28.040	-5.512	-4.253	0.104	-6.514	6.618	0.086	-6.665	6.751
2105	126	25.248	-1.094	21.107	2.301	-1.094	3.395	21.107	0.127	20.980
2635	113	9.080	0.285	0.387	0.956	-0.896	1.852	1.118	-1.000	2.118
1250	201	15.733	1.355	-18.669	1.460	-0.222	1.682	0.000	-18.669	18.669
2576	122	16.130	-10.008	2.218	0.002	-10.008	10.010	2.218	-1.445	3.663
1288	439	81.950	22.785	63.751	22.785	-0.066	22.850	63.751	-0.001	63.752
686	233	32.133	15.911	14.803	15.911	-0.401	16.312	14.803	-4.163	18.966

表 9.4.3 由 8 个蛋白质组成, 其中第 1 行的 (1)～(11) 所代表列的含义与文件 9-3-12.CTX 相同.

2. 不同类型的空间形态

在光盘 DATA2/9/9-4 文件夹中给出了这 8 种不同类型蛋白质的空间形态, 分别产生 9-4-1.JPG 及 9-4-8.JPG, 这 8 个图形文件按表 8.4.3 中的蛋白质依次排列.

3. 对有关图形的说明

对照表 9.4.3, 对光盘 DATA2/9/9-4 文件夹中 9-4-1.JPG, 9-4-8.JPG 的这 8 个图形说明如下.

(1) 对编号为 18 的蛋白质, 由于它的总扭角差较大 (接近 26 圈), 因此形成向一固定方向延伸的结构.

(2) 对 27 号蛋白质, 由于它的总转角 2 与总扭角的差都较适中 (分别为 6.6 与 6.7 圈), 所以形成一个球状结构.

(3) 对 2105 号蛋白质, 从表 9.4.3 看, 它的结构特征与 27 号蛋白质相似, 但长度较小. 而总转角 2 与总扭角的差都较大 (分别为 3.4 圈与 20.98 圈), 又由于它的平均转角 1 达在 74.5°, 所以它是一个 α 性螺旋结构.

(4) 对 12885 号蛋白质, 由于它的长度较大, 而且总转角 2 与总扭角的差都很大 (分别为 22.9 与 63.8 圈), 所以结构复杂, 形成多重 α 型螺旋结构与 β 折叠的组合.

(5) 对 2635, 1250, 2576 与 686 号蛋白质, 虽然它们的指标结构并不相同, 但它们的形态特征相似 (球状特征), 这主要是它们转角 2 与扭角的延伸方向不同, 因此还要结合其他指标作特征分析.

第 10 章　部分原子的空间结构分析

第 6 章和第 7 章已经给出了对每个氨基酸的空间结构与蛋白质主链的结果分析, 由此确定了它们的连接过程. 在此基础上可进一步讨论整个蛋白质主、侧链连接后的一些空间结构特征. 为此讨论二氨基酸序列的空间结构与它们的 ID 问题.

10.1　二氨基酸序列中部分原子的空间结构

在第 6 章中, 我们已经对单氨基酸的空间结构特征与它们的形态变化作了较为详细的讨论, 现在讨论在二肽、三肽等小氨基酸序列中部分原子的空间结构与它们的形态变化.

10.1.1　部分已知结论的回顾

在第 6 章和第 7 章中, 对这些原子的空间结构已有许多已知的结论, 我们简单回顾如下.

1. 有关记号

我们记 N, A, C, O, B, H, HA, N′, A′, C′, O′, B′, H′, HA′ 为二氨基酸序列中的 14 个原子, 其中 B, B′ 为侧链中的原子, 其他 12 个则是主链中的中的原子, 我们先讨论它们的空间结构. 为了简单起见, 我们记二氨基酸序列中的这 14 个原子为 Σ_0', 记 $\Sigma_0 = \Sigma_0' - \{B, B'\}$, 它们就是二氨基酸序列双底座中的原子集合.

另外需要说明的是：其中甘氨酸, 相应的 HA, B 与 HA′, B′ 原子应改为 HA1, HA2, HA′1, HA′2, 对脯氨酸中的 H 与 H′ 原子应改为 CD 与 CD′ 原子. 为了方便起见, 在本节的讨论中我们统一地采用 N, A, C, O, B, H, ∃A, N′, A′, C′, O′, B′, H′, HA′ 的记号.

对这些原子我们已经得到了它们的许多性质.

2. 关于弧长的结论

在氨基酸空间结构的分析中, 对每个氨基酸我们已经给出了它的点线着色图的定义, 对此定义同样可推广到二氨基酸序列, 由此产生二氨基酸序列的点线着色图, 我们记为 $\mathcal{G}_{Z,Z'}$, 其中 $Z, Z' \in V_{20}$.

(1) 对图 $\mathcal{G}_{Z,Z'}$ 同样可以定义它的 1,2,⋯ 阶弧, 其中

1 阶弧有 NH, NA, AC, AB, AHA, CO, CN′, N′H′, N′A′, A′C′, A′B′, A′HA′, C′O′.

2 阶弧有 HA, NC, NB, NHA, AO, AN′, CH′, CA′, ON′, BC, H′A′, N′C′, N′B′, N′HA′, A′O′, B′C′.

(2) 由个四原子点的计算表 (见光盘 DATA1/7/7-V7-1-1.TXT 文件) 可知, 图 $\mathcal{G}_{z,z'}$ 中 1 阶弧的弧长变化是十分稳定的, 2 阶弧的弧长变化也是稳定的. 在二氨基酸序列中, 有部分原子跨两个氨基酸, 它们的距离如表 10.1.1 所示.

表 10.1.1　　二氨基酸序列中部分原子的距离表

弧名称	NA	NC	NO	NB	NH	NHA	NN′	AC	AO	AB	AH
平均弧长	1.4657	2.4575	3.2164	2.4509	0.9768	2.0712	3.1064	1.5275	2.3994	1.5323	2.1140
标准差	0.0178	0.0311	0.3457	0.0296	0.0381	0.0368	0.3753	0.0101	0.0134	0.0108	0.0429

弧名称	AHA	AN′	AA′	AH′	CO	CB	CH	CN′	CA′	CC′	CH′
平均弧长	1.0734	2.4266	3.8085	2.6895	1.2267	2.5131	2.9744	1.3236	2.4335	3.2225	1.9985
标准差	0.0289	0.0237	0.0459	0.4533	0.0092	0.0297	0.2309	0.0142	0.0235	0.2518	0.0386

弧名称	CHA′	OHA	ON′	OH′	OA′	OH′	BH	HHA	HAN′	BO	BN′
平均弧长	2.6688	2.8645	2.2387	3.1240	2.7608	3.1240	2.6780	2.8328	2.9170	3.1804	3.2764
标准差	0.1923	0.3186	0.0258	0.1876	0.0585	0.1876	0.2086	0.1566	0.3522	0.2198	0.2348

在第 2 个氨基酸中的 1, 2 阶弧, N′H′, N′A′, A′C′, A′B′, A′HA′, C′O′ 与 H′A′, N′C′, N′B′, N′HA′, A′O′, B′C′ 的平均弧长与标准差与第 1 个氨基酸中相应的 1, 2 阶弧的数据相同, 在表 10.1.1 中不再重复.

3. 关于扭角的结论

(1) 由表 8.1.1 可知, 三角形 $\delta(A, C, N')$ 与三角形 $\delta(C, N', A')$ 的扭角接近 180°, 因此 A, C, N′, A′ 四点接近共面. 由此可以得到 AA′ 虽然是 3 阶弧, 但是它的长度变化也是稳定的.

(2) 由此可见, 二氨基酸序列中 Σ_0 集合中各原子的结构形态主要由三角形 $\delta(N, A, C)$ 与三角形 $\delta(A, C, N')$ 的扭角 ψ_1 与三角形 $\delta(C, N', A')$ 与三角形 $\delta(N', A', C')$ 的扭角 ψ_2 确定. 这两个角的变化是不稳定的.

(3) 由此可见, N, A, C, N′, A′, C′ 这 6 点的空间形态主要由 $\Delta(N, A, C, N')$, $\Delta(C, N', A', C')$ 这两个四面体的扭角 ψ_1, ψ_2 确定.

4. 关于四面体的结论

关于四面体 $\Delta(N, A, C, B)$, $\Delta(N, A, C, H)$ 与 $\Delta(N, A, C, HA)$ 的结构特征, 我们已在表 8.1.1 中有详细分析, 在此不再重复. 由此得到一些进一步的结论如下.

四面体 $\Delta(N, A, C, X)$, X=O, B, HA 的各边长度都十分稳定, A, C, O, H′, N′, A′ 六点又处于共面状态, 因此影响 N, A, C, O, B, H, HA, N′, A′, C′, O′, B′, H′, HA′

这 14 个点的空间形态主要是四面体 $\Delta(\text{N, A, C, H})$, $\Delta(\text{N, A, C, O})$, $\Delta(\text{N, A, C, N}')$, 与四面体 $\Delta(\text{C, N}', \text{A}', \text{C}')$ 中的扭角, 对这些扭角分别记为 $\psi_1, \psi_2, \psi_3, \psi_4$. 对这些原子点的结构可参考图 10.1.1 进行分析.

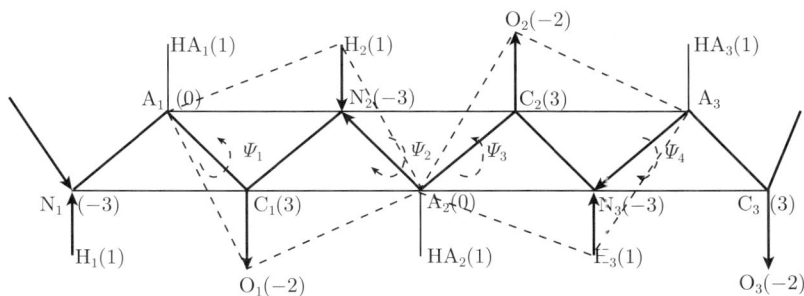

图 10.1.1　蛋白质主链中部分原子的结构示意图

对图 10.1.1 中的有关记号说明如下.

(1) 图 10.1.1 中 N_i, H_i, A_i, HA_i, C_i, O_i 为第 i 个氨基酸主链中的原子, $i = 1, 2, 3, \cdots$, 它们相互连接. 为了简单起见, 在下面中记 N_1, H_1, A_1, HA_1, C_1, O_1 为 N, H, A, HA, C, O, 记 N_2, H_2, A_2, HA_2, C_2, O_2 为 N', H', A', HA', C', O', 记 N_3, H_3, A_3, HA_3, C_3, O_3 为 N'', H'', A'', HA'', C'', O''.

(2) 图 10.1.1 中的粗黑线表示原子连接的共价键, 黑线表示 2 阶弧, 特粗黑线表示二价键.

(3) 图 10.1.1 中虚线所框的图形表示框中这些原子点共面, 每个框是个四边形, 而三角形拼接带中的三角形绕四边形中的 AC 与 NA 线段旋转.

10.1.2　关于 A, C, O, H′, N′, A′ 六原子点的特性讨论

在 9.1 节中我们已经得到了 A, C, N', A′ 四点接近共面的结论, 实际上我们还可得到更多的性质, 对此讨论如下.

1. A, C, O, H′, N′, A′ 六点的共面问题

我们分别记 ψ_1, ψ_2, ψ_3 分别是三角形 $\delta(\text{A, C, O})$ 与 $\delta(\text{A, C, N}')$; 三角形 $\delta(\text{A, C, N}')$ 与 $\delta(\text{C, N}', \text{A}')$, 三角形 $\delta(\text{A, C, N}')$ 与 $\delta(\text{C, N}', \text{H}')$ 的二面角的弧度, $\psi_1', \psi_2', \psi_3'$ 则是 ψ_1, ψ_2, ψ_3 的角度表示, 那么我们的实际计算结果如表 10.1.2 所示.

表 10.1.2　A, C, O, H′, N′, A′ 点中有关二面角的计算表

	ψ_1	ψ_2	ψ_3	ψ_1'	ψ_2'	ψ_3'
均值	3.1251	3.1107	3.1210	179.0665	178.2337	178.8344
方差	0.0008	0.0052	0.0025	2.5936	17.0079	8.2850
标准差	0.0281	0.0720	0.0502	1.6105	4.1241	2.8784

由表 10.1.2 可以看到, A, C, O, H′, N′, A′ 这六点接近共面的性质成立. 对这六点我们把它看成蛋白质中的一个特殊的分子官能团, 我们记为 Σ_2'', 它在所有的二氨基酸序列中存在 (在脯氨酸中, 用 CD′ 原子取代 H′ 原子).

2. A, C, O, H′, N′, A′ 六点的形态结构图

因为 A, C, O, H′, N′, A′ 六原子点接近共面, 所以我们可以把它们看做一个平面上的多边形, 它们的形状如图 10.1.2 所示.

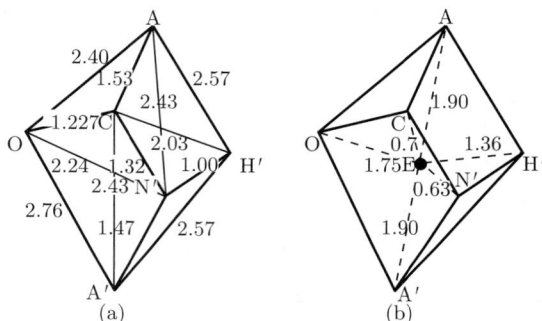

图 10.1.2　A, C, O, H′, N′, A′ 这六原子点的平面结构图

对图 10.1.2 我们作如下说明.

(1) 图 10.1.2 由 (a), (b) 两图组成, 它们都是平面四边形, 其中图 (a) 是 A, C, O, H′, N′, A′ 这六原子点的距离关系图, 图 (b) 是 A, C, O, H′, N′, A′ 这六原子点与中位点 E(AA′ 线段的中点距离关系图). 图中的粗黑线是由共价键所产生的弧, 黑线则是四边形的外框, 细黑线是 2 阶弧, 虚线是中位点 E 与其他各点的连线. 由此可见, C′ 与 N′ 在四边形为 $\Delta(A, O, A', H')$ 的内部.

(2) 图 10.1.2 中的数字是对应各个弧的平均长度, 它们的平均长度、方差与标准差在表 10.1.3 中给定.

表 10.1.3　图 10.1.2(a),(b) 中有关线段的计算表

	AC	CO	CN′	N′A′	N′H′	AO	AN′	CA′
均值	1.5268	1.2269	1.3234	1.4649	0.9761	2.3985	2.4255	2.4327
方差	0.0001	0.0001	0.0002	0.0003	0.0015	0.0002	0.0006	0.0006
标准差	0.0112	0.0106	0.0146	0.0181	0.0385	0.0157	0.0236	0.0245
	CH′	ON′	AA′	EA=EA′	EC	EO	EN′	EH′
均值	1.9984	2.2390	3.8067	1.9034	0.7070	1.7495	0.6248	1.3600
方差	0.0016	0.0008	0.0011	0.0003	0.0009	0.0021	0.0006	0.0022
标准差	0.0404	0.0284	0.0325	0.0163	0.0303	0.0455	0.0238	0.0470

3.图 10.1.2 中各顶角的计算结果如表 10.1.4 所示

表 10.1.4   图 10.1.2(a) 中各顶角的计算表

(1)	(2)	(3)	(4)	(5)	(6)	(7)	(8)	(9)	(10)	(11)	(12)	(13)	(14)
77.081	26.235	52.214	93.678	33.260	60.340	79.959	28.037	23.206	26.727	107.515	39.256	33.234	36.288
0.043	0.016	0.043	0.085	0.016	0.055	0.040	0.017	0.024	0.035	0.106	0.027	0.001	0.002

对表 10.1.4 我们说明如下.

(1) 表 10.1.4 由 3 行组成, 其中第 1 行是角的编号, 第 2 行是对应角的平均值, 第 3 行是对应角的标准差.

(2) 在表 10.1.4 的第 1 行的编号 (1), (2), $\cdots$, (14) 中, 它们所代表的角分别是

$\angle(O,A,H')$, $\angle(O,A,C)$, $\angle(C,A,H')$, $\angle(A,O,A')$, $\angle(A,O,C)$, $\angle(C,O,A')$, $\angle(O,A',H')$,

$\angle(O,A',H')$, $\angle(N',A',H')$, $\angle(O,A',C)$, $\angle(A',H',A)$, $\angle(A',H',N')$, $\angle(N',H',C)$, $\angle(C,H',A)$.

4.图 10.1.2 中各顶角的计算结果的性质

由表 10.1.4 我们可以得到图 10.1.2 中各顶角的计算结果的性质如下.

(1) 表 10.1.4 中所得到的标准差都很小 (在 $0.11°$ 以下, 由此说明这些角度在任何氨基酸中都十分一致与稳定).

(2) 在表 10.1.4 所对应角的平均值中, 有以下关系成立:

$$\begin{cases} \angle(\,O,A,H') \sim (\angle O,A,C\,) + \angle(C,A,H'), \\ \angle(\,A,O,A') \sim (\angle A,O,C\,) + \angle(C,O,A'), \\ \angle(\,O,A',H') \sim \angle(O,A',C) + \angle(C,A',N') + \angle(N',A',H'), \\ \angle(A,H',A') \sim \angle(A,H',C) + \angle(C,H',N') + \angle(N',H',A'). \end{cases} \tag{10.1.1}$$

(3) 有 $\angle(A,O,A') + \angle(O,A',H') + \angle(A',H',A) + \angle(H',A,O) \sim 360.0°$ 成立.

(4) 由此说明, A, C, O, A', H' 四点构成一四边形, 四顶角的平均值分别为 $77.1°$, $93.7°, 80.0°, 107.5°$. 而 C, N' 点则在该四面体内, 我们记这四边形为 $\Delta(A, O, A', H')$.

10.1.3   部分原子点位置的预测

因为 A, C, O, H', N', A' 六原子点接近共面, 它们的弧长与夹角又都稳定, 所以由其中的任意三点位置就可预测其他三点的位置. 我们试用 A, C, O 点的位置来预测 N', A' 点的位置.

1.有关记号

参考图 10.1.2 我们引进以下记号.

(1) 以下记 $r_\tau = (x_\tau, y_\tau, z_\tau), \tau =$ A, C, O, N′, A′ 分别为 A, C, O, N′A′ 点在 PDB-Select 数据库中的坐标, 其中 $r_\tau, \tau =$ A, C, O 是已知的, 而 $r_{\tau'}, \tau' =$ N′, A′ 是我们需要预测的.

记 $r'_{\tau'} = (x'_{\tau'}, y'_{\tau'}, z'_{\tau'}), \tau' =$ N′, A′ 是我们预测 N′, A′ 点的坐标. 因此 $r'_{\tau'}$ 与 $r_{\tau'}, \tau' =$ N′, A′ 的差别就是预测误差.

(2) 记 $b = (b_1, b_2, b_3) = \dfrac{r_{AC} \times r_{CO}}{|r_{AC} \times r_{CO}|}$ 是三角形 δ(A, C, O) 的法向量, 其中 $r_{AC} = r_C - r_A, r_{CO} = r_O - r_C$. 因此, b 向量可由 r_A, r_C, r_O 向量计算得到.

这对 AH′, CH′, OA′, A′H′, CN′, N′A′ 线段都在 π(A, C, O) 平面内, 所以它们都与 b 向量垂直.

2. 预测公式

为了简单起见, 我们由 A, C, O 点预测 N′ 点来说明预测过程, 对此我们先要建立它的预测方程.

记 $r'_{N'} = r = (x, y, z)$ 是我们所需要的对 N′ 点的预测结果, 那么它应满足以下条件.

(1) $r - r_C$ 向量应与法向量 b 垂直.

(2) N′ 点与 C, A 点的距离 |CN′|, |AN′| 是固定的, 它们的取值分别为 1.3232 与 2.4254.

(3) 由此建立 N′ 点的预测方程为

$$
\begin{cases}
\langle r - r_C, b \rangle = 0, \\
|r - r_C| = |\text{CN}'| = 1.3232, \\
|r - r_A| = |\text{AN}'| = 2.4254,
\end{cases}
\tag{10.1.2}
$$

其中 r_C, r_A, b 都是已知向量. 由此即可解出 r 的值. 这时 r 可能有两个解, 我们选择使 C, N′ 点在 AO 直线同一侧面的值.

(4) 方程组 (10.1.2) 的公式为

$$
\begin{cases}
xb_1 + yb_2 + zb_3 = \langle r_C, b \rangle, \\
xx_{CA} + yy_{CA} + zz_{CA} = 1.3232^2 - 2.5254^2 + r_{AC}^2/2, \\
xx_A + yy_A + zz_A = \pm 2.4254
\end{cases}
\tag{10.1.3}
$$

由此解得 $x = \Delta_1/\Delta_0, y = \Delta_2/\Delta_0, z = \Delta_3/\Delta_0$, 其中

$$\Delta_0 = \begin{vmatrix} b_1 & b_2 & b_3 \\ x_{CA} & y_{CA} & z_{CA} \\ x_A & y_A & z_A \end{vmatrix}, \qquad \Delta_1 = \begin{vmatrix} \langle \boldsymbol{r}_C, \boldsymbol{b} \rangle & b_2 & b_3 \\ 1.323^2 - 2.525^2 + r_{AC}^2/2 & y_{CA} & z_{CA} \\ \pm 2.425 & y_A & z_A \end{vmatrix},$$

$$\Delta_2 = \begin{vmatrix} b_1 & \langle \boldsymbol{r}_C, \boldsymbol{b} \rangle & b_3 \\ x_{CA} & 1.323^2 - 2.525^2 + r_{AC}^2/2 & z_{CA} \\ x_A & \pm 2.425 & z_A \end{vmatrix}, \qquad \Delta_3 = \begin{vmatrix} b_1 & b_2 & \langle \boldsymbol{r}_C, \boldsymbol{b} \rangle \\ x_{CA} & y_{CA} & 1.323^2 - 2.525^2 + r_{AC}^2/2 \\ x_A & y_A & \pm 2.425 \end{vmatrix}.$$

$$\tag{10.1.4}$$

(5) 由此可见, 方程组 (10.1.3) 有两个解, 我们取 N' 的解是使 O, N' 点在 AC 直线不同侧的解.

(6) 对其他的点我们同样利用, 因为 A, C, O, H', N', A' 点的接近共面性及它们的弧长与夹角的稳定性, 将表 10.1.1 和表 10.1.2 中的数据构建与式 (10.1.2)~式 (10.1.4) 的类似方程进行预测, 如对 A' 点的预测, 只要把式 (10.1.4) 中的数据 $\boldsymbol{r}_{AC}, 1.323, 2.525$ 分别改为 $\boldsymbol{r}_{CO}, 2.433, 1.404$ 即可, 同样 A' 有两个解, 我们取使 A, A' 点在 OC 直线不同侧的解.

3. 预测结果

在 PDB-Select 数据库中, 我们选择 442873 个双氨基酸, 利用第 1 个氨基酸中的 A, C, O 原子的坐标, 预测第 2 个氨基酸中的 N', A' 原子的坐标, 如果记 $\boldsymbol{r}'_{N'}, \boldsymbol{r}'_{A'}$ 为由以上方法所得到的式预测得到的结果, 而记 $\boldsymbol{r}_1, \boldsymbol{r}_2$ 为第 2 个氨基酸中的 N', A' 原子的实际坐标, 这时记

$$e_1 = |\boldsymbol{r}'_1, \boldsymbol{r}_1|, \quad e_2 = |\boldsymbol{r}'_2, \boldsymbol{r}_2| \tag{10.1.5}$$

为每个双氨基酸的预测误差, 那么对这 442873 个双氨基酸预测结果如下:

关于 N' 预测的平均误差为 0.05024, 方差为 0.00260, 标准差为 0.05096.

关于 A' 预测的平均误差为 0.10230, 方差为 0.00827, 标准差为 0.09092.

由此可见, 利用第 1 个氨基酸中的 A, C, O 原子的坐标, 预测第 2 个氨基酸中的 N', A' 与 H' 原子的坐标的预测误差是比较小的.

用类似的方法, 也可以用第 2 个氨基酸中的 N', A' 与 H' 原子的坐标来预测第 1 个氨基酸中的 A, C, O 原子的位置坐标. 这种预测理论在蛋白质空间结构分析中十分有用, 对此问题我们在下面还有讨论.

10.1.4 二氨基酸序列双底座原子集合空间结构的讨论

1. 关于 Σ_0 集合的分解

由 10.1.1 节的讨论可知, 对 Σ'_0 集合中的 14 个原子我们可把它们分解成三个组成部分, 它们是

$$\Sigma_{00} = \{A, C, O, H', N', A'\}, \quad \Sigma_{01} = \{N, A, C, B, HA\}, \quad \Sigma_{02} = \{N', A', C', B', HA'\}.$$

$$\tag{10.1.6}$$

这三部分有以下结构特点.

(1) Σ_{00} 中六个原子点接近共面, 形成一个平面上结构稳定的四边形, 而 Σ_{01} 中的 N, A, C, B, HA 五个原子点与 Σ_{02} 中的五个原子点 N′, A′, C′, B′, HA′ 分别构成两个结构稳定的六面体.

(2) Σ_{00} 与 Σ_{01}, Σ_{02} 分别具有公共线段: AC 与 N′A′, Σ_{01}, Σ_{02} 分别绕 Σ_{00} 上的公共线段 AC 与 N′A′ 旋转, 记 ψ_1, ψ_2 分别是它们旋转的二面角.

(3) 在 Σ_{01} 中, N, A, H 三原子点的位置受上一个氨基酸中的 A, C, O 原子点的位置控制, 因此决定 Σ_0 集合中各原子空间位置的主要参数是旋转角 ψ_1, ψ_2.

这样我们就可以 Σ_{00} 中的六个原子点为基础, 讨论 Σ_0 集合中各原子点的空间结构.

2. 由 Σ_{00} 所确定的活动坐标架

因为 Σ_{00} 中各点接近在同一个平面上, 而且的结构十分稳定, 对所有的二氨基酸序列都相同, 这样就可以它为基础来分析 Σ_0 集合中其他原子的空间结构, 为此我们先由 Σ_{00} 的原子结构确定它的活动坐标架, 它的构造如下.

(1) 记该活动坐标架为 $\mathcal{E}_0$, 取 C 点为该活动坐标架的原点. 取有向直线 CN′ 为 OX 轴, 该轴上的单位向量记为 $\boldsymbol{i}$.

(2) 取由向量 $\overrightarrow{\mathrm{CN'}} \times \overrightarrow{\mathrm{CA}} = \overrightarrow{\mathrm{AC}} \times \overrightarrow{\mathrm{CN'}}$ 确定的直线为 OZ 轴, 该轴上的单位向量记为 $\boldsymbol{k}$.

(3) 如果用 $\boldsymbol{i}, \boldsymbol{j}, \boldsymbol{k}$ 分别表示直角坐标系中 OX, OY, OZ 轴上的三个基, 那么按右手法则, 有关系式 $\boldsymbol{k} = \boldsymbol{i} \times \boldsymbol{j}$ 成立, 因此有

$$\boldsymbol{k} \times \boldsymbol{i} = \boldsymbol{i} \times \boldsymbol{j} \times \boldsymbol{i} = \langle \boldsymbol{i}, \boldsymbol{i} \rangle \boldsymbol{j} - \langle \boldsymbol{i}, \boldsymbol{j} \rangle \boldsymbol{i} = \boldsymbol{j}. \tag{10.1.7}$$

故 $\boldsymbol{j} = \boldsymbol{k} \times \boldsymbol{i}, \boldsymbol{k} = \boldsymbol{i} \times \boldsymbol{j}$ 成立.

由此得到活动坐标架 $\mathcal{E}_0 = \{O, \boldsymbol{i}, \boldsymbol{j}, \boldsymbol{k}\}$ 是一个右手系的直角坐标系, 它由 Σ_{00} 中的 A, C, N′ 点确定.

3. Σ_0 中各点在活动坐标架 $\mathcal{E}_0$ 中的坐标表示

因为 C 是活动坐标架 $\mathcal{E}_0$ 中的原点, 它的坐标就总是取 $\boldsymbol{r}_{\mathrm{C}} = (0, 0, 0)$, 又由 OX 轴的定义, 就可以确定 N′ 的坐标为 $\boldsymbol{r}_{\mathrm{N'}} = (r_{\mathrm{CN'}}, 0, 0) = (1.3536, 0, 0)$. 对 Σ_0' 中其他各点在活动坐标架 $\mathcal{E}_0$ 中的坐标如表 10.1.5 所示.

表 10.1.5 中每一个原子所对应的 6 个数据, 它们分别是该原子在 $\mathcal{E}_0$ 坐标系中的平均值与标准差.

表 10.1.5 Σ_0 中各点在 $\mathcal{E}_0$ 坐标系中的坐标

N	-0.664	-1.901	0.030	0.7866	0.4625	0.8993	N'	1.148	0.000	0.000	0.0250	0.0000	0.0000
A	-0.591	-1.366	0.000	0.0279	0.0174	0.0000	A'	1.810	1.244	-0.006	0.0477	0.1027	0.0776
C	0.000	0.000	0.000	0.0000	0.0000	0.0000	C'	2.027	1.708	-1.003	0.5458	0.4257	0.7179
O	-0.575	1.032	-0.002	0.0244	0.0137	0.0317	O'	2.192	1.985	-1.234	0.8763	1.2209	1.0142
B	-0.873	-1.807	0.115	0.5834	0.3798	1.2612	B'	2.666	1.033	0.485	0.5542	0.6300	0.6709
H	-0.732	-2.055	0.154	1.1998	0.9672	0.9534	H'	1.611	-0.680	-0.010	0.1938	0.6498	0.1900
HA	-0.756	-1.658	-0.104	0.6574	0.3816	0.5546	HA'	1.510	1.852	0.378	0.3605	0.2988	0.5376

10.1.5 对三氨基酸序列中部分原子的计算

对三氨基酸序列中部分原子的计算与二氨基酸序列相似, 但我们从它们的计算中可以得到更多的信息.

1. 三氨基酸序列的记号与性质

有关三氨基酸序列的记号与性质和二氨基酸序列相似, 许多结论都适用于三氨基酸序列.

(1) 我们同样记 $N_\tau, A_\tau, C_\tau, O_\tau, B_\tau, H_\tau, HA_\tau, \tau = 1, 2, 3$ 为第 τ 个氨基酸中的 7 个原子. 同样地, 如果第 τ 个氨基酸是甘氨酸时, 它所相应的 HA_τ, B_τ 原子应改为 $HA1_\tau, HA2_\tau$ 原子; 如果第 τ 个氨基酸是脯氨酸时, 它所相应的 H_τ 原子应改为 CD_τ 原子. 这些原子之间的 1, 2 阶弧的长度性质与二氨基酸序列中表 10.1.1 相同.

(2) 当 $\tau = 0, 4$ 时, 它们分别是排列在该三氨基酸序列前与后的氨基酸, 它们的原子同样可以用 $N_\tau, A_\tau, C_\tau, O_\tau, B_\tau, H_\tau, HA_\tau, \tau = 0, 4$ 来表示.

(3) 在这些原子的集合中, 形成共面的原子点有 4 组, 它们分别是

$$A_\tau, C_\tau, O_\tau, H_{\tau+1}, N_{\tau+1}, A_{\tau+1}, \quad \tau = 1, 2, 3, \cdots, \tag{10.1.8}$$

其中每一组原子的结构关系与图 10.1.2 相同.

2. 三氨基酸序列的预测问题

与二氨基酸序列相似, 我们可以利用式 (10.1.8) 中原子的共面性与图 10.1.2 的结构关系, 对 $\tau = 0, 4$ 中的原子位置进行预测, 这就是:

(1) 由 N_1, A_1, H_1 的原子位置预测 A_0, C_0, O_0 的原子位置.

(2) 由 A_3, C_3, O_3 的原子位置预测 N_4, A_4, H_4 的原子位置.

有关原子位置预测的计算公式与式 (10.1.4) 相同. 因此我们由三氨基酸序列中各原子的空间位置可以计算得到 A_0, A_4 的空间位置.

3. 蛋白质主链中各原子结构关系的四边形组合模型

综上所述并参照图 10.1.1, 对蛋白质主链中各原子的结构关系, 除了用三角形拼接带模型描述外, 还可用四边形的组合来描述.

(1) 蛋白质主链中各原子点的记号如式 (10.1.8) 所示, 由一串四边形的组合来描述, 我们把它记为

$$\Delta_i = \Delta(A_i, O_i, H_{i+1}, A_{i+1}), \quad i = 1, 2, \cdots, \tag{10.1.9}$$

在 Δ_i 与 Δ_{i+1} 之间有一个公共点 A_{i+1} 把它们相互连接.

(2) 在四边形 Δ_i 中, 包含蛋白质主链中的 $A_i, C_i, O_i, H_{i+1}, N_{i+1}, A_{i+1}$ 这 6 个原子, 它们接近共面.

(3) 在四边形 Δ_i 与四边形 Δ_{i+1} 的相互关系由 ψ_{2i} 与 ψ_{2i+1} 这 2 个扭角确定, 其中 ψ_{2i} 是四边形 Δ_i 与三角形 $\delta(N_{i+1} A_{i+1}, C_{i+1})$ 的二面角, 它们以 $N_{i+1}A_{i+1}$ 为公共边, 做平面的绕动. 而 ψ_{2i+1} 角是三角形 $\delta(N_{i+1} A_{i+1}, C_{i+1})$ 与四边形 Δ_{i+1} 的二面角, 它们以 $A_{i+1}C_{i+1}$ 为公共边, 做平面的绕动.

(4) 由于四边形 Δ_i 中的 $A_i, C_i, O_i, H_{i+1}, N_{i+1}, A_{i+1}$ 这 6 个原子点接近共面, 它们之间的弧长与夹角都很稳定, 所以由其中任何 3 点的空间位置就可控制其他 3 点的空间位置.

这种控制关系又可把它看做由三角形 $\delta(A_i C_i, O_i)$ 绕三角形 $\delta(N_i A_i, C_i)$ 的绕动可以控制 $H_{i+1}, N_{i+1}, A_{i+1}$ 这 3 个原子点绕三角形 $\delta(N_i A_i, C_i)$ 的绕动. 同时由三角形 $\delta(H_{i+1}N_{i+1}, A_i + 1)$ 绕三角形 $\delta(N_{i+1} A_{i+1}, C_{i+1})$ 的绕动可以控制 A_i, C_i, O_i 这 3 个原子点绕三角形 $\delta(N_{i+1} A_{i+1}, C_{i+1})$ 的绕动.

10.1.6　出现脯氨酸的情形

在二肽中, 如果第 2 个氨基酸是脯氨酸, 那么 H′ 原子应改成 CD′ 原子, 因此对 10.1.1~10.1.5 节中的一些结论需要作一定的考虑与修改.

1. A, C, O, CD′, N′, A′ 六点之间的距离计算

在 PDB-Selct 数据库中, 我们可以归纳出 34316 个具有 X-P 二肽结构, 其中 X 可取任意氨基酸, 其中 P 是脯氨酸, 其中有效数据是 34091 个. 对其中 A, C, O, CD′, N′, A′ 六点之间的距离计算如表 10.1.6 所示.

表 10.1.6　A, C, O, CD′, N′, A′ 六点中的距离特征数计算表

AC	CO	CN′	N′A′	N′D′	AO	AN′	AD′	CA′	CD′	ON′	OA′	A′D′
1.525	1.233	1.337	1.464	1.475	2.398	2.451	2.993	2.446	2.513	2.246	2.806	2.425
0.012	0.010	0.014	0.010	0.011	0.023	0.029	0.218	0.035	0.039	0.020	0.206	0.020
0.008	0.008	0.011	0.007	0.007	0.009	0.012	0.073	0.014	0.015	0.009	0.073	0.008

对表 10.1.6 说明如下.

(1) 表 10.1.6 中第 1 行是 2 个原子点所构成的线段, 第 2,3,4 行分别是对应线段的平均长度、标准差与相对标准差. 其中 D′ 表示脯氨酸中的 CD 原子.

(2) 由表 10.1.5 可以看到, 各线段的长度是十分稳定的, 相对标准差一般都在 0.012 以下, 只有 AD′ 与 OA′ 的相对标准差稍大为 0.073.

(3) 与表 10.1.2 比较可以看到, 各线段的长度的平均值、标准差与相对标准差都十分接近, 只有与 CD′ 原子与其他有关原子的平均距离稍大, 这是因为与 H 原子所形成的共价键距离很短 (在 1.0 左右), 而 C—C 原子的距离稍大 (在 1.5 左右), 由此使 CD′ 原子与其他原子的距离稍大.

(4) 脯氨酸中 CD′ 原子虽然与其他有关原子的平均距离稍大, 但它们的相对标准差一般都不会增加, 有时反而减少. 有关比较结果如下式所给.

$$
\begin{array}{lcccccc}
\text{线段} & \text{N}'\text{H}' & \text{N}'\text{D}' & \text{AD}' & \text{CH}' & \text{CD}' & \text{A}'\text{D}' \\
\text{平均长度} & 0.976 & 1.475 & 2.993 & 1.9984 & 2.513 & 2.425 \\
\text{标准差} & 0.002 & 0.011 & 0.218 & 0.0016 & 0.039 & 0.020 \\
\text{相对标准差} & 0.039 & 0.007 & 0.073 & 0.0404 & 0.015 & 0.008
\end{array} \tag{10.1.10}
$$

2. A, C, O, CD′, N′, A′ 六原子点的共面问题

这六点的共面问题与 A, C, O, H′, N′, A′ 六原子点的共面问题相同, 我们只要计算四面体 $\Delta(\text{A, C, O, N}')$, $\Delta(\text{A, C, N}', \text{A}')$ 与 $\Delta(\text{A, C, N}', \text{CD}')$ 的二面角 ψ_1, ψ_2, ψ_3 就可. 它们的计算结果如光盘 DATA1/10/10-1-1.CTX.CTX 对此文件说明如下.

(1) 该文件是一个 34091×5 的数据阵列, 其中 1,2 列是氨基酸的编号, 4, 5, 6 是二面角 ψ_1, ψ_2, ψ_3 的取值, 由该表可以看到, 第 2 个氨基酸都是脯氨酸.

(2) 对 10-1-1.CTX 文件的第 3, 4, 5 列函数计算它们的平均值、标准差与相对标准差如下式所给.

$$
\begin{pmatrix}
\text{扭角名称} & \psi_1 & \psi_2 & \psi_3 \\
\text{平均值} & 179.79 & 180.30 & 173.59 \\
\text{标准差} & 3.4273 & 4.1620 & 6.1872 \\
\text{相对标准差} & 0.0191 & 0.0231 & 0.0356
\end{pmatrix} \tag{10.1.11}
$$

由此可见, 该六原子的空间位置接近共面.

3. A, C, O, CD′, N′, A′ 六原子点的形态结构图

仿 A, C, O, H′, N′, A′ 六原子的形态结构图, 同样可给出 A, C, O, CD′, N′, A′ 六原子的形态结构图如下.

图 10.1.3 的特征与图 10.1.2(a) 相同, 只是 N′CD′ 的距离较 N′H′ 的距离稍大. 由此说明, 在脯氨酸中, 虽然以 CD′ 原子取代了 H′ 原子, 但 A, C, O, CD′, N′, A′ 六原子点的共面性及它们的平面结构特征与 A, C, O, H′, N′, A′ 六原子点的结构类型相似.

利用表 10.1.6 的计算结果与图 10.1.3 与余弦定理就可计算出图 10.1.3 中各顶角的角度, 并利用 10.1.4 的方法由其中的 3 点位置预测其他 3 点的位置, 对此不再说明.

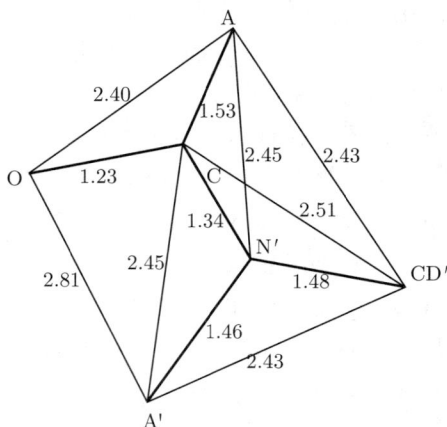

图 10.1.3　A, C, O, CD′, N′, A′ 六原子点的平面结构图

10.2　蛋白质中位点曲线的参数系数与蛋白质的判定算法之二

在第 8 章中我们已经说明, 利用蛋白质的中位点曲线可以更好地反映该氨基酸序列的空间结构特征, 并系统地讨论了中位点曲线的结构特征与性质. 利用 9.1 节的讨论我们可作以下补充讨论.

10.2.1　由二肽或三氨基酸序列对中位点曲线转角扭角的计算

二氨基酸序列是由两个氨基酸连接组成的生物分子, 它们在蛋白质中大量存在, 在不同的数据库中出现的频数或频率不同, 它们的中位点曲线形态特征也不相同.

1. 有关记号的说明

在第 8 章中, 对转角扭角的计算都是采用五氨基酸序列中 5 个 A 原子的坐标建立它们的中位点曲线, 并计算它们的转角与扭角. 在本节中我们将采用二肽或三氨基酸序列的模型进行计算与分析, 先引进记号如下.

(1) 记 a_1, a_2, a_3, a_4, a_5 是 5 个相连的氨基酸, 每个氨基酸不变部分中的 N, A, C, O, H 五原子分别记为 N_i, A_i, C_i, O_i, H_i, $i = 1, 2, 3, 4, 5$.

(2) 由 A, C, O, N′, A′, H′ 的共面特征与 9.1 节的预测理论可以由二肽中的 N_2, A_2, C_2, O_2, H_2, N_3, A_3, C_3, O_3, H_3 原子预测 A_1, C_1, O_1 与 N_4, A_4, H_4 原子的空

间位置. 由此确定 A_1, A_2, A_3, A_4 原子点的空间位置.

(3) 由 A_1, A_2, A_3, A_4 原子点的空间位置即可确定它们的中位点 e_1, e_2, e_3 的空间位置, 并由此确定这 3 个点的中位点之间的转角 ϕ.

2. 由二、三氨基酸序列产生中位点曲线的转角

由此讨论可以知道, 由二肽 a_2, a_3 不变部分中的 N,A,C,O,H 原子可以产生中位点曲线的转角 ϕ. 对此情况有以下讨论.

(1) 当由二肽 a_2, a_3 固定时, 它们的原子 N_2, A_2, C_2, O_2, H_2, N_3, A_3, C_3, O_3, H_3 也就确定. 但 H_2 点关于三角形 $\delta(N_2, A_2, C_2)$ 的扭角, O_3 点关于三角形 $\delta(N_3, A_3, C_3)$ 的扭角是不稳定的, 我们记这 2 个扭角分别为 ψ_1, ψ_2.

(2) 在由 N_2, A_2, C_2, O_2, H_2, N_3, A_3, C_3, O_3, H_3 原子位置预测 A_1, A_2, A_3, A_4 原子点的空间位置时, 虽然它们的预测误差很小. 但由于 ψ_1, ψ_2 的不稳定性, 使转角 ϕ 也有不稳定性.

(3) 当由三肽 a_2, a_3, a_4 固定时, 由氨基酸 a_2, a_4 中的原子位置可以预测, A_1, A_5 原子点的空间位置, 由此确定 A_1, A_2, A_3, A_4, A_5 原子点的空间位置, 并由此确定这 5 个原子的中位点 e_1, e_2, e_3, e_4 点的空间位置, 并由此确定转角 ϕ_1, ϕ_2 与扭角 ψ 的取值.

3. 计算步骤

如果 $A = (a_1, a_2, \cdots, a_n)$ 是一个蛋白质的一级结构, 如果其中每个氨基酸中原子的空间坐标给定, 那么就可得到它的结构, 利用它的二氨基酸与三氨基酸序列中的原子位置计算它的中位点曲线的转角与扭角步骤如下.

(1) 记蛋白质 A 不变部分中原子的空间位置为

$$\mathbf{A} = \{(\boldsymbol{r}_{1,1}, \cdots, \boldsymbol{r}_{1,5}), (\boldsymbol{r}_{2,1}, \cdots, \boldsymbol{r}_{2,5}), \cdots, (\boldsymbol{r}_{n,1}, \cdots, \boldsymbol{r}_{n,5})\}, \tag{10.2.1}$$

其中 n 是该蛋白质的长度, $(\boldsymbol{r}_{i,1}, \cdots, \boldsymbol{r}_{i,5})$ 是第 i 个氨基酸 a_i 中的 N_i, A_i, C_i, O_i, H_i 五原子的空间坐标, 其中

$$\boldsymbol{r}_{i,j} = (x_{i,j}, y_{i,j}, z_{i,j}), \quad i = 1, 2, \cdots, n, j = 1, \cdots, 5.$$

(2) 由于 A, C, O, N′, A′, H′ 这些原子共面, 按 9.1 节的讨论, 可由 $\boldsymbol{r}_{i,2}, \boldsymbol{r}_{i,3}, \boldsymbol{r}_{i,4}$ 的坐标预测 $\boldsymbol{r}_{i+1,2}$ 的坐标. 又可由 $\boldsymbol{r}_{i,1}, \boldsymbol{r}_{i,2}, \boldsymbol{r}_{i,5}$ 的坐标预测 $\boldsymbol{r}_{i-1,2}$ 的坐标.

(3) 由此可见, 由二肽 a_i, a_{i+1} 中的坐标 $(\boldsymbol{r}_{i,1}, \cdots, \boldsymbol{r}_{i,5})$, $(\boldsymbol{r}_{i+1,1}, \cdots, \boldsymbol{r}_{i+1,5})$ 预测得到 $\boldsymbol{r}_{i-1,2}$ 与 $\boldsymbol{r}_{i+3,2}$ 的坐标. 由此就可得到 A_{i-1}, A_i, A_{i+1}, A_{i+2} 原子点的空间位置, 由这些原子点的空间位置坐标可得到 e_{i-1}, e_i, e_{i+1} 点的空间位置坐标, 并可计算得到它们之间的转角 ϕ.

(4) 用类似的方法, 由三肽 a_i, a_{i+1}, a_{i+2} 中的坐标 $(\boldsymbol{r}_{i',1}, \cdots, \boldsymbol{r}_{i',5}), i' = i, i+1, i+2$ 预测得到 $\boldsymbol{r}_{i-1,2}$ 与 $\boldsymbol{r}_{i+4,2}$ 的坐标. 由此就可得到 $\mathrm{A}_{i-1}, \mathrm{A}_i, \mathrm{A}_{i+1}, \mathrm{A}_{i+2}, \mathrm{A}_{i+2}$ 原子点的空间位置, 由此得到 $e_{i-1}, e_i, e_{i+1}, e_{i+2}$ 点的空间位置坐标, 并可计算得到它们之间的转角 ϕ_i, ϕ_{i+1} 与扭角 ψ_i.

我们称这种计算法为中位点曲线参数的**预测计算法**.

4. 计算结果

利用这种预测计算法同样可以得到光盘 DATA1/9 文件夹中一系列文件中的计算结果. 如果我们称第 9 章中直接利用 $\mathrm{A}_i, \mathrm{A}_{i+1}, \mathrm{A}_{i+2}, \mathrm{A}_{i+3}, \mathrm{A}_{i+4}$ 原子点的空间位置计算为**直接计算法**, 那么这 2 种不同的计算法的计算结果十分接近. 因此利用预测计算法的计算结果不再重复给出.

利用预测计算法的主要优点是减少计算这些参数的氨基酸序列长度, 如由二肽就可得到中位点曲线的转角.

10.2.2　二氨基酸序列的折叠系数分析

在光盘 DATA1/9/9-3/9-3-21.CTX 文件中已经给出, 对不同的二肽各参数有不同的特征数 (如平均值与标准差等), 我们称不同二肽的平均值为该二肽的**折叠系数** .

1. 折叠系数的计算表

由 9-3-21.CTX 文件得到不同二肽的折叠系数的计算如表 10.2.1 所示.

表 10.2.1　二氨基酸序列中位点曲线折叠系数的计算表

	A	R	N	D	C	Q	E	G	H	I	L	K	M	F	P	S	T	W	Y	V
A	1.08	1.03	1.01	0.99	0.95	1.06	1.09	0.94	0.95	0.93	1.06	1.03	1.05	0.98	0.71	0.91	0.84	0.97	0.91	0.85
R	1.01	1.00	1.00	1.01	0.79	1.00	1.07	0.88	0.98	0.78	0.92	1.00	0.97	0.85	0.65	0.91	0.84	0.87	0.89	0.70
N	0.88	0.86	0.94	0.88	0.74	0.87	0.92	0.91	0.86	0.70	0.76	0.86	0.83	0.74	0.47	0.83	0.75	0.68	0.74	0.66
D	0.94	0.92	0.94	1.00	0.79	0.95	0.97	0.92	0.88	0.79	0.83	0.91	0.88	0.80	0.48	0.84	0.77	0.85	0.84	0.76
C	0.74	0.71	0.75	0.75	0.90	0.72	0.82	0.72	0.85	0.71	0.81	0.75	0.75	0.73	0.51	0.70	0.61	0.69	0.69	0.65
Q	1.06	1.04	1.03	0.97	0.81	1.02	1.04	0.91	0.97	0.82	0.94	0.99	0.92	0.85	0.65	0.87	0.84	0.87	0.89	0.78
E	1.10	1.06	1.10	1.09	0.82	1.13	1.15	0.98	1.03	0.88	1.01	1.08	1.00	0.91	0.69	0.97	0.91	0.90	0.93	0.81
G	0.78	0.81	0.85	0.85	0.75	0.81	0.84	0.79	0.81	0.73	0.79	0.80	0.80	0.73	0.89	0.77	0.77	0.74	0.71	0.69
H	0.90	0.87	0.85	0.88	0.86	0.90	0.97	0.84	0.91	0.72	0.85	0.83	0.89	0.76	0.52	0.78	0.66	0.70	0.79	0.68
I	0.90	0.83	0.80	0.78	0.74	0.87	0.84	0.79	0.73	0.68	0.82	0.80	0.80	0.72	0.64	0.69	0.58	0.77	0.63	0.61
L	1.03	0.91	0.86	0.87	0.85	0.89	0.96	0.84	0.83	0.79	0.95	0.92	0.96	0.88	0.68	0.80	0.71	0.86	0.80	0.70
K	1.04	0.98	1.04	1.09	0.83	1.03	1.11	0.93	1.01	0.76	0.91	1.00	0.91	0.86	0.67	0.93	0.86	0.84	0.97	0.69
M	1.02	0.92	0.82	0.86	0.81	0.94	1.00	0.87	0.85	0.84	0.98	0.98	1.01	0.90	0.69	0.77	0.74	0.87	0.84	0.75
F	0.87	0.83	0.75	0.71	0.70	0.78	0.86	0.76	0.72	0.72	0.90	0.77	0.90	0.83	0.62	0.66	0.61	0.89	0.74	0.67
P	0.88	0.80	1.00	0.99	0.68	0.88	1.02	1.20	0.90	0.68	0.83	0.77	0.81	0.79	0.85	0.76	0.88	0.86	0.60
S	0.88	0.91	0.94	0.93	0.68	0.93	0.96	0.85	0.87	0.75	0.82	0.94	0.85	0.73	0.66	0.87	0.77	0.75	0.76	0.66
T	0.85	0.83	0.84	0.88	0.68	0.86	0.90	0.79	0.83	0.64	0.79	0.83	0.81	0.65	0.68	0.79	0.74	0.70	0.67	0.58
W	0.95	0.81	0.89	0.80	0.75	0.88	0.87	0.73	0.70	0.75	0.92	0.79	0.84	0.85	0.79	0.75	0.67	0.91	0.65	0.57
Y	0.85	0.77	0.80	0.75	0.63	0.79	0.82	0.74	0.74	0.69	0.88	0.80	0.81	0.77	0.65	0.69	0.57	0.66	0.71	0.65
V	0.85	0.78	0.82	0.77	0.67	0.79	0.82	0.78	0.67	0.57	0.74	0.74	0.77	0.67	0.65	0.68	0.54	0.64	0.59	0.55

续表

	A	R	N	D	C	Q	E	G	H	I	L	K	M	F	P	S	T	W	Y	V
A	0.43	0.46	0.43	0.43	0.48	0.45	0.42	0.39	0.49	0.52	0.46	0.45	0.46	0.50	0.35	0.47	0.50	0.49	0.51	0.53
R	0.45	0.46	0.41	0.42	0.49	0.47	0.42	0.39	0.44	0.52	0.50	0.44	0.48	0.49	0.33	0.43	0.48	0.48	0.50	0.51
N	0.45	0.44	0.39	0.42	0.44	0.45	0.42	0.36	0.43	0.47	0.47	0.42	0.47	0.48	0.35	0.41	0.43	0.47	0.46	0.47
D	0.45	0.44	0.43	0.40	0.47	0.45	0.43	0.35	0.43	0.49	0.49	0.45	0.48	0.49	0.31	0.42	0.46	0.48	0.48	0.49
C	0.50	0.49	0.48	0.44	0.48	0.49	0.49	0.39	0.46	0.52	0.51	0.51	0.51	0.51	0.31	0.46	0.47	0.49	0.51	0.51
Q	0.44	0.45	0.41	0.41	0.49	0.48	0.44	0.37	0.47	0.52	0.49	0.46	0.50	0.52	0.34	0.44	0.48	0.49	0.51	0.52
E	0.42	0.42	0.38	0.37	0.49	0.39	0.38	0.38	0.43	0.52	0.49	0.44	0.49	0.49	0.35	0.44	0.49	0.48	0.50	0.53
G	0.42	0.38	0.37	0.36	0.41	0.36	0.37	0.38	0.39	0.41	0.41	0.34	0.42	0.40	0.25	0.38	0.37	0.40	0.39	0.39
H	0.46	0.47	0.46	0.42	0.47	0.47	0.44	0.39	0.46	0.49	0.49	0.46	0.47	0.49	0.30	0.43	0.47	0.46	0.51	0.50
I	0.52	0.53	0.50	0.49	0.53	0.54	0.53	0.45	0.52	0.56	0.54	0.53	0.55	0.54	0.34	0.49	0.50	0.54	0.53	0.53
L	0.47	0.51	0.48	0.47	0.51	0.52	0.50	0.41	0.52	0.55	0.53	0.50	0.51	0.53	0.32	0.49	0.51	0.53	0.53	0.55
K	0.44	0.45	0.41	0.36	0.49	0.45	0.38	0.39	0.43	0.51	0.50	0.44	0.49	0.49	0.33	0.43	0.47	0.49	0.47	0.51
M	0.47	0.50	0.48	0.47	0.51	0.50	0.48	0.41	0.51	0.54	0.50	0.47	0.49	0.53	0.35	0.49	0.50	0.51	0.51	0.54
F	0.49	0.51	0.48	0.46	0.49	0.51	0.50	0.42	0.51	0.52	0.49	0.51	0.53	0.36	0.47	0.47	0.51	0.51	0.52
P	0.40	0.44	0.40	0.38	0.42	0.44	0.37	0.39	0.46	0.46	0.44	0.43	0.47	0.46	0.26	0.41	0.45	0.44	0.44	0.44
S	0.45	0.43	0.40	0.39	0.47	0.43	0.41	0.37	0.44	0.50	0.48	0.43	0.49	0.50	0.32	0.44	0.45	0.47	0.48	0.49
T	0.46	0.46	0.41	0.38	0.48	0.46	0.42	0.36	0.46	0.50	0.50	0.44	0.48	0.49	0.30	0.42	0.46	0.46	0.49	0.48
W	0.49	0.52	0.49	0.47	0.47	0.51	0.50	0.42	0.51	0.54	0.52	0.53	0.53	0.54	0.45	0.49	0.49	0.51	0.53	0.53
Y	0.50	0.51	0.48	0.46	0.47	0.50	0.50	0.42	0.50	0.52	0.51	0.49	0.53	0.52	0.40	0.46	0.47	0.50	0.53	0.51
V	0.52	0.53	0.50	0.48	0.51	0.52	0.52	0.45	0.52	0.56	0.54	0.52	0.54	0.54	0.32	0.48	0.48	0.51	0.52	0.51

表 10.2.1 是由 2 个 20×20 的阵列模块组成, 其中第 1, 2 模块分别是二氨基酸序列的折叠系数的平均值与标准差, 数据用弧度表示.

2. 关于折叠系数的分析

由表 10.2.1 可以看出, 在不同的氨基酸组合下, 不同二氨基酸序列的折叠系数有以下特点.

(1) 极性与带电的氨基酸, 如 A, R, N, D, Q, H, E, M, K 这些氨基酸的组合有可能产生较大的折叠系数.

(2) 一些中性的氨基酸, 如 P, T, W, C, V, L, I, Y 等这些氨基酸的组合有可能产生较小的折叠系数.

这些具有较大与较小折叠系数的二氨基酸序列如表 10.2.2 所示.

表 10.2.2 折叠系数较大或较小的二氨基酸序列计算表

AA:1.084	AR:1.031	AN:1.014	AQ:1.056	AE:1.086	AL:1.064	AK:1.030	AM:1.046	RA:1.012	RR:1.002
RN:1.004	RD:1.014	RE:1.066	QA:1.059	QN:1.032	QQ:1.023	QE:1.038	EA:1.100	ER:1.063	EN:1.097
ED:1.090	EQ:1.134	EE:1.147	EH:1.032	EL:1.011	EK:1.084	EM:1.005	LA:1.029	KA:1.037	KN:1.042
KD:1.085	KQ:1.029	KE:1.109	KH:1.007	KK:1.005	MA:1.024	MM:1.009	SE:1.023	SG:1.020	
NP:0.472	DP:0.481	CP:0.510	CT:0.608	CV:0.649	QP:0.649	HP:0.520	IP:0.636	IT:0.581	IY:0.630
LV:0.614	FP:0.623	FT:0.612	PV:0.601	TI:0.638	TV:0.578	WV:0.568	WC:0.633	WP:0.647	WT:0.574
WV:0.647	VI:0.566	VP:0.645	VT:0.538	VW:0.638	VY:0.589	VV:0.552			

表 10.2.2 由 2 个模块组成, 第 1 个模块是折叠系数较大 (大于 1.01 或 60°) 的

二肽, 第 2 个模块是折叠系数较小 (小于 0.64 或 36°) 的二肽.

(3) 它们变化的标准差都比较大, 一般在 0.4 以上.

3. 对每个二氨基酸序列中位点曲线转角的分布计算

对每一种固定的二氨基酸序列, 我们除了计算它的折叠系数外, 还可计算这些转角的分布情况, 其计算结果如表 10.2.3 所示.

(1) 对每一个二氨基酸序列的一字符、频数与分布如光盘 DATA1/10/10-3-4.CTX 文件所给, 该表是一个 400×10 的阵列, 其中第 1 列是二氨基酸序列的一字符, 第 2 列是该二氨基酸序列在 PDB-Select 中出现的频数, 后 8 列是在 $0° \sim 180°$ 中的分布值.

(2) 由 10-3-4.CTX 可以看到, 转角的分布在 $72° \sim 90°$ 内取值较大, 对它们的统计结果如表 10.2.3 所示.

表 10.2.3　二氨基酸序列中位点曲线转角在 $72° \sim 90°$ 内取值的比例(百分比)分布计算表

	A	R	N	D	C	Q	E	G	H	I	L	K	M	F	P	S	T	W	Y	V
A	62.0	59.2	58.0	56.6	54.7	60.6	62.4	53.8	54.2	53.0	61.0	59.1	59.8	56.2	40.9	51.9	47.9	55.4	52.0	48.6
R	58.1	55.7	57.6	58.3	45.4	57.3	61.3	50.3	55.9	44.5	53.0	57.2	56.2	48.7	37.5	52.2	48.3	50.0	51.0	40.0
N	50.4	49.1	52.4	50.7	42.3	49.9	53.1	52.3	49.5	39.9	43.4	49.1	47.6	42.2	27.0	47.6	43.1	38.6	42.7	37.7
D	53.7	52.8	53.7	56.3	45.3	54.6	55.9	53.0	50.9	45.4	47.8	52.2	50.2	45.6	27.5	47.9	44.1	48.3	48.1	43.6
C	42.6	40.8	42.9	43.2	47.5	41.5	47.0	41.1	42.0	40.3	46.3	42.9	42.9	41.8	29.0	39.8	35.0	39.3	39.4	37.1
Q	60.7	57.3	59.3	55.9	46.5	57.1	59.5	52.1	55.5	47.3	54.1	56.8	52.8	48.9	37.0	49.9	48.2	49.8	50.8	44.7
E	63.1	61.1	63.0	62.6	47.2	65.2	65.3	56.2	59.2	50.5	58.1	62.3	57.7	52.1	39.7	55.5	52.4	51.2	53.7	46.4
G	44.8	46.2	48.9	48.9	42.9	46.4	48.1	44.6	46.4	41.7	45.0	45.8	45.8	42.0	51.2	43.9	43.9	42.5	40.6	39.5
H	51.5	49.9	48.9	50.5	49.3	51.9	55.4	48.5	50.4	41.4	48.4	47.4	51.1	43.5	29.8	44.8	37.6	40.3	45.2	39.0
I	51.6	47.4	46.0	44.8	42.6	49.8	48.6	45.2	41.7	37.7	46.9	46.3	46.1	41.3	36.4	39.4	33.3	44.2	36.1	35.2
L	59.0	52.2	49.4	50.2	48.5	50.8	55.4	48.1	47.6	45.1	54.2	52.8	55.3	50.1	39.1	45.6	40.6	49.1	45.8	40.4
K	59.5	55.9	59.8	62.4	47.8	59.0	63.8	53.2	57.6	43.8	52.4	56.9	52.3	49.6	38.6	53.6	49.3	48.3	55.3	39.8
M	58.8	52.8	47.2	49.1	46.8	54.2	57.2	49.9	48.4	48.5	56.2	56.3	54.8	51.5	39.6	44.3	42.2	49.5	47.9	43.1
F	50.2	47.7	43.3	40.9	40.2	45.1	49.2	43.6	41.3	41.5	51.5	44.5	51.8	46.5	35.6	37.9	35.1	51.0	42.3	38.6
P	50.3	45.9	57.2	56.6	38.7	50.5	58.7	58.6	51.7	39.0	46.0	47.4	44.4	46.4	43.9	48.5	43.6	50.4	49.4	34.3
S	50.6	52.4	53.8	53.6	38.6	53.6	55.4	48.8	49.8	42.8	46.8	53.7	48.1	41.8	38.0	48.1	44.4	42.9	43.9	37.9
T	48.6	47.8	48.1	50.2	39.1	49.5	51.6	45.3	47.8	36.6	43.0	47.8	46.8	37.3	38.3	45.5	41.3	40.4	38.4	33.2
W	54.2	46.8	50.8	45.8	43.1	50.5	50.3	42.0	40.2	42.8	52.6	45.5	48.0	48.6	42.2	37.0	50.3	37.3	32.3	
Y	48.5	43.9	45.7	42.8	35.5	45.7	47.0	45.3	42.5	39.3	50.1	46.0	46.6	44.0	36.9	39.4	32.9	37.6	40.2	37.0
V	48.8	44.8	46.8	44.1	38.2	45.1	47.1	44.8	38.5	32.4	42.3	42.6	43.8	38.5	36.8	39.0	30.8	36.4	33.6	30.8

其中二氨基酸序列中位点曲线转角在 $72° \sim 90°$ 内取值的比例大于 50 % 的有 143 个, 是 400 个二肽中的 35.8 %, 比例大于 60 % 的有 15 个, 它们是 AA, AQ, AE, AL, RE, QA, EA, ER, EN, ED, EQ, EE, EK, KD, KE. 这些二肽显然比较容易形成 α 螺旋结构.

(3) 二氨基酸序列转角 ϕ 的频率分布如图 10.2.1 所示.

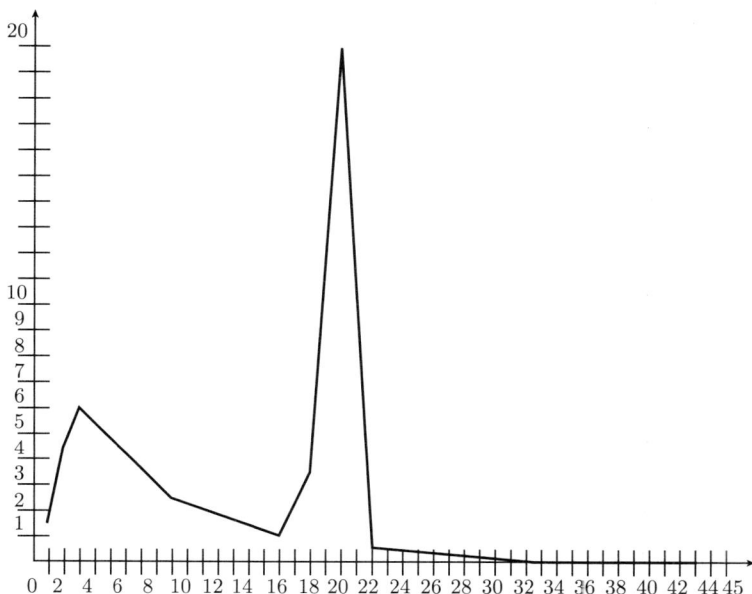

图 10.2.1 二氨基酸序列转角 ϕ 的频率分布图

图 10.2.1 中横坐标每格为 $4°$, 纵坐标每格为 1.0% 的频率.

10.2.3 蛋白质折叠系数的定义与计算

利用二肽的折叠系数就可得出任何氨基酸序列的折叠系数, 并由此建立蛋白质一级结构的折叠系数.

1.氨基酸序列的折叠系数

表 10.2.2 给出了二氨基酸序列中位点曲线的折叠系数, 记 $c(a, a'), a, a' \in V_{20}$, 是表 10.2.2 所给出的函数.

如果 $A = \{a_1, a_2, \cdots, a_n\}$ 是任何一个氨基酸序列, 其中 $a_i \in V_{20}$ 是该系列中第 i 个氨基酸, 那么定义

$$
\begin{cases}
c(\mathrm{A}) = \dfrac{1}{n-1} \sum_{i=1}^{n-1} c(a_i, a_{i+1}), \\
\sigma^2(\mathrm{A}) = \dfrac{1}{n-1} \sum_{i=1}^{n-1} [c(a_i, a_{i+1}) - c(\mathrm{A})]^2
\end{cases}
\tag{10.2.2}
$$

分别为序列 A 的折叠系数 (也就是二氨基酸序列折叠系数的平均值) 与方差.

2. 对 SP′06 数据库的计算

SP′06 数据库包含 250296 个蛋白质, 其中含 91694534 个氨基酸, 记该数据
库为

$$\Omega = \{A_1, A_2, \cdots, A_m\}, \tag{10.2.3}$$

其中 $m = 250296$ 为该数据库中蛋白质的总数, 而

$$A_s = (a_{s,1}, a_{s,2}, \cdots, a_{s,n_s}),$$

这里 n_s 为 A_s 蛋白质的长度. 按式 (10.2.2) 可计算其中每个蛋白质的折叠系数
$c_s = c(A_s), s = 1, 2, \cdots, m$. 计算结果在光盘 DATA1/10/10-2/10-2-1.CTX 文件中
给出, 对该文件说明如下.

(1) 该文件是一个 250296×5 的数据阵列, 其中 250296 是 SP′06 数据库中的
蛋白质个数.

(2) 该数据阵列中的 1, 2, 3, 4, 5 列分别是 SP′06 数据库中各蛋白质编号、长
度、**非正常元**个数、折叠系数与标准差.

(3) 该数据阵列中的第 3 列是 SP′06 数据库中各蛋白质中的非正常元个数, 其
中非正常元是指: 在蛋白质一级结构中出现的非 20 个正常氨基酸以外的其他记号,
一般都是不能确定的氨基酸记号. 其中折叠系数与标准差如式 (10.2.2) 定义.

3. 蛋白质的折叠系数

定义 10.2.1　　称由蛋白质一级结构数据库中各蛋白质所产生的折叠系数为**蛋
白质的折叠系数**.

4. 不同数据库折叠系数的统计特征比较分析

利用式 (10.2.2) 的定义就可对 PDB-Select 与 SP′06 数据库中所有蛋白质的折
叠系数的统计特征进行比较分析. 它们两种完全不同类型的数据库, 虽然规模相差
很大, 但它们的统计特征数却十分接近. 由此可见, 蛋白质的折叠系数虽然由 PDB-
Select 数据库产生, 但它有**普遍的意义**.

10.2.4　蛋白质的判定条件之二与判定结果

在 2.6 节中我们利用蛋白质的 M-PDF 给出了蛋白质的判定条件之一, 我们现
在利用蛋白质折叠系数来给出**蛋白质的判定条件之二**.

1. 蛋白质一级结构数据库的特征数

在光盘 DATA1/10/10-2/10-2-1.CTX 文件中, 我们已给出了蛋白质一级结构数
据库 SP′06 各蛋白质的折叠系数. 由此可以得到它们的加权平均值与标准差.

$$\begin{cases} \mu_c(\Omega) = \sum_{s=1}^m \dfrac{n_s}{n_0} c_c(A_s), \\ \sigma_c(\Omega) = \left\{ \sum_{s=1}^m \dfrac{n_s}{n_0} [c_s(A_s) - \mu_c(\Omega)]^2 \right\}^{1/2}, \\ w(\Omega) = \dfrac{\sigma_c(\Omega)}{\mu_c(Om)}, \end{cases} \tag{10.2.4}$$

其中 $n_0 = n_1 + n_2 + \cdots + n_m$ 为所有蛋白质长度的总和, 而 $w(\Omega)$ 是相对标准差.

2. 特征数的计算结果

利用光盘 DATA1/10/10-2-1.CTX 文件或直接对 SP′06 数据库的计算, 可以得到它们的加权平均值与标准差为

$$(\mu_c(\Omega), \sigma_c(\Omega), w(\Omega)) = (0.9143, 0.019, 0.022). \tag{10.2.5}$$

由此可见, 在 SP′06 数据库中, 各蛋白质一级结构的折叠系数是十分稳定的.

3. 蛋白质的判定条件之二

对任何一个氨基酸序列 A, 按式 (10.2.2) 的计算公式可以得到它的折叠系数 $c(A)$, 这时我们可以选择一个适当的正数 γ, 如果满足条件

$$\mu_c(\Omega) - \gamma\sigma_c(\Omega) < c(A) < \mu_c(\Omega) + \gamma\sigma_c(\Omega), \tag{10.2.6}$$

那么就可判定氨基酸序列 A 可能是一个蛋白质.

说明   与判定条件之一相似, 判定条件之二也只是一个必要条件, 也就是一个氨基酸序列 A 是一个蛋白质的必要条件是需同时满足判定条件之一与之二. 反之, 一个氨基酸序列 A 即使满足判定条件之一与之二, 但还不能保证它一定是蛋白质.

4. 计算结果

如果取 $\gamma = 2$, 这时有

$$\begin{cases} \mu_c(\Omega) - \gamma\sigma_c(\Omega) = 0.8763, \\ \mu_c(\Omega) + \gamma\sigma_c(\Omega) = 0.9523, \end{cases} \tag{10.2.7}$$

那么可以判定:

(1) 在 SP′06 数据库中, 有 92.4% 满足式 (10.2.6) 的条件, 由此说明, 该判定条件对绝大部分蛋白质是适用的.

(2) 在 SP′06 数据库中, 不满足式 (10.2.6) 的条件的蛋白质有 19C3 条, 占 SP′06 数据库的 7.6 %, 其中相当一部分是长度较短的蛋白质, 也有一部分是出现非正常元的蛋白质.

(3) 在光盘 DATA0 文件夹的随机序列数据库中, 我们选取 5000 条, 每条长度为 200AA 的氨基酸序列, 对这 5000 条氨基酸序列计算它们的折叠系数, 得到最小与最大值分别是 0.7862, 0.8666. 用式 (10.2.6) 与式 (10.2.7) 可以判定, 这 5000 条由随机序列参数构成的氨基酸序列没有一条能形成蛋白质结构.

因此可以看到, 蛋白质中位点曲线的折叠系数是一个氨基酸序列能否形成蛋白质结构的判定指标.

10.3　多氨基酸序列侧链的运动

在第 6 章中, 我们已详细讨论了单氨基酸侧链的运动状况, 在 9.2 节中讨论了多肽的中位点曲线中几种不同参数的结构性质, 本节主要讨论在二肽与三氨基酸序列中有关 B 原子与各氨基酸梢点的运动问题, 各氨基酸的梢点已在表 7.5.1 中定义.

10.3.1　多氨基酸序列主链与侧链的关系图

我们以 B 原子为侧链的代表说明多氨基酸序列主链与侧链的关系结构.

1. 四氨基酸序列主链与侧链的关系图

在多氨基酸序列的小三角形拼接带中, 主链与侧链上分子官能团的相互空间结构关系特征可以从图 10.3.1 的结构进行说明.

对图 10.3.1 作以下说明.

(1) 图 10.3.1 由 (a), (b), (c) 三组图组成, 其中图 (a) 说明了在四氨基酸序列主链的小三角形拼接带展开成一平面带时, 侧链与主链的相互关系图. 这时侧链的位置用一个 B 原子 (C_β 原子) 代表, 与 B 原子相连的是不同氨基酸的侧链, 它们分别在主链平面的上下位置上交替排列.

(2) 图 (b) 与图 (c) 分别说明了四氨基酸序列主链的小三角形拼接带当主链在空间发生扭动时的图形, 其中图 (b.1), (b.2) 分别是主链三角形拼接带成 E 时的结构, 图 (c.1), (c.2) 分别是主链三角形拼接带成 Z 型结构时的结构.

(3) 我们仍可把图 10.3.1 看做一个点线图, 其中由粗黑线连接的弧为 1 阶弧 (由共价键组成的弧), 由细黑线连接的弧为 2 阶弧. A_i—B_i 之间由共价键连接, 我们没有标记.

图 10.3.1 只是一个简略图, 它只是 4 个四面体 $\Delta_i = \Delta(N_i, A_i, C_i, B_i)$, $i = 1, 2, 3, 4$ 的组合.

图 10.3.2 比图 10.3.1 复杂, 在每个氨基酸中, 除了 N_i, A_i, C_i, B_i 原子外, 还同时考虑该氨基酸中的 O_i, H_i, HA_i 原子.

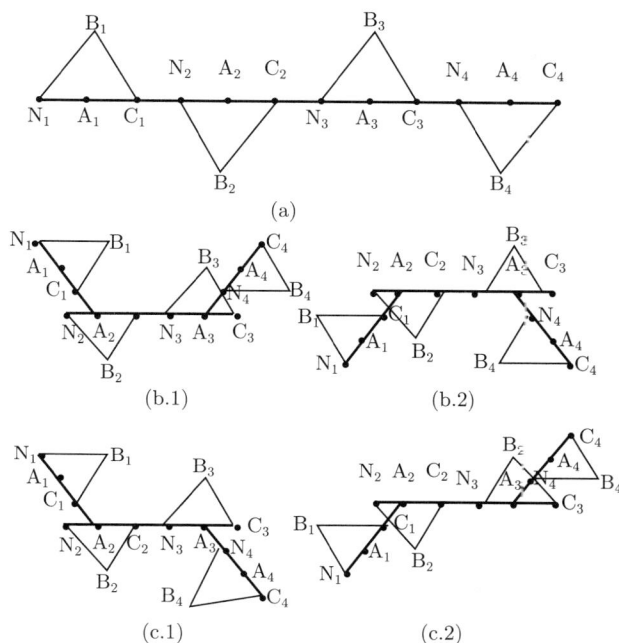

图 10.3.1 三蛋白质主链与侧链的关系图

2. 四氨基酸序列主链与侧链的结构描述

对四氨基酸序列主链与侧链的结构分析仍由两部分组成, 即稳定部分与不稳定部分.

(1) 在稳定部分中除了四面体 $\Delta_i = \Delta(N_i, A_i, C_i, B_i)$, $i = 1, 2, 3, 4$ 外, 还有四边形

$$\Sigma_i = \Sigma(A_i, C_i, O_i, N_{i+1}, A_{i+1}, H_{i+1}), \quad i = 1, 2, 3. \tag{10.3.1}$$

在式 (10.3.1) 的每个四边形 Σ_i 中的 6 个点保持共面, 如图 10.1.2 所示.

(2) 在不稳定部分中, 主要三角形

$$\delta(N_i, A_i, C_i) \ \text{与} \ \delta(A_i, C_i, N_{i+1}), \delta(C_i, N_{i+1}, A_{i+1}) \ \text{与} \ \delta(N_{i+1}, a_{i+1}, C_{i+1}) \tag{10.3.2}$$

之间的扭角, 其中 $i = 1, 2, 3$. 我们记为 $\psi_1, \cdots, \psi_6$. 在这 6 个扭角中 (ψ_1, ψ_2) 与 (ψ_3, ψ_4) 与 (ψ_5, ψ_6) 实际上的类型相同, 对扭角 (ψ_1, ψ_2) 的特征数与分布情况在 8.2.1 节中已详细讨论.

3. 四氨基酸序列主链与侧链的结构分析

对图 10.3.1 与图 10.3.2 所给出的四氨基酸序列主链与侧链的结构关系, 需要讨论与分析的问题如下.

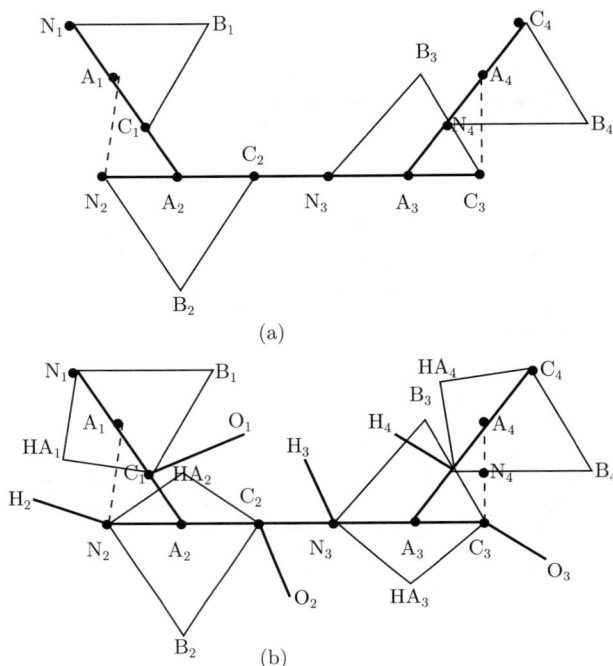

图 10.3.2　三氨基酸序列中部分分子官能团的关系图

(1) 6 扭角中 $\psi_1, \cdots, \psi_6$ 包含关系的综合分析, 计算它们的相关性与在不同四氨基酸序列下的特征变化.

(2) 由于主链中的扭角变化, 必然会引起各 B 原子间的距离变化, 本节将讨论 B_1B_2 与 B_1B_3 的距离变化, 及它们与扭角变化的关系问题.

(3) 如果记各氨基酸的梢点为 Γ, 在 6.5 节中已讨论了 A, B 原子与梢点间的距离变化关系, 本节将讨论 $\Gamma_1\Gamma_2$ 与 $\Gamma_1\Gamma_3$ 的距离变化及它们与扭角变化的关系问题.

(4) 为了分析这些点在氨基酸空间结构中的形态特征, 我们还需要构建三氨基酸序列的活动坐标系, 并分析这些点在活动坐标系下的运动情况.

10.3.2　主要计算结果与初步统计分析

对一个固定的四氨基酸序列, $A_i\Gamma_i, i = 1,2,3,4$ 的计算结果与它们的运动特征已在 6.5 节给出, 因此我们只计算 10.3.1 节中给出的 10 个参数就可.

1. 主要计算结果

(1) 主要计算结果在光盘 DATA1/10/10-3/10-3-1.CTX,10-3-2.CTX 文件中给出, 这是 2 个 700510×14 的数据阵列.

(2) 在这 2 个文件中, 14 列的数据分别代表四氨基酸序列的四氨基酸编号、在四氨基酸序列中 6 个扭角、B_1B_2, B_1B_3, $\Gamma_1\Gamma_2$ 与 $\Gamma_1\Gamma_3$ 的距离.

(3) 文件 10-3-1.CTX 中的四氨基酸序列是按蛋白质的次序排列, 10-3-2.CTX 文件是按四氨基酸序列中氨基酸 2 与 3 的编号次序排列.

2. 初步统计计算结果与分析

由 10-3-1.CTX, 10-3-2.CTX 文件可得到初步统计计算结果如下.

(1) 光盘 DATA1/10/10-3/10-3-3.CTX 是对每个蛋白质中的 10 个参数作它们的平均值与标准差. 在整个数据库中对 10 个参数作它们的平均值与标准差如表 10.3.1 所示.

表 10.3.1　10 参数的平均值与标准差数据表

	(1)	(2)	(3)	(4)	(5)	(6)	(7)	(8)	(9)	(10)
平均值	211.934	255.893	212.153	259.163	212.344	255.924	5.429	7.204	7.857	9.135
标准差	108.818	61.808	108.886	63.823	108.954	61.841	0.630	1.167	2.224	2.668

表 10.3.1 中 (1)~(6) 为 $\psi_1, \cdots, \psi_6$, (7)~(10) 为对 B_1B_2, B_1B_3, $\Gamma_1\Gamma_2$ 与 $\Gamma_1\Gamma_3$ 的距离的统计计算结果.

(2) 由表 10.3.1 可以看到, 在一般情况下, 有 B_1B_2 小于 B_1B_3, $\Gamma_1\Gamma_2$ 小于 $\Gamma_1\Gamma_3$, 但也有相反的情形出现, 如 B_1B_2 大于 B_1B_3 的四氨基酸序列数目有 55503 个, 占四氨基酸序列总数的 1.56 %. $\Gamma_1\Gamma_2$ 大于 $\Gamma_1\Gamma_3$ 的四氨基酸序列数目有 2269783 个, 占四氨基酸序列总数的 6.36 %.

(3) 光盘 DATA1/10/10-3/10-3-5.CTX 是对固定氨基酸 2, 3 后的统计计算结果, 得到有关的数据, 如固定氨基酸 2, 3 后的四氨基酸序列数、10 个参数的平均值与标准差、6 扭角的协方差矩阵与相关矩阵.

由这些初步统计分析可以看到, 这些参数的波动性都较大, 在 10-3-1.CTX 文件中可以看到, 扭角 ψ_1, ψ_2 与 $\psi_3, \psi_4, \psi_5, \psi_6$ 的取值只是行、列的错位.

10.3.3　两组六原子点的结构分析

如果有 3 个相连的氨基酸 a_1, a_2, a_3, 就会出现两组六原子点, A, C, O, H′, N′, A′, A′, C′, O′, H″, N″, A″(如果 a_2, a_3 为脯氨酸, 则将 H′, H″ 用 CD′, CD″ 代替). 我们对它作结构分析.

1. 结构特征的分析与说明

(1) 对这两组六原子点可看做 2 个四边形 $\Sigma = \Sigma(\text{A, C, O, H′, N′, A′})$, $\Sigma' = \Sigma(\text{A′, C′, O′, H″, N″, A″})$, A′ 是它们公共的连接点.

(2) 为表达这两组六原子点的空间关系, 我们首先确定 A, A′, A″ 这 3 点的转角 ϕ.

(3) 如果三角形 $\delta($ A, A$'$, A$''$) 确定, 那么它们分别与四边形 Σ, Σ' 有公共边 AA$'$, A$'$A$''$. 如果把四边形 Σ, Σ' 看做平面, 那么它们分别绕公共边 AA$'$, A$'$A$''$ 旋转, 分别记它们的二面角 (扭角) 为 ψ_1, ψ_2.

(4) 由此可知, 对这两组六原子点的空间形态大体可用转角 ϕ 与扭角 ψ_1, ψ_2 确定. 它们的关系图如图 10.3.3 所示.

图 10.3.3(a) 是 A, A$'$, A$''$, 3 点成一直线的情形, 图 (b) 是一般空间形态图.

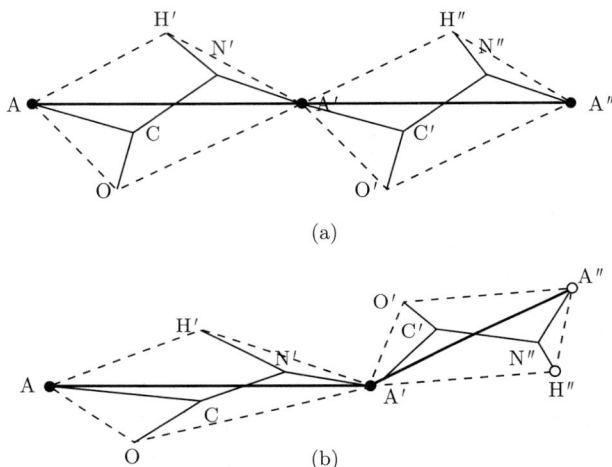

(a)

(b)

图 10.3.3　二组 A, C, O, CD$'$, N$'$, A$'$6 原子点的结构图

2. 特征数的计算法 I

依据以上的分析与说明, 由蛋白质结构数据库可作以下计算.

(1) 在每个蛋白质中依次取相连的氨基酸 a_1, a_2, a_3, 并记录它们的两组六原子点, A, C, O, H$'$, N$'$, A$'$, A$'$, C$'$, O$'$, H$''$, N$''$, A$''$. 因为在蛋白质结构数据库中许多蛋白质并不记录氢原子 H 的空间位置, 也为了避免脯氨酸的例外, 我们只取 A, C, O, N$'$, A$'$, C$'$, O$'$, N$''$, A$''$ 这九原子点的空间位置.

(2) 利用余弦定理 $|AA''|^2 = |AA'|^2 + |A'A''|^2 - 2|AA'| \cdot |A'A''| \cos(\pi - \phi)$ 就可得到转角 ϕ.

(3) 记三角形 $\delta(A, O, A')$, $\delta(A, A', A'')$, $\delta($ A$'$, O$'$, A$'')$ 平面所在的法向量分别为 $\boldsymbol{b}_i = (x_i, y_i, z_i), i = 1, 2, 3$. 法向量的方向按右手螺旋法则确定.

(4) 扭角 ψ_1, ψ_2 按以下公式确定:

$$\arccos(\psi_1) = \langle \boldsymbol{b}_1, \boldsymbol{b}_2 \rangle, \quad \arccos(\psi_2) = \langle \boldsymbol{b}_2, \boldsymbol{b}_3 \rangle. \tag{10.3.3}$$

因为两组六原子点接近共面, 所有在实际计算中只取 A, A$'$, A$''$, O, O$'$ 就可以.

它们的结构关系如图 10.3.4 所示.

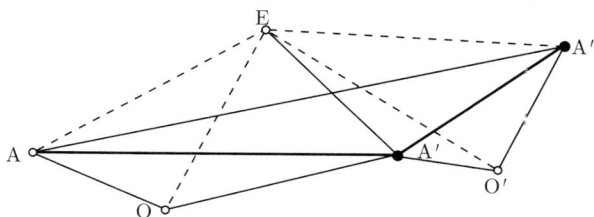

图 10.3.4　A, A′, A″, O, O′ 五原子点的结构关系图

3. 特征数的计算法 II

除了特征数的计算法 I 之外, 还可给出另外一种计算法. 关于 A, A′, A″ 的转角 ϕ 与计算法 I 相同, 其他步骤如下.

(1) 三角形 $\delta(A, O, A′)$ 与 $\delta(A′, O′, A″)$ 交线为 L, 该交线必过 A′ 点. 在该交线上任取一点为 E, 对 E 点只要求四面体 $\Delta(A, A′, A″, E)$ 的镜像值为正. 记它的扭角为 ψ_3.

(2) 由 E 点分别与 A, A′A″, O, O′ 作连接线, 这时 E, A, O, A′ 这 4 点共面, 而且 E, A′, O′, A″ 这 4 点共面, 这 2 个平面分别记为 π_1, π_2, 它们的交线为 A′E.

(3) 平面 π_1 与 π_2 的二面角记为 ψ_4. 因此 ϕ, ψ_3, ψ_4 也能确定这两组六原子点的形态特征.

10.3.4　计算结果与分析

1. 计算结果

利用计算法对 PDB-Select 数据库的计算结果在光盘 ⊃ATA1/10/10-3 文件夹中给出. 对其中有关文件说明如下.

(1) 在光盘 DATA1/10/10-3 文件夹中包含 10-3-6.CTX,10-3-7.CTX 10-3-8.ctx 这 3 个文件, 其中 10-3-6.CTX,10-3-7.CTX 分别是 2 个 731541×6 与 728338×6 的数据阵列, 而 10-3-8.CTX 是个 400×20 的数据阵列.

(2) 在文件 10-3-6.CTX 与 10-3-7.CTX 中的 6 个列分别是三氨基酸的编号与 ϕ, ψ_1, ψ_2 的计算结果, 其中 10-3-6.CTX 是按蛋白质编号的次序排列, 对不同蛋白质用 888.0, 888.0, 888.0, x, y, z 的时间行给以分隔, 其中 x, y, z 分别是蛋白质的编号、长度 (氨基酸的个数) 与对该蛋白质测量到底原子个数.

(3) 文件 10-3-7.CTX 是按三氨基酸序列中三氨酸编号的次序排列. 文件 10-3-8.CTX 是个 400×20 的数据阵列, 它们是在 PDB-Selct 数据库中同类三氨基酸序列出现的次数.

2. 计算结果统计

对光盘 DATA1/10/10-3 文件夹中有关文件的计算结果分析如下.

(二) 由光盘文件 10-3-5.CTX 可得到 ϕ, ψ_1, ψ_2 这 3 个参数的平均值与标准差为

$$\begin{pmatrix} 16.08 & 109.67 & 160.20 \\ 14.84 & 49.06 & 105.23 \end{pmatrix}.$$

(2) 这 3 个参数的协方差矩阵与相关矩阵分别为

$$\Sigma = \begin{pmatrix} 220.193 & -140.186 & 968.228 \\ -140.186 & 2406.960 & 779.902 \\ 968.228 & 779.902 & 11073.730 \end{pmatrix}, \quad \rho = \begin{pmatrix} 1.000 & -0.193 & 0.620 \\ -0.193 & 1.000 & 0.151 \\ 0.620 & 0.151 & 1.000 \end{pmatrix}.$$

$$(10.3.4)$$

(3) ϕ 参数的频数与频率分布如表 10.3.2 所示.

表 10.3.2 ϕ 参数的频数与频率(百分比)分布表

0~9	9~18	18~27	27~36	36~45	45~54	54~63	> 63
256362	70967	98572	103886	79583	20347	219	0
35.198	9.744	13.534	14.263	10.927	2.794	0.030	0.000

表 10.3.2 中的第 1 行是角度的范围, 第 2,3 行分别是 ϕ 参数在相应的角度范围内出现的频数与频率 (百分比).

(4) ψ_1, ψ_2 参数的频数与频率联合分布如表 10.3.3 所示.

表 10.3.3 ψ_1, ψ_2 参数的频数与频率(千分比)联合分布表

	(1)	(2)	(3)	(4)	(5)	(6)	(7)	(8)	(9)	(10)
(1)	52	26	61	78	140	184	152	139	135	574
(2)	120	90	157	218	256	269	181	171	133	1374
(3)	618	491	682	828	784	572	323	171	123	2015
(4)	2493	1871	2501	2629	2322	1512	531	218	122	2968
(5)	6784	5027	6733	6873	5887	3564	1049	348	137	3271
(6)	21089	16072	38681	50139	35930	20853	9352	3029	301	3094
(7)	10284	8596	19498	21941	16317	9534	4235	1204	118	3213
(8)	433	287	575	748	631	373	181	70	19	2752
(9)	28	28	33	57	56	36	26	20	11	671
(10)	6	8	12	13	24	20	6	5	1	59
(11)	6	8	12	22	38	63	42	22	12	32
(12)	17	22	52	124	258	325	316	166	54	74
(13)	46	73	138	196	320	500	444	312	136	169
(14)	125	75	134	173	251	360	307	329	205	268
(15)	288	129	168	230	325	306	244	228	196	341
(16)	272	127	220	248	311	258	174	128	90	240

续表

	(1)	(2)	(3)	(4)	(5)	(6)	(7)	(8)	(9)	(10)
(17)	67	37	64	87	111	149	129	118	87	201
(18)	27	25	21	43	101	135	148	153	90	231
(19)	19	17	22	43	90	140	142	152	122	224
(20)	22	18	41	60	123	166	147	149	125	252
	(11)	(12)	(13)	(14)	(15)	(16)	(17)	(18)	(19)	(20)
(1)	628	275	316	296	281	184	33	20	11	13
(2)	1724	1247	1533	1361	1190	845	232	81	29	40
(3)	2571	2279	4047	4179	3671	2383	1182	462	241	303
(4)	3660	2925	6621	8843	8726	6047	3334	1812	990	1319
(5)	4085	3103	7413	12840	15502	10679	5873	3128	1636	2078
(6)	3977	3068	6542	11707	14979	10873	5427	2707	1197	1405
(7)	4103	3575	7837	11438	13456	9831	5366	2614	993	956
(8)	3475	2706	7289	12041	10971	6726	3324	1471	486	299
(9)	823	612	1633	3516	3346	1996	919	469	118	65
(10)	76	47	92	218	292	186	109	57	27	17
(11)	33	14	29	52	95	78	29	32	13	17
(12)	62	9	9	23	39	32	31	28	14	13
(13)	133	11	27	63	110	156	211	152	59	94
(14)	213	38	187	592	1390	2256	2939	2511	1224	1548
(15)	319	91	170	434	1444	2393	2576	2649	1929	2690
(16)	239	81	133	174	483	688	690	707	626	918
(17)	197	82	139	175	230	222	193	147	118	146
(18)	225	82	149	265	344	254	159	76	32	39
(19)	187	39	61	80	91	69	37	19	7	8
(20)	242	81	58	79	97	63	24	15	8	14
	(1)	(2)	(3)	(4)	(5)	(6)	(7)	(8)	(9)	(10)
(1)	0.07	0.04	0.08	0.11	0.19	0.25	0.21	0.19	0.19	0.79
(2)	0.16	0.12	0.22	0.30	0.35	0.37	0.25	0.23	0.18	1.89
(3)	0.85	0.67	0.94	1.14	1.08	0.79	0.44	0.23	0.17	2.77
(4)	3.42	2.57	3.43	3.61	3.19	2.08	0.73	0.30	0.17	4.08
(5)	9.31	6.90	9.24	9.44	8.08	4.89	1.44	0.48	0.19	4.49
(6)	28.95	22.07	53.11	68.84	49.33	28.63	12.34	4.16	0.41	4.25
(7)	14.12	11.80	26.77	30.12	22.40	13.09	5.81	1.65	0.16	4.41
(8)	0.59	0.39	0.79	1.03	0.87	0.51	0.25	0.10	0.03	3.78
(9)	0.04	0.04	0.05	0.08	0.08	0.05	0.04	0.03	0.02	0.92
(10)	0.01	0.01	0.02	0.02	0.03	0.03	0.01	0.01	0.00	0.08
(11)	0.01	0.01	0.02	0.03	0.05	0.09	0.06	0.03	0.02	0.04
(12)	0.02	0.03	0.07	0.17	0.35	0.45	0.43	0.23	0.07	0.10
(13)	0.06	0.10	0.19	0.27	0.44	0.69	0.51	0.43	0.19	0.23
(14)	0.17	0.10	0.18	0.24	0.34	0.49	0.42	0.45	0.28	0.37
(15)	0.40	0.18	0.23	0.32	0.45	0.42	0.34	0.31	0.27	0.47

续表

	(1)	(2)	(3)	(4)	(5)	(6)	(7)	(8)	(9)	(10)
(16)	0.37	0.17	0.30	0.34	0.43	0.35	0.24	0.18	0.12	0.33
(17)	0.09	0.05	0.09	0.12	0.15	0.20	0.18	0.16	0.12	0.28
(18)	0.04	0.03	0.03	0.06	0.14	0.19	0.20	0.21	0.12	0.32
(19)	0.03	0.02	0.03	0.06	0.12	0.19	0.19	0.21	0.17	0.31
(20)	0.03	0.02	0.06	0.08	0.17	0.23	0.20	0.20	0.17	0.35
	(11)	(12)	(13)	(14)	(15)	(16)	(17)	(18)	(19)	(20)
(1)	0.86	0.38	0.43	0.41	0.39	0.25	0.05	0.03	0.02	0.02
(2)	2.37	1.71	2.10	1.87	1.63	1.16	0.32	0.11	0.04	0.05
(3)	3.53	3.13	5.56	5.74	5.04	3.27	1.62	0.63	0.33	0.42
(4)	5.03	4.02	9.09	12.14	11.98	8.30	4.58	2.49	1.36	1.81
(5)	5.61	4.26	10.18	17.63	21.28	14.66	8.06	4.29	2.25	2.85
(6)	5.46	4.21	8.98	16.07	20.57	14.93	7.45	3.72	1.64	1.93
(7)	5.63	4.91	10.76	15.70	18.47	13.50	7.37	3.59	1.36	1.31
(8)	4.77	3.72	10.01	16.53	15.06	9.23	4.56	2.02	0.67	0.41
(9)	1.13	0.84	2.24	4.83	4.59	2.74	1.26	0.64	0.16	0.09
(10)	0.10	0.06	0.13	0.30	0.40	0.26	0.15	0.08	0.04	0.02
(11)	0.05	0.02	0.04	0.07	0.13	0.11	0.04	0.04	0.02	0.02
(12)	0.09	0.01	0.01	0.03	0.05	0.04	0.04	0.04	0.02	0.02
(13)	0.18	0.02	0.04	0.09	0.15	0.21	0.29	0.21	0.08	0.13
(14)	0.29	0.05	0.26	0.81	1.91	3.10	4.04	3.45	1.68	2.13
(15)	0.44	0.12	0.23	0.60	1.98	3.29	3.54	3.64	2.65	3.69
(16)	0.33	0.11	0.18	0.24	0.66	0.94	0.95	0.97	0.86	1.26
(17)	0.27	0.11	0.19	0.24	0.32	0.30	0.26	0.20	0.16	0.20
(18)	0.31	0.11	0.20	0.36	0.47	0.35	0.22	0.10	0.04	0.05
(19)	0.26	0.05	0.08	0.11	0.12	0.09	0.05	0.03	0.01	0.01
(20)	0.33	0.11	0.08	0.11	0.13	0.09	0.03	0.02	0.01	0.02

表 10.3.3 由 2 个模块组成, 即频数与频率 (千分比) 模块. 第 1 行与第 1 列是角度的范围, 其中 (i) 表示角度的取值为 $(18(i-1), 18i)$. 因此表中第 i 行、j 列的数据是 ψ_1, ψ_2 参数在 $(18(i-1), 18i) \times (18(j-1), 18j)$ 区域中取值的频数与频率 (千分比).

3. 计算结果分析

由以上各计算结果文件与统计表可以看到 ϕ, ψ_1, ψ_2 这 3 个参数的一些结构特征.

(1) 由式 (10.3.2) 可以看到这 3 参数的波动性都很大, 而 ϕ 与 ψ_1, ψ_1 与 ψ_2 参数的相关性较小.

(2) 由表 10.3.2 可以看到, ϕ 参数的取值绝大部分在 54° 以下, 最多不超过 63°.

(3) 由表 10.3.3 可以看到 ψ_1, ψ_2 参数的联合分布比较复杂, ψ_1 角主要集中在 $(18, 162)$ 与 $(234, 270)$ 区域内, 而 ψ_2 的取值分布比较分散.

10.4 侧链在活动坐标系中的运动分析

为讨论 B 原子与梢点在蛋白质中的综合运动情况, 先构建它们的活动坐标系.

10.4.1 二肽与三氨基酸序列的活动坐标系

我们先构建由二肽与三氨基酸序列产生的活动坐标系, 再分析 B 原子与梢点在相应活动坐标系在的运动特征.

1. 有关记号

在二肽与三氨基酸序列中, 涉及多个原子与它们的运动参数, 我们先引进与这些运动有关的记号和参数.

(1) 记 $a, b, c \in V_{20}$ 是 3 个相连的氨基酸, 它们的 B 原子与梢点分别记为 B_x, Γ_x, $x \in \{a, b, c\}$. 每个氨基酸不变部分的原子分别记为 N_x, A_x, C_x, O_x, H_x, HA_x, $x \in \{a, b, c\}$.

为了简单起见, 在三氨基酸中的原子分别为 N,N′,N″, 对其他的 A,C,B,Γ 等原子也类似定义.

(2) 除了甘氨酸与丙氨酸外, 其他 18 种氨基酸的梢点仍由表 7.2.1 确定. 其中如果一个氨基酸 x 侧链同时有 2 个梢点, 那么就取 Γ_x 是 2 个梢点的中点. 对甘氨酸与丙氨酸需要单独计算.

(3) 为了计算 $a, b \in V_{20}$ 与 $a, b, c \in V_{20}$ 氨基酸中 B 原子 B_x 与梢点 Γ_x 的运动状况, 我们先要确定它们的活动坐标系. 为了区别, 二肽与三肽的活动坐标系分别记为 $\mathcal{E}_2, \mathcal{E}_3$.

2. $\mathcal{E}_2$ 中的有关记号

参考图 10.4.1, 构造活动坐标系 $\mathcal{E}_2$ 如下.

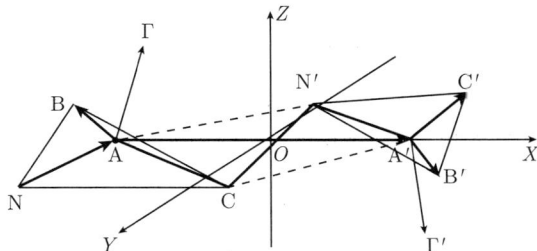

图 10.4.1 由双氨基酸确定的 $\mathcal{E}_2$ 与有关原子的示意图

(1) 取 A, A′ 原子的中点 O 为原点, 由有向线段 AA′ 确定的直线为 X 轴. 因

此取 $i = \dfrac{\overrightarrow{OA'}}{|\overrightarrow{OA'}|}$ 为 X 轴上的基.

(2) 取 A, A', N' 所确定的平面为 XY 平面, 在该平面中取过 O 点与 AA' 垂直的直线为 Y 轴, Y 轴的指向与 ON' 方向一致. 因为单位向量 j 过 O 点, 在 XY 平面中与 X 轴垂直, 且 $\langle j, \overrightarrow{ON'} \rangle > 0$. 这时 j 为 Y 轴上的基.

(3) 取 XY 平面的法向量 k 为 Z 轴上的基, 因此

$$k = \frac{\overrightarrow{OA'} \times \overrightarrow{ON'}}{|\overrightarrow{OA'} \times \overrightarrow{ON'}|}. \tag{10.4.1}$$

(4) 因为 i, j, k 成右手系, 所以有 $i \times j = k$ 或 $j = k \times i$ 成立.

因为 i, k 可直接由 A, A′, N′ 的坐标计算得到, 所以可以先计算这 2 个基, 再计算 j.

3. $\mathcal{E}_3$ 中的有关记号

参考图 10.4.2, 构造活动坐标系 $\mathcal{E}_3$ 如下.

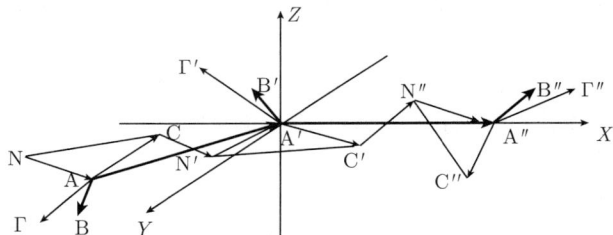

图 10.4.2　由三氨基酸确定的 $\mathcal{E}_3$ 与有关原子的示意图

(1) 取 A′ 原子为原点, 由有向线段 A′A″ 确定的直线为 X 轴. 因此取 $i = \dfrac{\overrightarrow{A'A''}}{|\overrightarrow{A'A''}|}$ 为 X 轴上的基.

(2) 取 A, A′, A″ 所确定的平面为 XY 平面, 在该平面中取过 A′ 点与 A′A″ 垂直的直线为 Y 轴, Y 轴的指向与 A′A 方向一致. 因此单位向量 j 过 A′ 点, 在 XY 平面中与 X 轴垂直, 且 $\langle j, \overrightarrow{A'A} \rangle > 0$. 这时 j 为 Y 轴上的基.

(3) 取 XY 平面的法向量 k 为 Z 轴上的基, 因此

$$k = \frac{\overrightarrow{A'A''} \times \overrightarrow{A'A}}{|\overrightarrow{A'A''} \times \overrightarrow{A'A}|}. \tag{10.4.2}$$

(4) 同样地, 取 $i \times j = k$ 或 $j = k \times i$ 成立, 而且可直接由 A, A′, A″ 的坐标计算得到, 所以可以先计算这 2 个基 i, k, 再计算向量 j.

10.4.2 B 与 Γ 原子的运动坐标

本节的目的是计算 B, B′, Γ, Γ′ 在 $\mathcal{E}_2$ 与 B, B′, B″Γ, Γ′, Γ″ 在 $\mathcal{E}_3$ 坐标系中的直角坐标与极坐标. 对它们的相互之间的距离与坐标系的选择无关, 我们已在 9.3 节中给出.

1. 计算类型

(1) 甘氨酸与丙氨酸是两个特殊的氨基酸, 它们没有梢点, 因此可把甘氨酸中的 A 原子看做 B 与梢点 Γ, 把丙氨酸中的 B 原子看做梢点 Γ.

(2) 在 $\mathcal{E}_2$ 系统中, B, B′ 与 Γ, Γ′ 这 4 点在 $\mathcal{E}_2$ 坐标系中的直角坐标与极坐标有 24 个参数, 但我们关心的是它们之间的一些距离关系.

(3) 在 $\mathcal{E}_3$ 系统中, B, B′, B″ 与 Γ, Γ′, Γ″ 这 6 点在 $\mathcal{E}_3$ 坐标系中的直角坐标与极坐标有 36 个参数, 但我们关心的是它们之间的一些距离关系.

2. 计算结果

同样在 PDB-Select 数据库中, 我们分别在 $\mathcal{E}_2, \mathcal{E}_3$ 系统中计算 B, B′, B″Γ, Γ′, Γ″ 的直角坐标与极坐标, 计算结果在光盘 DATA1/10/10-4 文件夹中给出, 对其中的文件说明如下.

(1) 10-4-10.CTX 是二肽中 10 原子的数据文件, 该文件是一个 706868×34 的数据阵列, 其中 1,2 列分别是氨基酸代码、3,4 列分别是氨基酸梢点代码、5~34 列分别是 N1, A1,C1,B1,Γ1 与 N2, A2,C2,B2,Γ2 这 10 原子的坐标, Γ1, Γ2 分别是氨基酸 1 与 2 的梢点代码.

(2) 10-4-20.CTX 是三肽中 15 原子的数据文件, 该文件是一个 706868×51 的数据阵列, 其中 1,2, 3 列分别是三氨基酸代码、4,5,6 列分别是三氨基酸梢点代码、7~51 列分别是 N1, A1,C1,B1,Γ1, N2, A2,C2,B2,Γ2 与 N3, A3,C3,B3, Γ3 这 15 原子的坐标.

(3) 10-4-11.CTX,10-4-13.CTX 是对 10-4-10.CTX 文件计算的继续. 其中 10-4-11.CTX 是 10-4-10.CTX 文件中各原子在活动坐标系 $\mathcal{E}_2$ 中直角坐标与极坐标, 而 10-4-12.CTX 是由 10-4-10.CTX 所产生的活动坐标系与部分原子的距离关系.

因此, 10-4-11.CTX 是一个 706865×64 的数据阵列, 1, 2, 3, 4 列的含义与 10-4-10.CTX 文件相同, 5~64 列的数据分别是 N1, A1, C1, B1. Γ1 与 N2, A2,C2,B2,Γ2 这 10 原子在活动坐标系 $\mathcal{E}_2$ 中的直角坐标与极坐标.

其中 10-4-13.CTX 是一个 706871×6 的数据阵列, 其中 1,2 列的含义与 10-4-10.CTX 文件相同, 3,4,5,6 列的数据分别是 A1Γ1, A2Γ2, E1B2, Γ1Γ2 的距离.

(4) 10-4-21.CTX,10-4-22.CTX 是对 10-4-20.CTX 文件计算的继续, 它们的关系与本段 (3) 中的关系相同. 其中 10-4-21.CTX 是一个 706865×83 的数据阵列,

1,2,3 列的含义与 10-4-20.CTX 文件相同, 4~83 列的数据分别是 N1, A1, C1, B1, Γ1, N2, A2, C2, B2, Γ2 与 N3, A3, C3, B3, Γ3 这 15 原子在活动坐标系 $\mathcal{E}_3$ 中的直角坐标与极坐标. 因为 A2 是原点, A3 在 X 轴上, A1 在 XY 平面上, 所以它们的 $(x, y, z), (y, z), z$ 都为零, 故我们省略不记.

10-4-22.CTX 是一个 706865×8 的数据阵列, 其中 1,2,3 列的含义与 10-4-20.CTX 文件相同, 4~8 列的数据分别是原子点偶 A1Γ1, A2Γ2, A3Γ3, B1B3, Γ1Γ3 的距离.

3. 简单的统计计算

在光盘 DATA1/10/10-4 文件夹中 10-4-12.CTX,10-4-22.CTX,10-4-25.CTX 这些文件是对 10-4-11.CTX,10-4-13.CTX,10-4-21.CTX 对这些数据文件的简单统计, 计算结果如下.

(1) 文件 10-4-12.CTX 与 10-4-22.CTX 分别对文件 10-4-11.CTX 与 10-4-21.CTX 按不同的二肽或三肽中作它们的特征数统计, 也就是在同一类型的二肽或三肽中的同一数据计算它们的平均值与标准差. 因此 10-4-12.CTX 是一 400×123 的数据阵列, 其中第 1, 2 列是二肽二氨基酸的编号, 第 3 列是该二肽在数据库出现的数目, 后 120 列是该二肽中 10 原子 30 个直角与极坐标的平均值与标准差.

文件 10-4-22.CTX 的数据结构与 10-4-12.CTX 相似, 它是一 7643×164 的数据阵列, 其中第 1, 2, 3 列是三肽三氨基酸的编号, 第 4 列是该三肽在数据库出现的数目, 后 160 列是该三肽中 15 原子 45 个直角与极坐标的平均值与标准差. 其中有些列省略的数据与文件 10-4-21.CTX 相同, 另外一些三肽在数据库并不出现, 因此不作统计.

它是一 400×123 的数据阵列, 其中第 1, 2 列是二肽二氨基酸的编号, 第 3 列是该二肽在数据库出现的数目, 后 120 列是该二肽中 10 原子 30 个直角与极坐标的平均值与标准差或三肽中.

(2) 在 10-4-12.CTX 与 10-4-22.CTX 的文件中, 分别对不同的二肽与三肽中 10 个或 15 个原子点的距离进行计算, 它们的平均值与标准差的计算结果在 10-4-22.CTX 与 10-4-25.CTX 文件中给出. 对它们在活动坐标系中坐标的总体特征数如表 10.4.1 和表 10.4.2 所示.

表 10.4.1 中第 1 行的 (1) 是原子与坐标, (2) 是相应坐标的平均值, (3) 是相应坐标的标准差. 表 10.4.1 分左右 2 个模块, 左边的模块是直角坐标变化的特征数, 右边的模块是极坐标变化的特征数.

表 10.4.2 各行、列数的含义与表 10.4.1 相同.

表 10.4.1　　二肽中 10 原子在 $\mathcal{E}_2$ 中坐标的总体特征数表

(1)	(2)	(3)	(1)	(2)	(3)	(1)	(2)	(3)	(1)	(2)	(3)
N1-x	-2.378	0.424	N2-x	0.542	0.276	N1-x	2.745	0.324	N2-x	0.679	0.287
N1-y	0.319	0.982	N2-y	0.405	0.102	N1-y	0.265	157.424	N2-y	-0.071	37.734
N1-z	-0.041	0.857	N2-z	0.000	0.000	N1-z	89.841	18.558	N2-z	90.151	0.151
A1-x	-1.944	0.232	A2-x	1.944	0.232	A1-x	1.944	0.232	A2-x	1.944	0.232
A1-y	0.000	0.000	A2-y	0.000	0.000	A1-y	0.556	180.060	A2-y	0.000	0.000
A1-z	0.000	0.000	A2-z	0.000	0.000	A1-z	90.151	0.151	A2-z	90.151	0.151
C1-x	-0.517	0.279	C2-x	2.436	0.315	C1-x	0.754	0.282	C2-x	2.828	0.257
C1-y	-0.474	0.244	C2-y	-0.233	0.662	C1-y	0.423	133.242	C2-y	-0.006	16.181
C1-z	-0.022	0.133	C2-z	1.033	0.686	C1-z	91.145	7.418	C2-z	67.887	14.687
B1-x	-2.439	0.354	B2-x	2.656	0.322	B1-x	2.790	0.361	B2-x	2.929	0.360
B1-y	0.003	0.501	B2-y	0.775	0.584	B1-y	0.015	171.164	B2-y	-0.051	19.187
B1-z	-0.102	1.255	B2-z	-0.483	0.629	B1-z	92.190	26.807	B2-z	99.585	12.800
G1-x	-3.410	1.616	G2-x	3.182	1.586	G1-X	4.515	1.592	G2-x	4.407	1.610
G1-y	0.091	1.410	G2-y	1.108	1.576	G1-y	-0.207	163.822	G2-y	-0.080	33.986
G1-z	-0.103	2.586	G2-z	-1.469	1.874	G1-z	90.504	34.998	G2-z	109.822	24.432

表 10.4.2　　三肽中 15 原子在 $\mathcal{E}_3$ 中坐标的总体特征数表

(1)	(2)	(3)	(1)	(2)	(3)	(1)	(2)	(3)	(1)	(2)	(3)
N1-x	-1.208	1.752	B2-x	-0.502	0.270	N1-x	4.525	0.577	B2-x	1.406	0.417
N1-Y	3.808	0.777	B2-y	-0.927	0.369	N1-Y	-0.103	109.509	B2-y	0.044	114.530
N1-z	-0.289	1.046	B2-z	-0.841	0.369	N1-z	94.367	13.835	B2-z	117.432	36.993
A1-x	-1.024	1.216	G2-x	-1.474	1.607	A1-x	3.887	0.517	G2-x	3.255	1.682
A1-y	3.523	0.606	G2-y	-1.735	1.589	A1-y	0.020	107.966	G2-y	-0.159	123.881
C1-x	-0.576	0.898	G2-z	-1.055	1.429	Aq-z	90.202	0.201	G2-z	104.023	38.675
C1-y	2.223	0.560	N3-x	2.473	0.555	C1-x	2.514	0.559	N3-x	2.511	0.558
C1-z	0.398	0.296	N3-y	0.078	0.255	C1-y	-0.008	106.809	N3-y	-0.002	6.339
B1-x	-1.330	1.361	N3-z	0.007	0.322	C1-z	80.613	6.420	N3-z	89.645	7.221
B1-y	4.099	0.730	A3-x	3.887	0.516	B1-x	4.582	0.570	A3-x	3.887	0.516
B1-z	0.001	0.614	C3-x	4.374	0.558	B1-y	-0.057	109.677	A3-z	90.202	0.201
G1-x	-1.660	2.353	C3-y	-0.158	0.924	B1-z	90.033	7 721	C3-x	4.601	0.528
G1-y	5.095	1.745	C3-z	0.392	0.999	G1-x	6.123	1.611	C3-y	-0.007	12.226
G1-z	-0.036	1.668	B3-x	4.596	0.537	G1-y	-0.116	110.586	C3-z	84.909	12.967
N2-x	-0.439	0.365	B3-y	0.364	0.676	G1-z	90.267	15.517	B3-x	4.756	0.543
N2-y	1.280	0.169	B3-z	-0.095	0.985	N2-x	1.454	0.012	B3-y	-0.013	9.651
N2-z	-0.294	0.224	G3-x	5.120	1.637	N2-y	-0.035	110.252	B3-z	91.082	11.906
C2-x	1.419	0.083	G3-y	0.521	1.910	N2-z	101.618	9.114	G3-x	5.965	1.631
C2-y	-0.099	0.350	G3-z	-0.430	2.298	C2-x	1.520	0.012	G3-y	-0.022	21.650
C2-z	-0.039	0.412				C2-y	-0.005	14.792	G3-z	93.540	22.751
						C2-z	91.534	15.871			

4. 简单的统计分析

由表 10.4.1 和表 10.4.2 可得到一些简单的统计分析结果如下.

(1) 由表 10.4.1 和表 10.4.2 可以看到, B 原子与梢点 Γ 的极角 θ 的平均值都大于 $90°$(或 z 坐标的平均值为负值), 由此说明, 这些点的大部分位置在活动坐标系 $\mathcal{E}_2$ 或 $\mathcal{E}_3$ 的 XY 平面的下方, 但 B 点与 Γ 点的偏下位置相差不大.

(2) 由表 10.4.1 和表 10.4.2 还可以看到, B 原子与梢点 Γ 的极角 φ 的平均值都接近于 0, 但标准差都很大 (大于 $100°$), 由此说明, 这些点的极角 $|\varphi|$ 在 $180°$ 附近波动, 而且取正、负值的比例大体相同.

(3) 因为 A, C, N′, A′4 点接近共面, 所以 C 点在 $\mathcal{E}_2$ 坐标系中的 z 坐标接近 0.A1, A2, A3 是 $\mathcal{E}_3$ 坐标系中的 XY 平面, 故它们的 z 坐标都是 0.

为了对 B 原子与梢点 Γ 的极角 φ 在不同二肽或三肽中的运动状况作更深入的分析, 还要结合光盘 DATA1/10/10-4 文件夹中的各数据文件作进一步的分析讨论.

10.4.3　B 原子点与梢点 Γ 在不同二肽与三肽的不同类型

在 10.4.2 节中我们已给出了 B 原子点与梢点 Γ 在二肽与三肽中的结构与运动情况, 并给出了它们在活动坐标系中的坐标与距离计算, 在本节中再对它们作更精确的计算.

1. 不同类型中的 B 原子与梢点 Γ 的类型

因为在甘氨酸中 B 原子与梢点 Γ 都取为 A 原子点. 而在丙氨酸中, 梢点 Γ 取为 B 原子, 所以对它所产生的计算效果是明显不同的, 要作区分讨论. 它们所形成的不同类型如下.

(1) 在对 B 原子的计算中, 二肽的不同类型有 XY, XG, GY GG 这 4 种, 而三肽有 XYZ, XYG, XGY, GXY, XGG, GYG, GGZ, GGG 这 8 种不同类型, 其中 X,Y,Z 是除了甘氨酸外的其他 19 种氨基酸.

(2) 在对梢点 Γ 的计算中, 二肽的不同类型有 XY, XA, AY, AA, XG, GY, GG, AG, GA 这 9 种.

(3) 而三肽的类型有

| XYZ | XYA | XAZ | AYZ | XAA | AYA | AAZ | XYG | XGZ | GYZ | XGG | GYG | GGZ |
| XAG | AYG | AGZ | XGA | GYA | GAZ | GGA | GAG | AGG | AAG | AGA | GAA | AAA | GGG |

共 27 种不同类型, 其中 X, Y, Z 是除了甘氨酸与丙氨酸外的其他 18 种氨基酸.

2. 不同类型氨基酸中的 B 原子与梢点 Γ 的计算

不同类型氨基酸中的 B 原子与梢点 Γ 的计算在光盘 DATA1/10/10-4/10-4-25.CTX 中给出, 在二肽中的 B1B2, G1G2 的计算结果如表 10.4.3 所示.

表 10.4.3　不同二肽中点点偶 B_1B_2, $\Gamma_1\Gamma_2$ 的距离特征数统计表

5.57	5.67	5.73	5.62	5.67	5.62	5.60	4.86	5.65	5.72	5.63	5.65	5.61	5.65	5.70	5.62	5.66	5.67	5.63	5.71
5.49	5.46	5.60	5.55	5.57	5.50	5.48	4.81	5.49	5.65	5.55	5.41	5.55	5.56	5.52	5.51	5.57	5.57	5.52	5.64
5.48	5.48	5.64	5.58	5.57	5.59	5.54	4.79	5.46	5.65	5.59	5.56	5.78	5.50	5.56	5.55	5.56	5.55	5.56	5.67
5.53	5.55	5.66	5.61	5.77	5.56	5.52	4.83	5.72	5.70	5.62	5.52	5.60	5.65	5.63	5.57	5.51	5.62	5.03	5.71
5.49	5.50	5.55	5.54	5.68	5.49	5.47	4.81	5.54	5.64	5.59	5.50	5.59	5.60	5.55	5.40	5.47	5.54	5.55	5.62
5.58	5.60	5.79	5.79	5.71	5.61	5.58	4.86	5.68	5.71	5.58	5.56	5.57	5.61	5.53	5.57	5.56	5.61	5.61	5.66
5.48	5.53	5.67	5.59	5.60	5.53	5.53	4.81	5.47	5.62	5.50	5.52	5.48	5.46	5.59	5.54	5.58	5.54	5.53	5.63
5.47	5.58	5.67	5.56	5.65	5.54	5.49	4.85	5.40	5.59	5.51	5.58	5.33	5.48	5.60	5.51	5.50	5.61	5.55	5.60
5.47	5.49	5.59	5.51	5.63	5.52	5.42	4.80	5.51	5.61	5.56	5.44	5.55	5.59	5.57	5.44	5.54	5.56	5.55	5.61
5.48	5.56	5.67	5.63	5.59	5.58	5.54	4.85	5.53	5.61	5.50	5.56	5.52	5.51	5.63	5.56	5.59	5.52	5.53	5.63
5.54	5.63	5.72	5.64	5.63	5.63	5.59	4.86	5.60	5.62	5.60	5.64	5.56	5.62	5.71	5.60	5.67	5.64	5.62	5.71
5.41	5.54	5.53	5.52	5.45	5.45	5.43	4.73	5.58	5.57	5.58	5.41	5.46	5.68	5.31	5.41	5.34	5.33	5.50	5.60
4.68	4.70	4.78	4.75	4.70	4.69	4.70	3.87	4.67	4.70	4.69	4.69	4.67	4.69	4.70	4.62	4.62	4.62	4.69	4.71
5.46	5.43	5.53	5.46	5.63	5.46	5.37	4.84	5.49	5.59	5.54	5.41	5.52	5.55	5.47	5.46	5.46	5.57	5.53	5.60
5.48	5.49	5.57	5.52	5.59	5.33	5.44	4.83	5.59	5.61	5.59	5.48	5.57	5.61	5.56	5.45	5.52	5.54	5.57	5.62
5.52	5.59	5.63	5.58	5.20	5.59	5.64	4.82	5.61	5.59	5.57	5.56	5.58	5.58	5.65	5.54	5.54	5.56	5.59	5.64
5.46	5.40	5.57	5.44	5.61	5.49	5.44	4.84	5.50	5.59	5.59	5.36	5.58	5.60	5.44	5.45	5.45	5.60	5.56	5.59
5.41	5.44	5.35	5.43	5.60	5.41	5.36	4.81	5.46	5.57	5.55	5.35	5.54	5.57	5.41	5.40	5.45	5.49	5.50	5.54
5.48	5.39	5.57	5.50	5.65	5.48	5.46	4.83	5.42	5.61	5.56	5.47	5.60	5.63	5.60	5.48	5.53	5.59	5.57	5.60
5.46	5.50	5.58	5.51	5.61	5.47	5.46	4.85	5.48	5.57	5.52	5.46	5.52	5.55	5.56	5.50	5.51	5.52	5.52	5.57
0.50	0.42	0.49	0.57	0.53	0.41	0.57	0.59	0.32	0.42	0.56	0.32	0.41	0.51	0.47	0.56	0.61	0.44	0.75	0.52
0.47	1.01	0.60	0.46	0.58	0.48	0.44	0.56	0.50	0.43	0.48	0.50	0.52	0.51	0.56	0.58	0.54	0.49	0.46	0.54
0.84	0.45	0.87	0.82	0.48	0.46	0.63	0.51	0.32	0.48	0.41	0.60	0.57	0.60	0.45	0.46	0.52	0.50	0.47	0.56
0.49	0.44	0.50	0.70	0.52	0.42	0.43	0.46	0.46	0.52	0.88	0.63	0.52	0.48	0.52	0.42	0.66	0.48	0.57	0.47

续表

0.52	0.50	0.52	0.52	0.32	0.43	0.39	0.51	0.42	0.42	0.43	0.60	0.45	0.44	0.38	0.50	0.09	0.09	0.09	0.08	0.09	0.08	0.09	0.10	0.05	0.07
0.53	0.50	0.53	0.53	0.35	0.42	0.54	0.51	0.53	0.53	0.48	0.46	0.51	0.41	0.58	0.42	0.13	0.08	0.08	0.10	0.09	0.09	0.09	0.11	0.06	0.07
0.34	0.63	0.49	0.33	0.23	0.50	0.52	0.56	0.79	0.46	0.59	0.50	0.55	0.85	0.42	0.51	0.07	0.07	0.07	0.08	0.06	0.11	0.08	0.06	0.04	0.09
0.73	0.49	0.50	0.44	0.34	0.37	0.43	0.46	0.39	0.43	0.74	0.60	0.77	0.41	0.42	0.39	0.08	0.10	0.08	0.08	0.12	0.08	0.09	0.09	0.06	0.06
0.89	0.61	0.55	0.51	0.27	0.48	0.50	0.63	0.51	0.49	0.72	1.13	0.50	0.42	0.45	0.68	0.08	0.08	0.09	0.10	0.15	0.11	0.10	0.10	0.04	0.08
0.61	0.59	0.78	0.78	0.25	0.51	0.57	0.51	0.52	0.56	1.22	0.69	0.60	0.95	0.55	0.54	0.10	0.09	0.09	0.11	0.10	0.10	0.14	0.16	0.04	0.09
0.48	0.48	0.53	0.50	0.31	0.48	0.53	0.53	0.45	0.58	0.73	0.52	0.45	0.55	0.49	0.48	0.09	0.09	0.10	0.09	0.08	0.08	0.09	0.10	0.05	0.08
0.6b	0.37	0.35	0.74	0.41	0.42	0.43	0.51	1.01	0.36	0.46	0.45	0.37	0.63	0.42	0.39	0.07	0.09	0.10	0.08	0.11	0.06	0.06	0.15	0.07	0.07
0.47	1.26	0.44	0.36	0.24	0.47	0.41	0.71	0.40	0.44	0.49	0.38	0.57	0.41	0.42	0.40	0.10	0.08	0.09	0.11	0.08	0.22	0.08	0.07	0.04	0.08
0.57	0.49	0.51	0.45	0.32	0.46	0.52	0.50	0.65	0.41	0.48	0.47	0.52	0.41	0.43	0.45	0.10	0.08	0.07	0.15	0.10	0.08	0.09	0.09	0.05	0.08
0.46	0.48	0.52	0.57	0.28	0.56	0.45	0.48	0.38	0.49	0.50	0.62	0.47	0.52	0.50	0.45	0.07	0.07	0.08	0.09	0.08	0.08	0.09	0.11	0.05	0.10
0.26	0.33	0.43	0.11	0.60	0.35	0.42	0.45	0.28	0.48	0.31	0.33	0.26	0.24	0.33	0.30	0.06	0.09	0.05	0.08	0.04	0.06	0.07	0.02	0.10	0.06
0.57	0.46	0.57	0.58	0.20	0.49	0.55	0.47	0.46	0.56	0.67	0.52	0.42	0.36	0.51	0.55	0.12	0.11	0.10	0.09	0.12	0.09	0.12	0.15	0.04	0.10
0.56	0.39	0.65	0.44	0.25	0.43	0.45	0.44	0.40	0.46	0.64	0.70	0.58	0.58	0.49	0.49	0.10	0.08	0.11	0.07	0.10	0.07	0.12	0.09	0.04	0.07
0.46	1.02	0.48	0.40	0.47	0.49	0.48	0.46	0.55	0.46	0.55	0.41	0.57	0.36	0.51	0.46	0.07	0.08	0.08	0.07	0.08	0.19	0.08	0.08	0.08	0.08
1.18	0.53	1.01	0.47	0.25	0.48	0.50	0.55	0.49	0.56	0.54	0.43	0.39	0.87	0.48	0.53	0.09	0.10	0.08	0.09	0.22	0.09	0.17	0.09	0.04	0.08
0.63	0.61	0.58	0.51	0.33	0.45	0.54	0.57	0.87	0.42	0.47	0.88	0.49	0.48	0.43	0.56	0.10	0.08	0.14	0.12	0.11	0.11	0.10	0.10	0.06	0.08
0.54	0.57	0.67	0.49	0.33	0.46	0.56	0.55	0.42	0.51	0.60	0.47	0.63	0.56	0.40	0.46	0.09	0.11	0.16	0.09	0.09	0.10	0.12	0.10	0.06	0.08
0.60	0.41	0.46	0.67	0.34	0.43	0.43	0.50	0.58	1.31	0.58	0.54	0.56	0.41	0.40	0.41	0.07	0.18	0.08	0.08	0.10	0.07	0.08	0.13	0.06	0.07
0.55	0.38	0.40	0.47	0.23	0.47	0.47	0.42	0.40	0.56	0.50	0.61	0.47	0.48	0.44	0.54	0.09	0.08	0.15	0.08	0.09	0.07	0.07	0.09	0.04	0.08

续表

0.08	0.07	0.10	0.09	0.09	0.08	0.08	0.11	0.07	0.08	0.09	0.07	0.07	0.09	0.10	0.08	0.07	0.09	0.09	0.07
0.07	0.09	0.10	0.10	0.10	0.08	0.08	0.10	0.08	0.08	0.09	0.13	0.09	0.09	0.09	0.11	0.08	0.10	0.09	0.09
0.07	0.10	0.07	0.15	0.08	0.10	0.07	0.10	0.05	0.06	0.11	0.07	0.19	0.08	0.09	0.09	0.07	0.13	0.09	0.07
0.10	0.23	0.09	0.07	0.10	0.08	0.08	0.11	0.08	0.08	0.07	0.07	0.06	0.10	0.10	0.08	0.07	0.08	0.09	0.07
0.09	0.10	0.11	0.08	0.07	0.10	0.11	0.14	0.05	0.08	0.08	0.08	0.08	0.13	0.22	0.13	0.13	0.10	0.08	0.07
0.11	0.09	0.08	0.16	0.07	0.07	0.12	0.11	0.06	0.11	0.08	0.07	0.08	0.09	0.12	0.21	0.10	0.09	0.08	0.07
0.08	0.10	0.11	0.09	0.07	0.10	0.10	0.09	0.05	0.08	0.09	0.10	0.06	0.08	0.10	0.09	0.14	0.10	0.09	0.10
0.08	0.07	0.10	0.08	0.15	0.06	0.10	0.07	0.04	0.09	0.07	0.07	0.11	0.10	0.17	0.07	0.07	0.15	0.07	0.07
0.07	0.07	0.07	0.15	0.08	0.09	0.08	0.10	0.06	0.09	0.07	0.07	0.07	0.08	0.09	0.08	0.07	0.07	0.10	0.07
0.07	0.07	0.07	0.07	0.08	0.08	0.09	0.11	0.05	0.08	0.08	0.07	0.06	0.08	0.09	0.12	0.06	0.09	0.07	0.06
0.09	0.07	0.07	0.10	0.09	0.08	0.08	0.11	0.05	0.08	0.08	0.07	0.06	0.08	0.09	0.12	0.06	0.09	0.07	0.08
5.46	8.72	6.07	6.24	6.09	7.17	7.19	4.68	6.47	6.62	6.58	8.51	7.55	7.80	3.85	5.89	6.16	8.63	9.08	6.06
9.10	11.10	9.11	8.75	9.50	10.19	9.75	8.51	9.97	10.04	9.88	11.22	10.84	10.20	7.61	9.36	9.53	11.45	10.49	9.66
6.93	9.76	7.25	7.59	7.51	8.28	8.18	6.06	8.06	8.06	8.15	9.36	8.92	9.18	4.94	7.07	7.46	10.03	10.01	7.50
6.76	9.32	7.21	7.29	7.36	7.89	8.06	5.79	7.14	7.89	8.02	8.88	8.80	9.17	4.62	6.82	7.28	10.02	9.87	7.27
6.64	9.81	7.32	7.52	6.62	8.42	8.42	5.66	7.61	7.63	7.72	9.87	8.63	8.51	4.72	7.08	7.29	9.54	9.73	6.98
7.66	10.49	7.80	8.13	8.19	8.81	8.97	6.91	8.03	8.76	8.76	10.23	9.41	9.50	5.69	7.93	8.28	10.59	9.85	8.25
7.65	10.13	7.65	7.76	8.33	8.69	8.65	6.92	8.09	8.64	8.71	9.61	9.47	9.78	5.85	7.86	8.19	10.48	10.12	8.19
4.85	8.24	5.72	5.77	5.47	6.59	6.78	3.87	5.80	6.09	6.12	7.79	7.28	7.16	3.14	5.25	5.48	7.92	8.21	5.35
7.21	0.85	7.13	7.54	7.48	8.51	8.15	6.10	7.41	7.68	8.21	9.19	8.63	9.23	4.86	7.10	7.44	10.54	10.06	7.24
7.58	10.56	8.24	8.42	8.10	9.31	9.31	6.62	8.47	8.57	8.58	10.58	9.37	9.33	5.94	7.96	8.29	10.25	10.37	8.26
7.24	10.37	7.94	8.08	7.59	9.00	8.96	6.46	8.23	8.07	8.01	10.31	8.88	8.59	5.18	7.63	7.80	9.95	10.12	7.59
8.94	11.37	8.67	8.42	9.65	9.91	9.50	8.23	8.79	10.07	10.02	10.98	11.02	10.41	7.25	9.18	9.30	11.22	9.31	9.63
7.99	11.00	8.67	8.75	8.16	9.54	9.59	7.21	8.93	8.82	8.66	11.08	9.24	8.98	6.11	8.34	8.54	10.19	10.08	8.44
8.52	11.51	9.13	9.39	8.64	10.25	10.00	7.88	9.95	9.23	8.85	11.41	9.51	9.19	6.76	8.97	9.14	9.44	10.65	8.78
6.42	9.36	6.81	6.76	6.96	7.55	7.14	5.78	7.19	7.57	7.52	9.14	8.40	8.24	5.36	6.67	6.85	8.13	8.90	7.00
5.87	8.66	6.27	6.38	6.66	7.08	7.22	4.97	7.02	7.20	7.11	8.21	7.78	8.30	4.36	5.95	6.39	8.95	9.07	6.52

续表

6.21	9.47	7.11	6.82	7.92	7.93	5.56	7.40	7.39	9.20	8.33	8.42	4.47	6.69	6.88	9.44	9.35	6.67
8.23	11.22	9.10	8.27	9.67	10.27	7.87	8.97	8.67	11.19	9.57	9.37	6.99	8.87	9.11	9.85	10.91	8.79
9.62	12.18	9.74	10.07	10.70	10.64	8.96	10.39	10.06	11.89	10.83	10.66	7.88	9.89	10.14	11.62	11.48	9.96
6.15	9.52	6.82	6.75	8.08	8.01	5.24	7.39	7.32	9.44	8.23	8.21	4.42	6.62	6.93	9.35	9.43	6.74
0.50	1.36	1.05	0.96	1.09	1.19	0.59	0.79	0.91	1.42	1.11	1.73	0.71	0.74	0.89	1.41	2.01	0.58
1.35	2.99	2.49	1.91	2.30	2.43	1.30	1.91	2.04	2.60	2.22	3.24	1.22	1.67	1.80	2.88	3.89	1.47
1.10	1.83	1.52	1.14	1.49	1.68	0.92	1.14	1.11	1.97	1.56	1.83	0.86	1.25	1.25	1.58	2.20	0.99
0.92	2.06	1.40	1.18	1.59	1.58	0.94	1.16	1.37	2.16	1.43	1.81	0.91	1.31	1.30	1.58	2.27	1.01
0.86	1.42	1.23	1.81	1.35	1.42	1.01	1.17	1.21	1.52	1.58	1.88	0.87	1.22	1.09	1.74	2.08	0.98
0.83	2.00	1.61	1.33	2.01	1.63	0.93	1.23	1.30	2.30	1.54	2.56	1.19	1.25	1.24	2.09	3.20	0.90
0.82	2.14	1.73	1.57	1.67	1.76	0.95	1.36	1.38	2.31	1.58	2.30	1.27	1.28	1.29	2.06	3.02	0.99
0.47	1.29	0.83	0.71	1.00	0.90	0.58	0.78	0.69	1.23	1.12	1.28	0.86	0.69	0.79	1.34	1.45	0.57
0.98	2.03	1.59	1.42	1.91	1.77	1.08	1.89	1.26	1.68	1.86	1.91	1.20	1.53	1.28	1.35	2.55	1.35
0.72	1.74	1.31	1.27	1.36	1.36	0.78	1.27	1.25	1.67	1.48	2.16	0.81	1.07	1.11	2.02	2.40	0.80
0.65	1.52	1.13	1.13	1.20	1.25	0.71	1.04	1.17	1.42	1.49	2.22	0.78	0.84	0.97	1.86	2.38	0.68
1.20	2.47	2.43	1.46	2.06	2.32	1.25	1.55	1.63	2.50	1.93	2.93	1.15	1.59	1.61	2.76	4.18	1.26
1.01	1.91	1.56	1.54	1.53	1.67	0.92	1.55	1.70	1.81	2.37	2.80	1.20	1.22	1.25	2.55	3.07	1.16
1.38	2.36	1.65	1.76	1.80	2.02	1.35	1.71	1.94	2.05	2.34	2.63	1.13	1.45	1.48	3.09	2.86	1.42
0.81	1.83	1.34	1.13	1.81	2.13	0.71	1.18	1.10	1.76	1.36	2.10	1.25	1.18	1.28	2.60	2.39	0.75
0.90	1.84	1.46	1.16	1.55	1.62	0.83	1.21	1.23	1.95	1.63	1.65	0.93	1.46	1.33	1.57	1.99	1.03
0.75	1.60	1.18	1.10	1.35	1.38	0.75	0.99	1.06	1.59	1.24	1.69	0.77	0.98	1.13	1.50	2.12	0.71
2.09	2.78	1.94	2.51	2.49	2.14	1.51	2.31	2.52	2.73	2.78	2.84	1.70	1.80	1.96	3.27	2.69	1.76
1.56	2.74	2.10	1.75	2.62	2.48	1.61	1.89	2.32	3.07	2.67	2.68	1.25	1.74	1.86	3.22	3.20	1.61
0.54	1.35	1.09	0.97	1.06	1.21	0.56	0.86	0.91	1.31	1.22	1.70	0.63	0.89	0.77	1.50	1.79	0.60
0.09	0.15	0.16	0.15	0.15	0.16	0.12	0.11	0.13	0.16	0.14	0.22	0.18	0.12	0.14	0.16	0.22	0.09

续表

0.14	0.15	0.13	0.12	0.10	0.10	0.09	0.13	0.09	0.08	0.13	0.12	0.16	0.12	0.15	0.12	0.25	0.16	0.08
0.26	0.18	0.22	0.14	0.19	0.21	0.15	0.20	0.16	0.14	0.21	0.17	0.20	0.19	0.21	0.16	0.24	0.22	0.14
0.24	0.22	0.17	0.18	0.21	0.22	0.14	0.27	0.16	0.16	0.26	0.17	0.19	0.20	0.21	0.19	0.21	0.23	0.16
0.28	0.20	0.19	0.16	0.19	0.20	0.14	0.21	0.15	0.14	0.28	0.17	0.17	0.19	0.22	0.16	0.20	0.20	0.15
0.20	0.15	0.16	0.27	0.16	0.18	0.13	0.19	0.15	0.14	0.15	0.18	0.20	0.16	0.17	0.16	0.30	0.17	0.14
0.22	0.18	0.20	0.16	0.22	0.19	0.15	0.22	0.14	0.13	0.20	0.16	0.17	0.24	0.21	0.17	0.25	0.24	0.13
0.24	0.20	0.19	0.16	0.18	0.20	0.13	0.21	0.14	0.13	0.24	0.17	0.20	0.29	0.22	0.17	0.20	0.23	0.15
0.15	0.15	0.16	0.17	0.13	0.13	0.15	0.17	0.11	0.11	0.15	0.12	0.17	0.12	0.16	0.13	0.19	0.17	0.10
0.25	0.22	0.26	0.13	0.26	0.20	0.19	0.25	0.20	0.19	0.27	0.22	0.16	0.21	0.19	0.23	0.21	0.24	0.18
0.19	0.14	0.14	0.15	0.14	0.15	0.12	0.24	0.14	0.12	0.15	0.17	0.18	0.15	0.16	0.13	0.25	0.18	0.11
0.20	0.13	0.17	0.15	0.14	0.15	0.11	0.15	0.14	0.14	0.16	0.19	0.22	0.14	0.17	0.14	0.29	0.23	0.12
0.23	0.21	0.24	0.15	0.22	0.24	0.15	0.18	0.15	0.13	0.22	0.16	0.17	0.19	0.23	0.17	0.24	0.25	0.13
0.20	0.17	0.16	0.18	0.16	0.16	0.15	0.21	0.15	0.16	0.17	0.25	0.24	0.16	0.21	0.11	0.29	0.24	0.14
0.31	0.19	0.19	0.22	0.27	0.23	0.17	0.20	0.23	0.25	0.28	0.31	0.28	0.25	0.19	0.20	0.30	0.25	0.20
0.16	0.17	0.19	0.18	0.20	0.21	0.27	0.24	0.13	0.15	0.15	0.19	0.16	0.23	0.21	0.17	0.24	0.15	0.14
0.17	0.17	0.19	0.17	0.15	0.16	0.13	0.21	0.13	0.11	0.17	0.14	0.16	0.17	0.24	0.14	0.20	0.17	0.13
0.18	0.16	0.17	0.15	0.15	0.15	0.14	0.17	0.13	0.12	0.17	0.14	0.16	0.18	0.20	0.16	0.21	0.18	0.11
0.25	0.15	0.15	0.18	0.19	0.19	0.16	0.12	0.19	0.18	0.24	0.25	0.32	0.32	0.17	0.15	0.33	0.27	0.16
0.37	0.21	0.23	0.21	0.32	0.29	0.17	0.25	0.23	0.23	0.44	0.30	0.26	0.26	0.21	0.22	0.24	0.27	0.19
0.15	0.13	0.13	0.14	0.10	0.12	0.10	0.18	0.09	0.08	0.13	0.13	0.16	0.10	0.15	0.10	0.08		

表 10.4.3 由 6 个模块组成, 每个模块是 20×20 的数据阵列, 它们分别是 B1B2, Γ1Γ2 在不同二肽下的平均值、标准差与相对标准差.

利用光盘 DATA1/10/10-4 中的文件 10-4-22.CTX 与 10-4-25.CTX 中给出, 在三肽中 B1B3, Γ1Γ3 的计算结果如表 10.4.4 所示.

表 10.4.4　　不同三肽中点偶 B1B3, Γ1Γ3 的距离特征数统计表

(1)	(2)	(3)	(4)	(5)	(6)	(7)	(8)	(9)	(10)	(11)	(12)	(13)	(14)
21	22	1	40917	3.760	3.727	1.525	7.202	8.6896	2.766	2.721	0.000	8.793	11.3136
21	1	22	40177	3.736	1.524	3.761	7.298	9.8898	2.720	0.000	2.733	7.461	13.3366
1	21	22	39983	1.525	3.765	3.781	7.306	8.4723	0.001	2.729	2.784	6.151	8.5127
21	1	1	5108	3.687	1.524	1.525	7.191	8.7612	2.660	0.000	0.001	8.865	9.9714
1	21	1	4820	1.524	3.780	1.524	7.306	7.3069	0.000	2.689	0.000	3.612	3.6120
1	1	21	4946	1.524	1.524	3.750	7.338	8.6465	0.000	0.001	2.699	9.119	11.1803
21	22	8	39056	3.771	3.694	0.000	6.827	8.3432	2.797	2.794	0.000	5.477	8.1511
21	8	22	39541	3.704	0.000	3.781	7.332	9.5647	2.795	0.000	2.789	5.865	14.3378
8	21	22	39889	0.000	3.775	3.701	6.943	7.9024	0.000	2.801	2.837	6.182	8.2490
21	8	8	3902	3.623	0.000	0.000	6.878	8.3326	2.804	0.000	0.000	3.939	7.0020
8	21	8	4052	0.000	3.745	0.000	6.242	6.2421	0.000	2.768	0.000	3.319	3.3191
8	3	21	3899	0.000	0.000	3.648	7.103	8.1191	0.000	0.000	2.854	5.565	8.1600
21	1	8	3952	3.747	1.525	0.000	6.785	8.3863	2.722	0.000	0.000	5.032	7.4899
1	21	8	4154	1.525	3.624	0.000	6.830	6.8301	0.000	2.805	0.000	3.292	3.2927
1	3	21	4079	1.525	0.000	3.795	7.300	8.2874	0.000	0.000	2.717	5.135	8.8399
21	8	1	3668	3.624	0.000	1.525	7.264	8.6717	2.775	0.000	0.000	4.019	9.0190
8	21	1	3674	0.000	3.745	1.524	6.743	6.7436	0.000	2.658	0.000	6.105	6.1058
8	1	21	3699	0.000	1.525	3.709	6.892	7.9074	0.000	0.000	2.765	10.128	9.7146
1	1	8	549	1.524	1.525	0.000	6.843	6.8433	0.000	0.000	0.000	4.376	4.3761
1	8	1	468	1.525	0.000	1.526	7.098	7.0982	0.000	0.000	0.000	3.213	3.2131
8	2	1	398	0.000	1.525	1.524	6.573	6.5739	0.000	0.000	0.000	3.068	3.0689
1	8	8	402	1.525	0.000	0.000	6.894	6.8949	0.001	0.000	0.000	4.699	4.6995
8	2	8	439	0.000	1.526	0.000	6.196	6.1968	0.000	0.000	0.000	8.405	8.4053
8	8	1	403	0.000	0.000	1.525	6.959	6.9596	0.000	0.000	0.000	2.744	2.7442
1	1	1	686	1.525	1.525	1.525	7.241	7.2412	0.000	0.000	0.000	2.761	2.7613
8	8	8	469	0.000	0.000	0.000	6.299	6.2996	0.000	0.000	0.000	12.933	12.9332
21	22	23	413538	3.752	3.751	3.746	7.262	9.4985	2.763	2.770	2.760	9.410	15.1423

表 10.4.4 中 (1)～(3) 分别是三肽的类型, (4) 是该类型中三肽的个数, (5)～(14) 分别是点偶 A1Γ1, A2Γ2, A3Γ3, B1B3, Γ1Γ3 的平均值与标准差. 另外, 氨基酸编号 1 为丙氨酸, 氨基酸编号 8 为甘氨酸, 氨基酸编号 21, 22, 23 为非丙氨酸与非甘氨酸的其他 18 种氨基酸.

由表 10.4.3 与表 10.4.4 可以看到不同氨基酸对点偶 A1Γ1, A2Γ2, A3Γ3, B1B2, B1B3, Γ1Γ2 与 Γ1Γ3 取值的影响.

第11章 结构域与侧链的修饰

在第 1 章 ∼ 第 10 章中, 我们已给出了蛋白质三维结构的基本模型与框架, 这是研究蛋白质空间结构的基础. 但实际上测量到的蛋白质要比这些模型更加复杂, 因此有必要作更深入的分析研究.

11.1 概　　论

为对蛋白质三维结构作更深入研究, 需要考虑的一个问题是对蛋白质中结构域的研究, 其中包括它的构造与侧链的修饰问题.

11.1.1　部分重复序列与结构域的构造问题

结构域的概念与部分重复序列的概念不同, 结构域是指在同一蛋白质中, 有两条或多条氨基酸序列出现, 而部分重复序列是指在结构域中还有部分氨基酸或原子重复出现, 而且还有多种记录表达与结构类型.

1. 关于 PDB 数据库中数据结构的说明

在 PDB 数据库中存在大量重复出现的数据, 针对这些重复数据的类型不同说明如下.

(1) 多肽链与它们的标记. 在 PDB 数据库中, 对不同的蛋白质经常出现多链的情形, 这就是一个蛋白质经常由几条链组成, 不同的链在原子空间结构的数据阵列中设置专门的一列, 用 A, B, C 等字母来标记这些不同的链.

(2) 结构域. 结构域是个生物学的概念, 是体现蛋白质的四级结构, 因此对它们有生物学的定义与说明. 大部分多肽链构成蛋白质中不同的结构域, 但也不一定一致. 为了简单, 本书我们把它们相同看待.

(3) 多 Model 结构. Model 的数据是磁共振测量过程中的产物, 它们的形成过程, 如何使用见有关网站的说明. 如 http://deposit.rcsb.org/depoinfo/print-nmr.html. http://www.pdb.org/pdb/101/static101, http://spdbv.vital-:t.ch/TheMo-lecularLevel 等.

在 PDB 数据库的原子空间坐标数据中, 不同的 Model 采用 Model-x 的行进行分隔, 其中 x 是 Model 的编号.

(4) 部分氨基酸或原子的重复出现. 在许多蛋白质中有许多片段会重复出现, 由此影响蛋白质的结构与功能, 而且还有多种不同的表达方式. 例如, 在 pdb1a3k.ent 蛋白质中的 Met(甲硫氨酸), 血红蛋白 A 链的第 208 个氨基酸 His(组氨酸) 中, 有多个原子重复出现, 我们列表 11.1.1 如下.

表 11.1.1　在 pdb1a3k 与血红蛋白中部分原子的重复出现

ATOM	8	CB AMet	5.948	14.392	4.107	ATOM	765	CB AHis	-2.301	10.707	-8.256
ATOM	9	CB BMet	5.845	14.342	3.844	ATOM	766	CB BHis	-2.373	10.691	-8.186
ATOM	10	CG AMet	5.190	13.146	4.444	ATOM	767	CG AHis	-3.700	11.235	-8.326
ATOM	11	CG BMet	7.255	14.502	3.338	ATOM	768	CG BHis	-2.260	11.492	-9.439
ATOM	12	SD AMet	5.671	12.457	6.047	ATOM	769	ND1AHis	-4.784	10.531	-7.846
ATOM	13	SD BMet	7.674	13.001	2.363	ATOM	770	ND1BHis	-3.155	12.495	-9.753
ATOM	14	CE AMet	5.513	10.705	5.729	ATOM	771	CD2AHis	-4.190	12.374	-8.850
ATOM	15	CE BMet	6.791	13.369	0.844	ATOM	772	CD2BHis	-1.349	11.471	-10.439
						ATOM	773	CE1AHis	-5.890	11.226	-8.079
						ATOM	774	CE1BHis	-2.796	13.057	-10.894
						ATOM	775	NE2AHis	-5.554	12.344	-8.685
						ATOM	776	NE2BHis	-1.703	12.455	-11.331

表 11.1.1 分左、右两个模块, 它们分别是在 pdb1a3k 与血红蛋白中部分氨基酸中存在的重复出现原子的数据, 这种现象在许多蛋白质中大量存在.

表 11.1.1 中的记号是 PDB 数据库的标准记号, 我们省略了 PDB 数据库中某些列的数据. 在一般情形下, 表 11.1.1 中的第 4 列只是氨基酸的三字符, 其中在氨基酸的三字符前又增加 A, B 记号, 它们表示第 3 列中的原子出现重复.

通过计算这些重复原子间的距离可以看到, 在这些重复出现的原子中, 第一对重复原子的距离十分接近, 以后各对重复原子的距离逐步增加.

对这些重复出现的原子的理解也是测量过程中出现的问题, 对同一蛋白质的测量可能产生不同的结果, 因此这些重复数据可为我们选择使用. 它们对蛋白质可能会产生不同的结构与功能, 因此也是值得关注的问题.

2. 免疫球蛋白 1A3R 中部分氨基酸的重复出现

部分氨基酸或原子的重复出现这种现象在许多蛋白质中普遍存在, 它们存在的形式有两种类型.

其中一种如在表 11.1.2 中讨论的化合物: 免疫球蛋白/病毒肽的复合物, HEADER COMPLEX (IMMUNOGLOBULIN/VIRAL PEPTIDE), 23-JAN-98, 1A3R. TITLE: FAB FRAGMENT (ANTIBODY 8F5) COMPLEXED WITH PEPTIDE FROM, TITLE: 2 HUMAN RHINOVIRUS (SEROTYPE 2) VIRAL CAPSID PROTEIN VP2, TITLE: 3 (RESIDUES 156-170).

表 11.1.2　　免疫球蛋白 1A3R 中部分氨基酸的重复出现

1	2	3	4	5	6	7	8	1	2	3	4	5	6	7	8
181	N	SER	L	26	87.024	65.795	97.477	214	CB	LEU	L	27C	82.206	66.674	86.306
182	CA	SER	L	26	87.087	64.348	97.684	215	CG	LEU	L	27C	81.820	66.575	84.826
183	C	SER	L	26	86.294	63.556	96.644	216	CD1	LEU	L	27C	81.873	67.941	84.164
184	O	SER	L	26	86.441	62.339	96.543	217	CD2	LEU	L	27C	82.761	65.618	84.122
185	CB	SER	L	26	86.619	63.981	99.097	218	N	ASN	L	27D	78.982	67.519	86.331
186	OG	SER	L	26	85.299	64.430	99.351	219	CA	ASN	L	27D	77.637	67.096	85.969
187	N	GLN	L	27	85.463	64.251	95.871	220	C	ASN	L	27D	77.771	66.565	84.506
188	CA	GLN	L	27	84.649	63.626	94.830	221	O	ASN	L	27D	78.086	67.484	83.641
189	C	GLN	L	27	84.486	64.570	93.656	222	CB	ASN	L	27D	76.661	68.273	86.095
190	O	GLN	L	27	84.565	65.786	93.817	223	CG	ASN	L	27D	75.220	67.883	85.795
191	CB	GLN	L	27	83.266	63.269	95.370	224	OD1	ASN	L	27D	74.909	67.366	84.725
192	CG	GLN	L	27	83.243	62.042	96.251	225	ND2	ASN	L	27D	74.334	68.142	86.743
193	CD	GLN	L	27	82.076	62.051	97.212	226	N	SER	L	27E	77.564	65.378	84.240
194	OE1	GLN	L	27	82.265	62.073	98.433	227	CA	SER	L	27E	77.684	64.833	82.887
195	NE2	GLN	L	27	80.860	62.054	96.671	228	C	SER	L	27E	76.731	65.442	81.863
196	N	SER	L	27A	84.234	64.002	92.482	229	O	SER	L	27E	77.117	65.689	80.721
197	CA	SER	L	27A	84.049	64.783	91.264	230	CB	SER	L	27E	77.492	63.318	82.912
198	C	SER	L	27A	82.908	65.792	91.385	231	OG	SER	L	27E	78.389	62.715	83.823
199	O	SER	L	27A	81.862	65.492	91.960	232	N	ARG	L	27F	75.485	65.665	82.268
200	CB	SER	L	27A	83.785	63.859	90.077	233	CA	ARG	L	27F	74.476	66.233	81.380
201	OG	SER	L	27A	83.605	64.613	88.893	234	C	ARG	L	27F	74.813	67.656	80.908
202	N	LEU	L	27B	83.119	66.991	90.850	235	O	ARG	L	27F	74.714	67.960	79.719
203	CA	LEU	L	27B	82.095	68.028	90.903	236	CB	ARG	L	27F	73.107	66.195	82.065
204	C	LEU	L	27B	81.475	68.232	89.519	237	CG	ARG	L	27F	71.937	66.564	81.170
205	O	LEU	L	27B	80.764	69.211	89.280	238	CD	ARG	L	27F	70.614	66.451	81.920
206	CB	LEU	L	27B	82.692	69.340	91.426	239	NE	ARG	L	27F	70.574	67.313	83.100
207	CG	LEU	L	27B	83.386	69.281	92.793	240	CZ	ARG	L	27F	70.435	68.635	83.061
208	CD1	LEU	L	27B	83.845	70.666	93.196	241	NH1	ARG	L	27F	70.317	69.263	81.897
209	CD2	LEU	L	27B	82.455	68.718	93.852	242	NH2	ARG	L	27F	70.436	69.334	84.189
210	N	LEU	L	27C	81.705	67.267	88.630	243	N	THR	L	28	75.243	68.513	81.833
211	CA	LEU	L	27C	81.204	67.335	87.261	244	CA	THR	L	28	75.591	69.896	81.502
212	C	LEU	L	27C	79.815	66.747	87.019	245	C	THR	L	28	77.075	70.102	81.169
213	O	LEU	L	27C	79.509	65.633	87.440								

表 11.1.2 的数据格式 PDB 数据库中数据的一般表达格式 (中间省略一些数据或标记), 其中 1~8 列分别表示原子编号、原子名称、氨基酸三字符、结构域名称、氨基酸编号与原子点的 $x, y, z, 3$ 个坐标.

由表 11.1.2 可以看到, 在第 5 列的氨基酸编号中可以出现同一编号的多链结构, 如在 27 号中又存在 A,B,C,D,E,F 的编号. 经计算, 这种氨基酸的重复排列并不影响它的几何结构, 如在 $N_i \to A_i \to C_i \to N_{i+1} \to A_{i+1} \to C_{i+1} \to \cdots$ 的小三角形拼接带中, 它们的边长仍然按 1.46, 1.53, 1.32 的规律波动, 并无特殊的变化. 因此编号为 27 的氨基酸实际上是由 9 个不同的氨基酸排列组成的一个特殊子链.

3. 抗生素中部分原子的重复出现

除了表 11.1.1 和表 11.1.2 中出现的部分氨基酸的重复出现外, 还有一些原子重复出现的另一种形式, 如**水解酶**在多态溶解酵素晶体上的单价阴离子影响下的结构 (PDBID: IHF4) 中部分原子重复出现的数据结构如表 11.1.3 所示.

表 11.1.3   水解酶 1HF4 中部分氨基酸中原子重复出现的数据结构表示

ATOM	1575	N	ASER B	72	13.142	14.169	42.233	ATOM	1600	C	BARG B	73	8.949	17.435	44.051
ATOM	1576	CA	ASER B	72	12.171	14.944	41.431	ATOM	1601	O	BARG B	73	7.734	17.274	43.903
ATOM	1577	C	ASER B	72	10.888	15.242	42.250	ATOM	1602	CB	BARG B	73	10.435	16.462	45.701
ATOM	1578	O	ASER B	72	9.772	14.903	41.850	ATOM	1603	CG	BARG B	73	9.741	15.549	46.639
ATOM	1579	CB	ASER B	72	11.791	14.130	40.179	ATOM	1604	CD	BARG B	73	8.752	14.678	45.869
ATOM	1580	OG	ASER B	72	12.950	13.867	39.393	ATOM	1605	NE	BARG B	73	7.698	14.175	46.711
ATOM	1581	N	BSER B	72	13.122	14.247	42.228	ATOM	1606	CZ	BARG B	73	6.415	14.081	46.366
ATOM	1582	CA	BSER B	72	12.107	15.018	41.436	ATOM	1607	NH1	BARG B	73	5.975	14.457	45.149
ATOM	1583	C	BSER B	72	10.827	15.237	42.259	ATOM	1608	NH2	BARG B	73	5.480	13.617	47.188
ATOM	1584	O	BSER B	72	9.743	14.740	41.908	ATOM	1609	N	AASN B	74	8.834	18.332	43.964
ATOM	1585	CB	BSER B	72	11.747	14.246	40.158	ATOM	1610	CA	AASN B	74	8.580	19.746	43.759
ATOM	1586	OG	BSER B	72	12.931	13.899	39.450	ATOM	1611	C	AASN B	74	7.342	19.980	44.561
ATOM	1587	N	AARG B	73	11.146	15.882	43.400	ATOM	1612	O	AASN B	74	6.271	20.295	44.004
ATOM	1588	CA	AARG B	73	10.119	16.330	44.316	ATOM	1613	CB	AASN B	74	8.326	19.962	42.279
ATOM	1589	C	AARG B	73	10.047	17.843	44.157	ATOM	1614	CG	AASN B	74	8.003	21.396	41.886
ATOM	1590	O	AARG B	73	11.063	18.542	44.183	ATOM	1615	OD1	AASN B	74	8.094	22.303	42.730
ATOM	1591	CB	AARG B	73	10.488	15.945	45.747	ATOM	1616	ND2	AASN B	74	7.629	21.644	40.646
ATOM	1592	CG	AARG B	73	10.525	14.443	45.981	ATOM	1617	N	BASN B	74	9.485	18.603	44.047
ATOM	1593	CD	AARG B	73	9.159	13.889	46.351	ATOM	1618	CA	BASN B	74	8.732	19.868	43.782
ATOM	1594	NE	AARG B	73	8.115	14.260	45.401	ATOM	1619	C	BASN B	74	7.394	19.954	44.561
ATOM	1595	CZ	AARG B	73	6.811	14.157	45.644	ATOM	1620	O	BASN B	74	6.302	19.959	43.968
ATOM	1596	NH1	AARG B	73	6.385	13.687	46.811	ATOM	1621	CB	BASN B	74	8.389	19.976	42.293
ATOM	1597	NH2	AARG B	73	5.932	14.542	44.727	ATOM	1622	CG	BASN B	74	8.008	21.397	41.871
ATOM	1598	N	BARG B	73	10.974	16.003	43.346	ATOM	1623	OD1	BASN B	74	8.067	22.315	42.686
ATOM	1599	CA	BARG B	73	9.881	16.235	44.323	ATOM	1624	ND2	BASN B	74	7.615	21.636	40.634

表 11.1.3 的数据格式与表 11.1.2 相同, 也是 PDB 数据库中数据的一般表达格式 (中间省略一些数据).

由表 11.1.3 可以看到, 对同一种氨基酸中的原子重复出现, 在氨基酸三字符前增加 A,B 加以区别.

由此可知, 表 11.1.2 与表 11.1.3 实际上是氨基酸及它们中的原子重复出现, 它们最后的几何形态是一项片段的平行结构, 其中一些结构构成 β 折叠结构. 表 11.1.2 与表 11.1.3 中部分片段的空间结构如图 11.1.1 所示.

图 11.1.1 由 (a) 和 (b) 两部分组成, 其中图 (a) 是表 11.1.3 的数据是 2 个不同的氨基酸序列片段, 它们处于相互平行状态, 并具有 β 折叠的空间结构特征, 而图

(b) 是图 (a) 的另一种表示形式, 除了共价键外, 还标记组成共价键的原子.

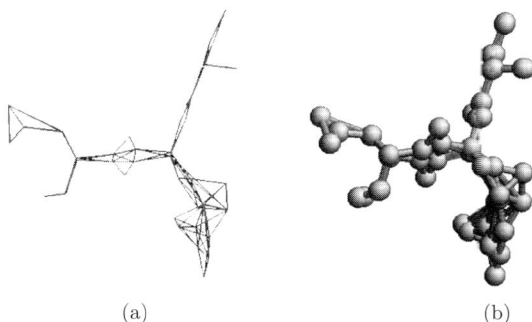

(a)　　　　　　　　　　　　　　(b)

图 11.1.1　表 11.1.2 原子重复出现后的空间结构图

11.1.2　侧链修饰的研究

在第 7~10 章中我们已分别对各氨基酸、蛋白质主链与部分小肽的空间结构作了分析, 在本章中主要讨论其中部分氨基酸序列形成二级结构后的侧链结构分析.

1. 侧链结构的几个层次

在蛋白质结构研究中, 我们实际上是把它分解为几个层次来研究, 因此也是二级结构侧链结构分析的基础.

(1) 蛋白质主链中位点曲线. 该曲线模型将蛋白质主链的运动过程化作一曲线的运动过程, 而且对一级、二级结构的描述十分有效, 因此也是侧链分析的出发点.

(2) 大、小三角形拼接带. 其中大三角形拼接带绕中位点曲线转动, 而小三角形拼接带又绕大三角形拼接带转动. 在这些转动中, 运动的基本变量是小三角形拼接带的扭角变化.

(3) 各氨基酸的侧链又是在小三角形拼接带的三角形 $\delta(N_i, A_i, C_i)$ 基础上生长, 由这些小三角形的空间位置与侧链上扭角确定各氨基酸侧链上个原子的位置.

由此可见, 对侧链结构的研究实际上分 4 个层次, 即中位点曲线、大、小三角形拼接带与各氨基酸的侧链结构.

2. 对二级结构的研究

以上 4 个层次实际上是对任何蛋白质结构研究都适用. 在二级结构中, 利用中位点曲线有其特殊意义, 因为在 α 螺旋结构中, 中位点曲线形成周期性的圈形. 而在 β 折叠中, 几条中位点曲线形成平行状态. 这样我们就可以按以下步骤来研究蛋白质二级结构中侧链的修饰问题.

(1) 由中位点曲线确定该蛋白质二级结构的起始与终止位置. 在 α 螺旋结构中, 确定它中位点曲线的起始点与终止点, 在 β 折叠中, 确定成平行状态中位点曲线的条数与它们的起始点与终止点.

(2) 在确定蛋白质二级结构由中位点曲线构造的基础上, 构造它们的活动坐标系, 并在该活动坐标系下计算其他各原子点的空间位置.

(3) 在这些模型与计算基础上, 分析蛋白质二级结构中各层次原子点的结构与运动特征.

3. 对二级结构作分析研究的目的

对二级结构作分析研究的主要目的是了解各分子官能团的运动状态, 成为以后的动力学分析的基础.

11.1.3　重复序列在蛋白质数据库中的表达

为讨论蛋白质一级结构与空间结构的关系, 必须讨论在蛋白质结构数据库中一级结构与空间结构记录的一致性, 对此考虑以下情况.

1. 有关结构域的记录记号

在 PDB 数据库中, 对一级结构与三维结构中结构域的记录是十分清楚与一致的, 对此说明如下.

(1) 在 PDB 数据库中, 对一级结构的记录数单独列出的, 它的记录形式是

SEQRES　　1 L　220　ASP ILE VAL MET THR GLN SER PRO SER SER LEU THR VAL

其中 SEQRES 是一级结构行的标记、1 是一级结构行的编号、每行记录 13 个氨基酸、L 是结构域的编号、220 是该结构域的长度、ASP, ILE, VAL, MET, THR, GLN, SER, PRO, SER, SER, LEU, THR, VAL 是氨基酸的三字符.

(2) 在 PDB 数据库中, 对三维结构的记录数是按结构域的次序排列, 如在表 11.1.2 与表 11.1.3 中, 结构域的编号在氨基酸的三字符后面用英文大写字母标记.

因此在 PDB 数据库中, 对一级结构与三维结构中的结构域记录是十分容易区分的.

2. 有关重复序列在蛋白质数据库中的表达记号

我们已经说明在 PDB 数据库中, 对重复序列有两种不同的记录与表达方式, 首先对表 11.1.2 的表达方式, 它的特点如下.

(1) 表 11.1.2 中重复的氨基酸标记是在氨基酸编号 (表 11.1.2 的第 5 列) 后用 A, B, ⋯ 记号. 关于标记, 同一编号的氨基酸可能重复出现多次.

(2) 如果氨基酸的编号出现重复, 这不影响该蛋白质一级结构的记录, 但会影响氨基酸编号的记录. 如在表 11.1.2 中的免疫球蛋白 1A3R 中, 结构域 L 在的氨基酸数有 220 个. 但它的氨基酸编号只有 214 个, 缺少的 6 个氨基酸编号正是由于氨基酸重复而减少 (这种减少有可能是测量等原因造成).

(3) 表 11.1.3 中重复的氨基酸标记是在氨基酸三字符前给以标记, 即在表 11.1.3 的第 4 列中, 对氨基酸 SER 用 ASER, BSERB 表示它们的重复, 这种氨基酸的编号的重复出现, 不影响该蛋白质一级结构的记录, 也不会影响氨基酸编号的记录. 如在表 11.1.3 的水解酶 1HF4 蛋白中, 在结构域 B 中, 一级结构的氨基酸数有 190 个, 氨基酸编号的数也是 190 个.

由此可见, 在 PDB 数据库中重复序列 (氨基酸或它们的原子) 的出现不影响对它们空间结构的讨论, 它们只是一种特殊形态的标记, 尤其是表 11.1.3 中的重复序列可给我们增加 β 折叠的影响信息.

11.2 在 α 螺旋中侧链的修饰

为讨论 α 螺旋结构中的侧链修饰问题, 我们需要先讨论它的结构模型.

11.2.1 α 螺旋的结构模型

1. 有关 α 螺旋结构的记号

由以上各章的讨论, 对一个长度为 h 的 α 螺旋结构, 所涉及的原子、分子及其他有关记号表示如下

$$G(\alpha) = \{a_i, \delta_i, e_{i'}, E_i\}, \quad i = 1, 2, \cdots, h, \quad i' = 1, 2, \cdots, h-1, \tag{11.2.1}$$

其中 a_i 是该 α 螺旋中第 i 个氨基酸的名称, $\delta_i = \delta(N_i, A_i, C_i)$ 是该 α 螺旋中第 i 个小三角形拼接带, e_i 是 A_i, A_{i+1} 原子的中位点, E_i 是第 i 个氨基酸的侧链结构图.

因为 $G(\alpha)$ 是一个 α 螺旋结构, 所以 $\angle(e_i, e_{i+1}, e_{i+2})$ 接近 $100°$, 而 $e_i, e_{i+1}, e_{i+2}, e_{i+3}, e_{i+4}, e_{i+5}$ 转动 1.11 圈. 为描述该 α 螺旋的空间结构, 引进它的记号如下.

(1) α 螺旋结构可分**右手系**与**左手系**(或顺向与反向) 两种类型, 其中右手系 (或顺向) 是指当右手的四指沿氨基酸排列顺序时, α 螺旋结构向拇指方向伸展, 而左手系 (或反向) 是指当左手的四指沿氨基酸排列顺序时, α 螺旋结构向拇指方向伸展.

α 螺旋结构成右手系 (或左手系) 的充分与必要条件是它的中位点曲线的扭角为正 (或负).

(2) 称 $Q_i = \{e_i, e_{i+1}, \cdots, e_{i+5}\}$ 为该 α 螺旋中的一个中位点螺旋圈 (简称螺旋圈). 记 b_i 为 e_{i+2}, e_{i+3} 线段的中点, 记 o_i 为 $e_i b_i$ 线段的中点, 称 o_i 为螺旋圈 Q_i 的中心点.

称 $O = \{o_1, o_2, \cdots, o_{h-4}\}$ 为该 α 螺旋结构的中轴曲线 (简称中轴线), 记 $r_i = |e_i e_{i+1}|$ 为该 α 螺旋结构中轴曲线上各线段的长度.

(3) 由中轴线到该 α 螺旋结构中各原子点的距离如下.

$$
\begin{cases}
r_{i,e,\tau}=|O,e_{i+\tau}|, & \tau=0,1,2,3,4,5\text{为中轴线与螺旋圈}Q_i\text{的距离}, \\
r_{i,\delta,\tau}=|O,c|,c\in\delta_{i+\tau}, & \tau=0,1,2,3,4\text{为中轴线与三角形拼接带中各原子的距离}, \\
r_{i,E,\tau}=|O,c'|c'\in E_{i+\tau}, & \tau=0,1,2,3,4\text{为中轴线与氨基酸侧链中各原子的距离},
\end{cases}
$$
$$(11.2.2)$$

其中 $|O,e|,|O,c|,|O,c'|$ 分别是 e,c,c' 各点到中轴线 O 的最小距离. 因此, 在计算这些数据时先要计算 e,c,c' 各点到中轴线 o_io_{i+1} 的投影点 e_i,c_i,c_i', 再分别计算

$$\{|O,e_i|,i=1,2,\cdots,h-4\},\quad \{|O,c_i|,i=1,2,\cdots,h-4\},\quad \{|O,c_i'|,i=1,2,\cdots,h-4\}$$

中的最小值.

2. α 螺旋结构它的平面展开图

对 α 螺旋结构, 我们可对它的一个转动周期作平面展开.

图 11.2.1 由图 (a), 图 (b) 两图组成, 其中图 (a) 是对 α 螺旋结构中一个转动周期的平面展开, 图 (b) 是 PDB1A32 蛋白质的 α 螺旋的中轴线空间结构图, 在此先对图 (a) 说明如下.

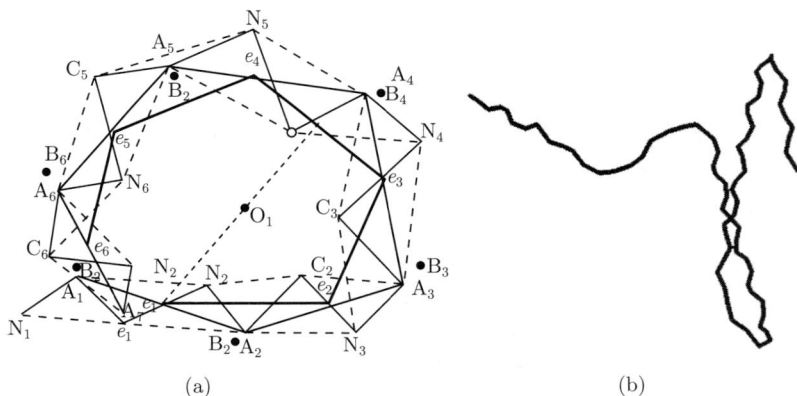

(a)　　　　　　　　　　　　　　(b)

图 11.2.1　α 螺旋结构的平面展开与中轴线空间结构图

(1) 图 11.2.1 由特粗、粗、细黑线与虚线这 4 种线段组成, 它们分别是中位点曲线、大、小三角形拼接带的曲线与小三角形拼接带中的 2 阶弧.

(2) 图 11.2.1 由 6 个中位点 $e_1,e_2,\cdots,e_6$ 组成, 由此形成 5 条中位点的连线, 相邻的 2 中位点连线之间的内转角在 $100°$ 左右, 因此它们的总转角在 $400°$ 左右, 形成 α 螺旋中的 1.1 个周期. 它们的立体结构形成一空间螺旋, 螺距的高度约 7.0Å.

由此可以得到, α 螺旋中的氨基酸周期为 3.6, 直径为 5.0 Å 螺距为 3.44 Å.

(3) 大、小三角形拼接带围绕着中位点曲线摆动, 折线的顶点有英文字母与数字标记, 它们分别表示三角形拼接带中的原子与所在氨基酸排列的顺序.

(4) 图中的 N_i, A_i, C_i, B_i 是一个空间四面体, 其中 B_i 是侧链中第 1 层的碳原子, 如果所在的氨基酸是甘氨酸, 那么 B_i 就要用 $HA_{i,2}$ 原子替代.

(5) 图中的 o_i 是该螺旋周期的中心点, 也就是 e_i 与 e'_{i+2} 的中点, 其中 e'_{i+2} 是线段 $e_{i+2}e_{i+3}$ 的中点.

图 11.2.1 是图 9.2.1 的简化, 图 11.2.1(a) 是图 9.2.1 中各原子点的平面表示.

3. 由 α 螺旋结构产生的活动坐标系

由式 (11.2.2) 可以看到在 α 螺旋结构中中轴线与中位点曲线及与氨基酸主、侧链中各原子的距离关系, 但还看不到这些原子点的结构关系, 为此我们还要引进由 α 螺旋结构所产生的活动坐标系. 记该 α 螺旋所产生的第 i 个活动坐标系为 $\mathcal{E}_i[G(\alpha)]$, 涉及其中的要素如下.

(1) 取 o_i 为活动坐标系为 $\mathcal{E}_i[G(\alpha)]$ 中的原点. 由 $\overrightarrow{o_i o_{i+1}}$ 所确定的方向为 Z 轴方向, 这时取 $\boldsymbol{k}_i = \dfrac{\overrightarrow{o_i o_{i+1}}}{|o_i o_{i+1}|}$ 为 Z 轴方向的基向量.

(2) 取过 o_i 点, 与 $\boldsymbol{k}$ 向量垂直的平面为 XY 平面, 取 $\overrightarrow{o_i e'_i}$ 向量所确定的直线为 X 轴, 其中 e'_i 为 e_i 在 XY 平面上的投影. 这时取 $\boldsymbol{i}_i = \dfrac{\overrightarrow{o_i e'_i}}{|o_i e'_i|}$ 为 X 轴上的基向量.

(3) 当 X, Z 轴上的基向量 $\boldsymbol{i}_i, \boldsymbol{k}_i$ 确定后, 按右手螺旋法则确定 Y 轴上的基向量为

$$\boldsymbol{j}_i = \boldsymbol{k}_i \times \boldsymbol{i}_i = \frac{\overrightarrow{o_i o_{i+1}} \times \overrightarrow{o_i e'_i}}{|o_i o_{i+1}| \cdot |o_i e'_i|}. \tag{11.2.3}$$

由此得到由 α 螺旋结构产生的活动坐标系 $\mathcal{E}_i[G(\alpha)] = \{o_i, \boldsymbol{i}_i, \boldsymbol{j}_i \boldsymbol{k}_i\}$. 这时对 α 螺旋结构 $G(\alpha)$ 中的每个原子点 (或中位点) 都可确定它们在活动坐标系 $\mathcal{E}_i[G(\alpha)]$ 中的坐标 (直角坐标系或极坐标).

11.2.2 计算结果

为了简单起见, 我们只对 1A32 蛋白质进行计算, 它的原始文件: PDB1A32 在光盘 DATA1/11/11-2-1.ent 文件中给出. 它是一个以 α 螺旋结构为主的蛋白质 (图 9.2.2(a)).

1. 有关中轴线的计算结果

由表 9.2.3 我们可以看到, 1A32 蛋白质由 85 个氨基酸组成, 其中包含 3 个 α 螺旋结构, 它们氨基酸序列编号分别是 1~13, 20~41, 47~81, 它们的长度分别是 13,

22, 35. 因此大部分氨基酸都在 α 螺旋结构中. 由公式 (11.2.1)~ 式 (11.2.3) 我们先对中轴线中的有关参数进行计算.

(1) 中轴线中 $o_i, i-1, 2, \cdots, 78$ 点的坐标如表 11.2.1 所示.

表 11.2.1　　在 pdb1a23 蛋白质各中心点的空间坐标

i	x	y	z	i	x	y	z	i	x	y	z	i	x	y	z
1	-8.94	-9.40	51.61	22	15.14	2.23	34.56	43	7.49	7.75	5.61	64	17.91	11.47	34.11
2	-8.43	-8.85	50.57	23	15.48	3.15	33.02	44	6.18	9.55	6.62	65	19.74	11.71	34.55
3	-7.73	-8.52	48.98	24	15.76	2.41	31.36	45	4.96	11.21	7.60	66	20.46	12.62	35.94
4	-5.99	-8.22	48.60	25	14.49	1.94	30.10	46	3.57	11.11	9.53	67	20.82	11.93	37.68
5	-4.75	-9.45	48.19	26	13.77	2.99	28.83	47	3.78	11.43	11.72	68	22.25	11.00	38.31
6	-4.41	-10.18	46.55	27	14.48	3.31	27.15	48	3.76	12.52	13.59	69	23.77	11.24	38.59
7	-3.24	-9.50	45.18	28	14.25	2.28	25.62	49	3.95	12.00	15.73	70	24.57	10.48	39.13
8	-1.36	-9.72	45.07	29	12.90	2.41	24.34	50	5.54	11.62	16.87	71	25.30	8.20	39.02
9	-0.44	-11.00	44.44	30	12.89	3.63	22.90	51	6.74	12.69	17.88	72	25.88	7.37	37.61
10	0.13	-11.32	42.71	31	13.67	3.43	21.29	52	6.83	12.96	19.77	73	26.62	7.12	35.94
11	1.65	-11.33	41.69	32	12.92	2.65	19.83	53	7.70	11.87	21.08	74	26.72	5.58	34.93
12	3.23	-12.27	40.74	33	11.88	3.49	18.58	54	9.51	11.95	21.66	75	25.56	4.91	33.75
13	3.89	-12.09	38.45	34	12.42	4.40	17.12	55	10.22	13.02	23.00	76	25.34	5.35	31.91
14	4.71	-10.57	36.58	35	12.80	3.71	15.45	56	10.32	12.62	24.83	77	26.16	4.64	30.44
15	5.92	-8.75	35.79	36	11.60	3.44	14.07	57	11.67	11.74	25.69	78	25.76	3.10	29.52
16	7.23	-6.29	35.26	37	11.01	4.73	12.82	58	13.23	12.48	26.39	79	24.59	2.91	28.05
17	7.97	-3.53	35.38	38	11.85	5.14	11.22	59	13.46	13.18	28.13	80	24.89	3.23	26.30
18	9.14	-1.64	36.57	39	11.55	4.39	9.55	60	13.90	12.21	29.69	81	25.19	2.94	25.23
19	11.52	-0.05	36.62	40	10.08	5.03	8.29	61	15.64	11.75	30.25	82	18.04	1.86	18.72
20	13.20	1.66	36.15	41	9.99	6.44	7.23	62	16.76	12.71	31.26	83	11.88	1.36	11.88
21	14.59	1.79	35.83	42	9.69	7.01	5.90	63	16.85	12.65	33.07				

(2) 由表 11.2.2 可以得到得到折线 $O = \{o_1, o_2, \emptyset_{83}\}$ 的有关参数变化.

表 11.2.2　　中轴线 O 的参数表

1	2	3	4	5	6	7	1	2	3	4	5	6	7
1	1.282	14.99	-42.21	1.736	2.993	3.257	15	2.836	18.55	16.02	1.527	3.081	4.881
2	1.770	53.18	1.68	2.061	2.340	2.715	16	2.857	30.31	-9.42	1.428	2.453	4.596
3	1.804	52.97	-54.45	2.230	2.275	2.694	17	2.529	35.97	-31.46	1.322	1.929	4.573
4	1.794	52.67	-32.94	2.099	2.343	2.732	18	2.859	16.78	9.20	0.807	2.160	4.619
5	1.826	52.34	98.89	2.188	2.277	2.737	19	2.451	39.28	-39.43	1.123	2.047	4.707
6	1.920	52.62	-26.70	2.070	2.301	2.769	20	1.434	54.20	21.70	1.887	2.361	4.370
7	1.890	49.67	-49.43	2.154	2.194	2.943	21	1.455	15.57	20.26	1.510	3.073	3.454
8	1.707	49.53	4.09	2.074	2.415	2.786	22	1.822	54.11	-79.53	2.133	2.289	2.813
9	1.851	38.77	42.46	2.269	2.313	2.758	23	1.845	52.25	-115.55	2.149	2.339	2.754
10	1.829	26.96	-25.79	2.154	2.417	2.873	24	1.849	52.40	-116.51	2.123	2.306	2.701
11	2.067	51.91	4.85	2.321	1.894	3.948	25	1.798	53.91	-77.36	2.186	2.278	2.751
12	2.395	33.39	71.93	1.758	2.355	4.810	26	1.843	52.66	-76.24	2.133	2.305	2.834
13	2.554	27.77	7.41	1.502	2.528	5.326	27	1.861	52.00	-146.50	2.128	2.360	2.732
14	2.318	10.38	8.25	2.065	2.859	5.243	28	1.862	55.10	-91.29	2.130	2.234	2.768

续表

1	2	3	4	5	6	7	1	2	3	4	5	6	7
29	1.890	52.59	-65.58	2.080	2.275	2.811	55	1.871	52.76	62.90	2.116	2.286	2.778
30	1.796	53.77	-70.62	2.117	2.296	2.708	56	1.823	52.72	66.20	2.132	2.298	2.757
31	1.819	53.85	174.16	2.161	2.277	2.710	57	1.864	53.53	171.35	2.114	2.273	2.764
32	1.828	52.08	-60.32	2.140	2.314	2.732	58	1.886	53.33	79.20	2.124	2.287	2.804
33	1.800	52.98	-58.80	2.157	2.291	2.751	59	1.895	54.24	67.32	2.064	2.234	2.831
34	1.847	53.18	141.01	2.150	2.322	2.774	60	1.885	52.17	73.92	2.095	2.298	2.767
35	1.845	53.45	-44.03	2.135	2.299	2.806	61	1.790	55.05	178.09	2.122	2.249	2.738
36	1.895	54.27	-58.02	2.065	2.291	2.725	62	1.821	53.49	68.41	2.159	2.320	2.714
37	1.853	52.18	-34.70	2.139	2.241	2.735	63	1.898	53.84	68.28	2.089	2.260	2.735
38	1.850	57.16	106.57	2.063	2.247	2.726	64	1.892	51.40	104.52	2.094	2.232	2.795
39	2.038	48.46	-23.73	2.107	2.137	2.975	65	1.811	53.68	145.75	2.109	2.272	2.787
40	1.763	30.69	-15.35	1.935	2.353	2.781	66	1.909	49.41	62.80	2.162	2.271	2.890
41	1.479	64.83	72.70	2.391	2.249	2.873	67	1.818	41.60	52.26	2.079	2.375	2.828
42	2.342	46.61	12.58	2.046	1.783	4.331	68	1.570	52.16	-66.68	2.267	2.319	2.830
43	2.447	1.18	1.32	0.723	2.683	4.024	69	1.225	39.88	-6.10	2.495	2.569	3.037
44	2.275	50.72	48.64	2.161	1.827	4.250	70	2.398	53.49	45.68	2.150	1.938	4.597
45	2.384	42.70	39.73	1.488	2.142	5.143	71	1.732	20.71	24.63	1.184	3.038	3.835
46	2.225	22.58	-34.67	0.790	2.942	4.483	72	1.845	50.79	-60.13	2.049	2.389	2.749
47	2.162	43.92	41.76	1.974	2.540	3.313	73	1.846	50.52	-50.35	2.239	2.243	2.795
48	2.207	47.87	57.68	2.082	2.173	3.457	74	1.793	51.02	147.94	2.090	2.370	2.852
49	1.998	45.67	57.50	1.772	2.403	3.293	75	1.901	50.55	-55.20	2.219	2.312	2.879
50	1.895	50.47	-137.08	2.164	2.346	2.848	76	1.824	50.60	-55.82	2.074	2.389	2.858
51	1.907	51.54	48.63	2.082	2.291	2.891	77	1.840	52.71	55.14	2.173	2.293	2.731
52	1.917	51.96	60.31	2.090	2.284	2.859	78	1.888	50.54	39.17	2.114	2.325	2.758
53	1.897	52.33	86.34	2.084	2.267	2.865	79	1.807	25.42		2.157	2.236	2.852
54	1.852	52.75	173.51	2.104	2.296	2.807							

表 11.2.2 中第 1 行中的 1,2,3,4,5,6,7 所在的列分别是中心点的编号、中轴折线的弧长 $r_i = |o_i o_{i+1}|$、转角 $\phi_i = \angle(o_i, o_{i+1}, o_{i+2})$ 与扭角 $\psi_i = \angle[\delta(o_i, o_{i+1}, o_{i+2}), \delta(o_{i+1}, o_{i+2}, o_{i+3})]$ 与中心点到中位点的距离 $|o_i e_i|, |o_i e_{i+1}|, |o_i e_{i+2}|$. 这里 $|o_i e_{i+3}|, |o_i e_{i+4}|, |o_i e_{i+5}|$ 的长度较 $|o_i e_i|, |o_i e_{i+1}|, |o_i e_{i+2}|$ 的长度有明显增长, 我们未记录在表 11.2.2 之内.

2. α 螺旋结构产生的活动坐标系

按 α 螺旋结构所产生的活动坐标系 $\mathcal{E}_i[G(\alpha)] = \{c_i, i_i, j_i, k_i\}$ 的定义, 我们对 PDB1A32 蛋白质的活动坐标系如光盘 DATA1/11/11-2-1.CTX 文件所给, 对表 11.2.2 说明如下.

(1) 表 11.2.2 是一个 83×13 的数据阵列, 它是由 PDB1A32 蛋白质所产生的 82 个活动坐标系.

(2) 表 11.2.2 中第 1 行为 (0),(1),···,(12) 是所对应列的数据名称. 其中第 (0) 列是活动坐标系的编号, 第 (1),(2),(3) 列分别表示坐标系原点 o 的 x,y,z 坐标.

(3) 第 (4),(5),(6) 列分别表示 X 轴基上向量 $\boldsymbol{i}$ 的 x,y,z 坐标, 第 (7),(8),(9) 列分别表示 Y 轴基上向量 $\boldsymbol{j}$ 的 x,y,z 坐标, 第 (10),(11),(12) 列分别表示 Z 轴基上向量 $\boldsymbol{k}$ 的 x,y,z 坐标.

容易验证 $\boldsymbol{i},\boldsymbol{j},\boldsymbol{k}$ 是一正交基 (各向量长度为 1, 不同向量相互正交).

3. 中位点在活动坐标系中的表示

记 $e_1,e_2,\cdots,e_n$ 为某蛋白质中一 α 螺旋结构的中位点序列, 我们计算 e_i, $e_{i+1},\cdots,e_{i+5}$ 点在活动坐标系 $\mathcal{E}_i[G(\alpha)] = \{o_i,\boldsymbol{i}_i,\boldsymbol{j}_i,\boldsymbol{k}_i\}$ 中的直角坐标与极坐标, 对 PDB1A32 蛋白质的计算结果如光盘 DATA1/11/11-2-2.CTX 文件所给, 对该文件表说明如下.

(1) 该表是一个 79×42 的数据阵列, 表中第 1 行为各列数据的名称. 其中第 (1)~(18) 列是 $e_i,e_{i+1},\cdots,e_{i+5}$ 这 6 点在活动坐标系 $\mathcal{E}_i[G(\alpha)]$ 中的直角坐标 (每个点有 (x,y,z)3 个坐标).

(2) (19), (20),···, (36) 分别是这 6 点在活动坐标系 $\mathcal{E}_i[G(\alpha)]$ 中的极坐标 (每个点有矢径 ρ 与 φ,θ, 2 极角).

(3) (37), (38), ···, (42) 分别是这 6 个点在 $\mathcal{E}_i$ 中与 Z 轴的距离 $\sqrt{x^2+y^2}$.
其中直角坐标与极坐标的关系如下式所示.

$$\begin{cases} \rho = (x^2+y^2+z^2)^{1/2} \text{是极坐标的矢径}, \\ \varphi = \arccos^{-1} \dfrac{x_{\tau-6}}{(x^2+y^2)^{1/2}} \text{是极坐标的极角1}, \\ \theta = \arccos^{-1} \dfrac{z_{\tau-6}}{(x^2+y^2+z^2)^{1/2}} \text{是极坐标的极角2}. \end{cases} \tag{11.2.4}$$

(3) 在该数据阵列中, 第 77, 78, 79 行是对应各列的均值、方差与标准差.

4. 各原子点在活动坐标系中的坐标表示

在 PDB 数据库中, 每个蛋白质中各原子点都有它们的坐标位置, 当该蛋白质 (或其中的一些片段) 是 α 螺旋结构时, 就可计算它们在活动坐标系 $\mathcal{E}_i,\mathcal{E}_{i+i},\cdots,\mathcal{E}_{i+5}$ 中的直角坐标与极坐标, 其中 i 是该原子所在氨基酸的编号.

在 PDB1A32 蛋白质的计算结果如光盘 DATA1/11/11-2-3.CTX 文件所给, 对该文件表说明如下.

(1) 该表是一个 717×52 的数据阵列. 表中第 1 行为各列数据的名称. 其中第 1 行分别是对各列的数据名称的说明.

(2) 表中 1, 2, 3, 4, 5 列分别是各原子的编号、名称、所在氨基酸的名称 (三字符)、氨基酸序列的名称与氨基酸编号.

(3) 表中 6, 7, 8 列分别是各原子的在 PDB 数据库中的原始坐标 x, y, z. 9, 10, $\cdots$, 26 分别是各原子在活动坐标系 $\mathcal{E}_1, \mathcal{E}_2, \cdots, \mathcal{E}_6$ 中的直角坐标.

(4) 表中 $27, 28, \cdots, 44$ 分别是各原子在活动坐标系 $\mathcal{E}_1, \mathcal{E}_2, \cdots, \mathcal{E}_6$ 中的极坐标, 其计算公式与式 (11.2.4) 相同.

(5) 表中 $43, 44, \cdots, 50$ 分别是各原子在活动坐标系 $\mathcal{E}_1, \mathcal{E}_2, \cdots, \mathcal{E}_6$ 中与 Z 轴的距离.

(6) 表中第 52 列是各原子与活动坐标系 $\mathcal{E}_1, \mathcal{E}_2, \cdots, \mathcal{E}_6$ 中 Z 轴距离的最小值, 第 51 列是最小值所在的坐标系.

11.2.3 计算结果的分析

在 PDB1A32 蛋白质计算结果的光盘 DATA1/11/11-2-1.CTX, 11-2-2.CTX, 11-2-3.CTX 的文件中, 对该蛋白质结构的分析如下.

1. 有关中轴线的计算结果分析

在 PDB1A32 蛋白质中轴线的计算结果在表 11.2.1 与表 11.2.2 中给出, 对它们的分析如下.

(1) 由该蛋白质的 3 个 α 螺旋结构位置可知, 在它们的 α 螺旋结构区域内, 相邻中位点的距离比较稳定, 在 1.8Å 左右, 相邻 3 中位点的转角也比较稳定, 在 50° 左右. 而扭角不太稳定.

(2) o_i 与 e_i, e_{i+1} 的距离互有长短, 而与 e_{i+2} 的距离稍大. 在以后的计算结果中可以看到, o_i 与 $e_{i+3}, e_{i+4}, e_{i+5}$ 的距离逐步增大.

(3) 中轴线的空间形态如图 11.2.1(b) 所示. 该图是图 9.2.2(a) 的简化, 图 9.2.2(a) 中的各中位点绕图 11.1.1(b) 的中轴线转动.

2. 对中位点曲线的分析

光盘 DATA1/11/11-2-2.CTX 文件给出了 $e_i, e_{i+1}, \cdots, e_{i+5}$ 点在活动坐标系 $\mathcal{E}_i$ 中的直角坐标与极坐标, 它的各行、列数据的含义已在 11.2.2 节中说明, 其中各列的均值、方差与标准差也在该文件中给出, 我们分析如下.

(1) 因为 e_i 点在活动坐标系 $\mathcal{E}_i$ 的 XZ 平面上, 所以它的 y 坐标全部为零.

(2) 由此表可以看到, $e_i, e_{i+1}, \cdots, e_{i+5}$ 各点在活动坐标系 $\mathcal{E}_i$ 中的位相大体可用以下矩阵关系表示

$$\begin{pmatrix} +,0,- & +,+,- & -,+,- & -,-,+ \\ e_i & e_{i+1} & e_{i+2} & e_{i+3}, e_{i+4}, e_{i+5} \end{pmatrix}. \tag{11.2.5}$$

利用这些点极坐标我们可以看到这些点在活动坐标系 $\mathcal{E}_i$ 中的不同位相所取得极角, 也就是它们的倾斜状况.

(3) 我们需要分析的一点是 $e_i, \cdots, e_{i+5}$ 点在活动坐标系 $\mathcal{E}_i$ 中与 Z 轴距离的均值、方差与标准差值, 其计算结果如表 11.2.3 所示.

表 11.2.3　$e_i, \cdots, e_{i+5}$ 点在活动坐标系中的参数表

	(1)	(2)	(3)	(4)	(5)	(6)
均值	1.524	1.809	1.845	2.058	1.865	2.701
方差	0.088	0.117	0.147	0.189	0.186	1.127
标准差	0.296	0.342	0.383	0.434	0.431	1.062

(4) 如果我们把一个 α 螺旋结构看做一个以 $o_1 - o_2 - \cdots - o_h$ 中心轴的管道, 那么 $e_1, e_2, \cdots, e_{h+3}$ 这些点围绕该中心轴转动, 在表 11.2.3 中可以看到, 这些点与中心轴的距离大部分在 1.2 Å 之内, 我们就称 1.2 Å 就是这个管道的半径.

3. 对其他原子结构的分析 (I)

在光盘 DATA1/11/11-2-3.CTX 文件中给出了 PDB1A32 蛋白质中每个原子 a_i 在活动坐标系 $\mathcal{E}_i, \mathcal{E}_{i+1}, \cdots, \mathcal{E}_{i+5}$ 中的直角坐标与极坐标, 它的各行、列数据的含义已在 11.2.2 节 4 中说明, 我们现在分析它们的结果特征.

我们先分析 N_i, A_i, C_i, O_i, H_i 与 $N_{i+3}, A_{i+3}, C_{i+3}, O_{i+3}, H_{i+3}$ 之间的距离关系. 对此可以直接通过 PDB-Select 数据库计算, 也可通过光盘 DATA1/11/11-2-3.CTX 文件计算. 因为在 11-2-3.CTX 文件的数据阵列中, 它的第 5 列就是氨基酸的编号数, 如果记 j 是原子的排列数, 那么 $i(j)$ 就是该原子所在氨基酸的编号数. 如果对不同的原子 j, j', 如果 $i(j) = i(j')$, 那么它们就在同一氨基酸中, 而且 N_i, A_i, C_i, O_i, H_i 所在的坐标系 $\mathcal{E}_4$ 就是 $N_{i+3}, A_{i+3}, C_{i+3}, O_{i+3}, H_{i+3}$ 所在的坐标系 $\mathcal{E}_1$, 这样就可计算得到这些原子的距离关系阵列表, 我们在光盘 DATA1/11/11-2-2.CTX 等文件中给出.

对表 11.2.4 说明与分析如下.

(1) 该表是一个 61×6 的数据阵列. 其中第 1 行中的 (1), (2) 所对应在的列分别是: PDB1A32 蛋白质中原子的编号; (3), (4) 所在的列分别是各原子所在氨基酸的编号; (5), (6) 所在的列分别是 ON, CN 原子的距离.

(2) 从该表可以看到, 在 (3), (4) 列中所对应的氨基酸的编号相距为 4, 也就是在相距为 4 个氨基酸中 O 与 N, C 与 N 原子的距离表.

(3) 从该表可以看到, ON 原子的距离为 2.7~4.5Å, 其中 41 对 ON 原子距离个小于 3.1 Å, 在这些原子对之间大部分可形成氢键 O$\cdots$ H—N. 而在 C,N 原子对之间大部分可由氢键与共价键 C—O $\cdots$ H—N 组成, 因此 CN 原子之间的距离在 4.0Å 左右.

4. 对其他原子结构的分析 (II)

11-2-3.CTX 文件给出了在 PDB1A32 蛋白质中各原子 a_i 与中轴线 $o = \{o_1 - o_2 - \cdots - o_{75}\}$ 的距离 $d(a_i, O)$, 如果我们用 $d(a_i, o) < 1.2$ 的距离来搜索, 可以得到 167 个原子点满足这个条件, 对此列表 11.2.5 所示.

表 11.2.4 PDB1A32 蛋白质中 N,C,O 原子之间的距离关系表

(1)	(2)	(3)	(4)	(5)	(6)	(1)	(2)	(3)	(4)	(5)	(6)	(1)	(2)	(3)	(4)	(5)	(6)
12	45	2	6	2.790	3.953	267	297	33	37	2.874	4.003	489	521	59	63	3.153	4.285
19	54	3	7	2.709	3.876	276	305	34	38	3.062	4.101	493	532	60	64	3.096	4.161
28	65	4	8	2.809	3.981	284	313	35	39	3.118	4.183	502	540	61	65	2.924	4.021
37	74	5	9	2.913	5.809	292	322	36	40	2.961	4.095	513	548	62	66	2.852	3.951
48	82	6	10	3.142	4.170	300	332	37	41	2.964	4.072	524	553	63	67	2.966	4.099
57	90	7	11	3.350	4.402	308	340	38	42	3.096	4.091	535	565	64	68	3.000	4.152
68	99	8	12	2.886	4.084	316	351	39	43	3.769	4.688	543	573	65	69	2.902	4.053
77	108	9	13	2.862	4.021	325	358	40	44	3.090	4.188	551	584	66	70	3.311	4.363
85	119	10	14	3.153	4.283	335	368	41	45	3.437	4.441	556	592	67	71	2.996	4.170
184	210	22	26	2.920	4.093	397	431	48	52	4.538	5.550	568	601	68	72	2.855	4.009
190	219	23	27	2.919	4.054	407	442	49	53	4.312	5.277	576	609	69	73	3.757	4.634
197	227	24	28	2.874	3.992	417	446	50	54	3.184	4.286	604	632	72	76	2.933	4.090
206	232	25	29	2.858	3.992	423	454	51	55	3.190	4.335	612	644	73	77	2.999	4.095
213	240	26	30	3.046	4.177	434	462	52	56	3.100	4.276	619	655	74	78	3.001	4.165
222	248	27	31	3.012	4.092	445	471	53	57	3.176	4.294	624	664	75	79	3.225	4.299
230	255	28	32	2.938	4.085	449	479	54	58	2.973	4.143	635	672	76	80	3.198	4.284
235	264	29	33	3.129	4.230	457	486	55	59	3.021	4.134	647	679	77	81	2.999	4.055
243	273	30	34	2.737	3.932	465	490	56	60	2.887	4.036	658	688	78	82	3.071	4.150
251	281	31	35	2.770	3.950	474	499	57	61	3.008	4.100	667	697	79	83	3.037	4.158
258	289	32	36	3.028	4.051	482	510	58	62	3.076	4.201	675	705	80	84	3.207	4.244

表 11.2.5 中 (1)~(5) 分别表示该蛋白质的原子编号、原子名称、氨基酸一字符、氨基酸编号与该原子与中轴线 o 的距离. 由表 11.2.5 我们可以看到 α 螺旋结构的一些结构特征.

(1) 因为这些原子点与中轴线 o 的距离都小于 1.2 Å, 因此我们认为它们都在 α 螺旋结构的管道内部. 这些原子数是全部原子数的 $167/716 = 23.3\%$.

(2) 在这些原子点中, 主链中的原子 N,A,C,O 占绝大部分 (90 % 左右), 侧链中的 B 原子约占 5 %, 侧链中的一些其他原子约占 5 %.

(3) 由此可见, 在 α 螺旋结构的管道内部仍然有相当多的原子存在, 由于主链三角形拼接带的折叠关系 (图 11.2.1(a)), 有相当多的主链原子与中轴线十分接近.

5. 对其他原子结构的分析 (III)

在表 11.2.5 中我们搜索统计了 PDB1A32 蛋白质中进入 α 螺旋结构的管道内部的原子数与原子类型, 如果我们用 $d(a_i, o) > 2.5$ 的距离来搜索, 可以得到 154 个原子点满足这个条件, 对此列表 11.2.6 如下.

表 11.2.5　PDB1A32 蛋白质与中轴线 o 轴的距离小于 1.2 的原子统计表

(1)	(2)	(3)	(4)	(5)	(1)	(2)	(3)	(4)	(5)	(1)	(2)	(3)	(4)	(5)	(1)	(2)	(3)	(4)	(5)
1	N	L	2	0.428	157	O	N	19	0.949	314	A	E	40	0.622	481	C	V	59	1.106
2	A	L	2	0.446	163	A	D	20	0.600	325	O	H	41	1.101	487	A	G	60	0.721
5	B	L	2	1.162	164	C	D	20	0.877	332	N	L	42	0.991	488	C	G	60	1.166
7	CD1	L	2	1.175	173	O	T	21	1.178	334	C	L	42	1.147	489	O	G	60	1.188
10	A	T	3	0.936	178	A	G	22	0.848	342	C	R	43	0.729	491	A	K	61	0.786
12	O	T	3	1.124	182	A	S	23	0.800	343	O	R	43	0.831	500	A	R	62	0.781
13	B	T	3	1.044	183	C	S	23	1.165	345	F	R	43	0.961	511	A	R	63	0.771
15	CG2	T	3	1.135	184	O	S	23	1.139	360	A	K	45	0.553	512	C	R	63	1.154
16	N	Q	4	1.129	185	B	S	23	0.816	361	O	H	45	0.930	522	A	R	64	0.718
17	A	Q	4	0.829	188	A	P	24	0.847	370	C	K	46	1.027	523	C	R	64	1.141
18	C	Q	4	1.162	189	C	P	24	1.200	371	O	K	46	1.084	524	O	R	64	1.158
19	O	Q	4	1.181	195	A	E	25	0.863	377	N	K	47	0.820	533	A	L	65	0.720
26	A	E	5	0.901	203	N	V	26	1.169	378	A	K	47	0.788	534	C	L	65	1.099
27	C	E	5	1.172	204	A	V	26	0.754	383	C	K	47	0.723	535	O	L	65	1.184
28	O	E	5	1.087	205	C	V	26	1.196	384	CE	K	47	0.422	541	A	L	66	0.769
34	N	R	6	1.124	211	A	Q	27	0.833	387	A	D	48	0.932	542	C	L	66	1.160
35	A	R	6	0.720	220	A	I	28	0.844	390	B	D	48	1.144	543	O	L	66	1.194
40	C	R	6	0.626	228	A	A	29	0.663	392	OD1	D	48	0.951	549	A	A	67	0.810
46	A	K	7	0.716	229	C	A	29	1.132	395	A	H	49	0.433	551	O	A	67	0.646
47	C	K	7	0.811	230	O	A	29	1.179	396	C	H	49	1.022	554	A	Y	68	1.061
48	O	K	7	0.386	233	A	I	30	0.810	405	A	H	50	1.113	556	O	Y	68	1.082
49	B	K	7	0.332	234	C	I	30	1.187	407	O	H	50	1.144	560	CD2	Y	68	0.912
55	A	R	8	0.750	241	A	L	31	0.809	411	CD2	H	50	1.023	575	C	R	70	1.140
56	C	R	8	0.616	242	C	L	31	1.099	415	A	S	51	0.823	585	A	N	71	0.870
57	O	R	8	0.311	243	O	L	31	0.948	421	A	R	52	0.760	589	F	N	71	0.732
66	A	E	9	1.038	249	A	T	32	0.808	422	C	R	52	1.137	590	OD1	N	71	0.803
68	O	E	9	1.070	250	C	T	32	1.178	423	O	R	52	1.144	595	O	K	72	0.417
74	N	I	10	0.990	251	O	T	32	1.095	427	NE	R	52	1.147	596	B	K	72	0.461
75	A	I	10	1.065	256	A	E	33	0.858	432	A	R	53	0.744	602	A	D	73	0.996
82	N	I	11	0.139	265	A	Q	34	0.804	433	C	R	53	1.107	603	C	D	73	1.195
83	A	I	11	1.169	274	A	I	35	0.843	434	O	R	53	1.040	604	O	D	73	1.055
90	N	E	12	0.741	282	A	N	36	0.726	443	A	G	54	0.763	605	B	D	73	0.539
110	C	F	14	1.042	283	C	N	36	1.186	444	C	G	54	1.148	609	N	V	74	1.094
111	O	F	14	0.437	288	ND2	N	36	0.797	447	A	L	55	0.773	610	A	V	74	0.776
123	B	K	15	1.091	289	N	N	37	0.542	448	C	L	55	1.158	616	N	K	75	1.196
124	F	K	15	0.743	290	A	N	37	0.814	449	O	L	55	1.094	617	A	K	75	0.928
130	C	V	16	1.080	291	C	N	37	0.890	453	CD2	L	55	0.823	619	O	K	75	1.199
136	A	H	17	0.076	292	O	N	37	1.102	455	A	K	56	0.812	621	B	K	76	1.108
137	C	H	17	0.225	298	A	L	38	0.633	463	A	K	57	0.770	622	A	R	76	0.861
151	C	E	18	0.806	299	C	L	38	1.117	464	C	K	57	1.147	633	A	Y	77	0.929
152	OE1	E	18	0.874	306	A	D	39	0.600	472	A	M	58	0.770	645	A	R	78	0.811
156	C	N	19	0.628	307	C	N	39	1.179	480	A	V	59	0.692					

表 11.2.6 中第一行 (1)~(5) 列所表示的意义与表 11.2.4 相同. 由表 11.2.6 我们可以看到 α 螺旋结构的一些结构特征.

(1) 因为这些原子点与中轴线 o 的距离都大于 2.5 Å, 所以我们认为它们都在 α 螺旋结构的管道外部. 这些原子数是全部原子数的 $154/716 = 21.5\%$.

(2) 在这些原子点中, 大部分都是侧链中的原子 (约占 80 %), 也有部分主链中的 N, A, C 原子 (约占 20 %).

(3) 在表 11.2.4 和表 11.2.5 的统计中我们都没有把氢原子考虑在内, 如果把氢原子也考虑在内, 那么在 α 螺旋结构的管道内部与边缘会有大量原子存在, 使该 α 螺旋结构的管道构成一个原子的密集区域.

表 11.2.6　PDB1A32 蛋白质中与中轴线 o 轴的距离大于 2.5 的原子统计表

(1)	(2)	(3)	(4)	(5)	(1)	(2)	(3)	(4)	(5)	(1)	(2)	(3)	(4)		(5)	(1)	(2)	(3)	(4)		(5)
8	CD2	L	2	3.047	127	NZ	K	15	2.720	340	N	R	43	1	2.635	546	CD1	L	66	1	3.216
22	C	Q	4	3.167	132	B	V	16	2.686	347	NE	R	43	1	2.615	547	CD2	L	66	1	2.636
23	OE1	Q	4	4.109	134	CG2	V	16	2.950	348	CZ	R	43	1	2.559	559	CD1	Y	68	2	2.702
30	F	E	5	3.320	143	CE1	H	17	2.651	350	NH2	R	43	1	3.567	561	CE1	Y	68	2	3.423
33	OE2	E	5	2.705	144	OH	H	17	2.995	351	N	V	44	1	3.152	563	CZ	Y	68	2	3.252
42	CZ	R	6	2.633	154	N	N	19	2.704	356	CG1	V	44	1	2.992	564	OH	Y	68	2	4.518
44	NH2	R	6	3.919	160	OD1	N	19	3.214	357	CG2	V	44	1	3.782	569	B	L	69	1	3.112
51	C	K	7	2.744	168	OD1	D	20	2.566	362	B	H	45	1	2.700	570	F	L	69	1	4.012
52	CE	K	7	4.184	169	OD2	D	20	2.728	363	F	H	45	1	3.791	571	CD1	L	69	1	5.371
53	NZ	K	7	4.641	170	N	T	21	3.697	364	ND1	H	45	1	4.251	572	CD2	L	69	1	3.969
60	C	R	8	3.008	171	A	T	21	2.846	365	CD2	H	45	4	4.093	577	B	R	70	1	2.967
63	NH1	R	8	2.970	174	B	T	21	3.665	366	CE1	H	45	1	5.155	578	F	R	70	1	3.804
70	F	E	9	2.917	175	OG1	T	21	3.385	367	OH	H	45	4	5.240	579	C	R	70	1	4.526
71	C	E	9	3.634	176	CG2	T	21	5.080	368	N	K	46	1	3.472	580	NE	R	70	1	5.533
72	OE1	E	9	3.057	216	C	Q	27	3.131	373	F	K	46	1	3.560	581	CZ	R	70	2	5.257
73	OE2	E	9	4.866	217	OE1	Q	27	3.334	374	C	K	46	1	3.253	582	NH1	R	70	2	4.156
80	CG2	I	10	3.506	218	OH	Q	27	3.038	375	CE	K	46	1	4.521	583	NH2	R	70	2	5.851
81	CD1	I	10	3.546	238	CG2	I	30	2.523	376	NZ	K	46	1	5.554	592	N	K	72	6	2.804
87	CG1	I	11	2.601	239	CD1	I	30	2.941	402	CE1	H	49	1	2.912	599	CE	K	72	6	3.225
88	CG2	I	11	3.647	260	F	E	33	2.860	403	OH	H	49	1	2.554	600	NZ	K	72	6	3.113
89	CD1	I	11	3.786	270	C	Q	34	2.876	410	ND1	H	50	2	3.116	614	CG1	V	74	2	2.576
94	B	E	12	2.614	272	OH	Q	34	3.784	412	CE1	H	50	2	2.684	627	C	R	76	5	2.825
95	F	E	12	2.609	287	OD1	N	36	2.609	429	NH1	R	52	1	3.331	628	NE	R	76	5	2.608
96	C	E	12	3.956	296	ND2	N	37	2.707	439	CZ	R	53	1	2.806	629	CZ	R	76	6	3.252
97	OE1	E	12	4.990	302	F	L	38	2.926	440	NH1	R	53	1	4.030	630	NH1	R	76	6	2.985
98	OE2	E	12	3.991	303	CD1	L	38	3.058	452	CD1	L	55	2	2.851	631	NH2	R	76	6	3.785
99	N	Q	13	3.403	304	CD2	L	38	3.891	460	CD1	L	56	5	3.038	637	F	Y	77	2	2.868
100	A	Q	13	2.754	319	C	E	40	2.691	468	C	K	57	5	3.029	638	CD1	Y	77	1	3.757
103	B	Q	13	2.735	320	OE1	E	40	3.649	478	CE	M	58	5	3.235	640	CE1	Y	77	2	4.566
104	F	Q	13	3.357	326	B	H	41	2.542	506	NE	R	62	5	3.017	641	CE2	Y	77	2	2.922
105	C	Q	13	3.490	327	F	H	41	3.403	507	CZ	R	62	5	3.635	642	CZ	Y	77	2	4.166
106	OE1	Q	13	4.586	328	ND1	H	41	4.155	508	NH1	R	62	5	3.228	643	OH	Y	77	2	5.258
108	N	F	14	3.436	329	CD2	H	41	4.005	509	NH2	R	62	2	4.240	650	C	R	78	1	3.166
113	F	F	14	2.701	330	CE1	H	41	5.016	519	NH1	R	63	5	3.266	651	NE	R	78	1	3.216
114	CD1	F	14	3.180	331	OH	H	41	5.057	528	NE	R	64	5	3.673	652	CZ	R	78	1	3.704
115	CD2	F	14	3.665	336	B	L	42	2.937	529	CZ	R	64	1	4.432	653	NH1	R	78	1	4.448
116	CE1	F	14	4.390	337	F	L	42	4.214	530	NH1	R	64	1	3.555	654	NH2	R	78	1	3.693
117	CE2	F	14	4.630	338	CD1	L	42	4.411	531	NH2	R	64	2	3.873						
118	CZ	F	14	4.948	339	CD2	L	42	4.766	538	CD1	L	65	1	3.051						

由这些讨论我们大体可以看到在 α 螺旋结构中, 各原子的分布与它们的相互关系情况.

11.3　β 折叠与其他特殊结构的讨论分析

在本节中我们主要讨论 β 折叠结构与 Ω 结构及它们的组合结构.

11.3.1　β 折叠的结构分析

在 β 折叠的结构与 α 螺旋结构不同, 在 8.2 节中我们已经说明, 中位点折线并不能全部反映 β 折叠结构的特征, 因此我们先要讨论研究 β 折叠的结构的模型与方法.

1. β 折叠结构的特征

在生物学中, 对 β 折叠结构的基本特征有许多分析, 在 8.2 节中我们已经讨论了一个具有 β 折叠结构的蛋白质 PDB1A3K (表 9.2.3 和图 9.2.2), β 折叠结构的基本特征我们已在 8.2 节中说明, 它是指有 2 条或多条氨基酸序列处于相互平行状态, 而且由氢键连接. 它的特征在图 11.3.1 中给出.

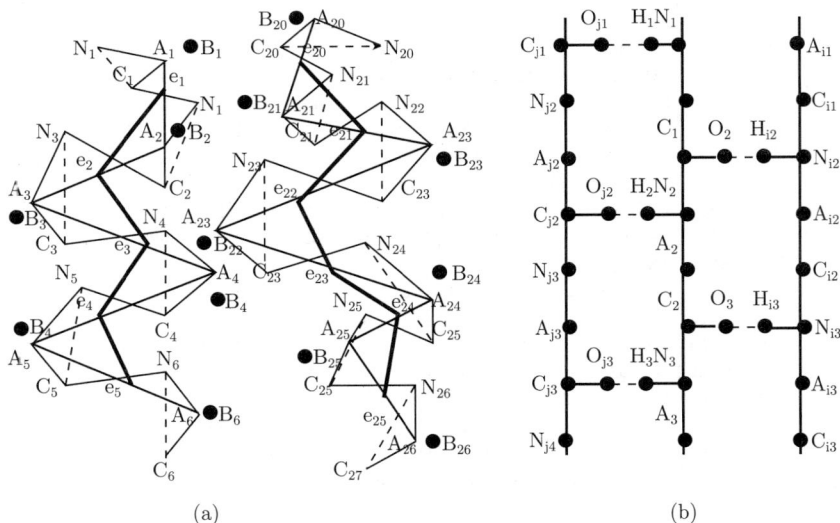

图 11.3.1　β 折叠结构的特征图

图 11.3.1 由 (a), (b) 两图组成, 它们都是对 β 折叠结构的平面展开图, 其中图 (a) 是在 β 折叠的各原子 (包括中位点) 的关系结构图, 而图 (b) 是 β 折叠中不同氨基酸序列之间的氢键连接关系, 对此补充说明如下.

(1) 在图 (a) 中, 同样由特粗、粗、细黑线与虚线这 4 种线段组成, 它们分别是中位点曲线、大、小三角形拼接带的曲线与小三角形拼接带中的 2 阶弧. 另外黑点表示侧链中的 B 原子.

(2) 在图 (a) 中, 第 1 条氨基酸序列的氨基酸从 1~6, 第 2 条氨基酸序列的氨基酸从 20~27, 因此是一顺向的 β 折叠.

(3) 图 (b) 是 β 折叠的点线图表示, 它由 3 条氨基酸序列组成, 其中竖直线是小三角形拼接带的点线图, 它们由 N, A, C 3 个原子交替组成. 横粗线段是 C—O, N—H 原子所构成的共价键, 横虚线段是氢键.

(4) 在图 (b) 中, 第 1 条氨基酸序列的氨基酸为 $j+1-j+4$, 第 2 条氨基酸序列的氨基酸为 1~3, 第 3 条氨基酸序列的氨基酸为 $i+1-i+3$, 因此它们都是顺向的 β 折叠.

2. 利用中位点曲线对 β 折叠作搜索计算

如果一个蛋白质它的中位点曲线记为 $L_e = \{e_1, e_2, \cdots, e_n\}$, 那么利用它们作距离关系的计算, 并由此作 β 折叠的搜索与分析, 对此我们已在 8.2 节中有详细讨论.

3. 利用氢键对 β 折叠作搜索计算

这就是对蛋白质的主链原子

$$L_0 = \{(N_1, A_1, C_1, O_1), (N_2, A_2, C_2, O_2), \cdots, (N_n, A_n, C_n, O_n)\}, \tag{11.3.1}$$

计算 $N_i O_j$, $O_i N_j (i < j - 3)$ 之间的距离, 并按以下步骤作搜索计算.

(1) 列出全体 $0 < i < j - 3 \leqslant n$ 的 (i, j) 集合, 使它们满足条件 $|N_i O_j| < 3.2$ 或 $|O_i N_j| < 3.2$. 记这个集合为

$$IJ = \{(i, j) : 0 < i < j - 3 \leqslant n, |N_i O_j| < 3.2, \text{ 或 } |O_i N_j| < 3.2\}. \tag{11.3.2}$$

(2) 在这个 IJ 搜索连续的片段, 如果存在长度较长的连续的片段, 那么就可以判定这些片段构成 β 折叠结构.

4. 对 PDB1A3K 蛋白质的作搜索计算与分析

利用中位点曲线对 PDB1A3K 蛋白质的作 β 折叠搜索计算已在 8.2 节给出, 我们现在利用氢键对该蛋白质的 β 折叠作搜索计算.

(1) 计算 PDB1A3K 蛋白质中所有主链中 O 原子与 N 原子的距离, 在该蛋白质主链中有 O 原子与 N 原子各有 137 个, 因此得到 $137 \times 137 = 18769$ 个距离值. 我们记为 $d(N_i, O_j)$, $i, j = 1, 2, \cdots, 137$.

(2) 在这 18769 个距离值中, 我们按 $d(N_i, O_j) < 3.2$, $i, j = 1, 2, \cdots, 137$ 进行搜索, 得到 65 个值, 对它们的数据记录如表 11.3.1 所示.

表 11.3.1　　PDB1A3k 蛋白质中距离小于 3.2 的 N, O 原子统计表

1	2	3	4	5	1	2	3	4	5	1	2	3	4	5	1	2	3	4	5
1	1043	1	129	3.184	247	350	34	46	3.026	548	489	69	62	2.919	872	780	108	96	2.777
31	1001	5	123	2.784	255	997	35	122	2.740	572	475	72	60	2.915	892	756	110	94	3.111
51	989	7	121	2.845	263	329	36	44	2.908	592	460	74	58	2.862	971	277	119	37	3.184
66	974	9	119	2.884	274	980	37	120	2.848	658	182	82	25	2.811	986	54	121	7	2.850
89	941	13	115	3.153	314	496	42	63	2.926	678	171	85	23	2.837	994	258	122	35	2.787
89	966	13	118	3.096	321	266	43	36	2.595	698	155	87	21	2.834	998	34	123	5	2.797
110	733	16	91	2.811	337	481	45	61	2.734	706	807	88	99	2.871	1006	245	124	33	2.963
129	1087	18	135	2.770	347	250	46	34	2.981	715	140	89	19	2.889	1016	226	126	31	2.753
137	718	19	89	2.852	358	468	47	59	2.707	722	791	90	97	2.768	1032	175	128	24	2.922
145	1069	20	133	2.743	373	453	49	57	2.691	730	124	91	17	2.869	1048	163	130	22	2.848
152	701	21	87	2.844	384	218	50	30	2.922	777	875	96	108	2.842	1055	163	131	22	3.019
160	1058	22	131	2.893	450	376	57	49	2.963	788	725	97	90	2.834	1066	148	133	20	2.926
172	1035	24	128	2.991	457	595	58	74	2.941	797	858	98	106	2.706	1084	132	135	18	2.814
179	665	25	83	3.043	465	361	59	47	3.026	804	709	99	88	2.977	1099	113	137	16	2.899
186	1019	26	126	2.970	472	575	60	72	2.805	816	692	101	86	2.733					
234	369	32	48	3.145	478	340	61	45	2.984	847	800	105	98	2.711					
242	1009	33	124	2.952	493	317	63	42	2.904	855	800	106	98	3.151					

　　表 11.3.1 中第一行 1~5 表示列的意义分别表示 N, O 原子在 PDB1A3K 蛋白质中原子的编号、它们所在氨基酸的编号与 2 原子的距离.

　　(3) 从表 11.3.1 与 β 折叠的判断关系可以看到以下氨基酸序列对有可能形成 β 折叠片段.

$$
\begin{array}{ccccccc}
1 & 2 & 3 & 4 & 5 & 6 & 7 \\
5-13 & 16-26 & 32-50 & 57-74 & 82-91 & 96-110 & 119-137 \\
123-119 & 91-83 & 48-30 & 49-42 & 25-17 & 108-106 & 37-31 \\
& 135-126 & 124-120 & 74-72 & & 98-94 & 7-5 \\
& & 63-57 & 62-58 & & 90-86 & 24-16
\end{array}
\tag{11.3.3}
$$

　　式 (11.3.3) 中第 1 行中的 1~7 表示 β 折叠片段的组合分组, 以下各行中的 $i-j$ 表示氨基酸编号的排列范围, 如 $i > j$ 为顺向排列, 否则为反向排列. 由表 11.3.1 可以看到, 最多可能有 4 条氨基酸序列成平行的 β 折叠结构, 而且在不同的平行的 β 折叠结构中还可能有交叉结构. 由此可见, β 折叠结构实际上是很复杂的.

　　5. β 折叠结构中其他原子的分析计算

　　从式 (11.3.3) 可以看到, 该蛋白质的 β 折叠结构分为 7 组, 不同的片段由氢键 N-H $\cdots$ O 连接, 它们的距离在 3.2 Å 以内, 其他原子点的关系可由图 11.3.2 和图 11.3.3 来说明.

　　对图 11.3.2 和图 11.3.3 我们说明如下.

　　(1) 这两图分别是 PDB1A3K 蛋白质中第 1 组与第 3 组部分氨基酸的 β 折叠结构特征图, 它们所代表的氨基酸已在式 (11.3.3) 中给出.

(2) 在这两图中, 它们又分图 (a), 图 (b), 图 (c)3 个子图, 其中图 (a) 是所对应氨基酸中全体非氢原子的空间结构图, 图 (b) 是所对应氨基酸中全体 N, A, C, O 原子的空间结构图, 图 (c) 是所对应氨基酸中形成 β 折叠的结构特征图.

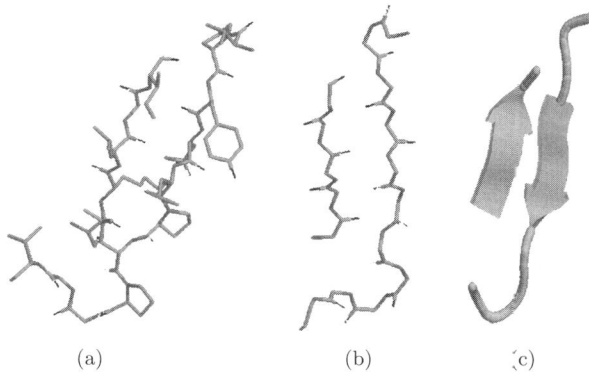

图 11.3.2　　PDB1A3K 蛋白质中第 1 组 β 折叠结构的特征图

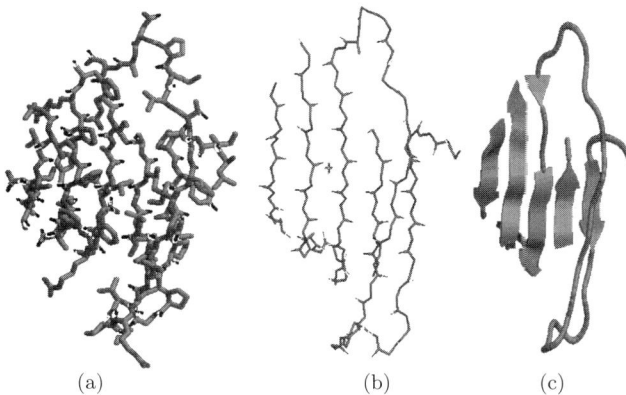

图 11.3.3　　PDB1A3K 蛋白质中第 3 组 β 折叠结构的特征图

(3) 从图 (c) 可以看到, 在第 1, 3 组 (其他组也类似) 的氨基酸中, 并不是全体氨基酸都是 β 折叠的结构区域. 而从第 3 组图 (c) 中可以看到, 该组的 β 折叠实际上是由多重 (5 重) 区域构成, 其他组也有类似情形.

(4) 比较图 (a), (b), (c) 的结构关系看, 在对应 β 折叠的结构区域中, 对应氨基酸中 N, A, C, O 氢原子的空间距离一般不超过 6.0 Å, 而对应氨基酸中非氢原子的空间距离一般不超过 8.0 Å, 对此不再详细计算.

11.3.2　关于 Ω 结构的讨论

在蛋白质的局部三维结构中, 除了 α 螺旋与 β 折叠结构外, 还存在一种特殊的局部结构, 在生物学中称为 Ω 环形 (Ωloop).

1. Ω 结构的定义

Ω 结构是指在不相邻、而相距又不太远的氨基酸中, 有 2 个主链上的非氢原子十分接近, 对此定义如下.

(1) 我们可以利用小三角形拼接带进行搜索, 记

$$L_1 = \{(N_1, A_1, C_1), (N_2, A_2, C_2), \cdots, (N_n, A_n, C_n)\}$$

为蛋白质主链的小三角形拼接带, 其中 n 是该蛋白质的长度 (氨基酸的个数).

(2) 如果存在一对 (i, j), 满足条件: $8 > j - i > 1$, 而且 $|x_i y_j| < \delta$, 那么我们称该蛋白质在 $i \to j$ 氨基酸上构成一 Ω 结构, 其中 δ 是一个适当小的常数, 而 $x, y =$ N, A, C.

(3) 在以上定义中, 我们也可利用中位点曲线 $L_3 = \{e_1, e_2, \cdots, e_{n-1}\}$, 这时 $x, y = e$. 显然, 由中位点曲线搜索计算较小三角形拼接带搜索要简单得多.

2. Ω 结构的搜索计算

Ω 结构在许多蛋白质中存在, 我们利用 $i + 3 < j < i + 7$ 与 $d(x_i, y_j) < 3.8$ 在 PDB-Select 数据库中进行搜索, 可得到一批 Ω 结构, 例如, 在 28 号蛋白质中可得到 16 个 Ω 结构. 对此列表 11.3.2 如下.

表 11.3.2　PDB-Select 数据库 28 号蛋白质 Ω 结构的搜索表

(1)	(2)	(3)	(4)	(5)	(6)	(7)	(8)	(9)	(10)	(1)	(2)	(3)	(4)	(5)	(6)	(7)	(8)	(9)	(10)
1	18620	18631	0235	0261	Y	K	N	C	3.787	9	19342	19352	2202	2229	I	A	C	N	3.559
2	18646	18656	0302	0327	S	E	C	N	3.773	10	19448	19459	2466	2485	L	Q	N	C	3.492
3	18901	18911	0993	1025	L	G	C	N	3.602	11	19741	19751	3233	3262	K	Y	C	N	3.714
4	19195	19205	1785	1817	S	G	C	N	3.672	12	19747	19757	3250	3282	L	C	C	N	3.796
5	19213	19223	1832	1870	K	K	C	N	3.761	13	19753	19763	3264	3298	Y	N	C	N	3.735
6	19306	19316	2103	2132	M	Q	C	N	3.520	14	19756	19766	3276	3306	N	R	C	N	3.773
7	19336	19346	2179	2216	Y	K	C	N	3.788	15	19855	19865	3521	3555	T	K	C	N	3.756
8	19339	19349	2191	2221	F	L	C	N	3.603	16	19858	19868	3528	3564	Q	F	C	N	3.679

表 11.3.2 中 (1)~(10) 列分别表示 Ω 结构的编号、i, j 在该蛋白质中的编号、i, j 在该蛋白质中所在氨基酸的编号、氨基酸的一字符, i, j 对应的原子与它们距离.

在这些片段中我们选择 2, 3 片段观察它们的图形结构如图 11.3.4 所示.

图 11.3.4 由 (a), (b) 两图组成, 它们分别是表 11.3.2 中 2, 3 片段中由 N, A, C 原子组成的氨基酸序列主链的空间结构图, 所取得氨基酸片段是 $300 \sim 330, 990 \sim 1030$, 表中的片段是 $302 \sim 327, 993 \sim 1025$.

图 (a) 中浅色的小球构成一 Ω 结构, 图 (b) 可看做由多个 Ω 结构组成的氨基酸序列.

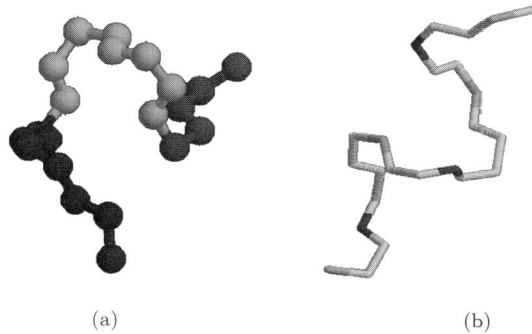

(a)   (b)

图 11.3.4 部分 Ω 结构示意图

3. Ω 结构的产生原因

Ω 结构在蛋白质三维结构中大量存在, 分析它的产生原因有以下三种.

(1) 独立存在. 它不与其他二级结构发生关系. 但有可能在大 Ω 结构中套小 Ω 结构, 或有几个 Ω 结构的组合, 如图 11.3.4(b) 与 11.3.5(b) 所示.

(2) α 螺旋结构的变形. 如不完整的 α 螺旋结构 (如只有一个或半个周期的 α 螺旋结构), 又如顺向与反向 α 螺旋结构的变换交界处, 其中部分原子容易形成 Ω 结构.

(3) β 折叠结构的变形. 在 β 折叠中, 2 条平行 (或多条平行与反平行) 的氨基酸序列, 如果中间有部分原子偏离平行线, 这些原子容易形成 Ω 结构.

11.3.3 蛋白质局部三维结构的综合讨论

对蛋白质局部三维结构我们给出了多种不同的类型, 现在对它们作综合讨论.

1. 局部三维结构的类型与特征

对蛋白质局部三维结构我们已给出了 α 螺旋、β 折叠、γ 转角与 Ω 结构, 对它们的类型与特征列表 11.3.3 如下.

表 11.3.3 局部三维结构的类型与特征表

结构名称	结构类型	结构特征与判别工具	判别方法
α 螺旋	顺向与反向	中位点曲线转角与扭角	外转角接近 80°, 扭角接近 ±60°
β 折叠	平行与反平行	不同氨基酸序列中 N,O 原子距离	部分 N,O 原子距离接近 3.0 Å
γ 转角	转向强度	中位点曲线转角	外转角大于 90°
Ω 结构	结构大小	不相邻但较接近氨基酸中原子的距离	氨基酸间隔大于2,小于6, 主链原子距离小于4Å

其中扭角为正时 α 螺旋为顺向, 为负时 α 螺旋为反向. 对混合型的 Ω 结构, 氨基酸间隔小于 6 的条件可以适当放宽.

2. 不同局部三维结构的混合

对表 11.3.3 中这些不同局部三维结构在蛋白质中往往混合出现, 图 11.3.5 给出了它们的几种混合类型.

对图 11.3.5 说明如下.

(1) 图中 (a), (b), (c) 是几种不同类型的 Ω 结构图, 其中 (a) 是典型的 Ω 结构图、(b) 是混合型的 Ω 结构图、(c) 是具有中心点的 Ω 结构图.

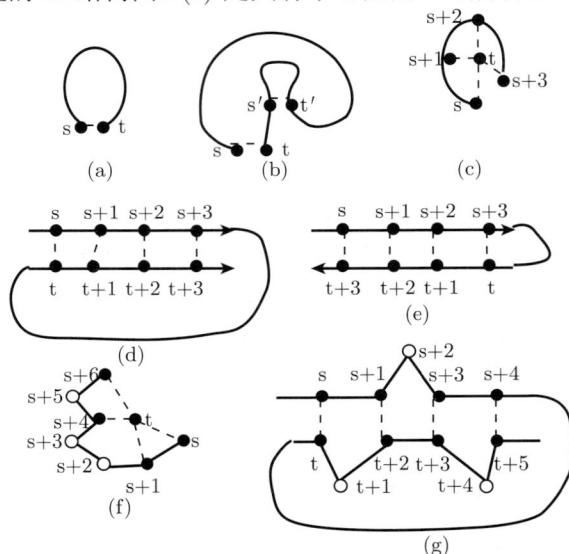

图 11.3.5   一些不同局部三维结构的几种混合类型意图

(2) 图中 (d), (e), (g) 是几种不同类型的 β 结构图, 其中 (d) 是平行型的 β 结构图、(e) 是反平行的 β 图、(g) 是 Ω 与 β 混合结构图.

(3) 图 (f) 也是一种特殊的 Ω 结构图, 有一组原子相互都比较接近, 这就是分子聚合团, 对它们的意义在下面中将详细讨论.

11.4   结构域与 Model 的结构特征问题

在本章的开始已经说明, 在蛋白质内部存在大量重复排列的原子或氨基酸序列, 重复的氨基酸序列构成结构域, 本节我们将重点研究它的构造问题.

11.4.1 结构域的类型与特征

在同一蛋白质中, 不同的结构域之间存在不同的类型与特征, 对它们有以下的分类方法.

1. 按一级结构分类

在同一蛋白质中, 不同的结构域之间的一级结构有很大的差别, 在这些结构域之间的一级结构相似率很高, 甚至完全相同, 有的相似率很低, 也有的在一些片段上的一级结构相似率很高, 其他部分则相似率很低.

2. 按三级结构分类

在同一蛋白质中, 不同的结构域之间的三级结构一般都比较相似, 即使它们的一级结构不同, 但三级结构 (或部分片段上的三级结构) 也有较高的相似率. 关于三级结构的相似率在本书的第四部分有专门讨论.

3. 按空间位置分类

不同的结构域之间的空间位置一般是不同的. 这就是在同一蛋白质中, 不同的结构域占有各自的空间区域. 但也有的蛋白质, 不同的结构域的空间位置是相互平行的, 这时这些结构域较易产生 β 折叠等二级结构.

对一些重要蛋白质的结构域在本书的第五部分有专门讨论, 本节只对一些典型的结构特征进行分析.

11.4.2 血红蛋白的结构域

对血红蛋白我们已在 9.2 节中有初步讨论, 对此再作进一步的分析.

1. 结构域的组成

我们已经说明, 该蛋白质由 4 条氨基酸序列组成, 在这 4 条氨基酸序列中, A, B 链 C, D 的一级结构完全相同, 它们的长度分别是 156 与 160. 由表 9.2.4 可以看到, A 与 C 链的一级结构相似率很低 (约 10%).

这 A, B, C, D, 4 条氨基酸序列分别占据该蛋白质的 4 个区域 (见光盘 DATA/DATA2/9/9-2/9-2-1.JPG 文件), 它们的中位点曲线中的 r_i, ϕ_i, ψ_i 参数序列已在表 9.2.5 中给出, 对此对此有以下结论.

(1) A 与 B 链不仅一级结构完全相同, 而且由中位点曲线中的 r_i, ϕ_i, ψ_i 参数序列的比对可以确定: 它们的三维结构也十分相似. 利用中位点曲线中的参数序列作蛋白质 (或肽链) 三维结构的比对将在本书的第四部分中有详细讨论.

(2) A, B 与 C, D 链的一级结构很不相同, 但利用中位点曲线中的参数序列的比对, 也可以确定它们的三维结构十分相似. 由此可以知道, 一级结构很不相同的

蛋白质 (或氨基酸序列), 它们的三维结构仍然有可能相似.

(3) 在对表 9.2.5 的分析中可以看到, A,B,C,D 这 4 条氨基酸序列都是以 α 螺旋结构为主的氨基酸序列, 而且在每条氨基酸序列中, α 螺旋结构起始与终止位置十分相同, 因此每条氨基酸序列中 α 螺旋结构的长度也很接近.

由此可以得到结论: 在该血红蛋白中, 它的 4 个结构域与一级结构不同, 但它们的三维结构与形态相似, 每个结构域经一定的旋转与移动, 分别分布在该蛋白质的前、后、左、右位置.

2. 不同结构域的连接

在表 9.2.5 中我们可以看到, 在该蛋白质的 4 条氨基酸序列中位点曲线中距离比较接近的点, 我们再用原子的距离关系作进一步的分析, 表 11.4.1 是在不同结构域中, 部分距离比较接近的主链原子 (N, A, C, O 原子) 的搜索结果.

表 11.4.1　　血红蛋白 PDBIBAB 的不同氨基酸序列中距离比较接近的主链原子计算表

1 2	3	4	5 6 7 8	9		1 2	3	4	5 6 7 8	9		3 4	3	4	5 6 7 8	9
1 2	248	2052	O A L A	4.627		1 2	856	1953	A O P H	4.625		3 4	3023	4146	C O A A	4.388
1 2	253	2052	N A S A	4.789		1 2	924	1317	A A A V	4.534		3 4	3023	4148	C N A H	4.351
1 2	254	2052	A A S A	4.245		1 3	1	3228	N O V S	4.695		3 4	3023	4149	C A A H	4.052
1 2	829	1947	C C A A	4.577		1 3	4	3255	O O V R	4.739		3 4	3024	4145	O C A A	4.660
1 2	829	1948	C O A A	4.577		1 4	271	4384	A O P H	4.777		3 4	3024	4146	O O A A	4.349
1 2	829	1950	C N A H	4.490		1 4	301	4004	A O T H	4.421		3 4	3024	4148	O N A H	4.347
1 2	829	1951	C A A H	4.297		1 4	302	4004	C O T H	4.478		3 4	3024	4149	O A A H	3.666
1 2	830	1947	O C A A	4.593		1 4	303	4002	O C T H	4.674		3 4	3024	4150	O A A A	4.296
1 2	830	1948	O O A A	4.380		1 4	303	4003	O C T H	4.655		3 4	3024	4151	O A A A	4.268
1 2	830	1950	O N A H	4.436		1 4	303	4004	O O T H	3.847		3 4	3026	4145	N C A A	4.380
1 2	830	1951	O A A H	3.877		1 4	684	3539	A O R W	4.571		3 4	3026	4146	N O A A	4.136
1 2	830	1952	O C A H	4.649		1 4	685	3539	C O R W	4.675		3 4	3026	4148	N N A H	4.559
1 2	830	1953	O O A H	4.552		1 4	686	3538	O C R W	4.781		3 4	3026	4149	N A A H	4.609
1 2	832	1947	N C A A	4.474		1 4	686	3539	O O R W	3.952		3 4	3027	4145	A C A A	4.221
1 2	832	1948	N O A A	4.412		2 3	1345	2880	O O W R	4.617		3 4	3027	4146	A O A A	3.616
1 2	832	1950	N N A H	4.739		2 3	1804	2497	A O H T	4.522		3 4	3027	4148	A N A H	4.740
1 2	833	1947	A C A A	4.273		2 3	1805	2495	C A H T	4.779		3 4	3027	4180	A A A G	4.054
1 2	833	1948	A O A A	3.842		2 3	1805	2497	C O H T	4.444		3 4	3027	4181	A C A G	4.668
1 2	833	1982	A A A G	4.497		2 3	1806	2495	O A H T	4.238		3 4	3028	4146	C O A A	4.722
1 2	834	1948	C O A A	4.777		2 3	1806	2496	O C H T	4.191		3 4	3028	4180	C A A G	4.191
1 2	834	1982	C A A G	4.502		2 3	1806	2497	O O H T	3.571		3 4	3028	4181	C C A G	4.765
1 2	835	1948	O O A A	4.719		2 3	2185	2467	C O H P	4.682		3 4	3029	4180	O A A G	3.556
1 2	835	1981	O N A G	4.752		3 4	2410	4220	A A P A	4.502		3 4	3029	4181	O C A G	4.008
1 2	835	1982	O A A G	3.594		3 4	2442	4250	A O L A	4.785		3 4	3029	4182	O O A G	4.682
1 2	835	1983	O C A G	3.972		3 4	2448	4250	A A S A	4.301		3 4	3029	4183	O N A K	4.202
1 2	835	1984	O O A G	4.610		3 4	3022	4149	A A A H	4.621		3 4	3050	4151	A O P H	4.537
1 2	835	1985	O N A12	4.164		3 4	3023	4145	C C A A	4.537		3 4	3118	3511	A A A V	4.557

表 11.4.1 中第 1 行的 (1), (2) 所在的列分别表示氨基酸序列的编号; (3), (4) 所在的列是原子点在蛋白质中的变化; (5),(6) 所在列是原子名称; (7),(8) 所在列是

原子所在氨基酸的一字符; (9) 是两原子的距离.

(3) 由表 11.4.1 可以看到, 在不同的结构域中, 部分原子的距离比较接近, 它们之间的关系如图 11.4.1 所示.

对图 11.4.1 说明如下.

(3-1) 图中 A,B,C,D 分别表示 4 个结构域及它们所在的区域.

(3-2) 在这 4 个结构域的区域中, 交叉部分表示其中距离比较接近的主链原子, 交叉部分中的数字表示其中距离比较接近的主链原子点偶数.

(3-3) 由此可见, 在结构域 A, B 之间与 C, D 之间, 距离比较接近的主链原子点偶数较多, 结构域 B, D 之间距离比较接近的主链原子点偶数很少.

(4) 表 11.4.1 与图 11.4.1 只考虑主链中的原子 N, A, C, O, 如果同时考虑侧链中的原子, 相应的点偶数还有增多或原子间的距离还可减少. 在这些原子之间就有可能形成共价键或氢键, 从而使这些结构域有稳定的连接关系.

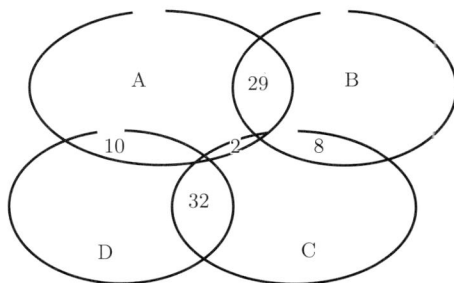

图 11.4.1 血红蛋白 PDB1BAB 结构域的关系示意图

11.4.3 蛋白质中的 Model 结构

在蛋白质空间结构数据库中, 我们已经说明了不同结构域或 Model 序列的来源, 它们都是蛋白质数据结构中的组成部分, 现在来观察不同蛋白质所具有的 Model 结构.

1. 一级结构

PDB1A63 是一种与 RNA 绑定的大肠杆菌 RHO 因子, 它包含 10 个 Model, 每个 Model 包含 130 个氨基酸, 共含 20659 个原子, 对它的结构特征讨论如下.

在该蛋白质所包含的 10 个 Model 中, 它们的一级结构完全相同, 在每个 Model 中包含 130 个氨基酸, 按它们的顺序排列如下.

```
      10        20        30        40        50        60        70        80
MNLTELKNTP VSELITLGEN MGLENLARMR KQDIIFAILK QHAKSGEDIF GDGVLEILQD GFGFLRSADS SYLAGPDDIY
      90       100       110       120       130
VSPSQIRRFN LRTGDTISGK IRPPKEGERY FALLKVNEVN FDKPENARNK
```

2. 三维结构的排列特征

该蛋白质与血红蛋白不同, 在这 10 个 Model 中, 10 条氨基酸序列的三维结构处在相互平行状态, 只有尾部的原子距离略有分散.

(1) 因为这 10 条 Model 的一级结构完全相同, 所以它们所包含的原子也完全相同, 如记

$$A_s = \{a_{s,1}, a_{s,2}, \cdots, a_{s,4n}\}, \quad s = 1, 2, \cdots, 10 \tag{11.4.1}$$

为这 10 条 Model 主链上的原子, 也就是 $a_{s,4i+1}, a_{s,4i+2}, a_{s,4i+3}, a_{s,4i+4}$ 分别是第 s 条 Model 的第 i 个氨基酸中的 N, A, C, O 原子, 其中 $n = 130$.

(2) 记

$$D_j = (d_{j,s,s'})_{s,s'=1,2,\cdots,10}, \quad j = 1, 2, \cdots, 4n = 520, \tag{11.4.2}$$

其中 $d_{j,s,s'} = |a_{s,j}a_{s',j}|$, 也就是对不同的 Model, 在同一位置上原子的距离.

(3) 对所有距离矩阵 $D_j, j = 1, 2, \cdots, 4n = 520$ 的计算结果在光盘 DATA/DATA1/11/11-4/11-4-1.CTX 文件中给出.

3. 计算结果的分析

(1) 关于原子距离的计算.

从光盘 DATA/DATA1/11/11-4-1.CTX 文件可以看出, 在这 10 条 Model 中, 在同一位置上原子的距离都十分接近, 尤其是在前 480 个原子, 许多距离甚至小于共价键的距离. 对前 480 个原子在不同 Model 之间的平均距离与变动的标准差如表 11.4.2 所示.

表 11.4.2 由 2 个模块组成, 其中第 1 模块是平均距离模块, 第 2 模块是标准差模块, 其中第 1 行与第 1 列表示 Model 的编号.

(2) 对前 480 个以后原子的距离就比较分散, 我们可从 11-4-1.CTX 文件的后 50 个矩阵与图 11.4.2 可以看到这些情形.

(3) 对该蛋白质中各原子的空间结构图如图 11.4.2 所示.

图 11.4.2 由 (a) 和 (b) 两图组成, 其中图 (a) 是一般原子空间结构图, 图 (b) 是它的结构特征图. 从图 (b) 可以看到, 不同 Model 在前大部分紧密结合, 而且同时具有 α 螺旋与 β 折叠的特征, 后一小部分开始逐步松散分离.

该蛋白质的单 Model 与多 Model(10 个) 的彩色图像在光盘 DATA2/11/文件夹的 1A63.JPG 与 1A63-1.JPG 文件中给出.

多 Model 的其他类型还很多, 它们的空间结构在部分区域中几乎重叠, 在另外一些区域中侧较分散. 对这些 Model 的形成过程及在蛋白质空间结构形态与功能等问题还需要讨论.

表 11.4.2 PDB1A63 蛋白质同一位置在不同 Model 中的平均距离与标准差的计算表

	(1)	(2)	(3)	(4)	(5)	(6)	(7)	(8)	(9)	(10)
(1)	0.0000	0.8222	0.8697	1.3517	0.7931	1.2699	1.3543	1.1191	1.3386	0.9465
(2)	0.8222	0.0000	0.8511	1.0793	0.6836	0.9677	1.1885	1.0370	1.2188	1.1762
(3)	0.8697	0.8511	0.0000	1.1931	0.8758	1.0479	1.1847	1.2693	1.2335	1.2793
(4)	1.3517	1.0793	1.1931	0.0000	0.9725	1.0446	0.6091	1.2569	0.8841	1.1143
(5)	0.7931	0.6836	0.8758	0.9725	0.0000	1.0711	0.9371	0.9595	1.1466	0.8924
(6)	1.2699	0.9677	1.0479	1.0446	1.0711	0.0000	1.2923	0.9449	0.7638	1.4757
(7)	1.3543	1.1885	1.1847	0.6091	0.9371	1.2923	0.0000	1.3390	0.9966	1.1338
(8)	1.1191	1.0370	1.2693	1.2569	0.9595	0.9449	1.3390	0.0000	1.0334	1.0763
(9)	1.3386	1.2188	1.2335	0.8841	1.1466	0.7638	0.9966	1.0334	0.0000	1.3492
(10)	0.9465	1.1762	1.2793	1.1143	0.8924	1.4757	1.1338	1.0763	1.3492	0.0000
(1)	0.0000	1.1047	1.1670	1.6381	0.9392	2.3101	1.3409	1.8844	1.7256	0.9742
(2)	1.1047	0.0000	0.4194	0.7321	0.5761	1.6736	0.6695	1.7342	1.3197	1.4711
(3)	1.1670	0.4194	0.0000	0.9757	0.8007	1.6997	0.9265	1.8529	1.4423	1.5962
(4)	1.6381	0.7321	0.9757	0.0000	0.8988	1.4582	0.3791	1.5134	1.3818	1.7732
(5)	0.9392	0.5761	0.8007	0.8988	0.0000	1.8883	0.6190	1.6228	1.5198	1.2255
(6)	2.3101	1.6736	1.6997	1.4582	1.8883	0.0000	1.5073	1.5729	0.8731	2.4663
(7)	1.3409	0.6695	0.9265	0.3791	0.6190	1.5073	0.0000	1.4046	1.3054	1.5027
(8)	1.8844	1.7342	1.8529	1.5134	1.6228	1.5729	1.4046	0.0000	1.1655	1.5925
(9)	1.7256	1.3197	1.4423	1.3818	1.5198	0.8731	1.3054	1.1655	0.0000	1.9144
(10)	0.9742	1.4711	1.5962	1.7732	1.2255	2.4663	1.5027	1.5925	1.9144	0.0000

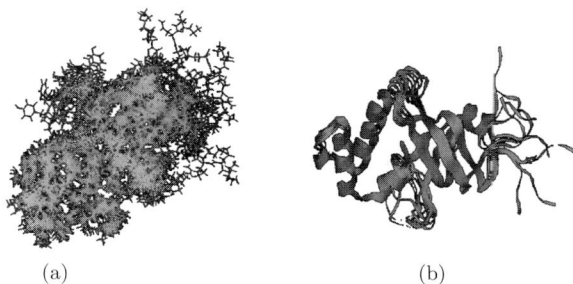

(a)   (b)

图 11.4.2 具有多 Model 的蛋白质

11.4.4 蛋白质三维结构的预测与 CASP 比赛

蛋白质结构预测泛指由一级结构预测二级结构、三级结构和四级结构. 对二级结构的预测问题我们已在 9.2 节中有概要说明, 在本节中主要介绍三维结构的预测问题.

1.三维结构预测的意义

众所周知, 在蛋白质结构的测量中, 分一级结构与空间结构的测量, 后者不仅要测量蛋白质的一级结构, 而且还要确定蛋白质中每个原子的空间位置. 因此空间结构的测量要困难得多, 其中不仅是测量成本增加, 而且其中有些蛋白质的空间结构是现有技术手段无法测量的.

蛋白质的功能往往与它的空间结构密切相关, 因此了解不同类型蛋白质的空间结构性质有重大意义.

事实上, 在蛋白质空间结构数据库中, 已测定结构的蛋白质数量 90000 个左右, 而已知的蛋白质一级结构序列的数量远远大于这个数目. 另外, 蛋白质一级结构的许多信息还可来自 DNA 的分析, 在基因组的编码理论中可以大量获得蛋白质一级结构的信息. 如果能进一步了解它们的空间结构与功能的信息无疑是对生物信息学的重大进展.

对蛋白质三维结构预测还可以了解蛋白质一级结构与空间结构的许多动力学关系问题, 如

(1) 依据 Anfinsen 原理, 蛋白质一级结构确定它的空间结构, 这个原理得到生物学界定认同. 但近期的许多研究说明, Anfinsen 原理并不完全确切, 一些具有相同一级结构的蛋白质在不同情况下可以产生多种不同类型的形态.

(2) 在蛋白质的空间结构讨论中, 个别氨基酸的改变会改变整个蛋白质的空间结构与功能. 如在血红蛋白中, 一个氨基酸的突变会改变整个蛋白质的空间结构与功能 (表 21.1.7), 由此产生不同类型的血液病.

(3) 在结构域的分析中, 经常可以看到, 具有完全不同一级结构的氨基酸序列会产生非常相似的空间结构.

其中这些问题, 从动力学的角度来说解释很困难的, 通过蛋白质三维结构的预测也正是要分析这些问题. 也只有对这些动力学的问题有比较清楚的了解后, 蛋白质三维结构的预测问题才能得到较好的解决与可靠的理论基础.

2.三维结构预测的方法之一: 基于模板的建模法

目前蛋白质结构预测方法主要包括两大类: **基于模板的建模**(template-based modeling) 和**自由建模**(free modeling). 对其中的要点说明如下.

(1) 基于模板的建模方法的主要依赖是从 PDB 中已测得结构的蛋白, 从这些已知的蛋白结构中为待测蛋白 (target protein) 寻找它们的模板 (template), 利用模板为待测蛋白建立结构模型.

这一类预测方法的基本依据是: 同源蛋白质具有相近的空间结构. 根据结构的相似度以及进化上的相关性, 可以把蛋白质做聚类并分级, 可分成**家族**(family)、**超家族**(superfamily) 和**折叠子**(fold).

(2) 同一个 family 中的蛋白质通常有着明确的进化上的联系, 而且有较高的序列相似度 (一级结构的相似度一般在 30).

同一个 superfamily 中的蛋白虽然在序列上并不相似, 隹有共同的进化祖先, 因此有相似的结构和功能.

同一个 fold 的蛋白仅仅在结构上相近, 主要体现在相同的二级结构组成成分、排列顺序和拓扑结构. 但在进化上可能没有任何关联.

给定一个待测结构的蛋白, 如果能找到与其在处于同一个 family, superfamily 或是 fold 中的一个已知结构的蛋白, 那么就能用已知结构的蛋白作为模板来预测待测蛋白的结构.

(3) 随之而来的一个重要问题是: 现有 PDB 中的结构是否已经完备? 换句话说, 随便给一个蛋白, 能否在 PDB 中找到相应的模板? 答案是肯定的. Zhang 和 Skolnick 在 2005 年发表的文章中做过统计, 他们选取了 1413 个结构有代表性的单个 domain 的蛋白, 然后在 PDB 中为这些蛋白寻找模板. 研究结果表明, 即便排除序列相似度大于 20% 的模板, 也能够为每个目标蛋白找到至少一个结构相似的模板, 该模板能够覆盖目标蛋白至少 70% 的区域, 而且模板与目标蛋白的 C_a 原子的 RMSD 的距离 (root mean squared deviation) 小于 6A. 平均的 RMSD 距离为 2.96A、覆盖的区域为 86%.

进一步的研究表明, 通过选取最匹配的模板可以为待测蛋白建立高质量的结构模型, 建模结构与真实结构之间的 RMSD 平均只有 2.25A 的差异. 此外, 自然界中存在的蛋白 fold 数目是有限的, 目前已经找到大约 1200 个 fold. 这些都证明了 PDB 中现有的结构足以应付单个 domain 蛋白的建模需求.

(4) 但实际的预测情况却并不乐观, 因为大多数的目标蛋白与模板蛋白的序列相似度都在 15% 左右, 找到与目标蛋白最匹配的模板不是一件容易的事情. 事实上, 在去除序列相似度超过 30% 的模板之后, 现有的预测算法只能为 $\frac{2}{3}$ 的目标蛋白找到最匹配的模板, 这也是基于模板的建模领域的一个主要的瓶颈.

如何准确找到最匹配的模板? 现有的算法可以分为两类: 一是 Homology modeling, 主要用于待测蛋白与模板蛋白序列相似度较高的情形. 这种情况下, 可以在 PDB 中使用序列比对 (sequence alignment, 即直接比较待测蛋白的序列与模板蛋白的序列) 的方法找到与待测蛋白相匹配的模板蛋白.

二是 Protein threading, 也称为 Fold recognition, 主要用于待测蛋白与模板蛋白的序列相似度较低的情形, 这种情况下无法直接通过序列比对的方法找到模板. Protein threading 尝试将待测蛋白的序列装嵌 (thread) 进模板蛋白的结构中, 即对序列和结构做比对. 具体的实现方法为基于 profile 的比对算法, 分别为待测蛋白和模板蛋白建立 profile, 然后把两个 profile 进行比对.

(5) 建立 profile 的方法包括和蛋白质序列数据库中的序列作多重序列比对 (multiple sequence alignment); 也可以加入二级结构、溶剂以及面积 (solvent accessible area)、phi/psi 等结构信息, 待测蛋白可以通过预测获得这些结构信息, 模板蛋白则可以直接从其真实结构中计算得到; 使用 Markov 模型为 20 种氨基酸以及插入和删除的出现概率建模.

此外也有使用机器学习 (machine learning) 等方法来构建 profile. 基于 profile 的比对算法能够搜索在进化上相距较远的同源序列, 可以找到序列相似度较低但结构相似的模板蛋白.

(6) 基于模板的建模领域的另一个问题是: 在利用模板为待测蛋白建立结构模型之后, 如何对结构模型进行修正 (structure refinement). 换句话说, 如何让模型更接近蛋白质的真实结构. 这也是一项非常困难的工作.

3. 三维结构预测的方法之二: 自由建模法

自由建模是指不使用任何模板, 利用蛋白质折叠 (protein folding) 的一些基本物理、化学原理, 从零开始预测蛋白的结构. 可以想象, 自由建模的难度要远超基于模板的建模. 事实上, 这类方法通常需要占用非常大的计算机资源. 大体的预测思路如下.

(1) 从可能的空间构象中进行抽样, 使用打分函数 (scoring functions) 对不同的构象进行评估, 找出一些候选结构 (decoys), 然后再利用打分函数和构象聚类从候选结构中挑出最可能接近真实结构的构象, 最后使用高解析度的修正算法 (high-resolution refinement) 对得到的构象进行调整并得到最终的预测结果. 这其中比较关键的部分是如何构建一个准确的打分函数, 以及如何高效地完成对庞大构象空间的搜索.

(2) 当前主要有两类打分函数: 一是基于物理的打分函数 (physics-based); 二是基于知识的打分函数 (knowledge-based). 前者使用已知的一些关于分子间相互作用的理论对蛋白质结构建立数学模型, 这类方法能够在给出预测模型的同时揭示蛋白质从一级结构折叠成三级结构的完整折叠过程 (pathway of protein folding). 后者则对现有的蛋白构象做统计分析并构建统计模型. 目前, 将基于物理的方法与基于知识的方法结合起来使用被证明是最有效的.

4. CASP 简介

CASP 全称是 Critical Assessment of Protein Structure Prediction, 是一个面向全世界的蛋白质结构预测比赛, 主旨是对当前的蛋白质结构预测方法进行客观评估, 探讨结构预测研究的进展, 存在的困难以及将来的发展方向.

(1) CASP 简史. 从 1994 年开始, CASP 每两年举行一次, 到 2012 年已经成功举办了十届的比赛, 已经确定将会在 2014 年举办第十一届比赛. 经过近 20 年的发展, CASP 已经成为计算生物学领域中最负盛名的比赛, 吸引着来自生物、物理、计算机科学、高能物理、计算化学、计算数学等不同领域的研究人员.

(2) 比赛程序. 比赛正式开始前, CASP 的组织者会收集一定数量的蛋白作为比赛的预测目标. 对这些目标蛋白是有特定要求的: 一是结构还没有公开发布, 二是很快会被测出结构. 前者是为了保证比赛的公平, 比赛进行中只有蛋白质的序列信息, 没有任何结构信息可用. 当然每届比赛中也会出现个别目标蛋白结构提前泄露的情况, 不过泄露的蛋白很快会被赛会组织者从待预测的列表中剔除, 不列入最后的评估; 后者是为了能够尽快获得目标蛋白的真实结构, 以便在比赛结束后及时地对预测结果进行评估.

(3) 在早期的 CASP 比赛中, 组织者需要通过联系世界各地的从事 X 射线晶体检测或磁共振光谱研究的个体实验室, 游说他们把即将测出结构的蛋白质捐赠出来作为 CASP 比赛用蛋白. 这种做法不能保证筹集到稳定数目的目标蛋白, 最终的目标蛋白数目完全取决于各个实验室的实验进度, 由于 CASP 比赛时间是固定的, 因此总会有一些蛋白没能按时测出结构而不得不被剔除.

受益于结构基因组学 (structural genomics) 的发展, 全球陆续启动了几批蛋白质结构测定项目, 成立了研究中心, 开始大规模、有计划、高通量地进行蛋白质结构测定. 从 CASP6 开始, 大部分的比赛用蛋白都有这些研究中心提供, 这也保证了每届 CASP 的蛋白数量维持在 100 个以上.

(4) CASP 包含两种参赛类型: 一种是人工组 (human team), 既可以使用各种计算方法, 也可以人为手动地对结构模型进行调整和改进.

另一种是服务器组 (server team), 这一组只限使用计算方法, 全部的预测流程必须靠机器自动完成, 不允许任何人为的干扰. 人工组会有更充足的预测时间, 因为需要人为的判断, 时间为 3 周; 而服务器组通常需要在 48~72 小时为做出响应. 参赛者在赛前要注册并选择比赛类型, 可以二选一, 也可以两种类型都可选择. 正式的 CASP 比赛一般从 5 月初开始、至 7 月中结束. 在此期间, 每天会发布几个目标蛋白的序列, 参赛者在获得序列后开始预测并在规定的时间内提交最终的预测结果. 每个目标蛋白最多可以提交 5 个结构模型, 但后期的评估的重点一般放在第一个模型上.

(5) 根据预测的难易程度, CASP 中的目标蛋白被分为三类: ① Homology modeling, 通过简单的 BLAST 搜索即可找到目标蛋白的模板. ② fold recognition, 需要通过更复杂的方法才能可以找到模板. ③ 自由建模, PDB 中找不到适合的模板. 从 CASP7 开始, 前两类被合并称为基于模板的建模.

除了预测蛋白质的结构, CASP 还包含其他的类型的预测, 比如 residue-residue contact prediction(残基关联图), disorder region prediction(无序区域), function prediction(蛋白质功能) 和 quality assessment(在真实结构未知的前提下对结构模型进行评估) 等. 这些类型会作为 CASP 中独立的预测单元, 并有相应的评估.

(6) 比赛结束后, 预测结果交由专人进行评估并排名. 每个参赛小组需要提交一份关于预测方法的摘要, 由组织者收录整合并发布到预测网站上 (www.predictionc-enter.org). 在同年 12 月会召开会议对本次 CASP 做全面的总结, 同时会邀请一些排名较前的参赛者在会议上做报告, 介绍自己的预测方法. 参赛者也可以制作海报在会议上展出. 参赛者和对结构预测的感兴趣的研究人员都可以参加, 一起探讨蛋白质结构的现状、瓶颈, 以及未来的发展方向. 这些结果会整理并发表在来年的 Proteins 杂志上.

(7) 截止到本书交稿, 最新一期的 CASP10 的相关文章还没有在 Proteins 杂志上发表出来, 预计将于 2013 年 9 月、10 月陆续发布. 基于 CASP10 官网上的信息, 最近这几届排在第一位的预测方法都由张阳小组开发, 他是密歇根大学副教授 (associate professor, Department of Computational Medicine and Bioinformat-ics, University of Michigan). 他的个人网站是: http://zhanglab.ccmb.med.umich.edu/.

有关蛋白质三维结构预测与 CASP 情况的介绍见论文 [87], [95], [96], [109], [124]~[134], [196] 等.

第三部分
蛋白质结构的动力学分析

第12章　有关分子动力学的基础知识

在了解蛋白质三维结构的基础上就可以讨论它的动力学问题. 该问题是蛋白质研究中的重大问题, 有大量的论文与著作 (见文献 [56], [216], [221], [149] 及其引文) 从多种不同角度进行分析与研究. 本书试图将分子动力学与 ID 结合起来作综合性的分析, 为此先介绍有关分子动力学的一些基础知识.

12.1　有关统计力学的一些基本知识

统计力学主要讨论气体与液体中分子运动的动力学, 现有的统计力学中对理想气体中的分子运动说明得比较清楚, 液体中分子运动状况比较复杂 (见文献 [254] 等). 在蛋白质结构分析中我们更关心的是液体中统计力学问题.

12.1.1　统计力学中的一些基本概念与公式

统计力学所包含的内容很多, 我们只可能介绍与本书有关的内容.

1. 相与相变

物质的状态为**相**, 通常分气态、液态与固态. 在一定条件下物态的状态可以相互转化称为**相变**.

(1) **固态**. 具有固定的分子排列与很强的相互作用力, 有固定的体积、外形与表面, 只有在很强的外力下才会改变.

(2) **液态**. 不具有固定的分子排列, 仍然有很强的相互作用力, 不具有固定的外形, 但有固定的体积与表面, 它的体积只有在很强的外力下才会改变.

(3) **气态**. 不具有固定的分子排列, 有微弱相互作用力, 不具有固定的外形、体积与表面, 可以随时充满容器, 体积随压力变化.

(4) **等离子态**. 发生于能量很高的态, 原子被分解成电离子或带电组分.

(5) **液晶**是介于液体与晶体之间的物质, 它的可移动性像液体, 光学中的各向异性性质与晶体相同.

相变是在一定能量变化时才能实现, 其中汽化热是指在 1 大气压与沸点温度下, 将 1.0g 液体变为气体所需要的热能. 不同物质的汽化热与液化热在物理与化学用表中可以找到.

2. 相与相变的动力学因素

(1) 无论是气体、液体或固体, 它们都是由大量分子组成, 这些分子都处在不断的运动状态中. 这种运动是**随机的**, 具有一定的**动量分布**与**内部结合力**的**相互作用**. 分子运动动量的大小与内部结合能的大小关系确定该物体的相.

(2) **理想气体**把其中的每个分子看做一空间的点 (不考虑它们的大小与结构), 它们是做相互独立、各向均匀、而且具有一定动量分布的随机运动. 因此实际的气体都不满足理想气体的条件, 但理想气体是我们考虑问题的出发点, 尤其是它的分子运动方程可为其他气体或液体中的分子运动作参考.

(3) **水是生命存在的基本条件**. 当水中溶解了其他分子后就变成**溶液**. 液体中的各种不同类型分子都处在不断的随机运动中, 它们之间不断发生碰撞, 从而改变其运动状态. 正是这种碰撞使各种不同类型的生物、化学反应得以进行. 因此溶液中的分子运动是产生生物、化学反应的条件与基础.

(4) 如果有其他小颗粒 (或小分子) 置于水中, 那么这些小颗粒受水分子的运动碰撞而发生随机运动, 称这种随机运动为**布朗 (Brown) 运动**. 一些布朗运动是可用肉眼观察到的, 而且可用特定的数学模型描述.

一般溶液中存在多种小分子, 它们与水分子、这些小分子之间都会发生随机与碰撞运动, 因此对它们运动过程的描述比较复杂. 生物大分子除了具有这些小分子之间的随机运动与碰撞运动外, 还存在这些大分子本身的**旋转**与**内部结构变化**的运动, 因此对它们的描述更加复杂.

蛋白质的一种生物大分子, 它们的动力学问题与溶液中的分子运动密切相关. 统计力学是我们分析问题的基础, 但对蛋白质这样的生物大分子的运动模型还要作更深入的讨论.

3. 麦克斯韦-玻耳兹曼方程

麦克斯韦-玻耳兹曼方程又称理想气体分子运动的麦克斯韦速度分布运动或玻耳兹曼分布. 如果记 v 是理想气体分子运动的速度, 那么它的分布函数是

$$f(\boldsymbol{v}) = \frac{1}{N}\frac{\mathrm{d}N}{\mathrm{d}\boldsymbol{v}} = 4\pi v^2 \left(\frac{m}{2\pi kT}\right)^{3/2} \exp\left[-\left(\frac{1}{2}mv^2\right)/kT\right], \tag{12.1.1}$$

其中 m 是分子质量, $k = 1.380658 \times 10^{-23}$ J/K 是玻耳兹曼常数, T 是绝对温度, N 是单位体积中的分子数. 在该方程中 $f(\boldsymbol{v}) = f(v)$ 与速度的方向无关, $(m/2\pi kT)^{3/2}$ 是归一化系数, 也就是有 $\int_{\infty}^{\infty} f(v)\mathrm{d}v = 1$ 成立.

理想气体分子运动的速度的方向应是各方向机会均等的. 这时记 o 为该分子所在的位置, $O(o, v)$ 是以 o 为中心, v 为半径的一个球, 那么 $\boldsymbol{v}$ 在 $O(o, v)$ 球面上取值的概率分布是均匀的.

4.一些重要的物理量

由麦克斯韦-玻耳兹曼方程可以得到以下重要的物理量.

(1) **玻耳兹曼因子**, 即麦克斯韦-玻耳兹曼方程中的积分因子:

$$\exp(-E/kT) = \exp\left[-\left(\frac{1}{2}mv^2\right)/kT\right],\tag{12.1.2}$$

其中 $E = \frac{1}{2}mv^2$ 是分子的动能.

(2) **最概然速度**, 即使式 (12.1.1) 的分布为最大的速度值: $f(v_{\max}) = \text{Max}\{f(v) : v \in (-\infty, \infty)\}$. 这时

$$v_{\max} = \sqrt{\frac{2kT}{m}}.\tag{12.1.3}$$

(3) **平均速度**

$$\bar{v} = \int_{\infty}^{\infty} vf(v)\mathrm{d}v = \sqrt{\frac{8kT}{\pi m}}.\tag{12.1.4}$$

(4) **玻耳兹曼定理**, 熵 (S) 与能量 (W) 的关系定理: $S = k\ln W$.

12.1.2 原子与分子在溶液中的随机运动

当原子、分子或其他小颗粒置于溶液中时, 受溶液中分子的碰撞会产生随机运动.

1.布朗运动

布朗运动是描述质点在液体中运动的理论基础, 因此也是我们描述生物分子在溶液中运动的出发点, 其中涉及有关随机分析的知识还可参考文献 [244] 等.

(1) 布朗运动又称**Wiener 过程**, 1827 年布朗发现水中的花粉在不停地运动, 它们是受到水分子不断碰撞的结果, 后人发现这种碰撞次数非常之多 (每秒达 10^{21} 次), 并形成特定的运动模式, 可用 Wiener 过程给以描述.

(2) Wiener 过程是一种特殊的随机过程, 如果用 $\xi_{R_+} = \{\xi(t), t \geqslant 0\}$ 表示某质点的运动过程, 那么它满足以下条件.

条件 12.1.1 ξ_{R_+} 是**独立增量过程**. 这就是对任何 $0 \leqslant t_1 < t_2 < t_3 < t_4$, 就有 $\xi_{t_2} - \xi_{t_1}$ 与 $\xi_{t_4} - \xi_{t_3}$ 是相互独立的随机变量.

条件 12.1.2 对任何 $0 \leqslant s < t$, 随机变量 $\xi(t) - \xi_s$ 是正态分布 $N(0, \sigma^2(t-s))$, 其中 $\sigma^2 > 0$ 是一个固定的常数, 称为**布朗运动的强度**.

2. 布朗运动有许多性质

ξ_{R_-} 是一个正态系的随机过程, 这就是对任何 $0 \leqslant t_1 < t_2 < \cdots < t_{2n}$, 随机变量 $\xi_{t_2} - \xi_{t_1}, \xi_{t_4} - \xi_{t_3}, \cdots, \xi_{t_{2n}} - \xi_{t_{2n-1}}$ 的线性组合

$$\xi = \sum_{i=1}^{n} \alpha_i (\xi_{t_{2i}} - \xi_{t_{2i-1}}) \tag{12.1.5}$$

总是正态分布, 其中 $\alpha_1, \alpha_2, \cdots, \alpha_n$ 是一组固定的常数. 该正态分布的均值为零, 方差为 $\sigma_g^2 = \sigma^2 \sum_{i=1}^{n} \alpha_i^2 (t_{2i} - t_{2i-1})$.

对布朗运动或 Wiener 过程还有许多其他的性质与理论, 如多维 Wiener 过程的理论、由 Wiener 过程所产生的随机微分方程理论、Wiener 过程与位势理论等, 这些理论都是随机过程与随机分析中的核心问题.

下面我们把布朗运动、Wiener 过程、随机徘徊与扩散过程等概念同时等价使用, 它们都是随机运动, 但在数学描述上还有一定的差别. 由条件 12.1.1 与条件 12.1.2 可以知道分子中心在溶液中的运动情况.

3. 随机运动的多样性

在 5.3 节中, 对四原子点与多原子点的运动分析中已经说明, 分子在溶液中的随机运动不仅是其中某个原子点 (或它们的中心点) 做随机的布朗运动, 而且还存在该四原子点总体的旋转运动与分子内部受液体中粒子碰撞而发生形态变化的随机运动, 对这些运动在 5.3 节中都给出了定量化的描述. 对它们的运动特征作以下简单的说明.

(1) 分子中心点的随机运动. 它仍然可以用三维 Wiener 过程给以描述, 这就是分子的中心点在溶液中做随机的布朗运动.

(2) 除了分子中心点的随机运动外, 质点系的总体结构在作随机的旋转运动, 总体的随机旋转运动可以通过活动坐标系的极角与幅角参数来表达.

(3) 除了分子中心点、质点系的总体结构在做随机运动外, 质点系内部各质点的相对位置也在发生变化. 对这种运动可用**有约束条件下的Markov运动**来描述. 更具体的运动方程可通过分子点线图中扭角参数的随机运动来描述.

4. 一般随机运动的描述

当参与随机运动的因素比较复杂时, 如参与随机运动的不同参数变化具有相关性, 而且与参数本身的状态有关时, 对它们的运动关系就需要通过随机微分方程来描述. 一个三维随机微分方程的描述公式为

$$\mathrm{d}\bar{\xi}_t = \bar{\mu}(\bar{\xi}_t, t)\mathrm{d}t + \Sigma(\bar{\xi}_t, t)\mathrm{d}\overline{W}_t, \tag{12.1.6}$$

其中 $\bar{\xi}_t = (\xi_{t,1}, \xi_{t,2}, \xi_{t,3})$ 是一个三维随机过程, $\bar{\mu}$ 是一个三维向量函数, Σ 是一个 3×3 的矩阵函数, $\overline{W}_t$ 是一个三维 Wiener 过程.

对式 (12.1.6) 的随机微分方程有一系列的运动性质与应用, 详见文献 [244] 等.

12.1.3 原子与分子之间的相互作用

在不同原子与分子间存在多种不同类型的相互作用力, 它们在蛋白质空间结构的形成中发挥不同的作用.

1. 不同作用力的类型与特点

在不同原子与分子间的相互作用力主要通过键力来反映, 键力分化学键与弱键. 其中化学键包括金属键、离子键与共价键, 弱键包括氢键力、范德华力与疏水力. 这些作用力的特点 (如强弱大小、结合能与作用力的发生方式等) 各不相同. 在物理、化学与分子生物学中, 对其中的一些作用力的特点都有定量化的指标说明, 但对一些键力 (如范德华力与疏水力) 的说明不是很明确.

2. 不同作用力的意义

这些相互作用力除了上述类型与特点的不同外, 它们在蛋白质的空间结构的形成中所起的作用也不相同, 我们可以概述如下.

(1) 首先是**离子力**. 不同的原子或分子可以产生带电的离子, 它们按正、负电荷的库仑定律发生相互作用, 所形成离子键的结合能强于氢键, 弱于共价键.

(2) **价键力**. 它们是由不同原子所形成的共价键所产生的作用力 (见文献 [252] 中的说明), 它们的结合能大大高于氢键键能与范德华能 (有一两个数量级的差别), 也高于一般温度下的水分子碰撞力的动能, 因此能保持蛋白质一级结构的稳定性, 使分子结构不会被解体.

一种特殊的价键力是**二硫键**. 是由两个半胱氨酸 (Cys) 中的 2 个氢原子与其他氧原子结合成水分离出去后, 它们中的 2 个 S 原子形成共价链. 二硫键具有较大的结合能, 如果一旦形成就可大大提高蛋白质的空间结构的稳定性.

本书的观点是在蛋白质中其他氨基酸主、侧链中的非氢原子中, 也有形成共价键的可能性, 这种共价键的形成也会大大提高蛋白质的空间结构的稳定性.

(3) **范德华力**. 由几种不同类型电磁力或极性力所综合形成的作用力. 如何确定不同氨基酸或氨基酸中一些分子官能团所存在的范德华力及它们的大小、作用、方向等研究是一个困难. 在分子生物学中对某些氨基酸给出它们的极性特征与疏水性因子大小, 但这些都是一种定性化的说明, 在不同理论下就会有不同的结论. 就疏水性因子而言, 不同氨基酸的疏水性指标版本就有数十种之多.

(4) **氢键力**. 在两个原子之间由于氢原子移动所形成作用力, 它的结合能稍大于范德华力, 但低于价键力的结合能.

在蛋白质空间结构中, 氢键大量存在, 它们的存在对蛋白质的空间结构有重要作用, 大量氢键的存在是蛋白质具有稳定性, 也是实现蛋白质功能的重要因素. 主链中的氢键是形成二级结构的关键因素. 实际上在蛋白质的侧链中也有许多氢键存在, 它们对蛋白质空间结构的形成, 以及在蛋白质之间或蛋白质与其他分子之间的相互作用中发挥重要作用.

由此可见, 在蛋白质一级结构不变的条件下, 对空间结构的形成起重要作用的是电荷力、范德华力、氢键、二硫键与其他共价键等. 蛋白质空间结构的形成是该蛋白质中所有原子与分子之间的这些力相互作用的综合效果.

12.1.4　原子与分子之间的一些能量参数

在原子与分子之间的这些相互作用力, 随着原子与分子不同, 各自具有它们的生成条件、作用特征与半径、结合能等物理参数, 这些参数在多种物理与化学用表中都有详细记录, 这也是 ID 的组成部分, 我们选择其中的部分数据作概要说明.

1. 电离势与电子亲和势

电离势与电子亲和势分别是失去或得到电子而成为阳或阴离子所需要的能量, 它们与原子形成离子的关系密切, 势能越大生成相应离子的可能性越大. 不同元素的电离势与电子亲和势都可在它们的化学元素表中找到.

当原子形成阳离子后, 外层电子的电场增大, 因此使该原子的半径缩小. 不同原子形成阳离子后的离子半径也可在化学用表中找到.

2. 原子的电负性

这是在分子中不同原子对电子吸引能力的度量指标, 电负性越大则吸引能力越大. 在元素周期表中, 元素的电负性从左到右, 成周期性的增长, 而从上到下, 成周期性的减小. 因此, 金属元素的电负性一般小于 2.0, 而非金属元素的电负性一般大于 2.0. 在分子生物中有关重要元素的电负性分别为表 12.1.1.

表 12.1.1　一些原子的电负性大小

原子名称	H	C	N	O	Fe	P	S	K	Ca	Na
电负性	2.1	2.5	3.0	3.5	1.8	2.1	2.5	0.8	1.0	0.9

由此可见, 这些原子的电负性大小排列顺序为 $O > N > C \sim S > P > Fe$, 而 Na, K, Ca 的电负性远小于这 6 种原子的电负性.

3. 共价键的键能

键能是指把键断裂时所需要的能量. 各种不同类型键的键能在一些物理化学手册中可以找到. 在一定温度与气压下不同状态下不同共价键的键能, 一般规定是在 298.15 K 和 100 kPa 下, 将 1 mol 气态共价分子 AB 分拆成 A, B 处于分离态的分子所需要的能量. 键能的单位是 kJ/mol . 常用生物分子官能团的共价键的键长与能量如表 12.1.2 所示.

表 12.1.2　共价键的键能表(单位: kJ/mol)

H−H	435	C−H	413	N−N	159	F−F	158	Si−Si	226	C=C	598	N≡N	946
H−N	391	C−C	347	N−O	222	F−Cl	253	Cl−Cl	242	C=O	803	C≡C	820
H−F	567	C−N	293	N−Cl	200	S−H	339	Cl−Br	218	C=S	498	O≡O	1076
H−Cl	431	C−O	351	O−H	463	S−S	268	Br−Br	193	O=O	418		
H−Br	366	C−S	255	O−O	143	I−Cl	208			N=N	477		
H−I	298	C−Cl	351	O−F	212	I−Br	175						
C−I	234	C−Br	293	O−Si	368	I−I	151						

其中 mol 为数量单位, 它表示在 0.012kg 的碳 12 元素中所含的原子数目, 1 mol 粒子数为阿伏伽德罗常数 $N_A = 6.0221367 \times 10^{23} \text{mol}^{-1}$.

4. 共价键的电偶极矩

不同原子在形成共价键后, 由于原子的电负性不同, 各原子中的电子向其中的某一原子接近, 由此产生电偶极矩, 一些常见的共价键电偶极矩如表 12.1.3 所示.

表 12.1.3　若干重要共价键的电偶极矩

化学键	电偶极矩	化学键	电偶极矩	化学键	电偶极矩	化学键	电偶极矩	化学键	电偶极矩	化学键	电偶极矩
H−C	1.30	H−N	4.37	H−P	1.20	H−O	5.04	H−S	2.27	H−H	1.27
C−C	0.0	C−N	0.73	C−O	2.47	C−S	3.0	N−O	1.0	N−P	1.20
C=C	0.0	C=N	3.0	C=O	7.7	C=S	8.7	N=O	6.7	P=O	9.0
P=S	10.3	S=O	10.0								

电偶极矩的单位是 10^{-30}Cm. 由表 12.1.3 可以看到, 不同原子的二阶共价键都有较强的电偶极矩, 另外 N−H, C−O, H−O, H−S 也有较强的电偶极矩.

5. 分子的极性与电偶极矩

在分子中, 由于原子所带的正、负电荷是相等的, 因此分子的带电是中性的. 但在分子中, 它的正、负电荷分别会形成两个中心. 如果这两个中心是重合的, 那么这个分子是非极性的, 否则就是极性的. 有的分子因共价键等原因, 使该分子所带的正、负电荷不相等, 这样的分子就是带电分子.

如果记 q 为正、负电荷的电量, ℓ 为两电荷中心的距离, 那么该分子的电偶极矩为 $\mu = q \cdot \ell$. 它的单位为 C·m (库仑 · 米), 不同分子基团所产生电偶极矩, 在一些化学用表 (如文献 [79], [213]) 文献给出, 一些典型分子的电偶极矩如表 12.1.4 所示.

表 12.1.4　　一些典型分子的电偶极矩表

分子式	原子	空间	电偶极矩	分子式	原子	空间	电偶极矩	分子式	原子	空间	电偶极矩
HF	2	直线形	6.07	H_2	2	直线形	0.0	CO_2	3	直线形	0.0
HCl	2	直线形	3.60	HCN	3	直线形	9.94	NH_3	4	三角锥形	4.90
HBr	2	直线形	2.74	H_2O	3	V 字形	6.17	BF_3	4	平面三角形	0.0
HI	2	直线形	1.47	SO_2	3	V 字形	5.44	$CHCl_3$	4	四面体形	3.37
CO	2	直线形	0.37	H_2S	3	V 字形	3.24	CH_4	5	正四面体	0.0
N_2	2	直线形	0.0	CS_2	3	直线形	0.0	CCl_4	5	正四面体形	0.0

其中电偶极矩的单位与表 12.1.3 相同, 空间构形是分子的空间形态. 另外在表 12.1.4 中, 在由非氢原子所构成的分子中 (如 CO 等), 它们是由共价键的作用发生结合, 这时一个元素中的电子进入另一个元素中的共价键轨道, 因此可以看做一个元素失去电子, 而另一个元素增加电子, 由此产生电偶极矩.

电偶极矩的方向应是电负性强的元素为正端 (带电子端), 而电负性弱的元素为负端 (失去电子端). 其中电偶极矩较强的有如 HF, HBr, HCN, H_2O, SO_2, H_2S, NH_3, $CHCl_3$ 等.

6. 范德华力的数据分析

上面我们已经说明, 范德华力是由多种不同的力组合而成, 在物理化学中把它们分为取向力、诱导力与色散力, 现在对它们的含义与形成结果说明如下.

(1) 取向力. 极性分子由极性相互作用所产生的力为取向力.

(2) 诱导力. 极性分子由极性相互作用而接近所产生的新极性分子, 这种新极性分子所产生的相互作用力为诱导力.

(3) 色散力. 当非极性分子接近时, 由于原子核与电子不停地运动, 它们的正、负电荷中心在某些时间可能发生分离. 在这些时间, 不同的非极性分子可能产生极性力, 这种力被称为色散力.

在不同分子中, 由范德华力所产生的能量分配如表 12.1.5 所示.

表 12.1.5　　由范德华力所产生的能量分配表 (单位: kJ/mol)

分子	取向	诱导	色散	总能量	分子	取向	诱导	色散	总能量
H_2	0.0	0.0	0.17	0.17	HBr	1.09	0.71	28.42	30.22
Ar	0.0	0.0	8.48	8.48	HI	0.58	0.295	60.47	61.36
Xe	0.0	0.0	18.40	18.40	HB_3	13.28	1.55	14.72	29.65
CO	0.003	0.008	8.79	8.79	H_2O	36.32	1.92	8.98	47.22
HCl	3.34	1.1003	16.72	21.05					

与表 12.1.2 比较, 范德华力较共价键所产生的能量小得多, 差 1 到 2 个数量级. 另外, 范德华力也有其固有的作用半径, 不同元素的范德华力作用半径在 1.0~2.2Å

数量级范围. 当分子距离超过它们的作用半径时就没有作用力.

12.2 化学反应的基本知识

我们已经说明, 化学反应的本质是分子之间的价键重组, 在 4.3 节与图 4.3.2 中已经用图论的关系说明它们重组的结构关系.

12.2.1 原子与分子的特征与化学反应的基本方程

原子与分子的基本特征是产生化学反应的基础, 为此我们先对它们作一简单介绍.

1. 原子的基本特征

(1) 原子的基本特征包括质量、半径、电负性与外层对的电子数, 在生物学中常见原子的基本特征已在表 6.1.3 和表 12.2.1 中给出. 一般情形可在一些常见的化学用表中找到.

(2) 原子的质量又分平均质量 (单位: g) 和相对原子质量 (M_r). 相对原子质量: 是以 $1/12^{12}C$ 的原子质量为单位质量. 阿伏伽德罗常数是指: 相对原子与分子的摩尔质量 (mol): 以 0.012 kg 碳 12(即 ^{12} C) 的原子质量为单位质量. 在固定的 12g C 中含有 6.022×10^{23} 个 ^{12}C 原子, 该原子数为阿伏伽德罗常数, 这个数为 mol.

(3) 原子的另一个重要指标是它的外层不成对的电子数与它们的排列方式, 该指标关系到该原子与其他原子形成共价键的可能性与数目与形成分子后的形态结构.

每个原子的成对电子与不成对电子都有固定的排列方式. 例如, 氢原子只有一个不成对电子, 因此可排列在 H 的任何一侧.

又如 C, O, N, S, P 外层充满时的电子数都为 8, 它们的不成对电子数分别是 4,2,3,2,3. 因此成对电子与不成对电子正好排列在该原子符号的上、下、左、右, 如 O 原子, 有两对成对电子可排列在 O 原子符号的上边、左边, 而 2 个不成对电子就可排列在 O 原子符号的下边、右边.

2. 分子的基本特征

(1) 分子的基本特征除了质量、半径外, 还包括它所包含的原子、原子之间存在的化学键. 对这些特征已在 4.3.1 节中分子点线图的定义与推广的一系列推广.

(2) 在分子点线图的讨论中, 一些重要的结构特征有图的完备性与非完备性问题, 形成共价键或空间结构后的极性问题、点线图结构的稳定性与非稳定性特征、点线图的分解与分解后所产生的分子官能团与它们的极性特征等, 这些都已在 4.3 节与图 4.3.1 中表达.

(3) 在分子官能团中, 形成共价键的不成对电子排列在两元素之间, 其他侧面排列成对电子.

(4) 水分子的平均质量为 2.99×10^{-23} g, 平均半径为 0.135 nm(或 1.35 Å). 对它的特性在 12.2 节中有详细讨论.

3. 化学反应的基本特征与它们的图表示

化学反应的本质是参与反应分子的价键重组, 对它们的反应过程说明如下.

(1) 如果记 A_1, A_2 是 2 个化学分子, 当它们置于一定的溶液中, 并在一定的条件下, 经化学反应后形成一组新的化学分子 B_1, B_2, 那么它们的化学反应方程式可表示成:

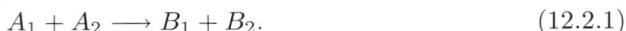

$$A_1 + A_2 \longrightarrow B_1 + B_2. \tag{12.2.1}$$

在化学中我们称方程 (12.2.1) 为**化学反应的通式**, 并称方程式左边的分子为反应物, 右边的分子为产物. 一般情况下, 反应物与产物都可由多个分子组成.

(2) 分子 $A_i, B_j, i, j = 1, 2$ 们的点线图分别记为

$$G(A_i) = \{E(A_i), V(A_i)\}, G(B_j) = \{E(B_j), V(B_j)\}, \quad i, j = 1, 2, \tag{12.2.2}$$

其中 $E(A_i), E(B_j)$ 分别是 A_i, B_j 分子中的全体原子, 而 $V(A_i), V(B_j)$ 分别是 A_i, B_j 分子中的全体由化学键相连的原子偶.

(3) 它们的化学反应方程式的图表示为

$$G(A_1) + G(A_2) \longrightarrow G(B_1) + G(B_2). \tag{12.2.3}$$

我们称方程 (12.2.3) 为**化学反应的点线表示通式**. 为了精确地反映与说明方程式 (12.2.3) 的各种结构关系, 对该方程式中的图都可采用点线着色图的表述 (图 4.3.2).

12.2.2　化学反应的基本类型

在化学反应中存在许多类型, 其中的基本类型如下所示.

1. 完备与不完备反应

在分子结构的点线图中, 我们已给出与不完备图的定义, 由此可以给出化学反应的完备与不完备性的特征, 它们的定义如下.

定义 12.2.1(完备与不完备反应)　称化学反应方程式 (12.2.1) 或方程式 (12.2.3) 是完备的, 如果在方程式 (12.2.3) 中每个分子结构图 $G(A_i), G(B_j), i, j = 1, 2$ 都是完备的. 否则该化学反应是不完备的.

在下面中还会对几种不同类型化学反应的完备性进行分析.

2. 可逆与不可逆反应

定义 12.2.2(可逆与不可逆反应)   称化学反应是可逆的, 如果在常规条件下产物也能生成反应物方程式, 那么称这个反应是可逆的. 否则该化学反应是不可逆的.

所谓常规条件就是指普通的温度与压力, 并无其他分子参与的条件. 例如, $2H_2+O_2 \longrightarrow 2H_2O$(水), 在普通的温度与压力条件下水不能自动分解成氢、氧原子, 只有在高温或高压条件 (或其他条件, 如电解等) 下才有可能分解.

3. 过渡性与终极性反应

在反应方程式 (12.2.1) 或方程式 (12.2.3) 中, 如果反应物与产物都是稳定的分子, 它们不再向其他分子转化, 那么称这种反应是终极性反应, 否则就是过渡性的反应.

因为化学反应是一个价键重组的过程, 因此它们的反应都有一个过渡过程, 因此在 $m = n = 2$ 时, 方程式 (12.2.1) 可以改写为

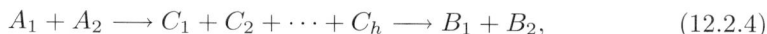

$$A_1 + A_2 \longrightarrow C_1 + C_2 + \cdots + C_h \longrightarrow B_1 + B_2, \qquad (12.2.4)$$

其中 $C_{h'}$ 一般是不完备的, 它的点线图是 $G(A_1)$ 或 $G(A_2)$ 的子图, 也是 $G(B_1)$ 或 $G(B_2)$ 的子图.

4. 化学反应的系统与系统的封闭性

称参与化学反应的各种因素为反应的系统. 如一个反应在溶液中进行, 那么溶液的成分、温度、外部压力与其他物理化学特性构成一个反应的系统. 称这个系统是封闭的, 如果外部压力是稳定的, 对该系统没有其他的物质与热能输入或输出.

5. 简单反应与复杂反应

我们把化学反应的类型分 **简单化学反应** 与 **复杂化学反应**, 对它们的区别说明如下.

(1) 所谓简单化学反应是指只有共价键重组 (图 4.3.2) 的化学反应, 而且把反应物与产物的分子都是刚性分子 (没有内部结构运动).

(2) 复杂化学反应是指多种键参与化学反应, 而且反应物与产物的分子都是具有变化的空间结构分子, 这就是分子内部的空间结构也处在不断变化与运动中. 由生物大分子参与的生化学反应是复杂的化学反应.

(3) 在普通化学中, 所讨论的化学反应一般是简单反应, 但在催化反应中, 可能会涉及复杂反应中的一系列问题.

12.2.3　化学反应的基本规律

在化学中, 对化学反应的基本规律有质量守恒定律、定比定律、倍比定律与当量定律. 这些定律在化学中都有详细论述, 我们不再一一说明. 但由这些定律可以说明方程式 (12.2.1) 或方程式 (12.2.3) 中的许多结构关系.

1. 质量守恒定律

质量守恒定律 是化学反应中最基本与最普遍的规律, 因此我们单独给以说明.

质量守恒定律在化学中的叙述是: 参加化学反应的全部物质质量等于化学反应后的全部物质质量. 进一步, 参加化学反应各元素的全部物质质量等于该元素在化学反应后的全部物质质量. 对质量守恒定律在方程式 (12.2.3) 中的表述如下.

如果记 $n(A_i), n(B_j)$ 分别是集合 $E(A_i), E(B_j)$ 中的原子个数, 那么由质量守恒定律可得 $n(A_1) + n(A_2) = n(B_1) + n(B_2)$ 成立.

更进一步, 如果记 $n_a(A_i), n_a(B_j)$ 分别是集合 $E(A_i), E(B_j)$ 中含 a 原子的个数, 那么由质量守恒定律可得 $n_a(A_1) + n_a(A_2) = n_a(B_1) + n_a(B_2)$ 成立. 其中 $n_a(A_i), n_a(B_j)$ 分别由集合 $E(A_i), E(B_j)$ 中的点着色函数确定.

2. 完备反应中的价键平衡原理

这就是在完备的化学反应中, 各反应物的价键总数等于产物的价键总数.

需要说明的一点是: 价键平衡原理并不能保证在化学反应方程式 (12.2.3) 中, 反应前各个图弧的总数等于反应后各个图弧的总数. 这是因为在分子结构的图表示理论中, 共价键可能有不同的 1,2,3 阶之分, 它们都产生一条弧 (但在弧着色函数中有不同的表示). 因此, 价键平衡原理并不能保证弧数的平衡.

3. 不完备化学反应的特征分析

在 12.3.3 节中对不完备的分子结构分 2 种不同的类型, 即带有离子的分子与分子中存在不成对外层原子. 因此它们在化学反应中会产生不同的效果.

(1) 有离子参与的化学反应. 为了简单起见, 我们不考虑一个分子带有多个正、负电荷组合的情形, 因此只考虑在方程式 (12.2.3) 的反应方程式中每个分子最多带一个离子.

(2) 有离子参与的化学反应. 不妨碍方程式 (12.2.3) 的反应方程式中各分子共价键的重组, 但可能形成该反应物正负离子的结合而产生的离子键. 这时产物分子上的离子数就会成对地消失.

(3) 不完备化学反应中除了存在有离子参与的化学反应外, 在方程式 (12.2.3) 的各分子中还可能存在不成对的外层电子. 这时反应物中的不成对的外层电子可能结合形成共价键. 因此反应物中的不成对的外层电子数就会减少, 而产物共价键的数目就会增加. 这时的**价键平衡原理** 应这样描述.

2(产物价键数 − 反应物价键数) = 产物外层不成对电子数 − 反应物外层不成对电子数.

$$(12.2.5)$$

例如, 在方程式 (4.3.2) 的反应式中, 产物价键数有 5 个, 反应物价键数是 4 个, 反应物外层不成对电子数有 9 个, 产物外层不成对电子数有 11 个, 它们的关系式正好满足 $2 \cdot (5 - 4) = 11 - 9 = 2$.

(4) 由正、负离子形成的离子键与由不成对的外层电子结合形成共价键的化学反应仍然可能是双向单向的, 但其中动力学的指标是不同的.

12.2.4　化学反应中的能量分析

在化学反应中, 能量的转换关系是个十分复杂的关系, 因为它由几个部分组成.

1. 分子在溶液中能量分析

当分子在溶液中时, 它的能量由以下几部分组成.

(1) **结合能**. 这是由分子结构所确定的, 因为在分子内部的各原子之间存在许多相互作用, 把不同原子相互连接的键能就是它们的结合能.

(2) **分子在溶液中运动的熵**. 如果把分子置于溶液中时, 所有的分子都处在不停的随机运动中, 不同分子的随机运动具有不同的动量与动能, 它们是以一定的概率分布形式出现, 描述这些动量与动能概率分布的特征是热力学的熵. 热力学的熵是描述这些分子运动**不稳定性**的度量.

(3) 在结合能与熵之间存在相互转化与制约关系. 熵的增加说明分子之间结合能的减少. 在物理学中, 把它们的转化与制约关系用

$$分子的自由能 = 分子的总结合能 - 温度 \times 熵 \qquad (12.2.6)$$

来表示. 这是热力学中的一个基本公式.

(4) 除了结合能与熵之外, 涉及分子在溶液中的能量因素还有它的浓度. 浓度的概念是溶液中包含该分子的数量或比例. 显然, 浓度高的分子所携带的总能量要多一些.

2. 对能量公式 (12.2.6) 的讨论

能量公式 (12.2.6) 是热力学中的一个基本公式, 它反映了能量与熵的相互制约与转化的关系. 但对该公式的理解上有不同的解释.

(1) 首先就是对结合能与自由能关系的理解, 在热力学中把公式 (12.2.6) 左边的能量称为吉布斯 (Gibbs) 自由能. 因为熵的大小变化也是通过能量的转化得到, 因此作者把公式 (12.2.6) 左边理解是分子在溶液中运动时的总能量.

(2) 在分子的结构中, 除了确定它们化学属性的结合能及在溶液中运动的自由能外, 还存在确定它们空间形态属性的结合能与自由能, 这时它们也存在相互制约关系. 这种能量关系也是对生物大分子动力学分析的重要部分.

(3) 关于分子内部空间形态属性的结合能与自由能需要用另外的方式给以描述. 例如, 在本书中, 我们对自由能的定量化计算采用负 KL-互熵来定义. 对这些问题在下面还有详细讨论.

3. 化学反应中的能量分析

(1) 首先是化学键的重组中的能量转换关系. 一般而言, 化学键 (其中包括离子键与共价键) 的分解是需要外力的冲击才能完成, 因此是一个吸收外部能量而增加反应物分子中的自由能. 相反地, 共价键 (或离子键) 的结合是减少反应物分子中的自由能、并释放外部能量的过程.

对化学反应中的能量转换关系作定量化的表述, 由此记 (a, b) 为 $V(A_i)$ 或 $V(B_j)$ 在的弧, 因此它们形成离子键或共价键, 记它们的结合能为 $w_1(a, b)$, 那么记

$$W(A) = \sum_{i=1}^{2} \sum_{(a,b) \in V(A_i)} w_1(a, b), \quad W(B) = \sum_{j=1}^{2} \sum_{(a,b) \in V(B_j)} w_1(a, b) \qquad (12.2.7)$$

分别是方程式 (12.2.1) 中反应物与产物各分子结合能的总和.

(2) 化学反应的第 1 步就是要使反应物中的共价键发生断裂 (激活, 参见图 4.3.2). 有些反应物本身就具有活性, 如反应物的分子点线图不完备 (已经处于激活状态), 或共价键的结合能很弱, 易被分解. 这样的化学反应很易实现. 否则就需要对溶液加温、加压或加催化剂才能实现.

(3) 分解后的反应物产生多个子活性分子官能团. 这些不同反应物所产生的不同子活性分子官能团很容易进行共价键的重组, 由此产生化学反应的产物. 在此反应过程中存在能量的吸收与释放 (分解共价键需要吸收外部能量, 而共价键的合成则会释放能量), 同时也存在分子运动熵的能量转化问题.

12.2.5　化学反应中的动力学指标、平衡系数与反应速率

我们已经说明, 在化学反应中涉及多种动力学指标, 其中平衡系数与反应速率也是其中的重要指标.

1. 与化学反应有关的动力学指标

(1) 在式 (12.2.7) 中, 已经给出反应物与产物结合能 $W(A), W(B)$ 的计算公式. 另外, 涉及反应物与产物的动力学指标还有它们在溶液中的熵 $H(A), H(B)$, 在溶

液中的浓度 $N(A), N(B)$ 与溶液的温度 T. 我们称这些指标都是化学反应的动力学指标.

(2) 在化学反应过程中, 这些反应物与产物的动力学指标都是相互关联的动态过程, 因此可分别记

$$W(\tau), H_t(\tau, T), T_t, N_t(\tau), \quad t \geqslant 0, \tau = A, B, \tag{12.2.8}$$

其中对反应物与产物 A, B, 它们的结合能 $W(\tau)$ 保持不变, 而熵、浓度与温度 $H(\tau), N(\tau), T$ 随时间 t 而变化.

(3) 以下记 $W_A(t, T)$ 与 $W_B(t, T)$ 为反应物与产物的总能量, 它们是结合能、熵、浓度与溶液温度的综合结果, 对它的定量化公式表达比较困难, 因为还涉及分子内部的结合能与形态变化的自由能等问题. 对这些能量如何定义与计算在下面中还有详细讨论.

(4) 记 $W_{0,AB} = W_{0,AB}(t, T) = W_B(t, T) - W_A(t, T)$ 为反应方程式 (12.2.3) 的总释放能量, 如果 $W_{0,AB} > 0$ 是释放能量, 否则是吸收能量.

溶液中的各动力学指标是一个动态过程, 当 $W_{AB} > 0$ (或 < 0) 时, 化学反应释放 (或吸收) 能量, 因此溶液的温度 T 升高 (或降低), 这时又会改变 $W_A(t, T)$ 与 $W_B(t, T)$ 的取值.

2. 平衡系数的概念与定义

在化学反应中, 一般是由反应物向产物转化的过程. 如果化学反应是可逆的, 那么当产物产生后也可以向反应物转化. 这种转化过程可以反复交替进行, 最后使反应物与产物保持一个稳定的比例, 这就是化学反应趋向平衡的过程.

在化学的一个封闭系统中, 对平衡系数大体分两种不同叙述方式的定义.

(1) 其一是通过反应释放能量来定义 (见文献 [212], [255] 等). 这就是在式 (12.2.9) 的释放能量计算式中, 如果 $W_{AB} = 0$, 那么称该系统处于平衡状态.

如果反应物与产物的总能量 $W_A(t, T), W_B(t, T)$ 与它们的浓度是正比例的关系, 那么平衡状态的质能关系满足条件

$$N_B(t, T)w_B(t, T) = N_A(t, T)w_A(t, T), \quad \text{或} \quad \frac{N_B(t, T)}{N_A(t, T)} = \frac{w_B(t, T)}{w_A(t, T)}, \tag{12.2.9}$$

其中 $w_A(t, T), w_B(t, T)$ 是总能量与的浓度的**比例系数**或**单分子的平均能量**.

这个平衡关系就是在化学反应中, 反应物与产物的浓度与它们在反应式 (12.2.3) 单组分子的能量成反比关系, 那么称这种平衡为**能量的平衡**.

(2) 另一种定义是通过反应通过反应物与产物的浓度比例趋于一个稳定常数时就称该化学反应成平衡状态 (见文献 [212], [255] 等). 在化学中把这个比例系数称为**浓度比例的平衡**.

(3) 一般来讲, 式 (12.2.5) 中的 $W(A) \neq W(B)$, 这时这两种平衡条件是等价的. 因为当反应式的释放能量 $W_{AB} = 0$ 时, 溶液的温度 T_1 是一个固定的常数, 这时反应物与产物的浓度只是时间 t 的函数, 但它们的浓度比例不可能在发生变化, 否则溶液中反应物与产物的总结合能不可能平衡.

(4) 反之, 当反应物与产物的浓度的趋于一个稳定的比例状态时, 这个比例系数与温度 T 有关. 因此在化学中, 对不同的化学反应在不同温度下有不同的平衡系数. 这时总结合能也一定平衡, 否则系统的温度就要发生变化, 原来的浓度比例也要发生变化, 就不能实现浓度的平衡.

3. 平衡系统中的动力学指标

在一个封闭的溶液反应的平衡系统中, 涉及有关的动力学指标如下.

(1) 平衡温度 T_1. 在此温度下, 反应物与产物的总释放 (或吸收) 相等.

(2) 平衡系数 $\dfrac{N_B(t, T)}{N_A(t, T)} = \theta(T)$. 这是指反应物与产物在溶液中的比例系数是与时间 t 无关, 而只与温度有关的函数.

(3) 在不同的平衡条件与时间、温度 t, T 下, 溶液中具有不同浓度与能量的函数.

4. 反应速率的定义

除了平衡系数之外, 反应速率也是化学反应的一种重要动力学特征. 不同的反应物反应速率有极大的差别, 例如, 火药爆炸式地在瞬间发生, 而岩石的风化则需要许多年的时间.

(1) 除了 12.2.3 节给出的动力学指标外, 还有一个反应进度的指标, 它的定义如下. 如果在化学反应的开始, 这时取时间 $t = 0$, 温度 $T = T_0$, 并取产物的浓度为零 $N_B(t, T) = 0$. 那么经过一段反应时间 t 后, 浓度 $N_A(t, T)$, $N_B(t, T)$ 是一个此消彼长的过程, 这时称浓度 $N_A(t, T)$, $N_B(t, T)$ 为反应进度.

(2) 当反应的起始温度给定时, 溶液的温度实际上也是时间 t 的函数, $T = T(t)$, 因此反应进度 $N_A(t, T) = N_A(t)$, $N_B(t, T) = N_B(t)$ 也是时间 t 的函数. 这时反应进度可写为 $N_A(0) - N_A(t)$ 与 $N_B(t)$.

(3) 记 t_1, T_1 是达到反应平衡的时间与温度, 那么称 t_1 为反应时间, 而称

$$\bar{N}_A = \frac{N_A(0) - N_A(t_1)}{t_1}, \quad \bar{N}_B = \frac{N_B(t_1)}{t_1} \tag{12.2.10}$$

为平均反应进度. 这时称 $v_A(t) = -\dfrac{\mathrm{d}N_A(t)}{\mathrm{d}t}, v_B(t) = \dfrac{\mathrm{d}N_B(t)}{\mathrm{d}t}$ 为在时刻 t 的反应速率.

5. 影响反应速率的动力学因素

反应速率与溶液中反应物或产物的浓度有关, 也与它们的反应概率有关.

(1) 如果记 $N_{\tau,\tau'}(t), \tau = A, B, \tau' = 1, 2$ 分别为反应物 A_1, A_2 与产物 B_1, B_2 在溶液中的浓度 (或总相对分子质量). 在固定溶液的反应物 A_1, A_2 中, 它们发生碰撞的可能性与 $N_{A_1}(t), N_{A_2}(t)$ 成正比, 同样对产物 B_1, B_2 发生碰撞的可能性与 $N_{B_1}(t), N_{B_2}(t)$, 成正比.

(2) 发生碰撞不一定能使反应物或产物中的共价键分解, 只有在发生碰撞的正面相遇的动能大于共价键的结合能时才能使它们分解, 在式 (12.2.9) 所给出的分解图 $G_1(A_i) = \{E_1(A_i), V_1(A_i)\}, i = 1, 2$ 中, 分解后的不完各分子将重新组合, 但组合后的结果未必一定是产物 B_1, B_2(有可能变成 A_1, A_2). 如果记 $\theta_{AB}(t)$ 是 A_1, A_2 发生碰撞后能变成产物的概率, 这时的反应速率应满足方程式为

$$v_A(t) = \theta_{AB}(t)N_{A_1}(t)N_{A_2}(t), \quad v_B(t) = \theta_{BA}(t)N_{B_1}(t)N_{B_2}(t), \tag{12.2.11}$$

其中比例系数 θ_{AB}, θ_{BA} 是多种效应的综合结果.

6. 平衡状态与反应速率的关系图

对平衡状态、反应速率与反应物、产物中各动力学指标的关系如图 12.2.1 所示.

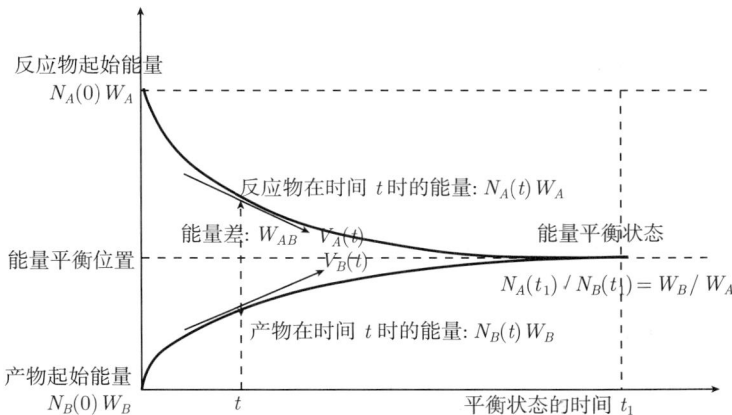

图 12.2.1 化学反应中总结合能的变化曲线图

对图 12.2.1 说明如下.

(1) 图中横坐标是化学反应的时间, 纵坐标是反应物与产物的总结合能, 上、下两条粗黑曲线分别是反应物与产物的总能量函数 $N_A(t)w_A, N_B(t)w_B$. 其中 $N_A(t)$,

$N_B(t)$ 分别是反应物与产物在溶液中的浓度, w_A, w_B 分别是反应方程式 (12.2.3) 中 A_1, A_2 与 B_1, B_2 的单分子平均能量, 它们与 t, T 的变化有关, 但为了方便起见, 在图 12.2.1 中把它们看做固定的常数.

图中的切线向量 $v_A(t), v_B(t)$ 就是能量变化的反应速率, 与浓度变化的反应速率分别差一个比例系数 w_A, w_B.

(2) 在反应刚开始时 $t = 0$, 反应物的浓度 $N_A(0)$ 达到最大, 而产物的浓度 $N_B(0) = 0$ 为最小, 它们相应的能量函数也是最大与最小.

在反应过程中, 反应物的浓度 $N_A(t)$ 逐步下降, 并释放能量. 而产物的浓度 $N_B(t)$ 逐步增加, 并吸收能量. 在反应过程中, 总能量大, 但不一定单位分子的能量大, 这是因为其中的浓度大. 浓度大的反应物分子产生碰撞的概率就大, 因此被分解而转变为产物的可能性就大.

(3) 由此可见, 在反应过程中, 反应物的浓度 $N_A(t)$ 不断下降, 产物的浓度 $N_B(t)$ 不断增加, 因此反应中的能量差在不断减少, 最后为零. 由此达到平衡状态. 平衡状态的浓度比应满足式 (12.2.9) 的关系式, 其中浓度与分子的单位平均能量成反比.

(4) 如果 w_A, w_B 不是固定常数 (一般与 t, T 有关), 那么反应过程的平衡系数与能量转化的关系要比图 12.2.1 描述的情况要复杂, 对此需要采用更复杂的动力学方程来描述, 其中的核心问题是有关溶液与分子结构的动力学理论. 对其中的一些问题在下面中还会探讨, 但不能完全解决这些问题.

12.3　几种重要的生物分子官能团与它们的化学反应

分子官能团的定义已在 3.1 节中给出, 并在第 3 章 ~ 第 7 章中有一系列的讨论. 本节的重点是讨论它们的化学特性.

12.3.1　一些重要的分子官能团

分子官能团是由若干原子以共价键的形式结合分子, 它们往往是其他更复杂分子组合中的基本单元. 每个分子官能团都有各自的结构、形态与功能特性, 因此是分析与研究其他分子的基础. 对它们的一般定义与表示在 4.3 节中已有讨论, 现在我们介绍与化学、分子化学有关的重要分子官能团.

1. 碳、氧与氢组成的分子官能团

关于分子官能团的结构、分类与表达有多种方式, 下面是依据分子所含成分的分类.

(1) **烃类**. 由碳、氢组成的化合物, 其中包括**烷烃类**、**烯烃类与炔烃类**的官能团.

在烷烃类中每个 2 碳原子之间只有一个共价键, 如甲基、乙基等. 而烯烃类与炔烃类的官能团是由两个碳原子分别由二价与三价键相连所组成的官能团, 分别如 2-甲基丙烯, 2- 丁炔等.

在烃类的分类中, 除了烷、烯与炔的分类外, 还要对官能团中所含的碳原子数进行分类, 先按甲、乙、丙、丁、···、癸的次序排列, 再按 11, 12, 13, ··· 的次序排列.

在烃类的分子排列中, 还分线状排列与环状排列的类型. 烷、烯与炔烃都是线状排列的烃类, 环状排列的烃类有如芳烃 (又称苯基, 这时在 2 碳原子之间可能存在二价键).

(2) 由碳、氧与氢组成的化合物包括**羰**、**糖与脂类**.

羰类包括**醇**、**醚**、**醛**、**酮**与**羰酸类**. 它们的分子官能团分别是醚 ($-$ O $-$)、醇 ($-$ OH)、酮 ($-\overset{\text{O}}{\overset{\|}{\text{C}}}-$)、醛 ($\overset{\text{O}}{\overset{\|}{\text{CH}}}$)、羰酸 ($\overset{\text{O}}{\overset{\|}{\text{C}}}-$OH).

对糖与脂类分子官能团的组合结构在一般分子生物学都有介绍, 在本书的下面中也有简单介绍.

2. 含其他元素的分子官能团

含其他元素的分子官能团如下:

(1) 含氮原子, 如**氨基类 (含N 原子)**、**酰胺类 (含 O=C $-$ N 分子)**、胍基与咪唑基 (图 12.2.1). 它们 (尤其是氨基) 在蛋白质结构与功能表达中有重要作用.

(2) 含磷原子, 如磷酸 (图 12.3.1), 是核甘酸的重要组成部分.

(3) 含硫原子, 如硫基 (S $-$ H), 两个硫基的结合产生二硫桥 ($-$ S $-$ S $-$). 它们在甲硫氨酸与半胱氨酸中出现, 是一些糖与多糖中的成分, 在蛋白质三维结构中发挥作用.

3. 几种重要的生物分子官能团 (图 12.3.1)

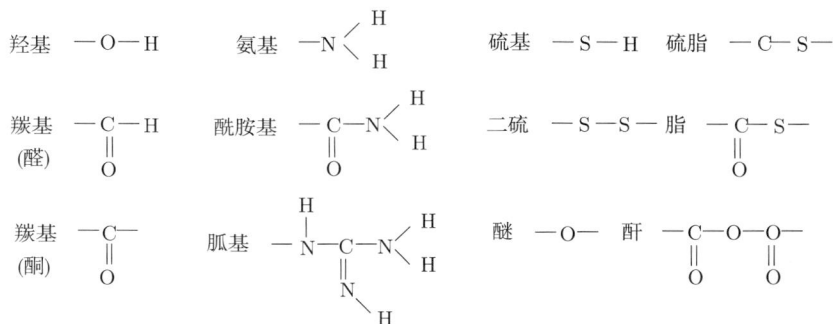

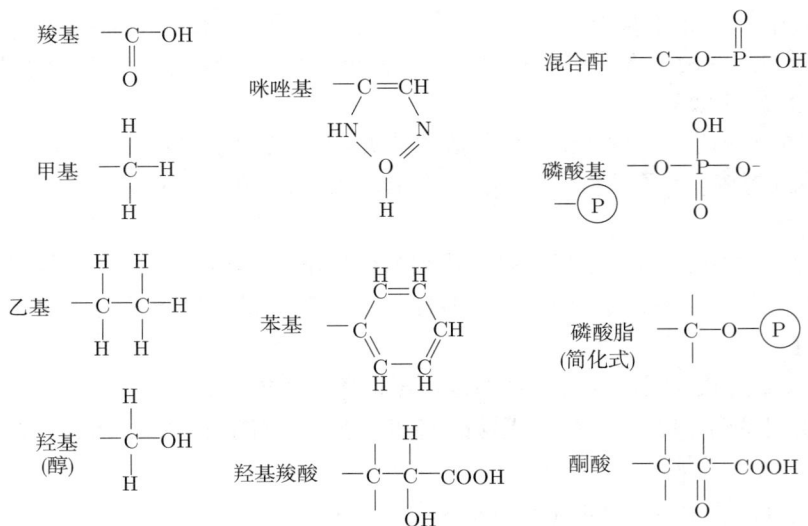

图 12.3.1　一些固定的分子官能团结构图

12.3.2　几种重要的化学反应的类型与方程式

1. **氧化反应**

氧化反应一般是指由氧原子参与, 与其他分子中的氢原子结合, 产生新的反应物与水. 例如, 烃类反应物在空气中燃烧, 产生二氧化碳与水, 并释放热量. 它的分子反应式为

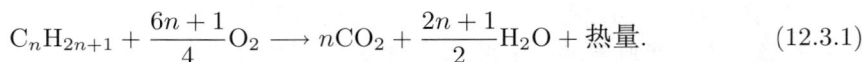

$$C_nH_{2n+1} + \frac{6n+1}{4}O_2 \longrightarrow nCO_2 + \frac{2n+1}{2}H_2O + 热量. \tag{12.3.1}$$

2. **二硫键反应**

2 个不同的甲硫氨酸侧链产生二硫键的化学反应式为

$$2(-CH_2SH) + O \longrightarrow (-CH_2-S-S-CH_2-) + H_2O, \tag{12.3.2}$$

式 (12.3.2) 中同一分子中的原子用小括号表示, 其中的 "—" 号表示共价键的连接. 在此反应中除了需要有 2 个不同的甲硫氨酸外, 还需要有一个游离的氧原子. 二硫键的相互作用在蛋白质结构形态形成中有重要意义, 由此产生的二硫键 (或二硫桥) 使蛋白质的空间结构有较强的稳定作用.

3. **酸、碱反应**

在生活中酸性与碱性 (带苦涩味) 食物经常遇到, 它们的化学定义如下.

称能产生质子 H^+ 的分子或离子为酸, 能与质子 H^+ 结合的分子或离子为碱.
例如,

$$HCO_2^- \rightleftharpoons H^+ + CO_2^{2-}. \tag{12.3.3}$$

它的通式可写为酸 $\rightleftharpoons H^+ +$ 碱, 称通式中所对应的酸、碱反应物为共轭酸、碱对.
几种重要的生物分子官能团的酸、碱反应如图 12.3.2 所示.

(a) 二磷酸基团的形成

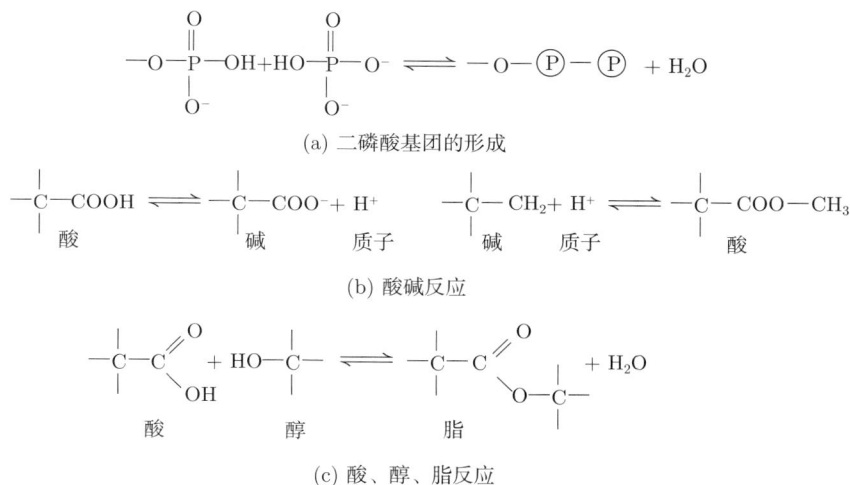

(b) 酸碱反应

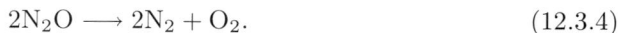

(c) 酸、醇、脂反应

图 12.3.2　部分分子官能团的相互作用图

4. 几种简单的催化反应

在化学中, 催化是一个很复杂的过程, 我们这里只能列举几个简单的例子来说
明它们的一些特征, 希望下面对酶的催化作用理解有所帮助.

(1) N_2O 在室温下是一种惰性气体, 但在 1000 K 下可以发生分解

$$2N_2O \longrightarrow 2N_2 + O_2. \tag{12.3.4}$$

这种分解是在 2 个 N_2O 分子发生碰撞时发生. 如果加入 Cl_2 分子就可催化这个分
解反应, 在室温下 (尤其在具体光照的条件下), 一些氯分子可分解成氯原子 $Cl_2 \longrightarrow$
$2\,Cl$. 这些氯原子很容易与 N_2O 发生反应, 得到

$$N_2O + Cl \longrightarrow N_2 + ClO,$$

但其中的 ClO 会迅速发生分解, 使

$$2ClO \longrightarrow Cl_2 + O_2,$$

由此得到反应式为

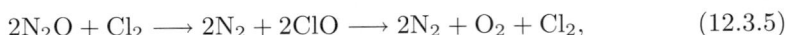

$$2N_2O + Cl_2 \longrightarrow 2N_2 + 2ClO \longrightarrow 2N_2 + O_2 + Cl_2, \qquad (12.3.5)$$

这时式 (12.3.5) 较式 (12.2.4) 具有同样的反应物与产物, 但增加了催化剂 Cl_2, 催化剂虽参与了化学反应, 但在反应物与产物中独立地保留下来.

(2) N_2O_4 可催化臭氧 O_3 的分解, 它们的反应过程可写为

$$2O_3 + N_2O_4 \longrightarrow 2O_2 + N_2O_6 \longrightarrow 3O_2 + N_2O_4. \qquad (12.3.6)$$

(3) 相同的反应物使用不同的催化剂可以产生不同的产物. 例如, $CO + H_2$ 对不同催化剂的产物如表 12.3.1 所示.

表 12.3.1　$CO + H_2$ 在不同催化剂下的产物表

催化剂	Cu	Fe-Co	Ni	Ru
产物	CH_3OH	$C_nH_n + nH_2O$	$CH_4 + H_2O$	
产物名称	甲醇	混合物		固体石蜡
生成条件	$20 \sim 40$ MPa	$1 \sim 2$ MPa	250℃, 常压	$150°, 15$ MPa

表中的混合物是指: 混合油、烷烃与烯烃的混合物, 其中 MPa 为兆帕, Pa 为气压的帕斯卡 (Pascal) 单位, 1 大气压 $= 101325$ Pa.

12.3.3　化学反应的动力学特征分析

1. 完备与不完备分子的化学反应

分子官能团完备与不完备性已在定义 5.2.1 给出, 如果参与化学反应的反应物与产物分子都是完备的, 那么称这个化学反应是完备的, 否则是不完备的.

(1) 在不完备的反应中, 如果有 2 个分子 (或原子) 中不成对的外层电子形成共价键, 或正、负离子形成离子键, 就会释放大量能量, 而且这种反应十分活跃.

方程式 (12.3.1) 左边是不完备的, 因此具有很强的活性. 方程式右边是完备的, 因此在反应过程中可释放大量能量.

方程式 (12.3.2) 也是不完备反应, 其中 O 是溶液中游离氧原子, 具有很强的活性, 但存在的比例很小. 这个反应过程也是释放能量的过程. 这种反应发生的条件是 2 个 CH_2SH 分子与 O 原子同时发生碰撞时才能产生反应, 因此发生的概率很小.

(2) 完备的化学反应有如羧基与氨基 (图 12.3.1), 它们的反应式为

$$R1{-}COOH(羧基) + 2HN{-}R2(氨基) \longrightarrow R1{-}COHN{-}R2 + 2HO(水), \qquad (12.3.7)$$

其中 R1, R2 分别与羧基、氨基作共价键连接的其他的分子官能团. 这种反应在化学中称为**水解反应**, 由水解反应酶来催化完成.

2. 化学反应中的能量分析

在以上化学反应中能量变化的一些实例分析.

(1) 游离的氢、氧原子, 在化学反应前都处于不完备状态 (外层不成对电子数多于共价键数), 因此不需要吸收能量来分解共价键, 它们处于激活状态. 在化学反应后, 外层不成对电子结合成共价键, 因此释放能量. $O - H$ 的结合能是 463 kJ/mol, 因此可释放大量的能量 (形成燃烧).

(2) 二硫键的形成是 2 个 S-H 分离, 重新形成 $S - S$ 与 $H - O - H$ 键, 因此需要吸收能量 $2 \times 339 = 678$ kJ/mol 来分解共价键, 它们形成成共价键数的释放能量是 $268 + 2 \times 413 = 1094$ kJ/mol, 因此释放能大于吸收能量, 是一种较易形成的化学反应.

(3) 在羧基 (O=C $-$ OH) 与氨基 (H$'$ $-$ N$'$ $-$ H$'$) 的分解与结合中, 形成 O=C $-$ N$'$ $-$ H$'$ 与 H $-$ O $-$ H$'$ 分子官能团, 因此需要吸收能量 $351 + 391 = 742$ kJ/mol 来分解共价键, 它们形成成新共价键数的释放能量是 $293 + 463 = 756$ kJ/mol, 所以释放能稍大于吸收能量, 它们大体处于能量的平衡状态.

由此可见, 从氨基酸到蛋白质的合成与分解过程是在羧基与氨基的结合与分解, 它们都是共价键的重组, 会释放或吸收一定的能量, 但它们的数量差不大, 因此可在一般自然的条件下完成. 但速度很慢, 这就需要特殊的氧化合成与切割酶来加快它们的反应速度.

3. 酸的强弱定义与它们的活性分析

在酸的定义中, 可把它写成在水中产生离子 H^+ 的分子, 因此它的通式可写成 $HA \rightleftharpoons H^+ + A^-$, 其中 A 是其他分子.

(1) 酸有强弱之分, 在日常生活中经常会遇到不同的强酸 (如硫酸、硝酸与盐酸) 与弱酸 (如醋酸与硼酸等), 酸的强弱可由它在水中的离解度确定. 在通式中, 酸的离解度定义为

$$酸的离解度(a) = \frac{已离解酸的分子数}{酸分子的总数} \times 100\%, \tag{12.3.8}$$

其中 a 是离解度的单位, 它是一个百分比数.

(2) 因为在水中, 氢离子 H^+ 不会单独存在, 它与水分子 H_2O 结合成离子 H_3O^+, 所以它的通式应写为

$$HA + H_2O \rightleftharpoons H_3O^+ + A^-, \tag{12.3.9}$$

这样酸在水中又与它的浓度有关.

(3) 为了比较酸的强弱, 就要把具有相同浓度的酸测量它们的离解度. 如把同为 1.0 mol/L 的 HCl 与 HF 作比较, 因为 HCl 是强酸、HF 是弱酸, 它们的离解度

分别为 92 % 与 0.0188 %, 所以 1.0 mol/L 中的 HCl 与 HF 可分别产生 0.92 mol/L 与 1.88×10^{-2} mol/L 的 H_3O^+.

(4) 因为方程式 (12.3.9) 的反应是可逆的, 所以式 (12.3.9) 中的 4 种分子的浓度分别记为 $[HA], [H_2O], [H_3^+O], [A^-]$, 这时有

$$K = \frac{[H_3^+O][A^-]}{[HA][H_2O]} \quad 或 \quad K([H_2O]) = \frac{[H_3^+O][A^-]}{[HA]} \tag{12.3.10}$$

成立, 因为 $[H_2O]$ 是常数, 所以 $K_a = K([H_2O])$ 也是参数, 在化学中称为酸的离解常数.

酸的离解度与离解常数不仅反映了它们的强弱特征, 也反映了它们在化学反应中的活性程度. 不同酸的离解度与离解常数在许多化学用表中 (如文献 [213] 等) 都有记录.

4. 化学键形成后所产生的偶极矩

(1) 由于不同原子的电负性不同, 它们在形成共价键后, 新的成对电子与两原子的原子核的距离并不对称, 由此产生共价键的偶极矩.

(2) 形成化学键的原子一般都不是单独存在, 它们可能存在于不同分子中, 因此当它们的新化学键形成后, 这两个不同的分子就结合成一个分子, 这时的阴、阳离子有可能都在结合后的分子中, 这时该分子在不同部位带正与负的电荷.

也有可能使阴 (或阳) 离子在结合后的分子中被分离出去, 这时该分子就是带正 (或负) 电荷的分子, 带电的部位就是没有被分离出去的离子部位.

(3) 在正、负电荷与偶极矩之间都有可能发生相互作用, 这些作用力对分子中的稳定基团的结构影响不大, 但对不稳定结构中的参数变化影响较大.

12.3.4　催化反应简介

催化反应在化学反应中有重要意义, 我们在此只能作简单的说明.

1. 关于催化过程的说明

在化学反应的过程中, 如果增加了一种新的物质 (或分子) 后就可加快这个化学反应的过程, 但又不消耗这种新增加的分子. 那么称这种化学反应过程为催化反应, 称这种新增加的物质为催化剂.

由此可见, 催化剂不是反应物与产物的实现目标, 是在化学反应中的过渡性物质. 因此可把式 (12.2.1) 的反应方程式改为

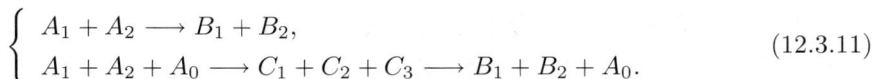

$$\begin{cases} A_1 + A_2 \longrightarrow B_1 + B_2, \\ A_1 + A_2 + A_0 \longrightarrow C_1 + C_2 + C_3 \longrightarrow B_1 + B_2 + A_0. \end{cases} \tag{12.3.11}$$

对方程组 (12.3.11) 说明如下.

(1) 方程组中的第 1, 2 式分别是未加催化剂与加催化剂的反应方程式, 其中 A_1, A_2 是反应物, B_1, B_2 是产物, A_0 是催化剂.

(2) 方程组第 2 式中的 C_1, C_2, C_3 是化学反应中的过渡物, 它们最终会消失.

(3) 方程组中的第 1, 2 式中的产物 A_1, A_2 是相同的物质, 而催化剂 A_0 在化学反应前后都是相同的分子.

2. 催化过程的动力学特征如下

(1) 催化过程不改变化学反应的动力学平衡特征, 如反应物与产物的平衡系数、平衡的温度与体积等特征.

(2) 由于催化剂的加入, 可以降低产生化学反应时对碰撞能量的要求, 所以就会增加碰撞后发生化学反应的概率.

(3) 在方程式 (12.3.10) 的第 2 式中, 催化剂 A_0 的分子结构保持不变, 但形态可能有所变化, 这对各平衡特征值略有变化, 但很微小.

3. 催化剂的类型与催化过程的原因分析

催化剂的类型很多, 有化学分子催化、光催化等, 不同的化学反应有不同的催化剂, 相同的反应物使用不同的催化剂可以产生不同的产物. 生物酶在生化反应中具有特别高效的催化作用, 但催化作用十分专业, 对此在下文中还有详细讨论.

对催化过程的原因有多种分析. 其一是**反应能量要求降低说**: 这是一种比较普遍的说法. 其中要点是由于催化剂的参与, 使化学反应对结合能要求的阈值要求被降低了. 好比过一个山冈要爬一个很高的坡, 有了催化剂后, 就不必爬这个坡了, 可以从半山腰通过. 这个说法是一种比喻性的说法, 缺少理论依据与定量化说明.

其二是**扭曲力变化说**. 其中要点如下.

(1) 在参与化学反应的反应物分子中, 原来分子中共价键的结合能 (键能) 在反应过程中基本保持不变.

(2) 由于催化剂的参与, 催化剂与反应物发生结合, 称催化剂与反应物结合后的分子为结合物. 结合物的体积变大, 它们仍然在溶液中与溶液中的分子发生碰撞, 一方面它们继续做随机运动, 另一方面在反应物内部的共价键受到这种碰撞的冲击而发生扭曲或拉伸.

(3) 由于溶液中分子的随机运动会产生涨落现象 (在某一瞬时的随机碰撞的分子动量方向比较一致), 可以使这种撞击力比较集中, 这时使反应物内部的一些共价键受到较大的扭曲, 这种扭曲使共价键更容易发生断裂, 由此加快化学反应的过程.

(4) 发生共价键断裂后的反应物被激活, 并继续在溶液中发生随机碰撞与运动, 这时它们很容易进行共价键的重组, 由此加快化学反应的过程.

(5) 催化剂与反应物发生结合的键一般是弱键力, 当反应物内部共价键发生断裂与重组后, 其中部分弱键力消失, 由于它们继续受溶液分子碰撞而与催化剂分离, 由此完成催化反应过程.

酶的催化过程也与此大体相同. 由于酶一般都是生物大分子, 有时还由多结构域组成, 所以它们对反应物的扭曲或拉伸力远远大于化学催化剂的效果, 因此酶的催化效应要大于催化剂的催化效应. 对酶的催化过程我们在下面还会讨论.

12.4　水与溶液的分子动力学特征

水是有机体内含量最高的成分, 大部分有机体内含水量高达 70 % 以上. 生命起源于水, 而且影响整个生命的演变过程. 这些重要作用与水分子的相互作用有关. 水分子的相互作用包括水与水分子之间的相互作用, 水分子与其他分子官能团的相互作用, 它们有以下特征.

12.4.1　水分子的形态特征

有关水分子的一些结构数据在附录 A 的表 A.3.4 中说明, 其中的一些数据如下.

(1) 水分子 H － O － H 的结构形态是一个等腰三角形, H － O 的平均键长为 0.97 Å, 它的键角为 104.5°, 略小于正四面体中心的键角 109.5°. 因此水分子的直径不超过 3.0 Å(见表 A.3.3).

(2) 在不同的水分子 H － O － H 中, 氢原子与另一临近的 O 原子形成氢键, 由此形成一个由水分子与氢键所组成的网络 (图 12.3.1), 该网络有以下特点.

(i) 水的氢键较共价键长而弱, 它的键长约为 1.77. 键能约为 20kJ/mol, 与 C－C 氢键键能为 413kJ/mol, 差一个数量级.

(ii) 单个氢键存在的时间很短, 只有 10^{-9} s, 因水中有大量水分子存在, 因此虽绝大部分水分子处于自由运动状态, 但仍有一部分氢键处于结合状态, 从而使水分子有一定的凝聚力, 使水成为液体.

(iii) 每个水分子最多有 4 个氢键, 其中 2 个氢键它自己所固有 (与氢原子结合成共价键, 简称为氢键的供体). 另外 2 个氢键可与其他水分子中的氢原子结合而构成的氢键 (简称为氢键的受体).

(iv) 由于在正常温度下, 水分子要做不规则的随机运动, 所以实际上平均只有 3.4 个相邻水分子可能构成氢键, 冰的每个水分子与相邻的 4 个水分子构成氢键.

因此冰呈固态.

(3) 由于水的这些形态特征, 它在生物体内有许多特殊的性质如下.

(i) 如图 12.4.1(a) 所示, 水电两个氢原子所产生负电荷中心与氧原子的正电荷中心不在同一点上, 因此是个极性分子, 这种偶极性有助于生物大分子结构的稳定性. 水的电偶极矩是 $6.17 \mathrm{~kJ/mol}$, 因此是一个中等强度极性的分子, 这有助于它在一些跨膜蛋白 (如 α 螺旋型蛋白) 中通过.

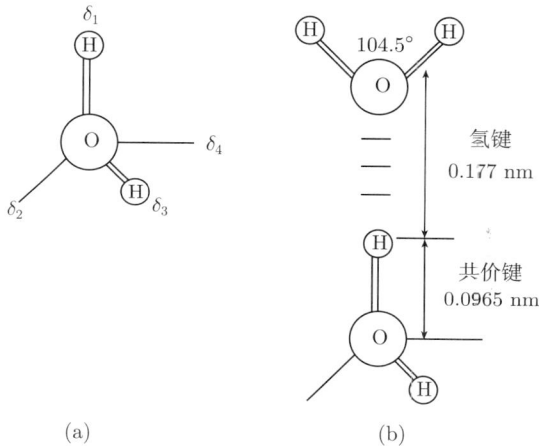

图 12.4.1   水分子共价键与氢键结构图

(ii) 与甲烷、氨分子相比较, 它们的相对分子质量分别是 18, 16, 17, 但在室温下甲烷与氨分子都呈气态, 而水分子呈液态. 这是由于部分水分子之间有瞬时氢键的存在.

(iii) 由于在室温下水分子呈液态, 而且有偶极性的存在, 使水能溶解多种有机物质, 只要能与水能形成氢键的生物分子都易溶解在水中.

(iv) 由于极性的相互作用, 生物分子有亲水与疏水性的区别, 一些极性分子易与水分子形成疏水键, 而且处在生物大分子的内部, 一些非极性分子不溶于水, 且易处在生物大分子的表面.

12.4.2   水分子与其他分子官能团的相互作用

1. 一些气体在水中的溶解度

氢键不仅可以作用在水分子之间, 也可作用在其他具有强电负性的极性分子上, 如 $O-H \cdots O=C$, $O-H \cdots N$, 糖、盐分子等. 因为水是一种极性分子, 大多数生物分子都易溶于水, 易溶于水的反应物称为亲水性分子, 难溶于水的反应物称为疏水性分子. 非极性生物大分子与非极性分子都是疏水性的分子.

表 12.4.1　一些气体在水中的溶解度

气体	结构	极性	溶解度/(g·L^{-3})	气体	结构	极性	溶解度/(g·L^{-3})
氮气	N≡N	非极性	0.018(40℃)	氨气	-N-	极性	900 (10℃)
氧气	O＝O	非极性	0.035(50℃)	硫化氢	H-S-H	极性	1860 (40℃)
二氧化碳	O=C=O	非极性	0.97 (45℃)				

由表 12.4.1 可以看到, 极性与非极性分子在水中的溶解度有极大的差别.

2. 与水分子所产生的氢键结构

由氢键所产生的相互作用不仅仅是其他分子在水中的溶解问题, 也是生物分子之间产生相互作用的重要因素. 氢键受体通常是氧原子或氮原子. 另外, 在酮与醇的羟基与水, 多肽分子的肽基、嘧啶与嘌呤之间还会形成一个或多个氢键. 生物系统中几种固定的氢键如图 12.4.2 所示.

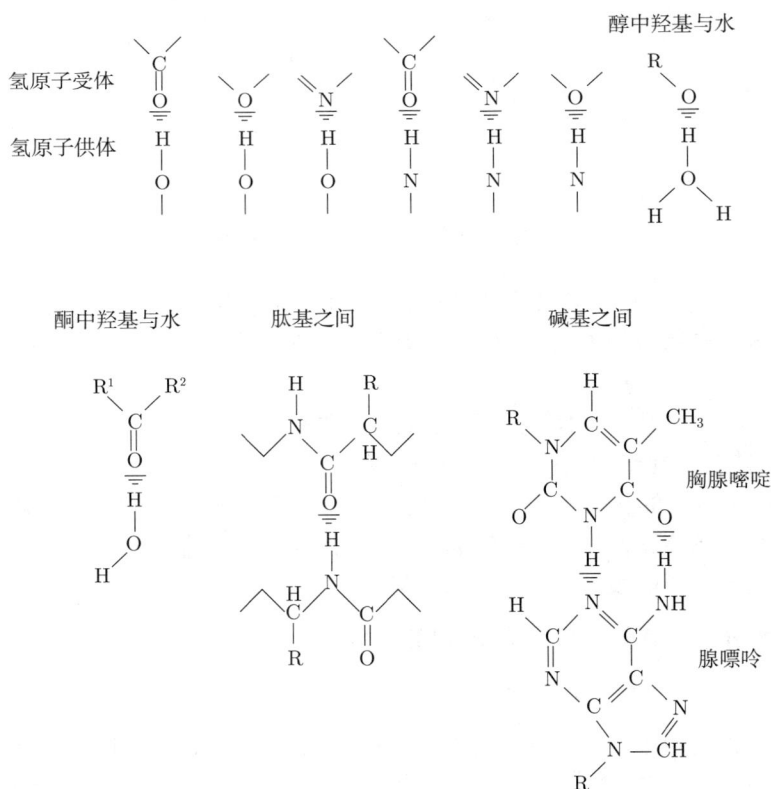

图 12.4.2　生物系统中固定的氢键

从图 12.4.2 可以看到, 对不同的原子对 (如 N,O) 它们在构成氢键时可作为供体, 也可作为受体. 在相同的条件下, 电负性的强弱会影响它们的分配比例.

3. 水可分解一些带电的溶质分子, 形成静电相互作用

如盐类分子 NaCl 的晶体在水的作用下, 可增强离子 Na^+ 与 Cl^- 的稳定性, 减弱了它们之间的静电作用, 因此增强了溶液的导电性与系统的熵值.

4. 水分子中的氢键还有强弱之分

当氢原子与受体、供体的原子成直线时作用力为最强, 氢原子与受体、供体的原子有一定角度时作用力会减弱.

在药物设计中, 在讨论配体与受体所产生的相互作用时, 首先要讨论它们形态的匹配 (或啮合), 在此基础上, 其次讨论各种不同类型分子官能团之间氢键的相互作用问题是药物设计中的重要因素.

12.4.3 水与溶液分子的动力学

在本节的开始我们已经说明, 水在有机体内有重要作用, 这些作用与水分子之间与其他分子官能团的相互作用有关, 这个问题涉及水在液态状态与适当温度下的动力学性质.

1. 水分子的随机运动

(1) 对理想气体, 气体的分子处与不断地运动与碰撞之中, 对它们的运动过程在热力学中有一系列计算公式, 如麦克斯韦–玻耳兹曼分布已在式 (12.1.1) 中给出. 这时

$$p(E) = 2 \left(\frac{E}{\pi (kT)^3} \right)^{1/2} \exp \left(\frac{-E}{kT} \right), \tag{12.4.1}$$

是粒子能量的分布密度, m, k, T 的含义也在式 (12.1.1) 中给出.

(2) 在 12.3 节中我们已经说明, 液态下的水分子之间存在瞬时氢键, 这种瞬时氢键存在的时间虽然十分短暂, 但这种相互作用使常温下的水成为液态, 而且具有一定的凝聚力 (如表面张力), 但绝大部分水分子处于自由运动状态. 这种自由运动状态的特征可以参考麦克斯韦-玻耳兹曼分布式 (12.1.1), 其中运动速度可有相应的三维计算公式.

(3) 处于运动状态下的水分子, 可不断地与溶解在其口的其他分子发生相互碰撞, 这种碰撞使这些分子产生布朗运动, 这种运动即使对具有较大体积的花粉 (或其他如蓝墨水等) 颗粒也可在普通显微镜下观察到. 由此可见, 水分子的撞击力还是较大的, 尤其是颗粒受到几个水分子处于相同方向的撞击时, 就会有较大幅度的移动.

(4) 由于水分子的运动具有方向性, 所以在与其他分子发生碰撞时, 可使这些分子产生角动量, 所以这些分子除了布朗运动之外, 还会产生摆动与旋转等运动状态, 描述这种运动过程就会十分复杂.

2. 溶液中不同分子的相互作用

由两种以上物质混合, 形成多分子混合的多组分系统. 多组分系统分气态、液态与固态, 气态有如空气、固态有如钢、黄铜等合金, 下面重点讨论液态的多组分系统, 简称溶液.

(1) 溶液中的物质分溶剂与溶质, 一般称含量最多的物质为溶剂, 含量较少的物质为溶质, 因此溶质可能有多种. 生物体中的溶剂一般都是水.

(2) 在生物与医学中, 大部分生化反应是在溶液中进行, 有一部分是与气体直接发生相互作用. 这种在溶液中生化反应的特征是由溶液中动力学的基本特征决定. 这是由于溶液本身在生命体内具有流动性, 如血液的循环等, 使生命体所需要的各种物质分配到生命体的各个部门.

在溶液内部, 不同类型的分子处在布朗运动状态中, 这就是这些分子在溶液中做随机游动, 该随机游动具有多种不同类型布朗运动的特征, 可产生运动的扩散效应, 运动密度分布的 Shannon 熵增原理, 使溶质在溶液中逐渐趋向于均匀分布.

(3) 如果溶质中的分子较大, 那么这些大分子在其他分子的碰撞下还会发生随机转动, 其他分子就可与这些大分子在不同部位发生近距离的接触与碰撞. 如果大分子的某些部位是生化反应的中心 (如酶的中心点、药物的靶点等), 那么溶液中的其他分子就会以一定的概率与这些反应中心发生接触与碰撞, 并由此产生生化反应.

由于这些特点的存在, 使生命体中许多生化反应能够不断协调地进行, 也为医学、医药的作用提供条件.

12.4.4 与溶液有关的动力学指标

在溶液中, 有些指标与它的动力学特性密切相关, 如有以下几种基本指标.

1. 浓度

溶液的浓度是指溶质在溶液中所占的百分比, 但计算方法有多种, 如

(1) 质量浓度, $\rho_B = \dfrac{m(B)}{V}$, 其中 $m(B)$ 为溶质 B 的质量, V 为溶液的体积.

(2) 质量分数, $\omega_B = \dfrac{m(B)}{m}$, 其中 $m = \sum\limits_A m(A)$ 为溶液的总质量.

(3) 摩尔浓度, $c_B = \dfrac{n(B)}{V}$, 其中 $n(B)$ 为溶质 B 的摩尔数.

(4) 摩尔分数, $x_B = \dfrac{n(B)}{n}$, 其中 $n = \sum\limits_A n(A)$ 为溶液的总摩尔数.

2. 偏摩尔量与化学势

(1) 在多相系统中, 有些物理量 (如质量等) 混合后的总量具有可加性, 但有些物理量 (如体积等) 混合后的总量不具有可加性, 这种变化的比例关系与溶质的量有关, 如果我们记 Z 为某种溶液的物理量, 它与溶液中各溶质的量有关, 当某溶质的量 m_B 或 n_B 改变时物理量 Z 也发生改变, 它的改变率就是偏摩尔量.

因此偏摩尔量的定义为 $\dfrac{\partial Z}{\partial m_B}$ 或 $\dfrac{\partial Z}{\partial n_B}$. 当物理量 Z 取不同量 (如体积、热能、焓、熵、自由能等) 时就可得到这些物理量的偏摩尔量.

(2) 化学势. 当物理量 $U = U(S, V, n_1, n_2, \cdots, n_k)$ 为热力学能量时, 它的偏摩尔量 $\mu_i = \dfrac{\partial U}{\partial n_i}$ 就是物质 i 的化学势.

3. pH 与 pK_a 值

(1) pH 是 Sorensen 在 1902 年提出的一种溶液指标, 它的定义是

$$pH = -\log[H^+], \tag{12.4.2}$$

其中对数以 10 为底, $[H^+]$ 为溶液中所含氢离子的浓度. 如水在 25℃时的 pH 为

$$pH = -\log[H^+] = -\log(10^{-7}) = 7.$$

(2) 由此可见, 当溶液中所含氢离子的浓度高时, 它的 pH 就小, 否则就大. 因为酸是质子的供体, 而碱是质子的受体, 因此强酸能完全离解阴与阳离子, 所有 pH 小. 而强碱的 pH 大, 它能完全离解阴与阳离子.

(3) 在分子生物学中, 大部分分子官能团都是弱酸与弱碱 (如 OH^-, NH_3^+ 与磷酸酯等), 了解这些情况对我们了解生物分子的活性有重要作用.

(4) 弱酸的离解常数用 K_a 表示, a 是指不同的分子官能团, pK_a 是 K_a 的负对数值. 这时

$$pK_a = -\log[K_a]. \tag{12.4.3}$$

4. 溶液中的相互作用

(1) 溶解度与溶解过程. 在固定的温度与压强下, 固定溶剂对固定溶质的浓度有一个最高临界值, 这个最高临界值就是溶解度. 达到溶解度的溶液称为饱和溶液, 如果在饱和溶液中继续添加溶质就会产生该溶质的固态结晶体.

一般来讲, 分子结构相似的溶剂与溶质的溶解度高, 如水 (HOH) 与乙醇 (C_2H_2OH) 含有共同的 OH 基, 因此它们相互之间的溶解度可以无限大, 而水和煤油, 因为煤油含 C_8-C_{16} 的烷烃基, 与水很不相同, 所以它们互不相溶.

(2) 溶解过程及在溶解过程中的动力学. 溶质在溶剂中的溶解过程是一种溶剂与溶质的分子拆散与重新结合的过程, 溶剂与溶质的分子都有其固定作用力 (如氢键力与范德华力等) 与分子运动能量, 它们的动力学特征有:

溶剂与溶质分子的相互作用力使它们形成一定的黏合性, 而分子的运动能量则使溶剂与溶质的分子发生相互碰撞而拆散与重新结合.

(3) 溶液中分子之间的相互作用力具有瞬时性, 这就是不同分子发生相互作用的时间很短, 一旦发生相互作用后在分子的相互碰撞下而分离. 因此, 溶液中分子在绝大部分时间内处于自由运动与相互碰撞状态, 但总有一定比例的分子处在相互作用状态. 分子之间的相互作用力的大小与瞬时作用时间的长短决定溶液的黏合性的强度.

5. *溶解过程的反应*

溶解过程会引起各种不同类型的反应, 如有化学反应, 如铁与稀硫酸的作用置换出氢; 能量反应, 如水中倒入 95 % 的浓硫酸会引起水的沸腾, 体积变化, 产生体积的偏摩尔量.

第 13 章 蛋白质三维结构中的动力学问题

蛋白质空间结构研究的关键问题是它的动力学问题, 该问题十分困难与复杂, 其中许多问题与规则没有被认识与说明, 因此需要分几部分来分析讨论, 本章先讨论**蛋白质空间结构形成过程中的动力学问题**与**各种不同类型作用力在蛋白质内部的分布问题**.

13.1 蛋白质空间结构形成过程中动力学的几个基本观点

在第二部分的第 6~11 章中, 我们已介绍了蛋白质的一些基本情况, 为了对蛋白质的结构与功能作更深入的研究, 需先讨论蛋白质空间结构形成过程中所存在的几个动力学的基本观点.

13.1.1 关于蛋白质空间结构形成过程的讨论

关于蛋白质空间结构形成过程在分子生物学中有一系列的论述, 我们对此作如下概述.

1. 蛋白质空间结构形成的 Anfinsen 原理

早在 20 世纪 60 年代, Whit 与 Anfinsen (见文献 [47], [210] 等) 通过牛胰核糖核核酸酶的变性与复现实验, 提出了**由蛋白质一级结构决定蛋白质空间结构** 的观点, 后人称为 Anfinsen 原理. 该实验的要点如下.

(1) 如果把一条没有完成折叠的氨基酸序列置于适当温度的溶液 (如水) 中, 观察它的形态变化过程. 如果溶液的温度适当, 那么蛋白质的空间结构在溶液中运动变化, 但它的形态与结构最终基本保持不变.

(2) 当溶液的温度过高时, 蛋白质中的共价键就会解体, 变成各种原子或分子在溶液中的混合物, 并再也不会 (在温度变化的过程中) 形成原来的蛋白质.

(3) 当溶液的温度适当升高, 但不到共价键解体的高度时, 蛋白质的空间折叠结构就会松开, 并失去原来的蛋白质的功能. 但当溶液的温度降低到原来温度时, 蛋白质的空间折叠结构就会恢复到原来状态, 并恢复原来的功能.

由这个实验可以说明, **由蛋白质一级结构决定蛋白质空间结构** 可以成立. 以后 Anfinsen 的实验被大量进行, Anfinsen 原理在许多情形下被证实, 但也会出现许多不同的情形, 这就是具有相同一级结构的蛋白质也可形成不同的空间结构, 这就是蛋白质空间结构的异构问题.

2. 关于熔球态的讨论

在分子生物学中, 对蛋白质空间结构的形成过程有许多讨论, 也有多种理论与假说, 这些问题也是研究是蛋白质动力学的重要方面, 如何利用 ID 的理论来说明这些问题也是 ID 的重要目标.

关于熔球态 (molten globule) 的说明. 这就是把熔球态看做蛋白质空间结构从非折叠到折叠状态的过渡状态. 因此熔球态的结构实际上是蛋白质的部分原子发生不同的化学键、氢键的连接, 形成一些局部的稳定结合状态. 故可用

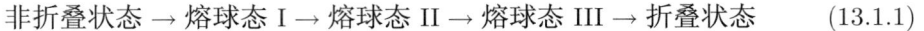

$$非折叠状态 \rightarrow 熔球态 \text{ I} \rightarrow 熔球态 \text{ II} \rightarrow 熔球态 \text{ III} \rightarrow 折叠状态 \qquad (13.1.1)$$

的关系来表达, 其中熔球态是一个不断变化的结构, 它的局部的稳定结合状态在不断扩大, 最后直到蛋白质空间结构的形成与稳定.

在 9.2 节中我们提出了分子聚合团的概念, 我们是否可以把熔球态看做部分原子已经形成聚合团氨基酸序列, 这时聚合团的规模在不断扩大, 直到蛋白质空间结构折叠的完成. 这样分子聚合团的概念较熔球态概念更具体, 使式 (13.1.1) 有更具体的动力学特征说明.

3. 关于分子伴侣的说明

分子伴侣 (molecular chaperones) 的概念在分子生物学中有许多讨论, 把它看做是实现蛋白质空间折叠过程的一类蛋白分子, 但对它们的结构与运行过程并不十分清楚. 我们的观点如下.

(1) 在蛋白质空间结构形成过程中, 蛋白质与水分子的碰撞并不是形成蛋白质空间结构形成的唯一原因, 因为在溶液中除了水分子外还有其他的化学分子与蛋白质分子存在.

(2) 从表 A.3.3 可以看到, 化学分子与蛋白质分子的大小一般在 10 nm 以下, 而花粉的大小在 200 μm 以下. 既然我们可用普通显微镜观察到花粉在水中所做的布朗运动. 那么化学分子与蛋白质分子在水中所做的随机运动一定会比花粉激烈得多. 它们的运动一定也会碰撞到我们所要考察的蛋白质, 并影响到它的空间结构的形成.

(3) 一些化学分子与蛋白质分子的大小要比水分子大, 它们对我们所要考察的蛋白质碰撞的频率要小, 但撞击力要大. 因此对我们所要考察的蛋白质空间结构的形成后期有较大的影响.

(4) 由此可见, 在蛋白质空间结构的形成过程中, 会与许多分子或生物分子发生碰撞运动, 其中也包括该蛋白质本身在形成前后所产生氨基酸序列的碰撞 (其中

部分原子已经形成聚合团). 我们不清楚是否存在一种独立存在的分子伴侣的分子结构, 并在蛋白质折叠的形成中发挥不可缺少的动力学作用

13.1.2 自由能与结合能

分子结构的能量关系是确定分子形态与功能的主要因素, 对此问题有许多研究, 也是本书讨论的核心问题.

1. 化学反应中的能量计算

在 5.3 节与 12.2 节中我们已经指出, 任何分子都有空间结构, 自由能与结合能是生化反应中的基本动力学因素. 当反应物分子置于溶液中时, 分子的结合能、溶液的温度与分子运动的熵形成相互竞争与转化关系, 式 (12.2.6) 与式 (12.2.7) 给出它们的基本关系.

在 5.3 节与 12.2 节中我们还指出, 生物大分子的空间结构与功能分析十分复杂, 在自由能与结合能的分析与计算中都涉及复杂内部的结合能与内部运动的熵问题. 在本节中我们仍以蛋白质为例, 对此问题继续进行讨论.

2. 对结合能的讨论

在分子结构中, 结合能是指各原子相互作用的键能. 除了离子键与共价键外 (它们的结合能都较大, 因此称为**强键**或**强结合能**, 还存在氢键、范德华力与疏水性力所产生的**弱键**或弱结合能.

除了分子结合能有强、弱键之分外, 还存在**固定键与非固定键** 之分, 对此讨论如下.

定义 13.1.1 对一种特定的生物大分子, 有一些键随它们的一级结构确定而确定, 那么称这些键是固定键, 否则是非固定键.

我们仍以蛋白质为例来说明固定键与非固定键的区别. 当蛋白质的一级结构给定时, 以下键都是固定键.

(1) 在每个氨基酸中, 连接各原子的共价键都是固定键.

不同氨基酸之间, 由氨基与羧基连接所形成的共价键是固定键. 不同氨基酸连接所形成的固定键如图 6.1.2 与图 6.3.2 所示.

(3) 在蛋白质内部, 由于蛋白质的空间折叠, 可能产生许多离子键与共价键 (如二硫键等) 及其他各类型的弱键都是非固定键.

(3) 因此非固定键的形成不能由蛋白质一级结构确定, 它们的形成决定蛋白质的空间结构与功能, 从而它们形成的结果在蛋白质结构与功能分析中有重要意义.

对 DNA, RNA 等其他生物大分子同样可以定义它们的固定键与非固定键, 并由此来讨论它们的结构与功能.

3. 分子内部运动的熵

对分子内部运动所产生的熵及它们的基本特征说明如下.

(1) 我们已经说明, 所有分子都有空间结构, 它们的空间结构都处在不断的运动与变化中. 按信息度量的理论, 任何不确定的状态都有信息的度量 (熵) 存在, 而且这种信息的度量与能量可以相互转化.

(2) 在分子内部的空间结构中, 对不同分子官能团的运动有稳定结构与不稳定结构的区分. 分子内部的不确定状态主要是由它们的不稳定结构所产生, 因此, 在分子内部空间结构不确定性的信息度量 (熵) 主要是对其中不稳定状态变化、运动的信息度量.

(3) 我们已经说明, 在四原子点 a, b, c, d 的空间结构中, 可能产生的不稳定参数是 a − b − c − d 的扭角参数 ψ, 而 $a - \overset{\overset{\textstyle d}{\textstyle |}}{b} - c$ 结构中的镜像参数 ϑ 的取值虽然也不能固定, 但当分子在溶液中做随机运动时, 所有的镜像参数 ϑ 都是不变的. 因此决定分子内部的空间结构的不确定性的信息度量主要是由其中所有扭角参数的不稳定性所决定.

4. 分子内部运动的最大熵与 KL-互熵

对分子内部运动的熵与 KL-互熵的计算公式与意义说明如下.

(1) 因为扭角参数 ψ 在 $\Delta_0 = (0, 2\pi)$ 区间内运动, 所以它的最大熵应是在该参数在区间 Δ_0 内取均匀分布时为最大. 这时记 ψ 在 $\Delta_0 = (0, 2\pi)$ 内做随机运动的分布密度为 $p(x)$, $x \in \Delta_0$, 它的最大熵是均匀分布. 因此当 $p_0(x) \equiv \dfrac{1}{2\pi}$, $x \in \Delta_0$ 时取最大值, 因此它的最大熵是

$$H(p_0) = -\int_0^{2\pi} p_0(x) \log_2 p_0(x) \mathrm{d}x = \log_2 (2\pi) \geqslant H(p), \qquad (13.1.2)$$

其中 $H(p)$ 是分布密度 $p(x)$ 的 Shannon 熵. 这时 p_0 分布是在没有任何条件约束下扭角 ψ 的随机运动.

(2) 当扭角参数 ψ 在一定条件约束下, 这时分子内部的结合能与内部运动的熵转化, 它的随机运动熵就会减少, 我们采用 KL-互熵来度量这种内部运动熵的变化, KL-互熵的计算公式是

$$\mathrm{KL}(p|p_0) = \int_0^{2\pi} p(x) \log_2 \frac{p(x)}{p_0(x)} \mathrm{d}x = -\log_2 (2\pi) + H(p). \qquad (13.1.3)$$

(3) KL-互熵反应扭角参数 ψ 分布 $p(x)$ 与均匀分布 $p_0(x)$ 的差异度. 对 KL-互熵总有 $\mathrm{KL}(p|p_0) \geqslant 0$ 成立. 因此, KL-互熵是分子内部运动不确定性的度量, 它与分子内部的结合能形成相互制约与转化的关系.

(4) 在以往的热力学与分子动力学中, 并未涉及分子内部运动的结合能与自由能, 由此我们提出, 分子运动总能量的计算公式是

$$\text{分子总能量} = \text{总结合能} - \text{温度} \times (\text{分子运动熵} + \text{内部运动的 KL-互熵}), \quad (13.1.4)$$

其中总结合能包括所有 (固定与非固定) 化学键与弱键的结合能. 分子运动的熵是指它在溶液中运动的熵, 其中应包括分子中心在溶液中做随机运动的熵与分子在溶液中做刚性随机旋转运动的熵. 内部运动的 KL-互熵是指它在溶液中内部各原子之间运动的 KL-互熵. 这个公式能否成立还有待于物理、化学的理论与实验的证明.

(5) 在蛋白质空间结构分析中, 我们更关心蛋白质内部的结合能与空间形态的变化, 因此把内部的结合能与总自由能给以区别的定义, 它们的计算公式分别是

$$\begin{cases} \text{生物大分子内部运动的总结合能} = \text{分子内部所有非固定键的键能总和}, \\ \text{生物大分子内部运动的总自由能} = \text{温度} \times \text{大分子内部运动的负 KL-互熵}. \end{cases} \quad (13.1.5)$$

生物大分子的固定键是由该大分子的一级结构确定, 而非固定键确定该大分子的空间结构. 由此可见, 在生物大分子内部, 总结合能与总自由能是相互制约的. 总结合能的增加会导致总自由能的减少, 反之, 总结合能的减少会导致总自由能的增加.

对式 (13.1.4) 与式 (13.1.5) 定义的合理性与大分子内部运动的 KL-互熵的具体计算方法与公式下面还有详细讨论.

13.1.3 动力学模型中的基本特征

由以上几章的讨论我们可以构建蛋白质空间结构形成过程中的动力学模型, 为此先说明在建立该动力学模型中的一些基本观点.

1. 氨基酸序列在溶液中所受到的相互作用

在 13.1.2 节中我们已经介绍了水分子的结构与它们的运动特征, 如果把一条未经折叠的氨基酸序列置于水 (或含其他分子的水溶液) 中, 那么该氨基酸序列就会与水分子或溶液中的其他分子发生相互作用.

(1) 一般来讲, 氨基酸序列是比较大 (与水分子比较) 的生物分子, 而水分子是大量、密集而且处在不断地运动中, 因此氨基酸序列与水分子的碰撞是大量而且是随机的. 因为每个水分子的运动是随机的 (服从麦克斯韦-玻耳兹曼分布), 所以氨基酸序列受水分子碰撞后的运动结果也是随机的.

花粉的大小是显微镜进行分辨的, 因此在 2×10^5 nm 以下, 在 6.1 节中我们已经说明, 它受水分子碰撞的次数每秒达 10^{21} 次. 氨基酸序列的直径大小约是花粉

的十万分之一, 因此它受水分子碰撞的次数约为 $10^{21}/10^9 = 10^{12}$ 次/秒. 因为蛋白质的大小差别很大, 表面也不光滑, 因此实际碰撞次数上、下可能有 8 到 9 个数量级的差别, 实际碰撞次数为 $10^7 \sim 10^{16}$ 次/秒.

(2) 如果同一类型的氨基酸序列置于水中时, 这些氨基酸序列不仅与水分子发生碰撞, 而且在不同氨基酸序列之间也可能发生碰撞, 这种碰撞也是随机的, 它们发生碰撞的概率与溶液的浓度有关, 而碰撞的强度与这些氨基酸序列的运动分布 (它们同样服从麦克斯韦-玻耳兹曼分布的形式) 有关.

不同氨基酸序列与其他分子在溶液中所受到的碰撞有多种类型 (水分子与溶液中其他分子的碰撞), 它们的运动情况、碰撞结果都是随机的, 所涉及的强度、浓度、运动的分布与作用效果是不同的.

(3) 在氨基酸序列与水分子的碰撞实际上是氨基酸序列中各分子官能团与水分子的碰撞, 这种碰撞也是大量与随机的, 而且又是并行的 (这就是氨基酸序列中的每个分子官能团可同时受到水分子的碰撞).

(4) 我们已经说明, 氨基酸序列在溶液中存在两种不同类型的运动, 其一是氨基酸序列在溶液中做整体的随机运动, 其二是做内部原子相互关系变化的随机运动. 前者是作整体随机徘徊的布朗运动与整体旋转的随机运动, 而后者是在不破坏共价键结构条件下的随机运动, 我们称为**有约束条件下的随机运动**.

这一系列问题都是复杂的分子动力学问题, 在文献 [149] 中讨论到这些问题, 值得我们分析参考. 但有些问题 (如分子内部的结合能与自由能的分析问题), 在热力学与分子动力学中都还没有涉及, 值得我们继续深入探讨.

2. 氨基酸序列在溶液中发生内部作随机运动的特点

当氨基酸序列在溶液中时, 溶液的温度必须适当. 如果温度过高, 那么溶液中分子运动的动量太大, 就会使氨基酸序列中的共价键解体, 变成各种原子或分子在溶液中的混合物. 当溶液的温度适当时, 氨基酸序列中各共价键不会被破坏, 因此其中的各分子官能团的结构不会破坏, 但它们之间连接的变参数会发生随机运动.

这种随机运动有以下特点与描述表达.

(1) 氨基酸序列中各稳定的分子官能团形态与各稳定型的参数运动基本保持不变, 它们虽有一定的弹性与伸缩, 但变化很小. 在这些稳定性的参数在包括各 Δ_1 型四原子点的镜像值, 也包括连接双氨基酸的 A, C, O, H′, N′, A′ 这六原子点的结构.

(2) 氨基酸序列中所有 Δ_2 型四原子点的扭角参数都会发生改变, 并同时在做 Markov 型的随机徘徊运动.

(3) 单个氢键或其他弱键的结合能还不够大, 它仍然有可能被溶液中其他分子运动的碰撞而破坏, 但如有多个氢键或其他弱键的聚会组合, 那么也会形成较大的合力, 它们就不会被溶液中其他分子运动的碰撞而破坏, 或即使个别氢键或弱键被破坏后也能很快恢复. 因此在氨基酸序列内部的部分原子形成聚合团的结构.

(4) 一个氨基酸序列中可能会形成多个分子聚合团, 它们的规模在不断扩大, 由此该氨基酸序列内部的结合能在增加, 而自由能在缩小. 当这种内部自由能缩小到一个极小值时, 该氨基酸序列就形成具有折叠结构的蛋白质.

3. 氨基酸序列在溶液中发生内部随机运动的描述

利用蛋白质 (或氨基酸序列) 在溶液中满足带约束条件下的随机运动的基本特点, 我们就可给出它的随机运动模型.

(1) 记 $A = (a_1, a_2, \cdots, a_n)$ 是它的一级结构, 其中 a_j 是该氨基酸序列中第 j 个氨基酸的名称, 那么决定该氨基酸序列中各原子位置的参数系为

$$\begin{cases} \Psi_0 = \{(\psi_1, \psi_2), (\psi_3, \psi_4), \cdots, (\psi_{2n-3}, \psi_{2n-2})\}, \\ \Psi_1 = \{(\psi_{j,1}, \psi_{j,2}, \cdots, \psi_{j,\tau_j}), j = 1, 2, \cdots, n\}, \\ \Psi = (\Psi_0, \Psi_1), \end{cases} \tag{13.1.6}$$

其中 ψ_{2i-1} 是三角形 $\delta(N_i, A_i, C_i)$ 与三角形 $\delta(A_i, C_i, N_{i+1})$ 的二面角, ψ_{2i} 是三角形 $\delta(C_i, N_{i+1}, A_{i+1})$ 与三角形 $\delta(N_{i+1}, A_{i+1}, C_{i+1})$ 的二面角.

另外其中 $\psi_{j,1}, \psi_{j,2}, \cdots, \psi_{j,\tau_j}$ 是氨基酸 a_j 侧链干图中的扭角, τ_j 是氨基酸 a_j 侧链干图中的扭角的总数, 我们已在表 7.3.3 中给出.

氨基酸序列在溶液中做带约束条件下的随机运动的另一特点是在运动过程中, 镜像参数不会发生变化, 因此表 7.3.3 中的镜像参数保持不变, 只有扭角参数发生变化.

(2) 当氨基酸序列在溶液中时, 该氨基酸序列的所有 Ψ 中的参数都处在不断的运动与变化中, 因此它们是一个动态、随机的函数, 因此可记为 $\Psi^*(t)$.

这时随机函数 $\Psi^*(t), t \geqslant 0$ 就是氨基酸序列 A 中所有不稳定参数的随机运动方程, 或氨基酸序列 A 中所有扭角参数的随机运动方程.

4. 运动方程的基本特征

对 $\Psi^*(t), t \geqslant 0$ 的随机运动方程, 有以下基本特征.

(1) 该随机运动方程关于时间 t 是一个 Markov 随机过程. 这就是对任何时间 $t_1 < t < t_2$, 在 $\Psi^*(t) = \Psi$ 固定时, 随机变量 $\Psi^*_{t_1}$ 与 $\Psi^*_{t_2}$ 相互独立.

(2) 对随机过程 $\Psi^*(t)$ 而言, 它的位点指标与时间指标都很巨大, 因此可以把它写成一个

$$\Psi^*(t) = \{\psi^*_{i,t}, i = 1, 2, \cdots, n_0, t > 0\}, \tag{13.1.7}$$

其中 $n_0 = 2n + \sum_{j=1}^{n} \tau_j$, 而 τ_j 是氨基酸 a_j 侧链图中的扭角总数. 在随机分析中称这

种具有多个下标的随机模型为**随机场**. 随机场的结构分析比随机过程更为复杂.

(3) 对方程 (13.1.6) 中的每个扭角 $\psi_{i,t}^*$ 的运动特征与 4.3 节中的论述相同, 如它在一个 $(0, 2\pi)$ 的圆周上运动取值, 所以它的概率分布也在 $(0, 2\pi)$ 中取值.

(4) 在随机场的 $\Psi^*(t)$ 的各随机变量之间存在相关性, 它们的联合概率分布记为

$$P_t(\boldsymbol{x}) = P_r\{\psi_{i,t}^* < x_{i,t}, i = 1, 2, \cdots, n_0, \, t > 0,\}, \tag{13.1.8}$$

其中 $\boldsymbol{x} = \{x_{i,t}, i = 1, 2, \cdots, n_0, \, t > 0\}$.

5. 带一级结构的运动方程

蛋白质的实际运动方程要比 (13.1.7) 中的参数系 $\Psi^*(t), t > 0$ 还要复杂, 主要是它与一级结构有密切关系. 这时 (13.1.7) 在的概率分布 $P(\boldsymbol{x})$ 与蛋白质的一级结构有关, 这时的概率分布 $p(\boldsymbol{x})$ 应是条件概率分布 $P(\boldsymbol{x}|\mathrm{A})$, 其中 $\mathrm{A} = (a_1, a_2, \cdots, a_n), a_i \in V_{20}$ 是蛋白质的一级结构.

记方程 (13.1.7) 中的条件概率分布密度为 $p(\boldsymbol{x}|\mathrm{A}) = \dfrac{\mathrm{d}p(\boldsymbol{x}|\mathrm{A})}{\mathrm{d}\boldsymbol{x}}$.

13.1.4　运动方程的可计算性与收敛性问题

对运动方程 (13.1.5) 或方程 (13.1.7) 所需要关心的问题很多, 其中最重要的核心问题是它的可计算性问题、收敛性问题及其他动力学的特征问题.

1. 可计算性问题

对随机场的 $\Psi^*(t)$ 在方程 (13.1.7) 所定义的联合概率分布或条件概率分布密度 $p(\boldsymbol{x}|\mathrm{A})$ 实际上都是无法计算的, 因此需要作很多简化.

2. 收敛性问题

收敛性问题包括两部分内容, 即收敛的过程问题与收敛的结果问题.

所谓收敛的过程问题就是随机过程 $\Psi^*(t)$ 在时间 t 不断增加时, 各扭角如何运动, 运动有什么样的趋向, 对这种趋向能否做定量化的指标描述.

而收敛的结果问题就是随机过程 $\Psi^*(t)$ 的运动最后能否稳定地固定在一个固定的向量 $\Psi(t)$ 上, 这时每个扭角都有一个确定的值, 这样就可确定该氨基酸序列最终能折叠成一个蛋白质的空间结构.

3. 动力学的特征问题

无论是可计算性问题、收敛过程与收敛结果问题, 实际上都与它的动力学问题有关. 在本书中我们给出两种不同类型的收敛性模式, 即**自由能最小化模型**与**原子与分子聚合团逐步收敛**模型.

模型 13.1.1　自由能最小化模型. 该模式是指用 KL-互熵来定义氨基酸序列三维结构参数系 Ψ^* 的自由能, 它的收敛性就是这种运动的自由能的最小化.

有关 KL-互熵的具体计算问题及作为自由能定义的合理性, 以及它的收敛性计算等问题在下面还要详细讨论.

模型 13.1.2　分子聚合团与它的逐步收敛模型. 关于聚合团的概念我们已在 9.2 节中定义, 并在 13.1.1 节中说明了它们在蛋白质折叠收敛过程中的作用.

聚合团队概念与生物学中的熔球态概念一致, 它是对熔球态描述的具体化. 式 (13.1.1) 给出了分子聚合团在氨基酸序列在做有约束条件下随机运动时的收敛过程与作用, 这个过程说明氨基酸序列在做随机运动时, 它内部的结合能在不断增加, 当这种结合能达到极大化时, 该氨基酸序列就形成稳定折叠结构的蛋白质.

由此可见, 模型 13.1.1 与模型 13.1.2 是从自由能与结合能两个不同角度来说明氨基酸序列在溶液中做随机运动时的收敛过程. 但如何实现它们的计算与分析还有许多问题需要解决.

13.2　关于自由能的讨论

在 13.1 节中, 我们已对蛋白质在溶液中做三维随机运动的模型与过程作了大体描述, 在本节中对此作更确切与具体的讨论.

13.2.1　有关自由能定义的讨论

在式 (13.1.4) 中, 我们已经给出了生物大分子内部运动总自由能的定义, 由此就可给出它们的计算公式, 并讨论这些计算公式的合理性.

1. 扭角参数作随机运动的分布函数

我们已经说明, 方程组 (13.1.7) 中随机序列 $\Psi^*(t)$ 可以近似地反映蛋白质空间结构的运动状态, 对它的结构特征作以下分析与讨论.

(1) 由方程组 (13.1.7) 可以看到, 随机序列 $\Psi^*(t)$ 是一个具有 n_0 个随机变量的随机向量, 其中每个随机变量 ψ^* 在 $(-\pi, \pi)$ 中取值, 因此 $\Psi^*(t)$ 在 $\Omega = (-\pi, \pi)^{(n_0)}$ 空间中取值.

(2) 确定随机序列 $\Psi^*(t)$ 的运动特征是它的概率分布已在式 (13.1.8) 中定义. 我们简记这个分布为 $P_t(\boldsymbol{x})$, 其中 $\boldsymbol{x} \in \Omega$ 是一个常数向量. 我们记这个分布的分布密度为 $p_t(\boldsymbol{x}) = \dfrac{\mathrm{d}P_t(\boldsymbol{x})}{\mathrm{d}\boldsymbol{x}}$.

(3) 记 Q 为 Ω 空间中的均匀分布, 这就是 Q 的分布密度为

$$q(\boldsymbol{x}) = \frac{1}{(2\pi)^{n_0}}, \quad \text{对任何} \, \boldsymbol{x} \in \Omega. \tag{13.2.1}$$

Q 分布的概念是该氨基酸序列在溶液中运动的自由能达到最大值.

2. KL-互熵的定义与性质

概率分布 P_t 关于 Q 的 KL-互熵的定义已在 1.2.2 节或式 (13.1.3) 中给出, 在此应写为

$$\mathrm{KL}(P_t|Q) = \int_\Omega p_t(\boldsymbol{x}) \log \frac{p_t(\boldsymbol{x})}{q(\boldsymbol{x})} \mathrm{d}\boldsymbol{x}, \tag{13.2.2}$$

其中 $\mathrm{d}\boldsymbol{x} = \mathrm{d}x_1 \mathrm{d}x_2 \cdots \mathrm{d}x_{n_0}$.

(1) KL-互熵的概念是分布 P_t 与 Q 的差异度, 它的主要性质是 $\mathrm{KL}(P_t|Q) \geqslant 0$, 而且等号成立的充分与必要条件是 $P_t \equiv Q$.

(2) $\mathrm{KL}(P_t|Q)$ 取最大值的充分与必要条件是 P_t 是单点分布. 这就是在 Ω 空间中存在一个点 $\boldsymbol{x}_0$, 使 $p_t(\boldsymbol{x}) = \delta(\boldsymbol{x}_0)$.

这里的 $\delta(\boldsymbol{x}_0)$ 是一个 δ 函数, 它满足条件: 对 Ω 空间中的任意子区域 $\Sigma \subset \Omega$, 总有

$$\int_\Sigma \delta(\boldsymbol{x}_0) \mathrm{d}\boldsymbol{x} = \begin{cases} 1, & \text{如果} \boldsymbol{x}_0 \in \Sigma, \\ 0, & \text{否则} \end{cases} \tag{13.2.3}$$

成立. 这里的子区域 Σ 可取为 $\Sigma = \prod_{i=1}^{2n-2} I_i$, 其中 I_i 是 $(-\pi, \pi)$ 区间中的任意一小区间.

(3) 由此可见, KL-互熵

$$\mathrm{KL}(P_t|Q) = \begin{cases} \text{最小值为零}, & \text{在} P_t = Q \text{时}, \\ \text{最大值为} (2n-2)\log(2\pi), & \text{在随机序列} \Psi^*(t) \text{取常数函数时}. \end{cases}$$

3. 分子内部运动的总能量

按式 (13.1.4) 与式 (13.1.5) 的定义, 如果采用随机序列 $\Psi^*(t)$ 的 KL-互熵来定义它内部运动的自由能, 那么

$$G(P_t) = W - T \cdot \mathrm{KL}(P_t|Q) = W - T \cdot [H(P_t) - S(P_t|Q)] \tag{13.2.4}$$

就是该大分子内部运动的总能量, 其中 W 是蛋白质内部运动的结合能, 而

$$\begin{cases} H(P_t) = -\int_\Omega p_t(\boldsymbol{x}) \log p(\boldsymbol{x}) \mathrm{d}\boldsymbol{x}, \\ S(P_t|Q) = \int_\Omega p_t(\boldsymbol{x}) \log q(\boldsymbol{x}) \mathrm{d}\boldsymbol{x} = \log(2\pi). \end{cases} \tag{13.2.5}$$

这里的 $H(P_t)$ 正是概率分布 P_t 的熵, 而 $T \cdot \mathrm{KL}(P_t|Q)$ 与吉布斯自由能中的 TS 项所对应.

13.2.2   用负 KL-互熵作分子内部自由能定义的合理性问题

在 13.2.1 节中, 我们对随机序列 $\Psi_0^*(t)$ 用负 KL-互熵做相应分子内部运动自由能的定义, 现在讨论这种定义的合理性.

1. 对负 KL-互熵与自由能概念的说明

如果把负 KL-互熵作氨基酸序列内部运动的自由能, 那么该自由能的大小正与 KL-互熵的大小相反, 这时

$$
自由能 = \begin{cases} 最大值 = 0, 在 P_t = Q 为均匀分布时, \\ 最小值 = -(2n-2)\log(2\pi), 在随机序列 \Psi^*(t) 取常数函数时. \end{cases}
$$

这个概念与我们对自由能概念的理解一致.

2. 与吉布斯的自由能的比较

在物理与化学中, 对分子运动的自由能都采用**吉布斯的自由能**, 吉布斯自由能的计算公式是大家所熟悉的. $G = W_0 - T \cdot H$, 其中 W_0 是分子的结合能, H 分子在溶液中做随机运动的熵. 在热力学中已经说明, H 与 W_0 是互补与相互制约的, 因此 G 实际上是分子在溶液中运动的总能量.

这里式 (13.2.4) 是分子内部所给出的各项能量与吉布斯自由能定义中的项是对应的. 其中 W 是分子内部的结合能, KL 分子在溶液内部中做随机运动的互熵. 这里 KL-互熵与内部结合能 W 也是互补与制约关系.

在蛋白质空间结构中, 一般来讲, 结合能 W 越大, KL-互熵也大, 但由 W 不能完全确定 KL 的取值, 负 KL-互熵的取值也是分子内部运动总能量的一部分, 把它作自由能的计算是合理的.

3. 关于蛋白质内部运动能量问题的讨论

在信息论中已经证明: Shannon 熵、分形中的 Hausdcff 维数与计算机中 Kolmogorov 复杂度这三个内容与出发点完全不同的概念是等价的 (见文献 [39] 第 7 章的讨论), 它们都是事物复杂性的度量关系.

公式 (13.2.4) 实际上是对分子内部的自由能的讨论, 这个公式能否成立, 意义如何还要得到理论与实验的证实与认可.

13.2.3   KL-互熵的可计算性问题

在对随机序列 $\Psi^*(t)$ 运动的 KL-互熵的计算中, 存在的一个困难是它的可计算问题, 实际上按式 (13.2.4) 的定义是无法计算的. 为利用蛋白质结构数据库实现对 KL-互熵的计算问题, 必须作一系列的处理.

1. 运动参数的简单化与离散化的处理

我们已经说明, 对多维随机变量分布的计算是十分困难的, 因此方程组 (13.1.7) 的分布函数实际上是无法计算的. 因此需要作进一步简单化处理.

(1) 首先, 对参数系 $\Psi^*(t)$ 可以简化, 我们可以把 $\Psi_0^*(t)$ 取代 $\Psi^*(t)$. 因为氨基酸序列的空间形态主要是由 $\Psi_0^*(t)$ 确定. 但参数数从 n_0 减少到 $2n-2$. 这个数目虽有大幅度的减少, 但对随机过程 $\Psi_0^*(t)$ 的分布函数仍然是无法计算的.

(2) 离散化的处理. 主要是对时间 t 与扭角取值的离散化处理. 这时取 $t = 0, 1, 2, \cdots$, 它的单位可取分、秒、厘、毫、微秒等, 这时随机过程 $\Psi_0^*(t), t \geqslant 0$ 就变成一个随机序列. 而扭角 ψ 在 $I = (-\pi, \pi)$ 中的取值也可作离散化的处理. 这就是把区域 I 分解成若干小区域: $I = \{I_1, I_2, \cdots, I_{2h}\}$, 其中 $I_{h'} = ((h'-h-1)\pi/h, (h'-h)\pi/h)$. 这时 $I = \bigcup_{h'=1}^{2h} I_{h'}$ 成立.

(3) 如果记 $P(x) = P_r\{\Psi^* \leqslant x\}$, $x \in I$ 是随机变量 Ψ^* 的分布函数, 那么我们就可用概率分布

$$p_{h'} = P((h'-h)\pi/h) - P((h'-h-1)\pi/h), \quad h' = 1, 2, \cdots, 2h \tag{13.2.6}$$

来取代连续型分布函数 $P(x), x \in I$. 这时 $p_{h'}$ 是个离散化的概率分布.

(4) 如果记 $q(x) = \dfrac{1}{2\pi}$, $x \in I$ 是一个在 I 区间上的均匀分布函数, 那么我们同样可用概率分布

$$q_{h'} = \frac{1}{2h}, \quad h' = 1, 2, \cdots, 2h \tag{13.2.7}$$

来取代连续型分布函数 $Q(x), x \in I$. 我们以下记式 (13.2.6) 与式 (13.2.7) 所定义的概率分布分别为 P_h, Q_h.

2. KL-互熵的计算与性质

关于 $(P, Q), (P_h, Q_h)$ 的 KL-互熵计算公式分别是

$$\begin{cases} \mathrm{KL}(P|Q) = \displaystyle\int_{-\pi}^{\pi} p(x)\mathrm{lb}\frac{p(x)}{q(x)}\mathrm{d}x = \mathrm{lb}(2\pi) - H(P), \\ \mathrm{KL}(P_h|Q_h) = \displaystyle\sum_{h'=1}^{2h} p_{h'}\mathrm{lb}\frac{p_{h'}}{q_{h'}} = \mathrm{lb}(2h) - H(P_h), \end{cases} \tag{13.2.8}$$

其中 $\begin{cases} H(P) = -\displaystyle\int_{-\pi}^{\pi} p(x)\mathrm{lb}p(x)\mathrm{d}x, \\ H(P_h) = \displaystyle\sum_{h'=1}^{2h} p_{h'}\mathrm{lb}p_{h'} \end{cases}$ 分别是 P, P_h 的 Shannon 熵.

KL-互熵的一个基本性质是有关系式

$$\lim_{h \to \infty} \mathrm{KL}(P_h|Q_h) = \mathrm{KL}(P|Q) \tag{13.2.9}$$

成立. 因此只要 h 的值适当大, 我们就可用离散的 KL-互熵 $\mathrm{KL}(P_h|Q_h)$ 来取代 $\mathrm{KL}(P|Q)$, 由此实现离散化的计算.

3. 关于随机过程 $\Psi_0^*(t)$ 的 KL-互熵的离散化计算

对式 (13.2.6)~ 式 (13.2.9) 的这些计算公式都可推广到随机过程 $\Psi_0^*(t)$ 的情形, 有关计算的公式与记号如下.

(1) 在随机过程 $\Psi_0^*(t)$ 中, 各扭角的取值为 $I = (-\pi, \pi)$, 因此 $\Psi_0^*(t)$ 中所有扭角的取值空间是 $\Omega = I^{(2n-2)}$, 记这个取值空间中的点为 $\boldsymbol{x} = (x_1, x_2, \cdots, x_{2n-2}) \in \Omega$.

随机过程 $\Psi_0^*(t)$ 概率分布 $P_t(\boldsymbol{x})$ 的定义与计算如式 (13.1.8) 所给. 同样记 $Q(\boldsymbol{x})$ 是 Ω 空间中的均匀分布

$$Q(\boldsymbol{x}) = \frac{1}{(2\pi)^{2n-2}}, \tag{13.2.10}$$

对任何 $\boldsymbol{x} \in \Omega = I^{(2n-2)}$ 成立. 为了区别, 记概率分布 $P_t(\boldsymbol{x})$ 与 $Q(\boldsymbol{x})$ 分别为 $P_t(\Omega)$ 与 $Q(\Omega)$.

(2) 概率分布 $P_t(\boldsymbol{x})$ 与 $Q(\boldsymbol{x})$ 的 KL-互熵计算公式分别是

$$\mathrm{KL}[P(\Omega)|Q(\Omega)] = \int_\Omega p_t(\boldsymbol{x})\mathrm{lb}\frac{p_t(\boldsymbol{x})}{q(\boldsymbol{x})}\mathrm{d}\boldsymbol{x} = (2n-2)\mathrm{lb}(2\pi) - H(P_t(\Omega)), \tag{13.2.11}$$

其中 $\mathrm{d}\boldsymbol{x} = \mathrm{d}x_1\mathrm{d}x_2\cdots\mathrm{d}x_{2n-2}$, 而 $H(P_t(\Omega)) = -\int_\Omega p_t(\boldsymbol{x})\mathrm{lb}p_t(\boldsymbol{x})\mathrm{d}\boldsymbol{x}$ 是 $P_t(\Omega)$ 的 Shannon 熵.

(3) 同样地, 对 $\mathrm{KL}[P(\Omega)|Q(\Omega)]$ 也可作离散化处理. 这时先把区域 I 分解成若干小区域: $I = \{I_1, I_2, \cdots, I_{2h}\}$, 其中每个 $I_{h'}$ 的定义与一维的情形相同, 这时区域 $I^{(2n-2)}$ 分解成若干小区域:

$$\delta_{\boldsymbol{i}} = I_{i_1} \times I_{i_2} \times \cdots \times I_{i_{2n-2}}1, \quad \boldsymbol{i} \in \Omega_h = \{1, 2, \cdots, 2h\}^{(2n-2)}, \tag{13.2.12}$$

其中 $\boldsymbol{i} = (i_1, i_2, \cdots, i_{2n-2})$.

(4) 这时记 $P_t(\Omega)$ 与 $Q(\Omega)$ 在区域 Ω_h 中的取值分别为 $p_t(\boldsymbol{i})$ 与 $Q(\boldsymbol{i})$. 这时有

$$q(\boldsymbol{i}) = \left(\frac{1}{2h}\right)^{2n-2}, \tag{13.2.13}$$

对任何 $\boldsymbol{i} \in \Omega_h$ 成立. 这时 $p_t(\boldsymbol{i})$ 与 $Q(\boldsymbol{i})$ 分别是 $p(\Omega)$ 与 $Q(\Omega)$ 的离散化分布.

(5) 对离散化分布 $p_t(\boldsymbol{i})$ 与 $Q(\boldsymbol{i})$ 的 KL-互熵的计算公式是

$$\mathrm{KL}(p_t(\boldsymbol{i})|Q(\boldsymbol{i})) = \sum_{\boldsymbol{i} \in \Omega_h} p_t(\boldsymbol{i})\mathrm{lb}\frac{p_t(\boldsymbol{i})}{q(\boldsymbol{i})} = (2n-2)\mathrm{lb}(2h) - H[p_t(\boldsymbol{i})], \tag{13.2.14}$$

其中 $H[p_t(\boldsymbol{i})] = \sum_{\boldsymbol{i} \in \Omega_h} p_t(\boldsymbol{i})\mathrm{lb}p_t(\boldsymbol{i})$ 是 $p_t(\boldsymbol{i})$ 的 Shannon 熵.

同样可以得到, 当 $h \to \infty$ 时, 有 $\mathrm{KL}(P_t(\boldsymbol{i})|Q(\boldsymbol{i})) \to \mathrm{KL}[P(\Omega)|Q(\Omega)]$ 成立.

13.2.4　KL-互熵的近似计算

在 13.2.3 节的讨论中, 我们不仅对 KL-互熵给出了它的离散化计算公式, 而且在式 (13.2.14) 中将 KL-互熵的计算化为对 Shannon 熵的计算.

1. 有关 Shannon 熵的近似计算

在式 (13.2.14) 右边的第 2 项 $H(P_t(i))$, 实际上是随机序列 $\Psi_0^*(t)$ 的 Shannon 熵, 对此可作以下近似计算.

(1) 记随机序列 $\Psi_{0,h}^* = \{(\psi_{1,h}^*, \psi_{2,h}^*), (\psi_{3,h}^*, \psi_{4,h}^*), \cdots, (\psi_{2n-3,h}^*, \psi_{2n-2,h}^*,)\}$ 是 Ψ_0^* 的离散化处理后的随机序列, 那么它的 Shannon 熵为

$$
\begin{aligned}
H(\Psi_{0,h}^*) = & H[(\psi_{1,h}^*, \psi_{2,h}^*), (\psi_{3,h}^*, \psi_{4,h}^*), \cdots, (\psi_{2n-3,h}^*, \psi_{2n-2,h}^*)] \\
= & H(\psi_{1,h}^*, \psi_{2,h}^*) + H(\psi_{3,h}^*, \psi_{4,h}^* | \psi_{1,h}^*, \psi_{2,h}^*) \\
& + H(\psi_{5,h}^*, \psi_{6,h}^* | \psi_{1,h}^*, \psi_{2,h}^*, \psi_{3,h}^*, \psi_{4,h}^*) + \cdots \\
& + H(\psi_{2n-3,h}^*, \psi_{2n-2,h}^* | \psi_{1,h}^*, \psi_{2,h}^*, \psi_{3,h}^*, \psi_{3,h}^*, \cdots, \psi_{2n-5,h}^*, \psi_{2n-4,h}^*). \quad (13.2.15)
\end{aligned}
$$

(2) 由 Shannon 熵的性质可以得到

$$
\begin{aligned}
H(\Psi_{0,h}^*) \leqslant & H(\psi_{1,h}^*, \psi_{2,h}^*) + H(\psi_{3,h}^*, \psi_{4,h}^* | \psi_{1,h}^*, \psi_{2,h}^*) \\
& + H(\psi_{5,h}^*, \psi_{6,h}^* | \psi_{3,h}^*, \psi_{4,h}^*) \\
& + \cdots + H(\psi_{2n-3,h}^*, \psi_{2n-2,h}^* | (\psi_{2n-5,h}^*, \psi_{2n-4,h}^*)) \quad (13.2.16)
\end{aligned}
$$

成立. 这样就可化式 (13.2.15) 为式 (13.2.16) 的近似计算式.

2. 对式 (13.2.16) 的计算如下

(1) 当蛋白质一级结构序列 $A = (a_1, a_2, \cdots, a_n)$ 给定时, 这时记

$$
\begin{cases}
a_j^{(2)} = (a_{j+1}, a_{j+2}), \\
i_j^{(2)} = (i_{j+1}, i_{j+2}),
\end{cases}
\quad
\begin{cases}
a_j^{(3)} = (a_{j+1}, a_{j+2}, a_{j+3}), \\
i_j^{(4)} = (i_{j+1}, i_{j+2}, i_{j+3}, i_{j+4}).
\end{cases}
\quad (13.2.17)
$$

(2) 记 $\psi_{0,h}^*$ 中的概率分布如下

$$
\begin{cases}
p_1(i_0^{(2)}) = P_r\{\psi_{1,h}^* = i_1, \psi_{2,h}^* = i_2\}, \\
p_{2,j}(i_0^{(4)}) = P_r\{\psi_{2j-1,h}^* = i_1, \psi_{2j,h}^* = i_2, \psi_{2j+1,h}^* = i_3, \psi_{2j+2,h}^* = i_4\}.
\end{cases}
\quad (13.2.18)
$$

(3) $\psi_{2j+1}^*, \psi_{2j+2}^*$ 关于 $\psi_{2j-1}^*, \psi_{2j}^*$ 的条件概率分布为 $p_{2,j}(i_2^{(2)} | i_0^{(2)}) = \dfrac{p_{2,j}(i_0^{(4)})}{p_{2,j}(i_0^{(2)})}$,

其中 $p_{2,j}(i_0^{(2)}) = \displaystyle\sum_{i_3, i_4 = 1}^{2h} p_{2,j}(i_0^{(4)})$.

(4) 由此得到, 式 (13.2.16) 的计算式为

$$H(\Psi_{0,h}^*) \leqslant - \sum_{i_1,i_2=1}^{2h} p_1(i_0^{(2)}) \log p_1(i_0^{(2)}) + \sum_{j=1}^{2n-2} \sum_{i_1,i_2,i_3,i_4=1}^{2h} p_{2,j}(i_0^{(4)}) \log p_{2,j}(i_2^{(2)}|i_0^{(2)}).$$

$$(13.2.19)$$

由此可见, 式 (13.2.19) 将一个 $2n-2$ 维随机序列的计算问题近似地化成一个四维随机向量的计算问题. 它的 Shannon 熵 $H(\Psi_{0,h}^*|\mathrm{A})$ 的一个近似计算式为

$$\begin{aligned} H(\Psi_{0,h}^*|\mathrm{A}) \leqslant &- \sum_{i_1,i_2=1}^{2h} p_{a_1,a_2}(i_0^{(2)}) \log p_{a_1,a_2}(i_0^{(2)}) \\ &- \sum_{j=1}^{n-1} \sum_{i_0^{(4)} \in V_{2h}} p_{a_{j-1}^{(3)}}(i_0^{(4)}) \log p_{a_{j-1}^{(3)}}(i_2^{(2)}|i_0^{(2)}). \end{aligned} \qquad (13.2.20)$$

我们记式 (13.2.20) 右边的计算公式为 $H_0(\Psi_{0,h}^*(t)|\mathrm{A})$.

(5) 在这些计算过程中, 对 $\psi_{0,h}^*$ 概率分布实际上还带有时间参数 t 的参与. 由此得到, 当蛋白质一级结构序列 A 给定时, 它的 KL-互熵的下界估计式为

$$\mathrm{KL}(P_t(\Omega)|Q(\Omega), A) \geqslant (2n-2)\log(2h) - H_0(\Psi_{0,h}^*(t)|\mathrm{A}), \quad t = 0, 1, 2, \cdots. \quad (13.2.21)$$

13.3 KL-互熵的估计与计算

式 (13.2.21) 虽给出了随机过程 $\psi_{0,h}^*(t)$ 在溶液中运动的 KL-互熵的近似计算公式, 由这个公式就可对这个随机过程的 KL-互熵进行估计与计算.

13.3.1 简化计算的考虑依据

在式 (13.2.21) 的计算式中, 存在的主要困难还是随机过程 $\psi_{0,h}^*(t)$ 的参数 t 与序列的长度 $2n-2$, 这 2 个数都很大, 因此要计算该随机过程的分布函数与 KL-互熵实际上是不可能的, 为进一步简化, 我们作如下考虑.

1. 对时间 t 的处理

对时间 t 的处理问题, 存在 2 种处理方法.

(1) 第一种方法是建立氨基酸的动力学倾向性因子. 这就是在蛋白质中, 估计各氨基酸及其原子的相互作用 (或形成键) 的动力学因素. 由此预测蛋白质三维结构的折叠问题与折叠的速率等问题. 对此问题在以后几章中讨论.

(2) 第二种方法是把蛋白质三维结构数据库看做蛋白质扭角随机序列 $\Psi_{0,h}^{*}(t)$ 的最终收敛结果, 由此计算式 (13.2.21) 的概率分布. 我们现在就以这种思路进行讨论.

2. 关于一级结构序列 A 的讨论

(1) 从式 (13.2.19) 与式 (13.2.20) 的表示来看, 对熵函数的计算实际上是 4 个氨基酸或 4 扭角 $\psi_1, \psi_2, \psi_3, \psi_4$ 的反复计算的过程, 而决定这 4 个扭角的大小 (图 8.1.2(a)).

(2) 对任意一固定的 3 氨基酸序列 $a^{(3)} = (a^{(3)})$ 由 PDB 数据库中可以大量出现, 由此就可得到它们的概率分布 $p_{a^{(3)}}(i^{(4)})$, 其中 $i^{(4)} = i^{(4)}$.

由三氨基酸序列 $a^{(3)}$ 主链中各原子与 4 扭角的关系如下式所示.

$$
\begin{pmatrix}
\psi_1 & \psi_2 & \psi_3 & \psi_4 \\
\delta(N,A,C) & \delta(C,N',A') & \delta(N',A',C') & \delta(C',N'',A'') \\
\delta(A,C,N') & \delta(N',A',C') & \delta(A',C',N'') & \delta(N'',A'',C'')
\end{pmatrix},
\tag{13.3.1}
$$

其中第 1 行的扭角编号, 它们分别是第 2,3 行三角形所形成的二面角.

(3) 如果记 $A = (a^{(3)}) \in V^{(3)}$, 那么式 (13.2.14) 中的 KL-互熵就可简化为

$$
\mathrm{KL}(P_A(\boldsymbol{i})|Q(\boldsymbol{i})) = 4\log_2(2h) - H[P_A(i_3, i_4|i_1, i_2)],
\tag{13.3.2}
$$

其中 $P_A(i_0^{(4)})$ 是在三氨基酸序列 $a^{(3)}$ 固定的条件下, 扭角 $\psi_1, \psi_2, \psi_3, \psi_4$ 的离散型概率分布, 而 $P_{a^{(3)}}(i_2^{(2)}|i_0^{(2)}) = \dfrac{P_{a^{(3)}}(i^{(4)})}{P_{a^{(3)}}(i_0^{(2)})}$.

13.3.2　计算结果与初步讨论分析

关系式 (13.3.2) 是一个 KL-互熵实际可计算的公式, 同时可把它作为蛋白质空间折叠的自由能, 我们也作了一定的说明.

1. 扭角取值的计算结果

在 PDB-Select 数据库中, 对扭角的计算结果在光盘 DATA1/13/13-3 文件夹中给出, 对这些文件说明如下.

(1) 13-3-1.CTX 与 13-3-2.CTX 是由三氨基酸序列 $a^{(3)}$ 确定的 4 扭角的取值表, 4 扭角与三氨基酸序列中各原子的关系已在式 (13.3.2) 中说明.

(2) 13-3-1.CTX 与 13-3-2.CTX 文件分别是 727387×7 与 724183×7 数据阵列表, 其中 1,2,3 列是三氨基酸序列中三氨基酸 $a^{(3)}$ 的编号, 其中 4,5,6,7 列是 4 扭角的取值表.

(3) 在文件 13-3-1.CTX 中, 各行三氨基酸序列是按蛋白质的次序排列, 而 13-3-2.CTX 文件是按三氨基酸序列组合的次序排列. 文件 13-3-3.CTX 是相同三氨基酸序列在 PDB-Select 数据库中出现的频数.

2. 分布函数的计算结果

由文件 13-3-2.CTX 可以得到, 对每个固定的三肽 $a^{(3)}$ 可以计算得到 4 扭角在 PDB-Select 数据库中的概率分布 $p_{a^{(3)}}(i^{(4)})$, 如果取 $h = 10$. 那么 $a^{(3)}, i^{(4)} \in V_{20}$, 因此该分布的数据规模达 $20^7 = 1280000000$ 约为 1.28 兆字节, 对此不再详细列出.

但是这个分布函数可以从 13-3-2.CTX 文件直接计算得到.

3. 三肽的 KL-互熵的计算结果

由 $p_{a^{(3)}}(x_1, x_2, x_3, x_4)$ 的计算结果就可得到不同三氨基酸序列 $a^{(3)}$ 的 KL-互熵的计算结果, 此结果在光盘 DATA1/13/13-3/13-3-4.CTX 文件中给出.

(1) 该文件是一个 8000×6 数据阵列表, 其中 1,2,3 列是三氨基酸的编号, 第 4 列是该三氨基酸序列在 PDB-Select 数据库中出现的频数.

(2) 第 5 列是

$$H_h(\psi_3^*, \psi_4^* | \psi_1^*, \psi_2^*, a^{(3)}) = \sum_{x_1, x_2, x_3, x_4 = 1}^{2h} p_{a^{(3)}}(x_1, x_2, x_3, x_4) \log \frac{p_{a^{(3)}}(x_1, x_2, x_3, x_4)}{p_{a^{(3)}}(x_1, x_2)} \tag{13.3.3}$$

的值, 其中 $p_{a^{(3)}}(x_1, x_2) = \sum_{x_3, x_4 = 1}^{2h} p_{a^{(3)}}(x_1, x_2, x_3, x_4)$.

(3) 第 6 列是 KL-互熵的值, 按以下公式计算

$$\mathrm{KL}_h(\psi_3^*, \psi_4^* | \psi_1^*, \psi_2^*, a^{(3)}) = 4\log(2h) - H_h(\psi_3^*, \psi_4^* | \psi_1^*, \psi_2^*, a^{(3)}). \tag{13.3.4}$$

这里取 $h = 10$, 因此 $2\log(20) = 8.644$.

4. 三氨基酸序列 KL-互熵变化的统计特征数分析

从光盘 DATA1/13/13-3/13-3-4.CTX 文件可以三氨基酸序列 KL-互熵变化进行统计分析, 它们的特征数如表 13.3.1 所示.

表 13.3.1 三氨基酸序列 KL-互熵的统计特征数计算表

三氨基酸序列总数	最小值	最大值	平均值	协方差	标准差
724183	18.6668	12.5015	16.7418	0.1940	0.4405

由此可知, 不同三氨基酸序列的 KL-互熵变化幅度是比较小的.

13.3.3 蛋白质判定条件之三

我们利用 M-PIDF 与蛋白质的折叠系数给出了蛋白质判定条件之一与之二, 现在利用蛋白质的 KL-互熵计算公式给出蛋白质判定条件之三.

1. 由蛋白质一级结构计算三氨基酸序列的 KL-互熵的数据序列

(1) 光盘 DATA1/13/13-3/13-3-4.CTX 文件给出了所有三氨基酸序列的 KL-互熵的值. 利用该文件就可计算蛋白质一级结构 $A = (a_1, a_2, \cdots, a_n)$ 的三氨基酸序列的 KL-互熵数据序列如下

$$\tilde{\mathrm{KL}}_\mathrm{A} = (\mathrm{KL}_{a^{(3)}}, \mathrm{KL}_{a_2, a_3, a_4}, \cdots, \mathrm{KL}_{a_{n-2}, a_{n-1}, a_n}), \tag{13.3.5}$$

其中 $\mathrm{KL}_{a_i, a_{i+1}, a_{i+2}}$ 的取值在 13-3-4.CTX 文件中给出.

(2) 由式 (13.3.5) 可以得到每个蛋白质 A 中所有三氨基酸序列 KL-互熵值的特征数 (平均值、协方差与标准差), 我们记为

$$\begin{cases} \bar{\mathrm{KL}}_\mathrm{A} = \dfrac{1}{n-2} \displaystyle\sum_{i=1}^{n-2} \mathrm{KL}_{a_i, a_{i+1}, a_{i+2}}, \\ \varSigma^2(\mathrm{KL}_\mathrm{A}) = \dfrac{1}{n-2} \displaystyle\sum_{i=1}^{n-2} (\mathrm{KL}_{a_i, a_{i+1}, a_{i+2}} - \bar{\mathrm{KL}}_\mathrm{A})^2, \\ \varSigma(\mathrm{KL}_\mathrm{A}) = \sqrt{\varSigma^2(\mathrm{KL}_\mathrm{A})}. \end{cases} \tag{13.3.6}$$

2. 对数据库 SP′06 的计算

(1) SP′06 是蛋白质一级结构数据库, 其中包括 250296 个蛋白质的一级结构, 依据式 (13.3.5) 与式 (13.3.6) 就可计算这些蛋白质的 KL-互熵的特征数. 计算结果在光盘 DATA1/13/13-3/13-3-5.CTX 文件中给出.

(2) 13-3-5.CTX 是一个 250296×6 的数据阵列, 它的 1~6 列的数据分别是蛋白质的编号、长度、非标准元个数、KL-互熵的平均值、标准差与相对标准差. 其中非标准元是指在蛋白质内部出现的非常见到 20 种以外 (或不能判定) 的氨基酸.

(3) 从光盘 DATA1/13/13-3/13-3-5.CTX 文件对 SP′06 数据库所有蛋白质平均 KL-互熵变化进行统计分析, 它们的特征数如表 13.3.2 所给.

表 13.3.2　SP′06 数据库所有蛋白质平均 KL-互熵变化的特征数计算表

三氨基酸序列总数	最小值	最大值	平均值	协方差	标准差
250296	18.6603	14.0496	16.4711	0.0116	0.1078

由此可知, 不同蛋白质的 KL-互熵变化幅度也是比较小的.

3. 判定方法与结果如下

利用 KL-互熵对氨基酸序列作蛋白质的判定与 PIDF 方法相似, 同样可采用 Jackknife 检验法对 Ω 数据库中的蛋白质进行检验.

(1) 由表 13.3.1 可知, Ω 数据库中所有蛋白质的 KL-互熵平均值 $\mu = \bar{KL}(\Omega) = 25.1382$, 标准差 $\sigma = \sigma[KL(\Omega)] = 0.1078$. 如果取 $\gamma = 2.0$, 那么在 SP'06 数据库中蛋白质的 KL-互熵不在 $(\mu - 2\sigma, \mu + 2\sigma) = (16.2584, 16.6102)$ 内的蛋白质有 24225 条, 占该数据库蛋白质总数的 9.68 %.

(2) 同样地, 取 5000 条长度为 200 AA 的随机序列, 计算它们的 KL-互熵, 它们的最大与最小值分别为 16.6608, 16.8999. 它们都不在 δ 区域内, 因此都不可能成为蛋白质.

4. 对蛋白质判定法的评价与讨论

在以上各章中, 我们实际上给出了对蛋白质的三种不同判定法, 它们分别是: PIDF 判定法、中位点曲线的平均转角判定法与 KL-互熵函数判定法. 对这三种判定法的评价与讨论如下.

(1) 任何一个氨基酸序列 $A = (a_1, a_2, \cdots, a_n)$, 如果确定它们的一级结构, 那么由这 3 种不同的判定法就可分别确定它们的动力学指标, 即该氨基酸序列的 PIDF、中位点曲线的平均转角与内部自由能的负 KL-互熵函数. 我们分别记这 3 种指标为 $\theta_1(A), \theta_2(A), \theta_3(A)$.

(2) 对这 3 种动力学指标, 可以分别确定它们的变化区间 $\delta_1 = (c_1, d_1)$, $\delta_2 = (c_2, d_2)$, $\delta_3 = (c_3, d_3)$, 称这 3 个区域是蛋白质的判定指标区域.

(3) 如果氨基酸序列 A 可以折叠成 SP 数据库中的蛋白质, 那么它们的这 3 个动力学指标绝大部分 (96 % 以上) 都能落入它们所对应的判定区域中. 只有很少一些蛋白质的指标不在这些区域中, 只是因为有些蛋白质的长度太短, 或存在测量与记录中的错误.

(4) 如果一个氨基酸序列 $A = (a_1, a_2, \cdots, a_n)$ 是随机生成的, 那么这 3 个动力学指标都不能落入它们所对应的判定区域中. 由此说明, 随机生成的氨基酸序列一般都不能折叠成蛋白质.

(5) 由此说明, 这 3 种动力学指标是从 3 种不同的角度来说明蛋白质内部结构的动力学特征, 只有满足这些动力学特征的氨基酸序列才有可能成为蛋白质.

(6) 对这 3 种动力学指标在分析、计算与判定过程中都存在一系列观点与推理过程, 这些观点与推理过程是否合理与完善值得讨论, 尤其是利用 KL-互熵的计算, 中间作了一系列近似化的处理, 这些因素必须考虑. 另外, 把随机序列作为非蛋白质的序列这个观点虽然合理, 但范围太大, 把它们作为非蛋白质的序列容易被否定.

医此, 我们把这 3 个条件: $\theta_\tau(A) \in \delta_\tau, \tau = 1, 2, 3$ 看做一个氨基酸序列可以成为蛋白质的一种定量化的条件, 其中绝大多数蛋白质应满足这些条件.

除了利用式 (13.3.3) 的条件概率分布计算 KL-互熵外, 我们还可利用 PDB 数据库中有关蛋白质的结构数据传输其他的 KL-互熵. 例如, 利用中位点曲线转角与扭角参数产生的 KL-互熵, 它的计算思路与利用蛋白质主链的扭角分布计算它们内部运动的 KL-互熵相同, 对此不再详细讨论. 在本节中我们主要讨论蛋白质的 KL-互熵与 PIDF 的关系问题.

13.3.4　蛋白质的 KL-互熵与 PIDF 的关系讨论

前面已经说明, 蛋白质的 KL-互熵 (或 KL-互熵) 与它的一级结构有关, 因它与 PIDF 类似, 都可用来作蛋白质判定的数据指标, 现在就讨论它们的相互关系问题.

1. 一些基本数据

对 PDB-Select 数据库中所有的蛋白质, 由它们的一级结构已经得到一些基本数据如下.

(1) 在光盘 DATA1/2/2-4/2-4-1.CTX 与 2-4-2.CTX 文件中已经给出 SP′06 数据库中 250296 个蛋白质的 S-PIDF 数据阵列, 这 2 个文件分别具有 11 与 15 个列指标.

(2) 在光盘 DATA1/13/13-3/13-3-5.CTX 文件中给出了 SP′06 文件中这 250296 个蛋白质的 KL-互熵函数.

(3) 把光盘 DATA1/2/2-4/2-4-1.CTX 与光盘 DATA1/13/13-3/13-3-5.CTX 文件的数据汇总到一起的数据文件是光盘 DATA1/13-3/13-3-6.CTX 文件, 这是一个 250196×13 的数据阵列, 其中前 3 列分别是蛋白质的编号、长度与 KL-互熵, 后 10 列分别是蛋白质的 10 个 PIDF 函数指标.

2. KL-互熵与 PIDF 的线性回归拟合

KL-互熵与 PIDF 的线性回归拟合就是在 13-3-6.CTX 文件中将各蛋白质的 KL-互熵与各 IDF 分量作线性回归计算, 有关计算过程如下.

(1) 记 y_s 是蛋白质 KL_2 互熵的取值, $\bar{x}_s = (x_{s,1}, x_{s,2}, \cdots, x_{s,10})$ 是蛋白质的 PIDF 分量 (也就是 13-4-3.CTX 数据阵列中第 3~13 列的值).

(2) 它们的线性回归函数是求

$$\hat{y}_s = \alpha_0 + \sum_{j=1}^{10} \alpha_j x_{s,j}, \quad s = 1, 2, \cdots, m = 250196, \tag{13.3.7}$$

使 $\hat{y}_s$ 与 y_s 的均方误差

$$L = \sum_{s=1}^{m}(y_s\hat{y}_s)^2 = \sum_{s=1}^{m}(y_s - \alpha_0 - \sum_{j=1}^{10}\alpha_j x_{s,j})^2 \tag{13.3.8}$$

达到最小.

(3) 为求式 (13.3.8) 中的最小值, 只要求方程组

$$\begin{cases} \dfrac{\partial L}{\partial \alpha_0} = -\sum_{s=1}^{m}(y_s - \alpha_0 - \sum_{j=1}^{10}\alpha_j x_{s,j}) = 0, \\[3mm] \dfrac{\partial L}{\partial \alpha_j} = -\sum_{s=1}^{m}x_{s,j}(y_s - \alpha_0 - \sum_{j'=1}^{10}\alpha_{j'} x_{s,j'}) = 0, \ j = 1, 2, \cdots, 10 \end{cases} \tag{13.3.9}$$

的解即可. 方程组 (13.3.9) 可以简化为

$$\begin{cases} \alpha_0 = \bar{y} - \sum_{j'=1}^{10}\alpha_{j'}\bar{x}_{j'}, \\[3mm] \alpha_0 \bar{x}_j = \overline{x_j y} - \sum_{j'=1}^{10}\alpha_{j'}\overline{x_j x_{j'}}, \end{cases} \tag{13.3.10}$$

其中 $\bar{y} = \dfrac{1}{m}\sum_{s=1}^{m}y_s, \bar{x}_j = \dfrac{1}{m}\sum_{s=1}^{m}x_{s,j},$

$$\overline{x_j y} = \frac{1}{m}\sum_{s=1}^{m}x_{s,j}y_s, \quad \overline{x_j x_{j'}} = \frac{1}{m}\sum_{s=1}^{m}x_{s,j}x_{s,j'}. \tag{13.3.11}$$

(4) 式 (13.3.11) 的第 1 式可以得到方程组

$$\sum_{i=1}^{10}\alpha_i a_{i,j} = b_j, \quad j = 1, 2, \cdots, 10, \tag{13.3.12}$$

其中 $\begin{cases} a_{i,j} = \overline{x_i x_j} - \bar{x}_i \bar{x}_j, \\ b_j = \overline{x_j y} - \bar{y}\bar{x}_j. \end{cases}$

3.线性回归拟合的计算结果

(1) 将光盘 DATA1/13/13-3/13-3-6.CTX 文件中的数据代入式 (13.4.12), 得到 $a_{i,j}$ 与 b_j 的数据如表 13.3.3 所示.

表 13.3.3　　线性方程组 (13.3.12) 的系数矩阵 $(a_{i,j})$ 为

0.02812	0.05790	0.00093	0.00021	0.08893	0.00317	0.00108	0.12374	0.00925	0.00545
0.05790	0.11954	0.00211	0.00047	0.18383	0.00702	0.00230	0.25610	0.02000	0.01142
0.00093	0.00211	0.00022	0.00003	0.00342	0.00057	0.00010	0.00501	0.00119	0.00032
0.00021	0.00047	0.00003	0.00002	0.00074	0.00008	0.00006	0.00109	0.00021	0.00018
0.08893	0.18383	0.00342	0.00074	0.28334	0.01162	0.00375	0.39619	0.03328	0.01884
0.00317	0.00702	0.00057	0.00008	0.01162	0.00191	0.00043	0.01793	0.00495	0.00213
0.00108	0.00230	0.00010	0.00006	0.00375	0.00043	0.00033	0.00617	0.00173	0.00155
0.12374	0.25610	0.00501	0.00109	0.39619	0.01793	0.00617	0.56296	0.05766	0.03560
0.00925	0.02000	0.00119	0.00021	0.03328	0.00495	0.00173	0.05766	0.01982	0.01329
0.00545	0.01142	0.00032	0.00018	0.01884	0.00213	0.00155	0.03560	0.01329	0.01222

(2) 线性方程组 (13.3.12) 等式右边的系数向量 $\boldsymbol{b} = (b_1, b_2, \cdots, b_{10})$ 为

$$(-0.0040, -0.0084, -0.0001, 0.0000, -0.0124, -0.0001, 0.0001, -0.0158, 0.0009, 0.0010).$$

(3) 拟合结果在光盘 DATA1/13/13-3/13-3-7.CTX 文件中给出, 该文件是 250196×5 的数据阵列, 其中第 1 列是蛋白质编号, 第 2 列是蛋白质长度, 第 3 列是蛋白质的 KL 互熵值, 第 4 列是利用蛋白质的 PIDF 值拟合的结果, 第 5 列是拟合误差.

(4) 由此得到式 (13.3.11) 的回归系数向量 $\bar{\alpha} = (\alpha_0, \alpha_1, \alpha_2, \cdots, \alpha_{10})$ 为

$$(16.4937, 16.3938, -35.7806, 35.3826, 1.3555, 34.6047,$$
$$-35.5044, 1.1079, -12.1862, 12.8071, -0.49456).$$

(5) 由此得到在回归系数向量 α 下回归拟合的均方误差、标准差、绝对误差与相对误差 (标准差/KL-互熵平均值) 分别是 0.03002, 0.17327, 0.08359, 0.01051.

4. 拟合计算结果的讨论

由以上讨论可以见到, 蛋白质的 KL-互熵与 PIDF 有很好的拟合度, 拟合的相对误差只有 0.0105. 由此说明, 由蛋白质一级结构的 PIDF 可以确定蛋白质内部运动的 KL-互熵.

由一级结构确定的 PIDF 可以较好地反映蛋白质内部空间结构运动的自由能大小的变化, 这正说明蛋白质一级结构对它的三维结构的影响之所在.

注　在本节的计算中 (如光盘 DATA1/13/13-3/文件夹与回归计算中) 我们都采用 KL-互熵进行计算, 如果讨论蛋白质内部运动的是自由能, 那么只要将 KL-互熵改为负 KL-互熵即可, 其他的回归系数也变为正负相反的值即可.

第 14 章 蛋白质的分子动力学特征分析

在第 12 章和第 13 章中, 我们主要针对分子动力学中的若干特征作了分析讨论, 得到了有关蛋白质三维结构的运动方程与 KL-互熵的一系列结论. 这些讨论无疑是重要的, 但对解决蛋白质空间结构在的许多问题是远远不够的, 因此需要我们继续对蛋白质的分子动力学特征进行分析.

14.1 蛋白质分子动力学的特性要点

在 11.2 节与 11.3 节中我们已初步介绍了化学反应中的一些基本知识, 其中也涉及一些动力学特征, 如化学反应的活性问题等. 现在再结合蛋白质空间结构对这些动力学问题作进一步的讨论.

14.1.1 蛋白质空间结构中的结合能

我们已经初步说明, 在蛋白质空间结构内部存在结合能与自由能, 并把内部运动的自由能归结为扭角参数系运动的负 KL-互熵值来表达, 现在讨论它内部的结合能问题.

1. 讨论蛋白质空间结构中的结合能目的

讨论蛋白质空间结构中的结合能目的与讨论化学反应中结合能的目的不同. 后者主要是讨论结合能在化学反应中的作用, 由此确定反应方程式 (12.2.1) 所产生的一系列不同的反应效果. 讨论蛋白质空间结构中的结合能的目的是: 确定这些结合能的相互作用, 对蛋白质内部结构形态特征的形成与变化的影响, 以及可能产生功能的关系.

2. 结合能与键能的分类

蛋白质是一个生物大分子, 其中存在许多原子、分子与分子官能团, 它们之间同样存在离子键、共价键、氢键与范德华力键, 这些键的键长、键能与键角特征与化学中键的特征基本相同. 其中的关键问题是这些键在蛋白质空间结构中何时出现、如何出现与出现后的作用. 为此, 对其中的键作分类如下.

对常见 (或固定) 键与非常见 (或非固定) 链已在定义 13.1.1 中给出, 现在主要讨论非固定链的问题.

(1) 非常见 (或不固定) 键. 这是指在蛋白质空间结构中何时、在什么位置出现, 其中的类型又是什么.

(2) 在非常见 (或不固定) 的键中, 我们又把它们分为两类. 其一是这些非常见键的存在与出现不改变蛋白质中其他常见键的结构, 它们只是在原来常见键的基础上增加一些新键, 由此影响蛋白质的空间结构.

另一类非常见键的存在与出现可能会改变蛋白质中其他常见键的结构, 这时就会改变蛋白质的分子结构特征, 对这样的非常见键是否存在, 它们的出现有何意义等一系列问题需要作进一步的讨论.

3. 常见键与非常见键的作用与特征

常见键的作用与特征主要是体现在由氨基酸形成蛋白质或氨基酸序列, 或由蛋白质、氨基酸序列分解成氨基酸时发挥作用, 它与化学反应方程式 (12.2.1) 中反应物与产物的形成过程相同. 非常见键的作用与特征如下.

(1) 非常见的键是在蛋白质空间结构形成过程中出现, 只有当蛋白质主、侧链在做随机运动发生碰撞时才可出现. 因此它们在何时、在什么位置中出现具有一定的随机性, 但也有其存在的动力学因素.

(2) 在蛋白质空间结构内部出现共价键的形成过程与化学反应方程式 (12.2.1) 中反应物与产物的形成过程相同, 而离子键、氢键与范德华键不一定满足方程式 (12.2.1) 中的各种反应规律, 但也同样存在键能的组合与分解, 因此同样存在结合能的释放与吸收. 离子键、氢键与范德华键的结合能是蛋白质空间结构中的重要组成部分.

(3) 由此可见, 在蛋白质内部存在 3 种不同类型的固定键与非固定键, 它们的组成与作用列表 14.1.1 说明如下.

表 14.1.1　蛋白质内部存在 3 种不同类型的键的组成与特征说明表

键的类型	固定 (或常见) 的键	非固定 (或常见) 的键 I	非固定 (或常见) 的键 II
键的组成	图 6.1.2 与图 6.1.3 标记的共价键	离子键、氢键与部分共价键	部分共价键
键的作用	形成氨基酸与蛋白质的分子结构	不改变蛋白质的分子结构	改变蛋白质的分子结构
键的特征与问题的分析	是氨基酸与蛋白质分子结构标准模式	影响蛋白质的空间形态并大量存在, 尤其是氢键	是否存在、哪些键可能存在起什么作用等一系列问题有待研究

在生物界, II 型非固定键是否存在, 是一个需要探讨的问题.

14.1.2　蛋白质的活性特征分析

在 11.3 节中, 我们已对化学反应中分子的活性特征进行了分析, 并指出普通化学分子与生物大分子的活性概念是有区别的. 因此, 本节我们主要讨论蛋白质的活性特征.

1. 生物分子的活性特征

在分子生物学中, 生物分子的活性物质有以下基本特征.

(1) 活性的生物物质一般具有十分复杂的分子结构, 并具有很高的内部组织性. 无生命的物质相对简单与无序.

(2) 活性的生物物质可从它所在的周围环境中吸取、转化与利用能量. 能量可来自阳光与其他化学营养物质, 使活性的生物物质内部构建与维持它的结构体系, 并以多种方式与其他物质产生物理与化学的相互作用.

(3) 具有大规模、快速与精确的自我复制、组装功能. 这种自我复制、组装功能虽在无生命的物质中也可能存在, 如晶体的结晶过程, 但它的规模与速度大大低于活性的生物物质. 如把一个细菌细胞放入此菌的培养液中, 在适当的温度下, 24 小时后就可产生 10 亿个它的后代细胞, 在每个细胞中含有数千种不同的生物分子, 这些生物分子一般都有很复杂的结构, 而且这些后代细胞都是该原始细胞的忠实拷贝.

(4) 每一种活性的生物物质都有一定的功能, 大到每个生命体, 小到细胞中的每个细胞器与细胞器中的一些生物大分子, 它们在生命体内的功能 (或相互作用) 具有动态变化与高度协调的特征. 这种动态变化与高度协调是在数十亿年生命演变的过程中形成, 如果这种协调性被破坏, 那么该生命体或物种就会死亡或消失.

(5) 最典型的活性功能就是 DNA 序列的自我复制与组装, DNA 序列在细胞内可不断地进行自我复制, 另外它还可以复制 RNA 序列, 再由 RNA 序列转译与合成蛋白质, 而在蛋白质与蛋白质之间, 蛋白质与 DNA, RNA 之间同样存在相互调控、分解与合成组装等特定功能.

(6) 生物分子的活性一般都很脆弱, 个别原子价键的改变会导致该分子活性降低或消失. 在生物大分子中, 活性一般都有区域性, 这就是在该分子中, 活性只在一些特定区域体现, 在其他的一些区域中对活性则不太敏感.

在生物学中, 把活性的生物物质的这些相互作用的过程又称为新陈代谢的过程, 它们在自我或相互复制、组装过程中不断产生新的活性的生物物质, 同时原有的物质会失去活性, 变成非活性的普通反应物.

2. 蛋白质的活性特征

在生物分子中, 活性的另一特征是不同的生物分子, 具有十分专业的活性功能特征, 如 DNA 序列具有自我复制与组装的功能, 使生命过程得以不断地延续与发展, 多种不同类型的 RNA 序列 (mRNA、tRMA 与 rRNA) 再由 DNA 序列转化成不同类型的蛋白质.

　　蛋白质是实现生命功能中最重要的生物大分子之一, 它们的主要特征是实现功能的专业性很强. 据生物学家的估计, 执行生物功能的蛋白质有数千到数万类, 在同类蛋白质中又可区分为多种不同结构的同源蛋白质, 它们可在在不同的生物体内执行各自的生物功能.

　　由此可见, 蛋白质的活性特征主要是在它们能否执行所规定的生物功能, 蛋白质的失去活性就是指它不能执行它所应有的生物功能, 其他生物分子的活性定义大体也是如此.

3. 蛋白质的活性特征的分解

　　由此可见, 生物大分子的活性特征要比普通化学分子要复杂得多, 它必须具有能实现生物功能的一系列条件, 这些条件大体由以下几部分组成.

　　(1) 执行生物功能的关键与核心部分, 对此在生物学中称为**靶点**. 如在血红蛋白中, 它的核心部分是与氧或二氧化碳结合, 实现血液循环所要求的功能. 又如在抗体中, 它的核心部分是能将病毒分解, 使它失去毒性的功能.

　　(2) 为保证蛋白质的活性功能顺利实现, 就必须保证它的核心部分有一个稳定的空间位置, 并能适应它在生命系统中的稳定存在与功能的正常发挥.

　　(3) 由此可见, 在生物、医学与医药中, 把蛋白质分为配体与受体两大类. 一般来讲, 受体是实现生物功能的主体, 它的核心部分就是靶点, 而配体就是实现生物功能的对象. 如在血红蛋白中, 它的受体就是该蛋白质, 核心部分就是与它结合的血色素, 而配体就是要与它结合的氧或二氧化碳分子.

4. 蛋白质活性的动力学分析

　　在**配体、受体与靶点** 的相互作用中涉及一系列的动力学问题如下.

　　(1) 配体与受体的概念是蛋白质发生相互作用时, 对相互作用双方的形象描述. 其中受体一般指被作用方, 而配体是作用方. 另外, 配体不一定是蛋白质, 可以说其他化学分子或生物分子.

　　(2) 配体与受体在发生相互作用时的作用位置就称为**靶点**. 更具体又可分受体的靶点与配体的靶点, 它们配体与受体中的一些特殊区域.

　　(3) 配体与受体中的靶点不仅有其空间结构的要求, 也有动力学的要求. 其中空间结构的要求是这两种靶点具有发生接触与碰撞的可能性, 而动力学的要求则是它们之间具有相互作用的动力学套件.

　　由此可见, 蛋白质中的靶点具有很严格形态特征与动力学特征的要求, 因此蛋白质的相互作用具有很高的专一性.

(4) 受体与配体在靶点上的相互作用一般是由弱力完成, 如氢键、范德华力等, 这样就可使这种生物反应不会变成化学反应, 如可以在适当温和的条件下实现分离等, 由此形成生物反应与生物功能的实现.

14.1.3 蛋白质三维折叠速率与瞬时速率的因素分析

在 11.2 节中已经给出化学反应过程中速率的定义与分析, 以及反应速率与反应物、产物总结合能的差密切相关. 在蛋白质三维折叠的研究中, 不存在反应物与产物的区别问题, 而且存在反应与折叠的速率问题, 以及它们的动力学因素问题.

1. 蛋白质空间结构内部的结合能

在本节的 14.1.2 节中已经指出, 在蛋白质空间结构内部存在两种不同类型的结合能, 即常见与非常见的结合能. 对常见的结合能, 只要氨基酸序列形成且它的一级结构固定, 那么这种结合能始终保持不变. 而非常见的结合能, 在由氨基酸序列到蛋白质空间结构的形成过程中在不断地变化.

由此记 $W_A(t)$ 为一个固定的氨基酸序列 A(也就是它的一级结构固定), 在置于溶液中, 在经 t 时间后, 该氨基酸序列内部所存在的所有非常见 (或固定) 键的结合能的总和.

蛋白质空间结构内部的结合能与 KL-互熵是描述蛋白质空间结构的两种不同类型的动力学指标, 它们的特征正好相反. 这就是结合能大, 作为自由能指标的负 KL-互熵自然就小, 结合能小, KL-互熵就大. 因此它们是从不同侧面来描述蛋白质内部结构的动力学指标, 但采用结合能的优点是可以更具体到蛋白质内部各原子与分子的相互作用, 因此在分析蛋白质三维结构时有更好的效果.

2. 蛋白质三维折叠的瞬时速率

蛋白质三维折叠的瞬时速率定义为 $w_A(t) = \dfrac{dW_A(t)}{dt}$, 它表示在蛋白质内部结合能的变化速度, 当 $w_A(t) \gg 0$ 时, 这表示在时间 t 时, 该蛋白质内部的结合能迅速上升, 因此蛋白质能较快地实现收敛. 如果当 $w_A(t) < 0$, 这表示在时间 t 时, 该蛋白质内部的结合能减少, 这时就不利于蛋白质三维折叠的收敛.

3. 蛋白质三维折叠的速率问题

在蛋白质三维折叠的收敛过程中, 它的结合能 $W_A(t)$ 一般处于波动状态, 因此它的瞬时折叠速率 $w_A(t)$ 也处于正、负波动状态, 只有当 $w_A(t) \sim 0$ 时, 该蛋白质内部的结合能处于稳定变化的状态, 这也是蛋白质的三维结构进入稳定收敛状态.

定义 14.1.1(蛋白质三维折叠的有关定义) (1) 在函数 $W_A(t), w_A(t)$ 的定义中, 称 $W_A(t)$ 为蛋白质 A 的内部结合能函数, 称 $w_A(t)$ 为蛋白质 A 的折叠速率函数.

(2) 如果对一个充分小的数 $\epsilon > 0$, 存在一个时间 $t_1 = t_1(\epsilon)$, 只要 $t > t_1$ 就有 $|w_A(t)| < \epsilon$ 成立, 那么称 t_1 是蛋白质 A 的折叠进入 ε 稳定 (或完成 ε 折叠) 的时间.

4. 蛋白质三维折叠速率的计算问题

定义 14.1.1 给出了蛋白质三维折叠速率、完成折叠时间的定义, 这些定义只是一个理论性的定义, 还无法进行实际计算. 一些实验通过对溶液中完成折叠氨基酸序列的数量变化来测量该蛋白质的折叠速率计算. 通过这些实验说明, 蛋白质折叠速率大小的差别很大, 最快可在数微秒内完成, 慢则需要数天或数月.

从根本上说, 要解决蛋白质折叠速率的问题还要从蛋白质内部不同原子与分子相互作用的动力学关系分析入手, 对此在以后各节还有详细讨论.

14.1.4　蛋白质空间结构内部的结合能

因为 PDB 数据库给出了其中各蛋白质的空间结构, 利用这些空间结构就可确定其中存在的各种不同类型的键能.

1. 键能的搜索与分析原理

按照蛋白质中各氨基酸的结构特征, 利用 PDB 结构数据库中各蛋白质的空间结构, 我们就可搜索其中存在的不同类型的键, 搜索原理如下.

(1) 各种不同的键都有其存在的分子结构条件, 因此形成键的首要条件就是产生不同键的分子与原子的条件.

(2) 除了形成键的分子结构条件外, 形成不同键中的原子距离都比较接近, 由此就可通过 PDB 数据库中原子的距离来搜索可能出现的键.

2. 键能搜索结果的特征

在蛋白质内部出现的键有以下特征.

(1) 在蛋白质结构内部可能出现的键是多样化的, 各种不同类型的键都有可能出现, 其中较易搜索到的键是离子键、共价键与氢键. 比较难搜索的是范德华力、疏水键与其他极性的键.

(2) 在蛋白质内部各种不同类型的键是存在的, 但我们无法确定它们在何时、何处发生. 对不同类型的蛋白质, 它们结合能有多大, 如果变化与蛋白质一级结构的关系又如何等, 对这一系列问题需要讨论.

(3) 虽然我们无法确定在蛋白质内部的键在何时、何处发生, 但通过对 PDB 数据库的搜索与对氨基酸结构的分析, 可以确定不同的键在不同的氨基酸中发生可能性的大小, 我们把这种可能性的大小称为**氨基酸的动力学倾向性因子**.

3. 对蛋白质内部活性的分析

利用氨基酸的动力学倾向性因子虽不能确定在蛋白质内部到底在何处有哪些键发生变化, 但可以确定在哪些氨基酸的那些原子上产生什么样键的可能性的大小. 这样不仅可以在三维折叠与折叠速率等问题研究中应用, 也可以讨论在蛋白质内部可能存在的**活性中心**等问题研究中应用. 对这些问题在以下各章节中陆续展开研究与讨论.

14.2 化学键的动力学特性

在分子生物学中, 讨论的化学键主要是离子键与共价键, 现在讨论它们的动力学问题.

14.2.1 化学键的一些基本特征

共价键的一些基本特征, 如键长、键角与键能在第 12 章在已经说明, 在各种化学用表中都有数据标记, 因此在本节中主要讨论形成离子键与共价键过程中的一些基本特征.

1. 形成共价键的势能曲线

一般来讲, 原子或分子在气体或液体中运动, 它们是不会形成共价键的, 但在它们的运动过程中也会发生碰撞, 这时就会形成共价键. 所谓的原子碰撞就是指它们的距离十分接近, 这时不同原子就会发生相互作用, 相互作用的势能关系满足下图的曲线.

在图 14.2.1 中, 它的纵线、横线分别表示离该原子的距离与所产生的势能. E_0

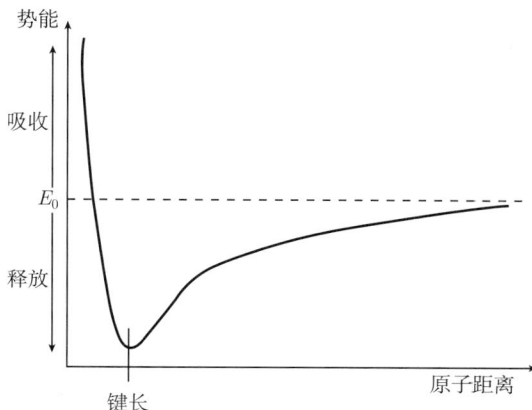

图 14.2.1 两个原子距离十分接近时的势能变化曲线图

是原子的 KL-互熵值, 即小于 E_0 的位置就要释放能量, 否则就要吸收能量. 曲线中的最大值就是势能的最大值, 它所对应的距离就是共价键的距离, 在偏离共价键的距离不远时, 其他原子就要向这个距离移动.

2. 原子化学键形成后的分子结构

不同原子形成化学键后就成为分子, 它们在形成共价键或离子键后的结构形式变化如图 14.2.2 所示.

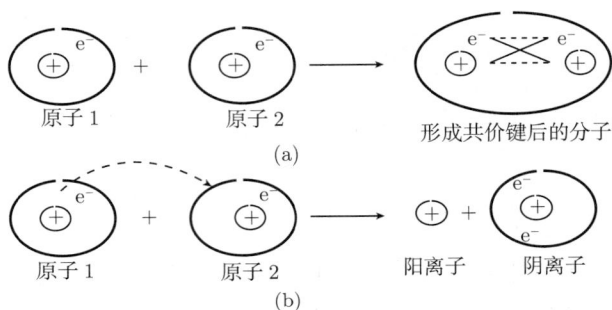

图 14.2.2　两个原子形成化学键后的结构变化图

其中图 (a) 是两原子形成共价键后成为分子, 分子中的虚线表示相斥的力, 实线表示相吸引的力. 图 (b) 是由两原子产生的阴、阳离子, 其中的虚线表示电子的转移.

3. 化学键形成后对分子结构的影响

(1) 由于不同原子的电负性不同, 它们在形成共价键后, 新的成对电子与两原子的原子核的距离并不对称, 由此产生共价键的偶极矩. 不同共价键所产生的偶极矩在一般化学用表中都有标记 (如文献 [213] 等).

(2) 形成化学键的原子一般都不是单独存在, 它们可能存在于不同分子中, 因此当它们的新化学键形成后, 这两个不同的分子就结合成一个分子, 这时的阴、阳离子有可能都在结合后的分子中, 这时该分子成中性, 而在不同部位带正与负的电荷.

也有可能使阴 (或阳) 离子在结合后的分子中被分离出去, 这时该分子就是带正 (或负) 电荷的分子, 带电的部位就是没有被分离出去的离子部位.

(3) 在正、负电荷与偶极矩之间都有可能发生相互作用, 这些作用力对分子中的稳定基团的结构影响不大, 但对不稳定结构中的参数变化影响较大.

4. 形成共价键的其他条件

除了以上距离的条件外, 不同原子或分子形成共价键还需要具备其他的条件

如下:

(1) 在形成共价键前, 原来的原子或分子点线图是不完备的. 这就是原来的原子或分子带电荷或存在外层的不成对电子.

(2) 除了原来的原子或分子的不完备性外, 所形成的共价键是原来的原子或分子中共价键的重组. 这就是原来的原子或分子中的一些共价键被分解或破坏, 并由此产生新的共价键.

由此可见, 形成共价键的一个必要条件是: 原子或分子外层存在不成对的电子, 它们的结合 (成共价成对电子) 或重组才能产生或形成新的共价键.

5. 化学键对分子结构的影响

在 14.1 节中, 我们给出了蛋白质 KL-互熵的运动方程、收敛过程与极小化分布的定义与在局部状态下的计算, 这些结果只涉及蛋白质主、侧链中扭角的分布问题, 因此还无法确定这些扭角大小, 所以还不能完全确定这些蛋白质折叠的最终三维结构.

另外在第 13 章中, 我们还对蛋白质的运动、收敛过程给出了 2 种模型, 即 KL-互熵的极小化模型与分子聚合团模型, 分子聚合团的概念我们已在模式 (12.4.2) 中给出, 它们是由多种化学键、氢键连接形成一种较为稳定的多原子结构, 它们的规模与数量随蛋白质折叠的形成过程而增加.

因此, 要更深入讨论蛋白质的三维结构折叠问题还必须涉及这些相互作用力的特征与作用. 在生物化学中, 原子之间、原子与分子之间柜互作用的化学键主要是离子键与共价键.

14.2.2 蛋白质中化学键的类型分析

为讨论蛋白质的空间结构, 除了氨基酸与蛋白质中可以经常可以看到的共价键外, 还需要考虑产生其他化学键的可能性.

1. 非固定共价键

在表 14.1.1 中已给出非固定键的定义, 尤其是对非固定共价键又分为 I-型与 II-型的非固定 (或常见与非常见) 的共价键. 其中 I-型的非固定共价键是在不同氨基酸的侧链与侧链之间发生, 经常可以看到的, 如二硫键, 它们的存在不影响蛋白质主链中的共价键连接, 因此不影响蛋白质的分子结构特征.

对 II-型非固定共价键是在不同氨基酸的主链与侧链之间发生, 它们的出现就会影响蛋白质的分子结构特征. 因此, 它们是否存在、可能有哪些类型, 如果存在, 那么在分子生物学中会起什么样的作用等一系列问题都需要重新探讨.

对 II-型非固定键中还包括氢键, 它们可以在不同氨基酸的主链与侧链之间发生, 它们的出现不会影响蛋白质的分子结构特征, 在蛋白质空间结构的搜索中也有大量存在. 因此只有 II-型共价键不能确定它们是否存在, 如果存在会发生什么样的问题.

2. 产生非固定共价键的列举

为讨论 II-型非固定共价键中的问题, 我们以氨基与羧基结合为例来说明其中所存在的问题.

众所周知, 蛋白质 (或氨基酸序列) 是由氨基酸主链 (或不变部分) 中氨基与羧基结合而形成, 但在氨基酸中, 氨基与羧基并不只有主链才存在, 在一些氨基酸的侧链中同样存在氨基与羧基, 对此列表 14.2.1 说明如下.

表 14.2.1　不同氨基酸包含氨基与羧基的数目与位置表

氨基酸名称	A 基团名称与数量	B 基团名称与数量	离子类型
所有氨基酸主链	氨基 1	羧基 1	
精氨酸 (R) 与赖氨酸 (K)、天冬酰胺 (N) 与谷氨酰胺 (Q)	侧链梢点氨基 2		
天冬氨酸 (D) 与谷氨酸 (E)		侧链梢点羧基 2	负离子 (酸性)
精氨酸 (R)、赖氨酸 (K) 与组氨酸 (H)			正离子 (碱性)

(1) 由此可见, 精氨酸 (R) 与赖氨酸 (K) 的主链与侧链上各包含一个氨基, 侧链上还包含一个正离子. 组氨酸 (H) 只在主链上包含一个氨基与一个羧基, 侧链上还包含一个正离子.

(2) 天冬氨酸 (D) 与谷氨酸 (E) 的主链与侧链上各包含一个氨基与一个羧基, 侧链上还包含一个羧基与一个负离子. 天冬酰胺 (N) 与谷氨酰胺 (Q) 的主链与侧链上各包含一个氨基与一个羧基, 侧链上还包含一个氨基.

(3) 其他的 13 种氨基酸只在主链上的包含一个氨基与一个羧基. 只有当这些氨基酸主链上的氨基与羧基形成共价键时, 它们才可形成通常的蛋白质或氨基酸序列.

3. 产生非固定共价键的不同类型

(1) 我们已经说明, 产生非固定的共价键有 2 种不同类型. 首先, 在蛋白质内部的不同氨基酸侧链中肯定存在 I 型非固定共价键 (如二硫键), 这些共价键只在侧链中发生, 因此不会改变对蛋白质的基本定义.

(2) 由表 14.2.1 可以看到, 在精氨酸 (R)、赖氨酸 (K)、组氨酸 (H)、天冬氨酸 (D) 与谷氨酸 (E), 天冬酰胺 (N) 与谷氨酰胺 (Q) 这 7 种氨基酸中的主链或侧链中都存在氨基, 因此在蛋白质的主链之间、主链与侧链之间、侧链与侧链之间的氨基与羧基都有可能共价键. 如果这些共价键只在主链与主链、侧链与侧链中发生, 那么它们不妨碍图 6.1.3 中主链中氨基与羧基的连接, 这种非固定的共价键就是 I-型的非固定的共价键.

(3) 但是有一种情况也不能排除, 这就是这些氨基与羧基是否在主链与侧链中发生. 如果这种情形的发生, 那么这种非固定的共价键有可能取代固定的共价键, 由此改变蛋白质结构的基本特性.

我们以丙氨酸 (A) 与天冬酰胺为例说明这种可能发生的情形. 丙氨酸只在主链上存在一个氨基与一个羧基, 但在天冬酰胺中除了在主链上存在一个氨基与一个羧基外, 它在侧链还存在一个氨基, 因此丙氨酸主链上的羧基与天冬酰胺中氨基的组合存在两种可能, 即与主链上的氨基或侧链上的氨基形成共价键的连接, 它们的分子组合图 14.2.3 如下.

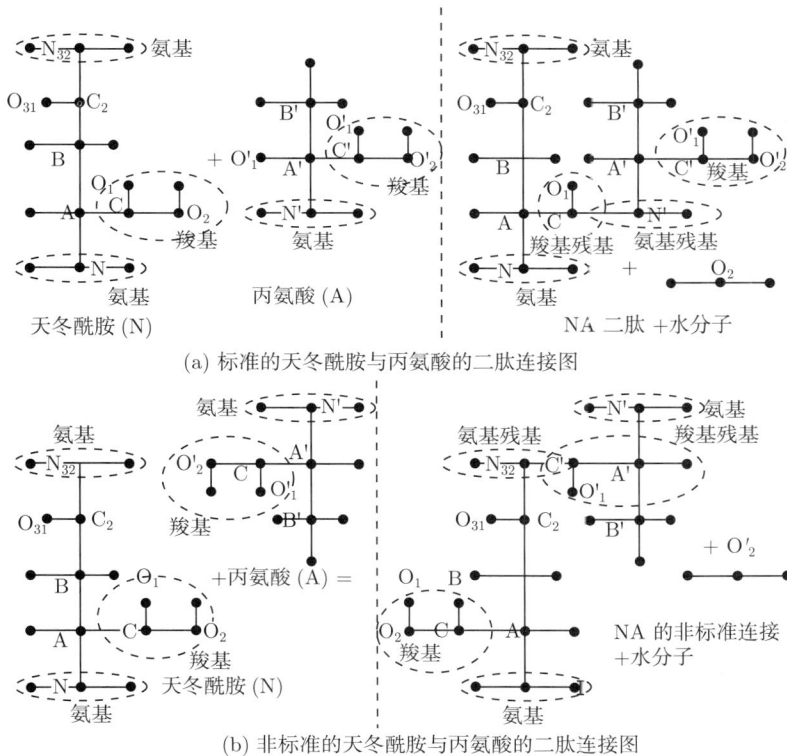

(a) 标准的天冬酰胺与丙氨酸的二肽连接图

(b) 非标准的天冬酰胺与丙氨酸的二肽连接图

图 14.2.3　一个具有非固定键的双氨酸组合图

对图 14.2.3 的说明如下.

(1) 图 14.2.3 由是天冬酰胺与丙氨酸作共价键连接点线图, 为了区别, 对天冬酰胺中的氮、碳、氧原子用 N,C,O 表示, 而对丙氨酸中的氮、碳、氧原子用 N', C', O' 表示. 没有字母标记的黑点表示氢原子.

(2) 图 14.2.3 有 3 种线段 (或曲线), 即粗黑线、细黑线与虚线组成, 其中粗黑线是二价键, 细黑线是共价键, 而虚线是对分子官能团与模块分隔的说明.

(3) 图 14.2.3 由 (a), (b) 两个图组成, 其中每个图又由左右两个模块组成, 我们虚线给以分隔. 左边的模块分别是天冬酰胺与丙氨酸在未连接时的点线图, 右边模块是它们共价键重组后的点线图.

(4) 由此可见, 粗黑线中的二价键有 $C=O_1$, $C_2=O_{31}$, $C'=O_1'$ 与 $C_2'=O_{31}'$, 它们在多处出现, 由虚线标记的有羧基: $O_1=A$-O_2-H 或 $O_1'=A'$-O_2'-H' 与氨基: H-N-H 或 H'-N'-H'.

(5) 由于在天冬酰胺的主链与侧链中都存在氨基, 因此它们与丙氨酸中的羧基存在两种不同的连接方式. 其中图 (a) 是正常的二肽连接, 这就是天冬酰胺主链上的羧基与丙氨酸主链上的氨基作共价键的连接.

图 (b) 是非正常的氨基酸分子连接. 这就是天冬酰胺侧链上的氨基与丙氨酸主链上的羧基作共价键的连接, 这样形成的二肽是非正常的二肽. 对这种二肽存在一系列的问题如下.

4. 关于非固定共价键的分子结构的问题讨论

对丙氨酸与天冬酰胺的这两种组合方式有一些问题需要讨论. 其中图 (a) 是一般蛋白质 (或氨基酸序列) 的连接方式, 它们产生正常的二氨基酸序列的连接过程, 因此我们主要讨论图 (b) 的情形.

(1) 首先, 由图 (b) 产生的氨基酸连接是否存在. 按氨基与羧基的分子结构, 它们是可能产生共价键连接的, 如果这种连接分子不存在, 那么原因是什么.

(2) 如果图 (b) 的化学分子 (尤其是在生物分子) 是存在的, 那么在蛋白质结构分析中为什么都没有出现. 它的生物、化学意义是什么. 它们能否进入分子生物或蛋白质的系列, 起什么样的作用.

(3) 由表 14.2.1 可以看到, 这种类似于图 (b) 的氨基与羧基组合的类型还有很多, 其中哪些可在化学分子或生物分子中存在, 它们的生物、化学意义是什么.

(4) 白表 14.2.1 还可以看到, 这种氨基与羧基组合可能不改变主链中的结构类型, 属于图 (a) 的情形. 但仍然在主链之间、主链与侧链之间、侧链与侧链之发生共价键的连接, 这样就会影响蛋白质的空间结构, 对此问题在下面的共价键搜索中还有讨论.

14.2.3　其他非固定共价键的讨论

除了表 14.2.1 的氨基与羧基组合外, 其他非固定的共价键组合问题.

1. 其他非固定的共价键组合

同样其他共价键之间可能产生非固定的共价键组合问题, 可在第 5, 6 章的讨论中继续, 那里已经说明, 20 种不同氨基酸可以分解成若干基本分子官能团的组合,它们的组合关系如图 14.2.4 所示.

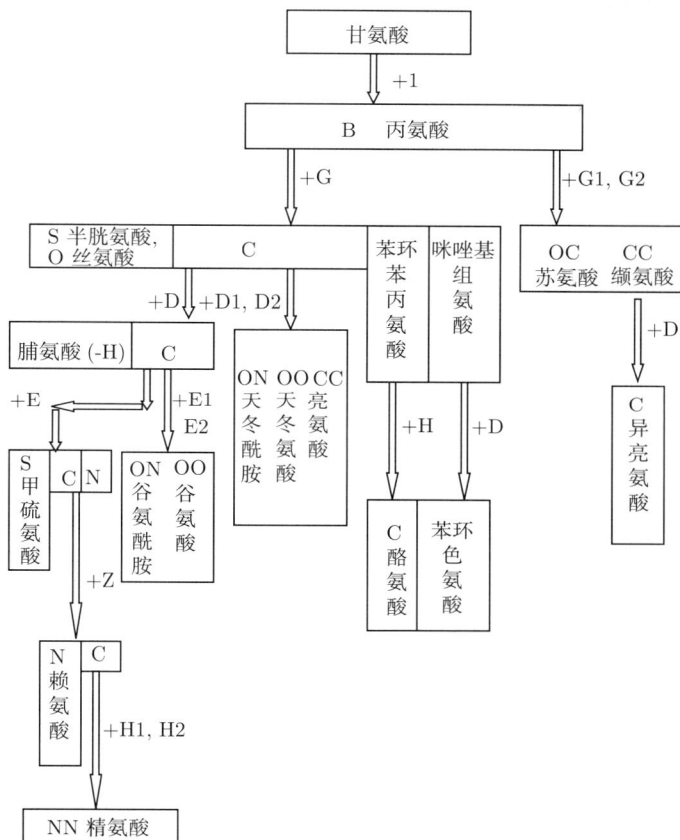

图 14.2.4 不同氨基酸之间的分子结构组合图

对图 14.2.4 的说明如下.

(1) 图 14.2.4 是所有氨基酸中非氢原子的结构关系, 我们用 "方框" 与箭头 "⟹" 表示. 在每个方框内包含氨基酸的名称与表示原子名称的英文字母, 而箭头表示不同氨基酸中非氢原子的包含关系. 如 $X \Longrightarrow Y$ 则表示氨基酸 X 中的非氢原子的包含氨基酸 Y 中的非氢原子.

(2) 在每个箭头 ⟹ 旁边附有 $+Z$ (或 $+Z1, Z2$) 的记号, 其中 Z 是层次函数, $+X$ (或 $+Z1, Z2$) 表示在第 Z 层增加 1 个 (或 2 个) 非氢原子或其他分子官能团.

(3) 在图的每个方框内除了氨基酸的名称外, 在该氨基酸的名称上方或左方还附有一个英文大写字母, 这表示在第 Z 层增加的非氢原子. 在具有环状结构的氨基酸名称前面加一个**苯环**或**咪唑基**是一个分子官能团, 而在脯氨酸的名称后面加一个

(− H) 的记号表示该氨基酸与其他氨基酸比较缺少不变部分中的一个氢原子 H.

(4) 在同一方框内如果有几个氨基酸没有被方框分隔, 这表示这些氨基酸具有同态异构结构 (这就是氨基酸具有相同的点线图, 但其中一些点的原子名称不同).

例如, 在甘氨酸的第 1 层增加一个 B 原子就是丙氨酸, 在丙氨酸的第 G 层 (或第 2 层) 增加一个 S 或 O 原子就是半胱氨酸或丝氨酸, 在丙氨酸的第 G 层增加 2 个 O,C 或 C,C 原子就是苏氨酸或缬氨酸, 其他情形以此类推.

2. 氨基酸的组合结构与蛋白质一级结构突变的关系问题

利用图 14.1.4 可以分析在蛋白质一级结构中, 不同氨基酸之间原子与共价键的相互关系, 并由此考虑不同氨基酸在蛋白质一级结构中发生突变的可能性与分子结构的变化问题. 如以丙氨酸、丝氨酸与苏氨酸这三个氨基酸为例来说明它们在发生突变时, 原子结构与它们的价键变化关系.

$$
\underset{\text{丙氨酸 (Ala)}}{\overset{\text{COOH}}{\underset{\text{CH}_3}{\text{H}_2\text{N}-\text{C}-\text{H}}}} + \text{O} == \underset{\text{丝氨酸 (Ser)}}{\overset{\text{COOH}}{\underset{\text{CH}_2\text{OH}}{\text{H}_2\text{N}-\text{C}-\text{H}}}} \quad (\text{再}) + \text{CH}_2 == \underset{\text{苏氨酸 (Thr)}}{\overset{\text{COOH}}{\underset{\substack{\text{CHOH}\\\text{CH}_3}}{\text{H}_2\text{N}-\text{C}-\text{H}}}}
$$

图 14.2.5　丙氨酸、丝氨酸与苏氨酸的原子结构变化关系图

(1) 由图 14.2.5 可以看到, 丙氨酸增加一个 O 原子就是丝氨酸, 而丝氨酸增加一个 CH_2 就是苏氨酸. 由图 14.1.5 可以得到其他氨基酸的原子结构变化关系图.

(2) 从图 14.2.5　可以看到丙氨酸、丝氨酸与苏氨酸的原子结构变化关系图, 它们的原子结构具有不同的包含关系, 但从严格意义上来讲它们还不能构成子图关系. 因为在丙氨酸中 C − 3H 构成 3 个共价键, 而丝氨酸中的共价键组合式 $C-\begin{cases} 2H \\ O-H \end{cases}$, 其中虽增加一个 O 原子, 但共价键并不相同, 因此不形成子图关系. 对丝氨酸与苏氨酸也有类似情形.

(3) 如果只考虑非氢原子, 那么丙氨酸、丝氨酸与苏氨酸三个氨酸构成子图关系, 这时 $G_A(f,g) \subset G_S(f,g) \subset G_T(f,g)$, 其中 $G_X(f,g)$ 是氨基酸 X 的非氢原子着色点线图.

(4) 由图 14.2.5 还可看到, 一些氨基酸的点线图相同 (如苏氨酸与缬氨酸等), 但它们的着色函数 (原子名称) 不同, 我们称这样的氨基酸具有同态异构结构.

(5) 由图 14.2.5 还可看到, 这些氨基酸的发生突变时的原子与共价键的变化关系. 如丙氨酸向丝氨酸突变时或而丝氨酸向苏氨酸突变时, 只是共价键 C − H 变成 C−O−H. 我们称这样的突变是插入式的突变.

3. 蛋白质形成过程中的起始与终止问题

蛋白质形成过程是不同氨基酸主链中的羧基与氨基结合时 (图 11.1.3) 发生氨基酸的连接, 在此连接过程中, 羧基中的 O − H 原子与氨基中的 H 原子被置换出去, 形成水分子. 因此氨基中 2H-N 的 H 原子不被置换出去时, 就是该蛋白质的起始位置, 而羧基中的 O-H 原子不被置换出去时, 就是该蛋白质的终止位置.

在生物学中人们所关心的问题是, 这些起始位置与终止位置是如何发生的. 现在的一般理论是, 由遗传密码中的起始子与终止子及核酸 (DNA) 序列的起始因子与终止因子所确定, 但这种理论还无法正确判定蛋白质中的起始与终止氨基酸, 也缺少对它们的动力学理论解释说明.

对这些问题在本节的以下各节中主要针对蛋白质的三维结构还要作继续讨论.

14.2.4 非固定化学键的动力学

在 14.2.3 节中, 我们给出了在氨基酸与蛋白质内部所存在的固定化与可能存在的非固定化学键的定义, 由此就会产生一系列的问题.

1. 共价键的合成问题

氨基酸与蛋白质共价键的合成分化学合成与生物合成, 在化学与生物化学中有许多讨论, 有关结论如下.

(1) 利用化学合成的方法, 将不同氨基酸之间的羧基与氨基连接是可能的, 多种药物小肽的化学合成使这种技术达到实用化的程度. 例如, 文献 [160] 等. 它的主要优点是可以以工业化的方式合成, 对多种小肽药物的化学合成都已有专用的工业设备进行, 从而可以降低药物的生产成本, 实现大规模的生产. 但合成小肽的长度不大, 在几个到几十个氨基酸范围.

(2) 不同氨基酸之间的羧基与氨基连接过程分激活与合成两步骤, 其中激活过程就是分别将羧基上的 OH 与氨基上的 H 原子脱离, 使原来的羧基与氨基变成不完备的分子基团, 然后再产生共价键的连接. 在此过程中还有依靠生物合成酶 (蛋白酶) 进行, 不同氨基酸之间的羧基与氨基的连接是在不同的生物酶催化下完成.

(3) 利用 DNA 序列可产生大规模的氨基酸序列, 称这种合成为生物合成. 生物合成不仅规模大, 而且速度快. 在生物体内合成一个蛋白质只需要几秒或几分钟就可 (最早用化学合成方法合成胰岛素用了 3 年时间). 因此生物合成蛋白质是基因工程中的一个重要组成部分.

(4) 蛋白质本身具有自我剪接的特征, 即不同氨基酸主链之间羧基与氨基发生自我断裂及断裂部分在重新连接的现象, 剪接后的蛋白质会发生移位突变. 但这种自我剪接的机理还不清楚.

2. 非固定共价键连接中的问题

非固定共价键连接的现象不太多见, 因此有许多问题产生.

(1) 首先是在不同氨基酸之间, 非固定的羧基与氨基发生连接是否可能. 如图 14.1.2(b) 中的分子反应能否发生, 其关键是实现时图 14.1.2(b) 中的分子反应的蛋白酶在生物体内活体外是否存在.

(2) 如果不同氨基酸之间的这种非固定的羧基与氨基连接存在, 那么它们的生物意义何在. 有没有这种可能性存在, 不同的生物体对各种不同类型的非固定共价键有各自的反应能力. 这就是不同的生物体对不同类型的非固定共价键分子有各自的分解与组合能力. 我们所观察到的也许只是生命现象中的一小部分, 这种不同生物体对不同类型的非固定共价键分子的特殊反应能力也许会形成生命现象中不同生物体发生自然循环的一个组成部分.

(3) 在不同氨基酸的侧链之间, 其他分子基团发非固定共价键是连接是可能的 (如二硫键的存在等), 对这种非固定的共价键连接我们可在蛋白质空间结构数据库中搜索得到, 搜索的结果在下面中在详细讨论.

(4) 在 DNA 序列到蛋白质序列的转译过程中, 需经过 "DNA → mRNA → tRNA → rRNA → 蛋白质" 的一系列复杂过程, 对这些过程中的许多动力学因素仍不清楚. 这也正是生命科学中所存在的重大疑难与奥秘问题之一.

3. 结构域中非固定共价键的研究与问题

如果一个蛋白质由多个结构域组成, 那么在不同的结构域之间, 有的原子距离非常接近, 它们之间存在键的连接, 这些键是蛋白质内部的非固定共价键. 在现有的 PDB 数据库中, 这种非固定共价键都是 I-型键.

除了多结构域外, 在蛋白质结构数据库中还有多 Model 的数据, 其中不同的 Model 结构具有相互平行的氨基酸序列, 如 PDB1A63 蛋白质, 该蛋白质有 10 条相互平行的氨基酸序列组成, 如果把这 10 条相互平行的氨基酸序列用同一截面位置相切, 那么这些原子的距离都十分接近 (尤其是在前 480 个原子之间), 这同一截面中的 10 个原子的相互距离都十分接近.

因为 Model 中的数据不是实际原子的数据, 而是把它测量与记录中的数据, 因此这些点的距离接近不说明什么问题, 但多 Model 结构会产生许多怪异的图形, 对这种现象任何分析关系到对 PDB 数据库中数据结构的理解问题.

14.3　氢键与范德华力的动力学特性

氢键与范德华力是两种与化学键不同的、原子与分子之间的相互作用力, 它们的结合能较弱, 在蛋白质中是不固定的键, 对空间形态有重要作用. 对它们的动力学特征在第 11 章中已有初步说明.

14.3.1 氢键的形成条件与特征

在 12.1 节中已经说明, 氢键与范德华力是两种结合能较弱的力, 它们较共价键的结合能弱 1~2 个数量级, 因此在蛋白质空间结构中起特殊的作用.

1. 氢键形成的机理与条件

记 X, Y 是两个非氢原子, 如果 X-H 是共价键, 它们的外层共价电子对向 Y 方向靠拢时, 由此形成 X-H $\cdots$ Y 的氢键. 由此可知, 氢键形成的条件如下.

(1) 氢键是在 2 个非氢原子之间形成, 其中一个非氢原子带共价键的氢原子, 另一个不带.

(2) 非氢原子的电负性大小关系会影响氢键的结合能. 由表 12.4.1 可知, 原子的电负性大小排列顺序为 O > N > C ∼ S, 因此 O 原子较易与其他原子形成氢键而且有较大的结合能.

(3) 此外, 在分子生物中, 具有二价键的氧原子就不再与氢原子产生共价键, 而 N,C,S 经常与 H 形成共价键. 因此, 氢键的许多结构模式是: = O $\cdots$ H-X, 其中 X= N,C,S .

(4) 在 X-H $\cdots$ Y 中, 如果 X, Y 的电负性相同, 如 X, Y 都是 O, 那么它们所产生的氢键是瞬时氢键 (或结合能较小的氢键).

2. 氢键的长度估计

由生物化学知道, 在结构模式 = O $\cdots$ H − X 中, 氢键 O $\cdots$ H 的长度在 1.3 Å 到 1.7 Å范围, 而 H-X 的长度一般在 1.1 Å左右. 因此形成氢键中的 OX 原子点的距离在 2.3 Å到 2.9 Å范围内, 最小不会超过 3.1 Å.

3. 氢键在生物分子中的作用

我们已经说明氢键是一种比较弱的力, 它的存在或消失不会改变生物分子的点线图结构, 但会影响生物分子的空间形态, 尤其是在它们大量存在时, 在分子生物中有以下作用.

(1) 使一些不同的生物分子发生粘连, 这种粘连也比较容易分离. 如 DNA 的双链, 它们比较容易分离, 也比较容易重新连接.

(2) 在蛋白质大分子中, 可以产生一些特殊的结构, 如二级结构中的 α 螺旋与 β 折叠都是依靠氢键实现.

(3) 在一些药物或其他生物过程中, 配体与受体之间也是通过氢键发生连接. 连接后的配体与受体就会产生特殊的功能, 在配体与受体中易发生连接的部位称为**靶点**.

(4) 水中的氢键是瞬时氢键, 其键能使水变成液态, 而且具有一定的黏性.

14.3.2　蛋白质中可能产生氢键的类型分析

从以上的讨论可以大体了解, 在多种不同类型生物分子可能产生氢键的条件与这些氢键所在的位置.

1.蛋白质主链上的氢键

不同氨基酸中的氨基与羧基, 在经脱水连接后产生 $=O$ 与 $-N-H$ 结构, 这种结构可以使蛋白质不同部位的不变部分发生氢键连接, 这种连接可使蛋白质产生多种不同类型的二级结构.

2.谷氨酸与天冬氨酸, 谷氨酰胺与天冬酰胺的特殊结构

从表 14.1.1 与图 11.1.2 可以看到谷氨酸与天冬氨酸, 谷氨酸胺与天冬酰胺具有特殊分子结构, 因此具有特殊的动力学功能.

首先是谷氨酸与天冬氨酸侧链的梢点上存在羧基, 并带有负离子, 因此它们具有以下特殊的动力学功能.

(1) 在侧链上的羧基有可能与其他氨基酸主链上的氨基发生共价连接 (脱水), 由此产生非固定的共价键连接.

(2) 在侧链梢点上的负离子可能与精氨酸、赖氨酸侧链梢点上的正离子产生离子键. 这也是一种非固定的化学键连接.

(3) 在侧链上的羧基存在二价的 O 原子, 因此有可能与其他氨基酸主、侧链中的 X-H 原子产生氢键, 其中 X 为 N,C,S 原子等.

(4) 同样在谷氨酰胺与天冬酰胺的侧链梢点上二价的 O 原子, 因此有可能与其他氨基酸主、侧链中的 X-H 原子产生氢键.

3.在脱氧核糖核酸中可能产生氢键

在 DNA 序列中, 主要通过氢键的连接使 DNA 序列形成双链, 这种双链在常温下易于分解与合成, 因此是核酸结构的动力学基础, 但我们不在本书中展开讨论.

14.3.3　范德华力的动力学分析

表 12.4.5 中已经给出了范德华力是由取向力、诱导力与色散力组成, 对其中的一些动力学特征尚不清楚, 它们作更进一步的说明.

1.范德华力的本质与表述

在表 12.4.5 中给出的取向力、诱导力与色散力的本质上是由电偶极矩与电磁矩组成.

(1) 当 2 个原子形成共价键时, 由于这 2 个原子的电负性不同, 共价键中配对的电子向一个原子靠近, 而与另一个原子远离. 由此引起其中的一个原子增加电子, 而另一个原子失去电子, 这时该共价键原子对形成一个带电荷的电偶极矩. 而电磁矩是由该共价键原子对中的电子运动所产生的电磁矩.

(2) 由此可知, 范德华力中的这 3 种取向力、诱导力与色散力不仅有大小, 而且还有方向之分. 不同分子官能团电偶极矩的大小可在化学用表中找到. 表 12.4.4 给出了几种固定分子官能团的电偶极矩大小.

(3) 对电偶极矩的方向可按正、负电荷中心位置计算, 比较简单的分子官能团的正、负电荷中心很容易确定它们的空间位置, 对比较复杂分子的电偶极矩大小则需要用电偶极矩的合成来确定, 因此比较复杂. 对电磁矩的计算比较复杂.

2. 氨基酸的水溶性指标

在生物化学中, 对氨基酸的极性有多种指标给以说明, 如疏水性、水溶性等. 对疏水性指标按不同的测量法有许多不同的版本, 对 20 种氨基酸大体可分为疏水性与亲水性的不同类型, 对此已在 5.1 节中给以说明.

另外, 对不同氨基酸的**水溶性指标**在图 14.3.1 有较定量化的说明.

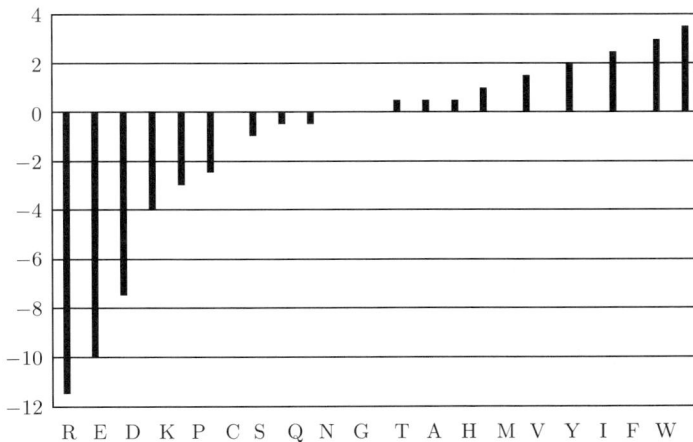

图 14.3.1　氨基酸的水溶性指标示意图

对图 14.3.1 说明如下.

(1) 图 14.3.1 是 20 种氨基酸的水溶性指标, 横排是 20 种氨基酸的一字符, 竖排的粗黑线是对应氨基酸的水溶性指标, 它们的取值在 $(-20, 4)$ 内, 当氨基酸的水溶性指标取负值时, 它们较溶于水, 水是一种极性分子, 当水溶性指标取正值时, 它们较溶于非极性分子的溶液中.

(2) 甘氨酸的水溶性指标取零, 因此是较中性的分子. 由图 14.3.1 可给出其他各氨基酸的水溶性指标值如表 14.3.1 所示.

表 14.3.1   20 种氨基酸的水溶性指标值

R	E	D	K	P	C	S	Q	N	G	T	A	H	M	V	Y	I	F	W
-11.5	-10.0	-7.5	-4.0	-3.0	-2.5	-1.0	-0.5	-0.5	0.0	0.5	0.5	0.5	1.0	1.5	2.0	2.5	3.0	3.5

(3) 除了氨基酸的水溶性指标与疏水性指标外, 还存在氨基酸的**深度倾向性指标与深度相对倾向性指标**等, 对这些问题在本书的第五部分中还将详细讨论.

14.4   氨基酸与蛋白质中极性问题的讨论

在范德华力中, 极性力是比较容易讨论的一种力, 但在氨基酸与蛋白质中如何确定它们的极性特征还需做进一步的讨论.

14.4.1   极性的一般理论

极性力的产生是由于在原子结成共价键时, 由于它们的电负性的不同而产生电子的移动而形成电偶子, 所以它们在蛋白质空间结构中大量存在.

1. 极性力的产生与特征

极性力在共价键或分子官能团中出现, 它有以下特征.

(1) 不同原子的共价键会产生不同电偶子, 它们的产生是由于共价键中原子的电负性不同的结果, 在共价电子中, 电子向电负性大的原子靠拢, 因此在共价键中存在电荷的移动, 由此产生电偶子.

(2) 由此可知, 电偶子不仅有大小之分, 还具有一定的方向性. 一些重要的共价键与分子官能团的电偶性力大小在一般化学用表中给出 (表 12.1.3 和表 12.1.4 的共价键的电偶子表所给). 电偶子的方向沿原子的共价键方向, 电负性大的原子得到电子而带正电荷, 电负性小的原子因失去电子而带负电荷. 由此得到电偶子的大学、方向、起点与终点.

(3) 电偶子也可进行合成与分解, 尤其是当它们的起点或终点一致时. 尤其是对一些重要分子官能团所产生的电偶子在表 12.1.4 中给出, 我们也可按照他们的合成原理确定它们的方向与起点、终点.

(4) 由电偶子的作用所产生的力是极性力, 极性力对单电荷可按库仑力的合成计算, 电偶子与电偶子的相互作用可按照电磁场的方向计算, 这在物理学中有详细说明.

(5) 对多个不具有共同起、重点电偶子的合成与分解比较复杂, 在一些文献中采用正、负电荷中心法来合成, 这种方法并不合理. 在氨基酸与蛋白质的动力学分析中只有通过它们的原子与分子结构作具体分析, 但要给出它们确切的定量化描述仍然是困难的.

2. 极性力的合成与分解

不同的极性力可以在不同情况下作合成与分解, 有关情况讨论如下.

(1) 如果两个极性力具有共同的起点, 那么它们就可按句量合成方法确定它们的合成向量. 在分子官能团中, 不同极性力合成的方向仍按向量合成方法确定, 但大小不一的满足向量合成的方法确定. 对不同分子官能团的极性力有专门化学用表给出, 表 12.1.4 给出一些重要分子官能团的极性力度大小.

(2) 如果两个极性力作用在一个刚性物体上, 并具有不共同的起点, 那么它们就可按向量分解的方法确定它们的合成向量. 该合成向量由三部分组成, 第一部分为刚性物体吸收, 第二部分产生一个推动刚性物体移动的力, 第三部分就是使刚性物体转动的力矩.

(3) 如果两个极性力作用在一个非刚性物体上, 那么它们的作用力就可能使该非刚性物体的结构形态发生改变, 相应的作用力也会被该非刚性物体的其他内在动力所抵消. 有一部分作用力使该非刚性物体发生移动与转动.

3. 极性力的合成与分解图

对以上 4 种不同类型极性力的合成与分解可用图 14.4.1 及有相应的关系说明.

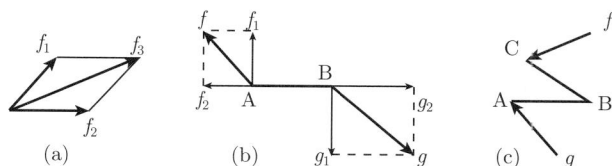

图 14.4.1 极性力的合成与分解示意图

对图 14.4.1 说明如下.

(1) 该图由 (a), (b), (c) 三个图组成, 其中图 (a) 是 2 个作用力 f_1, f_2 有共同点起点, 图 (b) 是 2 个作用力 f, g 作用在一个刚性物上 A, B 是它们的起点, 图 (c) 是 2 个作用力 f, g 作用在一个非刚性物上 (A, B, C) 上.

(2) 对图 (a) 的情形, 作用力 f_1, f_2 可按平行四边形法则合成为一个作用力 f_3.

(3) 对图 (b) 先是作用力 f, g 按 AB 线段的水平与垂直方向分解成 4 个力 f_1, f_2, g_1, g_2, 其中 f_2, g_2 是水平方向的力, 而 f_1, g_1 垂直方向力, 它们的作用效果如表 14.4.1 所示.

表 14.4.1　刚性物 AB 的运动效果表

f_2, g_2	方向相同向	方向相反 $f_2 = -g_2$	方向相反 $f_2 < -g_2$	方向相反 $f_2 > -g_2$
作用效果	$f_2 + g_2$ 方向移动	2 力抵消	向 $g_2 - f_2$ 方向移动	向 $f_2 - g_2$ 方向移动
f_1, g_1	方向相同, 大小相等	方向相同 $f_1 < g_1$	方向相反 $f_1 = -g_1$	方向相反 $f_1 > -g_1$
作用效果	向 $f_1 + g_1$ 方向移动	向 $2f_1$ 方向移动		向 $f_1 - g_1$ 方向移动
作用效果		产生 $\|AB\|(g_1 - f_1)$ 力矩	产生 $2\|AB\|f_1$ 力矩	产生 $\|AB\|(f_1 - g_1)$ 力矩

当 f_1, g_1 方向相同, 且 $f_1 > g_1$ 时, AB 向 $2g_1$ 方向移动, 且产生 $|AB|(f_1 - g_1)$ 的力矩. 当 f_1, g_1 方向相反, 且 $f_1 < -g_1$ 时, AB 向 $g_1 - f_1$ 方向移动, 且产生 $|AB|(g_1 - f_1)$ 的力矩.

(4) 在图 (c) 中, 如果 ABC 是非刚性物, 那么作用力 f, g 也可按图 (b) 的方式分解, 并产生表 14.4.1 作用效果, 但其中有部分力要改变该非刚性物的形态, 并与该非刚性物体的其他内在动力所抵消.

14.4.2　氨基酸与蛋白质中部分原子的极性讨论

除了共价键与分子官能团的极性外, 我们更关心氨基酸与蛋白质中部分原子所呈现的极性特征.

1. 关于极性中心的讨论

在一些分子生物学的文献中, 常把较复杂分子官能团的极性作如下处理, 即把该分子官能团中带极性的正、负电荷分别确定它们的正、负电荷中心, 中心点的位置分别是这些正、负电荷的平均位置, 中心点的电荷大小分别是正、负电荷之和, 该分子官能团极性的起、终点就是这些中心的位置, 极性的强度就是正、负电荷之和的强度.

这种合成法实际上并力矩的合成法, 特别是在分子官能团形态不稳定的情形下, 这样处理忽略了分子官能团内部形态变化的因素, 因此在实际操作中无法进行. 我们对极性中心的讨论有一些观点.

(1) 极性是一种很弱的力, 当它们的距离稍远时就不会产生合成效果.

(2) 在许多情况下, 2 原子或一些分子官能团所产生的电偶极矩是很小的, 如 $C-C, C-N$ 等或表 12.1.4 中的一些官能团, 因此也可忽略不计.

(3) 有一些共价键或分子官能团具有很强的电偶极矩, 如 $O{=}C, H-O, NH_3$ 等, 因此它们可以成为发展官能团中的极性中心.

2. 氨基酸的极性讨论

由表 12.1.3 和表 12.1.4 可以看到, 有的分子官能团具有较大的电偶极矩, 如带 $OH, CO, HCN, OH_2, SO_2, NH_3$ 等. 因此产生氨基酸具有极性.

氨基酸的极性在图 6.1.2 中虽有简单的说明, 但实际情况要复杂得多. 在图 6.1.2 中的极性只是一个定性的说明, 实际上不同氨基酸都有一定的极性, 只是大小不同而已.

3. 关于 A,C,O,N′,H′,A′ 6 原子的讨论

在 10.1.2 节的讨论可以见到, 在蛋白质主链的羧基与氨基结合后, A, C, O, N′, H′, A′ 6 原子形成共面的结构, 它们有以下特点.

(1) 这 6 原子形成共面的结构的现象是普遍的. 它的普遍性体现在对任何蛋白质与氨基酸都具有这个共面性. 尤其是这 6 原子点横跨 2 个氨基酸, 不论这 2 个氨基酸的取值如何, 都不影响它们的共面性.

(2) 造成这 6 原子点共面的原因之一是 A-B 都是碳原子, 它们的极性为零, 而氨基酸侧链中的其他原子与这 6 点的距离都较远, 因此对它们的结构形态影响很小.

(3) 在图 10.1.2 中可以看到, 可能产生电偶极矩的电偶是 O→ C, N′ → C, N′ → C′, N′→ H′, 其中 A-C 都是碳原子, 它们形成的共价键不会产生电偶极矩. 而 N′ → C, N′ → C′, N′ → H′ 这 3 个电偶极矩有共同的起点, 它们合成后的电偶极矩几乎为零.

(4) O → C 的电偶极矩虽然很强 (达 7.7 单位) 但对这 ϵ 点的共面性影响不大.

第15章 对氢键、离子键与共价键的搜索、计算与讨论

在第 14 章的理论分析基础上, 我们就可在 PDB-Select 数据库中对每一个蛋白质中不同氨基酸与不同原子间可能存在的这些键进行搜索、计算与讨论.

15.1 搜索计算方法与结果

在本节中我们主要讨论与搜索在同一蛋白质中不同氨基酸中的原子存在离子键、共价键与氢键的可能性.

15.1.1 对不同类型键的搜索与判别

讨论与搜索不同原子形成共价键与氢键可能性的主要方法是对由各原子之间的距离计算来判定.

1.判定的一般方法

由于在 PDB 数据库的各蛋白质中, 大部分氢原子没有被测量或记录, 因此我们只能依据非氢原子之间的距离进行搜索与判定, 有关判定的一般条件如下.

因为在同一氨基酸中存在许多共价键, 它们的距离都很小, 所以对距离的搜索不在同一氨基酸中进行, 也不在相邻的氨基酸中进行.

判定条件 15.1.1(一般的键判定的基本条件) 如果 a, b 是 2 个非氢原子, 它们所在的氨基酸分别记为 X,Y, 这时要求 X, Y 在同一蛋白质中, 而且它们并不相邻.

2.共价键与离子键的判定

在一般判定条件 15.1.1 外, 对各种不类型键的判定条件如下.

判定条件 15.1.2(共价键的判定条件) 在同一蛋白质中的 2 个非氢原子, 它们成为共价键的一个必要条件是它们的距离不超过 1.8 Å.

判定条件 15.1.3(离子键的判定条件) 如果 2 个非氢原子 (或氢原子) a, b, 如果其中的一个是在带正电荷 R, K, H 氨基酸的梢点, 另一个是在带负电荷 D,E 氨基酸的梢点, 而且它们的距离不超过 3.1 (如果 a, b 中有氢原子为 1.8) Å.

判定条件 15.1.4(二硫键的判定条件) 如果 2 个硫原子 S, 它们分别在不同的甲硫氨酸 (Cys) 中. 而且它们的距离不超过 2.1 Å.

3. 氢键的判定

如果用 X＝C,N,O,S, 用 ＝O ··· H-X 表示氢键, 这时氢键的长度为 1.3~1.7 Å, 而 H-X 键的键长在 1.1 Å 左右. 由此得到氢键的判定条件.

判定条件 15.1.5(氢键的判定条件) (1) 两个非氢原子形成氢键的一个必要条件是: 其中的一个非氢原子为氧原子, 另一个非氢原子带有氢原子的共价键. 而且它们的距离一般不超过 3.1 Å.

(2) 两个原子, 其中的一个非氢原子为氧原子, 另一个是氢原子, 它们形成氢键的一个必要条件是: 它们的距离一般不超过 2.1 Å.

由此可见, 在这些判定条件都是必要条件, 其中大部分很可能是共价键、离子键、二硫键或氢键, 但也不是绝对的.

15.1.2 搜索与计算结果

由以上离子键、共价键、二硫键与氢键的判定条件 15.1.1~15.1.6, 对 PDB-Select 数据库中对所有蛋白质搜索, 所有搜索与计算结果在结果都在光盘 DATA1/15/15-1 文件夹中给出.

1. 搜索与计算结果文件

对光盘 DATA1/15/15-1 文件夹中的有关文件的一览表 15.1.1 如下.

表 15.1.1　光盘 DATA1/15/15-1 文件夹中的有关文件的一览表

文件名称	15-1-0	15-1-1	15-1-2	15-1-11	15-1-12	15-1-13
键名称	所有可能的键	化学键	氢键	离子键	二硫键	共价键
判定条件 15.1.1+	< 3.2	15.1.2,3,4	15.1.5	15.1.3	15.1.4	15.1.5
包含原子偶数	1110786	55692	996254	2986	846	479
文件名称	15-1-21	15-1-22	15-1-23	15-1-24	15-1-3	15-1-4
类型 (子阵列)	15-1-2	15-1-2	15-1-2	15-1-2	二硫键	蛋白质中键
类型特征	主链氢键	主侧链氢键	主侧链氢键	其他氢键	的综合分析	的综合分析
包含原子偶数	479500	212893	161972	141852		

对表 15.1.1 说明如下.

(1) 文件 15-1-0.CTX 是对 PDB-Select 数据库中各蛋白质所有可能形成的键的搜索结果, 这些键包括离子键、共价键、二硫键与氢键.

(2) 文件 15-1-1.CTX 与 15-1-2.CTX 是文件 15-1-0.CTX 的子阵列, 其中文件 15-1-1.CTX 是可能形成的化学键 (离子键、共价键与二硫键) 搜索结果, 文件 15-1-2.CTX 是对所有可能形成氢键的搜索结果.

(3) 文件 15-1-11.CTX-15-1-13.CTX 是 15-1-1.CTX 的子阵列, 它们分别是所有可能形成的离子键、二硫键与共价键的搜索结果.

(4) 文件 15-1-21.CTX-15-1-24.CTX 是 15-1-2.CTX 的子阵列, 它们分别是主侧链中与氧、氮原子分布情形的搜索结果, 其中文件 15-1-21.CTX 是 O,N 原子都在主链而形成的氢键、文件 15-1-22.CTX 是氧原子在主链而氮原子不在主链所形成的氢键、文件 15-1-23.CTX 是氧原子不在主链而氮原子在主链所形成的氢键、文件 15-1-24.CTX 是氧原子氮原子都不在主链所形成的氢键.

2. 对文件的数据结构说明

对光盘的 DATA1/15/15-1 文件夹在有关文件的数据结构说明如下.

(1) 文件 15-1-0.CTX 是一个 1031458×12 的数据阵列, 其中 $888, 888, \cdots, 888, x$, y, z 是不同蛋白质的数据分隔行, 这里 x, y, x 分别是蛋白质的编号、所包含氨基酸的数目与所记录的原子数.

(2) 如果记 a, b 是形成键的原子对, 在该阵列的 12 个列中, 不同列的数据含义分别是: 原子 a 的序号、原子 b 的编号、原子 a, b 序号的距离、原子 a, b 所在氨基酸序号、氨基酸序号的距离、原子 a, b 所在氨基酸的名称、原子 a, b 的名称、原子 a, b 的空间距离与原子 a, b 构成键的类型, 其中 11,12,13 分别为离子键、二硫键与共价键, 21,22,23,24 分别为氢键中的不同类型.

(3) 15-1-1.CTX 与 15-1-2.CTX 文件是 15-1-0.CTX 文件的子阵列, 它们分别是 65912×12 与 965544×12 的数据阵列, 其中各列的含义与 15-1-0.CTX 文件相同.

(4) 15-1-11.CTX、15-1-12.CTX、15-1-13.CTX 这 3 个文件都是 15-1-1.CTX 文件的子阵列, 这就是在 15-1-1.CTX 文件中删去 $888, 888, \cdots, 888, xy$ 的行分隔, 而把蛋白质的序号、长度与记录的原子数写入这些文件的前 3 列.

它们分别是 $59716, 2210, 3963 \times 14$ 的数据阵列, 它们的后 11 列的数据含义与 15-1-0.CTX 文件相同. 这 3 个文件分别是对各蛋白质中可能存在的化学键 (共价键或离子键)、二硫键与氢键的搜索结果.

(5) 15-1-21.CTX - 15-1-24.CTX 是 15-1-2.CTX 文件的子阵列, 它们分别是 $493303, 199424, 168970 \times 11$ 与 103796×11 的数据阵列.

15.1.3　计算结果的初步分析

为了了解 PDB-Select 数据库中各蛋白质所存在的各种不同的键与它们的分布情况, 我们先对以上计算结果作初步的统计分析.

1. 对蛋白质中所含不同键的综合分析

文件 15-1-4.CTX 给出了对 PDB-Select 数据库中各蛋白质所可能存在的各种不同类型键的综合分析, 给出它们可能包含键的综合分布统计结果, 对该文件说明如下.

(1) 该文件是一个 3189×11 的数据阵列, 其中 1~3 分别是蛋白质的基本参数, 即蛋白质的序号、长度 (氨基酸数) 与观察到的原子数.

(2) 该文件的 4-7 列分别是该蛋白质可能包含的离子键、二硫键、共价键与氢键的数目, 8-11 列分别是离子键、二硫键、共价键与氢键在该蛋白质中所占的比例.

(3) 由文件 15-1-4.CTX 可以得到, 在 PDB-Select 数据库中各蛋白质所包含的平均 (百分比) 键数如表 15.1.2 所示.

表 15.1.2　　不同键的键数与比例(百分比)分布表

键的名称	离子键	二硫键	共价键	氢键
总键数	59716	2210	3963	965544
平均比例数	14.067	0.603	1.078	262.634
蛋白质的个数	3134	848	361	3189
蛋白质的比例数	98.37	26.62	11.33	100.0

对表 15.1.2 说明如下.

(1) 表 15.1.2 中的**平均比例数**是指: 存在相应键的氨基酸数与氨基酸的总数之比, 它的计算公式为

$$平均比例数 = 200.0 \frac{总键数}{氨基酸的总数}, \tag{15.1.1}$$

而氨基酸的总数有 735275 个.

(2) 表 15.1.2 中的蛋白质数是指, 包含相应键的蛋白质的个数, 而蛋白质的比例数是指, 蛋白质数与数据库包含的蛋白质总数之比.

(3) 由表 15.1.2 可以看到, 大部分蛋白质都可能包含离子键 (约 98.4 %), 但这个数据可能偏高. 包含二硫键与共价键蛋白质的百分比分别是 26.6% 与 11.33%, 几乎所有的蛋白质都包含氢键.

2. 离子键与共价键的初步分析

由表 15.1.2 可以看到, 大约平均每 10 个氨基酸就可能产生 1 个离子键、每 200 个氨基酸就可能产生 1 个二硫键、每 100 个氨基酸就可产生 1 个共价键. 大约平均每个氨基酸可能产生 2.5 个氢键. 因为在光盘 DTA1/14/14-1 文件夹中所搜索得到的键是必要条件, 所以式 (15.1.2) 所得到的比例数可能偏高与实际的键数.

另外, 在离子键的判定与搜索过程中, 由于在 PDB-Select 数据库中大部分氢原子没有被记录, 所以我们只采用两个非氢原子之间形成离子键的距离用小于或等于 3.1 Å 来判定.

对于共价键, 在它的判定与搜索过程中, 同样存在两种不同的情形, 氢原子与非氢原子之间形成共价键的距离, 两个非氢原子之间形成离子键的距离都用小于或等于 1.8 Å 来判定. 因为在搜索与判定过程中原则上不考虑氢原子, 所以式 (15.1.2) 所得到的共价键的比例数还可能偏低于实际的共价键数 (如果考虑与氢原子组成的共价键).

由表 15.1.13 可以看到, 在不同的氨基酸中, 共价键由主链的 N,C,O 及侧链的非氢原子组成, 有关的比例 (百分比) 分配如下.

表 15.1.3   形成共价键的原子结构与比例(百分比)分布表

原子类型	主链的 N,C 原子	主链的 O 与 N 原子	主链的 O 与 C 原子	含侧链的非氢原子
共价键数	2753	167	41	976
共价键的比例	69.93	4.242	1.041	24.79

3. 对氢键的初步分析

在光盘 DATA1/15/15-1 文件夹中, 15-1-2.CTX 文件给出了在 PDB-Select 数据库可能产生氢键的总搜索结果, 15-1-21.CTX, 15-1-22.CTX, 15-1-23.CTX 与 15-1-24.CTX 是不同类型氢键的数据表, 对这些数据表的结构由表 15.1.4 分析与说明.

表 15.1.4   形成氢键的原子结构与比例(百分比)分布表

原子类型	主链 O,N 原子	主链 O 原子与侧链非氢原子	主链 N 原子与侧链非氢原子	侧链非氢原子
涉及数据文件	15-1-21.CTX	15-1-22.CTX	15-1-23.CTX	15-1-24.CTX
氢键数	493303	199443	168970	103796
氢键的比例	51.094	20.656	17.44	10.75

因此表 15.1.4 可以看到, 主链中的 O,N 原子形成氢键占有较大比例 (51.1 %), 它们是形成蛋白质二级结构的主要因素, 另外主链中的 O 原子与侧链的非氢原子、主链的 N 原子与侧链的非氢原子及侧链的非氢原子也有一定的比例形成氢键, 它们对蛋白质空间结构的形成也有重要作用.

由此可见, 氧原子在形成氢键中有重要作用, 由 15-1-2.CTX 文件统计可以得到, 有氧原子参与的氢键有 796058 个, 占所有氢键的 84.79%. 其余的 10.75% 的氢键在侧链的其他非氢原子中发生.

15.2   对化学键与氢键的进一步分析

在 15.1 节中已离子键、二硫键、共价键与氢键的分布情形作了初步分析, 现在对它们再作进一步的分析与讨论.

15.2.1 对二硫键与离子键的分析

15-1-11.CTX 与 15-1-12.CTX 文件是对离子键与二硫键的搜索结果, 对它们的统计分析结果如下.

1.对二硫键结构的分析

15-1-12.CTX 与 15-1-3.CTX 文件是对二硫键的搜索结果, 对它们的统计分析结果如下.

(1) 由文件 15-1-12.CTX 可以看到, 可能存在二硫键的原子对有 845 个, 它们分别分布在占 PDB-Select 数据库中所有蛋白质的 26.055 %.

(2) 同样在这 845 个蛋白质中, 每个蛋白质所可能包含的二硫键数也不相同, 它们所可能包含的二硫键数如表 15.2.1 所示.

表 15.2.1 不同蛋白质可能包含的二硫键数目表

(1)	(2)	(1)	(2)	(1)	(2)	(1)	(2)	(1)	(2)	(1)	(2)	(1)	(2)	(1)	(2)	(1)	(2)	(1)	(2)	(1)	(2)	(1)	(2)
1	2	3	1	4	1	6	2	8	2	13	6	14	2	34	2	35	9	44	2	45	2	61	1
66	4	72	2	79	1	83	3	84	1	85	4	86	1	90	4	93	3	94	1	96	3	102	7
105	1	109	3	111	3	114	5	123	1	127	1	128	1	130	2	131	1	134	1	140	2	142	1
150	2	155	8	157	1	159	6	161	3	162	2	164	2	165	2	166	2	167	1	169	2	170	2
173	1	174	3	176	4	181	2	185	2	187	5	188	1	192	6	193	8	197	2	198	1	200	2
207	1	209	2	212	2	215	1	220	1	223	3	224	1	231	1	233	1	236	3	237	5	240	1
247	2	257	3	258	1	259	1	260	1	270	2	274	2	281	4	282	5	287	2	290	1	291	7
293	4	300	5	301	2	302	1	304	2	309	1	311	2	312	2	315	4	317	2	318	2	321	2
322	5	323	1	324	2	326	4	329	2	332	2	335	1	338	7	348	4	354	3	355	2	361	1
368	1	371	2	374	6	375	2	377	4	383	5	386	6	387	3	388	1	389	6	390	3	393	5
397	5	406	2	420	2	425	10	435	2	436	2	437	2	438	2	443	1	455	1	459	1	466	2
468	1	470	1	475	2	476	2	477	2	478	2	480	10	481	2	484	1	485	1	488	1	489	1
494	3	495	3	496	1	497	5	498	2	519	2	520	2	521	1	524	2	528	2	530	3	532	4
544	1	545	1	551	3	555	2	564	4	570	2	576	5	578	1	581	1	584	1	587	1	597	4
601	1	606	3	617	1	618	1	627	7	630	1	631	2	633	2	634	2	636	7	637	1	645	1
646	7	647	1	648	1	652	1	670	5	673	7	687	5	689	1	690	1	691	4	695	4	699	2
700	1	701	5	702	1	703	1	711	6	713	1	716	1	717	5	718	1	720	4	722	13	725	2
726	1	727	2	729	7	731	4	732	2	736	2	737	2	739	2	750	2	751	4	753	3	761	3
762	1	763	1	766	1	770	2	772	1	778	2	779	4	780	1	783	2	786	1	793	1	807	1
808	2	814	2	818	2	819	2	827	2	833	3	836	2	837	5	839	3	844	4	848	4	852	2
860	2	865	1	868	2	883	3	890	2	894	2	905	2	906	1	908	1	917	4	922	4	925	2
930	8	932	1	936	1	945	2	946	2	948	2	953	3	954	2	955	1	956	1	957	1	961	3
962	1	964	1	966	1	970	3	974	2	981	2	984	2	985	1	988	4	989	2	990	2	996	2
997	12	998	2	1001	2	1015	2	1017	2	1025	3	1026	1	1032	1	1041	2	1042	2	1046	2	1047	3
1050	2	1061	2	1063	1	1065	1	1070	2	1072	4	1081	9	1084	2	1086	5	1091	1	1094	5	1095	3
1096	1	1097	4	1099	2	1100	2	1101	2	1102	2	1103	1	1105	2	1106	3	1107	3	1111	1	1113	2
1115	2	1123	7	1125	2	1126	2	1127	1	1134	3	1135	2	1138	2	1144	1	1149	4	1150	2	1155	5
1156	4	1159	3	1161	1	1164	3	1165	1	1171	1	1178	1	1179	2	1180	2	1183	2	1184	1	1185	1
1187	1	1188	5	1191	2	1200	2	1216	4	1219	2	1220	1	1221	1	1222	1	1224	1	1225	3	1226	3
1230	3	1231	1	1234	1	1237	2	1247	6	1250	2	1256	3	1257	1	1258	1	1260	3	1268	2	1269	4
1271	1	1273	5	1274	5	1290	3	1293	7	1303	5	1304	1	1309	2	1310	1	1317	2	1320	1	1321	4
1324	1	1326	2	1327	3	1328	1	1330	2	1351	3	1354	1	1356	1	1360	1	1361	2	1368	1	1370	2
1376	1	1387	4	1388	1	1391	2	1393	6	1394	2	1403	1	1415	3	1419	1	1420	9	1422	2	1430	3
1434	1	1435	3	1439	3	1450	1	1459	1	1460	4	1464	3	1466	1	1467	4	1468	3	1481	1	1484	2

续表

(1)	(2)	(1)	(2)	(1)	(2)	(1)	(2)	(1)	(2)	(1)	(2)	(1)	(2)	(1)	(2)	(1)	(2)	(1)	(2)	(1)	(2)	(1)	(2)
1486	2	1494	3	1497	3	1499	1	1501	2	1512	5	1514	2	1531	1	1532	18	1535	3	1540	4	1541	2
1552	4	1556	4	1566	1	1575	2	1576	4	1579	4	1592	5	1593	7	1595	3	1596	1	1603	1	1604	3
1606	6	1608	3	1610	4	1614	3	1617	2	1621	1	1622	5	1625	3	1628	3	1629	4	1639	3	1644	2
1645	1	1650	3	1658	4	1659	1	1660	2	1661	2	1674	2	1677	4	1678	2	1688	1	1689	1	1691	1
1695	3	1700	1	1704	3	1714	2	1715	2	1719	3	1726	2	1727	2	1728	1	1729	2	1732	3	1735	4
1737	1	1740	3	1747	3	1752	6	1762	1	1771	1	1779	4	1780	1	1785	2	1786	4	1788	2	1789	1
1790	2	1791	2	1792	3	1798	3	1800	2	1803	3	1807	3	1808	3	1811	4	1817	4	1836	2	1837	1
1839	2	1845	9	1846	1	1847	4	1871	2	1880	4	1885	1	1894	4	1895	1	1902	1	1905	2	1908	2
1911	1	1912	1	1916	2	1923	1	1925	1	1926	1	1931	2	1932	2	1933	1	1934	2	1935	1	1939	2
1940	1	1948	7	1954	1	1986	2	2002	1	2006	1	2014	1	2016	2	2027	1	2030	1	2032	2	2033	1
2034	2	2040	1	2043	3	2046	2	2047	4	2048	1	2049	1	2050	3	2051	2	2055	1	2056	1	2058	2
2059	4	2064	1	2069	3	2070	3	2075	6	2083	1	2089	2	2095	1	2096	1	2098	1	2112	1	2113	3
2114	2	2115	1	2119	2	2120	2	2121	3	2129	2	2131	1	2135	2	2143	3	2158	1	2159	1	2163	1
2164	1	2165	5	2171	1	2172	2	2173	2	2174	2	2175	2	2177	1	2182	5	2184	1	2187	2	2188	2
2200	3	2201	1	2202	1	2203	2	2206	1	2207	1	2210	1	2211	1	2212	1	2215	3	2216	4	2217	12
2218	1	2219	2	2220	1	2221	4	2229	1	2230	3	2237	2	2238	3	2241	2	2243	4	2246	5	2258	4
2260	1	2261	2	2264	4	2265	1	2267	3	2268	3	2269	6	2272	2	2277	1	2278	1	2280	7	2282	3
2288	1	2289	4	2290	12	2291	2	2300	6	2316	1	2319	1	2322	2	2324	2	2325	2	2326	2	2327	2
2331	7	2335	2	2342	1	2344	3	2348	15	2349	6	2354	8	2357	2	2366	3	2370	6	2371	6	2374	3
2376	1	2377	1	2381	3	2382	1	2383	2	2384	1	2386	4	2389	3	2393	4	2400	4	2401	1	2403	1
2407	2	2408	2	2409	6	2413	5	2414	6	2416	2	2419	1	2422	3	2426	1	2427	6	2429	1	2444	1
2447	1	2451	4	2456	1	2468	1	2471	2	2487	1	2489	1	2491	4	2503	7	2504	2	2505	2	2511	3
2513	3	2516	2	2538	5	2540	4	2549	5	2552	1	2557	2	2558	1	2568	2	2569	1	2578	1	2588	4
2591	1	2603	1	2612	2	2618	2	2622	2	2626	2	2628	2	2630	1	2632	2	2635	1	2636	6	2639	2
2640	3	2641	8	2644	5	2648	1	2664	1	2667	4	2678	1	2679	1	2680	15	2681	1	2682	9	2685	5
2686	1	2692	1	2694	2	2698	3	2700	1	2701	1	2705	3	2708	2	2711	3	2728	1	2729	3	2731	2
2736	3	2741	7	2742	4	2746	4	2747	3	2755	3	2756	1	2757	7	2758	3	2769	1	2774	5	2779	1
2787	3	2793	7	2805	2	2807	2	2811	1	2814	1	2830	3	2840	2	2841	1	2847	2	2852	7	2855	1
2856	4	2864	3	2867	4	2870	2	2871	4	2874	2	2878	5	2879	4	2886	1	2887	1	2894	1	2902	1
2912	1	2914	3	2916	2	2926	3	2931	2	2932	2	2935	1	2938	1	2940	1	2941	1	2944	1	2946	4
2948	4	2950	2	2954	3	2959	2	2960	3	2967	4	2969	1	2972	2	2973	1	2974	1	2986	1	2988	2
2989	2	2990	2	2991	2	2992	4	2995	1	2996	1	3002	4	3004	1	3005	2	3006	4	3007	4	3009	4
3014	2	3015	2	3018	1	3024	6	3029	4	3033	4	3036	1	3039	2	3040	2	3042	4	3043	3	3044	4
3045	4	3046	3	3048	2	3051	1	3053	3	3062	1	3063	2	3068	3	3069	1	3071	3	3072	5	3076	5
3078	1	3083	1	3092	1	3093	2	3094	1	3097	1	3101	1	3103	7	3104	3	3106	1	3107	1	3109	2
3110	2	3115	7	3117	1	3118	2	3120	4	3132	1	3138	2	3141	1	3142	16	3145	1	3150	1	3151	3
3158	6	3161	1	3165	5	3172	1	3173	3	3178	2	3182	1										

表 15.2.1 中 (1), (2) 所在列的含义与表 15.1.1 相同. 但在各蛋白质中, 可能包含的二硫键数目最多只有 16 个, 如 3142 号蛋白质. 许多蛋白质只有 1 个或 2 个二硫键.

2. 对二硫键与半胱氨酸的关系分析

光盘 DATA1/15/15-1/15-1-3.CTX 文件是对在蛋白质中存在二硫键的有关信息说明, 该文件是一个 3189×6 的数据阵列. 该表的 1~6 列数据分别是蛋白质的编号与长度 (含氨基酸的个数)、含半胱氨酸的个数与比例 (百分比)、在这些半胱氨酸中构成二硫键的个数与比例 (百分比)(表 15.2.2).

表 15.2.2 含半胱氨酸与二硫键的蛋白质数目与百分比

百分比 1	0.00	0.0~3.0	3.0~6.0	6.0~9.0	9~12	12~15	15~18	18~21	21~24	24~27	>27
数目 1	538	2164	303	89	61	22	9	3	0	1	0
百分比 2	16.87	67.84	9.50	2.79	1.91	0.69	0.28	0.09	0.00	0.03	0.00
百分比 3	0.00	0~20	20~30	30~40	40~50	50~60	60~70	70~80	80~90	90~100	>100
数目 2	2264	6	18	40	31	5	73	86	57	586	24
百分比 4	85.37	0.23	0.68	1.51	1.17	0.19	2.75	3.24	2.15	22.10	0.90

对表 15.2.2 我们说明如下.

(1) 百分比 1 是半胱氨酸在蛋白质中的百分比范围, 数目 1 是在百分比 1 范围内蛋白质的数目, 百分比 2 是数量 1 的蛋白质数在数据库中所占的百分比. 由表 15.2.2 可以看到, 半胱氨酸在蛋白质中的百分比不超过 27 %.

(2) 由此可见, 含半胱氨酸的蛋白质有 2651 个百分比 3 与数目 2 是可能形成二硫键的半胱氨酸数目与该蛋白质的半胱氨酸的比例 (百分比).

(3) 在百分比 3 中, 有的百分比有可能大于 100.0 %, 这表示在同一蛋白质中有多个半胱氨酸中的硫原子距离都很接近, 它们都被判定为二硫键, 因此一个半胱氨酸有可能与另外两个 (或多个) 半胱氨酸构成二硫键 (或其中的硫原子距离十分接近).

(4) 在 PDB-Select 数据库中, 半胱氨酸在各蛋白质中含量的百分比是 1.56, 这个比例与 SP′06 数据库的统计结果 (表 7.1.4) 大体相同. 在 15-1-3.CTX 文件中, 按半胱氨酸在蛋白质中含量的比例超过 0.10, 以及这些半胱氨酸形成二硫键的比例超过 0.5 的指标进行搜索, 得到 68 个蛋白质, 它们的有关指标如表 15.2.3 所示.

表 15.2.3 具有高比例半胱氨酸与二硫键的蛋白质

1	2	3	4	5	6	1	2	3	4	5	6	1	2	3	4	5	6	1	2	3	4	5	6
83	56	6	10.71	3	1	691	64	8	12.50	4	1	1798	56	6	10.71	3	1	2503	122	14	11.48	7	1
102	119	14	11.76	7	1	729	117	14	11.97	7	1	1803	50	6	12.00	3	1	2644	72	10	13.89	5	1
114	66	10	15.15	9	1	731	64	8	12.50	4	1	1948	122	14	11.48	7	1	2679	56	6	10.71	3	1
282	89	10	11.24	5	1	751	61	8	13.11	4	1	2001	122	14	11.48	7	1	2681	56	6	10.71	3	1
291	125	14	11.20	9	1	753	59	6	10.17	3	1	2002	122	14	11.48	7	1	2741	118	14	11.86	7	1
293	76	8	10.53	4	1	837	61	10	16.39	5	1	2121	59	7	11.86	5	1.46	2757	105	14	13.33	7	1
338	124	14	11.29	7	1	848	73	8	10.96	4	1	2165	66	10	15.15	5	1	2852	121	14	11.57	7	1
383	92	10	10.87	5	1	930	91	16	17.58	8	1	2217	162	24	14.81	12	1	2856	61	8	13.11	4	1
393	90	10	11.11	8	1	997	160	24	15.00	12	1	2243	79	8	10.13	4	1	2992	51	8	15.69	4	1
397	51	10	19.61	5	1	1086	63	10	15.87	5	1	2267	58	6	10.34	3	1	3006	64	8	12.50	4	1
425	120	20	16.67	10	1	1095	55	6	10.91	3	1	2269	106	12	11.32	6	1	3007	64	8	12.50	4	1
495	56	6	10.71	3	1	1097	61	8	13.11	4	1	2280	124	14	11.29	7	1	3009	65	11	16.92	8	1.45
576	71	10	14.08	5	1	1123	118	14	11.86	7	1	2289	62	8	12.90	4	1	3043	56	6	10.71	3	1
606	60	6	10.00	3	1	1293	133	14	10.53	7	1	2331	124	14	11.29	7	1	3044	60	8	13.33	4	1
627	117	14	11.97	7	1	1497	60	6	10.00	3	1	2354	123	16	13.01	8	1	3103	123	14	11.38	7	1
636	58	14	24.14	7	1	1552	81	12	14.81	6	1	2413	85	10	11.76	5	1	3115	121	14	11.57	7	1
673	72	14	19.44	7	1	1658	75	8	10.67	4	1	2427	113	12	10.62	6	1	3142	171	32	18.71	16	1

表 15.2.3 中第 1 行的 1, 2, 3, 4, 5, 6 所代表的列分别是蛋白质的编号、长度、含半胱氨酸的数与比例 (百分比), 半胱氨酸中形成二硫键的数与比例. 表 15.2.3 中这些蛋白质总的长度都不大, 在 50∼171 AA 内, 但含半胱氨酸比例超过 10.0 %, 有的竟高达 24.1 %, 这样的比例远远高于半胱氨酸在 PDB-Select 数据库各蛋白质中含量的平均比例 1.56 %.

在这些蛋白质中, 形成二硫键的半胱氨酸比例超过 100.0%, 最高的达 180.0% (见文件 15-1-3.CTX), 因此它们中的一个半胱氨酸有可能与另外两个 (或多个) 半胱氨酸的距离很接近, 其中有的构成二硫键, 有的不一定是二硫键 (图 15.2.1).

3. 对离子键的分析

由文件 15-1-11.CTX 可以看到, 可能存在的离子键有 33983 个, 它们由 R,H,K 氨基酸提供正离子, 由 D,E 氨基酸提供负离子因此它们形成离子键的组合有 6 种, 它们的分布比例如表 15.2.4 所示.

表 15.2.4　形成离子键的氨基酸组合的比例(百分比)分布表

氨基酸组合类型	R,D	R,E	H,D	H,E	K,D	K,E
可能形成的离子键数	15389	16731	3955	3415	9161	11071
离子键的比例	25.77	28.01	6.62	5.72	15.34	18.54
单氨基酸名称	R	H	K	D	E	
可能形成的离子键数	32120	7370	20232	28505	31217	
离子键的比例	53.78	12.34	33.88	47.73	52.27	

由此可见, 由精氨酸 (R) 形成离子键的比例较高, 它的百分比达 73.78%, 组氨酸 (H)、赖氨酸出现的比例稍低, 天冬酰胺和谷氨酸出现的比例大体相同.

15.2.2　关于非固定共价键的分析

在蛋白质中可能存在两类不同非固定共价键, 其中第一类似是保持原来蛋白质中的共价键, 另一类是不再保持原来蛋白质中的共价键, 对它们的分析如下.

1. 对第一类非固定共价键的分析

在蛋白质的空间结构中, 除了二硫键外还存在有许多第一类非固定共价键, 对它们的搜索结果在光盘 DATA1/15/15-1/15-1-13.CTX 文件中给出, 对它们的分析如下.

(1) 对 15-1-13.CTX 文件的分析已在表 15.1.2∼ 表 15.1.4 中给出, 这种类型的共价键有 3855 个, 它们分别包含在 346 个蛋白质中, 这些共价键占氨基酸的总数约为 1.049%(大约平均 100 个氨基酸出现 1 个共价键), 而存在这些共价键的蛋白质的比例数为 10.846% (大约平均 10 个蛋白质中有 1 个蛋白质存在共价键).

(2) 因此可见, 在蛋白质中出现非固定共价键的比例是不均匀的, 有的蛋白质虽然较长, 但它们仍然没有现非固定共价键, 有的蛋白质可能出现多个非固定共价键. 在 PDB-Select 数据库中, 不同蛋白质在蛋白质出现非固定共价键的信息数据在光盘 DATA1/15/15-1/15-1-4.CTX 文件中给出.

(3) 表 15.1.3 给出了组成共价键的原子类型, 其中主链的 O 与 N,C 原子形成共价键的比例较高 (达 63.37%), N,C 原子与其他侧链中的非氢原子也有可能组成非固定的共价键.

2. 形成第一类共价键后的分子结构分析

在文件 15-1-13.CTX 可以看到, 如果有 2 的氨基酸为 a, a' 中的 O,C,N 原子形成共价键, 而 a, a' 氨基酸的序号距离在 2 以上, 那么它们的分子结构如图 15.2.1 所示.

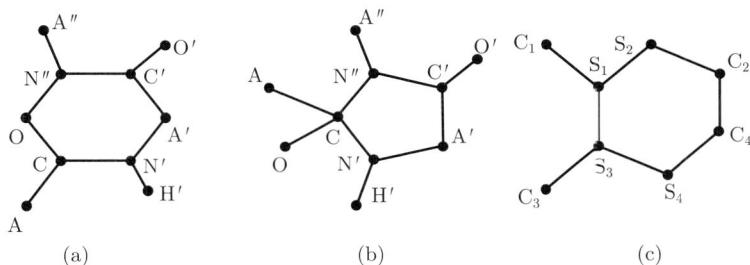

图 15.2.1　由氧、碳、氮构成的结构示意图

图 15.2.1 由 (a), (b), (c) 3 个图组成, 其中图 (a), 图 (b) 分别由氨基酸 a 中的 O 或 C 与 a'' 中的 N 原子距离很近, 这时这 3 氨基酸形成分子聚合团, 如果形成共价键就构成稳定的分子聚合团.

图 (c) 是由 $a^{(3)}, a^{(4)}$, 4 个半胱氨酸组成的分子聚合团, 其中 S_1-S_2, S_3-S_4 是二硫键, 其中的 CG_i 与 $S_i, i = 1, 2, 3, 4$ 构成共价键, 如果 $CC_2 - CG_3$ 构成共价键, 那么 S_1 与 S_4 的距离也可能很接近, 因此这 4 个氨基酸构成分子聚合团. 由此也可说明在有的蛋白质中, 距离很近的硫原子 (在半胱氨酸中) 会超过该蛋白质半胱氨酸中硫原子的总数.

3. 结构变化的分子点线图

在图 15.2.1 的图 (a), 图 (b) 中, 如果 O — N″ 与 C — N″ 形成共价键, 那么它们形成的分子点线图结构如图 15.2.2 所示.

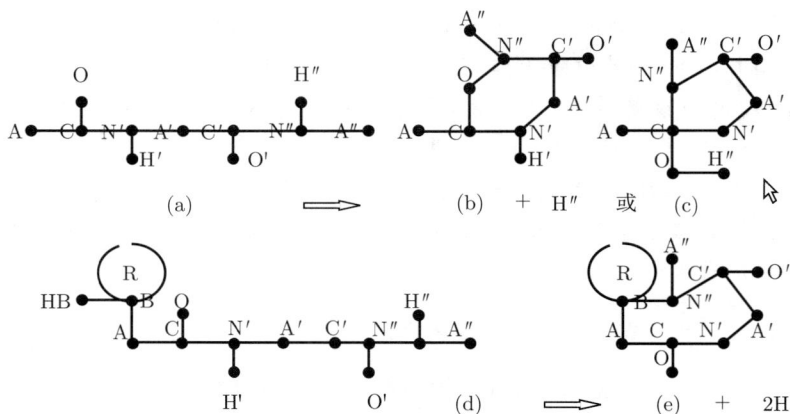

图 15.2.2　图 15.2.1 中的化学反应的点线图

对图 15.2.2 说明如下.

(1) 图 15.2.2 由 (a), (b), (c), (d), (e) 5 个子图组成, 其中图 (a) 是三肽主链的原子结构点线图. C=O, C′=O′ 是二价键, 用粗黑线表示, 其他共价键用细黑线表示.

(2) 图 (b), (c) 是图 (a) 中 O 或 C 与 N″ 形成共价键后的结构图. 其中图 (b) 是 O − N″ 形成共价键后的点线图, 按共价键的平衡原理, 在图 (a) 中的 C=O 变成 C − O, 而 N″ − H″ 中的氢原子 H″ 应被置换成游离的氢原子.

图 (c) 是 C − N″ 形成共价键后的点线图. 按共价键的平衡原理, 这时图 (a) 中的 N″ − H″ 中的氢原子 H″ 被分解与置换出去, 这时 C 原子只可能与 O 原子构成单价键 C − O, 而置换出来的 H″ 原子与 O 原子结合, 形成 C − O − H″ 的结构.

(3) 图 (d) 是三氨基酸序列中主链带侧链的原子结构点线图, 其中侧链 A-B-HB + R, 其中 R 是 HB 以外的其他共价键结构, 它的表示方式与图 (a) 相同.

(4) 图 (e) 是图 (c) 中 B 原子与 N″ 原子形成共价键后的结构图. 这时氢原子 H″ 与 HB 被置换成游离的 2 个氢原子 2H .

4. 结构变化后的结合能分析

对图 15.2.2 中图 (a)∼ 图 (e) 的结合能变化分析如下.

(1) 由表 12.1.2 可知, C=O, C−O, O−N, C−N 与 N−H, O−H, C−H 的结合能分别为 803, 351, 222, 293 与 391, 463, 413. 由此可以得到从图 (a) → (b), (c), (d) 的结合能变化如下.

(2) 在图 (a) → (b) 时, 共价键由 C=O, N″ − H″ 变为 C − O, O − N″, 因为

$803 + 391 = 1194 > 351 + 222 = 573$, 所以图 (a) 中共价键的结合能是一个能量吸收过程. 此外, 由于该化学反应释放出游离的氢原子, 这种氢原子具有很强的活性, 因此很容易与其他原子结合, 如果与氧原子结合形成水分子 2HO, 这时它的释放能量为 $2 \cdot 463 = 925$, 但 $2 \cdot (1194 - 573) = 1242 > 925$. 因此图 (b) 的反应过程仍是一个吸收能量的过程.

(3) 在图 (a) → (c) 时, 共价键由 C=O, N″ − H″ 变为 C − O, C − N″, O − H″, 因为 $803 + 391 = 1194 > 351 + 293 + 463 = 1107$, 所以图 (a) → (c) 中共价键的结合能是一个能量吸收过程.

(4) 在图 (d) → (e) 时, 共价键被 N″ − H″, B − HB 分解, 之后变为 B − N″, 这时 $391 + 413 = 804 > 222$, 所以在图 (d) → (e) 时共价键的结合能是一个能量吸收过程. 此外, 如果游离的氢原子与氧原子结合形成水分子 H_2O, 这时 $2 \cdot 463 = 926 > 804 - 222 = 582$, 这时的反应过程是一个释放能量的过程.

在 15-1-13.CTX 文件中还有其他侧链中的非氢原子与不同氨基酸中的 N 原子或其他原子也有类似的价键组合与能量分析, 对此就不一一列举.

15.2.3 对氢键的补充分析

在 14.1 节中已氢键作了初步讨论与分析, 现在对它们作进一步研究与说明.

1. 关于氢键的一些分析结论

在 14.1 节中已对氢键作了初步讨论结果罗列如下.

(1) 在涉及氢键的搜索与计算结果的数据文件在光盘 DATA1/15/15-1/15-1-2.CTX, 15-1-21.CTX, 15-1-22.CTX, 15-1-23.CTX, 15-1-24.CTX, 其中后 4 个文件是 15-1-2.CTX 的子阵列. 它们所涉及的结原子构类型在表.

(2) 氢键在蛋白质中有很高的发生率, 平均每个氨基酸可能产生 2.5 个氢键. 当然, 对不同的氨基酸会产生不同的平均氢键的频数与频率, 对此在下面中讨论.

(3) 在蛋白质中, 不同原子在形成氢键中的作用不同, 由 15-1-2.CTX 文件统计可以得到, 氧原子 (尤其是 = O 原子) 较易形成氢键. 由 15-1-2.CTX 文件统计可以得到, 有氧原子参与的氢键有 673260 个, 占所有氢键的 71.468%.

(4) 在蛋白质的所有氢键中, 大约有一半以上的氢键是在主链的 O,N 中发生, 它们在蛋白质二级结构的形成过程中起关键性的作用.

2. 关于氢键的补充讨论

在蛋白质中, 由氧原子 (尤其是 = O 原子) 与其他非氢原子形成氢键是最多的, 在 15-1-2.CTX 文件的氢键中, 包含氧原子的有 692776 个, 占所有氢键的 71.75%. 另外有一批非氧、非氢原子也可能形成氢键, 占所有氢键的比例约为 28.25%. 因此有必要对这些类型的氢键作分析考虑.

(1) 对这类氢键的搜索结果在光盘DATA1/15/15-2,3/15-2-1.CTX 文件中给出, 该文件是一个 145986×11 的数据阵列, 它的数据结构与光盘 DATA1/15/15-1/15-1-1.CTX 文件相同.

(2) 在 15-2-1.CTX 文件的成氢键的非氢原子中, 主链的 C 原子没有带氢原子的共价键的非氢原子, 因此与主链 C 原子氢键的氢键对有 110521 对, 占该文件氢键对的 77.40%. 其中在主链的 C, N 原子形成的氢键对有 106342 对, 占该文件氢键对的 74.47%.

由此可见, 这类的氢键仍在蛋白质主链上发生, 它们可以增加形成蛋白质二级结构的可能性.

(3) 其余的氢键在其他的碳、氮、硫原子间发生, 我们也可作类似的考察. 其中一部分原子, 如苯丙氨酸、色氨酸、酪氨酸、组氨酸中的 CG 原子, 甲硫氨酸中的 SD 原子, 谷氨酸中的 CD 原子都是不带氢原子为共价键的非氢原子, 因此它们都有可能与其他非氢原子形成氢键.

15.3　氨基酸的动力学倾向性因子与分子聚合团的分析

在 14.1 节与 14.2 节中, 我们已对不同蛋白质中所存在的各种不同类型键的分布情形作了分析, 我们现在对这些键在氨基酸中的分布情形进行分析. 由此得到氨基酸的动力学倾向性因子与分子聚合团的一系列性质.

15.3.1　氨基酸的动力学倾向性因子分析

所谓氨基酸的动力学倾向性因子是指不同氨基酸在蛋白质空间结构数据库中产生各种不同类型键的可能性大小, 我们称为氨基酸的动力学倾向性因子.

1. 动力学倾向性因子的类型与定义

我们已经说明, 氨基酸的动力学倾向性因子是指氨基酸在蛋白质空间结构数据库中产生各种不同类型键的可能性大小的度量, 因为化学键与氢键的结合能有一个多数量级的差别, 所以氨基酸的动力学倾向性因子主要分化学键与氢键两种不同类型.

2. 动力学倾向性因子的计算结果

由光盘 DATA1/15/15-1/15-1-1.CTX 与 15-1-2.CTX 文件可以计算得到, 不同氨基酸在这些文件中的发生频数与频率计算结果如表 15.3.1 所示.

表 15.3.1   不同氨基酸的频数与频率统计表

氨基酸一字符	A	R	N	D	C	Q	E	G	H	I
数据库中的频数	60837	34788	33174	43730	11427	27511	46366	57535	16687	40621
数据库中的频率	8.232	4.707	4.489	5.917	1.546	3.723	6.274	7.785	2.258	5.497
成化学键的频数	356	26150	528	20178	2342	403	14735	524	2588	310
成化学键的频率	0.461	33.833	0.683	26.107	3.030	0.521	19.054	0.678	3.348	0.401
化学键相对频率	0.585	75.170	1.592	46.142	20.495	1.465	31.730	0.911	15.509	0.763
成氢的频数	132941	92145	112265	114251	32321	88674	101754	112657	46013	91270
成氢键的频率	7.369	5.107	6.223	6.333	1.792	4.915	5.640	6.244	2.550	5.059
成氢键的相对频率	218.520	264.876	338.413	261.265	282.848	322.322	219.458	195.806	275.742	224.687
氨基酸一字符	L	K	M	F	P	S	T	W	Y	V
数据库中的频数	64033	43680	14585	29404	34507	46505	42841	10861	26901	53026
数据库中的频率	8.665	5.911	1.974	3.979	4.669	6.293	5.797	1.470	3.640	7.175
成化学键的频数	467	6265	158	232	309	610	483	81	185	387
成化学键的频率	0.604	8.106	0.204	0.300	0.400	0.789	0.625	0.105	0.239	0.501
化学键相对频率	0.729	14.343	1.083	0.789	0.895	1.312	1.127	0.746	0.688	0.730
成氢的频数	149089	87197	37756	70739	44221	138586	124319	31909	83916	112092
成氢键的频率	8.264	4.833	2.093	3.921	2.451	7.682	6.891	1.769	4.651	6.213
成氢键的相对频率	232.832	199.627	258.869	240.576	128.151	298.002	290.187	293.794	311.944	211.391

表 15.3.1 中对每个氨基酸的**数据库中的频数与频率**是该氨基酸在 PDB-Select 数据库中出现的频数与频率, **成化学键的频数与频率**是指在 15-1-1.CTX 文件中出现的频数与频率, **成氢键的频数与频率**是指在 15-1-2.CTX 文件中出现的频数与频率, 而**化学键与氢键的相对频率**分别定义为

$$
化学键的相对频率 = \frac{化学键的频数}{数据库中的频数}, \qquad 氢键的相对频率 = \frac{氢键的频数}{数据库中的频数}.
$$
(15.3.1)

定义 15.3.1   对每个氨基酸, 它的化学键与氢键的相对频率就是该氨基酸的化学键与氢键的**动力学倾向性因子**.

因此由表 15.3.1 我们可以得到每个氨基酸的化学键与氢键的动力学倾向性因子.

3. 动力学倾向性因子的特征分析

由表 15.3.1 可以看到, 不同氨基酸的动力学倾向性因子有很大的差别, 对它们的特征分析如下.

(1) 在不同的氨基酸中, 具有最大与最小的化学键动力学倾向性因子分别是精氨酸 (R) 与色氨酸 (W), 它们的取值分别是 75.17 与 0.746, 它们相差有 100 多倍. 而天冬氨酸 (D)、半胱氨酸 (C)、谷氨酸 (E)、组氨酸 (H)、赖氨酸 (K) 也具有较大的化学键动力学倾向性因子, 它们的取值都在 14.0 以上, 其余氨基酸的化学键动力

学倾向性因子都在 1.5 以下.

(2) 在不同的氨基酸中, 具有最大与最小的氢键动力学倾向性因子分别是天冬酰胺 (N) 与脯氨酸 (P), 它们的取值分别是 338.41 与 128.15. 由此可见, 不同氨基酸的氢键动力学倾向性因子差别不是很大, 都比较接近.

(3) 最大与最小的化学键动力学倾向性因子相差有 100 多倍, 而最大与最小的氢键动力学倾向性因子相差约为 2.6 倍, 另外化学键的结合能又大大强于氢键的结合能. 此外, 在蛋白质空间结构的形成过程中, 氢键又大量存在, 因此化学键与氢键在蛋白质空间结构的形成过程中起不同的作用.

15.3.2　双氨基酸的动力学倾向性因子

在 14.3 节中我们已经给出了单氨基酸动力学倾向性因子的定义、类型与计算结果, 现在讨论双氨基酸在蛋白质空间结构数据库中产生各种不同类型键的可能性大小.

双氨基酸的概念与二肽的概念不同, 在二肽中要求两个氨基酸的序号相邻, 因此它们的 C, N′ 原子由共价键连接. 而双氨基酸则要求这两个氨基酸的序号不相邻, 称它们之间的原子形成键的可能性大小为双氨基酸的动力学倾向性因子.

1. 双氨基酸动力学倾向性因子的类型与定义

在键的结构中, 我们注意到每个键都是有两个原子成对地出现, 它们分别属于两个不同的氨基酸. 因此我们就可计算双氨基酸构成键的数量与比例, 它们的类型仍然可分为化学键与氢键两种类型.

与单氨基酸情形相同, 双氨基酸的动力学倾向性因子就是它们成键的相对频率, 这时双氨基酸的总数就是各蛋白质中双氨基酸的总和, 对此计算公式如下.

(1) 如果分别记化学键与氢键为 I,II 型的键, 那么双氨基酸 (a,b) 构成 I, II 型键的总数就是光盘 DATA1/15/15-1/15-1-0.CTX 中双氨基酸 (a,b) 构成 I, II 型键的总数. 我们分别记为 $\nu_{\mathrm{I}}(a,b)$, $\nu_{\mathrm{II}}(a,b)$, 并称为双氨基酸构成 I, II 型键的频数分布.

(2) 在数据库 $\Omega = \{A_1, A_2, \cdots, A_m\}$ 中, 如果 $A_s = \{a_1, a_2, \cdots, a_{n_s}\}$ 是蛋白质 A_s 的一级结构, 记 $\nu_s(a)$ 是氨基酸 $a \in V_{20}$ 在 A_s 中出现的频数, 那么

$$\nu_s(a,b) = \nu_s(a)\nu_s(b), \quad \nu_0(a,b) = \sum_{s=1}^{m} \nu_s(a,b). \tag{15.3.2}$$

(3) 由此得到双氨基酸 (a,b) 的相对频率为

$$p_\tau(a,b) = \frac{\nu_\tau(a,b)}{\nu_0(a,b)}, \quad \tau = \mathrm{I}, \mathrm{II}. \tag{15.3.3}$$

对相对频率一般采用千分比的记号.

2. 双氨基酸动力学倾向性因子的计算表

由光盘 DATA0/PDB-S.CTX 与光盘 DATA1/15/15-1/15-1-0.CTX 的计算可以得到以下数据文件.

(1) 由光盘 DATA0/PDB-S.CTX 文件可以得到 3189 个蛋白质一级结构的频数分布表

$$\nu_s(a), \quad a \in V_{20}, \quad s = 1, 2, \cdots, m. \tag{15.3.4}$$

该数据文件在光盘 DATA1/15/15-2,3/15-3-1.CTX 文件中给出.

该文件是一个 3189×42 的数据阵列, 其中第 1, 2 列分别是蛋白质的序号与长度, 3~22 列分别是 20 种氨基酸在所在蛋白质中出现的频数, 23~42 列分别是 20 种氨基酸在所在蛋白质中出现的频率.

(2) 由式 (15.3.2) 的第 2 式与 15-3-1.CTX 的数据文件就可得到 $\mu_0(a,b), a, b \in V_{20}$ 的计算结果, 这是一个 20×20 的数据矩阵. 我们在光盘 DATA1/15/15-2,3/15-3-2.CTX 文件中给出.

(3) 由光盘 DATA1/15/15-1/15-1-0.CTX 与 $\nu_{\mathrm{I}}(a,b), \nu_{\mathrm{II}}(a,b)$ 的定义, 可以得到双氨基酸构成 I, II 型键的频数与频率分布. 我们分别记为

$$\nu_{\mathrm{I}}(a,b), \quad \nu_{\mathrm{II}}(a,b), \quad f_{\mathrm{I}}(a,b), \quad f_{\mathrm{II}}(a,b). \tag{15.3.5}$$

这是 4 个 20×20 的数据矩阵. 我们在光盘 DATA1/15/15-2,3/15-3-2.CTX 文件中给出.

(4) 由式 (15.3.3) 与 $\nu_{\mathrm{I}}(a,b), \nu_{\mathrm{II}}(a,b)$ 与 $\nu_0(a,b)$ 的计算结果就可得到 $p_{\mathrm{I}}(a,b), p_{\mathrm{II}}(a,b)$ 的计算结果, 我们同样在光盘 DATA1/15/15-2,3/15-3-2.CTX 文件中给出.

由此可知, 光盘 DATA1/15/15-2, 3/15-3-2.CTX 文件由 7 个 20×20 的数据矩阵模块组成. 其中第 7 个模块: 双氨基酸的相对频率就是双氨基酸动力学倾向性因子, 我们分别在表 15.3.2 和表 15.3.3 中单独给出.

表 15.3.2 双氨基酸形成 I- 型 (化学键) 的相对频率(千分比)分布表

	A	R	N	D	C	Q	E	G	H	I
A	0.000	0.027	0.026	0.025	0.066	0.017	0.037	0.023	0.012	0.015
R	0.027	0.108	0.053	24.383	0.042	0.069	24.193	0.023	0.036	0.037
N	0.026	0.053	0.029	0.053	0.058	0.086	0.038	0.057	0.174	0.021
D	0.025	24.383	0.053	0.054	0.056	0.020	0.046	0.036	13.077	0.054
C	0.066	0.042	0.058	0.056	26.843	0.052	0.049	0.021	0.085	0.031
Q	0.017	0.069	0.086	0.020	0.052	0.327	0.026	0.023	0.032	0.040
E	0.037	24.193	0.038	0.046	0.049	0.026	0.052	0.020	10.674	0.031
G	0.023	0.023	0.057	0.036	0.021	0.023	0.020	0.022	0.030	0.012
H	0.012	0.036	0.174	13.077	0.085	0.032	10.674	0.030	0.028	0.033
I	0.015	0.037	0.021	0.054	0.031	0.040	0.031	0.012	0.033	0.012
L	0.013	0.040	0.041	0.022	0.023	0.033	0.034	0.023	0.022	0.017
K	0.025	0.049	0.056	11.774	0.034	0.031	13.239	0.052	0.000	0.009

续表

	A	R	N	D	C	Q	E	G	H	I
M	0.018	0.050	0.045	0.037	0.050	0.024	0.041	0.036	0.010	0.036
F	0.020	0.035	0.031	0.022	0.025	0.018	0.023	0.010	0.024	0.014
P	0.017	0.021	0.068	0.038	0.020	0.018	0.027	0.039	0.036	0.037
S	0.018	0.035	0.061	0.041	0.050	0.059	0.057	0.065	0.030	0.053
T	0.017	0.024	0.065	0.036	0.028	0.056	0.043	0.031	0.056	0.033
W	0.040	0.013	0.056	0.010	0.021	0.039	0.015	0.000	0.000	0.000
Y	0.010	0.034	0.068	0.022	0.018	0.020	0.028	0.012	0.027	0.009
V	0.010	0.024	0.047	0.036	0.033	0.040	0.019	0.028	0.025	0.018

	L	K	M	F	P	S	T	W	Y	V
A	0.013	0.025	0.018	0.020	0.017	0.018	0.017	0.040	0.010	0.010
R	0.040	0.049	0.050	0.035	0.021	0.035	0.024	0.013	0.034	0.024
N	0.041	0.056	0.045	0.031	0.068	0.061	0.065	0.056	0.068	0.047
D	0.022	11.774	0.037	0.022	0.038	0.041	0.036	0.010	0.022	0.036
C	0.023	0.034	0.050	0.025	0.020	0.050	0.028	0.021	0.018	0.033
Q	0.033	0.031	0.024	0.018	0.018	0.059	0.056	0.039	0.020	0.040
E	0.034	13.239	0.041	0.023	0.027	0.057	0.043	0.015	0.028	0.019
G	0.023	0.052	0.036	0.010	0.039	0.065	0.031	0.000	0.012	0.028
H	0.022	0.000	0.010	0.024	0.036	0.030	0.056	0.000	0.027	0.025
I	0.017	0.009	0.036	0.014	0.037	0.053	0.033	0.000	0.009	0.018
L	0.009	0.031	0.053	0.005	0.029	0.040	0.028	0.007	0.010	0.015
K	0.031	0.097	0.023	0.038	0.029	0.044	0.019	0.022	0.025	0.026
M	0.053	0.023	0.033	0.071	0.028	0.038	0.028	0.000	0.018	0.028
F	0.005	0.038	0.071	0.071	0.039	0.014	0.033	0.029	0.012	0.032
P	0.029	0.029	0.028	0.039	0.014	0.030	0.036	0.000	0.018	0.016
S	0.040	0.044	0.038	0.014	0.030	0.048	0.060	0.023	0.047	0.036
T	0.023	0.019	0.028	0.033	0.036	0.060	0.047	0.095	0.037	0.030
W	0.007	0.022	0.000	0.029	0.000	0.023	0.095	0.093	0.037	0.009
Y	0.010	0.025	0.018	0.012	0.018	0.047	0.037	0.037	0.006	0.009
V	0.015	0.026	0.028	0.032	0.016	0.036	0.030	0.009	0.009	0.016

表 15.3.3   双氨基酸形成 II- 型 (氢键) 的相对频率(千分比)分布表

	A	R	N	D	C	Q	E	G	H	I
A	3.862	8.822	8.451	7.909	9.294	8.109	7.421	5.968	7.820	7.192
R	8.822	5.288	15.833	9.350	10.229	16.183	7.359	8.188	12.240	8.600
N	8.451	15.833	8.652	18.064	10.408	15.991	13.860	8.867	13.883	7.648
D	7.909	9.350	18.064	5.451	9.683	14.961	9.311	8.214	7.071	6.290
C	9.294	10.229	10.408	9.683	63.688	9.864	7.495	8.061	13.907	8.681
Q	8.109	16.183	15.991	14.961	9.864	7.769	13.180	7.267	12.831	8.479
E	7.421	7.359	13.860	9.311	7.495	13.180	4.166	6.349	4.767	6.397
G	5.968	8.188	8.867	8.214	8.061	7.267	6.349	2.613	7.943	5.516
H	7.820	12.240	13.883	7.071	13.907	12.831	4.767	7.943	9.008	8.607
I	7.192	8.600	7.648	6.290	8.681	8.479	6.397	5.516	8.607	4.518
L	7.624	9.600	8.350	6.656	9.324	9.234	7.074	6.019	9.110	9.412
K	7.256	8.538	11.855	8.068	8.301	11.867	6.781	6.390	8.261	6.810
M	7.441	10.438	9.173	7.246	10.201	9.550	7.662	5.995	11.018	9.691
F	7.162	9.032	8.912	7.217	10.216	8.877	6.580	6.330	9.442	8.220
P	3.688	6.252	5.333	4.118	3.456	5.617	4.649	2.997	5.975	3.401
S	7.956	12.338	13.203	18.453	10.724	12.600	13.356	7.417	15.051	7.654
T	7.368	11.599	13.381	16.605	8.702	13.652	13.412	7.105	12.947	8.092

续表

	A	R	N	D	C	Q	E	G	H	I
W	7.117	11.613	12.510	9.332	9.292	11.995	10.099	7.644	14.485	9.226
Y	7.901	13.858	11.996	13.747	10.909	12.344	12.502	7.936	15.432	9.516
V	6.823	7.868	7.493	6.233	8.205	7.667	5.849	5.725	8.385	8.697

	L	K	M	F	P	S	T	W	Y	V
A	7.624	7.256	7.441	7.162	3.688	7.956	7.368	7.117	7.901	6.823
R	9.600	8.538	10.438	9.032	6.252	12.338	11.599	11.613	13.858	7.868
N	8.350	11.855	9.173	8.912	5.333	13.203	13.381	12.510	11.996	7.493
D	6.656	8.068	7.246	7.217	4.118	18.453	16.605	9.332	13.747	6.233
C	9.324	8.301	10.201	10.216	3.456	10.724	8.702	9.292	10.909	8.205
Q	9.234	11.867	9.550	8.877	5.617	12.600	13.652	11.995	12.344	7.667
E	7.074	6.781	7.662	6.580	4.649	13.356	13.412	10.099	12.502	5.849
G	6.019	6.390	5.995	6.330	2.997	7.417	7.105	7.644	7.936	5.725
H	9.110	8.261	11.018	9.442	5.975	15.051	12.947	14.485	15.432	8.385
I	9.412	6.810	9.691	8.220	3.401	7.654	8.092	9.226	9.516	8.697
L	4.778	7.901	9.984	8.503	3.524	8.428	7.853	8.390	9.056	8.534
K	7.901	3.787	7.446	7.657	4.607	9.859	9.305	8.784	9.608	6.313
M	9.984	7.446	5.437	9.920	4.045	8.402	8.543	9.414	10.258	8.537
F	8.503	7.657	9.920	4.594	4.159	9.258	8.030	9.531	10.054	8.496
P	3.524	4.607	4.045	4.159	0.783	5.182	4.659	4.919	5.401	3.085
S	8.428	9.859	8.402	9.258	5.182	5.867	11.201	11.429	11.033	7.701
T	7.853	9.305	8.543	8.030	4.659	11.201	5.370	10.602	10.403	7.671
W	8.390	8.784	9.414	9.531	4.919	11.429	10.602	4.834	12.072	8.242
Y	9.056	9.608	10.258	10.054	5.401	11.033	10.403	12.072	5.747	9.062
V	8.534	6.313	8.537	8.496	3.085	7.701	7.671	8.242	9.062	4.210

3. 双氨基酸动力学倾向性因子的分析

由表 15.3.2 与表 15.3.3 可对双氨基酸形成 I, II-型相对频率 (或信息动力学因子) 的特征分析如下.

(1) 由表 15.3.2 可以看到, I-型信息动力学因子的差别很大, 其中最大值是 R-E 的组合, 它们的相对频率是 24.2 ‰, 这就是在 1000 个 R, E 氨基酸组合中有 24 对 R-E 组合存在化学键. 其中的最小值是 0.0 ‰, 因此它们的比例差别很大.

(2) 由表 15.3.3 可以看到, II-型信息动力学因子的分布比较均匀, 其中最大值是 D-S 的组合, 它们的相对频率是 18.5 ‰, 最小值是 G-G 的组合, 它们的相对频率是 2.6 ‰, 因此它们的差别不是很大.

15.3.3 分子聚合团的定义与计算

在 13.1 节中, 我们已经提出了分子聚合团的概念及它们在蛋白质折叠收敛过程中的作用, 我们现在对分子聚合团给出确切的定义如下.

1. 分子聚合团的定义与类型

在 13.1 节的讨论中, 我们把蛋白质中存在的键分为常见与非常见键两类, 分子聚合团是由非常见键所产生的蛋白质内部结构. 为讨论蛋白质内部各原子的结构

关系, 我们记

$$\mathrm{A} = \{\boldsymbol{a}_1, \boldsymbol{a}_2, \cdots, \boldsymbol{a}_n\} \tag{15.3.6}$$

是一个带原子标记的蛋白质结构, 其中 $\boldsymbol{a}_i = (a_{i,0}, a_{i,1}, \cdots, a_{i,h_i})$, 这里 $a_{i,0}$ 是该蛋白质中第 i 个氨基酸的名称, 而 $(a_{i,1}, \cdots, a_{i,h_i})$ 是氨基酸 $a_{i,0}$ 中所包含的全体非氢原子 (所有主链与侧链中的非氢原子), 它们由表 6.3.1 (或表 6.1.2) 给定.

在蛋白质的空间结构记号中, 对该蛋白质中的每个原子 $a_{i,h}$ 都有它们各自的空间位置, 记 $\boldsymbol{r}_{i,h} = (x_{i,h}, y_{i,h}, z_{i,h})$ 是该原子的空间坐标.

定义 15.3.2　在式 (15.3.1) 的蛋白质结构记号中, 定义它们的分子聚合团如下.

(1) 如果存在两个不相邻的氨基酸 $\boldsymbol{a}_i, \boldsymbol{a}_j$, $i+1 < j$, 存在两个非氢原子 $a_{i,h_i'}, a_{j,h_j'}$, 它们由化学键 (离子键、共价键、二硫键) 连接, 那么称氨基酸 $\boldsymbol{a}_i, \boldsymbol{a}_j$ 构成一个化学键型, 那么称这两个氨基酸是具有 I-型连接的氨基酸.

(2) 对两个不相邻的氨基酸 $\boldsymbol{a}_i, \boldsymbol{a}_j$, $i+1 < j$, 如果存在两个非氢原子 $a_{i,h_i'}, a_{j,h_j'}$, 它们由氢键连接, 那么称氨基酸 $\boldsymbol{a}_i, \boldsymbol{a}_j$ 构成一个 II-氢键型结合的氨基酸.

定义 15.3.3　在式 (15.3.6) 的蛋白质中, 在以下情况下产生分子聚合团.

(1) 如果存在两个不相邻的 $\boldsymbol{a}_i, \boldsymbol{a}_j$, $i+1 < j$, 它们是 I - 型连接的氨基酸, 那么称氨基酸 $\boldsymbol{a}_i, \boldsymbol{a}_j$ 构成一个分子聚合团.

(2) 在该蛋白质中, 如果存在一个氨基酸的片段 $\boldsymbol{a}_i, \boldsymbol{a}_{i+1}, \cdots, \boldsymbol{a}_{i+\tau}$, $\tau \geqslant 3$, 在该片段中如果存在多个 II-氢键型连接的氨基酸, 那么称该片段是一个分子聚合团.

(3) 在该蛋白质中, 如果存在 2 个氨基酸的片段 $\boldsymbol{a}_i, \boldsymbol{a}_{i+1}, \cdots, \boldsymbol{a}_{i+\tau_i}$, $\tau_i \geqslant 3$, $\boldsymbol{a}_j, \boldsymbol{a}_{j+1}, \cdots, \boldsymbol{a}_{j+\tau_j}$, $\tau_j \geqslant 3$, $j \geqslant i + \tau_i$, 在这 2 片段中如果存在多个 II- 氢键型连接的氨基酸, 那么称这 2 片段是一个分子聚合团.

2. 分子聚合团的列举

按定义 15.3.2, 在蛋白质 A 中, 满足以下条件都是分子聚合团.

(1) 如果在 A 中存在 $i \neq j$, 使氨基酸 $\boldsymbol{a}_i, \boldsymbol{a}_j$ 之间存在一个二硫键, 那么这 2 个氨基酸 (或它们的所有原子) 构成分子聚合团.

(2) 在蛋白质 A 中, 任何 α 螺旋结构的氨基酸片段 (或该片段中的所有原子) 构成分子聚合团 (它们满足定义 15.3.2 的条件 (2)).

(3) 在蛋白质 A 中, 任何 β 折叠结构的氨基酸片段 (或这些片段中的所有原子) 构成分子聚合团 (它们满足定义 15.3.2 的条件 (2) 或 (3)).

3. 分子聚合团的判定与标记

分子聚合团的判定主要是离子键、共价键、二硫键与氢键的判定, 对此已在判定条件 15.1.1~ 条件 15.1.6 中给出. 在离子键、共价键、二硫键与氢键确定的条件下, 由定义 15.3.1 和定义 15.3.2 就可确定在该蛋白质中所存在的不同类型的分子聚合团.

由定义 15.3.1 和定义 15.3.2 可以对每个蛋白质中存在的分子聚合团进行标记, 标记的主要指标如下.

(1) 所在的蛋白质与形成的 I-型聚合团 (共价键或氢键) 的氨基酸对 (a_i, a_j). 它们的主要指标有 (a_i, a_j) 所在的序号 (i, j) 与氨基酸的名称 (一字符或三字符). 氨基酸对 (a_i, a_j) 序号的距离 $j - i$, 氨基酸中成离子键或共价键的原子名称与距离.

(2) 对 α-型聚合团则需要标记该片段的起终点的序号, 构成氢键的氨基酸的名称、序号的距离、原子的名称与距离.

(3) 对 β-型聚合团则需要标记这些片段 (两个或两个以上片段) 的起终点的序号, 构成氢键的氨基酸的名称、序号的距离、原子的名称与距离.

(4) 对一个蛋白质, 如果它有 k 个聚合团, 那么它们的非列方式应按每个聚合团中氨基酸的最小序号的次序排列.

4. 分子聚合团中氨基酸的序号距离指标

对 PDB-Select 中各蛋白质中所可能存在的分子聚合团的搜索与计算结果及涉及它们的各项信息动力学指标实际上已在光盘 DATA1/15/15-1 与 14-2, 3 文件夹中给出, 对这些文件在 14.1~14.3 节的前几小节中已有详细说明, 在此我们主要讨论分子聚合团的序号距离指标.

(1) 文件 15-1-0.CTX 不仅给出了各种键的类型、所在的氨基酸与原子对, 还给出了形成这些键的氨基酸与原子对的序号距离. 这也是分子聚合团中的重要指标.

(2) 按蛋白质空间结构形成过程的随机运动与聚合团的收敛模型分析来看, 蛋白质主、侧链中各原子在作随机运动过程中, 距离较近的氨基酸与原子显然较易形成分子聚合团. 相反, 距离较远的氨基酸与原子显然较难形成分子聚合团, 但这种难易程度较难用定量化的指标来描述.

(3) 可以肯定的一点是形成分子聚合团的难、易程度与氨基酸的动力学倾向性因子有关, 也与氨基酸的序号距离有关. 对动力学倾向性因子我们已有许多讨论, 而与序号距离的关系则可通过适当的非线性函数指标来描述, 如采用幂函数 $y = \sqrt{x}$ 或 $y = \log x$ 来表达.

最终采用什么样的函数最为合适需通过对蛋白质三维折叠或三维折叠速率等分析计算来确定.

5. 分子聚合团中氨基酸平均序号距离指标的计算

从文件 15-1-0.CTX 来看, 不同氨基酸形成键的数量很多, 它们之间的序号距离也各不相同, 我们计算它们的平均序号距离指标如下.

(1) 记 (a, b) 是形成键的两个氨基酸, 它们在蛋白质中的序号分别为 $i_a < i_b$, 如果我们采用对数函数, 那么它们的序号距离为 $d(a, b) = \log(i_b - i_a)$, 其中 $i_a, i_b, i_b - i_a$ 的数据分别在 15-1-0.CTX 数据阵列的第 4, 5, 6 行中给出.

(2) 对固定的双氨基酸 $(a, b), a, b \in V_{20}$ 同样可分 I-型 (化学键) 与 II-型 (氢键) 键, 利月 15-1-0.CTX 文件就可计算出它们在该文件中出现的频数记为 $\nu_\tau(a, b), \tau = $ I, II, 与距离

$$d_\tau(a_j, b_j) = \log_2(i_{a_j} - i_{b_j}), \quad a_j = a, b_j = b, \quad j = 1, 2, \cdots, \nu_\tau(a, b), \quad \tau = \text{I}, \text{II}, \tag{15.3.7}$$

其中 i_{a_j}, i_{b_j} 分别是成键双氨基酸 a_j, b_j 在同一蛋白质中的序号.

(3) 由此得到, 双氨基酸 $(a, b), a, b \in V_{20}$ 的 I, II-型键的平均序号距离指标的计算公式为

$$d_\tau(a, b) = \frac{1 + \sum\limits_{j=1}^{\nu_\tau(a,b)} d_\tau(a_j, b_j)}{1 + \nu_\tau(a, b)}, \quad \tau = \text{I}, \text{II}. \tag{15.3.8}$$

这里取 1+ 的记号主要是防止在 $\nu_\tau(a, b) = 0$ 时会出现 0/0 的情形. 因为 $i_{b_j} - i_{b_j} \geqslant 2$, 所以总有 $d_\tau(a, b) \geqslant 1$ 成立.

(4) 由文件 15-1-0.CTX 与式 (15.3.8) 可计算得到双氨基酸形成 I,II-型平均序号距离指标的计算结果如表 15.3.4 和表 15.3.5 所示.

表 15.3.4　双氨基酸形成 I-型 (化学键) 的平均序号距离指标计算表

	A	R	N	D	C	Q	E	G	H	I
A	1.000	1.187	1.171	1.161	1.000	1.452	1.148	1.197	1.000	1.224
R	1.187	1.344	1.352	3.874	1.000	1.449	3.796	1.214	1.589	1.027
N	1.171	1.352	1.000	1.541	1.000	1.326	1.548	1.103	1.360	1.184
D	1.161	3.874	1.541	1.024	1.811	1.560	1.408	1.060	3.789	1.057
C	1.000	1.000	1.000	1.811	4.818	1.000	1.508	1.000	1.000	1.431
Q	1.452	1.449	1.326	1.560	1.000	1.227	1.394	1.350	1.000	1.031
E	1.148	3.796	1.548	1.408	1.508	1.394	1.091	1.000	3.738	1.195
G	1.197	1.214	1.103	1.060	1.000	1.350	1.000	1.017	1.000	1.000
H	1.000	1.589	1.360	3.789	1.000	1.000	3.738	1.000	1.117	1.117
I	1.224	1.027	1.184	1.057	1.431	1.031	1.195	1.000	1.117	2.910
L	2.013	1.094	1.388	1.000	1.000	1.421	1.167	1.159	1.000	1.285
K	1.493	1.086	1.517	3.458	1.000	1.514	3.285	1.141	1.000	1.000
M	1.000	1.049	1.000	1.000	1.750	1.000	1.090	1.475	1.000	1.956
F	1.193	1.668	1.000	1.000	1.000	1.000	1.000	1.330	1.000	1.000
P	1.183	1.000	1.609	1.140	1.896	1.073	1.136	1.047	1.175	1.053
S	1.364	1.000	1.081	1.267	1.000	1.055	1.062	1.075	1.769	1.104

续表

	A	R	N	D	C	Q	E	G	H	I
T	1.031	1.303	1.386	1.210	1.000	1.131	1.134	1.163	1.640	1.073
W	1.146	1.000	1.351	1.000	1.000	1.000	1.330	1.000	1.000	1.000
Y	1.073	1.798	2.717	2.639	1.000	1.607	1.756	1.365	1.754	1.317
V	1.625	1.070	1.033	1.181	1.000	1.350	1.000	1.000	1.607	1.880

	L	K	M	F	P	S	T	W	Y	V
A	2.013	1.493	1.000	1.193	1.183	1.364	1.031	1.146	1.073	1.625
R	1.094	1.086	1.049	1.668	1.000	1.000	1.303	1.000	1.798	1.070
N	1.388	1.517	1.000	1.000	1.609	1.081	1.386	1.351	2.717	1.033
D	1.000	3.458	1.000	1.000	1.140	1.267	1.210	1.000	2.639	1.181
C	1.000	1.000	1.750	1.000	1.896	1.000	1.000	1.000	1.000	1.000
Q	1.421	1.514	1.000	1.000	1.073	1.055	1.131	1.000	1.607	1.350
E	1.167	3.285	1.090	1.000	1.136	1.062	1.134	1.330	1.756	1.000
G	1.159	1.141	1.475	1.330	1.047	1.075	1.163	1.000	1.365	1.000
H	1.000	1.000	1.000	1.000	1.175	1.769	1.640	1.000	1.754	1.607
I	1.285	1.000	1.956	1.000	1.053	1.104	1.073	1.000	1.317	1.880
L	2.391	1.379	1.536	2.013	1.084	1.176	1.037	1.000	1.896	2.336
K	1.379	1.000	1.000	1.028	1.065	1.181	1.039	1.117	1.045	1.127
M	1.536	1.000	1.117	2.086	1.000	1.106	1.073	1.000	2.321	1.158
F	2.013	1.028	2.086	4.953	1.000	1.000	1.000	1.468	1.000	1.634
P	1.084	1.065	1.000	1.000	1.719	1.084	1.145	1.000	1.165	1.631
S	1.176	1.181	1.106	1.000	1.084	1.485	1.404	1.000	1.045	1.252
T	1.037	1.039	1.073	1.000	1.145	1.404	1.043	1.175	1.000	1.407
W	1.000	1.117	1.000	1.468	1.000	1.000	1.175	2.127	1.990	2.153
Y	1.896	1.045	2.321	1.000	1.165	1.045	1.000	1.990	1.000	1.000
V	2.336	1.127	1.158	1.634	1.631	1.252	1.407	2.153	1.000	2.169

表 15.3.5　双氨基酸形成 II-型 (氢键) 的平均序号距离指标计算表

	A	R	N	D	C	Q	E	G	H	I
A	2.222	2.837	2.436	2.117	2.402	2.453	2.189	2.418	2.522	2.680
R	2.837	3.300	3.262	2.824	3.046	3.234	2.944	3.228	3.282	3.063
N	2.436	3.262	2.991	2.519	2.715	2.907	2.699	2.840	3.050	2.814
D	2.117	2.824	2.519	2.197	2.342	2.497	2.206	2.467	2.867	2.479
C	2.402	3.046	2.715	2.342	4.672	2.862	2.648	2.763	2.715	2.917
Q	2.453	3.234	2.907	2.497	2.862	2.807	2.672	2.798	2.980	2.731
E	2.189	2.944	2.699	2.206	2.648	2.672	2.184	2.572	2.882	2.502
G	2.418	3.228	2.840	2.467	2.763	2.798	2.572	2.594	2.680	2.834
H	2.522	3.282	3.050	2.867	2.715	2.980	2.882	2.680	3.636	2.810
I	2.680	3.063	2.814	2.479	2.917	2.731	2.502	2.834	2.810	3.338
L	2.386	2.856	2.506	2.231	2.737	2.447	2.160	2.600	2.572	2.903
K	2.404	2.758	2.728	2.469	2.823	2.786	2.670	2.580	2.730	2.698
M	2.309	2.913	2.558	2.276	2.684	2.646	2.432	2.642	2.919	2.907
F	2.571	3.118	2.719	2.234	3.238	2.693	2.370	2.819	2.723	3.115

	A	R	N	D	C	Q	E	G	H	I
P	2.098	3.231	2.661	2.030	2.599	2.516	2.023	2.369	3.003	2.269
S	2.355	3.171	2.878	2.368	2.970	2.765	2.717	2.643	3.198	2.605
T	2.524	3.282	3.020	2.455	2.827	2.873	2.602	2.829	3.016	2.936
W	2.630	3.211	3.079	3.063	2.993	3.053	2.957	2.959	3.054	3.264
Y	2.873	3.540	3.253	3.603	3.432	3.427	3.635	3.129	3.591	3.330
V	2.816	3.185	2.858	2.618	3.186	3.001	2.647	3.082	3.011	3.473

	L	K	M	F	P	S	T	W	Y	V
A	2.386	2.404	2.309	2.571	2.098	2.355	2.524	2.630	2.873	2.816
R	2.856	2.758	2.913	3.118	3.231	3.171	3.282	3.211	3.540	3.185
N	2.506	2.728	2.558	2.719	2.661	2.878	3.020	3.079	3.253	2.858
D	2.231	2.469	2.276	2.234	2.030	2.368	2.455	3.063	3.603	2.618
C	2.737	2.823	2.684	3.238	2.599	2.970	2.827	2.993	3.432	3.186
Q	2.447	2.786	2.646	2.693	2.516	2.765	2.873	3.053	3.427	3.001
E	2.160	2.670	2.432	2.370	2.023	2.717	2.602	2.957	3.635	2.647
G	2.600	2.580	2.642	2.819	2.369	2.643	2.829	2.959	3.129	3.082
H	2.572	2.730	2.919	2.723	3.003	3.198	3.016	3.054	3.591	3.011
I	2.903	2.698	2.907	3.115	2.269	2.605	2.936	3.264	3.330	3.473
L	2.529	2.354	2.598	2.732	2.164	2.363	2.601	2.929	3.074	3.049
K	2.354	2.431	2.501	2.440	2.459	2.723	2.818	2.552	3.013	2.779
M	2.598	2.501	2.660	2.749	2.277	2.617	2.620	2.893	3.073	2.943
F	2.732	2.440	2.749	3.239	2.195	2.613	2.854	3.070	3.384	3.256
P	2.164	2.459	2.277	2.195	2.479	2.256	2.465	2.857	3.243	2.393
S	2.363	2.723	2.617	2.613	2.256	2.655	2.757	2.952	3.016	2.876
T	2.601	2.818	2.620	2.854	2.465	2.757	3.016	2.981	3.160	3.074
W	2.929	2.552	2.893	3.070	2.857	2.952	2.981	2.787	3.597	3.250
Y	3.074	3.013	3.073	3.384	3.243	3.016	3.160	3.597	3.853	3.566
V	3.049	2.779	2.943	3.256	2.393	2.876	3.074	3.250	3.566	3.652

6. 双氨基酸平均序号距离指标计算结果的分析

由表 15.3.4 和表 15.3.5 可以看到, 双氨基酸平均序号距离指标具有以下特点.

(1) I-型双氨基酸平均序号距离的最大值是由 C-C 与 F-F 氨基酸组成化学键, 它们的平均距离分别是 4.818 与 4.953, 它们之间形成化学键的氨基酸都有较大的序号距离.

(2) I-型双氨基酸平均序号距离的最小值是 1.000, 只是由于它们所对应的双氨基酸之间不存在化学键, 按公式 (15.3.8) 的计算, 它们的平均序号距离为 1.0.

(3) II-型双氨基酸平均序号距离为 2.117~4.672, 由此说明它们的变化范围较小. 因为氢键大量存在, 所以不同氨基酸之间形成氢键的序号距离具有较均匀的分布.

参 考 文 献

[1] Liljas A, Liljas L, Piskur J, et al. Texbook of Structural Biology. 苏晓东, 等, 译. 北京: 科学出版社, 2013.

[2] Finkelsstein A V, Ptitsyn O B. Protein Physics: A Course of Lectures. 朱厚础, 等, 译. 北京: 化学工业出版社, 2008.

[3] Altschul S F. A Protein alignment sconring system sensitive at all evolutionary distances. J. Mol. Evol., 36:290-300.

[4] Finkelstein A, Ptitsyn O. Protein Physics: A Course of Lectures. 朱厚础, 等, 译. 北京: 化学工业出版社, 2007.

[5] Altschul S F, Lipman D. Trees, stars and multiple biological sequence alignment. SIAM J Appl. Math., 1989, 49, 197-209.

[6] Anfinsen C B. Principles that govern the folding of protein chains. Science, 1973, 181:223-230.

[7] Altekar G, Dwarkadas S, Huelsenbeck J P, et al. Parallel Metropolis coupled Markov chain Monte Carlo for Bayesian phylogenetic inference. Bioinformatics, 2004, 20: 407-415.

[8] Altschul S F, Gish W, Miller W, et al. Basic local alignment search tool. J Mol Biol, 215:403–410.

[9] Altschul S F, Madden T L, Schaffer A A, et al. Gapped BLAST and PSI-BLAST: A new generation of protein database search progrems. Nucl Acids Res. 1997, 25: 3389-3402.

[10] Allen F H. A quarter of a million crystal structures and rising. Acta Crystallogr. The Cambridge Structural Database, 2002, B58: 380-388.

[11] Andreeva A, Howorth D, Brenner S E, et al. SCOP database in 2004: refinements integrate structure and sequence family data. Nucl Acid Res, 2004, 32: 226-229.

[12] Attwood T K, Parry-Smith D J. Introduction to Bioinformatics. 罗静初, 等, 译. 北京: 北京大学出版社, 2002.

[13] An Introduction to Next-Generation Sequencing Technology. http://www.illumina.com/NGS/.

[14] Bairoch A, Apweiler R. The Swiss-Prot protein sequence data bank and its supplement TrEMBL. Nucl Acids Res, 2000, 28:45–48.

[15] Baldi P, Branak S. Bioinformatics. London: ISBN, 1998.

[16] Baldi P, Brunak S. Bioinformatics-The Machine Learning Approach. 张东晖, 等, 译. 北京: 中信出版社, 2003.

[17] Baxevanis A D, Francis B F. Bioinformatics. 李衍达, 等, 译. 北京: 清华大学出版社, 2000.

[18] Baxevanis A D, Ouellette B F F. Bioinformatics: a practical guide to the analysis of genes and proteins. Wiley-interscience, 2004.

[19] Bairoch A, Boeckmann B, Ferro S, et al. Swiss-Prot: Juggling between evolution and stability Brief. Bioinform., 2004, 5:39-55.

[20] Xu B S, Yang Y D, Liang H J, et al. An all-atom knowledge-based energy function for protein-DNA threading, docking decoy discrimination, and prediction of transcription-factor binding profiles. Proteins, 2009, 76:718-730.

[21] Barker W C, Garavelli J S, Haft D H, et al. The PIR-International protein sequence database. Nucleic Acids Res., 1998, 26: 27-32.

[22] Benson D A, Karsch-Mizrachi I, Lipman D J, et al. GenBank: Nucleic Acids Res., 2003, 31:

23-27.

[23] Benson D A, Karsch-Mizrachi I, Lipman D J, et al. GenBank: update. Nucleic Acids Res, 2004, 32: 23-26.

[24] Berman H M , Westbrook J, Feng Z, et al. The protein data bank. Nucleic Acids Research, 2000, 28: 235-242.

[25] Branden C, Tooze J. Introduction to Protein Structre. 2nd ed. 王克夷, 等, 译. 上海: 上海科学 技术出版社, 2007.

[26] BLAST. http://www.cbc.med.umn.edu/MBsoftware/GCG/Manual/blast.html.

[27] Brown A C. On the theory of isomeric compounds. J Chem Soc, 1865, 18: 230-245.

[28] Chapman M S. Mapping the surface properties of macromolecules. Protein Science, 1993, 2: 459-469.

[29] Carrillo H, Lipman D. The Multiple Sequence Alignment Problem in Biology. SIAM J Appl Math, 1988, 48: 1073-1082.

[30] Chan S C, Wong A K C, Chiu D K Y. A survey of multiple sequence comparision methods. Bulletin of Math Biology, 1992, 54(4): 563-598.

[31] Chao K M, Hardison R C, Miller W. Recent developments in linear-space aligning methods: A survey. Comput Appl Biosci Winter, 1994, 1(4): 271-291.

[32] Chao K M, Ostell J, Miller W. A Local aligning tool for very long DNA sequences. Comput Appl Biosci Apr, 1995, 11(2): 147-153.

[33] Chao K M, Pearson W R, Miller W. Aligning two sequences within a specified diagonal band. CABIOS, 1992, 8: 481-487.

[34] Chao K M, Zhang J, Ostell J, et al. A tool aligning very similar DNA sequences. Comput Appl Biosci Feb, 1997, 13(1): 75-80.

[35] Comparison. http://www.cbc.med.umn.edu/MBsoftware/GCG/Manual/comparison.html.

[36] Chew L P, Kedem K, Huttenlocher D P, et al. Fast detection of geometric substructure in proteins. J Comp Biol, 1999, 6(3-4): 313-325.

[37] CLUSTAL-W.http://www.ebi.ac.uk/clustalw/.

[38] Claude B. Hypergraphs-Combinatorics of Finite Sets. 卜月华, 等, 译. 南京: 东南大学出版社, 2001.

[39] Cover T M, Thomas J A. Elements of Information Theory. 阮吉寿, 等, 译. 北京: 机械工业出 版社, 2007.

[40] Christopher M. Bishop Pattern Recognition and Machine Learning. Springer, 2006, ISBN 0-387-31073-8.

[41] Dayhoff M O, Schwartz R M, Orcutt B C. A model of evolutionary change in proteins. Atlas of Protein Sequence and Structure, 1978, 5(2): 345-352.

[42] David W M. Bioinformatics-Seqwuence and Genome Analysis. 钟扬, 等, 译. 北京: 高等教育出 版社, 2003.

[43] Doob J L. Stochastic Processes. New York: John Wiley and Sons, 1953.

[44] Durbin R, Eddy S, Krogh A, et al. Biological Sequence Analysis-Probabilistic Models of Proteins and Nucleic Acids. Oxford: Oxford University. Press; 北京: 清华大学出版社, 2002.

[45] Eisenberg D, Schwarz E, Komaromy M, et al. Analysis of membrane and surface protein sequences with the hydrophobic moment plot. J Mol Biol, 1984, 179:125-142.

[46] Devlin T M. Textbook of Biochemistry with Clinical Correlations. New York: John Wiley

and Sons, 2006; 王红阳, 等, 译. 北京: 科学出版社, 2008.

[47] David L N, Michael M C. Lechninger Principles of Biochemistry. W.H.Freeman and Company, 2000; 周海梦, 等, 译. 北京: 高等教育出版社, 2005.

[48] Elshorst B, Hennig M, Forsterling H, et al. NMR solution structure of a complex of calmodulin with a binding peptide of the Ca^{2+} pump. Biochemistry, 1999, 38(38):12320-12332.

[49] Endres D M, Schindelin J E . A New Metric for Probability Distributions. IEEE - IT, 2003, 49(7): 1858-1860.

[50] John K. Encycleppedia of Molecular Biology//英汉分子生物学辞典. 龚祖埙, 译. 上海: 上海科技出版社, 2004.

[51] FASTA. http://www.cbc.med.umn.edu/MBsoftware/GCG/Manual/fasta.html.

[52] Feig M, Onufriev A, Lee M S, et al. Performance comparison of generalized born and Poisson methods in the calculation of electrostatic solvation energies for protein structures. Journal of Computational Chemistry, 2004, 25 (2): 265-84.

[53] Felsenstein J. Evolutionary trees from DNA sequences: a maximum likelihood approach. J Mol Evol, 1981, 17: 368-376.

[54] Felsenstein J. PHYLIP(the PHYLogeny Inference Package), version 3.66. Department of Genetics. Washington: University of Washington, Seattle.

[55] Fitch W M. Toward defining the course of evolution: minimum change for a specified tree topology. Systematic Zoology, 1971, 20:406-416.

[56] Freeman W H, Freeman C O. 生物物理学: 能量、信息、生命. 黎明, 等, 译. 上海: 上海科学技术出版社, 2006.

[57] Gallo G, Longo G, Nguyen S, et al. Directed hypergraphs and applications. Discrete Applied Mathematics, 1993, 42: 177-201.

[58] Gao J, Zhang T, Zhang H, et al. Prediction of protein folding rates from sequence and sequence-derived residue flexibility and solvent accessibility. Proteins, 2010, 78(9):2114-2130.

[59] George W. Dean's Handbook of Organic Chemistry. McGraw-Hill Companies Inc., 2004.

[60] Gasteiger E, Jung E, Bairoch A. SWISS-PROT: Connecting biological knowledge via a protein database Curr. Issues Mol Biol, 2001, 3:47-55.

[61] Georg F. A Gentle Guide to Multiple Alignment. Version 2.03, 1997.

[62] Goldman N, Yang Z. A codon-based model of nucleotide substitution for protein-coding DNA sequences. Mol Biol Evol, 1994, 11: 725-735.

[63] Gouzalo N. A Gulded Tour to Appraximate String Matching. ACM Compuing Surveys, 2001, 33(1): 31-88.

[64] Green P J. Reversible jump Markov chain Monte Carlo computation and Bayesian model determination. Biometrika, 1995, 82: 711-732.

[65] Gusfield D. Efficient Methods for Multiple Alignment with Guaranteed Error Bounds. Bull Math Biol, 1993, 55: 141-145.

[66] Goonet G H, Korostensky C, Benner S. Evaluation Measures of Multiple Sequence Alignments. J Comput Biol, 2000, 7: 261-276.

[67] Hasegawa M, Kishino H, Yano T. Dating of the human-ape splitting by a molecular clock of mitochondrial DNA. J Mol Evol, 1985, 22: 160-174.

[68] Hastings W K. Monte Carlo sampling methods using Markov chains and their applications. Biometrika, 1970, 57: 97-109.

[69] Henikoff S, Henikoff J G. Amino acid substitution matrices from protein blocks. Proc Natl Acad Sci, 1992, 89: 10915-10919.

[70] Hobohm U, Sander C. Enlarged representative set of protein structures. Protein Sci., 1994, 3:522-524.

[71] Holm L, Sander C. Mapping the protein universe. Science, 1996, 273: 595-603.

[72] Hood L. Systems biology: integrating technology, biology, and computation. Mech Ageing Dev, 2003, 124(1):9-16.

[73] Huang X Q. A Context Dependent Method for Comparing Sequences. Proceedings of the 5th Symposium on Combinatorial Pattern Matching, Lecture Notes in Computer Science 807. New York: Springer-Verlag, 1995: 54-63.

[74] http://mathbio.nankai.edu.cn.

[75] Huang J Y, Brutlag D L. The EMOTIF database. Nucleic Acids Res, 2001, 29(1): 202-204.

[76] Huelsenbeck J P, Ronquist F. MRBAYES: Bayesian inference of phylogenetic trees. Bioinformatics, 2001, 17(8):754-755.

[77] Hulo N, Bairoch A, Bulliard V, et al. The PROSITE database. Nucleic Acids Res, 2006, 34: 227-230.

[78] Hopfield J J. Neural networks and physical systems with Emergemt collective computational abilities. Proc Natl Acad Sci, 1982, 79: 2554-2558.

[79] Horst S, Taschenbuh, FP Verlag H D. 物理手册. 吴锡真, 等, 译. 北京: 北京大学出版社, 2005.

[80] Ivankov D N, Bogatyreva N S, Lobanov MY, et al. Coupling between properties of the protein shape and the rate of protein folding.PLoS One, 2009, 4(8):6476.

[81] Tao J, Kearney P, Li M. Some Open Problems in Computational Molecular Biology. J of Algorithms, 2000, 34: 194-201.

[82] John S G, Zheng L H. Nagarajan P, et al. The RESID Database of protein structure modifications and the NRL-3D Sequence-Structure Database. Nucleic Acids Research, 2001, 29(1): 199-201.

[83] Jonassen I. Efficient discovery of conserved patterns using a pattern graph Comput. Appl Biosci, 1997: 13(5): 509-522.

[84] Jonassen I, Collins J F, Higgins D. Finding flexible patterns in unaligned protein sequences. Protein Science, 1995, 4(8): 1587-1595.

[85] Jukes T H, Cantor C R. Evolution of Protein Molecules. In Mammalian protein metabolism. New York: Academic Press, 1969: 21-132.

[86] He J F, Peng G W, Min J, et al. The chinese SARS molecular epidemiology consortium, molecular evolution of the SARS coronavirus during the course of the SARS epidemic in China. Science, 2004, 303: 1666-1669.

[87] Kinch L, Yong Shi S, Cong Q, et al. CASP9 assessment of free modeling target predictions. Proteins, 2011, 99(10): 59-73.

[88] Kabsch W, Sander C. Dictionary of protein secondary structure: Pattern recognition of hydrogen-bond and geometrical features. Biopolymers, 1983, 22:2577-2637.

[89] Kedem K, Chew L P, Elber R. Unit-vector RMS (URMS) as a tool to analyze molecular dynamics trajectories. Proteins Struct Funct Genet, 1999, 37: 554-564.

[90] Kimura M. A simple method for estimating evolutionary rates of base substitutions through comparative studies of nucleotide sequences. J Mol Evol, 1980, 6: 111-120.

[91] Kirkpatrick S, Jr Gelatt C D, Vecchi M P. Optimization by simulated annealing. Science, 1983, 220: 671-680.

[92] Kyte J, Doolittle R F. A simple method for displaying the hydropathic character of a protein. J Mol Biol, 1982, 157:105-132.

[93] Langon C G. Studying arificial life with cellular automata. Physica D, 1986, 10: 120-149.

[94] KEGG. http://www.genome.jp/kegg/.

[95] Kryshtafovych A, Venclovas C, Fidelis K, et al. Progress over the first decade of CASP experiments. Proteins, 2005, 61(7): 225-236.

[96] Kryshtafovych A, Fidelis K, Moult J. CASP9 results compared to those of previous CASP experiments. Proteins, 2011, 79(10):196-207.

[97] Lazaridis T, Karplus M. effective energy function for proteins in solution. PROTEINS: Structure. Function, and Genetics, 1999, 35:133-152.

[98] Lee B, Richards F M. The interpretation of protein structures: estimation of static accessibility. J Mol Biol, 1971, 55:379-400.

[99] Levenshtein V I. Binary coded capable of correcting deletion, Insertions and reversals. (Russian) Doklady Akademii Nauk SSSR, 1965, 163(4): 845-848. (English) Soviet Phys. Doki., 10(8): 707-710.

[100] Lipman D J, Altschul S F, Kececioglu J D. A tool for multiple sequence alignment. Proc Natn Acad Sci, 1989, 86: 4412-4415.

[101] Lipman D J, Altschul S F, Kececioglu J D. A Tool for multiple sequence alignment. proc Natn Acad Sci, 1989, 86: 4412-4415.

[102] Liu R Y. On a notion of data depth based on random simplices. Ann Statist, 1990, 18: 405-414.

[103] Liu R Y, Singh K. A quality index based on data depth and multivariate rank tests. J Amer Statist Assoc, 1993, 88:252-260.

[104] Lo Conte L, Ailey B, Hubbard T J P, et al. SCOP: a structural classification of proteins database. Nucleic Acids Res, 2000, 27: 254-256.

[105] Loeve M. Probability Theory. New York: New Jersey, 1960.

[106] Levitan I B, Kacczmarek L K. The Neuron Cell and Molecular Biology. 舒斯云, 等, 译. 北京: 科学出版社, 2001.

[107] Li M, Vitanyi P. An Introduction to Kolmogorov Complexity and Its Applications. 2nd ed. New York: Springer, 1997.

[108] Lsaac E. Settling theintractability of multiple alignment. J. Comuput Biol., 2006, 13(7): 1323-1339.

[109] MacCallum J L, Pérez A, Schnieders M J, et al. Assessment of protein structure refinement in CASP9. Proteins, 2011, 79 (10):74-90.

[110] Mount D W. Sequence and Genome Analysis. Bioinformatics: Ccld Spring Harbour Laboratory Press, 2004.

[111] Michener C D, Sokal R R. A quantitative approach to a problem in classification. Evolution, 1957, 11:130-162.

[112] Metropolis N, Rosenbluth A W, Rosenbluth M N, et al. Equations of state calculations by fast computing machines. J Chem Phys, 1953, 21: 1087-1091.

[113] Meek J L. Prediction of peptide retention times in high-pressure liquid chromatography on the basis of amino acid composition. Proc Natl Acad Sci, USA, 1980, 77: 1632-1636.

[114] Minoru K. Post-genome Informatics. 孙之荣, 等, 译. 北京：清华大学出版社, 2002.

[115] Morgenstern B, Dress A, Werner T. Multiple DNA and protein sequence alignment based on segment-to-segment comparison. Proc Natl Acad Sci, 1996, 93: 12098-12103.

[116] Morgenstern B, Atchley W R, Hahn K, et al. Segment-based scores for pairwise and multiple sequence alignments. Proceedings of the Sixth International Conference on Intelligent Systems for Molecular Biology (ISMB 98), 1998.

[117] Morgenstern B, Frech K, Dress A, et al. DIALIGN: Finding local similarities by multiple sequence alignment. Bioinformatics, 1998, 14(3): 290-294.

[118] Murray R K, Granner D K, Mayes P A, et al. Harper's Biochemistry. New York: McGraw-Hill, 2000.

[119] Murzin A G, Brenner S E, Hubbard T, et al. SCOP: a structural classification of proteins database for the investigation of sequences and structures. J. Mol. Biol. 1995, 247: 536-540.

[120] Mohri M, Rostamizadeh A, Talwalkar A. Foundations of Machine Learning, Cambridge: The MIT Press, 2012.

[121] MIPS. mamalian Protein-Protein Interaction Database. http://mips.helmholtz-muenchen. de/proj/ppi/.

[122] Mohamed S, Syed B A. Commercial prospects for genomic sequencing technologies. Nat Rev Drug Discov, 2013, 12(5):341-342.

[123] Metzker M L. Sequencing technologies-the next generation. Nat. Rev. Genet., 2010, 11(1): 31-46.

[124] Moult J, Fidelis K, Kryshtafovych A, et al. Critical assessment of methods of protein structure prediction (CASP)–round IX. Proteins, 2011, 79(10):1-5.

[125] Moult J, Fidelis K, Kryshtafovych A, et al. Critical assessment of methods of protein structure prediction-Round VIII. Proteins, 2009, 77(9):1-4.

[126] Moult J, Fidelis K, Kryshtafovych A, et al. Critical assessment of methods of protein structure prediction-Round VII. Proteins, 2007, 69(8):3-9.

[127] Moult J, Fidelis K, Rost B, et al. Critical assessment of methods of protein structure prediction (CASP)–round 6. Proteins, 2005, 61(7):3-7.

[128] Moult J, Fidelis K, Zemla A, et al. Critical assessment of methods of protein structure prediction (CASP)-round V. Proteins, 2003, 53(6): 334-339.

[129] Moult J, Fidelis K, Zemla A, et al. Critical assessment of methods of protein structure prediction (CASP): round IV. Proteins, 2001, 5:2-7.

[130] Moult J, Hubbard T, Fidelis K, et al. Critical assessment of methods of protein structure prediction (CASP): round III. Proteins, 1999, 3:2-6.

[131] Moult J, Hubbard T, Bryant S H, et al. Critical assessment of methods of protein structure prediction (CASP): round II. Proteins, 1997, 1:2-6.

[132] Mosimann S, Meleshko R, James M N. A critical assessment of comparative molecular modeling of tertiary structures of proteins. Proteins, 1995, 23(3):301-317.

[133] Moult J, Pedersen J T, Judson R, et al. A large-scale experiment to assess protein structure prediction methods. Proteins, 1995, 23(3):ii-v.

[134] Mariani V, Kiefer F, Schmidt T, et al. Assessment of template based protein structure predictions in CASP9. Proteins, 2011, 79(10):37-58.

[135] Montgomery S. The Powers That Be. 宋阳, 等, 译. 北京: 机械工业出版社, 2012.

[136] Needleman S B, Wunsch C D. A general method applicable to the search for similarities in the amino acid sequence of two proteins. Journal of Molecular. Biology, 1970, 48: 443-453.

[137] Nucleotide Sequence Database. London: IRP Press, 1991.

[138] Oja H. Descriptive statistics for multivariate distributions. Statist Probab Lett, 1983, 1: 327-333.

[139] O'Donovan C, Martin M J, Gattiker A, et al. Apweiler R. High-quality protein knowledge resource: SWISS-PROT and TrEMBL Brief. Bioinform, 2002, 3: 275-284.

[140] Nieholls J. G, Martin A, Robert W B G, et al. From Neuron to Brain. 杨雄里, 等, 译. 北京: 科学出版社, 2003.

[141] Pearson W R. Rapid and sensitive sequence comparison with FASTP and FASTA. Math Enzymol, 1990, 183:63-98.

[142] Pearson W R, Lipman D J. Improved Tools for Biological Sequence Comparison. Proc Nat Acad Sci, 1988, 85: 2444-2448.

[143] Peter J R, Struyf A. Computing location depth and regression depth in higher dimensions. Statistics and Computing, 1998: 8(3).

[144] Pearson W R, Wood T, Zhang Z, et al. Comparison of DNA sequences with protein sequences. Genomics, 1997, 46(1): 24-36.

[145] Peter H S. On the Theory and Computation of Evolutionary Distances. SIAM J Appl Math, 1974, 26(4): 787-793.

[146] Pinsker M S. Information and Information Stability of Random Variables and Proceses. San Francisco: Holden-Day, 1964.

[147] Pymol: The PyMOL Molecular Graphics System, Version 1.5.0.4 Schr? dinger, LLC. http://www.pymol.org.

[148] PIPS. Human Protein-Protein Interaction Prediction. http://www.compbio.dun-dee.ac.uk/www-pips/.

[149] Rob P, Jane K, Julie T. Physical Biology of the Cell. 涂展春, 等, 译. 北京: 科学出版社, 2012.

[150] Maidak B L, Cole J R, Charles T, et al. A new version of the RDP (Ribosomal Database Project. Nucleic Acids Res, 1999, 27:171-173.

[151] Richard D, Sean E, Anders K, et al. Biological Sequence Analysis: Probabilistic Models of Proteins and Nucleic Acids. Cambridge: Cambridge University Press, 1998.

[152] Rost B. Review: protein secondary structure prediction continues to rise. J Struct Biol, 2001, 134(2-3):204-18.

[153] Rousseeuw P J, Struyf A. Computing location depth and regression depth in higher dimensions. Statistics and Computing, 1998, 8: 193-202.

[154] Rasmol. http://www.umass.edu/microbio/rasmol/.

[155] Saitou N, Nei M. The neighbor-joining method: a new method for reconstructing phylogenetic trees. Molecular Biology and Evolution, 1987, 4(4): 406-425.

[156] Sankoff D D. Minimal mutation trees of sequences. SIAM Journal on Applied Mathematics, 1975, 28:35-42.

[157] Sayle R A, Milner-White E J. RasMol: Biomolecular graphics for all. Trends in Biochemical Sciences, 1995, 20: 374-376.

[158] Schumacher M A, Crum M, Miller M C. Crystal structures of apocalmodulin and an apoc-almodulin/SK potassium channel Gating domain complex. Structure (Camb), 2004, 12(5):

849-60.

[159] Selvaraj S, Kono H, Sarai A. Specificity of protein-DNA recognition revealed by structure-based potentials: symmetric/asymmetric and cognate/non-cognate binding. J. Mol. Biol., 2002, 322:907-915.

[160] Sewald N, Jakubke H D. PPeptides: Chemistry and Biology. 刘克良, 等, 译. 北京: 科学出版社, 2005.

[161] Shen S Y, Yang J, Yao A, et al. Super pairwise Alignment (SPA): An efficient approach to global alignment for homologous sequences. J. Comput. Biol., 2002, 9: 477-486.

[162] Shen S Y, Hu G, Tuszynski J A. Analysis of protein three-dimension structure using amino acids depths. The Protein Journal., 2007, 26(3): 183-192.

[163] Shen S Y, Tuszynski J A. Theory and Mathematical Methods for Bioinformatics-Biological and Medical Physic, Biomedcal Engineering. Berlin: Springer-Verlage, 2008.

[164] Shen S Y, Kaia B, Ruana J, et al. Probabilistic analysis of the frequencies of amino acid pairs within characterized protein sequences. Physica A: Statistical and Theoretical Physics, 2006, 370(2): 651-662.

[165] Sigrist C J A, Cerutti L, Hulo N, et al. PROSITE: a documented database using patterns and profiles as motif descriptors. Brief Bioinform, 2002, 3: 265-274.

[166] Smith T F, Waterman M S, Fitch W M. Comparative biosequence metrics. J Molecular Evolution, 1981, 18: 38-46.

[167] Srinivasarao G Y, Yeh L S, Marzec C R, et al. PIR- ALN: A database of protein sequence alignments. Bioinformatics, 1999, 15: 382-390.

[168] STRING. http://string-db.org/.

[169] Sajan S A, Hawkins R D. Methods for identifying higher-order chromatin structure. Annu Rev Genomics Hum Genet, 2012, 13:59-82.

[170] Schadt E E, Turner S, Kasarskis A. A window into third-generation sequencing. Hum Mol. Genet., 2010, 15(19):R227-40.

[171] Simon H. Neural Networks-A Comprhensive Foundation. 2nd ed. 叶世伟, 史忠植译. 北京: 机械工业出版社, 2004.

[172] Sajan S A, Hawkins R D. Methods for identifying higher-order chromatin structure. Annu Rev Genomics Hum Genet, 2012,13:59-82.

[173] Tukey J W. Mathematics and picturing data//Proceedings of the International Congress on Mathematics, James R D. Canadian Math. Congress. 2523-2531.

[174] Tavar S. Some probabilistic and statistical problems in the analysis of DNA sequences// Lectures in mathematics in the life sciences, 1986, 17: 57-86, American Mathematical Society, Providence, RI.

[175] The Human Genome Project Information. http://www.ornl. gov/TechResoures/Human-Genome/home.html, Dec.7, 1998.

[176] The Chinese SARS Molecular Epidemiology Consortium. Molecular evolution of the SARS coronavirus during the course of the SARS epidemic in China. Science, 2004, 303: 1666-1669.

[177] Thompson J D, Higgins D G, Gibson T J. CLUSTAL W: improving the sensitivity of progressive multiple sequence alignment through sequence weighting, position-specific gap penalties and weight matrix choice. Nucleic Acids Res, 1994, 22: 4673-4680.

[178] Vardi Y, Zhang C H. The multivariate L1-median and associated data depth.Proc Natl Acad

Sci USA, 2000, 97(4):1423-1426.

[179] Voelkerding K V, Dames S A, Durtschi J D. Next-generation sequencing: from basic research to diagnostics. Clin. Chem., 2009, 55(4):641-58.

[180] Watson J D. Molecular Biology of the Gene. 杨焕明, 等, 译. 北京: 科学出版社, 2005.

[181] Wang L, Gusfield D. Improved Approximation Algorithms for Tree Alignment. J of Algorithms, 1997, 25: 255-273.

[182] Wang L, Jiang T. On the Complexity of Multiple Sequence Alignment. J Comput. Biol 1, 1994: 337-348.

[183] Waterman M S. Efficient Sequence Alignment Algorithms. J Theor Biol, 1984: 108-333.

[184] Waterman M S. Sequence Alignment, Math. Methods for DNA Sequences. Boca Raton: CRC Press, Inc., 1989.

[185] Waterman M S. Introduction to Computational Biology. London: Chapman and Hall, 1995.

[186] Winfried J. Computational complexity of multiple sequence alignment with SP-score. J of Computational Biology, 2001, 8(6): 615-623.

[187] Wolfenden R, Andersson L. Affinities of Amino Acid Side Chains for Solvent Water. Biochemistry, 1981, 20:849-855.

[188] Wang Z, Gerstein M, Snyder M. RNA-Seq: a revolutionary tool for transcriptomics. Nat Rev Genet, 2009, 10(1):57-63.

[189] Yang Z. Maximum-likelihood-estimation of phylogeny from DNA sequences when substitution rates differ over sites. Mol. Biol. Evol., 1993, 10: 1396-1401.

[190] Yang Z. Maximum-likelihood phylogenetic estimation from DNA sequences with variable rates over sites-approximate methods. J. Mol. Evol., 1994, 39: 306-314.

[191] Yang Z. Estimating the pattern of nucleotide substitution. J. Mol. Evol., 1994, 39: 105-111.

[192] Yang Z. PAML: a program package for phylogenetic analysis by maximum likelihood. Comput Appl Biosci, 1997, 13(5):555-556.

[193] Yang Z, Rannala B. Bayesian phylogenetic inference using DNA sequences: a Markov chain Monte carlo method. Mol. Biol. Evolution, 1997, 14: 717-724.

[194] Yap K L, Yuan T, Mal T K, et al. Structural basis for simultaneous binding of two carboxy-terminal peptides of plant glutamate decarboxylase to calmodulin. J. Mol. Biol., 2003, 328(1):193-204.

[195] Zhang Y. Progress and challenges in protein structure prediction. Curr Opin Struct Biol. 2008, 18(3): 342-348.

[196] Zhang Y. Progress, challenges in protein structure prediction. Curr Opin Struct Biol. 2008, 18(3):342-348.

[197] Zhang Y, Skolnick J. The protein structure prediction problem could be solved using the current PDB library. Proc. Natl. Acad. Sci., 2005, 102 (4): 1029-1034.

[198] Zhang T,Zhang H, Chen K, et al. Accurate sequence-based prediction of catalytic residues. Bioinformatics, 2008, 24(20):2329-2338.

[199] Zhang H, Zhang T, Chen K, et al. On the relation between residue flexibility and local solvent accessibility in proteins. Proteins, 2009, 76(3):617-36.

[200] Zhang H, Zhang T, Chen K, et al. Sequence based residue depth prediction using evolutionary information and predicted secondary structure. BMC Bioinformatics, 2008, 9:388.

[201] Zuo Y. A note on finite sample breakdown points of projection based multivariate location

and scatter statistics. Metrika, 2000, 51 (3): 259-265

[202] Zuo Y, Serling R. General notions of statistical depth function. The Annals of Statistics, 2000, 28 (2): 461-482.

[203] Zuo Y. Multivariate monotone location estimators. Sankhyā, Series A, 2000, 62(2): 161-177.

[204] Zhang C T, Zhang R. Analysis of distribution of bases in the coding sequences by a diagrammatic technique. Nucleic Acids. Res., 1991, 19(22):6313-6317.

[205] Zhang R, Zhang C T. Z curves, an intutive tool for visualizing and analyzing the DNA sequences. J Biomol Struct Dyn, 1994, 11(4):767-782.

[206] Zhang R, Zhang C T. Review: Identification of replication origins in archaeal genomes based on the Z-curve method. Archaea, 2004, 1: 335-346.

[207] 陈希儒. 数理统计引论. 北京: 科学出版社, 1997.

[208] 陈石根, 周润琦. 生物信息学. 上海: 复旦大学出版社, 2001.

[209] 陈晓亚, 汤章城. 植物生理与分子物学. 北京: 高等教育出版社, 2007.

[210] 蔡谨, 孟文芳. 生命的催化剂 —— 酶工程. 杭州: 浙江大学出版社, 2002.

[211] 费勒 W. 概率论及其应用. 李志阐, 等, 译. 北京: 科学出版社, 1997.

[212] 傅鹰. 化学热力学导论. 北京: 科学出版社, 2010.

[213] 顾庆超. 新编化学用表. 南京: 江苏教育出版社, 1998.

[214] 黄景, 戴立信. 手性药物的化学与生物学. 北京: 化学工业出版社, 2002.

[215] 郝柏林, 张淑誉. 生物信息学手册. 2 版. 上海: 上海科技教育出版社, 2002.

[216] 郝柏林, 张淑誉. 理论物理与生命科学. 上海: 上海科技教育出版社, 1997.

[217] 胡松年, 辪庆中. 基因组数据分析. 杭州: 浙江大学出版社, 2003.

[218] 黄立宏, 李雪梅. 细胞神经网络. 北京: 科学出版社, 2007.

[219] 黄席樾, 张著洪, 何传江, 等. 现代智能算法理论及应用. 北京: 科学出版社, 2005.

[220] 居乃虎. 酶工程手册. 北京: 中国轻工业出版社, 2011.

[221] 梁毅. 结构生物学. 北京: 科学出版社, 2005.

[222] 李建会, 张江. 数字创世纪 —— 人工生命的新科学. 北京: 科学出版社, 2007.

[223] 刘铁男. 中国能源发展报告 2011. 北京: 经济科学出版社, 2011.

[224] 刘建欣, 郑昌学. 现代免疫学 —— 免疫的细胞核分子基础. 北京: 清华大学出版社, 2002.

[225] 茆诗松, 王静龙, 等. 高等数理统计. 北京: 高等教育出版社, 1998.

[226] 钱敏平, 龚光鲁. 应用随机过程. 北京: 北京大学出版社. 1998.

[227] 上海实验生物研究所第二研究室. 天花粉蛋白引产原理的探讨. 中国科学, 1976(2).

[228] 宋凯. 合成生物学导论. 北京: 科学出版社, 2010.

[229] 沈世镒. 生物序列突变与比对的结构分析. 北京: 科学出版社,2004.

[230] 沈世镒. 多重序列比对优化的信息度量准则. 工程数学学报, 2002, 19:3.

[231] 沈世镒. 组合密码学. 杭州: 浙江科技出版社, 1992.

[232] 沈世镒, 胡刚, 王奎, 等. 信息动力学与生物信息学 —— 蛋白质与蛋白质组的结构分析. 北京: 科学出版社, 2011.

[233] 沈世镒, 陈鲁生. 信息论与编码理论. 北京: 科学出版社, 2003.

[234] 沈世镒, 吴忠华. 信息论基础与应用. 北京: 高等教育出版社, 2004.

[235] 沈世镒. 神经网络系统理论及其应用. 北京: 科学出版社, 2000.

[236] 孙卫民, 王惠琴. 细胞因子研究方法. 北京: 人民卫生出版社, 2000.

[237] 苏步青, 刘鼎元. 计算几何. 上海: 上海科学技术出版社,1981.

[238] 施法中. 计算机辅助几何设计与非均匀有理 B 样条. 北京: 高等教育出版社, 2001.

[239] 孙啸, 陆祖宏, 谢建明. 生物信息学基础. 北京: 清华大学出版社, 2005 285-286.

[240] 孙学军. 氢分子生物学. 第二军医大学出版社, 2013.

[241] 吴喜之. 复杂数据统计方法: 基于 R 的应用. 北京: 中国人民大学出版社, 2012.

[242] 万哲先. 非线性移位寄存器. 北京: 科学出版社, 1978.

[243] 万哲先, 代忠铎. 非线性移位寄存器. 北京: 科学出版社, 1978.

[244] 王梓坤. 随机过程. 北京: 科学出版社, 1978.

[245] 杨晶, 胡刚, 王奎, 等. 生物计算 —— 生物序列的分析方法与应用. 北京: 科学出版社, 2010.

[246] 汪猷. 天花粉蛋白. 北京: 科学出版社, 2000.

[247] 吴冠芸, 潘华珍. 生物化学与分子生物学实验常用数据手册. 北京: 科学出版社, 1999.

[248] 阎隆飞, 孙之荣. 蛋白质分子结构. 北京: 清华大学出版社, 1999.

[249] 叶秀林. 立体化学. 北京: 北京大学出版社, 1999.

[250] 张成岗, 贺福初. 生物信息学 —— 方法与实践. 北京: 科学出版社, 2002.

[251] 赵国平. 生物信息学. 北京: 科学出版社, 2002.

[252] 赵南明, 周海梦. 生物物理学. 北京: 高等教育出版社; 香港: 施普林格出版社, 2000.

[253] 朱传征, 高建南. 现代化学基础. 上海: 华东师范大学出版社, 1998.

[254] 郑久认, 周子舫. 热学 热力学 统计物理学. 北京: 科学出版社, 2007.

[255] 朱传真, 高剑南. 现代化学基础. 上海: 华东师范大学出版社, 1998.

[256] 曾溢滔. 人类血红蛋白. 北京: 科学出版社, 2002.

[257] 王继科, 曲连东. 病毒形态结构与结构参数. 北京: 中国农业出版社, 2000.

[258] 张忠信. 病毒分类学. 北京: 科学出版社, 2006.

[259] Lcvy Jay A. HIV and the Pathogenesis of AIDS. 邵一鸣, 等, 译. 北京: 高等教育出版社, 2000.

[260] 王静龙. 多元统计分析. 北京: 科学出版社, 2008.

[261] 王勇献, 王正华. 生物信息学导论 —— 面向高性能计算的算法与应用. 北京: 清华大学出版社, 2011.

[262] 万选才, 杨天祝, 徐承焘. 现代神经生物学. 北京: 北京医科大学; 中国协和医科大学联合出版社, 1999.

[263] 寿天德. 神经生物学. 北京: 高等教育出版社, 2001.

[264] 左雪明. 细胞和分子神经生物学. 北京: 高等教育出版社, 2000.

[265] 张今. 合成生物学与合成酶学. 北京: 科学出版社, 2012.

[266] 尤启东. 药物化学. 北京: 化学工业出版社, 2008.

[267] 袁勤生. 现代酶学. 上海: 华东理工大学出版社, 2001.

[268] Paun G, Rozenberg G, Salomaa A. DNA Computing-New Computing Paradigms. 许进. 等, 译. 北京: 清华大学出版社, 2004.

[269] 中国能源中长期发展战略研究项目组. 中国能源中长期 (2030,2050) 发展战略研究. 综合卷: 可再生能源卷. 北京: 科学出版社, 2011.

索　引

氨基酸
　　氨基酸侧链的全着色图模型, 271
　　氨基酸侧链的珠链模型, 271
　　氨基酸的分子结构图, 199
　　氨基酸的结构模型, 205
　　氨基酸的全着色图, 235
　　氨基酸中的基本分子官能团, 205
　　氨基酸中的原子类型与记号, 200
　　氨基酸中非氢原子结构类型, 236
　　侧链中非氢原子的层次函数, 208
　　非氢原子的层次函数, 209
　　分子官能团的组合, 216
　　脯氨酸的空间结构特征, 222
　　甘氨酸的空间结构, 220
　　花朵, 271
　　花盆, 271
　　花盆、花枝与花朵的结构模型, 270
　　花盆、花枝与花朵模型, 205
　　花盆的支架, 271
　　花盆模型, 205
　　花盆是一个斜四面体, 271
　　花枝, 271
　　几何模型, 206
　　盆底、支架、花盆、花枝与花朵, 205
　　双氨基酸的连接结构图, 201
氨基酸的图表示
　　氨基酸侧链的非氢原子结构图, 206
　　氨基酸的同态异构子图, 208
　　侧链中点的层次, 206
　　骨架图与弧的阶, 206
　　树状图与带环的图, 208
　　同态异构图, 207

氨基酸序列
　　氨基酸序列的一般结构模型图, 201
氨基酸序列在蛋白质表面的预测, 603
病毒
　　HIV 病毒, 703
　　SARS 病毒, 703
词法分析
　　氨基酸的最大游程, 74
　　标签, 83
　　不同词之间的网络结构分析, 875
　　不同阶核心词的数量统计, 70
　　布尔网络, 89
　　词的网络结构, 80
　　词库与词典, 72
　　蛋白质一级结构的词法分析, 72
　　二肽的最大游程, 76
　　复合词, 前缀与后缀词, 80
　　核心词, 40
　　核心词词库, 67, 70
　　核心词的性质, 40
　　核心词与核心词词库, 40
　　极大与极小词, 876
　　极小与极大词, 79
　　简易局部词词库, 70
　　局部词, 36
　　局部词词库, 67, 69
　　局部词与局部词词库, 875
　　具有特殊结构类型的词, 875
　　切割词, 875
　　特殊类型的氨基酸序列, 73
　　同构异态词, 51
　　同构异效词, 51

同义词, 50

同义词的极大与极小化, 51

同义词与同构词, 876

异构同态词, 51

异构同效词, 51

游程与周期, 74

准周期序列, 75

最大与最小核心词, 70

蛋白质 IDF

M-PIDF 的因子分解, 56

M-PIDF 的运动分析, 56

M-PIDF 的运动区域, 56

蛋白质 IDF(PIDF) 的定义, 37

蛋白质

蛋白质的判定问题, 123

蛋白质图形软件包, 60

免疫球蛋白, 705

膜蛋白, 718, 895

同源蛋白与相似蛋白, 51

细胞因子, 706

小肽与寡肽, 95

血红蛋白, 695

血色素, 698

蛋白质的空间结构

超图与晶格, 875

蛋白质空间形态, 875

蛋白质空间形态结构, 881

蛋白质三维结构, 875, 881

空间形态比对, 875

深度理论, 875

蛋白质的空间形态

长宽比, 537

切割比, 537

蛋白质的判定问题

刀切检验法, 124

训练集与检测集, 123

蛋白质的判定问题, 123

蛋白质空间结构

分析聚合团, 306

分子聚合团, 394

Ω 结构, 393

蛋白质空间形态

凹槽, 540

凹凸区域, 533

长宽比与分割比, 885

长轴或主轴, 536

超图与晶格, 888

蛋白质表面的凹凸区域, 886

蛋白质的总体结构形态, 885

蛋白质空间形态的描述, 887

蛋白质空间形态的相似性指标, 887

蛋白质内部的空洞与管道, 885

蛋白质内部或表面的形态特征, 885

多 Model 结构的表达, 534

多结构的组合, 534

多面体拟合法, 543, 888

多面体收缩法, 543, 888

非固定结合能, 890

分子聚合团, 889

分子内部的 KL- 互熵, 890

分子内部运动的自由能, 890

固定结合能, 890

管道, 533

基本类型的复杂变形, 533

基本类型的简单变形, 533

基本图形类型, 532

结合能极大化, 889

空洞, 533

空洞与空球, 540

块状结构, 534

内部的分子聚合团, 534

内部的密度分布, 534

熔球态理论, 889

深度, 542

深度计算法, 543

疏水性, 542

相似性, 543

相似性比对法, 543

小球滚动法, 543, 887

须带结构, 534

沿主轴的旋转距离曲线, 543

有约束条件下的 Markov 运动, 890

原子分布密度, 541

整体熵, 890

轴, 536

主轴与中轴, 885

自由能极小化, 889

总体结构的活动坐标系, 537

总体结构的基本参数, 536

总体结构指标, 532

Anfinsen 原理, 888

γ 到达半径, 542, 886

蛋白质三维结构

不同参数系的相互表示, 280

大三角形拼接带, 277

蛋白质主链中的六原子共面, 333

蛋白质主链中的原子结构分析, 331

对前后氨基酸的部分原子位置的预测, 336

六原子的参数结构, 335

六原子的共面理论, 335

六原子点的相互预测, 335

扭角的分布计算, 284

圈数, 323

三角形拼接带的类型, 277

三角形拼接带的平面展开, 278, 295

三角形拼接带的参数系, 279

三角形拼接带中的不稳定参数, 282

三角形拼接带中的稳定参数, 282

小三角形拼接带, 277

中位点曲线, 278, 306

中位点曲线分析, 300

中位点曲线与蛋白质二级结构的关系分析, 306

主链的三角形拼接带, 277

主链的中位点曲线, 278

转角的累计函数, 323

蛋白质主链的三角形拼接带, 277

多面体

边界三角形的方向性, 638

多面体的边界三角形, 546

多面体的顶点, 546

多面体的顶棱, 546

多面体的分解, 550

多面体的内部四面体, 546

多面体的收缩原理, 640

多面体的体积, 551

多面体收缩, 638

收缩算法的基本指标, 641

收缩算法的起始多面体, 641

凸闭包, 547

凸集, 548

凸壳, 548

由空间质点系产生的多面体, 547

多面体, 546

多面体分析

多面体, 878

多面体的边界面, 878

多面体的顶点, 878

多面体的棱, 878

由集合 A 产生的多面体, 878

分子的随机运动

布朗运动, 185

围绕中心的旋转运动, 185

有约束条件下的 Markov 随机运动, 185

分子点线图

单点弧, 877

离子弧, 877

完备性, 877

分子动力学

Anfinsen 原理, 439

KL-互熵, 442

KL-互熵, 448

Wiener 过程, 409

氨基酸的动力学倾向性因子, 466

玻尔兹曼定理, 409

玻尔兹曼因子, 409

布朗 (Brown) 运动, 408

布朗运动, 409

布朗运动的强度, 409

带约束条件的随机运动, 444

蛋白质的活性中心, 467

电离势与电子亲和势, 412

动力学的倾向性因子, 891

动力学倾向性因子, 496

独立增量过程, 409

二硫键, 411

反应速率, 422

范德华力, 411

非固定共价键, 469

分子伴侣, 440

分子被激活, 152

分子的极性与电偶极矩, 413

分子的旋转运动, 408

分子聚合团, 446

分子内部结构形态的变化运动, 408

共价键的电偶矩, 413

共价键的键能, 412

共价键键长, 147

共价键键角, 147

固定键与非固定键, 441

吉布斯自由能, 449

价键力, 411

简单化学反应, 复杂化学反应, 417

结合能, 461

可逆与不可逆反应, 417

离子力, 411

麦克斯韦–玻尔兹曼方程, 408

麦克斯韦–玻尔兹曼分布, 26

配体、受体与靶点, 464

平衡系数, 421

强键或强合能, 441

氢键, 411

熔球态, 440

弱键或弱合能, 441

双氨基酸 I- 型动力学倾向性因子的计算结果, 500

双氨基酸 II- 型动力学倾向性因子计算结果, 501

双氨基酸动力学倾向性因子, 499

水与溶液中的分子运动, 408

随机微分方程理论, 410

随机运动的收敛性结果, 446

随机运动的收敛性问题, 446

完备与不完备反应, 416

位势理论, 410

有约束条件下的 Markov 过程, 410

原子的电负性, 412

原子的外层不成对的电子数, 151

自由能的最小亿, 446

最大熵, 442

最概然速度, 4C9

分子官能团

分子官能团的表达参数, 881

分子官能团的参数表达, 144

分子官能团的动力学特征, 144

分子官能团的组合, 881

分子官能团的组合与分解, 145

刚性运动, 145

基本分子官能团, 144

基本分子官能团的定义, 158

基本分子官能团的类型, 158

稳定性分析, 881

有环状结构的分子官能团, 158

分子结构

分子官能团, 144

分子图

单点弧, 151

离子弧, 151

核心词
　　核心词词库, 41
　　核心词的递推算法, 42
　　核心词的基本性质, 41

后基因组学
　　蛋白质组学, 10
　　后基因组学, 10
　　系统生物学, 8
　　组学 (基因组与蛋白质组), 8
　　第二、三代测序技术, 8

化学反应
　　催化反应, 427
　　催化过程的动力学特征, 431
　　催化剂, 431
　　二巯键反应, 426
　　水解反应, 428
　　酸、碱反应, 426
　　完备与不完备分子的化学反应, 428
　　氧化反应, 426

基因
　　基因识别, 3

基因组
　　大沟与小沟, 840
　　核小体, 841
　　内含子与外显子, 836
　　染色体与染色质, 837
　　绳珠模型, 841

几何分析法
　　活动坐标系, 165
　　原始坐标系, 165
　　坐标变换, 165
　　坐标变换公式, 166

几何结构
　　参数表示, 143
　　参数的统计分析, 143
　　分子的几何结构, 143
　　几何统计法, 143

镜像, 148
空间多面体, 143
扭角, 148
中心点, 147

几何模型
　　氨基酸的花盆、花枝与花朵结构模型, 882
　　蛋白质主链的三角形拼接带, 883
　　蛋白质主链的中位点曲线, 883
　　分子官能团, 880
　　几何结构与统计特征的综合分析, 880
　　四原子点与多原子点的几何结构, 880

截面半径, 632, 653

局部词
　　局部词词库, 36
　　局部词的定义与含义, 36
　　(ℓ, τ, γ)- 型局部词, 36

句法分析
　　按词与句的关系数据库, 82
　　标点符号, 57
　　词库对句的覆盖率, 83
　　动物胰岛素, 93
　　动物胰岛素的网络结构, 93
　　切割点与切割词, 57
　　人造相似蛋白质的设计, 92
　　人造胰岛素的设计, 93
　　相似蛋白质的搜索与设计, 91
　　相似蛋白质的网络结构, 91
　　相似蛋白质组的搜索, 84
　　相似蛋白质组的网络结构, 85, 87
　　相似蛋白质组的预测, 92
　　相似天花粉蛋白, 92

空间多原子点
　　非退化的空间质点系, 179
　　一些特殊的多原子点结构, 181
　　五原子点的结构分析, 178

空间结构
　　刚性移动, 172
　　Anfinsen 原理, 439

空间四原子点, 171

　　扭角的位相值, 177

　　E 型与 Z 型结构的判定, 176

　　E,Z 型的判定, 176

　　E,Z 型的定义, 176

　　E,Z 型结构的定义, 176

空间形态结构比对

　　不同参数的罚分函数, 558

　　不同扭角的罚分函数, 557

　　带插入符号的罚分函数, 558

　　动态规划算法, 558

　　扭角的离散化处理, 559

　　小三角形拼接带的扭角序列比对, 557

　　中位点曲线参数序列比对, 557

　　总罚分函数, 558

立体化学

　　镜像, 142

　　平面图形切割法, 142

　　分子的立体图形, 142

流行病

　　蛋白质突变位点, 727

　　分子水平下的定量化研究, 727

　　基因突变类型, 729

　　基因突变区域, 727

　　基因序列的突变比对, 729

　　拓扑距离结构图, 740

　　拓扑距离结构图的分解, 743

　　系统树, 738

酶

　　胞内酶、胞外酶与外向酶, 802

　　单体酶、寡聚酶与多酶体系, 802

　　固定化酶与固定化细胞, 815

　　恒态酶、调节酶与多功能酶, 802

　　还原辅酶, 833

　　结合中心与转换中心, 804

　　连接酶, 801

　　裂解酶, 801

　　络合物, 804

酶催化的专一性, 799

酶的催化效率, 799, 900

酶的发现与利用, 798

酶的分子类型, 799

酶的辅助因子, 800

酶的活力单位, 805

酶的活性中心说, 804

酶的锁钥说, 804

酶的诱导契合说, 804

酶动力学方程, 805

酶反应器, 816

氢化酶, 833

水解酶, 801

同工酶, 802

同化力, 833

氧化还原酶, 801

异构酶, 801

转移酶, 801

组成酶与诱导酶, 802

TP 酶, 799, 8C0, 812, 833, 905

免疫系统, 706

免疫应答与免疫机制, 705

能源

　　再生能源, 825

三维结构的预测

　　基于模板的建模法, 400

　　自由建模法, 400

熵

　　热力学中的熵, 24

　　熵减过程, 26

　　熵增过程, 26

　　Shannon 熵, 24

深度分析

　　凹凸深度 (S- 深度), 579

　　层次函数, 581

　　层次函数的计算, 592

　　到达半径, 581

　　合成向量, 585

零深度的绝对倾向性因子, 598

零深度的相对倾向性因子, 598

切割平面的外侧与内测, 580

深度函数, 581

深度切割平面, 580

深度倾向性因子, 597

深度与层次函数的计算, 595

中位数与最深点, 580

最深点的绝对倾向性因子, 598

最深点的相对倾向性因子, 598

T-深度的计算公式, 583

B-深度, 579

L-深度, 579, 581

L-深度中心, 585

M-深度, 579

T-深度, 579

T-深度的定义公式, 583

T-深度的计算复杂度, 583

T-深度的快速计算, 583

T-深度平方根与 L-深度的回归分析, 597

γ-到达半径, 579

神经网络系统 NNS, 757

生命的语言

生命的语言的解读, 875

生物信息数据库, 875

生命科学中的近代问题系统生物学, 11

生物控制论

参数控制系统, 107

参数系统的控制问题, 108

参数系统的统计分析, 108

参数系统的运动方程, 107

次驱动因子, 109

反馈系统, 113

非线性滤波, 112

分子生物系统, 107

驱动因子, 109

线性滤波, 112

阈值滤波, 113

主驱动因子, 109

生物能源

海藻的产氢反应, 832

叶绿体的光合作用, 832

生物信息学

频数与频率分布, 63

人类基因组计划, 7

软件包, 60

数据库, 60

数据库

蛋白质空间结构数据库, 59

蛋白质一级结构数据库, 59

局部词, 29

均值、方差与标准差, 31

母串, 29

频数与频率分布, 30

数据库的基本要素, 28

数据库的类型与特征, 28

数据库中的词与句, 29

统计特征数, 31

相对标准差, 31

字母与字母表, 29

SP'06 数据库, 61

水

水分子的成分与结构, 432

水分子的动力学理论, 436

水分子与其他分子的相互作用, 433

水分子中的氢键与瞬时氢键作用, 433

四原子点

不同参数系的相互关系, 174

镜像值, 手性, 172

内转角与外转角, 173

四原子点的参数系, 172

正四面体与正四棱锥体, 182

转角与扭角, 173

四原子点的位相, 177

统计分析

列标准差, 146

列方差, 146

列平均值, 146

列相对标准差, 146

列相关矩阵, 146

列协方差矩阵, 146

稳定性, 146

因子分解, 54

主因子, 56

凸多面体

凸闭包, 658

凸壳, 658

凸分析

凸闭包, 878

凸集, 878

凸壳, 878

图论

超图, 143, 549

超图与晶格, 877

德布鲁恩–古德 (de Bruijn-Good) 图, 46

点的完备性, 152

点线图, 141

点线图表示法, 142

点线图的一般理论, 877

点线着色图, 141

点着色函数, 150

端点与节点, 160

分子点线图, 149, 152, 877

分子点线图的一般表示, 153

分子点线图的子图, 153

分子结构的分解与组合, 877

分子结构的着色图, 877

干树图, 160

干树图、干枝树图与树图, 877

干树图与干枝树图, 46, 877

干枝树图, 161

根与梢点, 161

弧着色函数, 150

回路, 44

晶格, 143, 550

连通点线图, 44

树图与树网图, 45

树图与系统树, 46

图的合成与分解, 143

图的完备性, 152

拓扑距离结构图, 46

无向图与有向图, 43

无向图中点的阶, 43

系统树, 46

相连的弧与路, 43

有向图中点的阶, 33

主干树图与次干树图, 162

着色图, 142

子图的交、并、差、补与环和、分割运算,
44

子图与倍图, 44

拓扑空间

闭包, 545

闭集点与开集, 544

边界面, 545

顶点, 545

非退化的有限集合, 878

集合的边界, 544

集合分割, 544

集合论、拓扑空间、凸闭包与空间多面体,
543

聚点, 544

开核, 545

开核与闭包, 878

开集与闭集, 878

空间多面体, 545

连通, 545

连通性与完备性, 878

内点、外点与边界点, 544

内点与聚点, 878

平面多边形, 545

外点与边界点, 878

完备, 545

　　有界, 545

　　δ 连通, 545

稳定性

　　参数的稳定性系数, 31

小球滚动

　　空球的聚类分析, 636

　　连通、到达与穿越, 635

小球滚动法, 632, 653

信息动力学

　　常规动力学, 22

　　超旋转体, 118

　　蛋白质的动态信息动力函数 (M-PIDF), 876

　　蛋白质的静态信息动力函数 (S-PIDF), 876

　　蛋白质的信息动力函数 (PIDF), 876

　　蛋白质一级结构的运动方程, 115

　　几何分析法, 875

　　计算几何, 24

　　能量与信息的转化, 26

　　频谱分析, 875

　　生命的演变过程, 27

　　生命演变过程中的稳定性与随机性, 27

　　随机分析, 875

　　统计中的聚类与因子分析, 875, 875

　　信息动力学函数 (IDF), 31

　　信息统计法, 24, 874

　　信息统计分析法, 31

　　因果关系中的正、反问题, 22

　　运动方程的运动区域, 116

　　运动区域, 118

　　组合分析法, 24, 874

　　ID 的基本方法, 874

　　ID 的目的与意义, 22

　　ID 的特点, 24

　　ID 的组合分析法, 39

　　ID 函数 (IDF), 874

　　ID 与常规动力学的比较, 23

　　KL- 互熵, 31

　　M-PIDF 的频谱分析, 129

　　M-PIDF 的运动区域与蛋白质的判定, 876

　　Shannon 熵与熵, 25

形态分析

　　凹凸深度 (S- 深度), 579, 668

　　传统方法, 556

　　蛋白质空间结构的内部分析, 557

　　动态规划算法, Smith-Waterman 算法, 555

　　多面体拟合, 641

　　二级结构的排列序列, 553

　　二级结构强相似性, 553

　　二级结构相似性, 553

　　分类与预测法, 556

　　空球网络, 635

　　空型拟合多面体, 662

　　三角形拼接带参数序列的相似性, 553

　　凸壳的盖, 623

　　相似性比对算法 (alignment), 553

　　相似性与相似性指标, 552

　　序列比对, 555

　　旋转体密度分布的相似性, 553

　　原子距离指标, 552

　　总体结构分析, 556

　　总体形态指标, 552

　　总体形态指标相似性, 552

序列比对

　　罚分函数, 554

　　最小罚分比对序列, 559

　　最优比对, 559

　　Alignment 距离, 555

　　BLOCKS 系列的罚分矩阵, 555

　　PAM 系列的罚分矩阵, 555

遗传密码

　　密码子的容错性, 203

同义密码子, 203

遗传密码表, 202

遗传密码三联子, 202, 203

语法分析

词的关系分析, 36

词或句的包含关系, 52

词库与词典, 46

词与词的关系分析, 47

词与句的关系数据库, 37, 48

相似句的网络结构, 53

余、交、并、差运算, 52

语义分析

词与句的关系数据库, 876

句的网络结构, 876

句与词的关系数据库, 876

同源句, 876

质点系

退化与非退化, 550

组合分析

德布鲁恩–古德 (de Bruijn-Good) 图, 46

点线图, 39

非线性复杂度, 39

ANNS

多层感知器, 768

非线性感知器, 768

感知器, 764

感知器的学习目标, 765

感知器的学习算法, 766

感知器的整合函数, 765

模糊感知器, 769

序列型感知器, 792

序列型感知器的学习目标与算法, 792

学习算法的收敛性, 766

支持向量机, 771

支持向量机的优化目标, 772

CNNS, 580

HNNS 的能量函数, 594

HNNS 模型, 593

BNNS

等效电路, 787

离子通道, 784

脉冲信号, 785

神经递质, 785

神经末梢, 785

细胞骨架与微丝, 783

G 蛋白, 785

HBNNS

触觉感受器, 786

耳蜗, 787

感觉毛细胞, 787

感受野, 786

鼓膜, 787

光感应器–视杆与视锥, 786

视色素, 786

视网膜, 786

嗅觉感受器, 787

IDF

氨基酸的 IDF 表, 65

氨基酸的 IDF(AIDF), 37, 65

比例型 IDF, 或 0- 型 IDF, 33

次序型 IDF, 或 2- 型 IDF, 34

动态 PIDF(M-PIDF), 39, 53

混合型 IDF 的比例系数, 35

混合型 IDF, 35

交互信息, 条件交互信息, 35

结合型 IDF, 或 1- 型 IDF, 34

静态 PIDF(S-PIDF), 39, 53

条件 IDF, 35

IDF 表, 35

IDF 的不同类型, 32

IDF 的特征数, 32

IDF 的一般定义, 32

(ℓ, τ)- 型, 35

KL-互熵

KL-互熵密度, 32

KL-互熵

概率分布的差异度, 32

KL-互熵

　　互熵密度的动力学特征, 32

Kullback-Leibler 熵

　　KL-互熵, 874

　　KL-互熵密度函数, 874

NNS

　　脉冲信号, 761

　　膜电位, 761

　　神经胶质, 760

　　神经元, 760

　　突触与神经末梢, 760

突起、轴突与树突, 760

阈值电位, 761

自主的 NNS, 763

ANNS,ANNS, 758

BNNS, 758

HBNNS, 758

HNNS, 773

PIDF

　　运动区域的主要指标, 122

　　M-PIDF 的谱线结构, 135

　　M-PIDF 运动的频谱分析, 58